TRAITÉ

DE

PHYSIOLOGIE

—

TOME PREMIER

Paris. — Imprimerie de E. MARTINET, rue Mignon, 2.

TRAITÉ

DE

PHYSIOLOGIE

PAR

F. A. LONGET

PROFESSEUR DE PHYSIOLOGIE A LA FACULTÉ DE MÉDECINE DE PARIS

MEMBRE DE L'INSTITUT DE FRANCE (ACADÉMIE DES SCIENCES) ET DE L'ACADÉMIE IMPÉRIALE DE MÉDECINE.

OUVRAGE ACCOMPAGNÉ

De figures dans le texte et de planches en taille-douce.

TOME PREMIER

—

TROISIÈME ÉDITION

REVUE, CORRIGÉE ET AUGMENTÉE.

PARIS

GERMER BAILLIÈRE, LIBRAIRE-ÉDITEUR

17, RUE DE L'ÉCOLE-DE-MÉDECINE

Londres	**New-York**
Hipp. Baillière, 219, Regent street	Baillière Brothers, 440, Broadway

MADRID, CH. BAILLY-BAILLIÈRE, PLAZA DEL PRINCIPE ALFONSO, 16

1868

Droit de traduction réservé.

INTRODUCTION

Tous les corps de la nature obéissent à des lois fixes et immuables. L'astronomie, étudiant avec la rigueur des sciences mathématiques les mouvements des sphères célestes, nous enseigne comment, sous l'influence de la gravitation, elles tournent dans l'espace sans s'écarter jamais de leurs orbites. La chimie, descendant chaque jour plus profondément dans l'intime composition des corps, nous révèle comment leurs molécules s'unissent ou se combinent en des proportions définies ; et, bien que née d'hier, elle est déjà parvenue à déterminer les principaux éléments des matériaux qui constituent la terre et les êtres vivants. La physique démontre suivant quelles lois invariables se produisent et se manifestent la chaleur, l'électricité, la lumière, etc. Mais ni la physique ni la chimie n'ont pu suffire jusqu'à présent et sans doute ne suffiront jamais pour expliquer tous les phénomènes que présentent les corps vivants. C'est à la *physiologie* qu'il appartient d'étudier spécialement ces phénomènes et d'en formuler les lois.

Il ne nous est pas donné de savoir combien il a fallu de temps à la Nature avant de manifester la *vie ;* mais si, remontant le cours des siècles, nous assistons par la pensée à la formation de notre globe, nous reconnaîtrons pourquoi la vie n'a pu apparaître qu'après les autres phénomènes naturels. La terre n'a été, dans le principe, qu'une masse incandescente, et, après avoir commencé à se refroidir à sa surface, elle a dû, pour se constituer, rester nombre de siècles exposée à des révolutions incompatibles avec la vie. Nous voyons, en effet, que ses couches les plus anciennes ne recèlent rien qui fut organisé ; que c'est seulement dans des terrains de formation comparativement récente que se montrent des végétaux dont les débris carbonisés nous apprennent à la fois et l'antique existence et l'infériorité. Puis, paraissent aussi des animaux, et les premiers qui sont produits n'occupent qu'un rang inférieur dans l'échelle de l'animalité.

A ne considérer que les faits généraux, on a donc pu dire, sans trop s'écarter des données actuelles de la paléontologie, que la Nature en travail avait enfanté des êtres vivants de plus en plus élevés, depuis la plante jusqu'à l'homme que nous considérons comme le type de la perfection, sans doute par impuissance à comprendre quelque chose de plus parfait, un être créé supérieur à nous.

Toujours est-il qu'il fallait que notre globe eût subi un certain refroidissement à sa surface pour que l'eau pût y exister à l'état liquide et nourrir des organismes d'abord élémentaires, puis d'autres de plus en plus compliqués. Il fallait aussi une atmosphère et un sol où les plantes pussent germer; il fallait des plantes pour nourrir les herbivores; il fallait des herbivores pour nourrir les animaux carnassiers et l'homme; il fallait enfin que les animaux et les plantes mourussent pour rendre au monde inorganique les matériaux qu'ils en avaient reçus, matériaux propres à devenir les éléments de plantes nouvelles destinées elles-mêmes à nourrir de nouveaux animaux.

Ainsi tout se continue, tout s'enchaîne; la vie entretient la vie, et la mort sert à la renouveler suivant des lois éternelles.

Mais d'où est venue la première plante? d'où est venu le premier animal? d'où vient l'homme? Devant ces questions insolubles, notre intelligence reste confondue et impuissante. Il faut donc reconnaître des limites qu'on ne saurait franchir, et, dans l'étude de la vie, se rappeler toujours qu'il s'agit, pour nous, d'observer seulement les phénomènes, d'en étudier les lois, et nullement d'en rechercher les causes premières.

Cette manière de procéder n'est pas d'ailleurs spéciale à la physiologie, elle est la même pour toute science positive. Qu'est-ce que la *gravitation*? Qu'est-ce que l'*affinité*? Des forces dont on étudie les manifestations, des causes secondes dont on constate les effets, mais dont les sciences exactes se gardent bien de rechercher l'essence. Qu'est-ce que la *vie* elle-même? C'est aussi une force dont nous devons étudier les manifestations, une cause seconde dont nous avons à constater les effets, tout en nous abstenant d'en vouloir pénétrer le principe. Malheureusement le langage physiologique, emprunté à la langue vulgaire, n'est pas aussi rigoureux qu'il devrait être, et il confond dans la même expression la cause des phénomènes vitaux et le résultat de ces phénomènes. Ainsi, quand un corps se meut en vertu de la gravitation, la gravitation est la cause, le mouvement est l'effet ; quand deux corps se combinent en vertu de leur affinité, l'affinité est la cause, la combinaison est l'effet ; tandis que, dans un corps organisé vivant, on appelle *vie* la cause qui le fait vivre, et l'effet de cette cause s'appelle encore la vie. Pour lever cette difficulté, on aurait pu nommer *vitalité* la cause et réserver le nom de *vie* à l'effet lui-même. Cependant il ne nous paraît pas nécessaire de recourir à cette distinction, et chacun doit comprendre que, suivant les circonstances, le même mot puisse avoir des significations diverses. C'est, en partie, pour n'avoir pas suffisamment établi cette différence que d'interminables discussions ont eu lieu sur la question de savoir si la vie est cause ou effet. Pour nous, elle est cause et effet, ainsi que la Nature, mot qui désigne tantôt la cause créatrice de l'univers (*natura naturans*), tantôt la réunion des choses créées (*natura naturata*).

La *vie*, comme peut l'étudier le physiologiste, est l'ensemble des fonctions qui distinguent les êtres organisés des corps inorganiques : ainsi considérée, elle est *un effet* de l'exercice des fonctions. Mais ces fonctions elles-mêmes ne s'exercent qu'en vertu d'une force inconnue dont nous ne voyons que les manifestations : alors c'est la vie envisagée comme *cause*, problème dont jusqu'ici on a bien vainement cherché la solution. — La PHYSIOLOGIE est donc la science qui a pour objet l'étude des fonctions dont l'ensemble constitue ce résultat qu'on nomme la vie.

Malgré la curiosité légitime qui a toujours porté l'homme à s'étudier lui-même, cette science n'a commencé que depuis moins d'un siècle à acquérir quelque exactitude. Un court aperçu historique sur les principales doctrines de la physiologie nous montrera comment elle a dû rester si longtemps dans les ténèbres, comment elle a pu en sortir en s'éclairant au flambeau d'autres sciences.

La philosophie des premiers temps comprenait dans son vaste cadre toute la variété des connaissances humaines. Alors aussi, les sciences n'existaient encore qu'en germe dans l'esprit des philosophes qui devançait les faits. La physiologie ne peut exister comme science qu'au moyen de l'observation, de l'expérimentation et du raisonnement. Mais l'observation est lente, l'expérimentation est difficile ; elles ne pouvaient donc convenir à l'esprit ardent et généralisateur des philosophes de l'antiquité. Le raisonnement enfanta des systèmes dont plusieurs, séduisants par eux-mêmes, puissants par le génie des hommes qui les imaginèrent, eurent une influence sensible et durable sur la physiologie.

Mentionnons, seulement pour mémoire, l'opinion émise dans les doctrines religieuses de l'Orient : pour expliquer tous les phénomènes réputés inexplicables, Dieu était toujours là, prêt à intervenir activement, matériellement. L'humanité, dans l'enfance, était, comme est encore l'enfance dans l'humanité, satisfaite d'un mot qu'elle ne pouvait comprendre, et elle croyait ainsi se rendre compte de faits qu'elle ne comprenait pas.

Thalès de Milet paraît avoir donné, le premier, une théorie de l'origine des animaux : il les faisait provenir, ainsi que les autres choses terrestres, de l'eau, dont tout émanerait.

Pythagore (1) faisait du corps une dualité mue par l'*unité*, symbole de la force primitive ; il plaçait le principe de la vie dans la chaleur et admettait que l'homme est un abrégé de l'univers régi par l'ordre à qui tout est soumis.

Alcméon (2) plaça dans le sang le principe de la vie, opinion qui est aussi exprimée dans la Bible (3) et que nous retrouvons chez quelques populations polynésiennes de nos jours (4). Mais il considérait le cerveau comme le siége de l'âme et établissait ainsi une distinction entre l'âme et la vie.

Empédocle (5) imagina que les quatre éléments qui composent la Nature se retrouvent dans le corps humain où ils forment les deux oppositions de froid et de chaud, de sec et d'humide. Pour instituer sa théorie, il emprunte, afin de les grouper, les éléments que d'autres avaient considérés avant lui comme principes de la vie : à Thalès l'*eau*, à Anaximènes l'*air*, à Xénophane la *terre* et à Pythagore le *feu*. Mais c'est à ce dernier élément qu'il attribue le plus d'importance : le feu, suivant lui, est le principe dominant, et l'homme doit la plupart de ses facultés à l'âme qui est identique avec la chaleur, émanation du sang.

Cette influence de la chaleur est encore admise par Démocrite, qui explique la plupart des phénomènes de la vie par l'existence d'atomes doués de la faculté de s'attirer ou de se repousser (6). Cette doctrine est aussi celle d'Épicure et des philosophes de son école.

(1) DIOG. LAERT., lib. VIII, cap. XXXV.
(2) GALENUS, *De elementis*, lib. I.
(3) *Genèse*, ch. IX.
(4) MARINER, *On account of the natives on the Tonga Islands*. 1817.
(5) DIOG. LAERT., lib. IX.
(6) CICERO, *De nat. deor*.

Si Hippocrate n'a pu renoncer complétement aux opinions de ses prédécesseurs, il faut reconnaître que du moins il s'est abstenu de les développer. Sans doute il admet aussi les quatre humeurs représentant les quatre éléments, il attribue aussi une suprême influence à la chaleur, mais le plus souvent il s'occupe bien moins des causes que des effets. Pour lui, dans le microcosme humain, la *nature* n'est pas un principe particulier, n'est pas une force, elle est l'organisme en fonction.

Platon (1) peut être considéré comme le précurseur des *animistes*. Pour lui, la vie est sous la dépendance de deux âmes, l'une raisonnable, placée dans le cerveau, l'autre irraisonnable, placée dans les viscères de l'abdomen. Le corps n'est que le théâtre sur lequel se manifeste l'âme, qui seule sent, agit et pense. C'est elle qui crée, modifie, façonne le corps dans un but déterminé, pour la fin vers laquelle elle tend. — Ces idées sont encore celles d'Aristote, qui les a développées et leur a donné une puissance qui a duré pendant des siècles. Seulement il admet des facultés spéciales qui dirigent les fonctions de chaque organe ; il décompose les deux âmes en une foule de facultés qui ne sont, pour ainsi dire, que des parties du principe qu'il désigne sous le nom de ψυχή.

En opposition absolue avec ces doctrines, la secte des anciens *matérialistes*, dont Épicure est le représentant, ne reconnaît dans tous les êtres qu'un assemblage accidentel d'atomes, dont les dispositions particulières expliquent les diverses fonctions, et qui rendent compte aussi de l'exercice de toutes les facultés. Tandis que, pour Aristote, les organes étaient ce qu'ils étaient à raison de leurs fonctions, pour les matérialistes, les fonctions résultaient de la composition des organes.

Zénon et tous les stoïciens adoptèrent une opinion moyenne entre les deux précédentes, en admettant un principe de vie distinct de la matière, mais inhérent à elle.

Ainsi se succédaient les systèmes, différents ou semblables, opposés ou analogues, sans qu'aucun fait, aucune vérité constatée pût déterminer à faire un choix entre eux. — Enfin Galien parut, et, le premier, il établit la physiologie sur l'observation et l'expérimentation.

Suivant lui, l'âme exécute ses fonctions au moyen d'un *pneuma* qui s'engendre dans les ventricules du cerveau. La sensibilité se transmet au moyen de certains nerfs, la motilité est entretenue par d'autres.

____

(1) PLATO, in *Tim.*, cap. XLI.

Les manifestations de l'âme sont subordonnées aux dispositions du corps, conformément à la pensée qui devait donner naissance à l'ouvrage de Cabanis sur les rapports du physique et du moral. Galien applique son esprit à des recherches continuelles sur le rôle que remplissent les diverses parties du corps dans l'exercice des fonctions, et, convaincu de l'utilité de chacune de ces parties, il compose son ouvrage, aussi anatomique que physiologique : *de usu partium*. Nous aurons bien des fois occasion, dans l'étude des différentes fonctions, de citer les opinions souvent justes, toujours ingénieuses du médecin de Pergame. Malheureusement, la nouvelle ère de lumière commencée avec Galien ne s'est pas maintenue. Son génie, qui avait fait table rase des doctrines spéculatives de ses prédécesseurs, éclaire un instant la physiologie, et, après lui, douze siècles de barbarie vont la couvrir de leur ombre.

Que devint la physiologie pendant tout le moyen âge ? La philosophie d'Aristote régnait dans les écoles, la médecine grecque et surtout la pratique médicale de Galien étaient conservées par les arabistes ; mais nulle part ne se manifestèrent des idées physiologiques nouvelles, et il était impossible qu'il en fût autrement. L'antiquité avait épuisé en théories toutes les formules du raisonnement et Galien en avait fait justice ; les esprits éclairés, tous ceux qui étaient capables de penser, s'appliquaient spécialement aux controverses religieuses ; les idées manquaient pour de nouveaux systèmes, les faits manquaient pour de nouveaux progrès dans la voie des sciences exactes. — Il fallait surtout que la chimie naquît, pour que la physiologie, après avoir accumulé erreurs sur erreurs, pût avancer de quelques pas vers la vérité. La *chimie* va d'abord entreprendre de nous expliquer tous les phénomènes de la vie, ainsi que l'astronomie avait essayé d'enchaîner les actes de la vie humaine aux influences des sphères célestes. Arnaud de Villeneuve, Paracelse, Van Helmont, Sylvius, etc., ne virent dans les actes les plus compliqués et les plus intimes des êtres vivants que l'effet de combinaisons chimiques ; soit que, matérialistes, ils ne voulussent voir dans la vie que la résultante de ces combinaisons, soit que, animistes, ils supposassent une cause supérieure, une *archée* dirigeant les actions chimiques. Mais ils venaient trop tôt : la chimie naissante ne pouvait encore rendre compte de rien, et les applications prématurées de cette science à la physiologie compromirent momentanément la juste part qui lui revient dans l'explication d'un grand nombre de phénomènes de la vie. Plus loin, nous reviendrons sur d'importants problèmes dont la solution est due à la chimie moderne ; qu'il nous suffise, pour l'instant, de rappeler que c'est surtout grâce à elle que la physiologie a été définitivement constituée comme science.

Descartes contribua à introduire la *mécanique* dans l'étude des fonctions, ou plutôt il systématisa les tendances qui avaient inspiré les travaux de Borelli, peut-être aussi ceux de G. Harvey, et qui avaient procuré à ce dernier la gloire de découvrir la circulation du sang. Le corps avait été considéré comme un alambic ; on en fit une machine. Les principes de la géométrie, de la mécanique, de l'hydrostatique, servirent à expliquer les phénomènes des sens, les mouvements des organes, l'exercice des fonctions en général et jusqu'aux actes de l'intelligence. — Constatons, sans les blâmer, ces exagérations où s'égarent les meilleurs esprits : les plus puissants d'entre eux, comme les projectiles que lance la poudre, ne s'arrêtent pas toujours au but, ils le traversent et le dépassent.

Mais, chose étrange, Descartes était spiritualiste, et son système développé par Boerhaave, par Fr. Hoffmann, etc., ramène aux opinions d'Érasistrate, qui, essentiellement matérialiste, ne voyait dans la vie que des vaisseaux plus ou moins larges où circulaient des atomes plus ou moins volumineux.

Le spiritualisme de Platon avait amené le matérialisme d'Épicure ; en revanche, le matérialisme des mécaniciens donne naissance à l'animisme de Stahl. L'âme régit le corps ; deux facultés lui sont nécessaires pour conserver la vie : celle de sentir et celle de mouvoir. Elle dispose les organes suivant les fonctions auxquels elle les destine, suivant les sensations qu'elle veut recevoir. L'âme est l'homme : en elle résident la vie, la pensée, la sensation, le mouvement ; le corps n'est qu'un instrument. Sans doute, Stahl avait raison de ne se contenter ni des doctrines des chimistes, ni de celles des mécaniciens ; mais, en rééditant les idées de Platon, il substituait à une interprétation erronée de faits vrais des spéculations qui ne pouvaient s'appuyer sur aucun fait.

Cependant la *physique*, à son tour, prenait son essor : Newton dictait des lois à la science en découvrant celles de la gravitation. Il observa les faits, les réunit et les synthétisa, en leur donnant une formule sans inventer des forces particulières, ni des propriétés occultes distinctes des corps.

Haller suivit cette direction : il établit que les principaux moyens que doit employer la physiologie pour arriver à la vérité sont l'observation et l'expérimentation ; et en effet il observa, il expérimenta, il recueillit les faits anciens et en ajouta de nouveaux. On ne saurait, sans exagération, prétendre que Haller plaça la physiologie au point où elle se trouve aujourd'hui ; mais il est juste de reconnaître qu'il la constitua comme science, qu'il traça la voie dans laquelle elle a marché depuis et dont il n'est plus permis de s'écarter.

On serait peut-être tenté de lui reprocher d'avoir inventé, comme une force particulière aux corps vivants, l'*irritabilité*, dont sans doute il a exagéré l'importance, et l'on pourrait objecter que, s'il ne fallait qu'un mot pour expliquer les phénomènes observés, on avait déjà ceux de *vie*, d'*esprit*, d'*âme*, d'*archée*, etc.; qu'il était bien superflu, par conséquent, d'en créer de nouveaux. Mais, avec un peu d'attention, on comprendra toute la distance qui sépare l'*irritabilité* des causes finales admises pour expliquer les actes de la vie. L'irritabilité n'est pas une cause finale ; c'est, comme l'*attraction*, un mot, rien qu'un mot destiné à rappeler à l'esprit la force qui produit certains phénomènes : phénomènes que l'on peut observer, force qu'on peut étudier, apprécier dans ses effets, et qui n'a d'inconnu que son essence.

Dès lors, la physiologie n'avance plus qu'appuyée sur l'observation et l'expérimentation ; elle repousse ou plutôt elle dédaigne toute théorie spéculative, tout système préconçu qu'un rêve enfante et qu'un autre rêve détruit. Elle tend à devenir positive, à ne rien avancer qui ne soit prouvé, et, loin de chercher à établir l'exactitude du raisonnement par des faits, elle tend à prendre les faits d'abord et à en déduire les raisons. Ce n'est pas à dire néanmoins que la science ne soit qu'un amas confus et stérile d'observations et d'expériences ; mais évidemment celles-ci représentent les matériaux que l'intelligence est appelée à mettre en œuvre et qu'elle seule peut coordonner. Il faut donc que les faits et le raisonnement concourent au même but, soit que les faits précèdent le raisonnement, comme il arrive le plus souvent, soit qu'au contraire le raisonnement ait précédé les faits, comme le plan de l'architecte précède l'édifice à construire. Ces deux manières de procéder à l'étude de la physiologie peuvent être bonnes, pourvu qu'en définitive les faits et le raisonnement s'accordent. Aussi souvent qu'un problème important s'offrira à nous, nous devrons donc chercher à le résoudre à l'aide de l'observation ou de l'expérimentation, en évitant, autant que possible, la voie de l'hypothèse : celle-ci n'a de valeur que par le travail de vérification qu'elle provoque.

C'est ainsi que la physiologie a progressé, c'est ainsi qu'elle progressera dans l'avenir. — L'anatomie humaine et comparée, l'histologie, la tératologie, l'anatomie pathologique aidée de l'observation clinique, puis la mécanique, la physique et la chimie, telles sont les sciences avec le concours desquelles le physiologiste procède à l'étude des phénomènes si complexes de la vie. Nul assurément ne saurait contester aujourd'hui les rapports étroits qui lient les progrès de la physiologie au développement des sciences chimiques en particulier. De son côté, que d'éminents services la physique moderne n'a-t-elle pas rendus à la physiologie en mettant à sa disposition des instruments, des procédés de détermination et de mesure bien autrement puissants et précis que ceux dont disposaient nos devanciers !

Des caractères multiples séparent absolument, sans transition aucune, les corps doués de la vie de ceux qui en sont privés, c'est-à-dire les végétaux et les animaux d'une part, les minéraux de l'autre. On a imaginé pourtant que certaines substances minérales étaient en quelque sorte organisées. Ainsi Tournefort a prétendu que les pierres végètent, croyant avoir trouvé dans la grotte d'Antiparos des faits en harmonie avec cette conception ; mais une pareille manière de voir ne supporte pas l'examen, et il est incontestable que, dans la nature, les différences les plus tranchées établissent des séparations absolues entre les corps bruts et les corps vivants. — Étudier ces caractères, c'est entrer dans l'étude de la vie par l'élimination de ce qui n'en fait pas partie.

Avant d'analyser les différences qui existent entre les minéraux et les êtres organisés, notons qu'il serait possible de les distinguer tout d'abord les uns des autres, par cette seule considération que les premiers possèdent des propriétés, tandis que les seconds jouissent de ces mêmes propriétés et possèdent en outre des *facultés*. La physique enseigne les propriétés de la matière : ces propriétés ne peuvent faire défaut ni dans la matière organisée, ni dans la matière inorganique ; ce sont des attributs de tous les corps quels qu'ils soient. Il n'en est plus de même des facultés qui se manifestent par des actes et qui n'appartiennent qu'aux êtres vivants : vivre, c'est faire usage de ses facultés ; plus ou moins développées, plus ou moins compliquées, les facultés se retrouvent dans tous les êtres vivants et chez eux seulement.

Ce qui distingue la propriété de la faculté, c'est qu'il y a passivité dans la première et activité dans la seconde ; la propriété est inséparable de la matière, la faculté est séparable de l'être organisé, et cette séparation, qui s'opère quand la vie cesse, fait rentrer le corps jusque-là vivant dans la classe des corps inorganiques.

Mais le langage physiologique, qu'il faut accepter tel qu'il est, permet difficilement d'établir comme une loi cette distinction : presque toujours, en effet, on confond les propriétés et les facultés, et l'on substitue le plus souvent, sans y prendre garde, l'une de ces expressions à l'autre. Cette distinction ne saurait d'ailleurs nous dispenser de mentionner les différences caractéristiques des deux grandes divisions des corps de la nature, différences qui s'observent également dans leur *origine*, dans leur *durée* et dans leur *fin*.

Quant à l'*origine* des corps inorganiques et des êtres organisés, dans le sens rigoureux du mot, elle est environnée, à nos yeux, des plus profondes ténèbres ; ce qui n'empêche pas que tous les jours nous ne puissions étudier comment sont produits les premiers, comment se produisent les seconds.

Deux forces contribuent à former les minéraux : l'une chimique, est l'*affinité*; l'autre physique, est l'*attraction*. Les éléments de la matière, par combinaison ou par agrégation, constituent tous les corps inorganiques. Des circonstances nettement définies, qui peuvent se produire naturellement, mais que l'homme peut aussi provoquer, concourent à cette formation. Les êtres vivants, au contraire, ne doivent pas leur origine au hasard des circonstances ni à des forces seulement physiques ou chimiques ; il n'existe pour eux qu'un seul mode de production : *ils naissent*. Ils naissent, c'est-à-dire qu'ils proviennent d'êtres semblables à eux, soit au moyen d'un germe que la fécondation a vivifié (*oviparité*), soit au moyen d'un bourgeon qui n'est en réalité qu'une extension de l'être producteur (*gemmiparité*), soit enfin au moyen de la scission d'une partie du tout (*fissiparité*).

Cette différence est absolue et ne subit aucune exception. En admettant même, ce qui est loin de devoir être admis, que des générations spontanées puissent s'effectuer, la différence dont il s'agit resterait toujours incontestée. En effet, supposons ici que certains animaux, que certains végétaux puissent naître spontanément, cela démontrerait seulement que la force créatrice qui, dans le principe, a produit tous les êtres vivants, est encore agissante ; mais il n'en résulterait pas que ces êtres se forment comme les corps inorganiques. Nous examinerons en

détail, en traitant de la génération, ce qu'il faut croire des *générations*
dites *spontanées*. Pour le moment, dussions-nous les considérer comme
réelles, la distinction entre les corps bruts et les corps vivants, sous le
rapport du mode de production, n'en demeurerait pas moins entière.
Car, pour les auteurs qui admettent que des êtres vivants peuvent
naître spontanément, quelles sont les conditions de cette naissance? De
l'eau, de l'air et une substance organique ayant fait partie d'un organisme vivant. Ici encore, c'est donc de la vie que la vie procède; rien
ne peut produire la vie qui n'ait été vivant. Continuons à supposer que
des êtres vivants naissent spontanément, qu'ils soient créés de toutes
pièces; alors, nous le répétons, on assisterait au premier acte de
cette création qui renouvellerait, dans des infiniment petits, ce qui a
existé un jour pour tous les êtres doués de la vie, et ces nouveau-nés, au
lieu d'avoir des ascendants semblables à eux, seraient d'emblée des ancê-
tres pour des générations futures.

En quoi ce mode d'origine ressemble-t-il à celui des corps inorganiques?
Avec les corps simples qu'elle possède, la chimie peut, à son gré, former
une multitude des minéraux composés de la nature; avec de l'oxygène
et de l'hydrogène elle fait de l'eau; par ses admirables progrès, elle est
même parvenue à produire certaines substances organiques. Mais en
vain traiterait-elle, par tous les moyens puissants dont elle dispose dans
ses laboratoires, le carbone, l'oxygène, l'hydrogène et l'azote, jamais
elle ne formera un animal ou une plante. — L'animal seul peut produire un animal semblable à lui à un degré plus ou moins rapproché;
le végétal seul peut produire un végétal.

Il faut bien le reconnaître, quand nous énonçons que l'être organisé
et vivant ne peut provenir que d'un être semblable à lui, nous exprimons
seulement ce que nous voyons tous les jours, ce qui est dans le présent et
non ce qui a été dans le passé. Il est certain que tous les êtres vivants
n'ont pas toujours existé; ils ont eu un commencement, et par conséquent,
à une époque quelconque, ils ont existé sans avoir été produits par le fait
de la naissance. Mais actuellement la science se refuse à examiner des
mystères qui lui sont impénétrables, et elle croit devoir regarder comme
étrangères à son domaine les hypothèses ou les opinions qui ont été proposées relativement à l'origine de la vie et des êtres vivants. Toutefois,
comme ces manières de voir ont eu quelque influence sur les idées
scientifiques, il y a lieu de les indiquer au moins d'une manière sommaire.

Deux propositions opposées ont été émises : — Les êtres vivants ont existé de toute éternité; — les êtres vivants ont été formés à une époque plus ou moins déterminée.

Aristote aurait, le premier, exprimé la pensée, qui se retrouve aussi dans Pythagore et son école, que le monde est éternel et que ses habitants ont existé éternellement. — Empédocle et Anaximandre (de Milet) pensaient que d'un mélange de terre et d'eau s'étaient formés des êtres inférieurs qui, par des mutations nombreuses et une progression continue dans la perfection, auraient produit tous les êtres vivants, sans en excepter l'homme.

Dans la première supposition, la nature est vivante, elle a une *âme* qui se manifeste à des degrés différents, avec des énergies variables, dans tout ce qui est, dans les sphères célestes comme dans les corps bruts de notre globe, dans les végétaux comme dans les animaux. D'après la seconde, le hasard seul et des circonstances accidentelles ont produit les êtres vivants, comme se produisent les cristaux dans une solution saline.

Dans la doctrine admise comme étant l'expression d'une croyance, une *cause* (bien distincte des *forces* connues), existant par elle-même en dehors de la nature, a créé tous les êtres qui peuplent la terre; cette cause souveraine (*causa causarum*), c'est Dieu.

S'il ne nous est pas donné de comprendre l'origine des êtres, nous pouvons du moins les suivre dans leur évolution sur le globe, et, à cet égard, la science a atteint une remarquable maturité.

Un premier fait bien établi est que la vie n'a pas été éternelle sur la terre. Quand on étudie la formation de notre globe, on reconnaît, nous l'avons déjà dit, qu'à une époque qu'il ne nous appartient pas de fixer, aucun être vivant n'y existait. La matière brute le constituait seule et sans doute à l'état incandescent; état tout à fait incompatible par conséquent avec la présence d'êtres doués de la vie.

Les premiers êtres vivants qui apparurent furent des végétaux cryptogames dont les analogues existent encore aujourd'hui. Puis, successivement, se montrèrent des madréporites, des myriapodes, des trilobites, des mollusques pélagiens, des poissons, des reptiles, des oiseaux et des grands quadrupèdes, en montant des couches les plus profondes vers les plus superficielles. Ainsi, se trouve établie une démonstration matérielle des degrés que les différents êtres vivants occupent dans l'échelle animale.

On suit donc de la sorte l'évolution des êtres sur le globe, en poursuivant leurs débris dans les profondeurs de la terre. — Naguère on pouvait pousser en quelque sorte la progression jusqu'au bout; car, en voyant l'homme régner sur le globe, en ne le découvrant nulle part dans les anciennes couches terrestres jusque-là explorées, on était arrivé à voir en lui comme le dernier-né de la création. Il n'est plus permis aujourd'hui de s'arrêter à ces idées, puisque des recherches récentes ont mis hors de doute l'existence de l'*homme fossile*. Notre globe a subi de graves et profondes révolutions depuis l'apparition de l'homme à sa surface, et l'époque de cette apparition première n'est pas encore déterminée. Peut-être l'homme se trouverait-il, en définitive, contemporain de ces singes dont on a voulu le faire le descendant.

Ici se présentent quelques idées générales, quelques théories souvent controversées et pourtant appuyées des noms les plus autorisés : nous en dirons quelques mots.

Existe-t-il, dans les êtres vivants, une hiérarchie qui permette de placer les uns en haut et les autres en bas? A ne considérer que les traits les plus généraux, l'observation le prouve d'une manière incontestable. Une cellule qui absorbe est le rudiment de l'être vivant et suffit pour constituer certaines plantes; puis, à mesure qu'on s'élève dans la série végétale, de nouveaux organes apparaissent, de nouvelles fonctions se développent. Il en est de même chez les animaux : tandis que certains zoophytes ne semblent être aussi qu'une substance absorbante, on voit peu à peu apparaître une cavité pour la digestion, des organes spéciaux pour les sécrétions, pour la respiration, pour la circulation, etc. A mesure que se surajoutent de nouveaux organes l'être se montre plus parfait, et l'on peut ainsi, par une progression plus ou moins continue, s'élever du dernier zoophyte jusqu'à l'homme.

Toutefois l'ensemble des êtres, végétaux ou animaux, ne se coordonne pas en une série unique et régulièrement ascendante : l'*échelle des êtres* de Leibnitz et de Bonnet est une des illusions de la philosophie spéculative qui n'a pu tenir devant l'épreuve des faits. Les grands types animaux eux-mêmes ne sauraient se disposer en ligne droite; et, pour peu qu'on tienne compte des types secondaires, le fait s'accuse jusqu'à l'évidence. Par exemple, comment ranger en série, entre les rayonnés et les vertébrés, les mollusques et les articulés? Quel est de ces deux derniers types celui que l'on placera en haut ou en bas?

De quelque manière que l'on considère l'ensemble des êtres, il est impossible de n'y point trouver de nombreuses lacunes, et même, en supposant que les termes actuellement absents aient pu exister autrefois, ou même qu'existant encore ils échappent seulement à nos recherches,

on ne voit pas que l'espace qui sépare un échelon de l'autre puisse diminuer, s'effacer et disparaître. En d'autres termes, des différences existent
entre les êtres vivants et les séparent les uns des autres : que ces différences soient grandes ou petites, qu'à nos yeux elles semblent insignifiantes, que notre raisonnement les supprime, elles n'en sont pas moins
réelles, absolues, infranchissables.

A l'idée de l'échelle des êtres se rattache évidemment celle de l'*unité
de composition*, qui devait séduire quelques grands esprits. Et. Geoffroy
Saint-Hilaire, après Lamark, s'est laissé prendre à ce mirage. Dans ses
immortels travaux, il y a une part de vrai qui est restée dans la science;
mais la doctrine en elle-même ne devait pas tenir devant des recherches
ultérieures. Cuvier, au contraire, a soutenu la *variété de conformation
organique :* lui aussi a été trop loin dans certains cas et n'a pas tenu
compte de tous les rapports qu'il faut admettre aujourd'hui.

Pour les animaux, c'est précisément sur la condition essentielle de
provenir d'êtres semblables à eux qu'est établie toute la classification
zoologique; c'est là en effet ce qui constitue l'espèce ou l'unité, dont les
genres, les ordres, les règnes, ne sont que des multiplications. Dans
un ouvrage, que la mort ne lui permit pas d'achever, Isid. Geoffroy
Saint-Hilaire (1) a établi, d'une manière probablement définitive, les
limites dans lesquelles les variations s'opèrent dans les espèces organiques, et son opinion concilie, autant qu'ils sont conciliables, les deux
systèmes opposés de mutabilité indéfinie et d'absolue immutabilité. « Les
caractères des espèces, dit cet éminent naturaliste, ne sont ni absolument
fixes, comme plusieurs l'ont dit, ni surtout indéfiniment variables, comme
d'autres l'ont soutenu. Ils sont fixes pour chaque espèce, tant qu'elle se
perpétue au milieu des mêmes circonstances; ils se modifient si les circonstances ambiantes viennent à changer. » — C'est l'exagération de cette
dernière proposition qui avait fait le système développé par Lamark dans
sa *Philosophie zoologique.* — « L'expansion graduelle des espèces à la
surface du globe, ajoute Isid. Geoffroy Saint-Hilaire, est à la longue la
conséquence nécessaire de la multiplication des individus. D'autres
causes, d'un ordre moins général, peuvent aussi amener des déplacements partiels. D'où, aux limites surtout de la distribution géographique
des espèces qui se sont le plus étendues, des différences notables d'ha-

---

(1) *Résumé des vues sur l'espèce organique* (Hist. nat. gén. des Règnes organiques, t. II,
2ᵉ part.).

bitat et de climat, qui, à leur tour, entraînent inévitablement quelques différences secondaires dans le régime et même dans les habitudes. A ces divers genres de différences correspondant des *races*, caractérisées par des modifications dans la couleur et les autres caractères extérieurs, dans les proportions et la taille, et parfois dans l'organisation extérieure. Ces races ont été, fort arbitrairement, tantôt appelées variétés de localité, et tantôt considérées comme des espèces distinctes. »

Si maintenant nous descendons des faits généraux aux faits particuliers, ou plutôt si nous nous élevons des animaux jusqu'à l'homme, nous arrivons, par les propositions précédentes, à cette conclusion que l'*homme descend d'une souche unique.*

Deux opinions ont été émises relativement aux différences qui distinguent les hommes entre eux : ou bien ces différences seraient primitives, ou bien elles seraient acquises. Dans le premier cas, il existerait un genre humain composé de plusieurs espèces différentes et qui devrait reconnaître autant de souches distinctes qu'il y aurait d'espèces ; dans le second cas, l'espèce humaine constituerait une unité dans laquelle on n'aurait à distinguer que des races.

Si, dans les questions scientifiques, on pouvait faire intervenir la tradition ou le sentiment, aucune discussion ne serait possible sur l'origine unique de l'humanité. Les livres sacrés, les légendes variées des nations qui semblent n'avoir eu aucune communication entre elles, s'accordent pour faire descendre l'humanité d'un couple unique. Nous aimons à voir dans tous les hommes, quelle que soit leur couleur, des descendants d'un même père, avec lesquels les liens du sang nous unissent dans une indissoluble fraternité. Mais la science demande des preuves ; elle doit s'appliquer à juger, et son jugement acquiert d'autant plus d'autorité qu'il est plus rigoureux. Examinons donc, sans prévention, les principaux arguments cités de part et d'autre pour soutenir ou contester l'unité d'origine de l'humanité.

La première distinction a été tirée de la différence de couleur de la peau ; c'était la plus apparente et bien certainement celle qui, pendant longtemps, a paru sinon la seule, au moins la plus importante. Certains hommes sont blancs ou à peu près, tandis que d'autres ont la peau plus ou moins noire, plus ou moins jaune. Or, comme des hommes blancs il ne naît que des enfants blancs, comme des hommes de couleur que des enfants de couleur ; comme le blanc, dans les climats chauds, ne prend jamais la couleur du nègre, et que celui-ci ne perd jamais la sienne dans les climats tempérés, il y a là, a-t-on avancé, une différence suffisante pour faire admettre une différence d'origine.

Mais, dans les mêmes espèces animales, on trouve de très-grandes variétés de couleur, et l'on n'en tient pas compte pour établir une distinction d'espèce; la coloration, chez les animaux, peut varier suivant les climats. Les hommes blancs, dans les pays chauds, présentent d'ailleurs une teinte brune qui ne se rencontre pas dans les climats froids, tandis que, dans les pays de nègres, les femmes qui évitent soigneusement l'action du soleil peuvent rester aussi blanches que les Européennes. Si l'on ne voit pas que l'influence du climat suffise pour transformer le blanc en homme de couleur, et réciproquement, c'est qu'à ces observations il manque l'élément indispensable aux grandes modifications de l'organisme, le temps.

Indépendamment de la couleur de la peau, il existe des différences tirées de la forme de la tête, des traits du visage, de la saillie plus ou moins prononcée de la mâchoire inférieure, etc., et toutes ces différences caractéristiques, se conservant par la génération, ont été parfois considérées comme des différences spécifiques.

Or, qui ne sait que, dans les mêmes espèces animales, certaines variétés de conformation peuvent se conserver pour former des races nouvelles et non des espèces particulières? C'est grâce à cette circonstance que nous pouvons, chez les animaux domestiques, former, en quelque sorte à volonté, des races appropriées à nos besoins, aux services que nous en attendons. Et même chez l'homme, il existe souvent, dans les familles, des traits particuliers qui se perpétuent à travers les générations et sur lesquels on n'a jamais songé à établir des caractéristiques d'espèces. « Il était assez ordinaire, chez les Romains, de déduire d'un signe héréditaire partiel le nom de la famille : de là, leurs Capitones, leurs Labiones, leurs Nasones, leurs Buccones, et une infinité d'appellations de ce genre (1).

» Les éleveurs célèbres que compte l'Angleterre sont arrivés à transporter d'une race à une autre race, ou d'un individu à ses divers produits, telle ou telle proportion de membre ou de partie. Il leur a suffi, pour arriver à ce but, de préciser d'abord le caractère physique qu'ils désiraient transmettre ; de faire élection, ensuite, de mâles et de femelles le présentant l'un et l'autre au plus haut degré possible de développement; et, à défaut d'individus étrangers, d'allier les rares produits où ils se propagent, avec les pères ou mères, avec les frères et sœurs, procédé

____

(1) P. Lucas, *Traité philos. et physiol. de l'hérédité nat.*, etc. Paris, 1847, t. I, p. 197.

que les Anglais nomment *Breeding in and in* (1). » — Supposez que la Nature, que le hasard ait fait à une époque quelconque ces mélanges que l'art renouvelle tous les jours, ne sera-t-il pas clair qu'il en pourra résulter des produits différant entre eux beaucoup plus encore que le Caucasien ne diffère des habitants de Mallicolo ?

Du reste, une comparaison rigoureuse démontre que, chez les animaux, les limites de variations sont remarquablement plus étendues dans les races domestiques que dans les groupes humains. Les faits morphologiques, tout en faisant pencher la balance en faveur de l'unité spécifique des divers groupes humains, pourraient pourtant laisser la question indécise. Mais il est un autre argument qui la résout nettement, et celui-ci est en entier du ressort de la physiologie : c'est que du mélange de races humaines différentes naissent des produits indéfiniment féconds. Or, qui peut ignorer aujourd'hui la signification d'un tel fait ? Qui ne sait que les espèces même les plus voisines ne produisent jamais entre elles des groupes indéfiniment féconds (âne, cheval, etc.) ? N'est-il pas connu de tout le monde que, chez les animaux (comme chez les végétaux), les hybrides, même de sang inégal et féconds entre eux, retournent au bout de quelques générations aux espèces primitives ?

De ce qui précède il a donc paru logique de conclure que les hommes descendent d'un couple unique. Faut-il maintenant rechercher à quelle race on pourrait rapporter ce couple ? Est-il possible de connaître son origine, la contrée qu'il habitait ? Suivrons-nous dans leurs développements les déviations du type primitif ? Il a été répondu à ces questions, autant que le comporte actuellement la science, dans des ouvrages spéciaux (2) ; mais nous n'avons pas à nous en occuper ici. — Qu'il nous suffise d'avoir mentionné les principaux arguments qu'on a invoqués à l'appui de la doctrine de l'unité de l'espèce humaine.

Nous n'entreprendrons pas non plus de tracer les caractères qui distinguent les unes des autres les différentes *races humaines ;* c'est là une étude qui appartient à l'histoire naturelle et non à la physiologie. Pour nous, qui n'avons à étudier que les fonctions de la vie, nous les trouvons les mêmes dans les diverses races ; et, s'il est vrai que des différences psychologiques existent entre elles, ces différences ne portent que sur des degrés de l'intelligence qui peut être plus ou moins développée, mais qui néanmoins est essentiellement la même : car l'humanité est une.

(1) *Ouvr. cité*, p. 203.
(2) De QUATREFAGES, *Rapport sur les progrès de l'Anthropologie en France*. Paris, 1867.

C'est à dessein que nous nous sommes abstenu de distinguer les animaux des végétaux dans les considérations qui précèdent. Sous le rapport de l'*origine*, il n'existe en effet aucune différence réelle entre ces deux règnes d'êtres vivants. Les graines sont assimilables aux œufs, et, pour les plantes comme pour les animaux, il est vrai de répéter avec Harvey : « *Omne vivum ex ovo.* »

Pendant leur *durée*, les corps vivants se distinguent des corps bruts non plus par un seul caractère, mais par un grand nombre de caractères importants ; et les corps vivants diffèrent aussi entre eux selon qu'ils appartiennent au règne végétal ou au règne animal. — Dans une étude générale sur la vie, il pourrait suffire de distinguer les corps vivants de ceux qui ne le sont pas ; mais bien que l'examen de la vie, dans les plantes, constitue en réalité une science particulière, comme ce n'est là, pour ainsi dire, qu'un des degrés de la vie des animaux, il nous semble important d'examiner les différences principales qui existent entre ces deux grandes divisions des êtres organisés. Toutefois, et pour n'avoir pas à subdiviser inutilement notre sujet, nous traiterons en même temps, à propos des caractères distinctifs des corps vivants et des corps bruts, de ceux qui distinguent entre eux les animaux et les plantes.

Une question préalable se présente : les caractères dont il s'agit sont-ils constants, absolus, ou bien cette division des êtres vivants en deux règnes n'est-elle qu'artificielle ?

Nous avons déjà dit qu'entre les corps bruts et les corps vivants il existe une ligne de démarcation bien tranchée, bien nette ; ligne que, malgré toute leur bonne volonté, n'ont pu effacer les auteurs le plus disposés à ne reconnaître dans la nature qu'une gradation des corps. « Si le polype, dit Ch. Bonnet (1), nous montre le passage du végétal à l'animal, d'un autre côté nous ne découvrons pas celui du minéral au végétal. Ici, la nature nous semble faire un saut ; la gradation est pour nous interrompue, car l'organisation *apparente* de quelques pierres et des cristallisations ne répond que très-imparfaitement à celle des plantes. »

Une pareille différence existe-t-elle entre les végétaux et les animaux ? « L'examen nous conduit à reconnaître, dit Buffon (2), qu'il n'y a aucune différence essentielle et générale entre les animaux et les végé-

---

(1) *Considérations sur les corps organisés*, ch. XII, § 20.
(2) *Hist. nat.*, 1749, t. II, p. 8.

taux ; mais la nature descend par degrés et par nuances imperceptibles d'un animal qui apparaît le plus parfait à celui qui l'est le moins et de celui-ci au végétal. Le polype d'eau douce sera, si l'on veut, le dernier des animaux et la première des plantes. » Buffon était bien l'interprète fidèle de la science de son temps. Plus tard, Bory de Saint-Vincent, frappé d'un certain nombre de faits, a même cru devoir proposer l'adoption d'un règne intermédiaire. Ingenhousz (1) a admis que la matière verte de Priestley se forme par une réunion d'infusoires et peut se résoudre en infusoires.

Cette confusion des règnes n'est plus acceptée de nos jours, mais il n'en reste pas moins des incertitudes réelles sur les limites à établir. Les botanistes et les zoologistes, tout en admettant ces limites en principe, se renvoient encore un certain nombre de groupes placés sur les confins des deux règnes.

Mais, si les deux règnes organiques se touchent par leurs degrés inférieurs, ou plutôt si les moyens que nous possédons ne permettent pas toujours de reconnaître si la vie, quand elle existe dans les infiniment petits et à un degré infime, est celle d'un végétal ou celle d'un animal, il n'en est pas de même dans les degrés supérieurs : ici la distinction est tellement claire et évidente, que, en négligeant les conditions rares et douteuses qui viennent d'être signalées, il sera toujours facile de démontrer en quoi les végétaux diffèrent des animaux.

Il n'y a jamais de véritable *individualité* parmi les corps inorganiques, ou plutôt, comme l'a fort bien dit Chevreul, l'individu est réduit à la molécule chimique. L'*individualisation*, tel est le grand fait, en quelque sorte primordial, que la vie introduit dans la nature et qui l'accompagne partout. Il importe d'en tenir compte dans l'appréciation des autres différences qui séparent les êtres organisés des corps inertes et qui sont surtout relatives au *volume*, à la *forme*, à la *composition chimique ;* en outre, entre les végétaux et les animaux, on en trouve encore qui appartiennent aux diverses fonctions de nutrition, de respiration, de circulation, etc. Enfin la sensibilité et la motilité volontaire, ces attributs de l'animalité, n'ont pas leurs analogues dans le règne végétal.

Le *volume* des corps inorganiques est indéfini et illimité. Mécaniquement on peut diviser un de ces corps en parties extrêmement petites sans qu'il cesse d'être, et par la pensée on peut le scinder en atomes

____

(1) *Miscellanea physico-medica.* Vienne, 1795.

sans l'altérer. L'observation révèle, d'autre part, l'existence de corps planétaires auprès desquels la terre ne paraît que comme un grain de sable. Entre ces infiniment petits et ces infiniment grands, tous les degrés de volume sont possibles et existent en effet pour les corps bruts.

Il n'en est pas de même pour les êtres organisés : chez eux, chaque individu possède un volume déterminé qu'il peut dépasser en plus ou en moins dans des limites variables, mais toujours très-restreintes. — Pour apprécier la généralité de ce caractère, il est nécessaire de tenir compte de l'*individualité*. En effet, parmi les êtres organisés, il en est qui forment toujours des agrégations dont le volume est extrêmement variable. Tous nos arbres, tous les polypiers, sont dans ce cas. Or, entre le jeune chêne qui n'a que quelques feuilles et le même arbre devenu plusieurs fois centenaire, la différence est telle, qu'au premier coup d'œil on pourrait contester la règle que nous venons d'énoncer. A plus forte raison en est-il ainsi quand il s'agit de ces polypes microscopiques, dont les innombrables individus constituent par leur agrégation des îles entières. Chez les êtres vivants, le volume peut être d'une excessive petitesse, puisqu'il est des corps organisés dont le microscope seul décèle l'existence ; mais il est impossible, soit physiquement, soit intellectuellement, de les diviser à l'infini : ils cesseraient d'être des corps vivants. La chimie n'a pu concevoir la pensée d'atomes animaux ou végétaux : ici tout s'arrête à la *cellule*.

Il a existé, dans les terres antédiluviennes, des êtres organisés d'un volume considérable ; il existe encore des Cétacés, des Baobabs, qui témoignent quel énorme développement peuvent acquérir des êtres vivants du règne animal ou du règne végétal. Si grand qu'il soit, ce développement est pourtant limité, tandis que celui des corps bruts n'a pour ainsi dire pas de limite. Un grain de sable qui s'ajoute à un autre grain de sable peut être le point de départ, l'origine d'un vaste continent ; et ces immenses deltas qu'on rencontre aux embouchures de grands fleuves ont été formés ou se forment tous les jours du limon que les eaux entraînent.

On assure, à la vérité, que certains polypiers ont pu, en s'agglomérant, former d'importants archipels, et que de nouvelles îles naissent sans cesse par le développement ou le groupement de ces animaux. Mais un banc de corail n'est pas un animal, non plus qu'une ville n'est un homme. Des animaux ou des végétaux peuvent se grouper en grand nombre et de leurs débris ou de leurs produits former des masses considérables ; il n'est pas moins vrai que le volume de chaque individu pris isolément reste toujours absolument limité et comparativement petit.

Des mines de houille ou des bancs de craie, aussi loin qu'ils s'étendent, n'auront jamais été composés que de végétaux ou en partie d'animaux d'un volume déterminé.

Ces différences de volume se retrouvent, en quelque sorte, entre les végétaux et les animaux. Dans ces deux règnes, les infiniment petits peuvent se rencontrer, mais ils sont plus nombreux dans le règne animal que dans le règne végétal. Le nombre des animaux d'un très-petit volume paraît plus considérable en effet que celui des végétaux de pareilles dimensions. Enfin les plus grands, parmi les animaux, n'acquièrent jamais de dimensions comparables à celles des arbres de nos forêts, qui eux-mêmes ne sont pas, il s'en faut de beaucoup, au nombre des plus grands végétaux.

Les corps inorganiques peuvent se présenter sous trois états différents : l'état *solide*, l'état *liquide*, l'état *gazeux*. — Les corps organisés sont tous solides, mais ils renferment dans leur intérieur des liquides et des gaz.

Les corps inorganiques sont susceptibles de prendre toutes les formes, c'est-à-dire qu'ils n'ont pas nécessairement des formes déterminées. Résultat d'une agglomération de molécules, ils peuvent présenter des figures variables qui n'ont rien de fixe et qui dépendent des circonstances accidentelles au milieu desquelles ils se sont constitués. Quelques-uns d'entre eux sont néanmoins susceptibles de cristalliser et prennent alors des formes géométriques déterminées, mais alors aussi leur régularité résulte de surfaces planes réunies sous certains angles constants. Tous les cristaux sont des polyèdres rectilignes.

Les corps organisés ne présentent jamais de formes géométriques rectilignes. Constitués par des globules plus ou moins arrondis, par des cellules plus ou moins allongées, par des organes plus ou moins hétérogènes, les êtres organisés offrent les plus grandes variétés de formes dont l'irrégularité géométrique est à peu près constante dans chaque espèce. Ainsi chaque corps organisé a une forme déterminée, d'après son origine, et presque complétement indépendante du milieu dans lequel il se développe; mais cette forme est toujours limitée par des lignes courbes ou plutôt par des surfaces courbes, et de plus elle est toujours variable dans certaines limites.

Abstraction faite des êtres les plus bas placés dans l'échelle végétale et dans l'échelle animale, on peut aussi distinguer les végétaux des animaux d'après la *forme*. Chez les premiers, en effet, il y a tendance à se développer sous forme ramifiée en deux sens opposés pour les racines et pour les branches; chez les seconds, les formes se concentrent et présentent généralement un aspect à peu près globuleux. « Un végétal, dit de Candolle, est composé de deux cônes (dans les exogènes) ou de deux cylindres (dans les endogènes) appliqués par leurs bases, disposés dans le sens vertical et s'allongeant indéfiniment par leurs extrémités (1). »

Cette symétrie, qui existe entre les deux moitiés superposées des végétaux, se retrouve entre les deux moitiés latérales des animaux; mais les animaux supérieurs présentent deux moitiés latérales parfaitement symétriques, tandis qu'il n'y a qu'une analogie et non une symétrie véritable entre les racines et les branches.

Dans leur *structure*, les corps inorganiques ne présentent aucune partie qui soit nécessairement différente de la masse totale. Chaque division d'un cristal est un cristal pareil, plus petit; les masses les plus considérables peuvent être réduites en une poudre dont les grains seront identiques les uns avec les autres.

Dans les corps organisés il existe *nécessairement* des parties hétérogènes, les unes solides, les autres liquides, et formant autant de divisions qu'on ne saurait subdiviser sans les détruire. Ainsi, dans une plante, on pourra distinguer des branches, des fleurs, des feuilles; mais la division d'une feuille en plusieurs fragments ne donnera que des débris qui ne représenteront plus rien de la plante.

« Toutes les parties d'un corps vivant, soit végétal, soit animal, a dit Richerand, tendent et concourent à un but commun, la conservation de l'individu et de l'espèce; chacun de leurs organes, quoique doué d'une action particulière, agit pour remplir cet objet, et de cette série d'actions concurrentes et harmoniques résulte la vie générale ou la vie proprement dite. Au contraire, chaque partie d'une masse brute ou inorganique est indépendante des autres parties auxquelles elle n'est unie que par la force ou l'affinité d'agrégation; lorsqu'elle en est séparée, elle existe avec toutes ses propriétés caractéristiques et ne diffère que par son volume de la masse à laquelle elle a cessé d'appartenir. »

Dans leurs divisions, de même que dans leur ensemble, les corps bruts se distinguent des corps organisés. Un cristal ou une poudre amorphe sera le dernier terme de la division des substances inorganiques; dans les substances organisées, le microscope fera toujours retrouver, comme

_____
(1) *Organographie végétale*, t. I, p. 249.

partie élémentaire, une cellule ou un globule que l'esprit même ne saurait diviser sans les détruire. Ainsi, tandis que, réduites en poudre, les substances organisées sont détruites et incapables de se reconstituer, il suffit d'un peu de chaleur ou d'humidité pour que les poudres en lesquelles on aurait réduit des corps inorganiques s'agrégent, cristallisent et reforment le corps dont elles avaient fait partie primitivement.

L'hétérogénéité des parties constituantes des corps organisés a une telle constance, qu'il a été possible d'examiner ces parties en elles-mêmes, abstraction faite du corps auquel elles appartiennent. Ainsi les liquides et les solides qui entrent dans la composition des végétaux et des animaux présentent entre eux certains caractères, certaines analogies, certaines différences, quel que soit le végétal ou l'animal dont ils émanent. C'est pour cela qu'on a distingué sous des noms particuliers les principaux liquides, les divers tissus dont la réunion constitue les corps vivants. Ces liquides et ces tissus ne sont pas identiques dans les végétaux et dans les animaux, et les différences qu'ils présentent peuvent aussi servir à distinguer les deux règnes d'êtres vivants.

D'abord, relativement à la quantité, on observe que les liquides sont beaucoup plus abondants chez les animaux que chez les végétaux; et ce fait généralisé tend à établir que les parties fluides dans les corps organisés sont en raison directe du degré de vitalité. Ainsi, c'est pendant la vie embryonnaire, alors que l'énergie vitale est le plus prononcée, que les liquides sont le plus abondants. Dans l'enfance encore, la quantité relative des liquides est plus considérable qu'à une époque plus avancée de la vie, et c'est à la lettre qu'on peut dire que les êtres vivants se dessèchent en vieillissant.

Ces variations, qui s'observent dans l'individu pris en totalité, se retrouvent identiques dans les différents tissus qui le composent. Comparés entre eux, on constate qu'en général les tissus sont d'autant plus pénétrés de liquides, qu'ils sont plus doués de vie; d'où résulterait qu'en général aussi les organes les plus mous seraient ceux dont les fonctions tiendraient de plus près aux caractéristiques de l'animalité.

Le nombre des liquides est moindre aussi dans les végétaux que dans les animaux : la séve, qui représente dans les plantes le fluide nourricier, est le plus souvent leur seul élément liquide ; dans diverses espèces végétales, il existe en outre le *latex* ou suc propre, dont les usages sont peu connus. Chez les animaux supérieurs, au contraire, on trouve, indépendamment du sang, la lymphe, la salive, la bile, le suc pancréatique, la synovie, le liquide céphalo-rachidien, etc. — Notons encore que le fluide essentiel de la génération des animaux est représenté dans le règne végétal par une masse pulvérulente, le *pollen*.

La composition des liquides est beaucoup plus simple dans les plantes que dans les animaux, et le globule qui constitue, pour ainsi dire, le fluide nourricier des animaux (sang) n'a pas d'équivalent dans la séve, qui n'est guère que de l'eau chargée d'acide carbonique, de sels minéraux et de substances organiques.

Quant aux parties solides qui entrent dans la structure des corps organisés, elles diffèrent tellement dans les végétaux et dans les animaux, que, sous ce rapport, il est assez difficile d'établir entre eux des points de comparaison.

Un corps central, ovoïde ou sphérique, appelé *noyau* (pourvu lui-même habituellement d'un *nucléole*), entouré d'une masse amorphe, granuleuse et plus ou moins abondante, nommée *protoplasma*, le tout environné le plus souvent d'une membrane secondaire, telles sont les parties constituantes de la *cellule*, élément essentiel et quelquefois unique des végétaux. Chez les animaux, la cellule ainsi constituée se rencontre dans les espèces inférieures, ou pendant la vie embryonnaire des espèces plus élevées. Que les cellules s'allongent, se juxtaposent à leurs extrémités, et le tissu vasculaire des végétaux se forme : tissu cellulaire et tissu vasculaire, tels sont les éléments constitutifs des plantes dont la texture offre peu de diversité.

Pendant longtemps on a cru aussi que les animaux n'étaient formés que d'un seul tissu, la *fibre élémentaire*. Les uns la disaient creuse, d'autres pleine. Ruysch supposait que le corps n'était qu'un amas de vaisseaux sanguins, et Mascagni de vaisseaux lymphatiques. Cependant Haller avait reconnu que, malgré les injections les plus fines et les plus pénétrantes, on trouvait toujours des portions d'organes qui n'étaient pas constituées par des vaisseaux.

Depuis Schleiden, on a souvent admis que, chez les animaux comme chez les végétaux, la cellule est l'élément constitutif de tout l'organisme. Il est bien vrai que, pendant la période de formation, les cellules sont le plus souvent les premiers éléments des tissus qui apparaissent : ainsi on les trouve formant le blastoderme dans l'œuf des mammifères, avant qu'aucun autre élément organique puisse être distingué. Sans doute, on trouve encore les cellules comme éléments essentiels et prédominants dans un grand nombre de tissus d'individus adultes, dans l'épithélium, dans les cartilages, dans les culs-de-sac terminaux des glandes, etc.; mais elles sont plus ou moins atrophiées, quoique bien reconnaissables dans d'autres tissus ayant atteint leur développement, par exemple dans le tissu tendineux.

On admet généralement que les corps organisés animaux sont constitués par la réunion de plusieurs tissus élémentaires, tels que les tissus cellulaire, osseux, cartilagineux, fibreux, nerveux, glandulaire, etc. Mais ces divers tissus ne se montrent pas isolés dans les organes, ils ne se retrouvent pas également chez tous les animaux aux différents degrés de l'échelle, et ne représentent en quelque sorte que les éléments des différents systèmes qui forment les animaux.

Le tissu cellulaire est celui qui se présente avec le plus de constance dans l'échelle animale : toutefois, il n'est vraiment bien reconnaissable et ne présente tous ses caractères que dans les classes élevées où il s'associe à d'autres éléments.

Les vaisseaux sont des tubes dans lesquels circule le liquide nourricier des animaux : on les retrouve dans presque toutes les classes, non-seulement chez tous les vertébrés, mais aussi chez beaucoup d'animaux sans vertèbres.

Les vaisseaux des végétaux sont cloisonnés à leur intérieur et constitués par une juxtaposition de cellules.

Si, malgré les différences qu'ils présentent dans les animaux et dans les plantes, les systèmes cellulaire et vasculaire sont communs à ces deux règnes, au contraire, les systèmes nerveux, musculaire et osseux n'appartiennent qu'au règne animal et n'ont pas leurs analogues dans les végétaux. L'observation, d'accord avec le raisonnement, a fait découvrir l'existence du système nerveux et du système musculaire à presque tous les degrés du règne animal. Quant au système osseux (y compris les cartilages), il n'existe en réalité que chez les vertébrés : mais il est représenté chez les mollusques par leurs enveloppes calcaires, chez les insectes par des téguments cornés ; chez certains autres articulés on trouve des parties composées de matière animale mélangée avec du carbonate et du phosphate calcaires, qui offrent quelque analogie avec les os.

Ces différents systèmes et tous les autres qui entrent dans la composition du corps des animaux ne sont pas groupés au hasard, ils sont assemblés de manière à former des appareils qui concourent à une même fonction. En étudiant chacune des fonctions à part, nous aurons soin de signaler, pour celles qui sont communes aux végétaux et aux animaux, les principales différences et ressemblances qui existent entre elles dans ces deux règnes.

Dans le *nombre* des organes qui participent à une même fonction, il existe une différence générale entre les végétaux et les animaux. Chez les premiers, il y a une multiplicité extrême de racines, de feuilles, de fleurs ; chez les seconds, il y a tendance à l'unité, un seul canal digestif, deux poumons ou branchies, deux testicules ou ovaires, etc.

Quant à la *disposition* générale des organes, elle offre cette différence remarquable, que, dans l'immense majorité des animaux, tous les organes importants sont situés à l'intérieur du corps, à moins que, comme les appareils des sens, ils n'aient, par leur destination même, leur place marquée à la surface de l'animal ; tandis que, dans les végétaux, ils sont toujours placés à l'extérieur et qu'aucun organe spécial ne se rencontre à l'intérieur. Aussi a-t-on dit que les animaux étaient des plantes retournées en dedans, et les plantes des animaux retournés en dehors.

Une différence plus importante résulte de l'existence, dans les animaux, d'*organes centraux* pour la circulation et pour l'innervation, qui, nous l'avons vu, n'ont rien d'analogue dans les végétaux. Mais cette distinction n'est pas absolue, car ce n'est pas dans tout le règne animal que ces organes se montrent, et généralement ils manquent dans les animaux tout à fait inférieurs qui tendent à se rapprocher du règne végétal. — La présence d'organes centraux constitue essentiellement l'individualité ; leur absence permet de considérer les êtres comme un groupe d'êtres distincts. Ainsi, tandis qu'un vertébré ne peut être divisé sans cesser d'exister, un assez grand nombre d'invertébrés peuvent être partagés en plusieurs parties qui continuent à vivre. Or, ce qui est une exception dans le règne animal et ne se rencontre que dans ses degrés inférieurs, est la règle dans les végétaux : chez eux, chaque partie prise isolément représente tous les organes de l'individu souche, et peut vivre isolément en formant un individu nouveau. Ainsi, quand on met en terre une branche encore adhérente à la plante à laquelle elle appartient, elle peut prendre racine, et vivre alors d'une vie propre qui permet de la détacher bientôt du tronc dont elle provient : c'est le moyen que l'on emploie pour multiplier les plantes par *marcotte*. De jeunes branches dont les yeux et l'écorce sont sains peuvent, étant plantées, se développer et constituer un végétal parfait, ainsi que le démontrent journellement les *boutures*. Les feuilles elles-mêmes peuvent suffire à reproduire certaines plantes. Aussi Dupetit-Thouars a-t-il pu dire « qu'un arbre est un agrégat de l'individu primitif provenu de la graine avec tous les individus provenus de germes non fécondés, et qui se sont développés les uns sur les autres en formant les prolongements ou les ramifications de l'individu primitif (1). ».Un arbre est en quelque sorte l'analogue d'un polypier.

La distinction qu'on a voulu établir entre les animaux et les plantes, d'après la persistance des organes génitaux chez les premiers et leur périodicité chez les secondes, n'est pas absolue. Il existe des animaux qui ne sont pas pourvus pendant toutes les époques de leur vie d'organes génitaux, et chez lesquels ces organes n'apparaissent que dans la période où la génération doit s'accomplir.

Du reste, chez les animaux comme chez les plantes, la génération n'étant pas une fonction qui s'exerce constamment, les organes qui y servent s'atrophient plus ou moins quand ils ne doivent pas agir. Mais il reste vrai, suivant la remarque de Treviranus (2), que la réunion dans une fleur des organes appartenant aux deux sexes et un nombre indéterminé de ces organes sont les caractères du maximum de l'organisation végétale, et que le contraire caractérise le minimum de cette même organisation. Chez les animaux, la répartition des organes génitaux sur des individus différents est une preuve d'organisation plus parfaite.

Pendant longtemps les chimistes ont cru à des différences fondamentales entre les corps organiques et les corps inorganiques. Naguère encore ils admettaient la division des corps organiques en *ternaires* et en *quaternaires*, les premiers appartenant aux végétaux et composés d'oxygène, d'hydrogène et de carbone; les seconds appartenant aux animaux et formés des mêmes éléments, plus l'azote. Ces distinctions ne sont plus acceptées aujourd'hui. Sans doute, dans un grand nombre de principes immédiats des végétaux on ne rencontre que les trois éléments, oxygène, hydrogène et carbone; mais dans beaucoup d'autres il existe aussi de l'azote. D'ailleurs, entre les principes organiques et certains corps dont s'occupe la chimie minérale, il n'existe pas de différences tranchées, et il devient chaque jour plus vrai de dire que la chimie est une, qu'elle ne saurait légitimement se scinder en chimie inorganique et chimie organique.

En effet, il n'existe entre les substances minérales et les substances organiques qu'une seule différence fondamentale qui est leur différence d'origine. A part cela, elles peuvent les unes comme les autres ou cristalliser, ou se combiner, soit avec des bases, soit avec des acides, ou

(1) *Organographie végétale*, t. II, p. 238.
(2) *Biologie*, t. I, p. 432.

bien se décomposer en principes basiques et en principes acides, et les combinaisons qu'elles forment les unes comme les autres obéissent à des proportions définies. Ainsi, un même corps peut être alternativement considéré comme minéral ou comme produit animal sans que sa composition ait changé. Un exemple bien connu est fourni par l'urée. Ce corps d'origine organique a pour formule $C^2H^4Az^2O^2$: or, l'acide cyanique traité par l'ammoniaque donne du cyanate d'ammoniaque (AzH^3,HO,C^2,AzO), qui, dans l'eau, se transforme en un produit isomère, l'urée. Les mêmes éléments, dans les mêmes proportions, peuvent donc, suivant leur mode de groupement, donner des corps qui appartiennent, soit au règne minéral, soit au règne organique.

Cependant s'il est vrai, pour le chimiste, qu'il n'y a pas de différence absolue entre les corps organiques et les corps inorganiques, cette proposition n'est pas tout à fait aussi exacte pour le physiologiste. Lorsqu'ils sont soumis à l'analyse, les produits organiques et les corps organisés sont soustraits à l'influence de la vie. Dans le laboratoire du chimiste, les combinaisons, sans être finalement différentes de ce qu'elles étaient pendant la vie, ne présentent plus les conditions qui leur permettaient de donner naissance à une foule de produits intermédiaires, ou de résister par le fait même de la vie à certains agents chimiques.

Il ne faut pas supposer néanmoins, comme on l'a dit trop longtemps et trop souvent, que la vie soit une lutte continuelle contre les forces physiques ou chimiques. Les lois qui régissent les combinaisons des corps ou leur décomposition semblent être les mêmes dans l'organisme vivant ou dans le laboratoire ; mais il faut bien considérer que, dans les êtres doués de la vie, il existe un nombre infini de combinaisons diverses, de circonstances particulières de température, d'électricité, d'état physique, etc., qui interviennent dans les réactions, les multiplient, les compliquent, et dont il importe de tenir compte quand on peut les connaître ou les apprécier. Dans la digestion, par exemple, on voit l'animal prendre un aliment, le diviser, le triturer, le diluer, le traiter par les acides, par les alcalis, employer pour le décomposer une température constante, des réactifs nombreux, simultanément ou successivement ; et, par tous ces moyens que la chimie connaît et qu'elle peut plus ou moins employer, la digestion s'opère. Il y a lieu de croire qu'elle s'opérerait de même dans la cornue inerte du chimiste, si les mêmes agents s'y trouvaient dans les mêmes conditions ; mais ils ne s'y trouvent pas, et jusqu'à présent la science n'est point parvenue à imiter *complétement* la nature :

c'est déjà beaucoup qu'elle ait pu apprécier les moyens employés, leur mode d'action, leurs résultats, et qu'elle ait pu réussir parfois à produire des effets très-analogues. — On doit assurément une juste admiration à ces travaux chimiques qui essayent de lutter avec la nature dans la production des principes organiques; mais aussi, d'autre part, il ne faut pas oublier que les êtres vivants, même les plus infimes, réalisent, sans cesse et sans efforts, des résultats auxquels le génie de l'homme ne peut atteindre.

Sans admettre que la vie combatte les lois que la chimie a établies, il faut bien néanmoins reconnaître, nous le répétons, que, dans les corps vivants, les phénomènes chimiques se présentent dans des conditions particulières. Ce qui caractérise surtout les combinaisons qui se produisent au sein de l'organisme, c'est leur instabilité : elles se forment, se transforment, se détruisent sans cesse pour se reproduire de nouveau. On est parvenu à fixer l'image du boulet traversant l'espace, mais on ne parvient pas à donner de la stabilité aux éléments qui composent un organisme vivant. Quand la vie cesse, les combinaisons se détruisent. Si c'est un végétal, par exemple, qui vient à cesser de vivre, ses éléments constituants se désagrégent, ils entrent dans des combinaisons nouvelles, produisent de l'eau, de l'acide carbonique et de l'ammoniaque que d'autres végétaux peuvent s'assimiler, tandis que les parties minérales des tissus retournent au sol.

La vie ne se maintient que par des combinaisons et des décompositions incessantes : ce n'est pas à dire pourtant que les actes chimiques constituent la vie, ce sont seulement les moyens qui servent à l'entretenir. — Sous quelle influence ces actes s'opèrent-ils? Faut-il admettre, comme présidant à leur manifestation, une force particulière et propre aux êtres vivants? Vient-on à entrer dans cette voie, ce n'est plus une force unique qu'il faut admettre, mais autant de forces qu'il y a d'actes réellement distincts dans un organisme vivant. Quand la chimie procède à ses opérations, elle emploie des agents nombreux qui se trouvent réunis sous les plus parfaites conditions dans l'économie vivante; les lois qu'elle établit ne sont que l'expression des faits observés. Elle constate, par exemple, à l'aide de l'analyse, que l'eau est composée d'oxygène et d'hydrogène; elle prouve par la synthèse que l'oxygène et l'hydrogène, sous l'influence de l'étincelle électrique, forment de l'eau : elle n'en tire pas la conséquence qu'il y a dans ces deux gaz une force particulière qui préside à leur combinaison, ou bien si elle admet qu'ils se combinent en vertu de leur *affinité*, ce mot lui-même

n'est que l'expression résumée des faits. De même dans les êtres vivants :
quand le chimiste voit se former en eux de l'eau, de l'acide carbonique, de
l'urée, de la graisse, de l'albumine, de la fibrine, etc., il montre quels
sont les éléments qui entrent dans la composition de ces corps, il essaye
de les reconstituer au moyen de ces éléments, et les résultats déjà obtenus sous ce rapport ne permettent guère de poser des limites que la
science ne saurait franchir. Toutefois, est-on ainsi autorisé à répéter avec
Lehmann (1) ? « Comme on ne peut guère démontrer l'existence d'une
force dite *vitale*, appartenant exclusivement aux corps organisés, tous
les phénomènes propres aux êtres vivants doivent pouvoir s'expliquer
par les lois de la physique et de la chimie ; ces lois seules nous donnent la clef des phénomènes de la vie : aussi, dans un avenir peu éloigné,
la physiologie animale sera-t-elle entièrement réduite aux seuls principes de physique et de chimie. » — Cette opinion hardie est loin d'être
partagée par nos physiciens et nos chimistes les plus éminents.

La physiologie fera, comme elle fait déjà, la part de la chimie et de la
physique dans les actes vitaux, mais elle continuera en outre à étudier
les nombreux et importants phénomènes de la vie que ces sciences sont
jusqu'ici impuissantes à expliquer et qui ne semblent pas rentrer dans
leur domaine.

Le rôle de la chimie, en particulier, n'en reste pas moins immense et
il grandira sans doute encore. Déjà cette belle science a démontré l'existence de mêmes principes immédiats dans les deux règnes organiques.
Elle a prouvé que les végétaux forment ces principes au moyen d'éléments
qu'ils puisent dans la nature inorganique, tandis que les animaux les
prennent tout formés dans le règne végétal et se bornent à les assimiler.

En effet, les plantes tirent de l'air ou du sol le carbone, l'hydrogène,
l'oxygène et l'azote qui, chez elles, servent à constituer par exemple
l'albumine, la fibrine, la caséine, la légumine, etc., principes azotés que
les animaux herbivores y trouvent tout formés, mais que pourtant ils ne
s'assimilent qu'après leur avoir fait subir une foule de transformations.
De même les carnivores trouvent ces mêmes principes dans la chair
dont ils font leur nourriture, mais eux non plus n'absorbent pas directement ces principes immédiats tout constitués : ils les t ansforment
pour leur usage avant de les convertir en leur propre substance.

Les animaux herbivores ou carnivores ne sauraient vivre et se nourrir
directement d'éléments chimiques comme font les plantes, ou plutôt

____

(1) *Précis de chimie physiol. animale*, trad. franç. par Drion. Paris, 1855, p. 7.

avec de l'oxygène, de l'hydrogène, du carbone et de l'azote, les animaux ne sauraient comme elles former des principes immédiats ou corps composés, tels que l'albumine, la fibrine et la caséine, ou bien l'amidon, les sucres, etc. Faire de la matière organique en fixant et en combinant, de manières diverses, certains principes médiats ou éléments minéraux, est un privilége qui n'appartient qu'aux plantes et qui résulte d'une activité organique qui leur est particulière. La plante produit les principes albuminoïdes, gras et sucrés de l'alimentation; l'animal métamorphose les uns et les autres, les utilise à sa manière, puis, après les avoir utilisés, les détruit, les décompose et les restitue, sous d'autres formes, par la respiration et les excrétions, au règne minéral.

En résumé, la matière inorganique entrée dans la vie subit une série de modifications qui tendent à l'élever sans cesse davantage, à la vitaliser de plus en plus, jusqu'au moment où, ses transformations et sa destination une fois réalisées, elle retourne à l'atmosphère et au sol pour recommencer un nouveau cycle de vie.

Il ne nous est pas plus donné de concevoir que la matière ait été formée du néant que de comprendre qu'elle y doive retourner. Nous la voyons changer seulement de forme, de manière d'être, acquérir des qualités nouvelles, et par cela même nous sommes portés à la considérer comme éternelle. Au contraire, la vie, que nous avons vue apparaître sur notre globe à une époque où les corps bruts existaient depuis longtemps, ne présente à nos yeux qu'une durée passagère quand nous la considérons dans un être déterminé. Les corps vivants, végétaux ou animaux, n'ont qu'un temps : ils naissent, vivent et meurent; trois termes plus ou moins distants qui n'ont qu'une durée imperceptible dans l'éternité. Mais les corps vivants eux-mêmes sont formés par de la matière inorganique qui persiste après la cessation de la vie. C'est donc par la mort que s'effectue le retour à l'état inorganique des corps qui étaient doués de la vie : en effet, des continents sont en partie formés de débris d'animaux disparus, et des mines inépuisables de charbon sont le résidu de végétaux qui ont vécu. — Ainsi un cercle non interrompu existe par l'échange continuel qui s'opère entre la nature vivante et la nature morte; sans cesse la matière, dans ses innombrables transformations, passe d'un état à l'autre, et toujours elle persiste. Mais, en même temps que nos sens peuvent constater l'existence indéfinie de la matière, notre esprit, à moins de perturbation dans les conditions extérieures que rien ne nous autorise à prévoir, se refuse à admettre l'anéantissement de la vie. Les êtres vivants peuvent mourir, mais la vie se continue d'une génération qui s'en va dans la génération qui la suit ; et si, après la mort, les éléments des êtres retournent à la matière inorganique, celle-ci à son tour rentre dans la vie en fournissant les éléments des êtres nouveaux que la vie anime. Ainsi considérée, la mort n'est pas un accident, elle est une conséquence de la vie ; et, s'il était possible d'idéaliser les êtres dans une existence unique, on pourrait, en quelque sorte, regarder la mort comme une fonction ultime de la vie.

La matière, ainsi entraînée dans une véritable circulation, change sans cesse de forme mais ne perd jamais rien de son poids ; elle existe donc dans l'univers en quantité invariable. Étudiant de plus près, dans leurs relations, les grands agents extérieurs (gravitation, cohésion, affinité, chaleur, électricité, lumière, etc.), les physiciens ont établi, dans ces dernières années, qu'ils sont tous transformables les uns en les autres par *voie d'équivalence*, et que, par suite, ils doivent être considérés comme de simples *modalités dynamiques* inséparables de la matière qui leur sert de support.

La physiologie, ayant pour objet l'étude des fonctions des êtres organisés, s'occupe de ce qui concerne le corps et laisse ordinairement en dehors de son domaine les actes psychiques qui appartiennent à une autre science. A l'exemple des anciens qui comprenaient dans une même étude un ensemble de sciences aujourd'hui distinctes, il pourrait sembler rationnel de faire entrer dans un même cadre la physiologie et la psychologie ; mais ces deux sciences, malgré leurs rapports intimes, ont chacune un assez vaste champ d'exploration pour qu'elles doivent rester distinctes. Nous laisserons donc de côté, au moins ici (*), l'étude psychologique des êtres doués d'intelligence ou d'instinct. Jusqu'à présent, nous n'avons voulu que comparer les trois règnes *minéral*, *végétal* et *animal*, signaler rapidement les rapports préétablis entre ces trois règnes, et réunir, sous une forme simple, les principaux traits de la vie des plantes et des animaux : si nous avions dû étudier les actes de l'intelligence, nous aurions pu, à l'exemple de quelques auteurs, en admettre un quatrième, le *règne humain*.

Combien, en effet, l'homme ne diffère-t-il pas par son intelligence du plus parfait des animaux ! De même que nous avons vu toutes les fonctions de la vie nutritive se multiplier, se perfectionner d'une manière

(*) Voyez le chapitre intitulé : *Facultés instinctives, intellectuelles et morales,* dans le tome III de cet ouvrage.

graduelle, et de là résulter des genres, des classes, des règnes de plus en plus haut placés dans l'échelle des êtres; de même nous pourrions voir les actes de l'intellect se continuer depuis leur manifestation la plus humble jusqu'à la plus élevée. Mais, entre l'instinct le plus parfait et la raison humaine, il existera toujours un abîme. Seul, l'homme est doué de la raison, cette faculté de connaître la vérité; de la parole, cet instrument destiné à l'exprimer; seul, il est perfectible. Seul encore, l'homme a des idées abstraites par lesquelles il s'élève à la conception d'un Être suprème. Sous le rapport psychique, mais sous celui-là seulement, l'homme pourrait donc constituer un règne à part. — La physiologie a spécialement en vue les fonctions qui assimilent l'homme aux animaux; à la psychologie, il appartient d'étudier et de faire connaître les facultés qui l'en séparent.

Ce n'est pas le lieu de passer en revue toutes les dissidences des auteurs sur le nombre et le classement des fonctions. Qu'il nous suffise de rappeler que se nourrir, se propager, sentir et se mouvoir, sont les principaux attributs de tout être animé; d'où la division naturelle des fonctions en trois grandes sections : fonctions de nutrition, fonctions de reproduction et fonctions de relation. Indépendamment de sa simplicité, une pareille division a le mérite de suffire à une exposition méthodique des diverses parties de la physiologie. — La vie végétative ou nutrition et la vie de l'espèce ou génération sont seules dans les Plantes; la vie de relation ou sensibilité et mouvement est en plus dans les Animaux. Toutefois, comme le fait observer Littré, on se tromperait si l'on regardait cette dernière fonction générale comme quelque chose de totalement à part et d'hétérogène, et si l'on voyait dans l'animal une juxtaposition de deux êtres différents. La sensibilité procède de la nutrition, l'animal du végétal; les tissus nerveux et musculaire sont, comme la plante, composés de cellules, de fibres et développés d'après le même principe. Il y a plus : chez les animaux supérieurs, l'exercice de la sensibilité dépend d'une condition indispensable, à savoir, le contact incessant du sang oxygéné. Si la respiration s'interrompt, le cœur a beau battre et envoyer le sang dans toutes les parties, l'animal succombe rapidement asphyxié. De la sorte se trouvent unies étroitement la nutrition et la sensibilité.

L'étude des *fonctions de nutrition* nous occupera d'abord.

TRAITÉ

DE PHYSIOLOGIE

DE LA DIGESTION

1. Tout être soumis aux lois de la matière organisée n'entretient son existence qu'à l'aide d'un échange continuel avec les choses du dehors, en leur prenant et leur rendant sans cesse les éléments de ses organes : ainsi en est-il du végétal le plus simple et de la plante la plus parfaite, du dernier zoophyte et de l'animal le plus haut placé dans l'échelle zoologique. La nature de cet échange et les moyens organiques de son accomplissement sont, il est vrai, bien différents, mais la fin et le but du phénomène restent toujours les mêmes.

C'est à des sources intarissables, le sol et l'atmosphère, que puisent les êtres doués de la vie; c'est à ces mêmes sources qu'ils restituent, sous d'autres formes, les matériaux qu'ils en ont reçus. Pour les animaux, la condition d'existence est de consommer, de détruire, de *brûler* (1) continuellement ce qui est organisé, afin de s'organiser eux-mêmes; et l'animal, dans ce but, emprunte à l'air atmosphérique son *oxygène*, c'est-à-dire le même principe que les plantes y versent incessamment. Pour les végétaux, la condition de la vie repose sur un ordre de phénomènes tout à fait différents de l'oxydation ou combustion lente : le végétal, sous l'influence de la lumière du soleil, organise ce qui n'est point organisé, ce qu'on pourrait nommer la matière brute, et, avec elle, il compose des principes organiques très-divers, en laissant dégager de l'oxygène si indispensable au règne animal.

Ainsi, tandis que la plante va réduisant sans cesse des substances oxygénées qu'à l'aide de ses forces essentielles elle convertit en matière organique ou bien en sa propre substance, l'animal va brûlant ou oxydant toujours cette même matière, soit qu'il l'ait empruntée directement à la

---

(1) Dans l'acception qu'on donne à ce mot depuis Lavoisier.

plante, soit qu'il l'ait reçue médiatement en se nourrissant de la chair des herbivores. Il en résulte que, transitoirement devenue organique, la matière inorganique traverse successivement plusieurs organismes, avant de revenir à son état primitif et d'être rendue au sol et à l'atmosphère, milieux d'où tout provient, où tout retourne, et auxquels le règne animal se lie d'une manière si étroite par l'entremise du végétal.

Mais, à l'aide de leurs racines et de leurs feuilles, si les plantes peuvent absorber directement dans ces milieux, sous la forme liquide ou gazeuse, les éléments de leurs tissus, il n'en est pas de même de la généralité des animaux, dont les aliments, presque toujours pris à l'état solide ou de suspension, nécessitent une opération préparatoire à leur absorption. De là, pour l'immense majorité des animaux, la présence obligée d'une cavité intérieure dans laquelle la matière alimentaire puisse séjourner, se dissoudre et se transformer; de là aussi l'existence d'une fonction qui leur est particulière, la DIGESTION.

Avec cette importante fonction, *qui a pour but immédiat de séparer des aliments les principes de réparation et de rendre ceux-ci propres à être absorbés et versés dans le torrent circulatoire*, commence la série des transformations successives que doivent éprouver les principes alimentaires pour passer à l'état de *matière nutritive* ou assimilable.

Or, cette transformation ultime est bien loin de se produire dans le tube digestif lui-même; au contraire (en exceptant toutefois ceux des animaux que leur organisation moins parfaite place au bas de l'échelle), elle est le résultat de plusieurs fonctions dont la digestion peut être regardée comme le premier temps et comme la source, en ce sens qu'elle leur fournit les matériaux de leur travail. En effet, ces éléments réparateurs que la *digestion* isole des substances alimentaires, que l'*absorption* a mission d'introduire dans le torrent de la *circulation* par les veines ou par les chylifères, ne continuent-ils pas, pour la plupart, dans les vaisseaux eux-mêmes, leurs associations nouvelles, leurs changements de nature et de composition commencés dans le tube digestif? Et ce sang, tout régénéré qu'il est par un semblable mélange, ne va-t-il pas encore se modifier profondément dans son passage à travers l'appareil de la *respiration*, se transformer de nouveau dans le système capillaire général, dans les glandes et dans l'épaisseur de tous les tissus (*sécrétions, nutrition*, etc.), toujours par l'intervention puissante du même agent, l'oxygène atmosphérique?

Aussi, avant que de nouveaux produits digestifs se soient hématisés, qu'ils soient devenus à leur tour le sang propre à fournir le vrai *liquide nutritif* (1), que de décompositions et de métamorphoses diverses dont la Chimie, parfois seulement, pourra donner ou pressentir l'explication! On le voit donc, le sang est le milieu, l'agent essentiel de tous les phénomènes de nutrition : c'est lui qui, dans son parcours, recrute les

---

(1) Ou *suc nourricier, lymphe coagulable, lymphe plastique :* c'est la partie liquide du sang ou plasma, celle qui s'échappe par transsudation à travers les parois des vaisseaux capillaires spécialement.

éléments sans cesse élaborés par les voies digestives pour le reconstituer, et qui dépose, dans les tissus, des matières assimilables ; c'est lui aussi qui reçoit, pour les conduire vers les organes d'élimination, les matériaux usés par le mouvement de la vie et devenus inutiles ou nuisibles à l'organisme. Ainsi il représente un fluide à la fois réparateur et épurateur, dont le renouvellement et la destruction continuels, confiés à la *digestion* et à la *respiration*, sont les deux conditions fondamendales de l'existence des animaux.

D'après ce qui précède, il devient aisé de concevoir que tant de transformations diverses, desquelles doit résulter la transmutation définitive des aliments en suc nutritif, ne puissent être rigoureusement localisées, et que le tube digestif n'en soit, pour ainsi dire, que le point de départ. Quoi qu'il en soit, ce n'est qu'après leur accomplissement que chaque partie organique peut prendre, j'allais dire *choisir*, dans ces matières ainsi préparées, ce qui convient à sa nature et à sa destination particulière, le fixer en lui communiquant les propriétés qui lui manquaient et dont elle-même est douée, en un mot, se *l'assimiler*. Ce dernier acte est, en grande partie, le secret de la vie, et l'on a nommé *vitale* la force inconnue qui l'opère. La force dont il s'agit préside à toute cette succession et à cet ensemble de phénomènes qui, sans elle, cessent ou de se reproduire ou de s'enchaîner dans leur ordre : aussi toujours est-on obligé de la reconnaître derrière ces forces physiques et chimiques dont elle se sert et qu'à son profit elle utilise si bien.

Tel est l'ensemble des fonctions nutritives sous un point de vue trèsgénéral ; tels sont les rapports réciproques et l'enchaînement mutuel de toutes ces fonctions qui, commençant à la *digestion*, aboutissent à *l'assimilation*, c'est-à-dire dont le but final est de transformer, puis de fixer, pour un temps variable, dans les tissus vivants à entretenir ou à accroître, les substances du dehors introduites dans l'organisme.

II. Maintenant il nous faut entreprendre l'étude détaillée de tous les phénomènes organiques, physiques et chimiques qui se rattachent à la digestion, étude aussi pleine d'intérêt pour le physiologiste qu'elle est féconde en applications pour le médecin.

Un coup d'œil général sur *l'appareil de la digestion*, dans la série animale, nous a paru d'abord nécessaire. Quant aux détails de texture qui offrent un véritable intérêt physiologique, ils reviendront plus tard lors de la description de chacun des actes digestifs en particulier.

Deux sensations distinctes, la *faim* et la *soif*, sollicitent et assurent le périodique retour de l'ingestion des aliments solides et des aliments liquides. Leur étude, et surtout celle des *aliments*, devra précéder l'exposé des divers phénomènes digestifs dont les uns constituent la *partie mécanique*, et les autres la *partie chimique* ou essentielle de la digestion. Pour mieux comprendre la nature des changements que les divers aliments éprouvent au sein de l'appareil digestif, et aussi leurs élaborations ultérieures, il importe, en effet, au physiologiste de bien connaître les différences de propriétés, de constitution, d'origine et d'usage des substances alimentaires : sur ces importantes notions se fondent d'ailleurs les lois qui doivent dicter le choix le plus rationnel de ces substances.

DE L'APPAREIL DE LA DIGESTION DANS LA SÉRIE ANIMALE.

Nous avons vu que tout être organisé, végétal ou animal, ne peut entretenir son existence qu'à l'aide d'un échange continuel avec les choses du dehors, en leur prenant et leur rendant sans cesse les éléments de ses organes. Or, au bas de l'échelle zoologique, on rencontre quelques animaux qui n'ont point de tube digestif (*Spongiaires, Infusoires astomes*, plusieurs *Helminthes*), et qui, par conséquent, reçoivent les matériaux de leur nutrition à peu près à la manière des plantes; c'est-à-dire que les substances extérieures pénètrent tous les points de la surface avec laquelle elles sont en contact, et de là se répandent de proche en proche. Chez d'autres animaux, dont l'organisation est un peu moins imparfaite, on découvre, il est vrai, une cavité alimentaire; mais celle-ci ne consiste d'abord qu'en une bouche et un simple sac stomacal sans anus. Elle n'offre point d'ailleurs de parois distinctes, et ne représente rien autre chose qu'une excavation dans la masse même du corps. De plus, comme il n'existe pas encore de système vasculaire qui se distingue des autres organes par des parois propres, le produit liquide de la digestion semble devoir exsuder de la précédente cavité, pour passer directement dans le parenchyme organique, et peu à peu s'y infiltrer. Mais plus on s'élève vers d'autres embranchements (*Vers, Mollusques, Articulés, Vertébrés*), plus se multiplient les organes qui coopèrent à la digestion, et, avec eux, les actes qui doivent en compléter les résultats. C'est ainsi qu'on voit le tube digestif, en s'allongeant, se replier souvent sur lui-même; s'armer, à son entrée, d'instruments de broiement ou de dilacération de plus en plus puissants, s'adjoindre aussi des organes sécréteurs de plus en plus complexes et nécessaires au perfectionnement de la fonction; sans compter les deux ordres de canaux, *veineux et chylifères*, à l'aide desquels se fait l'absorption digestive, dans les Vertébrés comme chez l'Homme.

Du reste, si, relativement à sa disposition, à sa structure et au nombre des organes qui le composent, l'appareil digestif présente une étonnante diversité dans les différents groupes d'animaux, on ne saurait méconnaître que sa complication ne soit dans un rapport remarquable avec le degré de développement des organes des sens, du système nerveux et des organes locomoteurs, avec la multiplicité ou l'énergie de leurs manifestations actives. En effet, ce sont les manifestations d'activité de ces trois séries d'appareils qui contribuent surtout à accélérer la consommation et le renouvellement de la matière nécessaire à l'entretien et à l'exercice de la la vie. Par conséquent, plus les phénomènes dépendants des précédents organes sont intenses et multipliés dans un animal, plus aussi il a besoin que l'action de son appareil digestif soit puissante pour servir à l'accomplissement ultérieur de toutes les fonctions nutritives et à la rénovation des matériaux de l'organisme.

Les *Infusoires* se nourrissent, les uns en introduisant à l'intérieur de leur corps des aliments solides, et les autres en absorbant, par leur surface entière, certaines substances liquides ou gazeuses. Parmi ces derniers figurent les Astomes, qui n'offrent aucune trace d'ouverture buccale ni d'un appareil digestif quelconque, alors même qu'on a pris la précaution, pour rendre ces animalcules plus faciles à observer, de les nourrir de matières colorées avec l'indigo et le carmin, d'après la méthode ingénieuse de Gleichen (1). Le genre *Opalina*, qui comprend des espèces trèsgrandes et visibles à l'œil nu, confirme bien la négation précédente.

Quant aux infusoires, qui ingèrent des aliments solides, ils sont pourvus d'une bouche, le plus souvent ciliée, et d'un canal qui s'enfonce dans le parenchyme de leur corps ; canal souvent terminé par un anus qui livre passage au résidu alimentaire. Du reste, quand l'anus manque, la bouche peut servir alternativement d'orifice d'entrée et de sortie. C'est dans cette catégorie d'infusoires que Ehrenberg (2), après avoir employé la méthode d'alimentation souvent mise en usage par Gleichen, affirme avoir reconnu l'existence de plusieurs poches stomacales ; d'où le nom de *polygastriques* qu'il a donné à ces animalcules.

Dans les *Polypes*, tantôt l'appareil digestif consiste en une bouche et un simple sac stomacal sans anus (*Anthozoaires*) ; tantôt, devenu plus complexe, il est formé par un canal perforé à ses deux extrémités, alternativement renflé ou rétréci, dans lequel on peut établir la division en œsophage, estomac et intestin (*Bryozoaires*). Comme annexe plus ou moins confondue avec le tube digestif des Polypes, on a même admis déjà des cellules hépatiques.

Ordinairement la bouche des Polypes est environnée de tentacules contractiles et pourvus de cavités tubuleuses qui communiquent avec la *cavité du corps* de l'animal.

Les Polypes, munis de bras ou tentacules, s'en servent pour saisir leurs aliments, et ils y parviennent, soit par les courants qu'ils excitent avec les cils vibratiles de leurs bras, soit à l'aide d'organes préhensiles propres à certaines espèces (*).

Chez ceux des Polypes qui n'ont qu'un sac stomacal avec un orifice

---

(1) *Abhandlung über die Saamen und Infusionsthierchen*, année 1778, p. 140.

(2) *Die Infusionsthierchen als vollkommene Organismen.* Leipzig, 1838.—Voyez aussi les *Mém. de l'Acad. de Berlin.*

(*) Les organes préhensiles, dont il s'agit, distincts des organes urticaires, consistent ordinairement en une petite capsule coriace de laquelle les polypes peuvent faire sortir une soie roide ou une sorte d'aiguillon.

DE QUATREFAGES (*Ann. des sc. nat.*, t. XVIII, p. 276 et 283, pl. VIII, année 1842) a surtout bien décrit et figuré les organes préhensiles de cette nature qu'on observe sur les tentacules renflés en massue des *Eleutheria.*

unique (Anthozoaires), ce sac est parfois confondu avec la masse du corps lui-même, dont il paraît n'être qu'une simple excavation ; mais habituellement il en est plus ou moins isolé et distant. Le sac stomacal des Polypes à bras présente bien réellement une *paroi* particulière et propre à le séparer nettement du reste du corps, qui toutefois la tient étroitement embrassée. On ne trouve pas de cavité du corps chez les Hydres ; aussi les cavités tubulaires de leurs tentacules viennent-elles s'ouvrir directement dans l'estomac. De Quatrefages (1) a démontré qu'il en est de même chez l'*Eleutheria*. Mais, dans la plupart des Anthozoaires, il existe une *cavité du corps*, c'est-à-dire un intervalle compris entre la face interne de la paroi du corps de l'animal et la face externe de son estomac, intervalle dans lequel on suppose que les matières nutritives, suffisamment élaborées, peuvent passer et séjourner préalablement à leur absorption. Du reste, le suc gastrique des *Anthozoaires* paraît avoir une puissance digestive bien remarquable : les Actinies, par exemple, se nourrissent de Crustacés pourvus du test le plus dur ; et, même chez les Hydres, qui sont molles, les larves des Naïs et des Chironomus, avalées par ces animaux, crèvent, se divisent et se liquéfient dans un très-court espace de temps : les parties cornées et non digestibles de ces animaux, comme l'épiderme, les soies, les crochets, les mâchoires, etc., sont seules rejetées par la bouche.

Quant au tube digestif des *Polypes bryozoaires*, qui se compose distinctement d'un œsophage, d'un estomac et d'un canal intestinal, il est flottant dans la spacieuse cavité de leur corps, et toute sa surface interne est tapissée d'un épithélium vibratile qui agite vivement le contenu de l'appareil. Cette surface est ordinairement teinte en brun, en jaune ou en vert, par suite de la présence de cellules pigmentaires spéciales qui ont été assimilées à des *cellules hépatiques*.

Dans les *Acalèphes*, la bouche, souvent aussi environnée de tentacules, est tantôt simple, tantôt multiple, et la cavité alimentaire n'est point suspendue dans une cavité du corps, mais comme creusée dans sa masse. Quand la bouche est unique, elle aboutit à une cavité digestive plus ou moins vaste, qu'on peut regarder comme un estomac, et qui parfois présente des prolongements en forme de cæcums. Lorsqu'il existe plusieurs bouches, comme chez les Rhizostomides, on voit aboutir à une cavité gastrique centrale plusieurs conduits creusés dans les tentacules sur lesquels se trouvent les orifices buccaux. Dans d'autres espèces, chacun de ces orifices communique avec un estomac particulier tubuleux ; et comme, dans ces cas, on a constaté que les appendices tentaculaires absorbent des aliments à la manière de suçoirs et les digèrent, on en est venu à considérer leurs ouvertures comme des bouches, et leurs cavités tubulaires comme des poches stomacales. Il en est ainsi chez les *Physalia*, les Dyphies, et, d'après Milne Edwards (2), chez les *Stephanomia*, etc.

(1) *Loc. cit.*
(2) *Ann. des sc. nat.*, 2ᵉ série, Zool., t. XVI ; 1841.

Le tube digestif des *Échinodermes*, au lieu de sembler n'être qu'une excavation de la masse du corps, comme dans la classe précédente, est au contraire parfaitement isolé de la cavité de ce dernier, dans laquelle il se trouve fixé à l'aide d'une sorte de mésentère. La bouche est centrale dans la plupart des espèces ; quant à l'anus, sa position est très-variable. Entre ces deux orifices, le canal alimentaire décrit en général un trajet assez long et plus ou moins sinueux. Mais, dans les Astéroïdes, ce canal forme, au centre de l'animal, une vaste poche qui envoie ou non des prolongements dans les rayons. La face interne de cette poche et de ses appendices, comme l'ont observé surtout Scharpey (1) et Valentin (2), présente un mouvement ciliaire des plus apparents.

Chez les Sipunculides et les Holothurioïdées, il existe un appareil tentaculaire qui paraît servir à la préhension des aliments, mais aussi à la respiration et à la locomotion. Un *appareil de mastication* des plus remarquables se rencontre dans la bouche des Clypéastrides et surtout dans celle des Échinoïdes, qui, sous ce rapport, se trouveraient placés assez haut dans l'échelle animale : leur canal alimentaire décrit d'ailleurs d'assez nombreuses circonvolutions, tandis que celui de la *Synapta Duvernea* (3), par exemple, ou de la *Chirodota fusca*, est presque droit ou à peine contourné.

Les prolongements de la poche stomacale ou *cœcums radiaux*, chez les Astéroïdes, ont été regardés comme des *annexes hépatiques*, par la raison que leurs parois offrent beaucoup de vésicules qui sécrètent un liquide de couleur jaune. D'après les figures que Valentin (4) a données de la structure intime des membranes digestives de l'*Echinus*, celles-ci seraient tapissées intérieurement d'un épithélium à cellules hépatiques, analogue à celui des Polypes. Quant à des *organes salivaires*, on a cru pouvoir regarder comme tels, chez les Holothurines, des petits corps blancs et plus ou moins nombreux qui s'insèrent, par des pédicules courts, sur la partie antérieure du tube alimentaire.

Dans plusieurs groupes d'*Helminthes*, tels que les Acanthocéphales, les Cystiques et les Cestodes, c'est seulement à travers la surface tégumentaire que les matériaux nécessaires à la nutrition semblent pénétrer ; car, jusqu'ici, c'est vainement qu'on a cherché à démontrer, chez ces animaux, l'existence d'un tube digestif ou d'une ouverture buccale. Les ventouses des *Tœnia* et des *Cysticercus*, les cupules de succion des *Bothriocephalus*, qui avaient été prises pour des orifices buccaux, paraissent être closes dans leur fond. Plusieurs anatomistes se refusent aussi à admettre une bouche sur l'extrémité céphalique des Cestodes ou sur celle du *Tœnia solium*. Il n'est pas non plus bien démontré que les *Echinorhynchus* absorbent leurs aliments par un petit orifice de l'extrémité de leur

---

(1) *Cyclopœdia of Anatomy*, etc., t. I, p. 616.
(2) WAGNER's *Handwörterbuch der Physiol.*, 1842, t. I, p. 493.
(3) DE QUATREFAGES, *Ann. des sc. nat.*, t. XVII, 1842.
(4) *Monogr. d'Echinodermes*, etc., par Agassiz. Neuchâtel, 1842, 4ᵉ livr.. pl. VII, fig. 126, 131 et 133.

trompe, ni que la gaîne de cette dernière contribue à cet acte comme organe de succion et de déglutition.

Mais, dans les autres Helminthes, existe un appareil digestif facile à reconnaître. Chez les Trématodes, on trouve, à la suite d'une ouverture buccale et d'un œsophage, deux tubes intestinaux qui, longeant les côtés du corps, aboutissent ordinairement à son extrémité postérieure, où, dans certaines espèces, ils se terminent en culs-de-sac. D'autres fois ces deux tubes intestinaux se joignent en arc de cercle. Quand il n'existe qu'un seul intestin, ou bien il se termine en cæcum, comme chez le *Gasterostomum fimbriatum* et l'*Aspidogaster*, ou bien il aboutit à un anus, comme chez le *Pentastomum*.

L'orifice buccal, dans plusieurs espèces de l'ordre des Nématodes, est garni d'un cercle de dents cornées (1). Il est, au contraire, quelques Nématodes et Gordiacées qui semblent dépourvus de bouche, et dont le canal intestinal est remplacé par une série d'utricules allongés adhérents ensemble (*Sphœrularia Bombi*) (2); dans d'autres espèces, on ne peut même découvrir aucune trace d'organe digestif (*Filaria rigida*, etc.) (3).

Les *Rotifères* sont pourvus d'un appareil digestif qui offre un assez grand développement. C'est entre les organes rotatoires que la bouche est située, de manière que le tourbillon produit par ces organes y aboutisse directement : on voit, en effet, l'animal avaler ou rejeter ensuite, à son gré, les corps solides entraînés par ce tourbillon. Il existe aussi un appareil masticateur formé par deux mâchoires qui sont armées d'une ou de plusieurs dents, et que des muscles spéciaux amènent à se rapprocher latéralement. Dans quelques espèces, le pharynx, qui renferme l'appareil masticateur, peut le porter en avant et même faire saillie hors de l'orifice buccal; alors les dents peuvent servir, en guise de pince, à la préhension des aliments. En général, le tube intestinal présente des parois assez épaisses depuis l'estomac jusqu'à une certaine distance de l'anus, et décrit peu de flexuosités. Quant à la courte portion de l'intestin qui correspond au *rectum*, ses parois sont plus minces et se laissent facilement distendre par le résidu alimentaire; son orifice donne passage non-seulement aux fèces, mais encore au contenu des organes génitaux et du système aquifère.

On trouve quelques traces d'organes destinés à sécréter des liquides qu'on suppose être les analogues de la salive et de la bile.

Dans les *Annélides*, dont le tube digestif est perforé à ses deux extrémités, la *bouche* est le plus souvent bordée de lèvres épaisses qui peuvent saisir les aliments quand ils sont solides et très-divisés, ou bien contribuer à leur succion quand ils sont liquides. D'autres fois, l'ouverture buccale est munie de cirres très-érectiles ou de tentacules servant à la fois au toucher et à la préhension des aliments.

(1) Melhis, dans le journal *l'Isis*, 1831, p. 78, pl. II, fig. 5 et 6.
(2) Siebold, dans *Wiegmann's Arch.*, 1838, t. I, p. 305.
(3) Siebold, dans *Müller's Arch.*, 1836, p. 33.

Indépendamment de l'espèce de lèvre supérieure qui, dans les Hirudinées, peut se transformer en ventouse, à la volonté de l'animal, pour servir à la succion d'aliments liquides et en particulier du sang, on remarque aussi, dans le court pharynx d'un certain nombre d'entre elles, des dents cornées qui leur servent à faire des blessures pour obtenir le sang avec plus de facilité. Dans le fond du pharynx des Sangsues, par exemple, existent trois renflements charnus dont le bord saillant est arqué et garni de dents cornées bicuspides (1). Ces renflements sont, pendant la succion, portés en avant, de manière à former une étoile à trois rayons, forme qui est aussi celle des blessures que ces animaux produisent.

Le canal intestinal des Annélides est ordinairement droit et occupe l'axe longitudinal de l'animal. Ses parois sont intimement unies au parenchyme du corps, dans les Némertines, où l'on voit ce canal se rendre directement du pharynx à l'anus sans se dilater, sur son trajet, en un estomac. Il varie beaucoup dans les Hirudinées, surtout sous le rapport du nombre et du volume des cæcums qui lui sont annexés (2); l'anus est très-étroit et situé sur le dos, immédiatement au-dessus de la ventouse postérieure. Chez les Piscicola, cet orifice se trouverait, par exception, à la face ventrale du dernier segment du corps (3). Parmi les Abranches, les *Lumbricus* et la *Nais proboscidea* se font surtout remarquer par leur estomac très-musculeux. Dans plusieurs Dorsibranches, la portion du canal digestif, comprise entre le pharynx et l'intestin, reçoit les conduits excréteurs d'organes glandulaires, et, par conséquent, mériterait moins le nom d'*œsophage* que celui d'*estomac* (*Nereis*) (4).

Quant à ces organes glandulaires que, du reste, on trouve annexés au tube digestif d'un grand nombre d'Annélides, ils ont été assimilés les uns à la glande hépatique, et les autres aux glandes salivaires. Dans la Sangsue, en particulier, il serait peut-être permis de considérer, avec Brandt (5), comme des glandes salivaires abdominales, plusieurs groupes de corpuscules arrondis qui enveloppent le commencement de l'intestin de ces animaux, et dont les conduits excréteurs, après s'être anastomosés entre eux, viennent s'ouvrir dans cette portion de l'intestin par plusieurs orifices. C'est aussi vers l'origine du canal intestinal que, chez plusieurs Dorsibranches, on rencontre deux glandes qui sont supposées sécréter un suc pancréatique. Ce même canal, dans la plus grande partie de sa longueur, est étroitement entouré, chez la plupart des Annélides, d'une couche glandulaire colorée en jaune verdâtre, et composée de nombreux utricules qui y versent leur contenu, soit directement, soit médiatement, à l'aide de plusieurs conduits excréteurs communs. Ce contenu a été regardé comme ayant la plus grande analogie avec celui des canaux hépatiques des animaux supérieurs.

---

(1) Moquin-Tandon. Voyez sa Monographie de la famille des *Hirudinées*, p. 43, pl. I à V. Paris, 1827.
(2) Moquin-Tandon, *ouvr. cit.*, pl. I à IV.
(3) Mueller's *Arch.*, 1835, p. 420.
(4) Rathke, *De Bopyro et Nereide*, p. 35, pl. II, fig. 7 et 8.
(5) *Medic. Zool.*, t. II, p. 247, pl. XXIX.

La couche glandulaire dont il s'agit est surtout bien distincte, d'après Henle (1), chez l'*Enchytræus*, les *Lumbricus*, les *Lumbriculus*, *Nais*, *Chætogaster*, etc. Dans les Sangsues, les conduits excréteurs des utricules hépatiques s'anastomosent entre eux et forment ainsi une espèce de réseau autour de l'estomac et de ses cæcums (2).

Les *Acéphales* ont un tube digestif toujours muni de deux orifices, buccal et anal, qui se voient, non à la surface du corps, mais dans la cavité circonscrite par le manteau; le premier de ces orifices, pourvu souvent de tentacules et toujours de lèvres plus ou moins renflées, n'offre aucun appareil de mastication. L'absence de cet appareil s'explique d'ailleurs par la manière de vivre de ces animaux, leurs aliments consistant en vase et en très-petits corps organiques qui sont introduits en même temps que l'eau.

Un épithélium vibratile, des plus apparents, s'observe à la surface interne du tube digestif qui, très-réduit dans les *Salpa*, acquiert un grand développement, surtout dans les Lamellibranches. Là existe un estomac volumineux dont l'intérieur offre des papilles et semble être perforé par plusieurs canaux biliaires. Quant au canal intestinal, qui tantôt décrit une simple courbure et tantôt donne lieu à plusieurs circonvolutions, il est parcouru intérieurement, dans toute sa longueur, par une forte saillie longitudinale qui augmente considérablement sa surface. Dans la plupart des espèces, il traverse le cœur.

La masse glandulaire antérieure qui, chez les *Lingula*, aboutit au canal digestif, a été regardée par Cuvier (3) et par Vogt (4) comme une glande salivaire. Suivant Owen (5), qui combat cette manière de voir, tous les organes glandulaires qui, chez les Brachiopodes, sont annexés au tube digestif, appartiendraient à la catégorie des glandes hépatiques. Du reste, le foie présente un volume considérable chez les Lamellibranches, comme l'ont surtout constaté Bojanus (6) et Poli (7); il est composé de plusieurs lobes dans lesquels on aperçoit facilement les *acini* qui sont formés de cellules hépatiques d'un brun jaunâtre.

L'appareil digestif des *Céphalophores*, relativement à celui des animaux des précédentes classes, offre un développement assez considérable. La bouche, rarement munie d'organes spéciaux de préhension, est bordée de lèvres très-contractiles qui, dans beaucoup d'espèces de Pectinibranches, se prolongent en une trompe cylindrique. Puis, au plancher du pharynx, on

---

(1) Mueller's *Arch.*, 1837, p. 81, pl. VI. — *Même recueil*, 1835, p. 575.
(2) Brandt, *Medic. Zool.*, p. 247, pl. XXIX.
(3) *Mémoire sur l'animal de la Lingule*, dans les *Ann. du Mus. d'hist. nat.*, 1802, t. I, p. 69.
(4) *Anat. der Lingula anatima*, dans les *Neue Denkschrift. der allgem. Schweizerischen Gesellsch. für die gesammt. Naturwiss.*, 1843, t. VII, p. 1, pl. I et II.
(5) *On the Anat. of the Brachiopoda*, dans les *Transactions of the Zool. Soc. of London*, 1835, t. I, p. 145, pl. XXII et XXIII.
(6) Journal *l'Isis*, 1819, p. 42 ; 1820, p. 404, et 1827, p. 752.
(7) *Testacea utriusque Siciliæ eorumque historia et anatome*, in-fol., 1791-1795, pl. II, 15 et 16.

voit apparaître une masse charnue plus ou moins allongée, qui a pu être très-bien comparée à une *langue*. Celle-ci est déjà très-longue dans la plupart des *Apneustes* (1), et, chez les *Patella*, elle surpasse presque le corps en longueur; d'après Quoy et Gaymard (2), elle est même sept fois plus longue que l'animal chez le *Trochus pagodus*. Cet organe, qui d'ailleurs est rétractile et peut servir d'organe d'ingestion, est constamment armé d'épines fines et nombreuses dont le sommet se dirige en arrière.

En général, le tube digestif décrit plusieurs circonvolutions qui, selon Cuvier, sont surtout nombreuses chez les *Patella, Haliotis* et *Chiton*. Il est exceptionnellement très-court et peu flexueux chez les *Tritonia, Thetys, Buccinum, Clio, Carinaria* et *Janthina*. Son orifice terminal, l'anus, s'aperçoit dans des régions assez variables; mais le plus ordinairement il est situé à la partie antérieure du côté droit du corps. Il n'est pas rare de voir l'intérieur de l'*estomac* lui-même garni de lamelles et de dents cornées, comme cela a lieu chez certains *Pleurobranchus*, ou bien encore chez les *Scyllœa*, les *Tritonia* et surtout les *Aplysia*.

L'estomac des *Apneustes*, accompagné de plusieurs appendices cæcaux, est immédiatement suivi d'un rectum court et aboutissant à un anus ordinairement visible au côté droit de la partie antérieure du corps (3).

La plupart des *Céphalophores* offrent des organes biliaires et des organes salivaires très-manifestes. Parfois la substance hépatique, représentée par de nombreux follicules piriformes et remplis de cellules à noyaux jaunes, semble être encore confondue avec les parois intestinales; mais, le plus souvent, le foie est tout à fait isolé, volumineux et divisé en plusieurs lobes dont les conduits excréteurs, en nombre variable, viennent aboutir, soit à l'œsophage, soit, comme c'est le cas le plus ordinaire, à l'estomac ou à l'intestin. Pour les glandes salivaires, il y en a quelquefois deux paires, comme cela se voit sur plusieurs Gastéropodes. Mais communément on en trouve une seule paire dont les canaux excréteurs passent avec l'œsophage à travers l'anneau œsophagien, pour venir se terminer dans la bouche de chaque côté de la langue.

Une lèvre circulaire et frangée sur son bord libre, un appareil tentaculaire plus ou moins parfait, entourent l'orifice buccal des *Céphalopodes*. Il existe, derrière ce dernier, deux mâchoires cornées qui sont mues par un appareil musculaire assez complexe, et, entre les deux branches de la mâchoire inférieure, se distingue la *langue*, garnie en avant de papilles gustatives molles, et hérissée dans le reste de son étendue d'épines et de lamelles cornées. Derrière la racine de cet organe, aboutissent de courts conduits excréteurs provenant de *glandes salivaires* dont il existe ordinairement deux paires.

Avant d'être parvenu à l'estomac, l'œsophage s'élargit quelquefois graduellement en un *jabot* plus ou moins volumineux, comme chez le *Nau-*

(1) De Quatrefages, *Ann. des sc. nat.*, 1844, t. I, pl. IV et V.
(2) *Voyage de la corvette* l'Astrolabe, *Zool.*
(3) Milne Edwards, *Ann. des sc. nat.*, 1842, t. XVIII, p. 330, pl. X.

tilus et chez tous les Octopodes. Immédiatement à la suite de l'estomac, chez un très-grand nombre de Céphalopodes, existe un cæcum qui a été considéré comme un second estomac par plusieurs zootomistes, et, par d'autres, comme l'analogue des appendices pyloriques des poissons; puis le reste de l'intestin, court et rarement flexueux, aboutit à un anus dont les bords sont souvent frangés.

Indépendamment des glandes salivaires déjà mentionnées, les Céphalopodes possèdent un foie très-nettement limité, et encore d'autres appendices glandulaires qui ont été regardés comme les analogues du *pancréas.* Quant au foie, il constitue, en général, une forte masse compacte, ovoïde, lisse et assez rarement lobulée, dont les conduits excréteurs, réunis en un canal cholédoque commun, versent le produit dans le cæcum ou second estomac. Ce sont les tubes glandulaires ramifiés, courts, et d'un jaune pâle, venant dans beaucoup d'espèces se réunir aux conduits hépatiques, que plusieurs anatomistes, Hunter, Grant, Rathke, Siebold, etc., ont assimilés au pancréas des animaux supérieurs.

Chez les *Crustacés*, l'orifice initial du tube digestif, la bouche, présente des dispositions qui varient suivant diverses circonstances. Ainsi, tandis que dans les Crustacés supérieurs s'observent une ou deux lèvres, de fortes mandibules munies d'un organe tactile nommé *palpe,* puis, derrière elles, deux paires de mâchoires plus faibles (sans compter les pattes préhensiles, les rames et les pattes anales qui dirigent les aliments vers cet orifice), on voit chez les Pœcilopodes ces mâchoires, ces mandibules, tous ces moyens puissants de mastication tendre à disparaître pour faire place, dans les Crustacés suceurs en particulier, à une modification des lèvres, à leur prolongement en une sorte de trompe (1). C'est surtout chez les *Bopyrines* et les *Ergasilines* que les lèvres supérieure et inférieure sont soudées ensemble en une courte trompe sans mandibules; les palpes eux-mêmes, qui représenteraient les mâchoires, ont entièrement disparu à peu d'exceptions près.

Excepté les Crustacés supérieurs, chez lesquels on peut diviser le canal digestif en œsophage, estomac, intestin et rectum, les autres animaux de cette classe offrent ce canal avec un calibre uniforme et absence complète de circonvolutions. A l'intérieur, il est tapissé d'un épithélium toujours dépourvu de cils vibratiles. Dans plusieurs Isopodes et Lœmodipodes, l'épithélium stomacal est garni de poils roides ou bien présente une dureté cartilagineuse, de sorte qu'il existe une véritable charpente et des *dents stomacales* destinées à exercer, dans l'estomac, une véritable mastication (*Oniscus, Idothea entomon, Ligidium, Cyamus,* etc.); mais c'est chez les Décapodes que ces dispositions sont surtout très-développées. Chacun a vu ces concrétions composées de carbonate de chaux et de gélatine, concrétions dures, blanches, orbiculaires, aplaties et concaves d'un côté, convexes de l'autre, que

(1) Milne Edwards, *Sur l'organisation de la bouche chez les Crustacés suceurs,* dans *Ann. des sc. nat.,* 1833, t. XXVIII, p. 78, pl. VIII.

l'on trouve, au nombre de deux, aux côtés de l'estomac de l'écrevisse à l'époque du renouvellement du test calcaire; elles sont connues vulgairement sous le nom impropre d'*yeux d'écrevisse.*

On ne trouve guère de glandes salivaires que chez les *Myriapodes.* Quant au foie, dans la plupart des Crustacés inférieurs, il n'est pas encore isolé du canal digestif auquel il adhère sous la forme d'une couche glanduleuse. Chez les Décapodes, le foie forme deux masses glandulaires composées de cæcums plus ou moins ramifiés et lâchement unis entre eux; c'est immédiatement en arrière du pylore que chacune de ces glandes verse son produit.

La plupart des *Arachnides,* se nourrissant d'aliments liquides, ne sont point pourvus d'organes de mastication. Du reste, l'organisation de leur bouche présente des types assez différents :

Chez les *Pelops, Oplophora, Damœus, Zetes,* par exemple, et chez d'autres Oribates, qui, en leur qualité d'herbivores, occupent une place à part parmi les Arachnides, il existe des mâchoires cornées et dentelées bien réellement aptes à la mastication. Ce sont, au contraire, de véritables organes de succion qu'on observe chez les Tardigrades (1).

Munis de deux mandibules en forme de stylets, de crochets ou de pinces, propres à percer ou à couper, la plupart des Acariens présentent aussi, il est vrai, une première paire de mâchoires insérée sur les côtés des mandibules, mais complétement déchue du rôle d'organes masticateurs; devant agir comme organe tactile, elle a pris la forme de palpes. Elle n'a rien conservé non plus d'un appareil masticateur chez les Galéodes, les Pseudoscorpions et les Scorpionides, où s'est opérée sa transformation en des espèces d'antennes ou en pinces très-longues, aptes à écraser des substances animales d'une certaine mollesse.

C'est encore en organes tactiles très-allongés chez les Aranéides, et en organes préhensiles chez les Phrynides, que s'est convertie la première paire de mâchoires.

Dans les Scorpionides et les Phrynides, le canal alimentaire est très-simple : il consiste en un tube rectiligne, qui aboutit à l'extrémité postérieure du corps sans avoir présenté d'abord ni dilatation stomacale, ni cæcums. Au contraire, un estomac volumineux, divisé par une foule d'étranglements en un grand nombre de cæcums irrégulièrement disposés, s'observe chez les Tardigrades en particulier (2). Dans les Aranéides, les Opilionines, les Acariens, les Solpugides, etc., on rencontre également un estomac muni d'un nombre plus ou moins grand d'appendices et cæcums, de formes et de dimensions les plus variées. Chez les Tardigrades encore, d'après Doyère (3), l'estomac se termine par un appareil musculeux qui, chez les *Macrobiotus* et *Emydium,* a la forme d'une sphère creuse, et, chez les *Mil-*

(1) Doyère, dans *Ann. des sc. nat.,* 1840, t. XIV, p. 319, pl. XIII-XV.
(2) Id., *ibid.,* p. 324, pl. XV.
(3) Id., *ibid.,* p. 322, pl. XIII-XV.

nesium, celle d'un cylindre : cet appareil, dont on retrouve l'analogue chez les Aranéides, semble devoir agir comme un *appareil de succion*, pendant la préhension et la déglutition des aliments.

De chaque côté de l'appareil de succion se trouvent des tubes globulaires volumineux et lobulés, qui paraissent être des glandes salivaires. D'après Siebold, des organes ayant la même destination existent surtout chez les Ixodes : ce sont deux gros amas de vésicules qui occupent les côtés de la partie antérieure du corps et se jettent, par de courts conduits, dans des canaux excréteurs multi-ramifiés. Les anatomistes s'accordent d'ailleurs assez généralement pour admettre que les glandes salivaires ne manquent probablement à aucun Arachnide. Il en est de même pour le foie, qui, très-volumineux spécialement dans les Aranéides, remplit une grande partie de la cavité abdominale et enveloppe la plupart des autres viscères.

Dans la classe si intéressante des *Insectes*, nous trouvons, comme organes appropriés à la préhension des aliments, soit les pattes antérieures, soit encore les palpes labiaux et maxillaires : ces derniers peuvent même servir à l'ingestion des aliments dans la cavité orale.

Deux paires de mandibules et de mâchoires plus ou moins recouvertes par une lèvre supérieure et une lèvre inférieure, constituent l'*appareil masticateur*. C'est à la base de cette dernière lèvre qu'adhère la *langue*, qui est tantôt charnue et tantôt cornée, simple ou divisée. C'est encore cette même lèvre inférieure qui, parfois, se transforme en une trompe ou tube de succion (Diptères), ou bien qui se change en deux gouttières accolées l'une à l'autre, quadri-articulées et renfermant les mandibules et les mâchoires, comme on le voit chez les Hémiptères, dont l'appareil de succion s'allonge en un *rostre*. Les mandibules ne sont plus que très-rudimentaires dans les Lépidoptères, tandis que les mâchoires se sont converties en deux demi-tubes susceptibles de s'enrouler en spirale et de former, en s'appliquant l'un contre l'autre, un organe de succion (*lingua spiralis*).

La disposition et la forme des diverses parties du canal digestif varient beaucoup suivant la manière de vivre des Insectes ; d'où l'extrême difficulté qu'on éprouve à en dire quelque chose de général. Néanmoins, si l'on veut prendre pour type fondamental les Insectes parfaits, on retrouvera chez eux presque toutes les mêmes divisions qu'on a coutume d'établir dans le tube digestif des Vertébrés ; ce qui ne veut pas dire que les fonctions de ces différentes parties se correspondent absolument des deux côtés. Ainsi, ce canal commence par un œsophage souvent dilaté, à sa partie postérieure, en une espèce de *jabot* (Coléoptères, Orthoptères, etc.) et en un *gésier* (*proventriculus*) ; une vésicule à parois minces et affaissées sur elles-mêmes, dans l'état de vacuité, vient aussi parfois, sous le nom d'*estomac de succion*, s'aboucher avec l'œsophage (Hyménoptères, Diptères, Lépidoptères). Après celui-ci apparaît l'estomac proprement dit (*ventriculus*), dont la capacité, la forme et les divisions sont si variables, puis un *iléon* grêle, un *cœcum*, un *côlon* et un *rectum* court et musculaire. Étendu de la bouche à l'anus, le précédent canal tantôt franchit presque directement cet espace en suivant la ligne médiane (Coléoptères carnassiers), et tantôt décrit dans son parcours des circonvolutions assez nombreuses (Coléoptères herbivores). Par contre, le tube intestinal des Éphémérides, qui, à l'état parfait, ne prennent pas d'aliments, est à peine développé.

Chez tous les Insectes, on rencontre un corps composé d'une infinité de cellules adipeuses, le *corps adipeux*, qui, surtout développé vers la fin de l'état de larve, paraît être en rapport intime avec la digestion et l'assimilation.

On n'en trouve ordinairement des restes, dans les Insectes parfaits, que vers la partie postérieure de la cavité abdominale.

Il n'existe pas un *foie* distinct du tube digestif ; mais les fonctions, confiées à cet organe, semblent devoir être remplies par une multitude de cellules hépatiques réparties à la surface interne de l'estomac ou des appendices cæcaux dans les espèces qui les possèdent. De quelques couches glandulaires annexées à l'iléon, on a cru devoir faire l'analogue du *pancréas*. Quant aux glandes salivaires, elles existent non-seulement chez les Insectes à l'état parfait, mais encore chez les larves et les nymphes actives.

Les *Poissons* sont, en général, des animaux très-voraces qui avalent, sans choix, tous les petits animaux qui se trouvent sur leur passage, et il en est peu d'espèces qui soient surtout herbivores. Aussi sont-ils presque tous munis de dents qui, d'après leur mode d'insertion et leur direction, semblent plutôt en rapport avec la sûre saisie de la proie qu'avec une véritable mastication. Ces dents présentent d'ailleurs la plus grande diversité dans leur nombre, leur situation, leurs formes et leur structure. On en rencontre, sur différents individus, qui sont soudées non-seulement aux deux mâchoires, mais encore aux os palatins, au vomer, au sphénoïde postérieur, à l'os hyoïde, aux os pharyngiens inférieurs et aux arcs branchiaux ; elles peuvent aussi exister sur le museau et sur la langue.

La bouche des Poissons n'est avoisinée par aucune *glande salivaire*, malgré l'assertion contraire de Meckel et de Rathke, qui ne paraît point avoir été admise par d'autres anatomistes.

Le tube digestif présente d'assez grandes variétés sous le rapport des dimensions et de la forme. Ce qu'on nomme l'*intestin antérieur* correspond au pharynx, à l'œsophage et à l'estomac ; l'*intestin moyen* représente l'intestin grêle, et enfin l'*intestin postérieur* est l'analogue du rectum des Vertébrés supérieurs : plusieurs caractères peuvent servir à tracer assez nettement leurs limites. Il est d'ailleurs bon de rappeler que la première de ces portions intestinales communique très-fréquemment avec des appareils pneumatiques, tels que la vessie natatoire et un sac qui, chez certains Plectognathes, s'insère à la paroi antérieure de l'œsophage.

Dans beaucoup de Poissons, l'estomac est muni d'un cæcum très-varié de forme et de volume ; en arrière de la valvule pylorique, dont l'existence est presque constante, se voient les appendices pyloriques ou bien le canal excréteur du *pancréas* et le canal cholédoque. Les glandules de la muqueuse stomacale sont souvent très-apparentes.

Dans certaines espèces, surtout celles qui sont très-voraces, le canal alimentaire est court et marche presque directement de la bouche à l'anus (les Plagiostomes, les Salmones); il est plus long et décrit, au contraire, des circonvolutions nombreuses chez les Cyprins, beaucoup de Squamipennes et autres. Sur la muqueuse intestinale s'observent des plis plus ou moins saillants sur lesquels on découvre, dans quelques espèces, de véritables villosités isolées.

Quant à l'anus, sa position varie beaucoup; quelquefois il se trouve à la base de la queue et quelquefois sur la gorge.

C'est dans la classe des *Poissons* que nous rencontrons, pour la première fois, la *rate* qui, en effet, n'appartient qu'aux animaux vertébrés. Cet organe, dont l'existence est à peine contestée dans quelques genres, est constamment situé dans le voisinage de l'estomac.

Un *pancréas* lobulé et entièrement semblable à celui des Vertébrés supérieurs ne se rencontre guère que chez les Plagiostomes, les Chimères, ainsi que chez quelques Poissons osseux, spécialement l'*Anguilla vulgaris*. Dans d'autres Poissons, cet organe glandulaire est remplacé par des prolongements tubuleux de l'intestin ou *appendices pyloriques*. Toutefois il importe de noter que le pancréas et les appendices pyloriques manquent simultanément dans un assez grand nombre de Poissons, tels que les Ésoces, les Cyprinoïdes, les Lophobranches, les Plectognathes, la plupart des Labroïdes, etc.

L'existence du *foie* est constante dans cette classe d'animaux; et, à l'exception du seul *Branchiostoma lubricum*, où il est encore à l'état de couche glandulaire, confondu avec l'intestin comme dans des organismes inférieurs, cet organe constitue, chez les Poissons, une masse bien distincte, plus ou moins volumineuse et très-diversement conformée. Presque constamment aussi il existe une vésicule biliaire dont le canal excréteur s'unit bientôt au conduit hépatique. Le canal excréteur commun ou cholédoque s'ouvre dans l'intestin, le plus souvent derrière le pylore, et, quand il existe des appendices pyloriques ou *pancréatiques*, c'est au-dessus, au-dessous ou bien entre les orifices de ces dernières que l'on rencontre son ouverture.

Les Poissons possèdent, comme les animaux supérieurs, des *vaisseaux lymphatiques* qui sont, en partie, destinés à absorber les produits de la digestion et à les verser dans le torrent circulatoire. C'est dans cette classe d'animaux qu'apparaît, pour la première fois, ce système particulier de vaisseaux.

La plupart des *Reptiles* sont carnivores et avalent leurs aliments sans les mâcher. Ils ont une bouche largement fendue et généralement armée de dents qui, comme chez les Poissons, servent plutôt à prendre et à retenir les aliments qu'à les diviser. Quelques-uns de ceux qui manquent de dents ont, comme les Oiseaux, les mâchoires recouvertes de gaînes cornées (Chéloniens).

Aux environs des mâchoires des Reptiles, se trouve ordinairement une chaîne d'organes glandulaires qui versent dans leur bouche une salive gluante (*). Pour les amygdales, elles n'ont été trouvées jusqu'à présent que chez les Crocodiles.

Les Reptiles ont un estomac le plus souvent simple, c'est-à-dire à cavité unique, qui n'est pas toujours bien distinct de l'œsophage, mais dont la limite inférieure est communément indiquée par un étranglement assez prononcé de sa portion pylorique. Dans beaucoup d'espèces, on constate facilement que la muqueuse qui le tapisse est percée d'un grand nombre d'orifices glanduleux.

Le canal intestinal proprement dit est généralement assez court, excepté dans les espèces herbivores ; le gros intestin est peu différent de l'intestin grêle et aboutit à un cloaque où viennent se rendre aussi les canaux urinaires et les organes de la reproduction.

Tous les Reptiles possèdent une *rate* qui, variable dans sa forme, dans son volume et sa situation, se rencontre pourtant le plus ordinairement à côté de l'estomac ou à l'origine de l'intestin grêle.

L'existence du *pancréas* n'est pas moins constante. On reconnaît cet organe à sa forme plus ou moins allongée, à sa couleur, et au siége qu'il occupe vers le commencement de l'intestin grêle. C'est là aussi, aux environs du conduit cholédoque, que vient s'ouvrir le canal pancréatique qui résulte de la réunion de conduits excréteurs particls, et qui, d'ailleurs, est rarement double.

Le *foie*, muni d'une vésicule du fiel libre ou enfouie dans la substance hépatique, est, en général, volumineux. Varié dans sa forme, il est tantôt plus ou moins globuleux et tantôt très-allongé, comme chez les Reptiles dont le corps lui-même est développé surtout en longueur. De ses lobes, dont le nombre ne s'élève pas au delà de trois, partent les divers conduits excréteurs concourant à former le canal hépatique, dont la réunion avec le canal cystique constitue le conduit biliaire commun ou cholédoque. Assez souvent ce dernier traverse le pancréas pour venir se confondre avec le canal pancréatique avant sa terminaison, qui se trouve habituellement très-rapprochée du pylore ; d'autres fois le fluide biliaire est versé directement dans l'intestin par le canal cystique et le canal hépatique qui ont chacun un orifice intestinal direct.

Les *Oiseaux* sont les uns carnassiers ou insectivores, les autres plus spécialement granivores.

Le bec est en général le principal organe qui sert à la préhension des aliments, quelquefois aussi les pattes sont employées à cet usage. Sa forme varie suivant la nature des aliments ; plus ceux-ci sont mous, moins le bec offre de consistance. Au contraire, il acquiert une très-grande dureté chez les Oiseaux qui se nourrissent de fruits à coques dures (Perroquets, etc.), chez ceux qui déchirent leur proie (les Rapaces), ou encore chez les Pics,

---

(*) On sait que, chez les Serpents venimeux, il existe, en outre, sous le muscle temporal, et de chaque côté de la tête, une glande particulière dont le produit s'écoule dans le conduit de la dent à venin.

par exemple, qui, pour percer l'écorce des arbres, se servent de leur bec. Les bords tranchants de cet organe sont hérissés de dentelures latérales aiguës dans les Harles. Mais le bec n'est jamais armé de véritables dents chez aucun Oiseau ; d'où une mastication très-incomplète, à peu près nulle, qui est parfois remplacée par l'action énergique d'un estomac très-musculaire, le *gésier*.

La langue des Oiseaux varie beaucoup dans sa forme et dans sa structure. Chez les Perroquets, qui font subir un commencement de mastication à leurs aliments, elle est épaisse, charnue, et constitue un véritable organe de gustation; aussi est-elle munie de papilles molles et nombreuses. Elle est sèche, triangulaire et hérissée de pointes cartilagineuses vers sa base, chez la plupart des Granivores. D'autres fois, comme chez les Pics, elle est protractile, garnie de petits crochets, et susceptible d'être dardée au loin sur les insectes dont ces oiseaux se nourrissent.

La bouche des Oiseaux est humectée par une salive généralement épaisse et gluante que sécrètent des amas de follicules arrondis placés surtout au-dessous de la langue. Mais il existe aussi, dans beaucoup d'espèces, des glandes conglomérées, correspondantes aux glandes sous-maxillaires, sublinguales et parotides des Mammifères. Chez les Rapaces, se rencontrent, comme analogues des amygdales, des follicules plus ou moins nombreux et disposés sur deux rangées derrière l'orifice des trompes d'Eustache.

Le tube digestif présente une capacité qui est en rapport avec la nature du régime. Dans les Oiseaux carnivores, il est beaucoup plus court que dans ceux qui vivent spécialement de graines. Ordinairement le tube digestif présente trois estomacs distincts. Le premier est une poche à parois membraneuses, placée à la suite de l'œsophage vers la partie inférieure du cou; on le nomme *jabot* : très-développé chez les Granivores, il manque à un assez grand nombre d'oiseaux carnassiers, et spécialement à ceux qui se nourrissent de poissons. La seconde poche stomacale, ou *ventricule succenturié*, qui n'offre qu'un médiocre développement, a pourtant de l'importance au point de vue de la digestion, à cause du grand nombre de follicules qui s'y trouvent pour sécréter le suc digestif; son volume s'accroît chez les Oiseaux qui sont dépourvus de jabot. Quant au troisième estomac, ou *gésier*, il varie beaucoup dans sa capacité et sa structure : c'est ainsi que ses parois sont minces et membraneuses chez les Oiseaux carnassiers, tandis qu'elles sont très-épaisses et garnies d'une tunique musculeuse puissante chez les Granivores. Dans ces derniers, la face interne du gésier est recouverte d'un épithélium épais et cartilagineux qui, parfois, forme deux grosses saillies pouvant s'appliquer l'une contre l'autre et agir à la façon de meules ou d'un appareil masticateur.

Le *foie* des Oiseaux, ordinairement muni d'une vésicule biliaire, est volumineux et formé de deux lobes principaux qui versent le produit de leur sécrétion à l'extrémité de l'anse duodénale, tantôt le plus souvent à l'aide de deux canaux séparés (hépatique et cystique), tantôt, mais exceptionnellement, comme chez les Calaos, à l'aide d'un canal unique ou cholédoque. En général, les deux canaux cystique et hépatique s'ouvrent dans l'intestin à une faible distance l'un de l'autre. Le Manchot fait exception à cet égard; les orifices des deux conduits sont très-éloignés l'un de l'autre, d'après les observations de Stannius.

Toujours situé dans l'anse du duodénum, le *pancréas* des Oiseaux est généralement de forme allongée et souvent se compose de deux lobes qui sont ou très-imparfaitement réunis ou entièrement séparés. Le nombre des conduits excréteurs varie de un à trois. Quand il y en a trois, le dernier s'insère habituellement à une certaine distance des deux autres, dans l'angle de l'anse du duodénum; tandis que ceux-ci, alternant avec les conduits hépatique et cystique, s'ouvrent à côté d'eux dans l'intestin.

Les *Mammifères* sont herbivores ou carnivores, et, suivant leur régime, présentent des différences remarquables dans plusieurs parties de leur appareil digestif.

A l'exception d'un petit nombre d'animaux de cette classe, tels que l'Échidné, les Fourmiliers, les Pangolins, qui sont dépourvus de *dents*, et des Baleines adultes chez lesquelles les dents sont remplacées par les fanons de substance cornée (*), on trouve chez les autres Mammifères des appareils dentaires et masticateurs de formes et d'usages très-variés suivant le mode d'alimentation. Les trois espèces de dents incisives, canines et molaires, qu'on trouve chez l'Homme, se rencontrent aussi dans beaucoup de Mammifères, mais souvent avec interruption dans la série qu'elles forment, comme cela s'observe chez les Pachydermes et les Ruminants. On sait que, chez ces derniers, il n'existe pas de dents incisives à la mâchoire supérieure et que les canines manquent aux Ruminants à cornes. Les dents molaires étant les véritables dents de la mastication ont une existence plus constante que celle des incisives ou des canines; aussi sont-elles les dernières à disparaître. Certaines dents sont susceptibles de prendre, dans diverses espèces, un très-grand développement; alors, ne pouvant plus concourir à la mastication, elles constituent des défenses plus ou moins puissantes et redoutables.

L'appareil glandulaire, annexé aux cavités buccale et pharyngienne, se compose en général, d'abord de glandes parotides maxillaires et sublinguales, puis de nombreuses glandules (labiales, buccales, molaires, zygomatiques, palatines), qui n'existent pas toujours toutes à la fois, et qui varient beaucoup sous le rapport de leur développement. Quant aux amygdales, elles paraissent ne faire jamais défaut. Les glandes salivaires sont généralement bien plus développées chez les Mammifères omnivores et herbivores que chez ceux qui se nourrissent de chair; ces différences s'expliqueront facilement, plus tard, quand viendra l'étude mécanique et chimique de la digestion. Ces glandes, qui sont surtout très-volumineuses chez la plupart des Édentés, l'Échidné et le Castor, sont à leur minimum de

(*) D'après Geoffroy Saint-Hilaire (*Ann. du Muséum*, 1807, t. X, p. 364), il existe des dents transitoires à l'intérieur des mâchoires des fœtus de Baleine. Ses observations ont été confirmées par celles d'Eschricht, de Mülder et de Stannius.

développement chez les Phoques ; elles manquent même complétement chez les Cétacés vrais, tandis que, chez les Cétacés herbivores, elles offrent un volume considérable.

La langue, dans sa forme, son degré de mobilité et sa structure, présente de notables différences. Elle est étroite et protractile chez la plupart des Pachydermes, des Ruminants et des Solipèdes. Dans beaucoup d'espèces de Mammifères, souvent aussi elle est plus mobile que dans l'homme. Vermiforme et très-protractile chez les Fourmiliers, elle est allongée et grêle, surtout chez certains Édentés. Quelques Chéiroptères et beaucoup de Singes de l'ancien continent sont pourvus d'une saillie linguale qu'on a appelée *langue accessoire*. Quant à l'enveloppe de la langue, tantôt elle est lisse ou pourvue de papilles courtes et molles (Singes, Chien, Ours, etc.); tantôt elle est parsemée, surtout en avant, de soies ou d'épines diversement disposées, quoique en général dirigées en arrière (beaucoup de Carnassiers, Chats, Hyènes, etc.).

Le *tube digestif* présente des différences très-considérables dans sa capacité et dans sa longueur, selon que les aliments qui doivent y séjourner proviennent du règne végétal ou du règne animal; en général, le tube digestif est d'autant plus simple que les espèces sont plus exclusivement carnivores. Ainsi, dans beaucoup de Carnassiers, sa longueur est seulement environ trois ou quatre fois celle du corps, tandis que chez les Herbivores, elle est ordinairement de dix à douze fois, et quelquefois même de près de vingt-huit fois cette longueur (dans le Mouton, par exemple). L'estomac en particulier varie beaucoup aussi : en général, il est simple comme chez l'Homme ; mais quelquefois il est multiple, c'est-à-dire composé de plusieurs poches ou cavités distinctes qui communiquent les unes avec les autres ; dans ce cas, il arrive ordinairement que les aliments, après avoir séjourné plus ou moins longtemps dans une première cavité stomacale, remontent dans la bouche pour y subir une mastication plus complète, avant de passer dans les autres parties du tube digestif. Ce phénomène est désigné sous le nom de *rumination*. Devant y revenir plus tard pour l'étudier en détail, nous ne faisons que le mentionner ici.

Il existe parfois une sorte d'antagonisme fort remarquable entre l'estomac et le cæcum. Il y a notamment des Herbivores à estomac simple dont le cæcum est souvent énorme, tandis que ce dernier est fréquemment peu développé quand l'estomac est d'une structure compliquée. Aucune partie de l'intestin n'est d'ailleurs plus sujette à varier que le cæcum. Il n'est pas rare de le voir manquer complétement, surtout chez les Carnassiers et les Insectivores ; dans les Quadrumanes, il est généralement plus volumineux que chez l'Homme, et il acquiert un volume considérable principalement chez quelques Marsupiaux frugivores, et chez un très-grand nombre de Rongeurs : le cæcum l'emporte ici non-seulement sur le gros intestin, mais encore assez ordinairement sur l'estomac ; quelquefois même il est plus long que le corps.

Tous les Mammifères ont des sécrétions biliaire et pancréatique qui viennent se déverser dans le duodénum. Quant à la vésicule biliaire, elle manque quelquefois, notamment chez les Cétacés vrais, chez plusieurs Ruminants, beaucoup de Rongeurs, et chez l'Aï parmi les Édentés. Ordinairement les divers conduits excréteurs du pancréas se réunissent en un seul canal qui s'ouvre tantôt dans le conduit cholédoque ou son ampoule, tantôt directement dans l'intestin. Quand il existe deux conduits pancréatiques, ou ils s'abouchent dans l'intestin chacun séparément, ou bien l'un d'eux se réunit au canal cholédoque et l'autre s'ouvre dans le duodénum ; c'est ce qui a lieu, du moins assez souvent, chez le Chien.

DE LA FAIM ET DE LA SOIF.

Ainsi que nous l'avons dit, la vie se maintient dans un état d'équilibre instable entre les forces qui tendent à restituer à la matière inorganique les éléments des corps organisés et celles qui tendent à assimiler aux animaux les substances nécessaires à leur nutrition. Les premières, qui sont constamment agissantes, ont pu être assez exactement appréciées, et l'on sait que chaque jour l'homme adulte, par exemple, restitue à la nature par la peau, par les reins, par les poumons, etc., près de 20 grammes d'azote, et qu'il brûle environ 300 grammes de carbone à l'aide de l'oxygène atmosphérique passé dans le sang : c'est donc une perte de matériaux de 320 grammes par jour. Pendant le même temps, il expulse par les urines, par la sueur, par la perspiration pulmonaire, etc., environ 3 kilogrammes d'eau, si bien que peu de jours suffiraient pour détruire l'organisme si des éléments nouveaux ne venaient remplacer ceux qui sont éliminés.

I. La sensation qui annonce le besoin de réparer les pertes des matériaux solides, c'est la *faim* : la *soif* indique la nécessité de restituer des liquides à l'organisme. Or, comme toute sensation suppose un organe où se fait l'impression, un cordon nerveux qui la transmet, un centre qui la perçoit, les premières questions qui se présentent à notre examen sont les suivantes : Où se fait sentir la faim? où la soif? Quels nerfs transmettent ces impressions, quelles parties des centres nerveux les peuvent percevoir ?

Il n'est pas difficile d'indiquer, par un à peu près, le siége de la faim. Chacun a éprouvé la sensation particulière que fait naître le besoin de prendre des aliments, et le langage vulgaire a adopté les expressions « avoir » mal à l'estomac, éprouver des tiraillements d'estomac », comme synonymes d'avoir faim. C'est, en effet, dans la région épigastrique, dans un espace occupé par l'estomac, que la faim se fait sentir d'abord. Mais est-ce réellement dans cet organe que siége la faim? Non certainement. L'estomac peut manquer, sans que la faim cesse de se faire sentir; chez les animaux dépourvus d'estomac, le besoin de prendre des aliments n'en existe pas moins. Les lésions graves de l'estomac, qui détruisent cet organe presque complétement, n'éteignent pas le sentiment de la faim, et les individus dont l'estomac est totalement envahi par la substance cancéreuse éprouvent néanmoins le besoin de manger; enfin on peut faire cesser le sentiment de la faim, sans introduire d'aliments ni d'autres corps solides dans l'estomac, ainsi que le prouvent les injections de matières nutritives dans les veines.

La faim est l'*expression d'un état général* qui se traduit par une sensation spéciale que nous rapportons à l'endroit où elle se fait sentir, bien qu'en réalité elle ne siége pas uniquement en cet endroit. Il en est ainsi d'ailleurs d'autres sensations internes : le besoin de dormir se manifeste par une sensation particulière aux yeux, aux paupières, et certes il ne viendra à l'esprit de personne de localiser le sommeil dans les yeux. Les fonctions génitales et les sensations qu'elles provoquent donneraient matière aux mêmes considérations. C'est donc dans l'organisme, en général, qu'il faut placer le sentiment de la faim; et la sensation particulière éprouvée dans la région épigastrique doit être considérée comme une manifestation limitée d'un état général, comme le prodrome des nombreux phénomènes de la faim. Telle qu'elle est cette sensation, qui, nous le répétons, n'est qu'une manifestation isolée des manifestations multiples du besoin de prendre des aliments, et qui siége dans la région épigastrique, tient à un état particulier de l'estomac, car par la compression exercée sur cette région, par l'introduction dans l'estomac de matières non alibiles, on peut la faire cesser sans que pour cela la faim réelle disparaisse. Elle est produite, suivant toute apparence, par une modification dans la sensibilité gastrique, mais nous ne savons trop de quelles parties de cet organe : les nombreuses collections d'observations de lésions profondes de l'estomac démontrent que ses parois ont pu être détruites, soit dans le grand cul-de-sac, soit à l'extrémité pylorique, à la grande courbure ou à la petite, sans que cette sensation gastrique ait disparu. De vastes ulcérations de la muqueuse stomacale n'ont pas fait disparaître cette manifestation du besoin de manger. Néanmoins, et par analogie, il est permis de supposer que cette sensation part de la muqueuse de l'estomac, puisque l'introduction de corps inertes dans ce viscère suffit pour la calmer.

La sensation normale de la faim est-elle liée à quelque modification appréciable de la muqueuse gastrique? On a prétendu que, pendant la vacuité de l'estomac, il y avait un excès de sécrétion acide qui irritait les papilles de la membrane muqueuse; le contraire est parfaitement établi. — W. Beaumont (1) attribue cette sensation à la réplétion des conduits qui sécrètent le suc gastrique : or, rien ne s'opposerait à l'écoulement de ce suc, si ces conduits en contenaient pendant l'état de vacuité de l'estomac, et il est reconnu que l'influence d'un aliment ou d'un corps étranger est nécessaire pour produire la sécrétion du suc gastrique. — On a supposé que la bile refluait dans la cavité stomacale et que la sensation qu'elle produisait se traduisait par celle de la faim. Mais nous savons, au contraire, que la présence de la bile dans l'estomac détermine des nausées et

---

(1) *Exper. and Observ. on the Gastric Juice*, p. 57.

supprime l'appétit ; d'ailleurs cette déviation dans l'écoulement de la bile est bien loin d'être aussi fréquente que le sentiment de la faim.

Dumas (1) a placé le siége de cette sensation dans le système lymphatique qui, à défaut d'autre aliment, tendrait à absorber les organes mêmes de la digestion : or, il n'est pas exact de croire que la faim, même très-intense et très-prolongée, détermine une résorption des parois de l'estomac, et il résulte même des recherches de Chossat (2) que, dans l'inanition, la muqueuse gastrique augmente d'épaisseur. — Enfin, doit-on supposer que la contraction de l'estomac pendant l'état de vacuité puisse produire la faim? Cette contraction, qui existe réellement, est moins prononcée dans l'estomac que dans le reste du tube digestif, et, d'ailleurs, elle est surtout manifeste alors que les dernières portions de la masse alimentaire n'ont pas encore franchi le pylore, alors par conséquent que la sensation de la faim n'existe pas. — Voulant aussi assigner une cause locale à cette sensation, Darwin (3) admet que celle-ci naît par le défaut du stimulus habituel : ce serait, selon lui, une *inirritation* à la suite de laquelle surviendrait une torpeur ou inaction de l'estomac, bientôt accompagnée de douleur.

Quoi qu'il en soit, le premier phénomène de la faim qui est pris le plus souvent pour la faim même, se produisant dans l'estomac, doit avoir pour instrument de sa manifestation l'un des nerfs qui se distribuent à cet organe, soit le pneumogastrique, soit le grand sympathique. Mais j'établirai plus tard (4) que, si après la résection des pneumogastriques j'ai vu seulement quelques animaux accepter des aliments, tandis que la plupart refusaient de manger (tout en buvant beaucoup), la cause de ce refus ne saurait être rapportée nécessairement à la suspension de l'influence des pneumogastriques, puisque la même indifférence pour les aliments s'est présentée chez d'autres chiens auxquels comparativement j'avais réséqué les nerfs sciatiques. Brachet n'était donc pas autorisé à placer le siége de la faim dans les pneumogastriques, parce qu'il avait observé que des animaux, d'abord très-affamés et prêts à se ruer sur leur nourriture, ne se déplaçaient plus après la section des pneumogastriques. D'ailleurs, Leuret et Lassaigne (5) ont constaté que, après l'excision de ces nerfs dans une longueur de plusieurs pouces, quelques chevaux mangeaient comme auparavant et avec un appétit presque égal à celui qu'ils avaient quand ils se portaient bien. Bégin, Fourcade, Sédillot (6), affirment avoir vu, au bout de quelques jours, l'appétit se réveiller chez des chiens qui avaient survécu pendant plusieurs semaines à la section des pneumogastriques. — Et qu'on ne continue pas d'objecter que ces animaux, en prenant des aliments, n'ont peut-être obéi qu'à leur *sensualité gustative*; car il résulte des expériences

(1) *Principes de physiol.*, t. I.
(2) *Recherches sur l'inanition* (*Mém. de l'Acad. des sc. de Paris*, 1843, t. VIII, p. 507).
(3) *Zoonomie*, t. III, p. 222.
(4) *Voy. Fonctions des nerfs pneumogastriques*, tome III de cet ouvrage.
(5) *Rech. phys. et chim. pour servir à l'hist. de la digestion*, p. 211.
(6) *Du nerf pneumogastrique et de ses fonctions*, thèse inaug., n° 274. Paris, 1829.

que j'ai faites, à ce sujet, que des chiens ayant subi, de chaque côté, la résection des nerfs glosso-pharyngien et lingual, et celle de la paire vague, ont mangé sans dégoût, en assez grande quantité, des substances alimentaires ramollies dans une décoction de coloquinte.

Il nous semble donc bien établi que la section des nerfs pneumogastriques ne supprime pas la faim, comme expression d'un état général de l'économie. Quant à la sensation locale ou gastrique, qui est la première manifestation de la faim, il est au contraire à présumer qu'elle disparaît; à moins qu'on ne veuille admettre l'hypothèse généralement réputée peu probable que, dans ce cas, l'impression produite dans l'estomac et résultant d'une modification nerveuse insaisissable peut encore être en partie transmise aux centres nerveux par le grand sympathique.

Mais à quelle partie de ces centres se transmet normalement la sensation dont il s'agit? C'est un point sur lequel il n'est pas encore possible de donner une solution positive. Néanmoins le rôle que jouent, suivant nous, chez l'homme, les portions basilaires des centres nerveux encéphaliques, donne à penser que ces parties ne sont pas étrangères aux sensations de la faim. Assurément, il n'est pas possible d'admettre avec Combes, Spurzheim, Hoppe, Broussais (1), qu'il existe un organe de l'*alimentivité*, qui serait situé dans les fosses latérales et moyennes de la base du crâne et appartiendrait au *cerveau proprement dit* : car la sensation de la faim, qui se traduit par le fait de prendre des aliments, se manifeste dans les espèces animales dépourvues de cerveau, et dans l'espèce humaine on a vu dans des cas d'anencéphalie, alors qu'il y avait absence complète des lobes cérébraux et du cervelet, les fœtus vivre plusieurs jours et manifester par leur agitation, leurs cris et aussi par leurs mouvements de succion, qu'ils éprouvaient le sentiment de la faim. Dans ces fœtus, on le comprend, il restait encore, pour permettre les actes indispensables à l'existence, ces parties basilaires des centres nerveux (*protubérance annulaire* et *bulbe rachidien*) sans lesquelles la vie n'est pas possible un seul instant.

Il en est du besoin d'aliments, comme du besoin de respiration ou de celui de copulation : ce sont autant d'impulsions instinctives dont le siége réel doit être placé dans l'encéphale, mais qui peuvent aussi être mises en jeu par une influence partie, soit de l'estomac, soit des poumons, soit des organes génitaux. Toutefois, alors même que ces divers organes viennent à être séparés du système nerveux central par la section de leurs nerfs, nous voyons ces besoins naturels persister sans doute avec certaines modifications résultant du défaut d'un pareil concours.

Jusqu'à présent, il a été surtout question du sentiment local ou gastrique, qui est le premier indice de la faim et que l'on confond généralement avec elle ; il nous faut maintenant entrer dans quelques détails sur ce besoin général lié si intimement au sentiment instinctif de la conser-

---

(1) *Outlines of Phrenology*, dans *Journal de la Soc. phrénol. de Paris*, 3e année, p. 155·

vation, et suivre dans leur développement les autres phénomènes qu'on observe dans l'économie quand ce besoin n'est pas satisfait.

La sensation qui, primitivement, ne laissait pas que d'avoir quelque chose d'agréable, quand elle était encore ce diminutif de la faim qu'on nomme l'*appétit*, se modifie, s'exagère, se généralise. La douleur de l'estomac devient de plus en plus violente, il semble que cet organe soit pincé, tordu, arraché avec des tenailles. Un état général de souffrance survient, une céphalalgie intense se manifeste, et, suivant les circonstances coïncidentes, tantôt un abattement général, une prostration absolue apparaît ; tantôt, au contraire, le délire, un délire furieux, s'empare de l'homme affamé, absorbe toutes ses facultés morales, intellectuelles, affectives, pour ne laisser subsister qu'un seul sentiment, celui de la faim, qu'une seule volonté, celle de satisfaire à ce besoin impérieux.

Ce serait une triste et bien douloureuse histoire que celle de la faim : elle donnerait une affligeante idée de l'homme, si fier de sa place au haut de l'échelle animale et descendu aussi bas que la brute pour satisfaire un brutal appétit. Il faut pourtant en dessiner quelques traits, ne fût-ce que pour faire comprendre combien peut être intense, violent, le sentiment de la faim ; pour montrer que les lois générales de la nature sont de toutes les plus puissantes, et qu'elles ont imprimé, dans les fibres les plus profondes de chaque être, l'ordre de conserver l'individu aussi bien que celui de perpétuer l'espèce. La première sensation douloureuse de la faim fait concevoir le besoin impérieux d'introduire des substances solides dans l'estomac. Ce besoin, qui peut être antérieur à la naissance elle-même, se traduit, chez l'enfant, par ses cris, par ses efforts de succion, et chez les animaux, par la rapidité avec laquelle ils sucent le lait ou saisissent la graine qui doivent les nourrir. Il est des plus impérieux, car c'est pour le satisfaire que les animaux emploient toute leur énergie, et, pour l'homme même, il est le but de presque tous les travaux qu'il accomplit, réalisant ainsi les paroles de l'Écriture : « C'est à la sueur de ton front que tu gagneras ton pain. »

Ce besoin de manger est tel, dans quelques circonstances pathologiques, qu'il fait taire le dégoût qu'inspirent les objets les plus répugnants. On connaît les histoires de ces polyphages dont l'estomac insatiable était le réceptacle ordinaire des objets les plus variés et les plus immondes. Percy (1) a recueilli des exemples plus ou moins authentiques d'individus qui, pour assouvir leur faim toujours insatiable, dévoraient, suivant l'expression d'Ovide, *quod urbibus esse, quodque satis erat populo*. Parmi les faits qui semblent réunir toutes les conditions d'une observation exacte, il rapporte celui d'un forçat, à Brest, dans les entrailles duquel on trouva, après la mort, plus de six cents morceaux de bois, d'étain ou de fer. Il est un exemple d'*omophagie* (2) rapporté partout : c'est celui de Tarare dont les détails, inutiles à la science, ne causeraient que du dégoût ; il ne faut y signaler qu'une circonstance importante. Cet homme, qui se repaissait du

___

(1) *Dict. des sc. méd.* en 60 vol., t. XXI, p. 355 et suiv.
(2) 'Ωμός, cru, et φαγεῖν, manger.

sang des malades, des chairs des cadavres, qui fut soupçonné d'avoir dévoré un enfant de quatre ans dont on ne retrouva pas de traces, était d'un caractère doux, quand il n'était pas à jeun. La faim seule, *malesuada fames*, l'obligeait à engloutir tout ce qui pouvait contribuer à remplir l'immense cavité de son estomac. En effet, acquise ou primitive, chez les individus atteints de cette faim insatiable, il existe toujours une distension plus ou moins considérable de l'estomac, qui peut être portée à un tel point qu'on montrait à Strasbourg l'estomac d'un hussard hongrois qui, de son vivant, pouvait boire, disait-on, dans une heure, jusqu'à plus de cinquante litres de vin. Cet estomac, remarquable par sa prodigieuse ampleur, l'était davantage encore par trois appendices situés le long de la grande courbure et dont le plus considérable, correspondant au cardia, ressemblait à une bourse ordinaire par son fond arrondi et ses bords rayonnés.

C'est par l'effet de la déviation de ce sentiment de la faim, par suite de ses troubles, qu'il survient quelquefois, dans des circonstances pathologiques, de ces appétits bizarres, étranges, irrésistibles, comme on en observe en certains cas chez les chlorotiques et chez les femmes enceintes.

Il nous a semblé consolant de passer par les conditions pathologiques dans lesquelles la faim se présente avec ces caractères d'inexorable irrésistibilité, pour arriver aux phénomènes analogues qui se produisent chez l'homme, sain d'ailleurs, mais privé d'aliments. Il faut croire que, dans ces circonstances, un état pathologique survient, un délire particulier, celui de la faim, le délire famélique apparaît; sinon on se refuserait à admettre que le sentiment de l'égoïsme pût atteindre au degré où nous le voyons porté chez l'homme affamé. Pour lui, en vain les lois morales commandent, en vain les lois sociales menacent et répriment, la faim parle plus haut que les lois, que la raison, que les sentiments; devant ses ordres impérieux tout se tait. Aussi est-il reconnu que, dans les années de disette, les crimes contre les propriétés augmentent d'une manière sensible, que dans les pays incultes, où la chasse est à peu près la seule ressource alimentaire des indigènes, le cannibalisme s'est développé, pour apporter son complément nécessaire au gibier qui se trouvait insuffisant. C'est ainsi que de l'un des tableaux publiés par Mélier, il résulte que la justice a plus de vols à punir pendant les années de cherté du blé que dans les années où il est à bas prix (1). Les exemples de cannibalisme occasionnellement produit par la faim ne sont malheureusement pas excessivement rares, et l'histoire de différents siéges, de plusieurs naufrages, dans son horrible vérité n'a plus rien laissé à inventer à l'imagination des poëtes, puisqu'elle nous montre des mères arrachant la vie à leurs propres enfants pour se nourrir des chairs de leurs cadavres (*). Où meurt le sentiment de la maternité, quel sentiment pourrait vivre encore?

(1) MÉLIER, *Études sur les subsistances dans leurs rapports avec les maladies et la mortalité*, dans *Mém. de l'Acad. de méd.*, t. X, p. 193.

(*) *Lamentations de Jérémie* : « Les mains des femmes tendres ont fait cuire leurs enfants, ils sont devenus leur nourriture. Les femmes dévorent les fruits de leurs entrailles, les jeunes enfants en maillot. »

Hâtons-nous de le répéter, ce n'est pas une supposition gratuite de notre part que l'existence d'un trouble intellectuel dans les manifestations de la faim : on peut voir, dans les relations du naufrage de la *Méduse* (1), que sur les cent cinquante naufragés une moitié, dans un accès de frénésie, voulut briser le radeau et engagea un combat à mort avec ceux qui s'y opposaient ; chez d'autres, il était survenu des hallucinations variées, analogues à celles qui montraient à nos soldats, mourant de soif dans les déserts de l'Égypte, le doux aspect d'une eau fraîche et pure qui fuyait à leur approche et ne leur laissait qu'une amère déception.

Cependant la volonté peut être plus puissante que la faim, et la brute ne pas l'emporter toujours sur l'homme. En regard des horreurs que fait commettre le besoin de manger, on pourrait reproduire, pour la réhabilitation de l'humanité, l'histoire des mineurs de Bois-Mouzil rapportée par Soviche (2). « Huit mineurs restèrent enfermés pendant cent trente-six heures dans une houillère. Dès le premier jour, ils s'étaient partagé une demi-livre de pain, un morceau de fromage et deux verres de vin, que l'un d'eux avait apporté dans la mine, et qu'il ne voulut point garder pour lui seul ; et deux autres, qui avaient mangé avant d'entrer dans la mine, ne voulurent point prendre part à la distribution, disant qu'ils ne devaient pas mourir plus tard que les autres. » Cet exemple d'une charité plus puissante que l'égoïsme en présence de la faim constitue une bien rare exception, et encore l'auteur du récit ajoute-t-il : « On croyait généralement que ces huit malheureux mineurs n'ayant point pris de nourriture pendant cinq jours, devaient éprouver les tourments les plus affreux de la faim, au moment où la sonde pénétra dans la galerie ; mais, d'après leurs déclarations, cette longue abstinence leur a été peu pénible (3). » — Que serait-il advenu s'il en eût été autrement ?

Avant de passer aux autres manifestations de la faim, rappelons que, sans doute pour tromper la première sensation de l'estomac, plusieurs peuples ont l'habitude d'introduire dans la cavité gastrique une argile onctueuse, odorante, d'une couleur grisâtre (4), des fragments d'une pierre friable, de la sciure de bois ; que, dans le même but, on a souvent recours au tabac sous différentes formes, si bien que la privation de ce narcotique, qui trompe la faim, est souvent plus pénible que la faim même.

Mais les accidents de douleur gastrique, d'irritation, de délire, ne sont en quelque sorte que le début des symptômes de la faim. Après cette période d'irritation, il ne tarde pas à en survenir une autre de dépression, d'affaiblissement. Un amaigrissement rapide, un refroidissement extrême, des accidents divers, amènent lentement ou rapidement la mort des individus privés d'aliments. Du reste, la marche de cette maladie, *la faim*, n'est pas la même, suivant que la privation d'aliments est absolue ou qu'il y a seulement alimentation insuffisante.

(1) Savigny, *Obs. sur les effets de la faim et de la soif*, thèse de Paris, 1828, n° 44.
(2) Soviche, *Ann. d'hyg. publ. et de méd. lég.*, t. XVI, p. 207.
(3) Soviche, *loc. cit.*
(4) De Humboldt, *Tableau de la nature*, t. I.

Pour ce dernier cas, nous emprunterons plus loin à de Meersman les principaux traits des accidents nombreux et graves qui se développent, et que cet auteur a eu la douloureuse occasion d'observer, en Belgique, lors de la famine de 1846 à 1847. Le premier degré de la maladie, qu'il a appelée *fièvre de famine*, était caractérisé par tous les signes qui sont propres à l'appauvrissement du sang. Déjà Haller (1) avait constaté la diminution du sang chez les grenouilles inanitiées. Denis a observé que le sang d'un jeune homme de vingt-quatre ans contenait : eau, 770; globules, 154; matières salines, grasses, extractives, 76. Après quarante jours de privation d'aliments solides, la composition du sang de ce même jeune homme était : eau, 804; globules 111,9; matières salines, etc., 84,1. La perte en globules avait donc été de 42,1. Le sang d'une jeune fille en parfaite santé était ainsi composé : eau, 787; globules, 132; matières extractives, 80,7. Après quinze jours de diète, il contenait : eau, 829; globules, 87,9; matières extractives, 83,1. Les globules avaient diminué de 44,1. Il est une circonstance étrange qui résulte de l'examen de ces analyses, c'est qu'il y a à la fois augmentation d'eau et des matières extractives. Que l'eau augmente, on l'explique en considérant que les individus dont le sang avait été analysé n'étaient pas privés de boissons; pour comprendre l'augmentation des matières extractives, salines, grasses, il faut savoir, ce qui sera démontré plus loin, que toutes les fois qu'un animal est privé d'aliments solides, il absorbe les molécules constituantes de son corps, il se nourrit de sa propre substance. Cette altération dans la composition du sang explique, chez les individus soumis à une privation plus ou moins complète d'aliments solides, la pâleur, l'amaigrissement, la tristesse, le découragement, la difficulté de la digestion, les flatuosités, la distension du ventre, l'œdème des extrémités inférieures, et, chez la femme, la suppression ou l'abondance insolite du flux menstruel, la stérilité, l'affaiblissement du système musculaire, la douleur dans les membres, la difficulté des mouvements.

« Ce qui frappait d'abord, dit de Meersman, lors de la famine mentionnée plus haut, c'était l'extrême maigreur du corps, la livide pâleur du visage, les joues creuses, et surtout l'expression du regard, dont on ne pouvait perdre le souvenir quand on l'avait subi une fois. Il y a, en effet, une étrange fascination dans cet œil où toute la vitalité de l'individu semble s'être retirée, qui brille d'un éclat fébrile; dont la pupille, énormément dilatée, se fixe sur vous sans clignotement et avec un étonnement interrogatif, où la bienveillance se mêle à la crainte. Les mouvements du corps sont lents, la marche chancelante; la main tremble; la voix, presque éteinte, chevrote. L'intelligence est profondément altérée, les réponses sont pénibles; la mémoire, chez la plupart, est à peu près abolie. Interrogés sur les souffrances qu'ils endurent, ces infortunés répondent qu'ils ne souffrent pas, mais qu'ils ont faim !

» L'haleine est d'une grande fétidité; la langue amincie, pointue, oblongue, tremblotante, presque toujours rouge; la pointe, souvent aphtheuse,

(1) *Elementa physiologiæ*, t. II, p. 48.

est partout couverte d'un enduit jaunâtre et épais; l'épigastre est creux, et la peau, dans cette région, est pour ainsi dire collée à la colonne vertébrale; il arrive cependant que l'épigastre est distendu par le météorisme; alors le toucher découvre des engorgements organiques dans l'une ou l'autre partie de l'abdomen. La respiration est lente, peu profonde, et souvent entrecoupée de sanglots. Le pouls, tantôt d'une grande fréquence, tantôt d'une lenteur remarquable, est facilement déprimé, d'une petitesse étonnante et fuit sous les doigts. Les sécrétions se ressentent toutes de l'altération du sang, qui est leur source commune; mais c'est surtout la perspiration cutanée qui est profondément modifiée. La peau était sèche, jaune, semblable à du parchemin; l'exhalation, qui dans l'état ordinaire se fait sur toute la surface d'une manière insensible, s'opérait dans ce cas par voie sèche. Les pores du derme rejetaient une poussière visqueuse qui, s'accumulant et se concrétant, recouvrait le corps d'une croûte noirâtre, pulvérulente et d'une fétidité horrible. Il n'est pas un seul praticien qui n'ait eu l'occasion d'observer ce fait. Souvent on attribuait cet état de la peau à la malpropreté, au défaut de soins; mais en y faisant plus d'attention, on était bientôt convaincu que c'était le résultat d'une altération profonde des fonctions de l'enveloppe cutanée; car, dans les localités dont les ressources permettaient d'envoyer les indigents épuisés à l'hôpital, on mettait ceux-ci vainement au bain : à peine les lotions avaient-elles purifié la surface du corps, que quelques heures suffisaient pour qu'elle fût de nouveau recouverte par le produit de cette sécrétion anormale. Dans ces conditions, la peau laissait à la main qui la touchait une impression âcre, mordicante et prolongée, et l'imprégnait pour longtemps d'une odeur repoussante.

» Parmi les victimes de la disette, il s'en rencontrait que les affections accidentelles épargnaient comme pour leur faire traverser toutes les épreuves de l'épuisement et de la dissolution organique. Dans ce cas, les symptômes d'anéantissement devenaient successivement plus intenses. La décrépitude avait envahi tous ces malheureux; les enfants, les jeunes gens, les adultes, les hommes parvenus à la maturité de l'âge, portaient sur tout le corps les rides, le dessèchement, l'exténuation de la vieillesse : c'étaient de véritables squelettes vivants, incapables de soulever leurs membres décharnés, gisant lourdement, sans voix, avec un œil sans regard, enfoncé dans l'orbite et à moitié voilé par des paupières presque transparentes et chassieuses. Parfois ils étaient horriblement secoués par une toux sèche et convulsive. Enfin, on voyait apparaître les derniers indices de l'extrême appauvrissement du sang : la peau se couvrait de vastes ecchymoses ou de taches pourprées qui devenaient confluentes quelquefois, et ces tristes victimes de la faim rendaient le dernier soupir au milieu de l'agitation, de la carphologie ou de la fatigante loquacité du délire famélique. »

Sans être toujours aussi marqués que dans les faits que nous venons de rapporter, les effets d'une alimentation insuffisante longtemps prolongée n'en sont pas moins manifestes dans des circonstances nombreuses et cruelles. Qui n'a remarqué l'état de débilité extrême, de précoce vieillesse des enfants que la misère prive d'une nourriture convenable? Qui ne sait que la moyenne de la vie atteint un chiffre beaucoup moins élevé dans les classes inférieures de la société, dans celles qui n'ont pas toujours les moyens de satisfaire leur faim, que dans les classes élevées, où les excès, si funestes soient-ils, ne peuvent entrer en parallèle avec les déplorables conséquences des privations d'aliments? Casper (de Berlin) (1) a trouvé que la vie moyenne des plus hautes classes de la société s'élevait à cinquante ans, et que celle des pauvres mendiants n'était que de trente-deux ans.

« En Angleterre, dit Michel Lévy (2), la mortalité de toute l'armée est évaluée à 17 sur 1000 et à 12 pour les officiers. En France, elle est de 19,4 pour l'armée, de 10,8 pour les officiers, et de 22,3 pour les soldats seuls... Nous retrouvons ici l'action si énergique du degré d'aisance, et cela est si vrai que la mortalité se règle en quelque sorte sur le tarif de la solde. »

Et, comme nous verrons plus tard que certains aliments jouent un rôle dans la respiration, on ne doit pas être surpris de voir des affections pulmonaires, des tubercules survenir, avec une prédominance bien marquée, chez les individus privés d'une suffisante alimentation. Sans doute ce serait tomber dans une grave erreur que d'attribuer à la faim tous les accidents qu'entraîne à sa suite la misère ; mais on ne saurait nier sa grande part à tous ces accidents. Il suffirait, pour en acquérir la preuve, de considérer l'influence de la privation de certains aliments sur la production de certaines maladies, de voir comment survient le scorbut des hommes de mer; comment la pellagre se manifeste en Lombardie sur des populations incomplétement nourries, bien plutôt sans doute à cause de l'alimentation insuffisante que par l'action directe du maïs. N'en est-il pas de même de la gangrène des extrémités, de l'acrodynie qui s'est montrée à une époque de disette pour ne plus reparaître, espérons-le; de la gangrène du poumon, que Guislain (3) a observée chez les aliénés inanitiés, et de la gangrène de la bouche, si commune chez les enfants pauvres, si rare chez ceux des classes aisées? Parmi les accidents que la faim entraîne dans son lugubre cortége, il en est encore un à mentionner, c'est la perforation de la cornée. « L'épuisement, le défaut de principes alibiles, dit Velpeau (4), paraissent être les causes principales de cette fâcheuse affection. Il en est de même d'une variété qu'on rapporte à l'inanition, et qui mérite surtout d'être signalée : Magendie l'a d'abord mentionnée à l'occasion d'expériences sur les animaux. Or j'ai constaté le même fait cinq fois sur des malades soumis à une longue diète ou bien à des émissions sanguines répétées. La première fois c'était à Tours, en 1818, sur un militaire *privé de tous aliments pendant six semaines* pour une dothiénenterie. J'observais le second cas au Val-de-Grâce, en 1820, dans le service de M. Dameron, chez un soldat qui en était au *quarantième* jour d'une semblable affection, et qui, avec une abstinence complète, avait subi de nombreuses applications de sangsues. »

(1) *Ann. d'hyg.*, t. XXXVI, p. 329.
(2) *Traité d'hyg.*, t. II, p. 788 et suiv., 2e édit. Paris, 1850.
(3) GUISLAIN, *Mém. sur la gangrène des poumons chez les aliénés* (*Gaz. méd.*, 1836, p. 33).
(4) VELPEAU, *Dict. de méd.*, art. CORNÉE, t. IX, p. 30.

Comme conséquence de ce qui précède, on peut voir la mortalité augmenter sensiblement dans les années de disette, et il résulte d'un travail de Messance (1) que, de 1674 à 1764, la mortalité a suivi, dans ses variations, la progression ascendante et descendante du prix du blé. Mêlier (2) a donc eu raison de dire à son tour : «La mortalité est soumise à l'influence du prix du blé. »

Comme nous avons vu que les fonctions menstruelles étaient perturbées chez les femmes qui souffrent de la faim, il est facile de comprendre que les fonctions génitales soient altérées ou même supprimées. L'enfant se nourrissant dans l'utérus de la nourriture maternelle, il n'est pas rare de voir l'avortement produit par l'inanition, soit qu'il y ait absence d'aliments, soit que les aliments ne puissent être digérés. C'est ainsi que les vomissements incoercibles amènent habituellement l'avortement, et que, dans les années de disette, il y a une diminution considérable dans le nombre des naissances. A la suite de la mauvaise récolte de 1816, on trouve, par les naissances de 1817 et de 1818, qu'il y a eu, proportion gardée, bien moins d'enfants conçus depuis novembre 1816 jusques et y compris septembre 1817, principalement pendant les mois d'avril, mai, juin et juillet, que dans les autres années. Ce résultat est frappant surtout pour les départements du Bas et du Haut-Rhin, de la Manche et de la Meurthe, de la Meuse, de l'Aisne, du Nord, de l'Ain, etc., qui sont ceux où l'on a éprouvé une véritable disette. C'est au point que, dans plusieurs de ces départements, les derniers mois que je viens de nommer, qui comptaient toujours le plus grand nombre de conceptions, n'en ont eu, en 1817, que le minimum, et que l'on voit les naissances diminuer chaque mois, à dater de février 1817, jusqu'à février, mars, et même avril 1818, et augmenter ensuite chaque mois pendant le reste de cette même année. Ces résultats sont d'ailleurs d'accord avec l'observation de tous les temps et de tous les lieux, qui prouve que la disette produit la stérilité non-seulement pour les hommes, mais aussi pour les animaux (3).

A l'appui de cette observation, Millot a remarqué qu'en 1837 cette influence dépopulatrice de la disette se retrouvait d'une façon très-marquée chez les jeunes gens appelés au tirage pour le recrutement ; il existait un déficit qui variait, selon les départements, entre 5 et 17 pour 100, en rapport avec le prix du blé, c'est-à-dire plus grand dans les localités où le blé fut plus cher vingt ans auparavant, moins grand dans les lieux où son prix fut plus modéré.

Sans passer par toutes les phases que nous venons d'indiquer, l'alimentation insuffisante, portée à un plus haut degré, tue comme la privation absolue d'aliments, lorsque le corps a atteint un degré d'amaigrissement au delà duquel, ainsi que l'a démontré Chossat, la vie devient impossible.

(1) *Recherches sur la population*, 1766.
(2) *Études sur les subsistances, etc.*, dans *Mém. de l'Acad. de méd.*, t. X, p. 17.
(3) Villermé, *Ann. d'hyg.*, t. V, p. 55.

Les phénomènes de l'alimentation insuffisante se confondent alors, tout en étant moins rapides, avec ceux de l'*inanitiation* (*).

Dans un travail remarquable auquel l'Académie des sciences a décerné, en 1844, le prix de physiologie expérimentale, Chossat a décrit les effets de l'inanition. Il résulte de ses expériences plusieurs conséquences importantes à connaître :

Le résultat le plus constant de la privation des aliments, c'est la diminution graduelle du poids du corps.

Toutes choses égales d'ailleurs, et en particulier à égale durée de l'inanitiation, la perte diurne est d'autant plus forte que l'animal est plus volumineux.

Tout en diminuant de poids chaque jour, le corps ne perd pas néanmoins d'une manière uniforme ; chez le même animal, en temps égaux, il y a des pertes maxima et des pertes minima qui peuvent être entre elles dans le rapport de 6 : 1.

La perte la plus considérable a été en général au début, quelquefois vers la fin, jamais au milieu de l'expérience. La présence du maximum au début tient surtout à ce que, le premier jour de l'abstinence, le corps expulse le résidu de l'aliment ingéré la veille. — L'augmentation de perte, vers la fin de la vie, coïncide généralement avec une augmentation plus ou moins grandes des fèces, allant quelquefois jusqu'à la diarrhée, comme dans les affections colliquatives. Toutefois la perte cesse complétement dans les deux ou trois dernières heures de la vie, comme si l'exhalation d'acide carbonique et de vapeur d'eau eût été suspendue en même temps que les autres excrétions du corps.

En moyenne, les animaux inanitiés périssent lorsque leur perte s'élève au 0,4 de leur poids initial. Chez les animaux à sang chaud, la perte intégrale proportionnelle paraît être tout à fait indépendante de la classe à laquelle un animal appartient, ainsi que du poids normal de son espèce. La perte moyenne pendant chaque jour est de 42/1000 du poids initial du corps. A une perte de poids de 1000 grammes correspond une excrétion de 111,1 de fèces ramenées à un état de dessiccation aussi complet que l'air seul puisse communiquer.

L'obésité modifie jusqu'à un certain point la valeur de la perte intégrale proportionnelle. Aussi la perte proportionnelle, qui est en moyenne de 0,4, peut, chez les animaux très-gras, s'élever jusqu'à 0,5.

Le jeune âge au contraire peut la diminuer jusqu'à 0,2.

Chez les animaux à sang froid, la perte proportionnelle nécessaire pour donner la mort est très-sensiblement la même que chez les animaux à sang chaud ; seulement la perte diurne n'étant que du trentième de celle des animaux à sang chaud, la vie se prolonge trente fois davantage.

Dans les cas d'alimentation insuffisante, la mort survient comme dans les cas d'inanitiation, lorsque la perte intégrale proportionnelle = 0,4. En

____

(*) Avec CHOSSAT (*Recherches expérim. sur l'inanition*, Paris, 1843) nous appellerons *inanitiation* le passage graduel du corps à un état dont le terme est l'*inanition*.

nourrissant un animal d'une façon insuffisante, on retarde plus ou moins l'époque de la mort, mais on n'altère en rien la loi d'après laquelle la mort arrive. Dans l'un et l'autre cas, l'animal meurt dès que son poids atteint la limite de diminution compatible avec la vie.

Dans l'alimentation insuffisante, le poids des fèces représente, non-seulement les fèces qui correspondent à l'aliment ingéré, mais encore celles qui se rapportent à la quantité de matière animale détruite chaque jour pour fournir aux sécrétions, en complément de ce qui n'est pas donné par l'aliment. Ainsi donc, le corps se détruit d'une quantité de matière animale proportionnée au défaut de l'aliment.

Chez les oiseaux que l'on inanitie, la vie ne paraît pas prolongée par l'usage des boissons; tandis que, chez les mammifères, elle a été sensiblement plus longue pour ceux qui ont eu de l'eau que pour les autres. C'est surtout pour les animaux à sang froid que l'influence conservatrice des boissons paraît être le plus prononcée. — L'ingestion de l'eau, au delà de la soif, abrége la vie dans le rapport de 3 à 2.

La perte intégrale proportionnelle se répartit de la manière suivante, d'après les calculs de Chossat :

Parties qui perdent plus que la moyenne 0,400.		Parties qui perdent moins que la moyenne 0,400.	
Graisse	0,933	Estomac	0,397 (4)
Sang	0,750	Pharynx, œsophage	0,342
Rate	0,714	Peau	0,333
Pancréas	0,641	Reins	0,319
Foie	0,520	Appareils respiratoires	0,222
Cœur	0,448 (1)	Système osseux	0,167
Intestins	0,424 (2)	Yeux	0,100
Muscles locomotifs	0,423 (3)	Système nerveux	0,019

L'oscillation diurne et moyenne de la chaleur animale qui, dans l'état normal de l'alimentation, est $= 0,74$, devient, dans l'inanition, $= 3,28$.

L'oscillation diurne initiale est d'autant plus étendue que l'inanition a déjà fait plus de progrès; de telle façon que l'oscillation de la fin de l'expérience est à peu près double de celle du début. Les heures de midi et de minuit sont bien, sans doute, les époques du maximum et du minimum de la chaleur animale; mais l'oscillation diurne n'attend pas ces heures-là pour se développer. C'est ainsi que, pendant les différentes parties

(1) L'effet de l'inanition consiste à soutenir la circulation avec un cœur fait pour un corps de 4 pieds dans un corps de 5 pieds 5 pouces. Or, d'après la table de Buffon, un corps de 4 pieds est celui d'un enfant de huit ans. Ainsi, pour que la vie pût se continuer, il faudrait que le cœur d'un enfant de huit ans pût entretenir la circulation dans le corps d'un adulte.

(2) L'intestin se raccourcit de 0,291 de sa longueur première, il se rétrécit de la même quantité. Sa perte en superficie est donc de 0,497, ce qui explique comment il peut perdre de son poids sans danger de perforation.

(3) Le mouvement de décomposition, qui résulte de la privation de nourriture, s'exerce plus facilement sur ceux des muscles qui restent dans un repos obligé que sur ceux chez lesquels les mouvements ordinaires de l'animal entretiennent l'action nutritive et la force de résistance aux causes de déperdition.

(4) La membrane muqueuse de l'estomac augmente dans la proportion de 1,09 à 1,23. Cette augmentation, produite par la pénétration des sucs digestifs, disparaît par la dessiccation; on trouve alors une diminution de 1 à 0,90.

du jour proprement dit, la chaleur se rapproche plus ou moins de celle de midi, tandis que, pendant la nuit, elle se rapproche de celle de minuit.

Enfin, l'abaissement nocturne se prolonge d'autant plus avant dans la matinée et commence d'autant plus tôt dans l'après-midi, que l'animal se trouve déjà plus affaibli par la durée préalable de l'inanitiation.

L'alimentation insuffisante offre, quant à la chaleur animale, des résultats identiques avec ceux de l'abstinence complète.

Les animaux qu'on inanitie présentent les symptômes généraux suivants : Restés calmes pendant une partie plus ou moins grande de l'expérience, ils deviennent ensuite plus ou moins agités, et cette agitation continue aussi longtemps que la chaleur animale reste longtemps élevée. Le dernier jour de la vie, l'agitation est remplacée par un état de stupeur accompagné d'un affaiblissement graduellement croissant ; la station devient vacillante, la tête brûlante ; les orteils, froids et livides, se mettent en boule ; bientôt l'animal tombe sur le côté et y reste couché sans pouvoir se relever ; enfin, l'animal s'affaiblit de plus en plus, la respiration se ralentit, la sensibilité diminue graduellement, la pupille se dilate et la vie s'éteint, tantôt d'une manière calme et tranquille, tantôt après quelques spasmes, de légères convulsions et la rigidité opisthotonique du corps.

Le refroidissement est en moyenne de 0,3 par jour ; mais, dans le dernier jour de la vie, il augmente dans la proportion : : 103 : 1. L'abaissement total est en moyenne $= 16°,3$.

Ce refroidissement paraît résulter de ce que, dans les dernières heures de la vie, les mouvements respiratoires continuent à s'opérer sans que la fonction paraisse s'exécuter. En effet, dans les dernières heures de la vie, quand les évacuations alvines sont suspendues, la perte du corps n'est que $0^{gr},0087$ par heure. Cette quantité devant être répartie entre la vapeur d'eau et l'acide carbonique, la perte sous ce dernier chef doit être nécessairement réduite à presque rien.

Enfin, quand on cherche à réchauffer des animaux arrivés au dernier degré de l'inanitiation, on remarque : 1° que la chaleur acquise par le réchauffement est une chaleur variable, qui ne présente point la quasi-fixité que présente la chaleur animale ; 2° que la caloricité, perdue par le passage du corps à l'état de mort imminente, ne se recouvre point par le réchauffement artificiel ; 3° que la caloricité se recouvre par la digestion.

En résumé, « l'*inanitiation*, dit Chossat (1), est une cause de mort qui marche de front et en silence avec toute maladie dans laquelle l'alimentation n'est pas à son état normal. Elle arrive à son terme naturel, quelquefois plus tôt, quelquefois plus tard que les maladies qu'elle accompagne sourdement, et peut devenir aussi maladie principale là où elle n'avait d'abord été qu'épiphénomène. On la reconnaîtra au degré de destruction des chairs musculaires, et l'on pourra à chaque instant mesurer son importance actuelle par le poids relatif du corps ».

(1) *Ouvr. cité.*

On le voit par tout ce qui précède, cette inanitiation rapide est la forme aiguë et exceptionnelle de cette maladie chronique et fréquente, l'*alimentation insuffisante*. Si elle devait, à ce titre, trouver sa place plutôt dans un traité de pathologie que dans ce livre, elle nous intéressait comme preuve de ce que nous avons dit des causes générales qui produisent la faim et des motifs qui nous empêchaient de localiser cette sensation.

Dans les conditions normales, la sensation de la faim se manifeste à des époques qui varient suivant les individus, les espèces, les races, suivant les climats, suivant les saisons, suivant le régime, suivant les âges, suivant les habitudes.

Nous avons déjà vu que les animaux à sang froid supportent beaucoup plus longtemps l'inanitiation que les autres, aussi est-il facile de conclure de cette observation, ce qui est conforme à la vérité, que plus la circulation sera rapide, plus, toutes choses égales d'ailleurs, reviendra fréquent et intense le besoin de manger.

Si l'on se rappelle que les aliments sont destinés à fournir non-seulement à l'entretien, mais encore à l'accroissement de l'individu et à sa calorification, on comprendra, ce que l'observation démontre aussi, que chez l'enfant la faim soit plus vive que chez l'adulte, chez l'homme épuisé par le travail ou par la maladie que chez l'homme inactif et bien portant, dans les pays froids que dans les climats chauds, dans les saisons froides que dans les saisons chaudes. Enfin, il résulte des observations de Pommer (1), que les carnassiers résistent plus longtemps à la faim que les herbivores. Quant à l'habitude, on sait que, du moins dans la vie civilisée, elle a réglé les heures des repas et qu'en général la faim reparaît plus intense aux heures fixées habituellement pour l'alimentation, non-seulement chez l'homme, mais même chez les animaux domestiques.

Nous n'avons pas rapporté les cas d'abstinence prolongée pendant plusieurs jours, plusieurs semaines, plusieurs mois, plusieurs années. Nous croyons que si l'on fait la part de l'exagération, ces cas rares se réduisent à néant. La faim est une fonction tout animale dans laquelle l'esprit ne joue aucun rôle; or, comme chez les animaux la mort arrive, ainsi que nous l'avons vu, fatalement en assez peu de jours dans les cas d'inanitiation, il nous paraît impossible qu'il en soit autrement chez l'homme (*).

II. Les détails dans lesquels nous venons d'entrer nous permettront d'être bref sur cette partie des fonctions de réparation qui consiste dans la nécessité d'introduire dans l'économie des substances liquides, sur la *soif*.

La soif, comme la faim, est un besoin général de toute l'économie, qui se manifeste primitivement par une sensation spéciale dont le siége est dans le pharynx. De même que la première sensation de la faim se localise

(1) *Medicin. chirurg. Zeitung*, 1828, Band I.

(*) C'est surtout dans les établissements d'aliénés que l'on a assez souvent occasion de voir des exemples de jeûne prolongé avec la plus grande opiniâtreté.

dans l'estomac, la première manifestation de la soif se produit à l'arrière-gorge. Mais ce qui prouve que. cette sensation n'a pas, sur ce point, son siége véritable, exclusif, c'est que la soif peut, disparaître sans qu'aucun liquide ait été mis en contact avec la muqueuse du pharynx. Bichat avait avancé que l'injection immédiate d'eau dans les veines parviendrait très-probablement, par son mélange avec le sang veineux, à étancher la soif. Dupuytren a confirmé cette conjecture par des expériences nombreuses, dans lesquelles il parvenait à apaiser la soif d'animaux soumis à l'ardeur du soleil, en leur injectant dans les veines de l'eau, du lait, du petit-lait et divers autres liquides. Il n'était donc pas nécessaire d'humecter directement la muqueuse pharyngienne pour faire disparaître le sentiment qui indique le besoin de prendre des boissons ; mais ici encore nous ferons observer que de même qu'il suffit, pour tromper le premier sentiment de la faim, d'introduire des corps inertes dans l'estomac, de même il peut suffire, pour dissiper le premier sentiment de la soif, d'humecter la muqueuse pharyngienne ou même de la mettre en contact avec des corps froids. Il nous faut donc examiner, au sujet de la soif comme nous l'avons fait pour la faim : 1° la sensation locale ; 2° le besoin général.

Le pharynx ou plutôt la muqueuse pharyngienne étant le siége de la première sensation de la soif, quel est le nerf qui sert à transmettre cette impression à l'encéphale ? Comme on le verra plus tard à propos de recherches sur le sens du goût, il m'est quelquefois arrivé de conserver vivants des chiens auxquels j'avais réséqué de chaque côté les nerfs glosso-pharyngien et lingual ; une fois guéris de leurs plaies, ces animaux m'ont paru boire, après chaque repas, dans les mêmes proportions que de coutume. Sur quelques-uns d'entre eux, j'ai pratiqué, en outre, la résection des pneumo-gastriques le plus haut possible dans la région cervicale, et la soif, comme besoin général, s'est néanmoins fait sentir, *avec une grande vivacité*, dès le lendemain de l'expérience, et surtout les jours suivants, sans doute à l'occasion de la fièvre produite par l'inflammation de la plaie du cou. Or tous ces nerfs exclus, que reste-t-il pour expliquer la persistance de la sensation pharyngienne, si elle existe, sinon ici encore le grand sympathique ? En effet, de nombreux filets du ganglion cervical supérieur enlaçant certaines divisions de l'artère carotide externe (1) pénètrent dans l'épaisseur de toutes les glandes salivaires, et quelques-uns aboutissent à la muqueuse du pharynx si richement pourvue de glandules mucipares. Par analogie et par voie d'exclusion, ne serait-il donc pas permis de croire que la *sensation pharyngienne* ou locale de la soif est transmise par le grand sympathique ? Quant à la portion du centre nerveux où elle viendrait aboutir, nous ne pouvons que répéter ce que nous avons dit relativement à la faim, car les expériences que nous avons citées confondent ces deux formes du besoin d'aliments. Il est probable que c'est aussi dans les portions basilaires de l'encéphale (*mésocéphale* et *bulbe rachidien*) que se perçoit le sentiment de la soif.

S'il est vrai que la soif annonce le besoin de réparer les pertes des par-

____

(1) Art. FACIALE, LINGUALE, TEMPORALE, MAXILLAIRE INTERNE, etc.

ties aqueuses que le sang a faites, toutes les circonstances qui augmenteront ces pertes devront augmenter la soif, toutes celles qui les diminueront
en devront diminuer la fréquence ou l'intensité. En effet, les transpira-
tions abondantes dans la suette, les diarrhées séreuses dans le choléra, les
urines copieuses dans le diabète, rendent pressant le besoin d'introduire
des liquides dans l'économie. L'introduction de certains aliments produit
le même effet. On sait qu'un solipède, par exemple, en mangeant dans un
repas 4 kilogrammes de foin, perd, pour humecter ce fourrage sec, environ
16 kilogrammes d'eau enlevée au torrent de la circulation. Aussi, après
un pareil repas, ne manque-t-il guère de boire plus ou moins abondamment.
On sait également que les aliments farineux, en général, occasionnent une
soif vive pendant la durée de leur digestion. Les pertes de sang abondantes
et rapides sont encore une preuve que la soif se lie au besoin de réparer la
diminution des parties aqueuses du sang, car il est habituel qu'après une
saignée ou une hémorrhagie abondante il survienne une soif très-ardente.
Sans doute alors il y a aussi perte des matériaux solides du sang, mais la
prédominance considérable des parties liquides sur les solides, dans le
fluide circulatoire, peut expliquer l'apparition plus rapide du besoin de
boire que du besoin de manger.

Qui ne sait, d'ailleurs, quelle énorme influence a sur la soif l'état hygrométrique de l'atmosphère, dont la sécheresse et la chaleur, en favorisant la
perspiration cutanée qui est *incessante*, diminuent la quantité des parties
liquides du sang? Aussi, à cause même de la continuité de cette perspiration, est-il superflu d'ajouter que des expériences faites par Orfila il résulte
que la diminution de la partie séreuse du sang est constamment en rapport
avec la longueur de l'abstinence des boissons à laquelle les animaux sont
soumis (1).

Il est encore une preuve indirecte que la soif provient, non du besoin
d'introduire des liquides par la bouche, mais du besoin de réparer les pertes
que fait le sang de ses parties aqueuses, c'est que beaucoup d'animaux boivent très-peu ou ne boivent pas du tout, et que l'homme même peut diminuer
considérablement l'ingestion des liquides. Mais ces animaux et l'homme,
en pareil cas, introduisent par leurs aliments, en apparence absolument
solides, des quantités considérables d'eau. On se rappelle, en effet, que le
pain contient de notables proportions d'eau, que la viande et les végétaux
frais en renferment des proportions bien plus élevées encore. Aussi, quand
on nourrit exclusivement d'aliments tout à fait secs, des animaux qui habituellement ressentent peu le besoin de boire, les voit-on devenir malades et
bientôt même succomber.

Les manifestations générales de la soif sont beaucoup plus violentes encore que celles de la faim. Elles n'ont jamais rien d'agréable, si légères
soient-elles. Après la sensation de sécheresse, d'ardeur, de strangulation
de l'arrière-gorge; après la siccité, l'épaississement apparent de la langue,
l'empâtement de la bouche, on voit survenir un état d'éréthisme général.

____

(1) *Dict. des sc. méd.*, art. Soif.

La peau devient sèche et brûlante ; l'œil s'injecte ; le pouls fréquent dénote le développement d'une fièvre intense qu'accompagnent une accélération prononcée des mouvements respiratoires, la fétidité de l'haleine, une dysurie ou une ischurie plus ou moins violente, et souvent une constipation opiniâtre. Bientôt le délire se manifeste ; il porte généralement sur des illusions qui sont relatives à la sensation qu'éprouvent les individus indésaltérés, et la mort termine cette scène d'angoisses au bout d'un temps variable, mais généralement plus court que celui qui est nécessaire à la faim pour amener le même résultat. A l'homme trois ou quatre jours de privation absolue de boissons peuvent, dans certaines conditions, suffire pour causer la mort. Aussi la soif est-elle le plus atroce moyen d'action que les hommes aient inventé contre leurs semblables : c'est le supplice le plus horrible qu'aient pu imaginer les cruels tyrans de l'Orient; c'est l'arme la plus meurtrière que l'on ait employée dans les siéges dont l'histoire nous transmet les horreurs.

Quand on ouvre les cadavres d'individus morts de soif, on constate une sécheresse générale de tous les tissus, un épaississement des fluides sécrétés, un certain degré de coagulation du sang, enfin des traces nombreuses d'inflammation et quelquefois de gangrène des principaux viscères. En comparant ces effets à ceux de la faim, il semble que la soif tue comme une maladie inflammatoire, la faim comme une fièvre putride.

Enfin notons que, s'il est plusieurs aliments contre la faim, il n'est qu'une boisson contre la soif; c'est l'*eau*, sous quelque forme et dans quelque condition d'association ou d'isolement qu'elle se présente.

DES ALIMENTS.

L'existence des animaux, nous l'avons dit, ne se maintient qu'à la condition d'un travail moléculaire incessant, accompli aux dépens de principes plus ou moins complexes qui se métamorphosent ou se détruisent par des phénomènes analogues à la combustion; les animaux, dans ce but, empruntent à l'air son oxygène. De ce travail intime, et de la dépense qu'il entraîne avec lui, résulte la nécessité d'une réparation continuelle, indispensable à l'intégrité et à la permanence des organes.

L'absorption non interrompue de l'oxygène atmosphérique, l'introduction de certaines substances dites *alimentaires*, l'action réciproque de leurs produits déjà élaborés et de l'oxygène, telles sont donc les conditions fondamentales de l'entretien de la vie chez les animaux. Ce sont, en effet, ces mêmes substances qui, susceptibles d'éprouver dans l'organisme une série de transformations, doivent en s'assimilant maintenir ou accroître la masse de l'individu, remplacer les matériaux qu'il a perdus, et aussi le mettre en possession d'une source de chaleur indépendante du milieu où il vit.

I. C'est le propre des recherches physiologiques modernes d'avoir démontré que les *aliments* (*) des animaux supérieurs et de l'homme, si divers

(*) Ceux du moins qui sont tirés du règne organique.

qu'ils soient, peuvent se rapporter à un petit nombre de groupes dont chacun subit, pour devenir absorbable, des changements spéciaux. Ces groupes, au nombre de trois, comprennent :

1° Les matières albuminoïdes ou protéiques (albumine, fibrine, caséine, etc.).

2° Les matières grasses (beurre, huiles fixes, graisses).

3° Les matières saccharines, féculentes ou amyloïdes (sucre, amidon, etc.).

Qu'elles soient d'origine animale ou végétale, les premières, à cause de l'azote qu'elles contiennent, se désignent aussi sous le nom de *matières azotées neutres* ou sous celui de *matières albuminoïdes*, parce que la composition chimique de toutes ces substances se rapproche sensiblement de celle de l'albumine. Toutes sont constituées par du carbone, de l'hydrogène, de l'azote et de l'oxygène auxquels vient s'adjoindre ordinairement le soufre, plus rarement le phosphore. — Quant aux matières qui appartiennent aux deux autres groupes, elles ne renferment pas d'azote, et, avec leur composition ternaire, elles contiennent seulement de l'oxygène, de l'hydrogène et du carbone.

C'est en se fondant sur la destination différente qui a été attribuée aux unes et aux autres, suivant qu'elles concourent plus spécialement à l'assimilation ou à la respiration, qu'on a encore proposé d'appeler les matières azotées ou albuminoïdes *aliments plastiques*, réservant le nom d'*aliments respiratoires* aux matières amyloïdes et aux matières grasses.

Ainsi, parmi les premiers figurent, d'après Liebig (1), la fibrine, l'albumine et la caséine végétales, puis le sang et la chair des animaux. Dans les seconds se rangent, suivant le même auteur, le beurre, les graisses, les huiles fixes, l'amidon, la *gomme* (*), les sucres, la pectine, puis la bière, le vin, l'eau-de-vie, etc.

Destinés surtout, en effet, à la rénovation, à l'entretien ou au développement des tissus animaux en général, les aliments dits plastiques finissent aussi par se combiner plus ou moins lentement avec l'oxygène pour former une certaine quantité d'eau, d'acide carbonique, d'acide urique, d'urée, de créatine, de créatinine, etc. ; mais, tout en s'oxydant à un degré plus ou moins avancé, ils ne doivent point disparaître promptement par la combustion et sont réputés ne contribuer, dans les circonstances ordinaires, que pour une assez faible part à l'entretien des phénomènes chimiques de la respiration et à la production de la chaleur animale. Il n'en est plus de même des aliments appelés respiratoires qui, au contraire, afin de prendre la plus grande part à la respiration et à la calorification, s'unissent rapidement à l'oxygène et brûlent en donnant naissance à de l'eau, à de l'acide

---

(1) *Lettres sur la chimie*, p. 228. Trad. de Gerhardt. Paris, 1847.

(*) Il résulte des recherches de divers expérimentateurs, sur la gomme, que cette substance fait partie des matières qui, n'étant ni fermentescibles, ni putrescibles, ni oxydables au contact de l'air, traversent les voies digestives sans éprouver la moindre action de la part des réactifs de l'économie. La mannite est dans le même cas, d'après Mialhe. (*Chimie appliquée à la physiologie*, p. 26. Paris, 1856.)

carbonique, et à un grand dégagement de chaleur; l'excès qui échappe à cette combustion pouvant être rejeté à l'extérieur sous différentes formes ou utilisé par l'organisme en formant des dépôts de matériaux combustibles (graisse, matière glycogène).

Il ne faudrait pourtant pas accorder une valeur trop absolue à cette distinction entre les aliments *plastiques* et les aliments *respiratoires*; elle n'est fondée que d'une manière générale. En effet, l'animal privé d'une nourriture suffisante continue à absorber de l'oxygène; il brûle successivement d'abord ses graisses, puis son sang et ses propres tissus, de telle sorte que même des substances albuminoïdes, qui avaient fait partie intégrante de sa trame organique, fournissent des matériaux à l'oxygène de la respiration et deviennent ainsi aliments respiratoires. Au contraire, chez un animal qui engraisse, une certaine quantité des aliments dits respiratoires se dépose dans la trame de ses tissus, dont elle devient partie constituante, c'est-à-dire qu'elle est transformée en aliment plastique. D'ailleurs, le tissu nerveux n'est-il pas essentiellement composé d'albumine et de substances grasses particulières? Les matières grasses passées dans le sang n'ont donc pas seulement pour destination de produire actuellement de la chaleur dans l'organisme animal ou de former des dépôts de principes combustibles dans les vésicules adipeuses; elles peuvent aussi entrer dans la constitution intime de certains tissus, comme fait le groupe des matières albuminoïdes ou plastiques. Ajoutez que, tous les tissus étant soumis à un mouvement incessant de composition et de décomposition, les substances dites plastiques qui en ont fait partie finissent aussi par être brûlées par l'oxygène contenu dans le sang pour s'échapper, soit par la peau sous la forme d'acide sudorique ou hydrotique, soit par les reins sous forme d'urée, d'acide urique, d'acide hippurique, de créatine, de créatinine, etc., soit enfin par les poumons sous forme d'azote libre, d'acide carbonique et de vapeur d'eau.

Si les aliments plastiques ou azotés peuvent, par une transformation chimique d'une partie de leur masse, ou autrement, remplacer dans de certaines limites les aliments respiratoires, quand ceux-ci font défaut dans l'alimentation, assurément la réciproque ne saurait avoir lieu, une substance dépourvue d'azote, comme l'aliment respiratoire, ne paraissant pas pouvoir donner naissance, même au sein de l'organisme, à une substance azotée. Aussi, dans les expériences comparatives qui seront relatées plus tard, verrons-nous qu'on a obtenu des résultats bien différents chez les animaux soumis à l'usage exclusif des aliments plastiques et chez ceux qu'on soumet à l'usage exclusif des aliments dits respiratoires. Rappelons que d'ailleurs, dans l'économie, il existe un produit qui peut fournir aussi, pendant un certain temps, les éléments de la combustion, quand les aliments respiratoires manquent d'une manière absolue; ce produit, c'est la graisse déposée en proportion plus ou moins grande dans les vésicules spéciales qui constituent le tissu adipeux.

II. Les aliments d'origine végétale sont réductibles, ainsi que les aliments d'origine animale, en principes immédiats azotés (*albumine, fibrine caséine*) et en principes immédiats non azotés (*graisse, amidon* et *sucre*), de sorte qu'entre ces deux classes d'aliments, il n'y a, au point de vue de la composition, que des différences de proportions. Grâce aux progrès de la chimie organique, il est, en effet, démontré aujourd'hui que l'herbe des pâturages, les racines, les semences, la farine, etc., ramenées à ce qu'elles ont d'essentiel, présentent un ensemble de principes qui constituent des matières identiques avec celles dont se nourrit le carnivore (1).

Ainsi l'albumine, la fibrine et la caséine, que produisent les *plantes*, ont les mêmes propriétés et la même composition élémentaire que l'albumine, la fibrine et la caséine qui se trouvent dans les *animaux*.

La véritable différence entre la *nourriture végétale* et la *nourriture animale* est la suivante : il y a, sous un volume donné, une faible proportion de matières azotées ou albuminoïdes dans les aliments des herbivores relativement à la quantité de principe amyloïde qui s'y trouve; tandis qu'au contraire la proportion de substance azotée est considérable, sous un petit volume, dans la chair musculaire dont se nourrissent les carnivores.

Toujours est-il que l'herbivore et le carnivore consomment et assimilent les *mêmes principes nutritifs azotés*, qui sont indispensables à la rénovation des tissus animaux en général; ajoutons que l'un et l'autre consomment des *principes gras*, que l'un et l'autre consomment aussi les mêmes *principes salins inorganiques*, qui, d'abord puisés dans le sol par la plante, ont été ensuite transmis à l'herbivore et de celui-ci au carnivore.

La nature du travail digestif doit donc être la même pour ces deux catégories d'animaux, et c'est en effet ce qui a lieu.

C'est ainsi qu'on s'explique comment l'homme, en particulier, peut entretenir sa vie, soit à l'aide d'un régime exclusivement végétal (à la condition d'introduire une assez grande masse alimentaire à la fois), soit à l'aide d'un régime exclusivement animal; comment aussi on a pu nourrir des herbivores avec de la viande seule et des carnivores avec des substances végétales.

III. Maintenant, sans anticiper sur les détails que nous aurons à donner plus tard, à propos de la digestion stomacale et intestinale et aussi à propos de la nutrition proprement dite, passons en revue ces principes communs aux aliments d'origine végétale et aux aliments d'origine animale, principes sur lesquels nous verrons d'ailleurs les sucs digestifs avoir toujours le même mode d'action. Puis, après avoir signalé également d'autres principes alimentaires qui sont propres soit à l'un, soit à l'autre règne organique, nous aborderons enfin l'étude des aliments dits *minéraux*.

Ce sera là, assurément, une très-utile introduction à l'étude des associations nouvelles, des changements de nature et de composition que doivent subir la plupart des substances alimentaires avant de passer à l'état de matière nutritive ou avant d'être éliminées. Trop heureux, quand parfois la

---

(1) DUMAS et CAHOURS, *Annales de chimie et de phys.*, 3e série, t. VI.

Chimie pourra nous donner ou nous faire pressentir l'explication de métamorphoses si diverses !

1° Matières albuminoïdes ou protéiques.

Les chimistes admettent généralement trois matières albuminoïdes bien caractérisées, à part quelques autres moins connues, qu'une étude plus approfondie fera peut-être un jour rejeter comme des mélanges ou des substances impures; ces trois matières sont l'*albumine*, la *fibrine* et la *caséine*.

Chacune de ces substances possède la propriété remarquable de se présenter sous deux modifications essentiellement différentes : à l'état soluble et à l'état insoluble.

Très-répandues dans les liquides et dans les parties solides de l'organisme animal, ainsi que dans certains organes des végétaux, et renfermant du *soufre* parmi leurs éléments (*), elles paraissent posséder la même constitution chimique et ne différer que par leur état physique ou par la nature des substances minérales avec lesquelles elles sont combinées dans les parties organisées. Quelque soin qu'on mette à les purifier, les matières albuminoïdes, en général incristallisables (**), ne s'obtiennent presque jamais exemptes de parties minérales, et donnent ordinairement à la combustion des quantités variables de cendres dans lesquelles le *phosphate de chaux* (***) ne manque jamais. L'albumine et la caséine, contenues à l'état soluble dans les parties végétales ou animales, fournissent des cendres chargées de carbonates alcalins; les cendres de la fibrine insoluble, au contraire, ne renferment pas de semblable carbonates.

Dans les plantes, l'importance des substances albuminoïdes semblerait moindre que dans l'organisme animal, à n'en juger que par la masse; mais leur présence constante et le peu de développement d'un végétal privé de ses aliments azotés tendent à leur faire attribuer un rôle très-actif dans les fonctions nutritives de cette classe d'êtres vivants.

Il importe de noter l'extrême altérabilité des matières albuminoïdes toutes les fois qu'elles sont exposées à l'influence simultanée de l'air, de l'eau et d'une température modérée : de là résultent leur décomposition et leur transformation rapides en d'autres substances dont la nature varie suivant les circonstances. Cette altérabilité constitue un caractère qui les distingue de la plupart des autres principes organiques, et qui, disait-on, les rend particulièrement aptes à agir comme des *ferments* au contact de certains composés. Mais, depuis les recherches de Pasteur, il est générale-

(*) Le *phosphore* se trouve aussi en minime proportion dans l'albumine et la fibrine; il manque dans la caséine.

(**) L'*hématocristalline* dérivée de la matière azotée des globules rouges du sang fait exception. La forme cristalline de ce corps dépend de l'espèce animale qui fournit le sang : il existerait d'après cela plusieurs variétés d'hématocristalline. — Une combinaison cristallisée de caséine a été signalée dans la noix de Para par MASCHKE.

(***) Nous aurons occasion d'insister plus loin sur l'importance du phosphate de chaux comme *aliment minéral*.

ment admis que la décomposition dite spontanée des albuminoïdes est uniquement provoquée par le développement et la multiplication d'infusoires, dont les germes sont apportés par l'air. La putréfaction n'a pas lieu dans l'air calciné, ou même simplement filtré sur du coton ou de l'amiante. D'après la nouvelle théorie, la matière azotée, aussi bien que la matière fermentescible, avec divers principes salins qui s'y trouvent, représentent l'aliment du *ferment organisé*.

En vertu de l'équilibre chimique fort instable de leurs molécules, qui répond d'une manière évidente à la condition la plus essentielle de la vie animale, c'est-à-dire l'équilibre mobile, les matières albuminoïdes constituent les principaux médiateurs des transmutations organiques et prennent ainsi part aux fonctions les plus importantes.

Quant à l'identité presque parfaite de leur composition, sur laquelle Liebig a particulièrement insisté, elle explique comment, dans l'économie, ces substances peuvent et doivent passer, avec la plus grande facilité, de l'une à l'autre. Leur instabilité remarquable, la faculté de se transformer moléculairement dans une foule de circonstances, surtout de passer facilement de l'état soluble à l'état insoluble ou inversement, suffiraient déjà à les caractériser et à les éloigner de tout autre groupe de corps organiques azotés.

Leur composition comparée est la suivante (1) :

	FIBRINE des deux règnes (2).	CASÉINE des deux règnes.	ALBUMINE des deux règnes.
Carbone	52,75	53,56	53,47
Hydrogène	6,99	7,10	7,17
Azote	16,57	15,87	15,72
Oxygène	23,69	23,47	23,64
	100,00	100,00	100,00

Chacun, d'ailleurs, connaît leurs trois réactions caractéristiques : 1° elles se colorent en rouge quand on les met en contact avec un mélange d'azotate et d'azotite de mercure ; 2° bouillies avec de l'acide chlorhydrique concentré, elles s'y dissolvent en communiquant à la liqueur une teinte bleue violacée ; elles se dissolvent aussi dans la potasse ou la soude caustique, et, si l'on sature la dissolution par l'acide acétique, il se sépare une substance azotée sous la forme de flocons grisâtres ; en même temps il se dégage de l'hydrogène sulfuré, et l'on trouve de l'acide phosphorique dans la liqueur. La substance que l'acide acétique met en liberté porte le nom de *protéine* (*) (Mulder) ; elle présente aussi les trois réactions caractéristiques des matières albuminoïdes, et a toujours la même composition, quel que

(1) MALAGUTI, *Leçons de chimie*, 2ᵉ partie, p. 25. Paris, 1853.

(2) Ces analyses sont extraites d'un travail de Dumas et Cahours ; mais, suivant des analyses ultérieures, il semblerait que la fibrine aurait la composition suivante : carbone, 62,78 ; hydrogène, 6,96 ; azote, 16,78 ; oxygène, 13,48.

(*) *Substance première ou fondamentale*, de πρῶτος, premier. — La qualification de *principes protéiques* (c'est-à-dire tenant le premier rang) est bien applicable aux principes albuminoïdes, puisqu'ils sont les prototypes, les générateurs des composés susceptibles d'organisation.

soit le principe qui l'a engendrée. — On a nommé *protéiques* toutes les matières qui peuvent servir à préparer la protéine.

Quelques chimistes ont supposé que les matières protéiques ou albuminoïdes sont composées du même radical *protéine* et de très-faibles quantités de *soufre* et parfois de *phosphore*; mais, suivant d'autres, rien ne prouve la préexistence de la protéine, qui semblerait être plutôt un produit de l'action des alcalis.

On ne saurait donc affirmer, jusqu'à présent, si les matières albuminoïdes, qui revêtent dans l'organisme les formes les plus variées, sont des combinaisons particulières d'une même substance fondamentale, ou si elles représentent simplement des corps d'une constitution analogue. Mais, comme nous le verrons plus tard, ce qu'on ne saurait non plus dire, c'est que les transformations qu'elles subissent dans l'économie, en vertu de leur constitution complexe, soient encore toutes élucidées : que sait-on, par exemple, sur la manière dont la fibrine, la caséine, la glutine, etc. (transformées d'abord dans les voies digestives puis dans les voies circulatoires), se convertissent finalement en albumine normale du sang?

Soumises à l'action de divers agents oxydants, les matières albuminoïdes donnent toutes, entre autres produits, la *tyrosine* et la *leucine*, qui du reste se rencontrent dans l'organisme animal.

Avant de terminer cette esquisse des caractères communs aux matières albuminoïdes, disons dès maintenant, pour y revenir en détail à propos de la digestion, que, quelle que soit la matière albuminoïde ingérée (fibrine, albumine, caséine, glutine, etc.), le produit ultime de sa transformation, dans l'estomac, par l'action de la *pepsine*, paraît être le même, au moins quant à son essence. Ce produit a été désigné d'abord sous le nom d'*albuminose* (Mialhe), puis sous celui de *peptone* (Lehmann) pour rappeler qu'il doit sa formation au principe actif du suc gastrique, c'est-à-dire à la pepsine. Du reste, nous pouvons le noter à l'avance, ce produit encore assez mal défini et quelque peu diversifié, n'est, comme l'ont cru divers physiologistes, ni l'albumine proprement dite, ni aucun des autres produits constituants du sang; mais, suivant l'expression de Burdach (1), il est un rudiment de ces diverses substances, une sorte de matière neutre aux dépens de laquelle toutes peuvent prendre naissance, ou encore, comme s'exprime Truttenbacher (2), une masse plastique indifférente. Soluble, endosmotique et assimilable, cette albuminose ou peptone est promptement utilisée par l'organisme, après avoir passé des voies digestives dans la circulation générale. Nous indiquerons, plus tard et en leur place, ses caractères communs et ses caractères différentiels suivant sa provenance.

A. *Albumine.* — Elle est contenue en quantité considérable dans le blanc d'œuf, dans le chyle, la lymphe, le sérum du sang et conséquemment, en plus ou moins grande abondance, dans presque toutes les parties animales,

(1) *Traité de physiologie*, trad. de Jourdan, t. IX, p. 311.
(2) *Der Verdauungsprocess*, p. 7, 24.

imprégnées qu'elles sont par le sérum. On la trouve dans beaucoup de sucs végétaux; le suc des carottes, des navets, des tiges de pois verts, des choux, etc., en est particulièrement chargé. La farine de blé en contient une quantité assez notable qu'on peut obtenir facilement par l'eau froide : quand on lave la pâte de farine pour en séparer le gluten, l'eau qui s'écoule entraîne l'amidon et retient en dissolution l'albumine végétale, ainsi·qu'un peu de sucre et de dextrine; par le repos, l'amidon se sépare du liquide. Les graines oléagineuses ou émulsives renferment aussi de l'albumine en proportions variables (*).

Tandis que l'albumine animale se trouve toujours dans les liquides alcalins, l'albumine végétale se rencontre constamment, au contraire, dans des liquides neutres ou acides (Dumas et Cahours). L'une et l'autre présentent d'ailleurs les mêmes réactions avec les acides, les alcalis, le tannin, le bichlorure de mercure, et se comportent de la même manière avec la chaleur. C'est entre 60 et 70 degrés centigrades que la chaleur coagule l'albumine. Toutefois, la présence des alcalis qu'on y ajoute retarde beaucoup cette coagulation qui n'entraîne avec elle aucun changement de composition ni de propriétés chimiques; il y a pourtant perte d'un peu de soufre.

Ce n'est point de l'albumine libre qu'on trouve dans les liquides de l'organisme animal, c'est de l'albuminate à base d'alcali; le sérum du sang et le blanc d'œuf sont en majeure partie composés d'albuminate de soude, à l'état de mélange avec le sel marin et le phosphate de chaux.

Selon Graham, la *dyalise* est un excellent moyen de purification et permet la séparation très-nette de l'albumine *colloïde* d'avec les sels et en général tous les *cristalloïdes*. Le pouvoir de diffusion de l'albumine à travers les membranes animales est très-faible.

Pendant longtemps on a cru que l'albumine de l'œuf ne différait aucunement de l'albumine du sang (sérum) : mais il paraîtrait en être autrement d'après les expériences de Melsens (1). En effet, on peut, selon cet auteur, par l'agitation ou le battage de l'albumine d'œuf *filtrée plusieurs fois*, la réunir sous forme de membrane qui offre à peu près l'aspect d'un tissu cellulaire artificiel. Cette transformation ne réussit pas avec le sérum.

Harling (2) conteste l'identité de membrane animale et du produit de Melsens. Dans les expériences que j'ai tentées moi-même à ce sujet, sans avoir pu constater la texture membraneuse dont il s'agit, j'ai démontré que l'albumine était assez notablement modifiée pour constituer un état intermédiaire à celui de l'albumine proprement dite, et de ce produit ultime de la transformation des aliments albuminoïdes par l'acte de la digestion, qu'on nomme *albuminose* ou *peptone*.

(*) Le principe albuminoïde des amandes (*émulsine* ou *synaptase*) est remarquable par la propriété qu'il possède de déterminer la transformation de l'*amygdaline* en huile volatile d'amandes amères, en acide cyanhydrique, etc.

(1) *Annales de chim. et de phys.*, t. XXXVIII, p. 170.
(2) HARLING, *Jahrb. f. d. gesammte Medicin*, t. LXXV, p. 148.

On sait d'ailleurs que quand on fait bouillir, pendant soixante heures au moins, de l'eau tenant en suspension de l'albumine *coagulée*, celle-ci disparaît peu à peu parce qu'elle s'oxyde et devient soluble (1). L. Corvisart (2) a reconnu à cette substance des réactions chimiques très-analogues à celles que présente l'albumine rendue soluble par l'action du suc gastrique.

Quant à l'albumine coagulée (et il est à noter que l'albumine en se coagulant perd une partie du soufre qu'elle renferme), on ignore si elle se rencontre toute formée dans l'économie ; il est fort possible d'ailleurs que la substance qu'on désigne sous le nom de *fibrine* ne soit quelquefois elle-même que le résultat de la coagulation de l'albumine au sein de l'organisme. On ne connaît, en effet, aucun moyen rigoureux de distinguer de la fibrine l'albumine coagulée. D'après Sherer, la fibrine n'est qu'un premier degré d'oxydation de l'albumine. Ce qu'il y a de certain c'est que, dans l'œuf des ovipares, la fibrine procède évidemment de l'albumine qui existe seule dans l'origine, et sa formation coïncide avec l'établissement de la respiration, c'est-à-dire avec l'absorption d'oxygène.

A propos de ces transformations des matières albuminoïdes les unes dans les autres, transformations si dignes d'intérêt au point de vue physiologique, il importe encore de rappeler que l'albumine, par l'addition d'un peu d'alcali libre, acquiert les caractères de la *caséine*, et que, dans la putréfaction de la fibrine, il se produit, entre autres corps, une substance qui présente la composition et tous les caractères de l'albumine.

Quand on considère que, pendant l'incubation de l'œuf, l'albumine paraît se transformer en fibrine et donner naissance, avec le concours de l'oxygène atmosphérique, à toutes les substances azotées de l'organisation animale rudimentaire (*), et qu'après cette époque l'albumine semble être encore comme la source et la base de toute la série de tissus particuliers qui sont le siége des activités organiques, il ne faut pas trop s'étonner qu'aux yeux de certains physiologistes la digestion ait paru avoir pour essence de réduire tout en albumine, de transformer en ce principe tous les aliments, y compris ceux qui n'en contiennent pas la moindre trace avant de subir l'influence digestive (**). Nous dirons, en revenant plus tard sur cette opinion, où est l'exagération, où est l'erreur.

(1) MULDER et BAUMHAUER (*Journ. f. prakt. Chem.*, XX, 346 ; XXXI, 295), ayant analysé ce produit, l'ont trouvé surtout très-azoté ; il renferme : carbone, 50,98 ; hydrogène, 6,69 ; oxygène et soufre, 15,01 ; azote, 27,32 ; = 100,00.
(2) *Études sur les aliments et les nutriments, etc.*, p. 14 et suiv. In-8, 1854, Paris.

(*) Sans doute aussi la *vitelline*, ou matière azotée du jaune, joue ici son rôle ; mais, d'après les expériences de Dumas et Cahours, elle paraît n'être que de l'albumine modifiée.
L'albumine du blanc et du jaune d'œuf contient du soufre et de l'azote comme l'albumine du sang ; les deux albumines renferment, pour 1 équivalent d'azote, 8 équivalents de carbone ; et, outre ces corps simples, les éléments de l'eau dans les mêmes proportions. Sauf une légère quantité de soufre, que l'albumine de l'œuf contient en plus, ces deux albumines sont identiques sous le rapport de la composition et des *principales* propriétés.
(**) « L'albumine, dit Liebig (*Nouvelles lettres sur la chimie*, p. 186, Paris, 1852), réunit » toutes les conditions d'un corps essentiellement nutritif, et l'expression d'*aliment* ne convient,

B. *Fibrine.* — Comme l'albumine, la fibrine est un des principes essentiels du chyle, de la lymphe et du sang, dont elle constitue la partie spontanément coagulable. Dans la viande, la plus nourrissante de toutes les substances alimentaires, sa proportion s'élève à environ 70 centièmes du poids de cette dernière exempte de graisse; la fibrine forme, en effet, la base des muscles.

Dans un nombre considérable de graines, surtout dans la graine du blé et en général dans toutes les céréales, se trouve aussi un produit qui possède la plus grande ressemblance avec la fibrine animale : c'est le *gluten.* Nous reviendrons sur l'étude de ce corps d'ailleurs complexe, et qui joue un rôle si important dans les propriétés nutritives des différentes farines.

Quand un suc végétal récemment exprimé est abandonné à lui-même, il s'y dépose *spontanément*, au bout de quelques minutes, un principe gélatineux, ordinairement de couleur verte, et qui, traité par certains liquides destinés à lui enlever sa matière colorante, laisse enfin une substance d'un blanc grisâtre. C'est là un des aliments azotés des herbivores; il a reçu le nom de *fibrine végétale.* Le suc des graminées en est particulièrement chargé.

La fibrine ne peut être isolée du sang, du chyle, de la lymphe, ou des sucs végétaux, qu'à l'état coagulé et insoluble, bien que ces liquides la renferment en dissolution. Cette coagulation, dont la véritable explication reste à donner, n'est pas, comme on l'avait supposé, un effet de l'action de l'air, puisqu'elle a lieu également bien à l'abri du contact de l'atmosphère (1). Il est probable aussi que, durant la vie, la chair renferme la fibrine à l'état soluble et non coagulé; il semble du moins que la rigidité des muscles, après la mort, provienne d'un passage analogue de la fibrine soluble à l'état coagulé (*).

Pour certains auteurs, il y aurait, entre la fibrine des muscles (*musculine* ou *syntonine*) et la fibrine du sang, une première différence fondée sur ce que la musculine serait soluble dans l'eau contenant environ $\frac{1}{1000}$ d'acide chlorhydrique, tandis que la fibrine du sang, traitée de la même manière, se gonflerait et deviendrait gélatineuse sans se dissoudre. D'expériences comparatives que j'ai faites à ce sujet, il m'a paru résulter que l'insolubilité *absolue* de la fibrine du sang, dans ces conditions, ne saurait être admise comme un fait expérimental exact; nul doute pourtant que la fibrine des muscles ne soit sensiblement plus soluble que la fibrine du

---

» à proprement parler, qu'à des matières contenant de l'albumine ou *une substance capable*
» *de se convertir en albumine.* »

(1) SCHROEDER VAN DER KOLK, *Comment. de sang. coagul.* Groningue, 1820, p. 46. — MAGNUS, *Ann. de Poggendorf*, XL, p. 588.

(*) « Tout porte à penser, dit DUMAS (*Chimie physiol. et méd.*, p. 337, Paris, 1846), que la fibrine du sang n'y est pas en dissolution, mais qu'elle s'y trouve seulement dans un état de division extrême, qui se maintient tant que le liquide est en mouvement, mais qui, dans le liquide en repos, cesse presque tout à coup, par suite de la disposition qu'ont les particules de fibrine à se réunir en un réseau fibreux et membraneux. »

sang (*). Rappelons, d'ailleurs, qu'on a reconnu que la fibrine extraite du sang de jeunes animaux peut, sous la simple influence d'une faible chaleur, devenir complétement soluble dans l'eau et présenter alors tous les caractères de l'albumine.

Des considérations d'un autre ordre tendent à séparer la fibrine du sang de la *musculine*. D'après des expériences assez récentes on a été porté à soutenir que la musculine est beaucoup plus nutritive que la fibrine du sang, et que même cette dernière ne serait peut-être pas assimilable; tandis que la musculine se comporterait, par rapport à l'alimentation, comme l'albumine, c'est-à-dire comme le principe le plus assimilable de tous les principes organiques. — En ce moment nous réservons la question de savoir si l'on doit considérer la musculine comme le principe nutritif exclusif de la viande.

Enfin on a avancé que les cendres de la fibrine du sang seraient ferrugineuses, tandis que les cendres provenant de la fibrine des muscles ne le sont pas.

Quoi qu'il en soit de la valeur de ces différentes assertions, nul doute que la fibrine des muscles n'ait de grandes analogies avec la fibrine du sang spontanément coagulée, et qu'une fois coagulées l'une et l'autre par l'ébullition, elles ne présentent pas de propriétés qui les différencient *essentiellement* des autres matières albuminoïdes solidifiées par le même moyen.

Quant à la fibrine naturellement coagulée, quelle que soit son origine, elle présente plusieurs propriétés différentes de celles de la fibrine rendue solide par l'ébullition. La première se distingue de la seconde en ce qu'elle se décompose à l'air avec la plus grande facilité, et s'y putréfie, en absorbant l'oxygène, plus rapidement que toute autre substance albuminoïde. Avec une dissolution étendue de nitrate de potasse (1 part. de sel dans 17 part. d'eau), elle forme un solutum qui se coagule par la chaleur comme l'albumine (1), ce que ne fait pas la fibrine bouillie dans l'eau.

L'eau oxygénée est immédiatement décomposée par la fibrine spontanément coagulée.

Plus haut, en faisant allusion aux intéressantes transformations des matières albuminoïdes les unes dans les autres, en parlant aussi de l'albumine de l'œuf et du concours qu'elle prête, lors de l'incubation, au développement des parties azotées de l'organisme, nous disions que la fibrine procédait évidemment de l'albumine alors seule existante, et qu'elle ne paraissait être qu'un premier degré d'oxydation de cette dernière. Il importe d'ajouter que la fibrine musculaire, digérée puis assimilée, peut à son tour acquérir dans l'économie vivante les propriétés de l'albu-

---

(*) « L'acide chlorhydrique très-affaibli, dit BOUCHARDAT, et ne contenant que 0^{gr},694 d'acide pour un litre d'eau, convertit à froid, après quelques heures de contact, la *fibrine* en une gelée transparente qui se dissout ensuite en partie dans l'eau pure; la partie dissoute se précipite par l'addition d'acide chlorhydrique concentré. » — Il nous importe d'ajouter que c'est sur la *fibrine du sang* que cet expérimentateur a agi.

(1) LEHMANN, *Précis de physiologie animale*, p. 89 ; trad. franç. Paris, 1855. — DENIS, *Arch. gén. de méd.*, févr. 1838, p. 174 ; *Journal de chimie médicale*, t. IV, 191.

mine du sang. « Il serait puéril, dit Liebig (1), au point où en sont nos connaissances sur la digestion des carnivores, d'exiger la preuve de cette assertion... Rien ne serait plus aisé d'ailleurs que de fournir cette preuve, la fibrine musculaire pouvant, même en dehors de l'économie, être convertie en albumine... En effet, si l'on abandonne au contact de l'air de la fibrine recouverte d'eau, il s'en décompose une petite quantité, et cette décomposition a pour effet de rendre tout le reste liquide et soluble dans l'eau ; la solution se comporte comme le sérum du sang et se prend par la chaleur en un coagulum blanc dont les propriétés sont identiques avec celles de l'albumine du sang. »

Ainsi, dans le travail organique, l'albumine du sang peut devenir fibrine musculaire, et réciproquement celle-ci peut se transformer en partie constitutive essentielle du sang ou albumine. Les physiologistes sont depuis longtemps d'accord sur ce point, mais il appartenait à la chimie de démontrer que ces métamorphoses s'effectuent, pour l'un et pour l'autre de ces principes immédiats, sans que rien semble s'y ajouter ou en être éliminé.

C. *Caséine.* — La caséine est aussi une des matières azotées communes aux aliments d'origine animale et à ceux d'origine végétale. Elle constitue l'élément nutritif du lait, cette boisson si parfaite, que, dans le jeune âge, elle peut servir, seule, à nourrir les herbivores aussi bien que les carnivores. Quelques auteurs admettent également l'existence de la caséine dans le sang, notamment dans le sang des enfants à la mamelle et des femmes enceintes peu avant la délivrance (2). Einhof (3), au commencement de ce siècle, a, le premier, signalé la présence du même principe azoté (appelé par lui substance *végéto-animale*) dans les haricots, les lentilles, les pois, etc., et les recherches d'auteurs plus modernes sont venues démontrer que les propriétés de la caséine des plantes sont en effet les mêmes que celles de la caséine animale.

A ce propos, on trouve, dans une relation de Itier sur la Chine, un détail curieux qui met bien en évidence, indépendamment de toutes les observations chimiques, l'identité de nature des deux caséines. Cet observateur rapporte que les Chinois préparent de vrais fromages avec les *pois* : à cet effet, ils les réduisent, par la cuisson, en une bouillie qu'ils passent et font cailler avec de l'eau de plâtre. Le caillot est ensuite traité comme le fromage précipité du lait par la présure. On presse la masse solide pour en séparer le liquide, on y incorpore du sel, et on la met dans des formes. Le fromage ainsi obtenu a l'odeur et le goût du fromage préparé avec le

<hr>

(1) *Nouvelles lettres sur la chimie*, cit., p. 107.
(2) Natalis Guillot et F. Leblanc, *Comptes rendus de l'Acad. des sciences*, t. XXXI, p. 585. — Panum, *Ann. de chimie et de physique*, 3e série, t. XXXVII, p. 237. — Moleschott, *Journ. f. prakt. Chem.*, t. LV, p. 237.
(3) *Neues allgem. Journ. d. Chemie*, V.-A. Gehlen, t. VI, p. 126 et 548 Ann. 1805.

lait; il se vend dans les rues de Canton sous le nom de *tao-foo*, et est fort recherché à l'état frais.

La caséine, très-peu soluble dans l'eau, est naturellement liquide dans l'organisme, où sa dissolution paraît être assurée à l'aide d'un alcali. Toutefois, dans le lait, une certaine portion de caséine n'y est que suspendue et forme émulsion. En effet, le lait filtré n'est point limpide, et pourtant, d'après Doyère, on n'y observe plus de globules graisseux : l'aspect émulsif, qui ne tient plus ici à la présence du beurre, paraît lié à celle de la caséine en suspension.

L'ébullition ne détermine pas la coagulation de la caséine, comme cela a lieu pour les solutions d'albumine. Ce qui la distingue encore de ce dernier principe azoté, c'est qu'elle se coagule par le sulfate de magnésie, par l'acide acétique et l'acide lactique. Ajoutons, et cette particularité doit être connue du physiologiste, que, de plus, elle jouit de la propriété d'être coagulée par l'influence de certains agents d'origine animale, comme, par exemple, la *présure* sèche ou liquide, neutre ou acide, provenant de la *caillette* des ruminants, ou bien par le suc gastrique des carnivores.

Du reste, l'analyse chimique démontre que la caséine, sauf une proportion moindre de soufre et l'absence de phosphore, renferme les mêmes éléments que l'albumine ou la fibrine, et à peu près dans les mêmes proportions (*).

Aussi, très-probablement la caséine tire-t-elle ses matériaux de formation de l'albumine du sang, sans qu'on puisse positivement affirmer si elle se forme seulement dans les glandes mammaires, ou si elle prend déjà naissance dans la masse même du sang : rappelons encore qu'à propos de l'albumine nous avons vu qu'il suffisait d'ajouter un peu d'alcali libre à cette substance pour lui faire acquérir les caractères de la caséine. Réciproquement, ce principe azoté du lait, qui en forme l'élément nutritif, devra, à son tour, fournir au jeune animal les parties essentielles de son sang, et constituer nécessairement la matière première aux dépens de laquelle vont se développer ses divers organes ; car ni le beurre, ni le sucre du lait ne renferment d'azote (**), et il est généralement reconnu que l'azote de l'atmosphère ne trouve pas d'emploi dans ce développement organique.

Ainsi, pendant l'incubation de l'œuf, si, comme nous en faisions la remarque plus haut, l'albumine, alors seule existante, paraît se transformer en fibrine et aussi donner naissance, avec le concours de l'oxygène atmosphérique, à toutes les parties azotées de l'organisme, après cette époque, pareil rôle (celui de fournir aux tissus des jeunes mammifères les éléments nécessaires pour se développer) reviendrait *surtout* à la caséine durant une certaine période.

(*) Voyez plus haut, p. 43, la composition centésimale comparative qui a été donnée de ces trois principes immédiats.

(**) D'après Lehmann, on ne rencontrerait l'*albumine* dans le lait qu'à la suite des affections inflammatoires des glandes mammaires.

Au contraire, il est généralement admis, surtout depuis les recherches de Doyère, que l'albumine figure, en faible proportion il est vrai, comme principe normal du lait.

Par sa nature azotée, la caséine est donc appelée à jouer, dans l'alimentation, un rôle considérable et parallèle à celui de l'albumine.

Coagulée et mêlée avec une certaine quantité de beurre, la caséine constitue la substance connue sous le nom de *fromage*. On s'est imaginé que, sous cette forme, elle pouvait réagir sur certains composés : de là cette supposition toute gratuite, que si le fromage, pris à la fin du repas, favorise réellement la digestion, c'est qu'il agit comme ferment sur d'autres aliments azotés déjà gonflés par le suc gastrique et qu'il concourt ainsi à leur liquéfaction.

Après cette étude, à notre point de vue spécial, des matières albuminoïdes généralement admises (albumine, fibrine, caséine), il nous suffira de mentionner seulement, parmi les produits analogues *d'origine animale :* 1°. la *globuline*, qui semble n'être autre chose qu'une combinaison encore assez peu connue d'albumine et de fibrine, réunie dans les globules rouges du sang à une certaine proportion de matière colorante; 2° la *vitelline*, ou matière azotée du jaune de l'œuf des oiseaux, que les expériences de Dumas et Cahours ont fait regarder comme de l'albumine modifiée, et que Lehmann croit être un mélange d'albumine et de caséine ; 3° l'*ichthine*, l'*ichthuline* et l'*ichthidine*, l'*émydine*, ou substances vitellines et albuminoïdes récemment signalées par Fremy et Valenciennes (1) dans le jaune des œufs de poisson et de tortue, etc.

Comme dérivés immédiats des matières albuminoïdes, la *gélatine* et la *chondrine* vont, un moment, fixer notre attention; puis, après l'examen de divers principes immédiats azotés *d'origine végétale*, viendra l'étude des *matières grasses* qui font partie des aliments dits respiratoires.

D. *Gélatine et chondrine.* — La partie organique des os, les tendons, les ligaments, les membranes fibreuses, le derme cutané et le derme muqueux, le tissu cellulaire, les membranes séreuses, etc., après une ébullition prolongée dans l'eau, finissent par s'y dissoudre complétement, et donnent des liqueurs visqueuses qui, en se refroidissant, se prennent en gelée; d'où le nom de *gélatine* réservé au produit ainsi obtenu de ces diverses substances (*). Quant au produit de l'ébullition prolongée des cartilages, on l'a nommé *chondrine*.

Ainsi ces deux substances n'existent pas toutes formées dans les animaux : elles sont le produit de l'altération que certaines parties des animaux mêmes éprouvent sous l'action de l'eau en ébullition pendant plusieurs heures.

En passant à l'état de gélatine, les matières animales ne perdent aucun de leurs éléments, mais elles perdent leur organisation, et avec elle, comme

---

(1) *Comptes rendus des séances de l'Acad. des sciences*, t. XXXVIII, p. 472, 528, 571.

(*) La gélatine entre aussi, mais en quantité assez faible, dans la composition de la chair musculaire : de 1000 grammes de chair de bœuf, on n'extrait guère que 6 grammes de gélatine, provenant sans doute et surtout du tissu celluleux interfibrillaire.

nous le verrons, une grande partie de leur faculté nutritive : aussi la peau, les tendons, les cartilages, etc., suffisamment cuits, nourrissent bien autrement que la gélatine qu'ils peuvent contenir.

Puisque la gélatine ne saurait être considérée que comme un produit artificiel formé aux dépens de la substance constitutive du tissu cellulaire, des tendons, etc., substance qui, pour être obtenue telle qu'elle est dans l'économie, exigerait l'emploi de procédés plus délicats, il y aurait donc lieu d'appliquer des noms distincts à l'une et à l'autre matière ; de même qu'à cet autre produit artificiel qui s'obtient par l'action de la potasse sur l'albumine, la fibrine et la caséine, on a réservé une dénomination (*protéine*) différente du nom propre à chacune de ces substances.

Quoi qu'il en soit, la gélatine et la chondrine diffèrent l'une de l'autre par leur composition et par quelques réactions chimiques. Les dissolutions de chondrine sont précipitées par le sulfate d'alumine, l'alun, le sulfate de fer, qui ne troublent pas la dissolution de gélatine. Voici les formules que l'on a déduites de leur analyse : $C^{32} H^{26} Az^4 O^{14}$ = chondrine, $C^{13} H^{10} Az^2 O^5$ = gélatine ; mais ces formules sont très-incertaines, car on n'a aucun moyen de constater la pureté de l'une et de l'autre substance, et l'on n'a pu en déterminer les équivalents, parce qu'on n'en connaît, avec certitude, aucune combinaison définie. Du reste, quant aux applications de ces substances, on ne fait aucune distinction entre elles et on les confond sous le nom commun de gélatine.

Il importe de rappeler ici que, d'après Mulder, la gélatine renferme presque toujours environ 1/2 pour 100 de substances inorganiques, et surtout du *phosphate de chaux*, dont on connaît toute l'importance comme aliment minéral. Une particularité remarquable de la solution de gélatine, c'est qu'elle dissout beaucoup plus de chaux et de phosphate de chaux que n'en dissout l'eau pure.

On sait que l'acide sulfurique fait subir à la gélatine une transformation fort curieuse : il la change en une matière cristallisable, capable de jouer le rôle d'un alcaloïde faible et douée d'une saveur sucrée; cette matière, qui est soluble dans l'eau et insoluble dans l'alcool et l'éther, a reçu le nom de *sucre de gélatine* ou de *glycocolle* (*).

On ignore l'équation d'après laquelle les matières qui fournissent la gélatine dérivent des matières albuminoïdes, ainsi que les conditions dans lesquelles s'accomplit cette transformation. Notons seulement que le rôle des substances le plus susceptibles de se transformer en gélatine est plus particulièrement de nature mécanique.

La chondrine contient un peu de soufre, aussi est-elle considérée comme plus voisine des matières albuminoïdes que la gélatine ; elle semble être

---

(*) Contre l'opinion généralement admise, GERHARDT (*Traité de chimie organique*, t. II, p 541, Paris, 1854) regarde cette substance comme *fermentescible*. Il affirme qu'en faisant bouillir de la gélatine animale pendant quelques heures avec de l'acide sulfurique dilué, il a obtenu du sulfate d'ammoniaque et une quantité considérable d'*une matière sucrée se transformant, par la fermentation, en alcool et en acide carbonique.*

comme un terme intermédiaire dans la transformation de ces matières en gélatine.

Dans la maladie dite *leucémie*, cette dernière substance se trouverait toute formée dans le liquide de la rate et dans le sang, d'après Lehmann (1).

Ailleurs viendra l'examen des opinions contradictoires qui ont été émises à propos du pouvoir nutritif de la gélatine.

E. *Gluten et glutine.* — Ce qui caractérise principalement plusieurs plantes alimentaires appartenant à la famille des graminées et connues sous le nom de *céréales*, c'est la présence du *gluten* ou matière azotée qui y figure en fortes proportions. Aussi, parmi les substances tirées des végétaux, les grains ou fruits des céréales jouent-ils le principal rôle dans l'alimentation des hommes (*).

Le gluten brut, obtenu en pétrissant sous un mince filet d'eau de la farine de froment, par exemple, est une substance complexe qui ne renferme pas moins de quatre ou cinq espèces de produits : de la fibrine et de la caséine végétales ; de la *glutine ;* des matières grasses et des sels inorganiques mélangés avec les trois corps précédents.

Le gluten peut donc représenter un aliment *complet* en ce sens qu'il

(1) Lehmann, *Précis de chimie physiologique animale*, p. 96. Trad. franç., Paris, 1855.

(*) Nul doute que le gluten ne soit la partie qui donne à la farine ses qualités éminemment nutritives et qui la rende propre à la fabrication du pain. Sans le gluten, une farine ne peut donner une pâte bien levée ni un pain bien léger et poreux. Quant à ses proportions, elles varient, dans une bonne farine, suivant l'espèce de blé qui l'a fournie, suivant le climat, la nature du sol, les engrais, la température de l'année, etc. Quelques-unes de ces variations sont démontrées par le tableau suivant, que j'emprunte à Payen (*Traité des substances alimentaires*).

Ce tableau comprend les principales graminées alimentaires :

	Amidon	Matières azotées.	Dextrine et substances congénères.	Matières grasses.	Cellulose ou tissu végétal.	Matières minérales.
Blé dur de Venezuela.	58,62	22,75	9,50	2,64	3,5	3,02
Blé dur d'Afrique.. .	65,07	19,50	7,60	2,12	3,0	2,71
Blé dur de Tangarok..	63,80	20,00	8,00	2,25	3,1	2,85
Blé demi-dur de Brie.	70,05	15,25	7,00	1,95	3,0	2,75
Blé blanc Tuzelle....	76,51	12,65	6,05	1,87	2,8	2,12
Seigle	67,65	12,50	11,90	2,25	3,1	2,60
Orge	66,43	12,96	10,00	2,76	4,75	3,10
Avoine	60,59	14,39	9,25	5,50	7,06	3,25
Maïs..	67,55	12,50	4,00	8.80	5,90	1,25
Riz.............	89,15	7,05	1,00	0,80	1,10	0,90

En examinant le précédent tableau, on reconnaît que, parmi ces céréales, les *blés durs et demi-durs* (les plus généralement usités pour confectionner les farines de la boulangerie) sont les plus riches en substances azotées alimentaires ; que le *maïs* et l'*avoine* sont les plus abondants en substances grasses ; que le *riz,* qui contient les plus fortes proportions d'amidon, est le grain le plus pauvre en substances azotées, en matières grasses comme en sels minéraux. — On pressent toutes les applications de ces faits comparés dans l'alimentation normale.

Toutes ces graines (fruits des céréales) ont été analysées sèches. Lorsqu'on les analyse à l'état normal, on trouve des proportions d'eau qui varient de 11 à 18 centièmes ; les blés en renferment généralement de 12 à 16 pour 100.

Les matières minérales dont il s'agit plus haut comprennent des *phosphates de chaux* et de *magnésie,* du *sulfate de potasse* et des traces de *chlorure de potassium* et de *sodium,* du *soufre* et de la *silice.*

contient des matières azotées, des matières grasses et des principes salins inorganiques. Aussi, dans certaines expériences qui ont été faites sur le pouvoir nutritif de divers principes alimentaires, *isolés,* verrons-nous sans étonnement que le régime du gluten s'est montré suffisant pour l'entretien de la vie.

Quant à la *glutine*, qui ne paraît être qu'une modification de l'albumine, elle est généralement considérée comme un principe immédiat azoté, et constitue cette partie du gluten des céréales qui est soluble dans l'alcool (1). Toutefois, quelques chimistes prétendent qu'elle ne constitue pas une *espèce*, et la regardent comme de l'albumine ou de la caséine altérées.

La farine de froment surtout contient des quantités notables de glutine; tandis que les farines de seigle, d'orge, de sarrasin, etc., traitées par l'alcool bouillant, n'en donnent que d'assez faibles proportions. Les raisins et beaucoup d'autres fruits paraissent également contenir ce principe azoté : c'est probablement à la faveur de l'acide tartrique qu'il se trouve en dissolution dans le jus de raisin.

La glutine se distingue des autres substances protéiques par sa solubilité dans l'alcool froid ; elle jouit d'ailleurs de toutes les propriétés chimiques communes à ses congénères.

On suppose que c'est du gluten que doit dériver la *diastase*, principe azoté qui a la propriété d'agir à la manière d'un ferment soluble, et, comme tel, de faire subir une métamorphose remarquable à la matière amylacée : en effet, vient-on à l'ajouter à de l'empois d'amidon délayé dans l'eau et à exposer ce mélange, pendant quelques heures, à une température de 25 à 40 degrés, il perd sa consistance, se fluidifie et finalement devient transparent, limpide, et entièrement sucré; la matière amylacée se trouve alors convertie partie en dextrine et partie en glycose. En même temps que se produit ce changement, il est remarquable que les matières albuminoïdes (glutine, fibrine et caséine végétales), qui constituent le gluten, deviennent solubles. Du reste, ce ferment soluble (diastase) apparaît tout naturellement et de la manière la plus complète dans la germination des graines de céréales.

Nous aurons plus d'une fois occasion de revenir, par la suite, sur ces curieux phénomènes de modification isomérique que l'on retrouve dans l'économie animale elle-même.

F. *Légumine et amandine.* — La légumine et l'amandine sont des substances protéiques qu'on ne rencontre que dans les végétaux.

Elles ont la même composition et presque les mêmes propriétés. On distingue l'une de l'autre à ce que leurs dissolutions aqueuses sont précipitées par l'acide acétique, dont un excès ne redissout que la légumine. Au reste, ces deux substances sont également insolubles dans l'alcool et l'éther;

---

(1) TADDEI, *Giornale di fisica, chimica e storia naturale de Brugnatelli*, t. XII, p. 360.

leurs dissolutions aqueuses sont coagulées par la chaleur et précipitées par les acides; le précipité est soluble dans les alcalis. A certains caractères de leurs dissolutions aqueuses, on pourrait les confondre avec l'albumine; mais l'acide phosphorique trihydraté ne précipite pas cette dernière substance, tandis qu'il précipite les deux autres.

L'amandine, matière azotée fort répandue dans les végétaux, fait partie de l'amande des rosacées spécialement : elle joue, à coup sûr, un rôle considérable dans la nutrition de quelques animaux. (Il ne faut pas confondre l'amandine avec l'amygdaline, principe des amandes amères, qui au contact de l'émulsine produit de l'essence d'amandes amères, de l'acide cyanhydrique, etc.)

Quant à la légumine, sa présence a été plus particulièrement signalée dans les pois, les haricots, les lentilles, etc. Déjà nous nous sommes occupés de son analogie avec la caséine, et nous avons vu qu'aucune propriété ne permet de distinguer nettement l'une de l'autre. Rappelons seulement que, lorsqu'on abandonne une solution concentrée de légumine avec quelques gouttes de *présure*, elle se coagule entièrement dans l'espace de vingt-quatre heures, et se précipite sous l'aspect d'une masse gommeuse.

2° Matières grasses.

Si les matières albuminoïdes, précédemment étudiées, sont plus spécialement en rapport avec la rénovation des tissus, et si, renfermant de l'azote, elles sont seules transformables en sang et en chair, les *matières grasses*, considérées comme aliments, ont une mission physiologique bien différente : elles contribuent, plus que toute autre substance, à l'entretien de la combustion respiratoire et à la production de la chaleur animale.

Très-abondamment répandues dans le règne organique, végétal ou animal, les matières grasses paraissent identiques dans les deux cas. Ce sont des corps liquides ou solides, onctueux au toucher, tachant le papier et le rendant translucide, solubles dans l'alcool et l'éther, insolubles dans l'eau, inflammables à une température élevée sans donner ni ammoniaque ni aucun autre produit azoté, enfin susceptibles de se *saponifier*, c'est-à-dire pouvant, sous l'influence des alcalis, se décomposer en un corps neutre et en un acide qui reste combiné avec l'alcali.

Dans les plantes, les matières grasses se rencontrent surtout dans les semences, par exemple celles du colza, du lin, du chanvre, du pavot, du maïs, du ricin (*), de la navette, du pin, du sapin, du palmier, du muscadier, de l'amandier, du noyer, etc. Leur proportion dans les graines est souvent très-considérable; ainsi la graine de lin renferme environ 20 pour

---

(*) Les Chinois dépouillent l'huile de ricin de son principe âcre et irritant, en la faisant bouillir avec du sulfate d'alumine et du sucre, et l'emploient comme *huile alimentaire*.

100 d'huile, la graine de navette jusqu'à 35 et 40 pour 100, le chènevis 25, la graine de pavot 47 à 50, etc. Certaines racines tuberculeuses sont exceptionnellement assez riches en substances grasses : le souchet comestible (*Cyperus esculentus*), qui servait jadis de nourriture aux habitants du Delta, en Égypte, en contient 28 pour 100. On en trouve aussi, mais assez rarement, dans la partie charnue des fruits, comme ceux de l'olivier, du laurier, du cornouiller, etc.

La présence des matières grasses, *principalement* dans les graines, est un fait digne d'attention si on le rapproche de certains phénomènes qui apparaissent lors de la germination, tels que le dégagement de calorique et l'exhalation d'acide carbonique formé aux dépens de l'oxygène de l'atmosphère. On est ainsi amené à croire que, dans les cellules de la jeune plante, comme au sein de l'organisme animal, les principes gras cèdent alors à un même travail de transformation et se brûlent autour des embryons végétaux comme dans les tissus de l'économie animale.

Quant aux matières grasses qui existent chez les animaux, on les trouve, pour ainsi dire, dans toutes les parties de leur organisme, avec des variations de quantité et d'aspect relatives au régime, aux habitudes, au sexe, aux classes zoologiques, etc. Tantôt elles se logent dans de petites vésicules particulières formant le *tissu adipeux*, tantôt elles sont à l'état de gouttelettes tenues en suspension dans un sérum, comme le lait, et aussi le chyle surtout après l'ingestion d'une nourriture riche en principes gras ; il en est de même du sang, lors de la période digestive, au moins pendant tout le temps que les matières grasses absorbées sont versées dans le torrent circulatoire par le canal thoracique ; car, un peu plus tard, le sang contient bien plus de principes gras saponifiés et dissous que de graisse libre.

Je signalerai tout à l'heure la graine comme la partie végétale en général la plus riche en substances grasses. Ici se présente un rapprochement digne d'intérêt : l'utile concours de ces substances dans la nutrition ne ressortil pas plus évident encore quand on considère en quelles fortes proportions elles se trouvent accumulées dans les œufs, pour subvenir aux premiers besoins du jeune animal en voie de développement? On trouve dans la substance supposée sèche de l'œuf de poule jusqu'à 33 parties de matière grasse pour 100 de son poids.

Suivant l'état que les corps gras naturels affectent dans les circonstances ordinaires, on leur donne des noms particuliers qui, du reste, se rapportent à la division établie par les anciens : ainsi, on appelle *graisses* proprement dites, et dans certains cas, *beurre*, ceux qui sont mous, onctueux et très-fusibles; *huiles*, ceux qui sont fluides à la température ordinaire, comme cela se voit habituellement dans les plantes et aussi dans quelques animaux (poissons, cétacés, etc.); *suifs*, les corps gras d'origine animale (provenant plus spécialement des herbivores) qui offrent une certaine consistance et ne fondent que vers 40 degrés centigrades; *cires*, les corps gras très-durs, cassants et fusibles seulement à 66 degrés (*).

Sous le rapport de la composition élémentaire, les corps gras diffèrent essentiellement des matières amyloïdes et sucrées, autres principes alimentaires dits *respiratoires*, qui, à leur tour, devront bientôt nous occuper.

Notons d'abord que l'importance de tous ces principes non azotés, d'après le rôle qu'ils remplissent dans la nutrition, se mesure surtout à la quantité de leur élément combustible. Or, la constitution des principes amyloïdes et sucrés se représente assez exactement par du carbone et de l'eau, de sorte que le carbone est le seul élément combustible qu'il y ait à considérer dans leur action : il est d'ailleurs permis de prendre ici pour la proportion de cet élément le nombre moyen 42, de manière à avoir leur composition généralement exprimée comme il suit : carbone, 42; eau, 58 pour 100. Mais il n'en est plus ainsi des matières grasses : d'abord elles sont beaucoup plus riches en carbone et de plus une partie de leur hydrogène s'y trouve en excès par rapport à l'oxygène nécessaire pour former de l'eau; deux conditions sur lesquelles nous aurons à insister plus tard, et qui donnent aux matières grasses un pouvoir calorifique bien supérieur à celui dont jouit le sucre ou l'amidon. Ainsi, pour la composition élémentaire des matières grasses, quelle que soit leur origine, on a : carbone, 79 ; hydrogène, 11 ; oxygène, $10 + H\ 1,25 = $ eau 11,25. Il reste donc 9,75 d'hydrogène libre, c'est-à-dire d'hydrogène pouvant brûler en s'unissant à l'oxygène introduit dans l'organisme par la respiration.

Ce n'est point encore le lieu d'exposer les conséquences de ces faits, ni leurs curieuses applications.

C'est aux mémorables travaux de Chevreul(1), qu'on doit de savoir : 1° que les matières grasses (huiles fixes, beurre, graisses, suifs) sont formées, à part un très-petit nombre d'exceptions, par un mélange de *principes immédiats*, signalés par lui sous les noms de *stéarine*, de *margarine*, d'*oléine*, de *butyrine*, de *coprine*, de *caproïne*, de *phocénine*, etc. ; 2° que ces principes immédiats se dédoublent, sous l'influence des alcalis, en acides gras particuliers et en *glycérine*, substance sucrée qui joue le rôle de l'alcool, sans en avoir les propriétés chimiques fondamentales. C'est ainsi que la stéarine et la margarine, auxquelles les graisses du mouton et du bœuf doivent leur solidité, se convertissent en glycérine et en deux acides gras qui sont

(*) Plus loin sera mentionné le principal caractère qui sert à différencier les *cires* des corps gras proprement dits.

(1) *Recherches chimiques sur les corps gras d'origine animale.* Paris, 1823, 1 vol. in-8.— *Considérations générales sur l'analyse organique et sur ses applications.* Paris, 1824, 1 vol. in-8.

Dès l'année 1813, plusieurs parties de ces ouvrages avaient été communiquées à l'Académie des sciences; d'autres furent successivement publiées, sous forme de Mémoires, pendant les années suivantes.

l'*acide stéarique* pour la stéarine et l'*acide margarique* pour la margarine ; que l'oléine, à laquelle certaines matières grasses doivent leur caractère huileux, se transforme en glycérine et en *acide oléique*, etc. (*).

Avant Chevreul, la théorie de la *saponification* (opération qui consiste dans le précédent dédoublement) (**) était entièrement inconnue.

Nous verrons, par la suite, que de pareils faits, s'ils sont des plus intéressants pour le chimiste, peuvent aussi avoir des applications utiles dans les études spéciales au physiologiste.

Du reste, sous le rapport du dédoublement dont il s'agit, on peut diviser les corps gras naturels en deux classes : l'une comprenant ceux dont la saponification est facile ; l'autre, ceux qui ne se laissent saponifier que difficilement. Une pareille division est justifiée par cette circonstance que tous les corps gras de la première classe (huile, beurre, graisses, suifs) produisent, en se saponifiant, de la *glycérine*, tandis que ceux de la seconde (cétine et cires) engendrent, par la saponification, des corps congénères de l'alcool, l'*éthal* et la *mélissine*.

Quant à la glycérine, qui se présente sous la forme d'un sirop incolore ou légèrement jaunâtre, il importe de savoir que, sous l'influence des ferments et d'une température de $+25$ à $+30$ degrés, elle se transforme facilement en acide acétique, et que, soumise à l'action oxydante de certains composés, elle se convertit en acide formique, ou bien encore en acides oxalique et carbonique ; tous acides qui peuvent, comme on le sait, se retrouver dans l'économie animale. Rappelons aussi qu'un des produits de la décomposition ignée de la glycérine est l'*acroléine*, espèce d'aldéhyde, douée d'une odeur pénétrante et caractéristique ; odeur qu'il faut savoir reconnaître et qui se manifeste toutes les fois qu'un corps gras, appartenant à la première classe, se décompose par l'action de la chaleur (***).

(*) Voici les noms donnés à quelques principes immédiats neutres des corps gras et aux acides qui en dérivent :

Oléine..........	Acide oléique.		Phocénine.........	Acide phocénique.
Margarine........	— margarique.		Myristine..........	— myristique.
Stéarine..........	— stéarique.		Elaïdine...........	— élaïdique.
Butyrine........	— butyrique.		Palmitine..........	— palmitique.
Caprine..........	— caprique.		Anamirtine	— anamirtique.
Caproïne.........	— caproïnique.		Palmine..........	— palmique.
Hircine..........	— hircique.		Etc., etc..........	— etc., etc.

Nota. Il est d'ailleurs essentiel de ne pas oublier que, quelle que soit la variété des acides gras qui résultent de la saponification, les matières grasses primitives sont toutes liées les unes aux autres par la production de la glycérine.

En définitive, tous ces principes immédiats sont formés d'oxygène, d'hydrogène et de carbone, dans des proportions telles qu'une portion de leurs éléments représente un acide gras fixe ou volatil, tandis que l'autre portion, *plus de l'eau*, représente la glycérine.

(**) La *saponification* des matières grasses naturelles, c'est-à-dire leur transformation en glycérine et en acides gras, peut s'effectuer soit par les alcalis, soit par les acides énergiques, soit même par l'action seule de la chaleur.

(***) Dans ces derniers temps, on est parvenu non-seulement à reproduire la plupart des corps gras neutres, en unissant directement la glycérine aux divers acides gras, mais encore à préparer un grand nombre de corps gras nouveaux, en combinant la glycérine avec différents acides minéraux et organiques. (BERTHELOT.)

L'eau pure ne saurait dissoudre les matières grasses, elle ne les mouille même pas. Au contraire, les liquides qui ont quelque analogie de composition avec elles, qui contiennent aussi une notable proportion de carbone et d'hydrogène, les dissolvent très-bien : tels sont l'alcool absolu, l'esprit de bois, surtout l'éther et les essences. Mais les meilleurs dissolvants des corps gras solides sont les corps gras liquides : telle est l'*oléine* ou principe liquide de l'huile d'olive, par rapport à la *margarine* qui en est le principe solide; dans ce mélange de deux corps gras, l'un sert de dissolvant à l'autre. Les matières grasses sont solubles, en petite quantité, dans certaines dissolutions salines, comme celles de phosphate de soude et de potasse, de cholate et surtout de choléate de soude. Aussi trouve-t-on de la margerine, de l'oléine, de la cholestérine, etc., dissoutes en faible quantité dans le sang et la bile.

On sait qu'une seule goutte de la solution d'une base alcaline (telle que la potasse, la soude ou l'ammoniaque, suffit pour communiquer à une quantité d'eau relativement considérable la propriété de diviser les graisses à l'infini, c'est-à-dire de les *émulsionner*.

Nous aurons à étudier, par la suite, les divers liquides digestifs ou autres qui possèdent cette propriété, et aussi à déterminer si l'état d'émulsion des graisses est ou non nécessaire à leur digestion et à leur absorption.

Les matières grasses naturelles sont ordinairement neutres au papier de tournesol; dès qu'elles s'altèrent, à l'air libre, elles tendent à prendre une réaction acide. Cette altération est due à leur oxydation, qui semble facilitée singulièrement, soit par la présence de corps poreux, soit par celle de matières albuminoïdes. Dumas rapporte qu'un peintre, venant de frotter un tableau avec une bourre de coton imprégnée d'huile siccative, jeta cette bourre à terre et qu'elle prit feu. On ne saurait expliquer l'inflammation spontanée des tas de matières organiques imprégnées d'huile, qu'en l'attribuant à l'élévation de température que doit avoir occasionnée l'absorption rapide de l'oxygène. On sait que l'huile d'olive, avant d'avoir été purifiée, renferme une certaine quantité de matières muqueuses et colorantes; or, ces dernières, étant quelque peu azotées, hâtent singulièrement l'altération de cette espèce d'huile.

Du reste, quand les matières grasses ne sont pas encore trop profondément altérées, il est facile de leur rendre leurs qualités primitives : c'est ainsi qu'en saturant, par un peu de bicarbonate alcalin, les produits acides qui se sont formés, on enlève au beurre rance toute odeur et toute saveur désagréables.

Les graisses naturelles fondent entre 38 et 60 degrés centigrades, et alors elles ne diffèrent plus des huiles par leur aspect; réciproquement celles-ci se figent par le refroidissement en une substance solide et grenue qui offre toute l'apparence de la graisse. Si le point de fusion des graisses est très-variable, celui de solidification de l'huile peut aussi se déplacer, dans la même plante, de 10 à 15 degrés. On récolte, en Algérie, de l'huile d'olive liquide encore à —11 degrés.

A propos de la composition élémentaire des matières grasses comparée à celle des matières amyloïdes et sucrées, nous avons rappelé, plus haut, combien, en vertu même de cette composition, le pouvoir calorifique des premières devait l'emporter sur celui des secondes. Aussi s'explique-t-on tout d'abord pourquoi, dans leur alimentation, on voit les peuples des régions polaires faire usage d'aussi grandes quantités de principes gras (huile de poisson et huile de phoque surtout); elles sont nécessaires à l'activité de la combustion respiratoire qui doit entretenir la chaleur du corps dans ces climats glacés. On comprend encore que, chez les habitants de ces contrées, vu l'énorme quantité de matières grasses absorbées en nature, ces matières ne soient pas entièrement brûlées par la respiration et qu'une partie s'en dépose dans l'organisme, dans ces vésicules spéciales qui constituent le tissu adipeux : aussi la plupart de ceux qui suivent un pareil régime sont-ils remarquables par leur excessif embonpoint.

Mais il devient moins aisé de comprendre comment, sans le concours de principes gras, ou du moins avec des proportions tout à fait insuffisantes de ces principes, des animaux peuvent augmenter de poids et *engraisser* d'une manière notable.

Ce n'est point encore le moment d'aborder cette question si intéressante, et en même temps si complexe, de l'*engraissement*, qui devra être examinée dans tous ses détails dans le chapitre consacré à la *Nutrition*. Toutefois, nous croyons devoir, dès maintenant, faire entrevoir au lecteur que si, pour former des substances organiques azotées, il faut nécessairement le concours de pareilles substances, au contraire, dans la formation des principes gras, la préexistence de ces corps n'est pas toujours une condition rigoureuse du phénomène. En effet, sans nier que les matières grasses des aliments soient l'origine principale et la plus ordinaire de la graisse des animaux, on doit admettre aujourd'hui, d'après les expériences les moins contestables, que le corps d'animaux mis en expérience et convenablement pesés a pu fournir une quantité de graisse de beaucoup supérieure à celle que contenaient les aliments ingérés. Il faut donc en conclure que l'organisme animal possède la faculté de créer des corps gras, ou plutôt de transformer en matières grasses soit les hydrates de carbone (fécule et ses congénères), soit les substances albuminoïdes; tout en confessant qu'on ne saurait ni dire positivement d'après quelle réaction cette transformation s'opère, ni préciser son véritable siége, ni affirmer surtout que l'économie use de son pouvoir de produire de la graisse, alors même que les aliments ingérés en renferment une quantité suffisante.

Quant à la possibilité de voir la graisse s'engendrer dans l'organisme par la métamorphose des matières féculentes, ou plutôt de la glycose qui en est le produit digéré, elle est généralement admise et fondée sur des expériences exactes (1) dont l'analyse ne saurait encore nous occuper en cet instant.

<hr>

(1) LIEBIG, *Ann. der Chemie und Pharm.*, 1842, t. XLI, p. 273, et t. XLVIII, p. 126, année 1843. — PERSOZ, *Note sur la formation de la graisse dans les oies* (*Comptes rendus des séances de l'Académie des sciences de Paris*, 1845, t. XXI, p. 20). — BOUSSINGAULT, *Économie rurale*, t. II, p. 604 et suiv., 2ᵉ édit., Paris, 1851.

Mais la question de savoir si les substances albuminoïdes peuvent aussi donner naissance à des matières grasses, quand les principes alimentaires dits *respiratoires* font complétement défaut, n'est pas encore aussi complétement résolue. Si une pareille transformation paraît douteuse à Lehmann (1), au contraire Boussingault (2) regarde comme incontestable « qu'un régime suffisant azoté, *bien que dépourvu de matières grasses*, engraisse néanmoins les animaux qui le consomment »... et, aux yeux du même expérimentateur, « tous les faits recueillis sur l'engraissement des animaux paraissent s'accorder pour assigner aux substances alimentaires azotés (ou albuminoïdes) la faculté de développer la graisse. »

Tout en réservant pour plus tard la discussion et les détails sur ce dernier point, nous rappellerons, en terminant, la facilité avec laquelle les matières azotées ou albuminoïdes des aliments, sous l'influence des alcalis et de la chaleur, ou par suite d'une altération spontanée, donnent naissance à des acides gras, tels que l'acide butyrique et l'acide valérianique (3); nous rappellerons encore que, dans les muscles restés longtemps paralysés et inactifs, le tissu musculaire tend à se convertir et en effet se convertit souvent en tissu adipeux; enfin, nous ajouterons que, d'après quelques expériences sur les œufs de la limnée des étangs, la transformation de l'albumine en graisse paraît un fait établi (4).

3° Matières amyloïdes et sucrées.

Ces principes alimentaires, à cause de leur composition, sont encore appelés *hydrates de carbone* ou *aliments hydrocarbonés*. Ils ont en effet ceci de commun que leur constitution se représente assez exactement par de l'eau et du carbone.

Comme les matières grasses qui viennent d'être étudiées, les hydrates de carbone ont été classés parmi les aliments *respiratoires*, c'est-à-dire qu'ils sont susceptibles aussi, en concourant à l'entretien de la combustion respiratoire et au développement de la chaleur animale, de s'exhaler à l'état d'acide carbonique et de vapeur d'eau. Seulement, nous savons déjà que le pouvoir calorifique des premières, qui fournissent deux éléments combustibles (carbone et hydrogène), l'emporte sur celui des seconds, qui n'en offrent qu'un seul à considérer dans leur action.

On ne connaît pas avec certitude la série de changements qu'éprouvent les principes hydrocarbonés pour se transformer définitivement en eau et en acide carbonique; mais on sait que tous, afin de remplir leur rôle spécial dans la nutrition des animaux, subissent une première transformation uniforme et se convertissent en *glycose*, produit dont l'étude sera pour nous d'un vif intérêt (*).

(1) Lehmann, *Précis de chimie physiologique*, p. 311, trad. franç., Paris, 1855.
(2) Boussingault, *ouvr. cit.*, t. II, p. 616 et 617.
(3) Wurtz, *Sur la transformation de la fibrine en acide butyrique* (*Comptes rendus des séances de l'Académie des sciences de Paris*, 1844, t. XVIII, p. 704).
(4) Lehmann, *Précis de chimie physiologique*, trad. franç., p. 312, Paris, 1855.
(*) Il n'est pas encore ici question des matières gommeuses.

Quant à l'importante question de savoir si des matières grasses peuvent s'engendrer dans l'organisme par la métamorphose des aliments hydro-carbonés (hydrates de carbone), ou plutôt de la glycose qui en est le produit digéré, nous l'avons seulement effleurée plus haut, la réservant pour le chapitre consacré à la *Nutrition*.

La composition élémentaire des matières amylacées et sucrées explique leur combustion facile quand on les chauffe au contact de l'air. La chaleur les décompose en un charbon volumineux qui demeure fixe, et en plusieurs produits, dont les uns sont gazeux, les autres liquides et colorés en brun. Chacun connaît l'odeur forte, bien distincte de celle des substances protéiques, qui accompagne cette distillation dont les produits ont une réaction acide due surtout à l'acide acétique qui, du reste, dans sa composition, se représente aussi par de l'eau et du carbone.

En parlant des matières protéiques ou albuminoïdes, nous avons dit que leur altérabilité constitue un caractère qui les distingue de la plupart des autres principes organiques, caractère qu'autrefois on croyait les rendre aptes à agir comme des *ferments* au contact de certains composés, notamment le sucre et l'amidon. Nous avons dit aussi comment ces faits doivent être interprétés depuis les belles recherches de Pasteur sur les ferments organisés. Plusieurs des principes hydrocarbonés ne se conservent long-temps au contact de l'air et jusqu'à un certain point de l'humidité qu'à la condition de n'être point en présence de ferment et de matières albumi-noïdes. Chacun sait que l'amidon, simple principe immédiat, se conserve, tandis que les farines, produit complexe, s'altèrent aisément.

La présence des acides concourt aussi activement à provoquer des modifications plus ou moins profondes dans les substances qui nous occupent. L'acide sulfurique, entre autres, employé suivant des règles particulières variables avec chaque principe hydrocarboné, les convertit tous en une même substance qui n'est autre que la *glycose*. Or, nous venons de le dire, cette transformation est précisément celle qui a lieu dans les phénomènes de la digestion. Sous quelque forme, en effet, que les matières féculentes et sucrées aient été introduites dans l'organisme, c'est constamment à l'état de dextrine ou de glycose que les voies digestives les livrent à l'ab-sorption. Quant à l'acide azotique, s'il peut brûler complètement ces mêmes matières et les convertir en acide carbonique, il peut aussi, son action étant moins profonde, s'arrêter à un terme d'oxydation moins avancé qui est représenté par l'*acide oxalique*. Nous verrons les gommes et le sucre de lait, après avoir subi cette même action, donner en plus un autre acide qu'on désigne sous le nom d'*acide mucique*.

A. *Matière amylacée.*

Essentielle à la nutrition des plantes, qui en renferment à profusion dans presque tous leurs organes, la matière amylacée joue aussi un rôle des plus importants dans l'alimentation de l'homme et de beaucoup d'animaux.

On l'extrait plus particulièrement des fruits des céréales (froment, sei-gle, orge, avoine, maïs, riz), des graines des légumineuses (fèves, pois, haricots, lentilles), des tubercules de la pomme de terre (*), du manioc, des bulbes d'orchis, des rhizomes du *Maranta arundinacea*, des tiges de palmiers, des racines tuberculeuses d'ignames et de patates, des fruits du châtaignier.

La matière amylacée que l'on tire des graines des légumineuses, des graines des céréales, notamment du blé, s'appelle *amidon;* celle qui provient des diverses racines tuberculeuses, et spécialement de la pomme de terre, se désigne plutôt sous le nom de *fécule.* L'une et l'autre offrent d'ailleurs l'identité la plus complète dans leur composition et leurs réactions chimiques.

Dans aucun des précédents produits naturels, le principe amylacé ne se trouve à l'état d'isolement absolu; il y est associé à des matières grasses, à des substances azotées et à des sels qui ont chacun une mission particulière à remplir dans l'alimentation. Aussi, au point de vue du pouvoir nutritif, importe-t-il de savoir que les quantités proportionnelles de ces diverses substances sont extrêmement variables, suivant la plante qui les a fournies; ce qu'il est déjà facile de reconnaître en jetant un coup d'œil sur le tableau inséré à la page 43, tableau qui indique la composition des principales graminées alimentaires.

Mais l'art étant intervenu pour *isoler* la matière amylacée, celle-ci, une fois qu'elle a été obtenue par les procédés ordinaires et soumise à des lavages convenables, est considérée par le plus grand nombre des chimistes comme un *seul* et même principe immédiat, ne différant suivant les plantes qui l'ont produit que par des quantités extrêmement minimes de substances odorantes. Cependant, au dire d'auteurs dont les observations sont encore récentes, cette opinion ne saurait être admise comme exacte (1) : chaque grain de fécule serait un véritable organe, une partie vivante qui, au contraire, outre le principe amylacé, renfermerait encore une matière azotée analogue à l'albumine ou à la gélatine.

Avant d'aller plus loin, sachons d'abord quelle est la *structure* de la fécule, qui n'est bien connue que depuis un petit nombre d'années.

Quand on examine au microscope, avec un faible grossissement, de la fécule provenant d'origines différentes, on constate d'abord qu'elle s'offre toujours sous l'apparence de petits grains dont la forme et les dimensions sont très-variables dans les divers végétaux, mais pourtant assez constantes dans une même espèce pour qu'un œil exercé reconnaisse à laquelle chaque grain doit appartenir : c'est ainsi, pour choisir les exemples les plus connus, qu'il est facile de distinguer entre eux des grains de fécule provenant de la pomme de terre, du blé ou du maïs.

Les grains amylacés offrent généralement une sorte de transparence qui autrefois les avait fait considérer comme des vésicules remplies d'un liquide particulier; mais il est bien démontré aujourd'hui, surtout depuis les tra-

(*) La *patraque jaune* est la variété qui rend le plus de fécule et qu'on emploie de préférence dans les féculeries.

(1) JACQUELAIN, dans *Annales de chimie et de physique*, t. LXXIII, p. 167. — BLONDLOT, *Recherches sur la digestion des matières amylacées*, in-8, p. 6 et suiv. Nancy, 1853.

vaux de Fritzsche (1) et de Payen (2), que chaque grain est un corps solide composé de couches concentriques emboîtées. La forme des grains de fécule est, en général, celle d'un sphéroïde ou d'un ellipsoïde irréguliers, souvent comprimés en lentille, ou bien encore celle d'un polyèdre, corps sur lesquels on voit se dessiner plusieurs cercles concentriques autour d'un point qu'on a nommé le *hile* du grain, et qui est l'extrémité d'une sorte d'axe un peu plus mou que le reste, autour duquel s'emboîtent les unes dans les autres des couches successives, d'autant plus épaisses qu'elles se rapprochent davantage de l'extrémité opposée, et probablement d'autant plus anciennes qu'elles sont plus extérieures.

L'analyse microscopique a été poussée plus loin encore : on a voulu connaître la constitution même de ces différentes couches. Biot (3), s'étant servi d'un microscope éclairé avec la lumière polarisée, aurait constaté que chacune de ces couches membraneuses est formée par la réunion de granules extrêmement petits qui, dit-il, sont au grain d'amidon ce que les cellules d'un fruit sont au fruit entier. Or, ce sont ces granules qui, d'après Jacquelain (*), se trouveraient réunis les uns aux autres, sous forme membraneuse, par une matière azotée qui, suivant lui, est analogue à l'albumine, et, selon Blondlot (4), à la gélatine. Le premier de ces observateurs prétend même être parvenu à déterminer, au moyen de l'analyse quantitative, la proportion de cette matière azotée : les *grains* de fécule entiers lui auraient fourni une quantité d'azote qui correspondrait à environ 2 parties du principe en question pour 100 de fécule, tandis que les *granules* ne lui auraient fourni que 1 1/2 pour 100.

Quoi qu'il en soit de la plupart de ces assertions et de ces faits, qui assurément auraient besoin d'un nouveau contrôle, toujours est-il que Blondlot s'est appuyé sur eux pour émettre une nouvelle théorie d'après laquelle le suc gastrique ne réduirait la matière amylacée en *granules* qu'après avoir altéré l'espèce d'enduit azoté qui réunissait ces derniers alors devenus suffisamment ténus ($0^{mm},002$) pour être livrés en nature, comme les matières grasses, à l'absorption.

Ce n'est le moment ni de développer cette théorie, ni d'en examiner la valeur : nous n'avons cru devoir la mentionner, en passant, que comme une application de la précédente étude sur la constitution du grain amylacé.

(1) *Ann. de Poggendorff*, t. XXII, p. 291.
(2) *Annales des sciences naturelles*, 1839, t. X, 2ᵉ série.
(3) *Comptes rendus de l'Académie des sciences de Paris*, t. XVIII, p. 795.

(*) *Mém. cit.* — JACQUELAIN dit être arrivé à cette désagrégation des couches en *granules*, en soumettant, pendant deux heures, de la fécule avec cinq fois son poids d'eau, à la température de 150 degrés centigrades, dans la marmite de Papin, puis en filtrant le liquide ainsi obtenu. BLONDLOT (*Mém. cit.*, p. 11) affirme avoir répété lui-même un grand nombre de fois cette curieuse expérience, et avoir aussi constaté la division des grains de fécule en granules extrêmement petits. D'après cet observateur, les granules élémentaires dont il s'agit offrent toujours la même forme et la même grosseur absolue ($0^{mm},002$ de diamètre) quelle que soit la fécule employée ; de sorte que le grain de la fécule du *Chenopodium chinoa*, dont le volume est le même que celui de ces *granules*, pourrait être considéré comme l'unité dont les autres *grains* féculents seraient, en quelque sorte, des multiples.

(4) *Loc. cit.*

La matière amylacée ne se dissout point dans l'eau ; mais quand, après
en avoir délayé dans douze ou quinze fois son poids d'eau, on élève lentement la température, on obtient, en approchant de l'ébullition, l'exfoliation
et le gonflement de tous les grains qui occupent le volume entier du liquide :
celui-ci se trouve ainsi transformé en une sorte de pâte gélatineuse connue
sous le nom d'*empois*. En ajoutant à l'eau un ou deux centièmes de potasse
ou de soude caustique, on obtient le même effet *à froid*. Quand, au contraire, la matière amylacée se trouve dans cent fois son poids d'eau que
l'on chauffe graduellement jusqu'à l'ébullition, elle paraît s'y dissoudre ;
mais si l'on expose ensuite la liqueur à une température inférieure à 0 degré, l'eau se gèle, la matière amylacée reprend une certaine agrégation
et se sépare du liquide sous forme de petites pellicules. Ajoutons que les
radicelles d'un bulbe de jacinthe, plongée dans cette prétendue dissolution, ne laissent pas passer la moindre trace d'amidon à travers leurs
spongioles.

L'insolubilité de l'amidon dans l'eau étant reconnue, il faut nécessairement, pour que ce principe devienne assimilable au sein de l'organisme
animal ou végétal, qu'il éprouve un changement qui le rende soluble. Ainsi,
par exemple, quand un grain ou fruit de céréales se met à germer, que
ce soit du froment, du seigle, de l'orge, etc., tout l'amidon contenu dans
ce grain est bientôt transformé, sous l'influence d'une substance particulière (la *diastase*) (*), en matière soluble, la *dextrine* d'abord, puis la *glycose*,
toutes deux faciles à absorber par le végétal rudimentaire. De même,
quand l'amidon est introduit dans les voies digestives des animaux, bientôt
intervient l'action de certains principes contenus dans des fluides spéciaux,
tels que la salive, le suc pancréatique, etc., qui eux aussi ont la propriété
de convertir *finalement* l'amidon en glycose soluble ; produit ne différant de
l'amidon que par la fixation d'une certaine quantité d'oxygène et d'hydrogène dans les proportions de l'eau.

Du reste, nous croyons devoir rappeler qu'une transformation analogue
peut aussi s'effectuer en dehors de l'organisme et de diverses manières :
nous avons déjà noté l'influence des acides étendus pour la produire ; elle
a encore lieu par le simple concours de la chaleur, en exposant de l'amidon sec à une température de + 200 degrés, ou bien par l'action réunie
de la chaleur et de l'eau, en chauffant plusieurs heures, au-dessus de
+ 170 degrés, un mélange d'eau et de fécule introduit dans un tube qu'on

(*) *Diastase* vient de διάστασις, qui veut dire *séparation*.
On donne ce nom à une matière azotée spéciale qui a le pouvoir de transformer des quantités
considérables de fécule en dextrine, et même en glycose lorsque son action se prolonge suffisamment. Cette matière, qui apparaît au moment de la germination et probablement aux dépens
des substances albuminoïdes contenues dans la graine, se développe dans les semences germées d'orge, d'avoine, de blé, etc., près des germes eux-mêmes et non dans les radicelles. Or,
la place qu'elle y occupe révèle déjà son rôle qui est de représenter une espèce de crible propre
à désagréger l'amidon des graines et ne devant lui livrer passage qu'à la condition de l'avoir
changé en une substance *soluble* isomérique (*dextrine*), susceptible de contribuer, sous cette
forme, à la nutrition de la nouvelle plante et au développement de ses organes rudimentaires.
Plus tard nous reviendrons, avec détails, sur la *diastase*, dont la constitution chimique, nous
pouvons le dire à l'avance, est aussi mystérieuse que son action.

ferme hermétiquement. Ce mélange devient presque transparent et perd la propriété de bleuir par l'iode (*). C'est que la matière amylacée n'existe plus ; sans rien perdre, sans rien gagner, elle s'est transformée en un nouveau corps dont la composition est la même que la sienne et dont pourtant les propriétés sont différentes : ce nouveau corps, nous l'avons dit, est la dextrine, susceptible elle-même, quand les précédentes influences (acides, diastase, etc.) se prolongent, de passer à l'état de *sucre d'amidon* ou glycose.

La *dextrine*, qui est soluble en toute proportion dans l'eau froide et dans l'eau chaude, représente donc le premier changement de l'amidon, une phase transitoire de sa métamorphose en sucre ; aussi l'histoire chimique de la dextrine, du moins en ce qui nous intéresse, doit-elle nécessairement être très-courte. Son nom lui vient de ce que sa dissolution, essayée au saccharimètre, fait tourner vers la droite le plan de polarisation des rayons polarisés. Bien d'autres substances assurément ont la même propriété, mais la dextrine se distingue par l'énergie de son pouvoir rotatoire.

La dextrine nous sert de transition toute naturelle à l'étude que nous devons faire des *matières sucrées* au point de vue physiologique.

Toutefois, avant de commencer cette étude, il nous faut mentionner quelques corps amyloïdes qui présentent, en effet, plus ou moins d'analogie avec le principe amylacé proprement dit, tels sont :

1° L'*inuline*. Contenue dans plusieurs racines, entre autres celles de l'aunée, du dahlia, du topinambour, du colchique, etc., elle paraît être une modification de la matière amylacée normale. Si, d'une part, elle a la même composition que l'amidon, et, comme lui, si elle peut, sous l'influence de l'eau et de la chaleur réunies, des acides, etc., se transformer en une matière sucrée, et aussi par l'acide nitrique donner de l'acide oxalique sans acide mucique ; d'autre part, elle diffère de l'amidon proprement dit en ce qu'elle est très-soluble dans l'eau bouillante, qu'elle jaunit par l'iode au lieu de bleuir, qu'elle n'offre pas d'état intermédiaire correspondant à celui de la dextrine avant de se convertir en sucre, et enfin en ce que sa dissolution et celle de son sucre possèdent un pouvoir rotatoire vers *la gauche*.

2° La *lichénine*. Elle provient de plusieurs espèces de mousses et de lichen, et, d'après Mulder, elle est isomère avec l'amidon dont elle ne diffère que par sa solubilité dans l'eau.

3° La *cellulose*. La plupart des chimistes appellent ainsi la substance qui forme la partie fondamentale de la paroi des cellules végétales débarrassées de tout ce qui leur est étranger (matières incrustantes). Cette substance est identique non-seulement dans toutes les parties d'une même plante,

---

(*) On sait que la teinture d'iode est le réactif le plus sensible pour reconnaître des traces de matière amylacée. Les dissolutions alcalines font disparaître la belle couleur bleue de l'amidon iodé, en s'emparant de l'iode ; l'addition d'un acide fait aussitôt reparaître cette couleur. Quant à la *dextrine*, au lieu d'une teinte bleue, elle en prend une rouge-fauve, lorsqu'on la traite par le même réactif.

mais encore dans tous les végétaux. Du reste, la cellulose n'est pas exclusivement propre à l'économie végétale : d'après Schmidt (1), Löwig et Kölliker (2), le manteau de la *Phallusia mamillaris*, l'enveloppe des ascidies simples, le manteau coriacé des cynthies, le tube extérieur des salpes, sont aussi formés d'une substance dont la composition, la texture et les propriétés sont identiques avec celles de la cellulose végétale. Cette dernière présente elle-même la composition élémentaire de l'amidon, et si les acides étendus sont sans action sur la cellulose fortement agrégée, les acides sulfurique et phosphorique concentrés la transforment en matière amylacée normale, puis en dextrine, enfin en glycose. Au contraire, avec la cellulose plus tendre et de formation récente, cette transformation est bien autrement facile ; aussi ce principe immédiat ne paraît-il pas étranger à la nutrition de plusieurs classes d'animaux.

4° Les *gommes*. Elles exsudent surtout de certains arbres sous forme de sucs épais, translucides, durcissant à l'air, plus ou moins solubles dans l'eau, insolubles dans l'alcool, et généralement doués d'une saveur fade et douceâtre. Toutes ont la même composition élémentaire que la matière amylacée, et si elles s'y rattachent par des propriétés générales que nous avons déjà signalées, elles en diffèrent aussi par plusieurs propriétés chimiques. Ainsi, la matière amylacée et la dextrine, ou produit gommeux artificiel, donnent par l'acide azotique de l'acide oxalique, tandis que, dans les mêmes circonstances, les gommes donnent à la fois de l'acide oxalique et un acide particulier, l'*acide mucique* (*). A l'aide d'une ébullition prolongée, l'acide sulfurique affaibli les convertit en une substance très-analogue à la dextrine ; et, en prolongeant encore davantage l'action, il se forme de la glycose comme avec l'amidon. Mais il convient d'ajouter que cette conversion des gommes en sucre ne se fait qu'avec une extrême difficulté.

Aussi ne s'étonnera-t-on pas d'apprendre qu'il résulte d'expériences dues à d'habiles observateurs, que les gommes font partie du groupe des substances qui, n'étant ni fermentescibles, ni putrescibles, ni oxydables au contact de l'air, traversent les voies digestives sans éprouver la moindre action de la part des réactifs de l'économie, et que la *mannite* (**) pure est dans le même cas. Il est vrai pourtant que, dans les contrées d'Afrique où les gommes abondent (et on les trouve dans la plupart des végétaux), les indigènes les emploient comme nourriture. Mais il importe de rappeler que ces gommes, qui consistent toutes en produits naturels, ne sont jamais

(1) *Ann. der Chem. und Pharm.*, t. LIV, p. 284.
(2) *Comptes rendus de l'Académie des sciences de Paris*, t. XXII, p. 38.

(*) Le *sucre de lait* et l'*acide pectique* se comportent à cet égard exactement comme les gommes. La formation de l'acide mucique, facile à constater parce que cet acide est insoluble dans l'eau froide, n'en est pas moins un caractère très-net par lequel les gommes se distinguent des matières amylacées.

(**) Autre principe immédiat à saveur sucrée, qu'on trouve surtout dans la manne qui en renferme 60 pour 100, et dans les champignons, le céleri, les oignons, les asperges, les algues, certaines espèces de frênes, etc. Il n'est pas susceptible de fermenter comme le sucre véritable, et il s'en distingue encore en ce qu'il n'exerce aucun pouvoir rotatoire sur la lumière polarisée.

des corps purs, qu'elles sont au contraire des mélanges, en proportions variables, de substances végétales très-diverses. Très-souvent, par exemple, la gomme adragante bleuit par l'iode, ce qui dénote la présence d'un principe amylacé; car autrement les gommes pures ne donnent jamais une pareille réaction, etc.

5° Les *mucilages*. Autour de certaines graines telles que la graine de lin et les pepins de coings, de quelques feuilles, tiges et racines de végétaux comme la bourrache, la guimauve, la mauve, etc., on voit les mucilages se développer sous l'apparence d'une masse visqueuse et filante qui communique à l'eau une consistance sirupeuse. Versé dans ce liquide, l'alcool y produit un précipité gélatineux dont la nature n'a pas encore été bien déterminée. Toutefois, on sait que le mucilage végétal a la même composition élémentaire que la matière amylacée et les gommes; qu'il peut aussi, comme ces dernières, produire de l'acide mucique. Dans tous les cas, les mucilages sont inséparables de principes salins dans lesquels domine le phosphate de chaux (aliment minéral).

6° La *pectose*. Elle existe dans la trame celluleuse des fruits verts et dans beaucoup de racines, telles que les carottes, les navets, etc., où elle se trouve intimement mêlée avec la cellulose qui compose les cellules. Analogue à l'amidon par son insolubilité dans l'eau, elle a pour propriété caractéristique de se transformer facilement, sous l'influence simultanée des acides et de la chaleur, en un corps soluble qui est la *pectine*, absolument comme nous avons vu l'amidon, dans les mêmes circonstances, se convertir en dextrine soluble. Mais il importe aussi de savoir que, pendant la maturation du fruit, la pectose peut également se transformer en pectine sous l'influence des acides naturels du fruit, comme pendant la germination de la graine on voit l'amidon se métamorphoser en dextrine sous l'influence de la diastase.

La pectine se trouve donc toute formée dans les fruits qui sont à l'état de maturité complète; aussi sont-ils bien autrement faciles à digérer que les fruits verts qui renferment seulement encore de la pectose insoluble. Ajoutons que partout où il y a de la pectose se trouvent aussi des acides et de la *pectase*, c'est-à-dire une de ces substances mystérieuses qu'on appelle *ferments solubles*. Les premiers, nous l'avons vu, agissent pour former la pectine, la seconde pour transformer la pectine en acide pectosique ou gelée végétale (1).

La dissolution de pectine, bien différente de celle de dextrine, n'exerce pas d'action sur la lumière polarisée.

B. *Matière sucrée.*

Si la matière amylacée (amidon ou fécule) est le principe alimentaire le plus répandu dans le règne végétal et dans la nourriture des herbivores, on peut dire que la *matière sucrée*, par sa présence dans les fruits, dans les

(1) Pour plus de détails, voyez le travail de FREMY, dans les *Annales de chimie et de physique*, 3° série, t. XXIV, p. 5.

sucs de tant de végétaux et dans certaines sécrétions animales (lait, etc.), représente aussi un autre produit alimentaire déjà fort abondant, par lui-même, dans les deux règnes organiques. Mais, aux yeux du physiologiste qui connaît la métamorphose que doit subir l'amidon, au sein de l'organisme, pour devenir absorbable, la matière sucrée acquiert encore une bien autre importance comme principe nutritif *abondant* et utile à l'accomplissement de certaines fonctions. En effet, comme on l'a déjà vu précédemment, l'amidon étant insoluble et incapable à cet état de franchir les voies de l'absorption, ne devient soluble, capable d'être absorbé, qu'en se convertissant lui-même en une matière sucrée spéciale (glycose); de sorte qu'on peut dire que tous les aliments végétaux contiennent du sucre ou bien en produisent dans l'économie animale, car il n'est pas une seule plante où l'on ne rencontre soit de l'amidon, soit une ou plusieurs matières sucrées. La précédente métamorphose s'observe d'ailleurs aussi bien dans le tube digestif des animaux que dans le végétal en voie de développement (*).

Aussi, en ce qui regarde les animaux, l'amidon et le sucre paraissent-ils destinés à jouer le même rôle, c'est-à-dire à se brûler pour développer la chaleur qui accompagne le phénomène de la respiration : de là, nous l'avons dit, le nom d'*aliments respiratoires* qu'on leur a donné et qui, du reste, se trouve assez bien justifié par leur usage et par leur constitution chimique.

Notons, en passant, pour y revenir quand il y aura lieu (1), la faculté si remarquable que ces mêmes principes, à composition ternaire, ont de se transformer en *graisse* sous l'influence de la vie, en perdant une partie de leur oxygène, chez des sujets d'ailleurs bien nourris.

Autrefois on comprenait, sous le nom de *sucres*, un grand nombre de substances organiques fort hétérogènes. Mais, aujourd'hui, on ne reconnaît plus comme tels que les corps qui, à une saveur plus ou moins sucrée, joignent les propriétés suivantes : 1° d'avoir une composition chimique qui peut toujours se représenter par de l'eau et du charbon; 2° de se décomposer, sous l'influence de la chaleur, en donnant naissance à des produits bruns qui répandent une odeur de caramel; 3° de se convertir en alcool et en acide carbonique sous l'influence de certains *ferments;* 4° d'être solubles dans l'eau et dans l'alcool plus ou moins affaibli; 5° de s'oxyder avec une grande faci-

(*) Quand du blé, de l'orge, une pomme de terre, etc., viennent à germer, leur amidon se change bientôt en *sucre d'amidon* ou *glycose* qui disparaît en produisant (comme chez l'animal) de la chaleur, de l'acide carbonique et de l'eau. En effet, dès qu'il s'agit de faire germer un embryon, de développer un bourgeon, de féconder une fleur, on voit la plante, qui absorbait la chaleur solaire, qui décomposait l'acide carbonique et l'eau, changer tout à coup d'allure, c'est-à-dire brûler du carbone et de l'hydrogène, produire de la chaleur, en un mot s'approprier les principaux caractères de l'animalité ; et c'est évidemment le sucre ou l'amidon préalablement converti en sucre qui paraît être ici la matière avec laquelle les plantes développent, au besoin, la chaleur nécessaire à l'accomplissement de quelques-uns de leurs actes fonctionnels. (Voyez, pour plus de détails, l'*Essai de statique chimique des êtres organisés*, par Dumas et Boussingault, in-8°, Paris, 1841.)

(1) Voyez le chapitre relatif à la *Nutrition*.

lité, en fournissant, lorsqu'on les traite par l'acide azotique, de l'acide oxalique et même de l'acide carbonique; 6° enfin, de n'être précipitables ni par l'acétate, ni par le sous-acétate de plomb.

Pour le chimiste, il existe diverses espèces de matières sucrées, distinctes par l'intensité de leur saveur et par plusieurs de leurs propriétés ; ce sont, comme espèces principales : la *glycose*, le *sucre de canne* ou de betterave, le *sucre liquide* ou de fruit, et la *lactose* ou sucre de lait. Pour le physiologiste, au point de vue de la nutrition, il n'y en a qu'une seule espèce, dont l'étude résume, pour ainsi dire, celle de toutes les autres : en effet, que le sucre provienne de la digestion des substances féculentes, comme plus haut, ou bien qu'il provienne de la lactose, du sucre de canne ou du sucre de fruit, constamment il se présente à l'absorption sous une seule et même forme, sous forme de glycose. Aussi, dans notre examen physiologique des matières sucrées, cette espèce, fondamentale pour nous, fixera-t-elle d'abord notre attention.

Sous le nom de *glycose* (1), on a désigné plusieurs matières sucrées qui se ressemblent par leur composition chimique, mais qui souvent diffèrent par leur constitution moléculaire, à en juger par l'essai de leurs dissolutions au polarimètre. Toutefois, en mettant de côté cette circonstance qui n'a aucun caractère chimique, on s'accorde à considérer comme étant un seul et même corps, la substance sucrée cristallisable que l'on extrait du miel, du raisin (2), et celle dans laquelle se transforment la cellulose, la dextrine, la lactose, le sucre de canne et le sucre liquide, par suite de l'action des acides ou autrement (*).

(1) De γλυχὺς, doux.
Synonymie : Sucre de raisin, sucre d'amidon ou de fécule, sucre en grains, sucre mamelonné, sucre de diabète.
(2) De l'urine des diabétiques.

(*) Au point de vue de l'analyse élémentaire, le sucre qu'on extrait du parenchyme du foie, lors de la digestion, paraît être identique avec la *glycose*; il en offre aussi la fermentation facile et directe au contact de certains ferments ; mais il en diffère en ce que, dans le système vasculaire des animaux, il se décompose, dit-on, beaucoup plus facilement que la glycose fabriquée artificiellement.

Sucre de gélatine ou de glycocolle. — GERHARDT a constaté que si l'on fait bouillir, pendant quelques heures, la gélatine animale avec de l'acide sulfurique étendu, il se produit une grande quantité de sulfate d'ammoniaque, en même temps qu'une matière sucrée qui, dit-il, « *est probablement aussi de la glycose*; du moins elle se décompose, au contact de la levûre de bière, en alcool et en acide carbonique. J'ai pu, ajoute-t-il, par la fermentation de cette matière sucrée, recueillir assez d'alcool pour l'enflammer. » (*Traité de chimie organique*, t. II, p. 541, Paris, 1854.)

Sucre de viande, inose ou inosite (*). — Cette substance hydrocarbonée, qui présente une saveur très-franchement sucrée, et qui cristallise à la manière de la cholestérine, a été découverte par SCHERER (1850, *Ann. der Chem. und Pharm.*, t. LXXIII, p. 322) dans les eaux mères provenant du traitement de la chair musculaire pour l'extraction de la créatine. Desséchée à + 100 degrés, elle a la même composition que la glycose anhydre et le sucre de lait. Quelques essais incomplets, faits par SCHERER, semblent indiquer que l'inosite n'éprouve pas la fermentation alcoolique, mais qu'elle donne, au contact des ferments, de l'acide butyrique et de l'acide lactique, acides que, dans certaines conditions, donnent aussi la glycose et le sucre de

(*) De ἴς, ἰνός, fibre ou muscle.

Les grains qu'on observe à la surface des raisins secs, l'enduit farineux dont sont recouverts les pruneaux, les figues et d'autres fruits mûrs, les granulations cristallines qui se forment spontanément dans les confitures anciennes, ne sont autres que de la glycose provenant de la transformation de cette autre espèce de sucre qu'on nomme *sucre liquide* ou de fruit. C'est avec ce dernier que la glycose est contenue dans le miel. Elle se trouve encore dans le sang, la lymphe, le chyle durant la période digestive, et d'une manière constante, dans le blanc et le jaune de l'œuf, où ses proportions paraissent augmenter pendant l'incubation, etc. Enfin, au point de vue physiologique, rappelons-nous que, finalement, tous les aliments amylacés doivent aussi nous représenter de la glycose.

Sa saveur sucrée est beaucoup moins intense que celle du sucre ordinaire, et il faut de la glycose deux fois et demie autant que de sucre de canne, pour sucrer au même degré le même volume d'eau. Ses dissolutions, essayées au polarimètre, dévient le plan de polarisation des rayons lumineux vers la droite. Quant à sa cristallisation, elle s'opère difficilement sous la forme de mamelons semi-globulaires ou de choux-fleurs fibreux et indéterminables.

Il importe au physiologiste de savoir que, sous l'influence des ferments, la glycose peut subir tantôt des décompositions, et tantôt des transformations qui varient suivant la nature de ces agents, transformations dont quelques-unes s'observent dans l'économie animale elle-même.

Ainsi, la levûre de bière, telle qu'elle se sépare du moût de bière, possède au plus haut degré la propriété de décomposer la glycose en alcool et en acide carbonique. Il paraît qu'une condition essentielle, pour qu'un ferment détermine cette décomposition, c'est qu'il soit acide aux papiers colorés; il est d'ailleurs constaté que les acides organiques fixes, renfermés dans les sucs végétaux, favorisent cette fermentation alcoolique (*). Mais,

---

lait. L'inosite n'est pas colorée par la potasse et ne réduit pas l'oxyde de cuivre. — BOUCHARDAT (*Du diabète sucré*, dans *Mém. de l'Ac. de méd. de Paris*, t. XVI, p. 9, 1851) admet que l'inosite est modifiée en traversant l'appareil digestif et le foie, de manière à produire de la glycose qu'on retrouve alors dans l'urine des diabétiques exclusivement nourris de viande.

Sorbine. — Cette espèce de sucre a été récemment découverte par PELOUZE (*Annales de chimie et de physique*, 3ᵉ série, t. XXXV, p. 222, 1852) dans les fruits du sorbier. Par sa composition élémentaire et par sa saveur, elle est aussi analogue à la glycose ; mais elle en diffère par ses formes cristallines et surtout par sa résistance à la fermentation dans des circonstances où la glycose serait transformée facilement en alcool et en acide carbonique.

(*) Nous croyons devoir rappeler ici que la fermentation alcoolique est encore, en physiologie, le moyen par excellence pour *démontrer* la présence de la glycose dans les liquides animaux qui en contiennent. Il faut, en effet, savoir que, si la glycose a la propriété de décolorer la solution de bitartrate de cuivre et de potasse ou la liqueur bleue de FROMMHERZ, en précipitant de l'oxydule rouge de cuivre, il est bien d'autres substances organiques qui possèdent cette même propriété ; tels sont : la mannite, l'aldéhyde, l'acide urique, la sorbine et la lactose, d'ailleurs l'une et l'autre *très-peu* fermentescibles, l'acide parapectique, l'acide métapectique, etc., etc.

La dissolution de potasse caustique s'emploie aussi pour reconnaître la présence de la glycose ; en chauffant le mélange, la solution devient d'un brun rougeâtre d'autant plus foncé que la proportion de matière sucrée est plus forte. Ce produit rougeâtre contient de l'ulmine, de l'acide formique, de l'acide glycique et de l'acide mélassique (MIALHE), substances que, par des métamorphoses ultérieures, on suppose se convertir en eau, acide carbonique et produits ulmiques bruns ou noirs.

suivant Gerhardt, lorsque les ferments, au lieu d'être acides, offrent, par l'effet d'une altération quelconque, une réaction alcaline, ils transforment, le plus souvent, la glycose en acide *lactique*, sans qu'il se développe aucun gaz. Cette métamorphose ne s'arrête généralement pas à la formation de l'acide lactique; mais celui-ci se décompose à son tour sous l'influence du ferment, avec dégagement de gaz hydrogène, en donnant alors de l'acide *acétique* et de l'acide *butyrique* (1).

Or on sait, et plus tard nous insisterons sur ce point, que l'intestin grêle est le siége ordinaire de pareilles transformations chez les animaux qu'on nourrit principalement avec des matières amylacées ou sucrées. La fermentation prolongée du sucre (glycose), au contact de certains ferments solubles sécrétés par l'organisme animal, donne, en effet, ici naissance d'abord à de l'acide lactique et à de l'acide acétique, puis à de l'acide butyrique, avec dégagement d'hydrogène et d'acide carbonique, gaz qui se rencontrent parmi les produits gazeux de l'intestin.

La glycose qui, parmi les sucres végétaux, est celui qui se rapproche le plus du *sucre de lait* par sa composition élémentaire, se comporte donc entièrement comme lui, quant à sa transformation en acides lactique et butyrique.

Nul doute que la glycose ne doive être très-assimilable, à en juger d'abord par ce fait que toutes les autres espèces de sucre et les féculents se convertissent, dans l'économie, en glycose, mais surtout par la facilité avec laquelle on la voit disparaître, quand, en se plaçant dans les conditions voulues, on en injecte une solution dans les veines d'un animal. En effet, on sait qu'elle est rapidement brûlée dans le sang et transformée en eau et en acide carbonique, prenant ainsi une part importante à la respiration et à la calorification. Mais, comme elle ne subit pas ordinairement une combustion aussi entière, là n'est pas son unique rôle dans l'économie où elle peut offrir quelques autres réactions utiles. C'est ainsi, nous venons de le dire, qu'elle peut se transformer en partie en acides. Or, l'acide lactique, par exemple, qui se forme aux dépens de la glycose, le long de l'intestin grêle, ne concourt-il pas, en maintenant l'acidité des milieux, à favoriser la continuation des métamorphoses des aliments albuminoïdes, en même temps que, par ses propriétés dissolvantes, il peut faciliter l'absorption du contenu de l'intestin? Est-il besoin de rappeler encore que, si la proportion de glycose est plus que suffisante pour les besoins de la respiration (d'ailleurs les aliments plastiques ne faisant pas défaut), une partie peut se métamorphoser en graisse et contribuer à la formation des dépôts adipeux de l'organisme? Disons aussi que la glycose paraît être un bon dissolvant du carbonate et du phosphate de chaux et que, sans doute, c'est par son intermédiaire que le fœtus de l'oiseau emprunte à la coque de l'œuf la chaux dont il s'enrichit sans cesse (2).

Quant à rechercher les conditions intimes de l'organisme qui sont nécessaires à l'assimilation de la glycose ou à sa transformation ultime en

(1) GERHARDT, *Traité de chimie organique*, t. II, p. 545. Paris, 1854.
(2) LEHMANN, *Ouvr. cit.*, p. 314.

eau et en acide carbonique, à savoir, par exemple, si, comme on l'a supposé, c'est par l'intervention des alcalis du sang que la glycose se décompose, s'oxyde, brûle et devient un véritable aliment respiratoire, nous devons réserver ces questions et le développement de celles qui précèdent pour la partie de cet ouvrage qui traitera plus spécialement des phénomènes de nutrition.

Le *sucre liquide* ou de fruit (1) existe en dissolution dans beaucoup de sucs acides des végétaux, principalement dans les fruits, tels que les groseilles, les cerises, les prunes, les raisins, etc.; il existe aussi dans le miel, associé à la glycose, dans la séve des érables et des bouleaux, avec le sucre ordinaire ou de canne.

Sa composition élémentaire est la même que celle du sucre de lait, et de la glycose en laquelle d'ailleurs il se transforme facilement, soit au sein de l'organisme, soit au simple contact prolongé de l'air. Nous avons déjà mentionné, comme autant d'exemples de cette dernière transformation, les petits grains blancs qui recouvrent les pruneaux, les raisins secs, les figues ou d'autres fruits mûrs, et aussi les petites granulations cristallines qui apparaissent spontanément dans les confitures anciennes.

Le sucre de fruit qui, comme la glycose, réduit la liqueur bleue de Frommherz, s'en différencie par son état liquide, son extrême solubilité dans l'alcool, son action sur la lumière polarisée qu'il dévie à gauche, et aussi par sa facilité bien plus grande à entrer en fermentation.

Dans l'action initiale des acides minéraux et organiques sur le sucre de canne qui offre une si facile interversion moléculaire, il se forme du sucre de fruit : en effet, le premier de ces sucres ne cristallise plus comme auparavant, par évaporation, et au lieu de dévier, comme d'abord, le plan de polarisation des rayons polarisés vers la droite, il le dévie vers la gauche. De là le nom de *sucre interverti* par les acides qu'on a donné à ce *sucre de fruit* artificiel (*).

Le sucre liquide ou de fruit, à cause de sa grande abondance, représente comme aliment, par rapport aux animaux frugivores, ce qu'est l'amidon relativement aux herbivores. L'un et l'autre, avant d'être utilisés par l'économie, commencent par se métamorphoser en glycose dans l'appareil digestif.

Le *sucre de lait* (lactose ou lactine) est un élément constant du lait de tous les mammifères; seulement le lait des carnivores en renferme des proportions moindres que celui des herbivores.

Suivant Dumas (2), ce principe immédiat disparaîtrait entièrement par

(1) *Synonymie :* Sucre incristallisable, sucre des fruits acides, sucre interverti, chulariose, de χυλὸς, suc.

(*) Tout porte à croire qu'en effet le sucre ordinaire passe alors à l'état de sucre de fruit, d'autant plus qu'en vieillissant, le *sucre interverti* se transforme, comme le sucre de fruit, en glycose cristallisée.

(2) *Comptes rendus des séances de l'Acad. des sciences,* t. XXI, p. 707. — *Chimie physiologique et médicale,* p. 637 et suiv. In-8°, Paris, 1846.

suite d'un régime exclusivement animal, et le lait, réduit à ne plus renfermer que des matières albuminoïdes, grasses ou salines, se trouverait ramené à la constitution générale de la viande elle-même. Telle n'a pas été la conclusion d'autres expérimentateurs et de Bensch (1) en particulier : d'après lui, la lactine se modifie souvent pendant les manipulations, de manière à devenir incristallisable, et c'est cette circonstance qui a causé la précédente erreur. Pour Bensch, la quantité de lactine diminue un peu dans ces circonstances, mais elle ne disparaît jamais (2).

Comme la glycose est la seule espèce de sucre que, jusqu'à présent, on soit parvenu à trouver dans le sang des animaux soumis au régime de la viande, il a pu paraître probable que le sucre de lait ne prend naissance que dans les glandes mammaires aux dépens de la glycose. Mais on ne saurait affirmer qu'il en est ainsi : les expériences, dirigées dans le but de constater l'absence absolue de la lactine dans les liquides de l'organisme, sont des plus délicates ; il est encore possible que, dans certains cas, elle ait été confondue avec la glycose, et c'est ainsi que Winckler annonce avoir extrait de la lactine en cristaux, du blanc d'œuf, où d'autres n'avaient vu que de la glycose. Du reste, cette dernière partage, en effet, certains caractères chimiques avec la lactine (entre autres la propriété de réduire les sels de cuivre) et, de plus, la lactine est susceptible de se transformer en glycose dans plusieurs circonstances. Cette transformation, qui s'obtient par l'action d'acides dilués, par celle des phosphates, d'après Bensch (3), a lieu aussi par l'action du caséum dans des conditions encore mal connues (*). La glycose, obtenue dans ce dernier cas, se convertit ensuite elle-même en acide carbonique et en alcool (4). On sait que les peuplades nomades de l'Asie préparent une boisson enivrante avec le lait de leurs juments ; et c'est évidemment sur la précédente métamorphose que se fonde une pareille préparation.

Quoi qu'il en soit de la véritable origine du sucre de lait, toujours est-il qu'il offre la même composition chimique que la glycose anhydre, et que leur fermentation prolongée, en dehors ou au dedans de l'organisme animal, peut donner naissance aux mêmes acides, aux acides lactique et butyrique.

Pourtant, au milieu de toutes ces analogies, apparaît un caractère distinctif qui ne permet pas de confondre la lactine avec aucune autre espèce de sucre : l'acide azotique attaque la lactine et la décompose en divers produits, dont un des plus remarquables est l'acide mucique. Il n'y a que les

---

(1) *Ann. der Chem. und Pharm.*, 1844, t. LI, p. 221.

(2) FOURCROY (*Syst. de chimie*, Paris, an IX, t. IX, p. 397 et 407) a reconnu l'existence du sucre de lait dans le lait des carnivores.

(3) *Loc. cit.* — Dans le lait, dit Bensch, les phosphates transforment peu à peu la lactine en glycose, d'où résulte qu'on rencontre quelquefois fort peu de la première.

(*) BOUCHARDAT (*Mém. de l'Acad. de méd.*, t. XVI, p. 82 et 83, Paris, 1851) a constaté expérimentalement que le sucre de lait se transforme en glycose, chez les diabétiques, et augmente la quantité de sucre de leur urine.

Nous avons dit déjà que la même transformation a toujours lieu, dans l'économie, à l'état normal.

(4) HESS, *Ann. de Poggend.*, t. XLI, p. 194.

gommes et l'acide pectique qui, dans les mêmes circonstances, donnent aussi de l'acide mucique.

Il sera question ailleurs du rôle du sucre de lait dans la nutrition des jeunes animaux.

Sucre de canne ou sucre ordinaire. D'après les détails physiologiques et chimiques qui viennent d'être exposés sur les matières sucrées en général, et principalement sur la glycose, nous pourrons être courts dans ce qui nous reste à dire de l'espèce de sucre dont il s'agit.

Ainsi nommé, d'après la plante où il est le plus abondant et où il a été le plus tôt connu, le sucre de canne existe non-seulement dans les tiges des *cannes*, mais encore dans celles du maïs, dans les racines de betteraves, de carottes, de navets, dans les melons, les patates douces, les noix de coco, les ananas, les châtaignes, la séve des palmiers, des érables, des bouleaux, et, en général, dans tous les végétaux dont le suc n'est pas acide; car, comme on l'a vu plus haut, les acides réagissent sur le sucre de canne et le transforment en sucre incristallisable ou de fruit.

Pour la composition, il ne diffère de la glycose anhydre que par les éléments d'une molécule d'eau de moins, et il tient le milieu entre la dextrine et la glycose. Contrairement à celle-ci, il est remarquable par la résistance qu'il oppose à l'action des alcalis, et par son impuissance à réduire le bitartrate de cuivre et de potasse.

Sous l'influence de certains ferments, le sucre de canne peut se dédoubler en alcool et en acide carbonique; mais avant de se dédoubler ainsi, il se transforme d'abord en *sucre interverti* (1), sucre liquide ou de fruit, modification isomère de la glycose. Toutes les fermentations qu'on attribue au sucre de canne reviennent donc, à proprement parler, au sucre liquide ou à la glycose, dont l'étude, nous venons de le voir, résume, pour le physiologiste, celle de toutes les autres matières sucrées.

En effet, si nous introduisons ces matières dans une foule d'aliments, principalement sous la forme de sucre de canne, pour compléter et améliorer leurs qualités digestives, ce n'est point sous cette forme qu'elles sont absorbées par l'organisme, mais bien sous celle de glycose.

En finissant, rappelons aussi, en laissant de côté leur rôle essentiel auquel il a déjà fait allusion, que les matières sucrées ne jouissent pas seulement de la propriété de communiquer à beaucoup d'autres aliments leur saveur douce, mais qu'elles possèdent encore un pouvoir antiseptique qui, souvent, prolonge avec avantage la conservation des substances alimentaires.

Le *miel* est une substance sucrée que les abeilles préparent en introduisant dans leur estomac le suc visqueux et sucré des fleurs ou des feuilles de certaines plantes, et qu'elles emploient à nourrir leurs larves. Quelles que soient les modifications que les abeilles, elles-mêmes, puissent faire

(1) Voyez précédemment *Sucre de fruit.*

subir à ces sucs, toujours est-il que la nature des plantes dont ils sont extraits exerce une influence très-marquée sur la qualité et les propriétés du miel : les abeilles qui butinent sur les plantes aromatiques de la famille des labiées produisent des miels excellents, tandis qu'elles n'en donnent que de peu agréables, comme ceux de Bretagne, en s'adressant aux fleurs de bruyère et de sarrasin. Les plantes vénéneuses comme la jusquiame, l'aconit, l'*Azalea pontica*, etc., fournissent des miels qui peuvent causer des accidents d'empoisonnement à ceux qui en font usage.

Le miel est essentiellement un mélange de sucre semblable à la glycose et de sucre incristallisable analogue à la mélasse, accompagné d'un principe aromatique particulier. Mais, dans la composition d'ailleurs assez complexe et variable des miels, on a encore signalé la présence d'une petite quantité de sucre ordinaire ou de canne, de deux acides organiques, de la mannite, d'une matière colorante jaune, enfin de substances grasses (cire, etc.). Quant aux principes azotés, ils paraissent se rencontrer seulement dans les miels communs et impurs qui contiennent du pollen ou même du couvain, et pas dans ceux qui, désignés sous le nom de miels vierges, sont recueillis par un simple égouttage des rayons.

Le miel offre un aliment agréable, doué de propriétés plus ou moins laxatives, et duquel on peut se servir souvent avec avantage pour remplacer les autres matières sucrées.

IV. La vie, chez les êtres organisés, n'est possible qu'à la condition que les tissus soient continuellement pénétrés de liquides. Aussi, dans le corps de l'homme, par exemple, qui. sur 100 parties, en contient environ 70 fluides et seulement 30 solides, les parties liquides, à mesure qu'elles sont expulsées par les différentes voies excrétoires, doivent-elles être incessamment renouvelées par les *boissons*. Les pertes que fait le sang de ses parties aqueuses se traduisent, d'ailleurs, dans l'organisme, par une sensation impérieuse, la soif, qui sollicite et assure le périodique retour de l'ingestion des liquides.

Mais les *boissons*, comme nous allons les envisager, ne sauraient avoir seulement pour but de fournir à l'économie l'eau qui la pénètre dans toute sa profondeur et dont elle a besoin pour se maintenir dans son état normal, organique et fonctionnel : les boissons, dont il s'agira ici plus spécialement, renferment des matériaux solides en suspension ou en dissolution, des sels, des substances azotées ou non azotées, et, par conséquent, constituent de véritables aliments. Nous voulons parler des boissons les plus habituelles à l'homme, comme le vin, la bière, le cidre et autres liquides fermentés que Liebig appelle des *aliments respiratoires*, ou bien encore de certaines boissons aromatiques, dont l'usage est très-répandu, comme le thé et le café, qui, assez riches en principes azotés, figurent parmi les *aliments plastiques* du même auteur (1).

(1) Plus loin il sera question du *lait*, boisson si importante pour l'homme et les mammifères, surtout dans le premier âge.

Quant à l'*eau* elle-même, on ne saurait oublier qu'elle ne se trouve pas dans la nature à l'état de pureté parfaite (protoxyde d'hydrogène); qu'au contraire l'eau pluviale, la plus pure des eaux douces naturelles, contient aussi une certaine proportion de matières étrangères (carbonates alcalins, sulfates, chlorures, etc.), matières minérales qui, avec beaucoup d'autres, entrent elles-mêmes dans la composition des parties solides et liquides de l'organisme (*).

Aussi l'eau, dont l'étude physiologique suivra celle des précédentes boissons, nous servira-t-elle de transition pour arriver aux *aliments miné-raux*, tels que le chlorure de sodium ou sel marin, le phosphate de chaux, l'oxyde de fer, etc.

Le pouvoir calorifique d'un principe organique ternaire (corps gras, alcools, sucres, etc.) dépend de la quantité et de la nature des éléments combustibles que, sous un poids donné, ce principe introduit dans l'organisme. Précédemment, à propos de la composition élémentaire des matières grasses comparées à celle des matières amyloïdes et sucrées, nous rappelions que le pouvoir calorifique des premières était triple de celui des secondes. L'*alcool*, qui fait la base des boissons fermentées, possède, d'après sa composition, un pouvoir calorifique intermédiaire à ceux des principes immédiats ternaires contenus dans les deux groupes précédents. Du reste, l'alcool, sauf une proportion indéterminée qui s'échappe en vapeur par les voies aériennes, est détruit en totalité par l'oxygène dans le torrent circulatoire, il est définitivement amené à l'état minéral et exhalé sous la forme ultime d'acide carbonique et d'eau.

D'après la remarque de Liebig, il se passe des heures avant que l'amidon du pain, qui se dissout dans le tube digestif sous forme de glycose, passe dans le sang et y trouve de l'emploi. L'effet de la graisse est encore plus lent, mais aussi il persiste plus longtemps. De tous les aliments de respiration, l'alcool est celui qui agit avec le plus de promptitude, sinon avec le plus d'intensité : comme aliment de cette sorte, il occupe donc un rang distingué. Aussi son ingestion peut-elle compenser, jusqu'à un certain point, l'usage des matières amylacées et des matières grasses (**). L'homme

---

(*) En 1825, un chimiste éminent, BRANDES, a trouvé dans l'eau pluviale, convenablement recueillie, les matières suivantes : *chlorures de sodium et de magnésium ; carbonates de chaux, de potasse et de magnésie ; sulfates de magnésie et de chaux ; oxydes de fer et de manganèse ; traces de sels ammoniacaux ; matières végéto-animales.*

CHATIN (*Comptes rendus de l'Académie des sciences de Paris*, 1852, t. XXXV, et 1853, t. XXXVII, p. 723) prétend qu'à Paris les eaux pluviales contiennent plus d'iode et plus de matières organiques que l'eau de Seine.

On sait que les pluies d'orage renferment aussi de l'azotate d'ammoniaque et de l'acide azotique.

(**) LIEBIG fait observer que l'usage des alcooliques paraît incompatible avec celui des matières grasses : les personnes habituées à l'usage du vin en perdent l'envie et le goût quand elles prennent de l'huile de foie de morue. Suivant cet auteur, les individus qui s'abstiennent de boissons fermentées mangent davantage en proportion d'aliments amylacés. « Depuis l'établissement des sociétés de tempérance, dit-il, on crut équitable, dans beaucoup de ménages anglais, de compenser en argent la bière que recevaient tous les jours les domestiques, et dont ils s'abstenaient une fois membres de ces sociétés. Mais on s'aperçut bientôt que la consom-

qui vit exclusivement du produit de sa chasse, comme l'Indien du nord de l'Amérique, prend une nourriture renfermant un excès d'aliments plastiques et à laquelle il manque en grande partie les aliments respiratoires indispensables (bien souvent, en effet, pendant la saison d'hiver, la chair des animaux tués à la chasse contient à peine de la graisse) ; de là, chez chez ces hommes carnivores, une propension particulière à l'eau-de-vie qui, pour ceux qui en sont privés, se remplace par l'usage de l'huile de poisson.

L'*alcool*, qui, d'après les considérations précédentes, doit prendre rang parmi les substances alimentaires, est un des principaux composés auxquels la *fermentation du sucre* donne naissance ; jusqu'ici, on ne lui connaît pas d'autre origine, et le sucre demeure le vrai générateur de l'alcool.

En se reportant à la transformation si facile de la matière amylacée en sucre, transformation sur laquelle nous avons tant de fois insisté, on comprend donc bien qu'on puisse obtenir de l'alcool à l'aide du froment, du seigle, du maïs, de l'avoine, de la pomme de terre, des haricots, des pois, des lentilles, des fruits du chêne, du châtaignier, du marronnier d'Inde, etc. Ici l'alcool dérive toujours du sucre, qui, à la vérité, n'existe pas tout formé dans ces produits, mais qui s'y développe secondairement, par l'action d'un *ferment*, aux dépens de l'amidon qu'ils renferment.

Les fruits mûrs qui sont riches en principe sucré (les raisins par exemple), quand on les expose à l'influence simultanée de l'air, de l'eau et d'une certaine température, sont susceptibles, sous l'action d'un ferment organisé spécial, de se décomposer et de donner des produits dont la constitution diffère essentiellement de celle des matières fermentescibles contenues dans ces fruits. D'après la nouvelle théorie (PASTEUR), la matière azotée aussi bien que la matière sucrée, avec divers principes salins qui s'y trouvent, représentent l'aliment du *ferment organisé*.

Quant à la matière sucrée, il est certain qu'en se décomposant elle se dédouble en acide carbonique et en alcool : le premier se dégage, le second reste et peut être isolé par la distillation. Puis, si l'on compare les qualités relatives de ces deux produits et si l'on fait la somme de leurs éléments, on verra que cette somme représente la composition de la matière sucrée qui aura disparu. En effet : 4 équivalents d'acide carbonique $= C^4O^8$, et 2 équivalents d'alcool $= C^8 O^4 H^{12}$, qui donnent ensemble $C^{12} O^{12} H^{12} =$ un équivalent de glycose anhydre.

Quelle que soit la richesse alcoolique des liquides fermentés, l'alcool obtenu directement, à l'aide de la distillation simple, est toujours mêlé d'eau, et le plus concentré en renferme encore 10 à 15 centièmes.

Le produit des distilleries prend le nom d'*eau-de-vie*, lorsqu'il ne con-

mation du pain augmenta dans une proportion surprenante, de telle sorte qu'on payait deux fois la bière : une fois en argent et une autre fois en équivalent de pain. » (LIEBIG, *Nouvelles lettres sur la chimie*. Trad. de GERHARDT, p. 244, Paris, 1852.)

tient que 50 à 55 centièmes d'alcool; s'il en contient davantage, on le nomme esprit-de-vin. Suivant ses provenances, l'eau-de-vie se désigne sous des noms différents : ainsi on appelle *eau-de-vie de Cognac*, le produit de la distillation des vins du Midi; *tafia*, l'eau-de-vie tirée des mélasses brunes; *rhum*, celle qui provient des sirops qui se forment dans le raffinage du sucre; le riz et les fruits de l'*Areca catechu* donnent le *rack;* les cerises noires, le *kirsch-wasser;* les céréales, l'*eau-de-vie de grain*, etc.

Parmi les liquides alcooliques obtenus par distillation, l'eau-de-vie est encore le plus sain de tous; étendue convenablement d'eau, elle peut, dans certaines limites, remplacer le vin.

Jusqu'à un certain point, il a paru facile d'expliquer comment ces boissons alcooliques suppléent aussi à une partie des aliments : leur transformation, a-t-on dit, ou l'oxydation plus rapide qu'éprouve la partie alcoolique, retarde ou diminue les transformations des autres aliments.

Le *vin* est le liquide obtenu par la fermentation du sucre contenu dans le raisin. De l'eau, du tannin, des principes colorants, de la pectine et divers pectates, des substances grasses, des huiles essentielles, plusieurs sels et entre autres du bitartrate de potasse, de l'oxyde de fer et de la silice, des matières albuminoïdes, de la *matière sucrée*, etc., entrent dans la composition du jus de raisin : c'en est assez pour nous expliquer pourquoi ce jus est susceptible de fermentation.

Du reste, suivant la constitution du sol, l'exposition, la culture, la température de l'année de récolte, suivant aussi le degré de fermentation et conséquemment le procédé de fabrication, le produit présente d'infinies variétés.

La proportion d'alcool que les vins renferment influe surtout sur leurs propriétés, car l'alcool en est le principe le plus actif. Cette proportion, qui le plus ordinairement est de 8 à 12 pour 100, peut s'élever, dans les vins d'Espagne et de Portugal, jusqu'à 25 pour 100.

Le tannin, principe tonique, très-abondant dans les vins du Languedoc et du Roussillon, est en moindre quantité dans les vins de Bordeaux et en proportion plus faible encore dans ceux de Bourgogne, qui, plus qu'eux, contiennent de l'acide libre (acide acétique, etc.) et des tartrates acides.

En mettant en bouteille certains vins avant la fin de la fermentation, ou bien encore en les additionnant, lors de la mise en bouteilles, d'un sirop de sucre apte à prolonger la fermentation, on obtient des vins mousseux qui se différencient des autres par le gaz acide carbonique qu'ils retiennent, et aussi par des propriétés diurétiques plus marquées.

La *bière* est le résultat de la fermentation alcoolique des matières amylacées, préalablement saccharifiées, et rendues aromatiques par les fleurs de houblon. On fait ordinairement usage de l'orge qui, parmi les céréales, est une des moins coûteuses; d'ailleurs cette graine, en germant, développe facilement de la *diastase*, qui est le principe saccharifiant par excellence. La matière première, qui forme la base de la fabrication de la bière, est donc le plus souvent l'orge germée ou *malt*. En Pologne, l'avoine remplace l'orge ; ailleurs c'est le froment, le seigle, le maïs, etc.

De toutes ces boissons fermentées, la bière paraît être celle qui, à des propriétés excitantes, réunit, au plus haut degré, la faculté nutritive. Un litre de bonne bière de Strasbourg, d'après une analyse due à Payen et à Poinsot, contient 48 grammes et demi d'une matière solide, laquelle, vu sa richesse en azote, semblerait être, à poids égal, aussi nourrissante que la céréale elle-même. Mais trop rarement la bière présente sa composition normale et partant des qualités qui dépendent de cette composition.

Le meilleur *porter* de Londres contient, d'après Brandes, 6 1/3 pour 100 d'alcool anhydre, et le porter affaibli n'en renferme que 3,89 ; la petite bière, 1,38.

De la dextrine et de la glycose, des principes amers et aromatiques, divers sels et oxydes, de l'acide carbonique, de l'acide lactique, de l'alcool, des substances azotées et de l'eau, tels sont les divers produits qui se rencontrent généralement dans les bières dites ordinaires, mais qui varient en proportions suivant le mode de fabrication, suivant les quantités de malt et de houblon employées (*).

Le *cidre*, ou le jus fermenté de la pomme, et le *poiré*, ou le jus fermenté de la poire, suppléent, avec la bière, l'usage du vin dans les contrées où le climat s'oppose à la culture de la vigne. Dans la composition des poires et des pommes entrent de l'eau, des huiles grasses et volatiles, de la chlorophylle, de la gomme, les acides malique, pectique, gallique, tannique, de la chaux, des malates alcalins, des substances albuminoïdes et des matières sucrées. Or, il importe de savoir, pour la fabrication du cidre et du poiré, que les fruits qui servent à les préparer ne doivent être ni verts ni trop mûrs, mais qu'ils doivent être à leur vraie maturité, attendu que leurs analyses comparées à ces trois états différents prouvent que, dans les deux premiers, ils sont beaucoup moins riches en matière sucrée ou génératrice de l'alcool. Du reste, le cidre et le poiré surtout contiennent une proportion d'alcool généralement plus élevée que la bière. Brandes attribue au poiré 7,26 d'alcool pour 100 : aussi le poiré, plus fort que le cidre, se conserve-t-il mieux.

Il est inutile d'ajouter que suivant la durée de la fermentation et la nature des fruits, suivant aussi qu'on leur ajoute ou non de l'eau, lors de la fabrication, les précédentes boissons présentent de notables différences.

Le *thé*, le *café* et le *chocolat* ont pour caractère commun de renfermer chacun, avec des matières albuminoïdes, un principe azoté spécial, et de

(*) On y trouve aussi des phosphates de potasse, de magnésie et de chaux, des chlorures de sodium et de potassium ; puis du sulfate de potasse, du carbonate de chaux, de la silice et de l'oxyde de fer provenant du *houblon* employé.

pouvoir ainsi concourir d'une manière efficace, le dernier surtout, à la nourriture de l'homme. Ces trois principes azotés, ou alcaloïdes naturels, qui s'y trouvent à l'état de sels et en petite quantité relativement aux autres substances azotées, sont la *théine*, la *caféine* et la *théobromine*. Leur composition élémentaire est presque la même (*).

C'est une chose digne de remarque qu'il n'est pas d'alcali organique dont la composition soit plus semblable à celle de la théine et de la caféine que la *créatine* contenue dans le système musculaire des animaux (1), et que la théine donne, par l'oxydation, des composés analogues à ceux que l'on obtient avec l'acide urique, dans les mêmes circonstances (ROCHLEDER).

D'après Péligot (2), les quantités d'azote contenues dans 100 parties de *thé* desséché à la température de 110 degrés sont les suivantes : Pekoe, 6,58 azote; thé perlé ou poudre à canon, 6,62; sou-chong, 6,15; pekoe d'Assam, 5,10. Ces quantités d'azote font des feuilles de thé, consommées dans leur ensemble, un aliment plus riche en substance azotée que la plupart des autres produits végétaux. Aussi peut-on lire, dans la *Correspondance de Jacquemont*, que les habitants du nord de la Chine jettent l'eau dans laquelle ils mettent infuser le thé et en mangent les feuilles comme aliment.

Il faut aussi noter que les infusions de thé (comme celles de café) renferment des oxydes de fer et de manganèse. Quelque faible que soit la quantité de fer journellement ingérée par le thé, elle n'en doit pas moins finir par exercer une certaine influence sur l'organisme. D'après Fleitmann (3), une infusion de 70 grammes de thé pekoe contenait 0,104 grammes de sesquioxyde de fer et 0,20 grammes de protoxyde de manganèse.

Le thé se prépare par infusion à la dose de 20 grammes environ de thé pour un litre d'eau bouillante : des matières dextrinées et gommeuses, des substances azotées, une matière colorante, une huile essentielle, du tannin, des sels, etc., se retrouvent dans ces infusions.

Les qualités du thé et ses effets sur l'économie varient suivant les conditions de la récolte, le mode de préparation, surtout suivant les espèces. Ces effets diffèrent peu de ceux du café. Leur analogie tiendrait-elle à ce que la théine présente aussi la plus grande analogie chimique, sinon une identité complète, avec la caféine? Mais il n'est pas du tout démontré que l'influence excitante du thé et du café sur le système nerveux dépende exclusivement de ces alcaloïdes : le thé vert, qui est le plus stimulant, contient moins de théine que le thé noir (MULDER).

L'infusion de *café* est un véritable aliment (**); préparé avec 100 grammes

(*) Caféine ou théine = $C^{16}H^{10}Az^4O^4$ + 2 aq. ; théobromine = $C^{14}H^8Az^4O^4$.
(1) LIEBIG, *Nouvelles Lettres sur la chimie*, p. 249. Paris, 1852.
(2) Mémoire publié dans la *Monographie du thé*, par Houssaye. Paris, 1843.
(3) Cité par LIEBIG, p. 251 de ses *Nouvelles Lettres*, etc.

(**) Composition du café d'après les analyses les plus récentes : Eau hygroscopique, 12 ; matières grasses, 10 à 13 ; dextrine, glycose, acide végétal indéterminé, 15,5 ; cellulose, 34 ; légumine, caféine, etc., 10 ; caféine libre, 0,8 ; chloroginate de potasse et de caféine, de 3,5

de poudre de café pour un litre d'eau bouillante, elle contient en moyenne 20 grammes de substances alimentaires. Payen (1) a calculé qu'un litre de café au lait (parties égales de la précédente infusion et de lait) représente six fois plus de substance solide et trois fois plus de matière azotée que le bouillon. Suivant de Gasparin (2), ce serait à l'usage du café (environ 30 grammes par jour) que les ouvriers mineurs de Charleroi devraient de pouvoir se contenter d'une alimentation qui ne représente que 14,82 grammes d'azote par jour, tandis que celle des prisonniers des maisons centrales en contient 16,55 et celle des trappistes 15 grammes. «Il semblerait, d'après ces observations, dit Payen (3), que le café a la propriété de rendre plus stables les éléments de notre organisme, en sorte que, s'il ne pouvait pas par lui-même nourrir davantage, il empêcherait de se *dénourrir*, ou diminuerait les déperditions. »

De plus, chacun sait que le café, tout en agissant plus ou moins énergiquement sur le cerveau, diffère néanmoins beaucoup, dans ses effets, des boissons fortement alcooliques ou des vapeurs narcotiques qui produisent l'ivresse et l'engourdissement intellectuel : au contraire, il excite l'intelligence, épanouit l'imagination du poëte, et s'il semble emprunter aux premières leurs effets sensitifs les plus agréables, il est loin de reproduire leurs inconvénients. Pour les populations méridionales, il est presque un spécifique contre l'action débilitante des chaleurs.

La base du chocolat est l'*amande du fruit* du cacaoyer (*cacao*), qui, après avoir subi la torréfaction, est réduite en poudre et mêlée avec une certaine quantité de sucre.

Le *cacao* renferme : une matière grasse (beurre de cacao), 44 à 53,10 pour 100; de la gomme, 6 à 7,75; de l'albumine, 17,50 à 20; une autre matière azotée spéciale, *théobromine*, 2; de l'amidon, en proportions variables jusqu'à 10,91 pour 100; un principe colorant; de l'eau, 4,78 à 11; des substances minérales, 4 pour 100.

Nul doute qu'une pareille substance, qui nous offre dans sa composition plus de matière azotée que la farine de froment indigène, environ vingt fois plus de matières grasses, une assez notable proportion d'amidon et un arome naturel excitant l'appétit, ne jouisse à un haut degré de la propriété nutritive. Consommé à l'état solide ou bien cuit à l'eau et pris en boisson, le chocolat constitue un aliment respiratoire par l'amidon, le sucre et les matières grasses qu'il contient, un aliment plastique par les substances azotées qui entrent dans sa composition immédiate.

Il est une boisson réputée nutritive, dont l'usage est général dans notre

à 5; organisme azoté, 3 ; huile essentielle insoluble, 0,001 ; essence aromatique soluble, à odeur suave, 0,002 ; substances minérales: potasse, magnésie, chaux, acides phosphorique, silicique, sulfurique, chlore, 6,697. (*Annales de chimie et de physique*, t. XXVI, 3e série.)

(1) *Des substances alimentaires*, p. 261. Paris, 1853.

(2) *Note sur le régime alimentaire des mineurs belges*, dans *Comptes rendus des séances de l'Académie des sciences de Paris*, 1850, t. XXX, p. 397.

(3) *Loc. cit.*

pays et très-répandu dans la plupart des pays civilisés, c'est le *bouillon* de viande, et spécialement de viande de bœuf ou de mouton.

Pour savoir quels principes la viande abandonne à l'eau, par suite d'une cuisson prolongée, il importe d'abord de connaître sa composition immédiate. Aucune partie du corps ne présente un assemblage plus complexe que le tissu musculaire : outre les fibres qui en forment le principal élément (*fibrine des muscles*), on y rencontre du tissu adipeux, du tissu cellulaire, des parties tendineuses, des ramifications infinies de nerfs et de vaisseaux ténus que remplissent des liquides colorés ou incolores. Les substances capables de donner de la *gélatine*, à l'aide d'une ébullition prolongée, c'est-à-dire les parties tendineuses et le tissu cellulaire, y entrent dans la proportion de 2 à 6 pour 100; la graisse interstitielle varie généralement de 2 à 4, et les principes solubles varient aussi de 6 à 8 pour 100 (Lehmann); enfin, dans le jus de viande de bœuf, en particulier, on trouve près de 78 centièmes d'*eau*.

Quoique récemment exprimé, le suc musculaire offre une réaction acide qu'explique bien sa composition. En effet, il renferme de l'acide lactique, plusieurs acides gras volatils, notamment de l'acide formique et de l'acide acétique, de l'acide inosique (1); puis encore, comme principes organiques, de l'albumine, de l'hématosine, de la *créatine* et de la *créatinine* (*). Quant aux principes minéraux, les sels de potasse et les phosphates prédominent beaucoup, dans le jus de viande, sur les sels de soude et les chlorures, circonstance d'autant plus remarquable que le sang circulant dans les muscles est proportionnellement très-riche en sel marin ou chlorure de sodium : c'est, en effet, particulièrement du chlorure de potassium qui se trouve dans le suc musculaire où figurent aussi des phosphates de soude, de potasse, de chaux et de magnésie. La viande contient, en outre, une petite quantité de soufre qui paraît nécessaire à la nutrition humaine complète, puisque toute la substance formant le corps d'un homme de stature moyenne renferme environ 100 grammes de soufre (2).

Parmi les divers principes organiques et salins qui viennent d'être mentionnés, il en est qui sont coagulables par la chaleur ou insolubles dans l'eau, et d'autres qui sont solubles et incoagulables. Quelques sels, l'albumine et la fibrine, c'est-à-dire les deux principales substances azotées de la viande, l'hématosine ou matière colorante du sang, sont au nombre des premiers, et conséquemment ne sauraient passer dans le bouillon. Dans les seconds, se rangent les chlorures alcalins, les phosphates alcalins, l'acide lactique, des matières organiques azotées comme la créatine, la créatinine, l'acide inosique ou l'inosate de potasse, et la gélatine, qui, au fur et à mesure qu'elle se forme par la dissolution du tissu cellulaire et des parties tendineuses, reste incorporée au bouillon. Enfin, il faut noter les matières

(1) Ou de l'*inosate de potasse*, au dire de certains chimistes.

(*) Lehmann (*ouvr. cit.*, p. 273) y admet la présence de la *caséine*. — On n'y découvre pas de trace d'*urée*, d'après le même auteur.

(2) Payen, *ouvr. cit.*, p. 14.

grasses qui, restant à sa surface, empêchent l'arome de se dégager et de se perdre (*).

Cela posé, comment s'expliquer maintenant la vertu que l'on accorde généralement au bouillon, que le plus grand nombre appelle la *panacée des convalescents*, auquel d'autres refusent tout pouvoir nutritif, et donnent le simple rôle de stimuler les nerfs du goût, d'activer la sécrétion de la salive et du suc gastrique, à cause de son parfum et de sa sapidité?

L'albumine et la fibrine étant mises hors de cause, examinons rapidement, au point de vue dont il s'agit, les autres matières azotées que la viande a abandonnées à l'eau, c'est-à-dire la créatine, la créatinine, l'acide inosique et la gélatine.

La *créatine* (κρέας, chair), découverte en 1835 par Chevreul (1), en traitant avec de l'alcool l'extrait aqueux de viande desséché dans le vide, se rencontre dans les muscles volontaires des animaux des quatre classes de vertébrés (2), et aussi dans l'urine d'après Heintz (3) et Liebig (4). Insipide, inodore, cristallisable en prismes rectangulaires, la créatine est, comme on dit, une substance chimique indifférente, c'est-à-dire qu'elle ne joue ni le rôle d'acide ni celui de base. Elle se forme évidemment dans le tissu musculaire, puis est reprise par le sang (5), pour être expulsée avec les urines comme l'urée. Aussi répugne-t-il de considérer un pareil produit d'excrétion comme un des principes nutritifs du bouillon de viande.

La *créatinine*, principe cristallisable, que l'on peut préparer artificiellement au moyen de la créatine, s'en distingue par une réaction fortement alcaline; mais on la trouve aussi dans les muscles, comme alcaloïde résultant de la désassimilation de leurs principes organiques, dans le sang, et surtout, en plus grande abondance que la créatine, dans le liquide urinaire. Sa présence dans l'économie paraît due à une transformation de la créatine, et son caractère de substance excrémentitielle est des plus manifestes.

Quant à l'*acide inosique* (6) qui existe dans les eaux mères qui ont laissé déposer la créatine, il prend l'aspect cristallin seulement quand il est précipité de sa dissolution aqueuse par l'alcool. Il est doué d'une odeur de bouillon fort agréable, et, chauffé à une température peu élevée, il se décompose en répandant une odeur de viande rôtie. Ce qu'on appelle *os-*

(*) D'après CHEVREUL (*Recherches sur la composition chimique du bouillon de viande*, dans *Journal de pharmacie*, 1835, t. XXI, p. 231), les extraits aqueux des diverses viandes contiennent, dans un état plus ou moins latent, un principe qui distingue chacune de ces viandes et qui développe un arome spécial par la chaleur, lorsque, après avoir étendu ces extraits de treize fois leur poids d'eau, on porte le liquide à la température de l'ébullition.

(1) CHEVREUL, *mém. cit.*

(2) LIEBIG, *Ann. der Chem. und Pharm.*, 1847, et *Annales de chimie et de physique*, 1847, t. XXIII, p. 239.

(3) *Comptes rendus des séances de l'Académie des sciences de Paris*, 1847, t. XXIV, p. 500.

(4) *Loc. cit.*

(5) VERDEIL et MARCET en ont, les premiers, signalé la présence dans le sang. Dans *Journal de chimie et de pharmacie*, 1851, t. XX.

(6) Voir plus haut, page 70, pour l'*inosite*.

mazôme (1) doit très-probablement son goût et son odeur caractéristique à la présence de l'acide inosique. Du reste, cet acide est trop peu connu pour qu'il soit permis de hasarder une opinion sur son origine et sur la nature de sa destination.

Reste donc la gélatine, dont le pouvoir nutritif a été formellement nié par divers physiologistes. Nul doute qu'ils aient eu raison en ce qui concerne la gélatine, extraite *chimiquement* des os : une pareille gélatine, lors même qu'elle est associée à d'autres éléments, est encore, à cause même de son mode de préparation, plutôt nuisible qu'utile. Mais il n'en est plus de même de celle que nous consommons journellement avec la viande, avec le bouillon, avec les parties osseuses, tendineuses et ligamenteuses ou avec le tissu celluleux qui accompagne la chair musculaire. Ici, ces différents tissus, convenablement cuits, n'ont point perdu leur organisation au point d'être transformés en quelque chose de semblable à la gélatine du commerce ou colle forte; aussi ont-ils conservé leur propriété nutritive. En effet, l'expérimentation démontre que la gélatine qu'on obtient par la coction des os frais ou par celle des pieds de veau (tendons), et qui est naturellement unie à des matières grasses, peut entretenir la vie chez les chiens.

Sans admettre qu'on puisse appeler le bouillon la *quintessence de la viande*, nous croyons qu'on ne saurait lui refuser, indépendamment de sa sapidité, un certain pouvoir nutritif qui semble, *en partie* au moins, être dû à l'intervention d'une légère quantité de gélatine, et aussi surtout à la présence de principes salins, médiateurs indispensables de diverses transmutations organiques.

V. Je viens de m'écarter, un moment, de l'*étude physiologique* des principes azotés et non azotés ayant une origine animale ou végétale et jouant un rôle dans l'alimentation, pour mentionner quelques boissons alimentaires complexes, dont l'usage est si répandu, que je n'ai pas cru devoir les passer sous silence. Mais je rentre dans la précédente étude, ayant en vue d'autres substances qui, pour être empruntées au règne minéral, n'en sont pas moins essentielles à l'organisme, et, par conséquent, indispensables dans l'alimentation : tels sont, entre autres, le chlorure de sodium ou sel marin, le phosphate de chaux et l'oxyde de fer, auxquels leur importance reconnue a fait donner le nom d'*aliments minéraux*.

Ce serait, en effet, une grande erreur de croire que les principes organiques, comme l'albumine, la fibrine, la caséine, les graisses, l'amidon et le sucre, si bien réputés matières nutritives, puissent seuls ou même mélangés entre eux, suffire à l'entretien de la vie des animaux. Comme nous le démontrerons plus loin, à l'aide de faits incontestables, pour que ce dernier résultat soit produit ou que la vie se conserve, il faut encore le

---

(1) De ὀσμή, odeur, et ζωμός, bouillon. L'*osmazôme* de Thenard paraît être un mélange de divers corps, comme la *zomidine* de Berzelius.

concours de certaines matières minérales qui habituellement ne sont pas ingérées seules dans les voies digestives, mais consommées avec les aliments et les boissons : aussi bien que les matériaux organiques eux-mêmes, elles sont d'ailleurs destinées à l'entretien ou au renouvellement des parties solides et liquides de l'organisme, car les humeurs et les tissus contiennent aussi ces mêmes composés minéraux. De là cette conséquence, que si les aliments d'origine animale ou végétale (viande, œufs, pain, lait, seuls ou mélangés ensemble) entretiennent parfaitement la vie, c'est qu'ils renferment naturellement une certaine proportion de principes minéraux. Bien évidemment, du reste, ces derniers à eux seuls sont incapables de faire vivre l'homme ou les animaux ; et si certaines terres, appelées *comestibles*, que mangent, dit-on, des peuplades sauvages dans les cas de disette, sont réellement alimentaires, elles le sont, non pas seulement comme composé minéral, mais aussi en raison des nombreux débris organiques qu'elles contiennent.

Les principes minéraux, essentiels à l'alimentation, sont les mêmes dans le lait, les œufs, la viande, le pain, les graines, les racines, les tubercules, les herbes et les fruits ; seulement leurs proportions varient extrêmement dans ces diverses substances alimentaires (LIEBIG).

Parmi ces principes inorganiques, les uns, comme le *phosphate de chaux*, le *phosphate de magnésie*, le *carbonate de chaux*, le *fluorure de calcium* et l'*acide silicique*, ont plus spécialement la mission de se déposer dans les tissus solides, contribuant ainsi à leur donner de la résistance et de la rigidité ; les autres, comme le *chlorure de sodium* (sel marin), l'*acide chlorhydrique*, le *carbonate de soude*, les *phosphates alcalins* et l'*oxyde de fer* (*), sont les principes nécessaires, constants, de plusieurs liquides animaux, ou bien des dissolvants de certaines substances organiques, des médiateurs indispensables de diverses transformations qui se passent au sein de l'économie animale (**).

Ce n'est point encore le lieu de rechercher comment certains sels minéraux sont indispensables à la nutrition, pourquoi leur présence influe essentiellement sur la valeur nutritive des aliments proprement dits. Cette étude sera faite dans le chapitre consacré à la *Nutrition ;* mais malheureusement elle ne sera guère féconde en résultats positifs, attendu que, de l'aveu de Lehmann lui-même, nos connaissances relatives aux substances minérales de l'économie, et surtout aux combinaisons qu'elles y forment, sont loin d'être en rapport avec l'état avancé de l'analyse chimique. Cette lacune provient, en partie, de ce qu'on a presque toujours cherché à déterminer la nature de ces substances par l'analyse des cendres, sans se préoc-

---

(*) Il faut y ajouter le *sulfocyanure de potassium*, qui, dans mon opinion, est un élément constant et caractéristique du fluide salivaire. (LONGET, *Du sulfocyanure de potassium considéré comme un des éléments normaux de la salive ;* mémoire inséré dans les *Annales des sciences nat.*, 4ᵉ série, t. IV.)

(**) Il est encore d'autres substances minérales que l'on rencontre fortuitement dans l'organisme, ou qui ne sont que des résultats de transformations accomplies par lui-même ; tels sont : les *sulfates alcalins*, les *sels ammoniacaux*, le *carbonate de magnésie*, le *manganèse*, le *plomb*, le *cuivre*, l'*arsenic*.

cuper assez de la volatilisation ou des transformations plus ou moins complètes, subies pendant l'incinération, par certains éléments; de sorte que la composition des cendres ne pouvait pas donner la composition réelle des principes minéraux qui les avaient fournies.

Comme difficulté d'un autre ordre, notons que, d'ailleurs, dans les phénomènes physiologiques dont il s'agit, intervient l'action simultanée et corrélative de plusieurs principes inorganiques, de manière que trop souvent on s'égare à vouloir déterminer le rôle de chacun dans l'œuvre réellement collective de plusieurs agents.

Avant de faire l'histoire physiologique du *chlorure de sodium,* du *fer* et du *phosphate de chaux,* comme principes minéraux ayant le plus d'influence apparente dans la nutrition, je tracerai rapidement celle de *l'eau,* qui nous servira de transition naturelle à l'étude de ces aliments inorganiques.

En effet, ne sait-on pas que les sels calcaires, ferriques et alcalins, si indispensables à l'entretien de la vie, sont bien loin de provenir exclusivement de la nourriture solide; qu'au contraire, l'eau ingérée par les animaux en fournit aussi une quantité notable qu'on ne saurait négliger quand on cherche à apprécier dans leur ensemble les matériaux de la nutrition (*)?

L'eau, comme nous en avons déjà fait la remarque (voy. p. 77), est par conséquent loin de se trouver dans la nature à l'état de pureté parfaite (protoxyde d'hydrogène); l'eau pluviale elle-même, la plus pure des eaux douces naturelles, contient aussi une certaine proportion de matières étrangères (carbonates alcalins, sulfates, chlorures, etc.), matières minérales qui, avec beaucoup d'autres, entrent elles-mêmes dans la composition des parties solides et liquides de l'organisme (1).

Pour les êtres organisés, l'eau est tellement importante, qu'on ne saurait les concevoir dépourvus de ce fluide. Il est même des animaux, et ce fait est positif, qui *ressuscitent* dans l'eau après être restés pendant fort longtemps dans un état de dessiccation complète (**). Ce liquide semble entrer

(*) Boussingault (*Économie rurale,* t. II, p. 354, 2ᵉ édit.), dans une expérience faite sur une vache laitière, a constaté que les substances minérales prises à *l'abreuvoir* s'élevaient jusqu'à 50 grammes par jour.

Il résulte d'un curieux calcul du même auteur (*ouvr. cit.,* t. II, p. 142), qu'en abreuvant 100 têtes de bétail avec certaines eaux potables, on peut, dans une exploitation rurale, faire arriver ainsi, chaque année, au fumier 7 à 800 kilogrammes de substances salines éminemment utiles à la végétation, puisqu'il s'y trouve du phosphore, du soufre, du chlore, de la silice et des alcalis.

(1) Voir plus haut, page 77, l'analyse de *l'eau pluviale,* par Brandes.

L'air, surtout après une sécheresse prolongée, tient toujours en suspension des poussières de nature très-variée : ces poussières cèdent, à la pluie qui les entraîne, leurs principes solubles. De plus, les expériences de Cavendish et de Séguin ont appris que, toutes les fois qu'un mélange humide d'oxygène et d'azote est traversé par l'étincelle électrique, il y a production d'acide azotique et d'azotate d'ammoniaque. Or, cette circonstance se présente fréquemment dans l'atmosphère ; d'où la présence constante de l'acide azotique uni à la chaux ou à l'ammoniaque dans les pluies d'orage, comme l'a démontré Liebig.

(**) Ce fait, déjà constaté par Spallanzani, a été définitivement établi par les recherches de Doyère (*Mémoire sur l'organisation et les rapports naturels des Tardigrades* (Vers),

en proportion définie dans la composition de ces êtres ; il leur en faut une quantité pour ainsi dire déterminée, pour qu'ils jouissent de la vie. Certains tissus, comme l'a démontré Chevreul (1), sont dans le même cas : en perdant l'eau qu'ils contenaient, ou bien en en prenant plus qu'il n'est convenable, ils perdent leur propriété particulière : tels sont le tissu jaune élastique, la cornée transparente, etc.

Mais évidemment, d'après ce que nous disions plus haut, l'eau n'entre pas seulement dans la constitution des animaux ou des plantes comme simple liquide retenu dans les mailles de leurs tissus ; elle favorise encore, à cause des substances salines ou des matières qu'elle renferme, le développement de l'être organisé à la manière d'engrais ou d'aliment.

Peu de phénomènes s'accomplissent dans la nature vivante sans son intervention, et l'on peut dire que l'eau résume en elle une grande partie des conditions de la vie. Seule, parmi les liquides, elle peut dissoudre toutes sortes de gaz ; à cette propriété se rattache l'existence de tout ce qui est vivant et organisé. Pas de respiration possible pour les animaux aquatiques, si l'eau ne tenait en dissolution de l'oxygène ; pour les animaux terrestres, si leurs voies pulmonaires n'étaient suffisamment humides ; ni pour les plantes, qui empruntent principalement un de leurs éléments à l'acide carbonique, si l'eau ne servait pas d'intermédiaire. Enfin, sans la propriété que, seule parmi tous les liquides, l'eau possède de dissoudre un grand nombre de substances minérales, les animaux et les plantes ne sauraient absorber et s'assimiler certains principes fixes, qui pourtant sont indispensables à leur existence.

L'eau, qui maintient le sang dans l'état de fluidité indispensable à la circulation, et les différents tissus dans l'état de mollesse ou de souplesse nécessité par leurs usages, qui dissout et met en présence les matières devant réagir les unes sur les autres, provient du dehors ; mais elle peut se former, en faible proportion, dans l'animal lui-même aux dépens de l'hydrogène des substances organiques et de l'oxygène de la respiration, comme elle peut aussi s'y détruire au milieu de toutes les transmutations dont l'économie est le siége.

Quant à la quantité introduite normalement dans le corps humain, en vingt-quatre heures, elle varie considérablement suivant les individus, suivant les âges, les circonstances extérieures, etc. Ainsi que le fait observer Burdach, on ne peu trien établir de général à cet égard : il faut tantôt plus, tantôt moins d'eau, selon que les aliments ingérés en contiennent eux-mêmes plus ou moins.

Le *chlorure de sodium* (sel marin) représente un des principes constituants les plus importants de l'économie animale : on le trouve dans toutes les parties, solides ou liquides, du corps. La quantité contenue dans le sang

et sur la propriété remarquable qu'ils possèdent de revenir à la vie après avoir été complétement desséchés, Paris, 1842).

(1) CHEVREUL, *De l'influence que l'eau exerce sur plusieurs substances azotées solides* (*Ann. de chimie et de phys.*, 1822, t. XIX, p. 2).

d'homme, de veau, de bœuf, de mouton, de porc, s'élève à 50 ou 60 centièmes du poids total des cendres ; et, chose digne de remarque, ses proportions, presque constantes, paraissent à peine augmenter en raison de la
quantité de sel ingérée avec les aliments, le surplus s'échappant du corps
par les fèces, les urines, la sueur, etc. (*). Comme le fait observer Liebig (1),
cela semble indiquer, dans les vaisseaux sanguins, une action particulière
qui s'oppose à la fois à la diminution et à l'augmentation du sel marin, puisque la proportion ne s'en élève pas au delà d'une certaine limite. Le sel
marin ne serait donc pas, pour le sang, un principe accidentel, mais un
principe constant, et il s'y trouverait dans une proportion jusqu'à un certain point invariable.

Sa quantité atteint aussi un chiffre élevé dans le chyle, la lymphe, l'albumine des œufs et, en général, dans tous les liquides alcalins ; elle est de
10 à 12 pour 100, du poids des principes solides, dans la salive, le suc gastrique, le mucus, etc.

Cette abondance, cette sorte de diffusion du chlorure de sodium, dans
tous les liquides de l'organisme et par suite dans tous les tissus que plusieurs
de ces liquides imprègnent, porte bien à croire qu'un pareil sel ne saurait
avoir un rôle secondaire, mais qu'il doit être un facteur important dans
plus d'une réaction de l'économie.

Il ne faudra donc pas trop s'étonner qu'on ait parfois exagéré la bonne
influence d'une substance aussi nécessaire, et même aussi indispensable
dans l'alimentation. Quelques dissidences existent, en effet, entre les expérimentateurs. Nul doute, pour quelques-uns, qu'en accélérant les phénomènes de nutrition, le sel ajouté à la ration alimentaire n'exerce une action marquée sur le développement du bétail, sur la production de la chair.
Ainsi Dailly (2), expérimentant sur vingt moutons partagés en deux lots et
nourris à discrétion, a constaté que le lot qui recevait, en outre, une ration
de sel, consommait un peu plus de fourrage, et présentait, au bout de trois
mois, un excès de poids de 8^{kil},50 (**). Plus loin, nous verrons le docteur
Saive, dans un Mémoire expérimental couronné par l'Académie de médecine de Bruxelles, se ranger aussi à la précédente opinion. Mais c'est évidemment aller au delà des faits, et vouloir singulièrement exagérer la
propriété nutritive du chlorure de sodium, que de prétendre, par exemple,
que 3 kilogrammes de foin, additionnés de sel, nourrissent autant que 4 kilogrammes du même fourrage, donnés sans ce principe salin (3) ; ou bien en-

---

(*) DE BLAINVILLE (*Cours de physiologie générale et comparée*, t. III, p, 50) assure que,
chez les personnes qui respirent l'air chargé des émanations salines de la mer, comme aussi
chez celles qui font habituellement usage d'aliments très-salés, la *sueur* contient plus de chlorure de sodium que chez les individus placés dans des conditions différentes.

(1) *Nouvelles Lettres sur la chimie*, p. 181.

(2) *Comptes rendus des séances de l'Acad. des sciences de Paris*, 8 mars et 12 avril 1847.

(**) Pour le lot des dix moutons recevant du sel, le gain, pendant l'engraissement, fut de
84 kilogrammes, et pour l'autre lot privé de sel il fut de 76^{kil},50. BOUSSINGAULT (*Mém. de
chimie agricole et de physiol.*, p. 263, Paris, 1854) croit pouvoir faire dépendre cette différence assez légère de 8^{kil},50 uniquement des erreurs de pesées.

(3) PLOUVIEZ, *Bulletin de l'Académie de médecine de Paris*, t. XIV, p. 1021 et 1077.

core que, par son intervention dans une ration, 1 kilogramme de sel développe 10 kilogrammes de chair ou de graisse. De Béhague, Baudement et surtout Boussingault (1) ont fourni les preuves expérimentales du contraire et fait justice de ces exagérations.

Boussingault, qui n'attribue au sel marin qu'un effet peu prononcé sur la croissance du bétail, reconnaît qu'il agit favorablement sur l'aspect et la qualité des animaux, sur leur appétit et sur leur santé. Faisant allusion à ses propres expériences, ce savant observateur s'exprime ainsi (2) : « Jusqu'à la fin de mars, les deux lots (chacun de 3 taureaux) ne présentaient pas encore de différence bien marquée dans leur aspect; ce fut dans le courant d'avril que cette différence commença à devenir manifeste, même pour un œil peu exercé : il y avait alors six mois que le lot n° 2 ne recevait pas de sel (excepté celui qui existe normalement dans le fourrage). Chez les animaux des deux lots, le maniement indiquait bien une peau fine, moelleuse, s'étirant et se détachant des côtes; mais le poil, terne et rebroussé sur les taureaux du n° 2, était luisant et lisse sur les taureaux du n° 1. A mesure que l'expérience se prolongeait, ces caractères devenaient plus tranchés : ainsi, au commencement d'octobre, le lot n° 2, après avoir été privé de sel pendant une année, présentait un poil ébouriflé, laissant apercevoir çà et là des places où la peau se trouvait entièremennt mise à nu. Les taureaux du lot n° 1 conservaient, au contraire, l'aspect des animaux de l'étable recevant aussi du sel; leur vivacité et les fréquents indices du besoin de saillir qu'ils manifestaient, contrastaient avec l'allure lente et la froideur de tempérament qu'on remarquait chez le lot n° 2. Nul doute que sur le marché, on eût obtenu un prix plus avantageux des tauraux élevés sous l'influence du sel. »

Boussingault énonce le regret de n'avoir pu prolonger davantage l'expérimentation, afin de constater jusque dans les dernières conséquences les effets que peut amener la privation d'une quantité suffisante de sel (*).

(1) *Économie rurale*, t. II, p. 489 et 502, 2ᵉ édit. Paris, 1851.
(2) BOUSSINGAULT, *Mémoires de chimie agricole et de physiologie*, p. 271 et suiv., in-8, Paris, 1854.

(*) Une vache laitière, en consommant, par jour, 18 kilogrammes de foin, peut recevoir 46 grammes de sel marin naturellement contenus dans ce fourrage. (BOUSSINGAULT, p. 257 des *Mémoires cités*.)
Toutefois, la proportion de *chlorure de sodium*, dans cette plante fourragère et autres, est sujette à des variations dépendantes probablement de la constitution géologique du sol, de la nature des engrais et de la qualité des eaux d'irrigation. Ces variations, d'après la judicieuse remarque de BOUSSINGAULT, expliquent peut-être mieux que toutes les raisons qui ont été données jusqu'à présent la divergence des opinions émises sur les avantages de l'emploi du sel dans les étables. On comprend, par exemple, que le sel ajouté à la ration produise un effet très-favorable dans les localités où les fourrages n'en contiennent qu'une minime quantité, et que cet effet soit beaucoup moins prononcé dans les lieux où les aliments végétaux sont plus abondamment fournis de sel marin ; la proportion naturelle de ce dernier pouvant parfois être suffisante par elle-même pour satisfaire aux exigences de l'économie.
En Angleterre, on donne, d'après un rapport de Milne Edwards, 80 à 90 grammes de sel, par jour et par tête de gros bétail ; aux veaux, 28 grammes ; à Bechelbronn, Boussingault en donne jusqu'à 50 grammes à des vaches de 6 à 700 kilogrammes; dans le Wurtemberg, la dose de sel est comprise entre 15 et 30 grammes par tête.
L'instinct nous fait ajouter plus de sel aux aliments amylacés qu'aux autres ; et Boussingault

J'ajouterai que le complément des précédentes expériences se trouve dans les observations recueillies sur les individus de notre propre espèce. Barbier (1) rapporte que des seigneurs russes, ayant fait supprimer le sel dans l'alimentation de leurs vassaux, ceux-ci tombèrent dans un état de langueur et de faiblesse extrêmes, avec pâleur de la peau, tendance à l'œdème des membres inférieurs, génération d'helminthes dans le tube digestif; enfin, les symptômes de l'anémie par diminution de la proportion des globules et de l'albumine du sang. Le même auteur fait cette remarque, qui n'est pas sans portée, que la privation du sel n'a jamais pu passer dans les austérités du cloître. Plouviez (2), qui considère le sel marin comme un aliment indispensable destiné à donner plus de force et de vigueur que d'embonpoint, a constaté, à l'aide de ses propres recherches, l'influence fâcheuse d'une alimentation privée de sel sur la composition du sang.

Je reviens au bétail et aux avantages que présente l'emploi du sel marin dans son régime. Il y a, dit Liebig (3), des pays où il faut donner du sel aux animaux pour les conserver à la vie : ainsi, suivant Warden, les animaux domestiques mouraient, dans le Nord du Brésil, quand on ne leur donnait pas une certaine portion de sel marin ou de sable salé. Le savant docteur Roulin, aujourd'hui bibliothécaire et membre de l'Institut de France, mentionne le fait suivant qu'il a observé en Colombie : lorsque les bestiaux ne trouvaient pas de sel dans le fourrage, dans l'eau ou dans la terre, les femelles devenaient moins fécondes et les troupeaux diminuaient très-rapidement. Dans un mémoire déjà mentionné plus haut, le docteur Saive affirme que le sel marin exalte la fécondité des mâles et des femelles, et double les moyens de nutrition du fœtus. A l'époque de l'allaitement, dit-il, le sel que reçoit la mère rend le nourrisson plus robuste, le lait plus abondant (4) et plus nourrissant; le sel accélère la croissance et rend plus fine la laine des moutons; la chair des animaux qui consomment beaucoup de sel en devient plus savoureuse, plus nutritive, et plus facile à digérer. La vigueur incontestée qui en résulte pour les animaux pourrait aussi expliquer le fait rapporté par Gaspard (5) de troupeaux de bœufs de Hongrie, dans la nourriture desquels entrait le sel pour une grande proportion, et qui, amenés en Hollande, échappèrent aux ravages d'une épizootie dont étaient victimes les bœufs indigènes.

Les faits qui précèdent démontrent que le chlorure de sodium joue un rôle considérable dans les phénomènes de la digestion et de la nutrition, puisque la suppression ou une notable diminution de ce principe salin

a constaté que des vaches nourries exclusivement avec des pommes de terre n'ont supporté ce régime qu'autant qu'on ajoutait à leur ration quotidienne 70 grammes de sel.

(1) *Note sur le mélange du sel marin aux aliments de l'homme*, dans *Gazette méd. de Paris*, 1838, p. 301.

(2) *Bulletin de l'Académie de médecine de Paris*, t. XIV, p. 1021 et 1077.

(3) *Nouvelles Lettres sur la chimie*, p. 191 et suiv. Paris, 1852.

(4) BOUSSINGAULT (*Mém de chimie agricole et de physiol.*, p. 266, Paris, 1854) conteste cette influence du sel marin sur la sécrétion du lait (*Expér. de Lehel*).

(5) *Journal de physiol. expérim.* de Magendie, t. IV.

dans le régime finit par amener une altération grave de la santé. Pour le moment, cette démonstration nous suffit.

Plus tard, dans notre exposé spécial des phénomènes de la nutrition, et à propos des questions relatives au rôle que les sels minéraux remplissent dans les transmutations des principes organiques, il nous faudra examiner la valeur des diverses hypothèses qui ont été émises sur le mode d'action du chlorure de sodium au sein de l'organisme; savoir, par exemple, s'il influence la constitution de la bile et d'autres liquides alcalins auxquels, par sa soude, il donnerait leur alcalinité, la composition du suc gastrique, auquel il fournirait l'acide chlorhydrique; si, sans cesse, introduit dans le sang et mêlé à l'albumine, il concourt avec elle à prévenir la dissolution des globules sanguins, favorisant, au contraire, la dissolution de certains éléments organiques, et leurs métamorphoses en présence de l'oxygène (*); si encore, comme le suppose Liebig (1), il convertit en phosphate de soude une partie du phosphate de potasse, que les aliments et la résorption opérée dans les muscles introduisent dans le sang (**) ; enfin, si, d'après le même auteur (2). à cause de la constance de ses proportions dans le sang, il contribue puissamment à des actes physiques d'endosmose et d'exosmose, c'est-à-dire au passage des fluides à travers les membranes.

Disons-le par anticipation, ici la chimie physiologique se montrera bien plus riche en conjectures qu'en vérités rigoureusement établies.

L'hématosine de Chevreul, ou substance colorante du sang, renferme une grande proportion de *fer* (environ 7 pour 100 de son poids), qu'on obtient à l'état d'*oxyde de fer* par incinération de la précédente substance. C'est à l'état de chlorure que le fer existerait dans le suc gastrique, et à celui de phosphate qu'on le trouverait dans le liquide de la rate, d'après Lehmann (3).

C'est surtout parce qu'il concourt à la production de l'élément organique par excellence, du *globule sanguin*, que le *fer* a été considéré par quelques physiologistes comme un aliment du premier ordre.

Nul doute que les matières alimentaires ou l'eau ingérée ne l'introduisent habituellement en quantité suffisante pour les besoins de l'économie; mais chacun sait que parfois on est obligé de l'ajouter au régime pour remédier à une altération fondamentale du sang consistant dans la diminu-

---

(*) L'*albumine* doit en partie sa solubilité, dans les humeurs, au sel marin qui dissout également la *caséine*.

Les recherches de CALLOUD (*Journal de pharmacie*, t. XI, p. 562), confirmées par celles de PÉLIGOT, BRUNNER, ERDMANN et LEHMANN, ont appris que le chlorure de sodium forme avec la glycose une combinaison définie et cristalline ; on sait qu'il se comporte d'une manière analogue avec l'urée, ce produit ultime de certaines transmutations organiques. Aussi, dans l'économie animale, ces deux produits sont-ils généralement accompagnés d'une certaine quantité de chlorure de sodium : de là l'hypothèse que ce sel doit contribuer, jusqu'à un certain point, aux transformations du sucre, à la sécrétion et à l'élimination de l'urée.

(1) *Loc. cit.*

(**) On sait que le *phosphate de soude* facilite singulièrement l'absorption de l'acide carbonique par le sang veineux, et consécutivement l'élimination de cet acide hors de l'organisme.

(2) LIEBIG, *Nouvelles Lettres sur la chimie*, p. 188 et suiv. Paris, 1852.

(3) *Ouvr. cit.*, p 107.

tion de ses globules. L'absence ou la quantité trop minime de ce principe minéral amène les désordres les plus graves dans la santé : ses usages doivent, en effet, être des plus importants, puisqu'on le découvre aussi jusque dans les cendres du lait et de l'œuf. Mais jusqu'à présent, ils sont loin d'avoir été expliqués, et, à leur sujet, la science ne possède encore que des données purement théoriques dont nous n'examinerons la valeur que plus tard.

Le *phosphate de chaux*, comme le chlorure de sodium, est si généralement répandu dans l'économie animale, qu'il n'est aucun tissu, aucun liquide qui, après incinération, n'en donne une quantité plus ou moins notable.

Si l'on sait qu'il forme la plus grande partie de la masse des os, on ne doit pas non plus ignorer que les trois matières albuminoïdes fondamentales ou protéiques (albumine, fibrine et caséine) donnent aussi à la combustion des quantités variables de cendres dans lesquelles le phosphate de chaux ne manque jamais. On regarde d'ailleurs comme très-probable que sa présence est la cause déterminante de certaines métamorphoses que ces matières subissent durant la vie.

Insoluble dans l'eau, il est néanmoins à l'état liquide dans le sang et les autres fluides organiques, tantôt libre, tantôt combiné avec des matières albumineuses. C'est à l'aide de l'acide carbonique du sang qu'il devient sensiblement soluble ; les bicarbonates alcalins et le chlorure de sodium contribuent aussi à en dissoudre une partie. C'est encore par l'intervention du même acide que, devenu soluble, il est absorbé par les spongioles des racines, et qu'il peut concourir au développement des plantes ; sans cette propriété, on ne saurait expliquer sa présence dans les végétaux.

Le phosphate de chaux, chez l'embryon, est transmis par osmose avec les autres matériaux nutritifs qu'apporte le sang maternel ; plus tard, il provient du lait et des autres aliments végétaux ou animaux. Toutefois ce sel paraît se produire aussi au sein de l'économie, aux dépens d'autres sels calcaires et d'autres phosphates.

C'est principalement par les urines que disparaît l'excès de phosphate calcaire qui, ne devant plus faire partie des tissus ou des liquides organiques, sera lui-même bientôt remplacé. On s'explique facilement pourquoi le phosphate de chaux manque si souvent dans l'urine des femmes enceintes pendant les derniers mois de la grossesse.

Il suffit de se rappeler quelle proportion considérable de phosphate calcaire les os renferment, pour comprendre aussi la bonne influence qu'il peut avoir quand on l'ajoute aux aliments, dans le but de hâter la marche de l'ossification du cal dans les fractures (1).

Les recherches de Chossat (2) ont surtout démontré combien le phosphate de chaux est nécessaire au développement et à la nutrition du sys-

<hr>

(1) ALPH. MILNE EDWARDS, *De l'influence de la proportion de phosphate de chaux contenu dans les aliments sur la formation du cal.* Mémoire présenté à l'Académie des sciences de Paris, le 7 avril 1856.

(2) *Comptes rendus de l'Académie des sciences de Paris*, t. XIV, p. 451. — *Recherches expérimentales sur l'inanition*. Paris, 1844.

tème osseux (*). La privation prolongée de matière calcaire, chez les pigeons, a fini, en effet, par rendre leurs os tellement minces, que, même pendant la vie, ils se fracturaient avec la plus grande facilité.

Le travail de désassimilation des matières calcaires se continue donc dans la substance des os, quand bien même le travail inverse ou d'assimilation y est devenu impossible, faute de leur concours. Cette résorption, de la part du reste de l'organisme, conduit naturellement à l'idée que, si ces matériaux contribuent à la solidité du système osseux, ils pourraient bien aussi avoir quelque autre usage et un rapport plus direct avec la nutrition en général. Les expériences suivantes de Chossat (1) viendraient à l'appui de cette hypothèse.

Ayant d'abord constaté l'habitude et le besoin qu'ont les pigeons de joindre une certaine quantité de matière calcaire à celle qui se trouve naturellement dans leur nourriture habituelle, Chossat a nourri plusieurs de ces oiseaux uniquement avec du blé, dans les cendres duquel, comme on le sait, il entre beaucoup de phosphate de magnésie, des sels de potasse et fort peu de chaux. Ces animaux se trouvaient d'abord très-bien de ce régime, et même ils commençaient par engraisser; mais, au bout de deux ou trois mois, cet état prospère cessait ordinairement, les fèces devenaient molles, diffluentes, une soif vive se faisait sentir, l'animal maigrissait de plus en plus et finissait par succomber entre le huitième et le dixième mois, à la suite d'une diarrhée que Chossat attribue à l'insuffisance de principes calcaires, notamment du phosphate de chaux.

Mouriès (2), se fondant sur ses propres recherches, croit que la privation de phosphate de chaux peut amener la mort avec tous les symptômes de l'inanition, tandis que son ingestion insuffisante avec les aliments ferait naître la série des maladies dites lymphatiques. Pour légitimer ces assertions, l'auteur établit : 1° que le sang des animaux contient une proportion constante de phosphate de chaux indépendante de la quantité de ce sel contenue dans les aliments ($1^{gr},20$ à $1^{gr},50$ pour 100 chez les oiseaux, 0,4 à 0,9 chez les mammifères herbivores et carnivores); 2° qu'il existe un rapport constant entre la température des animaux et la quantité de phosphate de chaux renfermé dans le sang, comme on le voit d'après les chiffres donnés à l'appui de son travail.

Quoi qu'il en soit de ces dernières assertions, qui auraient besoin du contrôle d'autres expérimentateurs, il paraît probable, surtout après les expériences de Chossat, que le rôle du phosphate de chaux, dans l'organisme, ne se borne pas seulement à *nourrir* le système osseux (3).

(*) D'après Berzelius (*Traité de chimie*, trad. franç., t. VII, p. 474, Paris, 1833), l'analyse des os de bœuf donne 57,35 pour 100 de *phosphate de chaux* (avec traces de fluate calcaire), et seulement 3,85 de *carbonate de chaux*. Ce sont là les seuls sels calcaires qui se rencontrent dans le système osseux.

(1) *Loc. cit.*

(2) *Rôle du phosphate de chaux et des chlorures alcalins dans certains cas d'alimentation insuffisante.* Rapport de BOUCHARDAT à l'Académie de médecine, décembre 1853.

(3) Consulter, dans l'*Économie rurale* de BOUSSINGAULT, t. II, p. 338, 2e édit., l'intéressant chapitre intitulé : *De la matière inorganique des aliments.*

Peut-être Blondlot (1), qui attribue l'acidité du suc gastrique au phosphate acide de chaux, trouverait-il, dans ces mêmes expériences, quelque appui à sa doctrine d'ailleurs combattue par la plupart des physiologistes.

VI. Grâce aux quelques détails chimiques et surtout aux nombreuses considérations physiologiques qui viennent d'être présentés sur les matières *albuminoïdes*, les *matières grasses*, les *substances amyloïdes et sucrées*, et sur plusieurs *principes minéraux* essentiels à l'organisation, il nous sera facile d'abréger ce qui nous reste à dire des substances alimentaires et de l'*alimentation*.

Une question qui s'offre tout d'abord comme conséquence de la précédente étude, est celle de savoir quelles proportions de ces divers éléments nutritifs sont les plus avantageuses pour l'entretien régulier de la vie. Mais, avant d'en chercher la solution, au moins approximative, il importe de rappeler et d'établir certains faits qui s'y rattachent plus ou moins directement.

1° L'usage exclusif de *principes non azotés*, puisés dans le règne végétal ou animal (sucre, gomme, amidon, beurre), est impropre à entretenir la nutrition.

Magendie (2) est le premier qui, avec le concours éclairé de Chevreul, ait fait des expériences sur les qualités nutritives de substances dans la composition desquelles il n'entre pas d'azote. Des chiens nourris, soit avec du sucre, soit avec de l'huile d'olive, avec de la gomme ou avec du beurre (matière animale exempte d'azote), et auxquels fut accordée pour toute boisson de l'eau distillée, ne tardèrent pas à maigrir et succombèrent dans une période moyenne de trente-quatre jours. On a prétendu que le défaut de nutrition pouvait provenir ici de ce que, les chiens étant carnivores, on leur avait donné des aliments contraires à leur nature. Aussi Tiedemann et Gmelin (3) songèrent-ils à répéter les précédentes expériences en choisissant des oies, c'est-à-dire des oiseaux qui se nourrissent de matières végétales, sans toutefois dédaigner les substances animales. On les nourrit avec de la gomme, du sucre, de l'amidon sec ou cuit et de l'eau non distillée, à discrétion. Comme ces substances entrent dans la composition des aliments habituels à ces animaux, on ne saurait reprocher à Tiedemann et à Gmelin de les avoir mis à un régime contraire à leur nature. Or, l'oie, soumise à l'usage exclusif de la gomme, mourut le seizième jour ; celle qu'on avait nourrie avec du sucre succomba le trente-deuxième jour ; la troisième qui n'avait pris que de l'amidon sec, vécut vingt-sept jours, et la quatrième put en vivre quarante-cinq avec de l'amidon cuit. Du reste, ces expérimentateurs se sont assurés qu'ici la mort ne saurait tenir à ce que les précédentes substances n'auraient pas été digérées ; car, par

(1) *Traité analytique de la digestion*, p. 247. Paris, 1843.
(2) *Précis élémentaire de physiologie*, t. II, p. 499 et suiv., 4e édit. Paris, 1836.
(3) *Recherches expérimentales physiol. et chim. sur la digestion*, trad. de JOURDAN, 2e part., p. 212. Paris, 1827.

l'inspection des chylifères et l'analyse des fèces, ils ont constaté qu'elles avaient cédé, sinon en totalité, du moins en grande partie, à l'action des forces digestives.

Les pigeons ou les tourterelles que Chossat (1) et Letellier (2) ont nourris avec du sucre, ont aussi présenté les signes de l'inanition suivis de la mort, avec d'autres particularités inutiles à rappeler ici. Dans les observations de Letellier, la mort a été plus prompte encore avec le régime du *sucre de lait* qu'avec celui du sucre de canne.

Toutes ces expériences, quoi qu'on ait pu dire, nous paraissent concluantes pour établir la proposition qui précède.

2° Les *principes immédiats azotés*, provenant de l'un ou de l'autre règne organique (albumine, fibrine, caséine, glutine, etc.), *seuls ou mélangés entre eux*, ne peuvent suffire à l'entretien de la vie des animaux (*).

Une oie alimentée par Tiedemann et Gmelin (3) exclusivement avec de l'albumine cuite succomba le quarante-sixième jour de l'expérience. Des chiens nourris soit avec de l'albumine, soit avec de la fibrine, soit avec de la gélatine, ou bien encore avec un mélange de ces trois substances fait d'après les proportions où elles se trouvent dans la viande cuite, moururent également ; seulement, dans ce dernier cas, ils succombèrent après un plus long laps de temps, c'est-à-dire après plus de trois mois (Valentin et Magendie). La fibrine de la viande et celle du sang ne seraient pas identiques, d'après Magendie (4), au point de vue du pouvoir nutritif : en effet, l'alliance de la fibrine du sang avec du bouillon contenant les principes sapides et les sels de la viande n'a plus suffi, dès le trente et unième jour, pour nourrir un chien ; tandis que la fibrine musculaire, bouillie et privée de graisse, n'a produit ce même effet négatif que vers le cinquante-cinquième jour. Boussingault (5) a fait aussi sur la fibrine, l'albumine et la caséine des expériences qui démontrent que, donnés seuls, ces principes azotés sont impropres à entretenir la vie, et Liebig (6) n'hésite pas à admettre qu'il en est ainsi. C'est qu'en effet l'aliment azoté ne peut nourrir d'une manière complète et durable que dans certaines conditions d'agrégation naturelle de ses divers éléments.

(1) *Recherches expérimentales sur les effets du régime du sucre*, dans *Comptes rendus de l'Académie des sciences de Paris*, séance du 16 octobre 1843.

(2) *Observations sur l'action du sucre dans l'alimentation des granivores ;* travail inséré dans les *Mémoires de chimie agricole et de physiologie*, par BOUSSINGAULT, p. 49. Paris, 1854.

(*) Il faut se garder de confondre la *glutine* avec le gluten. Obtenu en pétrissant sous un mince filet d'eau de la farine de froment, par exemple, le gluten brut est une substance complexe qui ne renferme pas moins de cinq produits distincts : 1° de la fibrine végétale ; 2° de la caséine végétale ; 3° de la *glutine* (partie du gluten soluble dans l'alcool) ; 4° des matières grasses mélangées avec les trois corps précédents ; 5° quelques sels minéraux. — Le gluten, nous le disons à l'avance, peut donc représenter un aliment *complet*, en ce sens qu'il contient des matières grasses, des matières azotées et plusieurs principes minéraux. Aussi, dans certaines expériences, le régime du gluten s'est-il montré suffisant pour entretenir la vie.

(3) *Ouvr. cit.*, 2e partie, p. 231.

(4) *Expériences sur la fibrine musculaire, etc.*, dans *Comptes rendus de l'Académie des sciences de Paris*, 1841, t. XIII, p. 273.

(5) *Économie rurale*, t. II, p. 274, 2e édit. Paris, 1851.

(6) *Nouvelles Lettres sur la chimie*, p. 152. Paris, 1852.

L'Albumine de l'œuf dit, avec raison, Michel Lévy (1), la fibrine séparée du sang par le battage, peuvent bien être identiques, pour le chimiste, avec la fibrine, avec l'albumine qui concourent à la texture d'un muscle, et qui s'y trouvent incorporées par un travail de nutrition; mais il n'en est pas de même pour l'économie vivante qui doit s'assimiler les substances à titre de nourriture : elle les réclame dans l'état d'association et d'élaboration spéciale qu'elles ont reçues au sein d'un autre organisme vivant; c'est de la chair musculaire qu'elle veut, non les éléments représentatifs de ce tissu décomposé; elle a besoin d'aliments, non de produits chimiques (*).

3° La réunion naturelle de *principes azotés* et de *principes non azotés*, dans des proportions déterminées, est indispensable à la constitution d'un aliment complet qui réclame de plus la présence de matières minérales.

La science et l'expérience journalière n'ont-elles pas appris qu'en effet ces deux groupes de principes organiques sont associés dans les substances alimentaires fondamentales comme la viande, le pain, les œufs, le lait? — Indépendamment de l'albumine et de la fibrine, matières azotées, la chair des animaux contient de la graisse infiltrée dans le tissu celluleux inter-musculaire; — la farine de froment ou le pain, renferme de l'amidon et aussi du gluten, principe riche en azote; — le lait se compose essentiellement de caséine (**), matière azotée, de substances grasse et sucrée (beurre, lactose), etc. ; — enfin l'œuf, qui est surtout constitué par de l'albumine, contient en outre une quantité notable de matière grasse et un principe sucré (lactose ou glycose).

Aussi, un *seul* de ces aliments *composés* (naturellement additionnés de principes minéraux) peut-il nourrir. Ce résultat n'a rien d'ailleurs que de conforme aux données que nous avons déjà fait connaître, relativement au besoin qu'éprouvent les animaux de puiser, *dans leurs aliments*, de l'azote, du carbone et de l'hydrogène. Nous rappelons donc seulement, en passant, que si les principes albuminoïdes ou azotés sont plus spécialement en rapport avec la rénovation des tissus, s'ils sont seuls transformables en sang et en chair, les matières grasses et les hydrates de carbone (principes non azotés), représentent surtout les matériaux de la chaleur animale et qu'ils servent à la produire, en s'exhalant, en grande partie, à l'état d'acide carbonique et de vapeur d'eau. En d'autres termes, si les aliments azotés fournissent à l'économie animale l'azote nécessaire à la réparation de ses tissus, ce sont principalement les aliments non azotés qui lui fournissent le carbone et l'hydrogène nécessaires à la combustion physiologique. De là, cette division des aliments en *aliments plastiques* et en *aliments respiratoires*, divi-

(1) *Traité d'hygiène publique et privée*, 2ᶜ édit., t. II, p. 85. Paris, 1850.

(*) Ayant déjà formulé plus haut (page 85) notre opinion sur la valeur nutritive de la gélatine, nous ne croyons pas devoir y revenir. — Aujourd'hui, d'ailleurs, cette question a perdu la plus grande partie de son intérêt. (Pour plus de détails, consultez surtout le savant rapport de P. Bérard à l'Académie de médecine, dans le *Bulletin* de la séance du 22 juin 1850, t. XV, p. 367.)

(**) Et aussi d'albumine, d'après Doyère. (*Annales de l'Institut agronomique*, 1ʳᵉ livraison, juin 1852.)

sion dont nous avons déjà examiné la valeur et sur laquelle il n'est pas besoin de revenir.

Seulement, nous ferons observer que, parmi les principes non azotés de l'alimentation, les matières grasses paraissent tenir le premier rang et qu'elles pourraient bien encore avoir d'autres usages que : 1° de produire de la chaleur dans l'organisme animal, 2° de former des dépôts de principes combustibles dans le tissu adipeux, 3° ou bien d'entrer dans la constitution intime du tissu nerveux. En effet, comment ne pas remarquer que, partout où il s'accomplit quelque phénomène organique important, on rencontre de la graisse? Chez les végétaux, elle existe principalement dans les graines, autour des embryons en voie de développement; les chrysalides en sont presque entièrement formées, et, dans l'œuf, aux dépens duquel l'oiseau se développe, Payen (1) en a trouvé jusqu'à 33 parties pour 100; enfin, comme chacun le sait, dans le lait, qui suffit à lui seul au développement organique du jeune mammifère après sa naissance, la matière grasse existe en quantité notable sous le nom de *beurre* (*). — Ajoutons que, quand on vient à nourrir très-abondamment des vaches laitières, ce n'est pas en matières azotées (caséine et albumine) que s'enrichit le lait, mais en matière grasse (beurre).

Rappelons enfin que si l'on voit les hydrates de carbone (amidon et sucre), autres aliments respiratoires, pouvoir faire défaut dans la chair que mangent les carnivores (chair qui pourtant renferme habituellement de la matière glycogène), il n'en est jamais ainsi des principes gras qu'on retrouve aussi bien dans les plantes fourragères ou autres que dans la chair animale; de sorte que, carnassiers ou herbivores, font un usage constant de principes gras dans leur alimentation (**). Un animal, fût-il mort dans le dernier degré de marasme, conserve toujours quelques traces de graisse, infiltrant la substance de ses muscles, et, d'ailleurs, ce ne doit être qu'assez exceptionnellement qu'on voie des carnivores se nourrir d'une pareille chair. A l'aide d'une ébullition prolongée, on parvient à priver le tissu musculaire de matière grasse, et nous avons prouvé, plus haut, que la fibrine musculaire n'est plus alors suffisamment nutritive : c'est probablement, en partie, à cette privation de graisse et surtout à une autre altération résultant d'une température élevée, qu'est due la différence, connue depuis longtemps, au point de vue du pouvoir nutritif, entre la viande bouillie et la viande rôtie.

Quoi qu'il en soit de l'importance du rôle des matières grasses ou sucrées et de leur utile concours dans la nutrition que nul ne s'aviserait de con-

(1) *Traité des substances alimentaires*, p. 360. Paris, 1853. — C'est dans la substance supposée sèche de l'œuf de poule que PAYEN a trouvé cette quantité considérable de matière grasse.

(*) Au contraire, l'existence de la lactine, ou *sucre de lait*, a été contestée (à tort, il est vrai) dans le lait des animaux carnivores, qui, dit-on, contient une plus forte proportion de matières grasses que celui des herbivores.

(**) Et encore, nul doute que l'amidon et le sucre, si abondamment répandus dans la nourriture des herbivores, ne puissent eux-mêmes, chez des sujets d'ailleurs bien nourris, se transformer en *graisse*.

tester, toujours est-il, comme nous l'avons vu, que la vie ne saurait long-temps se soutenir uniquement à l'aide d'aliments gras ou sucrés. Il est évidemment une autre classe de matières dont l'animal ne peut absolument se passer : ce sont les matières azotées ou albuminoïdes.

De là, la pensée d'évaluer le *pouvoir nutritif* des aliments par la quantité d'azote qui entre dans leur composition. En émettant cette idée, qui l'a conduit à doser l'azote dans un assez grand nombre de plantes alimentaires, Boussingault (1) rappelle d'abord que la qualité d'une farine augmente avec la quantité de gluten ; que les haricots, les pois, les fèves, plus riches en principes azotés que les céréales, sont aussi bien autrement nourrissants ; puis, reconnaissant lui-même que toute la question n'est pas là et qu'elle est plus complexe, ce savant expérimentateur ajoute : « Néanmoins, je suis loin de croire que les matières azotées sont seules suffisantes pour réaliser l'alimentation, mais il est de fait qu'un aliment végétal, fortement azoté, est généralement accompagné des autres éléments organiques et inorganiques, utiles ou indispensables à la nutrition. » Plus loin, Boussingault revient sur ces éléments qu'il appelle *auxiliaires indispensables* de l'aliment végétal, et il fait même remarquer que, de deux rations renfermant chacune précisément le même poids d'albumine ou de légumine (principes azotés), celle-là sera la plus nutritive qui contiendra une plus forte dose d'amidon, de sucre, de graisse, en un mot, une plus forte proportion d'aliments dits respiratoires ; que cette ration donnera plus de poids vivant, plus de chair, par la raison que, plus riche en éléments combustibles, il y aura moins de principes azotés assimilables détruits par la respiration (2).

Il convenait de rappeler ces faits et ces restrictions, pour justifier Boussingault de quelques reproches d'exagération qui lui ont été adressés et qu'évidemment il ne méritait pas.

Mais si, en effet, les précédents principes organiques sont des auxiliaires indispensables de l'alimentation, il importe aussi de savoir qu'il en est d'autres empruntés au règne minéral qui ne sont pas moins nécessaires à la constitution de l'aliment (chlorure de sodium, fer, phosphate de chaux, etc.) : aussi bien que les matériaux organiques eux-mêmes, ils sont destinés à la réparation des parties solides et liquides de l'organisme, car les humeurs ou les tissus contiennent aussi ces mêmes composés minéraux.

Il faut donc, quand il s'agit de déterminer la valeur nutritive d'un aliment, prendre en considération non-seulement les substances azotées ou plastiques qu'il renferme, mais encore les substances non azotées (matière grasse, amidon, sucre, etc.) et divers éléments salins dont la présence influe essentiellement sur cette valeur.

Une autre circonstance, de laquelle il faut tenir compte, c'est la facilité plus ou moins grande avec laquelle la matière alimentaire est digérée ;

(1) BOUSSINGAULT, *Économie rurale*, t. II, p. 263, 2ᵉ édit. Paris, 1851.
(2) BOUSSINGAULT, *ouvr. cit.*, t. II, p. 271 et suiv.

car, tout en contenant les divers principes azotés et autres, nécessaires à la nutrition, un aliment peut, si ces principes sont plus rebelles à l'action dissolvante des sucs digestifs, avoir par cela seul un pouvoir nutritif moindre qu'un autre aliment qu'on lui compare. Par exemple, tout azotées qu'elles sont, si les matières capables de donner de la gélatine sont moins nutritives que les matières albuminoïdes ordinaires, peut-être la différence tient-elle seulement à une cause de cette nature.

Si la valeur nutritive d'un aliment peut dépendre de sa digestibilité, assurément elle dépend aussi de la proportion des quatre groupes de principes alimentaires (principes albuminoïdes, principes gras, principes amyloïdes et sucrés, principes salins inorganiques) qui entrent dans sa composition. — Cette valeur nutritive est de plus subordonnée aux besoins actuels et spéciaux de l'économie.

Nous arrivons ainsi à la question que nous nous étions posée d'abord, celle de savoir quelles proportions des quatre sortes d'éléments nutritifs sont les plus favorables à l'accomplissement régulier de toutes les fonctions.

Dans les idées générales qu'il a émises sur l'alimentation, W. Prout fait observer que le lait, durant une certaine période, est la nourriture exclusive de l'homme et des mammifères, et qu'il suffit au développement de l'organisme. C'est ainsi que l'habile chimiste anglais a été amené à regarder le lait comme l'aliment type ou normal, et à établir que tout régime alimentaire doit participer plus ou moins de sa constitution ; c'est-à-dire qu'indépendamment des phosphates, des chlorures et autres sels inorganiques, l'aliment doit réunir une substance azotée, un principe non azoté, un corps gras, pour équivaloir au caséum, au sucre, au beurre du lait. Or, si l'on voulait déterminer, à peu près, dans quelles proportions devraient se trouver les quatre précédents principes nutritifs dans un régime alimentaire destiné à remplacer immédiatement l'allaitement, on ne saurait mieux faire que de s'en rapporter à la constitution de la nourriture fournie à l'enfant par la nature elle-même, c'est-à-dire à la constitution du lait de femme. Alors, suivant Lehmann (1), la proportion la plus favorable de ces principes, dans l'aliment nouveau, serait la suivante : matières plastiques, 10 ; matières grasses, 10 ; sucre, 20 ; sels inorganiques, 0,6.

Mais, d'après la remarque du même auteur, « en cherchant à déterminer les proportions les plus avantageuses des principes nutritifs, il ne faut pas s'imaginer que ces proportions doivent rester les mêmes dans toutes les circonstances ; elles varient, au contraire, avec l'état de l'organisme. De même que les besoins de l'économie n'exigent pas toujours la même quantité absolue de nourriture, de même ils ne réclament pas non plus toujours les mêmes proportions des divers principes nutritifs. L'examen du lait prouve, en effet, que sa composition se modifie sans cesse avec la croissance de l'enfant ; le rapport des principes offerts au nouveau-né est constant, mais il est tout différent du rapport des mêmes principes contenus dans le lait

____

(1) *Ouvr. cit.*, p. 376.

destiné au jeune animal qui respire depuis un certain temps avec ses poumons. D'une espèce à l'autre, ces rapports changent considérablement; bien qu'ils dépendent en partie aussi du régime alimentaire de la mère, ils n'en restent pas moins constants, dans une même espèce, lorsque le jeune animal se trouve dans les mêmes conditions.»

Nul doute que la prospérité de l'organisme ne dépende des proportions suivant lesquelles sont mélangés les divers principes alimentaires, et qu'une prédominance ou une diminution trop sensible des uns ou des autres n'entrave la marche régulière de la nutrition. Boussingault (1) a démontré que les betteraves ou les pommes de terre, administrées à discrétion, sont insuffisantes pour nourrir convenablement les vaches laitières : il s'est assuré, à l'aide de consciencieuses analyses, que dans la nourriture reçue il y avait assez de sucre et d'amidon, assez de principes azotés, assez de substances salines, pour suffire à la production de la chaleur animale et pour réparer toutes les pertes occasionnées par les sécrétions, mais qu'il y avait une quantité fort insuffisante de principes gras ; nouvelle preuve que, dans les aliments, les hydrates de carbone (amidon et sucre) ne sauraient entièrement remplacer les matières grasses. Les recherches du même auteur et celles de Letellier (2) établissent encore qu'une substance alimentaire, dût-elle être très-riche en matières grasses, est néanmoins impropre à l'engraissement si elle ne renferme pas une proportion suffisante de matière nutritive azotée.

Malgré les déterminations assez nombreuses qui ont été faites du rapport existant entre les principes azotés et les principes non azotés, contenus dans différents aliments, le problème que nous examinons, sur les proportions les plus avantageuses qui doivent exister entre les différents principes alimentaires, n'a évidemment reçu qu'une solution approximative; et, pour nous servir du langage des chimistes, la science n'a pas encore indiqué avec exactitude le rapport préférable qui doi exister entre l'aliment *de combustion* qui produit de l'eau, de l'acide carbonique et de la chaleur, et l'aliment *d'assimilation* qui renouvelle le sang et les tissus.

Nous allons voir qu'on est mieux fixé sur les quantités absolues d'aliments nécessaires à l'homme pour l'entretien de sa vie et du jeu régulier de toutes ses fonctions.

VII. Il nous reste à déterminer la *quantité d'aliments* nécessaire, surtout à l'homme, puis à en indiquer le *choix* le mieux approprié aux besoins de son organisme.

En envisageant la question de l'alimentation dans sa généralité, Boussingault (3) admet qu'un animal *adulte*, soumis à la ration d'entretien, ou un homme *adulte* nourri avec une grande régularité, conserve le même poids moyen, et qu'il rend, dans les différents produits résultant du mouvement

(1) *Mémoires de chimie agricole et de physiologie*, p. 63. Paris, 1854.
(2) *Mém. cit.* de BOUSSINGAULT, p. 105, 123 et suiv.
(3) *Annales de chimie et de physique*, 2ᵉ série, t. LXXI, p. 113. — *Économie rurale*, t. II, p. 256, 2ᵉ édit. Paris, 1851.

de la vie (fèces, urine, sueur, exhalation pulmonaire, etc.), une quantité de matière précisément égale à celle qu'il reçoit par les aliments. «Ainsi, dans cette conjoncture, dit-il (en dehors de l'accroissement et de l'engraissement), aucun des éléments n'est assimilé, si l'on entend par assimilation l'addition des principes introduits par la nourriture aux principes déjà existants dans le système. Mais, il y a évidemment assimilation, en ce sens que la matière élémentaire des aliments se fixe dans l'organisme, en s'y modifiant, pour se substituer à celle que les forces vitales expulsent journellement. »

Cela revient à dire que, dans l'état normal, la réparation se subordonne à la déperdition. Or, celle-ci étant modifiée par l'âge, le sexe, la constitution, la taille, les habitudes, la profession, la saison, le climat, par un grand nombre de circonstances physiologiques qui modifient la combustion elle-même, la réparation ou l'ingestion d'aliments doit varier à son tour ; ce qui prouve que, sous le rapport des quantités, on ne saurait établir ici que des moyennes générales en ce qui concerne l'homme. Et, d'ailleurs, en supputant le poids total des matières rejetées, et le comparant au poids des substances ingérées, pour déterminer la quantité absolue de nourriture réclamée par l'organisme, est-on bien sûr que les besoins de la nutrition soient réellement et toujours proportionnés aux pertes observées ?

Quoi qu'il en soit, nous admettons avec Lecanu (1) et Dumas (2), comme moyenne des pertes faites en vingt-quatre heures par les voies urinaires, 32 grammes d'urée = environ 15 grammes d'azote, auxquels, avec Payen (3), nous ajouterons 5 autres grammes du même gaz, provenant des produits expulsés par les voies pulmonaires, cutanées et digestives : c'est donc par jour une perte totale à peu près de 20 grammes d'azote. Quant à la quantité de carbone exhalé journellement, sous forme d'acide carbonique, par la respiration (250 gram.), ou entraîné dans les déjections liquides et solides (60 gram.), le même auteur l'évalue à 310 gram., au lieu de 300 gram. admis par Dumas. — Ainsi donc, pour entretenir la vie et les forces d'un homme adulte adonné aux travaux du corps, il faut que les aliments pris en vingt-quatre heures contiennent 310 grammes de carbone, plus 130 grammes de substance azotée renfermant 20 grammes d'azote. Or, pour ce qui concerne la détermination de la *ration normale* de l'homme, il est remarquable que la science, d'une part, l'expérience journalière, de l'autre, ont donné des solutions ou plutôt se sont rencontrées dans une seule et même solution que nous sommes fondés à regarder ici comme suffisamment approchée. En effet, Payen (4) propose comme ration normale *mixte* et propre à concilier les nécessités d'une bonne alimentation avec celles de l'économie :

			Substance azotée.	Carbone.
Pain............	1000 gram.	=	70 gram.	300 gram.
Viande..........	286	=	60,26	31,46
	1286	=	130,26	331,46

(1) *Mémoires de l'Académie de médecine.* Paris, 1840, t. VIII, p. 676.
(2) *Chimie physiol. et médicale*, p. 423. Paris, 1846.
(3) *Traité des substances alimentaires*, p. 345 et suiv. Paris, 1853.
(4) *Loc. cit.*

et l'on sait que, depuis longtemps, la ration réglementaire du cavalier français est ainsi fixée : viande, 285 grammes ; pain de munition, 750 grammes, et pain blanc pour la soupe 316 grammes ; carottes et autres légumes, 200 grammes. Évidemment on ne pouvait souhaiter plus d'accord entre la théorie et la pratique.

Plus de détails sur cette question ne sauraient trouver ici leur place. Elle devra être reprise, à propos de la *Nutrition*, avec tous les développements que son haut intérêt comporte.

Quant au *choix* à faire des aliments les mieux appropriés à la constitution de l'homme, il suffit de considérer son système dentaire où figurent à la fois les molaires de l'herbivore et les canines du carnassier, son tube intestinal qui pour la longueur tient le milieu entre celui du mouton et celui du chien (*), enfin ses habitudes de tous les temps et de presque tous les lieux, pour reconnaître que la nourriture qui convient à l'homme (évidemment distincte de celle qui peut suffire soit aux herbivores, soit aux carnassiers), doit être *mixte*. En d'autres termes, l'homme est omnivore. Sans doute, il peut vivre de tous les régimes, entretenir son existence à l'aide d'une nourriture exclusivement végétale ou exclusivement animale, et c'est ce qu'a d'ailleurs très-bien expliqué la chimie organique en prouvant que les aliments végétaux sont réductibles, comme les aliments d'origine animale, en principes azotés et en principes non azotés, de sorte qu'entre ces deux classes d'aliments, il n'y a, au point de vue de la composition, que des différences de proportions ; mais le régime qui lui convient le mieux est, sans contredit, celui dans lequel il peut associer l'*usage de la viande* à celui des végétaux, dans une proportion qui variera d'ailleurs suivant l'âge, le tempérament, le climat, la quantité de travail et d'efforts qui devra être produite.

«La force de travail qu'un homme peut dépenser tous les jours, dit Liebig (1), peut se mesurer par la quantité des parties plastiques qu'il consomme dans le pain et la viande... Aucun aliment, ajoute-t-il (*ouvr. cit.*, p. 202), n'agit aussi rapidement que la viande elle-même pour reproduire de la chair, pour réparer, par une aussi faible dépense de force organique, la substance musculaire dépensée par le travail... Les animaux carnivores sont en général plus forts, plus hardis, plus belliqueux, que les herbivores qui deviennent leur proie (*ouvr. cit.*, p. 241). »

Il ne sera pas sans intérêt de citer quelques exemples qui démontrent, de la manière la plus péremptoire, la bonne influence qu'exerce sur les forces de l'homme un régime mixte ou de viande convenablement associée aux végétaux.

630 ouvriers, employés dans un établissement industriel du département du Tarn, furent pendant plusieurs années nourris surtout d'aliments végétaux, et l'on remarqua alors que la caisse de secours, ayant pour objet de fournir à l'ouvrier malade la moitié de son salaire habituel, était toujours

---

(*) On se rappelle que la longueur totale des intestins chez un carnassier, un omnivore et un herbivore, varie d'après les rapports suivants : chien, trois fois la longueur de son corps ; homme, six fois ; mouton, vingt-huit fois.

(1) *Nouvelles Lettres sur la chimie*, trad. de GERHARDT, p. 130. Paris, 1852.

en perte. M. Talabot, ayant introduit la viande de boucherie dans le régime alimentaire, l'état sanitaire des travailleurs s'améliora considérablement, à tel point que chacun d'eux qui, autrefois, perdait en moyenne, pour cause de fatigue ou de maladie, quinze jours de travail par an, n'en perdit plus que trois. La nourriture animale fit gagner douze journées de travail par homme.

Lorsque la compagnie adjudicataire du chemin de fer de Paris à Rouen chargea, en 1841, des ingénieurs anglais de l'établissement de la voie, un grand nombre d'ouvriers passèrent, à leur suite, d'Angleterre en France. Alors on put facilement remarquer combien, relativement aux ouvriers français, les Anglais étaient plus rapides dans leur travail. Ceux-là ne faisaient communément, dans un temps égal, que les deux tiers de l'ouvrage exécuté par les Anglais. A quoi tenait cette infériorité? Les ingénieurs en saisirent la cause. Ils mirent les ouvriers français au régime alimentaire des ouvriers anglais, et, de ce moment, l'égalité s'établit sur tout l'ensemble du travail. Pour cela, il ne fallut que substituer l'usage du roastbeef ou bœuf rôti au bouilli, aux soupes et aux légumes dont se nourrissent presque exclusivement les ouvriers français.

Des capitalistes anglais établirent, en 1825, aux carrières de Charenton, près de Paris, une usine à fer d'après la méthode anglaise. Comme il fallait, dans certaines opérations, un déploiement de force que l'on ne pouvait obtenir des Français, on fit venir des ouvriers anglais. En cédant à cette nécessité, les directeurs de l'établissement pensèrent, avec raison, que la faiblesse des Français tenait à une alimentation incomplète ; ils prirent, en conséquence, des mesures pour qu'ils pussent manger de la viande en aussi grande quantité que les ouvriers anglais, et, six mois après, ceux-ci retournaient chez eux, laissant des Français vigoureux pour les remplacer.

Dans l'État de Géorgie et la Louisiane, le nègre fait quatre repas par jour, dont deux avec de la viande. Ce régime fortifiant développe une telle puissance de travail, que les Antilles, où l'ouvrier noir est surtout nourri de végétaux, ne peuvent plus soutenir la concurrence de leurs voisins de l'Amérique du Nord, pour tous les produits qui exigent beaucoup de main-d'œuvre, comme le coton (1).

Le défaut de viande dans le régime porte une atteinte fâcheuse non-seulement aux activités physiques de l'homme, mais encore à ses facultés supérieures. C'est à propos d'un pareil régime que Haller (2) dit : « *Sæpè tentavi ob podagram..... semper sensi debilitatum universum corpus, ad labores, ad Venerem inertius.* » Nul doute que, chez des populations entières qui ne font pas usage de viande, on ne constate moins de vigueur corporelle, mais aussi moins d'énergie morale. « Que de grands faits dans la vie des nations, auxquels les historiens assignent des causes diverses et complexes, et dont le secret est au foyer des familles ! Voyez l'Irlande, et voyez l'Inde ! L'Angleterre régnerait-elle paisiblement sur un peuple en détresse, si la pomme

(1) FLEURY, *Cours d'hygiène*, t. II, p. 125.
2) *Elementa physiologiæ*, t. VI, p. 199. Bernæ, 1764.

de terre, presque seule, n'aidait celui-ci à prolonger sa lamentable agonie ?
Et par delà les mers, cent quarante millions d'Hindous obéiraient-ils à quelques milliers d'Anglais, s'ils se nourrissaient comme eux ? Les Brames,
comme autrefois Pythagore, avaient voulu adoucir les mœurs ; ils y ont
réussi, mais en énervant les hommes. »

Ces dernières paroles, je les trouve dans un livre duquel on peut dire
qu'il est une bonne action, livre dû au noble cœur et à la plume savante
d'un des plus éminents naturalistes-philosophes de notre siècle (1).

Pour ce qui concerne la question de l'*alimentation insuffisante*, nous renvoyons le lecteur à ce que nous en avons dit précédemment.

Quant à l'intéressant problème de la *digestibilité des aliments*, il sera examiné seulement à propos de la digestion stomacale.

I. — PHÉNOMÈNES MÉCANIQUES DE LA DIGESTION.

Sous ce titre se rangent plusieurs opérations importantes qui viennent
en aide à la digestion : quoique mécaniques, elles en préparent et favorisent le résultat essentiel, c'est-à-dire la dissolution, la transformation et
l'absorption des aliments. En effet, une fois saisis par l'animal, ces derniers,
s'ils sont solides, doivent d'abord subir une action mécanique qui les divise,
les atténue et les ramollisse pour les rendre plus propres à être attaqués par
les liquides digestifs. Il faut ensuite que, traversant avec rapidité des conduits qui ne sont, pour ainsi dire, que des lieux de passage, ils pénètrent
dans une sorte de réservoir où ils séjournent et sont agités, de manière
à activer, par cette agitation même, la sécrétion du suc dissolvant propre à
les pénétrer. Puis, progressivement engagés dans un long tube contractile,
les aliments doivent y subir des modifications nouvelles de la part d'autres
liquides, modifications que favorisent encore singulièrement les mouvements dont ce tube est le siége. Ce sont ces mêmes mouvements qui, après
avoir servi à présenter les différentes parties de l'aliment aux sucs digestifs
et à tous les points de la surface absorbante de l'intestin, vont aussi aider à
l'expulsion du résidu non digéré.

La progression de l'aliment, dans toute l'étendue du canal digestif, et son
expulsion partielle, exigent le concours d'instruments moteurs nombreux
dont le jeu devra bientôt nous occuper. Nous verrons alors que, tandis que
les uns obéissent au système nerveux cérébro-spinal, et, par conséquent,
aux ordres de la volonté, les autres sont soumis au nerf grand sympathique
et ainsi dérobés à toute influence volontaire.

Pour concourir à l'accomplissement de l'acte digestif, il y a donc, d'après
ce qui précède, des mouvements préparatoires, tels que ceux de *préhension*,

(1) Isidore Geoffroy Saint-Hilaire, *Lettres sur les substances alimentaires, et particulièrement sur la viande de cheval*, 1 vol. Paris, 1856. Avec cette épigraphe :
« Il y a des millions de Français qui ne mangent pas de viande ; et, chaque mois, des mil -
» lions de kilogrammes de bonne viande sont livrés à l'industrie pour des usages secondaires,
» ou même jetés à la voirie ! »

de *mastication* et de *déglutition* des aliments ; des mouvements digestifs proprement dits, correspondants surtout à ceux de l'*estomac* et de l'*intestin grêle ;* enfin des mouvements d'éjection (*défécation* et parfois vomissement), qui, comme les mouvements préparatoires, réclament encore l'intervention de puissances musculaires autres que celles qui appartiennent en propre au tube digestif.

PRÉHENSION DES ALIMENTS.

La nature a varié, à l'infini, le mode de préhension de la nourriture chez les divers animaux.

Les Polypes, munis de bras ou tentacules, s'en servent pour saisir leurs aliments, et y parviennent soit par les courants qu'ils excitent dans l'eau avec les cils vibratiles de leurs bras, soit à l'aide d'organes préhensiles propres à diverses espèces. Certains Polypes rayonnés projettent au dehors leur poche stomacale, puis la font rentrer avec la proie qui y reste attachée. C'est entre les organes rotatoires que la bouche est située, chez les Rotifères, de manière que le tourbillon produit par ces organes aboutit directement à cette cavité ; on voit, en effet, l'animal avaler ou rejeter ensuite, à son gré, les corps solides entraînés par ce tourbillon. — Dans les Annélides, la bouche est le plus souvent bordée de lèvres épaisses qui peuvent saisir les aliments quand ils sont solides et très-divisés, ou bien contribuer à leur succion quand ils sont liquides ; d'autres fois, l'ouverture buccale est munie de cirres très-érectiles ou de tentacules servant à la fois à la préhension des aliments et au toucher. Indépendamment de l'espèce de lèvre supérieure qui, dans les Hirudinées, peut se transformer en ventouse, à la volonté de l'animal, pour servir à la succion d'aliments liquides, et en particulier du sang, on remarque aussi, dans le court pharynx d'un certain nombre d'entre elles, des dents cornées qui leur servent à faire des blessures pour obtenir le sang avec plus de facilité. — Les Mollusques gastéropodes n'ont pas d'autres organes de préhension que les lèvres. La bouche des Céphalophores, rarement munie d'organes spéciaux de préhension, est bordée de lèvres très-contractiles qui, dans beaucoup d'espèces de pectinibranches, se prolongent en une trompe cylindrique. C'est aussi en une sorte de trompe que se modifient les lèvres des Crustacés suceurs. — Dans la classe si intéressante des Insectes, nous trouvons, comme organes appropriés à la préhension des aliments, soit les pattes antérieures, soit encore les palpes labiaux et maxillaires : ces derniers peuvent même servir à l'ingestion des aliments dans la cavité orale. La lèvre inférieure parfois se transforme en une trompe ou tube de succion (Diptères), ou bien elle se change en deux gouttières accolées l'une à l'autre, comme on le voit chez les Hémiptères dont l'appareil de succion s'allonge en un rostre ; dans les Lépidoptères, les mâchoires sont converties en deux demi-tubes susceptibles de s'enrouler en spirale et de former, en s'appliquant l'un contre l'autre, un organe de succion (*lingua spiralis*).

Dans beaucoup d'animaux de classes plus élevées, on voit la langue proprement dite servir à attirer et à saisir la nourriture. Quand le Caméléon voit un insecte à sa portée, il ouvre la gueule et lance rapidement sa langue, plus longue que son corps, puis le bout de celle-ci, humecté d'une humeur gluante, vient frapper comme l'éclair et engluer la mouche la plus alerte, avant qu'elle ait pu songer à la fuite. La Grenouille peut aussi, en renversant sa langue, la projeter hors de la bouche sur les insectes ou les plus petits vers dont elle veut s'emparer. Avec sa langue longue, grêle, extensible, armée à sa pointe d'épines recourbées en arrière, et constamment imbibée d'une salive gluante, le Pic prend les larves des insectes, sa principale nourriture. Une langue vermiforme et enduite également d'une salive visqueuse est dardée dans des sinuosités profondes, dans des trous de fourmis, par le Tamanoir, l'Oryctérope, le Pangolin et l'Échidné. Chacun a pu voir que, chez le Bœuf, la langue est aussi le principal instrument destiné à s'emparer des aliments : quand l'animal pâture, il entoure de sa langue une touffe d'herbe qu'il dirige vers l'entrée de la bouche, et, une fois saisie entre les incisives de la mâchoire inférieure et le bourrelet de la mâchoire opposée, cette touffe est arrachée de terre par un mouvement brusque, puis amenée sous les dents molaires.

Les lèvres, dans certains animaux supérieurs (le Cheval et les autres solipèdes), jouent un rôle des plus importants dans la préhension de la nourriture. Si elles sont paralysées, par suite de la section des deux nerfs faciaux (7e paire), la langue et les mâchoires ont beau agir, ce n'est qu'avec une extrême difficulté que l'animal peut conserver dans sa bouche quelque peu d'avoine et l'avaler. C'est un fait qu'autrefois j'ai pu constater expérimentalement (1). On sait que la Girafe se sert surtout de la lèvre supérieure qu'elle allonge et recourbe considérablement, pour saisir les rameaux et les feuilles; le Rhinocéros est dans le même cas. Lorsque les lèvres sont courtes ou nulles, ce sont les dents qui pincent et ramassent les matières alimentaires.

C'est avec leurs mâchoires puissantes et armées de dents que souvent les quadrupèdes carnassiers saisissent leur proie qu'ils retiennent ensuite fixée au sol entre les griffes antérieures; comme font le Chat, le Tigre, le Lion, le Chien, etc., des chairs qu'ils veulent déchirer ou des os qu'ils veulent ronger plus aisément.

Le bec est, en général, le principal organe qui, chez les Oiseaux, sert à la préhension des aliments; quelquefois aussi les pattes servent à cet usage. Sa forme varie suivant la nature des aliments : plus ceux-ci sont mous, moins le bec offre de consistance; au contraire, il acquiert une très-grande dureté chez les Oiseaux qui se nourrissent de fruits à coques dures (Perroquets, etc.), et chez ceux qui déchirent leur proie (les Rapaces). Les bords tranchants de cet organe sont hérissés de dentelures latérales aiguës dans les Harles. Les Oiseaux de rivage ont, en général, un bec long et effilé propre à s'enfoncer dans la vase où ces animaux cherchent leur nourriture.

Les deux plus grands mammifères, l'Éléphant et la Baleine, offrent chacun

(1) Longet, *Anat. et physiol. du système nerveux*, t. II, p. 431. Paris, 1842.

un mode curieux de préhension des aliments : pour cueillir l'herbe et les feuilles dont il se nourrit, et pour pomper la boisson qu'il lance ensuite dans son gosier, l'Éléphant se sert de sa *trompe*, prolongement du nez, qui représente bien l'instrument le mieux approprié à cet usage. La Baleine attire une masse d'eau dans sa bouche, puis la fait sortir à travers les fanons qui pendent de sa mâchoire supérieure, tandis que ces produits cornées retiennent emprisonnés les petits animaux dont elle fait sa nourriture et qu'elle avale ensuite.

C'est au moyen du membre supérieur que l'homme porte ses aliments dans la bouche, ou qu'il les tient à la portée des dents. Les Singes et beaucoup de Rongeurs en font autant. Le Castor ressemble aux Écureuils, aux Marmottes, etc., en ce sens qu'il s'asseoit sur ses pattes de derrière, afin d'employer celles de devant à la manière de bras.

Nous avons déjà parlé de la *préhension des liquides* chez les animaux inférieurs. Aussi ne mentionnerons-nous, à présent, que les divers modes de cette préhension qu'on observe surtout chez les animaux appartenant aux classes élevées de la série.

La *succion* est l'action d'attirer un fluide dans la bouche en faisant le vide dans cette cavité. C'est par ce procédé appliqué instinctivement que l'enfant ou les jeunes mammifères tirent le lait du sein de leurs mères. La bouche, dans ce cas, remplit l'office d'un corps de pompe aspirante, dont la langue représente le piston mobile. Mais, pour que le vide puisse se faire dans cette cavité, par le jeu d'un pareil piston, il est d'abord nécessaire qu'elle soit hermétiquement fermée en avant par les lèvres moulées sur le mamelon, qu'elle le soit également en arrière : aussi le voile du palais, s'appliquant à la base de la langue, doit-il empêcher toute communication entre la cavité de la bouche et celle du pharynx, ce qui, d'ailleurs évidemment, ne saurait entraver la respiration par le nez, durant la succion. C'est seulement au moment où la bouche est remplie de liquide, que la respiration par le nez se suspend pour permettre la déglutition. Puis le voile du palais reprend sa position relativement à la base de la langue, les lèvres se réappliquent convenablement, le vide s'opère de nouveau et la succion recommence.

C'est à l'aide du même mécanisme que le Furet suce le sang des lapins qu'il a blessés de ses canines aiguës, que la Phyllostome suce le sang des gros animaux et de l'homme endormi, après avoir incisé la peau avec les papilles cornées dont sa langue est munie. D'après la remarque judicieuse de Dugès (1), à propos de la manière dont les mammifères nouveau-nés *tettent* le lait de leur mère, « on conçoit aisément que ce jeu de pompe puisse s'opérer aussi bien sous la peau qu'à l'air libre, et que les jeunes Cétacés ne diffèrent point, par conséquent, des autres mammifères sous ce rapport..... La respiration, ajoute Dugès, n'a rien à faire dans ce mécanisme, et le plus simple essai prouvera à chacun qu'on peut sucer sans

____

(1) *Traité de physiol. comp.*, t. II, p. 315 et suiv. Montpellier, 1838.

respirer et même durant l'expiration. » C'est évidemment dans la bouche et par la bouche seulement que le vide s'obtient.

Il faut se garder de confondre la succion avec l'aspiration, avec l'*action de humer* par la bouche, au moyen du vide opéré dans le thorax. Ici, le voile du palais ne ferme plus la bouche en arrière, le vide n'existe plus puisque l'air inspiré s'engage dans cette cavité et au delà avec le liquide ; de là, l'espèce de bruit ou de gargouillement qui se produit quand nos lèvres ne baignent pas entièrement dans le contenu du verre qui nous sert à boire, ou bien encore quand nous introduisons des boissons chaudes à l'aide d'une cuiller.

Mais, dans les cas où les lèvres, avec leurs commissures, plongent complétement dans le liquide, le mécanisme de l'introduction des boissons ne diffère plus de celui de la succion. C'est le cas le plus ordinaire d'un homme qui boit dans un verre, dans une tasse, ou même dans un ruisseau, pourvu que ses lèvres y soient bien immergées. Les Ruminants, les Solipèdes, prennent habituellement leurs boissons de cette manière, qui, pourtant, peut parfois alterner avec la précédente. Ainsi boivent également quelques Oiseaux, tels que les Pigeons, les Oiseaux de proie, tandis que la plupart puisent l'eau dans leur bec inférieur comme dans une cuiller, et la font tomber dans le gosier en renversant la tête en arrière.

La trompe de l'Éléphant, plongée dans l'eau, agit à la manière d'une pompe aspirante et foulante : aussitôt que l'animal fait une inspiration, le vide tend à se former dans ce double tuyau qui se continue avec les fosses nasales, et l'eau s'y précipite ; puis, tout en recourbant cet organe tubuleux, l'animal exécute une forte expiration qui lance dans sa gorge le liquide aspiré.

Enfin, il est un mode de préhension des liquides qui s'observe chez les Mammifères carnivores, certains Rongeurs, etc. ; il consiste à *laper*, c'est-à-dire à boire en puisant l'eau avec la langue. L'animal qui lape plonge cet organe dans l'eau, puis l'en retire brusquement en le recourbant comme une cuiller, de manière à projeter le liquide dans sa bouche. Cette manière de boire, étant la plus lente, ne pouvait convenir qu'à des animaux qui, en général, boivent peu, sans doute parce qu'ils trouvent une quantité notable d'eau dans leurs aliments habituels.

MASTICATION.

Lorsque les aliments saisis par l'animal sont solides et résistants, ils commencent par subir, dans la bouche, une action mécanique qui les divise et les atténue pour les rendre plus propres à être attaqués par les liquides digestifs.

Toutefois cette opération préparatoire, qu'on appelle *mastication* (*), ne

(*) L'estomac, chez divers animaux, est aussi quelquefois destiné à remplir le rôle d'*organe masticateur*, comme nous le verrons plus loin, en étudiant les mouvements de ce viscère.

s'observe pas dans la généralité des animaux : en effet, si ceux qui sont privés de dents avalent immédiatement la nourriture qu'ils ont pu saisir, il en est aussi beaucoup qui, même étant pourvus de tels instruments, les utilisent, non pas pour mâcher, mais seulement pour tuer leur proie, la retenir ou simplement l'écraser. Pour qu'il y ait véritable mastication, il faut que les mouvements de la mâchoire inférieure s'associent à ceux de la langue, des lèvres et des joues, qu'à diverses reprises les aliments solides soient ramenés sous les dents des deux mâchoires, qui les divisent, les broient ou les triturent, en même temps que la salive les ramollit et les convertit en une sorte de pâte. Ce genre de mastication, qu'on observe chez l'homme, se retrouve chez certains mammifères, surtout ceux qui vivent de végétaux dont les enveloppes, parfois assez dures, doivent être brisées pour mettre à nu la véritable matière alimentaire. La mastication est, au contraire, très-incomplète et très bornée chez les quadrupèdes carnivores qui, après avoir saisi et dilacéré leur proie, la mâchent à peine avant de l'avaler.

La plupart des Insectes qui vivent d'aliment solides ne les mâchent aussi que très-imparfaitement, laissant à leur estomac musculeux (comme font les oiseaux granivores) le soin d'achever cette opération ; chez ceux-là même dont les mâchoires seules concourent à la division des aliments, comme les Libellules, il y a plutôt écrasement que mastication proprement dite, et la position des mâchoires fait que l'acte s'accomplit plutôt au devant qu'à l'intérieur de la cavité buccale. Un appareil de mastication fort remarquable se rencontre déjà, chez les Échinodermes, dans la bouche des Clypéastrides et surtout dans celle des Échinoïdes qui, sous ce rapport, se trouveraient placés assez haut dans l'échelle animale. L'orifice buccal, dans plusieurs espèces d'Helminthes, est garni d'un cercle de dents cornées. Il existe, chez les Rotifères, un appareil masticateur formé par deux petites mâchoires qui sont armées de plusieurs dents, et que des muscles spéciaux amènent à se rapprocher latéralement : dans quelques espèces, le pharynx, qui renferme l'appareil masticateur, peut le porter en avant et même le faire saillir hors de l'orifice buccal, de manière qu'alors les dents peuvent aussi, comme une pince, servir à la préhension des aliments. Dans le court pharynx d'un certain nombre d'Hirudinées, se voient des dents cornées qui leur servent à faire des blessures pour donner issue au sang dont elles se nourrissent ; l'Hæmopis, sangsue à mâchoires crénelées mais mousses, écrase au passage les vers qu'elle avale. L'absence d'organe de mastication chez les Acéphales s'explique par la manière de vivre propre à ces animaux : leurs aliments consistent en vase et en très-petits corps organiques qui sont introduits en même temps que l'eau. Il en est de même de la plupart des Arachnides, qui se nourrissent aussi d'aliments liquides : mais chez les Pélops, les Oplophora, les Damœus, les Zetes, par exemple, et chez d'autres Oribates, qui, en leur qualité d'herbivores, occupent une place à part parmi les Arachnides, il existe des mâchoires cornées et dentelées bien réellement aptes à la mastication. Divers Crustacés, et spécialement le Homard, ont le bord inférieur de la mandibule tranchant et revêtu d'un biseau corné évidemment surajouté au test comme une véritable dent ; au-dessus, est un enfoncement dans lequel se meut l'extrémité du palpe mandibulaire pour pousser les aliments où il en est besoin, et plus haut, encore, est un gros tubercule plat, uniquement propre à la trituration. Dans les Crustacés suceurs, tous les moyens de mastication tendent à disparaître pour faire place à une modification des lèvres, à leur prolongement en une sorte de trompe.

Les Poissons, en général très-voraces, avalent, sans choix, tous les petits animaux qui se trouvent sur leur passage, et il est peu d'espèces qui soient surtout herbivores. Aussi sont-ils presque tous munis de dents qui, d'après leur mode d'insertion et leur direction, semblent plutôt en rapport avec la sûre saisie de la proie qu'avec une véritable mastication. Ces dents présentent d'ailleurs la plus grande diversité dans leur nombre, leur situation et leur forme. On en rencontre, sur différents individus, qui sont soudées nonseulement aux deux mâchoires, mais encore aux os palatins, au vomer, au sphénoïde postérieur, à l'os hyoïde, aux os pharyngiens inférieurs et aux arcs branchiaux ; elles peuvent aussi se fixer sur le museau et sur la langue.

La plupart des Reptiles sont carnivores et avalent leurs aliments sans les mâcher. Ils ont une bouche largement fendue et généralement armée de dents qui, comme chez les poissons, servent plutôt à prendre et à retenir les aliments qu'à les diviser. Quelques-uns de ceux qui manquent de dents ont, comme les oiseaux, les mâchoires recouvertes de gaînes cornées (Chéloniens).

Quant aux Oiseaux, dont les uns sont carnassiers ou insectivores, et les autres plus spécialement granivores, on sait que leur bec, à forme et à consistance variables suivant la nature des aliments, n'est jamais armé de véritables dents : de là une mastication orale fort incomplète, à peu près nulle, qui parfois est remplacée par l'action énergique d'un estomac très-musculaire, le *gésier*.

A l'exception de l'Échidné, des Fourmiliers, des Pangolins, etc., on trouve chez les autres Mammifères des appareils dentaires et masticateurs de formes et d'usages très-variés suivant le mode d'alimentation. Les trois espèces de dents, *incisives*, *canines* et *molaires*, qui existent chez l'homme, se rencontrent aussi dans beaucoup de Mammifères, mais toujours avec interruption dans la série qu'elles forment, comme cela s'observe surtout chez les Pachydermes et les Ruminants. On sait que, chez ces derniers, il n'y a pas de dents incisives à la mâchoire supérieure, et que les canines manquent aux Ruminants à cornes. Les dents molaires étant les véritables dents de la mastication, ont une existence plus constante que celle des incisives ou des canines ; aussi sont-elles les dernières à disparaître. Certaines dents sont susceptibles de prendre, dans divers espèces, un très-grand développement ; alors, ne pouvant plus concourir à la mastication, elles constituent des défenses plus ou moins puissantes et redoutables.

Chez les Mammifères, le mode d'alimentation entraîne aussi de notables différences dans la conformation et les mouvements de la mâchoire inférieure, différences que nous allons avoir l'occasion de signaler en étudiant le mécanisme de la mastication.

Les mâchoires sont au nombre de deux et placées l'une au-dessous de l'autre chez tous les vertébrés. La mâchoire supérieure est soudée aux os du crâne, chez les Mammifères, et l'inférieure seule est mobile. Celle-ci a la forme d'un arc plus ou moins recourbé; son bord supérieur reçoit les dents, sa partie postérieure ou branche montante se recourbe de bas en haut et se termine par deux apophyses, dont l'antérieure ou coronoïde donne insertion au muscle temporal, et dont la postérieure est articulaire : c'est le condyle de la mâchoire inférieure.

Les dimensions plus ou moins considérables de la branche montante de cette mâchoire, l'angle plus ou moins ouvert qu'elle forme avec le corps de l'os, sont des circonstances qui influent directement sur le mécanisme de la mastication.

C'est chez les Ruminants et les Solipèdes que cette branche présente le plus de longueur; elle est également très-longue chez l'homme et les Quadrumanes ; plus courte chez les Rongeurs, elle s'abaisse singulièrement chez les Carnassiers, au point que l'articulation temporo-maxillaire est située sur le même plan que les dents. Ainsi, plus la mâchoire inférieure a de mobilité dans tous les sens, pour broyer et triturer les aliments, en un mot, plus la mastication est parfaite, comme chez les herbivores, plus aussi la branche montante offre de longueur ; au contraire, chez les animaux qui ne peuvent que déchirer leur proie, le condyle s'abaisse au niveau de l'arcade dentaire.

Dugès attribue beaucoup d'importance à ce caractère anatomique qu'il considère comme des plus certains pour distinguer les herbivores des carnivores. Il fait remarquer que cette disposition a plus de valeur que le développement des canines et les saillies des crêtes crâniennes. En effet, certains Singes qui se rapprochent singulièrement, sous ce dernier rapport, des carnassiers les plus féroces, s'en distinguent toujours par la hauteur de la branche montante de leur mâchoire inférieure.

L'apophyse coronoïde présente dans son volume, ainsi que dans ses rapports avec le condyle et la dernière grosse molaire, des variétés qu'il importe de signaler. Chez les ruminants et les solipèdes, elle est plus rapprochée de l'articulation temporo-maxillaire que de la dernière molaire, en sorte qu'elle offre une disposition peu favorable à la puissance de la mastication : la mâchoire inférieure forme, en effet, un levier du troisième genre, ou interpuissant, dans lequel la distance du condyle au sommet de l'apophyse coronoïde est le bras de la puissance, tandis que celui de la résistance est représenté par l'espace qui sépare ce même condyle de la dernière molaire. Les animaux dont il s'agit sont donc moins bien partagés pour la force que pour la variété des mouvements de mastication. Chez l'homme et les quadrumanes, la branche montante a plus de développement, et l'apophyse coronoïde, en se rapprochant des dents molaires, donne ainsi plus d'avantage au muscle temporal. Les Carnivores, chez lesquels tout dans l'appareil masticateur semble disposé pour la force, ont l'apophyse coronoïde très-proéminente pour fournir des insertions suffisantes au muscle temporal énormément développé. Cependant, au point de vue qui nous occupe, c'est-à-dire de la longueur du bras de levier sur lequel agit ce muscle, ces animaux sont défavorablement partagés ; car l'apophyse coronoïde est généralement chez eux fort rapprochée de l'articulation condylienne. Il n'y a, suivant nous, qu'une explication possible à cette disposition, c'est la nécessité d'un grand écartement des mâchoires pour saisir plus facilement la proie. Si l'apophyse coronoïde eût été placée plus en avant, le muscle temporal aurait dû être formé de fibres très-longues, moins nombreuses, et, par conséquent, douées d'une plus faible action. En outre, la brièveté du levier sur lequel agit ce muscle lui permet de donner aux mouvements de constriction des mâchoires cette vélocité qui était nécessaire à des animaux se servant de leurs dents, comme principal moyen de préhension, pour arrêter leur proie dans sa fuite.

Les animaux chez lesquels la puissance est le plus favorablement disposée pour rapprocher les mâchoires, sont les Rongeurs. Chez la plupart, la branche montante a une largeur considérable, qui éloigne d'autant plus l'apophyse coronoïde de l'articulation condylienne, et chez quelques-uns d'entre eux, tels que le Castor, le Cabiai, le Porc-épic, etc., le sommet de cette apophyse se prolonge en avant de manière à dépasser le niveau de la dernière des molaires. Il en résulte que, lorsque les aliments à broyer sont placés entre ces dents, le levier que représente la mâchoire inférieure se trouve être du deuxième genre ou inter-résistant. Dans les circonstances ordinaires, c'est-à-dire dans l'action de couper des branches ou des racines, les rongeurs ont encore dans leurs dents incisives une puissance supérieure à celle de tous les autres animaux.

L'angle de la mâchoire inférieure présente, en général, plus ou moins d'ouverture suivant les proportions de la branche montante : presque droit, chez l'homme et chez tous les animaux dont la branche montante offre un grand développement, il devient très-ouvert chez les Carnivores et disparaît complétement chez quelques Cétacés.

Examinons maintenant les principales dispositions de l'*articulation temporo-maxillaire*, dispositions tellement caractéristiques, qu'elles suffisent pour déterminer le genre et la nature des mouvements.

Les condyles sont allongés transversalement, demi-cylindriques, et regardent fortement en arrière chez les Carnassiers ; la cavité glénoïde est creuse, et relevée en avant et en arrière par deux éminences, qui sont quelquefois tellement prononcées, comme chez le Putois, qu'elles emboîtent et retiennent le condyle, même après la section des parties molles. Il résulte de cette conformation, que la mâchoire inférieure ne peut se mouvoir que dans un seul sens, c'est-à-dire autour d'un axe transversal, passant par le centre même des condyles. Aussi la mastication proprement dite est-elle presque nulle chez ces animaux : après avoir saisi leur proie, ils ne peuvent que la dilacérer, par de violents mouvements de tête, en la tenant fixée entre leurs pattes.

Les Rongeurs ont une forme de condyle tout opposée : son grand diamètre est dirigé d'avant en arrière, et la cavité glénoïde est creusée dans le même sens. Il est facile de voir qu'outre le mouvement d'abaissement de la mâchoire inférieure, il doit y en avoir aussi un dans le sens antéro-postérieur, de telle sorte que les incisives inférieures peuvent avancer et reculer alternativement sur les supérieures.

Les Ruminants diffèrent eux-mêmes des rongeurs et des carnassiers : leur condyle, peu développé et tourné directement en haut, est aplati et même légèrement concave; tandis que du côté du temporal se voit, au lieu d'une cavité, une surface large et bombée, sur laquelle le maxillaire peut glisser librement, aussi bien sur les côtés qu'en avant. Dans ces animaux, l'écartement des mâchoires n'est plus que le mouvement accessoire; les mouvements principaux se passent dans le sens horizontal comme ceux d'une meule de moulin.

Chez l'homme enfin, dont les mouvements de mastication sont plus variés et plus complexes que chez aucun animal, l'articulation temporo-maxillaire offre une disposition qui, sans être analogue à celle d'aucune espèce, emprunte à chacune quelqu'un de ses caractères principaux.

Ainsi le condyle n'est ni absolument transversal, ni antéro-postérieur, mais oblique, et dans une direction intermédiaire à celle des rongeurs et des carnassiers. Il n'est ni aussi renversé en arrière que chez ces animaux, ni aussi vertical que chez les ruminants. Quant à la cavité glénoïde, elle est dans tous les sens un peu plus large que le condyle, afin de permettre les mouvements de latéralité, ceux de protraction et de rétraction; concave en arrière, comme dans les carnassiers, elle est convexe antérieurement, comme dans les herbivores.

Aussi l'homme peut-il écarter fortement les mâchoires comme les carnassiers; faire mouvoir ses incisives d'avant en arrière, les unes contre les autres à la manière des rongeurs, ou enfin triturer ou broyer ses aliments comme les ruminants.

Il y a lieu de faire encore quelques remarques dignes d'intérêt sur certaines parties qui servent d'attache aux principaux muscles moteurs des mâchoires. L'arcade zygomatique, par exemple, est concave inférieurement et convexe dans l'autre sens, chez tous les carnassiers; et plus l'animal est carnivore, plus cette courbure augmente. Elle figure ainsi une espèce de voûte qui fournit au muscle masséter une attache très-solide. Elle présente aussi, dans le sens horizontal, une convexité proportionnelle au développement du muscle temporal. Au contraire, cette même arcade est courbée en bas chez tous les rongeurs, et assez souvent faible et grêle. Chez l'homme, elle est droite par son bord supérieur, légèrement concave inférieurement. Faible et courte chez les ruminants, elle est courbée en S. Enfin, n'est-ce pas une circonstance remarquable que l'état rudimentaire de l'arcade zygomatique, l'absence totale même de l'os malaire,

coïncidant, chez les Fourmiliers et les Pangolins, avec l'absence des dents
et de la mastication?

Abordons actuellement l'examen des mouvements de la mâchoire inférieure chez l'homme. Ces mouvements sont ceux d'abaissement et d'élévation, de protraction et de rétraction, enfin ceux de diduction ou de
latéralité.

On admet généralement que l'os maxillaire inférieur, en s'éloignant de la
mâchoire supérieure, exécute plutôt un mouvement de rotation autour
d'un axe transversal, qu'il ne s'abaisse en réalité. Cet axe passe par le
centre même des condyles chez les carnassiers, ainsi que nous l'avons
déjà vu ; mais on peut aisément constater qu'il en est autrement chez
l'homme, car le condyle se déplace et se porte en avant dès que les mâchoires commencent à s'écarter. L'axe des mouvements doit donc se trouver au-dessous des condyles. On a établi assez arbitrairement que cet axe
traversait les branches montantes de l'os maxillaire, à la hauteur du trou
dentaire : mais je ferai observer qu'en même temps que le condyle est pro-
jeté en avant et qu'il abandonne la cavité glénoïde, il vient se mettre en
rapport avec une surface convexe du temporal, qui le force à s'abaisser un
peu ; le ménisque interarticulaire, qui, dans cette nouvelle position, est
interposé aux surfaces articulaires, augmente encore cet abaissement,
malgré sa forme biconcave. En outre, on peut constater que, pendant
l'écartement des mâchoires, le menton est graduellement porté en avant.
Enfin, dans le plus grand écartement des mâchoires, les dents incisives ne
présentent qu'une ouverture de 4 à 5 centimètres, tandis que les dernières
molaires sont à près de 3 centimètres de distance. Cette dernière circonstance conduit nécessairement à admettre que le centre des mouvements
est placé à une assez grande distance en arrière des dernières dents.

Il résulte de ce qui précède que l'os maxillaire inférieur subit, non pas
un simple mouvement de bascule, mais un mouvement de totalité. Donc,
s'il existe un axe ou centre de mouvement, cet axe ne peut être placé
qu'en dehors de l'os lui-même. Nous sommes arrivés à la détermination
de cet axe de la manière suivante : la bouche étant largement ouverte, si
l'on prolonge, en arrière, la ligne horizontale qui passe au niveau des
dents de la mâchoire supérieure, et la ligne ascendante qui suit l'arcade
dentaire inférieure, ces deux lignes vont se rencontrer en un point situé
un peu au-dessous et en arrière du lobule de l'oreille, c'est-à-dire vers le
sommet de l'apophyse mastoïde. C'est donc d'une apophyse mastoïde à
l'autre que nous admettrons que passe l'axe transversal, autour duquel
se meut la mâchoire inférieure. Hâtons-nous d'ajouter, toutefois, que
nous ne croyons pas que ce déplacement s'exécute avec une précision mathématique.

Si l'abaissement de la mâchoire ne consistait qu'en un simple mouvement
de rotation autour de ses condyles considérés comme pivot, on comprendrait que l'appareil musculaire destiné à ce mouvement fût très-simple, cet
os se trouvant favorisé dans son déplacement en bas par l'action de la

pesanteur. Aussi chez les carnassiers, le muscle digastrique, le principal abaisseur, est-il peu développé et très-court, étendu seulement de l'apophyse mastoïde à l'angle de la mâchoire. Chez l'homme, au contraire, non-seulement le digastrique est beaucoup plus long, doublement musculeux, inséré plus en avant à l'apophyse mentonnière, mais encore il n'est pas le seul muscle qui préside à l'écartement des mâchoires. La plupart des muscles sus-hyoïdiens, le peaucier lui-même, concourent à ce mouvement, dès que, pour une cause quelconque, il devient nécessaire d'y mettre de la force. Enfin, les muscles ptérygoïdiens externes, étendus obliquement de dedans en dehors, d'avant en arrière, et un peu de bas en haut, de l'apophyse ptérygoïde au condyle, attirent ce condyle en avant et un peu en bas, et concourent ainsi au double déplacement que nous avons signalé plus haut.

On a longuement discuté la question de savoir si la mâchoire supérieure, en entraînant avec elle la face et le crâne, concourait ou non à l'ouverture de la bouche. Monro, Winslow, Ferrein, Bordeu, ont fait à ce sujet des dissertations qui peuvent paraître hors de propos, quand il est si facile de constater que, dans la mastication normale, la tête n'exécute pas le moindre mouvement. Que si, par une cause exceptionnelle, la mâchoire inférieure se trouvait reposer sur un plan qui l'immobilisât momentanément, il est bien certain qu'alors la tête pourrait se mouvoir autour du condyle devenu fixe; mais il est encore aisé de reconnaître combien ce mode de mastication est fatigant, défectueux, et en dehors des conditions normales. Il n'y a donc point lieu d'en rechercher le mécanisme.

L'élévation de la mâchoire inférieure se fait par une succession de déplacements qui ramènent cet os à sa position normale, dans un ordre inverse de celui dans lequel ils s'étaient produits. Au moment où la constriction des mâchoires s'opère sur les substances à diviser, le condyle maxillaire se trouve en rapport (toujours par l'intermédiaire du ménisque) avec la surface convexe ou condylienne du temporal. Cette position n'est pas absolument fixe, et il serait possible de ramener le condyle en arrière, dans la cavité glénoïde ; mais alors, soit que les muscles se trouvent moins favorablement placés, soit que le condyle manque d'un point d'appui suffisant, le resserrement des mâchoires devient douloureux et perd beaucoup de sa force.

Les muscles élévateurs de la mâchoire sont nombreux et puissants. Déjà nous avons signalé les muscles temporaux dont le pouvoir effectif réside bien plus dans leur structure, c'est-à-dire le nombre considérable et la brièveté de leurs fibres, que dans leur mode d'insertion au maxillaire; cette insertion ayant lieu sur les animaux les mieux doués, dans un point très-voisin du point d'appui et très-éloigné de la résistance. Les muscles masséters agissent comme les temporaux sur un levier du troisième genre, et leur désavantage est d'autant plus prononcé, que la mastication a lieu sur des dents plus antérieures. Mais la structure de ces muscles leur donne une force qui compense largement cette disposition. Quant aux muscles ptérygoïdiens internes, que l'on a coutume de ranger parmi les muscles élévateurs, ils concourent, en réalité, moins à l'élévation de la mâchoire inférieure qu'à ses mouvements de prépulsion et de diduction. Ce sont les muscles triturateurs par excellence; aussi, peu développés chez les carnassiers, sont-ils à leur maximum de développement chez les herbivores. Sous le rapport de la puissance des muscles élévateurs des mâchoires, l'homme possède un grand avantage sur la plupart des animaux sans avoir besoin, comme certains d'entre eux, d'un appareil musculaire exceptionnel. Cet avantage résulte du peu de proéminence de l'arcade dentaire qui est presque demi-circulaire, en opposition avec sa forme anguleuse et plus ou moins allongée chez tous les animaux.

Les mouvements de latéralité ou de diduction diffèrent sensiblement chez l'homme de ce qu'ils sont chez les ruminants. En raison du croisement des dents antérieures et latérales et de l'emboîtement des mâchoires, ils ne peuvent avoir lieu qu'autant que la mâchoire inférieure est préalablement abaissée et portée en avant. Dans cette position, l'os maxillaire ne se déplace pas en totalité dans le sens latéral, mais il semble plutôt pivoter autour d'un axe vertical; en sorte que le condyle correspondant au côté vers lequel se porte le menton, se déprime et s'enfonce dans la cavité glénoïde, tandis que le condyle opposé devient plus superficiel et plus antérieur.

Les muscles ptérygoïdiens externes sont regardés comme les principaux agents de ces mouvements. Leur direction oblique, d'avant en arrière et de dedans en dehors, rend facilement compte de leur action : mais, selon nous, ces muscles ne se contractent jamais isolément, et s'adjoignent toujours les ptérygoïdiens internes, qui concourent ainsi à un même résultat, en agissant sur l'angle de la mâchoire, comme les ptérygoïdiens externes agissent sur le condyle. Pour produire les déplacements latéraux, ces muscles se contractent alternativement d'un côté à l'autre, et ceux du côté droit doivent être considérés comme les antagonistes de ceux du côté opposé. Mais s'ils viennent à se contracter tous ensemble, ils deviennent alors congénères pour la production d'un autre mouvement, celui de prépulsion ou de protraction de la mâchoire inférieure, mouvement dont le type se rencontre, chez les rongeurs, ainsi que nous l'avons déjà signalé.

Les divers mouvements que nous venons d'analyser se succèdent régulièrement pendant toute la durée de la mastication. D'abord, se produisent l'abaissement et la prépulsion; puis, l'élévation, la diduction et la rétropulsion de la mâchoire. Les mouvements de latéralité s'exécutent pendant que les mâchoires sont encore écartées, et toujours du côté où s'opère la mastication : il est ordinaire que l'on se serve de préférence des molaires d'un seul côté, et il est assez rare que l'on utilise alternativement ou indifféremment les côtés droit et gauche, comme cela s'observe chez les ruminants et les solipèdes.

La langue, les lèvres et les joues, accomplissent pendant l'acte de la mastication une série de mouvements qui se combinent avec ceux des mâchoires, de manière à rendre la trituration plus complète et plus prompte

D'une part, les joues et les lèvres ramènent entre les arcades dentaires les portions du bol alimentaire qui ont été rejetées en dehors par la pression des mâchoires ; tandis que, d'autre part, la langue repousse sous les dents les parcelles qui avaient été portées vers le centre de la cavité buccale.

La langue est douée d'une mobilité extrême, pour réunir toutes les parties éparses du bol alimentaire, pour les mélanger avec la salive, enfin pour en faire mouvoir les fragments les plus résistants, et pour les ramener entre les dents, successivement sous diverses faces.

Nous n'avons pas à insister, quant à présent, sur les nombreuses variations de forme et de position que peut prendre l'organe dont il s'agit, parce que ces divers mouvements se lient d'une manière moins directe à la mastication qu'à d'autres actes importants, tels que la déglutition, l'articulation des sons, etc.

Nous terminerons par une remarque qui a trait à la manière dont les mouvements des mâchoires se combinent avec ceux des parois de la bouche. On peut constater en effet que les contractions des joues, aussi bien que les déplacements de la langue, ne se font pas indifféremment à tous les temps de la mastication : pendant que les mâchoires se resserrent et tant qu'elles pressent l'une sur l'autre pour opérer le broiement des aliments, la langue est dans l'inaction et les muscles buccinateurs sont relâchés ; mais, dès que les mâchoires commencent à s'écarter, et jusqu'au moment où elles se rapprochent de nouveau, la langue et les joues entrent en activité, pour reconstituer le bol alimentaire et le soumettre de nouveau à l'action des dents.

Quand la division et l'insalivation des matières alimentaires sont suffisantes, il arrive un moment où il est presque impossible de continuer à les garder dans la bouche. Réunies en une masse homogène, elles sont portées vers l'isthme du gosier pour être avalées : à ce moment, commence une série d'actes très-complexes dont l'étude va nous occuper.

DÉGLUTITION.

Chez les animaux supérieurs, les aliments, après avoir été plus ou moins divisés par les dents et imprégnés de salive, passent de la bouche dans l'estomac. Pour franchir l'espace qui sépare ces organes, ils doivent parcourir un canal musculo-membraneux constitué par l'arrière-bouche, le pharynx et l'œsophage. Ce canal, inflexe et d'inégal calibre, se trouve en rapport avec les voies aériennes en deux points : au niveau de l'orifice postérieur des fosses nasales et au niveau de l'orifice supérieur du larynx. Il faut, d'une part, que les aliments ou les boissons, tout en parcourant le canal pharyngo-œsophagien, ne s'introduisent pas dans les voies respiratoires ; d'autre part, comme la progression des aliments résulte d'abord de la contraction des plans musculeux du pharynx, il faut aussi qu'à l'aide d'un mécanisme important à connaître, la force qui tend à les pousser à la fois du côté de l'estomac et du côté de la bouche rencontre un obstacle insurmontable à leur retour dans cette dernière cavité.

L'acte de la déglutition, dont l'accomplissement est très-rapide, est donc un acte complexe, exigeant l'intervention d'un grand nombre d'organes et nécessitant par cela même une analyse étendue. Aussi les physiologistes ont-ils cru devoir établir ici des divisions qu'ils ont subordonnées aux divers points du parcours du bol alimentaire. Ainsi, on peut admettre que, dans un premier temps, ce bol est conduit jusqu'à l'isthme du gosier (*) ; que, dans un second, il parcourt le pharynx et le haut de l'œsophage; que, dans un troisième enfin, il franchit le reste de l'œsophage jusqu'à l'estomac. Le second temps est le plus remarquable : il correspond à ce mouvement saccadé et rapide que nous ne sommes.plus maîtres d'arrêter une fois qu'il est commencé, et qu'on sent avec le doigt posé sur le cartilage thyroïde, au moment où celui-ci est emporté en haut et en avant, pour revenir bientôt en place.

I. Pendaut la mastication, nous l'avons dit, les parcelles d'aliments, d'abord disséminées dans les différents points de la cavité buccale, se réunissent bientôt pour former, par l'intervention de la salive, de la langue, des lèvres et des joues, ce qu'on nomme le *bol alimentaire*. La langue, en raison de la grande mobilité dont elle jouit, va chercher avec sa pointe ces parcelles d'aliments que les joues et les lèvres, en se contractant, repoussent vers le centre de la bouche. Ainsi constitué, le bol alimentaire doit cheminer d'avant en arrière jusqu'à l'isthme du gosier, et la langue va être encore l'agent principal de cette impulsion. Si l'on observe attentivement ce qui se passe alors, on reconnaît, la bouche ayant été préalablement fermée par le rapprochement des mâchoires et la contraction de l'orbiculaire des lèvres, que la langue s'élargit, qu'elle se relève sur ses bords et s'applique étroitement contre la voûte palatine, de manière que le bol alimentaire se trouve comprimé dans une sorte de canal limité en haut par la voûte du palais, en bas et sur les côtés par la langue. Celle-ci, continuant à presser d'avant en arrière contre la voûte palatine, repousse forcément le bol alimentaire vers l'isthme du gosier.

Le bol, arrivé au niveau du bord postérieur de la voûte palatine et cheminant toujours vers l'orifice supérieur du pharynx, soulèverait le voile du palais, si ce dernier ne lui offrait un plan résistant : ce voile membraneux est, en effet, solidement tendu dans la place qu'il occupe, et c'est par la contraction des muscles péristaphylins externes et des muscles des piliers que s'opère cette tension.

II. Quand le bol alimentaire est parvenu à l'isthme du gosier, son contact avec la muqueuse de l'arrière-bouche détermine, par suite d'une action dite *réflexe*, une série de contractions musculaires qui ont pour résultat de faire saisir l'aliment par le pharynx et de lui faire parcourir avec une extrême rapidité toute l'étendue de ce canal. Il est alors facile de voir que le larynx subit un mouvement d'ascension suivi bientôt du retour de l'organe

(*) MOURA (*l'Acte de la déglutition, son mécanisme*, in-8°, Paris, 1867) n'admet pas ce premier temps : suivant lui, le bol alimentaire traverse l'isthme du gosier, et chemine jusqu'au bord de l'épiglotte pendant la mastication elle-même.

à sa position primitive ; mouvement, comme nous le disions plus haut, qui peut se constater avec le doigt posé sur le cartilage thyroïde. Le larynx s'élève par la contraction des muscles sus et sous-hyoïdiens, et comme le pharynx s'insère par ses muscles constricteurs sur les cartilages laryngiens et sur l'os hyoïde, le pharynx est obligé de suivre l'ascension du larynx lui-même. Il est à peine besoin de rappeler que les muscles sus-hyoïdiens prenant leur point fixe sur la mâchoire inférieure, celle-ci doit être d'abord élevée et fixée pour que le second temps de la déglutition puisse s'accomplir : il est presque impossible d'avaler la bouche ouverte. L'ascension du pharynx doit être aussi la conséquence de la contraction de certains muscles extrinsèques de cet organe, notamment des stylo-pharyngiens et des staphylo-pharyngiens.

On voit donc que le pharynx va au-devant du bol alimentaire qui se trouve ainsi pris dans une espèce de sphincter formé par le voile du palais et l'isthme du gosier. Or, le pharynx entourant ce sphincter d'un demi-anneau essentiellement contractile (le muscle constricteur supérieur), celui-ci embrasse étroitement le voile du palais, le saisit en même temps que le bol alimentaire et les comprime tous les deux ; puis, comme la base de la langue s'oppose à tout reflux vers la bouche, forcément le bol alimentaire s'engage dans le pharynx. Ce canal étant d'ailleurs constitué par des plans musculeux superposés (les trois muscles constricteurs) qui se contractent simultanément, le bol est chassé de haut en bas jusque dans la partie supérieure de l'œsophage.

En progressant ainsi depuis l'isthme du gosier jusqu'au commencement de l'œsophage, les aliments ont dû éviter l'ouverture postérieure des fosses nasales et l'orifice supérieur du *larynx*. Il s'agit donc maintenant de rechercher par quel mécanisme est prévenue leur introduction dans l'une ou l'autre de ces parties des voies aériennes.

1° Le mécanisme même du passage des aliments dans le pharynx, tel que nous venons de l'exposer, explique comment ceux-ci ne pénètrent pas dans les fosses nasales. Par cela même, en effet, qu'au second temps de la déglutition le muscle constricteur supérieur embrasse et presse le voile du palais, on conçoit qu'il y ait obstacle au reflux des aliments dans les arrière-narines. Toutefois il faut en même temps que ce voile membraneux soit énergiquement tendu par ses muscles propres ; car on sait que sa paralysie peut entraîner le reflux dont il s'agit. Il existe encore, au niveau de l'isthme du gosier, une autre disposition à laquelle Gerdy (1) et Dzondi (2) ont attaché une grande importance. D'après ces deux observateurs, les piliers postérieurs du voile du palais, c'est-à-dire les muscles pharyngo-staphylins, en se contractant, se rapprochent l'un de l'autre, et forment alors, suivant la comparaison de Gerdy, un sphincter oblique divisant le pharynx en une portion supérieure ou nasale et en une portion inférieure ou buccale : ce

(1) *Bulletin universel*, janvier 1830.
(2) *Die Functionen des weichen Gaumens*. Halle, 1831.

sphincter s'opposerait aussi, pour sa part, à ce que le bol alimentaire pût s'échapper par la partie supérieure du pharynx. Il est d'ailleurs facile de constater, sur soi-même, ce rapprochement des piliers postérieurs du voile du palais, en examinant dans une glace le fond de la bouche, pendant que l'on essaie de faire un effort pour avaler. Ces piliers contribueraient donc ainsi à la formation du plancher musculo-membraneux sous lequel glisse le bol alimentaire pour descendre dans le pharynx (*).

Il y a loin du mécanisme précédent à celui que Bichat (1) a exposé. Ce physiologiste admettait que le voile du palais subit un mouvement d'élévation qui le fait s'appliquer sur l'ouverture postérieure des fosses nasales, de manière à occlure cet orifice. Il faut dire, pour être exact, que le voile du palais s'élève en effet un peu, mais pas assez, à coup sûr, pour produire l'occlusion dont il s'agit. Si, à l'exemple de Debrou (2), on introduit un stylet de trousse sur le plancher de l'une des fosses nasales, horizontalement jusqu'au pharynx où on le sent s'appuyer, et qu'on essaie d'avaler un liquide ou un aliment solide introduit dans la bouche, on perçoit un léger choc de la face supérieure du voile contre le bout du stylet qui est dans le pharynx ; en même temps, on voit et l'on suit de l'œil un mouvement du bout extérieur de l'instrument qui s'abaisse de quelques millimètres par un mouvement brusque. En tenant le stylet avec deux doigts, tout près de la narine, l'instrument ne bascule plus en bas par son bout extérieur, mais on en sent plus distinctement le choc au fond du pharynx.

Le voile du palais, après avoir été élevé, subit, d'après Debrou, un mouvement en sens inverse, c'est-à-dire qu'il est abaissé : aussi ce physiologiste a-t-il cru devoir décomposer le second temps de la déglutition en deux temps secondaires. Dans le premier, la base de la langue s'élève, l'isthme s'ouvre, le voile s'élargit et se tend ; l'os hyoïde, le larynx, le pharynx sont élevés, et la ceinture supérieure du pharynx embrasse le bord postérieur du voile, qui est devenu presque horizontal : le premier moment est accompli, et le bol, poussé par la base de la langue, a franchi les piliers antérieurs de l'isthme qui s'est ouvert pour le laisser passer. « Alors commence, suivant Debrou, le second moment, pendant lequel le voile s'abaisse, l'isthme se resserre, la langue reste élevée avec le larynx et le pharynx : le voile étant descendu, lui et les piliers postérieurs s'emparent du bol, le serrent, le pressent, et aidés des constricteurs, des stylo-pharyngiens, le poussent par delà le larynx dans l'œsophage. Puis la déglutition pharyngienne est accomplie, tout se relâche et revient au repos. »

2° L'introduction des aliments solides et des liquides, dans la trachée et les voies pulmonaires, est empêchée par plusieurs agents sur la détermination et le mécanisme desquels les physiologistes ne sont pas d'accord.

(*) Ce mécanisme serait tout à fait imaginaire, d'après MOURA (*ouvr. cit.*).
(1) *Anatomie descriptive*, t. II, p. 50.
(2) Thèses de Paris, 31 août 1841.

J'ai cherché aussi, autrefois (1), à résoudre divers points de cet intéressant problème, en examinant le rôle que peuvent jouer, dans la déglutition, l'épiglotte, la glotte, la muqueuse sus-glottique, etc.

Et d'abord, *l'épiglotte joue-t-elle réellement un rôle dans la déglutition ?* De tout temps, parmi les organes nombreux qui constituent l'admirable appareil de la déglutition, avait figuré l'épiglotte que l'on s'accordait à regarder comme destinée à fermer l'accès du larynx aux aliments solides ou aux boissons, lors de leur passage de la bouche dans le pharynx. Néanmoins, jusqu'en 1813, aucun physiologiste que je sache n'avait excisé ce fibro-cartilage, chez les animaux, afin de constater quel trouble fonctionnel en résulterait : à cette époque fut pratiquée l'excision de l'épiglotte, et dans le mémoire auquel je fais allusion (2), il est dit qu'il n'en résulte aucune gêne pour la déglutition. — Avant de déposséder cette partie de l'usage qui lui était si généralement assigné, j'ai voulu, à mon tour, m'enquérir de ce point de physiologie expérimentale, en contrôlant d'ailleurs mes résultats par les faits pathologiques (3).

A. — L'excision complète de l'épiglotte, chez six chiens, m'a démontré que si, en effet, les aliments solides passent facilement sans cet opercule, *il n'en est plus de même des liquides, dont la déglutition est constamment suivie d'une toux convulsive.* Cette différence qui avait échappé à l'auteur des précédentes expériences, m'a paru s'expliquer comme il suit : les solides, aidés dans leur glissement sur la base de la langue par le mucus qui la lubrifie, ne laissent sur elle aucune trace de leur passage ; au contraire, les gouttes de liquide qui s'écoulent, après l'accomplissement de la déglutition, le long du plan incliné de la base de cet organe, tombent nécessairement, en l'absence de l'épiglotte, dans le vestibule sus-glottique d'où elles sont expulsées par une toux violente. A l'état normal, l'épiglotte, une fois redressée, remplit donc ici l'office d'une digue qui, pour prévenir cette chute fâcheuse, dirige les liquides dans les deux rigoles latérales du larynx.

Du reste, on conçoit facilement qu'un pareil usage ne réclame point l'intégrité de l'épiglotte, et que les résultats contradictoires, en pathologie et en physiologie expérimentale, puissent dépendre de la destruction ou de l'excision plus ou moins entière de ce fibro-cartilage : c'est, en effet, ce que j'ai reconnu en l'enlevant incomplétement à deux autres chiens. J'ai vu néanmoins un des six auxquels, depuis deux jours, j'avais excisé l'épiglotte en totalité, déglutir les liquides le plus souvent sans tousser ; je le sacrifiai, et l'autopsie fit découvrir un gonflement de la base de la langue qui proéminait sur l'ouverture laryngée supérieure, en la laissant, toutefois, libre en haut et en arrière : ce gonflement pathologique remplaçait donc mo-

(1) LONGET, *Recherches expérimentales sur les fonctions de l'épiglotte et sur les agents de l'occlusion de la glotte dans la déglutition, le vomissement et la rumination.* Mémoire inséré dans les *Archives générales de médecine,* 1841.
(2) MAGENDIE, *Mémoire sur l'usage de l'épiglotte dans la déglutition,* 1813.
(3) *Mém. cit.*

mentanément l'épiglotte et prévenait la chute des liquides dans la cavité sus-glottique. Ce fait intéressant m'engagea à entretenir vivants les cinq autres chiens jusqu'à parfaite guérison : trois ayant été sacrifiés au dix-neuvième jour, un quatrième le fut au trentième jour, et, chez tous, on constata l'ablation bien entière de l'épiglotte. Quant au dernier, je le conservai pendant près de cinq mois, et, durant ce long laps de temps, toutes les fois qu'il but du lait ou de l'eau, chez lui, comme cela avait eu lieu pour les autres, la toux ne manqua jamais de suivre la déglutition de ces liquides.

B. — Bientôt, en rassemblant des observations pathologiques relatives à l'homme, je parvins à y trouver la confirmation de ce que les vivisections m'avaient révélé. En effet, une gêne plus ou moins considérable dans la déglutition des liquides, et parfois même une fin funeste, ont été observées chez des individus offrant des lésions variées de l'épiglotte. Mercklin (1) et Bonnet (2) citent des personnes qui, ayant eu cet opercule détruit par une maladie, n'avaient pu, le reste de leur vie, avaler qu'avec difficulté et quelquefois même avec danger de suffoquer : « *Potus, et omnia quæ co-* » *chleari exhibentur,* trachaeam intrant... malum hoc incurabile habetur. » Contingit quoque solida facilè, *liquida vix deglutiri...* etc. » (Bonnet, *op. cit.*) Dans sa *Clinique chirurgicale,* Pelletan (3) rapporte, en ces termes, un cas de lésion de l'épiglotte : « La déglutition *des liquides* continua d'être impossible ; la boisson passait dans la trachée-artère et produisait toutes les angoisses de la suffocation. » Percy a eu l'occasion de voir un militaire qui, ayant eu ce fibro-cartilage enlevé par une balle, éprouva, pendant les cinq mois qu'il survécut à cette blessure, des accès de toux et de suffocation toutes les fois qu'il avalait des liquides. Larrey (4) a été témoin, en Égypte, de blessures dont furent atteints le général Murat et un soldat de la 32e demi-brigade d'infanterie, lesquelles eurent pour résultat, chez les deux blessés, la section et l'expulsion de l'épiglotte. Chez le premier, la balle traversa de part en part le grand diamètre du cou, d'un angle de la mâchoire à l'autre : ce projectile, en même temps qu'il échancra en partie la base de la langue, coupa la partie flottante du cartilage épiglottique qui fut expectoré après quelques efforts et quelques menaces de suffocation ; on fut obligé d'avoir recours à la sonde œsophagienne, tant la déglutition, *surtout celle des liquides,* offrait de difficulté (5). Chez le second blessé, les résultats furent plus graves encore que chez le général Murat, car l'épiglotte avait été détachée en totalité par le projectile ; ce qui fut facile à vérifier, puisque, expectorée immédiatement après l'accident, elle avait été présentée par le blessé au chirurgien : « Cette blessure, dit Larrey, lais-

(1) *De ventositate spinâ,* p. 273.
(2) *Sepulchretum,* t. II, p. 31, obs. VI.
(3) Tome I, p. 20.
(4) *Cliniq. chirurg.,* t. II, p. 142 et suiv.
(5) Voir aussi les *Comptes rendus des séances de l'Académie des sciences,* dans lesquels LARREY rappelle certaines circonstances remarquables de ces deux observations.

sant par conséquent tout à fait à découvert la cavité du larynx, ne put permettre à ce militaire, tourmenté par la soif que lui causaient les chaleurs très-fortes de la saison et l'irritation de la plaie, *d'avaler aucun liquide, sans entrer aussitôt dans une toux convulsive et suffocante.* Les mêmes phénomènes se renouvelaient constamment à chaque tentative. » Larrey ajoute que, même après la cicatrisation opérée, cette difficulté particulière de déglutition existait toujours. Reichel (1) cite, à l'exemple de Sachse, Rudolphi, etc., des observations pathologiques confirmatives de nos assertions. Louis (2) mentionne plusieurs cas intéressants d'ulcérations limitées à l'épiglotte, « dans lesquels, dit-il, la déglutition était gênée, et les boissons revenaient par le nez, quoique le pharynx et les amygdales fussent dans l'état naturel. » Au contraire, selon le même observateur, dans le cas d'ulcérations au larynx seulement et même aux cordes vocales, on n'observe, avec l'altération de la voix, ni la sortie des liquides par le nez, ni la gêne de la déglutition, tant que l'épiglotte et le pharynx restent dans l'état naturel. Cette dernière remarque, corroborée par nos propres expériences qui seront rapportées plus loin, prouvera que l'occlusion immédiate de la glotte n'est point, comme on l'a avancé, indispensable à la régularité de la déglutition ; qu'elle n'est pas le moyen principal qui empêche les aliments et les liquides de tomber dans la trachée ; et qu'enfin il y a erreur, dans les cas où le cartilage épiglottique et la glotte sont envahis par le mal, à rapporter, avec quelques auteurs, les accès de toux et de suffocation, quand le malade avale des liquides, à la lésion des lèvres de la glotte, au lieu de les rattacher à la lésion de l'épiglotte.

Il nous paraît inutile de multiplier ces citations qui, alliées aux expériences, suffisent pour démontrer que l'épiglotte remplit un rôle important dans la déglutition spéciale des liquides (*).

Examinons maintenant l'*occlusion de la glotte*, ses véritables agents et son degré d'importance dans la déglutition.

Les deux Albinus (3) me paraissent être les premiers qui aient parlé de l'occlusion de la glotte dans le second temps de la déglutition. Mais Haller (4) l'a indiquée d'une manière encore plus positive : « Ostendi, *dit-il,* » tamen necessario fieri, dùm levatur pharynx, ut unà glottis claudatur, ne » guttulæ forte aliquæ, sulcum qui est ad utrumque latus aditûs laryngis » perlabentes, in fistulam spiritalem distillent, faciantque tussim. » Dans

____

(1) *De usu epiglottidis.* Berolini, 1816.

(2) *Recherches anatomico-pathologiques sur la phthisie,* 1825, p. 244.

(*) Chez l'homme, dit MOURA (*ouvr. cit.*), l'épiglotte ne ferme pas le larynx à la manière d'un opercule, ainsi que cela a lieu chez les animaux (chiens, moutons, etc.). Cet expérimentateur la suppose divisée en deux parties : l'une, inférieure, comprenant le ligament thyro-épiglottique et le sommet de l'épiglotte, ferme seule le larynx ; l'autre, supérieure, ne participant en rien à cette occlusion, est redressée et convertie en une demi-gouttière par la contraction énergique du pharynx, de sorte que le bord de l'épiglotte circonscrit, avec la paroi pharyngienne postérieure, un orifice médian *pharyngo-épiglottique* dans lequel la base de la langue refoule les aliments et les boissons.

(3) ALBINUS (Sigfridius), *Historia musculorum,* 1734, t. III, c. 58, p. 236 et seq. — ALBINUS (Fridericus), *De deglutitione,* 1740, in *Disput. anatom. Halleri.*

(4) *Elementa physiol.,* 1777, t. VI, p. 87.

ses *Institutions physiologiques*, G. Ludwig (1) insiste beaucoup aussi sur l'occlusion de la glotte comme moyen de protection des voies aériennes. Enfin, Magendie (2), à son tour, a reproduit l'opinion de ces physiologistes.

A. — Mais, d'abord, quels sont les véritables agents qui ferment la glotte dans le second temps de la déglutition? Son occlusion, comme l'affirme le dernier de ces expérimentateurs, ne peut-elle dépendre alors que de la contraction des muscles intrinsèques du larynx, et ceux-ci n'agissant plus, la glotte reste-t-elle béante, quand bien même l'animal exécute des mouvements de déglutition? Ludwig est-il dans le vrai, en avançant que cette ouverture, lors de ces mouvements, est close par la contraction du muscle aryténoïdien?

Nos expériences, en répondant à ces questions, ont mis au jour un fait digne d'intérêt, et dont jusqu'alors l'existence n'avait pas été soupçonnée par les physiologistes.

Au second temps de la déglutition, malgré la paralysie de tous les muscles intrinsèques du larynx, l'occlusion de la glotte continue à s'effectuer par l'action des muscles palato-pharyngiens, et principalement des constricteurs inférieurs du pharynx; de là cette conséquence nouvelle et remarquable : *Les mouvements de la glotte qui accompagnent la déglutition* (*) *sont soumis à d'autres agents musculaires que ceux qui meuvent le même orifice durant la production des phénomènes vocaux et respiratoires.*

Pour n'abolir que l'action des neuf muscles qui appartiennent en propre au larynx, je réséquai, sur quatre moutons et sur six chiens, les deux nerfs récurrents; et, des nerfs laryngés supérieurs, je n'excisai que les rameaux internes et les filets des muscles crico-thyroïdiens, en laissant intacts ceux des muscles constricteurs pharyngiens inférieurs. Alors la trachée fut largement ouverte, immédiatement au-dessous du cartilage cricoïde, ce qui me permit de constater, à chaque mouvement de déglutition, l'occlusion *complète* de la glotte. Cette occlusion fut également observée, pendant chaque nausée ou vomissement, sur des chiens dans les veines desquels j'avais injecté une solution de $0^{gr},20$ d'émétique. Enfin, chez un mouton, dans un mouvement accidentel de rumination (**), je vis la glotte se fermer hermétiquement, lors du passage de l'aliment du pharynx dans la bouche; et, quand l'animal avala de nouveau, la glotte se ferma derechef.

En recherchant à l'aide de quel mécanisme avait lieu cette occlusion, évidemment indépendante des muscles intrinsèques du larynx qui tous avaient été d'avance paralysés, je constatai qu'elle n'était point due au

(1) *Instit. physiol.*, § 370. Colon. Allobrog., 1785.

(2) *Mémoire sur l'usage de l'épiglotte dans la déglutition*, 1813, p. 3.

(*) Il faut ajouter le *vomissement* et la *rumination*. (Voir notre *Mém. cit.*)

(**) Le plus souvent cette fonction, quoique commencée, se supprime brusquement sous l'influence d'une assez légère impression ; aussi ai-je vainement attendu pour observer de nouveau, sur trois autres moutons, le curieux phénomène qu'un de ces animaux m'avait accidentellement offert.

Depuis 1841, époque de la publication du Mémoire dans lequel je consignai mes premières recherches à ce sujet, j'ai pu répéter plusieurs fois la même observation sur ces ruminants.

mode même d'installation ni aux mouvements de bascule des pièces du larynx les unes sur les autres, ces sortes de mouvements étant impossibles à cause de la paralysie des muscles crico-thyroïdiens et de l'ablation préalable des deux muscles thyro-hyoïdiens : mais je démontrai, comme je l'ai dit plus haut, que cette occlusion dépendait surtout de l'influence persistante des constricteurs pharyngiens inférieurs qui, embrassant les lames divergentes du cartilage thyroïde, pliaient fortement, à chaque mouvement de déglutition, ces lames l'une sur l'autre, en rapprochant les lèvres de la glotte et en pressant les muscles extérieurs à cette ouverture (M. crico-aryténoïdiens latéraux et thyro-aryténoïdiens). Néanmoins, parce que dans le chien, dont les constricteurs du pharynx sont plus imbriqués que dans l'homme, il y a des fibres des constricteurs moyens qui s'insèrent aux bords postérieurs du cartilage thyroïde, et que, chez l'un et l'autre, les palato-pharyngiens offrent cette même insertion, il en résulte que ces derniers muscles concourent aussi au mouvement particulier de la glotte dans la déglutition. D'ailleurs, ce qui prouve alors leur intervention, c'est le léger mouvement qu'on observe encore dans cette ouverture (dont les muscles propres sont paralysés), même après la division des constricteurs pharyngiens inférieurs opérée de manière à ménager la muqueuse sous-jacente.

Mais, tout en admettant le mode d'occlusion que je viens de signaler, on aurait pu craindre qu'il ne fût trop imparfait et insuffisant pour résister dans l'acte de la déglutition, surtout de celle des liquides. A cela je répondrai tout à l'heure par des expériences qui démontreront en même temps combien est important le rôle que joue, dans cet acte, *la sensibilité de la muqueuse* qui revêt la partie sus-glottique du larynx.

C'est pour n'avoir pas tenu compte de cette sensibilité, pourtant si nécessaire à la régularité de la déglutition, que Magendie (1), voyant un chien auquel il avait coupé les récurrents, boire et manger avec facilité, tandis qu'un autre chien, après la seule section des laryngés supérieurs, éprouvait dans la déglutition une gêne manifestée par de la toux, a avancé à tort (en accordant une grande importance à l'occlusion de la glotte) que ces expériences démontraient « que les constricteurs de cette ouverture (*) étaient soumis à l'action des laryngés supérieurs et non à celle des récurrents. » Or, dans un autre travail (2) nous avons prouvé expérimentalement que, dans les mouvements vocaux et respiratoires de la glotte, les nerfs récurrents président à la fois au resserrement et à la dilatation de cet orifice, et que si les laryngés supérieurs président à la tension des cordes vocales par les filets des muscles crico-thyroïdiens, ils influencent *exclusivement* la sensibilité du vestibule sus-glottique, à l'aide de leurs rameaux appelés *laryngés internes*.

Néanmoins les résultats obtenus sur ces deux chiens sont exacts, et nous-

(1) *Mémoire cité sur l'épiglotte*, p. 4 et 5.

(*) Magendie ne fait allusion ici qu'aux muscles crico-thyroïdiens et aryténoïdien.

(2) LONGET, *Recherches expérimentales sur les fonctions des nerfs et des muscles du larynx, et sur le rôle du nerf spinal ou accessoire de Willis dans la phonation* (*Gazette médicale de Paris*, année 1841).

même les avons observés; seulement une fausse interprétation leur a été donnée :

En effet : 1° Nous étant borné à diviser, sur des animaux de cette même espèce, les rameaux laryngés internes, c'est-à-dire à paralyser la sensibilité de la partie sus-glottique du larynx, nous avons vu se produire des effets analogues à ceux qui sont indiqués plus haut et qui succèdent à la section de la totalité des nerfs laryngés supérieurs (*); et pourtant, dans ces cas, tous les agents musculaires constricteurs de la glotte étaient ménagés. L'explication de cette expérience suivra l'exposé des deux suivantes (**).—2° Si l'on coupe, sur un chien ou sur un mouton, les deux nerfs récurrents et les filets des muscles crico-thyroïdiens, de manière à paralyser tous les muscles intrinsèques du larynx et à laisser intacts les rameaux laryngés internes, on ne voit rien passer dans la trachée, en faisant boire l'animal avec les précautions convenables, et la glotte se ferme à chaque mouvement de déglutition; seulement, si par surprise quelques gouttes de liquide arrivent dans le vestibule sus-laryngien, la toux les rejette au dehors : quant aux aliments solides, ils sont déglutis avec la plus entière liberté. — 3° Sur un de ces animaux (chien ou mouton), excise-t-on, *de plus*, les rameaux *sensitifs* dont il s'agit (*R. laryngés internes*), quoique l'occlusion de la glotte continue, comme dans le cas précédent, on aperçoit parfois quelques gouttes tomber dans la trachée-artère; car l'animal n'étant plus averti à temps de la présence du liquide qui a pu accidentellement parvenir dans la cavité sus-laryngienne, l'occlusion de la glotte est quelquefois trop tardive et n'arrive qu'après le passage de ce dernier; ou bien encore l'animal, au lieu d'exécuter alors une expiration brusque, fait mal à propos une inspiration qui facilite l'introduction du corps étranger dans les voies aériennes, et la toux ne survient plus que quand celui-ci est déjà en contact avec la muqueuse de la trachée ou des bronches.

Ces expériences prouvent que la sensibilité de la partie supérieure du larynx agit ici comme régulatrice des mouvements de constriction de la glotte, parfois comme moyen incitateur des mouvements brusques d'expiration, et qu'ainsi elle protége efficacement les voies respiratoires. Elle figure, en quelque sorte, une sentinelle dont le rôle est d'avertir l'animal qu'actuellement sur l'ouverture laryngée supérieure glisse un corps étranger, et qu'alors une inspiration serait dangereuse; ou bien que, par surprise, un corps autre que de l'air s'est introduit dans la cavité sus-glottique, et qu'afin de l'en chasser, une toux fortement expulsive est nécessaire.

Mais notre expérience n° 2, maintes fois reproduite, démontre surtout

---

(*) Toutefois, si, après cette section entière, les effets sont un peu plus marqués qu'après la section des seuls rameaux laryngés internes, cela tient sans doute à ce que la première diminue un peu la force contractile du muscle constricteur pharyngien inférieur, en supprimant les filets que lui envoyait le nerf laryngé supérieur (R. externe); mais la différence ne consisterait pas seulement dans une légère nuance, si ce muscle n'était encore puissamment animé par le récurrent, le rameau pharyngien du spinal, et même le glosso-pharyngien déjà anastomosé avec des nerfs moteurs.

(**) Pour vérifier les résultats de ces deux expériences, il faut pratiquer une large ouverture à la trachée immédiatement au-dessous du cartilage cricoïde.

qu'après la paralysie de tous les muscles intrinsèques du larynx (*), le mode particulier d'occlusion de la glotte que nous avons fait connaître est suffisant pour résister dans l'acte de la déglutition, et qu'avec cette paralysie la glotte est loin de rester béante, comme on le supposait.

B. — Arrivons maintenant à déterminer expérimentalement quel est, au second temps de la déglutition, le degré d'importance de l'occlusion de la glotte.

Selon Magendie, « la raison *principale* pour laquelle les aliments ne tombent point dans la trachée-artère, c'est que la glotte se ferme avec la plus grande exactitude. » Le rapprochement immédiat des lèvres de cette ouverture a paru aussi d'une haute importance à Maissiat (1) dans la nouvelle et ingénieuse théorie qu'il a proposée sur le mécanisme de la déglutition, afin, dit-il « qu'il se fasse ventouse dans le pharynx et que la glotte ne laisse pas venir de l'air de la trachée. »

Voici ce que nos expériences nous ont appris à ce sujet : sur deux moutons et sur deux chiens, après avoir fait une perte de substance assez considérable à la trachée-artère, nous introduisîmes les deux branches d'une pince à disséquer entre les lèvres de la *glotte,* et malgré l'écartement de celles-ci, des aliments solides, enfoncés assez avant, furent facilement déglutis sans jamais tomber dans cette ouverture; il en fut de même des liquides versés dans la bouche des animaux.

Si ces résultats ne contredisent point d'une manière formelle l'interprétation de la déglutition que donne Maissiat, par cette raison que la base de la langue et l'épiglotte, portées sur l'orifice laryngé supérieur, suppléeraient peut-être à la condition qu'il exige pour le vide pharyngien, il n'en est pas de même de l'assertion de Magendie. Déjà P. Bérard l'a combattue, sinon par l'expérimentation, du moins par des réflexions extrêmement judicieuses et pleinement confirmées par nos recherches. « Nous nions formellement, dit-il, que la régularité de la déglutition soit due à l'état de contraction de la glotte. Il faudrait, pour qu'il en fût ainsi, que cette ouverture occupât l'extrémité supérieure du larynx ; or, elle est située au-dessous de sa partie moyenne, et surmontée d'une cavité dans laquelle les aliments ne descendent certainement pas lorsqu'ils ont franchi l'isthme du gosier. La contraction de la glotte pendant la déglutition n'en est pas moins un phénomène important à constater; c'est par là que la nature met obstacle à l'entrée des aliments ou des liquides dans la *trachée,* lorsque par accident ils se sont introduits dans *la cavité du larynx;* c'est alors aussi que l'on éprouve cette

(*) Pour reconnaître si ces muscles eux-mêmes concourent, en quelque chose, à l'occlusion de la glotte qui accompagne le second temps de la déglutition, il m'aurait fallu faire une contre-épreuve, dans le but d'annuler l'action des muscles constricteurs pharyngiens, palato-pharyngiens, etc. : or, pour cela, il aurait fallu diviser le rameau pharyngien du spinal, le glosso-pharyngien, le rameau laryngé externe qui, *avec les récurrents,* anime le constricteur inférieur du pharynx. Mais qui ne voit qu'en coupant les récurrents, je paralysais aussi du même coup tous les muscles intrinsèques du larynx, hormis les crico-thyroïdiens ? J'ai donc dû, surtout pour cette dernière raison, abandonner un pareil dessein.

(1) Thèse inaugurale de Paris, 1838, n° 22.

toux convulsive accompagnée d'une expiration brusque qui entraîne le corps étranger (1). »

Plusieurs causes, à notre sens, préviennent donc l'introduction des aliments solides ou liquides dans les voies aériennes : 1° le mouvement ascensionnel du larynx en avant, combiné avec celui de la langue en arrière, dont la base s'applique en partie sur l'orifice laryngé supérieur; 2° l'épiglotte qui, placée entre celui-ci et la base de la langue, suit le mouvement qu'elle lui imprime et pour ainsi dire se moule sur l'ouverture supérieure du larynx (*); 3° l'occlusion de la glotte; 4° enfin l'exquise sensibilité de la muqueuse tapissant l'espace sus-glottique, sensibilité qui, à la vérité, donne lieu à une résistance d'une autre nature que celle qu'opposent les causes précédentes.

Mais, ces diverses conditions protectrices ont-elles la même importance? Leur concours est-il indispensable à la déglutition, ou bien, en l'absence de quelques-unes d'entre elles, celle-ci est-elle encore possible? La suppression de telle condition, qui laisse complétement libre la déglutition des solides, permet-elle encore entièrement celle des liquides?

Plus haut, ces problèmes ont déjà reçu en partie leur solution: ainsi nous avons vu que, si les aliments solides passent facilement sans épiglotte, il n'en est pas de même des liquides; que l'occlusion de la glotte n'est point indispensable à la régularité de la déglutition; qu'au contraire la sensibilité sus-glottique est nécessaire pour prévenir certains accidents possibles de la déglutition, tels que la chute de corps étrangers dans les voies respiratoires, chute définitive que l'animal ne saurait plus prévenir par l'occlusion de la glotte, si d'abord il n'était averti de leur introduction dans le vestibule sus-glottidien.

Il me reste donc seulement à déterminer l'importance relative de cette cause protectrice qui consiste dans l'ascension du larynx en avant, associée au déplacement de la base de la langue en arrière.

En réfléchissant aux moyens que je pourrais mettre en usage pour abolir des mouvements si complexes, auxquels concourent des muscles si nombreux, je ne tardai pas à reconnaître qu'il me faudrait diviser non-seule-

---

(1) Additions aux *Éléments de physiologie* de RICHERAND, 10ᵉ édit., t. I, p. 232.

(*) Le renversement de cet opercule en arrière a été successivement attribué par Galien à l'action mécanique du bol alimentaire ; par Albinus, au déplacement de la base de la langue ; par Magendie au refoulement en arrière qu'éprouve le paquet graisseux qui recouvre l'épiglotte, lorsque le cartilage thyroïde élevé s'engage derrière le corps de l'os hyoïde. Des expériences directes sur les animaux vivants m'ont fait reconnaître que la véritable cause de ce renversement de l'épiglotte réside dans l'élévation du larynx en avant et le mouvement de la base de la langue en arrière, mouvement que je pus observer avec assez de facilité sur le mouton après avoir fendu les joues jusqu'aux masséters, ou d'autres fois après avoir pratiqué une ouverture assez large à l'une des parois latérales du pharynx.

« Lingua (dit ALBINUS), dùm postica faucium urget, *retrorsùm inclinat epiglottidem :* mox
» celeritate magnâ larynx attollitur contrà linguam, eique validè apprimitur; quo fit, ut non
» modo glottis supponatur inclinatæ epiglottidi, sed etiam ut ipsa epiglottis, a linguâ summo-
» que laryngis intercepta, pressaque, integat laryngis summum, totamque operiat glottidem. »
— ALBINUS (Sigfridius), *Histor. musculorum,* 1734, p. 239.

ment les nerfs hypoglosses, le nerf masticateur (racine motrice du trifacial), mais encore les filets du facial qui se rendent aux muscles styliens et au ventre postérieur du muscle digastrique, le rameau pharyngien du spinal, qui anime surtout les constricteurs pharyngiens, supérieur et moyen, et enfin les quatre nerfs laryngés qui envoient des filets aux constricteurs inférieurs du pharynx. Dès lors, je dus renoncer à une entreprise aussi difficile, tout en admirant les précautions multiples prises par la nature pour obvier, à l'aide de ce premier moyen, à l'un des plus graves accidents de la déglutition, au passage des aliments dans les voies aériennes. Toutefois je pus m'opposer en partie à l'ascension du larynx, en le retenant fortement en bas, et gêner les mouvements de la base de la langue, en maintenant au dehors l'extrémité antérieure de cet organe avec un lien qui le traversait : dans ces conditions, la déglutition d'un bol alimentaire très-humide et placé à l'isthme du gosier fut extrêmement difficile et suivie d'une toux assez vive, mais plus marquée encore chez les animaux privés d'épiglotte.

Une dernière remarque, confirmative de l'expérience dans laquelle nous avons démontré que le défaut de contact des lèvres de la glotte n'était point un obstacle à l'accomplissement du second temps de la déglutition, est fondée sur l'ossification qui, avec l'âge, envahit le cartilage thyroïde : puisqu'en effet nous avons vu, dans nos expériences sur la déglutition, la glotte se fermer, d'une manière complète, à l'aide des muscles constricteurs pharyngiens inférieurs et palato-pharyngiens, on comprend que l'action de ces muscles ne doit s'exercer librement que sur un larynx cartilagineux et qu'elle ne peut que difficilement opérer un changement dans le rapport des deux lames d'un cartilage thyroïde ossifié ; et pourtant le rapprochement moins immédiat des bords de la glotte, chez le vieillard, ne paraît point occasionner une moindre précision dans le second temps de la déglutition. Tous ces faits nous semblent donc militer contre la doctrine qui considère l'occlusion de cette ouverture comme « la *principale* raison pour laquelle les aliments ne tombent point dans la trachée-artère ». Je dois rappeler encore, comme opposées à cette assertion, les observations de Louis (*Mém. cité*, p. 245) qui prouvent que « dans le cas d'ulcérations au larynx seulement, et même aux cordes vocales, on n'observe ni la sortie des liquides par le nez, ni la gêne de la déglutition, tant que l'épiglotte et le pharynx restent dans l'état naturel ».

Concluons donc que la *sensibilité exquise de la muqueuse* qui tapisse l'espace sus-glottidien, l'*ascension du larynx* en avant combinée avec le *déplacement de la base de la langue en arrière*, sont bien réellement des conditions essentielles de protection pour les voies respiratoires ; que l'épiglotte est une autre condition indispensable qui les protége contre la chute des liquides dans leur intérieur ; qu'au contraire l'occlusion de la glotte n'est point nécessaire à la régularité de la déglutition, puisque sur les animaux, l'écartement des lèvres de cette ouverture à l'aide d'une pince, ou chez l'homme, leurs ulcérations profondes, n'empêchent point cet acte de s'accomplir normalement.

Ajoutons, toutefois, que la glotte fermée est une dernière barrière que la nature a opposée au passage des solides et des liquides dans la trachée, quand déjà, par surprise, ils se sont introduits dans l'espace sus-glottidien.

Jusqu'ici nous n'avons fait intervenir, dans l'accomplissement de la déglutition, que la seule influence des mouvements divers opérés par le pharynx, l'arrière-bouche, le larynx, etc. Nous avons trouvé dans la disposition que présentent ces organes, dans leurs nouveaux rapports, une explication suffisante des phénomènes accomplis. N'omettons pas, néanmoins, de rappeler qu'au point de vue de l'innervation, ces phénomènes font partie, dans ce qu'ils ont d'essentiel, de ceux qu'on appelle *réflexes*. Chacun a pu éprouver tout ce qu'exige d'attention la résistance qu'on oppose à la déglutition d'un bol alimentaire qui a séjourné longtemps dans la bouche, et qui a été soumis à une suffisante mastication; souvent alors la déglutition, phénomène réflexe, s'accomplit malgré nous et au moment où nous nous y attendons le moins. Si l'on opère volontairement l'acte de la déglutition plusieurs fois de suite, et qu'on n'avale que de la salive, bientôt cet acte ne peut plus être répété immédiatement. En effet, tout phénomène réflexe a besoin pour se produire d'un stimulus agissant d'abord sur les nerfs sensitifs, et la salive agit comme tel dans le premier, le second et le troisième mouvement de déglutition; mais, dans un quatrième mouvement, promptement essayé, le stimulus manque, et tous les efforts de la volonté sont impuissants à accomplir l'acte de la déglutition jusqu'à ce que la salive soit de nouveau sécrétée.

La déglutition a été expliquée par Maissiat (1) à l'aide d'une théorie bien différente de celle que nous adoptons : d'après ce physiologiste, la cause de l'introduction des aliments dans l'intérieur du tube digestif, jusqu'à une certaine profondeur, serait due au mouvement qui porte l'os hyoïde et le larynx en haut et en avant; la déglutition serait la *conséquence physique* de ce mouvement qui détermine l'ampliation du pharynx. « Au moment où cette ampliation a lieu, supposons, dit Maissiat, que le larynx soit exactement fermé, afin que l'air de la trachée ne puisse venir satisfaire au vide; supposons encore que le bol alimentaire soit déjà parvenu à une extrémité de la cavité pharyngienne, séparé qu'il est de la portion de cette cavité située derrière le larynx où il se fait ampliation, par une cloison mobile, et ayant de l'autre côté l'atmosphère qui le presse. Au moment de l'ampliation qui amène le vide derrière le larynx, le bol y sera précipité par l'atmosphère, la cloison mobile ayant dû céder. Ce serait là le second temps de la déglutition, celui de la saccade involontaire. »

J'ai déjà examiné incidemment la théorie de Maissiat, en parlant de l'occlusion de la glotte dans la déglutition (voy. p. 128), et j'ai cité plusieurs de mes expériences qui ne lui sont pas favorables. J'ajouterai ici une autre objection faite à cette théorie par Debrou (2) : après avoir

(1) Thèse cit.
(2) Thèse cit., p. 17.

mis une certaine quantité d'eau dans la bouche et avoir dressé la langue comme pour la fin du premier temps de la déglutition, en disposant le bol liquide devant l'isthme, si l'on pince le nez au niveau des narines et qu'on exécute alors un effort pour avaler, le liquide passe très-bien. On peut même faire cette expérience d'une façon plus concluante encore : le bol étant déposé sur la langue, on accomplit une forte expiration qui chasse le plus d'air possible de la poitrine, puis, avant la fin de l'effort on saisit les narines, et, néanmoins, on avale avec la plus grande facilité. Dans cette dernière expérience, la pression atmosphérique est supprimée, cu du moins la petite quantité d'air qui reste dans les fosses nasales est insuffisante, en raison de sa faible tension, pour précipiter le bol alimentaire dans l'œsophage. Le mécanisme de la déglutition, tel qu'il a été exposé par Maissiat, ne paraît donc pas admissible.

III. Après avoir franchi le pharynx et avoir été poussé dans l'œsophage, le bol alimentaire parcourt ce dernier conduit dans toute sa longueur, jusqu'à l'estomac. Les agents de cette progression sont les plans musculaires de l'œsophage, au nombre de deux, l'un externe, à fibres longitudinales; l'autre, interne, à fibres circulaires. Les premières, en se contractant, diminuent la longueur de l'œsophage et portent ainsi au-devant du bol alimentaire les portions inférieures du conduit ; les secondes rétrécissent le calibre de ce dernier, compriment les aliments et les poussent devant elles, de haut en bas. D'après les expériences de Magendie (1), les parties solides ne marchent qu'avec lenteur : elles mettent quelquefois deux à trois minutes avant d'arriver dans l'estomac. Dans quelques circonstances, on voit même le bol être entraîné par un mouvement antipéristaltique qui le reporte du côté du pharynx, puis il redescend bientôt vers l'estomac. Quand il est très-volumineux, sa progression lente peut s'accompagner d'une douleur vive qui est due au tiraillement des filets nerveux entourant la partie thoracique de l'œsophage ; parfois même on le sent s'arrêter et l'on est obligé de boire pour le faire descendre. Lors du passage des aliments dans l'œsophage, la muqueuse, à cause de sa laxité, glisse sur le plan musculaire sous-jacent, et, au moment où ils arrivent dans l'estomac, on voit, sur le chien par exemple, la muqueuse œsophagienne se renverser et faire saillie à l'intérieur de ce viscère. Hallé (2) a pu constater directement ce même fait sur une malade qui portait une fistule stomacale.

Enfin, au moment où ils passent de la portion thoracique de l'œsophage dans sa portion abdominale, les aliments sont obligés de franchir l'orifice œsophagien du diaphragme qui entoure d'un anneau musculaire l'œsophage lui-même. Or, comme on admet que cet anneau se resserre pendant l'inspiration et qu'il se relâche pendant l'expiration, on a supposé que chacun de ces deux actes pouvait avoir un effet opposé sur la progression

(1) *Précis de physiol.*, 4ᵉ édit. Paris, 1836, t. II, p. 69.
(2) *Physiol.* de RICHERAND, 10ᵉ édit., t. I, p. 235.

du bol alimentaire : l'expiration la faciliterait, tandis que l'inspiration devrait la retarder momentanément.

Comme complément utile de ce chapitre, le lecteur trouvera, dans le tome troisième de cet ouvrage, tous les détails qui se rapportent à l'*influence du système nerveux* sur les organes de la déglutition (*).

Rôle de la salive et du mucus dans la mastication et la déglutition.

Lorsque des aliments secs et plus ou moins consistants sont introduits dans la bouche, il faut, pour qu'ils deviennent plus faciles à broyer et plus accessibles à l'action des principaux sucs digestifs, que d'abord ils s'imprègnent d'humidité et se ramollissent, de manière à former une sorte de pâte qui puisse glisser de la bouche dans l'estomac. C'est la *salive* qui aide ainsi à la formation du bol alimentaire ; c'est surtout le *mucus* qui, le lubrifiant à sa surface, en facilite la déglutition.

Suivant Cl. Bernard (1), qui a examiné séparément la salive fournie par les principales glandes de la bouche, on devrait admettre trois appareils salivaires (**) : un pour la *mastication*, un autre pour la *déglutition* et un troisième pour la *gustation*. Malgré le déversement et le mélange des différentes salives dans la bouche, leurs usages n'en resteraient pas moins distincts, et chacune d'elles remplirait son rôle spécial dans l'acte complexe de l'insalivation : ainsi, tandis que la salive fournie par les parotides et les glandules labiales et molaires, en raison de sa grande fluidité, serait en rapport avec la mastication, avec l'imbibition de l'aliment au moment où

(*) Voyez spécialement N. *glosso-pharyngien*, N. *pneumogastrique*, et le chapitre sur le *pouvoir et les mouvements réflexes*.

(1) *Mém. sur le rôle de la salive dans les phénomènes de la déglutition*, dans *Arch. génér. de méd.*, 4e série, t. XIII, 1847. — *Rech. d'anat. et de physiol. comp. sur les glandes salivaires chez l'homme et les animaux vertébrés*, dans *Comptes rendus des séances de l'Académie des sciences de Paris*, 16 février 1852.

(**) DUVERNOY admet, chez les Mammifères, deux groupes de glandes salivaires : l'un, *antérieur*, comprenant les sous-maxillaires et les sublinguales qui versent leur salive sur le plancher inférieur de la bouche, derrière les dents incisives inférieures et sur les côtés du frein de la langue, c'est-à-dire *en dedans* des arcades dentaires ; l'autre, *postérieur*, comprenant les glandes molaires et parotides qui versent le produit de leur sécrétion au niveau des dents molaires supérieures, c'est-à-dire dans le vestibule de la bouche ou *en dehors* des arcades dentaires. — CUVIER (*ouvr. cit.*, t. IV, 1re part.), qui donne pour principal usage à la salive d'humecter la bouche et d'enduire les substances alimentaires, pour les faire glisser dans l'œsophage et faciliter la déglutition, fait observer que le volume des diverses glandes salivaires est, jusqu'à un certain point, en rapport avec la disposition des dents et avec la partie de la bouche dans laquelle l'aliment éprouve le plus d'action de la part de ces dernières.

HAPEL DE LA CHENAIE (*Observations et expériences sur l'analyse de la salive du cheval*, dans les *Mém. de la Soc. Roy. de méd.*, années 1780 et 1781, p. 325) est le premier expérimentateur qui ait distingué deux sortes de salive : la salive parotidienne, qu'il obtint isolément par la section du canal de Sténon sur un cheval, et la salive ordinaire ou mixte, telle qu'on la trouve dans la bouche, c'est-à-dire mélangée avec du mucus.

Depuis lors, TIEDEMANN et GMELIN (*Rech. physiol. et chim. sur la digestion*, t. I, Paris, 1827, p. 15 et 19), mais surtout MAGENDIE, RAYER et PAYEN (*Étude comparative de la salive parotidienne et de la salive mixte du cheval*, dans *Comptes rendus de l'Acad. des sciences de Paris*, séance du 20 octobre 1845), ont recueilli séparément ces deux salives, ou même ont signalé entre elles des différences sous le rapport de leur composition chimique et de leur action sur les aliments.

il est divisé par les dents, la salive des glandes sublinguales et des glandules buccales, à raison de sa viscosité, serait propre à réunir les parcelles alimentaires sous forme de bol, qu'elle rendrait plus cohérent et dont elle faciliterait le glissement dans les voies de la déglutition (*). Quant à la salive sous-maxillaire, à cause de ses caractères mixtes, elle pourrait à la fois dissoudre les substances sapides et diminuer au besoin l'intensité de leur impression en lubrifiant les surfaces gustatives; elle serait ainsi en rapport avec la gustation, qui ici ne doit nous occuper que bien accessoirement.

La précédente opinion se fonde, en partie, sur les expériences qui suivent (1) : Si l'on introduit un tube dans chacun des canaux excréteurs des glandes sous-maxillaire et sublinguale, il est facile de constater que le liquide qui s'écoule de l'une ou de l'autre est loin d'être identique avec celui qui s'échappe de la parotide par le canal de Sténon. Ce dernier liquide, parfaitement claire et limpide, offre une grande fluidité et s'écoule hors de son canal avec facilité, comme le ferait de l'eau. La salive sublinguale, au contraire, est visqueuse, elle sort difficilement du tube placé dans le conduit de la glande qui la sécrète. Quant à la salive sous-maxillaire, elle est assez fluide au moment où elle vient d'être recueillie, mais elle s'épaissit par le refroidissement.

Place-t-on, chez un chien, des tubes dans chacun des conduits des trois glandes salivaires principales, on reconnaît que la sécrétion de chacune d'elles ne s'effectue ni au même moment, ni sous l'influence des mêmes causes excitantes.

Si l'on dépose des substances sapides sur la langue, ou si l'on présente à l'animal à jeun un aliment dont il est avide, la salive sous-maxillaire seule est sécrétée; les conduits de la parotide et de la sublinguale ne laissent échapper aucun liquide.

Mais, si l'animal exécute des mouvements avec ses mâchoires, si on lui donne à manger des substances sèches (comme de l'avoine à un cheval), on voit la salive parotidienne s'écouler en grande abondance. Du reste, la quantité de cette dernière sécrétion est toujours proportionnée au degré de sécheresse ou d'humidité de l'aliment (**).

Enfin, c'est au moment de la déglutition, lorsque le bol alimentaire franchit l'isthme du gosier pour pénétrer dans l'œsophage, qu'on voit sourdre la sécrétion gluante des glandes sublinguales destinées à former, autour des matières broyées, une couche muqueuse qui en facilite le glissement.

(*) Ce même usage est aussi attribué à la *glande de Nuck*, glande qui, placée sous l'arcade zygomatique, chez le chien, le chat, le bœuf, le mouton, le cheval, etc., ouvre son canal excréteur à l'extrémité postérieure du bord alvéolaire supérieur.

(1) Voyez les *Mémoires* déjà cités et le journal *la Science*, édit. hebdom., n° 11, 27 mai 1855.

(**) LASSAIGNE (*Journal de chimie médicale*, 1845, p. 472 ; — *Abrégé élém. de chimie*, 4ᵉ édit., t. II, p. 714), et, après lui, d'autres expérimentateurs ont donné, à ce sujet, des chiffres qui prouvent bien qu'en effet les aliments réclament d'autant plus de salive qu'ils sont plus secs. D'après Lassaigne, les fourrages absorbent quatre fois leur poids de fluide salivaire, l'avoine un peu plus d'une fois, la farine près de deux fois ce poids, et les fourrages verts à peine la moitié de ce dernier.

Aussi, sur un cheval auquel on a divisé l'œsophage dans la région moyenne du cou, de façon à recueillir les aliments avant leur arrivée dans l'estomac, quand on examine la répartition de la salive dans le bol alimentaire qui s'échappe par la plaie, constate-t-on que toute la surface de ce bol est enduite d'une couche visqueuse et filante qui n'est autre que la salive sublinguale, tandis que l'intérieur est imprégné d'un liquide d'une fluidité parfaite provenant de la parotide. C'est dans une expérience analogue à la précédente que se constate le retard apporté à la mastication et à la déglutition, quand, après avoir divisé le canal de Sténon, on laisse la salive parotidienne s'écouler au dehors.

Ainsi, aux yeux de l'auteur de ces diverses expériences, dans cette première élaboration des aliments qui a lieu en partie à l'intérieur de la bouche, il y a intervention de trois actes parfaitement distincts, la gustation, la mastication et la déglutition, actes à chacun desquels, nous le répétons, serait annexé un appareil salivaire spécial : pour la gustation, les glandes sous-maxillaires ; pour la mastication, les glandes parotides ; pour la déglutition, les glandes sublinguales. La salive, telle qu'on l'expulse de la bouche dans l'état ordinaire, est, par conséquent, un produit complexe formé de plusieurs liquides dont chacun aurait un rôle spécial à remplir dans ces divers actes préparatoires de la digestion.

D'après G. Colin (1), qui a fait des recherches multipliées sur le même sujet, la plupart des assertions et des faits qui viennent d'être rapportés sont infirmés par les résultats de ses expériences.

D'abord, en ce qui concerne l'appareil salivaire spécial de la *déglutition*, il fait observer que la glande sublinguale possède, dans les ruminants, un canal particulier qui, chez le bœuf, a une situation et un volume se prêtant à merveille à l'établissement d'une fistule : or, quand on a fixé un tube à ce canal, on voit la salive s'en écouler d'*une manière continue*, tant que l'animal mange, ou bien lorsque des substances excitantes sont mises en contact avec la muqueuse buccale ; d'où il suit que, sous ce rapport, la sublinguale n'agit pas autrement que la maxillaire qu'on suppose être la glande spéciale de la gustation ; il faut ajouter qu'on la voit fonctionner encore, pendant l'abstinence, pour concourir à la production du liquide mixte qui humecte la muqueuse des premières voies digestives. Aussi, dit G. Colin : « Je ne sais comment on a pu voir que la glande sublinguale sécrétait seulement pour la déglutition et à l'instant même du passage des aliments de la bouche dans le pharynx. Si le fait est vrai pour le chien, il ne l'est certainement pas pour nos ruminants domestiques (*). »

(1) Lecture à la Société de biologie, le 27 décembre 1851. — *Rech. expérim. sur la sécrétion de la salive chez les Solipèdes*, 1er mars 1852 (*Comptes rendus de l'Acad. des sciences*, t. XXXIV, p. 327). — Id., *Rech. expér. sur la sécrétion de la salive chez les Ruminants* (*Comptes rendus et même tome*, 3 mai 1852, p. 681). — Id., *Traité de physiologie comparée des animaux domestiques*. Paris, 1854, t. I, p. 475-482 et suiv.

(*) Chez les Solipèdes, lors de l'abstinence, les glandes parotides et sous-maxillaires fournissent peu de liquide, comme le prouve l'expérience directe. Pourtant, la bouche est alors

Examinant aussi la question de savoir si en effet les parotides sécrètent exclusivement à propos de la mastication, le même expérimentateur fait remarquer que, si ce dernier acte était la cause, le point de départ de l'activité des parotides, ces glandes sécréteraient quand on force un animal à mâcher, pendant un temps assez long, de l'étoupe, du vieux linge et d'autres substances sans saveur; or, elles ne fonctionnent pas dans cette circonstance, comme il dit s'en être assuré, bien qu'il y ait une véritable mastication. Au contraire, elles sécrètent quand on met des aliments dans la bouche, quoique à l'aide d'un appareil très-simple on rende impossible les moindres mouvements des mâchoires; elles sécrètent aussi, après le repas, chez les chevaux qui, par suite d'une usure irrégulière des dents ou d'une atonie particulière des joues, conservent des portions d'aliments dans la bouche; enfin les parotides fournissent constamment, *lors de l'abstinence*, des quantités notables de liquide chez les animaux ruminants.

Quant aux maxillaires, réputées glandes spéciales de la gustation, on peut faire couler hors de la bouche tout le produit de leur sécrétion, et pourtant l'animal n'en continue pas moins à repousser les aliments qui impressionnent désagréablement son organe du goût; de plus, des substances excitantes et sapides étant déposées sur la muqueuse buccale, on voit les glandes sublinguales fonctionner avec une activité non moins grande que les sous-maxillaires. La salive sous-maxillaire ne serait donc pas seule à remplir l'office qu'on lui attribue, d'une manière trop exclusive, de pouvoir tantôt délayer les matières sapides pour faciliter leur action, et tantôt modérer la vivacité de leur impression. D'ailleurs si les maxillaires sont les glandes de la gustation, pourquoi ne sécrètent-elles pas pendant la rumination? Les aliments ramenés dans la bouche n'ont-ils donc plus de saveur, et, s'ils sont insipides, quel attrait l'animal peut-il avoir à les mâcher de nouveau (*)?

En réunissant quelques-unes des précédentes expériences à celles qui nous sont propres, il deviendra facile de se faire juge dans la question en litige, *au moins en ce qui concerne l'homme*. Les expériences dont nous voulons parler, chacun pourra les répéter sur soi-même ou sur d'autres personnes.

Et d'abord, évidemment la sécrétion salivaire, qui devient si abondante lors des repas, ne s'interrompt jamais, ni durant l'abstinence, ni même pendant le sommeil. Pour s'en convaincre, il suffit d'observer l'homme

constamment humectée, et de plus l'animal avale de temps en temps des ondées d'un fluide visqueux. Or, ce fluide semble provenir, en partie, de la sécrétion non interrompue des glandes sublinguales (*loc. cit.*).

(*) Pendant la rumination, les parotides versent une grande quantité de salive sur les aliments, bien que ceux-ci aient été déjà broyés et humectés dans la bouche et dans le premier réservoir gastrique. Mais, alors, les dents incisives n'agissent point, l'aliment ne revient pas à l'entrée de la cavité buccale et *les glandes sous-maxillaires demeurent inactives*. C'est là, du reste, une des particularités les plus intéressantes de l'action des glandes salivaires chez les ruminants (*loc. cit.*).

dans l'une ou l'autre de ces conditions : alors on constate un mouvement de déglutition intermittent qui se renouvelle presque à chaque minute dans le premier cas (*), et seulement toutes les trois ou quatre minutes dans le second. Mais l'inspection directe peut paraître nécessaire pour établir qu'il s'agit bien ici de salive et non d'une simple sécrétion de mucosités. Or, si, après avoir craché ou avalé la salive, on attend environ deux minutes, la bouche ne tarde pas à se remplir de nouveau d'un liquide qui offre toute la fluidité et les autres caractères de la salive ordinaire.

Veut-on analyser davantage le phénomène et démontrer que le groupe glandulaire postérieur ou *parotidien*, et le groupe antérieur ou *sous-maxillaire et sublingual*, concourent à cette sécrétion continue et spontanée, il suffit de faire entr'ouvrir légèrement la bouche, relever la pointe de la langue et avancer un peu la lèvre inférieure de manière à agrandir le sillon alvéolo-labial ; et bientôt, avec une pipette, on pourra recueillir, au fond de celui-ci et sur la portion du plancher buccal située derrière les incisives, deux salives distinctes : la première, plus fluide, venant des parotides ; la seconde, plus visqueuse, émanant des sous-maxillaires et sublinguales.

Autre fait : aussitôt que la salive a été avalée, vient-on à déposer un corps sapide (vinaigre, par exemple) sur la pointe et les bords de la langue, avec la précaution d'appliquer cet organe à la voûte palatine pour augmenter la sensation gustative, les deux salives indiquées apparaissent également et avec une bien autre rapidité que dans la précédente expérience. Aussi, pour éviter leur mélange, convient-il d'oblitérer avec de la cire blanche les intervalles dentaires inférieurs.

Dans les expériences variées que j'exécutai autrefois sur l'organe du goût avec la coloquinte, le vinaigre, etc., je vis toujours les chiens faire, sous cette influence, les mouvements de déglutition et les mouvements de mâchoire les plus énergiques. Or, en pareil cas, la compression due à l'action musculaire peut bien faire excréter beaucoup de salive à la glande sous-maxillaire, sans que cela prouve qu'elle soit liée à la gustation, à l'exclusion des autres glandes salivaires.

Cette remarque me conduisit à d'autres observations bien aisées à reproduire : Si, après avoir essuyé la portion du plancher buccal où s'ouvrent les canaux excréteurs des sous-maxillaires et sublinguales, on exécute un mouvement de déglutition, et si l'on regarde de nouveau cet espace, on le trouve rempli de liquide ; — dans l'effort du bâillement, où l'on sent si bien les muscles de la région sus-hyoïdienne se contracter, le même effet se produit ; — il a encore lieu, mais d'une manière moins prononcée, quand on mâche à vide. Dans ces cas on ne saurait révoquer en doute, connaissant d'ailleurs la disposition des parties, l'influence de la contraction musculaire ; et, parce que la salive sublinguale sort surtout au moment de la déglutition, quand le bol alimentaire franchit l'isthme du gosier, ce n'est pas une raison suffisante pour l'annexer spécialement à cet acte, ni surtout

---

(*) Pendant la première heure qui suit le repas, les mouvements de déglutition de la salive m'ont toujours paru bien plus fréquents que dans les heures subséquentes.

croire qu'elle en facilite l'accomplissement en enduisant la surface du bol
d'une couche visqueuse et filante. Car, assurément, on ne saurait s'expliquer
comment la salive sublinguale, actuellement excrétée dans un mouvement
de déglutition, pourrait aller enduire et envelopper le bol alimentaire à son
départ de la bouche. A cause de sa viscosité et de son mélange avec les autres
salives, nous la croyons utile à la formation de ce dernier dont elle rend
toutes les parcelles plus cohérentes ; mais, à notre avis, ce sont des sécrétions muqueuses, moins mêlées à la salive et mieux placées pour leur
usage, sécrétions dues aux glandules de la base de la langue, du voile du
palais, aux amygdales et surtout aux glandules innombrables du pharynx,
qui forment à la surface du bol alimentaire cette couche visqueuse et filante
qui le rend glissant et l'aide à passer rapidement dans l'estomac.

Il est des animaux, comme le Cheval, qui mâchent leur nourriture alternativement d'un côté et de l'autre ; du côté de la mastication, la quantité
de salive parotidienne, qui s'écoule dans le réservoir adapté au canal excréteur, peut être double et parfois plus que quadruple de celle qui, dans
le même temps, s'écoule de la glande opposée (1). Le sens de la mastication changeant environ tous les quarts d'heure, on voit la proportion inverse s'établir. La double impression, tactile et gustative, produite sur la
muqueuse du côté de la mastication, est d'abord transmise au centre nerveux, puis réfléchie dans une direction centrifuge vers la glande correspondante ; d'où une sécrétion plus abondante en rapport avec l'intensité
de l'excitation périphérique. Du reste, quand on se borne à frictionner rapidement avec l'extrémité de la langue un côté des joues, on sent bientôt
ce côté devenir bien plus humide que l'autre ; et, en faisant agir, de la
même façon, la pointe de cet organe sur le plancher buccal, au niveau des
orifices excréteurs des glandes sous-maxillaires et sublinguales, on provoque ainsi très-rapidement une sécrétion des plus abondantes.

Aussi, à notre sens, faut-il se garder de voir, dans la précédente expérience faite sur le Cheval, un rapport constant entre la quantité de salive
sécrétée par l'une des parotides et l'effort exercé par les dents du côté correspondant, rapport qui autoriserait à rattacher ces glandes à l'acte de la
mastication, à l'exclusion des sous-maxillaires et des sublinguales. Mâchez
à vide, et, quelque effort masticatoire que vous fassiez, la salive parotidienne ne sera toujours sécrétée que dans ses proportions ordinaires et continues (*). Nous savons déjà, au contraire, qu'en l'absence de tout mouvement des mâchoires, cette sécrétion devient très-active par la présence
d'un corps sapide déposé dans la bouche, comme on peut le constater sur
soi-même et comme cela a été vu maintes fois sur des individus atteints
de fistule du canal de Sténon. Nous savons encore, par l'expérience directe,
que, chez les ruminants, les parotides sécrètent abondamment pendant
l'abstinence.   .

(1) Colin, *ouvr. cit.* Paris, 1854, t. I, p. 469.

(*) J'excepte ici les glandes du groupe antérieur ou sous-maxillaire, qui éprouvent de la
part de la mastication une influence dont j'ai déjà parlé.

En résumé, nous admettons : 1° que toutes les glandes salivaires sécrètent la salive d'une manière continue, avec de fréquentes variations de quantité ; — 2° que les diverses salives, mêlées entre elles et au mucus au fur et à mesure qu'elles sont sécrétées, concourent, chacune suivant sa quantité, à la gustation, à la mastication et à la déglutition des aliments, ce dernier acte étant surtout favorisé par le *mucus spécial* dont il a été fait mention ; — 3° que la gêne et le retard apportés à la mastication et à la déglutition, par suite de l'écoulement du fluide parotidien au dehors, n'ont rien de spécial à ce fluide, et que les mêmes effets, surtout relativement à la déglutition, résulteraient de l'issue, en quantité égale, des salives sous-maxillaires ; — 4° que l'excrétion de la salive sublinguale, lors de la déglutition, reconnaît une cause toute mécanique, et que, d'ailleurs, ce n'est pas de ce fluide qu'est spécialement formée la couche visqueuse et filante dont s'enveloppe le bol alimentaire, mais surtout du mucus provenant des glandes du voile du palais, de la base de la langue, des amygdales, et principalement des glandules pharyngiennes ; — 5° que les parotides, auxquelles la mastication a été assignée comme cause excitatrice de leur activité, peuvent au contraire sécréter abondamment, et dans des conditions toutes physiologiques, quoique la mastication ne s'accomplisse pas du tout, ou bien demeurer seulement avec leur activité ordinaire, quoique cet acte soit exécuté avec énergie en l'absence des aliments ; — 6° que, lors de l'emploi de certaines substances sapides, la compression due à l'action musculaire peut bien faire excréter beaucoup de salive à la glande sous-maxillaire, sans que cela prouve qu'elle soit liée à la gustation, à l'exclusion des autres glandes salivaires ; — 7° qu'enfin, quand bien même la salive sous-maxillaire est détournée et entièrement évacuée hors de la bouche, l'animal n'en continue pas moins à repousser les aliments désagréables au goût, comme l'a prouvé l'expérience directe.

MOUVEMENTS DE L'ESTOMAC.

Poursuivant nos études sur les actions physiques dont divers organes digestifs sont le siége, nous arrivons à celui de ces organes dans lequel les aliments, avant d'être transformés, doivent *s'accumuler* et faire un plus ou moins long séjour.

L'estomac, qui est le réceptacle dont il s'agit, possède la faculté, d'ailleurs en rapport avec cette destination spéciale, d'acquérir des dimensions bien supérieures à celles qu'il offre dans l'état de vacuité. A mesure que les aliments y descendent par *bouchées,* ses parois, d'abord plissées sur elles-mêmes et presque contiguës, s'écartent de plus en plus et finissent par se laisser progressivement distendre, en cédant à la force qui pousse le bol alimentaire. Ainsi distendu, l'estomac, qui a glissé entre les feuillets du grand épiploon et de l'épiploon gastro-hépatique, a changé de forme, de position et de rapports : au lieu d'être aplati sur ses faces, de n'occuper que l'épigastre et une partie de l'hypochondre gauche, il prend une forme arrondie et s'enfonce, par son grand cul-dè-sac, dans cet hypochondre qu'il remplit presque en totalité ; en même temps, comme la résistance de la colonne vertébrale, en arrière, s'oppose à ce que la face postérieure de l'estomac se dilate de ce côté, le viscère, à cause de la fixité des orifices cardiaque et pylorique, est obligé d'exécuter un léger mouvement rotatoire dans lequel sa grande courbure est portée un peu en avant du côté de la paroi abdominale correspondante, dans lequel aussi sa face antérieure tend à devenir supérieure et à se rapprocher du diaphragme.

De la dilatation de l'estomac par les aliments résulte, pour la cavité abdominale elle-même, une distension proportionnelle à la masse alimentaire ingérée. Après un repas copieux, le diaphragme est refoulé vers la poitrine, il s'abaisse avec quelque difficulté, d'où une certaine gêne dans la respiration et dans les phénomènes qui en dépendent, comme la parole, le chant, etc.; les viscères abdominaux, de leur côté, subissent aussi une compression plus forte, d'où le vif besoin de rendre l'urine ou les matières fécales, si la vessie ou l'intestin était déjà rempli de son produit d'excrétion.

Il importait, pour que les aliments fissent dans l'estomac le séjour nécessaire à l'action du suc gastrique, que l'orifice pylorique leur refusât, jusqu'à fluidification plus ou moins complète, un passage trop prompt; et c'est en effet ce qui a lieu (*). Dans les animaux vivants, que l'estomac soit vide ou plein, cet orifice est habituellement fermé par la contraction de ses fibres circulaires entraînant le resserrement de son anneau fibreux, et si exactement fermé, dit Magendie (1), que, si l'air est poussé par l'œsophage, il faut que l'estomac soit distendu et que l'effort soit considérable pour parvenir à surmonter la résistance du pylore ; il n'en est pas de même si l'air est introduit par l'intestin grêle en le dirigeant vers l'estomac. Quand le repas est achevé, il n'importait pas moins que l'orifice cardiaque fût aussi fermé ; car, sans cette occlusion, la pression des muscles abdominaux et du diaphragme, sur l'estomac, eût fait refluer, dans les moindres efforts, la masse alimentaire vers l'œsophage. Comme l'a démontré le même expérimentateur (2), et ainsi que j'ai pu le constater moi-même, c'est surtout le mouvement rhythmique de la partie inférieure de l'œsophage qui s'oppose à un pareil reflux. Plus l'estomac est distendu, plus la contraction de cette partie devient intense et prolongée, et son relâchement de courte durée. La contraction coïncide ordinairement avec le moment de l'inspiration, où l'estomac est plus fortement comprimé ; le relâ-

---

(*) Malgré l'assertion contraire d'ABERNETHY, on admet généralement que les liquides, quand ils sont pris à jeun, franchissent très-rapidement le pylore. Chez un homme atteint d'une fistule située au haut de l'intestin grêle, on dit avoir aperçu, à l'orifice fistuleux et après une demi-minute, l'eau ingérée ; et COLEMAN, ayant fait boire beaucoup d'eau à un cheval, trouva ce liquide dans le cæcum au bout de six minutes.

Il m'a toujours semblé que, chez les chiens, les boissons étaient loin de traverser le pylore aussi rapidement que dans les précédentes expériences et qu'elles étaient absorbées en assez notable quantité dans l'estomac lui-même.

(1) *Précis élémentaire de physiologie*, 4° édit. Paris, 1836, t. II, p. 82.
(2) *Loc. cit.*

hement arrive le plus souvent dans l'instant de l'expiration. Si, en effet,
près le repas, on presse entre les mains l'estomac d'un chien vivant, dans
e but de faire remonter les aliments dans l'œsophage, il sera à peu près
mpossible d'y réussir, quelque force qu'on emploie, si l'on agit au moment
le la contraction de l'œsophage ou de l'inspiration, tandis que le passage
°effectuera en quelque sorte de lui-même, si l'on comprime le viscère
lans l'instant du relâchement.

Parfois il peut arriver que la contraction de la partie inférieure de l'œso-
ohage résiste et s'oppose à la sortie des gaz accumulés dans l'estomac par
:uite de digestions laborieuses ; de là résulte une tympanite stomacale
oarfois considérable, avec gastralgie plus ou moins intense, comme je l'ai
observé assez fréquemment chez des jeunes filles chlorotiques.

Une circonstance peut encore aider à l'effet rétentif des contractions
œsophagiennes : lorsque l'estomac est rempli, le cardia forme un angle
:vec l'œsophage. Du reste, certains animaux, tant inférieurs que supérieurs,
orésentent, au bas de ce conduit, tantôt des rétrécissements, tantôt des
·eplis transversaux ou en spirale, qui peuvent aussi s'opposer au reflux des
aliments vers la bouche.

Il faut bien se garder de croire, avec quelques physiologistes, qu'une
'ois les aliments accumulés dans l'estomac, celui-ci reste inactif et qu'on
ouisse lui contester son pouvoir contractile. Il ne faudrait pas non plus,
à l'exemple des iatro-mathématiciens, s'exagérer la force de ce viscère,
et ajouter foi à des calculs tels que ceux de Pitcarn, de Fracassini, de
Wainewright, etc. (*).

L'existence des mouvements de l'estomac, durant le travail de la chymification, ne saurait être révoquée en doute : ils m'ont paru manifestes,
surtout vers le pylore, *mais seulement quand ce travail était déjà assez avancé ;*
ce qui m'a conduit à penser que les expérimentateurs qui n'ont pu les
apercevoir les ont sans doute cherchés trop tôt après l'ingestion des aliments.

Quant aux descriptions qu'ont laissées les divers auteurs qui ont vu ces
mouvements sur les mêmes animaux, leurs différences tiennent sans doute
à ce que les investigations ont été faites tantôt immédiatement après la
mort, tantôt pendant la vie, en appliquant les irritants mécaniques ou chimiques à l'estomac lui-même, et d'autres fois, en se bornant à attendre
les contractions spontanées ou normales du viscère. Mais ces différences
me paraissent dépendre encore de ce que certains expérimentateurs n'ont
pas porté leur attention sur toute l'étendue de l'estomac, et ont dû prendre
souvent pour un mouvement total ce qui n'était qu'un mouvement partiel.

C'est à tort, suivant nous, que Tiedemann et Gmelin (1), puis Eberle (2),

---

(*) PITCARN évaluait la force de l'estomac de l'homme à 12 951 livres ; FRACASSINI la portait
à 117 088, et WAINEWRIGHT à 260 000 livres. (HALLER, *Elementa physiologiæ*. Berne, 1764,
t. VI, p. 274.)

(1) *Recherches expérimentales sur la digestion*, trad. de JOURDAN, 1826, 1re partie, p. 332.
(2) *Physiologie der Verdauung*, p. 51. Würzburg, 1834.

ont combattu l'assertion de Ev. Home (1), qui, après Heister (2) et
Walther (3), affirme avoir observé, sur des chiens, que l'estomac éprouve
une coarctation à sa partie moyenne, pendant le travail de la digestion, de
manière à former en quelque sorte deux cavités, l'une cardiaque et l'autre
pylorique. En effet, plusieurs fois, sur ces mêmes animaux vivants, j'ai
aussi observé cette coarctation qui pourtant n'est point constante, et que
Herbert-Mayo (4) et P. Bérard (5) ont également eu occasion de rencontrer
chez des hommes enlevés, par une mort subite, peu de temps après le
repas. Si, durant la vie, et après l'ingestion des aliments, cette apparence
biloculaire de l'estomac ne se prononce, peut-être, qu'exceptionnellement
sur les chiens, j'ai pu, au contraire, la produire un très-grand nombre de
fois sur ces animaux, aussitôt après la mort, à l'aide de l'excitation mécanique ou galvanique des rameaux œsophagiens des pneumogastriques.

Quoi qu'il en soit, les mouvements propres de l'estomac et l'agitation
des aliments dans son intérieur, durant la chymification, ont été également
notés chez l'homme dans le cas de fistule gastrique, par le docteur
William Beaumont (6). Cet observateur a même cité quelques expériences,
faites sur son jeune Canadien, en faveur de l'opinion d'Ev. Home; car il
prétend que la partie contractée de l'estomac forme, environ vers son milieu, une sorte de valvule destinée à empêcher le reflux du chyme vers la
région splénique, lorsque la portion pylorique se contracte pour faire
passer celui-ci dans le duodénum.

Sans admettre, avec Borelli (7), Pitcarn (8), Hecquet (9), etc., que la
digestion stomacale consiste essentiellement dans une attrition, une trituration des aliments, toujours est-il, si, chez l'homme et les animaux
supérieurs, l'estomac offre des parois trop minces pour produire ce résultat, que les mouvements de ce viscère sont indispensables à une complète chymification qui, d'ailleurs, s'en trouve notablement accélérée (*).
En effet, alternativement resserré dans un point et renflé dans un

(1) *Philosoph. Trans. for the year* 1817.—*Lectures on Comparative Anatomy*, t. I, p. 140.
(2) HALLER, *Disput.*, t. II, p. 724.
(3) *Ibid.*, t. I, p. 464.
(4) *Outlines of human physiology*, p. 132.
(5) *Additions aux Éléments de physiol. de* RICHERAND, 10e édit., t. I, p. 241.
(6) *Exper. and observ. on the gastric juice and the physiol. of digestion.* Plattsburg, 1833.
(7) *De motu animalium. Pars in quâ de causis motûs musculorum et motionibus inter-
nis*, etc. Leyde, 1688, in-4.
(8) *Dissert. de motu quo cibi in ventriculo rediguntur*, etc. Leyde, 1693, in-4.
(9) *De la digestion suivant le système de la trituration et du broiement*, etc. Paris,
1712, in-12.

(*) Nous pouvons rappeler ici que l'estomac est quelquefois destiné à remplir le rôle d'une
sorte d'organe masticateur. Alors sa cavité est moins spacieuse, sa tunique musculeuse devient
très-épaisse, et sa membrane muqueuse se garnit de productions cornées ou calcaires, comme
cela se voit chez un grand nombre de crustacés, d'insectes orthoptères et névroptères, etc., et
aussi chez les oiseaux granivores dont le gésier, d'après les expériences de Borelli, Redi,
Réaumur et Spallanzani, est doué d'une force si remarquable : si l'on fait avaler des noix à des
dindons, des noisettes à des coqs et qu'on applique l'oreille au-devant de la poitrine, on peut
percevoir le bruit produit par le brisement de chacune d'elles, etc. Du reste, Réaumur et Spallanzani eux-mêmes sont les premiers à reconnaître que l'estomac ne possède pas une faculté
triturante sensible chez les animaux où il offre des parois minces, et tel est le cas de la plupart
des animaux supérieurs.

autre, l'estomac déplace les matières contenues dans son intérieur, les brasse, les mélange avec le suc gastrique et les désagrége de plus en plus, de manière que la chymification n'a pas lieu seulement au contact de l'aliment avec la membrane muqueuse; d'où évidemment une durée moindre de cette opération.

Des contractions successives de l'estomac ne sont-elles pas encore indispensables pour en expulser les aliments à mesure qu'ils s'y élaborent, comme d'abord d'autres mouvements avaient été nécessaires pour les retenir dans sa cavité?

Enfin, si la quantité du suc gastrique, qui se sécrète pendant la digestion, paraît dépendre surtout du degré d'excitation produite par l'aliment, on admettra volontiers que les mouvements de l'estomac, favorables à sa circulation artérielle, devront aussi en activer la sécrétion, à cause du frottement répété qu'ils occasionnent entre la masse alimentaire et la membrane muqueuse de cet organe. N'obtient-on pas aussi une abondante sécrétion de salive en se bornant à passer légèrement la pointe de la langue à l'intérieur des lèvres et des joues? Ce sont là des faits du même ordre qui rentrent dans la catégorie des *phénomènes dits réflexes* (*).

Le raisonnement avait déjà pu faire pressentir combien serait fâcheuse la suppression des mouvements gastriques et quelle grave atteinte la digestion devrait en éprouver, mais l'expérimentation est venue légitimer ces pressentiments. Les faits expérimentaux dont il s'agit devant être exposés plus tard avec détail (1), je me bornerai à rappeler ici que toutes les fois qu'après la résection des nerfs pneumogastriques il m'est arrivé d'ingérer dans l'estomac des animaux (*chiens*) une certaine quantité d'aliments, ceux-ci, n'étant plus mélangés avec le suc gastrique par les mouvements de cet organe, n'ont plus été attaqués qu'à leur surface en contact direct avec la muqueuse, tandis que leurs parties centrales n'offraient encore, pour ainsi dire, aucune altération après plus de dix heures d'ingestion.

Pendant les deux étés de 1854 et 1855, je fis, avec du suc gastrique de chien, un grand nombre de digestions artificielles dans des étuves chauffées à 38 degrés centigrades, et maintes fois je pus constater que la dissolution ou la transformation des matières albuminoïdes s'était faite bien plus rapidement dans les flacons qui avaient été agités d'une manière presque continuelle que dans ceux qu'on avait laissés en repos.

Les précédentes preuves sur la réalité, sur la destination et l'importance des mouvements de l'estomac étant données, il nous reste à faire connaître le *rhythme* de ces mouvements, et en même temps à en tracer un court historique.

Les anciens n'ont eu que des notions très-vagues sur les mouvements de l'estomac dont le plus souvent ils ont exagéré la puissance. Walæus, Wepfer, Peyer, Schlichting, Schulze, Réaumur, B. Schwartz, Haller, Spallan-

---

(*) Ces sortes de phénomènes sont décrits dans le troisième volume de cet ouvrage, au chapitre intitulé : *Du pouvoir réflexe et des mouvements qui en dépendent.*

(1) Voir t. III, le paragraphe intitulé : *Action du nerf pneumogastrique sur l'estomac.*

zani et autres, les ont aperçus sur des animaux ouverts vivants, tels que chiens, chats, cochons, lapins, etc., tantôt en irritant l'estomac à l'aide d'agents mécaniques ou chimiques, et tantôt, plus rarement, en se bornant à l'examiner sans aucun attouchement préalable.

Wepfer (1) me paraît être un des premiers qui ait fait sur ce point quelques recherches exactes et qui ait bien vu deux sortes de mouvements, les uns péristaltiques, les autres antipéristaltiques. Déjà aussi il avait remarqué que, le plus souvent, la contraction commence vers le pylore. Plus tard, Haguenot (2) nie le mouvement antipéristaltique de l'estomac, qui est admis par l'école hallérienne comme se produisant normalement pendant la digestion.

Haller (3) n'ajoute rien à ce que l'on savait, de son temps, sur les mouvements de l'estomac durant cette fonction. Dans la plupart de ses expériences, il irrite celui-ci par des moyens mécaniques ou chimiques; mais ce qui le frappe surtout, c'est de voir cet organe demeurer souvent immobile pendant le travail digestif, et d'éprouver lui-même tant de difficultés à en saisir les contractions spontanées ou normales. «Non facile est (dit-il), » in re instabili, neque in naturali statu conspicuâ, plenum quid et bono » ordine tradere..... *sæpe* quiescit ventriculus neque videtur motu peri-» staltico agitari, nisi quando a causâ aliquâ irritatur, cibo, veneno, aere. »

La question qui nous occupe a encore fixé l'attention de Benjamin Schwartz (4) qui, sur des chiens vivants, n'a pu aussi voir que rarement les mouvements de l'estomac, sans les avoir préalablement provoqués à l'aide d'une irritation directe. D'après cet observateur, ils commencent au pylore et se propagent rarement plus loin que la partie moyenne de l'estomac; puis, tout de suite ou après un court délai, ils retournent en sens inverse vers le pylore. Dans des cas plus rares, ces dernières contractions rétrogrades prennent leur point de départ jusque dans le grand cul-de-sac lui-même : une partie de l'estomac peut encore être en état de contraction antipéristaltique, quand le mouvement contraire de l'autre commence; mais alors la contraction de la première partie cesse, et le même ordre de mouvements s'étend ainsi sur toute la surface de l'organe. Pour Schwartz, le duodénum ne semble pas participer aux mouvements qui précèdent : cet auteur est resté pourtant incertain sur ce qui peut avoir lieu chez l'animal sain, car il a cru reconnaître un peu cette participation sur un animal «*quod mille anteà cruciatibus convulsum fuerat*».

Spallanzani (5), ayant ouvert cinq chiens vivants, pendant la digestion, ne put, *sans toucher à leur estomac*, bien apercevoir les mouvements de cet organe que sur deux de ces animaux. « Dans le troisième chien, dit-il, le mouvement péristaltique de l'estomac fut très-sensible : il commençait un

(1) *Hist. cicut. aquat.*, p. 199 et suiv.
(2) *De ileo*, p. 14.
(3) *Elementa physiologiæ*, t. VI, p. 275.
(4) *De vomitu et motu intestinorum.* Lugd. Bat., 1745, — In HALLER. *Disput. anat.*, t. 1.
(5) *Opuscules de physique animale et végétale,* traduits par Jean SENEBIER. Pavie, 1787, t. II, p. 635 et suiv.

peu au-dessous de l'orifice supérieur (cardiaque), et l'onde se prolongeait doucement jusqu'au pylore ; à la contraction succédait périodiquement une dilatation. Je fus, pendant sept minutes, l'observateur de ce mouvement. » Le mouvement péristaltique, dans l'estomac du cinquième chien, ajoute Spallanzani, ne fut pas moindre que celui du troisième.

Suivant Magendie (1), on voit souvent les mouvements commencer par e duodénum et se propager à la région splénique. Mais ensuite survient un mouvement en sens inverse, de gauche à droite, qui chasse le chyme dans le duodénum. Ce phénomène se répète un certain nombre de fois, puis s'arrête et recommence de nouveau. Le mouvement est plus prononcé et s'étend jusqu'à la région splénique, quand l'estomac ne contient plus qu'une petite quantité de matières. Ces observations faites sur des chiens et répétées avec succès, sur ces mêmes animaux, par Heusinger (2) et par nous, ont, comme on le voit, une grande analogie avec celles de Benjamin Schwartz.

W. Beaumont (3) a étudié aussi, sur son Canadien, les mouvements de 'estomac. Il a vu qu'une portion d'aliments, facile à reconnaître, qui arrive à gauche dans la région splénique, descend de gauche à droite le long de la grande courbure, revient par la petite de droite à gauche, puis bientôt recommence le même trajet. Ayant introduit la boule d'un thermomètre dans l'estomac, il a remarqué qu'elle y était mue de la même manière. Mais, quand il dirigeait le thermomètre vers le pylore, l'instrument rencontrait très-souvent un obstacle devant lequel il s'arrêtait quelques instants ; puis, tout d'un coup, l'obstacle cédait et le thermomètre s'enfonçait de 8 à 10 centimètres, comme s'il eût été aspiré avec une certaine force. En même temps il tournait en spirale et était ensuite entraîné vers la région splénique.

Enfin, se fondant sur ses propres expériences encore inédites, Schiff (4) a établi les propositions qui suivent :

1° Chacune des deux portions inégales de l'estomac, l'une cardiaque, l'autre pylorique, peut exécuter des mouvements indépendants et distincts. 2° Les contractions qui, commençant environ vers le milieu de l'organe, se propagent vers le pylore, sont, en général, plus énergiques que celles qui retournent dans le sens inverse. 3° La portion pylorique ne se contracte jamais dans toute son étendue à la fois ; au contraire, on voit les contractions ramper de proche en proche, glisser sur le pylore à la manière des mouvements vermiculaires de l'intestin. 4° Les mouvements de la partie cardiaque sont plus rares que ceux de la partie pylorique ; et si, vers la fin de la digestion, la première entre aussi en contraction, c'est

(1) *Précis élémentaire de physiologie*, 4e édit. Paris, 1836, t. II, p. 108 et 109.
(2) Trad. allemande du *Précis de physiologie* de Magendie, t. II, p. 86.
(3) *Ouvr. cit.*, p. 74.
(4) Communication écrite.
Ces expériences de SCHIFF ont été faites sur des chiens, des chats, des lapins, des hérissons et des grenouilles.

toujours de gauche à droite que se dirige le mouvement. 5° Les contractions péristaltiques de la portion pylorique de l'estomac, qui parfois se limitent chez les Lapins à la partie correspondante de la grande courbure, sont loin d'être toujours suivies de contractions opposées ou antipéristaltiques. 6° Pendant la digestion, l'estomac devient fréquemment triloculaire ou même quadriloculaire chez les grenouilles; il devient passagèrement biloculaire chez le chien, ce qui explique pourquoi, quand on introduit une sonde par la fistule, l'instrument peut se trouver momentanément arrêté, comme dans les observations de Beaumont sur le Canadien atteint de fistule gastrique. 7° On ne saurait faire dépendre les mouvements de l'estomac, durant la digestion, du contact de l'air sur sa *face externe*, car ils se produisent quand le péritoine et le diaphragme sont encore intacts, et ils s'observent également sur l'homme ou les chiens porteurs de fistule gastrique; on ne saurait davantage attribuer ces mouvements au refroidissement du viscère après l'ouverture du péritoine, puisqu'ils ont également lieu quand on prend la précaution d'ouvrir les animaux dans un lieu chauffé à 40 degré centigrades.

Maintenant, voulant appliquer les données expérimentales qui précèdent, si nous recherchons quel doit être l'effet des mouvements de l'estomac sur la masse alimentaire semi-liquide, nous trouvons (n'envisageant d'abord que les mouvements imprimés par la portion cardiaque) que le grand cul-de-sac repousse son contenu vers la grande courbure. Cela est demontré par l'expérience, et expliqué par la disposition anatomique : les fibres longitudinales de la membrane musculeuse descendent le long de la grande courbure et sur ses côtés; aussi est-ce en cet endroit surtout que les contractions sont le plus actives. Si la masse alimentaire était solide, ces contractions seraient néanmoins impuissantes pour la déplacer, comme on le voit souvent chez les lapins; mais elles suffisent pour entraîner une masse pultacée et demi-liquide vers le pylore, en suivant la direction indiquée. Comme l'orifice du pylore ne laisse passer qu'une petite quantité de matière à la fois, une partie de ce qui arrive dans la région pylorique (des mouvements de laquelle nous faisons encore abstraction) doit remonter le long de la petite courbure, prenant ainsi une direction opposée à celle qui lui avait d'abord été imprimée par la grande courbure et le cul-de-sac. Cette espèce de mouvement de révolution, ce trajet circulaire doit être d'autant plus prononcé que les mouvements de la grande courbure l'emportent davantage sur ceux de la petite.

C'est ce que G. H. Schultz (1) avait déjà reconnu, en étudiant le rhythme des mouvements de l'estomac dans diverses espèces d'animaux. Mais, supposant que, chez les carnivores, les mouvements de la petite courbure ne diffèrent point en force de ceux de la grande, ce qui est inexact, il admet un simple mouvement de va-et-vient de gauche à droite et de droite à gauche, au lieu du mouvement circulaire qu'il attribue aux her-

(1) *De alimentorum concoctione experimenta nova*, p. 79. Berolini, 1834.

bivores. Le même expérimentateur suppose également à tort que, chez ces derniers, le bol alimentaire, étant plus solide, doit être par cela même plus propre à recevoir l'impulsion circulaire que la masse semi-liquide dans l'estomac des carnassiers. Mais l'expérience directe nous a prouvé, au contraire, que les contractions de l'estomac, souvent impuissantes à déplacer une masse solide qui le distend, déplacent avec facilité une masse demi-liquide.

Nous venons de dire, plus haut, ce qui arrive quand la portion cardiaque de l'estomac agit seule; voyons les effets qui résultent des mouvements de cette dernière se produisant avec ceux de la portion pylorique. Ici deux cas se présentent. Dans le premier, le mouvement péristaltique cardiaque se combine avec le mouvement pylorique de même direction : alors la portion de masse alimentaire, placée près de la grande courbure, est accélérée dans son transport, tandis que celle qui se trouve près de la petite courbure est ralentie ou même arrêtée, pour être ensuite propulsée avec plus d'énergie, si, immédiatement après, les contractions de la portion pylorique deviennent antipéristaltiques; en somme, le résultat obtenu est le même que celui qui a été indiqué précédemment, mais il s'est produit avec une plus grande rapidité. Dans le second cas, le mouvement antipéristaltique de la portion pylorique a lieu avec le mouvement cardiaque : alors l'effet du premier porte surtout sur la petite courbure où il n'est pas contre-balancé par un mouvement plus fort; puis, gênant un peu la progression le long de la grande courbure, il aide efficacement au trajet circulaire de la masse rétrograde. Mais les contractions antipéristaltiques de la portion pylorique ne sauraient équilibrer ou neutraliser, vers la grande courbure, l'effet du mouvement péristaltique de la portion cardiaque; car ce dernier, s'opérant d'une grande surface vers une surface rétrécie, l'emporte nécessairement sur un mouvement contraire venant d'un tube étroit et s'élargissant considérablement vers le milieu de l'estomac.

En résumé, on voit que tous les phénomènes du mouvement stomacal, observés et décrits avec tant d'exactitude par William Beaumont (1), peuvent très-bien s'expliquer par ce que nous avons observé sur les animaux. Rappelons toutefois que si les aliments sont soumis à un mouvement de révolution dans l'estomac, les contractions qui aident à l'accomplissement d'un pareil mouvement ne semblent pas toujours mutuellement combinées dans les portions cardiaque et pylorique de cet organe.

Il sera fait mention, tout à l'heure, du rôle très-secondaire qu'on a attribué aux mouvements de l'estomac dans le *vomissement* et même dans la *rumination*.

Quant à *l'influence du système nerveux* sur ces mouvements, son étude étant liée surtout à celle du pneumogastrique, je crois devoir renvoyer le

(1) *Ouvr. cité.*

lecteur à l'histoire physiologique de ce nerf important (voy. t. III de cet ouvrage).

Toutefois, à propos de l'influence dont il s'agit, je rappellerai une particularité expérimentale que je constatai il y a plus de vingt-cinq ans (1) et qui me paraît offrir quelque intérêt. Les auteurs ayant émis les assertions les plus contradictoires relativement à l'action des nerfs pneumogastriques sur les mouvements de l'estomac, je désirais expérimenter à mon tour, et, à l'aide d'expériences variées et nombreuses faites sur des chiens, j'arrivai à découvrir la cause de pareilles dissidences. Après avoir ouvert le thorax et l'abdomen, j'irritai mécaniquement ou galvaniquement les cordons œsophagiens du pneumogastrique, d'abord séparés de l'œsophage, et, sur un certain nombre de ces animaux, les contractions les plus manifestes eurent lieu dans les parois de l'estomac, non pas instantanément, mais au bout de cinq à six secondes. Parfois je vis cet organe se partager, pour ainsi dire, en deux portions, l'une pylorique, l'autre splénique, et sa coarctation être portée à un tel point qu'il était comme étranglé par son milieu à l'aide d'un lien : les aliments comprimés sortaient par le pylore. Au contraire, sur d'autres chiens, les mouvements de l'estomac furent difficiles à apercevoir, ou même manquèrent complétement, quoique je fisse usage du même mode d'irritation. M'étant appliqué à rechercher avec persévérance la cause des phénomènes contraires que j'avais observés, je finis par reconnaître que si l'irritation, mécanique ou galvanique des cordons œsophagiens, *durant la digestion*, provoque dans les parois stomacales les mouvements les plus intenses, ceux-ci, malgré l'irritation indiquée, sont souvent inappréciables quand l'estomac est vide, rétracté sur lui-même et, en quelque sorte, au repos. Ces recherches peuvent servir à rendre compte des résultats contraires qu'ont obtenus des expérimentateurs également habiles, puisque les uns, sans y prendre garde, ont pu agir, lors de l'état de vacuité de l'estomac, et les autres pendant la réplétion et la réaction de l'organe, c'est-à-dire dans des conditions tout à fait différentes.

On a cru pouvoir expliquer les résultats opposés de mes expériences, en disant que, dans un cas, la contraction musculaire trouve, pour ainsi dire, un point d'appui sur la masse alimentaire, et que, dans l'autre, les fibres musculaires de l'estomac, revenues sur elles-mêmes, ne peuvent plus se contracter que d'une manière inappréciable. S'il en était ainsi, j'aurais dû, quand l'estomac avait été modérément distendu par des gaz, obtenir des mouvements qui, au contraire, ont manqué comme dans l'état de vacuité complète de l'organe.

Du reste, j'ai signalé (2) les mêmes différences relativement à l'influence des grands nerfs splanchniques sur les mouvements du canal intestinal : est-il vide ou gonflé par des gaz, la stimulation électrique demeure ordinairement sans aucun effet ; tandis que, s'il renferme des matières alimentaires, les contractions y deviennent des plus manifestes.

(1) Longet, *Anat. et physiol. du syst. nerv.* Paris, 1842, t. II, p. 322.
(2) *Ouvr. cité*, t. II, p. 568.

Rumination.

Certains animaux ont la faculté de ramener dans la bouche, pour les soumettre à une seconde mastication, à une nouvelle insalivation et à une nouvelle déglutition, les aliments déjà ingérés. Ce mode préparatoire de digestion se nomme *rumination*.

Propre à un ordre de Mammifères qu'on désigne, par cela même, sous le nom de *Ruminants*, le pouvoir de ruminer a été attribué, par quelques naturalistes, à d'autres animaux tels que la taupe-grillon et les sauterelles, parmi les Insectes; les écrevisses, les crabes, les limaçons, parmi les Crustacés et les Mollusques; le saumon, la dorade, parmi les Poissons; le pélican et le héron, parmi les Oiseaux; tels enfin que la marmotte, le cochon d'Inde, le lapin et le lièvre, dans la classe des Mammifères. Nous n'avons pas à nous occuper de la réalité de cette fonction, d'ailleurs niée par la plupart des physiologistes, dans les espèces précédentes. Notre but est de signaler les principaux faits qui se rattachent à l'étude de la rumination chez les *ruminants proprement dits* (*), et de rapprocher de ces faits, comme ayant quelque analogie avec eux, certaines observations de mérycisme (**) recueillies sur l'homme lui-même.

Un coup d'œil rapide jeté sur la disposition de l'estomac multiple de ces animaux pourra faciliter l'intelligence de la rumination, dont le mécanisme est d'ailleurs assez complexe.

I. — Les Ruminants sont pourvus d'un estomac qui offre quatre compartiments distincts. Le premier est désigné sous le nom de *rumen* ou de *panse*; il est le plus vaste et occupe une partie considérable de l'abdomen, particulièrement le côté gauche. Le second, appelé *réseau* ou *bonnet*, se voit en avant de la panse et à droite de l'œsophage; c'est le plus petit des quatre compartiments gastriques. Le *feuillet*, ou troisième estomac, dont les larges plis longitudinaux figurent assez bien les feuillets d'un livre, est placé au côté droit de la panse. Enfin le quatrième estomac ou *caillette*, dont le nom rappelle la propriété de faire cailler le lait, est situé à droite du feuillet; il communique avec ce dernier par une ouverture assez large et se continue avec le duodénum au moyen d'un orifice étroit qui représente le pylore des estomacs simples.

L'œsophage, qui aboutit à la partie antérieure de la panse, se continue jusqu'à l'orifice supérieur du feuillet, sous la forme d'un demi-canal, à lèvres contractiles, appelé la *gouttière œsophagienne*.

La disposition et la structure de ces quatre réservoirs gastriques sont admirablement appropriées au rôle que chacun d'eux doit remplir dans la digestion et la rumination. Le premier, dont la capacité est énorme, fait

---

(*) Tels sont : le mouton, la chèvre, le bœuf, la girafe, la gazelle, le chamois, le cerf, l'axis, le renne, l'élan, le chevreuil, le daim, le chevrotain, le chameau, le lama.

(**) De μηρυκισμός, rumination.

l'office d'un sac où les aliments s'entassent, à la suite d'une mastication incomplète; ils y sont agités et mêlés constamment par l'action d'une tunique contractile que renforcent d'épaisses colonnes charnues. Les liquides s'y tiennent dans les parties déclives, lorsque cet estomac ne présente pas de diverticules aquifères, tels que ceux du dromadaire et des autres ruminants sans cornes. Le second compartiment, véritable réservoir des liquides, délaye les bols qui tombent dans sa cavité et envoie dans l'œsophage l'eau qui doit faciliter le retour des aliments vers la bouche. Le troisième, sorte de pressoir, retient entre ses lames hérissées de papilles les aliments que la rumination n'a pas suffisamment atténués. Enfin le quatrième, tapissé par une muqueuse très-vasculaire, veloutée, munie de replis ineffaçables, sécrète seul le suc gastrique et représente le ventricule ou l'estomac simple de la plupart des autres animaux.

Dans l'étude du *mécanisme de la rumination*, le problème qui se présente tout d'abord est de déterminer dans quel compartiment de l'estomac se rendent les aliments après leur première déglutition? Peyer (1), Duverney (2), Perrault (3), Camper (4), Daubenton (5), ont émis, à ce sujet, des opinions différentes.

Pour résoudre cette question, il fallait, ainsi que l'a fait Flourens (6), avoir recours à l'expérimentation directe. Or, si l'on donne de la luzerne verte à manger à un mouton jusqu'alors nourri de foin, et qu'on le tue immédiatement après, on trouve le fourrage vert en grande quantité dans la panse, et, en petite quantité, dans le réseau; le feuillet et la caillette ne contiennent aucune parcelle de la substance ingérée. Pareil résultat se reproduit lorsqu'on expérimente, soit avec de l'avoine, soit avec des fragments de racines : dans ces cas, les aliments se retrouvent encore dans les deux premiers estomacs seulement. Au contraire, si l'on donne à manger des racines réduites en bouillie fine, on rencontre celle-ci en grande partie dans le premier estomac, et en petite quantité aussi dans les autres.

Le même mode de répartition des aliments a été observé sur les animaux vivants auxquels on avait établi des fistules gastriques.

La conclusion à tirer de ces diverses expériences, c'est que les aliments grossiers tombent en partie dans la panse, en partie dans le réseau; tandis que les aliments atténués, demi-fluides ou réduits en bouillie, se rendent à la fois, mais en proportion variable, dans les quatre compartiments gastriques.

Quant aux boissons, elles tombent directement dans les deux premiers estomacs et se rendent aussi dans les deux derniers, partie par la gouttière œsophagienne, partie par le réseau. Flourens s'en est assuré après avoir

<hr>

(1) *Merycologia, sive de ruminantibus et ruminatione commentarius*, in-4. Basileæ, 1685.
(2) *OEuvres anat.* Paris, 1761, t. II, p. 434 et suiv.
(3) *OEuvres de physique et de mécanique.* Amsterdam, 1727, t. III, p. 432 et suiv.
(4) *OEuvres sur l'hist. nat., la physiol. et l'anat. comp.* Paris, 1803, t. III, p. 49.
(5) *Histoire de l'Ac. des sc. de Paris,* ann. 1768, p. 389 et suiv.
(6) *Mém. d'anat. et de physiol. comp.* Paris, 1844, p. 36. — *Ann. des sc. nat.,* t. XXVII, p. 34.

ouvert, sur un animal vivant, les quatre estomacs : il a pu ainsi constater qu'au moment de la déglutition des liquides, ceux-ci sortaient à la fois par les quatre ouvertures. Colin (1) a étudié le phénomène sur un taureau dont le premier estomac portait, depuis plusieurs mois, une large fistule au niveau du flanc gauche : ayant engagé une main jusqu'au niveau de l'orifice cardiaque, pendant la déglutition des liquides, il reconnut que les ondées de boisson étaient lancées avec force dans la panse et dans le réseau; puis, ce dernier une fois rempli et l'eau dépassant le niveau du repli de séparation des deux premiers estomacs, le liquide se répandait abondamment dans la panse. En mettant le doigt en contact direct avec la gouttière œsophagienne, il était facile de reconnaître qu'une certaine quantité de liquide coulait directement dans le feuillet et de là dans la caillette.

Les aliments accumulés dans la panse y sont soumis à un mouvement presque continuel. Ainsi Flourens a très-bien reconnu que les matières qui occupent d'abord les parties postérieures de la panse passent dans ses parties antérieures, vont du rumen dans le réseau et réciproquement, tant que l'animal ne se livre pas à la rumination. Colin a également constaté, au moyen d'une ouverture fistuleuse pratiquée à la panse d'un taureau, un mouvement oscillatoire fréquemment renouvelé des aliments. Quand l'animal est malade, ou bien encore que le contenu de la panse est durci, ce mouvement cesse de se produire. Les liquides sont, comme les matières alimentaires, soumis à des mouvements qui les portent alternativement du réseau dans le rumen et du rumen dans le réseau.

Pour ramener les aliments dans la bouche, deux ordres d'organes doivent intervenir. Les uns, organes immédiats, sont les estomacs eux-mêmes : les autres, agents médiats ou auxiliaires, sont les muscles abdominaux et le diaphragme.

C'est surtout pour le rôle dévolu aux premiers qu'il existe une grande divergence d'opinions parmi les observateurs. Ainsi Duverney (2) et Peyer (3) admettent que c'est la panse qui est chargée d'exécuter la réjection. Perrault (4) professe que la gouttière œsophagienne prend les aliments dans la panse et qu'elle en forme des pelotes qui sont ensuite poussées dans l'œsophage; suivant lui, cette même gouttière œsophagienne est destinée à ramener les pelotes dans les derniers estomacs, après la seconde mastication. Daubenton a fait principalement intervenir, dans l'acte de la réjection, le réseau qu'il considère comme chargé de former la pelote, en se contractant fortement sur lui-même. Mais cette théorie a été réfutée par Flourens qui, après avoir retranché une partie du réseau sur un mouton, a fixé, par des points de suture, aux parois de l'abdomen, la partie non excisée : celle-ci ne pouvait donc plus, en se contractant, s'affaisser et

(1) *Physiologie comparée des animaux domestiques.* Paris, 1854, t. I, p. 503.
(2) *Loc. cit.*
(3) *Loc. cit.*
(4) *Loc. cit.*

servir à mouler la pelote; et pourtant, chez l'animal mis en expérience, la rumination n'a pas moins continué à avoir lieu.

D'après cet expérimentateur, les deux premiers estomacs, en se contractant, poussent les aliments entre les bords du demi-canal; celui-ci, se contractant à son tour, rapproche l'une de l'autre les deux ouvertures du feuillet et de l'œsophage; puis ces dernières, fermées à ce moment de leur action et rapprochées, saisissent une portion des aliments, la détachent et en forment une pelote. Ainsi, selon Flourens, les pelotes seraient moulées à l'aide d'un appareil particulier composé du demi-canal et des deux orifices fermés du feuillet et de l'œsophage. Cette opinion a été récemment combattue par Colin (1) au moyen de l'expérience suivante : une incision est pratiquée aux parois du flanc et à celles du rumen sur un taureau, puis les bords de la plaie de l'estomac sont réunis aux bords de la plaie de la paroi abdominale, afin que rien ne tombe dans la cavité du péritoine. Par cette fistule stomacale artificielle, l'expérimentateur introduit successivement dans le rumen des fils de laiton, à l'aide desquels il réunit les deux lèvres de la gouttière œsophagienne, depuis le cardia jusqu'au niveau de l'orifice supérieur du feuillet. Nonobstant l'opération, la rumination continue à se faire. Or, dans l'expérience précédente, répétée sur d'autres animaux, les deux lèvres de la gouttière œsophagienne étant attachées ensemble depuis le cardia jusqu'à l'orifice supérieur du feuillet, ainsi que nous venons de le dire, ces deux lèvres ne peuvent plus s'écarter l'une de l'autre pour saisir les aliments, elles ne peuvent plus les recevoir, et néanmoins l'animal continue à ruminer. Puisque la rumination persiste en l'absence de la demi-gouttière œsophagienne, il faut donc admettre que celle-ci n'est pas le principal instrument de la réjection. Ajoutons que l'on trouve une confirmation de ces données fournies par l'expérience dans la disposition que présente la gouttière œsophagienne du lama et du dromadaire, réduite à une seule lèvre mince et étroite (*).

Le mécanisme de la réjection ou de l'introduction des aliments dans l'œsophage est aisé à concevoir d'après l'auteur de la précédente expérience. La panse et le réseau se contractent simultanément; la première pousse vers l'orifice inférieur de l'œsophage des aliments très-délayés, et le second, des liquides. L'œsophage semble se relâcher et se dilater pour permettre aux aliments et aux liquides de s'introduire dans sa cavité; puis il se referme et éprouve alors une contraction antipéristaltique qui porte les aliments et les liquides vers la bouche. Les matières alimentaires y arrivent donc dans un grand état de mollesse et mélangées avec une forte proportion de liquide qui est dégluti par l'animal en une ou plusieurs ondées.

---

(1) *Ouvr. cit.*, t. I, p. 510.

(*) Il est évident que, des trois usages attribués à la gouttière œsophagienne, l'expérience précédente n'aurait pu supprimer que celui qui a trait à la rumination, si ce premier usage eût été réel; elle laisse subsister les deux autres, c'est-à-dire qu'elle permet au demi-canal de conduire encore une partie des liquides dans les deux derniers estomacs et de transporter directement à la caillette les aliments ruminés, comme il pouvait le faire auparavant (*loc. cit.*).

Mais voyons maintenant quel est ici le rôle du diaphragme et des muscles abdominaux.

Le rumen n'exécute plus, suivant Flourens, que des contractions faibles, lorsqu'on le met à nu et qu'il est privé du point d'appui des parois abdominales. En exerçant des irritations sur la muqueuse, on provoque des contractions à peine appréciables. Si l'on pince ou si l'on pique les piliers charnus, on donne lieu quelquefois à de légers mouvements. Le réseau jouit d'un pouvoir contractile plus prononcé; on peut s'en assurer en introduisant la main dans sa cavité. Les lèvres de la gouttière œsophagienne se contractent aussi à peine, lorsqu'on les irrite directement. Le cardia est de toutes les portions de l'estomac celle qui jouit du degré de contractilité le plus manifeste.

Mais, suivant Colin, ces estomacs se contractent énergiquement sur l'animal vivant, dans les conditions normales. Le rumen exécute même, par ses énormes piliers, des mouvements violents qui brassent son contenu avec une rapidité incroyable, comme on peut le voir sur les grands ruminants porteurs d'une large fistule gastrique.

Quelques autres expériences démontrent la nécessité de l'intervention du diaphragme et des muscles abdominaux pour le retour des aliments dans la bouche. Ainsi, à l'exemple de Flourens, qu'on fasse la section des deux nerfs diaphragmatiques à un mouton, et la rumination deviendra plus difficile. Si l'on pratique la section de la moelle au niveau de la dernière vertèbre dorsale pour déterminer une semi-paralysie des muscles abdominaux, la rumination continuera encore, mais d'une manière imparfaite. Divise-t-on, au contraire, la moelle au niveau de la sixième vertèbre dorsale, cette section donnant lieu à la paralysie des muscles abdominaux, la rumination ne sera plus possible.

L'acte de la réjection ne consiste pas seulement dans la formation du bol et son introduction dans l'orifice cardiaque; il offre encore à examiner le mode de transport de la masse alimentaire depuis les réservoirs gastriques jusqu'à la cavité buccale.

Au moment même où la pelote alimentaire s'introduit dans l'œsophage, on remarque un mouvement brusque dans le flanc de l'animal; ce mouvement se compose d'une inspiration brusque suivie d'une expiration rapide. Dès que le bol est engagé dans l'œsophage, il paraît être porté jusqu'à la bouche avec rapidité par l'action des fibres spirales croisées qui entrent dans la structure de ce canal. On peut constater par le toucher et même voir directement l'ascension accomplie par la pelote alimentaire.

Une fois parvenue dans la bouche, elle y est soumise à une seconde mastication qui s'exécute de diverses manières. Tantôt les mouvements de latéralité, que la mâchoire inférieure accomplit chez tous les ruminants, se font de droite à gauche, par exemple, pendant un certain temps, et, plus tard, dans le sens contraire, pour revenir bientôt au premier, etc.: c'est la mastication *unilatérale* qui, d'ailleurs, est la plus commune. Tantôt les mouvements des mâchoires alternent régulièrement des deux côtés, c'est-à-dire qu'après un premier mouvement de droite à gauche, il en survient un second de gauche à droite, puis un troisième de droite à gauche, et ainsi successivement, de manière que le même mouvement ne se produit pas deux fois de suite : c'est l'espèce de mastication qu'on a appelée *alterne* et *régulière*. Enfin, les mouvements des mâchoires, tout en conservant une certaine alternance, sont parfois irréguliers : l'animal exécute un certain nombre de mouvements de latéralité d'un côté, puis un certain nombre de mouvements analogues du côté opposé et ainsi de suite; c'est une mastication *alterne irrégulière* (1).

Du reste, le nombre de mouvements accomplis par les mâchoires, pendant la rumination d'une pelote, varie avec les conditions du régime (foin, paille, substances vertes, etc.), et aussi avec l'âge ; aux deux extrêmes de la vie, les mouvements sont plus répétés. Il varie également suivant l'espèce animale : la rapidité de ces mêmes mouvements est généralement en rapport avec la lenteur ou la vivacité des autres mouvements de l'animal. Vers la fin de la rumination, la vitesse de la mastication paraît augmenter sensiblement.

Le travail de la nouvelle mastication est suivi d'une seconde déglutition qui s'effectue très-rapidement comme la première; puis, dès que le bol est descendu dans l'estomac, un autre bol succède et remonte bientôt vers la bouche.

La rumination ne s'exécute bien qu'autant que l'estomac renferme une certaine quantité de salive qui s'y accumule pendant l'intervalle de la rumination et des repas. Colin (2) a constaté qu'il suffit de supprimer l'abord de la salive parotidienne dans ce réservoir, en établissant des fistules du canal de Sténon, pour entraver le travail de la rumination. D'après cet expérimentateur, la salive de la seconde mastication est surtout sécrétée par les glandes parotides ; alors les glandes maxillaires, dont la sécrétion était si abondante pendant le repas, sont inactives ou ne versent plus que des quantités fort minimes de liquide.

Les aliments, après avoir été ramenés dans la bouche, reviennent une seconde fois dans les réservoirs gastriques. Mais tombent-ils, comme la première fois, dans la panse et le réseau, ou bien prennent-ils une autre voie pour parvenir dans le feuillet et la caillette? Flourens (3), ayant établi des fistules aux premiers estomacs, dans le but de savoir ce qui se passe dans leur intérieur lors de la seconde déglutition, a reconnu, tantôt avec le doigt et tantôt avec l'œil, que la moindre partie de l'aliment ruminé revient dans ces deux premières cavités, et que l'autre partie passe immédiatement par le demi-canal de l'œsophage dans le feuillet.

Ainsi, lors de la première déglutition, la bouchée était volumineuse et composée de fragments grossiers, elle élargissait l'œsophage aux dépens du demi-canal, et tombait, par cela même, dans les deux premiers esto-

<hr>

(1) Colin, *ouvr. cité*, t. I, p. 523.
(2) *Ouvr. cité*, t. I, p. 526.
(3) *Ouvr. cité*.

macs placés au-dessous ; tandis que, après la rumination, le nouveau bol alimentaire, devenu demi-fluide, peut s'engager facilement dans ce demi-canal, sans déterminer l'écartement ni l'effacement de ses bords, et être ainsi conduit surtout dans le feuillet.

Avant de terminer l'étude de la rumination chez les animaux, et de mentionner ce mode préparatoire de digestion exceptionnellement observé dans l'espèce humaine, je rappellerai un fait expérimental que je mis autrefois en lumière (1) : je veux parler de la détermination des *agents de l'occlusion de la glotte dans la rumination.*

Lors de l'accomplissement de cet acte, comme il a été dit précédemment, l'animal exécute d'abord une inspiration brusque suivie d'une expiration rapide ; puis on voit, aussitôt après, le cou s'allonger et se gonfler successivement dans toute sa longueur, par suite de l'ascension de la pelote alimentaire qui, du rumen remontant jusqu'à la bouche, a dû éviter dans ce trajet l'ouverture supérieure du larynx. Si alors on n'observe pas, comme dans le vomissement, des expirations brusques et expulsives, c'est que rien ne s'engage dans l'*espace sus-glottidien* qui me paraît protégé à l'aide d'un, mécanisme particulier qui va être expliqué d'abord ; puis viendra l'exposé de celui qui protége la *glotte* elle-même.

En disséquant un assez grand nombre de larynx d'animaux supérieurs, je constatai que le muscle aryténo-épiglottique, qui existe à peine à l'état rudimentaire chez l'homme et le cheval, devient plus apparent dans le chien et se développe surtout d'une manière très-manifeste dans le bœuf, la chèvre, le mouton, etc. Or, pourquoi ce muscle, qui peut agir jusqu'à un certain point comme constricteur de l'*ouverture laryngée supérieure* (*), qui peut aussi, en faisant basculer l'épiglotte en arrière, ramener cet opercule sur elle, ne serait-il pas, chez les ruminants, un moyen employé par la nature pour prévenir la chute fâcheuse de parcelles alimentaires dans l'espace sus-glottidien? Ce qui tendrait à faire admettre notre manière de voir, c'est que, dans le chien, chez qui le vomissement est chose si commune et en même temps si facile, le même muscle est assez développé; tandis que, dans l'homme et dans le cheval, qui vomissent plus rarement (**), une semblable disposition, devenant moins nécessaire, se trouve à peine ébauchée. Aussi, chez l'homme en particulier, des particules de matières vomies ne manquent-elles guère de tomber dans la cavité supérieure du larynx, d'où les chassent bientôt des expirations violentes et saccadées.

On sait que la rumination, quoique commencée, se supprime souvent

---

(1) LONGET, *Recherches expérimentales sur les fonctions de l'épiglotte et sur les agents de l'occlusion de la glotte dans la déglutition, le vomissement et la rumination* (Mémoire inséré dans les *Arch. génér. de médec.*, ann. 1841).

(*) Au même titre que l'aryténoïdien et les muscles crico-aryténoïdiens latéraux sont constricteurs de l'ouverture glottique proprement dite (voy. notre Mémoire *Sur les fonctions des nerfs et des muscles du larynx,* dans *Gaz. méd. de Paris,* 1841).

(**) C'est à tort que divers physiologistes ont avancé que, chez le cheval, il y avait impossibilité absolue de vomir : les observations rapportées par GIRARD, dans son *Mémoire sur le vomissement,* prouvent le contraire.

sous l'influence d'une impression assez légère ; c'est donc accidentellement que, durant cet acte, je pus observer l'état de la glotte, *après la paralysie de tous les muscles intrinsèques du larynx*, à travers une ouverture faite à la trachée. Le procédé que je mis en usage pour paralyser ces muscles, auxquels on supposait à tort qu'était due l'occlusion de la glotte au second temps de la déglutition, a été décrit précédemment (p. 125).

Dans des mouvements accidentels de rumination, qui succédèrent à un pincement de l'œsophage, je vis, chez le mouton, la *glotte* se fermer hermétiquement, lors du passage de l'aliment du pharynx dans la bouche, et, quand l'animal avala de nouveau, la glotte se ferma derechef. La matière alimentaire ne pénétra point dans la trachée ; d'où il faut inférer que les agents qui resserrent la *glotte*, dans la rumination, ne sont pas les muscles intrinsèques du larynx, mais qu'ils sont les mêmes que ceux qui, dans le vomissement et la déglutition, président, suivant moi, à l'occlusion de cette ouverture (muscles constricteurs pharyngiens inférieurs et palato-pharyngiens) (1).

Enfin, comme je l'ai dit, il me semble rationnel d'adjoindre, chez les ruminants, à ce moyen de protection des voies aériennes, l'occlusion de .*l'orifice laryngé supérieur* due à la contraction du muscle aryténo-épiglottique.

II. Le mérycisme ou la rumination n'est pas très-rare dans l'espèce humaine. Il consiste en ce qu'au bout d'un laps de temps plus ou moins long après le repas, les aliments remontent à la bouche sans effort, et presque toujours sans nausées, pour être avalés de nouveau. La multiplicité des réservoirs gastriques, nous l'avons vu, est la condition première et essentielle de la véritable rumination ; aussi la singularité dont il s'agit ne saurait-elle être assimilée, sous le rapport du mécanisme, à la rumination des animaux à estomac multiple. Il ne faudrait pas non plus, à l'exemple de certains amis du merveilleux, vouloir absolument trouver quelque analogie d'organisation entre l'homme qui présente cette singularité et les ruminants proprement dits. Les autopsies les plus récentes d'individus ayant eu la faculté de ruminer n'ont fait découvrir aucune des analogies autrefois supposées. Du reste, cette faculté anormale est le plus souvent compatible avec le meilleur état de santé, et c'est exceptionnellement qu'elle s'accompagne de phénomènes morbides du côté de l'estomac.

Nous empruntons à F. Cambay (2), qui était lui-même mérycole, la description suivante :

« Lorsque l'acte va commencer, l'homme ruminant éprouve un sentiment de plénitude. S'il cherche à observer ce qui se passe en lui, il remarque une sensation de gêne et une sorte de contraction de l'estomac qui semble réagir sur les aliments qui l'ont distendu, puis une légère assistance de la part du diaphragme et des muscles abdominaux, à l'aide de laquelle une petite quantité d'aliments est refoulée vers le cardia. Celui-ci cède et lui

(1) Voyez plus haut, p. 126.
(2) *Sur le mérycisme et la digestibilité des aliments*. Thèse inaugurale. Paris, 11 août 1830, n° 213, p. 13.

donne issue par l'œsophage, dont les contractions l'amènent au pharynx qui la porte dans la cavité buccale. Les matières étant arrivées dans la bouche, le mérycole en fait le choix, mâche de nouveau celles qui lui paraissent ne l'avoir été que d'une manière incomplète, pour les avaler de nouveau, tandis qu'au contraire il rejette celles qui paraissent ne pas affecter son goût d'une manière agréable ou qu'il sait devoir être d'une digestion difficile. Les aliments n'arrivent pas de prime abord dans la bouche ; ils restent quelque temps dans le pharynx, et si le mérycole, averti par une gorgée précédente, craint de communiquer à la bouche une sensation d'amertume qui est quelquefois très-grande, il peut les avaler de nouveau sans qu'ils soient parvenus dans la cavité buccale »..... « Mais c'est ordinairement avec un sentiment de plaisir qu'il fait ainsi, pendant quatre ou six heures (*), repasser par la bouche les aliments qu'il a ingérés dans son estomac, et qu'il leur fait subir une nouvelle trituration..... Le vomissement involontaire, ajoute Cambay, est une chose très-pénible pour moi, tandis que le mérycisme est plus agréable que désagréable : ce qui le prouve, c'est que je puis, avec la plus grande facilité, l'empêcher d'avoir lieu, en m'opposant à la première régurgitation, et que je ne le fais pas. »

Suivant le même observateur, les efforts nécessaires pour l'exercice du mérycisme sont si faibles que, le plus souvent, les personnes présentes ne s'en aperçoivent pas, et qu'ils ne sont perçus par le mérycole lui-même que quand il s'observe. Pour Cambay, le diaphragme et les muscles abdominaux n'ont plus d'action une fois que l'acte est établi, mais il faut un léger effort pour qu'il s'établisse, et alors ils y coopèrent. « Chez moi, dit-il, le mérycisme est sous la dépendance de la volonté, en ce sens que je puis à mon gré le produire ou l'empêcher d'avoir lieu; mais le plus souvent il s'exécute sans ma participation, c'est-à dire sans que j'y fasse attention, l'effort par lequel il commence étant si faible d'ordinaire qu'il ne réveille pas mon attention. »

Après cet exposé rapide des principaux traits du mérycisme chez l'homme, nous croyons devoir nous borner à indiquer quelques-uns des auteurs qui ont aussi étudié ce phénomène ou qui en ont rapporté des exemples; tels sont : Fabrice d'Acquapendente (1), Conrad Peyer (2), Sennert (3), Pipelet (4), Percy et Laurent (5), Roubieu (6), Decasse (7), Elliotson (8), Heiling (9), Vincent (10), etc.

(*) Chez l'homme, la durée de la rumination paraît varier avec la digestibilité des divers aliments.

(1) *Opera omnia : De varietate ventric. et intestin.*
(2) *Merycologia, sive de ruminantibus et ruminatione commentarius.* Basileæ, 1685.
(3) *Medic. prat.*, lib. III. p. 1, § 2, cap. 8.
(4) *De vomituum diversis speciebus accuratius distinguendis*, 1786.
(5) *Dict. des sc méd.* en 60 vol., t. XXXII, p. 526, art. Mérycisme.
(6) *Annales de la Soc. de méd. prat. de Montpellier*, t. IX, année 1808, p. 283 et suiv.
(7) Froriep, *Notizen*, t. XLVII, p. 95.
(8) *Ibid.*, t. XLV, p. 337.
(9) *Ueber das Wirderkauen bei Menschen.* Nuremberg, 1823, p. 16.
(10) *Comptes rendus de l'Institut*, t. XXXVII, 4 juillet 1853.

Vomissement.

On sait que la réjection par la bouche du contenu de l'estomac est un phénomène physiologique et normal chez un assez grand nombre d'animaux. C'est ainsi, par exemple, qu'on voit, dans certaines espèces, les parents ne donner la nourriture à leurs petits qu'après en avoir eux-mêmes commencé la digestion : les abeilles avalent du pollen, puis le dégorgent élaboré et mêlé avec du miel, pour nourrir leurs larves; les guêpes et les bourdons paraissent procéder d'une manière analogue; les pigeons, la plupart des échassiers, plusieurs passereaux et quelques palmipèdes ramollissent dans leur jabot les matières qu'ils ont avalées, leur font subir une demi-digestion, et, après les avoir converties en une sorte de bouillie, les vomissent pour les porter dans le gosier de leurs petits. Beaucoup d'insectes rejettent aussi le contenu de leur estomac, mais dans des vues toutes différentes : ainsi, certaines chenilles rendent par la bouche, lorsqu'on les excite, une humeur verte qui n'est que du chyme ou du suc des feuilles déjà dissoutes dont elles font leur nourriture; elles cherchent de la sorte, dit-on, à éloigner ou à dégoûter leur ennemi. Il en est de même de plusieurs orthoptères, des sauterelles, des criquets et grillons; la matière brune ou verte qu'ils vomissent quand on les touche se retrouve dans les cæcums multiples qui avoisinent leur gésier. Les résidus des aliments ne peuvent être expulsés de la cavité digestive que par un mouvement rétrograde, c'est-à-dire par le vomissement, chez les animaux privés d'anus, comme les polypes, les actinies, les méduses. Le même acte est normal aussi chez les oiseaux de proie, qui, avalant des animaux entiers ou par lambeaux considérables, en rejettent, quelques heures après, les plumes, les poils et les principaux os roulés en peloton, après avoir en quelque sorte épuisé tout ce qui, dans les substances ingérées, était propre à la nutrition.

Chez l'homme et les mammifères, le vomissement est un acte violent, spasmodique, par lequel les matières contenues dans l'estomac, lancées à travers l'œsophage et le pharynx, sont rejetées au dehors. Son caractère convulsif, le trouble marqué qui l'accompagne, exigent qu'on le considère comme un phénomène anormal ou pathologique, dont la théorie et le mécanisme regardent neanmoins le physiologiste.

Le vomissement s'annonce par une sensation particulière qui est la *nausée*, sensation accompagnée de malaise et d'anxiété générale. Il y a de l'oppression, de la douleur à la région épigastrique; la face devient pâle, le pouls petit et faible; la bouche se remplit de salive; survient ensuite une inspiration forte et parfois sonore, pendant laquelle l'air pénètre dans la poitrine pour y rester emprisonné par le resserrement subit de la glotte. Le *diaphragme*, les *muscles abdominaux*, l'*œsophage*, etc., entrent immédiatement et simultanément en contraction. Pendant ce temps, la respiration est suspendue et la cavité du ventre est resserrée de toutes parts, comme dans le phénomène de l'*effort*. Sous la pression brusque des puissances muscu-

.aires, les matières contenues dans l'estomac sont lancées à travers le car-
lia ; l'œsophage s'en emplit ; le cou s'étend, le larynx est porté en avant,
l'isthme du gosier se dilate en même temps que le voile du palais tendu se
relève pour protéger les arrière-narines ; enfin, la bouche s'ouvre largement et laisse passer les matières qui s'échappent au dehors.

Tous ces phénomènes se succèdent si rapidement et dans un intervalle
de temps si court, qu'ils paraissent se produire ensemble et se confondre
en un seul. Mais les matières ont été à peine rejetées que la glotte s'ouvre,
l'expiration s'accomplit, et il survient aussitôt un sentiment de détente et
de soulagement. Quelquefois néanmoins, l'arrivée subite des matières
n'ayant pas donné au voile du palais le temps de se contracter et de s'appliquer contre la paroi postérieure du pharynx, celles-ci pénètrent dans
les fosses nasales ; d'où une certaine anxiété respiratoire, mêlée de dégoût,
qui dure encore quelques instants après la réjection.

Est-il besoin, après cette courte description, de faire observer que cet
acte, dans lequel des substances liquides ou demi-solides franchissent si
vite, contre les lois de la pesanteur, un trajet de direction opposée à leur
cours normal, réclame nécessairement pour son accomplissement l'intervention de puissances énergiques ? En effet, un certain nombre d'organes y
prêtent leur concours, mais, comme on le pense bien, dans une mesure
inégale. C'est à déterminer le rôle de chacun d'eux que nous allons tout
d'abord nous appliquer, en passant rapidement en revue les données principales que possède la science sur cette question, objet de si nombreuses
controverses parmi les physiologistes.

En indiquant tout à l'heure les principaux agents d'expulsion qui interviennent dans le vomissement, nous avons omis les contractions de l'estomac. Cependant, jusque vers la fin du XVIIe siècle, on avait regardé le
vomissement comme le résultat d'une contraction brusque, violente et
convulsive de ce viscère. Cette opinion, généralement acceptée sans contrôle, n'avait guère, pour s'appuyer directement, que quelques expériences
de Wepfer (1) et de Perrault (2). Le premier de ces auteurs avait observé
des contractions de l'estomac, et, sur un animal vivant, il avait vu cet
organe, quoique soustrait à l'action des parois du ventre, se vider de son
contenu. Perrault, de son côté, disait avoir vu le vomissement se produire
après la division du diaphragme ou pendant l'état de repos de ce muscle ;
et, selon lui, la division des parois abdominales n'avait pas non plus empêché le vomissement. C'est alors que François Bayle (3), professeur à l'université de Toulouse, et médecin versé dans la pratique des vivisections,
s'éleva contre les idées reçues. Sur un chien en proie aux efforts du vomissement, il introduisit le doigt dans l'estomac de l'animal et n'y sentit aucune contraction. Il vit ensuite, qu'en ouvrant largement le ventre, le
vomissement ne pouvait plus avoir lieu, et qu'il reparaissait dès qu'à l'aide

(1) *Hist. cicut. aquat.*, etc., p. 251. Bâle, 1679.
(2) *Essais de physique et de mécanique*, t. III, p. 134.
(3) *Dissert. sur quelques points de physique et de médecine*. Toulouse, 1681.

d'une suture on avait refermé les parois abdominales. Bayle conclut de ses recherches que les muscles abdominaux peuvent, seuls, expulser les matières contenues dans l'estomac, et que cet organe lui-même est inactif dans l'acte du vomissement auquel il reste étranger.

Quelques années après, Chirac (1) institua des expériences confirmatives de celles de Bayle, que d'ailleurs il paraît avoir ignorées. Il crut constater aussi que, pendant le vomissement, l'estomac n'était le siége d'aucune contraction, mais il lui parut être aplati par le mouvement du diaphragme et la contraction des muscles abdominaux. Duverney (2), tout en attribuant une certaine part d'action à l'estomac, reconnut, avec Chirac, que cet organe, pressé entre le diaphragme et les muscles abdominaux qui se contractent sur lui, laisse, en effet, échapper ainsi brusquement les matières contenues dans sa cavité.

Plus tard, Benjamin Schwartz (3) apporta également à l'opinion nouvelle l'appui de ses expériences. Il remarqua que le vomissement devient impossible quand, sur un animal vivant, on a fait sortir l'estomac du ventre, et que, si alors on presse cet organe avec la main, on détermine l'expulsion de son contenu. Il s'assura que l'ouverture œsophagienne du diaphragme n'était point resserrée pendant la contraction de ce muscle, et fit observer, avec beaucoup d'exactitude, que le vomissement s'effectue, dans un intervalle très-court, entre l'inspiration et l'expiration, à l'aide du diaphragme et des muscles abdominaux. Toutefois, sans les admettre comme essentiels, Schwartz observa les mouvements de l'estomac durant l'acte du vomissement. « Inter conditiones (dit-il), quæ vomitum adjuvant, ipsius » ventriculi adstrictio, si adest, omnino recenseri meretur. Hæc ante co- » natus vomendi rarissime degeti potest, sed dum illi fiunt, cum magna » satis constantia oriri solet. Imprimis pylorus et modica pars ventriculi » ante eum, fortius, debilius, se alternis adstringere et dilatare incipit, » eunte hoc motu plerumque a pyloro retrorsum fundum versus, et arcente » id, quod forte in duodenum prolabi vellet. » (*Rec. cit.*, p. 327.)

Au contraire, Lieutaud (4) combattit la doctrine de Bayle ; mais il ne produisit que des raisonnements contestables et non des expériences On ne saurait rien conclure de l'exemple qu'il cite d'une femme tourmentée de nausées, dont l'estomac était rebelle au vomissement provoqué, parce qu'il le supposait paralysé. Cette observation, qu'on a reproduite avec trop de complaisance, est véritablement sans valeur dans la question.

Sans se prononcer d'une manière absolue pour l'une ou l'autre opinion, Haller (5) admit l'action du diaphragme et des muscles abdominaux ; mais rappelant l'attention sur les expériences de Wepfer et de Perrault, sur les objections de Lieutaud, il insista particulièrement sur le mouvement *anti-*

(1) *Ephemerid. nat. curios.*, dec. II, p. 247, 1686. — *Mém. de l'Acad. des sciences de Paris*, ann. 1700.
(2) *OEuvr. anat.*, t. II, p. 558. Paris, 1761.
(3) *De vomitu et mot. intestin.* Lugd. Bat., 1745. — In HALLER, *Disput. anat.*, t. I, p. 313.
(4) *Mém. de l'Acad. des sciences.* Paris, 1752, p. 226.
(5) *Loc. cit.*

péristaltique de l'estomac, et lui reconnut la faculté d'effectuer quelquefois le vomissement. Cette dernière manière de voir semble ranger Haller parmi les partisans de la doctrine ancienne : il n'avait en réalité qu'une opinion mixte dans la question.

Quelques expériences faites par Portal (1) tendaient à rendre à l'estomac le rôle actif que lui avaient refusé Bayle et Chirac, et que de nouveau Haller lui avait en quelque sorte restitué. Mais ces expériences n'ont pas un grand degré de précision ; et, quand Portal affirmait que l'expulsion des matières avait lieu pendant l'expiration, il avait été réfuté d'avance par Schwartz, comme nous l'avons vu plus haut.

Vers la même époque où Portal publiait son mémoire, J. Hunter (2), faisant allusion à l'opinion vraie, celle de Bayle, s'exprimait en ces termes : « Si l'on met l'estomac à découvert chez un animal vivant, ce viscère paraît peu agité ou affecté, lors même qu'on le touche avec la main ou qu'on l'irrite d'une autre manière... Cependant l'estomac peut se vider tout d'un coup, mais cet effet est produit par l'action des muscles abdominaux et de plusieurs autres... *L'action du vomissement est accomplie entièrement par le diaphragme et par les muscles abdominaux...* Aucune autre force n'est requise pour vider l'estomac dans le vomissement ; ces muscles sont même souvent capables de chasser les intestins eux-mêmes hors de l'abdomen et de produire ainsi une hernie. Il n'est pas nécessaire que l'estomac lui-même agisse avec violence pour que les matières qu'il contient soient évacuées ; *il n'est pas même nécessaire qu'il agisse le moins du monde.* En effet, ce ne sont point les poumons eux-mêmes qui agissent lorsqu'une matière étrangère doit être rejetée par l'expectoration, et *la toux est aux poumons ce que le vomissement est à l'estomac.* Les muscles de la respiration sont les parties actives dans l'acte par lequel les poumons sont vidés, et ils peuvent agir, soit d'une manière naturelle, soit d'une manière anormale : les muscles du thorax et de l'abdomen n'agissent pas naturellement sur les matières contenues dans l'abdomen ; mais souvent, par une action anormale, ils produisent la sortie des matières contenues dans les viscères de cette cavité. »

En 1813, Magendie (3), étudiant le mécanisme du vomissement, reproduisit d'abord les expériences de Bayle, de Chirac, de Schwartz, de Duverney et en obtint les mêmes résultats. Dans une première expérience, ayant porté le doigt sur l'estomac, par une petite ouverture faite à la ligne blanche, il ne sentit aucune contraction de cet organe, mais il reconnut la pression exercée par le diaphragme et les viscères abdominaux. L'incision étant agrandie, il vit l'estomac augmenter de volume par la déglutition de l'air pendant les efforts du vomissement, mais il ne remarqua aucune contraction sensible du ventricule.

(1) *Mémoires sur la nature et le traitement de plusieurs maladies*, t. II, p. 314.
(2) *OEuvr. complètes*, trad. franç., par RICHELOT, t. IV, p. 161 ; Paris, 1843 ; dans *Observations on certain parts of the animal œconomy.*
(3) *Mém. sur le vomissement.* Paris, 1813.

Sur un autre chien, auquel il venait d'injecter de l'émétique dans les veines, Magendie incisa la paroi abdominale et attira l'estomac hors de la plaie. Les nausées survinrent suivies d'efforts continus et violents ; mais, conformément aux observations de Schwartz, le vomissement ne put avoir lieu : l'estomac resta complétement immobile. Il en conclut que l'estomac soustrait à l'action du diaphragme et des muscles abdominaux est inhabile à expulser son contenu.

Magendie lia les nerfs phréniques : paralysant ainsi le diaphragme, il vit le vomissement, plus faible il est vrai, s'opérer par les seuls muscles abdo-minaux. Puis, faisant la contre-épreuve, il enleva la ceinture musculaire de l'abdomen, laissant intacts le péritoine et la ligne blanche, ainsi que les nerfs phréniques : il observa alors l'estomac immobile et pressé par le diaphragme dont les contractions ne le vidaient qu'incomplétement. Dans une autre expérience, il constata l'impossibilité absolue du vomissement après avoir, par la ligature des nerfs phréniques, paralysé l'action du dia-phragme et détruit en même temps les muscles abdominaux : l'émétique injecté dans les veines ne produisit que quelques nausées.

Voulant prouver que le vomissement peut s'effectuer sans le secours de l'estomac, Magendie fit l'expérience suivante sur un chien, auquel il lia d'abord les vaisseaux gastriques. Il extirpa l'estomac, puis injecta de l'émé-tique dans les veines et vit se développer des nausées et des efforts de vomissement. Alors, remplaçant l'estomac du chien par une vessie de cochon, modérément remplie d'eau et adaptée à la partie inférieure de l'œsophage par une ligature qui embrassait ce conduit sur un petit cylin-dre de gomme élastique, il referma par la suture les parois abdominales.. Une nouvelle injection d'émétique étant pratiquée, il vit bientôt cet estomac postiche se vider sous les contractions convulsives du diaphragme et des muscles abdominaux. Cette expérience et la plupart de celles qui précèdent ont été répétées par Bégin (1) qui en a obtenu les mêmes résultats.

Tantini (2) a reproduit également l'expérience qui consiste à substituer à l'estomac une vessie. Il n'a observé le vomissement que quand l'orifice cardiaque était entièrement enlevé avec l'estomac ; mais si la vessie était fixée un peu au-dessous du cardia, il ne constatait que des nausées et des efforts infructueux pour vomir. Il suit de ces expériences que, pour que le vomissement s'accomplisse, une pression d'ailleurs modérée sur l'es-tomac n'est pas suffisante, mais qu'il faut encore le relâchement des muscles circulaires qui opèrent la contraction du bout inférieur de l'œso-phage.

Déjà Maingault (3) avait aussi publié quelques expériences tendant à in-firmer celles de Magendie. Qu'il nous suffise de dire que Legallois et Bé-

---

(1) *Dict. des sc. méd.* en 60 vol., art. VOMISSEMENT, t. LVIII, 1822.
(2) OMODEI, in *Ann. univ. di med.*, 1824. — GERSON, *Magazin der ausland. Literat.*, t. XIII, p. 93.
(3) *Mém. sur le vomissement*, in-8, 1813.

clard, répétant ces expériences, en tirèrent des conclusions tout à fait conformes à celles que Magendie avait énoncées.

Cet expérimentateur avait attiré l'attention sur l'état de l'œsophage pendant le vomissement. Legallois et Béclard (1), pour s'éclairer sur ce point obscur, se livrèrent à de nombreuses expériences; ils en conclurent que l'œsophage se contracte pendant le vomissement. Après avoir coupé en travers ce conduit à son extrémité inférieure et l'avoir ramené au dehors, ils virent, en l'absence du vomissement, qu'il était le siége de mouvements alternatifs de resserrement et de dilatation qui se propageaient de sa partie supérieure à sa partie inférieure. Ces mouvements étaient réguliers, isochrones en quelque sorte à ceux de la respiration. Mais dès que les efforts de vomissement survenaient, ils observèrent que l'œsophage se raccourcissait et était fortement attiré vers le pharynx, et qu'en même temps il expulsait des bulles d'air par son extrémité inférieure. Legallois et Béclard reconnurent aussi dans leurs expériences que l'estomac, soustrait à l'action du diaphragme et des muscles abdominaux, était inapte à expulser le contenu de sa cavité, et que, pour que le vomissement eût lieu, l'action de l'une ou de l'autre de ces deux puissances suffisait : dans ce cas, il n'était besoin que d'une compression modérée, si l'estomac n'était pas distendu par une grande quantité de liquide.

Cependant Isid. Bourdon (2) tenta encore de revendiquer, pour l'estomac, l'activité que lui refusaient la plupart des expérimentateurs que nous venons de nommer. Il se fondait sur un cas de cancer, occupant toute l'étendue de l'estomac, chez une femme qui, tourmentée de nausées, n'avait pu accomplir le vomissement, malgré les contractions du diaphragme et des muscles abdominaux. Bourdon attribuait cet obstacle à la désorganisation des fibres de la membrane musculeuse de l'estomac, dont il regardait la contraction comme nécessaire pour l'accomplissement de cet acte. Mais Piédagnel (3) enleva à cette observation toute sa valeur, en citant plusieurs cas dans lesquels l'état squirrheux n'avait point empêché le vomissement, et en faisant judicieusement remarquer que l'état des orifices de l'estomac cancéreux pouvait d'ailleurs rendre compte de la possibilité ou de l'impossibilité du rejet des matières.

On lit dans les *Annales de médecine* de l'Autriche, 1846, qu'on apporta, à l'hôpital de Vienne, une fille qui, dans le but de s'empoisonner, avait pris une quantité considérable d'un acide minéral. Elle fut en proie à des vomissements continuels jusqu'à la mort, et, dans les matières vomies, on trouva les nombreux débris des membranes de l'estomac. A l'autopsie, il fut constaté que l'estomac n'existait plus : on ne trouva que de petites portions de ses parois qui étaient unies par des exsudations péritonéales aux viscères environnants et aux parois de l'abdomen, de manière à former une cavité communiquant avec l'œsophage. Cette femme avait encore vomi

<hr>

(1) *Expériences sur le vomissement.* Dans les œuvres de LEGALLOIS, t. II, p. 93. Paris, 1830.
(2) *Mém. sur le vomissement.* Paris, 1819.
(3) *Mém. sur le vomissement*, in *Journ. de physiol.* de MAGENDIE, 1821, p. 261.

dans les dernières heures de sa vie, et pourtant, à cette époque, il n'y avait évidemment plus d'estomac contractile.

Enfin Budge (1), en 1840, a publié sur le vomissement un travail dans lequel il admet qu'il y a des cas exceptionnels où l'estomac produit le vomissement par sa propre contraction : cela s'observe, d'après lui, quand on a passé une ligature autour de sa portion pylorique. Il reconnaît, du reste, que la cause principale du rejet des aliments réside dans la contraction du diaphragme et des muscles abdominaux. Mais il prétend avoir toujours aperçu, dans l'estomac, des mouvements qui contribuaient à fermer le pylore et à refouler le contenu dans le grand cul-de-sac et la portion cardiaque. Ainsi, pendant le vomissement, d'après Budge, la portion pylorique se rétrécit et se contracte en s'avançant vers la portion splénique qui reste toujours sans mouvement actif : seulement cette dernière se trouve fortement distendue, au commencement du vomissement, parce que tout le contenu de l'estomac, ainsi que les gaz introduits pendant les nausées, viennent s'y concentrer (*).

En jetant un coup d'œil sur l'ensemble de ces faits, nous serons facilement convaincus que, contrairement à la doctrine ancienne, cet acte brusque et convulsif, qui est vraiment le vomissement, a pour agent d'expulsion surtout la contraction du diaphragme et des muscles abdominaux. Les expériences de Bayle, de Chirac, de Schwartz, de Magendie, etc., sont positives et ne laissent aucun doute sur ce point. Ces expériences démontrent aussi que le concours de ces deux puissances n'est pas indispensable pour que le vomissement s'opère : l'une d'elles peut suffire, comme le prouvent, d'une part, la contraction isolée du diaphragme, après qu'on a enlevé la ceinture musculaire de l'abdomen, et, d'autre part, l'action des parois abdominales après qu'on a pratiqué la section des nerfs phréniques.

Chez les oiseaux, qui manquent de diaphragme, la contraction des muscles abdominaux est évidemment suffisante pour produire le vomissement. Quelques expériences de Krimer (2) ont mis en évidence ce fait confirmé d'ailleurs par certains cas de vices de conformation du diaphragme, observés chez l'homme. Rappelons enfin cet autre genre de preuve que, quand on supprime l'intervention simultanée du diaphragme et des muscles abdominaux, le vomissement ne saurait plus s'effectuer.

(1) *Die Lehre vom Erbrechen.* Bonn, 1840.

(*) D'après COLIN (*ouvr. cité*, p. 537), la participation active de l'estomac à l'exécution du vomissement ne serait pas niable, bien qu'elle soit moins grande que celle des puissances dites auxiliaires. Il fonde sa manière de voir sur les deux expériences suivantes : — D'une part, après avoir paralysé le diaphragme par la section des nerfs phréniques et les muscles abdominaux par celle de la moelle dorsale, il a vu l'émétique donner lieu à la réjection de quelques morceaux de viande ; réjection pénible, il est vrai, mais effectuée, selon toute apparence, par l'estomac qui seul demeurait actif.—D'autre part, après avoir paralysé sur d'autres chiens l'estomac seul par la section des nerfs vagues à l'entrée de la poitrine, il a vu les efforts les plus violents ne produire qu'un vomissement pénible, faible, incomplet, et jamais l'évacuation intégrale du contenu de l'estomac. Or, dit-il, comment nier l'activité de cet organe quand on le voit rejeter encore une partie de ses aliments, alors que la paralysie de ses auxiliaires l'a réduit à ses propres forces ; et comment tout rapporter au diaphragme et aux muscles abdominaux, quand ces muscles ne réussissent point à évacuer le contenu du ventricule frappé d'inertie ?

(2) HORN's *Archiv.*, 1821, B. I, § 239.

D'après ce qui précède, on peut donc pressentir ce qui doit advenir du côté de l'estomac lui-même dans l'acte du vomissement. Cet organe n'est, en effet, pour rien dans ces mouvements violents, convulsifs, qui expulsent les matières hors de sa cavité; la plupart des expérimentateurs s'accordent sur ce point (*). Mais, de plus, Bayle, Chirac, Schwartz, Magendie, etc., ont touché, observé de l'œil, l'estomac pendant le vomissement, et ils l'ont trouvé souvent immobile, quelquefois animé de contractions lentes, continues, toujours incapables d'en vider instantanément le contenu. Rappelons que Schwartz et Magendie, après avoir amené au dehors l'estomac, et l'avoir ainsi soustrait à l'action des puissances musculaires, ont reconnu que le vomissement était alors impossible. L'irritation directe de cet organe sur les animaux vivants, comme nous-même l'avons souvent constaté et comme bien d'autres l'avaient fait avant nous, ne cause pas le vomissement. De pareils résultats témoignent assez du défaut de participation de l'estomac dans l'accomplissement de cet acte.

Toutefois, quelques-uns des physiologistes, qui font du diaphragme et des muscles abdominaux les agents essentiels du vomissement, refusent d'admettre ici la passivité absolue de l'estomac, et ils insistent sur ses contractions *antipéristaltiques*. Mais, en regardant ces contractions comme constantes, quelle énergie pourraient-elles donc offrir? Elles ressemblent à celles que nous avons décrites à l'occasion des mouvements de l'estomac pendant la digestion; elles ont lieu suivant les mêmes lois, et, comme nous l'avons prouvé plus haut, elles ne tendent pas, tant s'en faut, à engager les matières dans la direction de l'œsophage. D'ailleurs, le vomissement est-il donc plus facile chez les animaux pourvus des estomacs les plus vigoureux? L'observation a prouvé généralement le contraire, et elle a établi qu'en effet le vomissement est surtout facile, qu'il constitue même un acte physiologique chez beaucoup d'animaux dont l'estomac offre des parois minces et membraneuses. N'est-il pas également digne de remarque que le vomissement se déclare et devienne en quelque sorte incessant, quand, par la section des nerfs pneumogastriques, on a paralysé la couche musculaire, agent des mouvements de l'estomac? D'après mes propres observations, je sais bien que, dans ces cas, il s'agit plutôt de vomituritions que de vomissements proprement dits; mais aussi, en observant attentivement le mode particulier de respiration chez les animaux que j'avais privés de leurs pneumogastriques, je me suis aisément convaincu qu'alors le diaphragme et les muscles abdominaux sont bien loin d'avoir conservé comme à l'état normal toute leur énergie et leur plénitude d'action.

Quant aux mouvements de l'œsophage, dans les expériences de Legallois et Béclard on voit mieux les contractions qui se propagent de haut en bas que celles qui remontent dans la direction contraire. Après la section du conduit, le mouvement de retrait du bout supérieur est-il incontestablement une contraction antipéristaltique? Il a lieu, il est vrai, pendant les efforts

(*) Même d'après Colin (*loc. cit.*), qui admet une certaine participation active de l'estomac au vomissement, cette participation serait faible.

du vomissement, mais en même temps il expulse des bulles d'air dans un sens opposé. La paralysie de l'œsophage par la section des pneumogastriques fait à ce conduit la même situation qu'à l'estomac : c'est un fait qui mérite d'être noté.

La coopération principale du tube digestif, dans l'acte du vomissement, consisterait, pour plusieurs physiologistes, dans le relâchement de la partie inférieure de l'œsophage : mais on ignore encore si ce relâchement est dû à un mouvement antagoniste des fibres longitudinales de cette partie, ou s'il n'est qu'une simple cessation de l'action constrictive du sphincter cardiaque. Ruehle (1) croit que les mouvements ascendants de l'œsophage, pendant le vomissement, ont une grande part au relâchement de l'orifice cardiaque.

Ruehle a cherché aussi à déterminer, à l'aide du manomètre, le degré de pression sur l'estomac, nécessaire pour vaincre la résistance de l'orifice cardiaque. Il a expérimenté sur des chiens avant ou pendant le vomissement, et il a toujours trouvé que pendant le vomissement cette résistance était notablement diminuée.

Quoi qu'il en soit, il reste donc, dans l'opinion d'un certain nombre d'auteurs, des doutes sur l'activité de l'estomac et le rôle qu'on attribue aux mouvements de l'œsophage dans le mécanisme du vomissement; de nouveaux faits seraient nécessaires pour avoir ici une démonstration incontestable. A nos yeux, le vomissement est un acte si rapide qu'un temps presque indivisible sépare la cause de l'effet : le spasme et le rejet des matières sont presque simultanés. Or, dans ces conditions, l'estomac est surpris par la pression brusque des puissances musculaires : de ces deux orifices le plus fort résiste, le cardia cède, puis les matières lancées avec force parcourent l'œsophage, franchissent le pharynx et s'échappent au dehors. Il est difficile d'admettre, pendant cette convulsion rapide et cet état spasmodique, une dilatation active du cardia et de l'œsophage. Le vomissement est un phénomène éminemment convulsif; on ne doit jamais oublier ce caractère dans l'étude de son mécanisme. Il est, à ce titre, un acte involontaire : Lieutaud, et après lui Haller, avaient vu là, mais à tort, un argument en faveur de la doctrine de l'activité de l'estomac. Certains individus ont, il est vrai, la faculté de vomir volontairement, et quelques-uns s'en sont même servis pour exécuter des expériences sur la digestion. Mais ces faits n'ôtent rien au vomissement de son caractère spasmodique dans la généralité des cas.

La *portion centrale du système nerveux*, qui préside au vomissement, ne reçoit pas de la même manière toutes les impressions en vertu desquelles cet acte est déterminé. Elles lui arrivent plus ou moins directement, selon le mode d'action des causes qui provoquent le vomissement. Que ce dernier soit l'effet de matières irritantes, indigestes, ingérées dans l'estomac, c'est le pneumogastrique qui transmet l'impression au centre nerveux; tandis que c'est le sang qui remplit cet office, quand, par exemple, l'émé-

(1) TRAUBE, *Beiträge*. Berlin, 1846, p. 55.

tique a été injecté dans les veines. Dans le cas où l'émétique a été porté dans l'estomac, il paraît agir encore, en vertu de l'absorption, par la même voie.

Souvent le point de départ est hors de l'estomac : on voit le vomissement survenir quand un calcul parcourt l'uretère ou bien les voies biliaires, quand l'utérus renferme le produit de la conception, quand l'iris est blessé dans l'opération de la cataracte, etc. Alors, ce sont autant de conducteurs différents qui vont porter au centre nerveux l'impression qui suscite le vomissement.

Enfin, dans un certain nombre de cas, le système nerveux central semble être affecté directement, sans l'intermédiaire du sang ni des nerfs de sensibilité générale ; cela s'observe dans les émotions morales, etc. L'idée d'un objet dégoûtant, le souvenir, peuvent parfois déterminer le vomissement : après avoir éprouvé violemment le mal de mer, il m'est arrivé, durant plusieurs jours, de vomir au seul souvenir des angoisses que j'avais endurées.

Chez l'homme, le vomissement semble d'autant plus facile qu'on se rapproche davantage de la première enfance. La différence d'aptitude à vomir, à mesure que l'on avance en âge, a été bien gratuitement rapportée, par Schultze (1), à de prétendues variétés de forme que prendrait l'estomac aux divers âges de la vie.

On sait qu'il est des personnes chez lesquelles le vomissement ne peut s'effectuer. Cet acte, qui se produit si facilement chez les carnassiers, n'a lieu qu'avec une grande difficulté chez la plupart des herbivores : le cheval ainsi que les ruminants ne vomissent qu'exceptionnellement.

La *régurgitation* a la plus grande analogie avec la rumination, dont elle ne diffère peut-être que parce qu'elle est un phénomène passager ou accidentel, et que les matières solides ne sont pas soumises, comme dans la rumination, à une mastication nouvelle. La régurgitation est fréquente chez les enfants à la mamelle, et on l'observe à tout âge quand l'estomac, rempli outre mesure de substances solides ou liquides, cède à quelque effort qui en fait remonter le contenu vers le pharynx et jusque dans la cavité buccale. C'est le même phénomène qui arrive chez les animaux auxquels on lie l'estomac, et qu'on observe aussi parfois, au lieu du vomissement, chez les individus atteints de hernie étranglée. Les puissances musculaires qui agissent dans l'acte du vomissement prêtent aussi leur concours à celui de la régurgitation. Seulement la volonté paraît pouvoir jouer ici un certain rôle : il est, en effet, des individus auxquels il suffit d'exécuter d'abord une grande inspiration, puis, en retenant l'air dans leur poitrine, de contracter les muscles de l'abdomen, pour ramener dans la bouche une partie du contenu de l'estomac.

L'*éructation* est la sortie brusque et sonore, par la bouche, des gaz venus

(1) *Sur l'acte et la différence du vomissement,* dans *Gazette méd.,* p. 518, 1835.

de l'estomac; c'est un vomissement gazeux, si l'on peut dire ainsi. Dans
leur expulsion, ces gaz remontent l'œsophage, et, arrivés au point où ce
conduit s'ouvre dans le pharynx, ils font vibrer les bords contractés de
cette ouverture, et produisent leur bruit habituel par un mécanisme analogue à celui des anches membraneuses. Par leur pesanteur spécifique, les
gaz occupent dans l'estomac la couche supérieure, le point le plus élevé,
quelle que soit d'ailleurs l'attitude du corps. L'éructation peut aussi provenir de l'expulsion de gaz venus du dehors et dont on a opéré la déglu-
tion : il est des personnes qui possèdent la faculté d'avaler de l'air à volonté
et de le faire remonter à leur gré dans le pharynx et dans la bouche.

MOUVEMENTS DES INTESTINS.

Lorsque les aliments ont fait, dans l'estomac, un séjour dont la durée
varie avec leur nature et que leur fluidification est plus ou moins avancée,
peu à peu l'orifice pylorique leur livre passage. Ils sont alors poussés dans
le duodénum, puis au delà, pour se trouver bientôt en présence de la bile,
du suc pancréatique et du suc intestinal, nouveaux agents modificateurs
dont nous aurons plus tard à déterminer les usages.

Alternativement resserré dans un point et renflé dans un autre, le canal
intestinal déplace les matières contenues dans son intérieur, les brasse, les
mélange intimement avec les divers fluides digestifs, et ainsi les désagrége
de plus en plus, de manière à faciliter leur dissolution, leur transformation,
et partant leur absorption, but ultime de la fonction digestive. Mais, dans
leur long parcours, comme les matières alimentaires se dépouillent peu à
peu de leurs éléments nutritifs par l'absorption, et qu'elles finissent par
laisser un résidu (fèces), les contractions successives de l'intestin, dans
une direction déterminée, doivent donc avoir encore un autre but, celui
de concourir à l'élimination des parties excrémentitielles.

Du reste, les mouvements des intestins présentent un rhythme particulier sur lequel se règlent le mode et la vitesse de progression des matières,
ainsi que la durée de leur séjour; ils perfectionnent ainsi la digestion et
la prolongent assez pour que les fluides digestifs aient le temps d'agir sur
les aliments, et les villosités celui d'absorber les principes assimilables. Ce
n'est que dans les conditions exceptionnelles, par exemple dans les cas où
une vive excitation nerveuse se propage à l'intestin, qu'on voit les mouvements de ce dernier acquérir une trop grande rapidité et par là troubler
le travail intestinal : c'est ainsi que survient la diarrhée dans les fortes
émotions morales, etc.

Il ne faudrait pas, dans l'étude des contractions de l'intestin, s'en rapporter à ce qu'on voit sur un animal qui vient d'expirer, et dont le ventre
a été largement ouvert. Là, ne s'observe aucune régularité, aucun rhythme
déterminé; tout est désordre, confusion, et nul doute qu'une telle rapidité
de contraction, qui bientôt s'étend à toute la masse intestinale, ne saurait
s'accommoder avec la lenteur du travail digestif et absorbant.

Les choses ne se passent point de la même manière chez l'animal vivant. D'abord le mouvement vermiculaire des intestins est bien moins actif, puis il ne se propage jamais dans toute leur longueur; au contraire, il a lieu tantôt dans un point, tantôt dans un autre, et conséquemment dans des limites toujours assez restreintes. Les périodes d'immobilité sont même souvent plus longues que les périodes de mouvement. Quant au mouvement lui-même, il se compose de contractions *péristaltiques* et *antipéristaltiques* qui servent, les premières, à faire cheminer les matières vers la partie inférieure du tube digestif, et, les secondes, à les faire remonter pour bientôt redescendre, entraînées qu'elles sont par de nouvelles contractions péristaltiques. Celles-ci ont en effet une prédominance d'action assez marquée sur les autres pour déterminer la progression de la bouillie alimentaire dans un sens définitif, c'est-à-dire de l'estomac vers le gros intestin. Aussi, à une certaine période de la digestion, surtout chez les herbivores, le tiers supérieur de l'intestin grêle est-il à peu près vide et les matières se trouvent-elles accumulées dans ses deux tiers inférieurs jusqu'à l'iléon contracté. Une fois poussées de l'iléon dans le cæcum, ces mêmes matières ne sauraient plus rentrer dans l'intestin grêle, à cause de la présence d'une valvule dont le mécanisme est tel que, plus l'intestin est distendu, plus elle oppose de résistance à une pareille rétrogradation. Du reste, quand il est arrivé dans le gros intestin, le résidu des aliments s'y accumule en grande quantité, car il y trouve diverses causes de ralentissement propres à épargner les incommodités qui résulteraient d'évacuations trop fréquentes. Ce ralentissement est surtout occasionné par la direction des côlons ascendant et transverse, par la forme singulière de l'S iliaque du côlon, par les rides transversales, saillantes en dedans, qui séparent les unes des autres les cellules du gros intestin, et par la présence d'une vaste ampoule rectale dans laquelle peuvent se masser des matières qui ont eu le temps de céder de plus en plus aux absorbants une partie des liquides qui les imprégnaient, et de prendre de la consistance pour former les pelotes stercorales.

On admet généralement qu'à l'état normal les mouvements des intestins sont surtout sollicités par le contact des matières alimentaires avec la muqueuse intestinale, qu'ils sont aussi excités par la présence de la bile : à l'appui de cette manière de voir, on rappelle que, dans les cas d'anus contre nature, le bout inférieur de l'intestin ne se vide que de loin en loin du produit de la sécrétion muqueuse, ou bien encore que les aliments imparfaitement chymifiés activent les contractions et la sécrétion intestinales au point d'amener la diarrhée. La plupart des expérimentateurs assurent aussi que l'application immédiate d'un irritant chimique ou mécanique sur l'intestin détermine une contraction qui se manifeste, tantôt par une dépression locale, tantôt par un resserrement circulaire quelquefois assez prononcé pour que l'intestin semble avoir été étranglé par un fil.

Schiff (1), en s'appuyant sur ses propres recherches, a cru devoir ne point partager l'opinion qu'à l'état normal le mouvement des intestins puisse avoir pour cause l'excitation de leur muqueuse par les aliments, ou, en d'autres termes, qu'il s'agisse ici, comme on l'admet, de *mouvements réflexes* de muscles de la vie organique, succédant à l'irritation des fibres sensitives du grand sympathique. « Très-souvent, dit-il d'abord, il m'est arrivé de vider le contenu de la vésicule biliaire dans le duodénum et cet intestin n'a été nullement excité par ce contact; il est resté aussi immobile qu'auparavant. » Puis, Schiff insiste sur cette expérience, qu'après avoir coupé l'intestin en travers, et avoir attendu que la contraction consécutive à la blessure eût cessé, il a pu irriter avec une sonde la membrane muqueuse intestinale, sans jamais produire aucun mouvement. A cela, je pourrais répondre que la nature spéciale de l'excitation ou de la sensation doit être prise en sérieuse considération dans l'étude des *effets réflexes*, et qu'une sonde promenée sur la muqueuse intestinale ne saurait y éveiller la même impression que des aliments dont la composition chimique est si différente. Le sperme, en irritant les nerfs sensitifs de la muqueuse de l'urèthre, occasionne la contraction saccadée et convulsive des muscles du périnée, tandis que ni le passage d'une sonde, ni les injections irritantes ne produisent le même effet ; — il arrive souvent que tout le corps entre en convulsion, quand on chatouille les flancs ou la pointe des pieds, et pourtant on n'observe ordinairement rien de semblable quand ces mêmes parties sont ou enflammées ou blessées ; — la titillation du conduit auditif externe, à l'aide des barbes d'une plume, suffit souvent pour faire tousser, mais si ce conduit devient le siége d'une vive inflammation ou de douleurs violentes, alors la toux sympathique n'a plus lieu, etc. Ces exemples devront suffire pour démontrer combien il importe, en effet, de conclure ici avec réserve et de tenir compte de la spécialité de l'excitation ou de la sensation, en présence des phénomènes dont il s'agit.

C'est un fait, bien souvent constaté par nous, que l'intestin *rempli d'aliments* peut se contracter énergiquement par la stimulation des nerfs qui l'animent, tandis que, s'il est *vide*, les effets sont négatifs. — Pour Schiff, cela ne prouverait rien contre son opinion. Ce n'est pas, d'après lui, l'entrée du chyme et l'excitation immédiate de la muqueuse intestinale qui font contracter l'intestin ; ou bien, s'il en était ainsi, ce dernier devrait réagir aussitôt, au lieu de rester immobile pendant longtemps quoique rempli : c'est un état des intestins consécutif à l'introduction du chyme, c'est-à-dire leur turgescence sanguine, entraînant l'excitabilité plus grande des nerfs mésentériques, qui est cause des contractions intestinales.

Si les mouvements des intestins deviennent, en général, bien plus énergiques après la mort qu'ils ne l'étaient durant la vie, c'est, suivant Fontana, qu'il y a rupture d'équilibre entre les fibres musculaires de l'intestin et le sang, rupture qui est la conséquence nécessaire de la cessation de la

____

(1) Communication écrite.

circulation. Pour d'autres, la plus grande excitabilité de la tunique musculeuse de l'intestin, aussitôt après la mort, devrait être attribuée à l'influence
du sang veineux.

« La seule cause de ces mouvements exagérés, dit Schiff, provient de la
cessation ou de l'affaiblissement de la circulation dans les fibres musculaires de l'intestin. J'ai démontré que, si l'on comprime pendant quelque
temps l'aorte abdominale d'un animal vivant, on peut exciter des contractions intestinales aussi prononcées que celles que l'on observe immédiatement après la mort, et que, si l'on cesse la compression, l'intestin redevient tranquille. On peut répéter plusieurs fois la même expérience sur le
même animal. En suspendant la circulation dans une anse intestinale isolée, on verra cette anse entrer toute seule en mouvement. »

D'après le même expérimentateur, on ne saurait faire dépendre les mouvements de l'intestin du contact de l'air sur sa face externe. Si l'animal
vient de mourir, ils se produisent avec une égale vivacité, que le péritoine
et le diaphragme soient encore intacts ou non ; on ne saurait davantage
les attribuer au refroidissement de l'intestin après l'ouverture du péritoine, puisqu'ils ont également lieu quand on prend la précaution d'ouvrir les animaux dans un lieu chauffé à 40 degrés centigrades. Si l'animal
est vivant, ni le contact de l'air, ni le refroidissement à l'air libre, ne rendent plus actives les contractions de l'intestin, qui, au contraire, deviennent des plus énergiques dès que l'animal est mis à mort. Si l'on étend
sur le dos un jeune lapin vivant, on ne peut distinguer à travers les parois
abdominales, toutes minces qu'elles sont, aucun mouvement de l'intestin ;
mais si, sans avoir ouvert l'abdomen ni donné accès à l'air, on tue instantanément l'animal, on constate aussitôt, à travers la paroi antérieure du
ventre, les contractions intestinales les plus manifestes.

Quant à l'*influence du système nerveux* sur les mouvements du canal intestinal, il faut savoir qu'à toute la portion de ce canal nommée *intestin grêle*,
et à la plus grande longueur de son autre portion appelée *gros intestin*, se
distribuent des rameaux nerveux émanés du nerf grand sympathique (*) ;
tandis qu'à l'extrémité anale du gros intestin, aboutissent, en plus, des
nerfs spinaux qui proviennent *directement* surtout des troisième et quatrième branches antérieures sacrées.

Brachet (1) croit que le grand sympathique n'influence en rien les mouvements de l'intestin grêle, qui sont, au contraire, dit-il, sous la dépendance *immédiate* du système nerveux cérébro-spinal. Selon ce physiologiste, le pneumogastrique présiderait aux contractions de la portion
supérieure de l'intestin grêle, et la *moelle épinière à celles de la portion infé-*

(*) Cependant quelques filets directs et terminaux des pneumogastriques paraissent se distribuer au commencement du duodénum. Aussi, la première partie de cet intestin et la portion
pylorique de l'estomac offrent-elles le plus souvent des contractions simultanées.

(1) *Rech. expérim. sur le syst. nerv. gangl.*, 2ᵉ édit., p. 272.

rieure : le grand sympathique n'aurait de l'influence que sur l'absorption, l'exhalation et la sécrétion intestinales.

Nous sommes loin de partager un pareil sentiment, et voici les raisons toutes expérimentales ou anatomiques qui nous en éloignent. Si le grand sympathique était réellement étranger aux mouvements de l'intestin grêle, n'est-il pas manifeste que les irritations mécaniques, chimiques ou galvaniques, portées sur ce nerf, ne devraient rien changer à l'immobilité de l'intestin mis à nu? Au contraire, aussitôt qu'ont cessé ses mouvements vermiculaires, faussement attribués à l'impression de l'air atmosphérique, vient-on à déposer de la potasse caustique sur les ganglions solaires ou bien à galvaniser les grands nerfs splanchniques, on voit, au bout de quelques secondes, les contractions de tout l'intestin grêle reprendre leur vivacité. J. Müller (1) a exécuté ces expériences avec succès sur des lapins; nous les avons reproduites avec le même succès sur des chiens. Toutefois, à ceux qui voudraient les répéter, nous rappellerons qu'elles nous ont réussi dans les cas où l'intestin renfermait des matières alimentaires et non quand il était vide. Elles sont concluantes, à notre avis, pour prouver l'action motrice du grand sympathique (au moins à titre conducteur) sur l'intestin grêle ; car, puisque, comme nous l'avons constaté, ses mouvements sont aussi réveillés par la stimulation électrique de la moelle épinière, puisque les maladies de cette dernière les affaiblissent ou les paralysent (2), et qu'alors survient fréquemment une dilatation considérable de l'intestin due à l'inertie de sa tunique musculeuse et à la constipation opiniâtre qui en résulte, il faut bien reconnaître que le foyer de la précédente action motrice est dans le centre nerveux spinal. Mais, au moins, entre celui-ci et l'intestin, nous admettons un conducteur qui est le grand sympathique, tandis que Brachet oublie d'en mettre un quelconque pour la portion inférieure de l'intestin grêle dont, suivant ses paroles, l'action contractile est soumise à la moelle. Or, l'anatomie exacte démontre que la portion inférieure de l'intestin grêle ne communique avec la moelle qu'à l'aide de filets du grand sympathique; on doit donc admettre, contre l'opinion de Brachet, qu'ici ce nerf est destiné au moins à conduire, à la portion d'intestin désignée, la force nerveuse motrice que cet auteur lui-même fait provenir de la moelle épinière, et que, par conséquent, on ne saurait avancer que le grand sympathique n'influence en rien les mouvements de l'intestin grêle. Les simples notions anatomiques, sans les expériences que nous avons citées, suffiraient pour empêcher de donner son adhésion à cette assertion erronée.

Du reste, les mouvements dont il s'agit sont comme ceux du pharynx, de l'œsophage et de l'estomac, des mouvements involontaires qui dépendent de cette faculté spéciale de l'axe cérébro-rachidien qu'on désigne sous le nom de *pouvoir réflexe* (*).

(1) *Physiol. du syst. nerv.*, trad. de JOURDAN, t. I, p. 121 et suiv.

(2) *Traité des maladies de la moelle épinière*, par Ollivier (d'Angers), *passim*.

(*) Voyez, dans le tome III, le chapitre qui traite spécialement *du pouvoir et des mouvements réflexes.*

Quant à la participation du grand sympathique, elle est nulle en ce qui regarde la contraction du sphincter externe du rectum et le mode de sensibilité particulière qui se rattache au besoin de la défécation. De pareils actes réclamaient la présence et le concours des nerfs de la vie animale, et, jusqu'à un certain point, l'intervention de la volonté.

Budge (1) et G. Valentin (2) assurent qu'on peut exciter les contractions des intestins, à l'aide de la stimulation directe des tubercules quadrijumeaux, des corps striés ou des couches optiques; Schiff (3) en dit autant du bulbe rachidien, de la protubérance annulaire, des pédoncules du cerveau et du cervelet, seulement il n'a jamais vu le mouvement intestinal devenir plus vif par suite de l'excitation directe des corps striés.

Mes recherches sont loin d'avoir levé tous mes doutes sur la réalité de pareilles influences, et ici, une relation de cause à effet m'a toujours paru bien difficile à établir. Dans les résultats que j'ai obtenus, il y a eu une telle inconstance qu'il m'est impossible d'admettre de semblables assertions comme établies sur des preuves concluantes. Il est vrai que mes expériences ont été faites sur des chiens et des lapins, et non sur des chats, que ces auteurs semblent recommander comme plus propres à ces sortes d'investigations.

Quant à mes expériences et à celles de Schiff, touchant l'influence de la moelle épinière et des nerfs eux-mêmes sur les mouvements intestinaux, elles s'accordent pour établir ce qui suit : L'excitabilité des nerfs qui se distribuent aux intestins est sujette à des oscillations; elle cesse, s'épuise et reparaît à certains intervalles. Aussi, parfois n'obtient-on aucun résultat de la stimulation électrique ou mécanique de la moelle, ce qui ne veut pás dire, comme l'ont cru certains expérimentateurs, que cet organe soit ici sans action, et que le grand sympathique soit seul influent, car alors l'excitation de ce dernier nerf donne également un résultat négatif. Mais, d'autres fois et sur le même animal, surtout quand une anse intestinale commence à entrer spontanément en contraction, si l'on excite, soit la moelle, soit le grand sympathique, il survient des mouvements ondulatoires tellement vifs qu'on n'en observe jamais de pareils, sur l'animal vivant, sans stimulation nerveuse directe. C'est ainsi qu'on peut ranimer les mouvements de l'intestin grêle et du cæcum en stimulant les portions cervicale et dorsale de la moelle, ou bien ceux du reste du gros intestin en excitant la portion lombaire.

Défécation.

Les matières fécales, parvenues à la dernière portion du canal intestinal, sont rejetées au dehors et c'est à leur expulsion qu'on donne le nom de *défécation*.

(1) *Untersuchungen über das Nervensystem*, p. 149, 152, 1841.
(2) *Repertorium*, etc., t. VI, p. 359.
(3) Communication écrite.

La défécation est un acte essentiellement éliminatoire; c'est l'acte ultime de la fonction digestive.

Les fèces ne sont expulsées qu'à des intervalles variables; le plus ordinairement une ou deux fois dans les vingt-quatre heures. Cette évacuation a lieu souvent d'une manière régulière et l'habitude semble avoir beaucoup d'influence sur son retour périodique. Chez quelques individus, elle ne se reproduit que tous les deux, trois, quatre ou cinq jours seulement, et cet état est compatible avec l'intégrité apparente de la santé. Dans quelques cas d'abstinence prolongée, un ou plusieurs mois ont séparé deux évacuations; mais ces faits rentrent dans le domaine de la pathologie.

L'intermittence de la défécation a sa cause dans certaines conditions anatomiques du rectum, qu'il est utile de rappeler parce qu'elles nous serviront à expliquer le mécanisme de l'expulsion des fèces.

L'extrémité inférieure du rectum est pourvue de deux muscles annulaires, en état de contraction permanente : ce sont les deux sphincters, l'interne et l'externe. Le sphincter interne a peu d'importance; il ne consiste qu'en un petit nombre de fibres circulaires et est situé sous les fibres longitudinales de l'intestin, au-dessous du sphincter externe. Quelques auteurs en ont nié l'existence; d'autres le regardent comme une simple condensation des fibres circulaires de l'intestin. Il est pâle, comme les muscles de la vie organique, et, selon Burdach (1), les lésions de la moelle n'ont pas d'influence sur lui. C'est tout le contraire pour le sphincter externe : celui-ci représente un anneau épais, composé de fibres semi-elliptiques se regardant par leur concavité; il entoure le rectum dans une hauteur de 2 centimètres environ.

Au-dessus des sphincters s'élève, en canal étroit, serré, le rectum qui bientôt s'évase en forme d'ampoule, sorte de dilatation dont la dimension est variable, et qui reçoit, comme dans un réservoir, les matières à expulser. Cette partie, qui n'est point bridée par le péritoine et qui, en se dilatant, soulève facilement le cul-de-sac que forme cette membrane en passant du rectum aux parties voisines, se présente quelquefois chez les vieillards avec un volume considérable : elle peut être remplie de matières et occuper presque la totalité de l'excavation du bassin.

Telle ne serait pas, selon James O'Beirne (2), la disposition habituelle des parties. C'est, au dire de ce chirurgien, la portion courbe de l'S iliaque du côlon qui est le réservoir où s'accumulent les fèces, dans l'intervalle des évacuations. Au-dessous vient une portion vide et contractée, puis la dilatation que nous avons admise, également vide, mais non contractée. Enfin, le reste du rectum jusqu'à l'anus est en état de vacuité et de contraction. Bien que James O'Beirne ait appuyé cette manière de voir de considérations très-judicieuses, on ne saurait l'accepter pour la généralité des cas. Rappelons seulement combien il est souvent facile d'atteindre avec le doigt les matières accumulées dans l'ampoule rectale, et de les sentir par le toucher

(1) *Traité de physiol.*, trad. franç., t. IX, p. 213.
(2) *New Wiews of the Process of Defecation*, in-8, Dublin, 1833.

vaginal à travers la cloison, ce qui ne se pourrait si, avant leur expulsion, elles avaient pour réservoir la portion courbe de l'S iliaque du côlon. D'ailleurs les ouvertures des corps ne confirment point les vues du chirurgien irlandais.

Nous sommes avertis de la nécessité de rendre les matières fécales par une sensation particulière qui se confond ici avec le besoin même d'évacuation. Elle est déterminée par le contact des fèces qui de l'ampoule rectale descendent dans la partie sous-jacente. Leur présence, en même temps qu'elle occasionne un sentiment de pesanteur, irrite la muqueuse et sollicite la contraction des puissances expultrices. Le même effet est aussi produit dans certaines conditions et par d'autres causes : ainsi le gonflement de la prostate, un calcul vésical, la saillie de la vessie distendue par l'urine, la tête du fœtus dans l'accouchement, peuvent faire naître le besoin de la défécation. C'est ainsi encore que l'introduction d'un suppositoire dans l'anus provoque la même sensation et amène le même résultat.

L'obstacle à la sortie des matières réside dans la contraction des sphincters, ou mieux du sphincter externe ; et c'est pour vaincre cette contraction que convergent les efforts des puissances musculaires qui concourent à la défécation. Dans l'état habituel, la défécation s'opère par l'action péristaltique de l'intestin, aidée de la contraction du diaphragme et des muscles abdominaux. Toutefois, l'intestin peut, dans quelques cas, se débarrasser des fèces sans le secours de ces derniers muscles : les fortes fibres longitudinales du rectum triomphent, à elles seules, de la résistance du sphincter. Le fait est facile à vérifier sur un chien dont le ventre a été ouvert.

Dans l'expulsion des matières, le diaphragme et les muscles abdominaux se contractent simultanément et resserrent dans tous les sens la cavité abdominale : en même temps se produit le phénomène de l'effort. Les viscères abdominaux, poussés en bas et en avant par le diaphragme, en arrière par les muscles de l'abdomen, transmettent cette pression suivant une ligne qui vient tomber dans le petit bassin ; une attitude instinctive du corps, dont le tronc s'incline en avant, en favorise la force et la direction. Sous cette pression, le rectum et les matières qu'il renferme sont refoulés, en bas, vers l'anus qu'on voit s'abaisser à chaque effort. Mais, dans le même moment, une autre puissance entre en action et apporte une résistance en sens opposé : c'est la contraction du releveur de l'anus. Les fibres de ce muscle, prenant leur point fixe sur leurs attaches au pourtour du bassin, se redressent en se contractant et portent ainsi en haut l'extrémité inférieure du rectum. En même temps elles ont pour effet de dilater l'orifice anal et deviennent des auxiliaires efficaces des fibres longitudinales du rectum. Ainsi pressées, sous ces efforts divers, les matières s'engagent à travers l'ouverture du sphincter et parviennent au dehors.

En un mot, la résistance du sphincter cède à l'action de deux forces : l'une, en vertu de laquelle les matières, refoulées par le diaphragme et les muscles de l'abdomen, pressent de haut en bas ; l'autre, qui, représentée par le releveur de l'anus et les fibres longitudinales du rectum, porte de bas en haut cet intestin en même temps qu'elle opère la dilatation de son sphincter. La défécation s'accomplit sous l'effort de ces puissances agissant synergiquement.

La muqueuse du rectum, lâchement unie à la couche musculaire sous-jacente, est, chez certains animaux, comme le cheval, entraînée sous forme de bourrelet, en même temps que les matières franchissent le sphincter ; elle rentre dans l'intestin immédiatement après leur expulsion. Quelquefois chez l'homme, et particulièrement chez l'enfant, ce phénomène se produit accidentellement : il est, dans ce cas, un état pathologique et réclame l'intervention du chirurgien.

La défécation, on le sait, exige de la part des puissances expultrices des efforts proportionnés au degré de consistance, au volume des matières fécales ; il faut aussi tenir compte de la fréquence des évacuations plus ou moins rapprochées. Celles-ci sont d'autant plus difficiles qu'elles sont plus rares. Quand les matières sont liquides ou semi-liquides, elles sont facilement évacuées ; dans les cas où le mouvement péristaltique est très-énergique, elles sont parfois précipitées au dehors comme un flot : c'est ainsi que, dans quelques cas, les lavements sont rendus. Quelquefois, dans la dysenterie, par exemple, les évacuations provoquées par l'irritation douloureuse de la partie inférieure du rectum se renouvellent à intervalles très-rapprochés ; c'est à ce besoin fréquemment renouvelé, et souvent illusoire, qu'on donne le nom de *ténesme*.

La volonté intervient dans l'acte de la défécation : son influence s'exerce sur le sphincter dont nous pouvons, à notre gré, provoquer la contraction, pour retarder ainsi l'évacuation des matières fécales. Cependant cette résistance a des limites au delà desquelles le mouvement péristaltique l'emporte invinciblement. Le sphincter jouit en outre d'un mode particulier d'action qu'on appelle sa tonicité, sorte de tension, commune d'ailleurs à tous les muscles, mais plus prononcée dans les muscles annulaires, qui est permanente et qui ferme l'anus sans l'intervention de la volonté. Ces deux modes d'action du sphincter, la tonicité et la contraction volontaire, sont sous la dépendance de la moelle épinière, par l'intermédiaire des dernières paires sacrées. Aussi, la suppression, par une cause quelconque, de cette influence nerveuse, anéantit-elle ces facultés contractiles. On sait quels troubles apportent dans la défécation les affections de la moelle épinière. Ne faut-il pas aussi rapporter à une suspension de l'influx nerveux dans le rectum, le cas où une violente frayeur, une émotion subite entraîne le relâchement des sphincters ?

Usages mécaniques des gaz intestinaux.

Lorsqu'on ouvre un animal vivant, qu'il soit à jeun ou en pleine digestion, on reconnaît que son tube intestinal est constamment rempli par des gaz dont l'étude, sous le rapport de leur origine et de leur composition chimique, devra nous occuper plus tard. Quant à leurs usages mécaniques, ils se rapportent à la fois aux fonctions locomotrice et digestive.

Les gaz intestinaux concourent, avec les divers replis du péritoine, à soutenir les viscères abdominaux. Dans la marche et surtout dans l'effort, ils jouent, par rapport à l'abdomen, le même rôle que l'air inspiré relativement à la cage thoracique : ils fixent les parois abdominales et fournissent ainsi un point d'appui résistant aux muscles dont la contraction est indispensable à l'accomplissement de l'effort. La pression à laquelle ils sont alors soumis de dehors en dedans est des plus énergiques ; seulement cette pression, transmise dans tous les sens, est également répartie dans les divers points de l'abdomen.

Lors de la défécation, l'influence mécanique des gaz intestinaux est très-puissante : les muscles nombreux qui entrent alors en contraction agissent par transmission de pression sur des organes qu'ils ne touchent pas et qu'ils ne sauraient comprimer douloureusement.

Dans l'expiration, l'action des gaz intestinaux n'est pas moins remarquable : chez les animaux qu'une course rapide a rendus haletants, les mouvements précipités et énergiques des flancs mettent cette action dans tout son jour. Ajoutons, que, dans la course et le saut, ces gaz amortissent les chocs auxquels se trouvent alors exposés les viscères abdominaux.

Les gaz intestinaux maintiennent béante la cavité du tube digestif que les matières alimentaires parcourent ainsi sans difficulté. De plus, ils fournissent un point d'appui à la tunique musculeuse de l'intestin : les mouvements de raccourcissement produits par l'action des fibres longitudinales, et ceux de rétrécissement, auxquels donne lieu la contraction des fibres circulaires, en deviennent plus faciles et plus efficaces. Il en est de même du glissement des circonvolutions de l'intestin grêle les unes sur les autres.

Les parois intestinales se trouvant ainsi soutenues et déplissées, la circulation n'est nullement gênée dans les vaisseaux de toute espèce qui les parcourent ; l'absorption et les sécrétions, qui s'accomplissent à la face interne de ces parois, s'exécutent aussi dans les conditions les plus favorables, puisque les organes chargés de ces fonctions importantes sont libres dans leur action, et que celle-ci peut s'exercer sur la plus grande surface possible, la distension du tube intestinal par les gaz restant, d'ailleurs, dans les limites physiologiques.

11. — PHÉNOMÈNES CHIMIQUES DE LA DIGESTION.

Les associations nouvelles, les transformations, les changements de nature et de composition que doivent subir les substances alimentaires, avant de passer à l'état de matière nutritive, sont l'objet d'une étude pleine d'intérêt aussi bien pour le chimiste que pour le physiologiste. Cette étude nous enseigne, tout d'abord, que des transformations si diverses, qui sont dues à la chimie vivante et desquelles doit résulter la transmutation définitive des aliments en suc nourricier ou assimilable, ne sauraient être rigoureusement localisées et que le tube digestif n'en est, pour ainsi dire, que le point de départ. En effet, ces éléments réparateurs que la digestion isole des substances alimentaires et que l'absorption a mission d'introduire dans le torrent circulatoire, directement par les veines ou indirectement par les chylifères, nous les verrons continuer pour la plupart, dans les vaisseaux eux-mêmes, leurs métamorphoses seulement commencées dans l'appareil de la digestion. Pénétré de l'idée que, pour comprendre la nature des premiers changements éprouvés par les divers aliments au sein de cet appareil et pour s'expliquer leurs élaborations ultérieures, il importe au physiologiste de bien connaître les différences de propriétés, de constitution, d'origine et d'usage des substances alimentaires, je me suis appliqué à présenter sur ces substances des considérations chimico-physiologiques que je regarde comme une introduction utile à l'étude des phénomènes chimiques de la digestion (*voyez plus haut*, p. 38-105).

Des matières albuminoïdes, des corps gras, des substances féculentes ou sucrées et certains sels minéraux, tels sont les principes que nous avons vus entrer dans la composition d'un aliment *complet*. Est-il besoin de rappeler que les actions chimiques qui se passent dans le tube digestif ont pour but ultime l'absorption des matériaux nutritifs, et que, par conséquent, leur premier résultat doit être la *dissolution* de ces matériaux? S'il en est, parmi eux, qui soient naturellement insolubles, ils devront nécessairement subir, pour devenir solubles et absorbables, des tranformations qui, d'ailleurs, varieront avec leur nature. Or, pour opérer ces dissolutions et ces métamorphoses, interviennent divers fluides tels que la *salive*, le *suc gastrique*, le *suc pancréatique*, la *bile* et le *suc intestinal*, auxquels il faut joindre l'action de l'eau ingérée et de la chaleur. C'est ainsi, par exemple, que l'albumine coagulée et la fibrine, qui sont des matières albuminoïdes insolubles, sont dissoutes et transformées par le suc gastrique en une *seule* et même substance : depuis longtemps reconnue et diversement dénommée, cette substance est devenue, dans ces dernières années, sous les noms d'*albuminose* (Mialhe) et de *peptone* (Lehmann), l'objet d'études tendant à établir que c'est seulement à cet état de transformation que les matières protéiques ou albuminoïdes peuvent être assimilées par l'organisme. — Les matières saccharines, féculentes ou amyloïdes, quelle que soit leur variété, sont aussi réputées n'être assimilables qu'à la condition d'avoir été transformées, par la salive et le suc pancréatique, en un produit soluble, toujours le même, la *glycose*. — Quant aux corps gras, qui ne sont miscibles ni à l'eau ni au suc gastrique, ils sont changés, par le suc pancréatique surtout, en une fine émulsion, comme Eberle l'a établi le premier (*), c'est-à-dire

---

(*) Se fondant sur de nombreuses expériences faites *avec des infusions de pancréas* dans l'eau pure, EBERLE formule ainsi ses conclusions : « *Le suc pancréatique peut s'emparer des graisses* et les maintenir sous forme d'une fine émulsion : *par conséquent, ce que l'on avait dit autrefois de l'action de la bile sur les parties grasses des aliments doit se dire maintenant du suc pancréatique.* » EBERLE, *Physiologie der Verdauung*. Würzburg, 1834, p. 253.
BURDACH (*Physiol.*, trad. de Jourdan, t. IX, p. 380. Paris, 1841) cite le même fait en ces

qu'ils sont divisés en particules d'une finesse extrême et ainsi préparés à l'absorption.

D'après ce qui précède, on ne saurait donc partager le sentiment des physiologistes qui pensent que la digestion se réduit à une *simple dissolution*. En réalité, le suc gastrique représente un menstrue spécial, apte à la fois à dissoudre les principes immédiats azotés, tant en dehors qu'en dedans du corps, et à produire une transformation absolue dans leurs propriétés (sinon dans leur composition chimique), transformation favorable à l'assimilation ultérieure de ces principes. Nous prouverons bientôt qu'on en peut dire autant des fluides salivaire et pancréatique par rapport aux matières féculentes (*).

SALIVE.

Nous avons déjà exposé les caractères physiques propres aux diverses salives et indiqué la manière de recueillir ces fluides isolément; nous en avons aussi fait connaître les *usages mécaniques* dans la mastication et la déglutition (1).

termes : « Suivant Eberle, le suc pancréatique sert en outre à délayer la graisse et *à la réduire sous forme d'émulsion.* »

(*) Dans un Mémoire ayant pour titre : *Nouvelles recherches relatives à l'action du suc gastrique sur les matières albuminoïdes (Annales des sc. nat.,* 4e sér., t. III, 1855), j'ai fait connaître un moyen simple de distinguer les matières albuminoïdes *avant* et *après* l'élaboration digestive, ou, en d'autres termes, de discerner ces mêmes matières suivant qu'elles sont simplement *dissoutes* ou bien qu'elles sont *digérées :*

Dans une *dissolution acidule* de fibrine, d'albumine, de gluten, ou d'un autre composé protéique, il est toujours possible, à l'aide de la liqueur cupropotassique, de révéler la présence de la glycose en rendant au préalable cette dissolution *alcaline. — J'ai constaté qu'il n'en est plus ainsi quand ces principes immédiats azotés ont convenablement subi* l'action dissolvante et transformatrice *du suc gastrique.* En effet, dans ce liquide filtré qui vient de les *digérer,* l'addition immédiate de la glycose n'est plus accusée par le réactif indiqué ; et, fait bien digne de remarque, ce manque de réaction ne s'observe qu'à la condition expresse que la *digestion* ou la métamorphose qui en résulte soit *entièrement* accompli, de telle sorte que l'on peut se servir de ce caractère empirique pour distinguer les aliments albuminoïdes réellement *digérés* de ceux qui ne le sont point ou qui le sont seulement d'une manière incomplète.

Sachant que les liquides organiques, très-chargés de substances albuminoïdes, gênent plus ou moins la précipitation de l'oxydule de cuivre, j'interprétai d'abord dans ce sens les faits précédents ; mais bientôt j'instituai d'autres expériences dont les résultats ne permirent plus une semblable interprétation. Depuis plusieurs semaines, je conservais dans l'eau sucrée de la fibrine extraite du sang de bœuf. Devenue demi-transparente par suite de son hydratation, elle m'offrit la particularité remarquable de se dissoudre et de disparaître par l'agitation dans le suc gastrique naturel, en quelques minutes, par une température de $+$ 15 à 16 degrés centigrades seulement. Une autre partie de cette fibrine fut aussi plongée dans le suc gastrique naturel, et mise pendant trois heures au bain-marie entre $+$ 35 et 38 degrés centigrades ; ensuite j'expérimentai comparativement sur l'un et l'autre liquide après les avoir filtrés.

A 2 grammes de chacun d'eux, j'ajoutai environ six gouttes d'une solution de glycose (contenant 4 parties d'eau pour 1 partie de matière sucrée), puis un gramme du réactif cupropotassique, ce qui suffit pour rendre *alcalines* les liqueurs. Dans toutes mes expériences, souvent reproduites sous les yeux de chimistes exercés, les résultats furent constants : à l'aide de l'ébullition, la précipitation d'hydrate d'oxydule de cuivre eut lieu dans le premier cas ; elle manqua dans le second, où de plus, lors du mélange, apparut une belle coloration en violet (a). Les

(1) Voyez plus haut p. 133 et suiv.

(a) Si, dans ce dernier cas, on opère sur un liquide auquel aura été ajouté un grand excès d'alcali, on pourra obtenir, par l'ébullition, une liqueur transparente de couleur *caramel* ; mais jamais on n'aura le précipité caractéristique qui résulte de l'action de la glycose sur le tartrate cupro-potassique.

Maintenant notre but est de déterminer la composition de la salive *mixte ou buccale* et son rôle chimique dans la digestion.—Quant à certaines autres questions qui, tout en étant relatives à la sécrétion salivaire, ne se rattachent pas directement à la digestion, il nous a paru préférable d'en renvoyer l'examen au chapitre des *Sécrétions*. Là, par exemple, nous aurons à rechercher quel est le mécanisme de la formation de la salive et aussi comment se fait l'excrétion de ce fluide.

Composition chimique de la salive. — La salive mixte ou complète, c'est-à-dire le mélange des divers fluides en partie destinés à humecter la bouche, est un liquide incolore, transparent ou légèrement opalin, spumeux et filant, qui, abandonné à lui-même dans un vase étroit, se sépare bientôt en deux parties. L'une supérieure, claire et liquide, tient en dissolution des sels alcalins et la *ptyaline* de Berzelius; l'autre, inférieure, représente un sédiment blanc grisâtre, composé en partie de corpuscules muqueux et de lamelles d'épithélium.

Chez l'homme, la salive offre une densité qui varie entre 1,004 et 1,008. Elle contient de 0,35 à 1,20 pour 100 de principes solides. Parmi ces derniers figurent, comme *matières inorganiques :* des chlorures de sodium et de potassium, du phosphate de soude tribasique auquel a été rapportée l'alcalinité de la salive, des phosphates de chaux et de magnésie, des carbonates de chaux, de potasse et de soude, de petites quantités de sulfocyanure de potassium, des traces de silice et d'oxyde de fer. Quant aux *matières organiques*, indépendamment de faibles proportions de lactates alcalins, d'albumine (Brandes), de caséine (F. Simon), de graisse phosphorée (Tiedemann et Gmelin), la salive renferme une substance azotée spéciale que Berzelius (1) a désignée sous le nom de *ptyaline* (2) ou de *matière salivaire*, et qui nous offrira un grand intérêt au point de vue physiologique : j'y reviendrai, avec détail, en traitant des usages chimiques de la salive.

mêmes essais comparatifs, répétés avec l'albumine liquide simplement *dissoute* dans le suc gastrique (*a*) ou bien *transformée* par lui, donnèrent aussi ces résultats différentiels.

Ainsi, au même liquide organique (suc gastrique naturel), chargé en quantité égale des mêmes matières albuminoïdes, j'ai ajouté de la glycose qui, vis-à-vis du sel de cuivre, a pu offrir sa réaction caractéristique tant qu'il s'est agi seulement d'une *simple dissolution* de ces matières, et qui ne l'a plus offerte, dès qu'elles ont eu subi leur *transformation digestive* en partie due au ferment gastrique ou *pepsine*. Le produit liquide de cette transformation de tout aliment albuminoïde, mêlé dans certaines proportions à la glycose, offre, en effet, la curieuse propriété, jusqu'ici inaperçue, de masquer à l'instant même et si bien la présence de ce dernier principe, qu'on dirait plutôt une combinaison qu'un mélange (*b*).

Évidemment la digestion est donc autre chose qu'une simple dissolution.

(1) *Traité de chimie*, trad. franç. de Esslinger, t. VII, p. 155 et suiv., Paris, 1833.
(2) De πτύαλον, salive.

(*a*) Il est utile de battre l'albumine, d'y ajouter un peu d'eau, puis de la filtrer, avant de la mettre en contact avec le suc gastrique.
(*b*) En faisant usage de l'acétate de plomb tribasique et précipitant l'excès de ce dernier par le carbonate de soude, on arrive alors à obtenir une liqueur dans laquelle il est possible de constater les réactions ordinaires de la glycose : preuve qu'en effet celle-ci n'est que *masquée*.

D'après l'analyse de Berzelius (1), 1000 parties de salive de l'homme contiennent :

Eau	992,9
Ptyaline ou matière salivaire	2,9
Mucus, épithélium	1,4
Extrait de viande avec lactates alcalins	0,9
Chlorure de sodium	1,7
Soude	0,2
	1000,0

Voici quels ont été les résultats des expériences de Tiedemann et Gmelin (2), sur 100 parties de salive humaine, dont la sécrétion avait été provoquée par la fumée de tabac :

Matière soluble dans l'alcool et insoluble dans l'eau (graisse phosphorée); matière soluble dans l'alcool froid et dans l'eau (osmazôme, sulfocyanure, chlorure et peut-être un peu d'acétate de potasse)	31,25
Matière qui se précipite par le refroidissement de la solution alcoolique, faite à chaud (matière animale, un peu de chlorures et de sulfates alcalins)	1,25
Matière soluble seulement dans l'eau (matière salivaire ou ptyaline, avec beaucoup de phosphate, un peu de sulfates et de chlorures alcalins	20,00
Matière insoluble dans l'eau et l'alcool (mucus, peut-être aussi de l'albumine, avec du carbonate et du phosphate de chaux)	40,00
	92,50

Autres analyses de la salive mixte de l'homme dues à F. Simon (3) et à Wright (4):

Analyse de F. Simon :

Eau	991,225
Matériaux solides	8,775
Graisse contenant de la cholestérine	0,525
Ptyaline avec matières extractives	4,375
Matière extractive de sels	2,450
Albumine, mucus et épithélium	1,400

Analyse de Wright :

Eau	988,1
Ptyaline	1,8
Matières grasses	0,5
Chlorures de sodium et de potassium	1,4
Albuminate de soude	0,8
Phosphate de chaux et de soude	0,6
Lactates de potasse et de soude	0,7
Sulfocyanure de potassium	0,9
Soude libre	0,5
Mucus, épithélium	2,6

Mentionnons encore une autre analyse de la salive mixte de l'homme faite par Jacubowitsch (5).

(1) *Ouvr. cité*, t. VII, p. 157.
(2) *Recherches expér., physiol. et chim. sur la digestion*, 1re partie, p. 15, trad. de Jourdan. Paris, 1827.
(3) *Animal Chemistry*, t. II, p. 4.
(4) *The Physiol. and Pathol. of Saliva* (*The Lancet*, 1841-1842, t, I, p. 819).
(5) *De salivâ dissert.* Dorpat, 1845, p. 18 et 26.

Eau.	995,16
Épithélium	1,62
Ptyaline	1,34
Phosphate de soude	0,94
Chlorures alcalins.	0,84
Sulfocyanure de potassium	0,06
Chaux combinée à une matière organique	0,03
Magnésie combinée à une matière organique.	0,01
	1000,00

Voici maintenant la composition de la salive d'un *carnivore* comparée à celle de la salive d'un *herbivore*.

Composition de la salive mixte du *chien* d'après Jacubowitsch (2).		Composition de la salive mixte du *bélier* d'après Lassaigne (3).	
Eau	989,63	Eau.	989,00
Mucus et matière animale...	3,58	Mucus et matière animale soluble	1,00
Phosphates alcalins	0,82	*Carbonates alcalins*	3,00
Chlorures alcalins.	5,00	Phosphates alcalins	1,00
Phosphates de chaux, de magnésie, etc.	0,15	Chlorures alcalins	6,00
	0,15	Phosphates de chaux, de magnésie, etc.	traces.
Sulfocyanure de sodium et de potassium	0,08		

Enfin nous allons indiquer les résultats des analyses comparatives de la *salive parotidienne* et de la *salive sous-maxillaire* isolément recueillies par Colin sur une vache. Ces analyses sont dues à Lassaigne.

Salive parotidienne de la vache :		Salive sous-maxillaire du même animal :	
Eau.	990,74	Eau	991,14
Mucus et matières animales solubles	0,44	Mucus et matières animales solubles	3,53
Carbonates alcalins.	3,38	Carbonates alcalins	0,10
Chlorures alcalins	2,85	Chlorures alcalins	5,02
Phosphates de soude et de potasse	2,49	Phosphate de soude et de potasse	0,15
Phosphate de chaux	0,10	Phosphate de chaux	0,06

Chez l'herbivore, la salive parotidienne est donc sensiblement plus riche en carbonates et phosphates alcalins que la salive sous-maxillaire. Mais celle-ci renferme une plus forte proportion de chlorures alcalins et aussi plus de mucus qui lui communique une consistance visqueuse. Il est à croire que la salive sous-maxillaire contient une quantité assez grande de *ptyaline* que Lassaigne ne paraît pas avoir cherché à isoler des autres matières azotées (*).

(1) *Op. cité.*

(2) *Journal de chimie médicale*, 1852, t. VIII, 3ᵉ série, p. 393.

(*) Indépendamment des substances qui viennent d'être indiquées dans les précédents tableaux comme entrant dans la composition normale de la salive, on a signalé la présence, en très-faibles proportions : — 1° de la *leucine* (1); — 2° de l'*urée* (2); — 3° des *urates de soude et de potasse* (3).

Mais il est permis de douter qu'il s'agisse là de principes normaux de la salive, quand d'une part on se rappelle que ces principes avaient échappé aux plus habiles analystes, et quand on sait, d'autre part, que diverses substances mêlées au sang en circulation peuvent être accidentellement excrétées par les voies salivaires.

(1) F. FRERICHS und STAEDELER (Müller's *Archiv für Anat. und Physiol.*, 1856, p. 44).

(2) PETTENKOFER (Büchner's *Repertorium für die Pharm.*, 1848, t. LI, p. 289).

(3) WIEDERHOLD *Deutsche Klinik*, 1858, n° 18.

Parmi les éléments salins qui viennent d'être signalés comme entrant dans la composition du fluide salivaire, il en est un sur lequel je me propose d'appeler spécialement l'attention : je veux parler du *sulfocyanure de potassium*.

Treviranus (1) constata, le premier, que la salive peut prendre une teinte rouge, quand on la traite par un persel de fer et spécialement par le perchlorure ; d'où il conjectura que cette réaction devait tenir à la présence d'un corps que Winterl appelait *acide sanguin*, et qu'on reconnut plus tard pour être le même que l'acide prussique sulfuré de Porrett, ou ce qu'on nomme aujourd'hui *acide sulfocyanhydrique*. Tiedemann et Gmelin (2) ont observé, depuis, qu'en distillant l'extrait alcoolique de la salive desséchée, on obtenait, avec de l'acide phosphorique, un liquide qui possède la même propriété : mélangé avec du sulfate de fer et du sulfate de cuivre, il produit un précipité blanc, et, après avoir été chauffé avec un mélange de chlorate de potasse et d'acide chlorhydrique, il donne lieu, avec les sels de baryte, à un précipité de sulfate. La conclusion de ces auteurs est que la salive renferme un *sulfocyanure* à base d'alcali.

Depuis que ces expériences ont été faites, les auteurs qui ont examiné ce point intéressant de l'histoire chimique de la salive sont arrivés à formuler les opinions les plus divergentes, tels sont : Eberle (3), Mitscherlich (4), Van Setten (5), Wright (6), Marchand (7), Jacubowitsch (8), Frerichs (9), Lehmann (10), Tilanus (11), Blondlot (12), etc.

D'après les uns, il faudrait nier, *dans tous les cas* et d'une manière absolue, la présence d'un pareil sel dans le fluide salivaire ; suivant d'autres, sa formation résulterait, soit d'une altération spontanée de ce fluide, soit des manipulations chimiques elles-mêmes ; pour quelques autres, enfin, son apparition serait purement éventuelle, et dépendrait d'un état particulier du système nerveux : c'est ainsi, par exemple, qu'à la suite d'impressions vives et pénibles, on aurait trouvé ce produit en abondance dans des salives qui auparavant n'en avaient, dit-on, décelé aucune trace.

Rappellerai-je, en passant, que ce sel étant réputé toxique à certaine dose, et ayant été aussi trouvé dans la salive du chien, on en est bientôt venu à supposer que l'exagération de sa production expliquerait les propriétés malfaisantes de certaines salives, et, en particulier, la transmission de la rage par l'inoculation du liquide salivaire des animaux atteints de cette maladie ;

(1) *Biologie*, t. IV, p. 330, 1814.
(2) *Ouvr. cité*, 1re partie, p. 9 et suiv.
(3) *Physiologie der Verdauung*, etc., p. 36. Würzburg, 1834.
(4) *Ann. de Poggendorf*, t. XXVIII. — RUST, *Magazin für die gesammte Heilkunde*, t. XXXVIII et XL.
(5) *De saliva ejusque vi et utilitate*. Groningæ, p. 2, 1837.
(6) *The Lancet*, 1842.
(7) *Lehrbuch der physiol. Chemie*, p. 410, 1844.
(8) *De saliva dissertatio*. Dorpat, p. 15, 1845.
(9) *Ann. der Chemie und Pharm.*, t. LXV, p. 344, 1846.
(10) *Lehrbuch der physiol. Chemie*, t. I, p. 464 et t. II, p. 18, 1850.
(11) *Dissertatio inauguralis de saliva et muco*. Amsterdam, 1849.
(12) *Traité analytique de la digestion*, p. 123. Nancy, 1843.

qu'ainsi le principe actif du virus rabique pourrait bien n'être autre chose qu'un sulfocyanure? Hypothèse qu'aucune expérience probante ne justifie, et qui, d'ailleurs, est en complète opposition avec les idées admises aujour-d'hui sur les *virus* en général.

Au milieu de toutes ces incertitudes et de tant d'opinions contradictoires, je me suis appliqué, avec quelque persévérance, à vérifier la réaction signalée par Treviranus, réaction à laquelle il me répugnait tout d'abord de donner la signification qu'on a vu Tiedemann et Gmelin lui accorder, après avoir eu recours, il est vrai, à d'autres caractères chimiques que celui de la simple coloration. Aujourd'hui, me fondant sur le résultat général d'un grand nombre d'expériences variées de bien des manières, je n'hésite point à émettre, comme conséquence de mes propres observations, l'assertion suivante :

Le *sulfocyanure de potassium*, qui, d'après l'opinion la plus généralement admise, n'existerait pas dans la salive de l'homme, mais s'y développerait sous certaines influences fortuites, ou même dont l'apparition serait liée à un état pathologique, *doit*, au contraire, *être considéré comme un des principes normaux, constants* et *caractéristiques de ce fluide.*

A l'appui de cette assertion, contraire aux opinions les plus récentes, j'exposerai sommairement mes expériences, en traçant d'abord quelques règles qui me semblent indispensables à observer, quand il s'agit de rechercher ce sulfocyanure dans la salive humaine, spécialement à l'aide du perchlorure de fer.

Dans chaque essai, pour *quatre centimètres cubes* de salive recueillie dans les conditions les plus variées, j'emploie constamment *quatre à six gouttes* d'une dissolution de perchlorure de fer (contenant 4 parties d'eau pour 1 partie de ce sel); puis je verse comparativement, dans pareille quantité d'eau distillée, ce même nombre de gouttes du réactif, afin de prouver, une fois pour toutes, qu'avec ces proportions l'eau ne prend jamais qu'une teinte *jaune safranée.* D'ailleurs, j'avais préalablement constaté que, pour communiquer une teinte très-légèrement rougeâtre, mais appréciable à 4 centimètres cubes d'eau distillée, il faut au moins 1 centimètre cube (environ 16 gouttes) de la précédente dissolution qui tache, il est vrai, le papier blanc en *jaune*, mais qui, vue par transparence et en quantité assez grande, est d'une belle couleur *rouge.* Il n'est donc point indifférent que l'expérimentateur verse, dans la salive qu'il examine, telle ou telle dose du réactif, puisque cette dose étant relativement trop forte pourrait déjà seule et par elle-même, sans décomposition aucune, donner à la salive la teinte caractéristique de la présence du sulfocyanure ; tandis qu'en procédant comme je le conseille, l'objection tirée de la couleur même du réactif n'est plus possible. En outre, ayant souvent reconnu que les matières déposées par la salive, à l'aide du repos, n'ont pas la moindre influence sur la réaction qui nous occupe, j'ai préféré dès lors faire toujours usage de salive filtrée, afin de rendre plus facile l'examen des colorations comparatives avec l'eau distillée.

Cela posé, quand les recherches portent sur un assez grand nombre de personnes prises au hasard, *soit avant, soit après le repas*, il devient manifeste que la propriété rubéfiante de la salive vis-à-vis du perchlorure de fer (en se conformant aux proportions indiquées plus haut) est loin d'être la même chez ces différents individus et que la coloration rouge produit, dans sa dégradation, diverses nuances, jusqu'à ce qu'elle devienne parfois si peu sensible qu'on puisse même la nier, et avec elle nier aussi la présence du sulfocyanure.

Plus loin viendra l'explication de ces derniers cas qui, comme je le prouverai par d'autres expériences directes, ne sont qu'en apparence exceptionnels et opposés à ma manière de voir. Pour l'instant, il m'importe seulement de faire remarquer qu'après des essais maintes fois reproduits, il m'a été possible de déterminer la teinte que prend le plus communément, avec le perchlorure de fer, la salive filtrée ; teinte que j'appellerai volontiers *normale*, et que j'ai pu faire renaître à volonté, après bien des tâtonnements, dans les conditions suivantes :

Après avoir versé 6 centigrammes (1 goutte) d'une solution de sulfocyanure de potassium (4 parties d'eau pour 1 partie de sulfocyanure) dans 125 grammes d'eau distillée, si l'on prend 4 grammes de cette eau et qu'on y ajoute la quantité indiquée de perchlorure de fer, aussitôt apparaît la coloration purpurine *type*. Celle-ci est encore facile à reproduire par la simple addition de deux gouttes de sang à 4 grammes d'eau pure.

Mais il est important de rappeler que l'*acétate de soude*, qu'on a supposé exister dans la salive humaine, peut aussi donner lieu à une réaction analogue avec le précédent sel ferrique, d'où l'assertion de certains auteurs que l'action rubéfiante du fluide salivaire doit être rapportée, non à la présence d'un sulfocyanure, mais à celle d'un acétate alcalin. C'est encore là une question préalable qu'il nous faut examiner. Existe-t-il, en effet, dans la salive, un acétate de cette nature? Dans aucune des analyses les plus exactes et les plus récentes, il n'est fait mention de la moindre trace de ce sel ; et pourtant, comme on le verra tout à l'heure, il en faut des quantités très-notables pour obtenir, avec la solution de perchlorure de fer, la teinte purpurine que j'ai appelée *normale* et que j'ai prise pour type dans les réactions de ce dernier sel avec la salive. Une confusion de langage, basée sur une simple vue théorique, a causé toute l'erreur à cet égard. « Gmelin et Tiedemann, dit Berzelius (1), nomment constamment (à propos de la salive) les lactates alcalins *acétates* et fondent cette dénomination sur une conjecture émise par moi, que l'acide lactique n'est autre chose que de l'acide acétique combiné avec une matière animale. J'ai effectivement mis cette conjecture en avant ; mais je crois que, quand bien même on pourrait la démontrer, il ne serait pas moins *inexact* d'appeler les lactates *acétates*, que de nommer les sulfovinates *sulfates* ou les nitroleucates *nitrates*. » C'est, en effet, d'après Tiedemann et Gmelin, que d'autres auteurs ont répété à tort que le fluide salivaire renfermait de l'acétate de soude, au lieu de lactates

---

(1) *Traité de chimie*. Trad. franç. de Esslinger. Paris, 1833, t. VII, p. 160.

alcalins qu'il contient réellement. Or, il y a là plus qu'une question de mots : je me suis assuré qu'avec la solution de perchlorure de fer ces lactates sont absolument impuissants à produire la moindre coloration purpurine, et que d'ailleurs cette même impuissance se retrouve dans les autres substances organiques ou inorganiques contenues dans la salive, hormis le sulfocyanure qui fait l'objet de notre étude.

Mais prouvons maintenant que d'après la manière dont l'acétate de soude se comporte relativement au précédent sel ferrique, il ne saurait réellement exister dans la salive sans qu'on dût facilement l'y retrouver par l'analyse; puis je dirai le nouveau caractère qui s'est révélé à mon observation, caractère bien propre à faire admettre que c'est effectivement à un sulfocyanure et non à un acétate alcalin que la salive doit son pouvoir rubéfiant en présence du réactif indiqué.

On a vu, précédemment, quelle minime quantité d'une solution de sulfocyanure il fallait verser dans l'eau distillée (1 goutte dans 125 grammes d'eau), afin de reproduire, par l'entremise du perchlorure de fer, une teinte rouge semblable à celle que j'ai le plus habituellement observée avec la salive filtrée et le même réactif. Pour obtenir la même teinte, avec ce dernier et l'acétate de soude, il m'a fallu ajouter à la même quantité d'eau distillée (125 grammes), non plus *une* goutte, mais *huit grammes* d'une dissolution d'acétate de soude contenant 4 p. d'eau pour 1 p. de sel (*). Dès lors, n'est-il donc pas bien évident que si ce sel existait en pareilles proportions dans la salive, il n'aurait pu échapper aux moyens analytiques même les plus grossiers?

Mais avec une autre preuve de la non-existence de l'acétate alcalin, de sa non-intervention pour produire la précédente coloration, en voici une nouvelle en faveur de la présence du sulfocyanure et du rôle évident qu'il remplit dans cette réaction.

La preuve dont il s'agit, je la tire des curieuses différences que j'ai observées entre l'acétate de soude et le sulfocyanure de potassium relativement à leur manière d'être vis-à-vis du perchlorure de fer. Ainsi : 1° soient, d'une part, 4 centimètres cubes de salive filtrée, et d'autre part, comme termes de comparaison, 4 grammes d'un liquide provenant de 125 grammes d'eau distillée auxquels aura été ajoutée, comme plus haut, une goutte de la solution indiquée de sulfocyanure de potassium; si je verse dans l'un et l'autre liquide, quatre à cinq gouttes de perchlorure de fer (solution au quart), il se manifestera aussitôt dans chacun la même teinte purpurine. 2° Soient encore, d'un côté, 4 centimètres cubes de salive filtrée à laquelle j'ajoute quelques gouttes d'une solution d'acétate de soude, et, d'un autre côté, pour servir de termes de comparaison, 4 grammes d'eau distillée avec une quantité d'acétate de soude calculée de manière à avoir, dans les deux cas, exactement la même teinte rouge à l'aide du perchlorure de fer. Cela fait, j'abandonne le tout au contact de l'air et de la lumière : en général, au

(*) Quant à l'acide acétique pur et concentré, j'ai dû en employer jusqu'à 32 centimètres cubes pour 125 centimètres cubes d'eau distillée, avant d'avoir, avec le perchlorure de fer, la coloration voulue; au contraire, l'acide lactique est toujours resté sans effet.

bout de peu d'heures, et constamment le lendemain de l'expérience, la coloration rouge a disparu dans les deux premiers liquides, qui ont pris une teinte jaune safranée, tandis que les deux derniers demeurent indéfiniment rouges.

Ainsi, c'est le propre d'une solution d'acétate de soude, en présence du perchlorure de fer, de conserver sa couleur purpurine et de la faire conserver à la salive elle-même ; mais, au contraire, c'est le caractère d'une solution très-étendue de sulfocyanure de potassium, quand on l'a traitée par le perchlorure de fer, de se décolorer bientôt d'une manière complète; et, chose remarquable, c'est justement là aussi le cas de la salive mise dans les mêmes conditions. Ne suis-je donc pas encore plus autorisé, par ces faits que j'ai si souvent constatés, à répéter que, dans ma conviction, l'action rubéfiante du fluide salivaire doit être rapportée non à la présence d'un acétate alcalin, mais à celle d'un sulfocyanure ? Du reste, je crois devoir ajouter qu'il n'est nullement exacte de prétendre que la coloration en rouge soit différente avec l'acétate de soude et le sulfocyanure de potassium, qu'ainsi le premier donne une nuance *rouillée* et le second une nuance *purpurine ;* j'affirme que la coloration est sensiblement la même dans les deux cas.

Toutefois la coloration rouge, que prend le liquide salivaire par l'addition de quelques gouttes de perchlorure de fer, ne pouvant constituer une réaction suffisante aux yeux des chimistes pour caractériser le sulfocyanure de potassium, et d'ailleurs l'existence même de ce dernier sel ayant été contestée, j'ai cru devoir faire tous mes efforts pour l'isoler complétement d'une masse considérable de salive humaine (*deux litres et demi*) (*).

Voici la marche suivie dans cette analyse que j'ai faite avec le concours de Fremy :

Le liquide a été évaporé à sec au bain-marie. Le résidu de l'évaporation a été repris par de l'alcool presque anhydre, c'est-à-dire à 98° centésim. : ainsi ont été obtenues une matière insoluble dans l'alcool et une dissolution alcoolique.

La matière insoluble dans l'alcool était formée par un mélange de substance organique azotée et de sels alcalins, etc. : elle a été traitée par l'eau froide, qui a laissé, en grande partie, la substance azotée à l'état insoluble, et qui a opéré la dissolution des sels. Cette liqueur saline et aqueuse, convenablement évaporée, a donné d'abord de très-beaux cristaux de phosphate de soude, ensuite du chlorure de sodium, et en dernier lieu du carbonate de soude. Cette séparation par voie de cristallisation a présenté la plus grande netteté.

La dissolution alcoolique a été soumise à l'évaporation, comme la liqueur aqueuse précédente ; elle a donné, en premier lieu, de nouveaux cristaux de sels alcalins, et il est resté, dans l'eau mère, un sel qui n'a

(*) Cette quantité de salive fut fournie, en une demi-heure, par quarante militaires *à jeun*, qui, après avoir rincé leur bouche, mâchèrent, dans le but d'exciter la salivation, des morceaux de caoutchouc *pur* et d'ailleurs préalablement lavé avec soin dans l'eau chaude.

pas cristallisé, mais qui présente tous les caractères d'un *sulfocyanure alcalin*.

Ne pouvant obtenir ce dernier à l'état cristallin, j'ai voulu au moins le caractériser de la manière la plus positive. Dans ce but, j'ai concentré, dans quelques gouttes de liquide, tout le sulfocyanure contenu dans les deux litres et demi de salive; j'ai obtenu alors une liqueur produisant, avec le perchlorure de fer, la coloration caractéristique d'un rouge de sang, et enfin on a constaté la présence du soufre, dans le sulfocyanure, en calcinant ce sel avec du nitre.

Ainsi la présence d'un sulfocyanure alcalin dans la salive n'est pas douteuse; elle caractérise en quelque sorte cette sécrétion : car, en étudiant au même point de vue d'autres liquides de l'économie animale, tels que le fluide pancréatique, la sueur, l'urine, les larmes, le liquide cérébro-spinal, le sérum du sang et la sérosité provenant de vésicatoires, il m'a été impossible d'y trouver la moindre trace de sulfocyanure.

Cette preuve étant donnée, et de plus, comme cela résulte de mes recherches, aucune autre substance organique ou inorganique contenue dans la salive ne donnant lieu, avec le *perchlorure de fer*, à la même réaction que le sulfocyanure, je me suis cru suffisamment autorisé à faire usage de ce *réactif* dans tous les autres essais partiels que j'ai pu reproduire sur plus de cent cinquante individus d'âges et de sexes différents.

J'ai dit plus haut que mes recherches ayant porté sur un assez grand nombre de personnes prises au hasard, soit avant, soit après le repas, il avait été manifeste pour moi que la propriété rubéfiante de la salive, vis-à-vis du perchlorure de fer (en se conformant aux proportions indiquées), était loin d'être la même chez ces différents individus, et que la coloration rouge produisait, dans sa dégradation, diverses nuances, jusqu'à devenir elle-même parfois si peu sensible qu'on aurait pu même la nier, et avec elle nier aussi la présence du sulfocyanure. Il me reste à prouver, à l'aide d'expériences directes, que ces derniers cas ne sont qu'en apparence exception nels et opposés à mon sentiment, qui consiste à regarder le sulfocyanur comme un des éléments caractéristiques de la salive normale. Et d'abord, je dois rappeler que ces exemples se sont offerts à mon observation chez des individus qui venaient de prendre leur repas depuis une ou deux heures, ou chez d'autres qui avaient été artificiellement provoqués à une excrétion salivaire très-abondante; or, il en est du fluide salivaire comme des autres fluides sécrétés : plus il y a eu de salive avalée ou rejetée, moins la salive nouvelle contient de principes solides minéraux et organiques relativement à l'eau qui la constitue pour la plus grande part. Par conséquent, la quantité relative de sulfocyanure dans la salive est nécessairement variable, et, comme elle est déjà très-minime pour une quantité déterminée de liquide salivaire, on conçoit que pour peu qu'elle diminue encore, relativement à la masse d'eau, elle puisse cesser d'être appréciable au réactif, surtout si, au lieu de se servir de perchlorure de fer, on veut faire usage, à l'exemple de quelques expérimentateurs, d'un autre persel de fer, du persulfate par exemple (*). Mais cela ne veut pas dire qu'il s'agisse d'une disparition ou d'une absence complète du sulfocyanure, puisque, dans ces cas-là même, j'ai pu constamment mettre encore son existence hors de doute.

Il en est du sulfocyanure comme des autres éléments normaux solides de la salive, c'est-à-dire qu'ils peuvent varier suivant certaines conditions : bien des fois, par exemple, opérant comparativement sur diverses salives, j'ai vu les unes donner un précipité très-sensiblement jaune avec le nitrate d'argent, et les autres un précipité blanc ; ce qui tend à prouver que l'un des éléments normaux de la salive, sur l'existence duquel tous les chimistes sont d'accord, le *phosphate de soude*, peut lui-même sensiblement varier de quantité sans pour cela disparaître. Ces sels sont en moindre quantité dans les cas où la salive est très-fluide, soit une ou deux heures après le repas, soit lorsque, dans le but de faire des expériences, on a déjà provoqué artificiellement l'excrétion d'une quantité considérable de salive.

Du reste, on sait que la quantité de sulfocyanure de potassium qu'on a rencontrée dans la salive de l'homme n'a pas été toujours appréciée de la même manière : Jacubowitsch l'estime à 0,006 pour 100 ; Wright, de 0,056 à 0,098 pour 100 ; Lehmann, de 0,004 à 0,008 pour 100, etc.

Quand j'ai eu affaire à des salives dont les réactions avec le perchlorure de fer étaient incertaines, le procédé fort simple que j'ai mis en usage pour en déceler la présence a consisté à faire évaporer très-lentement le liquide salivaire au bain-marie, jusqu'à réduction de moitié ou des deux tiers. Depuis que je me suis avisé de procéder de la sorte, je n'ai plus trouvé *un seul cas douteux*, comme l'avaient été quelques-uns des cas appartenant à mes premières observations (**).

Que ceux qui ont déclaré n'avoir jamais pu réussir à constater la coloration rouge de la salive par le perchlorure de fer emploient le même moyen expérimental, et dès lors ils obtiendront cet effet d'une manière constante.

Une autre particularité de mes expériences est la suivante : toutes les fois que la réaction avec le perchlorure de fer a été bien manifeste avec la salive mixte ou buccale, elle a eu aussi lieu, avec une égale intensité, avec la salive sous-maxillaire et sublinguale recueillie sur le plancher buccal, derrière les dents incisives et canines inférieures, de manière à éviter tout mélange avec le mucus de la bouche ou le liquide parotidien. Quant à ce dernier liquide lui-même, provenant d'une fistule salivaire chez l'homme, on sait que Van

---

(*) Il résulte de mes recherches que ce dernier sel est insuffisant : ainsi, tandis que deux gouttes de sulfocyanure de potassium (solution au quart) peuvent être révélées dans un litre d'eau par le perchlorure, il en faut au moins six à huit gouttes pour que la réaction se produise avec le persulfate de fer.

(**) Il est bien important de laisser refroidir le liquide après l'évaporation ; car on sait que le perchlorure de fer, qui teignait d'abord l'eau en jaune, à froid, la colore bientôt en rouge si l'on fait intervenir la chaleur.

Setten y a trouvé le sulfocyanure de potassium, et je crois devoir rappeler que c'était aussi dans la salive parotidienne de la brebis, et non dans la salive mixte prise dans la bouche, que Tiedemann et Gmelin avaient signalé la présence du sulfocyanure de sodium. Aussi ces résultats, unis à ceux que j'ai moi-même obtenus, m'empêchent-ils d'admettre, avec divers auteurs, que, dans les cas où ces sulfocyanures existent, ils se trouvent exclusivement dans la salive buccale, sans jamais se rencontrer dans chacune des sécrétions salivaires prises isolément.

D'ailleurs, j'ai aussi constaté la présence de sulfocyanures alcalins dans des infusions concentrées et filtrées de glandes salivaires provenant du mouton.

Dans l'espèce humaine, ni l'âge, ni le sexe, ni le régime, ne m'ont paru modifier, en plus ou en moins, la coloration rouge produite par la réaction de la salive avec le perchlorure de fer.

Quant à un état particulier du système nerveux, j'ai étudié cette réaction de la salive avant, pendant, après des accès violents de migraine ou de névralgies faciales, et je n'ai pu constater la moindre différence.

J'ai vu la salive prendre la coloration rouge caractéristique de la présence du sulfocyanure, chez des personnes absolument dépourvues de dents depuis plusieurs années. Ce résultat ne s'accorde pas avec l'hypothèse que la présence du sulfocyanure dans la salive serait toujours liée à l'état de carie d'une ou de plusieurs dents.

J'ai aussi constaté, de la manière la plus marquée, la propriété rubéfiante de la salive, vis-à-vis du perchlorure de fer, chez beaucoup de personnes qui avaient les dents parfaitement saines. Dans une série de douze individus pris au hasard, d'âge et de sexes différents, dont j'examinai la salive le même jour et au même instant, et que je classai ensuite dans quatre catégories, d'après l'intensité de la couleur rouge de leur fluide salivaire, et, par conséquent, d'après la quantité présumée du sulfocyanure, il se trouva dans la première un enfant de huit ans et demi et une femme de trente-six ans, dont les dents furent reconnues exemptes de toute carie; dans la seconde, une femme âgée de soixante ans, *qui, depuis cinq ans, n'avait plus une seule dent ou racine dans la bouche;* un homme de quarante-quatre ans, auquel manquaient deux dents, mais dont toutes les autres étaient saines; puis un jeune homme de dix-huit ans, qui avait un certain nombre de dents cariées. Enfin, la quatrième et dernière catégorie, celle dont la coloration était la moins intense, comprenait sept personnes, dont la salive avait donné une coloration sensiblement uniforme, et, parmi elles, se trouvait une femme de soixante-quinze ans, dont les dix dents qui lui restaient étaient malades et déchaussées, et en partie sorties des alvéoles. Donc les dents et leur état sain ou morbide n'ont aucune influence sur la production du sulfocyanure dans la salive.

Quand on laisse de la salive, dont la propriété rubéfiante est fort légère, mais pourtant appréciable, s'altérer spontanément au contact de l'air, et qu'on l'examine chaque jour, jusqu'à ce qu'elle exhale une odeur fétide, on ne voit pas que le degré de coloration aille en augmentant. Il reste absolument le même; preuve que le sulfocyanure ne saurait résulter de l'altération spontanée de la salive.

Il me paraît inutile de réfuter l'opinion qui fait dépendre l'apparition du sulfocyanure des modifications chimiques imprimées par l'alcool à la matière salivaire, puisque l'alcool n'a été mis en usage dans aucune de ces expériences.

Dans des cas assez nombreux de *pyrosis*, j'ai examiné, au point de vue dont il s'agit, le liquide salivaire, alors sécrété en si grande abondance. J'ai toujours constaté aussi la présence du sulfocyanure; et quand, de prime abord, il m'est arrivé d'avoir quelques doutes à cause de la faiblesse de la coloration, il m'a suffi de *concentrer* la salive par l'évaporation lente au bain-marie, pour y trouver ce sel de la manière la plus incontestable.

Il en a été de même dans *trois* cas de salivations mercurielles qu'il m'a été donné d'observer.

Mon opinion se résume dans les conclusions suivantes : — 1° le sulfo-cyanure de potassium existe normalement et *constamment* dans la salive de l'homme. — 2° Il se rencontre non-seulement dans la salive mixte ou buccale, mais aussi dans la salive parotidienne et dans les salives sous-maxillaire et sublinguale. — 3° Sa présence caractérise, en quelque sorte, la sécrétion sali-vaire; car la sueur, l'urine, les larmes, le liquide cérébro-spinal, le sérum du sang et la sérosité provenant de vésicatoires, ne m'ont jamais donné aucune trace de sulfocyanure ; il en a été de même du fluide pancréatique pris chez le mouton et le bœuf. — 4° Ce sel existe dans la salive en propor-tions variables, mais toujours très-petites : ces variations ne dépendent ni de l'age, ni du sexe, ni du régime, ni d'états particuliers du système ner-veux, mais seulement du degré de concentration du liquide salivaire. — 5° Dans un trop grand état de fluidité de la salive, succédant à une excré-tion très-abondante, le sulfocyanure peut devenir inappréciable à nos réactifs; mais, dans ces cas, il suffit de concentrer le liquide salivaire par l'évaporation lente, pour obtenir *constamment* la réaction caractéristique de la présence du sulfocyanure, comme je l'ai observé dans le pyrosis et les salivations mercurielles. — 6° L'état sain ou morbide des dents n'a aucune influence sur la présence ou l'abondance de ce produit, que j'ai d'ailleurs retrouvé chez des personnes entièrement dépourvues de ces instruments de mastication. — 7° Le sulfocyanure ne résulte pas non plus, comme on l'avait avancé, d'une altération spontanée de ce fluide. — 8° Pour l'*isoler*, comme je l'ai fait, il importe d'analyser de préférence la salive d'individus à jeun. — 9° De tous les persels de fer, le perchlorure est le meilleur réactif pour déceler la présence du sulfocyanure dans la salive; il donne à ce liquide, *suffisamment concentré*, une belle coloration rouge de sang. — 10° Au-cune autre substance organique ou inorganique, contenue dans la salive, ne donne lieu, avec le perchlorure de fer, à la même réaction que le sulfocyanure de potassium : c'est à tort qu'on a rapporté la précédente coloration à la présence d'acétates alcalins dans le fluide salivaire.

Il y a eu également bien des dissidences sur la question de savoir si la salive est *alcaline, acide* ou *neutre.*

Duverney (1), ayant examiné la salive d'individus d'âges différents, prétendit avoir reconnu que celle des jeunes sujets ne rougissait pas la teinture de tournesol, tandis que celle des personnes âgées la colorait en rouge; le fluide salivaire de personnes atteintes de scorbut lui parut également acide. Selon Vieussens (2) et Viridet (3), quel que soit l'âge, la salive rougirait toujours la teinture de tournesol. Mais Haller (4) assure qu'il n'en est point ainsi, et que la sienne, en particulier, n'a jamais opéré aucun changement dans ce réactif. Quant à l'assertion de Veratti (5), qui dit, qu'en vertu de son acidité, la salive des personnes à jeun coagule le lait quand on fait chauffer le mélange jusqu'à 90 degrés Fahr., elle a été combattue par Spallanzani (6). Tiedemann et Gmelin (7), ayant essayé la salive recueillie sur une quarantaine de malades de l'hôpital de Heidelberg, n'en trouvèrent que deux, atteints, l'un, d'une fièvre intermittente quotidienne, et l'autre, d'un abcès, chez lesquels elle réagit à la manière des acides.

La vérité est que la salive est ordinairement *alcaline* chez la plupart des hommes, mais qu'elle a une réaction acide chez quelques individus. La salive qui s'écoulait d'une fistule parotidienne et dont Mitscherlich (8) a étudié les changements avec soin, était assez souvent acide, mais devenait fortement alcaline pendant les repas : dès la première bouchée, la réaction acide faisait place à la réaction alcaline. Chez un homme atteint d'une fistule salivaire, Garrod et Marshall (9) trouvèrent la salive acide avant le repas, mais elle devenait d'abord neutre pendant celui-ci, puis bientôt alcaline; différence qu'ils attribuent aux proportions respectives de salive et de mucus. Budge (10), qui admet que la salive est alcaline dans l'état de santé, reconnaît néanmoins qu'elle est sujette à varier très-facilement, même à devenir acide. Quant à Blondlot (11), il l'a trouvée très-souvent neutre ou même acide hors le temps des repas, mais il l'a vue constamment alcaline pendant la mastication.

Pour la généralité des observateurs, en effet, la réaction constante et normale de la salive, *durant les repas,* est la réaction alcaline. Telle est aussi celle que nous avons rencontrée nous-même, sans aucune exception.

<hr>

(1) *Hist. de l'Acad. des sc. de Paris,* t. II, p. 23.
(2) *Traité des liqueurs,* p. 160.
(3) *De primâ coctione,* p. 70.
(4) *Elementa physiol.,* t. VI, p. 53.
(5) *Commentar. instit. Bononiens op.,* t. VI, p. 272.
(6) *Opuscules de physique animale et végétale,* traduct. française de Senebier, t. II, p. 368. Pavie, 1787.
(7) *Ouvr. cité,* 1re partie, p. 7.
(8) Rust, *Magazin fuer die gesammte Heilkunde,* t. XXVIII, p. 505.
(9) *The Lancet,* 1842, p. 834.
(10) *Medic. Zeitung,* 1842, n° 16.
(11) *Loc. cit.*

Rôle chimique de la salive dans la digestion. — La salive mixte ou buccale exerce une action spéciale sur les matières féculentes qu'elle transforme d'abord en *dextrine* puis en *glycose* (*).

Cette dernière transformation en glycose fut signalée, pour la première fois, par Leuchs (1) qui, ayant légèrement chauffé avec de la salive fraîche de l'amidon réduit en empois par la cuisson, le vit se liquéfier et se saccharifier dans un espace de temps assez court. Puis vinrent les recherches confirmatives de Schwann (2), de Sébastien (3) et surtout celles de Mialhe (4), qui eurent le double avantage de fournir quelques résultats nouveaux et de provoquer les investigations d'autres expérimentateurs.

Mialhe a d'abord reconnu que le produit de la réaction de la salive sur l'amidon est primitivement de la dextrine, et non du sucre d'amidon, comme Leuchs l'avait annoncé. Le sucre d'amidon, sucre de raisin, ou *glycose*, est le résultat d'une transformation plus avancée : ainsi l'amidon est d'abord converti en dextrine, puis il passe à l'état de sucre de raisin ou glycose. Le même observateur a de plus constaté que l'amidon, pour pouvoir être promptement transformé en dextrine et en glycose par le liquide salivaire, à la température du corps des animaux, doit être désagrégé ; effet qu'on obtient en le cuisant dans l'eau ou en le broyant à froid (**).

Si, par exemple, on introduit dans la bouche une petite quantité d'amidon, à l'état d'empois récemment préparé, et si l'on exerce immédiatement la mastication, *en moins d'une minute* la saveur fade de l'empois sera remplacée par une saveur sucrée, tout à fait analogue à celle du sirop de dextrine. En effet ce peu de temps suffit pour transformer, *en partie*, la fécule en dextrine et glycose. Avec l'amidon hydraté, délayé dans l'eau et filtré, l'action de la salive est encore plus rapide ; elle est, pour ainsi dire, instantanée, et tout ce qui a subi cette action a perdu la propriété de bleuir par l'iode.

Voici, d'après Mialhe, une manière très-simple de constater ces faits : Mâchez du pain azyme, crachez sur un filtre le contenu de votre bouche ; d'autre part, broyez dans un mortier du pain azyme avec de

(*) La *dextrine* est une substance isomérique avec l'amidon : elle en conserve la composition élémentaire quoiqu'elle n'en ait plus les propriétés. Quant à la *glycose*, sous le rapport de la composition chimique, elle diffère de la dextrine et de l'amidon en ce qu'elle renferme plus d'hydrogène et d'oxygène combinés dans les proportions de l'eau.

Au point de vue physiologique il est utile de se rappeler, à propos de cette transmutation des matières amyloïdes, que, si l'amidon est insoluble, au contraire la dextrine et la glycose offrent une grande solubilité.

(1) KASTNER'S *Arch. fuer die gesammte Naturlehre*, t. XXII, p. 106, 1831.

(2) MUELLER'S *Archiv*, 1836.

(3) VAN SETTEN, *De salivâ ejusque vi et utilitate.* Groningue, 1837, p. 51.

(4) *Mémoire sur la digestion et l'assimilation des matières amyloïdes et sucrées*, lu à l'Académie des sciences le 31 mars 1845. — *Chimie appliquée à la physiologie et à la thérapeutique*, p. 38 et suiv. Paris, 1855.

(**) Dans un mémoire lu à l'Académie des sciences le 20 janvier 1845, BOUCHARDAT et SANDRAS avaient déjà signalé avec beaucoup de soin les différences que présentent, sous le rapport *de la digestibilité*, la fécule crue et la fécule cuite. (Voyez le supplément à l'*Annuaire de thérapeutique* pour l'année 1846, p. 108 et 130.)

l'eau distillée, et jetez le liquide sur un autre filtre. Traitez par la teinture d'iode les deux liquides filtrés : le premier ne se colorera pas en bleu, le second offrira tout de suite une teinte bleue très-foncée. Pour prouver ensuite que votre salive filtrée contient de la glycose produite par la décomposition du pain azyme, ajoutez-y de la potasse et chauffez : la liqueur passera bientôt au brun rougeâtre très-foncé.

La saveur douce que le pain *bien cuit* acquiert, pendant les courts instants de la mastication, provient évidemment de la formation d'une certaine quantité de dextrine et même de glycose.

Mais si la fécule est *crue* et seulement désagrégée par le broiement, la transformation est plus lente et nécessite quelques heures de contact pour s'effectuer.

Sur la fécule *crue* et *non broyée* l'action de la salive est bien plus lente encore : il faut faire digérer, pendant deux ou trois jours, l'amidon dans la salive fraîche et aider la réaction par une élévation de température de 40 à 45 degrés centigrades, pour que la transformation se manifeste.

Nous reviendrons plus loin sur ces différences si importantes au point de vue de la digestion des matières amylacées.

Afin de démontrer la modification de la fécule, l'*iode* et la *potasse* ont été employés par l'auteur des précédentes expériences ; expériences d'ailleurs faciles à reproduire, et dont chacun pourra, comme nous, vérifier l'exactitude. A l'aide de ce double moyen, on obtient des résultats plus certains qu'en ayant recours à l'iode seul : en effet, si la fécule a été transformée complétement par la salive, elle ne prend aucune coloration bleue par la solution iodée ; mais, si elle ne l'a été qu'incomplétement, elle se colore en raison inverse de la portion transformée, car l'iode n'a d'action que sur la fécule indécomposée. Il faut donc aussi avoir recours à la potasse qui, contrairement à l'iode, n'exerce d'action que sur la fécule modifiée. On filtre la solution amylo-salivaire ; on ajoute quelques gouttes de potasse caustique en liqueur, et l'on chauffe : le degré de coloration brun jaunâtre, que prend la solution, permet de juger de la proportion d'amidon modifié, l'amidon pur n'étant pas coloré par les dissolutions alcalines (*).

I. La *propriété saccharifiante* de la salive mixte ou buccale étant définiti-

(*) D'après les recherches de Béchamp (analysées dans le journal *La France médicale et pharmaceutique*, juin 1855), la plupart des liquides organiques animaux ayant le pouvoir d'annihiler l'action de l'iode sur l'amidon, on ne saurait conclure rigoureusement de la non-coloration en bleu à la transformation de celui-ci en dextrine ou en glycose : d'après ce chimiste, tant que l'amidon n'est pas ainsi transformé, l'acide azotique pourra toujours faire reparaître la couleur bleue caractéristique.

Déjà BLONDLOT (*Recherches sur la digestion des matières amylacées;* Nancy, 1853) avait constaté que certaines substances organiques empêchent la coloration bleue de l'amidon par l'iode ; mais il n'avait pas cherché à la faire reparaître, afin de pouvoir déceler la présence de l'amidon, même lorsque celui-ci est mélangé à des matières qui, par leur présence, masquent la réaction caractéristique de l'iode.

Du reste, contrairement à l'idée émise par Blondlot (*loc. cit.*), Béchamp attribue le phénomène de coloration bleue de l'amidon par l'iode à la partie amylacée elle-même et non point à la matière azotée que renferment les granules féculents. (*A ce propos, voy. p.* 64 *ce qui a été dit de la structure et de la composition de la fécule.*)

vement admise, on s'est demandé s'il était possible de la rattacher à quelque *principe actif* particulier.

Les recherches de Payen et Persoz (1) avaient démontré, dans l'économie végétale, l'existence d'une matière azotée spéciale, la *diastase*, qui a le pouvoir de transformer des quantités considérables de fécule en dextrine et même en glycose lorsque son action se prolonge suffisamment. Cette matière, qui apparaît au moment de la germination, se développe dans les semences d'orge, d'avoine, de blé, etc., près des germes eux-mêmes, et non dans les radicelles. Or, la place qu'elle y occupe révèle déjà son rôle qui serait, dit-on, de représenter une espèce de crible propre à désagréger l'amidon des graines (*), et ne devant lui livrer passage qu'à la condition de l'avoir changé en une substance *soluble* isomérique (*dextrine*), susceptible de contribuer, sous cette forme, à la nutrition de la nouvelle plante et au développement de ses organes rudimentaires.

La diastase, recueillie et préparée à l'aide des procédés ordinairement en usage, est blanche, amorphe et dépourvue de saveur. Sèche, elle se conserve longtemps ; humide, elle se putréfie très-vite. Soluble dans l'eau et dans l'alcool faible, elle est insoluble dans l'alcool concentré. Sa dissolution aqueuse est parfaitement neutre. Son action, si merveilleuse et si prompte sur les matières féculentes, est, en même temps, des plus énergiques ; car il suffit de 1 partie de diastase pour transformer en dextrine, puis en glycose, 2000 parties de fécule hydratée. C'est aux températures comprises entre 40 et 55 degrés centigrades que ses effets sont le plus prononcés ; à une température plus élevée et tendant à se rapprocher de 100°, ils cessent. En voyant une aussi faible proportion de diastase produire de pareils résultats, il est impossible d'admettre ici une réaction chimique ordinaire : le phénomène a été assimilé à ces actions mystérieuses que l'on a appelées *actions* ou *effets de contact*, ou à d'autres phénomènes encore incomplétement expliqués qu'on désigne sous le nom de *fermentation*. La diastase semble appartenir à la classe des *ferments*.

Disons ici, par anticipation, que la diastase végétale, l'émulsine ou synaptase, le ferment glycosique et la pectase, puis la diastase animale ou ptyaline, la pepsine et la pancréatine sont aux yeux de plusieurs savants chimistes autant de ferments qu'ils appellent *ferments solubles*, par opposition aux ferments organisés (seules causes des vraies fermentations d'après Pasteur) qu'on nomme *ferments insolubles*. Or, disent ces chimistes, les ferments solubles dont il s'agit sont tous des produits de sécrétion de cellules organiques animales ou végétales, et il est digne de remarque que leur eau de dissolution, qui pourtant semble ne renfermer aucune trace d'êtres organisés ou ferments insolubles, peut aussi produire, à l'aide d'une force dont la nature nous est inconnue, des phénomènes de dédoublement et des transformations isomériques, comme font les ferments organisés en présence des matières fermentescibles.

____

(1) *Ann. de chim. et de phys.*, t. LIII, p. 73, 1833.
(*) *Diastase* vient de διάστασις qui veut dire séparation.

Du reste, la diastase végétale est une substance azotée quaternaire dont la composition n'a jamais pu être définitivement fixée. Est-ce faute d'avoir examiné de la diastase pure, ou bien est-ce que, par sa nature même, cette matière est variable? Toujours est-il que, jusqu'à présent, sa constitution chimique est aussi mystérieuse que son action.

Il n'était pas superflu de rappeler ces faits d'ailleurs si dignes d'intérêt : leur mention, toute rapide qu'elle est, expliquera suffisamment les efforts qui ont dû être tentés dans le but d'établir une similitude entre la diastase des graines céréales et le principe saccharifiant de la salive mixte.

Poursuivant cette voie, Mialhe (1) est parvenu à extraire de la salive *une substance particulière*, solide, blanche ou grisâtre, amorphe, insoluble dans l'alcool absolu, soluble dans l'eau et dans l'alcool faible; substance qui, mise en contact avec la fécule crue, la fécule anhydre ou la fécule hydratée, donne lieu, suivant lui, exactement aux mêmes réactions que la salive elle-même, et dont l'énergie est telle que 1 partie en poids suffit pour liquéfier et convertir en dextrine et en glycose plus de 2000 parties de fécule hydratée (*). Du reste, aux yeux de l'auteur, ce qui donne encore à ce résultat une valeur plus grande, c'est que cette substance (*diastase animale ou salivaire*) et le principe saccharifiant des graines céréales germées (*diastase végétale*) offrent absolument les mêmes réactions chimiques; que de plus l'une et l'autre se trouvent en même quantité dans le règne animal et le règne végétal. En effet, la proportion du principe actif de la salive, chez l'homme, excéderait rarement 2 millièmes, et c'est justement la proportion de diastase qui existe aussi dans l'orge germée.

II. L'existence et le rôle physiologique d'un principe spécial qu'on appellerait *diastase salivaire* et qui serait assimilable au principe saccharifiant de la matière amylacée des graines lors de la germination, ont soulevé bien des objections, bien des doutes, et même ont donné lieu aux dénégations les plus formelles. Nous essayerons, ici, d'établir ce que nous croyons être la vérité, en nous aidant, soit de nos propres résultats, soit de ceux de l'auteur le plus intéressé dans cette question.

Avant d'aller plus loin, reconnaissons que ces substances azotées (*dia-*

(1) *Mém. cité.*

(*) La substance dont il s'agit, qui est l'analogue de la *ptyaline* de BERZÉLIUS, se prépare de la manière suivante : on commence par filtrer la salive humaine, puis on la traite par cinq ou six fois son poids d'alcool absolu que l'on ajoute du reste jusqu'à cessation de précipité. La matière solide, blanche et floconneuse, qui se précipite, est alors recueillie sur un filtre et étalée en couches minces sur une lame de verre pour y être desséchée à l'aide d'un courant d'air chaud à la température de 40 à 50 degrés; une fois desséchée, on la conserve dans un flacon bien bouché.

La *ptyaline*, préparée à la manière de BERZÉLIUS (*Traité de chimie*, t. VII, p. 155, édit. franç., Paris, 1855), n'agit point sur l'amidon comme la ptyaline préparée par MIALHE, sans doute parce que les divers traitements au moyen desquels on se procure la première, et surtout les traitements à chaud, détruisent son pouvoir saccharifiant en altérant sa nature.

stase végétale et diastase animale), produits de sécrétion de cellules organiques, ne sauraient être considérées comme des *principes immédiats*, puisque jusqu'à présent leur constitution chimique n'a pu être fixée d'une manière définitive.

Le phénomène de la transformation de l'amidon hydraté en glycose peut être produit par d'autres liquides animaux que la salive (*); tels sont : le sang, le pus, le contenu de certains kystes, une macération de lambeaux de membrane muqueuse ou de toute autre partie animale, etc. (1). Quant au fluide salivaire lui-même, sa propriété saccharifiante a été regardée « comme d'autant plus énergique que la bouche est dans un état de santé » moins parfait : la salive provenant d'une bouche qui est le siége d'une » inflammation, comme cela résulte d'une salivation mercurielle ou de » dents cariées, jouit au plus haut degré de cette propriété..... De telles » salives présentent au microscope de nombreux globules de pus, qui exis- » tent toujours, mais en quantité moins considérable, dans la salive nor- » male » (2).

Personne ne conteste que des liquides, qui renferment des particules organiques azotées en voie de décomposition, ne puissent opérer la transformation partielle de l'empois d'amidon en dextrine et même en glycose. Mais il importe de faire observer, d'une part, que sous le rapport de la rapidité et de l'énergie d'action, de pareils liquides ne peuvent être comparés à la salive ; d'autre part, que ce n'est qu'à l'aide d'une fermentation putride qu'ils entraînent des modifications lentes dans l'amidon hydraté. Or, les procédés de la putréfaction ne sont pas de ceux qui s'observent dans l'accomplissement des phénomènes de la digestion en général, et il répugnerait d'admettre que le fluide salivaire empruntât exceptionnellement à ces procédés l'influence qui nous occupe.

A ce sujet, je rapporterai un résultat de mes expériences opposé à l'opinion d'après laquelle la puissance transformatrice de la salive serait d'autant plus active que ce fluide renfermerait un plus grand nombre de particules organiques en voie de décomposition.

J'ai recueilli la salive d'individus peu soucieux de la propreté de leur bouche, chez qui les intervalles dentaires étaient constamment remplis de détritus de toutes sortes et dont l'haleine était habituellement fétide ; j'en ai recueilli chez des personnes dans des conditions tout opposées, et immédiatement après que les dents et leurs intervalles avaient été frottés avec une brosse, la langue raclée sur le dos et la bouche entière scrupuleusement rincée. L'une et l'autre de ces salives, mélangées avec des quantités déterminées d'empois d'amidon, ne m'ont offert, sous le rapport de leur propriété saccharifiante, aucune différence appréciable.

(*) Le fluide pancréatique et le suc intestinal seront étudiés, plus tard, à ce point de vue.

(1) MAGENDIE, *Note sur la présence normale du sucre dans le sang*, dans *Comptes rendus de l'Acad. des sciences*, 1846. — CL. BERNARD, *Mém. cité* et article intitulé *De la salive*, dans le journal *La Science*, n° du 17 juin 1855, édit. hebdomadaire.

(2) Page 212 de ce dernier recueil.

En eût-il été ainsi, si réellement la salive n'empruntait son action chimique qu'à des matières organiques décomposées?

Après tout, qu'importe que la transformation des principes amylacés en glycose puisse s'opérer sous des influences d'une tout autre nature que l'influence de la salive buccale? Pour l'instant, il nous suffit d'avoir positivement reconnu que ce fluide jouit à un haut degré de cette puissance transformatrice. Parce que d'autres substances azotées que la levûre de bière ont aussi le pouvoir de donner lieu à la fermentation alcoolique, a-t-on nié la spécificité d'action chimique du ferment de bière sur les sucres? Et, quand j'ai démontré expérimentalement que le fluide séminal avait sur les corps gras neutres la même action que le suc pancréatique (1), a-t-on envisagé ce fait intéressant comme étant de nature à restreindre le rôle de ce dernier fluide dans la digestion des matières grasses, ou bien à faire rejeter l'existence du *principe actif* particulier qu'on y avait admis?

III. Quelle que soit la nature du principe saccharifiant qui, de l'aveu de tous les expérimentateurs, se trouve dans la salive *mixte*, il nous reste à en déterminer la source.

Ce principe est-il fourni par les glandes salivaires proprement dites ou par la muqueuse buccale? Les résultats d'expériences encore assez récentes (2) sont que, chez le cheval, la salive parotidienne *seule* n'a pas le pouvoir de convertir l'empois d'amidon en sucre, qu'il en est de même de la salive parotidienne du chien, de la salive sous-maxillaire du même animal, et du mélange de ces deux salives d'abord recueillies séparément dans leurs conduits ; tandis que la salive mixte qui existe naturellement dans la bouche du cheval ou dans la gueule du chien, quoique agissant avec moins de rapidité que celle de l'homme, jouit d'une propriété saccharifiante incontestable. Ajoutons que cette même propriété est attribuée au liquide filtré qui provient de la macération de membranes buccales préalablement exposées à l'air pendant *trente-six heures*, par une température de + 40 degrés centigrades, membranes qu'on suppose avoir cédé à l'eau un principe actif soluble. De là cette induction : puisque la muqueuse buccale toute seule peut convertir l'amidon en glycose, tandis que les fluides sécrétés par les glandes salivaires ne peuvent faire la même chose sans l'intervention de cette muqueuse, le principe transformateur de l'amidon est donc fourni par la membrane de la bouche et non par les glandes salivaires.

(1) Voyez ma note intitulée : *De l'action du fluide séminal sur les corps gras neutres ;* dans les *Comptes rendus de l'Acad. des sciences*, séance du 4 décembre 1854, et dans les *Ann. des sc. nat.*, t. III, 4e série.

(2) LASSAIGNE, *Rech. pour déterminer le mode d'action qu'exerce la salive pure sur l'amidon à la température du corps des animaux mammifères et à celle de* + 75 *degrés centigr.;* dans *Comptes rendus des séances de l'Acad. des sc. de Paris*, 1845, t. XX, p. 1347 et 1640. — MAGENDIE, RAYER et PAYEN, *Étude comparative de la salive parotidienne et de la salive mixte du cheval, sous le rapport de leur composition chimique et de leur action sur les aliments ;* rapport lu à l'Académie des sciences de Paris dans sa séance du 20 octobre 1845, *ibid.*, t. XXI, p. 903. — CL. BERNARD, *Mém. sur le rôle de la salive dans les phénomènes de la digestion*, dans *Arch. gén. de méd.*, 1847, t. XIII, 4e série.

Je crois avoir suffisamment insisté sur les motifs qui empêchent d'assimiler le mode d'action de la salive à celui d'une macération de parties animales faite dans les précédentes conditions ; je n'y reviendrai pas. Mais, en admettant comme exacte, pour le cheval et le chien, la distinction entre la salive directement extraite des glandes salivaires et la salive contenue dans la bouche (distinction sur laquelle se fonde surtout la conclusion dont j'examine ici la valeur), je ne puis l'admettre comme s'appliquant aux mammifères en général et à l'homme en particulier :

1° En effet, pendant l'été de 1854, en cherchant à déterminer l'intensité relative du pouvoir saccharifiant du pancréas et des glandes salivaires, souvent il m'est arrivé, après les avoir extraits au moment même de la mort de l'animal (mouton ou bœuf), et les avoir divisés en minces fragments, de placer ces fragments dans des vases séparés, renfermant de l'empois d'amidon, et, au bout de *une à deux heures* avec une température de $+40$ à 45 degrés centigrades, de trouver une quantité très-notable d'amidon convertie partie en dextrine et partie en glycose. Or, en ce qui touche les glandes salivaires, évidemment ici il n'est plus possible de regarder la muqueuse buccale comme source du principe saccharifiant, ni celui-ci comme un produit complexe de substances organiques en voie de décomposition (*).

2° Quant à l'expérience suivante, qui vient à l'appui de la précédente, chacun pourra facilement la répéter et la vérifier sur soi-même ou sur d'autres personnes : la bouche et les dents étant préalablement nettoyées et lavées avec soin, j'écarte les mâchoires et relève la pointe de la langue de façon à découvrir le frein de cet organe et la partie du plancher buccal sur laquelle s'ouvrent les canaux excréteurs des glandes sous-maxillaires et sublingales ; puis, pour éviter tout mélange avec la sécrétion parotidienne ou avec celle des lèvres et des joues, j'oblitère avec de la cire blanche les intervalles dentaires inférieurs et entoure extérieurement l'arcade alvéolaire d'une languette d'éponge fine propre à s'imbiber de ces dernières sécrétions. A peine un peu d'acide acétique a-t-il été inspiré ou flairé, qu'aussitôt on voit affluer, derrière les dents incisives et canines, une quantité notable de salive (**) qu'on recueille, sans frottement, à l'aide d'un petit morceau d'éponge fine, ou encore mieux, qu'on laisse couler directement dans un vase, en maintenant la bouche ouverte et la tête convenablement inclinée. Cette salive, qui ne peut être mêlée qu'avec une bien minime quantité de mucus, est parfaitement transparente et limpide, mais très-visqueuse et filante, surtout dans les premiers instants de l'expérience (***) ;

(*) Ces expériences comparatives m'ont aussi révélé une particularité digne d'intérêt : si le tissu du pancréas, imprégné du produit de sa sécrétion, jouit sans contredit de la puissance saccharifiante la plus énergique, les différentes glandes salivaires n'ont pas cette puissance au même degré, et, sous ce point de vue, les sous-maxillaires et les sublinguales l'emportent assez notablement sur les parotides.

(**) En moins d'une demi-heure j'ai pu ainsi me procurer jusqu'à 25 grammes de salive provenant des glandes sous-maxillaires et sublinguales.

(***) Je reviendrai ailleurs sur la propriété que m'a offerte cette salive d'*émulsionner* les matières grasses et de se troubler par l'acide phosphorique monohydraté.

examinée au microscope, elle ne laisse apercevoir que peu de cellules épithéliales, sans autres débris provenant de la cavité orale. Or, ayant mélangé avec de l'empois d'amidon cette salive si pure qui était évidemment exempte de particules organiques en voie de décomposition, et qui, d'ailleurs, n'avait point subi le contact de la muqueuse, je lui ai toujours trouvé une faculté saccharifiante non moins grande qu'à la salive *mixte ;* il en a été à peu près de même de la salive parotidienne, mais celle-ci était mêlée au mucus des lèvres et des joues. Dès lors, au moins pour cette salive sous-maxillaire et sublinguale, comment donc admettre encore que son agent transformateur provienne de la membrane de la bouche ou de matières azotées en voie de décomposition? Ou bien comment souscrire à une théorie ainsi formulée : « Si la salive humaine possède à un plus haut degré la faculté fermentescible que celle des autres mammifères, cela tient à ce que, par l'acte habituel de la phonation, l'accès de l'air fait subir aux matières organiques qui se rencontrent dans la bouche un commencement de décomposition qui suffit alors pour déterminer la transformation si facile de l'amidon hydraté en glycose (1). »

3° Enfin, comme dernière preuve touchant l'*origine* du principe actif de la salive dans le tissu glandulaire lui-même et non aux dépens de particules organiques azotées se décomposant à la surface muqueuse de la bouche, je rappellerai que, dans le cas de fistule du conduit de Sténon, chez l'homme, il a été constaté que le liquide parotidien, recueilli par la fistule, donnait les mêmes réactions que la salive mixte ou buccale, c'est-à-dire qu'il transformait la gelée d'amidon en dextrine et en glycose (*).

IV. En étudiant, plus haut, le principe actif de la salive dans son origine, dans sa nature et dans ses effets, nous avons vu qu'il devait être considéré comme un agent *sui generis*, dont on ne saurait nier, dans aucun cas, la spécificité d'action sur une classe déterminée d'aliments (**). En effet, je le

---

(1) Cl. Bernard, dans le journal *La Science*, édit. hebdomadaire n° 14, p. 212, pour l'année 1855 ; article intitulé : *De la salive.*

(*) *Observation de* Jarjavay *et de* Mialhe ; dans *Cours de physiologie*, par P. Bérard, t. II, p. 403. Paris, 1850. — Toutefois, nous n'entendons pas nier ici les résultats d'expériences faites sur des carnivores ou même sur des herbivores, et tendant à établir (*contrairement à ce qu'on observe chez l'homme*) que la salive parotidienne est dépourvue de tout pouvoir saccharifiant. Parmi ces expériences, je mentionnerai celles de C. Lent (1), qui sont encore assez récentes: Après avoir enlevé les deux glandes parotides et les deux glandes sous-maxillaires à huit lapins, ce physiologiste leur donna, pendant un certain temps, de la fécule pour nourriture exclusive ; puis, les ayant sacrifiés, il ne trouva dans l'estomac que de la fécule sans trace aucune de dextrine et de glycose. Pour reconnaître à laquelle de ces glandes il fallait rapporter ce résultat négatif (puisque les lapins sains nourris de fécule ont du sucre dans leur estomac), il excisa à sept autres lapins leurs glandes sous-maxillaires seulement ; et, conduisant l'expérience comme précédemment, il ne constata point davantage la présence du sucre dans la poche gastrique. — La salive parotidienne seule, conclut Ch. Lent, n'avait donc pu transformer la fécule en sucre, et c'est à la salive sous-maxillaire qu'appartient le pouvoir saccharifiant.

(**) Le même principe ou un principe analogue existe dans le *suc pancréatique* ; aussi, comme l'ont établi les expériences de Bouchardat et Sandras, ce dernier fluide exerce-t-il sur les matières amylacées la même action que la salive.

(1) *De succi gastrici facultate ad amylum permutandum dissertatio.* Griefswald, 1858.

dis à l'avance, je ne suis point de ceux qui admettent que la salive, le fluide pancréatique et le suc gastrique renferment un seul et même principe organique dont le mode d'action sur les aliments différerait seulement par suite de la nature chimique du milieu; qu'ainsi les matières amylacées et albuminoïdes seraient transformées et dissoutes indifféremment par ces trois liquides digestifs, à l'aide d'un agent commun qui attaquerait les féculents dans un milieu alcalin, ou les albuminoïdes dans un milieu acide (1). Mes convictions, opposées à cette manière de voir, se fondent sur des faits que j'ai pu souvent observer et qui sont d'ailleurs faciles à reproduire :

1° Ayant légèrement acidifié, avec l'acide chlorhydrique, de la salive normalement alcaline (de manière que son degré d'acidité fût à peu près le même que celui du suc gastrique), j'y plongeai de la fibrine extraite du sang de bœuf et aussi de la viande du même animal cuite ou crue et divisée en assez minces faisceaux; puis je mis le tout, pendant quatre, six, douze et vingt-quatre heures, au bain-marie entre $+$ 35 et 38 degrés centigrades. Fréquemment je constatai, à la fin de l'expérience, que la fibrine, devenue d'abord demi-transparente par suite de son hydratation, finissait par disparaître et se dissoudre en partie à l'aide de l'agitation, dans la salive acidifiée. Mais jamais il n'en fut ainsi de la viande crue ou cuite ni de l'albumine coagulée : ces substances ne me parurent pas même offrir à leur surface un commencement d'altération quelconque.

Quant à la fibrine, il y aurait erreur grave à conclure de sa dissolution à sa *transformation digestive*. En effet, on sait, depuis les intéressantes recherches de Bouchardat, qu'elle est en partie soluble dans l'eau faiblement acidulée, spécialement par l'acide chlorhydrique; et d'ailleurs il m'a été aisé de reconnaître, à l'aide de certains réactifs, que j'avais affaire seulement à une *simple dissolution* et non à une transmutation de cette matière azotée. Ainsi, en traitant la précédente dissolution de fibrine par l'acide chlorhydrique en plus forte proportion, ou bien par le prussiate jaune de potasse, j'ai obtenu aussitôt, dans l'un et l'autre cas, un précipité blanc soluble dans un excès de chacun de ces réactifs. Or, des recherches antérieures m'avaient appris que jamais ces réactions n'ont lieu quand la fibrine a réellement subi la transformation digestive. J'ajouterai que la solution de bichlorure de mercure peut aussi servir à distinguer, dans un liquide digestif, la fibrine *digérée* de la fibrine seulement *dissoute* ; car, dans le premier cas, il se forme un précipité abondant qui disparaît par l'ébullition et reparaît par le refroidissement, tandis que, dans le second, rien de pareil ne se manifeste : ce dernier cas a été celui qui nous occupe. Enfin, je rappellerai que des expériences, qui me sont propres (2), m'ont révélé un moyen de

(1) CL. BERNARD et BARRESWIL, *Comptes rendus des séances de l'Acad. des sciences de Paris*, 7 juillet 1845.

(2) Voyez mon mém. intitulé : *Nouvelles recherches relatives à l'action du suc gastrique sur les matières albuminoïdes ;* dans *Ann. des sc. nat.*, 4e série, t. III (lu à l'Académie des sciences dans la séance du 5 février 1855).

distinguer sûrement les matières albuminoïdes (partant la fibrine) *avant* et *après* l'élaboration digestive. Ce moyen consiste dans l'usage d'un réactif composé de glycose et de bitartrate de cuivre et de potasse dans certaines proportions : s'il n'y a que *dissolution* du principe albuminoïde, la réduction du sel de cuivre s'effectue par l'ébullition, et il y a précipitation d'hydrate d'oxydule de cuivre ; si, au contraire, le principe immédiat azoté a réellement subi l'action dissolvante et transformatrice de laquelle résulte *sa digestion*, la réduction manque. Or, au contraire, la réduction a eu lieu constamment dans toutes nos digestions artificielles avec la salive acidifiée ; aussi concluons-nous que ce liquide, ainsi modifié, ne saurait accomplir la transformation physiologique ni de la viande, ni de ses congénères.

2° Voyons maintenant s'il est vrai qu'à son tour le suc gastrique, en présence des alcalis, puisse transformer les aliments amylacés en glycose, c'est-à-dire usurper le rôle de la salive et du suc pancréatique, tout en perdant sa faculté essentielle qui est de digérer, en présence des acides, les matières azotées ou albuminoïdes.

J'ai fréquemment changé la réaction acide du suc gastrique de chien, recueillie par le moyen des fistules stomacales, et j'ai rendu ce liquide *alcalin* par l'addition d'un peu de carbonate de soude, dans le but de savoir si sa matière organique active, se trouvant placée dans un milieu à réaction alcaline, changerait en effet de rôle physiologique et pourrait alors modifier très-rapidement l'amidon. Mais une première condition était à remplir pour pouvoir donner la solution du problème : il fallait faire usage d'un suc gastrique exempt, ou à peu près, de tout mélange avec le fluide salivaire. On peut prévenir ce mélange en plaçant un bâillon épais (de bois) dans la gueule d'un chien porteur d'une fistule stomacale ; dès lors tout mouvement de déglutition devient impossible, et, la tête de l'animal étant inclinée vers la terre, forcément la salive s'écoule hors de la gueule maintenue béante. Des injections d'eau distillée et tiède sont poussées, à jeun, par la fistule dans l'estomac, de manière à en bien laver les parois ; puis on procède, comme à l'ordinaire, pour se procurer du suc gastrique dans ces conditions.

Le suc gastrique ainsi recueilli, alcalinisé par l'addition d'un peu de carbonate de soude, puis mis en contact, pendant plusieurs heures et par une température de 35 à 38 degrés centigrades, avec de l'empois d'amidon récemment préparé, n'a jamais déterminé la transformation de la fécule en dextrine et en glycose.

Il n'en a plus été de même quand un peu de ma propre salive a été ajouté au précédent suc gastrique déjà rendu alcalin ; l'empois d'amidon a été assez rapidement fluidifié et transformé. Mais un pareil résultat ne saurait surprendre, puisqu'ici il y a eu intervention du principe actif de la salive elle-même, naturellement apte à produire cette transformation.

Ainsi, dans certains cas, après avoir saturé par un alcali l'acidité d'un suc gastrique *impur* en ce sens qu'il était évidemment mélangé avec de la salive, quand d'autres expérimentateurs ont constaté la saccharification de la fécule à l'aide de ce suc, cela ne voulait pas dire, comme ils l'ont cru, qu'en changeant la nature chimique du milieu ils changeaient aussi le rôle d'un principe actif unique, mais cela signifiait tout simplement qu'ils rendaient à l'*un* des deux principes de ce liquide mixte les propriétés saccharifiantes que sa combinaison avec les acides avait pu momentanément dissimuler.

On a récusé, dit Mialhe (1), l'influence de la salive, par la raison que les acides empêchent l'action du ferment, comme l'ont montré Boutron et Fremy, et l'on a dit : l'estomac présente une acidité constante au moment de la digestion ; or la salive, qui à peine a eu le temps, dans la bouche, de modifier la fécule, perd toute son action, une fois arrivée dans le ventricule gastrique.

Il n'est pas exact d'admettre que les substances alimentaires féculentes, arrivant imprégnées de salive dans l'estomac, n'y éprouvent aucune modification, parce que les acides empêchent le principe actif de la salive d'exercer son action saccharifiante. En effet, cette condition n'existerait qu'autant que l'amidon, la salive et l'acide seraient *seuls* en présence ; mais aussitôt qu'une substance albuminoïde est ajoutée, elle s'empare immédiatement d'une portion de l'acide qui a beaucoup d'affinité pour elle, et le principe actif de la salive reprend en tout ou en partie son pouvoir saccharifiant (Mialhe). Or, on sait que, même chez les herbivores, les aliments amylacés ne se trouvent jamais seuls dans la cavité stomacale.

Je me suis aussi convaincu du peu de fondement de la précédente objection à l'aide d'expériences que j'ai consignées ailleurs (2) et résumées en ces termes :

« Des doutes se sont élevés récemment et des négations ont été émises relativement au pouvoir qu'aurait la salive de continuer son action, *dans l'estomac*, sur l'empois d'amidon avec lequel elle arrive mélangée. On a prétendu que l'état *alcalin* de la salive était nécessaire à son action saccharifiante ; or, dans l'estomac, le suc gastrique acide neutralisant d'abord, puis acidifiant bientôt la masse avalée, arrête, dit-on, l'action de la salive. Bien des fois il m'est arrivé de faire des mélanges de suc gastrique, de salive, de fibrine et d'empois d'amidon dans des proportions convenables pour que l'acidité du suc gastrique fût dominante, et je me suis convaincu que, dans ces cas encore, on avait conclu à tort du manque de réduction du sel de cuivre (bitartrate de cuivre et de potasse) à l'absence de la glycose ; tandis qu'en réalité ce principe sucré existait dans le mélange, et que sa réaction habituelle n'était que dissimulée par le produit transformé de l'aliment albuminoïde. »

Des expériences, faites sur une femme atteinte de fistule gastrique, démontrent aussi qu'en effet l'action de la salive n'est point empêchée par la

_____

(1) Ouvr. cité, p. 53.
(2) LONGET, *Nouvelles recherches relatives à l'action du suc gastrique sur les matières albuminoïdes;* mém. inséré dans les *Ann. des sc. nat.*, 4ᵉ série, t. III, 1855.

présence du suc gastrique. Elles sont dues à Grünewaldt (1) et surtout à E. Schrœder (2), qui en ont fait le sujet de thèses qu'ils ont soutenues, à Dorpat, en 1853.

« Après un repas de *fécule crue*, on ne trouva pas de sucre dans le contenu de l'estomac, on filtra le suc acide retiré par la fistule, et on le mêla avec de l'empois : la transformation en sucre commença aussitôt. Comme l'avait observé Bidder, la propriété transformatrice de la salive persiste, même en présence des acides libres. »

« Quelques onces d'amidon gonflé par l'eau bouillante furent introduites dans l'estomac, à jeun, à travers la fistule ; aussitôt après, une portion de l'amidon fut expulsée de nouveau : déjà elle contenait du sucre. Un quart d'heure après, on trouva beaucoup de glycose dans l'estomac et l'empois était devenu entièrement fluide. »

« *Saliva*, dit Ern. Schrœder, *in ipso ventriculo eam habet vim, quâ amylum turgefactum quàm celerrimè in saccharum transformetur.* » Puis il insiste sur cette particularité que l'amidon *cru*, donné par la bouche, n'a été qu'en partie transformé dans l'estomac, et que l'autre portion est évidemment passée dans l'intestin sans avoir encore subi d'altération. Dans quelques expériences comparatives, exécutées sur un chien portant une fistule gastrique, Schrœder a reconnu que la saccharification de l'empois d'amidon était bien loin d'être aussi rapide que chez la femme qui s'était prêtée à ses recherches.

Aussi est-ce à tort que, dans ces cas, les expérimentateurs se servent du chien, qui, comme tous les autres carnassiers, ne fait qu'exceptionnellement usage d'aliments féculents, et dont, par conséquent, la salive n'a, pour ainsi dire, que des usages mécaniques ; chacun sait qu'il avale sa nourriture sans la mâcher. De là, la possibilité de l'alimenter en introduisant celle-ci directement par des fistules gastriques, et en supprimant à peu près le concours du fluide salivaire. Il n'en est plus de même des ruminants, par exemple, dans la nourriture desquels les matières amylacées se trouvent en grande proportion : chez eux, la mastication et l'insalivation deviennent des actes si importants qu'elles se répètent plusieurs fois.

Il ne faudrait pas néanmoins, à l'exemple de certains auteurs, vouloir attribuer une importance trop grande et trop exclusive à l'action du fluide salivaire sur les matières féculentes pour les convertir en glycose. Si cette action, à peine commencée dans la bouche, se continue, comme nous l'avons prouvé, dans l'estomac lui-même et au delà, à l'aide de la salive qui imprègne l'aliment avalé et de celle qui est déglutie après le repas, ce fluide n'est pourtant pas seul à agir dans un pareil sens : il est, au commencement de l'intestin grêle et aussi dans tout son parcours, deux autres produits de sécrétion qui seront étudiés ultérieurement, et qui, pour leur part, concourent à la transformation de la fécule insoluble en sucre soluble ; ce sont le *fluide pancréatique* et le *suc intestinal*.

(1) *Succi gastrici humani indoles physica et chimica ope fistulæ stomacalis indagata.* Dorpat, 1853.
(2) *Succi gastrici humani vis digestiva ope fistulæ stomacalis indagata.* Dorpat, 1853.

Parmi les principes immédiats *hydrocarbonés*, il n'y a que la fécule qui éprouve une modification chimique de la part du liquide salivaire : en effet, ce liquide ne paraît en imprimer aucune à la cellulose, à la pectose, aux gommes, aux mucilages végétaux et au sucre de canne. —Il est également sans influence sur les *matières albuminoïdes* ou protéiques, et sur leurs dérivés immédiats comme la gélatine et la chondrine.

Quant aux *matières grasses*, j'ai maintes fois constaté, sur moi-même et sur d'autres personnes, que les salives sous-maxillaire et sublinguale, recueillies ensemble sur le plancher buccal derrière les incisives inférieures, jouissent de la propriété de former, avec les corps gras neutres, des émulsions assez complètes et d'autant plus durables que je maintenais la température entre 35 et 40 degrés centigrades. Leur *propriété émulsive* m'a toujours paru être plus prononcée avant qu'après les repas (*).

D'autres recherches sont encore nécessaires pour qu'on soit autorisé à admettre que l'alcalinité de la salive a réellement sur les acides introduits ou produits dans l'estomac l'influence que lui attribuent divers physiologistes. Il ne paraît pas non plus démontré qu'elle occasionne, sur les parois de ce viscère, une excitation capable de déterminer une sécrétion plus abondante de suc gastrique et d'activer ainsi d'une manière générale la digestion.

SUC GASTRIQUE.

Depuis les mémorables travaux de Spallanzani sur les digestions artificielles, le *suc gastrique* a été l'objet de recherches incessantes qui ont révélé à quelques-uns de leurs auteurs des résultats aussi nouveaux qu'importants. Une étude qui embrasse ses organes sécréteurs et son mode de sécrétion, ses modifications par divers agents, les procédés propres à le recueillir, sa composition chimique, ses éléments essentiels et le rôle propre à chacun d'eux, les conditions de la digestion naturelle ou artificielle, les changements des divers éléments nutritifs dans l'estomac, et enfin la digestibilité des aliments ; une pareille étude, dis-je, doit être aussi féconde en applications pour le médecin qu'elle est pleine d'intérêt pour le physiologiste.

Cette dernière proposition trouvera sa preuve dans l'examen qui va être fait de ces diverses questions relatives surtout à la *digestion stomacale*.

1. Les organes qui sécrètent le suc gastrique dépendent de la membrane muqueuse de l'estomac. Si, dans notre rapide description, viennent figurer d'autres appareils sécréteurs contenus dans l'épaisseur de cette membrane, c'est néanmoins à déterminer ceux qui ont rapport à la sécré-

---

(*) A l'aide de l'acide phosphorique monohydraté, qui dénote si bien la présence de l'albumine, j'ai aussi obtenu, avec ces deux salives mélangées, un trouble plus marqué à jeun qu'après les repas.

tion du suc gastrique proprement dit que nous devrons nous appliquer plus spécialement.

En examinant, sous le microscope, une coupe verticale et très-mince de la muqueuse de l'estomac, on aperçoit une quantité innombrable de tubes à peu près cylindriques, rectilignes ou parfois tordus vers leur extrémité qui se termine en cul-de-sac dans la couche de tissu celluleux unissant la tunique muqueuse à la tunique musculeuse de l'estomac. L'épithélium cylindrique de la muqueuse stomacale, qui se continue dans ces tubes, ne se prolonge pas dans tous à une distance égale : cette différence dans la longueur du prolongement épithélial est particulièrement digne d'attention.

Si l'on observe ces mêmes tubes dans la portion médiane et dans la portion cardiaque de l'estomac du chien (animal qui a servi pour la plupart de nos recherches), on reconnaît qu'ils commencent à la surface muqueuse par une excavation infundibuliforme qui se continue en un cylindre creux dans une profondeur de $1/8^e$ à $1/4$ de millimètre. Cette cavité tubaire, large d'environ $1/10^e$ de millimètre, se rétrécit un peu vers son fond, où, assez souvent, elle se divise en deux ou même trois tubes qui continuent la direction verticale du tube primitif. Ces tubes secondaires conservent aussi, dans le premier tiers de leur longueur, l'épithélium cylindrique de la muqueuse stomacale ; mais, dans les deux derniers tiers, cet épithélium disparaît et fait place à des cellules tout à fait semblables à celles de l'épithélium pavimenteux, seulement un peu plus renflées. Ces cellules remplissent chaque tube à peu près complétement, et, par place, distendent sa membrane assez fortement pour lui donner un aspect bosselé qui rappelle celui du gros intestin quand il est dilaté par des gaz. Elles ont un noyau central. Vers l'axe du tube, on ne voit plus de cellules complètes, mais seulement des couches de noyaux qui semblent n'être que des cellules encore incomplétement formées ; car ces noyaux ressemblent en tout à ceux de l'intérieur des cellules. La cavité des tubes renferme, en outre, une matière granuleuse très-fine.

Dans la portion pylorique de l'estomac du même animal (chien), d'après Todd, Bowman (1) et Schiff(*), les tubes glandulaires prennent une autre forme. Le cylindre creux par lequel ils commencent est plus long et n'a pas d'abord la forme d'entonnoir. Les tubes secondaires sont plus courts, et leur canal intérieur, en général plus large, est tapissé jusqu'au bout par le même épithélium cylindrique qui revêt la muqueuse stomacale : ils sont également remplis par une matière granuleuse fine, mais on n'y observe pas de cellules arrondies.

Kölliker (2), examinant comparativement les glandes en tubes vers le pylore et dans le reste de l'estomac, a aussi constaté des différences chez le chien, le chat, le lapin, le porc, etc. Quant au cheval, il n'existe de

______

(1) *Anat. and Physiol. of Man* : part. III, p. 192. London, 1845-53.
(*) Communication écrite (septembre 1851).
(2) *Mikrosk. Anat.*, t. II, p. 140. Leipzig, 1850-54.

glandes tubuleuses que dans les deux tiers pyloriques de l'estomac, où elles ont toutes le même aspect : aussi verrons-nous la portion cardiaque de cet organe revêtue d'un épithélium qui est le prolongement de celui de l'œsophage, être exceptionnellement, chez cet animal, étrangère à la sécrétion du suc gastrique.

Avant Todd, Bowman, Schiff et Kölliker, Wasmann (1) avait déjà décrit, dans l'estomac du porc, deux espèces différentes de tubes : les uns, dit-il, situés principalement dans les régions cardiaque et pylorique, sont simples et partout revêtus d'épithélium cylindrique; les autres existent seulement dans une partie de la muqueuse, « quæ mediam curvaturam majorem te- « net, longitudine 6-8 pollicum, indeque in pariete anteriori atque poste- « riori ventriculi proxime a cardia adscendit, ubi acuto angulo finitur ». Ces derniers sont spécialement des tubes à cellules arrondies. A cette différence des glandes stomacales correspond aussi, d'après Wasmann, un aspect différent de la membrane muqueuse, surtout bien manifeste, suivant Schiff, dans la moitié droite et la moitié gauche de l'estomac du rat commun et de la souris.

Il semble donc établi, par ce qui précède, que le mode de distribution des deux espèces de tubes ou de glandes gastriques varie dans les divers animaux.

Selon Frerichs (2), les tubes glandulaires, chez l'homme, sont plus droits, moins tortueux que chez le chien ; jamais ils ne se subdivisent. Le même auteur n'admet pas les glandes en grappe que Bischoff (3) dit avoir vues dans la région pylorique de l'estomac de l'homme et du chien. Purkinje, Pappen- heim, Valentin, Lacauchie, ne les admettent pas non plus, et jamais nous- même nous n'avons rencontré de glandes en grappe dans l'estomac du chien. Peut-être Bischoff, en disant que, vers leur extrémité terminale, quelques glandes du pylore sont disposées en forme de grappe, n'a-t-il voulu exprimer que la division bifide ou trifide qui parfois nous paraît exister réellement chez l'homme : car, dans la figure qu'il donne des glandes pyloriques, on ne voit pas de vraies glandes en grappe.

Toutes les glandes stomacales de l'homme sont décrites par Frerichs comme étant dépourvues d'épithélium cylindrique, mais remplies de cellules rondes, de noyaux et aussi de granules qu'il considère comme principalement formés d'une matière graisseuse.

Allen Thomson (4) a figuré les glandes tubuleuses de l'estomac humain exactement comme les décrit le précédent observateur; seulement il admet qu'assez fréquemment elles se divisent. Il y a une grande ressemblance entre ses figures et ce que nous avons observé dans la région cardiaque de l'estomac du chien.

La différence qui existe aussi, chez l'homme, entre les tubes gastriques de diverses portions de l'estomac, n'avait pas été signalée par les auteurs.

(1) *De digest. nonnulla*, etc. Berolini, 1839, p. 9.
(2) WAGNER'S *Handwörterbuch*, etc., t. III, 1849.
(3) MUELLER'S *Archiv*, 1838, pl. XIV, fig. 3.
(4) GOODSIR, *Annals of Anat. and Physiol.*, t. I. tab. III, fig. 283.

Mais, comme la portion pylorique de l'estomac humain, ainsi que Schiff l'a constaté récemment, ne peut pas servir à la préparation du suc gastrique artificiel, et qu'il en est de même chez les animaux qui ont, dans la région pylorique, des glandes différentes de celles qui existent dans le reste de l'estomac, on pouvait en induire que probablement aussi, chez l'homme, les glandes de la région pylorique diffèrent de celles qu'on trouve dans les autres portions de ce viscère. Cette présomption s'est réalisée dans les observations qu'a faites Schiff sur l'estomac de deux enfants et d'un supplicié, observations confirmées depuis par Donders (1).

Plus loin, nous verrons que les tubes à cellules arrondies, tubes qu'on rencontre spécialement dans les parties moyenne et cardiaque de l'estomac de l'homme, du chien, etc., semblent être ceux qui sécrètent le principe actif de la digestion stomacale.

Il serait inexact de croire, avec Lacauchie, que Galeati et Lieberkühn ont découvert les tubes gastriques. Ces auteurs ont parlé seulement des glandes tubuleuses de l'intestin et non de celles de l'estomac. C'est Sprott Boyd (2) qui, le premier, a fait connaître les tubes gastriques. Bischoff (3), Wasmann (4), Pappenheim (5), Purkinje (6), Krause (7), J. Thomson (8), Henle (9), Lacauchie (10), Frerichs (11), Allen Thomson (12), etc., ont contribué successivement à éclairer ce point de la science.

Haller et ses contemporains n'ont pas connu les tubes glandulaires de l'estomac ; mais ils parlent de follicules lenticulaires visibles à la loupe ou même à l'œil nu. D'après les micrographes modernes, ces follicules ne sont pas constants chez l'homme, et, quand on les rencontre, ils sont très-variables en nombre et en volume : on les trouve bien plus souvent chez le chien et surtout chez le cochon. Ils sont situés dans l'épaisseur de la muqueuse entre les tubes sécréteurs. Dans l'état de santé, leur volume varie d'un quart à un douzième de millimètre ; dans l'enfance et surtout dans certaines maladies, ils semblent augmenter de volume et même de nombre.

L'étude du développement de ces glandes lenticulaires a été faite avec soin par Frerichs (13). Elles prennent naissance au-dessous des tubes gastriques et forment des vésicules arrondies, closes de toutes parts et pourvues de cellules, de noyaux et de granules nageant dans un fluide alcalin. Ce contenu leur donne l'aspect d'un corps solide qui, éclairé d'en haut, paraît blanchâtre. En augmentant de volume, elles arrivent à la surface de la mu-

(1) *Physiologie des Menschen.* Leipzig, 1856, p. 208.
(2) *Edinb. med. and Surg. Journ.*, t. XLVI, année 1836, p. 382.
(3) MUELLER'S *Archiv*, 1838.
(4) *De digestione nonnulla*, etc. Berlin, 1839.
(5) *Zur Kenntniss der Verdauung.* Breslau, 1839.
(6) *Bericht der Naturforscherversammlung*, dans *Isis*, 1838.
(7) MUELLER'S *Archiv Jahresbericht*, 1839, p. CXX.
(8) *Report of the British Associat.*, 1840, p. 149.
(9) *Allgem. Anat.*, trad. franç. de Jourdan, t. II, p. 487 et suiv.
(10) *Études hydrot. et microsc.* Paris, 1844.
(11) WAGNER'S *Handwörterbuch*, etc., t. III, 1849.
(12) GOODSIR, *Annals of Anat. and Physiol.*, t. I, 1850.
(13) WAGNER'S *Handwörterbuch*, etc., t. III.

queuse, où chacune s'ouvre enfin par déhiscence. L'ouverture est longitudinale, arrondie ou triangulaire. Allen Thomson (1) a aussi observé la même
marche dans le développement de ces glandes. Quant aux corpuscules solides, en forme de croissant, dont les extrémités se terminent à la surface
de la muqueuse, et qui constituent des organes sans cavité et sans ouverture, que Gruby dit avoir vus dans la muqueuse gastrique, ils ne sont probablement autre chose que ces glandes inconstantes, dans un état peu
avancé de leur développement.

En définitive, comme appareil glandulaire constant, annexé aux parois
gastriques et généralement admis aujourd'hui, il n'y a donc que les glandes
à forme tubuleuse, glandes d'ailleurs si nombreuses que, dans l'estomac
humain, leur somme a été évaluée à plus de *cinq millions*. C'est dans
l'épaisseur de leur *membrane propre*, qui est finement granuleuse, résistante, très-mince et transparente, que viennent se répandre les ramifications ultimes des artères de l'estomac; les veines qui rampent dans la tunique celluleuse en naissent pour la plupart, aussi bien que les vaisseaux
lymphatiques émanés en grand nombre de la muqueuse gastrique.

II. Les deux espèces de tubes glandulaires de l'estomac, qui viennent
d'être signalées plus haut, répondent à deux produits de sécrétion dont les
usages sont bien distincts: cette vérité, sur laquelle Wasmann, Todd et
Bowman ont les premiers attiré l'attention, paraît avoir été mise hors de
doute, surtout par les expériences de Schiff, Kölliker, Donders, etc. 1° Les
tubes à épithélium ou à cellules cylindriques sécrètent le *mucus* qui forme
un enduit plus ou moins épais à la surface interne de l'estomac; 2° les tubes
à cellules arrondies se rapportent à la sécrétion du *suc gastrique*.

En effet, les dernières cellules dont il s'agit arrivent toujours à la surface
de la membrane muqueuse avec ce fluide, et, lorsque la digestion est achevée, on trouve les tubes presque vides, sans cellules et sans noyaux; il n'y
reste même que peu de granules (2). Pendant le jeûne, les cellules arrondies se forment de nouveau; elles sont très-abondantes après une abstinence un peu prolongée. Mais exposons surtout les expériences qui démontrent les attributions différentes des deux sortes de tubes glandulaires, en
nous rappelant que les tubes de la première espèce (*glandes muco-gastriques*)
occupent la région pylorique de l'estomac, tandis que ceux de la deuxième
(*glandes pepto-gastriques*) se rencontrent spécialement dans les régions cardiaque et moyenne de cet organe.

Schiff (3), ayant fait des recherches comparatives en préparant séparément du suc gastrique artificiel avec la portion cardiaque et avec la portion pylorique de l'estomac de l'homme et du chien, reconnut que cette
dernière ne fournissait pas, comme l'autre, un produit doué du pouvoir
digestif. Il vit aussi que des cubes d'albumine cuite, mis en contact avec

(1) *Loc. cit.*, p. 36.
(2) FRERICHS, *ouvr. cité*, t. III, p. 749.
(3) *Loc. cit.*

une infusion acidulée de cette partie de la muqueuse stomacale, se comportaient comme avec les acides dilués. Toutefois, en multipliant ses expériences, il observa, dans quelques cas où il n'avait agi qu'avec la portion pylorique et où il ne s'attendait pas à obtenir la moindre solution digestive, qu'après quarante-huit heures (temps plus que suffisant au véritable suc gastrique artificiel pour digérer l'albumine coagulée), les angles des cubes dans l'infusion pylorique étaient devenus légèrement pulpeux. Cette remarque l'engagea à faire de nouvelles recherches microscopiques, et il reconnut, ce qu'il avait présumé, que les tubes à cellules rondes ne cessent pas subitement à une certaine distance du pylore, mais qu'on en rencontre encore quelques-uns entremêlés parmi les tubes à épithélium cylindrique, jusqu'à une certaine distance de la valvule pylorique. Aussi attribua-t-il à l'influence de ces tubes isolés le commencement de digestion qu'il avait exceptionnellement observé. Il obtint les mêmes résultats avec l'estomac du lapin.

Kölliker (1) mentionne des expériences, analogues aux précédentes, qu'il a faites avec le docteur Goll, de Zurich. Ces deux savants ont opéré spécialement sur l'estomac du porc, et ils ont trouvé que, si l'infusion acidulée des tubes à cellules rondes digère en très-peu de temps les substances albuminoïdes, celle des tubes à épithélium cylindrique ne digère rien, ou n'exerce qu'une très-faible action même après un temps très-prolongé.

Au rapport du même anatomiste (2), le docteur Berlin serait parvenu à distinguer, parmi les glandes tubuleuses de l'estomac des oiseaux, celles qui sécrètent un mucus ordinaire, celles qui sécrètent un fluide neutre contenant de la pepsine, d'autres enfin qui ne produisent qu'un liquide acide sans traces de pepsine.

Ces dernières observations tendraient donc à faire croire que les deux éléments essentiels du suc gastrique (*acide* et *pepsine*) sont fournis par deux espèces distinctes de glandes stomacales.

Quant aux follicules lenticulaires ou aux corpuscules de Gruby, on ne saurait guère leur attribuer un rôle analogue à celui des glandes peptogastriques. En effet, ces organes ne sont pas même constants, et, quand ils existent, leur nombre est toujours assez minime ; variables suivant l'âge, ils ne renferment pas les cellules qui accompagnent la sécrétion du suc gastrique, et leur contenu est alcalin ; au commencement de leur développement, ils n'atteignent même pas la surface de la muqueuse, mais sont recouverts par les glandes tubuleuses. Dans la forme où Gruby les a vus, ils ont un corps presque solide, sans ouverture, et, une fois ouverts, ils perdent leur contenu pour ne plus le reproduire. Enfin, dans quelques ma-

---

(1) *Mikroskopische Anatomie*, etc., t. II, 1re part., p. 146. Leipzig, 1852.
(2) KÖLLIKER, *Éléments d'histologie humaine*, trad. française par J. Béclard et Sée, p. 452. Paris, 1856.

ladies où on les trouve plus développés et un peu plus nombreux, la force
digestive de l'estomac ne paraît jamais augmentée et semble plutôt toujours diminuée.

Il est un autre point de l'histologie de l'estomac, concernant la sécrétion
gastrique, qu'il importe de noter : en 1846, Middeldorpf (1) indiqua, comme
couche inférieure de la muqueuse de l'estomac et des intestins, « stratum
« » submucosum quod componitur fibris tenuissimis, muscularibus orga-
« » nicis, angulo interdum acutissimo decussatis ». Brücke (2), sans connaître la découverte de Middeldorpf, retrouva ces muscles et les décrivit
dans l'estomac, comme une couche sous-jacente aux terminaisons des
tubes glandulaires, et envoyant des fibrilles musculaires dans les interstices des tubes. A la même époque, Kolliker (3), ignorant la description
de Middeldorpf, et indépendamment de Brücke, signala la présence des
mêmes fibres contractiles dans le canal intestinal, où elles n'étaient pas
encore connues. On leur a assigné pour usage probable de contribuer, pendant la sécrétion, à vider les tubes glandulaires dont elles compriment le
fond.

Au moment de parler de l'acte même de la sécrétion, rappelons d'abord
que l'existence du suc gastrique a été niée par certains physiologistes.
Montègre, qui avait la faculté de vomir volontairement et *à jeun*, n'ayant
pu reproduire, avec le liquide qu'il rejetait ainsi, les digestions artificielles de Spallanzani, crut devoir nier l'existence d'un menstrue gastrique spécial : aujourd'hui on sait que, dans ce cas, le produit rejeté n'est
jamais du vrai suc gastrique, mais un mélange de salive et de mucus. Pour
C. H. Schultz (4), le suc gastrique ne serait que « l'aliment acidifié et li-
quéfié », c'est-à-dire le produit et non l'agent de la digestion. Mais l'expérience dans laquelle, après l'excitation immédiate des parois stomacales,
on voit celles-ci verser le suc gastrique, suffit pour montrer le peu de fondement de pareilles assertions et prouver l'existence de cet important
fluide.

En effet, quand on stimule la muqueuse stomacale d'une manière quelconque, par l'introduction d'un corps étranger, soit en forçant un animal
à avaler des corps durs et insolubles, tels que des cailloux, du poivre grossièrement concassé ou des petits morceaux de bois, comme l'ont fait Tiedemann et Gmelin, soit en introduisant, à l'exemple de W. Beaumont et de
Blondlot, une sonde par une fistule stomacale, ou mieux encore, des aliments solides et consistants, on voit cette membrane devenir turgescente,
rougir plus ou moins, et se couvrir bientôt de gouttelettes claires et transparentes que ces observateurs regardent, dans tous les cas, comme du

(1) *De glandulis Brunnianis*. Breslau, 1846.
(2) *Berichte der Wiener Akadem.*, 1851.
(3) *Zeitschrift für wissenschaftliche Zoolog.*, 1851, p. 106, fig. 232.
(4) *De alimentorum concoctione experimenta nova*. Berolini 1834.

suc gastrique. En même temps, si l'on a eu le soin d'essuyer la membrane
interne de l'estomac chez les animaux qui portent des fistules, on reconnaît qu'avec ces gouttelettes il se dépose une espèce de mucus transparent
qui reste adhérent aux parois de l'organe.

Un autre résultat d'expériences faites de notre temps, c'est que l'estomac, quand il est vide d'aliments ou qu'il n'est point directement excité,
ne contient jamais de suc gastrique : tous les auteurs modernes ont en
effet constaté l'*intermittence* de cette sécrétion, également reconnue par
W. Beaumont sur un chasseur canadien qui était affecté d'une fistule stomacale. Dans ces conditions, l'estomac ne renferme que du mucus neutre
ou alcalin, mêlé à la salive descendue par l'œsophage. Au contraire, Réaumur et Spallanzani pensaient que le suc gastrique, dans l'intervalle des
repas, s'accumulait dans l'estomac, parce qu'ils avaient pris pour du suc
gastrique ce mélange de mucus et de salive.

Suivant la remarque judicieuse de L. Corvisart (1), rien n'est plus propre
à entraver la marche de la science que de donner ainsi indifféremment,
à l'exemple de la plupart des physiologistes, le nom de *suc gastrique* aux
liquides les plus variables qui se trouvent dans l'estomac : évidemment
ce nom devrait s'appliquer, d'une manière exclusive, au fluide réellement
capable d'opérer la digestion des *matières albuminoïdes,* c'est-à-dire de les
dissoudre et de les transformer en une substance isomérique propre à être
absorbée. Or, cet expérimentateur affirme, par exemple, avoir constaté
que le fluide obtenu par suite de certaines irritations mécaniques de la muqueuse stomacale, tout en étant très-acide, jouit à peine de la propriété digestive : aussi appelle-t-il vaguement *liquide gastrique* tout liquide sécrété
par l'estomac ou contenu dans sa cavité, en réservant le nom de *suc gastrique* au fluide pourvu de cette propriété essentielle.

Nous avons dit que, si des aliments sont introduits dans l'estomac, la
muqueuse de cet organe rougit et se gonfle : elle prend alors un aspect
comme velouté et bientôt apparaît le liquide sécrété. Mais, en général, on
ne distingue pas, par la fistule, comment il s'épanche. W. Beaumont dit
avoir aperçu, sur l'homme, ce liquide sourdre par *gouttelettes ;* j'ai observé
le même fait sur des animaux ouverts pendant leur repas et dont on exci-
tait la muqueuse stomacale préalablement essuyée. J'ai vu aussi, dans ces
mêmes conditions, l'enduit muqueux des parois se reproduire.

Chez les herbivores (le lapin notamment), il est facile de constater qu'un
mucus particulier enveloppe la masse alimentaire, dans l'estomac. On avait
néanmoins refusé d'admettre que, outre les gouttes claires de *suc gastrique,*
il y eût encore du *mucus* sécrété durant la digestion stomacale ; on croyait
que la sécrétion muqueuse correspondait seulement à l'état de vacuité de
l'estomac. Mais les observations que W. Beaumont a faites sur l'homme sont
contraires à cette opinion. « Si, dit-il, on essuie avec une éponge la membrane villeuse pendant que la chymification s'accomplit, cette membrane

____

(1) *De la sécrétion du suc gastrique sous l'influence directe des aliments, des boissons et
des médicaments.* **Paris, 1857.**

devient d'abord rude et d'un rouge plus foncé; mais, au bout de quelques secondes, les follicules venant à verser leurs fluides respectifs qui se répandent sur la partie dépouillée du mucus, elle reprend toute la douceur, l'apparence veloutée et la couleur rose qu'elle avait avant d'avoir été touchée par l'éponge..... Mais, pendant que le sujet est à jeun, l'enduit muqueux ne reparaît qu'avec plus de lenteur, et surtout aucun fluide ne se condense en quantité suffisante pour ruisseler (1). » Nous aurons à examiner, plus loin, si ce mucus forme une partie essentielle du suc gastrique et s'il est nécessaire pour la digestion.

III. — Peu de physiologistes se sont occupés de déterminer, d'une manière au moins approximative, la *quantité de suc gastrique* que l'estomac sécrète normalement. Leuret et Lassaigne (2) se bornent à déclarer qu'elle doit être très-grande, puisqu'elle liquéfie, en quatre ou cinq heures, les aliments solides, avalés par des animaux auxquels aussitôt après on a lié l'œsophage, afin d'empêcher la déglutition des boissons et même de la salive. Pour Tiedemann et Gmelin (3), cette quantité varie avec le degré de l'excitation produite par les aliments, avec leur digestibilité et leur solubilité, de telle sorte qu'il se formerait d'autant plus de suc gastrique que les substances alimentaires introduites dans l'estomac seraient plus difficiles à dissoudre et à digérer. Quant à Blondlot (4), il dit seulement avoir remarqué que, en général, plus il donnait d'aliments à ses chiens, plus il obtenait de suc gastrique. Quelques expériences faites sur des chiens, dit Lehmann (5), ont démontré que, dans les vingt-quatre heures, ces animaux peuvent sécréter une quantité de suc gastrique équivalente au dixième du poids de leur corps. D'après cette proportion, un homme pourrait en produire, dans le même temps, environ 6 à 7 kilogrammes. D'après des expériences directes, faites sur une femme atteinte de fistule gastrique (6) et qui d'ailleurs allaitait son enfant, le poids du suc gastrique produit dans les vingt-quatre heures aurait même atteint le quart environ du poids du corps ; chiffre énorme, et sans doute exagéré, mais qui peut-être surprendra un peu moins, si l'on veut bien se rappeler que le suc gastrique est un liquide presque entièrement destiné à la résorption et non à l'élimination, comme l'urine. Suivant L. Corvisart (7), un chien du poids de 10 kilogram-

<hr>

(1) *Exper. and Observat. on the Gastric Juice*, etc. Plattsburg, 1833.
(2) *Ouvr. cité*, p. 117.
(3) *Ouvr. cité*. Trad. franç. de Jourdan, t. I, p. 335.
(4) *Traité analytique de la digestion*, p. 225. Paris, 1843.
(5) *Précis de chimie physiologique animale*, trad. franç. Paris, 1855, p. 189.
(6) BIDDER et SCHMIDT, *ouvr. cité*. — Voyez aussi SCHRŒDER et GRUENEWALDT, *Thèses citées*. Dorpat, 1853.
(7) *Communication écrite*. — Pour éviter qu'une partie notable du suc gastrique, après avoir imprégné l'aliment, ne passât avec lui dans l'intestin, sans qu'on pût en apprécier la quantité, CORVISART (dans une première série d'expériences), se servant de chiens munis de fistule gastrique, leur donnait un repas de *tendons* de bœuf bouillis et recueillait le fluide qui s'écoulait dans un réservoir de caoutchouc, jusqu'à ce que la quantité n'augmentât plus en un quart d'heure. La durée de chaque expérience était ordinairement de deux à trois heures. Dans une autre série de recherches, aussitôt après l'ingestion des aliments, l'œsophage et le pylore étaient liés ; puis, l'animal étant sacrifié après douze heures, on estimait la quantité de suc gastrique

mes sécrète, à chacun de ses deux repas journaliers, 250 grammes environ de suc gastrique, c'est-à-dire 500 grammes par jour. Le même observateur conclut, d'expériences variées de diverses manières, que le chien sécrète, dans les vingt-quatre heures et par kilogramme de son poids, 50 à 60 grammes de suc gastrique normal. Les plus grands de ces animaux en produisent relativement un peu moins. Il est aussi à remarquer qu'en général la sécrétion est d'autant plus abondante que l'aliment ingéré est moins habituel à l'animal. En continuant l'usage d'un même aliment, on constate qu'au bout de huit à dix jours la quantité de suc gastrique produite est notablement moindre qu'aux deux ou trois premiers jours de l'expérience.

Du reste, il faut reconnaître qu'aucun des moyens employés jusqu'à présent pour déterminer la quantité de suc gastrique normalement sécrétée dans l'espace de vingt-quatre heures n'est à l'abri des objections. Évidemment les expérimentateurs qui ont conclu du poids des aliments ingérés, dans ce même temps, à la quantité de suc gastrique nécessaire pou r les digérer, n'ont fait qu'une supposition. Quant à ceux qui, ayant vu pendant une heure l'estomac fournir un certain poids de suc gastrique, en ont inféré que ce poids multiplié par 24 donnerait le chiffre de cette sécrétion par jour, ils n'ont tenu aucun compte de l'intermittence du phénomène; intermittence telle, que la sécrétion du suc gastrique fait complétement défaut quand l'estomac est dans l'état de vacuité, et que, même pendant toute la durée du séjour des aliments dans ce viscère, elle subit de notables variations, suivant que le travail de dissolution de ces aliments est plus ou moins avancé. Ajoutons que d'ailleurs ce qu'il importerait de connaître, ce n'est pas la quantité de *liquide gastrique* produite, mais bien celle du *vrai suc gastrique* ou de ses éléments réellement constitutifs.

IV. — Si, au lieu de donner des aliments, on irrite *mécaniquement* la membrane muqueuse de l'estomac, il se produit bien moins de liquide gastrique. Aussi Blondlot (1) tend-il à admettre que l'estomac est doué d'une sensibilité particulière en vertu de laquelle il verse plus ou moins de liquide, selon la nature de l'excitant mis en contact avec sa surface interne. Mais est-il bien nécessaire d'invoquer ici cette sensibilité spéciale pour expliquer de pareilles différences? Les irritations mécaniques, à l'aide d'une sonde ou d'une bougie introduite par la fistule stomacale, ne portent que sur une petite étendue de la membrane muqueuse; aussi n'est-il pas étonnant que, par ce procédé, Beaumont n'ait pu recueillir sur son Canadien que 30 ou 40 grammes de fluide gastrique. Quand on introduit dans l'estomac quelques cailloux, la sécrétion peut encore être peu abondante, car le contact de ces corps durs avec la muqueuse est bien moins

produite, déduction faite de l'eau contenue dans l'aliment ingéré. Prudemment, on ne tenait compte de l'expérience que si l'aliment avait été bien *digéré* par le suc gastrique, ce qu'on appréciait par la quantité de *peptone* produite. Nous préférons néanmoins à ces dernières expériences celles de la première série.

(1) *Traité analytique de la digestion*, p. 221.

étendu que quand il s'agit du bol alimentaire; et pourtant les points en rapport avec les cailloux se montrent rougis et fortement injectés. Du reste, si l'on essuie une portion de la tunique muqueuse pendant l'acte de la digestion, le fluide gastrique est versé en plus grande quantité, car alors cette nouvelle irritation, due au frottement, s'ajoute à celle que produisent les aliments, et la sécrétion s'en trouve proportionnellement augmentée.

Dans l'estomac vide ou surtout plein d'aliments, j'ai vu souvent la sécrétion du suc gastrique s'activer singulièrement par la stimulation de la membrane muqueuse à l'aide d'un *courant galvanique* saccadé ou fréquemment interrompu.

Certaines substances, introduites par la bouche ou par une fistule stomacale, augmentent considérablement la *sécrétion muqueuse* de l'estomac; alors, au contraire, le *suc gastrique* ne se produit qu'en quantité très-minime et quelquefois même sa sécrétion est nulle. Bardeleben, ayant introduit du sel commun en poudre par la fistule stomacale d'un chien, vit tous les points qui avaient subi son contact sécréter un *mucus* incolore, très-abondant, peu acide ou neutre, et quelquefois alcalin. En même temps l'estomac entra assez vivement en contraction et l'animal vomit. 3 grammes de sel en poudre déterminèrent, d'une manière très-prononcée, ces effets qu'on ne put renouveler avec une solution concentrée de 15 grammes. Tous les points touchés par le sel rougirent manifestement. Frerichs (1) est arrivé aux mêmes résultats.

Suivant Blondlot (2), les *substances purgatives* activent aussi particulièrement la sécrétion muqueuse de l'estomac; et, selon Frerichs, le poivre en poudre produit un effet analogue que Lucien Corvisart (3) dit être aussi très-prononcé, surtout avec la coloquinte et l'ipécacuanha.

Les *matières alcalines*, au contraire, provoquent d'une manière toute spéciale la sécrétion du suc gastrique. — Une pincée de bicarbonate de soude, par exemple, déposée dans l'estomac d'un chien à jeun et porteur d'une fistule de cet organe, suffit pour faire écouler en quelques minutes une quantité notable de vrai suc gastrique. Cette observation intéressante m'a porté, depuis plus de vingt ans, à conseiller dans certaines dyspepsies l'eau de Vichy à faible dose (trois à quatre cuillerées à bouche seulement), avec le soin de la boire huit à dix minutes avant chaque repas. Les résultats obtenus ont pleinement justifié cette manière rationnelle d'administrer les boissons alcalines, qui aujourd'hui est adoptée par un assez grand nombre de médecins.

D'après les recherches de L. Corvisart (4), dont les résultats m'ont été

(1) *Ouvr. cité*, t. III, p. 788.
(2) *Ouvr. cité*, p. 213.
(3) *Mém. cité.*
(4) *Mém. cité.*

communiqués en 1853, la *glace*, l'eau à une très-basse température, les liqueurs alcooliques peu concentrées, les *vins*, surtout ceux de Madère et de Bordeaux, le *café* noir, quelques infusions de plantes aromatiques (absinthe, cannelle, etc.) ou amères (chicorée), l'*émétique*, le sous-*nitrate de bismuth,* excitent plus ou moins énergiquement la sécrétion d'un liquide doué à un haut degré du pouvoir digestif, c'est-à-dire d'un véritable suc gastrique. Le même expérimentateur fait observer que certaines substances peuvent exciter d'abord la sécrétion dont il s'agit, quoiqu'en vertu de leurs propriétés chimiques elles altèrent consécutivement la force du principe digestif : tels sont les alcooliques très-concentrés et beaucoup de solutions riches en tannin. L. Corvisart reconnaît aussi d'autres corps qui, comme le *charbon* et le *sable*, donnent lieu à une sécrétion acide abondante, sans que le liquide recueilli jouisse sensiblement de la propriété digestive.

Les *impressions gustatives* peuvent provoquer déjà l'afflux du suc gastrique avant que l'aliment soit parvenu dans l'estomac. Une certaine dose de sucre, introduite directement par une fistule stomacale, détermine une sécrétion incomparablement moins abondante que si elle est avalée par la bouche ; et il a été reconnu que la même dose de sucre, qu'on l'introduise isolément dans l'estomac, ou après l'avoir imprégnée de salive, provoque, dans les deux cas, la sécrétion d'une égale quantité de suc gastrique. Ce n'est donc pas la salive qui excite cette sécrétion, mais bien l'impression produite par la substance sapide elle-même.

Du reste, *l'odeur et la vue des aliments* déterminent le même effet : à un chien affamé et porteur d'une fistule de l'estomac vient-on à faire voir ou à faire flairer un morceau de viande rôtie, aussitôt le suc gastrique s'écoule au dehors.

Tiedemann et Gmelin avaient déjà remarqué que la quantité de fluide gastrique sécrétée varie non-seulement suivant la nature et la consistance, mais encore suivant la quantité des aliments ingérés. Beaumont a constaté les mêmes faits sur l'homme, « pourvu toutefois, dit-il, que cette quantité d'aliments ne soit pas trop grande ». Les observations sur des chiens ayant des fistules stomacales ont permis de vérifier l'exactitude de cette proposition.

Après un *jeûne* assez prolongé, le suc gastrique est versé abondamment, même sous l'influence d'une petite quantité d'aliments qui, dans d'autres conditions, n'en feraient sécréter que très-peu (Beaumont, Blondlot). Rappelons que Frerichs a aussi observé qu'après un assez long jeûne les *cellules arrondies*, contenues dans les tubes pepto-gastriques, y existent en plus grand nombre, et que le suc gastrique, dont on provoque alors la sécrétion, en est très-chargé ; qu'enfin, si l'abstinence est par trop prolongée, ces cellules commencent à subir une métamorphose dans l'intérieur des tubes. En outre, Chossat (1) a remarqué qu'au moment de la mort par *inanitiation* la membrane muqueuse gastrique a augmenté de poids et de volume, tandis que tous les autres organes ont perdu, en moyenne, les

____

(1) *Recherches expérimentales sur l'inanition.* Paris, 1844.

quatre dixièmes de leur poids; et L. Corvisart, dans les mêmes circonstances, dit avoir constaté que l'infusion de cette membrane dans l'eau acidulée possédait, au moment de la mort, un pouvoir digestif très-énergique, qu'elle était loin d'avoir au début de l'abstinence sans doute parce qu'il n'y avait pas encore accumulation de pepsine. Il n'en était plus de même si les animaux avaient pu boire.

Nous n'aurons que bien peu de notions à exposer sur les modifications du suc gastrique dans l'*état pathologique*. Nous rappellerons d'abord que ce fluide peut être modifié par suite de la présence de substances étrangères dans le sang.

Ayant injecté dans les veines d'un chien, durant la digestion, du cyanure jaune ferruré de potasse, Cl. Bernard (1) sacrifia l'animal une demi-heure après, et le sel se retrouva dans le suc gastrique. Les autres produits sécrétés, excepté l'urine, n'en contenaient point. La même expérience fut reproduite en surexcitant d'autres sécrétions, telles que celles de la salive, des larmes, etc., et néanmoins le sel en question ne fut retrouvé que dans le suc gastrique. Ce physiologiste conclut de ses recherches que, huit ou dix minutes après l'injection faite sur un animal qui commence à digérer, le cyanure indiqué accuse déjà sa présence dans le suc gastrique; que ce dernier liquide peut recevoir un grand nombre de matériaux étrangers introduits dans la masse du sang et qui ne se mêlent pas aux autres sécrétions; qu'il semble être une émanation plus directe du sang que les autres fluides sécrétés.

En répétant ces expériences sur des chiens, Schiff reconnut trois fois que, chez ces animaux *en digestion*, tués à une période très-rapprochée de l'injection, le cyanure avait déjà passé dans l'urine, alors qu'il n'était pas encore appréciable dans le suc gastrique. Il n'existait pas non plus dans les autres sécrétions. Chez un chien auquel il avait fait avaler des cailloux, il trouva le sel, injecté quelques minutes avant la mort, dans l'urine mais non dans le liquide gastrique ou d'autres produits sécrétés. D'autres fois il constata la présence du cyanure exclusivement dans le suc gastrique et dans l'urine; mais, pour le retrouver dans l'estomac, il dut toujours attendre plus longtemps que pour le découvrir dans la vessie.

Du reste, toutes les matières étrangères ne passent pas, en nature, du sang dans le suc gastrique. Le premier de ces deux expérimentateurs croit pouvoir établir, à cet égard, les quatre propositions suivantes :

1° Si l'on injecte dans le sang les acides lactique, phosphorique, butyrique et acétique, on les retrouve dans l'estomac. 2° Si l'on injecte des solutions alcalines de magnésie et de fer, jamais on n'observe dans le suc gastrique la présence de ces bases. 3° Si l'on injecte des sels, tels que le lactate de fer, le butyrate de fer ou de magnésie, ces sels sont décomposés, leurs acides se retrouvent dans le suc gastrique et les bases ont passé dans les urines; si l'on empoisonne un animal en lui injectant du cyanure de

____

(1) *Du suc gastrique et de son rôle dans la nutrition.* Thèse inaug. Paris, 1843.

mercure, les matières alimentaires que contient l'estomac ont l'odeur très-prononcée d'acide cyanhydrique, et jamais on n'y retrouve le mercure.

4° Toutes les fois qu'on emploie un sel minéral qui n'est pas susceptible de se décomposer dans le sang, ce sel passe en nature dans le suc gastrique : c'est ce qui arrive pour le cyanure jaune ferruré de potasse et pour le sulfate de fer, et c'est la raison qui fait qu'en injectant simultanément ces deux sels dans le sang, ils viennent se rendre, en nature, dans l'estomac et former dans le suc gastrique un précipité de bleu de Prusse.

Ces expériences, faites sur des animaux en pleine digestion, prouveraient, d'après leur auteur, que l'action de la membrane muqueuse de l'estomac consiste, en partie, à séparer du sang les *acides* que ce liquide contient.

Nous ne saurions accepter comme démontrées les propositions qui précèdent; voici nos raisons :

a. La présence, dans l'estomac, des acides lactique, phosphorique, butyrique et acétique, a déjà été signalée dans les conditions les plus variées, comme on le verra plus loin; et si, après l'injection de ces acides dans le sang, on les a rencontrés en effet dans l'estomac pendant le travail de la digestion, il faudrait au moins, pour juger la question dont il s'agit, avoir la certitude que leur quantité a été augmentée en proportion de la quantité injectée. Mais, dans l'état actuel de la chimie organique, il n'a pas encore été possible de doser bien exactement la quantité des acides lactique et phosphorique qui se trouvent ordinairement dans le suc gastrique. La difficulté est encore plus grande quant aux acides butyrique et acétique, aussi doit-on déjà s'estimer heureux d'avoir pu constater leur présence d'une manière positive.

Les recherches de Wœhler (1) ont d'ailleurs appris que d'autres acides organiques passent dans les urines; et là ce sont les reins, et non la membrane muqueuse de l'estomac, qui sont chargés de séparer du sang les acides qu'il pouvait artificiellement contenir, tels que les acides oxalique, citrique, œnanthique, gallique, hydrosalicique, etc.

b. Quant à la magnésie et au fer, il serait inexact de croire que ces bases ne peuvent être retrouvées aussi dans la sécrétion de l'estomac. Au contraire, d'après Schmidt (2), elles existent normalement et en quantité appréciable dans le suc gastrique; on devra donc vraisemblablement les y rencontrer en quantité plus grande, après leur injection dans le sang.

c. Nous avons dit, plus haut, qu'on ne saurait démontrer que les acides des sels indiqués sont réellement passés dans le suc gastrique, quoiqu'on en retrouve les bases dans l'urine sous forme de carbonates. Toutes les bases unies aux acides organiques peuvent se retrouver dans l'urine comme carbonates; c'est un fait établi depuis longtemps par Wœhler et reconnu exact par d'autres chimistes. Il en est de même pour les précédentes injections dans le sang, comme l'a constaté Lehmann (3). Or, on sait, d'après de nombreuses expériences, que toute substance qui circule avec le sang

(1) TIEDEMANN et TREVIRANUS, *Zeitschrift für Physiologie*, I, 1824, p. 138.
(2) BIDDER et SCHMIDT, *Verdauungssaefte und der Stoffwechsel*. Leipzig, 1852.
(3) *Physiologische Chemie*, t. I, p. 102.

et qui n'est pas complétement oxydée, mais qui est susceptible de recevoir encore facilement de l'oxygène, s'oxyde dans la circulation (1) : nous admettrons donc avec Wœhler, Liebig, Valentin, Lehmann et beaucoup d'autres expérimentateurs, que l'acide organique de ces sels s'oxyde et se convertit en acide carbonique, comme cela arrive quand on le brûle. Pourquoi dès lors supposer que, dans ce cas, l'acide carbonique ait une autre source et remplace seulement l'acide organique qui serait passé dans l'estomac, puisque déjà ce dernier acide peut lui-même y avoir été produit pendant la digestion? Ajoutons qu'en injectant les sels en question chez des animaux *à jeun*, et, par conséquent, ne sécrétant point de suc gastrique qui puisse s'emparer des acides, ces sels organiques subissent les mêmes changements : Schiff, ayant injecté de l'acétate de soude dans la jugulaire d'un chien à jeun depuis vingt-quatre heures, retrouva dans l'urine du carbonate de soude.

Quelques-unes de nos remarques font voir que les propositions formulées plus haut sont loin d'être suffisamment prouvées. Il faut aussi se rappeler qu'il n'y a pas que les sels minéraux, non susceptibles de se décomposer dans le sang, qui puissent passer en nature dans le suc gastrique : Lehmann a démontré (2) qu'après l'injection du chlorure de sodium, par exemple, ce sel tout entier, et non l'acide seul, se retrouve en grande quantité dans le suc gastrique.

D'autres matières étrangères, qui circulent avec le sang, peuvent accidentellement se rencontrer dans l'estomac. C'est ainsi qu'après l'extirpation des reins, les produits de la décomposition de l'*urée* se retrouvent dans la cavité gastrique. Suivant Frerichs (3), ce n'est pas l'urée elle-même qui s'y dépose, comme on l'avait d'abord cru, mais le carbonate d'ammoniaque qui se forme déjà dans le sang, et qui passe aussi dans la bile.

Dans le choléra, Lehmann et Schmidt (4) disent avoir reconnu que, par suite de la suppression des urines, l'urée passe en nature dans l'estomac.

On doit à W. Beaumont (5) des observations relatives à certaines modifications qui surviennent dans la sécrétion stomacale, sous l'influence de l'*état fébrile*. Dans ce cas, il remarqua, sur son Canadien affecté d'une fistule gastrique, que la membrane muqueuse perdait sa couleur naturelle et son aspect normal; parfois elle était rouge et sèche, d'autres fois pâle et légèrement humide. La sécrétion du suc gastrique était notablement diminuée ou même tout à fait nulle, malgré l'introduction de matières alimentaires qui alors séjournaient un ou deux jours dans l'estomac, sans être digérées. Les boissons, au contraire, disparaissaient en moins de dix minutes. Quelquefois aussi la muqueuse se couvrait de boutons qui, d'abord pointus et rouges, finissaient par suppurer. Dans d'autres circonstances,

---

(1) Lehmann, *ouvr. cité*, t. II, p. 408 et 410.
(2) *Loc. cit.*
(3) *Archiv für physiol. Heilkunde*, t. X, p. 409
(4) *Loc. cit.*
(5) *Loc. cit.*

Beaumont aperçut des plaques rouges de 2 à 3 centimètres de circonférence et parsemées d'aphthes. Tant que l'estomac était malade, la langue lui parut recouverte d'une saburre plus ou moins épaisse.

D'après ses propres observations, Frerichs (1) fait remarquer que l'ancienne opinion des médecins qui voyaient, dans l'état de la langue, la représentation de l'état de la muqueuse gastrique, est démentie plutôt que confirmée. Depuis longtemps un de nos observateurs les plus recommandables, Louis, se fondant sur l'analyse des faits et l'observation clinique, avait déjà victorieusement réfuté cette opinion. En effet, l'enduit muqueux, qui paraît si souvent sur la langue, est bien loin de dénoter toujours un état morbide de la muqueuse stomacale : dans certains cas de fièvre typhoïde, par exemple, où jusqu'à la mort la langue avait conservé un enduit épais, jaunâtre ou brun, la muqueuse de l'estomac offrait un aspect tout à fait normal. Ce n'est qu'exceptionnellement, surtout dans les cas de dyspepsie chronique, qu'on a pu constater à la fois un enduit grisâtre et muqueux de l'estomac et de la langue.

Frerichs et Schrœder ont analysé les liquides, plus ou moins clairs et aqueux, qui parfois sont vomis à jeun, et qu'on a regardés à tort comme du suc gastrique sécrété en surabondance : ils n'ont trouvé qu'un mélange de salive et de mucus, ou neutre, ou plus souvent alcalin, mais jamais de véritable suc gastrique. En examinant le liquide rendu en si grande quantité dans des cas de *pyrosis*, je me suis aussi convaincu qu'on avait, en général, affaire à un pareil mélange. Les exemples d'*hypersécrétion* du suc gastrique, rapportés dans quelques ouvrages de pathologie, ne sont rien moins que prouvés.

V. — Plusieurs des premiers savants qui étudièrent les propriétés du suc gastrique cherchèrent à se procurer ce fluide, en vomissant, soit à jeun, soit après avoir pris un peu de liquide ou une faible quantité d'aliments. Spallanzani, par exemple, avalait d'abord de petits tubes de bois percés de trous et remplis d'aliments, dont la présence irritait l'estomac, puis il provoquait le vomissement. Quant à Montègre et à Gosse, ils possédaient la faculté de vomir à volonté et à tout moment.

Si l'on est à jeun, ce qu'on obtient de cette manière, nous l'avons dit, est surtout de la salive unie à une certaine quantité de mucus. En vomissant après avoir pris un peu de nourriture, on parvient à obtenir du suc gastrique, mais mêlé aux aliments, de sorte qu'il est impossible de l'en séparer pour des expériences précises et concluantes.

Spallanzani recueillait aussi le fluide gastrique qu'un aigle rejetait en vomissant une petite sphère d'os qu'il lui faisait avaler à chaque repas. D'autres fois, il remplaçait cette sphère par des tubes à parois perforées.

C'est surtout en introduisant dans l'estomac des animaux des éponges qu'ils en retiraient imbibées de liquide gastrique, que Réaumur et Spallanzani se procuraient le fluide destiné à leurs recherches. Ces éponges

(1) WAGNER's *Handwörterbuch*, etc., t. III, p. 790.

⟩ étaient sèches ou comprimées comme l'éponge préparée des chirurgiens,
⟩. enfermées dans des tubes percés de trous, et attachées à des fils à l'aide
⟩· desquels on les ramenait au dehors. On n'obtient ainsi qu'une bien faible
quantité de suc gastrique mêlée à beaucoup de salive. Si l'animal est à
⟩ jeun, l'éponge ne rencontre dans l'estomac que de la salive avec du mucus,
et si, antérieurement à l'expérience, cette salive est peu abondante, l'irritation exercée par le fil sur l'arrière-gorge provoque une sécrétion salivaire
plus active qui se déverse dans l'estomac. La stimulation que l'éponge elle-
même produit sur la membrane muqueuse de cet organe ne saurait d'ailleurs donner beaucoup de vrai suc gastrique. Leuret et Lassaigne ont aussi
employé ce procédé.

Quant à Tiedemann et Gmelin, ils avaient recours à un autre moyen :
ils faisaient avaler aux animaux des corps irritants et insolubles, tels que
des grains de poivre ou des cailloux ; puis ils immolaient les animaux
quelque temps après. De la sorte ces expérimentateurs se procuraient un
liquide qu'ils regardaient comme du suc gastrique pur, mais qui souvent
était mêlé à beaucoup de salive et, chez les herbivores dont l'estomac
n'est presque jamais vide, à des débris d'aliments. Ce procédé ne fournit
qu'une petite quantité de liquide (8 à 10 gram. chez les chiens), et il ne
permet pas de faire des expériences comparatives sur le même animal.
D'ailleurs il exige le sacrifice d'un grand nombre de sujets.

On a aussi utilisé des cas où, chez l'homme, à travers une ouverture accidentelle des parois de l'abdomen et de l'estomac, on a pu voir et toucher
directement l'intérieur de ce dernier organe. On trouve, dans les auteurs,
un certain nombre de ces exemples qui ont été rassemblés principalement
par R. Marcus (1).

C'est Jac. Helm (2) qui, un des premiers, profita d'une telle disposition
pour faire quelques expériences sur la digestion. Mais c'est surtout William
Beaumont (3) qui, ayant pour sujet de ses recherches un jeune chasseur
canadien affecté de fistule gastrique (*), et qui les continuant durant plusieurs années, parvint ainsi à réunir de précieux documents pour la
science. Beaumont, médecin militaire aux États-Unis, avait pris à son service cet homme, qui, pendant tout le temps qu'il servit aux expériences,
n'en jouit pas moins de la meilleure santé. Mais enfin, fatigué ou ennuyé
d'un tel emploi, il s'enfuit et disparut.

Pour se procurer du suc gastrique, Beaumont introduisait par la fistule

(1) *De fistula ventriculi.* Berolini 1835, p. 15.
(2) *Zwei Krankengeschichten.* Vienne, 1803.
(3) *Exper. and Observat. on the Gastric Juice and the Physiol. of Digestion.* Plattsburg,
1833.

(*) Cette fistule, disposée de la manière la plus favorable pour des recherches physiologiques,
était survenue à la suite d'un coup de feu dans la région épigastrique.

Plus récemment, chez une femme qui avait une fistule stomacale depuis trois ans, et qui
d'ailleurs se portait très-bien et allaitait son enfant, des recherches analogues à celles de
W. Beaumont ont été faites par BIDDER et SCHMIDT pendant environ huit semaines : leurs principaux résultats ont é é publiés par SCHRŒDER (*Succi gastrici humani vis digestiva*, Dorpat,
1853, et par GRUENEWALDT (*Succi gastrici humani indoles physica et chimica;* Dorpat, 1853),
ou dans *Arch. de Tubingue*, t. XIII, p. 459).

une grosse sonde de gomme élastique avec laquelle il irritait la membrane muqueuse de l'estomac.

L'observation de Beaumont avait été si féconde en résultats utiles, que l'on dut bientôt songer à établir artificiellement de semblables fistules chez les animaux, et à mettre à profit une disposition si commode pour étudier les phénomènes de la digestion stomacale. Deux savants eurent cette idée et la mirent à exécution presque en même temps.

Le 17 décembre 1842, le docteur Bassow lut, à la *Société impériale des naturalistes de Moscou*, un mémoire qui fut imprimé dans le tome XVI du Bulletin de cette société. Dans ce mémoire, il dit qu'il a été engagé par l'observation de Beaumont à tenter, sur des chiens, d'établir des fistules gastriques artificielles et que huit fois il y réussit. Bassow, après avoir préparé l'animal à l'opération en le privant d'aliments pendant seize à vingt heures, fait à la paroi abdominale une incision de deux à trois pouces, parallèle à une ligne qui descend de l'appendice xiphoïde du sternum à l'extrémité antérieure de la dernière côte gauche. L'incision une fois pratiquée, l'opérateur arrive sur l'épiploon qu'il écarte pour saisir l'estomac, prend celui-ci par son fond et l'attire un peu au dehors. Alors, armé d'une aiguille munie d'un fil ciré, il traverse, près de l'angle externe, les téguments de la lèvre supérieure de la plaie, passe ensuite sous la tunique muqueuse de l'estomac dans la longueur d'un demi-pouce, en ressort et traverse la lèvre inférieure de la plaie, puis termine par une suture entrecoupée au moyen de deux nœuds simples. En dedans, il procède de la même manière, puis incise immédiatement la paroi de l'estomac comprise entre les deux sutures principales. Enfin, il réunit les lèvres de cette incision aux lèvres de l'incision extérieure par divers autres points de suture entrecoupée. L'opération finie, Bassow ne donne au chien que des liquides jusqu'au neuvième jour; après la cicatrisation de la plaie, l'animal ne reçoit pas plus d'une livre d'aliments à la fois, et il ne doit boire que deux ou trois heures après l'ingestion des aliments solides.

Ces dernières précautions paraissent avoir été nécessaires, parce que Bassow ne fixe point d'appareil spécial pour tenir bien fermée l'ouverture de la fistule. En effet, lors de l'ingestion d'une trop grande quantité d'aliments, une partie se serait échappée par cette ouverture, qui n'est bouchée qu'à l'aide d'un morceau d'éponge retenu par un fil attaché à deux anneaux métalliques qui traversent la peau. Bassow a aussi observé, comme Beaumont l'avait fait sur l'homme et comme d'autres ont pu le constater depuis sur les chiens, que la fistule a une grande tendance à se fermer. Cette tendance est même si prononcée, qu'elle a besoin d'être combattue chaque jour par l'introduction d'un corps étranger dans le trajet fistuleux; sans cette manœuvre, l'occlusion de l'ouverture s'opérerait assez promptement.

Le mémoire de Bassow me semble avoir été bien peu connu des physiologistes, puisque je ne l'ai trouvé cité dans aucun ouvrage de physiologie ni même dans aucun traité spécial sur la digestion. On voit d'ailleurs qu'à l'aide de ce procédé, on ne peut entretenir que pour un temps très-court une ouverture assez grande de la fistule : dans les figures qui accompagnent le travail de Bassow, on peut remarquer que, déjà trois mois après l'opération, l'orifice fistuleux n'avait plus guère que 8 à 10 millimètres de diamètre.

Un an après la lecture du précédent mémoire parut le *Traité analytique de la digestion* par Blondlot. On y trouve de meilleurs préceptes pour l'établissement des fistules stomacales, ainsi qu'un grand nombre de faits nouveaux dus à l'application de cette précieuse méthode. Blondlot, je n'en doute pas, n'avait aucune connaissance de l'opération de Bassow; il est même probable qu'il l'a exécutée avant ce médecin, bien qu'il l'ait publiée plus tard. En effet, au moment où parut son traité, il écrivait (1) qu'il avait alors un chien opéré depuis deux ans. Bassow, dans son mémoire, ne laisse pas voir la date de ses premières expériences.

Le mode opératoire de Blondlot diffère du précédent sous plusieurs rapports. Cet expérimentateur donne à manger à l'animal avant l'opération, afin de rendre l'estomac plus facile à saisir. Il fait sur la ligne blanche une incision de 7 à 8 centimètres, attire au dehors l'estomac, le traverse de part en part avec la lame étroite d'un bistouri et passe dans cette ouverture un fil d'argent recuit, assez long pour former une anse. Alors il ferme par quelques points de suture le reste de la plaie qui n'est pas occupé par l'estomac. Entre les deux extrémités du fil, il met un bâtonnet sur lequel il les tord ensemble, de manière à amener la portion de l'estomac comprise dans l'anse en contact immédiat avec le bord interne de la plaie. Quelques jours après, il resserre l'anse par une nouvelle torsion, ce qu'il répète jusqu'à ce que le fil métallique tombe avec la portion étranglée de l'estomac; alors la fistule est établie.

Dans ces conditions, le trajet fistuleux conserve néanmoins une telle tendance à se fermer, qu'il disparaît presque complètement, si l'on néglige un seul jour d'y faire pénétrer un corps étranger. Pour obvier à cet inconvénient, Blondlot introduit une petite canule d'argent ou de buis, munie d'un double rebord; de sorte qu'une fois placée, elle ne peut qu'exceptionnellement tomber en dehors ou pénétrer plus avant dans l'estomac. L'introduction de cette canule est parfois assez difficile : il faut d'abord dilater la plaie, dont les lèvres, en revenant sur elles-mêmes, retiennent l'instrument en place. Dans l'intervalle des expériences, on le tient fermé avec un bouchon de liége.

Quant à Bardeleben (2), il fait à l'abdomen une incision de deux pouces de longueur seulement; puis, après avoir attiré l'estomac au dehors, il l'empêche de rentrer en le traversant par un fil qu'il lie à un petit bâton fixé transversalement au-dessus de la plaie. Alors il ferme par une suture le reste de l'incision, puis traverse l'estomac et les bords de la plaie avec

(1) *Ouvr. cité*, p. 205.
(2) *Archiv für physiologische Heilkunde*, t. VIII, p. 2.

une aiguille armée de deux fils. Ramenant ensuite l'un en avant, l'autre en
arrière de la plaie, il étrangle dans une sorte d'anneau la portion extérieure de l'estomac en forme de saillie ombilicale. En même temps les fils
pressent les angles et les bords de la plaie contre les parois de l'estomac.
La portion étranglée se gangrène et tombe du quatrième au cinquième
jour, et la fistule est établie. La canule dont se sert Bardeleben s'introduit
facilement, sans préparation de l'ouverture fistuleuse, et n'a pas, comme
celle de Blondlot, l'inconvénient de tomber quelquefois après son introduction.

Cette canule se compose d'un tube et de deux crochets doubles. Le tube
a le diamètre de la fistule et une longueur de trois quarts de pouce; il n'a
de rebord qu'à sa partie qui reste au dehors. Les crochets sont deux lames
minces qui, à leurs deux extrémités, se replient à angle droit de manière
à présenter deux pièces horizontales. La supérieure a la longueur du
rebord; l'inférieure, qui peut être beaucoup plus large que le reste du
crochet, ne doit pourtant pas dépasser la largeur du tube. La canule, une
fois introduite, est fermée avec un bouchon de liége bien ajusté dont la
pression sur les crochets et le tube la maintient en place. Quand la fistule
n'est pas trop grande, elle se trouve mieux fermée qu'avec l'appareil de
Blondlot. Lorsqu'on enlève le bouchon, les crochets tombent; mais alors
la pression du tube contre les bords de la fistule suffit pour le retenir pendant le temps de l'expérimentation. On peut même enlever tout à fait le
tube, quand il s'agit de constater la coloration de la membrane muqueuse;
on le replace ensuite avec facilité.

Bardeleben a essayé aussi d'exclure de l'estomac le fluide salivaire, en
établissant une fistule œsophagienne. Après l'avoir produite, il a tenté
d'oblitérer l'œsophage en le liant au-dessous d'elle; mais il ne put obtenir
une réunion durable, la muqueuse n'étant pas susceptible d'une inflammation adhésive. Il parvint à détruire cette membrane elle-même, et la
ligature ne produisit pas encore une oblitération permanente et solide.
Cependant, à l'aide de ce moyen, Bardeleben a réussi à exclure, pour
quelque temps, la salive de l'acte de la digestion, et à faire dans ces conditions quelques expériences intéressantes.

VI. — Avant qu'on eût découvert ces derniers procédés pour se procurer
du *suc gastrique* pur ou à peu près pur, il fallait, comme nous l'avons vu,
se borner à l'examen des produits variables contenus dans la cavité stomacale ou rejetés par le vomissement; et même lorsqu'on avait recueilli ce
fluide dans les estomacs d'animaux à jeun, les physiologistes, n'ayant pas
toujours commencé par expérimenter sur son pouvoir digestif, ne s'accordaient pas encore sur sa nature et ses réactions. Le liquide obtenu
était tantôt pour les uns de la salive et du mucus, tantôt pour les autres
du suc gastrique véritable; on le croyait tour à tour acide, alcalin ou tout
à fait neutre.

En effet, Spallanzani lui-même pensait que le suc gastrique variait dans sa réaction d'une manière indéterminée. Gosse le proclamait acide chez les herbivores, alcalin chez les carnivores. Dumas (de Montpellier) avança que la nourriture végétale rendait le suc gastrique acide, et qu'il devenait alcalin avec une nourriture animale : la fermentation lactique des substances végétales contenues dans l'estomac lui avait sans doute suggéré cette opinion.

Depuis les travaux de W. Prout, de Tiedemann et Gmelin, de Leuret et Lassaigne, etc., on sait positivement que le suc gastrique est constamment *acide* chez tous les animaux vertébrés. Il en est de même chez les crustacés, d'après Purkinje; chez les locustes et les gryllotalpa parmi les insectes orthoptères, chez les anodontes parmi les mollusques, d'après Schiff. Burmeister (1) dit qu'il est acide chez tous les insectes.

Si parfois l'estomac peut renfermer assez de salive et de mucus pour que son contenu soit alcalin, la membrane muqueuse elle-même n'en reste par moins toujours acide, surtout dans les régions cardiaque et moyenne, comme je l'ai constaté chez le chien : c'est ce dont il est facile de s'assurer en appliquant du papier de tournesol à la surface de cette membrane préalablement essuyée et débarrassée du mucus. Ceux des tubes glandulaires de l'estomac qui sont chargés de la sécrétion du suc gastrique, offrent, en effet, une réaction acide dans toute leur étendue, « et c'est, dit Frerichs, un fait que l'on peut constater dans le proventricule des oiseaux (de l'oie, par exemple). Les sacs glandulaires longs et ovales, dont on peut faire aisément ici des coupes transversales, contiennent, même dans leurs couches les plus profondes, une matière qui rougit le tournesol. Il s'ensuit que le suc gastrique est sécrété acide (2). »

Le *suc gastrique*, séparé du mucus qu'il tient en suspension, est un liquide presque incolore, limpide, doué d'une saveur aigrelette et légèrement salée, d'une odeur faible, mais spéciale et variable chez les divers animaux. Sa densité est un peu supérieure à celle de l'eau. Exposé à une température inférieure à 6°, le suc gastrique peut être congelé sans avoir perdu sa faculté digestive, qui redevient entière à $+$ 38 degrés centigrades; il se trouble légèrement par l'ébullition, et dès lors devient inactif. Quand il a été filtré, l'air n'exerce que peu d'action sur lui : aussi ce liquide, quoique de provenance animale, peut-il être conservé pendant longtemps (plusieurs mois) sans perdre ses propriétés chimiques et physiologiques.

Un grand nombre de chimistes se sont occupés de la *composition* de cet important fluide. Mais leurs analyses (pour la plupart assez dissemblables quant aux proportions de matières organiques, d'acides, de sels minéraux, etc., et même quant à la nature de ces corps), représentent, aux yeux du physiologiste, plutôt une sorte d'inventaire de toutes les substances qui *peuvent* se rencontrer dans les liquides sécrétés par la muqueuse de l'estomac, qu'un rigoureux énoncé des principes réellement

(1) *Handbuch der Entomol.*, t. 1, 1832.
(2) FRERICHS, *ouvr. cité*, t. III, p. 780.

constitutifs du suc gastrique considéré comme agent digestif. En effet, quand la muqueuse de l'estomac, sous l'influence de l'excitation qu'occasionnent les aliments, se met à verser un liquide, il y a là deux actes différents, quoique ordinairement simultanés : l'un principal, qui est caractéristique et immuable, c'est la production d'agents spéciaux sans lesquels il n'y aurait point de digestion possible; l'autre secondaire (au moins quant à cette fonction), qui varie avec les conditions de l'économie et qui d'ailleurs est commun à la plupart des membranes muqueuses, c'est l'élimination de substances amenées dans l'estomac, soit naturellement par suite du mouvement de décomposition organique, soit accidentellement par suite de leur introduction dans le sang. Or, ces substances, qui sont impropres à rester dans l'organisme, sont aussi très-variables et absolument étrangères à la constitution du produit caractéristique et fixe de l'estomac, auquel elles restent néanmoins associées. Dès lors, jusqu'à ce qu'on ait *exactement* déterminé le nombre, la proportion et la nature des éléments qui constituent essentiellement l'agent mystérieux de la digestion ou le *vrai suc gastrique*, il devient difficile d'accorder une très-grande importance et une créance complète aux analyses suivantes qu'on donne comme s'appliquant à lui, quoiqu'en réalité elles expriment la composition de liquides mixtes recueillis dans l'estomac.

Berzelius a trouvé dans le suc gastrique de l'homme, recueilli par W. Beaumont, 1,27 pour 100 de matières solides. Leuret et Lassaigne, dans celui d'un chien, ont trouvé 1,32; Gmelin, dans celui d'un cheval, 1,60. Frerichs a obtenu chez le cheval 1,72 et chez le chien 1,15. Lehmann (1) dit que le suc gastrique contient de 1,05 à 1,48 pour 100 de matières solides. Blondlot, qui autrefois n'en n'avait admis que 1 pour 100, a prétendu depuis (2) que l'on avait généralement beaucoup trop abaissé la proportion de ces matières solides; il assure maintenant qu'elle est de 3,12 pour le suc gastrique filtré. Du reste, les analyses de Schmidt, communiquées par Hübbenet (3), concordent assez bien avec celles de Blondlot : car le chimiste allemand trouva, dans le suc gastrique d'un chien dont les conduits salivaires avaient été liés, 2,69 pour 100 de principes solides; 2,88 dans celui d'un autre chien dont les conduits salivaires étaient restés libres; mais seulement 1,38 dans celui d'un mouton.

La quantité de *matière organique* contenue dans le résidu sec paraît varier sensiblement. Ainsi, dans 3,12 d'un pareil résidu, Blondlot a constaté la présence de 1,80 de matière organique; Schmidt, dans les deux expériences (sur des chiens) qui viennent d'être citées, a trouvé, dans 26,938 de résidu sec, 17,127 de principes organiques, et, dans 28,829 de résidu, 17,336 de ces mêmes principes. Sur le mouton, il n'a trouvé que 4,055 de matière organique sur 13,858 de matière sèche. Ces estimations de Schmidt ont été faites sur 1000 parties de suc gastrique.

(1) *Physiol. Chem.*, t. II, p. 41.
(2) *Sur le principe acide du suc gastrique.* Nancy, 1851.
(3) *Disquisitiones de succo gastrico.* Dorpat, 1850.

D'après Gmelin, Frerichs et Lehmann, la partie organique du résidu sec du suc gastrique est généralement plus considérable que la partie inorganique. Ainsi Gmelin, chez le cheval, trouve 1,05 pour 100 de parties organiques et 0,55 de parties inorganiques; Frerichs obtient, sur le même animal, 0,98 de parties organiques et 0,74 de parties inorganiques; Lehmann signale 0,86 à 0,99 des premières, et seulement 0,38 à 0,56 des secondes.

Il est probable que des substances alimentaires, dissoutes en proportion variable dans le suc gastrique, ont contribué dans ces diverses analyses à la différence des résultats.

La composition générale du suc gastrique est d'après Blondlot (1) :

Eau	96,71
Biphosphate de chaux	0,60
Chlorure de calcium	0,32
Chlorure de sodium	0,16
Chlorhydrate d'ammoniaque	0,36
Matière organique	1,80
Perte	0,05
	100,00

Schmidt donne, comme *moyenne* de neuf analyses du suc gastrique de chien, sans mélange de salive, et recueilli après la ligature des conduits salivaires :

Eau	973,062
Matière organique	17,127
Acide chlorhydrique libre	3,050
Chlorure de potassium	1,125
Chlorure de sodium	2,507
Chlorure de calcium	0,624
Chlorhydrate d'ammoniaque	0,468
Phosphate de chaux	1,729
Phosphate de magnésie	0,226
Phosphate de fer	0,082
	1000,000

Ainsi, on voit qu'indépendamment de la différence principale relative à l'acide chlorhydrique et à ses combinaisons avec les bases, les analyses de Schmidt signalent dans le suc gastrique la présence du chlorure de potassium et des phosphates de magnésie et de fer, que Blondlot n'avait pas rencontrés. Du reste, déjà d'autres auteurs y avaient admis l'existence de traces d'oxyde de fer et de magnésium : Tiedemann et Gmelin avaient trouvé ces bases chez le cheval, et Braconnot avait découvert l'oxyde de magnésium chez le chien. Frerichs (2) admet la présence du fer, mais il ne croit pas constante celle de ce second oxyde; il a trouvé en outre des sulfates, comme l'avaient fait aussi autrefois Tiedemann et Gmelin. Lehmann nie la présence de ces derniers sels. Supposant que la matière organique propre au suc gastrique, et qu'on a nommée *pepsine*, contient du soufre comme tous les corps albuminoïdes, on a admis que, dans le cas où elle n'a pas été suffisamment précipitée avant l'évaporation du suc gas-

(1) *Mém. cité*, 1851, p. 27.
(2) *Loc. cit.*

trique, le soufre de cette matière organique s'oxyde pour former, dans les cendres, les sulfates que certains auteurs y ont admis comme préexistants.

Burin du Buisson (1), dans ses recherches sur le sang, est arrivé à conclure que le manganèse en forme un élément constant. Le fait est digne d'intérêt quand on se rappelle que déjà Gmelin (2) avait dit que le suc gastrique du cheval lui avait paru offrir quelques traces d'oxyde de manganèse.

Quel est l'*acide* auquel le suc gastrique doit son acidité? Nous croyons devoir traiter cette difficile question avant de parler de la substance organique particulière à ce fluide.

W. Prout (3) est le premier qui ait fait des recherches sur ce sujet. Se servant du contenu de l'estomac du lapin ou d'autres animaux, il l'étendait d'eau, le filtrait et le partageait en trois portions. La première était brûlée et incinérée ; alors Prout déterminait la quantité de chlore combiné avec la potasse et la soude. La seconde, d'abord neutralisée par la potasse, était ensuite brûlée ; elle donnait une quantité de chlore plus forte que la première portion. Prout regardait cet excédant de chlore comme constituant l'acide chlorhydrique *libre* du suc gastrique. La troisième portion était mêlée à un excès de potasse, puis également brûlée. La quantité de chlore qu'elle donnait de plus que la seconde portion était regardée comme constituant des chlorhydrates d'ammoniaque, etc. L'auteur conclut de ses expériences que le suc gastrique renferme une proportion notable d'acide chlorhydrique libre.

Déjà Leuret et Lassaigne avaient élevé contre cette méthode d'analyse des objections auxquelles Prout (4) répondit. Celles que Gmelin formula, de son côté, n'ont pas une grande importance. Mais Blondlot et Frerichs se sont appliqués à démontrer que les analyses du chimiste anglais sont réellement sans valeur. Blondlot (5) les juge et les condamne en ces termes :

« Le suc gastrique renferme constamment une certaine quantité de phosphate d'ammoniaque ; il contient aussi du chlorure de sodium de l'aveu de tous les chimistes : or, lorsqu'on calcine simultanément ces deux sels, il arrive de toute nécessité qu'ils se décomposent réciproquement, c'est-à-dire que l'acide phosphorique se porte sur la soude pour former du phosphate de soude qui est fixe, tandis que l'acide chlorhydrique se porte sur l'ammoniaque pour former du chlorhydrate d'ammoniaque qui se volatilise. Lorsqu'au contraire on ne calcine le produit qu'après y avoir ajouté de la potasse, il ne se dégage plus que de l'ammoniaque plus ou moins carbonatée, mais non combinée à de l'acide chlorhydrique. En effet la po-

<hr>

(1) *Sur l'existence du manganèse dans le sang humain.* Lyon, 1852.
(2) *Loc. cit.*, p. 153.
(3) *Philos. Transact.*, 1824.
(4) *Annal. of Philos.*, décemb. 1829.
(5) *Traité analytique de la digestion*, p. 231.

tasse, lors même qu'elle n'est pas employée en excès, commence par expulser l'ammoniaque de sa combinaison avec l'acide phosphorique, de sorte que le phosphate de potasse formé n'exerce pas d'action sur le chlorhydrate de soude ; l'ammoniaque se dégage donc seule ou combinée avec une partie d'acide carbonique qui provient de la décomposition par le feu de la matière organique. Il est évident, d'après cela, que la portion de produit calcinée sans addition de potasse devait être moins riche en chlorhydrate de soude ou de potasse, et fournir un précipité moins abondant par l'azotate d'argent que celle qui avait été soumise à l'action du calorique après cette addition préalable, ce qui détruit par la base le raisonnement de Prout. »

Frerichs (1) fait observer que, quel que soit l'acide libre du suc gastrique, si seulement il est moins volatil que l'acide chlorhydrique, il doit, pendant la calcination, expulser celui-ci des sels qui le renferment ; en sorte que ce procédé démontrerait toujours beaucoup d'acide chlorhydrique libre, quand bien même il n'y en aurait point dans le suc gastrique avant la calcination.

Tiedemann et Gmelin disent avoir rencontré de l'acide *acétique* et de l'acide *butyrique* dans l'estomac des animaux. Frerichs (2) a trouvé aussi de l'acide butyrique dans l'estomac d'un cheval et dans celui d'un chien. Ces acides ne provenaient-ils que de la décomposition des aliments?

La plupart des auteurs modernes ont admis, avec Chevreul, Leuret et Lassaigne, que l'acide libre du suc gastrique est l'*acide lactique*. Mais aucun d'eux n'a donné de preuves tout à fait concluantes pour appuyer cette opinion ; et la réaction, proposée à ce sujet par Pelouze (*), a été considérée comme n'ayant point une valeur suffisante par Strecker, Madrell et Engelhard (**).

Dans le suc gastrique de chiens nourris avec des os ou de la viande, Lehmann a pu recueillir un sel de magnésie qui, par sa composition atomique, correspondait au lactate de cette base. Il se composait de : magnésie, 16 = 1 atome ; acide organique, 60 = 1 atome ; eau, 24,4 = 3 atomes.

Cela tendrait à rendre vraisemblable l'existence de l'acide lactique dans l'estomac. Mais, comme Liebig a démontré la présence de cet acide dans la chair des animaux, et qu'il se forme aussi dans la décomposition des matières féculentes, on peut croire qu'il devra se rencontrer sou-

(1) *Ouvr. cité*, t. III, p. 781.
(2) *Ibid.*, p. 782.

(*) Cette réaction est la suivante : l'*acide lactique* donne des sels de cuivre, de zinc, de chaux et de baryte, solubles dans l'eau ; il donne aussi un sel de cuivre, qui forme, avec la chaux, un sel double et soluble dont la couleur est plus intense que celle du sel simple ; enfin, un sel de chaux soluble dans l'alcool et précipitable par l'éther de sa dissolution alcoolique.

(**) *Loc. cit.* — Récemment ENDERLIN (*Annal. der Chem. und Pharm.*, t. XLVI, p. 123), ayant analysé, sous la direction de LIEBIG, le suc gastrique d'un supplicié, n'y a rencontré aucune trace d'acide lactique.

 DE LA DIGESTION.

vent dans l'estomac, sans, pour cela, en représenter le principe acide constant (*).

Dans le but d'élucider la question des acides libres, dont on admettait l'existence dans le suc gastrique, Blondlot distilla au bain-marie 250 grammes de ce suc jusqu'à ce que les quatre cinquièmes en fussent passés dans le récipient, ce qui exigea plus de vingt-quatre heures. Le produit de la distillation était incolore et n'exerçait aucune action sur le papier de tournesol. C'est là un résultat auquel étaient déjà arrivés Tiedemann et Gmelin dans quelques-unes de leurs expériences, et qui dernièrement a été obtenu par Schmidt, puis constaté aussi par moi avec le suc gastrique du chien, et par Schiff avec celui du chien, du chat, ainsi qu'avec le contenu, étendu d'eau et filtré, de l'estomac du lapin. Cette expérience tend à prouver que, des quatre acides supposés existants dans le suc gastrique (le chlorhydrique, l'acétique, le phosphorique et le lactique), les deux premiers ne sauraient y être à l'état de liberté : ils sont si volatils qu'ils auraient dû passer dans le récipient.

Blondlot, en essayant de neutraliser le suc gastrique avec du carbonate calcaire (craie), remarqua avec surprise qu'il ne se produisait aucune effervescence et que le liquide conservait toute son acidité, lors même que le contact avait été prolongé pendant plusieurs jours et la température poussée jusqu'à l'ébullition. « Je ne crains pas d'être démenti, ajoute-t-il, en avançant que ce fait si simple et si facile à constater est à lui seul plus significatif que tous les travaux analytiques entrepris jusqu'alors pour élucider la question. » Ce fait prouverait que ni l'acide chlorhydrique, ni l'acide acétique, ni l'acide lactique ne peuvent exister à l'état de liberté dans l'estomac ; car, quelque étendus qu'on les suppose, ces acides ne sauraient rester en contact avec le carbonate calcaire, sans se neutraliser en s'emparant de la chaux, l'acide carbonique devenu libre se dégageant avec effervescence. L'acide phosphorique libre agirait de la même manière. Mais, chose digne de remarque, cet acide, s'il est uni à du phosphate neutre de chaux pour former du biphosphate calcaire, se comporte absolument de la même manière que l'acide du suc gastrique, c'est-à-dire qu'il a une réaction manifestement acide sans avoir la propriété d'être neutralisé par le carbonate calcaire. Blondlot prétend que, de tous les composés acides connus, le *biphosphate* de chaux est le seul qui se comporte ainsi.

Au contraire, avec les carbonates de potasse, de soude et d'ammoniaque, le suc gastrique se neutralise avec effervescence, en précipitant du phosphate neutre de chaux.

Le fer et le zinc, qui sont si facilement attaqués par l'acide chlorhydrique, ne subiraient, au dire de Blondlot, aucune action de la part du suc gastrique ordinaire, quelle que fût la durée du contact. Il en serait de même de leurs oxydes : ainsi l'oxyde de zinc, qui a une tendance si grande

(*) Des expériences de BOUDAULT (*Journal de pharmacie et de chimie*, septembre 1856) tendent à établir que la pepsine *neutre* elle-même peut agir sur la glycose des aliments et la transformer en *acide lactique*.

à se combiner avec l'acide lactique et l'acide chlorhydrique, serait tout à fait impuissant pour neutraliser le suc gastrique, même à une température élevée.

C'est sur ces faits que Blondlot s'appuyait, en 1843, pour nier que la réaction du suc gastrique soit due à un acide libre, et pour affirmer qu'elle doit être rapportée uniquement au *biphosphate de chaux*.

Blondlot trouva des contradicteurs. Tous les auteurs nièrent même l'existence normale du biphosphate de chaux dans le suc gastrique, à l'exception de Dumas (1), qui, néanmoins, attribue l'acidité de ce fluide principalement à l'acide lactique libre. Bidder et Schmidt (2) pensent que l'opinion de Blondlot n'est vraie que pour le suc gastrique des chiens préalablement nourris avec des os : on y rencontre, en effet, du phosphate acide de chaux, qui n'est plus alors qu'une substance accessoire produite par l'action de l'acide libre de l'estomac sur le phosphate calcaire des os.

C'est à tort, suivant nous, qu'on a révoqué en doute l'impuissance du carbonate de chaux à neutraliser l'acidité du suc gastrique. Schiff a démontré, devant la Société d'histoire naturelle de Francfort, que, si l'on prend du carbonate de chaux pur et sans traces de carbonate de potasse, on peut en ajouter au suc gastrique des quantités considérables sans en neutraliser l'acidité. On peut, selon ce physiologiste, répéter cette expérience sur le suc gastrique des chiens nourris avec les substances les plus diverses; il l'a même faite sur du suc obtenu par l'irritation mécanique de la muqueuse stomacale à travers une fistule. Il a constaté le même résultat avec la liqueur filtrée du contenu de l'estomac chez le chat, le lapin et le cabiai. Le carbonate de chaux, laissé en contact avec le suc gastrique pendant plusieurs jours, à froid ou à une température de 36 degrés centigrades, n'en a pas produit la neutralisation; seulement celle-ci est survenue au moment où le liquide entrait en putréfaction, ce qui avait lieu dans quelques cas, en été, après plusieurs jours et s'annonçait toujours par un dégagement abondant d'ammoniaque. Schiff n'a fait que trois expériences avec le carbonate de magnésie, et chaque fois l'acidité du suc gastrique a été neutralisée après une heure ou deux, avec une faible effervescence. Blondlot, qui dans ces mêmes expériences est arrivé à un résultat différent, aurait-il opéré sur du suc gastrique qui avait été en contact avec des os? Toutefois, Schiff diffère encore de Blondlot sur un autre point : il a toujours constaté que, quand le suc gastrique est mis en contact avec le carbonate de chaux, il s'opère un dégagement de gaz, très-faible à la vérité et parfois seulement reconnaissable à la loupe, mais pouvant durer une ou plusieurs heures. Il pense donc que le suc gastrique doit toujours expulser une partie de l'acide carbonique de la craie, et même une partie plus considérable que ne l'admet Blondlot dans son nouveau mémoire que nous allons mentionner. Schiff fait également observer qu'ayant filtré du suc gastrique qui était resté en

(1) *Traité de chimie*, t. VIII, p. 604.
(2) *Die Verdauungssäfte*, etc., p. 43.

contact avec du carbonate calcaire, il a toujours pu, par l'acide oxalique, y
déterminer un précipité plus abondant que dans une égale portion de ce
même suc conservé pur ; ce qui démontre que, sans se neutraliser, l'acide
du suc gastrique peut dissoudre une portion assez notable de chaux. Nous
reviendrons sur ce fait à propos de la digestion des os.

Dans de nouvelles recherches chimiques *sur la nature et l'origine du principe acide* qui domine dans le suc gastrique, recherches qu'il a publiées en
1851, Blondlot a voulu répondre aux principales objections qu'on avait élevées contre sa doctrine. S'il n'y avait pas neutralisation du suc gastrique
en présence du carbonate de chaux (craie), cela tenait, avait-on dit, à la
trop grande dilution de l'acide, à la dissolution du gaz carbonique à mesure qu'il se forme, tandis qu'en concentrant le liquide on obtenait avec
ce même carbonate une effervescence manifeste. — Blondlot répondit
qu'on ne peut pas admettre que le suc gastrique, qui rougit si fortement
le papier de tournesòl, présente une semblable dilution, et que même,
quand il en serait ainsi, cette dilution extrême ne saurait empêcher le
dégagement de l'acide carbonique de la craie. Autrement, jamais avec ce
dernier corps on ne pourrait neutraliser complétement une liqueur acidifiée par un acide quelconque ; car, quel que fût le degré de son acidité
primitive, il arriverait toujours un moment où la réaction deviendrait aussi
faible et même plus faible que celle du suc gastrique.

Suivant le même auteur, le défaut de neutralisation du suc gastrique, en
contact avec le carbonate calcaire, n'est pas dû à ce que l'acide carbonique
est retenu et se dissout dans le liquide, car la neutralisation n'a pas lieu
même à la température de l'ébullition qui chasserait l'acide carbonique. —
Enfin, ajoute-t-il, si le suc gastrique, concentré par l'évaporation, attaque
le carbonate calcaire d'une manière évidente, ainsi que le fer et le zinc,
c'est parce que, vers la fin de l'opération, les chlorures se décomposent et
dégagent de l'acide chlorhydrique libre qui passe en partie à la distillation.
Cela arrive quand le liquide est réduit à peu près au vingtième de son volume. Blondlot a trouvé, et il est facile de s'en assurer, que si alors on
étend d'eau le résidu acide jusqu'à ce qu'il reprenne le volume primitif,
la décomposition des sels n'en a pas moins lieu avec effervescence, ce qui
renverse la précédente objection fondée sur la trop grande dilution de
l'acide.

Dans le but de soumettre ces faits à une sorte de contre-épreuve, cet expérimentateur acidula très-légèrement de l'eau pure avec du biphosphate de
chaux, et, après y avoir ajouté une faible proportion de chlorure de sodium
et de chlorure de calcium, il distilla au bain-marie. Or, de même qu'avec
le suc gastrique, ce fut seulement vers la fin de l'opération que l'acide
chlorhydrique apparut dans le produit. Mais cet acide passait entièrement
à la distillation sans qu'une partie en restât dans la cornue, comme cela
avait lieu en opérant avec le suc gastrique. Blondlot attribua ce fait à la
viscosité que les matières organiques donnent au suc gastrique et qui empêche mécaniquement une partie de l'acide formé de se volatiliser. En
effet, en ajoutant à la solution artificielle de biphosphate calcaire quelques

gouttes d'une solution de gomme ou de gélatine, il y retint une partie de
l'acide chlorhydrique.

Melsens ayant introduit du spath calcaire (carbonate de chaux cristallisé et très-pur), avec du suc gastrique dans un flacon, bouché à l'émeri,
qu'il agitait de temps en temps, constata qu'au bout de quelques heures les
cristaux étaient devenus légèrement opaques à leur surface. Blondlot,
après avoir répété cette expérience, ajoute qu'en regardant plus attentivement on aperçoit une foule de très-petites bulles gazeuses adhérentes et
qui cessent bientôt de se reproduire si on les détache par l'agitation. Ce
fait, aux yeux de Blondlot, prouve qu'outre du phosphate acide de chaux,
il y a dans le suc gastrique une trace d'un autre acide qu'il croit être l'acide
chlorhydrique. Melsens affirme que le spath a perdu de son poids; mais
Blondlot dit s'être assuré que cette perte n'est pas appréciable même aux
balances les plus sensibles, et il croit que, dans l'expérience de Melsens,
l'agitation aura pu détacher un petit fragment du cristal : aussi conseille-
t-il de l'enfermer dans un tube pour prévenir les effets de sa fragilité.
Schiff, qui a répété ces expériences, a vu le spath calcaire devenir opaque
et un peu inégal à sa surface, mais jamais il n'a pu constater une perte de
son poids. Peut-être, dans les expériences de Melsens, le suc gastrique
était-il mêlé à un acide libre provenant des matières alimentaires, à l'acide
lactique, par exemple. Jamais, avec le spath calcaire, on n'obtient la neutralisation du suc gastrique.

Cependant on n'avait toujours pas de preuve directe de la présence du
biphosphate de chaux dans le suc gastrique, et les raisons données par Blondlot, dans son *Traité de la digestion*, n'étaient pas suffisantes, quand en
1851 il vint fournir de nouveaux faits (1). Après avoir filtré une certaine
quantité de suc gastrique, il la neutralise avec du carbonate de soude en
léger excès, afin de précipiter toute la chaux combinée, soit avec l'acide
phosphorique, soit avec l'acide chlorhydrique. Le phosphate de chaux
étant précipité et séparé par filtration, le liquide filtré, qui contient les
sels sodiques, doit contenir en particulier du phosphate de soude, si,
dans le suc gastrique, il y a plus d'acide phosphorique qu'il n'en faut pour
former le phosphate simple de chaux précipité. En effet, le liquide filtré,
soumis à l'évaporation, donne la quantité de phosphate de soude présumée. Cette simple expérience suffit, d'après son auteur, pour prouver que
c'est bien l'acide phosphorique qui, dans le suc gastrique, tient le phosphate de chaux en dissolution à l'état de biphosphate.

Lehmann (2) suppose que le biphosphate de chaux, dont il reconnaît que
Blondlot a démontré la présence d'une manière exacte, n'était, dans ce
cas, que le produit de l'action du suc gastrique sur les os que le chien
aurait pris quelques temps avant l'expérience. Blondlot, il est vrai, ne dit
pas comment il avait nourri l'animal ; mais Schiff, répétant l'expérience,

(1) *Mém. cité*, p. 17.
(2) *Physiolog. Chemie*, t. III, p. 332.

prétend avoir obtenu le même résultat avec le suc gastrique d'un chien qui, depuis deux jours, n'avait mangé que de la soupe et des pommes de terre. Lehmann objecte encore que la partie calcaire des os reste fort longtemps dans l'estomac en état de désagrégation, même après que leur partie cartilagineuse a entièrement disparu. Tenant compte de cette observation, Schiff répéta deux fois l'expérience sur d'autres chiens qui, depuis cinq jours, n'avaient mangé que des pommes de terre, de la viande et de la soupe. Dans ces deux cas, après la précipitation du phosphate simple de chaux, il ne put trouver d'acide phosphorique dans le liquide filtré. Il lui fut également impossible de reconnaître le phosphate acide de chaux dans le produit filtré de l'estomac d'un cabiai exclusivement nourri de betteraves ; mais il constata la présence de ce dernier sel acide chez un surmulot nourri de la même manière.

Ainsi, bien que les expériences sur lesquelles s'appuient Blondlot pour prouver l'existence du biphosphate de chaux soient exactes, il est impossible, d'après les faits qui précèdent, d'admettre que ce biphosphate existe *normalement* et *constamment* dans le suc gastrique qui lui emprunterait son acidité.

Pour déterminer la *nature de l'acide* libre, contenu dans le suc gastrique, Schmidt (1) s'est servi d'une autre méthode : il a fait, en variant ses procédés, l'analyse quantitative des acides et des bases de ce fluide recueilli après la ligature des conduits salivaires.

100 grammes de suc gastrique furent fortement acidulés avec l'acide azotique et précipités par l'azotate d'argent. Le chlorure d'argent ainsi formé put être pesé, immédiatement après la filtration, afin de déterminer la quantité de chlore. Puis, après qu'on eut précipité le sel d'argent en excès, au moyen de l'acide chlorhydrique, la liqueur filtrée fut calcinée dans un vase de porcelaine pour en doser toutes les bases.

Par ce procédé on voit que, si le suc gastrique renferme des lactates, la quantité de chlore que l'on aura obtenue du premier précipité de chlorure d'argent ne sera pas suffisante pour saturer à elle seule toutes les bases ; tandis que, s'il n'y a d'acide libre que le chlorhydrique, la quantité de chlore devra dépasser celle qui est équivalente aux différentes bases. Dans l'expérience de Schmidt, la quantité d'acide chlorhydrique fut supérieure à celle qui eût été nécessaire pour saturer la totalité des bases.

Schmidt détermine la quantité d'acide libre par la saturation à l'aide de la potasse, de la chaux ou de la baryte. Si cet acide n'est que le chlorhydrique, la quantité de base nécessaire pour le neutraliser doit équivaloir à la quantité d'acide chlorhydrique libre trouvée par la méthode précédente. Mais s'il existe, en plus, un autre acide, la quantité de base nécessaire pour la neutralisation doit dépasser la quantité correspondante à l'acide chlor-

---

(1) Hübbenet, *De succo gastrico*. Dorpat, 1850. — Bidder et Schmidt, *Die Verdauungssäfte*, etc. Leipzig, 1852, p. 44.

wydrique libre. Or, l'expérience a démontré que la quantité de base nécessaire correspondait *presque* exactement à la quantité de cet acide libre
préalablement trouvée.

A l'aide de plusieurs analyses, il détermine aussi la quantité d'ammoniaque contenue dans le suc gastrique; cette quantité n'est pas considérable, mais elle est constante. Dans une expérience à part, il s'assure que
cette quantité d'ammoniaque ne provient pas de la décomposition des matières organiques par la base ajoutée pour obtenir la neutralisation.

Schmidt dit avoir aussi reconnu, expérimentalement, que le suc gastrique
ne renferme, par lui-même, aucun acide composé des trois éléments HCO,
ou que du moins s'il y existe des acides organiques non azotés, comme le
lactique, etc., leur proportion doit être infiniment petite.

Dans ces expériences, le suc gastrique a constamment été recueilli sur
des animaux à jeun depuis dix-huit à vingt heures, et dont la nourriture
antérieure avait été animale ou végétale; toujours les résultats ont été identiques. Seulement chez les herbivores, à côté de l'acide chlorhydrique libre,
se sont trouvées, dit Schmidt, des quantités appréciables d'acide lactique
provenant de la nourriture féculente.

Voici un tableau de ces analyses, à l'aide duquel on reconnaît facilement
quels rapports peuvent exister entre la quantité d'acide chlorhydrique libre
et l'acidité du suc gastrique, celle-ci étant mesurée par la quantité de base
nécessaire pour obtenir la neutralisation.

Sur 100 parties de base nécessaires pour neutraliser le suc gastrique
l'acide chlorhydrique libre correspond à :

1re analyse	99,7		7e analyse	80,1

1re analyse	99,7	7e analyse	80,1
2e —	93,5	8e —	77,4
3e —	94,6	9e —	107,9
4e —	107,0	10e —	108,0
5e —	99,8		
6e —	111,4	Moyenne	97,9

On voit jusqu'à quel point on est autorisé à conclure que le suc gastrique
doit son acidité seulement ou principalement à l'acide chlorhydrique. Il est
évident que, dans quelques-uns de ces cas, il y avait une faible proportion
d'un autre acide (lactique).

Pour le mouton, chez qui la quantité d'acide chlorhydrique libre est
beaucoup moins abondante, Schmidt donne le résultat suivant : 1re analyse
= 52,5 ; 2me analyse = 54,7.

La quantité plus grande d'acide lactique, que l'on trouve chez le mouton,
tient, dit l'auteur, à la nourriture même de cet animal, la matière féculente se transformant en acide lactique. L'estomac du mouton était d'ailleurs presque toujours rempli d'aliments.

Nous avons vu que la quantité moyenne d'acide chlorhydrique libre
était, d'après Schmidt, de 3,050 pour 1000 dans le suc gastrique du chien,
recueilli après la ligature des conduits salivaires. Elle ne fut plus que
de 2,337 quand on négligea cette dernière opération. Après la section des

nerfs pneumogastriques et la ligature des conduits salivaires, elle s'abaissa à 2,022, et, dans le suc mélangé de salive, à 1,928. Le suc gastrique du mouton donna, dans deux analyses, 0,999 et 1,469 d'acide chlorhydrique libre.

Devant des résultats en apparence si contradictoires, et obtenus principalement par Blondlot et Schmidt, on continue à se demander quel peut donc être véritablement le principe acide du suc gastrique.

Des recherches de ce dernier auteur il résulterait que le seul acide qui ne se trouve jamais neutralisé par les sels basiques est l'*acide chlorhydrique*. Mais est-on, pour cela, autorisé à le regarder comme *libre* dans le suc gastrique? Nous répondrons négativement par les raisons suivantes : 1° Le suc gastrique ordinaire n'attaque pas le zinc métallique. 2° Le carbonate calcaire est impuissant à neutraliser l'acidité du suc gastrique. 3° Le suc gastrique donne, avec l'acide oxalique, un précipité blanc d'oxalate de chaux; ce qui ne pourrait avoir lieu s'il existait des traces d'acide chlorhydrique libre. 4° L'acide chlorhydrique libre est très-volatil, et il est démontré par l'expérience qu'on peut pousser la distillation du suc gastrique jusqu'à réduction au vingtième de son volume, sans que le produit distillé devienne acide.

Chacun de ces faits, pris isolément, suffirait déjà pour établir que l'acide du suc gastrique n'est pas de l'acide chlorhydrique *libre :* la présence de cet acide, au millième, les rendrait tous impossibles. Mais ils contribuent aussi, avec les analyses de Schmidt, à faire voir que cet acide n'est pas non plus le phosphorique. Nous ne dirons rien de la non-coagulation de l'albumine liquide (à laquelle Blondlot semble attacher une très-grande importance), parce qu'elle est commune à beaucoup d'acides dans un certain degré de dilution, comme l'a surtout prouvé Berzelius.

L'acide chlorhydrique n'étant pas libre, on a pensé qu'il devait être uni à la matière organique spéciale (*pepsine*) qui se trouve dans le suc gastrique et qui elle-même fait partie des corps dits albuminoïdes ou protéiques. On sait, en effet, d'après Mulder (1), que les corps albuminoïdes peuvent s'unir, par exemple, aux acides sulfurique et chlorhydrique pour former des combinaisons à réaction acide. Ce chimiste les regarda d'abord comme des acides composés et les appela *acide sulfo-protéique* et *acide chlorhydro-protéique*. Mais, les envisageant plus tard sous un autre point de vue (2), et reconnaissant combien peu ils conservaient les caractères de l'acide primitif, il les regarda comme des sels à réaction acide, et changea leurs noms en ceux de sulfate ou de chlorhydrate d'albumine, de caséine, etc. Ainsi, dans la combinaison appelée sulfo-protéique, l'acide sulfurique ne donne plus de précipités avec les sels de baryte et de chaux, précipités qui le caractérisent dans son état libre ou dans ses composés salins ordinaires. Mulder

(1) *Natuur en Scheikundig Archief.*, p. 129. 1838.
(2) *Chemische Untersuchungen*, t. II, p. 224. 1847.

sait d'ailleurs observer que l'acide sulfo-protéique lui a paru exiger, pour être neutralisé, autant d'oxyde métallique que l'acide sulfurique pur qui entre dans sa composition.

Ainsi nous voyons que, par la combinaison des acides avec les corps albuminoïdes, il peut se former des sels à réaction acide ou des acides complexes qui ont perdu, en grande partie, les caractères de l'acide primitif. Ces acides complexes n'ont encore été que fort peu étudiés.

C'est à un pareil produit, formé de l'union de l'acide chlorhydrique avec sa matière albuminoïde essentielle du suc gastrique (*pepsine*) que Schiff attribue l'acidité de ce suc : il le nomme *acide chlorhydropeptique*.

L'acide chlorhydropeptique se distingue de l'acide chlorhydrique par des caractères déjà énoncés : ce sont presque tous ceux que Blondlot a observés dans le suc gastrique et qui ne lui ont paru convenir qu'à l'acide lohosphorique. Du reste, l'acide chlorhydropeptique qui, jusqu'à présent, n'a pu être préparé artificiellement, demande, comme l'acide sulfo-protéique de Mulder, pour être saturé, autant de base que l'acide inorganique qui y est entré, ainsi qu'il résulte des observations de Schmidt.

Déjà en 1847, partant de ce principe (qu'on ne peut plus adopter), que la digestion est une dissolution dans un acide, et reconnaissant que les acides réputés en dilution dans le suc gastrique dissolvent très-peu d'albumine cuite, Schmidt avait été aussi amené à considérer l'acide du suc gastrique comme une combinaison de la pepsine de Wasmann avec l'acide chlorhydrique (*ac. chloropepsinhydrique*). Mais, depuis cette époque, il a cru devoir modifier son opinion et attribuer, comme on l'a vu plus haut, l'acidité du fluide digestif à l'acide chlorhydrique *libre*.

Si l'on veut admettre l'*acide chlorhydropeptique* comme caractérisant le suc gastrique, il faut bien néanmoins reconnaître que, généralement il existe encore dans l'estomac une faible proportion d'un acide organique non azoté qui, d'après les recherches de la plupart des chimistes modernes, est de l'*acide lactique*. Cet acide ne se rencontre pas seulement chez les herbivores; on en a aussi constaté la présence dans le suc gastrique des carnassiers. L'existence de cet autre acide expliquerait pourquoi, en général, dans les analyses de Schmidt, l'équivalent de l'acide chlorhydrique « libre » s'est trouvé un peu inférieur à la quantité de base nécessaire pour la neutralisation du suc gastrique.

Du précédent exposé critique il résulte qu'à nos yeux la chimie organique n'a point encore dissipé toutes les incertitudes sur la question de savoir à quel acide le suc gastrique emprunte son acidité, et qu'on ne saurait partager, à cet égard, la satisfaction de plusieurs physiologistes de notre époque. — Du reste, cette question n'a qu'un intérêt secondaire dans la théorie de la digestion, puisque l'expérience a démontré que les acides chlorhydrique ou lactique, par exemple, favorisent à peu près également l'action propre à la pepsine.

VII. Nous venons de voir que le *liquide gastrique* renferme de l'eau, du mucus, des sels nombreux, un ou plusieurs acides, et une matière organique spéciale (*pepsine*) sur laquelle surtout il nous faudra revenir avec détails. Reste maintenant à rechercher, parmi toutes ces substances, celles qui sont réellement indispensables à l'accomplissement de la digestion stomacale, c'est-à-dire à déterminer les *éléments essentiels du suc gastrique* proprement dit.

a. — Nul doute que l'*eau* (qui résume en elle une grande partie des conditions de la vie, en rendant possibles la dissolution et l'absorption de certains principes fixes nécessaires à son entretien) ne soit aussi indispensable à la constitution du suc gastrique qu'à celle du sang lui-même. Toutefois l'eau est évidemment incapable de digérer par elle-même les aliments renfermés dans l'estomac. Mais, fait digne de remarque, si, d'après L. Corvisart (1), on ajoute un certain excès d'eau au suc gastrique de chien, durant la digestion artificielle de l'albumine *coagulée*, le pouvoir digestif de ce dernier fluide est accru : d'où la dissolution et la transformation isomérique d'une plus grande quantité d'albumine. Le même effet ne se produit point si l'excès d'eau est ajouté seulement après la digestion : ce qui porte à conclure, dit Corvisart, qu'en pareil cas l'eau ne reçoit pas seulement le produit digéré, mais qu'elle en accroît réellement la quantité. Rappelons, en passant, qu'ayant fait bouillir de l'albumine ou de la fibrine pendant trente heures dans de l'eau distillée, le même auteur est arrivé à obtenir un produit dont les caractères chimiques et physiologiques sont très-voisins de ceux que ces mêmes substances présentent après leur digestion dans le suc gastrique; rappelons aussi que l'ébullition prolongée de la viande dans l'eau donne naissance au *bouillon*, liquide qui, absorbé par le rectum et passé dans le sang, peut nourrir sans avoir subi aucune transformation digestive de la part de l'estomac ou de l'intestin grêle. Mais la science laisse encore beaucoup à désirer sur ces divers points. Bornons-nous donc à reconnaître ici l'eau comme le dissolvant nécessaire des principes essentiels du suc gastrique.

b. — Contrairement à l'opinion émise par quelques auteurs, le *mucus* n'est point essentiel à la constitution et au pouvoir spécial du suc gastrique; s'il en était autrement, on verrait ce pouvoir s'amoindrir dans le suc gastrique séparé, par le filtre, de tout le mucus qu'il tenait en suspension. Or, nos propres expériences nous ont maintes fois démontré que le suc gastrique filtré dissout et transforme autant d'albumine coagulée et de fibrine que celui qui n'a pas subi cette manipulation préalable. Nous avons d'ailleurs déjà signalé certaines influences qui, tout en provoquant une sécrétion plus abondante du mucus gastrique, n'activent pourtant en aucune façon le travail propre à l'estomac.

(1) *Comptes rendus de l'Académie des sciences de Paris*, t. XXXV, 1852. — *Études sur les aliments et les nutriments.* Paris, 1854.

c. — Quant aux *sels* contenus dans le suc gastrique, on a pu croire, mais on n'a pas réellement démontré qu'ils concourent à accroître l'activité de ce menstrue spécial. F. Arnold et Hünefeld, par exemple, rapportent un certain nombre de phénomènes digestifs à l'influence dissolvante du chlorhydrate d'ammoniaque. Ce sel ne peut néanmoins dissoudre qu'une assez petite quantité de fibrine, et cela encore en un temps beaucoup plus long que celui qu'exige la digestion ordinaire. Lehmann et Frerichs ont trouvé, il est vrai, qu'en ajoutant au suc gastrique artificiel une faible quantité de sel commun (chlorure de sodium), on accélérait un peu et presque toujours la digestion, tandis que de plus fortes proportions de ce sel (10 à 15 parties pour 100) retardaient ce travail et avaient toujours une influence nuisible. Boudault et L. Corvisart (1), ayant calciné 200 grammes de suc gastrique de chien, ont obtenu un résidu salin qu'ils ont ajouté à 50 autres grammes du même fluide, ce surcroît de sels a diminué sensiblement l'énergie de la digestion, au lieu de l'augmenter. D'un autre côté, lorsque, pour se procurer la pepsine, on fait intervenir l'action de l'alcool ou de l'acétate de plomb, on élimine une grande quantité de sels, et pourtant l'activité du suc gastrique artificiel ainsi obtenu est loin d'être inférieure à celle du suc gastrique naturel. Les digestions artificielles pouvant même s'accomplir sans le secours des composés salins qu'on trouve ordinairement dans le suc gastrique, il ne paraît donc pas que le concours de ces sels doive non plus être indispensable à l'accomplissement de la digestion stomacale (*).

d. — A différentes époques de la science, on a accordé à l'intervention de l'*acide* du suc gastrique une assez grande importance pour faire admettre par beaucoup de physiologistes que la digestion des matières albuminoïdes n'est autre chose que leur *dissolution* par les acides dilués dans le suc gastrique : c'était l'opinion de Tiedemann et Gmelin ; elle a été aussi celle de Bouchardat et Sandras, de Schmidt avec quelques modifications.

On avait objecté que les acides dissolvent les matières précédentes seulement lorsqu'ils sont beaucoup plus concentrés qu'on ne les rencontre dans le suc gastrique. Mais Bouchardat et Sandras (2) ont découvert que l'acide chlorhydrique, qui, à l'état de concentration, dissout la fibrine, le gluten, etc., ne les dissout plus s'il est moins concentré, et qu'il recouvre sa propriété dissolvante dès qu'on le réduit à un état d'extrême dilution (un millième ou même un demi-millième). Or, suivant ces auteurs, c'est à cet état de dilution qu'il existe dans le suc gastrique, et la solution de fibrine ou de gluten par l'acide dilué offrirait les mêmes caractères chimiques que la solution de ces substances par le suc gastrique. Ils reconnais-

(1) Mém. cité.

(*) Nous avons déjà dit ce qu'on doit penser du sel acide (*biphosphate de chaux*), auquel BLONDLOT rapporte l'acidité du suc gastrique.

(2) *Recherches sur la digestion*, dans *Annal. de chim. et de phys.*, t. V, 3ᵉ série.

sent toutefois que le blanc d'œuf cuit et la viande cuite ne sont pas solubles dans l'acide chlorhydrique très-dilué, et que leur dissolution dans le suc gastrique est nécessairement due à la présence d'un *autre agent.*

Bien que divers auteurs (G. Valentin, Schmidt et Schiff) disent avoir vu que l'acide chlorhydrique dilué peut même dissoudre un peu d'albumine concrète, ou qu'ils aient constaté une légère diminution de poids dans la viande cuite laissée quelques jours en contact avec une solution affaiblie de cet acide, il n'en faut pas moins penser, avec la plupart des physiologistes modernes, que la digestion est tout autre chose qu'une simple dissolution dans un acide. En effet, la solution digestive se distingue de la solution acide par l'aspect d'abord, puis par la quantité de matière dissoute, par les conditions au milieu desquelles elle s'opère, par la proportion relative d'acide qui peut y être employée, enfin par le produit de la solution elle-même.

Chacun de ces divers points demande quelques développements propres à restreindre dans ses vraies limites l'importance de l'acide gastrique.

1° L'aspect de la solution est bien différent, suivant qu'il y a intervention du suc gastrique ou seulement d'un acide dilué. Si l'on soumet un cube d'albumine cuite au contact d'acides très-étendus, le liquide acquiert une teinte blanchâtre, et, d'après les auteurs cités, l'albumine peut même perdre un peu de son poids. Mais on n'observe jamais que les angles du cube se ramollissent et se transforment en une pulpe grisâtre, adhérente aux doigts, ou qu'ils se détachent pour se diviser dans le liquide en parcelles pulvérulentes, humides; et, jamais on ne voit, ce qui est si caractéristique dans la solution par le suc gastrique, la surface du cube se couvrir d'un enduit mou et visqueux. Le cube devient, au contraire, plus ferme et ses angles restent aigus; sa forme générale demeure la même, quelle que puisse être la diminution de son volume. Enfin, on ne trouve jamais, au fond du vase, cette matière pultacée, sorte de sédiment qu'on observe toujours dans la solution digestive des matières albuminoïdes.

La fibrine se dissout dans le suc gastrique à peu près de la même manière que l'albumine : elle s'y gonfle à peine et se réduit, couche par couche, en une masse pultacée. Par l'action des acides, au contraire, la fibrine se gonfle en totalité et se transforme en une gelée tremblante qui ne tarde pas à diminuer en se dissolvant plus ou moins dans l'acide; dans beaucoup de cas, cette dissolution peut devenir complète, si l'on agite le liquide additionné d'un peu d'eau. On obtient aussi, avec le gluten, ces phénomènes différentiels. La solution de viande a donné à Beaumont les mêmes résultats; nous les avons souvent constatés nous-même en comparant l'action des acides à celle du suc gastrique, dans l'estomac ou dans des vases à expérience.

2° La quantité de matière dissoute diffère beaucoup dans les deux cas : car, dans nos expériences comme dans celles de Schiff, qui avaient duré de vingt-quatre à trente heures, les acides pendant ce temps n'avaient dissous, en moyenne, que la neuvième partie de ce qu'avait dissous le suc gastrique. En abandonnant encore à eux-mêmes, un jour ou deux, ces divers mélanges, on observait que l'action du suc gastrique continuait de manière à finir par dissoudre la presque totalité du corps albuminoïde. Il n'en était pas de même pour la solution avec les acides ; alors la richesse de cette solution n'avait pas augmenté d'une manière sensible. D'ailleurs tous les auteurs s'accordent à regarder le pouvoir à la fois dissociant et dissolvant du suc gastrique comme bien supérieur à celui des acides dilués.

3° La chaleur favorise l'action dissolvante des acides, et, quand on veut obtenir une dissolution plus rapide, il est nécessaire de chauffer le mélange. La faculté dissolvante et transformatrice du suc gastrique s'affaiblit, au contraire, dès que la température dépasse + 45 degrés centigrades, et elle disparaît complétement avec une température voisine de l'ébullition. A une température inférieure à + 6 degrés, par exemple, les acides dilués agissent encore, quoique plus faiblement, tandis que le suc gastrique a perdu toute son activité spéciale.

4° Si l'acide n'a pas tout à fait atteint ce degré de dilution sans lequel il ne dissout point les corps albuminoïdes, on peut néanmoins obtenir leur dissolution en ajoutant à l'acide la substance particulière au suc gastrique (pepsine), c'est-à-dire en préparant de la sorte un suc gastrique artificiel. La quantité d'acide nécessaire pour rendre actif le suc gastrique ne paraît donc pas aussi rigoureusement limitée que celle qu'exige la dissolution par les acides seulement.

5° Enfin le produit de la dissolution des substances albuminoïdes par le suc gastrique (produit sur lequel nous aurons à revenir avec détails) diffère entièrement de celui de la solution par les acides : j'ai fait connaître (p. 179) un moyen simple de distinguer les matières albuminoïdes ainsi dissoutes de celles qui ont réellement subi une transformation digestive par le suc gastrique. C'est dans les mêmes vues qu'a été exécutée l'expérience suivante : si l'on injecte, dans les veines d'un animal de l'albumine dissoute dans de l'eau légèrement acidulée, cette albumine reparaît dans les urines ; tandis que, si elle a été préalablement soumise à l'action directe du suc gastrique, elle est assimilée. Cette expérience ne nous semble pas démontrer tout ce qu'on a voulu en déduire. Nous y reviendrons dans une autre occasion.

Après avoir combattu l'opinion qui tendait à faire de l'*acide* l'élément par excellence du suc gastrique, hâtons-nous pourtant de reconnaître combien son intervention est nécessaire : en effet, si l'on neutralise complétement le suc gastrique par une base quelconque, la matière albuminoïde qu'on y dépose ne se dissout plus, et bientôt même elle entre en putréfaction. Mais si à ce suc neutralisé on ajoute de nouveau quelques gouttes d'acide sulfurique, phosphorique, chlorhydrique, lactique, acétique ou autres, la matière albuminoïde est encore dissoute plus ou moins rapidement : d'où l'on peut inférer qu'en présence d'un autre élément du suc gastrique que nous allons faire connaître, il est seulement besoin de la réaction acide en général, mais qu'il n'est pas nécessaire que l'acide soit particulièrement celui qu'on regarde comme propre au suc gastrique lui-même. Il est bon de noter que les acides lactique et chlorhydrique semblent néanmoins agir avec un peu plus d'énergie que les autres.

e. — Si le concours d'un acide est indispensable pour la digestion stomacale, tandis que son action isolée est insuffisante, on se demande quel est, dans le suc gastrique, l'autre agent qui doit venir en aide à l'acide pour opérer cette dissolution ou plutôt cette transformation de toute une classe d'aliments aussi importante que celle des albuminoïdes. Nous sommes ainsi amené à parler du *suc gastrique artificiel,* dont on doit la découverte à Eberle, et, par conséquent, de l'un de ses deux éléments essentiels, la *pepsine.*

Eberle (1), qui avait reconnu l'insuffisance des acides pour accomplir la digestion, observa qu'une espèce de couche muqueuse entoure parfois la masse alimentaire dans l'intérieur de l'estomac. Cet enduit peut offrir, chez les herbivores, une densité assez grande pour avoir l'apparence d'une véritable membrane : sa densité est beaucoup moindre chez les carnivores. Sa réaction est fortement acide. Il est soluble dans l'eau, à laquelle il donne une consistance filante, et cette solution, élevée à une température convenable, peut dissoudre les matières albuminoïdes aussi rapidement et aussi complétement que le suc gastrique lui-même. D'après Eberle, il est sécrété, à l'état acide, par les tubes glandulaires de l'estomac; chez les gallinacés, on parvient, à l'aide d'une certaine pression, à le faire sortir de ces tubes.

Persuadé que ce produit sécrétoire n'était que la substance liquéfiée des tubes glandulaires eux-mêmes, Eberle eut l'idée de l'obtenir artificiellement en faisant une infusion de la membrane muqueuse de l'estomac. A l'aide de ce procédé, il vit bientôt que l'infusion, additionnée de quelques gouttes d'acide, était également douée de la faculté digestive. Eberle alla plus loin : après avoir lavé la muqueuse jusqu'à disparition de sa réaction acide, il la sécha à l'air ; puis, faisant une infusion acidulée de cette membrane desséchée, il obtint un suc gastrique artificiel qu'il put dès lors se procurer à volonté.

En présence de ces faits, on se demande tout d'abord si la propriété de former des liquides digestifs, avec de l'eau acidulée n'appartient qu'à la membrane muqueuse de l'estomac, à l'exclusion des autres membranes animales. Les expérimentateurs ne se sont pas accordés pour résoudre cette question : Eberle dit avoir obtenu un suc digestif avec des portions de muqueuse empruntées à l'intestin, à la trachée, à la vessie, et même avec du mucus nasal. Ernest Burdach (2) va plus loin et prétend en avoir retiré, non-seulement des membranes muqueuses, mais encore du péricarde et des muscles eux-mêmes.

Aujourd'hui, la plupart des physiologistes n'attribuent, avec raison, la faculté digestive qu'à l'infusion acidulée de la muqueuse de l'estomac.

(1) *Physiol. der Verdauung.* Würtzburg, 1834.
(2) *Traité de physiologie,* trad. de Jourdan, t. IX, p. 303 et suiv.

Müller et Schwann (1) sans se prononcer d'une manière tranchée, reconnaissent dans cette membrane un principe digestif spécial. Blondlot (2) admet, comme résultat de ses expériences, que la muqueuse stomacale jouit seule de la propriété chymifiante. Frerichs (3) est arrivé à la même conclusion. Les cubes d'albumine qu'il avait mis en contact avec l'infusion de la muqueuse de l'estomac étaient dissous, tandis que ceux qui étaient mis en contact avec d'autres muqueuses ne subissaient aucun changement ou n'étaient que faiblement ramollis. Dans la plupart des cas, il trouva que la membrane interne de l'intestin grêle l'emportait un peu sur les autres muqueuses, mais que l'action de la muqueuse de la trachée ou de la vessie était tout à fait nulle.

Dans le but de nous fixer sur ce point controversé, nous fîmes aussi des expériences comparatives sur les diverses portions du canal intestinal du lapin, du chien, du mouton, et nous reconnûmes que les cubes d'albumine coagulée, mis en contact avec l'infusion acidulée de la membrane interne de l'estomac, furent seuls digérés. Nous parvinmes à peine à obtenir un ramollissement partiel des cubes albumineux plongés dans les infusions de la muqueuse intestinale.

Il résulte de ces faits qu'il existe, dans la muqueuse stomacale, un principe doué d'une action toute particulière sur les matières albuminoïdes.

Si ce principe est inhérent à la membrane muqueuse de l'estomac, est-il possible de l'en isoler par des procédés chimiques?

Schwann, qui le premier a posé cette question, a donné au principe dont il s'agit le nom de *pepsine* (4). Mais c'est Wasmann (5) qui, le premier, a réussi à isoler, dans une infusion de la muqueuse de l'estomac, une matière particulière possédant à un haut degré la propriété digestive.

Wasmann, à cet effet, procède de la manière suivante : après avoir enlevé la membrane muqueuse stomacale du porc, il la lave, puis la fait digérer, dans l'eau distillée, à la température de 30 à 35 degrés centigrades. Après quelques heures, il décante et jette le liquide. Il lave de nouveau la membrane, puis la plonge dans de l'eau froide et l'y abandonne jusqu'à ce qu'il se manifeste une odeur putride. Alors il filtre la liqueur ; celle-ci, transparente et un peu visqueuse, est aussitôt précipitée par l'acétate de plomb. Le précipité est lavé, délayé dans l'eau, puis décomposé à l'aide d'un courant de gaz sulfhydrique. La liqueur filtrée est ensuite évaporée, au bain-marie, jusqu'à consistance sirupeuse. Enfin Wasmann y verse de l'alcool et obtient un précipité blanc, abondant, qu'il suppose être de la pepsine pure. Cette matière, il est vrai, possède la propriété de coaguler le lait (propriété, d'après Schwann, caractéristique du principe digestif), et, une fois dissoute dans l'eau *acidulée*, dans la proportion de 1/6000, elle digère énergiquement les substances albuminoïdes.

(1) MUELLER'S *Archiv*, p. 1. 1836.
(2) *Traité analytique de la digestion*, p. 371.
(3) *Ouvr. cité*, t. III, p. 795.
(4) De πέψις, coction. — Synonymie : *Gastérase, chymosine.*
(5) *De digestione nonnulla*, etc. Berolini 1839.

Peu de temps après Wasmann, des expériences analogues furent faites par Pappenheim, Valentin et Elsässer. Elles démontrent que l'eau contient toujours beaucoup de particules putréfiées et digérées de la substance même de l'estomac qui peuvent se précipiter avec la pepsine; que d'autres molécules organiques, faisant parties constituantes du mucus gastrique et non douées de la faculté digestive, peuvent également s'y mêler : en sorte que, loin d'être assuré d'avoir obtenu ainsi une pepsine véritablement pure, on ne saurait voir là qu'un mélange très-hétérogène. Selon Lehmann, au lieu de la muqueuse entière, si l'on n'emploie que le produit obtenu en la raclant, on diminue la quantité des substances accessoires, mais on ne les élimine pas complétement.

La *chymosine*, obtenue par Deschamps (d'Avallon) (1) en traitant la présure par l'ammoniaque, est identique avec la pepsine.

On obtient la pepsine beaucoup plus pure, si, comme l'a proposé Payen (2), on l'extrait du suc gastrique lui-même au moyen de l'alcool. Dans ce but, on filtre le suc gastrique, puis on le traite par dix ou douze fois son volume d'alcool rectifié. La pepsine ou *gastérase*, comme Payen l'appelle, se précipite sous la forme d'une matière floconneuse qui, desséchée, donne, en pepsine brute, un poids équivalent à peu près à *un millième* du suc gastrique employé. On augmente son énergie en la purifiant une seconde fois : à cet effet, on la redissout dans l'eau et on la précipite de nouveau par l'alcool.

Préparée à l'aide de ce procédé, la pepsine ne contient plus aucune parcelle des membranes stomacales, mais elle peut renfermer encore de l'albuminose qui, comme produit de la digestion, se trouvait mêlée au suc gastrique. On peut aussi y rencontrer de la ptyaline.

Pour que ces matières étrangères soient à peine entraînées dans le précipité, Frerichs conseille de n'employer qu'une petite quantité d'alcool anhydre : s'il est vrai qu'alors la pepsine n'est pas précipitée dans sa totalité, du moins la quantité qu'on en obtient est plus pure.

Quant à Schmidt, il neutralise d'abord le suc gastrique avec l'eau de chaux, puis, après avoir précipité le phosphate de chaux, il filtre ce liquide et le concentre jusqu'à consistance presque sirupeuse. Alors il ajoute de l'alcool pur, qui dissout du chlorure de chaux et précipite la pepsine avec un peu de ce chlorure. Redissous dans l'eau, ce précipité donne avec le bichlorure de mercure un autre précipité floconneux qui contient encore des traces de chaux, mais dont l'analyse peut néanmoins, selon Schmidt, donner une idée de la constitution élémentaire de la matière organique du suc gastrique (*pepsine*). Cent parties de cette matière seraient représentées par : 53,0 de carbone; 6,7 d'hydrogène; 17,8 d'azote et 22,5 d'oxygène.

Vogel (3) avait aussi donné une analyse de la pepsine obtenue par la mé-

(1) *Journal de pharmacie*, 1840, p. 416.
(2) *Comptes rendus de l'Acad. des sciences de Paris*, 1843, p. 654.
(3) *Münchener gelehrte Anzeigen* ; mai 1842.

thode de Wasmann. L'imperfection du procédé ôte à cette analyse toute valeur scientifique.

La *pepsine*, matière azotée qui appartient à la grande division des corps albuminoïdes, et dont il nous faudra rechercher tout à l'heure le mode d'action, offre les caractères suivants :

Desséchée en couches minces sur une lame de verre, elle se présente sous la forme de petites écailles translucides, légèrement grisâtres, attirant l'humidité de l'air, douées d'une saveur un peu piquante, très-solubles dans l'eau acidulée, assez solubles dans l'eau pure ou dans l'alcool faible, mais complétement insolubles dans l'alcool anhydre. Précipitée de ses dissolutions à l'aide de ce dernier réactif, la pepsine se redissout dans l'eau, ce qui n'a jamais lieu pour l'albumine, avec laquelle elle a pourtant plusieurs caractères de ressemblance. La solution de pepsine ne se coagule point par la chaleur, mais elle perd ses propriétés physiologiques quand elle a été chauffée entre 75 et 100 degrés centigrades. Ajoutons qu'elle ne se trouble point par les acides, et que, si le tannin, la créosote, la précipitent et abolissent en même temps son pouvoir spécial, un grand nombre de sels métalliques (bichlorure de mercure, acétate de plomb, etc.) la précipitent également, mais sans lui faire rien perdre de son activité, qui ne s'exerce que sur les aliments albuminoïdes et pas du tout sur les amylacés.

Un des caractères de la pepsine, qui sert à la distinguer des autres *ferments solubles* (diastase végétale, synaptase, ferment glycosique, pectase, ptyaline et pancréatine), consiste à pouvoir coaguler le lait *sans l'intervention d'un acide*. Mais ce qu'il ne faut pas oublier ici, c'est que, sans cette intervention, la pepsine ne saurait plus exercer son influence transformatrice sur les aliments azotés. La pepsine perd, en effet, son pouvoir particulier si l'on sature l'acidité du suc gastrique par un alcali ; et déjà aussi nous avons vu qu'on ne pouvait point attribuer à l'acide *seul* la propriété digestive. Celle-ci a donc pour condition nécessaire l'action simultanée de deux agents (*pepsine* et *acide*). — Plus loin, en nous occupant de la pancréatine, nous aurons occasion de faire remarquer que, si la pepsine exige toujours, pour être active, le concours d'un acide, la pancréatine agit également à l'état alcalin, neutre ou acide, sur les matières albuminoïdes et les peut transformer.

En terminant, rappelons l'opinion qui voudrait attribuer un seul et même principe actif aux divers fluides digestifs : elle consiste à croire qu'en acidifiant ceux de ces fluides qui sont naturellement alcalins, on intervertit leur mode ordinaire d'action, et qu'on leur donne la faculté de digérer la viande et les autres substances azotées, tandis qu'on leur fait perdre celle de transformer l'amidon en sucre. Cette opinion n'a pas été confirmée par l'expérimentation directe. Déjà, du reste, nous avons prouvé (*voyez p. 204 et suiv.*) que la salive continue à transformer l'amidon dans un milieu acide, et que, quand bien même ce liquide est acidifié, jamais il n'accomplit la transformation physiologique ni de la viande ni de ses congénères.

VIII. — Sachant que la *pepsine* et un *acide* dissous dans l'*eau* représentent les éléments indispensables à la constitution du suc gastrique, cherchons à la fois à nous rendre compte du mode général d'action de ce dernier fluide et à déterminer le rôle propre à chacun de ses principes essentiels.

Si, par suite de la dissolution des substances albuminoïdes, l'acide et la pepsine ne subissaient aucun changement, quelle que fût la quantité de matière digérée, le suc gastrique n'agirait seulement que par *contact*, c'est-à-dire par le seul fait de sa présence et non par affinité, et son action rentrerait dans les phénomènes que Berzelius nomme *catalytiques*. Mais si, au contraire, après avoir dissous une quantité variable de matière alimentaire, le suc gastrique est lui-même altéré, soit dans ses réactions, soit dans sa puissance digestive, son mode d'action ne peut s'expliquer que de deux manières : ou bien ce fluide contient un *ferment*, c'est-à-dire un corps *altérable* au sein duquel on suppose un certain mouvement moléculaire qu'il communique à la substance qui l'entoure et qui y serait accessible; ou bien encore, agissant d'après les lois de l'affinité chimique, il constitue dans son ensemble un corps complexe jouant, par exemple, le rôle d'un acide qui forme des sels solubles avec les corps albuminoïdes.

Vogel (1) avait avancé que l'activité du suc gastrique était inaltérable et que, par conséquent, son pouvoir digestif était illimité, indéfini. Cette assertion n'est fondée que sur des expériences incomplètes et trop peu nombreuses, qui tendent à établir qu'après la digestion d'une notable quantité de viande, l'acétate de plomb précipite encore autant ou presque autant de la matière active du suc gastrique (*pepsine*) qu'avant la digestion : ainsi, avant la digestion, le précipité était de 2,00 ; après la digestion, il était de 1,98. Au contraire, tous les autres expérimentateurs admettent qu'une certaine quantité de suc gastrique ne peut dissoudre qu'une quantité déterminée d'aliments albuminoïdes. W. Beaumont reconnaissait déjà que l'activité du suc gastrique peut être épuisée. Schwann et Frerichs ont trouvé que 1 atome de pepsine est saturé par environ 100 atomes d'albumine. D'après Lehmann (2). 100 grammes de suc gastrique naturel du chien ne dissolvent que 5 grammes d'albumine cuite, et les résultats de Schmidt et Bidder donnent encore un chiffre inférieur.

Ce n'est pas seulement l'activité propre du suc gastrique qui paraît s'altérer par le fait de la digestion, mais bien l'agent digestif lui-même : aussi Pappenheim (3) assure-t-il avoir trouvé qu'après la digestion accom-

---

(1) *Loc. cit.*
(2) *Ouvr. cité*, t. II, p. 50 ; t. III, p. 329.
(3) *Ouvr. cité.*

plic l'azotate de mercure ne révèle plus la présence de la *pepsine*, tout en étant un des réactifs les plus sensibles de cette substance. Mais si, en effet, le suc gastrique s'altère par la digestion, on ne saurait pourtant non plus admettre que cet acte soit régi par les lois ordinaires de l'affinité chimique : ne savons-nous pas déjà que la quantité de pepsine et d'acide, servant à la dissolution des aliments albuminoïdes, est dans une proportion si minime qu'elle diffère absolument des proportions que réclament les affinités chimiques pour la combinaison des différents éléments? Il y a d'ailleurs une telle différence entre le produit de la digestion et les corps albuminoïdes primitifs, qu'on ne saurait méconnaître là des modifications moléculaires spéciales, une véritable transformation isomérique.

Si l'on ne peut faire rentrer le mode d'action de la pepsine dans ces phénomènes qu'on a appelés *effets de contact (catalyse)*, ni voir en lui une réaction chimique ordinaire, on est conduit à le rapprocher d'autres phénomènes encore incomplétement expliqués et qu'on désigne sous le nom de *fermentation* : la pepsine semble, en effet, appartenir à la classe *des ferments solubles*. On sait que ces corps s'altèrent en agissant et finissent par devenir inactifs, tandis que dans les phénomènes de contact ou catalyses l'agent reste inaltéré et son activité est constante : or, on ne parvient plus à isoler la pepsine après qu'elle a agi sur une quantité suffisante d'aliments azotés, ce qui tend à faire admettre qu'elle a dû s'altérer à l'instar des ferments, et, par cela même, changer de nature.

Du reste, malgré l'analyse que nous en avons rapportée plus haut, la pepsine, substance quaternaire, offre une composition qui n'a jamais pu être définitivement fixée. Est-ce faute d'avoir examiné la pepsine pure, ou bien est-ce que, par sa nature même, cette matière est variable? Toujours est-il que, jusqu'à présent, sa constitution chimique est aussi mystérieuse que son mode d'action.

On a cherché à déterminer le *rôle de l'acide* du suc gastrique dans la digestion, et, à ce propos, différentes questions ont été posées.

L'acide est-il destiné à dissoudre le principe digestif ou pepsine ? Il suffit de rappeler qu'assurément la pepsine est beaucoup plus soluble dans les acides très-dilués que dans l'eau pure.

L'élément actif qui opère la digestion des albuminoïdes est-il une combinaison de l'acide et de la pepsine, rappelant celle des acides avec les bases dans la formation des sels, et exigeant des proportions définies? Non; car suivant la nature de l'excitant il y a prédominance dans le suc gastrique, tantôt de la sécrétion acide et tantôt de la pepsine (L. Corvisart). Puis, dans les expériences de digestion artificielle, on voit que, pour une quantité de pepsine fixe, la quantité d'eau acidulée, c'est-à-dire d'acide, peut varier dans des limites assez étendues, sans que le *pouvoir transformateur* de la pepsine soit altéré.

L'acide sert-il à tenir en *dissolution* le produit de la digestion des matières azotées ? Non plus; car, une fois la digestion bien opérée, le produit de la transformation reste dissous dans la liqueur gastrique, même après que celle-ci a été neutralisée.

On s'est encore demandé si l'acide n'est pas destiné à entrer dans la *composition* même du produit qui se forme peu à peu durant la digestion (albuminose ou peptone). D'après des expériences récentes de L. Corvisart et de Rommier, la fibrine (par exemple), plongée dans l'eau acidulée au degré du suc gastrique ou dans le suc gastrique lui-même, absorbe d'abord par dyalise une grande partie de l'acide, comme le prouve la diminution de l'acidité dans la liqueur; puis, à mesure que la masse fibrineuse se dissout, elle rend au milieu dissolvant l'acide dont elle était imbibée. Ajoutons qu'on peut neutraliser le liquide digestif qui contient l'albuminose sans dénaturer cette dernière. L'acide n'est donc pas nécessaire à la composition du produit qui se forme dans la digestion des matières albuminoïdes, c'est-à-dire de l'*albuminose*.

On a aussi attribué à l'acide du suc gastrique le rôle d'*agent préparateur* pour la liquéfaction des aliments azotés. Cette opinion, qui compte quelques partisans, a été énoncée en ces termes par J. Dumas (1) : « Dans le suc gastrique il y a deux agents : l'*acide*, qui ramollit et gonfle la matière azotée ; la *pepsine* ou la chymosine, qui en détermine la liquéfaction, par un phénomène analogue à celui de la *diastase* sur l'amidon (*). »

Les acides gastriques, dit aussi Mialhe (2), ne sont nullement destinés à dissoudre les aliments azotés; ils ne servent qu'à les gonfler, les diviser, ou pour mieux dire à les hydrater. A l'appui de cette assertion, il cite les expériences suivantes : 1° un gramme de fibrine pure est mise à digérer, à la température de 35 à 40 degrés, dans 20 grammes d'eau acidulée par un demi-millième d'acide chlorhydrique concentré; puis, quand la fibrine est entièrement gonflée, on sature atomiquement, avec le carbonate de soude, la proportion d'acide chlorhydrique contenue dans les 20 grammes de liquide, et l'on ajoute 2 centigrammes de pepsine pure dissoute dans quelques gouttes d'eau. Alors on constate que la fluidification de la fibrine est tout aussi prompte et aussi parfaite que dans une autre expérience comparative faite avec du suc gastrique artificiel. 2° Le même expérimentateur broie, avec un peu d'eau distillée, pendant une demi-heure au moins, un gramme de fibrine qu'il plonge ensuite dans 10 grammes d'eau distillée additionnée de 2 centigrammes de pepsine, puis il abandonne ce mélange à la température de $+$ 35 à 40 degrés centigrades : au bout de six heures, la proportion de fibrine dissoute est déjà manifeste, au dire de Mialhe, et, après douze heures elle est très-marquée, quoique bien inférieure à ce qu'elle eût été si la présence d'un acide fût intervenue dans la réaction.

Regardant la première de ces deux expériences comme assez concluante

(1) *Traité de chimie*, t. VI, p. 380.

(*) A l'époque à laquelle Dumas écrivait ces lignes, on n'attachait pas au *pouvoir transformateur* de la pepsine toute l'importance qu'on lui reconnaît aujourd'hui ; c'était la *liquéfaction* des aliments qui alors attirait surtout l'attention.

(2) *Mém. cité*, p. 26.

pour établir que le rôle de l'acide est de préparer la matière alimentaire à se liquéfier, P. Bérard (1) n'accorde que peu de valeur à la seconde. « Si, dit-il, on considère qu'il ne s'agissait, dans cette expérience, que d'un gramme de fibrine, et qu'au bout de douze heures tout n'était pas dissous, on sera forcé de reconnaître que la division mécanique de la matière animale ne peut pas suppléer l'acide. J'ajouterai que cette matière animale, fût-elle diffluente, il faudrait encore qu'elle eût éprouvé l'action d'un acide pour être digérée par la pepsine. S'il en était autrement, on pourrait opérer la digestion de l'albumine liquide et même celle du lait avec le principe digestif seul (*pepsine*), sans action préliminaire ou concomitante de l'acide; ce qui n'a certainement pas lieu. Ainsi, en reconnaissant que l'action de l'acide consiste à ramollir, gonfler, hydrater, raréfier et quelquefois même dissoudre préalablement les substances organiques pour les préparer à recevoir l'influence du principe digestif, j'ajoute que si ces substances venaient à être gonflées, hydratées, ramollies ou dissoutes par un autre agent qu'un acide dilué, elles n'auraient pas encore acquis la condition requise pour être *digérées*. »

L'auteur du passage qui vient d'être cité croit devoir admettre, outre l'action *gonflante* de l'acide, une autre action spéciale qu'il ne saurait définir. Analysons, à notre tour, la première de ces expériences de Mialhe. Cet observateur met en contact avec l'acide la fibrine qui se gonfle, puis il neutralise le liquide. Mais, dans ce cas, l'acide, à la faveur du gonflement même de la fibrine, a dû tellement la pénétrer, qu'en neutralisant le liquide dans lequel elle est plongée, on ne saurait agir sur toute cette portion de l'acide, qui est entrée profondément dans la fibrine et qui en est devenue en quelque sorte partie intime. En effet, si d'un liquide ainsi neutralisé on retire la fibrine gonflée et si on la divise dans son épaisseur, il est facile de constater qu'elle est encore pénétrée par l'acide qu'on en fait sortir par la pression. Aussi, lorsque, dans ces conditions, on ajoute de la pepsine, celle-ci peut-elle trouver, en pénétrant dans la masse fibrineuse, encore assez d'acide pour qu'il en résulte un suc gastrique artificiel. D'un autre côté, si l'on divise en parcelles la fibrine gonflée, et si on la lave jusqu'à ce qu'elle ne soit plus acide, ces parcelles deviennent, il est vrai, plus denses, mais alors aussi la pepsine qu'on ajoute est incapable de les digérer. — Notons que la fibrine, mise dans du suc gastrique à un état d'acidité connue, se gonfle infiniment moins que si on la plonge dans de l'eau acidulée au même degré, ce qui tend à prouver que la présence de la pepsine modifie l'action de l'acide, sans doute par suite du travail transformateur qui s'établit tout d'abord. Il faut noter encore que l'*action dissolvante* d'une quantité donnée d'eau acidulée est considérablement accrue par une trace de pepsine; mais alors l'insuffisance d'*action* réellement *digestive*, c'est-à-dire de pepsine, se révèle aussitôt par l'absence de la transformation en albuminose. (L. Corvisart.)

La théorie formulée plus haut par Dumas, théorie qui se fonderait sur

(1) *Cours de Physiologie*, t. II, p. 145.

l'action, non pas simultanée mais successive, de deux agents digestifs, dont l'un (acide) mettrait la substance alimentaire dans un état tel que l'autre (pepsine) puisse l'attaquer et consécutivement la fluidifier en la métamorphosant; cette théorie, dis-je, ne nous paraît point admissible même pour la fibrine, et, pour les autres matières azotées, elle serait encore moins facile à défendre.

Dans notre opinion, le rôle de l'acide ne peut être seulement un rôle préparatoire et isolé, il ne saurait être distrait de celui de la pepsine : sans l'acide, la pepsine est inerte, et, dans la *digestion* des substances azotées, l'acide n'agit lui-même qu'avec la pepsine; de leur réunion seulement résulte le *ferment gastrique* complet (*).

Quant aux sels terreux et métalliques (de chaux, de magnésie, de fer, etc.), si importants dans la nutrition, et qui arrivent dans l'estomac avec les principes azotés, ils sont manifestement solubles dans l'acide; il en est de même d'autres sels qui, il est vrai, se dissolvent aussi dans l'eau pure et qui sont habituellement introduits dans l'estomac, tels que ceux de potasse et de soude.

IX. — Il nous reste à rechercher si les éléments essentiels du suc gastrique sont les mêmes chez les carnivores et chez les herbivores. Stevens (1) avait nié que les herbivores pussent digérer la viande; mais ses expériences étaient loin d'être concluantes. On sait aujourd'hui que la *pepsine*, obtenue avec l'estomac du chien, du chat, du cochon, du veau, du mouton, du lapin, de l'oie, des gallinacées, de la grenouille, de l'écrevisse, etc., digère, quand elle est *acidifiée*, la viande et ses congénères. On sait aussi, et l'expérience l'a démontré bien des fois, que l'on peut nourrir un carnassier exclusivement de végétaux, ou un herbivore seulement de viande. Il est, d'ailleurs, des animaux qui, carnassiers dans le premier âge, deviennent ensuite herbivores; l'inverse a aussi lieu. Beaucoup d'oiseaux insectivores se nourrissent pendant l'hiver presque exclusivement de semences. Rappelons enfin que, même pour les végétaux, leurs *éléments albuminoïdes* sont les seuls digérés par l'estomac et nous arriverons ainsi à admettre essentiellement le même menstrue dans l'estomac des herbivores et dans celui des carnivores.

Seulement il faut savoir que le suc gastrique des uns et des autres ne jouit pas, au même degré, du pouvoir de digérer la viande et l'albumine; qu'ainsi, sous ce rapport, le suc gastrique naturel des carnivores l'emporte sur celui des herbivores, comme l'ont démontré surtout les expériences comparatives de Bidder et Schmidt (2) sur des moutons, des chiens, et

(*) Ne pourrait-on pas se demander si, dans les phénomènes complexes de la digestion des substances albuminoïdes, tous les modes de transformation chimique ne se manifesteraient pas concurremment, et si, par exemple, l'acide ne jouirait pas d'une puissance catalytique qui permettrait à la pepsine de produire l'effet d'un ferment ?

(1) *Ouvr. cité*, expér. 20 et 22.

(2) *Verdauungssäfte und der Stoffwechsel*, p. 88-90. Leipzig, 1852. — Schroeder et Gruenewaldt, *Thèses citées;* Dorpat, 1853.

sur une femme atteinte de fistule gastrique. Cette différence d'énergie digestive, généralement admise aujourd'hui par les physiologistes, est rapportée à la quantité différente de *pepsine* par les uns, et d'*acide* par les autres, mais non à une dissemblance dans la nature du vrai ferment gastrique qui se compose de pepsine et d'acide.

Assurément, la quantité de pepsine, contenue dans le suc gastrique, est loin d'avoir été déterminée par les chimistes d'une manière assez précise pour qu'on soit autorisé à attribuer la plus grande puissance digestive d'un suc gastrique *seulement* à une plus forte proportion de pepsine.

Sous le rapport quantitatif, il existerait plus de données relativement à l'acide. D'après Schmidt, 100 grammes de suc gastrique de chien digèrent $2^{gr},20$ d'albumine, tandis que 100 grammes de suc gastrique de mouton digèrent seulement $0^{gr},54$ du même principe, soit un quart à très-peu près; quant au suc gastrique de l'homme, il ne dissout qu'en cinq heures la quantité d'albumine concrète qui est dissoute en deux heures par le suc gastrique du chien. Or, il résulte de deux analyses de Schmidt, publiées par E. Schrœder [1], que 1000 parties de suc gastrique humain renfermaient seulement $0^{gr},200$ d'*acide* [*], alors que 1000 parties de suc gastrique de chien en contiennent 2,337, et même 3,050 si ce fluide est recueilli après la ligature des conduits salivaires. On pourrait donc être porté à conclure, d'après ces résultats, qu'ici toute la différence dans l'activité digestive pour les matières albuminoïdes doit dépendre des proportions variables de l'acide : alors on rappellerait que le suc gastrique *artificiel* des herbivores [**] peut acquérir cette sorte d'activité au même degré que le suc gastrique *naturel* des carnivores, ou même la surpasser, et l'on expliquerait cette substitution de puissance digestive simplement par un surplus d'acide qu'aurait ajouté l'expérimentateur au suc artificiel de l'herbivore.

Mais, à notre sens, une pareille conclusion ne serait pas légitime. D'après Schmidt lui-même, la quantité d'acide gastrique est bien plus grande chez le mouton que chez l'homme : sur 1000 parties de suc gastrique, elle est en moyenne de 0,999 à 1,469 chez le premier, et seulement de 0,200 chez le second. Or, puisqu'il est reconnu que le pouvoir de digérer la viande et l'albumine est plus prononcé dans le suc gastrique de l'homme que dans celui du mouton, on ne saurait donc faire dépendre ici la différence du pouvoir digestif *seulement* des proportions de l'acide, pas plus qu'on ne serait autorisé à l'attribuer *exclusivement* à des variations dans la quantité de pepsine. C'est qu'en effet, nous le répétons, le véritable ferment gastrique, c'est-à-dire celui qui fluidifie l'aliment azoté en le transformant, ne peut résulter que de l'union de l'acide avec la pepsine, et par conséquent ne peut aussi produire des effets réellement digestifs,

____

(1) *Succi gastrici humani vis digestiva*, p. 36; Dorpat, novembre 1853.

(*) On a vu plus haut que, suivant Schmidt, l'acidité du suc gastrique est due à de l'acide chlorhydrique libre.

(**) Préparé à l'aide de la pepsine et des acides chlorhydrique ou lactique.

avec leurs variations en plus ou en moins, qu'à la condition que l'un et l'autre élément se trouvent dans certains rapports; rapports d'ailleurs aussi inconnus des chimistes que des physiologistes auxquels il arrive, en préparant du suc gastrique *artificiel* d'herbivore, d'obtenir, sans pouvoir bien s'en rendre compte, un liquide digestif plus actif que le suc gastrique *naturel* de carnassier.

X. — Il est diverses conditions qui sont nécessaires à l'accomplissement de la digestion naturelle ou artificielle, conditions qu'il importe de signaler tout en mentionnant aussi les modifications que certaines influences peuvent imprimer à cet acte. Plusieurs détails précédemment exposés nous permettront d'être court dans ceux qui vont fixer notre attention.

Des expériences nombreuses ont prouvé que, si l'intervention *acide* est indispensable, néanmoins on peut remplacer l'acide supposé propre au suc gastrique (*ac. chlorhydrique, ac. lactique*, etc.), par tout autre acide connu. Cependant Valentin (1) penche à croire que l'acide benzoïque fait exception. Si, dans le suc gastrique naturel, l'acide chlorhydrique existe réellement avec cette modification désignée plus haut sous le nom d'*acide chlorhydropeptique,* les divers acides qu'on peut ajouter à une solution de *pepsine*, tout en n'entrant pas dans une semblable combinaison avec cette matière organique, n'en ont pas moins une influence active sur la diges-tion. On a avancé, il est vrai, que, dans le suc gastrique artificiel, l'acide chlorhydrique est beaucoup plus puissant que les autres acides et l'acide lactique en particulier, qu'ainsi un suc gastrique qui contient 0,1 ou 0,2 pour 100 d'acide chlorhydrique a la même action qu'un suc gastrique artificiel qui renferme 1 ou 2 pour 100 d'acide lactique. Nos propres recher-ches et celles d'autres expérimentateurs sont loin d'avoir établi cette différence d'une manière aussi tranchée.

D'après Valentin (2), le chlorhydrate d'ammoniaque, sel qui possède une réaction acide et dont la présence a été signalée dans le suc gastrique, ne saurait remplacer la portion d'acide que cet auteur admet comme libre dans le suc gastrique naturel. L'analogie porte à croire que les autres sels qui rougissent aussi le tournesol ne peuvent pas, comme les acides, servir pour préparer un suc digestif artificiel avec la pepsine.

Une quantité un peu trop faible d'acide ralentit le travail digestif; mais si la proportion d'acide est trop élevée, la digestion artificielle s'arrête entièrement. Ces faits sont connus de tous les physiologistes.

Quand le suc gastrique artificiel est comme neutralisé par une trop grande quantité de matières albuminoïdes, on arrive le plus souvent à lui rendre son activité en ajoutant quelques gouttes d'acide : alors la réaction acide du mélange peut même devenir assez prononcée pour que, si elle eût été telle dès le commencement de l'expérience, elle eût rendu la

(1) FRORIEP'S *Notizen*, etc., t. I, p. 211.
(2) *Loc. cit.*

digestion impossible. Nous avons donné antérieurement l'explication de ce phénomène.

Le thermomètre, qu'on introduit dans l'estomac, s'élève ordinairement à 38 ou 40 degrés centigrades : c'est à cette *température* qu'il faut porter le suc gastrique dans les expériences de digestion artificielle. W. Beaumont a vu que, si l'exercice et le mouvement du corps font monter la température de l'intérieur de l'estomac d'environ un degré, le travail même de la digestion ne la modifie point. Cette dernière observation, d'abord faite sur l'homme, a été, depuis, fréquemment répétée sur le chien.

Lorsqu'on élève la température du suc gastrique jusqu'à 50 degrés centigrades, la digestion artificielle se ralentit, et, au-dessus de 50 degrés, ce ralentissement devient encore plus manifeste. Après plus d'une heure, on peut restituer à ce fluide son activité primitive en le ramenant à la température normale. Mais, quand on le chauffe jusqu'à près de 100 degrés, son pouvoir spécial est irrévocablement anéanti. Blondlot, et après lui d'autres observateurs, ont vu, au contraire, que l'on peut faire congeler le suc gastrique, sans lui faire perdre sa faculté digestive, qui redevient entière à + 38 degré centigrades.

Si la matière albuminoïde et le suc gastrique, mis en présence, offrent une température inférieure à 38 degrés, le travail digestif marche avec lenteur : à + 12 ou 13 degrés, nous avons vu, comme Blondlot, que la digestion s'opérait encore, mais qu'alors il fallait, pour ainsi dire, autant de jours qu'il fallait d'heures avec la chaleur normale. A + 6 degrés, l'action du suc gastrique sur la viande nous a paru nulle. Spallanzani croyait que déjà à 12 degrés l'action de ce liquide ne différait plus de celle de l'eau, et il rapportait à l'influence de la température la lenteur extrême de la digestion chez les serpents. Il ne semble pas, du reste, que cette singularité doive être rapportée à une constitution du suc gastrique particulière à ces animaux.

Quant aux *mouvements de l'estomac*, sans admettre, avec les iatro-mécaniciens, que la digestion stomacale consiste essentiellement dans une attrition, une trituration des aliments, toujours est-il qu'il faut reconnaître que, si chez l'homme et les animaux supérieurs l'estomac offre des parois trop minces pour produire ce résultat, les mouvements de ce viscère sont indispensables pour une *complète* chymification, et que cette opération s'en trouve notablement accélérée. En effet, alternativement resserré dans un point et renflé dans un autre, l'estomac déplace les matières contenues dans son intérieur, les brasse, les mélange avec le suc gastrique et les désagrége ainsi de plus en plus, de manière que la chymification n'a pas lieu seulement au contact de l'aliment avec la membrane muqueuse, mais bien dans toute la masse alimentaire. D'ailleurs les mouvements de l'estomac, favorables à sa circulation artérielle, activent aussi la sécrétion du suc gastrique, à cause du frottement répété qu'ils occasionnent entre la masse alimentaire et la muqueuse de cet organe. N'obtient-on pas de même une abondante secrétion de salive en se bornant à passer légèrement la pointe de la langue à l'intérieur des lèvres et des joues? L'expérimentation directe a démontré quelle grave atteinte la digestion naturelle éprouve après la suppression des mouvements gastriques chez l'animal vivant; et, dans toutes les digestions artificielles que j'ai faites, j'ai pu constater que la dissolution ou plutôt la transformation des matières albuminoïdes s'était accomplie bien plus rapidement dans les flacons qui avaient été agités d'une manière presque continuelle que dans ceux qu'on avait laissés en repos.

Toutefois, cette agitation répétée du mélange ne peut suppléer l'action continue des parois stomacales : il est, en effet, une circonstance qui, dans la digestion naturelle, favorise notablement ce travail, c'est la résorption continuelle du liquide chargé de principe digéré, pendant que le suc gastrique lui-même ne cesse de se renouveler. Dans la digestion artificielle, au contraire, l'énergie de ce dernier fluide s'affaiblit de plus en plus, à mesure qu'il se charge davantage des matières qu'il a dissoutes et modifiées.

S'il n'est pas prouvé que l'*air atmosphérique* favorise la digestion, il n'est pas non plus établi, suivant nous, que son contact, renouvelé pendant l'accomplissement de cet acte, puisse affaiblir le pouvoir du suc gastrique. Tout porte à croire qu'ici l'air n'intervient point par ses éléments.

Dans certaines conditions morbides, la *bile* peut refluer dans l'estomac : mais, loin de favoriser la digestion, comme divers auteurs l'avaient cru, nous savons, par les expériences de Purkinje et Pappenheim, confirmées par celles de Valentin et de Schmidt, que la bile anéantit complétement l'action digestive de l'estomac, et aussi qu'elle interrompt la digestion artificielle lors même qu'on l'ajoute en proportion insuffisante pour neutraliser l'acidité du suc gastrique : suivant Pappenheim, ce serait à la matière résineuse de la bile qu'il faudrait attribuer cette influence neutralisante sur la digestion stomacale. Après cela, que penser de l'assertion de quelques anciens anatomistes qui ont prétendu expliquer la voracité de certains individus par la présence de deux conduits cholédoques, dont l'un aboutissait directement dans l'estomac?

W. Beaumont (1) dit avoir observé plusieurs fois la bonne influence d'un *exercice modéré* sur la digestion : élevant un peu la température de l'estomac, un pareil exercice doit, suivant lui, rendre plus prompt le travail digestif. Le mouvement communiqué serait également favorable à la digestion chez beaucoup de personnes; il semble pourtant avoir chez d'autres un effet contraire, tel que la perte de l'appétit pendant des voyages prolongés, en voiture, etc.

Des exercices violents, un travail manuel pénible, une course excessive, troublent ou empêchent la digestion. On rapporte à ce sujet l'expérience suivante : deux chiens firent un même repas; l'un fut enfermé et l'autre conduit à la chasse, puis on les sacrifia tous deux à la même heure. Chez

(1) *Ouvr. cité.*

le premier, la digestion était complète; elle était très-peu avancée chez le second (1).

Le repos et même le sommeil, après avoir mangé, favorisent la digestion chez les individus faibles ou chez ceux qui en ont fait une habitude. Beaucoup d'animaux se reposent pendant la digestion. Les jeunes enfants s'endorment presque toujours après leur repas.

Le repos, d'après l'exemple des animaux et de la plupart des hommes, nous paraît être l'état le plus favorable pour une complète digestion, quoique plusieurs expériences de W. Beaumont tendent à établir qu'elle est plus rapide pendant un exercice modéré. On peut croire qu'en effet la digestion est plus complète dans le repos, que la séparation des principes nutritifs se fait plus entière, tandis que la réduction des aliments en chyme, surtout pour la nourriture végétale, serait plus rapide avec la légère élévation de température que produit un peu d'exercice. Mais la rapidité de la conversion des aliments en chyme est le plus souvent en raison inverse de leur véritable digestion dans l'estomac, et leur passage dans l'intestin en devient seulement plus prompt. Je tiens d'un observateur exact que, chez lui, le besoin de la défécation se fait sentir, après le repas, toujours beaucoup plus vite s'il marche que s'il reste en repos; or, la séparation des matières nutritives et leur absorption doivent être généralement d'autant plus complètes que les aliments séjournent plus longtemps dans l'appareil digestif.

XI. — En cherchant, plus haut, à déterminer quels sont parmi les divers éléments du suc gastrique ceux qui peuvent être regardés comme *essentiels*, nous avons déjà mentionné plusieurs fois l'usage principal de ce fluide, qui se rapporte aux matières albuminoïdes. Aussi, maintenant, à propos de l'étude des modifications que peuvent subir les divers principes alimentaires dans l'estomac, nous occuperons-nous d'abord des *principes albuminoïdes* ou azotés.

Une pareille étude, quand on veut la faire directement dans l'estomac à l'aide d'une fistule préalablement établie, offre d'assez grandes difficultés qu'on ne retrouve point dans les digestions artificielles se rapprochant le plus de la digestion naturelle; nous voulons parler de celles qu'on opère à l'aide du suc gastrique lui-même (*).

Dans l'opinion du plus grand nombre des observateurs modernes, le suc gastrique a pour usage non-seulement de dissoudre une très-notable partie des matières albuminoïdes, mais encore de la métamorphoser en un produit final qui serait à peu près identique dans tous les cas. Il est pourtant quelques expérimentateurs qui, n'admettant ni la dissolution ni la

(1) HARE, *A View of the Structure, Functions and Disorders of the Stomach*, p. 131; London, 1821.

(*) Toutefois, il importe de rappeler que l'expérimentation a démontré que le *suc gastrique artificiel*, préparé avec de l'eau acidulée et de la pepsine provenant d'animaux carnivores ou herbivores (sauf le degré d'activité qui peut différer), a sensiblement les mêmes propriétés digestives que le *suc gastrique naturel* : aussi peut-on indifféremment avoir recours à l'un ou à l'autre. Dans nos propres expériences, nous n'avons préféré le dernier qu'afin d'éviter les objections des physiologistes qui ne partageraient pas notre manière de voir à cet égard.

transformation de ces substances, veulent que l'action du suc gastrique se borne à les désagréger, à les diviser extrêmement et à les réduire à l'état globulaire (Hoffmann, Blondlot, etc.) (*). C'est une erreur basée sur ce fait que, dans un très-grand nombre de circonstances, un morcellement véritable, dû au défaut d'homogénéité des matières organisées, précède la dissolution réelle des matières albuminoïdes rendue évidente par les plus simples expériences. La réfutation de cette erreur ressortira d'ailleurs des détails dans lesquels nous devons entrer. Notons seulement, tout d'abord, que le *poids* de matière transformée et dissoute que fournissent l'albumine et la fibrine, par exemple, après leur digestion dans le suc gastrique, démontre qu'il faut reconnaître à cet important fluide un tout autre pouvoir que celui de diviser seulement les aliments azotés ou bien de ne dissoudre que le tissu cellulaire ou gélatigène.

Quand, en se plaçant dans les conditions voulues, on soumet à l'action du suc gastrique un cube d'*albumine cuite*, après quelques heures on aperçoit que le liquide, d'abord clair, s'est troublé, et qu'en même temps ce cube est devenu un peu jaunâtre à sa surface. Bientôt ses angles, puis sa surface tout entière, prennent un aspect comme nacré, demi-transparent; déjà alors, en le touchant, on reconnaît qu'il est glissant comme du savon et qu'il laisse au doigt un léger enduit visqueux. Plus tard encore, les angles se transforment en une substance d'apparence caséeuse et pultacée qui, par le toucher ou l'agitation, se détache pour se diviser en une multitude de fines parcelles. Celles-ci, comme une poussière, troublent le liquide qui prend un aspect blanchâtre, et gagnent lentement le fond du vase. Quant à la partie centrale du cube, elle forme encore un noyau blanc et très-résistant, qui n'est attaqué qu'avec lenteur, si de temps en temps on n'imprime quelque agitation au liquide. Enfin, sous l'influence prolongée du suc gastrique, la partie rendue pulpeuse *se dissout* tout entière et forme avec lui un liquide homogène.

W. Prout et W. Beaumont avaient pensé que l'*albumine crue* (à l'exemple de la caséine liquide), mise en contact avec le suc gastrique, se coagulait avant de se dissoudre : mais les expériences de Tiedemann et Gmelin infirment déjà cette opinion, et les résultats obtenus par Blondlot, Frerichs, par nous-même et d'autres expérimentateurs, prouvent que l'albumine liquide ne se coagule point avant de se transformer dans l'estomac. Il est vrai que l'albumine d'œuf, en présence du suc gastrique, se trouble légèrement et qu'elle acquiert une teinte laiteuse; mais cette teinte n'est due qu'à un grand nombre de particules membraneuses qui sont les débris du tissu aréolaire dans lequel l'albumine de l'œuf est renfermée. Il en est si

(*) Plus récemment une opinion à peu près analogue a été émise, spécialement en ce qui concerne l'action du suc gastrique sur la viande : ce fluide se bornerait à produire le même effet qu'une cuisson prolongée dans l'eau bouillante, c'est-à-dire, après avoir dissous le tissu cellulaire intermédiaire, à dissocier les fibres primitives ou les particules de la viande dont la dissolution n'aurait pas lieu dans l'estomac. (CL. BERNARD, *Leçons de physiologie appliquée à la médecine, faites au Collège de France pendant l'année* 1855, t. II, p. 417 et suiv.). — Déjà BURDACH (*Traité de physiologie*, trad. franç., t. IX, p. 273) admettait que, dans la viande, le tissu cellulaire se dissout le premier, d'où la désagrégation des fibres musculaires par le suc gastrique.

bien ainsi, qu'elle manque quand on injecte dans la fistule gastrique, non de l'albumine d'œuf naturelle, mais une solution aqueuse filtrée de cette substance (Schiff) : le trouble dont il s'agit ne serait donc pas dû, comme dit Blondlot, à un précipité de phosphate neutre de chaux par l'action des sous-sels alcalins de l'albumine.

Il est une autre particularité de la digestion de l'albumine qu'il faut connaître : la réaction acide du suc gastrique perdant de son intensité (ce qui est dû à l'alcalinité de l'albumine), il en résulte que la digestion de ce principe est assez longue et incomplète. Il n'en est pas de même pour la *fibrine* qui a été parfaitement lavée : elle est neutre. Aussi, tout à l'heure, en parlant de l'albuminose, verrons-nous constamment une quantité donnée de suc gastrique naturel dissoudre et transformer une plus forte proportion de fibrine que d'albumine.

Du reste, l'albumine, ainsi digérée et dissoute par le suc gastrique, a perdu la faculté de se coaguler par les acides et par la chaleur; elle a subi une transformation isomérique.

Nous ne saurions admettre, avec divers observateurs, que l'albumine liquide puisse être absorbée dans l'estomac sans aucune transformation préalable. Mais nous ne sommes pas convaincu que toutes les espèces d'albumine liquide, injectées dans les veines, soient nécessairement excrétées avec l'urine : l'albumine du sang et l'albumine des exhalations séreuses, dans la pleurésie, l'ascite, etc., feraient exception, d'après les expériences de Schiff (1). Le même expérimentateur a injecté le sérum du sang de carnivores à des herbivores et réciproquement; et, dans ces cas, il dit n'avoir jamais vu l'albumine passer dans les urines, comme le fait l'albumine de l'œuf. L'espèce d'albumine qui se trouve dans le sang n'aurait donc pas besoin, pour être assimilée, de l'action du suc gastrique, comme l'avancent d'autres expérimentateurs.

La *fibrine*, à plusieurs reprises, a déjà fixé notre attention, et nous avons fait connaître les caractères qui différencient sa dissolution dans les acides de sa dissolution transformatrice dans le suc gastrique. On sait que la fibrine extraite du sang est plus rapidement digérée que celle des muscles (*musculine* ou *syntonine*). Plongée dans le suc gastrique, la fibrine du sang se gonfle à peine d'abord, puis bientôt diminue en cédant des parcelles de sa substance, qui, par le repos, gagnent le fond du vase sous forme d'une poussière fine et grisâtre; la plus grande partie se dissout et se transforme.

Quant à la *caséine liquide*, constamment elle se coagule d'abord par l'action du suc gastrique, puis elle finit par s'y dissoudre en notable quantité, et se comporte ultérieurement comme l'albumine cuite. Cependant G. Meissner (2) avance que, après un certain temps, la dissolution se trouble de nouveau par suite de la formation de très-fins flocons qui ne tardent pas à se déposer sous forme de sédiment. Ce sédiment serait con-

(1) SCHIFF, *Archiv des Vereins für gemeinschaftliche Arbeiten*, t. II, 1855.
(2) *Verhandlungen der Naturforschenden Gesellschaft*. Freiburg, p. 1, 1859.

stitué par une substance qu'il nomme *dyspeptone*, et ce qui reste en dissolution aurait tous les caractères de l'albumine pure modifiée par le sucre
gastrique.

Le *gluten cru* se digère assez rapidement dans le suc gastrique, de sorte
que la couche pulpeuse qui recouvre les autres matières albuminoïdes, au
commencement du travail digestif, n'existe ici qu'à un état presque rudimentaire, et se dissout avant d'avoir pu atteindre une certaine épaisseur.
Blondlot (1), admettant que le gluten cru se dissout facilement et complétement dans les acides dilués, à ce point qu'il n'existerait aucune différence dans ce corps lorsqu'il a été soumis à l'action de ces acides ou bien
à celle du suc gastrique, pense que la digestion du gluten cru est simplement due à l'action de l'*acide* du suc gastrique. Cnoop Koopmans (2), qui
a étudié spécialement cette question, est arrivé à une conclusion différente. La dissolution du *gluten cru* dans les acides dilués n'est qu'apparente, et l'examen microscopique y fait toujours reconnaître l'existence de
particules dissociées, mais non dissoutes, tandis que le suc gastrique
opère la dissolution complète avec cette particularité que la quantité de
gluten dissoute est d'autant plus faible que le suc gastrique présente un
degré d'acidité plus prononcé. C'est exactement le contraire qu'on observe
pour l'albumine. Or, le gluten représente la substance albuminoïde des
végétaux, et se trouve, par conséquent, en rapport avec le suc gastrique
faiblement acide des Herbivores; l'albumine est le type des matières protéiques des aliments tirés du règne animal, et s'adapte, par conséquent,
aussi au suc gastrique, riche en acide, des Carnivores.

Tiedemann et Gmelin, Blondlot, Frerichs, etc., ont vu la *gélatine* se dissoudre rapidement dans le suc gastrique sans qu'elle se soit préalablement convertie en une masse pultacée. Cette solution digestive de la gélatine se distingue des autres dissolutions gélatineuses en ce qu'elle ne se
prend point en gelée par le refroidissement, et qu'elle ne précipite pas par
le chlore. Wasmann croit que la gélatine digérée précipite encore par le
chlore : évidemment son expérience doit avoir été faite avec une solution
digestive incomplète.

La *chondrine* se modifie aussi à la manière des corps albuminoïdes; néanmoins les cartilages ne se dissolvent que très-lentement et très-imparfaitement dans le suc gastrique

Avant de procéder à l'examen des autres *principes alimentaires* qui séjournent et passent dans l'estomac sans y subir de bien notables changements,
et qui, par conséquent, ne sont rendus assimilables que dans l'intestin, je
dois une courte mention aux *aliments* dits *composés*, dont on ne pourrait
parler ici avec détails qu'en faisant d'inutiles répétitions : ces sortes d'aliments subiront, dans l'estomac, des modifications nécessairement variables suivant leur constitution, mais d'autant plus prononcées qu'ils auront

(1) *Ouvr. cité*, p.280.
(2) *Ueber die Verdauung der pflanzlichen und weissartigen Körper* (*Archiv. für Holländische Beiträge zur Natur und Heilkunde*, 1858, t. I, p. 1).

moins de cohésion préexistante, et que, surtout, parmi leurs divers éléments organiques, ils en offriront un plus grand nombre donnant prise à l'action particulière du suc gastrique.

Pappenheim (1), ayant examiné au microscope un grand nombre de tissus animaux pendant leur dissolution plus ou moins avancée dans le suc gastrique, a décrit les diverses altérations qu'ils subissent dans ce menstrue spécial. Parmi les résultats qu'il a fait connaître figure celui qui a trait aux changements de la *chair musculaire* : pendant la digestion, les muscles, au moindre attouchement, se dissocient dans la direction de leurs fibres primitives, et ces fibres elles-mêmes se divisent en petits fragments rompus au niveau de leurs stries tranversales. Cette dissociation résulte de la destruction du tissu conjonctif par le suc gastrique. « Le tissu conjonctif de la viande, dit Burdach (2), est ce qui se dissout d'abord ; les fibres de celle-ci se séparent donc les unes des autres ; puis elles apparaissent comme rongées, et finissent par se convertir en une bouillie... ». Plus tard arrive leur dissolution plus ou moins complète. L. Corvisart, qui a fixé son attention particulièrement sur ce point, a pu constater que le suc gastrique dissout, par lui-même, une certaine proportion de *musculine*, substance qu'on a tour à tour rapprochée de la fibrine du sang et de l'albumine concrète.

Nous venons de reconnaître, par l'exposé de tous les faits qui précèdent, l'extrême importance du suc gastrique dans la digestion des *matières albuminoïdes*, importance qu'on voudrait vainement lui ravir en disant qu'il se borne à dissoudre le tissu cellulaire ou gélatinigène de l'aliment azoté, et que même il peut jusqu'à un certain point être remplacé par la cuisson. Les matières albuminoïdes, quelles qu'elles soient (fibrine, albumine, caséine, glutine, etc.), éprouvent toutes, nous l'avons dit, une transformation presque uniforme. Le produit ultime de cette transformation, dans l'estomac, par l'action particulière de la pepsine acidifiée, paraît, en effet, être le même, au moins quant à son essence : ce produit, encore assez mal défini et quelque peu diversifié dans ses réactions, a été désigné, d'abord, sous le nom d'*albuminose* (Mialhe), puis sous celui de *peptone* (Lehmann), pour rappeler qu'il doit sa formation au principe actif du suc gastrique. Il n'est, comme l'ont cru divers physiologistes, ni l'albumine proprement dite, ni aucun des autres principes constituants du sang ; mais, suivant l'expression de Burdach (3), il est un rudiment de ces diverses substances, une sorte de matière neutre aux dépens de laquelle toutes peuvent prendre naissance, ou encore, comme s'exprime Truttenbacher (4), une masse plastique indifférente. Soluble, endosmotique et assimilable, cette albuminose ou peptone est promptement utilisée par l'organisme après avoir passé des voies digestives dans la circulation générale.

(1) *Zur Kenntniss der Verdauung im gesunden und kranken Zustande.* Breslau, 1839.
(2) *Traité de physiologie*, trad. de JOURDAN, t. IX, p. 273.
(3) *Traité de physiol.*, trad. de JOURDAN, t. IX, p. 311.
(4) *Der Verdauungsprocess*, p. 7, 24.

Cette substance avait déjà été vue et décrite par divers physiologistes qui l'avaient désignée sous d'autres noms (*osmazôme*, *matière gélatiniforme*, *albumine*, etc.); tels sont Eberle, Tiedemann et Gmelin, Prévost et Morin, J. Müller, etc. Mais elle a été surtout bien étudiée par Mialhe, et, après lui, par Lehmann.

Les caractères de l'albuminose pure, de celle qui résulte de la digestion de la fibrine, par exemple, sont les suivants : elle se présente sous la forme d'un liquide incolore, doué d'une odeur et d'une saveur faibles, mais qui, néanmoins, rappellent ordinairement un peu l'odeur et la saveur de la viande. Ce liquide, évaporé à une douce chaleur, laisse un résidu jaunâtre, offrant assez de ressemblance avec l'albumine de l'œuf desséchée : c'est l'albuminose solide.

L'albuminose est très-soluble dans l'eau et complétement insoluble dans l'alcool absolu. Sa solution aqueuse n'est précipitable ni par la chaleur, ni par les bases alcalines, ni par les acides, ni enfin par la pepsine. Elle est, au contraire, précipitée par un grand nombre de sels métalliques, tels que ceux de plomb, de mercure et d'argent. Le chlore la précipite également. Il en est de même du tannin, même alors que ce dernier réactif est additionné d'une certaine quantité d'acide nitrique. Injectée dans les veines d'un animal, elle est assimilée et ne passe pas dans les urines, tandis que l'albumine d'œuf, simplement dissoute dans l'eau, arrive en nature dans ce liquide excrémentitiel (1).

Nous avons fait entrevoir plus haut que l'*albuminose* ou *peptone* n'est pas absolument *identique*, suivant qu'elle provient de l'albumine, de la fibrine ou de la caséine. En effet, d'après les analyses de Lehmann (2), il y aurait entre les diverses peptones quelques différences dans la composition élémentaire, et il en existe aussi, suivant L. Corvisart (3), dans les réactions : c'est ainsi, par exemple, que la *fibrine-peptone* précipite par le bichlorure de platine, et que l'*albumine-peptone* ne fait rien de semblable, etc. Cela porte à croire que chaque principe albuminoïde donne par la digestion une albuminose ou peptone différente, pour répondre à des besoins différents de l'économie. Ainsi, une fois digérées par le suc gastrique, les diverses substances albuminoïdes sont transformées en de nouveaux *produits solubles* et faciles à absorber; produits qui d'ailleurs semblent avoir la même composition chimique que les substances dont ils procèdent, et qui partant pourront remplacer ces dernières dans l'organisme suivant ses besoins. Tel est le but de la digestion stomacale des principes alimentaires azotés.

Est-il besoin d'ajouter que la quantité de peptone, produite par ces divers aliments simples, varie avec chacun d'eux? C'est ainsi que L. Corvisart (4) et Lehmann (5) ont trouvé que 100 grammes de suc gastrique

(1) Mialhe, *Chimie appliquée à la physiologie et à la thérapeutique*, p. 125 et suiv. Paris, 1856.

(2) *Physiolog. Chemie*, t. II, p. 54.

(3) *Études sur les aliments et les nutriments*, p. 41. Paris, 1854.

(4) Dans *Comptes rendus de l'Ac. des sc. de Paris*, t. XXXV, 1852.

(5) *Ouvr. cité*, t. II, p. 50 ; t. III, p. 339. 1853.

naturel de chien, en agissant sur l'albumine, donnent 5 grammes d'*albumine-peptone*, et que, d'après le premier de ces observateurs, pareille quantité du même fluide en contact prolongé avec la fibrine produit jusqu'à 10 grammes de *fibrine-peptone*, etc. Nous avons déjà fait remarquer combien la transformation digestive de l'albumine était lente. D'après L. Corvisart (1), cette transformation serait même toujours incomplète ; trois quarts seulement se changeraient en albumine-peptone, et l'autre quart resterait coagulable. Sans doute, il y a lieu de voir dans cette portion coagulable la *paropeptone* de G. Meissner.

Ce dernier expérimentateur (2) a plus récemment publié une série de recherches intéressantes sur la digestion des substances albuminoïdes, recherches desquelles il résulterait que ces substances ne se changent pas *directement* en albuminoses ou peptones, mais qu'il se fait des produits de dédoublement et de transition.

Tels sont, comme produits de dédoublement : 1° la *parapeptone*, matière qui se précipite quand on neutralise le chyme acide filtré; qui ne peut d'ailleurs se changer en peptone par une action prolongée du suc gastrique, et dont la quantité paraît toujours proportionnelle à la quantité de peptone produite (*) ; 2° la *dyspeptone* que G. Meissner n'a trouvée jusqu'ici que dans le liquide provenant de la digestion de la caséine et de la fibrine, et qui reste en suspension dans ce liquide.

Quant aux produits de transition, le plus remarquable est la *métapeptone* qui se différencie de la parapeptone d'abord par sa solubilité dans l'eau, puis par sa transformation possible en peptone quand l'action du suc gastrique se prolonge. — D'après G. Meissner, le produit liquide de la digestion des substances albuminoïdes, après qu'on en a extrait les précédents principes, en renfermerait encore d'autres qu'il désigne sous les noms de peptone *a*, peptone *b*, peptone *c*, toutes matières différant les unes des autres par un degré plus ou moins grand de solubilité en présence de certains réactifs.

Quant aux *matières grasses*, la plupart des observateurs admettent qu'elles restent tout à fait inaltérées dans l'estomac, qu'elles n'y subissent aucun changement, si ce n'est qu'en général elles se liquéfient par suite de la température. Cependant, dans nos digestions artificielles de viande chargée de graisse, nous avons vu qu'en prenant le soin d'agiter légèrement les bocaux, la graisse s'émulsionnait un peu ; et W. Beaumont (3), qui a eu si souvent occasion d'étudier le *chyme* dans l'estomac lui-même, a constaté que celui qui provenait de la digestion des aliments gras ressemble à de la *crème :* « J'ai vu, dit-il, que la matière grasse pouvait prendre à la longue, dans l'estomac, l'aspect d'une émulsion et se convertir en

---

(1) *Gaz. hebdom. de méd.* 1857, t. IV, p. 252.

(2) G. MEISSNER, *Untersuchungen über die Verdauung der Eiweisskörper.* (*Zeitschrift für ration. Med.* 1859, t. VII, p. 1 ; et 1860, t. VIII, p. 280, t. IX, p. 1.)

(*) Les *parapeptones* provenant de diverses substances albuminoïdes, si elles ne sont pas absolument identiques, sont au moins très-analogues les unes aux autres.

(3) *Exper. and Observ. on the Gastric Juice and the Physiol. of Digestion*, p. 96. Plattsburg, 1833.

une sorte de fluide laiteux. » La même remarque se trouve reproduite dans un travail plus récent de Blondlot (1), où il est dit que « non-seulement l'estomac possède, à un degré de puissance beaucoup plus élevé qu'aucune autre partie du tube digestif, l'action dynamique ou de trituration, cause première et essentielle de tout émulsionnement, mais qu'il réunit en même temps les éléments passifs de cette transformation, c'est-à-dire la masse chymeuse elle-même. » Nul doute, pour nous, qu'il n'y ait beaucoup d'exagération dans cette manière de voir; car, comme nous l'établirons bientôt, c'est principalement, sinon exclusivement, dans l'intestin grêle que les corps gras trouvent à s'émulsionner; c'est là qu'en d'autres termes ils sont divisés en particules d'une finesse extrême, et ainsi préparés à l'absorption. Nous aurons à nous occuper plus tard de l'opinion émise par W. Marcet (2), qui attribue à l'estomac le pouvoir de rendre libres les acides gras des graisses neutres. La bile, d'après cet observateur, n'exerce son pouvoir émulsif que si cette séparation préalable a eu lieu.

Après l'usage un peu prolongé d'aliments où prédominaient des matières grasses, W. Beaumont (3) dit avoir vu plusieurs fois la bile refluer dans l'estomac; mais il n'a pas remarqué que l'émulsionnement des corps gras fût plus prononcé dans ces cas exceptionnels.

Lehmann (4) affirme avoir constaté que les graisses accélèrent l'action digestive du suc gastrique sur les matières albuminoïdes, aussi bien dans les digestions artificielles que dans l'estomac lui-même. Ce mode d'influence attend encore son explication.

Les digestions artificielles démontrent que la *fécule* n'est nullement transformée par le suc gastrique pur, mais que, si on la fait digérer dans ce liquide mêlé à une certaine quantité de salive, elle peut se changer en dextrine et en glycose, quand bien même l'acidité du suc gastrique l'emporte sur l'alcalinité du fluide salivaire. Aussi est-ce à tort qu'on a avancé, comme règle générale, que les substances alimentaires féculentes, qui arrivent imprégnées de salive dans l'estomac, ne sauraient plus y éprouver aucune modification, parce que les acides empêchent le principe salivaire d'exercer son action saccharifiante. Quoique j'aie déjà exposé (p. 203) les preuves expérimentales qui militent contre cette assertion, je crois devoir ajouter ici quelques remarques à propos des dissidences des expérimentateurs.

Et d'abord, il importe de rappeler que, dans certaines expériences instituées pour juger cette question, on s'est mal à propos servi du chien qui, comme tous les autres carnivores, ne fait qu'exceptionnellement usage d'aliments amylacés; et que d'ailleurs E. Schrœder (5), dans quelques

<hr>

(1) *Recherches sur la digestion des matières grasses,* p. 29 et suiv. (Thèses de la Faculté des sciences de Paris. 1855, n° 183.)
(2) *Medical Times and Gazette.* 28 août 1858.
(3) *Loc. cit.*
(4) *Lehrb. der physiol. Chemie,* t. II, p. 49.
(5) *Succi gastrici humani vis digestiva ope fistulæ stomacalis indagata.* Dorpat, 1853.

observations comparatives faites sur une femme atteinte de fistule gastrique et sur un chien mis dans la même condition, a reconnu que la salive de ce dernier, mélangée avec le suc gastrique, est bien inférieure, comme fluide saccharifiant, à la salive humaine. Ajoutons que la mastication étant fort incomplète chez le chien, qui avale sa nourriture pour ainsi dire sans la mâcher, il y a aussi une quantité bien moindre de salive sécrétée puis mêlée au suc gastrique dans l'estomac. Or, si d'une part le liquide salivaire est en quantité insuffisante, et si, d'autre part, il a une moindre activité, comme nous verrons tout dépendre ici des proportions du mélange, il n'y a donc pas lieu de s'étonner des différences dans les résultats en présence de conditions elles-mêmes si dissemblables, ni, par conséquent, d'être surpris de voir la saccharification de l'amidon à peu près manquer dans un cas et s'effectuer dans l'autre.

Il faut encore savoir que, dans bien des expériences, où, après avoir administré des féculents, on a constaté la présence de la glycose, on ne s'était pas toujours assuré qu'il n'en existait pas déjà dans les aliments ingérés ; de là sans doute l'exagération de certains auteurs relativement à la quantité de fécule qu'ils disent avoir vue se transformer dans l'estomac. C'est ainsi que dans la farine de blé cuite, dans le pain, on peut rencontrer parfois des quantités très-appréciables de principe sucré, ce qui enlève de leur valeur aux expériences faites avec de telles substances. Nous avons trouvé aussi qu'un certain nombre de pommes de terre crues contiennent de la glycose, et que, dans un plus grand nombre encore, la fécule se transforme partiellement en glycose quand on les cuit, tandis qu'elles n'en renfermaient pas à l'état de crudité : ces dernières sont des pommes de terre demi-malades qui, après avoir été bouillies, restent encore un peu humides dans leur centre. Il y a enfin des pommes de terre saines qui, par la cuisson, deviennent sèches et farineuses ; celles-là peuvent ne contenir aucune trace de glycose. L'amidon lui-même, s'il est impur, peut, quand on le réduit en *empois*, se transformer partiellement en sucre : cela est probablement arrivé, dans les expériences de Frerichs, qui trouva une grande quantité de sucre dans l'estomac de chiens auxquels il avait administré de l'empois d'amidon.

Quant à l'*amidon cru*, il ne paraît guère subir qu'un commencement de désagrégation dans l'estomac, avant de passer dans l'intestin grêle où se continue l'action de la salive si puissamment secondée par celle du suc pancréatique. Les expériences de Grünewaldt et de Schrœder, sur une femme atteinte de fistule gastrique, expériences que nous avons déjà mentionnées (p. 204), s'accordent à ce sujet avec celles de la plupart des observateurs. Selon Blondlot (1), qui appuie sa théorie sur la constitution même du grain d'amidon, le suc gastrique aurait le pouvoir de réduire la matière féculente en *granules*, après avoir altéré l'espèce d'enduit azoté qui les réunissait entre eux. Ces granules seraient alors devenus suffisamment ténus ($0^{mm},002$) pour être livrés en nature, comme les matières

(1) *Recherches sur la digestion des matières amylacées.* Nancy, 1853.

grasses, à l'absorption. Est-il besoin de faire remarquer tout ce qu'il y a
d'hypothétique dans cette dernière proposition ?

Nul doute que, dans nos digestions artificielles, le suc gastrique, tel
qu'on le trouve dans l'estomac, c'est-à-dire uni à une quantité variable de
salive, n'agisse pas toujours avec la même énergie sur *l'amidon cuit*. Si l'on
y ajoute une proportion notable de salive, et si cette proportion est assez
grande pour lui avoir fait perdre sa réaction acide, on constate qu'il
transforme très-rapidement l'amidon cuit en glycose. Si, au contraire,
le suc gastrique ne renferme que très-peu de liquide salivaire, la transformation de l'empois d'amidon s'opère beaucoup moins rapidement, et
souvent on n'y peut découvrir de la glycose qu'après environ une heure.
On doit donc présumer que l'action de la salive, dans l'estomac lui-même,
sera d'autant plus faible et plus tardive que ce liquide sera plus rare dans
le suc gastrique, et que, par conséquent, comme nous le disions plus
haut, la variété dans la proportion de ces deux fluides digestifs devra assez
souvent faire toute la différence et expliquer la diversité des résultats obtenus.

Quoi qu'il en soit, après les expériences de Lehmann (1), Frerichs (2),
Jacubowitsch (3), Mialhe (4); après les nôtres (5), celles de Donders (6) et
de Lent (7), nous ne pensons pas qu'on puisse maintenir les doutes qui
s'étaient élevés relativement au pouvoir qu'a la salive de continuer son
action, *dans l'estomac*, sur l'empois d'amidon avec lequel elle arrive mélangée (*).

Bouchardat et Sandras (8) ont avancé que le *sucre de canne* se change
dans l'estomac en sucre *interverti* (**), puis en acide lactique; ce qui est nié
par la plupart des physiologistes, notamment par Blondlot (9), Frerichs (10)
et Koebner (11). Cette négation impliquerait pourtant sa transformation dans
une autre partie de l'organisme, car le sucre de canne ne saurait rester en

<hr>

(1) *Loc. cit.*
(2) WAGNER's *Handwörterbuch*, etc.; t. III. 1849.
(3) *De saliva dissertatio.* Dorpat, 1848.
(4) *Chimie appliquée à la physiologie*, etc., p. 53 et suiv.
(5) LONGET. *Nouvelles recherches relatives à l'action du suc gastrique sur les matières albuminoïdes;* mémoire inséré dans les *Ann. des sc. nat.*, 4ᵉ série, t. III, 1855.
(6) *Lehrbuch der Physiol.*, p. 194. Leipzig, 1856.
(7) *De succi gastrici facultate ad amylum permutandum dissertatio.* Griefswald, 1858.

(*) Voyez aussi les expériences confirmatives que SMITH, de Philadelphie, et BROWN-SÉQUARD
ont faites sur le chasseur canadien, à fistule stomacale, qui autrefois avait si utilement servi
aux recherches de W. BEAUMONT sur la digestion (*Journal de la physiologie de l'homme et
des animaux.* 1858, t. I, p. 158).

(8) *De la digestion des matières féculentes et sucrées, etc.*, dans le supplément de l'*Annuaire de thérapeutique* pour 1846.

(**) Voyez plus haut (p. 73) ce que l'on doit entendre par *sucre interverti*.

(9) *Loc. cit.*
(10) *Loc. cit.*
(11) *Disquisitiones de sacchari cannæ in tractu cibario mutationibus dissert.* Breslau,
1859.

dissolution dans le système circulatoire sans être excrété avec l'urine, et l'expérience démontre que ce liquide n'en renferme point, même après un repas très-riche en sucre de cette espèce.

En faisant digérer du sucre de canne dans le suc gastrique, Schiff et moi nous avons constaté qu'il se changeait en sucre *interverti* après une, deux ou trois heures, comme Bouchardat et Sandras l'avaient observé. En même temps, nous nous sommes assurés qu'un pareil résultat n'était point dû à l'action de la salive; car, malgré l'action prolongée de ce fluide seul, jamais semblable métamorphose ne s'y est accomplie. Ce n'est pas non plus la *pepsine* qui agit sur le sucre de canne, puisque le suc gastrique, chauffé jusqu'à l'ébullition, n'a point alors perdu sa faculté transformatrice. Mais, en neutralisant l'acidité de ce liquide avec de l'eau de chaux ou de baryte, on lui enlève toute action sur le sucre de canne, du moins dans les huit à dix premières heures de l'expérience. C'est donc à l'acide du suc gastrique qu'il faut rapporter la transformation du sucre de canne. D'ailleurs, on sait que les acides dilués agissent ainsi, à la manière des acides forts, même à la température ordinaire. Dans un verre, nous avons mêlé du sucre de canne avec du suc gastrique, et, dans un autre, avec une certaine quantité d'eau acidulée par un millième d'acide chlorhydrique. Après deux heures, et par une température de $+ 36$ à 40 degrés centigrades, les deux expériences donnèrent également du sucre interverti ou mélange de glycose et de lévulose.

Il est prouvé qu'une solution de sucre de canne est bien moins facilement absorbée qu'une solution de glycose ou que l'eau pure : aussi a-t-il paru vraisemblable que, dans l'estomac vivant, le sucre de canne devait avoir le temps de se transformer en glycose ; mais on ne peut guère supposer que la transformation aille plus loin, et que ce dernier principe se change lui-même en acide lactique. C'est là une métamorphose que nous verrons s'accomplir surtout le long de l'instestin grêle. Rappelons seulement ici que, chez les animaux auxquels on a donné une très-grande quantité de sucre de canne, on peut trouver dans leur sang une proportion assez notable de glycose, comme l'ont surtout établi les expériences de Becker (1).

La *gomme* et la *pectine* se dissolvent simplement par le suc gastrique, sans être modifiées dans leurs réactions. Blondlot et Frerichs ont dirigé leurs recherches sur ce sujet. Le produit insoluble de la pectine, qui ne se dissout en partie que dans les acides chauds, n'est ni altéré ni dissous par le suc gastrique. — La *cellulose* n'y subit non plus aucune transformation.

On avait pensé que l'*alcool* pouvait se changer, dans l'estomac, en acide acétique. Mais Bouchardat et Sandras (2) ont prouvé que l'alcool est absorbé dans l'estomac sans y éprouver d'altération, qu'on le retrouve en nature dans beaucoup de sécrétions et dans l'exhalation pulmonaire. Deux fois Frerichs n'a pu trouver de l'acide acétique dans l'estomac, après l'ingestion d'une quantité considérable d'alcool.

(1) Siebold et Kölliker, *Zeitschrift*, etc., t. V, p. 123.
(2) *Loc. cit.*

Nous arrivons maintenant à étudier l'action du suc gastrique sur les *éléments inorganiques* des matières alimentaires.

L'*eau*, ingérée dans l'estomac, se charge des matières solubles qu'elle y rencontre, des sels et de l'albuminose. Dans cet état, elle est en partie absorbée sur place, en partie versée dans l'intestin. Si l'on fait boire de l'eau à un chien après lui avoir donné une quantité considérable d'albumine liquide, l'absorption de l'eau est notablement ralentie. On peut croire que la même chose a lieu quand l'estomac contient beaucoup de sucre de canne en dissolution.

Les *sels alcalins* solubles, renfermés dans les aliments, passent avec l'eau, avec les fluides gastrique et salivaire, sans être altérés.

Quant aux *métaux* et aux *sels terreux*, leur absorption et leur solubilité dans le suc gastrique ont donné lieu à de nombreuses controverses. Si, d'après Frerichs (1), on fait digérer du suc gastrique avec du fer pendant plusieurs heures, on trouve ensuite que la liqueur filtrée tient en dissolution une quantité assez médiocre d'oxyde de fer. Si, au lieu de fer métallique, on se sert d'un oxyde de fer hydraté, le suc gastrique en dissout une plus notable proportion. Schiff a constaté, comme Frerichs, que les carbonate et phosphate de magnésie se dissolvent dans le suc gastrique. Blondlot, nous l'avons vu précédemment, n'admet pas cette dissolution ; d'après lui, ce serait tout au plus la quantité infinitésime de l'acide chlorhydrique libre du suc gastrique qui pourrait dissoudre quelques particules de ces sels. Frerichs dit avoir précipité, à l'aide d'alcalis, une quantité variable de magnésie dissoute dans le suc gastrique.

Les carbonates et les phosphates de chaux, d'après la théorie de Blondlot, ne seraient pas non plus dissous par le suc gastrique. Mais Schiff a communiqué à la Société de médecine de Francfort des expériences qui prouvent que ces sels sont solubles, en quantité restreinte il est vrai, mais pourtant suffisante pour les besoins de l'organisme. Frerichs est arrivé au même résultat, et déjà Tiedemann et Gmelin, en faisant avaler à des chiens des pierres calcaires, avaient trouvé dans l'estomac un liquide assez riche en sels de chaux. Si l'estomac renferme beaucoup d'acide lactique, les sels calcaires pourront se dissoudre en plus forte proportion.

La solubilité des sels calcaires présente un intérêt spécial, puisqu'à cette question se rattache celle de la digestibilité des *os*, dont ces sels forment la partie inorganique. Boerhaave et Haller (2) ont nié que les os fussent digérés : ils pensaient qu'ils n'étaient que désagrégés dans l'estomac pour être ensuite excrétés en nature. Réaumur et Spallanzani ont, au contraire, soutenu que les os étaient, du moins en partie, véritablement digérés : cette manière de voir est partagée par Tiedemann et Gmelin, Frerichs et d'autres auteurs. Quant à Blondlot, il croit que, si en effet la partie organique est *digérée*, la matière calcaire est seulement désagrégée, réduite en poudre ou

(1) *Ouvr. cité*, t. III, p. 801.
(2) BOERHAAVE, *Prælectiones academicæ* ; édit. de HALLER, t. I, p. 269.

bdélitée par une action spéciale du suc gastrique, mais qu'elle n'est pas réellement dissoute. Il a avancé que les os, mis en contact avec le suc gastrique, ne paraissent nullement ramollis à leur surface, et qu'ils ne ressemblent en aucune façon aux os attaqués par l'action des acides. L'explication de ce fait est simple : les acides laissent subsister la partie cartilagineuse ou gélatineuse, qu'au contraire le suc gastrique dissout plus rapidement que la partie terreuse. De là vient cette poudre crayeuse qu'on trouve à la surface des os, si on les fait sécher après les avoir laissés quelque temps en contact avec le suc gastrique.

Blondlot, ayant mis des os entiers en contact avec le suc gastrique, les vit disparaître sans ramollissement de leur surface. Il étudia ensuite, dans l'estomac même et séparément, l'action du suc gastrique sur chacun des deux éléments des os, et reconnut que la partie cartilagineuse, isolée de l'élément terreux, se digérait assez vite, à la manière des cartilages, bien qu'elle résistât un peu plus que les autres tissus fibro-cartilagineux. Quant à la matière terreuse, dégagée par la calcination, elle ne devait pas, suivant son opinion, se dissoudre dans le suc gastrique : aussi fut-il très-étonné de la voir disparaître assez promptement dans l'estomac. « Pour mieux m'assurer du fait, dit-il (1), je recommençai l'expérience deux ou trois fois, et toujours avec des résultats semblables. Cependant, à une quatrième tentative, je retirai le tube huit heures seulement après son introduction, et alors, en examinant attentivement le fragment d'os, je ne tardai pas à reconnaître la véritable cause du phénomène. En effet ce fragment, un peu diminué de volume, avait la surface polie et les arêtes émoussées; en le maniant entre les doigts, il abandonnait une poudre blanche, crayeuse, semblable à du blanc d'Espagne délayé dans de l'eau. Plongé dans ce liquide, il le troublait et donnait naissance à un précipité blanc, très-fin, qui, traité par quelques gouttes d'acide chlorhydrique, se dissolvait avec une légère effervescence. En un mot, il était évident que la matière terreuse au lieu de se dissoudre, dans l'acception rigoureuse du mot, ne faisait que se réduire en poudre, ou se dilater par suite d'une modification survenue dans le mode d'agrégation de ses molécules intégrantes. Le suc gastrique n'agit donc point ici par son acide à la manière des simples menstrues chimiques, et il est probable qu'il n'intervient que par une de ces influences de *contact* que l'on désigne sous l'expression générique de *force catalytique.* »

Cette description est exacte, mais on peut s'assurer facilement que les acides dilués agissent aussi d'une manière analogue sur le tissu des os. En effet, dans ce tissu si spongieux et si inégal, les parties les plus minces sont les premières détruites par l'acide, tandis que les points un peu plus denses se réduisent bientôt en une poudre crayeuse.

Quant au suc gastrique, il paraît agir sur la partie terreuse des os par son *acide*, et sur leur partie organique à l'aide de son ferment (*acide* et *pepsine*).

(1) *Ouvr. cité*, p. 323.

Blondlot fait observer, avec raison, que les digestions d'os, faites hors de l'estomac avec le suc gastrique naturel, réussissent rarement, et que le plus souvent elles échouent même d'une manière complète. Nous croyons qu'il faut en rapporter la cause d'abord à ce que l'action dissolvante de l'acide stomacal sur la partie calcaire des os est très-limitée; à ce qu'aussi, dans la digestion artificielle, il n'y a pas renouvellement continu du suc gastrique et absorption successive du liquide déjà saturé de cette partie calcaire, comme cela a lieu dans la digestion naturelle.

Pour justifier l'opinion de Blondlot qui admet, dans le suc gastrique, un agent particulier pour la désagrégation de la portion calcaire des os, il faudrait d'abord prouver que l'*acide* du suc gastrique ne dissout aucunement la matière calcaire. Or, il n'en est pas ainsi, et nous avons pu constater aisément que le précipité formé par l'oxalate d'ammoniaque dans le suc gastrique, après sa digestion avec des os, est bien plus abondant que celui qu'on obtient dans le suc gastrique ordinaire.

Si la dissolution de la matière calcaire dans le suc gastrique est déjà très-lente hors de l'estomac, elle ne le devient pas davantage et n'offre pas d'autres phénomènes quand on a soumis préalablement ce fluide à l'ébullition. Cela ne démontre-t-il pas suffisamment que la matière organique particulière au suc gastrique (pepsine) n'intervient pas dans la dissolution ou la désagrégation de la partie terreuse des os, et que, pour cette dernière, l'acide doit être le vrai principe actif?

Spallanzani (1) avait déjà reconnu, sur lui-même et sur divers animaux, à l'aide de tubes à parois perforées, que le suc gastrique attaque les os, et W. Beaumont (2), dans une digestion artificielle, a constaté le même fait avec du suc gastrique recueilli sur l'homme. Toutefois, la plus grande partie de la matière calcaire des os passe dans l'intestin pour être évacuée avec les fèces.

XII. — Les substances alimentaires subissent, de la part du suc gastrique, comme on vient de le voir, des changements qui varient avec leur constitution. Mais, en général, ce fluide les ramollit plus ou moins complétement; de plus, il en sépare les parties qui sont solubles dans l'eau et dans les acides faibles, et surtout il *digère* les corps albuminoïdes ou azotés. Les parties alimentaires qui sont insolubles dans l'estomac peuvent elles-mêmes être tellement pénétrées par le suc gastrique, qui, à une température déterminée, les baigne de toutes parts, que leur cohésion s'affaiblisse, et que les mouvements de l'estomac ou même la plus légère pression de la part de ce viscère les réduisent en une masse désagrégée et pulpeuse, qui forme, en partie, le *chyme*. Aussi devra-t-il arriver que les aliments, dont la cuisson aura déjà diminué ou détruit la cohésion, se chymifieront plus facilement.

Mais la chymification de ceux des aliments dont la majeure partie est

<hr>

(1) *Loc. cit.*
(2) *Ouvr. cité*, p. 200.

insoluble dans l'estomac, comme le pain, les légumes, etc., n'est pourtant pas seulement le résultat de leur pénétration par le liquide gastrique. Celui-ci, en même temps qu'il en dissout les sels et les principes azotés, prive ces substances alimentaires de matériaux qui leur donnaient une grande partie de leur cohésion, et les rend ainsi plus friables. Telle est la raison de la différence qu'on observe entre la chymification du pain dans le suc gastrique, et son ramollissement dans l'eau tiède; différence qu'on peut facilement constater dans les digestions artificielles.

Tout ce qui est réduit à l'état liquide ou seulement pulpeux est préparé, par cela même, à passer dans l'intestin où l'entraînent d'ailleurs les mouvements péristaltiques de l'estomac. Après un repas *mixte* déjà un peu avancé, la masse pulpeuse, malgré son homogénéité apparente, se compose d'abord des particules désagrégées des substances insolubles dans l'estomac, puis de parcelles d'autres matières qui finiraient par s'y dissoudre si les contractions de cet organe ne leur en ôtaient le temps en accélérant leur cours vers l'intestin; de matières grasses déjà plus ou moins imparfaitement émulsionnées; de substances féculentes très-incomplétement transformées en sucre et reconnaissables à tous leurs caractères; enfin, de liquides qui contiennent les produits mêmes de la digestion complète, produits dont plusieurs pourraient déjà être absorbés dans l'estomac s'ils y séjournaient assez longtemps. Avec les anciens physiologistes, c'est surtout à la partie pulpeuse du précédent composé qu'on donne le nom de *chyme*, malgré l'étymologie de ce mot, puisque χυμός veut dire *suc* ou liquide. Divers auteurs voudraient même qu'on le réservât pour la matière pultacée qui résulte de l'action incomplète du suc gastrique, spécialement sur les matières azotées (*).

L'aptitude des diverses substances alimentaires à subir plus ou moins facilement l'action des sucs digestifs, et, par suite, à fournir leur partie absorbable, la *digestibilité* des aliments, en un mot, ne saurait exprimer qu'un simple rapport entre les propriétés de chacune de ces substances et la situation actuelle de l'organisme. Or, ce rapport est des plus mobiles; il varie suivant une foule de conditions individuelles et de circonstances accidentelles chez le même individu. Telle personne s'accommode très-bien d'aliments réputés indigestes, et ne digère point ceux qu'on regarde comme les plus *légers*. Combien de fois aussi, chez le même individu, n'arrive-t-il pas qu'un aliment, très-digestible dans certaines conditions générales de l'économie, cesse de l'être dans d'autres, quoique l'estomac et l'intestin conservent leur état normal ! La digestibilité n'est donc point un fait absolu; elle dépend autant de l'organisme que de l'aliment lui-même.

(*) Dans l'opinion d'un certain nombre de physiologistes, les mots *chyme* et *chyle* servaient à désigner deux produits dérivant l'un de l'autre, ayant une composition bien définie, toujours identiques avec eux-mêmes malgré la variété de l'alimentation, et n'étant que deux degrés différents de la matière nutritive que le travail digestif a pour mission d'extraire des aliments ; ou bien encore le mot *chyme* désignait le *suc* que l'estomac pouvait extraire lui-même des substances alimentaires.

A l'exemple de certains observateurs, doit-on mesurer la digestibilité seulement par le temps nécessaire pour qu'un aliment soit réduit en chyme *dans l'estomac;* ou bien, comme quelques autres, doit-on l'apprécier exclusivement par la durée du séjour dans cet organe, abstraction faite de toute modification de la substance alimentaire? Mais on sait aujourd'hui qu'il est des aliments qui passent dans l'intestin avant d'avoir été modifiés dans l'estomac où ils ne séjournent qu'un temps assez court; tandis que d'autres y restent longtemps et y sont presque entièrement transformés. Cela ne veut pas dire que les premiers, parce qu'ils séjournent peu dans l'estomac, soient plus digestibles que les seconds, ou qu'ils doivent céder avec plus de promptitude la somme de leurs principes absorbables et nutritifs. Évidemment, d'après la précédente distinction, le degré de digestibilité ne saurait s'évaluer seulement en tenant compte de la circonstance de lieu : que l'élaboration digestive d'un aliment se fasse dans l'estomac ou dans l'intestin, c'est toujours elle qui, par sa durée, doit représenter l'élément principal du problème, et l'on comprend de prime abord toutes les difficultés qu'il peut y avoir à préciser le moment où cette élaboration est consommée, et, par suite, à ne pas confondre la vitesse de digestion d'un aliment avec celle de son élimination.

Cette étude si complexe a donné lieu à beaucoup de travaux qui ont eu principalement pour base des expériences de digestion artificielle, et des observations recueillies, soit sur des animaux (1), soit sur des hommes (2), quelques-uns de ces derniers portant un anus contre nature (3), une fistule stomacale (4), ou bien pouvant vomir à volonté (5). Mais, parce que les expérimentateurs n'ont pu se placer toujours dans les mêmes conditions, on trouve entre eux bien des divergences et beaucoup de contradictions dans leurs résultats. Que de causes, en effet, peuvent retarder ou accélérer l'acte de la digestion appliqué à la même substance alimentaire ! Il faut noter les conditions de cohésion, de forme, de volume et de préparation de l'aliment (*); les circonstances qui se rapportent à l'indi-

---

(1) A. COOPER, *Expér. sur la digestion*, dans *Nouv. journ. de méd.*, t. I, p. 61, 1818. — TIEDEMANN et GMELIN, *Rech. physiol. et chim. sur la digestion*, trad. de JOURDAN, *passim*. — SCHULTZ, *De alimentorum concoctione experimenta nova* ; Berolini 1834. — BASSOW, *Fistules gastriques artificielles sur des chiens* ; dans t. XVI des *Bulletins de la Société impériale des Naturalistes de Moscou* (décembre 1842). — BLONDLOT, *Traité analytique de la digestion*. Nancy, 1843. — BARDELEBEN, *Archiv für physiol. Heilkunde*, t. VIII, p. 2.

(2) STEVENS, *De alimentorum concoctione*, etc. Édimbourg, 1777.

(3) LALLEMAND, *Observ. pathol. propres à éclairer plusieurs points de physiologie*, p. 76. Paris, 1818. — LONDE, dans son *Traité d'hygiène*, t. II, p. 49 et suiv. Paris, 1847 ; et dans *Archives génér. de méd.*, 1re série, t. X.

(4) CIRCAUD, *Remarques sur une femme qui a une fistule à l'estomac* ; dans *Journ. de physique*, t. LIII. — JAC. HELM, *Zwei Krankengeschichten*. Vienne, 1803. — W. BEAUMONT, *Experiments and Observations on the Gastric Juice and the Physiology of Digestion*. Plattsburg, 1833. — OTTO GRUENEWALDT, *Succi gastrici humani indoles physica et chimica ope fistulæ stomacalis indagata*. Dorpat, 1853. — E. SCHROEDER, *Succi gastrici humani vis digestiva ope fistulæ stomacalis indagata*. Dorpat, 1853.

(5) GOSSE, dans *Opuscules de physique animale et végétale*, par SPALLANZANI, traduct. de J. SENEBIER, t. II, p. 379 et suiv. Pavie, 1787.

(*) On sait combien la *coction* des féculents, en particulier, augmente leur digestibilité.

vidu, à l'état habituel ou accidentel de l'économie, de l'estomac et des intestins; puis encore l'exercice ou le repos, la durée de l'abstinence antérieure, la température ambiante, surtout le genre d'alimentation habituellement en usage, etc. Or, dans les expériences tentées sur les animaux, combien de fois n'est-il pas arrivé qu'on n'a tenu aucun compte des habitudes et des répugnances propres à chacun d'eux, et que, sans distinction, on leur a fait avaler violemment des substances étrangères à leur alimentation naturelle! Au point de vue de la vérification des divers degrés de digestibilité des aliments qui entrent dans le régime de l'homme, est-on aussi bien autorisé à s'appuyer sur des digestions *artificielles* accomplies avec le suc gastrique du chien ou avec celui de l'homme lui-même, sur des résultats fournis par des individus atteints d'une lésion grave du tube digestif?

Quoi qu'il en soit, nous donnerons un résumé des principales recherches tentées à cet égard, en commençant par celles de Gosse (de Genève) (1) qui, comme on le sait, possédait la faculté de vomir à volonté, et qui, d'après l'inspection des matières qu'il vomissait, a classé un certain nombre d'aliments dans l'ordre de leur digestibilité.

1° Les substances qu'au bout d'une heure à une heure et demie, Gosse trouvait déjà réduites en bouillie ou presque digérées, étaient : la chair d'agneau, de veau, de poulet et des autres volailles tendres; les œufs frais à la coque, le lait de vache, la perche cuite à l'eau, les asperges, les épinards, les artichauts, la pulpe cuite des fruits à pepins et à noyau, le pain rassis de froment, les pommes de terre et autres produits féculents.

2° Dans ces mêmes expériences, la chymification n'a paru être complète qu'au bout de quatre à six heures, pour : la viande de porc, le sang cuit (boudins), les jaunes d'œufs durcis, les herbes crues mangées en salade, les choux, les choux-fleurs, les cardons, les oignons crus et même cuits, les poireaux, les radis, le pain chaud, les pâtisseries.

3° Il est enfin d'autres substances que Gosse a appelées *indigestes*, c'est-à-dire qui séjournent dans l'estomac ou dans l'intestin lui-même au delà du temps que comporte une digestion ordinaire, sans éprouver de notables altérations, comme : parties tendineuses et aponévrotiques, os, graisses, albumine concrète, truffes, champignons, semences huileuses, olives, noix, amandes, noisettes, cacao, pepins de pommes, de raisins, d'oranges, de groseilles et enveloppes de substances farineuses, des fruits à noyaux et à pepins, semences ligneuses (noyaux de prunes, de cerises, etc.).

Parmi ces dernières substances, on peut remarquer qu'il en est même plusieurs qui sont absolument réfractaires à la digestion, qui ne représentent que des corps étrangers dont l'ingestion fatigue les organes sans profit pour l'économie, et dont le séjour, l'arrêt, l'accumulation dans certains points du tube digestif, peuvent occasionner des accidents graves

______

(1) *Loc. cit.*

et même mortels. La science possède, en effet, des exemples de perforation de l'appendice iléo-cæcal produite par l'introduction, dans ce diverticulum intestinal, de noyaux de cerises ou de prunes, d'un morceau de tendon, etc.

Du reste, de toutes les méthodes employées pour reconnaître la digestibilité des aliments, celle de Gosse a pu paraître la moins sujette à contestation, puisque cet expérimentateur a agi sur l'homme lui-même, et sur l'homme dans toute la plénitude de sa santé. Aussi les résultats qu'il a obtenus, à quelques exceptions près, s'accordent-ils avec les données qui semblent être le mieux établies.

Quant aux expériences de Lallemand(1), reproduites par Londe (2), elles ont été faites sur des individus atteints d'anus contre nature, et elles ont surtout servi à démontrer que les matières végétales de l'alimentation séjournent, en général, un temps assez court dans l'estomac, et qu'ordinairement elles se présentent à l'orifice fistuleux de l'intestin moitié plus tôt que la viande ou les autres matières albuminoïdes. Mais évidemment une pareille remarque ne prouve rien quant au degré de digestibilité ultérieure de ces diverses substances; elle apprend seulement que les substances alimentaires sur lesquelles le suc gastrique doit agir restent plus longtemps que les autres dans l'estomac.

Les recherches plus récentes et plus complètes de W. Beaumont, sur la digestibilité des différentes espèces d'aliments, ont été continuées pendant plusieurs années sur un chasseur canadien, qui, ayant reçu un coup de feu dans la région de l'estomac, avait conservé une large fistule gastrique. C'est à travers cette fistule que l'observateur a pu inspecter l'intérieur de l'estomac et en retirer des matières alimentaires à toutes les périodes de la digestion. De plus, il s'est appliqué à reproduire souvent la même expérience, de manière à en déduire le temps moyen nécessaire à la digestion de chaque substance. Il a aussi opéré comparativement sur les mêmes substances alimentaires à l'aide du suc gastrique, dans des vases chauffés au bain-marie. Du reste, ces expériences variées, qui, sans doute, offrent beaucoup d'intérêt, sont spécialement relatives aux aliments transformables dans l'estomac, et ne s'appliquent qu'imparfaitement à ceux dont la digestion s'opère en grande partie dans l'intestin.

Voici, d'après W. Beaumont, un tableau qui indique le temps moyen de la chymification de divers aliments dans l'estomac humain, tableau qui est comme le résumé de tous les travaux de l'auteur :

(1) *Observations pathologiques propres à éclairer plusieurs points de physiologie*, p. 76. Thèse inaugur. Paris, 1818.
(2) *Archives générales de médecine*, 1re série, t. X.

Aliment	Préparation	h. m.
Riz	bouilli	1
Pieds de cochons marinés	bouillis	1
Tripes marinées..	bouillies	1
Œufs conservés..	crus	1 30
Truites et saumons frais	frits	1 30
Id.	bouillis	1 30
Soupe au gruau..	bouillie	1 30
Pommes douces et bien mûres...	crues	1 30
Côtelette de chevreuil...	bouillie	1 35
Cervelle...	bouillie	1 45
Sagou...	bouilli	1 45
Tapioca...	bouilli	2
Gruau d'orge...	bouilli	2
Lait...	bouilli	2
Foie de bœuf frais.	grillé	2
Œufs frais...	crus	2
Stockfish...	bouilli	2
Pommes aigres bien mûres...	crues	2
Salade de choux..	crue	2
Lait...	non bouilli	2 15
Œufs frais...	rôtis	2 15
Coq d'Inde sauvage	rôti	2 18
Coq d'Inde domestique...	bouilli	2 25
Gélatine...	bouillie	2 30
Coq d'Inde domestique...	rôti	2 30
Oie sauvage...	rôtie	2 30
Cochon de lait..	rôti	2 30
Agneau frais...	bouilli	2 30
Hachis de viande et légumes...	chauds	2 30
Haricots en cosse.	bouillis	2 30
Gâteau tendre..	bien cuit	2 30
Navets...	bouillis	2 30

Aliment	Préparation	h. m.
Pommes de terre.	frites	2 30
Id.	cuites au f.	2 30
Choux pommés..	crus	2 30
Moelle épinière..	bouillie	2 40
Poulet adulte...	fricassé	2 45
Tarte...	cuite au f.	2 45
Bœuf avec un peu de sel...	bouilli	2 45
Pommes sûres, dures...	crues	2 50
Huîtres fraîches..	crues	2 55
Œufs frais...	cuits clairs	3
Loup marin frais..	bouilli	3
Bœuf frais, maigre.	bouilli	3
Bifteck...	grillé	3
Porc récemment salé...	cru	3
Porc récemment salé...	c. a l'étuvée	3
Mouton frais...	grillé	3
Id...	bouilli	3
Soupe aux haricots.	bouillie	3
Soupe de poulet..	bouillie	3
Aponévroses...	bouillies	3
Boudin aux pommes...	bouilli	3
Gâteau...	cuit au four	3
Huîtres fraîches..	rôties	3 15
Porc récemment salé...	grillé	3 15
Côtelette de porc..	grillée	3 15
Mouton frais...	rôti	3 15
Pain de froment..	cuit au four	3 15
Carottes rouges..	bouillies	3 15
Saucisse fraîche..	grillée	3 20
Carrelet frais...	frit	3 30
Chat marin frais..	frit	3 30
Huîtres fraîches..	à l'étuvée	3 30
Bœuf frais, maigre, etc...	rôti	3 30

Aliment	Préparation	h. m.
Bœuf, avec moutarde...	bouilli	3 30
Beurre...	fondu	3 30
Fromage vieux et fort...	cru	3 30
Soupe au mouton.	bouillie	3 30
Soupe aux huîtres.	bouillie	3 30
Pain blanc frais..	c. au four	3 30
Navets doux...	bouillis	3 30
Pommes de terre..	bouillies	3 30
Œufs frais...	cuits durs	3 30
Id...	frits	3 30
Blé vert et fèves..	bouillis	3 45
Bettes...	bouillies	3 45
Saumon salé...	bouilli	4
Bœuf...	frit	4
Veau frais...	bouilli	4
Poule domestique.	bouillie	4
Id...	rôtie	4
Canard domestique	rôti	4
Soupe de bœuf et de légumes...	bouillie	4
Cœur...	frit	4
Bœuf salé, vieux, dur...	bouilli	4 15
Porc récemment salé...	frit	4 15
Soupe à la moelle de bœuf...	bouillie	4 15
Cartilages...	bouillis	4 15
Porc récemment salé...	bouilli	4 15
Veau frais...	frit	4 30
Canard sauvage..	rôti	4 30
Graisse de mouton...	bouillie	4 30
Porc entrelardé..	rôtie	5 15
Tendon...	bouilli	5 30
Graisse de bœuf fraîche...	bouillie	5 30

Blondlot (1) s'est aussi occupé de la digestibilité des aliments simples et composés. Il a employé simultanément deux méthodes, dont l'une consiste à suivre l'action digestive dans l'estomac lui-même, à l'aide d'une fistule gastrique établie sur un chien, et l'autre à faire agir le suc gastrique préalablement extrait de l'estomac de cet animal sur les mêmes substances, avec le concours d'une température de 35 à 40 degrés au bain-marie. Pour ne parler ici que des matières albuminoïdes, la *fibrine* a été digérée dans l'estomac en une heure et demie, le *gluten cuit* en deux heures, la *caséine* en trois heures et demie, l'*albumine coagulée* en six heures; les *tissus fibreux*, tels que tendons et ligaments, en dix heures. Quant au *mucus*, quels qu'aient été son état et sa forme, il a toujours été réfractaire à l'action digestive et a été constamment évacué comme produit excrémentitiel.

Bien évidemment, pour donner à des expériences comme celles de W. Beaumont une valeur incontestable, il aurait fallu pouvoir répéter chacune d'elles un très-grand nombre de fois sur un grand nombre d'individus; alors seulement se fussent évanouies les objections qui se fondent sur une idiosyncrasie spéciale. Toutefois, en reconnaissant combien laisse à désirer cette question de la digestibilité des principaux aliments dont l'homme se nourrit, il est permis de présenter comme résultats de l'observation vulgaire et de l'expérience générale les corollaires suivants :

(1) *Traité analytique de la digestion*, p. 254 et suiv.

1° La viande des mammifères se digère un peu moins vite que celle des oiseaux, beaucoup moins facilement que celle des poissons ; elle est plus digestible étant rôtie que frite ou bouillie ; 2° la volaille blanche se digère mieux que la volaille noire et le gibier ; 3° la chair des poissons frais est plus digestible que celle des poissons salés ; 4° le lait est plus facile à digérer que tous les aliments précédents, le poisson frais excepté : le lait cru est mieux digéré que le lait cuit, la crème mieux que le beurre et le fromage ; 5° les œufs à peine cuits sont d'une digestion à peu près aussi rapide que le laitage ; l'albumine liquide est digérée bien plus vite que l'albumine coagulée ; 6° les tendons, les membranes des artères, les cartilages, les os, pendant la durée ordinaire d'une digestion (de trois ou quatre heures) n'éprouvent pas d'altération notable ; 7° la graisse, les huiles, séjournent très-longtemps dans l'estomac, entravent les phénomènes de la digestion, et peuvent à juste titre être regardées comme des aliments indigestes quand elles sont prises en grande quantité ; 8° parmi les aliments végétaux les plus digestibles, se trouvent les féculents (cuits), qui sont digérés aussi vite que le lait, les œufs demi-cuits et le poisson frais ; le pain *rassis* de froment est plus digestible que la pâtisserie et les pommes de terre ; 9° les fruits cuits et les légumes frais sont des plus faciles à digérer ; 10° quant à l'épisperme et au péricarpe, absolument réfractaires s'ils ne sont pas d'abord broyés, ils empêchent la digestion des substances alimentaires qu'ils renferment ; aussi a-t-on vu certaines graines non décortiquées parcourir tout le tube digestif et néanmoins conserver leur faculté germinative.

XIII. — De nos précédentes études sur la *digestion stomacale*, il résulte, entre autres faits, que, pour qu'elle s'accomplisse, il faut, indépendamment des mouvements de l'estomac, une certaine température et surtout la présence d'un liquide (suc gastrique) dans des proportions et avec des qualités déterminées. — Il nous reste à rechercher quelle peut être l'*influence du système nerveux* sur cette importante fonction.

Et d'abord, la production du suc gastrique est-elle ou non influencée par les nerfs de la huitième paire ou pneumogastriques ? Les opinions les plus contradictoires ayant cours dans la science, j'ai exécuté, en vue de ce problème, différentes expériences dont voici les résultats :

Un jour et quelquefois deux jours après la résection de la huitième paire, au cou, j'ai fait boire du lait à des chiens qui déjà avaient jeûné pendant vingt-quatre ou trente-six heures avant l'opération, et constamment ce liquide s'est tout d'abord caillé en totalité ou en partie, soit qu'il ait été partiellement vomi quelque temps après son ingestion, soit qu'il ait été retenu en totalité dans l'estomac : je n'ai pu d'ailleurs constater la moindre différence entre ce qui avait lieu dans ce dernier cas, et ce que j'observais sur les chiens intacts me servant de termes de comparaison ; en effet, dans l'un et l'autre cas, les vaisseaux chylifères étaient plus ou moins remplis d'un chyle lactescent. Cette expérience, qui plus loin sera confirmée par d'autres expériences beaucoup plus probantes, tend au moins à faire supposer que l'activité spéciale de la pepsine ou de l'acide n'était point diminuée.

Sur d'autres animaux vivants de la même espèce, qui, la veille, avaient subi la précédente opération, après avoir incisé l'estomac et l'avoir débarrassé en certains points de son enduit muqueux, j'ai vu, à la suite d'un léger frottement ou de l'emploi de l'électricité, suinter de ces mêmes points un liquide limpide *à réaction acide* assez prononcée.

Mais, dans d'autres recherches comparatives, faites sur des chiens dont les uns avaient les nerfs vagues intacts et dont les autres avaient subi la résection de cette paire nerveuse depuis vingt-quatre heures, il m'a été facile de reconnaître *de visu*, à l'aide d'excitations portées directement sur la muqueuse de l'estomac mise à découvert, que, chez ces derniers, les *gouttelettes* de fluide gastrique étaient *moins abondantes*.

Il résulte donc de nos expériences qu'après la résection de la huitième paire, la sécrétion du fluide gastrique persiste, mais aussi qu'elle est moins abondante : il importe maintenant de savoir ce que deviennent, après cette opération, les substances alimentaires introduites dans l'estomac, si elles continuent ou non à être digérées.

Suivant Baglivi (1), Haller (2), de Blainville (3), Brodie (4), Legallois (5), Wilson Philip (6), etc., les forces digestives sont absolument anéanties : quelques-uns de ces expérimentateurs assurent que les aliments subissent la fermentation putride. Au contraire, d'après Magendie (7), Broughton (8), Leuret et Lassaigne (9), etc., l'influence de la huitième paire sur la chymification serait nulle ou presque nulle. Le plus grand nombre des physiologistes admettent que cet acte important n'est pas tout à fait suspendu et qu'il est seulement ralenti d'une manière très-notable : Breschet, Milne Edwards et Vavasseur (10), Tiedemann et Gmelin (11), Ware (12), Mayer (13), Brachet (14), J. Müller et Dieckhoff (15), etc., partagent cette opinion.

Ayant examiné avec détails, dans un autre ouvrage (16), les recherches qui ont trait à ces diverses manières de voir, je donnerai surtout ici les résultats des expériences que j'ai faites, en partie, depuis sa publication. Ces expériences ont été exécutées le plus souvent sur des chiens adultes, et, dans presque toutes, les aliments n'ont été forcément ingérés dans l'es-

(1) *Opera omnia Dissert. de experim. anatom. practic.* Lugd. 1710, p. 676.
(2) *Elem. physiol.*, t. I, p 462. Lausanne, 1757.
(3) *Proposit. extraites d'un essai sur la respiration.* Thèse inaug., 1808, n° 114, p. 33.
(4) *Philosoph. Transact.* 1811.
(5) *Œuvr. compl.*, édit. de 1830, notes de PARISET, t. I, p. 190 et 191.
(6) *An Experim. Inquiry into the Laws of the Vital Functions*, 2e édit. London, 1818.
(7) *Précis élém. de physiol.*, t. II, p. 102. 1825.
(8) *Quarterly Journ. of Science*, etc., n° 20, p. 308. 1825.
(9) *Rech. physiol. et chim. sur la digest.* 1825, p. 219,
(10) *Arch. génér. de méd.*, t. II, p. 481. 1823 ; et t. VII, p. 187. 1825.
(11) *Rech. expérim. sur la digest.*, trad. de JOURDAN, 1re partie, p. 372. 1827.
(12) *The North-Amer. Med. and Surg. Journ.* 1828.
(13) *Zeitschrift für Physiol.*, von TIEDEMANN, t. II, p. 78.
(14) *Rech. sur le syst. nerv. gangl.* 1837, p. 228.
(15) *Manuel de physiol.* de MÜLLER, t. I, p. 452 ; trad. de JOURDAN.
(16) LONGET, *Traité d'anat. et de physiol. du syst. nerv.*, t. II, p. 334 et suiv. Paris, 1842.

tomac que vingt-quatre heures après la résection des nerfs de la huitième paire. En agissant de la sorte, j'ai voulu prévenir une objection capitale que l'on peut adresser aux expériences antérieures aux miennes, savoir : que, pendant le temps écoulé entre l'ingestion préalable des aliments et la section de cette paire nerveuse, il a dû, en effet, se sécréter une certaine quantité de suc gastrique, qui, sans cette condition de l'expérience, aurait pu ne pas se produire.

Chaque jour, je poussais dans l'estomac une faible quantité d'aliments qui n'étaient vomis que dans des cas assez rares, cas desquels d'ailleurs il était tenu compte. Les aliments mis en usage le plus ordinairement se composaient d'un mélange de pain et de *fromage d'Italie* (viande de porc, etc., hachée). Vers le second, le troisième ou le quatrième jour, suivant le degré d'énergie des animaux, je tuais ceux-ci, douze, dix-huit ou vingt heures après leur dernier repas, et je trouvais l'estomac ou complétement vide, ou renfermant une quantité d'aliments bien inférieure à celle qui avait été administrée; assez souvent, par suite de la lenteur de la digestion, il y avait encore plus ou moins de chyle blanc dans les vaisseaux lactés (*). Au contraire, presque toutes les fois qu'il m'est arrivé d'ingérer dans l'estomac de ces animaux une masse alimentaire considérable, elle n'a été, au bout du même laps de temps, chymifiée qu'à sa surface et n'a présenté, dans son centre, aucune altération.

Ces résultats comparatifs me semblent prouver que la section des nerfs vagues porte une grave atteinte à la chymification, en la retardant, *surtout* parce qu'elle paralyse les mouvements propres de l'estomac (**) : en effet, quand il s'agit d'une masse alimentaire volumineuse, ces mouvements ne sont-ils pas indispensables pour brasser, pour mélanger, avec le suc gastrique, ses diverses parties, et pour expulser celles-ci de la poche stomacale à mesure qu'elles sont suffisamment chymifiées? Au contraire, ne doivent-ils pas perdre beaucoup de leur importance quand il s'agit d'une quantité assez faible d'aliments, qui se prête aisément à l'action pénétrante et dissolvante du suc gastrique?

Nous croyons devoir ajouter que Bidder et Schmidt (1), qui n'ont pu constater aucune différence sensible, sous le rapport de la composition, dans le suc gastrique obtenu avant ou après la section de la paire vague, disent pourtant lui avoir reconnu, dans le dernier cas, une faculté dissolvante moindre relativement aux matières albuminoïdes; après cette section, Kölliker et Müller (2), en le recueillant au moyen d'une fistule gastrique, l'ont trouvé moins acide. Comme nous, par conséquent, ces divers auteurs reconnaissent que le suc gastrique continue à se produire,

(*) SÉDILLOT assure être parvenu, en rendant les repas plus fréquents et moins copieux, à faire vivre, *pendant plusieurs semaines*, des chiens auxquels il avait excisé une grande longueur des nerfs pneumogastriques.

(**) Toutefois, il faut aussi tenir compte de la diminution réelle de la sécrétion du suc gastrique après cette opération, diminution que nous avons dit plus haut avoir constatée de *visu*.

(1) *Ouvr. cité*, p. 93.
(2) *Verhandlung der physik.-med. Gesellschaft zu Würzburg.* 1855.

mais avec quelque affaiblissement dans ses réactions. Cl. Bernard (1), qui admet que la section des nerfs vagues arrête complétement la digestion et la sécrétion du suc gastrique, dit que, si après cette section on donne à un chien de l'*émulsine* et une demi-heure plus tard de l'*amygdaline*, l'animal meurt empoisonné par l'acide cyanhydrique qui résulte du mélange de ces deux substances dans l'estomac, mais que la mort n'a pas lieu chez l'animal dont les nerfs vagues sont intacts, attendu que l'émulsine est déjà modifiée ou digérée quand on administre l'amygdaline. J. Müller et Valentin (2), ayant répété cette expérience sur des lapins, ont vu l'empoisonnement survenir dans les deux cas, c'est-à-dire avec ou sans la section des nerfs vagues.

BILE.

Nous avons terminé l'étude des phénomènes de la digestion qui s'accomplissent *dans l'estomac*. Il nous reste à parler de ceux qui se passent *dans l'intestin*, et aussi des différents liquides (bile, suc pancréatique, suc intestinal) qui concourent à les produire. L'action isolée de chacun de ces liquides fixera d'abord successivement notre attention; puis viendra l'étude de leur action simultanée, puisqu'en définitive ils sont appelés à agir ensemble sur les matières alimentaires déjà imprégnées de salive et de suc gastrique.

I. — Il ne peut être question ici que de rechercher quelle part revient à la *bile* dans la digestion intestinale; les autres fonctions dévolues à l'organe sécréteur de ce fluide, le foie, seront examinées ailleurs (chap. *Sécrétions*).

Qu'on envisage, ainsi que nous allons le faire, la bile comme intervenant dans l'acte de la digestion, ou bien qu'on la considère comme simple produit de sécrétion, toujours est-il qu'il importe de rappeler tout d'abord ses principaux caractères physiques et chimiques.

Quoiqu'un grand nombre de chimistes se soient occupés de l'analyse de ce fluide, on n'est pas encore tout à fait fixé sur certains points relatifs à sa composition : cela tient sans doute à la grande mobilité et aux dédoublements si faciles et si nombreux de ses principes immédiats en présence des agents chimiques mis en usage. En effet, une foule de produits que l'on avait tirés de la bile, loin d'y préexister, n'étaient évidemment que le résultat de transformations dues aux manipulations elles-mêmes.

D'après des recherches de date encore assez récente et d'après le travail le plus recommandable de tous, celui de Strecker (3), la bile est essentiellement une dissolution de deux sels caractéristiques à base de soude,

---

(1) *Comptes rendus de l'Académie des sciences de Paris*, année 1844, t. XVIII, p. 995.
(2) CANSTATT's, *Jahresbericht*, etc., 1844, p. 220.
(3) STRECKER, *Untersuchungen über die chemische Constitution der Hauptbestandtheile der Ochsengalle*. Giessen, 1848.

le *cholate* et le *choléate de soude*. — On y trouve en outre un principe gras non saponifiable (*cholestérine*); trois matières grasses neutres (*margarine, oléine, lécithine*), la dernière phosphorée; des sels à acides gras (*oléates et margarates*); une ou plusieurs matières colorantes spéciales; du mucus et de l'eau tenant en dissolution la plupart des sels inorganiques que l'on rencontre dans les autres liquides de l'économie animale.

La bile est un liquide visqueux, filant, ordinairement coloré en vert foncé chez les carnivores, en jaune verdâtre chez les herbivores. Au moment de sa formation, elle est plus claire, moins visqueuse et moins filante qu'après son séjour dans la vésicule biliaire, où elle se mêle à du mucus. Elle est douée d'une odeur nauséabonde et d'une saveur amère qui laisse un arrière-goût fade et douceâtre. Sa densité varie ordinairement entre 1020 et 1026 : Bouchardat l'a vue s'élever à 1046 chez un sujet offrant cet état morbide particulier que l'on désigne sous le nom de *foie gras*. La bile, versée dans l'eau, gagne d'abord le fond du liquide, et si on l'agite, elle se dissout presque totalement en formant une liqueur mousseuse. La bile dissout facilement les matières grasses acides, ce qui l'a toujours fait considérer comme une espèce de savon. Sa réaction est généralement alcaline, d'autres fois elle est neutre; on ne l'a vue acide que dans des cas exceptionnels (l'abstinence prolongée, par exemple) et seulement dans la vésicule biliaire; dans le canal hépatique, la bile offre une réaction toujours alcaline.

Ce fluide s'altère promptement à l'air, et, en s'y putréfiant, dégage une odeur des plus fétides. C'est à la présence du *mucus* qu'il doit sa grande altérabilité; filtré et débarrassé de ce mucus, il ne se putréfie que très-lentement.

La chaleur ne coagule pas la bile. Divers acides y déterminent un précipité abondant.

Sous l'influence de l'acide azotique, la bile offre une réaction caractéristique, en laissant apparaître quatre couches superposées (rouge, bleue, verte et jaune) qui, agitées ensemble, donnent successivement des colorations en sens inverse, c'est-à-dire jaune, verte, bleue et rouge. — Mêlée à l'acide sulfurique concentré, la bile s'y dissout, et, suivant Pflüger (1), présente à un haut degré le phénomène de la fluorescence : vue par transparence, elle est d'un rouge foncé, et par réflexion d'une belle couleur verte.

On doit à Pettenkofer (2) un moyen de reconnaître la présence de la bile dans les liquides de l'économie animale. On mêle le liquide, que l'on suppose contenir de la bile, avec les deux tiers de son volume d'acide sulfurique concentré, en ayant soin que la température du mélange ne dépasse pas + 60 degrés; on y ajoute ensuite quelques gouttes d'une dissolution

---

(1) PFLüGER, *Ueber die Fluorescenz von Gallenlösungen.* (*Allg. med. Centralzeitung.* 1860, n° 23.)

(2) PETTENKOFER, *Notizen über eine neue Reaction auf Galle und Zucker.* (*Annalen der Chemie und Pharm.* 1844, t. LII, p. 90.)

faite avec une partie de sucre de canne et quatre parties d'eau; on agite le mélange, qui acquiert presque immédiatement une très-belle couleur violette. Maintes fois il m'est arrivé, en filtrant de la bile de bœuf trois ou quatre fois à travers du charbon animal lavé, d'obtenir ce liquide incolore comme de l'eau distillée. Or, en pareil cas, la couleur violette se montre encore tout aussi intense qu'avec la bile verte : c'est qu'en effet, à l'inverse de ce qui a lieu avec l'acide azotique dont la réaction ne saurait se produire sans les matières colorantes de la bile, ces dernières ne sont absolument pour rien dans la réaction avec l'acide sulfurique et le sucre de canne; ce sont le glycocholate et le taurocholate de soude qui, restés en dissolution dans la bile entièrement décolorée, ont la curieuse propriété de donner lieu à la belle couleur violette dont il s'agit.

L'examen microscopique de la bile y a fait découvrir : des corpuscules à forme géométrique, qu'on a supposés être de la *cholestérine* en suspension; des petites plaques de matière colorante, d'un jaune légèrement verdâtre et ordinairement irrégulières; des globules muqueux; des cellules épithéliales; enfin des globules de graisse.

Quoique des travaux ultérieurs aient établi que la plupart des matières signalées autrefois par Thenard, Berzelius, et surtout par Tiedemann et Gmelin, résultent de la décomposition des principaux matériaux de la bile sous l'influence des agents chimiques, nous n'en croyons pas moins devoir réserver ici une mention à ces premières analyses :

Analyse de Thenard (bile de bœuf) (1).

Eau	875,6
Résine biliaire	30,0
Picromel	75,4
Matière jaune particulière	5,0
Soude	5,0
Phosphate de soude	2,5
Chlorure de sodium	4,0
Sulfate de soude	1,0
Sulfate de chaux	1,5
Traces d'oxydes de fer	»
	1000,0

Analyse de Berzelius (bile de bœuf) (2).

Eau	90,44
Matière biliaire (y compris la graisse)	8,00
Mucus de la vésicule	0,30
Extrait de viande, chlorure de sodium et lactate de soude	0,74
Soude	0,41
Phosphate de soude et phosphate de chaux	0,11
	100,00

Analyse de Tiedemann et Gmelin (bile de bœuf) (3).

1° Un principe odorant qui passe à la distillation;
2° La choline ou graisse biliaire, ou cholestérine ;
3° La résine biliaire ;
4° L'asparagine biliaire ;
5° Le picromel ;
6° Une matière colorante ;
7° Une matière très-azotée, faiblement soluble dans l'eau, insoluble dans l'alcool à froid, mais soluble dans ce réactif à chaud ;

(1) *Traité de chimie* de BERZELIUS, trad. franç. par ESSLINGER, t. VII, p. 192. Paris, 1833.
(2) *Ouvr. cité*, t. VII, p. 189.
(3) *Recherches expérimentales sur la digestion*, traduction de JOURDAN, 1re partie, p. 83. Paris, 1827.

8° Une matière animale (gliadine?) insoluble dans l'eau, mais soluble dans l'alcool à chaud ;

9° Une matière soluble dans l'eau et l'alcool, et précipitable par la teinture de noix de galle (osmazôme?) ;

10° Une matière qui répand une odeur urineuse quand on la chauffe ;

11° Une matière soluble dans l'eau, insoluble dans l'alcool, et précipitable par les acides (matière caséeuse, peut-être avec de la matière salivaire?) ;

12° Du mucus ;

13° Du bicarbonate d'ammoniaque ;

14°-20° Des margarate, oléate, acétate, cholate, bicarbonate, phosphate et sulfate de soude (avec peu de potasse) ;

21° Du chlorure de sodium ;

22° Du phosphate de chaux ;

23° De l'eau, qui s'élève à 91,51 pour 100.

Dans un travail remarquable par sa précision et sa netteté, H. Demarçay (1), revenant à l'idée ancienne qui assimilait la bile à un savon, est arrivé à des résultats beaucoup plus simples : pour lui, la bile résulte essentiellement de la combinaison de la soude avec un acide organique azoté, qu'il nomme *acide choléique*. Le choléate de soude serait donc le principe caractéristique de la bile.

Voici l'analyse due à Demarçay (bile de bœuf) :

Eau.	875
Choléate de soude.	110
Matières colorantes	
Matières grasses diverses. . . . . }	5
Mucus, etc. . . . .)	
Sels divers	10
	1000

Les recherches plus récentes de Strecker (2), dont la plupart des chimistes admettent aujourd'hui les résultats comme exacts, ont appris qu'on doit regarder la bile comme une combinaison de soude avec deux acides organiques azotés, au lieu d'un seul. Ces deux acides sont : l'*acide cholique*, qui ne contient pas de soufre, et l'*acide choléique* qui en renferme une proportion assez notable. Du reste, il importe de noter que Strecker, dans la détermination des éléments constituants de la bile, s'est appliqué à exclure tout traitement par les acides et les alcalis, qui dédoublent et transforment ces mêmes éléments; il s'est borné à évaporer lentement le fluide biliaire et à traiter par l'éther, par l'alcool, par l'eau et l'acétate de plomb, le produit de l'évaporation.— Lehmann (3) a proposé de remplacer le nom d'acide cholique par celui d'*acide glycocholique*, et le nom d'acide choléique par celui d'*acide taurocholique*, ces deux acides donnant par leurs réactions avec les alcalis bouillants, le premier du *glycocolle* (glycine, sucre de gélatine), et le second de la *taurine*. Ces nouvelles dénominations ont l'avantage de prêter moins à la confusion, et en même temps de rappe-

<hr>

(1) *De la nature de la bile.* (*Annales de chimie et de physique*, t. LXVII, p. 177, année 1838).

(2) *Annal. der Chem. und Pharm.*, t. LXV, p. 1 ; t. LXVII, p. 1 ; t. LXX, p. 149. — *Id.* dans *Journal de pharmacie*, 1848, t. XIII, p. 215 ; 1849, t. XV, p. 153, et t. XVI, p. 450.

(3) Lehmann, *Lehrbuch der physiologischen Chemie*, t. I, p. 214.

ler un caractère de ces acides; aussi sont-elles adoptées aujourd'hui par la
plupart des physiologistes.

L'*acide glycocholique* (*cholique* de STRECKER), dont la formule est
$C^{52}H^{42}AzO^{11}HO$, cristallise en aiguilles incolores qui sont solubles dans l'eau,
dans l'éther et l'alcool. La potasse bouillante le dédouble en *acide cholalique* (*), en *glycocolle* et en *eau;* puis, si l'action de cet alcali se prolonge
au delà de certaines limites, l'acile cholalique se transforme lui-même en
dyslysine, corps neutre, qui ne diffère de l'acide qui l'engendre que par
les éléments d'une molécule d'eau de plus. Quand, au lieu de la potasse,
on fait agir des acides minéraux puissants, on obtient, avec l'acide glycocholique, une série de réactions semblables aux précédents; seulement
l'acide cholalique est remplacé par l'*acide choloïdique*, acide susceptible de
se transformer à son tour si l'action est trop prolongée.

Ainsi l'acide glycocholique, qui préexiste dans la bile, peut engendrer
quatre corps différents qui sont des produits de l'art : le *glycocolle*, l'*acide
cholalique*, la *dyslysine* et l'*acide choloïdique*.

Les glycocholates alcalins de la bile sont solubles dans l'alcool; ils précipitent l'azotate d'argent, l'acétate neutre et le sous-acétate de plomb.
Leur saveur est à la fois amère et sucrée. — Gorup-Besanez (1) avait nié
l'existence de l'acide glycocholique ou des glycocholates dans la bile de
l'homme, parce que, disait-il, on ne rencontre pas de glycocolle dans les
produits de décomposition de ce liquide. Mais, suivant Kühne et Hallwachs (2), l'acide hippurique ne peut exister dans le sang et l'urine que
grâce au glycocolle provenant de l'acide glycocholique, et la présence de
l'acide hippurique dans l'urine de l'homme démontre indirectement la présence de l'acide glycocholique dans sa bile.

L'*acide taurocholique* (*choléique* de DEMARÇAY), qui est aussi préexistant
dans la bile, n'a pas encore été obtenu à l'état de pureté. Mais on sait que
cet acide est azoté, qu'il renferme du soufre $(C^{52}H^{45}AzO^{14}S^{2})$, et que, sous
l'influence des alcalis bouillants et des acides minéraux, il réagit à la manière de l'acide glycocholique, en donnant toutefois de la *taurine* au lieu
de glycocolle (*).

Les taurocholates alcalins sont cristallisables, insolubles dans l'éther,
très-solubles dans l'eau et dans l'alcool. Leur saveur est à la fois amère
et sucrée comme celle des cholates ou glycocholates. Ils ne troublent pas
les dissolutions d'acétate neutre de plomb et d'azotate d'argent; mais ils
précipitent l'acétate de cuivre rendu légèrement ammoniacal et le sous-

---

(*) LEHMANN, ayant supprimé les dénominations employées par STRECKER, remplace le nom
de *cholalique* par celui de *cholique* qui n'avait plus d'emploi. Pour lui, donc, le mot *acide
cholique* désigne ce que STRECKER appelle acide cholalique.

(1) GORUP-BESANEZ, *Untersuchungen über die Galle*. Erlangen, 1847.

(2) KÜHNE und HALLWACHS, *Götting. Nachr.* 1857, n° 8.

(*) STRECKER et GUNDELACH (*Annalen der Chemie und Pharmacie*, 1847, t. LXII, p. 205),
ayant analysé la bile du porc, y ont trouvé un acide particulier, qu'ils ont appelé *acide hyocho-
léique*. Cet acide y est uni avec la soude, et n'a été encore rencontré que dans la bile de cet
animal.

acétate de plomb. Tous les taurocholates, chauffés avec un mélange de sucre de canne et d'acide sulfurique, se colorent en violet.

Quant à la *taurine*, qui n'est qu'un produit artificiel, puisqu'elle se forme aux dépens de l'acide tauro-cholique traité par les alcalis ou les acides, elle représente un corps neutre, fixe et cristallisable en prismes hexaédriques, réguliers, terminés par des pyramides à quatre ou six faces. Ces cristaux sont incolores; ils croquent sous la dent; leur saveur est piquante. Soluble dans l'eau chaude, la *taurine* est presque insoluble dans l'alcool absolu. Sulfurée, comme l'acide tauro-cholique dont elle procède, elle se convertit en acide sulfureux, en acide acétique et en ammoniaque, quand on vient à l'évaporer avec une dissolution de potasse jusqu'à consistance d'extrait.

De ce qui précède, il résulte qu'on peut extraire de la bile cinq corps qui n'y préexistent point; de plus, comme il est vraisemblable que plusieurs d'entre eux se modifient sous l'influence des réactifs, on conçoit qu'on ait parfois rencontré dans le fluide biliaire bien d'autres substances qu'on n'a pu y retrouver plus tard.

Les métamorphoses des principes constituants essentiels de la bile peuvent se résumer dans le tableau suivant :

Acides préexistants dans la bile =	A. glycocholique...	A. taurocholique.
Par l'action des alcalis, ils donnent	A. cholalique	A. cholalique.
	glycocolle	taurine.
	dyslysine	dyslysine.
Par l'action des acides puissants, ils donnent	A. choloïdique	A. choloïdique.
	glycocolle	taurine.
	dyslysine	dyslysine.

Les transformations des acides biliaires ne sont pas exclusivement l'effet de l'action de nos réactifs. Aux yeux de divers chimistes, elles ont lieu aussi, du moins en grande partie, dans l'économie vivante. Au moment où la bile se déverse dans le duodénum, elle commence à se métamorphoser et elle ne se présente plus à l'état pur dans aucune partie des intestins. A mesure qu'elle approche du rectum, la quantité d'acide choloïdique et d'acide cholalique augmente; il se produit de l'ammoniaque et de la taurine, et, à la fin, la bile ne renferme plus trace de ses acides primitifs (1).

Il est donc probable, comme nous le verrons par la suite, qu'aucune partie organique de la bile ne retourne en nature dans le sang, et que la portion qui est absorbée n'est que de la bile transformée.

Du reste, quel que soit le rôle que la bile joue dans la digestion, il est assez difficile de le rattacher aux substances signalées plus haut, et il en est de même de celles dont il nous reste à faire mention : tels sont les matières grasses, les matières colorantes, divers sels minéraux, l'eau, le mucus, etc.

(1) **Malaguti**, *Leçons de chimie*, 3ᵉ édit., t. IV, p. 258. Paris, 1863.

La *cholestérine*, l'*oléine*, la *margarine* et la *lécithine*, dont Chevreul (1) a démontré la présence dans la bile normale (*), y sont tenues en dissolution par le glycocholate et le taurocholate de soude qui jouissent de la propriété de dissoudre les corps gras.

La *cholestérine* est cristallisable en lames brillantes; quoique douée des autres caractères physiques des corps gras, elle n'est pas saponifiable, et n'est fusible qu'à + 137 degrés. Elle est soluble dans l'eau de savon, l'alcool bouillant et l'éther, dévie à gauche le plan de polarisation (2), et offre, sous l'influence de l'acide sulfurique seul ou mêlé à l'iode, une belle série de colorations (3). La cholestérine ne se métamorphose que sous l'influence d'actions très-puissantes. Il n'est pas admis qu'elle prenne une part quelconque au rôle de la bile dans la digestion. Si, d'ailleurs, on considère que cette matière grasse particulière se dépose parfois dans la vésicule sous forme de calculs, on sera porté à la regarder plutôt comme un produit de désassimilation destiné à être expulsé de l'organisme.

Quant à l'*oléine* et à la *margarine*, il en a déjà été fait mention à propos des principes gras de l'alimentation. — La *lécithine* est une matière grasse phosphorée, liquide et non cristallisable, qui, comme la cholestérine, se trouve aussi dans le sang, dans le jaune d'œuf et dans la substance nerveuse. D'après Gobley, les acides gras du sang et de la bile proviendraient de la décomposition de la lécithine.

La *biliverdine* est la matière colorante verte de la bile (Berzelius) (4); elle contient de l'azote et du fer, et par sa composition, se rapproche de l'hématosine. Pulvérulente, amorphe, caractérisée par sa couleur verte variant de la teinte jaune verdâtre à la nuance vert foncé, elle est insoluble dans l'eau et soluble dans l'alcool ou l'éther. Ses dissolutions sont rouges par transmission et vertes par réflexion. L'acide acétique et les alcalis colorent la biliverdine en jaune. Elle disparaît ordinairement de l'économie par expulsion au dehors avec les matières fécales. C'est elle qui, dans l'ictère, se concentre dans le sérum du sang et colore en jaune les humeurs et les tissus.

Pour beaucoup de chimistes il n'existe pas d'autre principe colorant de la bile que la biliverdine. Cependant des recherches récentes tendent à la subordonner à un autre principe colorant, la *cholépyrrhine* (**). Cette matière d'un jaune brunâtre, traitée par l'acide nitrique, passe suc-

(1) Chevreul, *Mém. du Muséum d'hist. nat.*, t. XI.

(*) La *cholestérine* se rencontre aussi dans le cerveau, les nerfs, dans le sang et le jaune d'œuf. Les calculs biliaires sont formés de cholestérine à peu près pure.

(2) Hoppe, *Ueber die circumpolar Eigensch. der Gallersubst.* (*Arch. für path. Anat.*, t. XII, p. 480; t. XV, p. 126, et plus récemment Virchow's *Arch.*, années 1862 et 1863).

(3) O. Funke. *Lehrbuch der Physiologie.* 4° édit., t. I, p. 259.

(4) Berzelius, *Rapport annuel sur les progrès de la chimie.* Stockholm, 1841. Paris, trad. franç., 1842. p. 323.

(**) De χολή, bile, et πυῤῥός, rouge (Berzelius).

cessivement par les couleurs brune, verte, bleue, violette et rouge; et, si l'on verse avec précaution dans de l'acide azotique une solution de la matière colorante, on voit simultanément à la couche limite des deux substances, des zones superposées de toutes ces couleurs. Suivant Lehmann (1), avec la biliverdine on n'obtient point les mêmes effets. Funke (2), à l'exemple de Brücke, a pu séparer la biliverdine et la cholépyrrhine à l'aide du chloroforme qui ne dissout que cette dernière. De plus, la cholépyrrhine abandonnée à l'air libre, ou bien par le simple séjour dans la vésicule biliaire, se dédouble, et l'un des produits de dédoublement est la biliverdine. Maly (de Gratz) (3) a pu, par analyse, faire de la biliverdine aux dépens de la cholépyrrhine (il y a séparation d'ammoniaque), et par synthèse, reconstituer la cholépyrrhine à l'aide de la biliverdine. Maly conclut que la cholépyrrhine est la seule matière colorante préformée dans la bile. Mais tous ces faits ont encore besoin de confirmation; car Staedeler (4), de son côté, a isolé cinq substances colorantes dont il a pratiqué l'analyse élémentaire et auxquelles il a donné les noms de *bilirubine, biliverdine, bilifuscine, biliprasine, bilihumine,* ne différant les unes des autres que par les équivalents d'eau et d'oxygène, le carbone et l'azote restant les mêmes.

Parmi les *principes minéraux* que renferme la bile, c'est le chlorure de sodium qui prédomine. Nous savons déjà qu'on y trouve aussi des phosphates, des sulfates et des carbonates alcalins, de très-petites proportions de phosphates et de sulfates terreux et des traces de sels de fer. Il est à noter que la bile des poissons de mer ne contient guère que des sels de potasse, tandis que celle des herbivores, en particulier, ne renferme à peu près que des sels à base de soude.

La proportion de l'*eau*, qui se rencontre habituellement dans la bile, est environ de 85 à 90 pour 100.

Quant au *mucus* qui est mêlé à la bile, il provient à la fois des parois de la vésicule et de la surface des canaux excréteurs. L'addition de l'acide acétique ou de l'alcool le précipite. Nous avons déjà fait remarquer que la bile se putréfie très-vite quand elle renferme du mucus, et qu'elle ne se putréfie que très-difficilement quand elle en est exempte. C'est principalement au mucus que la bile doit sa consistance visqueuse.

Frerichs (5) et Gorup-Besanez (6) ont donné de la bile de l'homme des analyses dont nous allons faire connaître les résultats, en finissant ce qui se rapporte à la *composition chimique* de ce fluide :

(1) LEHMANN, *Loc. cit.*
(2) O. FUNKE, *Loc. cit.*
(3) MALY, *Vorläufige Mittheilung über die chemische Natur der Gallenfarbstoffe* (LIEBIG'S *Annalen*, CXXXII. 1864).
(4) STAEDELER, *Ueber die Farbstoffe der Galle* (*Vierteljahrschrift der Naturforschenden Gesellschaft*, in Zürich, VIII, 1863).
(5) FRERICHS, *Verdauung* (WAGNER'S *Handwörterb. der Physiol.*, t. III, p. 827.
(6) GORUP-BESANEZ, *Untersuch. über die Galle.* 1846, p. 44.

Analyses de FRERICHS.		*Analyses de* GORUP-BESANEZ.			
Eau	85,92	1re	89,81	2^e	82,27

	Analyses de FRERICHS.		*Analyses de* GORUP-BESANEZ.	
Eau	85,92	1ʳᵉ 89,81	2ᵉ	82,27
Cholate et choléate de soude	9,14	 5,65	....	10,79
Cholestérine ....⎫	1,18	 3,09	....	4,75
Margarine et oléine............⎭				
Mucus et matières colorantes......	2,98	 1,45	....	2,21
Chlorure de sodium............	0,20			
Phosphate de soude tribasique.....	0,25			
— de magnésie ....⎫	0,28	Sels...... 0,63	Sels......	1,08
— de chaux............⎭				
Sulfate de chaux	0,04			
Oxyde de fer................	traces.			

Terminons en rappelant que le *picromel* (Thenard) ne serait qu'un produit de l'art, c'est-à-dire du glycocolle uni à des substances grasses,
suivant les uns, ou bien un mélange de matière colorante et de divers
sels, selon les autres. Dumas (1) donne le picromel comme synonyme de
l'*acide bilique* de Liebig, de l'*acide choléique* de Demarçay, de la *matière
biliaire* de Berzelius, et enfin du *sucre biliaire* de Gmelin.

A propos de synonymie ou d'analogie, rappelons encore que la *résine
biliaire* (Thenard) serait un composé d'acides gras, d'une matière grasse
neutre et du principe colorant de la bile, d'après Chevreul; que l'*acide
fellique* de Berzelius n'est autre que l'acide choloïdique, et qu'enfin la
biline de Mulder et de Berzelius paraît être un mélange de glycocholates
et de taurocholates alcalins.

II. — Comme nous le disions plus haut, il s'agira exclusivement dans
les pages qui suivent du rôle de la *bile* dans les phénomènes de la digestion intestinale; son usage comme humeur excrémentitielle, aussi bien
que les autres fonctions de l'organe sécréteur de ce fluide, seront étudiés
dans une autre partie de cet ouvrage (voyez le chapitre *Sécrétions*).

Galien et avec lui toute l'antiquité avaient embrassé l'opinion que la
bile était sans influence sur la fonction digestive, et que le foie avait pour
usage de séparer du sang venu de l'intestin les substances inutiles produites par la digestion, et de les excréter sous forme de bile. On peut lire
dans Haller (2), au chapitre qui a pour titre « *Non bilis sit excrementum* »,
les noms des principaux partisans de cette opinion. Après la découverte
des vaisseaux lymphatiques, en 1622 (3), qu'on crut d'abord *seuls* destinés
à l'absorption intestinale, on cessa de regarder le foie comme un organe
épurateur du sang, et l'on n'y voulut plus voir qu'une glande sécrétant un
liquide plus ou moins digestif. L'opposition contre le rôle important que
les anciens avaient attribué au foie fut telle qu'on alla même jusqu'à refuser toute influence à cet organe, et que Thomas Bartholin (4) crut devoir, à cette occasion, composer une épitaphe que nous reproduisons

(1) *Traité de chimie physiol. et med.*, p. 586. Paris, 1846.
(2) *Elementa physiologiæ*, t. VI, p. 615.
(3) G. ASELLI, *De lactibus sive lacteis venis*, in-4°. Milan, 1627.
(4) *Vasa lymphatica nuper Hafniæ in animantibus inventa et hepatis exsequiæ*, p. 60.
Hafniæ 1653.

cause de sa singularité (*). De nos jours, en restituant aux veines leur propriété absorbante, si vivement et si vainement contestée, les expérimentateurs ont contribué à rendre au foie toute son importance physiologique.

Mais il restait encore de l'incertitude sur la question de savoir si la bile est ou non indispensable à la digestion. Déjà l'opinion, qui ne voudrait voir dans la bile qu'un liquide sans aucune utilité dans l'acte digestif, avait été combattue par Haller en ces termes : « Bilem si natura voluisset » de sanguine expurgare, effudisset in vicinia intestini recti, ne chylum sua » admistione temeraret. Sed in omnibus animalibus bilis in principium » intestini adfunditur, *ut nihil fere alimenti ad sanguinem veniat, quod cum* » *ea non mistum fuit.* » (Op. cit., t. VI, p. 615.)

Pour juger cette question, il fallait empêcher la bile de s'écouler dans l'intestin, et observer si la digestion serait troublée par l'obstacle apporté au cours naturel de ce fluide. Brodie (1), et avant lui Blundell, entreprirent la ligature du canal cholédoque, puis plusieurs expérimentateurs suivirent cet exemple. Les résultats obtenus par Brodie furent équivoques et contradictoires : ils ne purent établir si la vie était possible sans l'afflux de la bile dans l'intestin, car la mort survenait rapidement par l'effet même de la rétention du fluide et des accidents qui en étaient la suite. Afin de les prévenir, Schwann (2) imagina d'établir une fistule de la vésicule biliaire, après la ligature du canal cholédoque. Sur dix-sept chiens soumis à cette expérience (et non dix-huit, comme on l'a répété), deux seulement survécurent en bonne santé, mais, chez eux, le canal cholédoque s'était rétabli ; neuf moururent rapidement, et les six autres vécurent 7, 13, 17, 25, 64 et 80 jours. Schwann croit que, chez ces derniers, la mort a dépendu du trouble digestif occasionné par le défaut d'intervention de la bile. Ces six chiens commencèrent à maigrir dès le troisième jour après l'expérience, et, chez les quatre premiers d'entre eux, l'amaigrissement augmenta jusqu'à la mort. Quant aux deux autres, qui vécurent 64 et 80 jours, ils avaient, après un amaigrissement initial, presque recouvré leur poids primitif, puis recommencé à maigrir jusqu'au moment de leur mort ; ce qui fit supposer à Schwann (3) que le canal lié pouvait s'être déchiré quelque temps avant la mort : mais, si cette hypothèse eût été fondée, on aurait dû trouver les traces d'un épanchement plus ou moins abondant de bile dans le péritoine, et il n'en existait pas. Nous verrons que la mort a été sans doute produite, en partie, par l'épuisement qui peut résulter de la perte continuelle et non compensée d'un liquide aussi riche que la bile en matières organiques et inorganiques ; car, bien

---

(*) Siste. Viator. Clauditur. Hoc. Tumulo. Qui. Tumulavit. Plurimos. Princeps. Corporis. Tui. Cocus. Et. Arbiter. Hepar. Notum. Seculis. Sed. Ignotum. Naturæ. Quod. Nominis. Majestatem. Et. Dignitatis. Fama. Firmavit. Opinione. Conservavit. Tamdiu. Coxit. Donec. Cum. Cruento. Imperio. Seipsum. Decoxerit. Abi. Sine. Jecore. Viator. Bilemque. Hepati. Concede. Ut. Sine. Bile. Bene. Tibi. Coquas. Illi. Preceris.

(1) *Quarterly Journal of Science and the Arts.* 1823, p. 341.
(2) Müller's *Archiv*, 1844, p. 126.
(3) *Rec. cité*, p. 157.

que les chiens lèchent souvent leur fistule, la plus grande partie du liquide biliaire se perd et s'écoule à l'extérieur.

Blondlot (1), en laissant la bile s'écouler librement au dehors, a vu un chien survivre pendant cinq ans à l'occlusion du canal cholédoque. Pendant les premiers jours qui succédèrent à l'opération, l'animal resta triste et abattu, il maigrit sensiblement ; mais bientôt l'appétit reparut, l'embonpoint revint avec la gaieté et la vivacité ordinaires. On remarqua quelques bizarreries dans l'appétit de cet animal, qui tantôt mangeait beaucoup de viande et refusait le pain, tantôt au contraire refusait la viande pour manger le pain avec avidité.

Schwann, au rapport de Frerichs (2), a répété ses premières expériences sur trente autres chiens, en prenant toujours soin d'obtenir l'évacuation régulière de la bile. Il observa encore qu'après l'amaigrissement qui suivait immédiatement l'opération, les animaux pouvaient recouvrer une partie de leur poids primitif : mais à l'exception d'un chien qui vécut quatre mois, et d'un autre qui vécut un an, tous moururent dans un laps de temps assez court.

Nasse (3) a conservé pendant cinq mois un chien opéré de la même manière. L'appétit était très-vif, l'animal mangeait quelquefois une quantité de viande double de celle qu'eût mangée un chien ordinaire de même taille ; et cependant il mourut presque complétement privé de graisse. Pendant les premiers mois qui suivirent l'opération, il avait conservé son poids. Il souffrait beaucoup du froid dans les derniers temps de sa vie, et, d'après Nasse, il aurait probablement vécu encore longtemps, s'il n'avait été exposé à un froid trop vif.

Bidder et Schmidt (4) ont vu, dans deux expériences analogues aux précédentes, les animaux succomber au bout de vingt-sept et trente-deux jours, après avoir perdu la moitié de leur poids et presque toute leur graisse. Ces animaux avaient, jusqu'à la mort, conservé un certain appétit et mangeaient à peu près 160 à 200 grammes de viande par jour. Mais cette quantité est insuffisante pour un animal à l'état normal et du poids de 6 kilogrammes ; à plus forte raison, lorsqu'il porte une fistule biliaire, par laquelle s'écoule chaque jour, d'après ces auteurs, la *cinquantième partie du poids* de l'animal. Ces chiens, refusant de manger davantage, devaient, de toute nécessité, mourir d'inanition.

Ces deux expériences, peu satisfaisantes, en appelaient d'autres : il fallait que le choix tombât sur des chiens assez vigoureux pour qu'ils pussent prendre, après l'opération, une quantité d'aliments en rapport avec les dépenses normales augmentées de celles qu'occasionne la fistule biliaire. Bidder et Schmidt expérimentèrent sur deux autres chiens dans ces heureuses conditions. Un chien vigoureux, du poids de 5580 grammes, qui

---

(1) *Essai sur les fonctions du foie et de ses annexes.* Nancy, 1846. — *Inutilité de la bile dans la digestion.* Nancy, 1851.
(2) WAGNER's *Handwörterbuch der Physiol.*, t. III, p. 837.
(3) *Commentatio de bile quotidie a cane secretâ.* Marbourg, 1851.
(4) *Die Verdauungssäfte*, p. 98.

mangeait habituellement par jour 250 à 300 grammes de viande, fut opéré le 15 février : immédiatement après l'opération, il mangea 100 grammes de viande ; dès le troisième jour, 630, et, dès lors, en moyenne, 525 grammes par jour. Avec ce régime, il ne perdit ni de ses forces, ni de son poids, qui même augmenta un peu. Tué le 11 avril, il pesait 5590 grammes; les muscles étaient bien nourris, mais le tissu graisseux avait sensiblement diminué, surtout sous la peau. Quant au second chien qui, avant d'être mis en expérience, mangeait 350 grammes de viande par jour, il en consomma 540 après l'opération. Mais, quinze jours après, il y eut des indices, confirmés par l'autopsie, du rétablissement du conduit cholédoque.

Kölliker et Müller (1) ont calculé qu'un chien adulte à l'état sain, mangeant journellement 50 grammes de viande par kilogramme de poids du corps, devait en manger 94 grammes pour augmenter un peu de poids. Un jeune chien, non encore adulte, mangeait, à l'état sain, un peu plus de 50 grammes par kilogramme ; après qu'on lui eût établi une fistule biliaire, il diminua de poids avec une ration de 125 grammes par kilogramme, mais le poids augmenta lorsque la quantité de viande fut portée à 186 grammes. —D'après Arnold (2), pour maintenir le poids d'un chien dont toute la bile s'écoule librement au dehors, il faut environ 5/8 de viande et 3/5 de pain de plus par kilogramme de l'animal, que chez un chien en santé.

De ce qui précède, il paraît résulter que *la bile n'est pas indispensable* au travail de la digestion en général, mais que, néanmoins, son écoulement continuel au dehors n'est compatible avec l'entretien de la vie que si une copieuse alimentation compense cette perte incessante.

III. — De ce que la bile n'est pas indispensable au travail digestif, il ne s'ensuit pas qu'elle ne l'aide point d'une certaine manière, si, conservant son cours habituel, elle parvient dans l'intestin. Peut-être la perte de la bile nécessite-t-elle, pour l'entretien de la vie, une nourriture plus abondante :° 1° parce que, dans l'état normal, les principes nombreux de ce fluide versés dans l'intestin sont en partie résorbés, ce qui ne peut plus avoir lieu après l'établissement d'une fistule biliaire; 2° parce que la bile facilitant la digestion d'une certaine classe d'aliments, une grande quantité d'autres aliments, digestibles sans elle, devient nécessaire pour suppléer ceux qui ne sont plus qu'incomplétement digérés dans les cas de fistule biliaire. L'exposé et la discussion qui suivent pourront jeter quelque lumière sur ces questions.

Liebig (3), et avec lui beaucoup de physiologistes modernes, admettent que la bile est en grande partie absorbée dans l'intestin, et que les produits de cette absorption, après avoir été utilisés par l'organisme et modifiés par la respiration, finissent par s'écouler avec les urines. La plupart des parties

(1) Kölliker und Müller, 1. *Bericht. über das physiol. Institut. zu Würzbourg*, p. 221. — 2. *Bericht.*, p. 33.
(2) Arnold, *Zur Physiologie der Galle.* Mannheim, 1854.
(3) *Die Thierchemie*, 3ᵉ édit., p. 70 ; 1ʳᵉ édit., 1842, p. 65.

organiques de la bile, la soude, le soufre, etc., qu'elle contient, ne se retrouvent pas dans les matières fécales d'après les recherches de Liebig. Il est vrai que Mulder (1) pense, au contraire, que les éléments de la bile sont transformés dans l'intestin, puis expulsés avec les fèces.

Frerichs (2) a décrit avec soin les métamorphoses que divers éléments de la bile subissent dans l'intestin ; elles sont semblables, d'après cet auteur, à celles que produirait l'action des acides ou celle des alcalis. Sous l'influence du chyme *acide*, les substances de la bile doivent se transformer en matières insolubles, surtout en *dyslysine*, dont la quantité augmente en descendant vers le rectum. Aussi, la bile, en entrant dans l'intestin, où elle rencontre le chyme, forme-t-elle un précipité qui, avec un peu de graisse et de *cholépyrrhine*, se présente sous l'aspect de petits flocons jaunâtres que l'on appelait autrefois « *chyle brut* » (*). Déjà Tiedemann et Gmelin en avaient reconnu la véritable nature. De ces faits, Frerichs conclut qu'une partie seulement de la bile peut être résorbée, mais que la plus grande partie devient insoluble et est rejetée avec les fèces. Il avoue, du reste, que la détermination de la quantité des éléments de la bile, contenus dans le chyme de l'intestin grêle, offre de grandes difficultés, et il croit qu'elle ne peut se faire qu'approximativement.

Mais il est évident que, pour résoudre la question de la *résorption de la bile*, il fallait d'abord savoir en quelle quantité ce liquide est sécrété à l'état normal. C'est un point sur lequel on n'était pas fixé, et à propos duquel les auteurs avaient émis des opinions très-diverses. Les estimations faites par Bianchi, Haller, Douglas, Schultz, Bouisson, etc., ne reposent sur aucune donnée exacte.

Blondlot (3) est le premier qui ait cherché à déterminer directement la quantité de bile sécrétée en vingt-quatre heures, et il l'estime à 40 ou 50 grammes pour un chien de moyenne taille ; mais il ne donne pas le poids de l'animal et ne paraît pas avoir pris toutes les précautions nécessaires pour ne rien perdre du liquide sécrété.

Nasse (4) et Platner (5), qui ont employé un appareil spécial pour recueillir toute la bile sécrétée en vingt-quatre heures, disent qu'un chien, du poids de 10 kilogrammes, sécrète par jour 200 grammes de bile. Ce résultat est d'accord avec ce qu'ont vu Bidder et Schmidt, qui, d'après une

(1) *Untersuchungen über die Galle.* Frankfurt, 1847, p. 160. — *Physiologische Chemie*, t. II, p. 996, Brunswick, 1851.

(2) *Ouvr. cité*, t. III, p. 839.

(*) On voit que, dans l'opinion déjà ancienne reproduite ici par Frerichs, c'est l'acide du chyme, à son entrée dans le duodénum, qui précipite la bile, et non (comme on a voulu l'établir récemment) la bile qui coagule l'*albuminose*, c'est-à-dire la partie de l'aliment azoté préalablement dissoute et transformée dans l'estomac par le suc gastrique. Avec L. Corvisart, j'ai constaté qu'en effet le précédent précipité, quelle que soit sa nature, ne se produit que dans un milieu acide, avec le suc gastrique pur et obtenu à jeun, aussi bien qu'avec l'albuminose, avec l'eau légèrement acidulée ou le suc gastrique acide débarrassé de la pepsine ; qu'enfin ce même précipité disparaît en ajoutant un excès de bile *alcaline*.

(3) *Mém. cit.*, p. 61.

(4) *De copia et indole bilis a cane secreta.* Marbourg, 1851.

(5) Dans sa traduction allemande de l'ouvrage de Bouisson *sur la bile*, 1847, p. 49.

série considérable d'expériences exécutées avec le plus grand soin et de diverses manières sur beaucoup d'animaux, ont tracé le tableau suivant (1) :

Un kilogramme de	DONNE EN 24 HEURES	
	Bile récente.	Avec un résidu sec de
	gr.	
Chat	14,500	0,816
Chien.	19,990	0,988
Mouton	25,416	1,344
Lapin.................	136,840	2,470
Oie	11,784	0,816
Corneille	72,096	5,265

Ainsi un chien sécrète, en vingt-quatre heures, 1/50ᵉ de son poids de *bile* ; un lapin, jusqu'à 1/8ᵉ de son poids, etc.

Bidder et Schmidt, ainsi que Blondlot et surtout Nasse, ont examiné l'influence sur la sécrétion de la bile, de divers états physiologiques, de différents régimes, de l'abstinence, de certains médicaments, etc. Mais ces recherches concernent plutôt l'étude de la sécrétion biliaire que celle de la digestion ; elles trouveront leur place ailleurs.

Après avoir établi les précédentes évaluations de la *quantité de bile* normalement sécrétée, Bidder et Schmidt (2) nourrirent exclusivement de viande, pendant cinq jours, un chien du poids de 8 kilogrammes. Les matières fécales expulsées, pendant ce temps, pesaient 97^{gr},3 renfermant : eau, 56^{gr},4 et résidu solide 40^{gr},9. Sur ce résidu, 9 grammes tout au plus représentaient les éléments de la bile.

Or, le résidu sec de la bile sécrétée en cinq jours aurait dû être de 39^{gr},52, c'est-à-dire presque égal au poids total du résidu solide : la plus grande partie de ce fluide a donc dû être absorbée dans l'intestin.

Le résidu sec de la bile du chien contient environ 6 pour 100 de soufre. La bile sécrétée en cinq jours devait donc en contenir 2^{gr},37 ; mais on n'en trouva dans les fèces que 0^{gr},384, dont 0^{gr},230 environ provenaient de poils avalés. Presque tout le soufre de la bile a donc été absorbé.

Par conséquent, suivant ces deux expérimentateurs, une grande partie de *la bile est résorbée dans l'intestin*. Une assez faible portion seulement se transforme en substance insoluble (*dyslysine*). Quant au mucus lui-même, qui se précipite au moment où la bile arrive dans l'intestin, il n'est pas rejeté en totalité, comme on pourrait le supposer, mais il est en partie dissous de nouveau lorsque le contenu de l'intestin est devenu alcalin par le concours du fluide pancréatique et du suc intestinal.

L'eau, le mucus redissous, le chlorure de sodium, le phosphate de chaux, le fer, le soufre, la soude, les phosphate, carbonate et lactate de soude, telles sont surtout les parties *résorbables* de la bile. En effet (hormis le mucus), ne sont-ce pas là des principes nécessaires, constants de beaucoup d'autres liquides et de tissus animaux, des dissolvants de certaines sub-

(1) *Ouvr. cité*, p. 209.
(2) *Ouvr. cité*, p. 217.

stances organiques, des médiateurs indispensables de diverses transformations qui se passent au sein de l'économie animale? Dès lors, puisque aussi
bien que les matériaux organiques eux-mêmes, ces matières sont destinées
à l'entretien et au renouvellement des parties solides et liquides de l'organisme, celui-ci devait tendre à s'en emparer au lieu de les laisser perdre
par les fèces? Il n'en est pas de même de certains principes résinoïdes ou
des matières colorantes de la bile, ni en particulier de la cholestérine,
matière grasse non saponifiable, que nous avons déjà dit être un de ces
produits destinés à être expulsés de l'organisme, et concourir à la formation des calculs biliaires.

Quoique la bile soit en majeure partie résorbée, cela n'empêcherait pas
qu'elle pût avoir quelque influence sur la digestion pendant le temps qu'elle
séjourne dans l'intestin.

On lui a attribué des usages fort divers et plus ou moins importants,
comme de neutraliser l'acidité du chyme, d'empêcher la décomposition
putride des aliments dans l'intestin, d'exciter les mouvements et la sécrétion du tube intestinal, etc. La bile serait ainsi un auxiliaire de la digestion en
général, d'après les uns; elle aurait, suivant les autres, une influence spéciale sur la digestion d'une certaine classe d'aliments (*matières grasses*). Que
faut-il penser de toutes ces manières de voir?

On rapporte à Boerhaave l'opinion que la bile *neutralise le chyme*. Mais la
bile, telle qu'elle est sécrétée par le foie, est ordinairement neutre, et,
dans la vésicule, elle est faiblement alcaline (1): cette alcalinité semble
due en partie à la décomposition de la bile, et en partie au mucus de la
vésicule. Dans les cas où la bile ne séjourne pas dans la vésicule après
l'établissement d'une fistule biliaire, Blondlot (2) l'a trouvée neutre dans
les premiers mois de l'expérience; cependant, sur le chien qui a survécu,
il l'a vue redevenir alcaline après les premiers mois (3). La bile ne saurait
donc neutraliser le chyme que dans une bien faible proportion, si elle
n'était pas aidée par d'autres fluides intestinaux.

Bien plus, d'après Schützenberger (4), la plus petite quantité d'acide lactique suffit à rendre libres les acides glycocholique et taurocholique. Aussi
le suc gastrique pur n'est-il jamais neutralisé complétement par la bile,
quelque forte qu'en soit la proportion.

Mais s'il y a décomposition dans l'intestin, décomposition favorisée par
la présence des ferments du suc intestinal et du fluide pancréatique, la bile
pourra plus bas, vers le gros intestin, donner souvent naissance à de l'ammoniaque qui deviendra un agent plus puissant de neutralisation pour la
bouillie alimentaire.

Bidder et Schmidt ont remarqué qu'après la ligature du canal cholé-

(1) Bidder et Schmidt, *ouvr. cité*, p. 214.
(2) *Mém. cité sur les fonctions du foie*, etc., p. 58.
(3) *Inutilité de la bile dans la digestion*, p. 6. Nancy, 1851.
(4) *Chimie appliquée à la physiologie*. Paris, 1864, p. 186.

doque, les chiens étant nourris de substances végétales et féculentes, les excréments présentent une réaction fortement acide que l'on n'observe jamais chez ces animaux à l'état normal. Cette acidité ne provient pas essentiellement d'un défaut de neutralisation, mais de ce que la fermentation lactique est plus active dans ces conditions d'alimentation.

Quant à l'opinion qui attribue à la bile le pouvoir d'*empêcher la fermentation* des matières organiques, il est certain que ce fluide paraît gêner certaines fermentations, comme celle, par exemple, qui constitue la digestion stomacale. La bile n'est pourtant pas, d'une manière générale, contraire à toute fermentation ou décomposition. Elle-même se décompose avec une grande rapidité au contact du mucus de la vésicule, et l'on ne peut la conserver quelque temps qu'à la condition d'avoir précipité ce mucus.

Si la bile est versée en assez grande abondance sur le chyme dès qu'il arrive dans l'intestin, elle empêche le suc gastrique, qui accompagne ce chyme, de continuer son action spéciale ou fermentifère sur les matières albuminoïdes; il ne peut plus se former d'*albuminose* (*). Celle qui se trouvait déjà formée étant rapidement absorbée, l'albumine dissoute qui se rencontre plus bas, dans l'intestin, est toujours coagulable par les acides et par la chaleur. C'est ce que l'on savait depuis longtemps et qu'on a voulu expliquer en admettant que la bile pouvait rendre la coagulabilité à l'albumine dissoute dans l'estomac (1): mais on sait, à présent, que la matière albuminoïde qui a quitté l'estomac sans être digérée, peut encore se dissoudre plus bas dans l'intestin et devenir aussi incoagulable. D'ailleurs Schiff (2) s'est assuré, par des expériences directes, que l'albuminose obtenue par l'intervention du suc gastrique naturel ou artificiel ne peut plus reprendre sa coagulabilité par un contact prolongé avec la bile. Lehmann (3) dit qu'il n'a jamais pu, dans les conditions les plus variées, transformer, par la bile ou par un autre liquide, de la peptone (albuminose) en une matière coagulable par la chaleur ou par les acides. L'expérience contraire de Scherer (4) a déjà été réfutée par Valentin; et Frerichs (5) fait observer que des essais analogues, qui ne sont pas à l'abri de toute objection, ne lui ont qu'exceptionnellement réussi.

Depuis Saunders (6), on a souvent répété que la bile s'oppose à la *décomposition putride* des aliments dans l'intestin.

Tiedemann et Gmelin (7) disent que, chez les chiens auxquels ils

(*) J'ai rapporté (note de la p. 289) des expériences qui démontrent que le précipité qu'on observe alors ne résulte point de l'action de la bile sur l'*albuminose formée*, mais bien de l'action de l'acide du chyme ou acide du suc gastrique sur certains éléments de la bile elle-même.

(1) PROUT, *Meteorology and the Function of Digestion*, p. 508.
(2) *Mémoire lu à la Société d'hist. nat. de Francfort-sur-le-Mein*, mai 1850.
(3) *Physiol. Chemie*, 1850, t. II, p. 98.
(4) *Ann. der Chemie und Pharmacie*, t. XL, p. 9.
(5) *Ouvr. cité*, t. III, p. 836.
(6) *A Treatise on the structure and Diseases of the Liver*, 1803, p. 115.
(7) *Ouvr. cit.*, trad. franç., t. II, p. 74.

avaient lié le canal cholédoque, le contenu des intestins exhalait une odeur putride, très-désagréable, et que des gaz intestinaux s'étaient développés en grande quantité. Ils prétendent que la même chose a lieu chez les ictériques dont les flatuosités sentent fortement l'acide sulfhydrique. Leuret et Lassaigne, Eberle (1), Hoffmann (2) et plusieurs autres physiologistes sont aussi de l'avis de Saunders.

Herbert Mayo a trouvé les matières, contenues dans l'intestin des chiens dont il avait lié le canal cholédoque, décolorées et exhalant une odeur des plus fétides; l'atmosphère seule de ces animaux était déjà presque insupportable.

Frerichs (3), après la même expérience, a constaté que le contenu de l'estomac était fortement acide, mais que, déjà dans la partie supérieure de l'intestin grêle, la réaction devenait alcaline. L'iléon était rempli de gaz. Dans le liquide filtré du chyme intestinal, il a trouvé ce corps particulier qui se colore en rose par l'acide nitrique, en bleu par l'acide chlorhydrique, que Virchow (4) a décrit comme un produit de la décomposition de la fibrine et que Bopp (5) considère comme provenant de la putréfaction des matières albuminoïdes en général : ce corps ne fut jamais rencontré par Frerichs dans l'intestin pendant la digestion normale. Il est vrai que Wehsarg (6), dans un travail plus récent, affirme l'avoir constamment trouvé dans les fèces de l'homme.

Bidder et Schmidt (7) ont reconnu les mêmes signes de décomposition des matières digérées, le développement de gaz d'une odeur insupportable, etc., chez tous les chiens qui portaient une fistule biliaire et qui étaient nourris de matières animales. Mais les gaz, quoique très-abondants, et les fèces étaient presque inodores si ces animaux étaient nourris de pain seulement.

Blondlot croit que la plus grande partie de ces gaz est avalée par l'animal en léchant sa plaie : mais Bidder et Schmidt ont encore pu en constater la présence, même quand l'animal avait été mis, pendant dix jours, dans l'impossibilité de lécher la bile sortant par la fistule.

Schwann ne parle ni des borborygmes, ni de l'odeur de ses animaux mis en expérience; mais Blondlot (8) dit explicitement que les chiens, sur lesquels il avait lié le canal cholédoque et établi une fistule biliaire, ne présentaient ni odeur anormale des excréments, ni borborygmes, quand on les avait empêchés de lécher leur bile.

Les faits qui précèdent tendent à établir que la bile peut empêcher la décomposition putride des matières contenues dans l'intestin, mais que cette décomposition ne s'opère pas nécessairement dans tous les cas où il

(1) *Physiol. der Verdauung*, p. 314.
(2) Hæser's *Archiv*, t. VI, p. 157.
(3) *Ouvr. cité*, t. III, p. 839.
(4) Henle und Pfeuffer, *Zeitschr.*, t. V, p. 213.
(5) *Annalen der Chemie und Pharmacie*, t. LXIX.
(6) *Mikrosk. und chem. Untersuchung der Fæces gesunder Menschen*. Giessen, 1853.
(7) *Ouvr. cité*, p. 218.
(8) *Mém. sur les fonctions du foie*, p. 71.

y a obstacle au cours de la bile dans le canal digestif. De la présence de l'acide lactique provenant d'aliments végétaux peut aussi résulter le même effet antiputride.

La bile excite-t-elle, comme on l'a prétendu, *les mouvements du canal intestinal?* Tiedemann et Gmelin (1) ayant observé que, dans les cas de ligature du canal cholédoque, les selles étaient rares, très-sèches et comme terreuses, en conclurent que la bile devait exciter le mouvement péristaltique et les sécrétions du canal intestinal. Ils font remarquer que les évacuations alvines des ictériques présentent ces mêmes caractères et qu'un excès de sécrétion biliaire cause de la diarrhée.

Eberle (2) est du même avis : « Si, dit-il, on ouvre l'abdomen et que l'on comprime la vésicule pour faire passer la bile dans l'intestin, on voit bientôt se développer les mouvements péristaltiques. L'expérience réussit mieux si l'animal est à jeun depuis quelque temps. Si ensuite on tue l'animal, non-seulement on observe les mouvements les plus vifs de l'intestin, mais sa cavité est plus ou moins remplie de matières sécrétées partout où il y a eu contact de la bile. »

Blondlot, Schwann, Nasse, Bidder et Schmidt ont toujours vu les selles se maintenir très-régulières sans le concours de la bile; ce qui ne s'accorde guère avec l'influence qu'on prête à ce fluide sur le mouvement péristaltique de l'intestin.

Schiff (3) a le premier démontré, en 1847, que la bile mise en contact avec la fibre musculaire y fait naître les contractions les plus énergiques, et que, dans les muscles de la vie organique en particulier, elle détermine une contraction permanente et comme tétanique. Injectée dans le cœur, la bile l'arrête, dans la systole la plus énergique, plus promptement que la strychnine et même que le galvanisme. Budge (4) a confirmé ces observations, et de plus a constaté que la bile appliquée sur un nerf moteur, sans contact immédiat avec les muscles, détermine dans ceux-ci des mouvements convulsifs. Appliquée à nu sur la tunique musculaire de l'œsophage du chat ou de l'intestin grêle du lapin, la bile y provoque, d'après Schiff, une contraction permanente; mais, dans l'état normal, la bile ne peut pas agir ainsi, parce qu'elle est séparée de la tunique musculaire par la membrane muqueuse et l'épaisseur du tissu sous-muqueux. Aussi voit-on souvent des portions d'intestin qui, quoique remplies de ce fluide, ne sont nullement contractées. Mais Schiff a vu distinctement les *villosités* mêmes de l'intestin se contracter sous l'influence d'un contact prolongé avec la bile : cette contraction était bien distincte de celle qui a été décrite par Lacauchie (5) et par Kölliker (6) comme effet cadavérique, et les expériences de Schiff à ce sujet paraissent décisives. Il a constaté en

(1) *Ouvr. cité*, trad. franç., t. II, p. 71.
(2) *Ouvr. cité*, p. 314.
(3) *Archiv für physiol. Heilkunde*, t. IX, p. 60.
(4) Froriep's *Tagesberichte*, t. I, p. 343; 1852.
(5) *Études hydrotomiques et micrographiques*, p. 51.
(6) *Mikroskop. Anatomie*, t. II, p. 159.

outre que la bile, quand elle est mêlée au chyme, fait contracter très-manifestement les muscles des grenouilles.

Il est donc probable que la bile, quoique mêlée au chyme et en partie précipitée par son acide, agit sur les *villosités intestinales* comme la bile seule. Mais il est bien difficile de le démontrer; car, si l'on met ce chyme en contact avec la muqueuse, on ne peut plus examiner les villosités, et si, après quelque temps, on essuie cette membrane, alors on exerce une irritation mécanique qui suffit, d'après les recherches de Brücke (1), pour y déterminer des contractions.

Tiedemann et Gmelin (2) croient que la bile versée dans l'intestin stimule sa membrane muqueuse et l'excite à sécréter davantage de suc et de mucus intestinaux. Eberle (3) admet aussi que la bile augmente la *sécrétion* du *suc intestinal*, parce qu'il a vu dans l'intestin, partout où il y avait contact de la bile, une espèce de mucus qu'il considérait comme du suc intestinal; mais il ne connaissait pas les caractères véritables de cette dernière sécrétion, et il paraît avoir pris, pour elle, le mucus précipité de la bile.

Il serait possible que la bile, en déterminant la contraction des fibres musculaires découvertes dans la muqueuse des intestins par Middeldorpf, favorisât l'expulsion du produit de la sécrétion intestinale. Jusqu'à présent, dans des tentatives réitérées, jamais Schiff (4) n'a pu constater, chez les mammifères, de pareilles contractions sous l'influence de la bile.

La bile, par l'*eau* qu'elle renferme, sert à rendre le chyme plus liquide et à en faciliter l'absorption partielle. C'est un des résultats certains, mais très-accessoires, de la présence de la bile dans le tube intestinal. L'eau qu'elle contient, et qui arrive avec elle dans l'intestin, se résorbe avec la partie liquéfiée et transformée des aliments.

IV. Nous voici enfin arrivés à l'intéressante question de savoir si la bile concourt à la digestion d'une certaine classe d'aliments en particulier.

Quant aux *matières albuminoïdes et féculentes,* les analyses quantitatives de Bidder et Schmidt établissent que la bile n'agit guère autrement sur elles que l'eau pure. La digestion de ces substances ne paraît ni empêchée, ni ralentie, ni diminuée chez les animaux dont on a lié le canal cholédoque. L'amidon, digéré dans la bile putréfiée, peut se changer en glycose comme sous l'influence de tous les liquides en putréfaction; la bile fraîche est à peu près sans action sur lui. Cependant Nasse (5) affirme que la bile de bœuf peut transformer un peu d'empois en glycose, mais qu'elle est sans action sur la

<hr>

(1) *Berichte der Wiener Akademie,* 1851.
(2) *Ouvr. cité,* trad. franç., t. II, p. 70.
(3) *Die Verdauung,* p. 314.
(4) Communication écrite.
(5) Nasse, *Physiologie der Galle* (*Archiv für wissenschaftliche Heilkunde,* 1859, t. IV, p. 445).

fécule crue ; celle-ci au contraire subirait la même transformation sous l'influence de la bile de porc. La glycose se transforme, en bien faible quantité,
en acide lactique au contact de la bile ; mais au contact de l'eau pure se
produit souvent le même effet. Si l'on fait digérer la glycose avec de la
bile, l'acide lactique formé met en liberté quelques acides gras dé la bile
solubles dans l'éther, et bientôt l'extrait éthéré devient plus chargé et plus
abondant. Meckel ab Hemsbach (1) et Marchand, qui ont observé ce fait,
ont cru que, sous l'influence de la bile, la glycose se transformait en
graisse ; mais Schiel (2), Van den Brock (3) et Frerichs (4) ont démontré la
cause de cette erreur.

Rappelons-nous surtout que, sans le secours des autres sucs sécrétés
dans l'intestin (fluide pancréatique, suc intestinal), la bile ne possède aucune action transformatrice à l'égard des aliments azotés incomplétement
digérés par l'estomac, et qu'elle ne peut rendre de nouveau coagulables
les matières albuminoïdes déjà transformées par le suc gastrique.

Pour ce qui regarde les *matières grasses*, c'est une ancienne opinion que
la bile les *émulsionne* et qu'elle les rend ainsi plus absorbables. On peut
voir, dans Haller (5), quelques-unes des raisons alléguées en faveur de
cette opinion dont il se déclare le partisan.—Tiedemann et Gmelin (6) disent
qu'il est probable que la bile opère la *dissolution* des corps gras. Leuret et
Lassaigne (7), Bouchardat et Sandras (8) attribuent positivement à ce fluide
la propriété de rendre la graisse soluble.

A l'appui de ces manières de voir, on a rappelé, entre autres faits, que
les ictériques ne digèrent qu'incomplétement les corps gras, qui sont
rendus inaltérés avec les fèces ; que la bile est souvent employée comme
savon par les dégraisseurs, etc.

Les expériences de Lenz (9) tendent néanmoins à établir que la bile,
telle qu'elle arrive dans l'intestin et qu'elle se mêle au chyme acide,
ne peut guère *dissoudre* ou décomposer les corps gras, et que, si elle
émulsionne les graisses liquides, elle est loin de posséder cette propriété
à un degré plus prononcé que les autres liquides visqueux qui se trouvent
dans l'intestin.

Mais Bidder et Schmidt (10) ont examiné de nouveau la question et l'ont
traitée d'une manière plus précise et plus concluante, dans leur important
travail sur la digestion.

(1) *De genesi adipis in animalibus.* Halæ, 1845.
(2) HENLE und PFEUFFER, *Zeitschr.*, t. IV, p. 375.
(3) Même recueil, année 1849.
(4) *Ouvr. cité*, t. III, p. 835.
(5) *Elem. physiol.*, t. VI, p. 608.
(6) *Ouvr. cité*, t. II, p. 56.
(7) *Loc. cit.*
(8) *Comptes rendus des séances de l'Acad. des sc. de Paris*, mai 1842.
(9) LENZ, *De adipis concoctione et absorptione.* Mitaviæ, 1850.
(10) *Ouvr. cité*, p. 222.

Un chien, dont le conduit cholédoque était lié, et qui portait une fistule biliaire, fut nourri pendant huit jours, exclusivement de matières animales qui, pesant 4816 grammes, contenaient 1280 grammes de résidu sec composé de 1100 grammes de matières albuminoïdes et de 180 grammes de graisse. Les fèces desséchées pesaient 138^{gr},1 dont 85 grammes étaient constitués par de la matière grasse : donc 95 grammes de graisse avaient été absorbés. Un peu plus tard, le même chien reçut, en cinq jours, 3035 grammes des mêmes substances donnant 806,8 grammes de résidu sec composé de 693^{gr},2 de matières albuminoïdes et de 113^{gr},6 de graisse. Les fèces desséchées pesaient 124 grammes dont 72,2 de graisse : par conséquent il y avait eu ici absorption de 41,4 grammes de matière grasse. En d'autres termes, puisque l'animal pesait 5300 grammes, il avait, dans la première expérience, absorbé par jour 11^{gr},88 de graisse, soit, par kilogramme de son poids et par 24 heures, 2^{gr},24 ; tandis que, dans la seconde expérience, il en avait absorbé par jour 8^{gr},28, soit, par kilogramme de son poids et par 24 heures, 1^{gr},56.

Or, en poursuivant leurs recherches, d'une manière comparative, sur des chiens sains et sur d'autres munis de fistule biliaire, ces deux habiles expérimentateurs sont arrivés à établir qu'en moyenne les derniers *n'absorbent*, par heure et par kilogramme de leur poids, que $\frac{1}{6}$ ou $\frac{1}{7}$ de la quantité de graisse qu'absorbent les premiers.

Un autre argument à l'appui de l'action qu'exerce la bile dans l'absorption de la graisse se tire de l'*état du chyle*, fluide qui, comme on le sait, doit sa couleur blanche aux matières grasses émulsionnées qu'il contient.

Brodie (1) a trouvé sur des chats, qu'après la ligature du canal cholédoque, le chyle, au lieu d'être blanc et opaque, était transparent ou à peu près incolore. En répétant cette expérience sur deux chiens adultes, Magendie (2) affirme avoir vu que du chyle blanc avait été formé ; mais il ne dit pas qu'il ait comparé la blancheur de ce chyle à celle du chyle normal.

Herbert Mayo (3), ayant reproduit ces expériences sur six animaux, a trouvé, comme Brodie, le chyle incolore. Il avait pris trois chiens et trois chats, et il a assuré depuis (en 1846), que, sur ces derniers, il avait eu grand soin de ne pas lier en même temps le conduit pancréatique ; ce qui lève les doutes qu'on avait conçus contre l'exactitude de ses expériences sur les chats.

Tiedemann et Gmelin (4) ont toujours vu le chyle moins blanc et plus diaphane, souvent même jaunâtre ou incolore, après la ligature du canal cholédoque. Ils en concluent qu'alors le chyle contient moins de graisse qu'à l'état normal.

Leuret et Lassaigne (5) ont vu aussi le chyle être presque transparent

(1) *Quarterly Journal of Science and Arts*, 1823, p. 341.
(2) *Précis élém. de physiol.*, t. II, p. 119, 4ᵉ édit. Paris, 1836.
(3) *London Med. and Phys. Journal*, 1826, p. 340.
(4) *Ouvr. cité*, trad. franç., t. II, p. 55.
(5) *Ouvr. cité*, p. 148.

dans ces conditions. Au contraire, Blondlot (1) et Philipps (2) auraient trouvé le chyle blanc comme à l'ordinaire ; Lenz (3) dit aussi avoir rencontré du chyle blanc dans les chylifères de chats dont il avait lié le canal cholédoque seul ou avec le conduit pancréatique ; seulement ces vaisseaux étaient moins injectés qu'à l'état normal. Mais Bidder et Schmidt (4), rectifiant dans leurs conclusions ces dernières expériences qu'ils avaient dirigées, affirment que la coloration blanche n'était que très-faible et qu'elle pouvait provenir, soit de l'influence de la bile qui existait encore dans l'intestin de ces chats, tués très-promptement après l'opération, soit de la petite quantité de graisse qui est absorbée sans le secours du fluide biliaire.

On peut remarquer que, dans toutes ces expériences, il ne s'agit que du degré d'intensité de la coloration, puisque le liquide qui se trouve dans les chylifères, à jeun, est assez souvent blanchâtre, quoique bien moins laiteux et moins opaque que pendant la digestion. De là vient que Brodie a pu conclure de ses expériences qu'il ne se formait plus de chyle (il ne considérait pas comme tel un liquide seulement opalin), et aussi que plusieurs autres expérimentateurs ont pu lui répondre qu'ils avaient trouvé le chyle blanc, quoiqu'il fût sans doute moins blanc qu'à l'état normal.

Nous avons vu que la majorité des expérimentateurs s'accorde à reconnaître que le chyle contient d'autant moins de graisse qu'il est plus diaphane et moins laiteux. Leuret et Lassaigne avaient déjà prouvé ce fait par l'analyse chimique du chyle transparent. Il restait à prouver qu'après la ligature du canal cholédoque, il en était de même du chyle jaunâtre ou opalin que Bidder et Schmidt ont quelquefois trouvé sur leurs chiens. Ces auteurs ont fait l'analyse du chyle du conduit thoracique de la plupart des chiens porteurs de fistule biliaire qui avaient servi à leurs expériences, et ils rapportent, *in extenso*, deux de ces analyses, comparativement à celle du chyle d'un chien sain tué huit heures après avoir mangé de la viande grasse de bœuf :

Tous les autres éléments étant à-peu près les mêmes, *la proportion de graisse libre du chyle était, pour le chien sain, de 32 sur 1,000, et, pour les chiens à fistule biliaire, au plus de 2 sur 1,000.*

Cette influence de la bile sur l'absorption de la graisse explique pourquoi la plupart des expérimentateurs ont noté, sur les chiens à fistule biliaire, un amaigrissement considérable qui résultait exclusivement de l'atrophie du tissu adipeux, les autres tissus ne présentant aucune altération dans leur nutrition. Cette dernière circonstance fait comprendre aussi que le poids des animaux jeunes puisse même augmenter malgré cet amaigrissement continu et progressif, la graisse étant la substance la moins pesante du corps. Aussi l'espèce d'embonpoint que Blondlot a remarqué

____

(1) *Traité analytique de la digestion*, p. 173 et suiv. Nancy, 1843.
(2) *London Medical Gazette*, 1853, p. 421.
(3) *Mém. cité*, p. 58 et 59.
(4) *Ouvr. cité*, p. 225.

sur sa jeune chienne a-t-il pu dépendre du développement du système musculaire : cet auteur ne fait pas mention, dans l'examen cadavérique, de l'état du tissu adipeux. Quant à Nasse (1), il dit du chien qu'il avait conservé cinq mois avec une fistule biliaire : « *Pinguedine quàm maximè caruit.* »

Faisons remarquer, enfin, qu'il n'est pas possible de supposer que le canal pancréatique ait été lié dans les expériences précédentes : Bidder et Schmidt déclarent avoir porté une attention toute spéciale sur ce point, et l'on ne peut admettre non plus que Tiedemann ait commis une pareille erreur.

Il nous reste à rechercher comment la bile contribue à l'absorption des matières grasses de l'alimentation.

Les parois de l'intestin étant constamment lubrifiées par un liquide aqueux, il paraît difficile d'admettre que les graisses, même réduites à l'état d'émulsion le plus parfait, puissent les pénétrer par voie d'endosmose. Matteucci (2) a vu une émulsion d'huile d'olive traverser une membrane humectée, sur ses deux faces, d'un liquide rendu très-faiblement alcalin par la potasse caustique ; ce qu'il explique en admettant que la potasse a dû saponifier une partie de l'huile. Mais l'endosmose ne s'opère plus si, pour rendre le liquide alcalin, on remplace la potasse caustique par le carbonate de potasse : il n'y a jamais eu endosmose dans les expériences ainsi faites par Schiff et prolongées pendant trois jours à la température de 35 à 40 degrés centigrades. Lenz (3) s'est aussi élevé contre la théorie de Matteucci.

Il y a généralement assez d'accord parmi les expérimentateurs pour reconnaître que les corps gras neutres ne sont point décomposés par la bile pure (4) ; à plus forte raison ne le seraient-ils pas, après que la bile a été versée sur le chyme acide. Les acides gras, avait-on supposé, sont saponifiés par la soude contenue dans la bile et ainsi rendus absorbables. Mais quel serait l'agent qui dédoublerait les graisses en base et en acide, puisque la plupart des graisses des aliments sont à l'état neutre ? Peut-être, à la température de l'intestin et avec un séjour très-prolongé, les corps gras pourraient-ils finir exceptionnellement par s'y dédoubler en glycérine et en acides gras ; mais, suivant la remarque de Lenz (5), Bidder et Schmidt (6), généralement ils ne restent pas assez longtemps dans l'intestin pour que cette décomposition, à laquelle s'opposerait d'ailleurs la réaction acide du chyme, puisse avoir lieu. Par la même raison, le suc pancréatique ne paraît pas non plus pouvoir la produire. On retrouve, *en nature*, dans le chyle

<hr>

(1) *Commentatio de bile quotidie a cane secretâ*, p. 16. Marbourg, 1851.
(2) *Leçons sur les phénomènes physiques des corps vivants*, p. 104 et suiv. Paris, 1847.
(3) *Mém. cit.*, p. 55. — Voyez aussi le *Traité de physiol.* de G. VALENTIN, t. I.
(4) LENZ, *Mém. cité*, p. 17.
(5) *Ibid.*, p. 32.
(6) *Ouvr. cité*, p. 228.

du canal thoracique, les matières grasses neutres qu'on a fait digérer par les animaux (Bouchardat et Sandras).

Si l'on admettait qu'un agent quelconque opérât d'abord la saponification des corps gras dans l'intestin, il faudrait encore admettre, avec Moleschott (1), que les savons produits, après avoir passé à travers les parois des chylifères, devraient, en se décomposant de nouveau, se reconstituer à l'état de corps gras neutres; comme on voit les graisses neutres du chyle être transformées en savons dans le sang, et ceux-ci sortir par les capillaires après s'être transformés de nouveau en corps neutres, état sous lequel se présentent les graisses dans les corps vivants.

D'après Schiff (2), le mécanisme de l'absorption des corps gras serait plus simple : cet observateur admet que, suivant les expériences d'Œsterlen (3), les corps solides insolubles peuvent, quand ils sont très-finement pulvérisés, passer à travers les parois vasculaires (*), et que la graisse finement émulsionnée pénètre de la même manière dans les lymphatiques. La bile, selon Schiff, exciterait les contractions des *villosités intestinales* qui ainsi videraient leurs lymphatiques actuellement remplis de granules graisseux, pour laisser le passage libre à d'autres granules émulsionnés dans l'intestin. La bile venant à manquer, les lymphatiques des villosités, une fois remplis de graisse, ne se videraient plus que très-lentement, et alors l'absorption de cette matière serait elle-même ralentie.

Nous aurons occasion de revenir plus tard (**) sur le phénomène encore obscur de l'absorption des matières grasses.

En résumé, nos précédentes études sur le *rôle de la bile dans la digestion* nous ont surtout appris que la bile n'est pas un simple liquide d'excrétion et qu'elle *concourt* à la digestion d'une classe entière d'aliments (matières grasses); que sa suppression, comme liquide digestif, diminue très-notablement, mais n'empêche pas tout à fait l'absorption de ces matières; que si, après la ligature du canal cholédoque, les animaux succombent promptement aux accidents de résorption de la bile, ils peuvent survivre pendant des mois et des années, lorsque, pour prévenir ces accidents, on a établi une fistule biliaire; qu'alors, par des raisons précédemment exposées, la vie n'est possible qu'avec une alimentation plus abondante qu'à l'état normal.

Nul doute qu'indépendamment de son importante influence sur l'absorp-

(1) *Physiologie des Stoffwechsels.* Erlangen, 1851, p. 207.
(2) Communication faite à la Société d'hist. nat. de Francfort-sur-le-Mein, 1853.
(3) *Beiträge zur Physiologie des gesunden u. kranken Organismus.* Iena, 1843.

(*) Les expériences de Mialhe, sur lesquelles Soubeiran a présenté à l'Académie de médecine de Paris un rapport favorable, démontrent que, si Œsterlen n'a pas été abusé par une illusion, il ne s'agissait nullement dans ses expériences d'un phénomène d'absorption, mais que les molécules de charbon, anguleuses et acérées, se seraient frayé un passage à travers la substance molle des villosités. P. Bérard a vu, de son côté, qu'en employant le noir de fumée, substance dont les particules n'offrent pas les contours anguleux des molécules de charbon de bois, on ne retrouve pas la moindre trace de charbon dans le sang des animaux auxquels on l'a ingéré. (MIALHE, *Chimie appliquée à la physiol.*, p. 197.)

(**) Voyez, au chapitre ABSORPTION, le paragraphe consacré à l'*absorption intestinale*.

tion des matières grasses, la bile, qui éloigne de la masse du sang tant de matériaux inutiles qui s'y introduisent avec les aliments, ne se rattache pour une grande part aux phénomènes généraux de la nutrition. Ce n'est point encore le lieu de nous occuper de cet intéressant problème.

SUC PANCRÉATIQUE.

Voulant examiner le *suc pancréatique* (qui est versé dans la deuxième portion du duodénum) seulement dans ses usages et dans ses rapports les plus directs avec la fonction digestive, nous avons réservé, pour le chapitre consacré à l'étude générale des glandes et des *Sécrétions*, certaines particularités relatives surtout à l'anatomie comparée et à la texture du pancréas.

I. — Regnier de Graaf qui, le premier, obtint isolément le liquide sécrété par le pancréas, sur un chien (*), le trouva clair et visqueux, doué

(*) *Extraction du suc pancréatique.* — REGNIER DE GRAAF (1), à propos du procédé qu'il mit en usage pour se procurer du suc pancréatique, s'énonce ainsi : « A la sollicitation de » Sylvius de le Boë, je fus assez heureux, l'an 1662, pour découvrir le moyen de recueillir le » suc pancréatique (p. 19)... On fera une incision à l'abdomen, suivant la ligne blanche depuis » le cartilage xiphoïde jusque vers la région du pubis, pour atteindre l'intestin, qui sera lié » près du pylore, et à trois ou quatre travers de doigt au-dessous de l'orifice du canal pancréa- » tique, afin que les aliments descendant de l'estomac, ou les matières contenues dans les in- » testins venant à remonter par le changement du mouvement péristaltique, ne troublent point » l'opération. On fendra ensuite l'intestin entre les deux ligatures, suivant sa longueur, par sa » partie antérieure et éloignée du mésentère, en nettoyant bien avec une éponge la bile et les » autres matières qui s'y trouvent. On trouvera généralement le canal pancréatique libre en- » viron deux travers de doigt au-dessous de l'orifice du conduit biliaire... puis on introduira » doucement dans l'orifice étroit du canal pancréatique le petit bout d'un tuyau de plume » (de canard) attaché à une fiole ; après quoi, ayant fixé cette fiole à l'intestin, on coudra l'ab- » domen avec un gros fil, en laissant pendre dehors la fiole, comme elle est représentée dans » la troisième planche, fig. II (ouvr. cité).
» Ce seul instrument suffit, quand le canal pancréatique est *unique* ; mais *s'il y a un deuxième* » *canal*, comme il arrive quelquefois (chez le chien), on aura, pour le boucher, recours à l'in- » strument compresseur représenté dans la deuxième planche, fig. III (ouvr. cité)... afin de » serrer tellement l'intestin que rien ne puisse sortir du *second conduit*.... De cette manière, » tout le suc pancréatique sort par le trou où le petit tuyau de plume a été introduit et tombe » dans la fiole (p. 24 et 25). »
Plus loin (p. 27 et 35), REGNIER DE GRAAF décrit les propriétés du suc pancréatique, comme le lui permettaient les connaissances chimiques de son époque, et il assure « *en avoir recueilli,* *par le moyen précédent, jusqu'à deux drachmes et même une demi-once sur un chien, et une* *once entière sur un autre chien (dogue)* en sept ou huit heures. » C'est à l'aide du même pro- cédé, et sur des animaux de la même espèce, que SCHUYL, autre disciple de François de le Boë, a avancé plus tard (1670) en avoir obtenu *deux onces* dans l'espace de trois heures.

De nos jours, TIEDEMANN et GMELIN (*Rech. expér. sur la digestion*, trad. franç. par Jourdan, 1re part., p. 27 et suiv., Paris, 1827), voulant éviter l'incision et la ligature de l'intestin avec tous les désordres qui peuvent en résulter, se sont bornés à *inciser le conduit principal du* *pancréas vers son abouchement dans le duodénum*, et à y introduire un petit tube de verre qu'ils assujettissaient par le moyen d'une ligature. Leur procédé, quelque peu modifié, a été adopté, depuis, par la plupart des expérimentateurs qui ont voulu se procurer le liquide propre au pancréas, en établissant des *fistules pancréatiques* permanentes.

(1) *Traité du suc pancréatique*, dans Hist. anat. des parties génitales de l'Homme et de la Femme, trad. franç. Bâle, 1669, in-8°.

d'une saveur tantôt salée, tantôt un peu acide, très-souvent acide et salée; quelquefois, ajoute-t-il, ce suc était presque insipide, « de quoi notre maître Sylvius et tous mes condisciples peuvent rendre témoignage » (*ouvr. cit.*, p. 27). Schuyl (1), et plus tard Viridet (2), crurent lui trouver aussi de l'acidité. Tiedemann et Gmelin (3) le virent légèrement acide au moment de l'incision du conduit pancréatique, et, peu de temps après, *alcalin*.

L'*alcalinité* de ce suc, constatée autrefois par Wefper, Pechlin, C. Brunner et J. Bohn, n'est plus douteuse aujourd'hui pour aucun expérimentateur.

Leuret et Lassaigne (4), Frerichs (5) et Lehmann (6), qui, pour se procurer le suc pancréatique, ont, comme R. de Graaf, ouvert le duodénum et introduit une canule dans l'orifice du conduit pancréatique, le représentent comme un liquide clair, légèrement visqueux, incoagulable ou à peine coagulable par la chaleur, etc., contenant peu d'albumine, et dont le résidu renfermerait moins de parties organiques que de sels inorganiques.

Pour obtenir le même fluide, Tiedemann et Gmelin (7) les premiers, et, à leur exemple, Cl. Bernard (8), Colin (9), Bidder et Schmidt (10), n'ont pas ouvert l'intestin, mais ont adapté un petit tube au principal canal pancréatique. Ces auteurs s'accordent assez généralement à dire que ce fluide est visqueux, filant, très-riche en matières solides et surtout en matières organiques, qu'il se coagule fortement par la chaleur, par l'alcool et les acides énergiques, ou aussi à admettre qu'il contient une matière albumineuse différente de l'albumine proprement dite et qu'il précipite très-abondamment par divers sels métalliques.

Il semble, d'ailleurs, que les propriétés du suc pancréatique ne soient pas parfaitement identiques dans différentes espèces animales, même assez rapprochées, et l'on peut penser aussi que le mode et le moment de l'extraction ne sont pas étrangers aux divergences d'opinions qui existent relativement à la coagulabilité et à la viscosité de ce liquide. La remarque a été faite que le pancréas, exposé au contact de l'air atmosphérique pendant un temps un peu prolongé, sécrète un suc anormal semblable à celui qu'ont décrit Leuret et Lassaigne, Frerichs, etc. Suivant Colin (11), le suc pancréatique est très-coagulable chez le bœuf et le mouton, mais moins que chez le chien; il ne serait pas coagulable chez le cheval et le porc. La quantité plus ou moins grande d'albumine que contient le suc pancréatique lui a

<hr>

(1) *Tractatus pro veteri medic.*, p. 94.
(2) *De prima coctione et ventriculo fermento*, p. 266.
(3) *Ouvr. cité*, trad. de Jourdan, 1re partie, p. 28 et 29, et 2ᵉ partie, p. 315.
(4) *Ouvr. cité*, p. 103 et suiv.
(5) *Ouvr. cité*, t. III, p. 844.
(6) *Physiol. Chemie*, t. II, p. 106.
(7) *Ouvr. cité*, 1ʳᵉ partie, p. 27.
(8) *Arch. génér. de med.*, 4ᵉ série, t. XIX, p. 68.
(9) *Comptes rendus de l'Acad. des sc. de Paris*, t. XXXII, p. 374; et t. XXXIII, p. 85.
(10) *Ouvr. cité*, p. 258.
(11) *Physiol. comp. des animaux domestiques*, t. I, p. 641.

paru variable suivant les animaux et surtout suivant le degré d'activité de la sécrétion.

Quoi qu'il en soit, le suc pancréatique, tel qu'il s'écoule généralement pendant une digestion normale, est un liquide incolore, filant, et, pour la consistance, presque analogue à du sirop. Sa saveur est salée. Il devient mousseux quand on l'agite, se coagule et se prend en masse lorsqu'on le chauffe ou qu'on le traite par des acides forts, comme s'il s'agissait d'une forte dissolution d'albumine. De même que les matières actives de la salive et du suc gastrique (*diastase salivaire* et *pepsine*) sont de nouveau solubles dans l'eau après qu'elles ont été précipitées par l'alcool, de même aussi, comme l'ont constaté Bouchardat et Sandras, en 1845 (1), la matière organique particulière au suc pancréatique peut se redissoudre dans l'eau, quoiqu'on l'ait d'abord coagulée par l'alcool. Or, on sait que la véritable albumine, mise dans les mêmes conditions, ne se redissout plus d'une manière appréciable. Du reste, le suc pancréatique, dont la réaction est constamment alcaline, s'altère et perd toutes ces propriétés avec une grande facilité. Lorsqu'il a subi un commencement de putréfaction, si l'on y ajoute du chlore, le liquide prend une couleur rouge que Tiedemann et Gmelin (2) ont signalée, et que Cl. Bernard (3) considère comme caractéristique du liquide et du tissu pancréatique.

D'après Leuret et Lassaigne, le suc pancréatique du cheval serait composé de 99^{gr},1 d'eau et de 00^{gr},9 de résidu sec. Tiedemann et Gmelin ont trouvé, dans celui de la brebis, 96^{gr},35 d'eau et 3^{gr},65 de résidu sec; dans celui du chien, 91^{gr},28 d'eau et 8^{gr},72 de parties solides. Enfin, Bidder et Schmidt assurent que le suc pancréatique contient jusqu'à 10 pour 100 de résidu sec, dont 9/10 de matières organiques.

On peut admettre, comme du suc pancréatique normal, celui de chien et de brebis, dont Tiedemann et Gmelin ont fait l'analyse, puisque, dans l'un et l'autre cas, ce fluide était visqueux, coagulable par la chaleur, l'alcool et les acides énergiques. Voici le résultat de leurs analyses :

1° Le suc pancréatique du *chien*, comme nous venons de le dire, contient : eau, 91,28; parties solides, 8,72. Cent parties de principes solides donnent, en cendres, 8,28. Ces cendres renferment des carbonates alcalins en très-grande abondance, des chlorures alcalins, des acétates et des phosphates de soude et de potasse, très-peu de sulfates alcalins, du carbonate et du phosphate calcaires. L'alcali qui prédomine dans les cendres est la soude. Les matières organiques sont : de l'osmazôme; une matière qui rougit par le chlore; une matière analogue à la caséine et probable-

---

(1) *Des fonctions du pancréas*, etc. — Mémoire adressé à l'Académie des sciences de Paris, le 14 avril 1845, et inséré dans le *Supplém. à l'Annuaire de thérapeutique* pour 1846, p. 147.

(2) TIEDEMANN et GMELIN, *Ouvr. cité*, 1re partie, p. 30.

(3) *Mémoire sur le pancréas* (Suppl. aux *Comptes rendus de l'Acad. des sc. de Paris*, t. I, p. 433).

ment associée à la matière salivaire; beaucoup d'albumine, constituant environ la moitié du résidu sec.

2° Quant au suc pancréatique de la *brebis*, il renferme : eau, 96,35; parties solides, 3,65. Cent parties solides incinérées donnent, en cendres, 2,97, et leur composition ne paraît pas différer sensiblement de celle du suc pancréatique de chien. Cependant on n'y trouve pas de matière qui se colore en rouge par le chlore, ce qui a pu tenir à ce que ce fluide était plus frais que dans le cas précédent.

D'après ces analyses, la conclusion de Tiedemann et Gmelin (1) est que le « *suc pancréatique diffère essentiellement de la salive* ». Ils insistent sur la grande quantité d'albumine du premier de ces fluides, sur la proportion considérable de matériaux azotés qu'il renferme et qui ne se rencontrent pas dans l'autre (2).

Dans ces matériaux il faut comprendre cette variété de *diastase*, qui, reconnue, depuis, dans le suc pancréatique par Bouchardat et Sandras, et par Mialhe dans la salive, donne à ces deux fluides le pouvoir de transformer l'amidon en glycose.

II. — La *quantité* du suc pancréatique paraît varier suivant plusieurs circonstances qui ne sont pas encore bien précisées. Nous avons vu plus haut qu'en sept ou huit heures Regnier de Graaf s'était procuré 15 grammes de ce fluide sur un chien, et 30 grammes sur un autre; tandis que Schuyl, dans l'espace de trois heures, en aurait obtenu jusqu'à 60 grammes sur un animal de la même espèce. Frerichs en recueillit, en trois quarts d'heure, sur un âne, 25 grammes; sur un chien de haute taille, en vingt-cinq minutes, 3 grammes; Bernard, en une heure, sur un grand chien, 8 grammes, et, après le commencement de l'inflammation, 16 grammes par heure. Bidder et Schmidt, en huit heures, n'obtinrent d'un chien pesant 20 kilogrammes, que 16 grammes de suc pancréatique. Suivant Colin, les soli-•pèdes et les grands ruminants sécrètent, dans les périodes de surexcitation, environ 250 grammes de suc pancréatique par heure; le mouton, 7 à 8 grammes, et le porc 10 à 15 grammes.

Mais que peuvent apprendre toutes ces estimations de quantités si diverses, quand on sait qu'une *même quantité* de suc pancréatique peut constitutivement varier assez pour contenir tantôt 1 et tantôt 10 pour 100 de matériaux solides? Ce qu'il importerait ici de connaître, c'est la proportion des éléments réellement constitutifs de ce fluide eu égard à la quantité d'eau produite avec eux dans un temps donné. Weinmann (3) et Sig. Kroeger (4) ont essayé de remplir, en partie, cette tâche difficile,

(1) Tiedemann et Gmelin, *Rech. expér., physiol. et chim. sur la digestion;* traduct. de Jourdan. 2ᵉ partie, p. 316. Paris, 1827.
(2) *Ouvr. cité,* 1ʳᵉ partie, p. 41, 42.
(3) Weinmann, *Zeitschrift für rationelle Medicin* von Henle und Pfeuffer, III. Bd. Heft, 1853.
(4) Kroeger, *De succo pancreatico dissertatio physiologica,* p. 17 et seq. Dorpati, avril 1854.

en se servant de chiens qui portaient des fistules pancréatiques permanentes. Mais leurs résultats si variables restent sans valeur, parce qu'en
général ces expérimentateurs ont eu évidemment affaire à un suc pancréatique très-aqueux et anormal, produit d'une glande altérée par les suites
de l'opération.

D'après les pesées qu'il a faites, Colin conclut que la quantité de fluide
provenant de cette sécrétion n'est pas toujours en rapport avec le volume
de la glande qui la produit.

C'est pendant la *période digestive*, de la troisième à la cinquième heure,
que se produit réellement la sécrétion du suc pancréatique : dans l'intervalle
des digestions, elle est tellement ralentie, qu'il s'écoule à peine quelques
gouttes de liquide quand on établit des fistules sur des animaux à jeun.
Cette sécrétion, dont les *usages* ne se rapportent qu'à la digestion, offre
donc, à peu près comme cette fonction elle-même ou comme la production du suc gastrique, une intermittence digne de remarque ; tandis que
la bile, qui remplit un rôle à la fois digestif et dépuratoire, est transmise
dans l'intestin d'une manière continue, mais aussi en plus grande quantité
à chaque période digestive.

III. — L'auteur d'un remarquable *Traité de la digestion*, publié en 1834,
Eberle, s'appliquant à déterminer l'action du suc pancréatique sur les divers aliments, eut l'idée de préparer un liquide pancréatique en faisant *infuser dans l'eau pure* le pancréas du bœuf. Pour apprécier la valeur de ce
procédé, il n'est pas inutile de rappeler ici que, depuis lors, il a été établi
que, dans des infusions analogues de glandes salivaires, on peut très-facilement
retrouver tous les caractères physiques et physiologiques propres à chaque
salive normalement sécrétée et recueillie ; ajoutons que d'ailleurs c'est ce
même procédé qui, plus tard (1844 et 1845), a aussi amené G. Valentin,
Bouchardat et Sandras à découvrir un des usages les plus remarquables
du pancréas.

« Quand le précédent liquide pancréatique, » dit Eberle (1), « est mêlé et
« » agité avec de l'huile, le *mélange acquiert bientôt l'aspect d'une émulsion ;*
« » toutefois, par le repos, plusieurs gouttelettes huileuses reparaissent sans
« » avoir perdu d'abord d'une manière notable de leur limpidité et de leur
« » transparence ; mais, en ajoutant plus d'huile, puis en agitant de nouveau
« » le mélange, à la chaleur de la main, il se forme un liquide trouble d'un
« » blanc légèrement jaunâtre, duquel se sépare par le repos de l'huile qui
« » vient à la surface ; mais cette huile est elle-même trouble, blanchâtre, et
« » si finement divisée qu'elle présente l'aspect d'*une crème* ; alors le reste du
« » liquide *ne s'éclaircit plus.*

» Par conséquent », ajoute Eberle (p. 251), «le suc pancréatique est capable
« » de *maintenir* la graisse dans un état d'extrême division et d'en former une
« » émulsion. »

(1) EBERLE, *Physiol. der Verdauung.* Würzburg, 1834, p. 251.

Plus loin, le même auteur, résumant toutes ses expériences, formule ainsi sa cinquième conclusion :

« Le suc pancréatique peut s'emparer de la graisse et la *maintenir* sous » forme d'une fine émulsion. *Donc ce qu'on avait autrefois dit de la bile, à sa-* » *voir qu'elle agissait sur les parties grasses des aliments, doit se dire* mainte- » nant *du suc pancréatique* (p. 253). » Il ajoute (p. 327) que le suc pancréa- tique, outre qu'il rend le *chyme* plus fluide, a mission d'émulsionner les graisses qui y sont contenues, *pour les faire entrer dans le chyle.*

Cette opinion paraît partagée par Burdach (1) qui la rappelle et la cite en ces termes : « Suivant Eberle, le suc pancréatique sert en outre à dé- » layer la graisse et à la réduire sous forme d'émulsion. »

Eberle (p. 253) va plus loin et réfute l'argument qu'on pourrait tirer, contre son opinion, des expériences de Tiedemann et Gmelin dans les- quelles le chyle avait été trouvé *presque* limpide après la ligature du canal cholédoque : convaincu de la réalité du nouvel usage assigné par lui au pancréas et de l'erreur où l'on était, suivant lui, en attribuant cet usage à la bile, il prétend que, puisqu'il n'y avait pas eu émulsionnement des graisses dans ces cas, le conduit pancréatique lui-même avait dû aussi être oblitéré par suite de l'opération.

Pour toutes ses expériences *physiologiques,* Eberle déclare d'ailleurs, de la manière la plus explicite (p. 235), ne s'être servi que d'une *simple infusion aqueuse et filtrée* de pancréas de bœuf. C'est donc à tort qu'il lui a été reproché d'avoir à l'ordinaire préparé *son liquide* en mettant un pancréas dans une bouteille avec une solution de chlorure de sodium, d'acétate de potasse et de soude, à laquelle il ajoutait même quelque- fois de la salive (2). Eberle s'est en effet servi d'un pareil mélange, mais seulement pour quelques expériences *chimiques* tout à fait acces- soires (3).

Depuis quelques années, Cl. Bernard (4), ayant repris cette question des usages du fluide pancréatique, a été conduit à des résultats confirmatifs de la doctrine d'Eberle. En effet, si l'on mêle, suivant lui, de la graisse fluide avec du suc pancréatique, il se forme une émulsion complète, semblable à du chyle, qui, exposée à une température de 35 à 38 degrés, se maintient parfaitement pendant 15 à 18 heures. Le liquide ne change pas du tout d'apparence. Mais, au bout de quelques heures (5 ou 6), il devient évident que, sous l'influence du suc pancréatique, la graisse a aussi subi une modification chimique, qu'elle a été dédoublée en glycérine et en acides gras.

(1) Burdach, *Traité de physiol.*, trad. de Jourdan, t. IX, p. 380.
(2) Moyse, *Étude historique et critique sur les fonctions et les maladies du pancréas,* thèse inaug. Paris, 30 juin 1852, p. 9.
(3) Eberle, *Ouvr. cité*, p. 226.
(4) Cl. Bernard, *Du suc pancréatique et de son rôle dans les phénomènes de la digestion* (*Arch. génér. de méd.*, 4ᵉ série, t. XIX, janvier 1849).

Quant à ce dédoublement, les expériences de Bouchardat et Sandras (*), celles surtout de Bidder et Schmidt (**) ont démontré qu'il ne peut avoir lieu ordinairement *dans le tube digestif.* — Les graisses y sont donc seulement émulsionnées par le suc pancréatique et rendues ainsi plus absorbables.

C'est exactement l'opinion d'Eberle, avec l'appui d'expériences et d'observations variées et en partie contestables, comme les suivantes : Chez le chien, après la ligature des conduits pancréatiques, la graisse reste inaltérée dans le canal intestinal et ne passe plus dans les chylifères qui contiennent un liquide limpide, non lactescent. — Chez le lapin, le canal pancréatique, qui est unique, s'ouvre très-bas dans l'intestin, à 35 centimètres environ au-dessous de l'orifice du canal cholédoque (***) : or, si l'on donne des aliments gras à un lapin, on voit que c'est précisément après l'abouchement du canal du pancréas que les chylifères commencent à contenir un chyle blanc laiteux, tandis que plus haut ils ne renferment qu'un chyle transparent. — Les maladies profondes du pancréas, chez l'homme, s'accompagnent constamment de selles graisseuses. — En injectant, par le canal pancréatique, des matières grasses liquides dans l'intérieur du pancréas, on parvient à détruire cet organe dont le tissu se combine avec la graisse et bientôt se résorbe; de là, ajoute-t-on, chez les animaux, un amaigrissement des plus rapides, le passage des matières grasses non digérées dans les fèces, et enfin la mort.

L'influence du suc pancréatique sur les corps gras nous paraît avoir été exagérée, ou plutôt trop exclusivement attribuée à ce liquide. Frerichs (1) conclut d'expériences comparatives que le sérum du sang, la bile, le suc intestinal et la salive possèdent un pouvoir émulsionnant qui n'est pas bien inférieur à celui dont le suc pancréatique est doué : il est vrai qu'il avait pris pour terme de comparaison le suc pancréatique de l'âne, qui, ne se coagulant point par la chaleur, a pu être considéré comme altéré. Mais c'est là seulement une question de plus ou de moins; Lenz (2), Bidder et Schmidt (3), et nous-même avons vu que d'autres fluides que le suc du pancréas peuvent former, avec l'huile d'olive, des émulsions qui se conservent aussi assez longtemps.

(*) *Rec. cité,* 1845, p. 259. — Ces expérimentateurs ont retrouvé dans le chyle et reconnu, à tous leurs caractères, l'huile d'amandes douces, les graisses de mouton et de porc, chez les animaux auxquels ils avaient fait digérer ces substances qui, en effet, n'avaient point été dédoublées.

(**) *Ouvr. cité,* p. 228. La propriété de dédoubler et d'acidifier les corps gras, qui se constate hors de l'intestin, n'est pas mise en jeu chez l'animal vivant, suivant ces auteurs ; elle est complétement annihilée par la *réaction acide du chyme.* — De même, le suc pancréatique, s'il a été légèrement acidulé, a beau être mis en contact prolongé avec des matières grasses neutres en dehors du corps de l'animal, il ne détermine plus leur *saponification,* c'est-à-dire que la glycérine n'est pas rendue libre, et que l'acide ou les acides du corps gras ne s'unissent plus à l'alcali du suc pancréatique pour former un savon.

(***) Cette particularité anatomique a été signalée par Regnier de Graaf : « Dans les lièvres et les lapins, dit-il, le suc pancréatique se décharge *à quinze ou seize travers de doigt au-dessous du pylore.* » Dans ouvr. cité, p. 11 (*Traité du suc pancréatique*).

(1) Frerichs, *Ouvr. cité,* t. III, p. 848.
(2) Lenz, *Mém. cit.,* p. 47.
(3) Bidder et Schmidt, *Ouvr. cité,* p. 252.

Schiff a trouvé à la *salive sous-linguale* du chat, mêlée au mucus de la bouche, un pouvoir émulsionnant très-prononcé ; l'émulsion s'est maintenue pendant deux jours et demi. Avec la salive mixte ou la salive parotidienne, qui est plus aqueuse, l'émulsion a été bien moindre. J'ai déjà dit (p. 205) que j'avais fait les mêmes observations sur la salive provenant des glandes sous-maxiliaires et sublinguales de l'homme, et que son pouvoir émulsif m'avait toujours paru plus marqué à jeun qu'après les repas (*).

Bidder et Schmidt attribuent, avec raison, les résultats négatifs de quelques expériences faites avec la *bile* par exemple, à ce que souvent on se sert d'une trop faible quantité de ce fluide. Si la bile ne peut émulsionner que dix fois moins de graisse que n'en émulsionnerait le suc pancréatique, comme il en coule dans l'intestin au moins dix fois plus que de suc pancréatique, il ne serait pas exact d'attribuer à ce dernier fluide seul les résultats d'émulsionnement obtenus. Encore faut-il ajouter que, d'après Lenz, Bidder et Schmidt, le pouvoir émulsionnant de la bile est plus considérable que dans la supposition précédente, et qu'il faut aussi tenir compte de la propriété émulsive évidente du *suc intestinal*.

Frerichs (1) fit, sur des chats à jeun, la ligature du canal de Wirsung, ou bien appliqua des ligatures multiples sur le *pancréas lui-même*, de manière à *le détruire* ; puis, ayant fait prendre à ces animaux de la *graisse* ou du lait (**), il les tua au bout de quatre à six heures. « Toutes les fois, dit-il, que la réaction inflammatoire n'atteignit pas un haut degré, les chylifères se trouvèrent remplis, tantôt en nombre plus grand, tantôt moins grand, d'un suc blanc laiteux. Les vaisseaux blancs admettent donc, dans une certaine limite, la graisse malgré l'absence du suc pancréatique. » Herbst (2) est arrivé aux mêmes résultats sur des lapins.

Sur des chiens *soumis préalablement à un jeûne prolongé* (et dans l'intestin desquels on ne pouvait plus admettre la présence du suc pancréatique dont la sécrétion n'a lieu qu'au moment de la digestion), après avoir *lié l'intestin* au-dessous des ouvertures des canaux biliaires et pancréatiques, Frerichs a injecté dans l'intestin, au-dessous de la ligature, de l'huile

(*) L. Corvisart affirme que « la *pepsine* (extraite de la membrane muqueuse de la caillette du mouton), exactement neutralisée, *émulsionne* si bien les graisses neutres que l'aspect crémeux persiste encore huit jours après l'expérience. Une acidité très-manifeste apparaît dès la quatrième heure. Il dit avoir répété des expériences analogues avec de la bile fraîche et neutre ; l'acidité est également survenue avec rapidité. La remarque avait d'ailleurs été faite qu'il n'y avait dans les liqueurs aucune trace de putréfaction commençante lors de l'apparition de ces phénomènes : on sait, en effet, que c'est une propriété de toutes les matières animales, en voie de décomposition, de déterminer dans de pareils mélanges la *rancidité*. » (Communication écrite.)

(1) Frerichs, *loc. cit.*

(**) Nous ne tiendrons compte ici que des expériences faites avec la *graisse*, attendu que dans le lait la matière grasse, déjà naturellement émulsionnée, a pu être directement absorbée par les chylifères.

(2) Henle und Pfeuffer, *Zeitschrift*, etc., Neue Folge, Bd. IV, Heft 1.

d'olive. Les animaux ayant été tués au bout de deux à trois heures, les chylifères contenaient déjà un liquide blanc et très-apparent. Des expériences analogues ont été répétées fréquemment par Lenz, par Bidder et Schmidt ; elles sont toutes confirmatives de celles de Frerichs. Évidemment il y a lieu de laisser de côté celles de leurs expériences dans lesquelles les canaux pancréatiques multiples avaient pu n'être pas tous ligaturés.

Plus récemment, Colin (1), ayant fait choix d'animaux de l'espèce bovine, a eu l'heureuse idée d'établir à la fois des fistules du pancréas et du canal thoracique sur les uns, et seulement des fistules de ce dernier canal sur les autres, afin de déterminer ainsi, d'une manière comparative (avec ou sans la participation du suc pancréatique), le rapport existant entre la somme des matières grasses absorbées et la somme de celles qui se trouvent dans les aliments. Si, plus haut, nous avons vu Eberle soutenir (en dépit d'expériences de Tiedemann et Gmelin, favorables à l'opinion ancienne de l'émulsionnement des graisses par la bile) que le suc pancréatique seul, et à l'exclusion du fluide biliaire, possède le pouvoir émulsif, nous voyons ici Colin affirmer que, sans l'intervention du suc pancréatique, les graisses sont émulsionnées, digérées et absorbées à peu près dans les proportions normales, et aussi qu'on les retrouve dans le canal thoracique « identiques, sous le rapport de leur état et de leurs propriétés physiques et chimiques, avec ce qu'elles sont dans les conditions physiologiques ordinaires » (*).

De tous les faits expérimentaux qui précèdent, quelle autre induction pourrait tirer un esprit non prévenu, si ce n'est qu'en effet, contre le sentiment trop absolu d'Eberle, les graisses peuvent, *au moins en partie*, continuer à s'émulsionner et à s'engager dans les chylifères, sans l'intervention du suc pancréatique ?

Je crois devoir rappeler ici, en passant, que j'ai démontré (2) que le

---

(1) COLIN, *De la digestion et de l'absorption des matières grasses sans le concours du fluide pancréatique.* — Mémoire présenté à l'Acad. de méd. de Paris, dans la séance du 1er juillet 1856.

(*) POINSOT (communication faite à l'Académie de médecine de Paris, dans sa séance du 9 septembre 1856) a attaqué les conclusions du travail de COLIN, en assurant qu'il avait suivi, sur un pancréas de veau, « deux conduits *excessivement ténus* jusque dans le canal cholédoque où ils venaient se jeter ».

A l'école d'Alfort, sur 14 pancréas de *bœuf*, injectés à l'aide de matières très-pénétrantes et solidifiables, il est arrivé seulement 4 fois de constater l'existence d'*un* canalicule réputé *supplémentaire*. Mais comme, dans les expériences précitées de COLIN, le suc pancréatique s'écoulait librement au dehors par le tube engagé dans le canal principal, on ne voit pas pourquoi, en cas d'existence du *canalicule*, un reflux se serait produit, par son entremise, dans les voies biliaires et de là dans l'intestin. Au moins, par suite de pareil reflux, le petit canal eût-il dû se dilater, et c'est ce qui n'a jamais eu lieu.

CL. BERNARD s'est servi du même argument que POINSOT et dans le même but. Cependant il n'attachait pas d'abord une aussi grande importance aux glandes supplémentaires qui, chez le lapin comme chez d'autres animaux, s'ouvrent quelquefois dans le canal cholédoque ou aux environs ; et, avant les expériences de COLIN, il considérait même comme tout à fait négligeable l'influence possible de ces quelques lobules pancréatiques. Cette contradiction ôte toute sa force à l'argumentation.

(2) LONGET, *Action du fluide séminal sur les corps gras neutres*, dans *Comptes rendus de l'Acad. des sc. de Paris*, décembre 1854.

fluide séminal possède aussi, et au plus haut degré, le pouvoir émulsionnant. Si l'on mêle avec le fluide séminal une matière grasse préalablement
reconnue neutre (de l'huile d'olive par exemple), et si on les agite ensemble, le mélange se transforme aussitôt en un liquide semblable à du
lait; il se fait une émulsion. Celle-ci est tellement parfaite, que jusqu'au
moment même de la putréfaction, avec une température de 15 à 20 degrés
centigrades, le liquide blanchâtre, crémeux, ne change pas du tout d'apparence, et qu'il n'y a, par le repos, aucune séparation entre la matière
grasse et le fluide séminal. Lorsqu'un pareil mélange a été maintenu au
bain-marie, entre 35 et 40 degrés, pendant quatorze à seize heures, on constate que la graisse n'est pas seulement divisée et émulsionnée, mais que
de plus elle est modifiée chimiquement; car la matière grasse neutre et le
fluide séminal alcalin formaient, au moment de leur mélange, un liquide blanc
laiteux, à réaction alcaline, tandis qu'après le laps de temps indiqué, et souvent plus tôt, le même liquide présente une réaction sensiblement acide.

Sans doute, cette expérience ne prouve rien relativement à ce qui se
passe dans l'intestin, mais elle vient à l'appui de cette opinion exacte, que
plusieurs des liquides de l'économie possèdent le pouvoir d'émulsionner
les graisses. Que le *suc pancréatique* jouisse de la propriété émulsive, même
à un haut degré, c'est un fait incontestable dont la découverte est due à
Eberle, et que nous-même avons pu vérifier bien des fois; mais évidemment, après les expériences relatées plus haut, on aurait tort de croire
que, même parmi les fluides digestifs, *seul* il possède cette remarquable
propriété.

Aussi, les *observations pathologiques* établissent-elles que les dégénérescences du pancréas peuvent exister sans que la graisse ait entièrement
cessé d'être digérée. On a dit, il est vrai, que dans les maladies du pancréas la graisse est expulsée avec les fèces, sans avoir été ni modifiée ni
absorbée dans l'intestin; d'où un amaigrissement extrême. Plusieurs observations, à l'appui de cette opinion, sont citées par Claessen (1), qui les a
empruntées à Bright (2), à Lloyd (3), à Elliotson (4), et aussi à Eisenmann (5). Mais, dans tous ces cas, le pancréas n'était pas le seul organe
malade, et très-souvent le duodénum était désorganisé ou le foie altéré, ou
les conduits biliaires oblitérés (*); si bien que beaucoup d'auteurs ont considéré les *fèces graisseuses* comme *dénotant une affection du foie* et non une
maladie du pancréas.

(1) Claessen, *Die Krankheiten des Pancreas.* Cologne, 1842.
(2) Bright, *Medico-Chirurg. Transact. of London,* t. XVIII, p. 1.
(3) Lloyd, *Ibid.,* t. XVIII, p. 57.
(4) Elliotson, *Ibid.,* t. XVIII, p. 67.
(5) Eisenmann, Dans *Annales de méd.* de Prague.

(*) C'est ainsi, par exemple, que dans l'observation de Lloyd il est dit (*Rec. cité,* p. 65) :
« Que si le foie n'offrait pas d'altération appréciable, le conduit cholédoque était tellement oblitéré à son abouchement dans le duodénum, que l'air insufflé à son origine ne pouvait pénétrer
dans l'intestin. Toute la surface du cadavre était d'une couleur jaune foncée. »
Je rappelle ici cette particularité, parce qu'elle a échappé à d'autres personnes qui ont mal
interprété la précédente observation.

D'autre part, il existe des observations de maladies profondes du pancréas sur des sujets ayant conservé un embonpoint plus ou moins marqué, et chez lesquels, par conséquent, la digestion de la graisse n'était point empêchée d'une manière absolue. J. Casper (1) rapporte le cas suivant : Un homme tombe gravement malade et meurt en deux jours. A l'autopsie, faite par Froriep, on trouva dans le péritoine et le mésentère une quantité de graisse dépassant considérablement la quantité normale. Tous les organes étaient sains, à l'exception du pancréas, qui était hypertrophié, infiltré de sang et tellement induré, que sa structure n'était plus reconnaissable. Cette glande, au lieu d'être oblongue comme à l'ordinaire, offrait une forme globuleuse.

Greiselius (2) rapporte qu'un individu très-gras, âgé de quarante-deux ans, et sujet depuis longtemps à des douleurs intestinales violentes, succomba à la suite d'un dernier accès douloureux qui avait duré dix-huit heures. Le pancréas était détruit comme par mortification ou sphacèle.

De Haen (3) cite l'exemple d'un homme âgé de cinquante-trois ans, remarquable par sa voracité, et qui, depuis plusieurs années, en proie à des douleurs épigastriques, mourut dans un accès de toux spasmodique. Sous la peau et par tout le corps existait, lors de l'autopsie, une couche graisseuse de l'épaisseur d'un doigt : entre autres lésions, on trouva le pancréas squirrheux dans toute son étendue.

Au rapport d'Abercombie (4), une femme éprouvait, depuis une année, des vomissements fréquents avec douleurs dans la région de l'estomac. Néanmoins, cette femme n'était pas amaigrie, et les téguments du ventre contenaient une couche graisseuse épaisse de deux pouces. Le pancréas était manifestement induré et squirrheux, en totalité, sans augmentation notable de son volume.

Chez un homme robuste, âgé de cinquante-six ans, qui (depuis le mois d'avril 1830 jusqu'au 8 octobre de la même année, époque de sa mort) avait ressenti des douleurs particulièrement fixées vers la région épigastrique, Dawidoff (5) raconte qu'on trouva, à l'autopsie, le pancréas «très-induré et converti en squirrhes noueux», plus volumineux qu'à l'état normal et fortement adhérent à l'estomac et au péritoine. L'incision de l'organe malade présentait une surface homogène, dure et blanche, qui laissait échapper quelques gouttes d'un liquide purulent. L'embonpoint était ordinaire, mais les muscles des parois abdominales étaient recouverts d'une couche considérable de graisse.

Bécourt (6) rapporte aussi quelques faits analogues aux précédents, c'est-à-dire des cas de maladie du pancréas, offrant une certaine durée, sans amaigrissement plus notable que dans les maladies des autres organes.

(1) J. Casper, *Wochenschrift f. d. gesammte Heilkunde*, 1836, p. 437.
(2) Greiselius, *Miscell. nat. Cur.*, D. I. an. III, obs. 45.
(3) De Haen, *Opusc. med. phys.*, t. I, p. 217.
(4) Abercrombie, *Edinb. Journ.*, 1824, avril, p. 249.
(5) Dawidoff, *De morbis pancreatis observationes quædam.* Dorpat, 1833, p. 9.
(6) Bécourt, *Recherches sur le pancréas, ses fonctions et ses altérations organiques;* thèses de Strasbourg. 1er juillet 1830. *Passim.*

Il serait inutile de citer en plus grand nombre de pareils exemples qui ne font pas défaut dans la science. Voyons maintenant ce qu'on doit penser des *selles graisseuses*, comme signe pathognomonique de la destruction et des maladies profondes du pancréas. Il nous sera facile d'établir que, d'une part, elles ne sont pas propres exclusivement à ces derniers cas, et que, d'autre part, elles ne sont pas constantes.

C'est un fait bien connu, depuis longtemps, que les ictériques ne digèrent qu'incomplétement les corps gras, qui sont rendus inaltérés avec les fèces. « Et bilem », dit Haller (1), « peculiariter oleosa solvere, tum ex prioribus » illis (p. 549) adparet, tum ex peculiari morbo.... in ægro icterico fæces » albæ erant, *supernatante pinguedine* (cui solvens liquor defuerat) : cum » vero medicamentis exhibitis calculus per anum decessisset, *porro fæces* » *oleosæ esse desierunt.* » Elliotson (2) rapporte deux observations dans lesquelles le célèbre chimiste W. Prout constata la présence de beaucoup de graisse dans les selles. Le *foie seul* était malade dans la première de ces observations, et ni cet organe ni sa vésicule ne renfermaient de bile; dans la seconde, la membrane muqueuse du côlon et du cæcum offrait des ulcérations. Il est dit que, dans l'un et l'autre cas, le *pancréas* fut trouvé parfaitement sain. Nous avons cité plus haut les expériences comparatives de Bidder et Schmidt sur des chiens sains et sur d'autres munis de fistule de la vésicule biliaire, avec ligature du canal cholédoque; expériences desquelles il résulte que ces derniers animaux n'absorbent plus, en moyenne, que $\frac{1}{6}$ ou $\frac{1}{7}$ de la quantité de graisse qu'absorbent les premiers, le surplus de cette matière passant inaltéré dans les fèces des chiens à fistule. Reinhold Schellbach (3) qui, dans des expériences analogues, a donné les résultats de ses analyses comparées des aliments et des excréments, a aussi noté que les selles deviennent *très*-graisseuses quand on empêche l'afflux de la bile dans l'intestin.

Ainsi les fèces graisseuses ne s'observent pas seulement dans les lésions du pancréas, elles se lient également aux affections exclusives des voies biliaires ; ce qui ne saurait surprendre quand on se rappelle le rôle si incontestable (4) de la bile dans la digestion des matières grasses.

Nous avons déjà mentionné plusieurs observations de désorganisation lente du pancréas chez l'homme, dans lesquelles on n'avait remarqué ni les évacuations graisseuses, ni l'amaigrissement excessif qui ont été considérés comme la conséquence nécessaire de cette affection. Il faut y ajouter deux autres cas consignés dans le tome XVIII, page 31 et 44 des *Med.-chir. Transact.* de Londres. Cela tendrait à donner raison à Claessen (5), qui, dans un savant ouvrage publié en 1842, après avoir analysé un grand nombre d'observations empruntées à divers auteurs, arrive à conclure qu'il n'y a

(1) HALLER, *Elementa physiologiæ*, t. VI, p. 609.
(2) ELLIOTSON, *Med.-chir. Transact. of London*, t. XVIII, p. 79.
(3) REINHOLD SCHELLBACH, Dans *Journal de pharmacie et de chimie*, déc. 1851.
(4) Voyez plus haut p. 296 et suiv.
(5) CLAESSEN, *Die Krankheiten des Pancreas*. Cologne, 1842.

pas un seul signe constant « ou même très-fréquent » dans les altérations du pancréas.

Toutefois, quand on est arrivé, après trois ou quatre semaines, à détruire et à faire résorber le pancréas d'un animal, des évacuations graisseuses peuvent apparaître d'une manière constante (*), comme d'ailleurs elles se rencontrent à la suite de la ligature du canal cholédoque ou de l'oblitération subite des voies biliaires par des calculs. Est-il besoin de rappeler, à ce propos, qu'à l'état normal un animal ne peut digérer, dans un temps donné, qu'une quantité déterminée de graisse, et que, si une proportion trop grande en a été ingérée avec les aliments, nécessairement elle sortira inaltérée par l'anus ? Or, comme le suc pancréatique contribue pour sa part à la digestion des matières grasses, il est manifeste qu'en le supprimant on doit déterminer, chez l'animal, une prédisposition aux selles graisseuses : cette prédisposition se traduira en fait pour peu que la quantité de graisse ingérée augmente sans même atteindre la limite ordinaire, à moins que les autres liquides concourant au même but que le suc pancréatique (bile, suc intestinal, etc.) ne soient sécrétés en plus grande abondance et ne viennent suppléer à son absence. Mais évidemment cela ne peut avoir lieu qu'après un laps de temps assez long. C'est ainsi que s'expliquent les différences observées dans les cas de destruction rapide du pancréas, et dans ceux de dégénérescence lente et progressive du même organe.

Ajoutons que, d'ailleurs, dans ces dernières observations faites sur l'homme, l'existence de fèces graisseuses, qu'on a pu aussi quelquefois constater, est loin de prouver que la digestion de la graisse ait été entièrement abolie, puisque avec les désorganisations les plus profondes du pancréas a pu souvent coïncider un certain embonpoint, et qu'aussi des analyses comparées des aliments et des fèces n'ont pas été faites pour établir cette preuve.

En résumé, les données *expérimentales* et *pathologiques* se prêtent un mutuel appui pour établir que l'influence du suc pancréatique sur la digestion des matières grasses a été exagérée et qu'elle a été trop exclusivement attribuée à ce fluide qui, en réalité, la partage avec d'autres liquides intestinaux. L'observation clinique tend même à démontrer que ces derniers peuvent suppléer le suc pancréatique quand sa suppression est survenue d'une manière lente comme dans les affections organiques du pancréas chez l'homme, et non d'une manière assez rapide comme dans les expériences sur les animaux.

IV. — Il est une autre destination du pancréas qui est parfaitement établie. Valentin (1) a reconnu que l'infusion aqueuse de cet organe trans-

---

(*) Ce phénomène s'est produit d'autant plus sûrement que, au lieu de diminuer la proportion de graisse ingérée avec les aliments comme il eût été rationnel de le faire, on a plutôt généralement fait le contraire.

(1) VALENTIN, *Lehrbuch der Physiologie*, t. I, 1ʳᵉ édit., 1844, et 2ᵉ édit., t. I, p. 356.

forme rapidement l'*amidon en glycose*. De leur côté, Bouchardat et Sandras (1) ont aussi constaté que le tissu pancréatique liquéfie, par son contact, les grains de fécule et les change en sucre au moyen d'une variété de
diastase que ce tissu renferme.

D'après la remarque de Bidder et Schmidt, cette métamorphose commence dans l'amidon cuit, dès que le contact est établi avec le suc pancréatique, et même à une température bien inférieure à celle de 38 degrés
centigrades. Frerichs assure que la propriété saccharifiante est plus prononcée dans le suc pancréatique que dans la salive; ce qui s'accorde avec
nos propres observations.

L'analogie de structure, qui existe entre les glandes salivaires et le pancréas, pouvait déjà faire croire à quelque analogie fonctionnelle, qui, on
vient de le voir, n'est plus douteuse, au moins sous ce rapport que, si la
salive convertit l'amidon en glycose, le *suc pancréatique* opère la même
transformation isomérique.

Je crois devoir me borner ici à cette simple mention d'un des usages les
plus remarquables du suc pancréatique, parce que précédemment, à propos de l'étude de la salive et même du suc gastrique, j'ai décrit avec beaucoup de détails tous les phénomènes et toutes les conditions qui se rapportent à la conversion de l'amidon en glycose. (Voyez plus haut, pages 193
et suivantes.)

V. — Le suc pancréatique jouit encore d'une troisième propriété des
plus importantes, celle de digérer les *matières albuminoïdes*. Eberle (2),
en 1834, non-seulement reconnut le pouvoir émulsif de l'infusion pancréatique, mais il constata en outre que ce liquide fluidifie et dissout le chyme.
Deux ans plus tard, Purkinje et Pappenheim (3), dans le cours de recherches sur les matières albuminoïdes, affirmèrent que l'infusion acidulée du
tissu pancréatique est un suc digestif artificiel fort actif par rapport à ces
matières.

Ces faits, restés ignorés ou du moins considérés comme étant de faible
valeur, furent constatés de nouveau et mis en évidence par Cl. Bernard (4),
en 1856, et L. Corvisart (5), en 1857. Mais, si ces deux expérimentateurs
s'accordèrent pour reconnaître que le suc pancréatique (comme le suc gastrique lui-même) joue un rôle important dans la digestion des aliments
azotés, il n'en exista pas moins entre eux une divergence profonde sur plusieurs points fondamentaux.

Suivant Cl. Bernard, le suc pancréatique ne peut agir isolément; tandis
que, par son mélange avec la bile, il constitue un liquide apte à transfor-

(1) Bouchardat et Sandras, *Comptes rendus de l'Acad. des sc. de Paris*, t. XX, 1845.
(2) Eberle, *Physiol. der Verdauung*, p. 326 et *passim*. Würzburg, 1834.
(3) Froriep's *Notizen*, t. I, p. 211, § 7.
(4) Cl. Bernard, *Leçons de physiol. expériment. appliq. à la méd.*, t. II, p. 428, 441 et
passim. Paris, 1856.
(5) L. Corvisart, *Collection de mémoires sur une fonction méconnue du pancréas*. Paris,
1857-1863.

mer les trois sortes de principes alimentaires organiques, à la condition toutefois qu'ils aient subi une préparation. Pour les matières grasses, cette préparation est parfois la destruction de l'enveloppe celluleuse ; pour les matières féculentes, une hydratation préalable ; enfin, pour les matières albumineuses, il est indispensable qu'elles aient été modifiées par l'action du suc gastrique ou par la cuisson, ce qui, pour ce physiologiste, est la même chose. Aussi le mélange de bile et de suc pancréatique serait-il sans action sur les matières azotées crues, excepté sur la fibre musculaire. La présence des matières grasses empêcherait la putréfaction du liquide qui, sans elles, serait très-prompte et très-facile. — La lecture de ce qui va suivre fera ressortir tout ce qu'il y a d'erroné dans cette manière de voir.

C'est à L. Corvisart que l'on doit les notions les plus précises sur ce point de la science. Il affirma, de la manière la plus nette, que *l'action propre* du suc pancréatique sur les substances azotées est de tous points comparable à celle du suc gastrique. Cette assertion excita vivement l'attention des physiologistes, et bientôt furent publiés les résultats obtenus par un grand nombre d'observateurs. Parmi eux, Keferstein et Hallwachs (1), Skrebitzki (2), O. Funke (3), et quelques autres, ayant constaté des effets tantôt positifs et tantôt négatifs, déclarèrent inexactes les conclusions du physiologiste français, et attribuèrent à l'influence de la putréfaction la dissolution des matières azotées quand ils l'observèrent. Brinton (4) reconnut qu'une dissolution de ces substances peut avoir lieu avant le début de la putréfaction, « alors que l'on ne discerne encore qu'une odeur spéciale et pénétrante » ; mais il se refusa à admettre que le même phénomène pût se produire dans l'intestin à l'état de santé.

Meissner (5), Schiff (6), Vulpian (7) obtinrent, comme nous-même, les résultats annoncés par Corvisart.

Ces divergences trouvèrent leur explication dans un fait que ce dernier expérimentateur a parfaitement mis en lumière. Le pouvoir digestif du suc pancréatique ne se manifeste qu'à certaines conditions : presque nul, chez l'animal à jeun, il ne commence à se manifester qu'après le repas, atteint son *maximum* au moment de la pleine digestion (quatre à cinq heures après un repas mixte, deux ou trois heures après un repas de substances molles ou liquides comme le lait, le bouillon, etc.), et redevient inappréciable après cinq heures et demie environ. — Autre point essentiel : il faut que la digestion stomacale se soit exercée sur des substances albuminoïdes, et que celles-ci, après avoir subi l'action du suc gastrique,

(1) KEFERSTEIN und HALLWACHS, *Ueber die Einwirkung des pankreat. Saftes auf Eiweiss.* Nachr., *v. d. k. Ges. d. Wiss. zu Göttingen*, 1858, n° 14.

(2) SKREBITZKI, *De succi pancr. ad adipes et album. vi Diss.* Dorpati 1859.

(3) O. FUNKE (SCHMIDT's *Jahrb. d. ges. Med.*, t. XCVII, p. 21 ; t. CI, p. 155.)

(4) BRINTON, *Observ on the act of the Pancr. juice on Album. the Dublin Quart. Journ. of sc.*, 1859, août, p. 194, et *Journal de physiologie* de Brown-Séquard. 1859, t. II, p. 672.

(5) MEISSNER, *Untersuch. über die Verdauung der Eiweisskörper; Zeitschr. f. rat. Med.*, 3e série, t. VII, p. 1.

(6) SCHIFF, *Ueber die Rolle des pankr. Saftes* (MOLESCHOTT's *Untersuch. zu Natur.*, t II, p. 345).

(7) VULPIAN, *Revue des cours scientifiques*, 4e année ; décembre, 1866, p. 78.

aient été absorbées en partie au moins dans l'estomac. Après l'ingestion de matières inertes ou après un repas composé de principes amyloïdes et de principes gras, à l'exclusion de principes albuminoïdes, le ferment pancréatique n'est pas plus actif que dans l'abstinence.

Pour expérimenter, on devra donc tenir compte de ces faits remarquables, et recueillir le suc pancréatique entre la quatrième et la cinquième heure d'une bonne digestion gastrique. L. Corvisart, préférant l'emploi de l'infusion, tue brusquement l'animal à ce moment de la digestion, enlève aussitôt le pancréas, et, après l'avoir coupé en menus morceaux, le fait infuser une heure dans deux fois son volume d'eau à 20 degrés centigrades, filtre rapidement et recueille un liquide qu'il met immédiatement en expérience, en y plongeant des substances azotées très-fraîches, afin d'éviter ainsi toute chance de putréfaction. Le vase qui renferme le mélange est placé dans une étuve à 42 ou 45 degrés, et agité tous les quarts d'heure. Dans ces conditions, «le liquide dissout, en deux ou trois heures au plus, tout ce qu'il peut dissoudre de fibrine, et, en quatre ou cinq heures, ce qu'il peut dissoudre d'albumine solide; à ce moment, on doit toujours s'arrêter dans la recherche expérimentale, au risque de ne pas digérer tout ce qu'on aurait pu et de rester même en deçà de la vérité ».

Avec des chiens de même taille et de même âge, du poids de 12 à 16 kilogrammes, et ayant pris la même nourriture dans les quarante-huit heures précédant l'expérience, l'infusion de chaque pancréas dissout et transforme 35 à 50 grammes d'albumine.

L. Corvisart a eu l'occasion d'expérimenter sur un homme vigoureux qui, *trois heures* après avoir bu 200 grammes de lait, était mort subitement sous l'influence d'inhalations de chloroforme faites dans le but de faciliter la réduction d'une luxation. Le cadavre fut ouvert vingt-quatre heures après la mort; mais le froid vif qui avait régné dans cet intervalle avait laissé le corps absolument frais. L'infusion du pancréas, pratiquée immédiatement, fut divisée en trois parts que l'on maintint, pendant toute la durée de l'expérience, l'une à l'état *acide*, l'autre à l'état *neutre*, et la troisième à l'état *alcalin*. Chacune de ces trois infusions ayant été essayée sur l'albumine et sur la fibrine donna le même résultat digestif complet. D'autres portions de ces infusions furent essayées : une première, avec de l'albumine cuite, et la dissolution des 7 à 8 dixièmes en fut opérée en quatre heures; une seconde, avec une grande quantité de fibrine qui fut complétement dissoute en une heure; une dernière fit disparaître, en deux heures, un fragment du pancréas pesant 6 grammes. — 180 grammes d'albumine concrète (six œufs) ont été complétement digérés en quatre heures; et, pour 420 grammes de fibrine il a suffi *d'une heure*. Pendant toute la durée des expériences, ces digestions avaient conservé l'odeur fraîche et *sui generis* qu'elles avaient au début. Il n'y avait donc pas eu putréfaction; et, d'ailleurs, aucun corps en décomposition ne saurait produire aussi rapidement des effets semblables.

Ces résultats sont trop évidents pour qu'il soit nécessaire d'insister davantage sur la réfutation des objections si peu fondées qui ont été faites à leur auteur. — Ajoutons seulement que Meissner a cru, à tort, que la propriété du liquide pancréatique était empêchée quand on le rendait neutre ou alcalin, et qu'une réaction faiblement acide était indispensable à son activité. La vérité est que ce liquide, qu'il soit acide, neutre ou alcalin, digère également bien les aliments azotés.

Les aliments azotés ou albuminoïdes sont non-seulement dissous, mais digérés et transformés par le fluide pancréatique, comme ils le sont par le suc gastrique lui-même. L. Corvisart (1) l'a démontré de la manière suivante : après avoir mis un poids déterminé d'albumine d'œuf coagulée en digestion dans le duodénum, ou mieux encore dans un vase avec une infusion aqueuse de pancréas ou de son principe actif, il a évalué la quantité d'albumine qui avait été dissoute pendant ces digestions; mais, lorsqu'en portant le mélange jusqu'à l'ébullition il a voulu recueillir cette albumine à l'état solide pour la peser, il a vu que sa majeure partie avait cessé d'être coagulable par la chaleur, ce qui indiquait une transformation isomérique de ce principe. On se rappelle que l'albumine prend, par suite d'une semblable transformation dans le suc gastrique, un caractère que j'ai fait connaître et qui consiste à enlever à la glycose la propriété de réduire le réactif cupro-potassique; or, l'auteur des précédentes expériences a trouvé que l'albumine, après sa digestion dans le suc pancréatique, acquiert aussi le même pouvoir. Il en est encore ainsi de la fibrine ou de la musculine. Le suc pancréatique et le suc gastrique concourent donc au même but, la formation d'albuminoses ou peptones (*), mais avec cette singularité que ces deux liquides réunis s'entre-détruisent. Les deux digestions gastrique et pancréatique ne peuvent (si le fait est exact) donner tout leur produit que si elles sont séparées. A l'état physiologique, le pylore les sépare en effet, et dans le duodénum la bile anéantit l'activité de la pepsine qui n'aurait pas encore été épuisée pendant la digestion stomacale.

D'après L. Corvisart, la matière déjà *digérée* par le suc gastrique ne subit aucune modification nouvelle sous l'influence du suc pancréatique : cet expérimentateur, ayant pris des peptones ou albuminoses diverses produites par la digestion gastrique, les mélangea, à froid, avec des liquides pancréatiques doués d'un pouvoir digestif reconnu, et constata aussitôt, avant toute digestion possible, les réactions chimiques du mélange; puis celui-ci fut mis à l'étuve pendant cinq à six heures. Or, après ce laps de temps, plus que suffisant pour opérer une digestion nouvelle, celle-ci

______

(1) L. CORVISART, *Mém.-cité.*

(*) Nous ne faisons que rappeler ici l'opinion déjà réfutée précédemment, savoir : que le suc gastrique aurait pour usage de dissoudre seulement le tissu gélatinigène des matières azotées, et de donner ainsi naissance à un produit de nature gélatineuse. — Dire que le suc pancréatique régit toute la partie chimique de la digestion ou qu'il est le *représentant* de tous ses phénomènes chimiques, nous paraît une assertion exagérée et démentie par les faits : d'une part, on sait que le pancréas manque à tous les animaux invertébrés, peut-être aussi à la plupart des poissons; et, d'autre part, on peut se rappeler que COLIN, après avoir enlevé le pancréas à un grand nombre de chiens et de cochons à la mamelle, a vu ces animaux grandir et prospérer comme de coutume.

n'avait point eu lieu, car aucune des réactions primitives n'avait été changée. On comprendrait d'ailleurs difficilement que le suc pancréatique, s'il forme lui-même de l'albuminose, pût modifier celle qui provient de l'estomac.

Toutefois, il ne s'agit ici que de l'albuminose ou peptone pure, incoagulable par la chaleur, et non pas de cette matière appelée *albumine caséiforme* (Mialhe), qui, provenant d'aliments échappés à une action complète de l'estomac, rentre dans le nombre de ceux qui peuvent subir l'action du suc pancréatique.

Après le précédent examen, on est conduit à se demander comment le fluide pancréatique agit sur les aliments azotés complexes. Les recherches faites à ce sujet, au dire de certains auteurs, laisseraient encore à désirer : c'est ainsi (en ce qui concerne la viande) que, d'après une théorie qui nous est déjà connue, le tissu cellulaire serait dissous seulement par le suc gastrique et la musculine seulement par le suc pancréatique; si bien que, dans le second cas, les interstices celluleux remplis par les fibres musculaires primitives se videraient de leur contenu, tandis que, dans le premier, ces interstices disparaîtraient seuls dans la dissolution. — Il résulte de nouvelles recherches (1), que le tissu cellulaire de la viande peut aussi se dissoudre dans le suc pancréatique, et qu'il n'est point du tout impossible au suc gastrique de dissoudre la fibre musculaire elle-même.

Rappelons d'ailleurs, que la digestion des aliments azotés complexes, à l'aide du suc pancréatique, devient d'autant plus facile que leurs éléments constitutifs arrivent à l'intestin dans un état plus parfait de dissociation; que la digestion gastrique elle-même nécessite une division préparatoire analogue, mais moins avancée.

Quoi qu'il en soit, puisque le suc pancréatique dissout et transforme les aliments azotés, il y a lieu de se demander tout d'abord à quel *principe actif* il doit cette propriété remarquable? La faculté d'émulsionner, d'acidifier les corps gras, de digérer les matières albuminoïdes, dépend-elle d'une substance unique? Cette substance est elle la même que celle qui, suivant Bouchardat et Sandras (2), a la propriété de se redissoudre dans l'eau, après avoir été précipitée par l'alcool? Y a-t-il dans le fluide du pancréas « de l'albumine, une matière analogue au caséum, etc. » (Tiedemann et Gmelin) formant plusieurs ferments distincts; ou doit-on croire que la *pancréatine* constitue presque à elle seule le suc pancréatique? L'état présent de la science ne permet pas encore de résoudre ces questions.

On sait que le fluide pancréatique, le suc gastrique et la salive, chauffés à 75 ou 80 degrés centigrades, deviennent troubles par suite d'un précipité variable selon le liquide, et que tous trois ils perdent ainsi leurs propriétés digestives. Le principe actif du pancréas, quelle que soit sa nature, se rapproche de la pepsine par une propriété remarquable, qui est

(1) L. Corvisart, *Mém. cité.*
(2) Bouchardat et Sandras, *Supplément à l'Annuaire de thérapeutique* pour 1846, p. 147.

de se combiner avec l'oxyde de plomb et de pouvoir, étant libéré de cette combinaison par un acide, conserver toute son action sûr les matières albuminoïdes; si bien que, dissous dans une eau légèrement acidulée, il liquéfie et transforme en albuminose la même quantité d'albumine, de fibrine, etc., que la pepsine elle-même (L. Corvisart). Toutefois, ce principe actif (pancréatine) ne caille point le lait; il digère les aliments azotés, qu'il soit acide, neutre ou alcalin (1), ce que ne fait point la pepsine qui exige toujours le concours d'un acide. Par conséquent, le caractère propre du ferment pancréatique ne résiderait ni dans une grande énergie, ni, comme nous l'avons vu, dans une action transformatrice spéciale, mais on doit le chercher dans des conditions d'action telles, que ce ferment peut digérer les corps albuminoïdes dans quelque état (alcalin, neutre ou acide) que le duodénum les reçoive.

L'opinion de Cl. Bernard, d'après laquelle le liquide mixte de l'intestin grêle (*), qui emprunte son principe le plus actif au suc pancréatique, ne dissoudrait les matières albuminoïdes qu'autant qu'elles auraient été d'abord modifiées par l'action du suc gastrique, est réfutée par des expériences de L. Corvisart (2) dans lesquelles 50 grammes d'albumine (coagulée dans la coquille de l'œuf en dehors d'un contact prolongé avec l'eau bouillante) ou 50 grammes de fibrine fraîche, lavée à l'eau froide et soustraite à toute action préparatoire du suc gastrique, ont été introduits dans le duodénum, après la ligature du pylore et un lavage abondant de cet intestin : en effet, dans ces expériences, faites sur des chiens, ces substances ont été complétement digérées et même presque entièrement absorbées sur place. — Ajoutons que les mêmes substances, mises en digestion artificielle, soit avec la liqueur d'infusion du pancréas, soit avec sa matière active précipitée par l'alcool puis redissoute dans l'eau, ont aussi été entièrement liquéfiées et transformées.

En admettant les résultats de ces dernières expériences que j'ai pu vérifier plusieurs fois, il faut donc bien reconnaître qu'il n'est pas non plus besoin, comme cela a été avancé, de l'action préalable de la bile pour que le suc pancréatique jouisse du pouvoir de digérer les aliments albuminoïdes. D'ailleurs, divers expérimentateurs ont vu vivre, pendant plusieurs mois et même des années, des chiens qui, ayant subi la ligature du canal cholédoque, portaient aussi une fistule de la vésicule biliaire et chez lesquels, par conséquent, la bile ne venait plus dans l'intestin se mêler au suc pancréatique.

Nous savons déjà que, d'après L. Corvisart, la condition indispensable pour que le suc pancréatique jouisse de ses propriétés à l'égard des matières albuminoïdes, consiste dans l'absorption préalable de peptones par la digestion stomacale. Cet auteur donne de ce fait une explication que nous ne voulons point apprécier ici, nous réservant d'y revenir en traitant de la nutrition en général.

(1) L. CORVISART, *Mém. cité.*
(*) Mélange de bile et de suc pancréatique.
(2) *Loc. cit.*

Les expériences de Schiff (confirmatives, comme nous l'avons dit, de celles de L. Corvisart) lui ont donné à penser qu'il existait encore un autre facteur important dans la production du principe actif du suc pancréatique. Suivant Schiff, l'intervention de la rate serait tellement considérable que, chez les animaux ayant subi l'ablation de cet organe, le suc pancréatique deviendrait complétement inerte en présence des matières albuminoïdes. Mais cet effet, dont les conséquences sembleraient devoir être des plus graves, se trouve largement compensé par un phénomène inattendu : la sécrétion du suc gastrique est alors augmentée au point de produire à elle seule des effets plus intenses que ceux qui sont dus aux deux autres liquides agissant ensemble dans les conditions normales. Aussi Schiff attribue-t-il à ce surcroît d'activité l'engraissement et l'augmentation d'appétit observés chez les animaux dératés. Cette accumulation de la graisse, observée par Van Deen et Stinstra (1), tient-elle à une augmentation du pouvoir émulsif du suc pancréatique, augmentation en quelque sorte supplémentaire de la diminution d'influence sur les substances azotées, ou bien est-elle due au surcroît d'activité de la digestion stomacale? C'est là une question que Schiff s'est posée sans la résoudre.

De tout ce qui précède, il y a lieu de conclure que le *suc pancréatique* agit sur les matières grasses comme la bile, sur les matières amyloïdes comme la salive, et sur les matières azotées comme le suc gastrique. — Nous allons voir le *suc intestinal* agir aussi sur ces trois groupes de principes alimentaires organiques, mais avec bien moins d'énergie.

SUC INTESTINAL.

Les différents organes glanduleux, qui entrent en si grand nombre dans la structure de l'intestin (voy. chap. *Sécrétions*), versent à sa surface interne leur produit sécrétoire. C'est à ce produit complexe et parfois si abondant qu'on donne généralement le nom de *suc intestinal;* mais nous verrons, tout à l'heure, auquel des fluides sécrétés il faut appliquer plus spécialement cette dénomination. Cherchons d'abord par quel procédé on peut l'obtenir sans mélange de bile et de suc pancréatique.

Autrefois, on se bornait à ouvrir l'intestin sur un animal vivant; puis, après avoir abstergé sa surface, on l'irritait avec du sel ou du vinaigre étendu d'eau. C'est ainsi qu'ont fait Haller (2), puis, plus tard, Leuret et Lassaigne (3). De cette manière, on n'obtenait pas un produit assez pur ni assez abondant pour en étudier les caractères physiologiques et la composition. On n'arrivait pas à un meilleur résultat, si l'on se contentait de recueillir tout simplement le contenu de l'intestin d'un animal vivant ou récemment tué, comme l'ont fait aussi Leuret et Lassaigne, Tiedemann et

(1) Van Deen et Stinstra, *Commentatio physiologica de lienis*, etc. Groningue, 1854.
(2) Haller, *Element physiol.*, VII, p. 37.
(3) Leuret et Lassaigne, *Ouvr. cité*, p. 141.

Gmelin (1). Tout ce que ces procédés avaient appris, c'est que le fluide complexe de l'intestin grêle était assez généralement *alcalin*.

Frerichs (2), sur des chiens et des chats à jeun, comprit entre deux ligatures une anse d'intestin vide et longue de 4 à 8 pouces; puis, la refoulant dans le ventre, il sacrifia les animaux quatre à six heures après. Il dit avoir alors recueilli, dans la portion de l'intestin isolée, une quantité médiocre de suc intestinal pur. Ce liquide était visqueux, incolore et doué d'une réaction alcaline; il *transformait la fécule* en dextrine et en *glycose*, et *émulsionnait* les *matières grasses*. Dans ses expériences, Frerichs crut trouver la sécrétion du gros intestin un peu plus abondante que celle de l'intestin grêle.

Le même moyen, employé par Bidder et Schmidt, ne leur permit pas de se procurer une quantité de fluide suffisante pour pouvoir être soumise à l'analyse ou fournir à l'expérimentation. Mais ils obtinrent du suc intestinal pur sur un chien dont ils avaient lié et isolé les conduits pancréatiques et cholédoque, chez lequel aussi ils avaient établi une fistule biliaire et une fistule intestinale. Celle-ci avait son siège dans l'intestin grêle, entre le premier et le second tiers de sa longueur. Ils recueillirent le suc intestinal depuis le huitième jusqu'au douzième jour après l'opération : la quantité, trop petite pour être analysée, leur permit seulement d'exécuter quelques expériences sur les matières alimentaires. Le liquide était tenace, filant et fortement alcalin.

Sur un autre chien, qui portait une fistule au côlon, ces expérimentateurs virent qu'ici la sécrétion intestinale semblait encore moindre que celle de l'intestin grêle; mais, dans les deux cas, ils crurent lui reconnaître à peu près les mêmes caractères.

Dans le but d'étudier l'*action* du *suc intestinal* chez l'animal vivant, Bidder et Schmidt instituèrent un certain nombre d'expériences sur des chiens et des chats qui avaient jeûné vingt-quatre heures au moins. Ils ouvraient l'intestin grêle, au-dessous de l'abouchement des canaux biliaires et pancréatiques, y introduisaient, enfermées dans un sac de tulle, de la *viande* ou de l'*albumine* l'une et l'autre cuites et préalablement pesées, puis ils fermaient l'intestin par des ligatures, placées au-dessus, au-dessous et au niveau de chaque incision. L'intestin était alors replacé dans l'abdomen, la plaie fermée et les animaux tués quatre ou six heures après. Quelques-unes de ces expériences furent faites de manière à exclure la sécrétion des glandes de Brunner, l'incision de l'intestin étant pratiquée au-dessous du duodénum. Par ce procédé, ils constatèrent, *vingt et une fois,* que le suc intestinal ramollit la viande et l'albumine cuites, leur fait perdre leur cohésion, en *dissout* et en *digère* une partie assez considérable. Dans huit expériences, faites sur ces mêmes aliments hors du corps vivant, le suc intestinal leur donna les mêmes résultats.

<hr>

(1) Tiedemann et Gmelin, *Ouvr. cité*, t. I, p. 102.
(2) Frerichs, *Ouvr. cité*, t. III, p. 850.

Busch (1), en 1858, eut l'occasion de répéter ces expériences sur une femme qui portait un anus contre nature, très-rapproché du duodénum, et par lequel toutes les matières provenant du bout supérieur de l'intestin s'écoulaient au dehors sans pouvoir pénétrer dans le bout inférieur. En introduisant dans ce dernier de petits sacs de tulle renfermant des cubes d'*albumine coagulée* du poids de 2 grammes à 2 grammes et demi, il reconnut que ces cubes, altérés dans leur forme et leur consistance, avaient perdu 35 pour 100 de leur poids après 6 heures et demie de séjour. Ayant expérimenté de la même manière avec des *matières grasses* et des *matières amyloïdes*, il obtint un faible émulsionnement des premières et la transformation en sucre des secondes ; mais l'action du suc intestinal était notablement inférieure à celle des autres liquides digestifs ayant de l'influence sur l'une ou sur l'autre sorte de ces principes alimentaires. — Busch eut l'heureuse idée de nourrir sa malade en injectant dans le bout inférieur tout ce qui provenait du supérieur, c'est-à-dire une pâte alimentaire ayant déjà subi l'influence de la salive, du suc gastrique, du fluide pancréatique et de la bile. Aussi la malade, qui était fort amaigrie, reprit-elle son embonpoint, et vit-on son poids, qui était de 34 kilogrammes au début, monter en treize semaines à 42 kilogrammes et demi.

Dans ses expériences sur des lapins, O. Funke (2), n'ayant pu constater aucune action du suc intestinal sur les substances albuminoïdes, en avait d'abord conclu que ce suc n'a point le pouvoir digestif que lui avaient attribué Bidder et Schmidt. Mais Kölliker et Müller (3) confirmèrent les résultats positifs obtenus par Bidder et Schmidt sur le chien et le chat, aussi bien que les résultats négatifs constatés par Funke sur les lapins : d'où cette conclusion que le suc intestinal des carnivores digère l'albumine, tandis que celui des herbivores serait sans effet sur cette classe de principes alimentaires. — C'est un point qui, pour être élucidé, demande de nouvelles recherches.

Indépendamment de son influence *sur les matières grasses et féculentes* (influence qui, d'après Bidder et Schmidt (4), ne le cède guère en énergie à celle du suc pancréatique), le suc intestinal représenterait donc, au moins chez les carnivores, l'agent principal qui achèverait de digérer cette partie des *corps albuminoïdes* échappée à l'action des sucs gastrique et pancréatique.

Tel que nous venons de l'envisager, le *suc intestinal* n'est pas encore un produit simple, bien qu'il ait été séparé des fluides sécrétés par le foie, le pancréas et les glandes du duodénum (glandes de Brunner) ; car il provient encore de plusieurs sources, à savoir : des liquides exhalés d'abord par les follicules agminés ou plaques de Peyer, puis par les follicules isolés et

<hr>

(1) Busch, *Beiträge zur Physiologie der Verdauungsorgane* (*Arch. für path. Anat.*, 1858, t. XIV, p. 140).
(2) O. Funke, *Lehrbuch der Physiologie*, p. 339.
(3) Kölliker und Müller *Ueber das Physiol. Institut. zu Würzburg*, 1 Bericht, p. 221; 2 Bericht, p. 77.
(4) Bidder et Schmidt, *Ouvr. cité*, p. 282.

aussi par les innombrables glandes en tubes de Lieberkühn. Ce fait a été surtout mis en lumière par Colin (1), dont les expériences ont fourni des résultats intéressants pour la question qui nous occupe.

.Sur un cheval en pleine digestion, Colin fait au flanc gauche une incision de 8 à 10 centimètres, et attire au dehors une anse d'intestin grêle. A l'une des extrémités, il applique un compresseur qui en maintient exactement les deux parois en contact; partant de ce point intercepté, il presse doucement l'anse entre ses doigts jusqu'à ce qu'elle soit débarrassée de son contenu dans une longueur de 1 mètre 1/2 à 2 mètres; alors il applique un second compresseur. Cela fait, l'anse intestinale est refoulée dans le ventre et la plaie du flanc fermée. Au bout d'une demi-heure, l'animal est sacrifié par effusion de sang. L'anse intestinale comprise entre les deux compresseurs est retirée; elle renferme le suc intestinal qu'on laisse descendre par son propre poids vers l'une des extrémités et qu'on fait écouler à l'aide d'une petite ponction. La quantité de suc intestinal qu'on se procure de la sorte est assez considérable : sur un grand nombre d'expériences, elle a été, en moyenne, de 80 à 120 grammes en une demi-heure, pour une longueur de 2 mètres d'intestin grêle. Elle est beaucoup moindre chez les sujets dont la *digestion intestinale* est suspendue.

Le suc ainsi obtenu est composé de deux parties : l'une, en petite quantité, est visqueuse et se sépare par le repos ou la filtration, c'est évidemment du *mucus*; l'autre, qui forme le reste de la masse, est très-fluide, presque claire, d'une teinte un peu jaunâtre, d'une saveur légèrement salée, à réaction alcaline, avec une densité de 1,010 à la température de 15 degrés centigrades.

L'existence de deux humeurs, concourant à former le suc intestinal, avait déjà été constatée par Leuret et Lassaigne dans une de leurs premières expériences, où ils avaient vu aussi sourdre, par les orifices de la muqueuse, un *liquide* plus ténu que le *mucus*.

Ce liquide qui, isolé du mucus, peut véritablement prendre le nom de *suc intestinal*, transforme, d'après Colin, la fécule cuite en sucre et opère l'émulsionnement des matières grasses, sans leur donner une réaction acide. Son alcalinité est telle que la chaleur n'y détermine de précipité albumineux qu'après neutralisation par un acide. Ce précipité s'obtient encore par l'alcool, l'acétate de plomb, etc. Lassaigne, qui en a fait l'analyse, l'a trouvé composé de

Eau	98,10
Albumine	0,45
Chlorure sodique	
— potassique	} 1,45
Phosphate } sodiques	
Carbonate }	
	100,00

La *partie fluide*, et dépourvue de viscosité, est fournie par les glandes en

(1) COLIN, *Traité de physiologie comparée des animaux domestiques.* Paris, t. I, 1854, p. 645.

tubes de Lieberkühn; le *mucus* provient des follicules isolés et agminés.

Le développement considérable de ces derniers follicules, dans le duodénum du cheval, a permis à Colin d'en recueillir le produit, à l'aide d'une expérience analogue à celle que nous avons citée. Il obtint 80 grammes d'un liquide visqueux, épais, doué d'une saveur salée, légèrement alcalin, ne se coagulant point par la chaleur et n'émulsionnant ni n'acidifiant les matières grasses. L'analyse donna à Lassaigne : eau, 98,47 ; mucus, 0,95 ; chlorure de sodium et carbonate de soude, 0,48 ; sous-phosphate de chaux, 0,10. Sa densité était de 1,008 à la température de 15 degrés centigrades.

Quant aux fluides exhalés dans le *gros intestin*, Bidder et Schmidt n'ont pu l'obtenir en quantité suffisante pour en bien étudier les caractères. Colin n'a pu, sur le cheval, arriver à aucun résultat précis. Steinhauser (1), chez une personne atteinte de *fistule du gros intestin*, introduisit, par le bout inférieur, de la viande ou de l'albumine cuite : ces matières furent évacuées par l'anus sans avoir subi d'altération appréciable.

Il résulte des faits précédents que le liquide recueilli par Frerichs, par Bidder et Schmidt, était bien du *suc intestinal* (l'action sur les matières grasses, amylacées et albuminoïdes révèle assez sa nature), mais qu'il était mêlé à une certaine quantité de *mucus* provenant de la sécrétion des follicules agminés et isolés, comme devait le faire présumer la consistance visqueuse et filante que ces expérimentateurs ont trouvée au produit qu'ils avaient obtenu. Colin a donné de ce fait une démonstration qui ne laisse rien à désirer, en observant la séparation du suc intestinal en deux parties, et en assignant, par l'analyse, une composition différente à chacune d'elles.

Tel est donc le *suc intestinal* que, dans quelques-unes de leurs expériences chez l'animal ou hors du corps, Bidder et Schmidt (2) ont trouvé doué d'une action passablement énergique même relativement aux matières albuminoïdes. Aussi Leuret et Lassaigne (3) ne s'éloignaient-ils pas trop de la vérité, quand, en parlant des liquides fournis par l'intestin, ils disaient que « *sans doute ils étaient les mêmes que ceux de l'estomac* ». Sans vouloir admettre l'identité de leur rôle, évidemment on ne saurait nier une certaine analogie sous divers rapports.

Rappelons, en terminant, que, contrairement à l'opinion souvent émise que le *mucus* du cæcum est acide, Frerichs a prouvé qu'il est alcalin comme celui des autres portions des intestins. Nous dirons, plus loin, pourquoi le *contenu* du cæcum est néanmoins si souvent acide.

DES DIVERS ÉLÉMENTS DU CHYME CONSIDÉRÉS DANS LES INTESTINS.

D'après tous les détails dans lesquels déjà nous sommes entré à propos de l'étude de chacun des fluides digestifs (salive, suc gastrique, bile, fluide

(1) STEINHAUSER, *De sensibilitate et functionibus intestini crassi*. Leipzig, 1841.
(2) BIDDER et SCHMIDT, *loc. cit.*, p. 282.
(3) LEURET et LASSAIGNE, *loc. cit.*, p. 145.

pancréatique et suc intestinal), il nous sera permis d'abréger beaucoup l'exposé qui va suivre.

Le plus simple examen fait reconnaître que la digestion des diverses subtances alimentaires est loin d'être achevée dans l'estomac, et que, parmi elles, il en est même qui n'y subissent aucune modification appréciable.

Dans le cas d'alimentation mixte, le *chyme*, lorsqu'il entre dans l'intestin grêle, contient : des matières albuminoïdes qui n'ont pu encore être digérées ou absorbées dans l'estomac; des matières féculentes dont une assez faible partie seulement a été transformée en sucre par la salive; toute la graisse qui, ingérée avec les aliments, est devenue liquide par la chaleur du corps et s'est divisée en gouttes ou gouttelettes encore visibles à l'œil nu; les parties insolubles ou peu solubles de la nourriture animale, tels que les ligaments, les tendons, les os; des parties désagrégées, mais non digérées, de la nourriture végétale; divers sels qui ne sont que peu solubles dans l'acide gastrique; de la *salive*, du *suc gastrique* et les matières que ces fluides tiennent encore en dissolution; enfin de faibles proportions d'acide lactique, quelquefois d'acide acétique ou même d'acide butyrique qui proviennent des métamorphoses des aliments eux-mêmes, faibles proportions qui, du reste, augmenteront ultérieurement dans l'intestin.

La précédente masse acide qui, comme nous l'avons vu, ne traverse pas d'emblée le duodénum, mais est ramenée par des mouvements antipéristaltiques plusieurs fois vers le pylore, se mêle bientôt et peu à peu aux divers fluides qui sont versés dans cet intestin. Elle y rencontre la *bile*, le *fluide pancréatique* et le *suc intestinal*, sécrétions alcalines qui diminuent, mais ne neutralisent pas d'abord l'*acidité* du chyme due, en ce point, surtout au suc gastrique. Ce sont ces différents sucs digestifs, dont nos études antérieures nous ont révélé le rôle physiologique, qui mélangés vont concourir à l'accomplissement de la digestion intestinale dont l'importance, sous le rapport des effets produits, ne le cède point généralement à celle de la digestion stomacale.

Métamorphose plus complète des matières féculentes en dextrine et en glycose, conversion du sucre de canne en glycose, puis formation d'acide acétique et d'acide lactique aux dépens d'une portion de ce dernier principe sucré; production accidentelle d'acide butyrique; émulsionnement des matières grasses; dissolution et transformation complémentaires de la portion des matières albuminoïdes qui a franchi le pylore sans être digérée dans l'estomac; enfin séparation des produits à absorber et de ceux à expulser : tels sont les phénomènes nombreux de la *digestion dans l'intestin*, phénomènes dont la plupart ont déjà longuement fixé notre attention.

I. — Divers physiologistes ont cru qu'au delà de l'estomac les *matières albuminoïdes* peuvent continuer à se transformer à l'aide du suc gastrique dont elles sont imprégnées, tant que le chyme reste acide, ce qui a lieu dans une assez grande longueur de l'intestin grêle. Mais il ne saurait en être

ainsi, du moins pour la majeure partie de ces matières, attendu que la bile,
dès qu'elle est versée en quantité suffisante, et le suc pancréatique lui-même (1)
empêchent l'action du suc gastrique et anéantissent son ferment. Suivant
Bidder et Schmidt, quand plus loin le chyme est devenu neutre ou alcalin, le
suc intestinal domine et dissout la portion des matières azotées qu'on regarde
comme échappée à l'influence du suc gastrique. D'après une autre opinion,
c'est au liquide mixte provenant du mélange de la bile et du suc pancréatique que serait confié ce dernier rôle : le suc gastrique se bornerait même
à dissoudre la partie celluleuse de l'aliment azoté (viande, par exemple) et
ne ferait qu'en dissocier les autres éléments ; puis cette partie serait précipitée de sa dissolution par la bile, pour être définitivement dissoute avec
les autres éléments dans le précédent mélange. Plusieurs fois déjà nous
avons dit ce qu'il fallait penser de cette manière de voir, suivant nous
erronée. Enfin, d'après une autre opinion à laquelle nous nous rangeons,
le suc pancréatique peut, *même seul*, opérer la digestion des matières albuminoïdes échappées à l'estomac, ce qui n'exclut pas l'idée qu'il puisse
aussi agir concurremment avec d'autres fluides intestinaux (2).

Il est des auteurs qui hésitent encore à dire si l'albumine, qu'on fait digérer dans le suc intestinal, s'y dissout simplement, ou bien si elle y subit
une transformation réelle comme dans le suc gastrique. On trouve toujours,
il est vrai, dans l'intestin grêle une certaine quantité d'albumine seulement
dissoute et reconnaissable à l'aide des réactifs ordinaires; mais, comme
cette albumine diminue à mesure qu'on se rapproche du gros intestin, et
qu'elle se rencontre surtout au commencement de l'intestin grêle, on a pu
supposer qu'elle provient des sécrétions intestinales et du suc pancréatique
lui-même si riche en albumine. D'ailleurs, le fait a été constaté, on la rencontre aussi dans l'intestin d'animaux dont la nourriture (gélatine, etc.)
n'en contient aucune trace. Sa plus grande abondance, après un repas composé d'aliments azotés, s'expliquerait, soit par l'hypersécrétion des précédents sucs digestifs, soit encore par la présence de certains albuminoïdes
incomplétement transformés par le suc gastrique. D'après les expériences
déjà citées (p. 321 et suiv.), il est démontré que le *suc intestinal* ne dissout
pas simplement l'albumine, mais que, pour la rendre assimilable, il lui
fait d'abord subir une transformation isomérique.

Autrefois on avait admis, avec Viridet, qu'une seconde digestion des
matières albuminoïdes pouvait avoir lieu spécialement dans le *cæcum*.
Tiedemann et Gmelin adoptèrent cette opinion ; mais rien ne vient à l'appui
d'une pareille hypothèse, si ce n'est l'acidité de la masse alimentaire dans
ce compartiment de l'intestin. Nous aurons occasion de revenir sur ce
point.

Arrivés dans le *gros intestin*, les aliments azotés ont ordinairement déjà
éprouvé toutes les modifications dont ils sont susceptibles, et alors ce qui

(1) L. Corvisart, *Mém. cité.*
(2) *Ibid.*

en reste est expulsé, avec les fèces, le plus souvent sans aucun autre changement qu'une désagrégation partielle et une coloration plus prononcée due à l'imbibition de la matière colorante de la bile. Avec le régime animal, on retrouve néanmoins assez souvent des particules de viande quand on soumet les fèces à l'investigation microscopique.

II. — Quant aux *matières féculentes*, elles trouvent, surtout dans les sucs pancréatique et intestinal, des agents qui les changent en glycose et qui complètent ainsi l'effet commencé par la salive. Déjà, dans l'estomac et au commencement de l'intestin, beaucoup de grains d'amidon, qui ne sont pas encore transformés en sucre, sont dépouillés de leur enveloppe et dissociés en granules ; toutefois, quand l'ingestion féculente a été abondante, on peut trouver encore, même dans le rectum, des grains d'amidon épars qui n'ont pas été altérés. On sait depuis longtemps que la glycose elle-même se change assez facilement, dans l'intestin, en *acide lactique :* c'est ce qui arrive surtout dans l'iléon et aussi dans le cæcum où, chez les herbivores, les aliments séjournent si longtemps. Dans l'intestin, la métamorphose de l'amidon ou plutôt de la glycose peut encore se poursuivre ; d'où la formation d'une certaine quantité d'*acide butyrique*.

On admet généralement que la plus grande partie de la glycose produite dans l'intestin est absorbée sous cette forme, tandis qu'une faible partie seulement éprouve la fermentation lactique : les expériences de Lehmann (1) tendraient à faire croire que la glycose serait à peine absorbée avant sa transformation en acide lactique, ce chimiste n'ayant pu trouver des quantités appréciables de glycose dans la veine porte des animaux nourris de matières féculentes. Mais nous verrons, dans une autre partie de cet ouvrage, que l'opinion de Lehmann n'est pas admissible, et qu'en réalité la plus grande partie de la glycose formée pénètre, en nature, dans le système vasculaire. — Plus récemment, A. Sanson (2) a même démontré que le principe amylacé peut être absorbé déjà à l'état de *dextrine*.

Herbst (3) prétend avoir observé chez des chiens, après des injections d'empois d'amidon faites dans le tube intestinal, qu'une très-petite quantité d'amidon passait dans le chyle sans avoir perdu la propriété de se colorer en bleu par l'iode : cet auteur admet, en effet, que des granules microscopiques d'amidon sont absorbés, à l'état solide, à l'aide de la pression exercée par les parois de l'intestin. Bien que cette doctrine du passage de matières solides dans les vaisseaux absorbants puisse paraître moins improbable, depuis qu'on assure que le fait sur lequel elle repose a été directement observé chez quelques animaux inférieurs, notamment les infusoires, nous avouons qu'il nous répugne toujours de l'admettre, et nous pensons qu'on ne saurait encore généraliser un pareil fait qui paraît lié à quelque circonstance particulière jusqu'à présent inconnue.

(1) LEHMANN, *Physiol. Chemie*, III, p, 341-344.
(2) A. SANSON, *De l'origine du sucre dans l'économie animale* (*Journ. de la physiol. de l'homme et des animaux*, t. Iᵉʳ, 1858).
(3) HERBST, *Das Lymphgefässsystem*. Göttingen, 1844, p. 233.

III. — Toutefois, ce qui arriverait exceptionnellement pour les particules solides peut-il se produire normalement, dans l'intestin, pour les liquides réduits à des globules microscopiques, non miscibles à l'eau et incapables de pénétrer dans l'organisme par voie d'osmose? Cela a été admis pour les *matières grasses*.

L'observation démontre qu'en général, au commencement de l'intestin, on trouve encore les matières grasses sous forme de gouttelettes visibles à l'œil nu, mais que dans la longueur du canal intestinal elles s'*émulsionnent*, c'est-à-dire se divisent en globules d'une finesse extrême suspendus dans un liquide. Ces globules, qui souvent n'ont pas plus d'un millième de millimètre de diamètre, adhèrent en partie aux villosités ; puis, d'après les recherches de Weber, Lehmann, Frerichs, Külliker, etc., ils pénètrent dans les cellules épithéliales qui en sont bientôt remplies. Plus tard, après l'ingestion d'une nouvelle quantité de matières grasses, on trouve les globules graisseux plus avancés ; ils pénètrent dans le tissu même de la villosité, puis bientôt dans un vaisseau lymphatique qu'ils remplissent de plus en plus en formant une *strie lactée*. Frerichs dit avoir surpris quelquefois un globule graisseux à demi engagé. Si cette observation laisse quelque doute, c'est qu'il est très-facile de prendre deux gouttelettes de graisse pour une seule qui ne serait que divisée par le contour d'une cellule épithéliale.

Ces faits, que nous exposerons plus amplement dans le chapitre de l'ABSORPTION, joints à ceux qu'ont observés Bouchardat et Sandras, Lehmann, Bidder et Schmidt (faits qui démontrent que la graisse contenue dans le chyle s'y trouve à l'*état neutre*), rendent très-vraisemblable l'opinion que l'absorption des matières grasses s'accomplit régulièrement par une pénétration mécanique des parois des vaisseaux absorbants et qu'elles sont en effet *absorbables* surtout à l'état d'émulsion, c'est-à-dire quand elles sont réduites en particules microscopiques, mais *non décomposées*. Toutefois, il ne faudrait peut-être pas absolument nier, contre le sentiment de Moleschott, qu'une certaine partie de la graisse, celle qui séjourne plus longtemps dans l'intestin, ne pût aussi être absorbée à l'état de savon pour redevenir ensuite graisse neutre.

Les matières grasses, on l'a vu plus haut, s'émulsionnent surtout à l'aide du suc pancréatique et du suc intestinal. La bile contribue aussi à leur émulsionnement ; mais le rôle important de ce fluide dans l'absorption des graisses paraît être de déterminer, comme nous l'avons dit, la contraction des *villosités intestinales* qui chassent ainsi vers les lymphatiques la graisse dont elles sont presque exclusivement remplies, pour faire place à l'introduction d'une nouvelle quantité de cette matière. A mesure que les mouvements de l'intestin présentent, au contact de ses parois, le chyme mêlé dans son trajet à de nouvelles parties de bile, les contractions lentes des villosités se renouvellent. Quant à la portion de graisse ingérée, qui *excède* le pouvoir absorbant en rapport avec une digestion complète, elle est expulsée avec les fèces.

Bidder et Schmidt croient pouvoir expliquer autrement le rôle de la bile dans l'absorption intestinale de la graisse : si l'on plonge dans l'huile deux tubes capillaires dont l'un est humecté de bile intérieurement, on voit l'huile s'élever beaucoup plus haut dans ce dernier que dans l'autre; de là cette conclusion que la présence de la bile dans une membrane augmente sa perméabilité à la graisse et que la bile doit agir de la sorte sur les parois de l'intestin. Il est difficile d'adopter cette explication ; car, assurément, les parois de l'intestin gonflées d'eau ne sont guère comparables à un tube de verre qui ne contient d'autre liquide que la bile qui l'humecte.

IV. — La *cellulose* paraît réfractaire à tous les liquides digestifs et passe tout entière dans les fèces. Même chez le castor, dont elle constitue en grande partie la nourriture, on n'a pu encore trouver un agent qui la dissolve ; et Lehmann (1) ainsi que Weber (2) n'ont pas réussi à découvrir même quelques fragments de cellulose particllement transformés en amidon ou en dextrine. Les expériences que O. Funke (3) a faites avec le produit de la sécrétion du grand cæcum des herbivores, ont été également négatives. Toutefois, il n'est pas impossible que l'alcali du suc intestinal n'opère cette transformation sur une portion de la cellulose ingérée, à la manière des solutions alcalines très-étendues, comme l'a découvert Mitscherlich (4). La substance intra-cellulaire étant soluble, les cellules ligneuses doivent tendre à se désagréger de plus en plus.

Les ligaments, les tendons, la *pectose* surtout, demeurent assez souvent presque intacts, après avoir parcouru le canal alimentaire : on peut les retrouver, en grande partie, dans les fèces.

V. — Dans le duodénum, le chyme, imbibé des sécrétions aqueuses qu'il reçoit, devient très-fluide, beaucoup plus qu'il ne l'était en sortant de l'estomac. Dans les portions inférieures de l'intestin grêle, au contraire, il prend plus de *consistance* en raison de la résorption de la partie aqueuse de ces sécrétions et des matières dissoutes : vers la fin de l'iléon surtout, le chyme se concentre davantage, car il y est très-longtemps retenu par les mouvements antipéristaltiques de cet intestin. Enfin, dans le cæcum, la perte d'eau est devenue si considérable, que le contenu intestinal, en entrant dans le côlon, n'est guère plus humide qu'au moment de son expulsion du rectum.

Quant à l'*acidité* du chyme, qui d'abord est due surtout au suc gastrique, elle est ordinairement neutralisée peu à peu par la bile, le fluide pancréatique, le suc intestinal et, dans le voisinage du gros intestin, par un peu d'ammoniaque qui résulte d'un commencement de décomposition. De là vient qu'en général le dernier tiers de l'intestin grêle contient un chyme

(1) Lehmann, *Physiol. Chemie*, t. III, p. 284.
(2) Weber, *Berichte der Leipziger Akademie*, t. II, p. 192.
(3) Wagner's *Physiol.*, 4ᵉ édit. Leipzig, 1854, p. 227.
(4) Mitscherlich, *Annal. Med. Chem. Pharm.*, t. LXX, p. 305.

d'abord neutre, puis alcalin. Mais, dans les cas où les aliments contiennent une grande quantité de sucre ou d'amidon, il peut se former, dans l'intestin, de l'acide lactique et aussi de l'acide butyrique, au point que si un animal a mangé du pain de seigle, par exemple, souvent tout le contenu de son tube intestinal est acide ; toutefois cette acidité est plus faible que celle de l'estomac et même du duodénum. Le développement de l'acide lactique dans le cæcum est surtout très-manifeste après une nourriture végétale ; et, comme le résidu des aliments y séjourne quelquefois très-longtemps, le *contenu cœcal* peut rester encore acide lors même que, pendant vingt-quatre ou trente-six heures, l'animal n'a pris que de la viande. C'est ce qui arriva dans quelques-unes des expériences de Tiedemann et Gmelin, et fit supposer à tort que la *sécrétion du cœcum* était acide. Même chez les animaux dont le cæcum est très-petit, les aliments y restent longtemps à cause de la lenteur de ses mouvements et donnent lieu aux mêmes phénomènes. Dans le gros intestin, l'acidité peut *augmenter*, après une alimentation légèrement azotée, par la formation d'acide butyrique, ou *diminuer* si des aliments azotés il se dégage de l'ammoniaque.

L'état du chyme est donc sujet à de nombreuses variations, et tandis qu'en général l'acidité due à une nourriture végétale est plus répandue dans tout le trajet intestinal, l'acidité qui résulte d'aliments azotés, bien marquée au commencement de l'intestin grêle, fait place plus bas à l'alcalinité. On peut voir, dans l'ouvrage de Tiedemann et Gmelin (1), comme ces règles générales se modifient dans les différentes expériences, et combien il est souvent difficile, après l'ingestion d'aliments composés, de se rendre compte de la cause des phénomènes variés qu'on observe sous ce rapport.

Rappelons que, quand le chyme est devenu acide dans le gros intestin, son acidité peut encore aider à la dissolution de plusieurs de ses éléments et rendre par conséquent absorbables quelques matières échappées à l'action de l'estomac : c'est ainsi que, chez les herbivores, s'achève la dissolution des sels de chaux et de magnésie, et même de plusieurs matières albuminoïdes végétales qui sont solubles dans les acides dilués. Les analyses comparatives, données par Tiedemann et Gmelin, fournissent des preuves positives à l'appui de cette assertion.

La *coloration* du chyme ou de la bouillie alimentaire varie quand on l'observe à des hauteurs diverses de l'intestin. Après son arrivée dans l'intestin grêle, la bile donne d'abord au chyme une couleur jaune plus ou moins marquée ; et comme, dans la décomposition de la bile, sa matière colorante est en général à peine absorbée, la couleur se fonce davantage et devient verdâtre vers la fin de l'iléon. Là, cette matière colorante est encore reconnaissable à sa réaction particulière avec l'acide nitrique ; puis elle devient brune dans le gros intestin, et alors elle ne se reconnaît plus à l'aide de cet acide. C'est elle qui, chez l'homme, donne aux *fèces* leur

<hr>

(1) Tiedemann et Gmelin, *Rech. expér. physiol. et chim. sur la digestion*, trad. de Jourdan, t. I, p. 192, 252, 274, 382 et suiv.

couleur caractéristique, couleur qui manque dans les cas d'ictère quand l'afflux de la bile dans l'intestin est totalement empêché. Chez les herbivores, les changements de la matière colorante ne paraissent pas aller aussi loin; celle-ci reste verte. Chez le chien, elle semble être absorbée dans l'intestin en proportion assez notable : c'est ainsi' que peut s'expliquer la couleur pâle qu'offrent si souvent les fèces de cet animal.

Valentin (1) attribue surtout à la décomposition de la bile l'*odeur* particulière qui s'exhale des matières fécales. Si, dit-il, on dessèche le précipité de la bile humaine en décomposition, on obtient un corps brun qui, au moment où l'on y ajoute de l'eau, répand l'odeur d'excréments humains de la manière la plus prononcée. En répétant cette expérience avec de la bile de bœuf, on a une matière jaune verdâtre qui exhale l'odeur bien connue de la *bouse de vache*. Il est vrai qu'en l'absence de la bile la décomposition des matières albuminoïdes elles-mêmes peut aussi, dans l'intestin, donner lieu à une odeur des plus désagréables : quand, dans l'ictère, la bile cesse d'être versée dans l'intestin, les fèces sont assurément très-fétides, mais elles n'ont plus leur odeur naturelle.

La même nourriture, chez différents animaux, ne produit pas la même odeur de fèces; au contraire, celles-ci retiennent toujours l'odeur propre à tel ou tel animal, odeur qu'on retrouve, mais moins prononcée, dans l'exhalation cutanée, l'urine et le sang lui-même.

Les observations de Valentin prouvent, en effet, que si l'odeur caractéristique de l'animal provient du sang, elle est inhérente aussi à d'autres liquides, mais bien plus faiblement qu'à la bile; dès lors, si la digestion est assez rapide pour que la putréfaction ne puisse avoir lieu, et si en même temps les autres sécrétions intestinales sont versées en abondance, les excréments pourront contracter encore, jusqu'à un certain point, l'odeur caractéristique de l'animal sans le secours de la bile. C'est ce qui paraît avoir eu lieu chez le chien porteur d'une fistule biliaire et soumis à l'observation de Blondlot: malgré la soustraction de la bile, non-seulement l'animal rendait des excréments ayant l'odeur ordinaire, mais, assure cet auteur, il digérait aussi en partie les corps gras, et il se maintint long-temps en bonne santé ; ce qui prouve que les autres fluides, qui suppléaient l'action de la bile, avaient dû être relativement sécrétés en plus grande abondance.

Tout en admettant, avec Valentin, que les excréments doivent surtout leur odeur à l'intervention de la bile, il faut donc reconnaître aussi que les autres liquides intestinaux y contribuent pour une certaine part. Blondlot (2) est assurément trop exclusif, quand il ne rapporte cette odeur qu'à un principe huileux sécrété par le gros intestin.

(1) VALENTIN, *Lehrbuch der Physiologie*, t. I, p. 369. — *Grundriss der Physiol.*, etc., 3ᵉ édit., p. 160.
(2) BLONDLOT, *Traité de la digestion*, p. 442.

Liebig (1) fait observer que, pour produire une odeur rappelant un peu celle des fèces, les matières albuminoïdes ont besoin d'être traitées, artificiellement, par les alcalis et à une température qu'on ne retrouve jamais chez l'animal vivant.

VI. — Nous venons de dire comment se produisent graduellement dans le cours de la digestion intestinale, la *consistance*, la *couleur* et l'*odeur* des matières fécales.

Quant à leur *composition*, les analyses chimiques faites par Zierl, Simon, Schrœder, Einhof et Thaer (2), Berzelius (3), et plus récemment par Schmidt (4), Ihring (5) et Vehsarg (6), confirment les résultats que les expériences physiologiques et l'induction avaient déjà fournis sur la nature des éléments de ces matières. Celles-ci ne renferment pas seulement les principes insolubles ou une partie des aliments ingérés en excès; on y retrouve encore des substances très-assimilables, mais qui arrivent sous certaines conditions, comme des graines ou des fruits entiers dont les téguments n'ont pu être mécaniquement divisés ni transformés dans le canal alimentaire. On y rencontre aussi quelquefois des parcelles d'albumine (même quand les aliments n'en avaient pas contenu un excès), si, dans l'intestin grêle, ces parcelles se sont trouvées comme emprisonnées dans des combinaisons insolubles des produits de la bile. Outre la cellulose et l'épiderme végétal, on retrouve, dans les fèces, des débris de tendons et de tissu fibreux animal, de la viande désagrégée, mais non digérée, sur laquelle on reconnaît encore les stries transversales du tissu musculaire; des fragments osseux ou de la poudre calcaire si l'animal avait mangé des os; des parties colorées de quelques végétaux particuliers, quelquefois des feuilles entières, mais peu reconnaissables de prime abord, à cause de leur décoloration; enfin, des graisses et de l'amidon non altéré.

Quand, par une cause quelconque, il s'est développé de l'ammoniaque dans l'intestin, on voit souvent dans les fèces de petits cristaux de phosphate ammoniaco-magnésien. Schœnlein (7), qui les a découverts dans les fèces d'individus atteints de typhus, les crut particuliers à cette affection; mais il en existe chez beaucoup d'autres malades et même dans l'état sain. Déjà on peut les apercevoir dans le côlon.

Si les aliments renferment beaucoup d'amidon, on pourra constater dans les fèces la présence du sucre *(glycose)* avec des grains féculents inaltérés.

Les fèces ont une réaction neutre, alcaline ou acide. Quelquefois on les

(1) Liebig, *Thierchemie*, etc., 3ᵉ édit., p. 137.
(2) Einhof et Thaer, *Grundsaetze der rationellen Landwirthschaft*, t. IV.
(3) Berzelius, *Traité de chimie*, trad. franç. par Esslinger, t. VII, p. 268 et 273. Paris, 1833.
(4) Schmidt, *loc. cit.*
(5) Ihring, *Mikrosk chemische Untersuchung menschlischer Fœces.* Giessen, 1852.
(6) Vehsarg, *Mikrosk. und chemische Untersuchung der Fœces gesunder Menschen.* Giessen, 1853.
(7) Schœnlein (Müller's *Archiv*, 1836, p. 258.)

trouve acides dans leur centre et revêtues d'une écorce alcaline. Dans beaucoup de diarrhées où les matières parcourent trop rapidement le canal intestinal, la couleur et la consistance des fèces peuvent rester ce qu'elles étaient au commencement de l'intestin grêle : ces matières sont aqueuses, et le principe qui les colore est encore verdâtre ou même jaune.

Lors d'une abstinence prolongée, les fèces ne contiennent que des cellules d'épithélium et les divers produits de la métamorphose des sucs intestinaux. Tel est aussi le méconium des nouveau-nés (1).

G. Valentin (2) a donné de belles figures des éléments microscopiques des fèces normales.

Gaz du tube digestif.

Quand on ouvre un animal vivant, on constate que son tube digestif renferme toujours des *gaz*, dont la production et la quantité dépendent, en partie, non-seulement de la nature des aliments dont l'animal s'est nourri, mais encore de l'état de santé dans lequel il se trouve.

Toutes les fois qu'on accomplit un mouvement de déglutition, pour avaler des aliments ou seulement de la salive, on avale aussi une certaine quantité d'air qui passe dans le canal digestif. Il est même des individus qui peuvent introduire assez de ce fluide dans leur estomac et jusque dans leurs intestins, pour donner lieu à une tympanite et simuler ainsi un état morbide. Les aliments entraînent aussi avec eux une certaine quantité d'air atmosphérique qui leur reste adhérent ou qui les pénètre pendant la mastication. Quant aux autres gaz du canal digestif, s'ils proviennent surtout de la réaction chimique que les substances alimentaires ingérées dans ce canal exercent les unes sur les autres pendant la digestion, ils semblent aussi pouvoir provenir des mouvements de décomposition et de recomposition qui résultent du mélange même des divers liquides (salive, bile, fluide pancréatique, suc intestinal, mucus), versés dans les voies digestives.

L'oxygène, l'azote, l'acide carbonique, l'hydrogène, l'hydrogène carboné, l'hydrogène sulfuré, et exceptionnellement l'oxyde de carbone, tels sont les divers gaz qui, en s'associant d'une manière variable, entrent dans la composition du produit gazeux de l'appareil digestif. Mais la science n'a encore pu établir rien de précis relativement à l'*origine* de chacun de ces gaz : on a regardé comme probable que la décomposition des sulfates en présence des matières organiques produisait l'hydrogène sulfuré, qui, d'ailleurs, existe en assez faible proportion ; que l'acide carbonique provenait de l'action exercée sur les carbonates des aliments par les acides propres au suc gastrique ou par d'autres acides qui se développent durant le travail même de la digestion. Du reste, on sait combien ce même gaz car-

(1) LEHMANN, *Physiol. Chemie*, t. II.
(2) G. VALENTIN, *Grundriss der Physiol.*, t. I, fig. XVII.

bonique et l'hydrogène prennent facilement naissance dans les fermentations organiques.

Les produits gazeux gastro-intestinaux offrent des *différences* suivant la portion du canal alimentaire où on les recueille. Dans la cavité de l'estomac, on ne trouve le plus ordinairement que de l'air atmosphérique introduit pendant l'ingestion des aliments. L'oxygène de cet air est promptement absorbé, et déjà, dans l'intestin grêle, il n'y a plus que du gaz azote uni à de l'acide carbonique, à de l'hydrogène pur, ou, dans le gros intestin, à de l'hydrogène carboné et à de l'hydrogène sulfuré. Chez les animaux en bonne santé, ces gaz sont en général peu abondants; leur quantité augmente notable ment dans les mauvaises digestions. La nature des aliments, comme nous l'avons dit, a d'ailleurs une influence incontestable sur leur production.

On doit à Chevreul (1) plusieurs analyses concernant les gaz intestinaux de l'homme. Elles ont été faites sur des suppliciés ouverts peu de temps après la mort, et qui, jeunes et vigoureux, présentaient les conditions les plus favorables à de semblables recherches. Nous donnerons ici une de ces analyses.

Les gaz contenus dans l'appareil digestif d'un jeune homme de vingt-quatre ans, qui, deux heures avant son supplice, avait mangé du pain et du fromage de gruyère et bu de l'eau rougie, contenaient :

	Estomac.	Intestin grêle.	Gros intestin.
Oxygène	11,0	0,0	0,0
Acide carbonique	14,0	24,4	43,0
Hydrogène pur	3,6	55,3	4,5 (*)
Azote	71,4	20,1	51,0
Hydrogène carboné	00,0	00,0	5,4

Jurine (2), de Genève, a avancé que la quantité d'acide carbonique est plus grande dans l'estomac et dans l'intestin grêle que dans le gros intestin, et qu'au contraire celui-ci contient plus d'azote que l'intestin grêle et l'estomac, résultats qui ne s'accordent point avec ceux de Chevreul. Les recherches de Jurine, faites à une époque où les procédés eudiométriques laissaient beaucoup à désirer, avaient eu pour sujet un fou mort de froid et autopsié immédiatement.

Quant à Chevillot (3), à qui l'on doit les recherches les plus étendues sur les gaz du tube digestif, surtout dans l'état pathologique, il est arrivé aux conclusions suivantes : 1° dans l'état de maladie, on ne rencontre que six espèces de gaz dans le tube digestif de l'homme (azote, acide carbonique, hydrogène pur, oxygène, hydrogène protoarboné et hydrogène sulfuré);

(1) CHEVREUL , *Nouveau bulletin de la Société philomathique*, 1816, p. 129. — *Id.* dans *Annales de chimie et de physique*, t. II, p. 292.

(*) Avec trace d'hydrogène sulfuré.

(2) JURINE, *Mém. de la Soc. de méd.*, t. X, p. 77 et suiv.

(3) CHEVILLOT, *Recherches sur les gaz de l'estomac et des intestins de l'homme à l'état de maladie*; thèse inaug. Paris, 1833, n° 194. — Id. dans *Gaz. méd. de Paris*, 1833, p. 617 et suiv.

2° l'azote se trouve en plus grande quantité chez l'homme mort de maladie que chez l'homme sain ; ce qui, dans plusieurs cas, est l'inverse pour l'acide carbonique ; 3° le gaz carbonique va généralement en augmentant dans le tube digestif de l'homme malade à la température de + 11 à 21 degrés centigrades, et il va en diminuant à celle de — 2° à + 3° ; 4° chez les sujet adultes, la quantité de gaz hydrogène est plus considérable à la température de + 11 à 16 degrés qu'à celle de — 1° à + 6°, tandis que l'inverse a lieu chez les vieillards dans les mêmes circonstances de température ; 5° enfin l'hydrogène est plus abondant dans les intestins grêles que dans l'estomac et les gros intestins, et, par conséquent, il ne va pas en augmentant vers ces derniers, comme on l'avait dit jusqu'à présent.

Il importe de rappeler que, en l'absence des aliments et des réactions chimiques de la digestion, on observe assez fréquemment des accumulations plus ou moins considérables de gaz dans le canal alimentaire. Cela a lieu surtout chez les personnes atteintes d'hystérie, d'hypochondrie, de chlorose, etc. Ajoutons que l'expérience a démontré que si une anse intestinale, préalablement vidée de tout ce qu'elle pouvait contenir et comprise entre deux ligatures, est replacée dans l'abdomen d'un animal vivant, elle ne tarde point à se remplir de gaz, qui souvent finissent par la distendre outre mesure. Dans ces cas, il est difficile d'affirmer si le dégagement gazeux provient de la décomposition des humeurs sécrétées par la muqueuse intestinale et ses annexes, ou bien si le sang, qui tient en dissolution de l'acide carbonique, de l'azote et de l'oxygène, laisse s'exhaler ces gaz à travers les parois des vaisseaux de l'intestin.

Quelquefois, les gaz intestinaux peuvent être retenus et complétement emprisonnés par le sphincter de l'anus, qui s'oppose à leur expulsion. Néanmoins, en pareil cas, on les voit souvent disparaître peu à peu, ce qui ne peut avoir lieu qu'autant qu'ils sont absorbés et dissous par les humeurs intestinales, avec lesquelles ils passent dans les lymphatiques ou dans les veines ; car, tant qu'ils conservent la forme de gaz, il n'est guère présumable que les vaisseaux s'en emparent. Mais, d'autres fois ni l'expulsion ni la résorption ne s'opèrent, et alors il survient des tympanites qui peuvent être mortelles si l'on n'apporte un prompt secours. Cela s'observe assez fréquemment chez les vaches qui ont mangé des fourrages verts. Lameyran et Fremy (1), ayant analysé les gaz extraits par la ponction d'une vache ainsi météorisée, ont trouvé qu'ils étaient composés de : hydrogène mêlé d'hydrogène sulfuré, 80, hydrogène carboné, 15 ; acide carbonique, 5 ; = 100.

C'est dans ces sortes d'accumulations gazeuses excessives qu'on a vu parfois réussir une potion ammoniacale préparée en ajoutant 15 grammes d'ammoniaque à un demi-litre d'eau. L'acide carbonique et l'hydrogène sulfuré doivent, en effet, être absorbés par ce mélange s'il parvient dans la région occupée par les gaz. Toutefois, dans plusieurs occasions, on voit succomber les animaux malgré l'emploi de ce moyen. C'est que, dans les

(1) LAMEYRAN et FREMY, *Bulletin de pharmacie*, 1809, t. I, p. 358.

gaz développés, l'acide carbonique et l'hydrogène sulfuré ne dominent pas toujours. Ainsi Pflüger, ayant examiné les gaz de deux vaches météorisées, a trouvé que les 4/5es du volume consistaient en *oxyde de carbone*, gaz que les alcalis n'absorbent pas, et dont on ne débarrasse l'animal que par la ponction.

Nous avons déjà fait connaître (p. 176) les *usages mécaniques* des gaz intestinaux. Quant à l'opinion qui attribue à ces gaz une influence chimique sur les phénomènes de la digestion (1), elle ne se fonde sur aucune donnée expérimentale et ne mérite point qu'on la discute.

Productions organisées observées dans le tube digestif.

Nous ne parlerons pas des *monades* que Leuret et Lassaigne (2) ont regardées, chez les crapauds et les grenouilles, comme un produit *essentiel* de la digestion, ni des autres infusoires que Gruby et Delafond (3) disent avoir trouvés surtout dans le tube digestif des ruminants; infusoires en lesquels, suivant ces auteurs, se transformerait à peu près la cinquième partie de la nourriture végétale. Ce sont là des opinions et des assertions qui n'ont pas entravé la marche de la science, parce que personne ne les a adoptées. Nous ne nions pas l'existence de ces animalcules, mais ce ne sont que des produits accidentels qui assurément ne résultent point de la transformation digestive des aliments. Des cellules épithéliales ont pu être confondues avec des animaux infusoires, et Leuret et Lassaigne ont vraisemblablement pris l'*Opalina ranarum* pour des *monades* ou pour quelque espèce du genre *Bursaria*. Mais il nous serait impossible de présumer ce que Gruby et Delafond ont regardé comme des animalcules chez les herbivores.

On rencontre très-souvent des *conferves* qui se développent sur le contenu de l'intestin, sans trouble la digestion; d'autres fois leur formation est un signe que la digestion e altérée par quelque disposition morbide des organes. C'est ainsi que la *Torula cerevisiæ*, qui apparaît souvent en petite quantité dans l'estomac et les intestins, ou qui même y est introduite avec les liquides en fermentation, se développe en quantité considérable dans l'estomac, quand la fécule entre en fermentation se terminant par la formation d'acide acétique. On la retrouve encore dans les matières vomies qui continuent à fermenter. Frerichs (4) a observé ce fait sur deux filles chlorotiques.

Outre la *Torula cerevisiæ*, on trouve encore, mais plus rarement, dans le

(1) Graves, *Dublin Journal of Medic. sc.*, t. VIII, p. 498.
(2) Leuret et Lassaigne, *Rech. physiol. et chim. sur la digestion*, p. 173 et suiv. Paris, 1825.
(3) Gruby et Delafond, Dans *Comptes rendus de l'Acad. des sc. de Paris*, séance du 11 décembre 1843.
(4) Frerichs, *loc. cit.*

canal digestif de l'homme, des filaments confervoïdes avec leurs spores. Très-rares à l'intérieur de l'estomac, ils existent plus souvent dans le rectum lors de la décomposition des fèces dans cet intestin.

Plus fréquemment on rencontre le petit cryptogame que Goodsir a appelé *Sarcina ventriculi*. On le croyait particulier à l'estomac, et Goodsir, Bell, Hasse et d'autres auteurs ont vu dans sa présence la cause d'une dyspepsie spéciale. Goodsir l'a surtout signalé, concurremment avec les acides lactique et acétique, dans le fluide aqueux qui est rejeté lors des accès de pyrosis. Mais il est certain qu'après la mort on trouve quelquefois la *Sarcina* dans le tube digestif de sujets qui, pendant leur vie, n'avaient présenté aucun trouble de la digestion. Frerichs l'a vue se développer dans l'estomac de chiens qui portaient une fistule de cet organe; mais elle a été rencontrée parfois aussi dans l'intestin. Le même auteur, qui a eu occasion d'étudier le développement de cette algue, en a donné une description exacte : elle est représentée, dans l'état parfait, par des petites masses cubiques, ordinairement composées de quatre, quelquefois de huit ou de seize cellules cubiques réunies qui, au commencement, n'en formaient qu'une seule.

Dans la cavité gastrique du lapin, et quelquefois aussi dans le rectum de l'homme, on rencontre des *frustulaires* à cellules ovales, isolées ou rangées en séries, dont chacune porte dans son intérieur trois vésicules plus lucides. Dans l'estomac des batraciens, il existe beaucoup de conferves qui, ressemblant aux espèces des eaux stagnantes, paraissent avoir été ingérées par la bouche. Chez la salamandre, Schiff a aussi rencontré une algue semblable à la *Sarcina*; seulement chaque cellule portait un filament vibratile très-long et très-mince, analogue au filament des monadines et de beaucoup d'algues globuleuses.

DE L'ABSORPTION

Nous avons vu que tout être organisé a le pouvoir de réagir sur les corps qui l'entourent, de former avec leurs éléments des combinaisons nouvelles et de les convertir en sa propre substance. Aussi longtemps qu'un organisme est en possession de la vie, il s'y opère incessamment une absorption et une expulsion de matériaux dont le renouvellement, indispensable à l'intégrité et à la permanence des organes, représente une des conditions essentielles du mouvement vital. L'ABSORPTION, ou pénétration du dehors au dedans de liquides et de fluides élastiques, est bien en effet le premier terme de cet échange continuel qu'entretient l'être vivant avec les choses du dehors.

L'ABSORPTION est un phénomène tellement général qu'elle n'a besoin pour s'accomplir d'aucun appareil, d'aucun organe spécial. L'observation journalière nous fait voir, sur le champ du microscope, des infusoires formés d'une seule cellule ou bien des éléments anatomiques qui se gonflent par absorption lorsqu'ils se trouvent dans des conditions favorables. Les feuilles et les racines des plantes absorbent directement dans l'atmosphère ou dans le sol les éléments de leurs tissus ; et, vers les degrés inférieurs de l'animalité, des êtres dont le corps ne consiste qu'en une masse de tissu cellulaire absorbent, par leur périphérie, les fluides ambiants tant gazeux que liquides. Chez eux, aucune partie n'a encore de besoins propres et différents de ceux des autres parties ; il y a diffusion dans tout l'animal des substances apportées du dehors. Mais à mesure que l'on s'élève dans la série animale, à mesure que des organes spéciaux se montrent et que les humeurs prennent des directions déterminées vers tel ou tel d'entre eux, on voit naître des vaisseaux qui alors sont à la fois les réceptacles des produits absorbés et les distributeurs de ces produits : c'est ainsi, par exemple, que du moment que l'absorption gazeuse se sépare de l'absorption liquide ou alimentaire, des voies spéciales deviennent indispensables pour porter le produit de cette dernière des organes digestifs aux organes respiratoires. Un des rôles du système vasculaire, dans les organismes complexes, est de servir de *voies aux fluides absorbés* ; mais c'est une erreur de considérer

l'absorption comme l'œuvre particulière de ce système, puisqu'en réalité
cet important phénomène se passe dans chacun des éléments anatomiques
dont l'arrangement constitue les tissus et les organes.

Il serait donc logique de commencer à étudier l'absorption dans les
éléments anatomiques eux-mêmes : après avoir vu le phénomène se modifier avec l'espèce de ces éléments, on pourrait constater l'aptitude plus ou
moins grande de chacun d'eux à se laisser pénétrer par telle ou telle
humeur et l'on arriverait peut-être ainsi à avoir le secret des absorptions
électives. Mais les notions de la physiologie générale ne sont pas assez
précises sur ce point pour nous permettre d'aborder ainsi la question
dans sa base. D'ailleurs, l'*absorption interstitielle*, opérée dans l'intimité
de la trame organique aux dépens des matériaux apportés par le sang,
appartient au chapitre de la *Nutrition*, où elle sera spécialement étudiée.
Ici, nous devons surtout nous occuper de la pénétration des substances
extérieures dans l'immense réseau de l'appareil circulatoire chez l'homme
et chez les animaux supérieurs. Or, c'est par les surfaces interne et externe
que pénètrent ces substances : ainsi, la peau se trouve habituellement ou
accidentellement en contact avec des liquides ou des gaz auxquels, dans
certaines conditions, elle livre passage ; la muqueuse digestive est également apte à faire passer dans l'organisme des substances qui ont subi
ou non le travail préalable de la digestion ; par la muqueuse des voies
aériennes, s'établit continuellement, pendant l'acte respiratoire, un échange
entre l'air atmosphérique et les gaz contenus dans le sang ; la muqueuse
des organes génito-urinaires, celle qui tapisse le globe de l'œil, etc., jouissent aussi à un haut degré de la faculté absorbante. Les réservoirs placés sur
le trajet de certains appareils sécréteurs sont surtout destinés à contenir,
pendant un temps plus ou moins long, les liquides qui proviennent de
l'élaboration du sang dans les organes glandulaires ; mais ces liquides peuvent subir dans leurs réservoirs certains changements de composition, et
quelques-uns de leurs éléments peuvent y être repris par les agents de
l'absorption. Quant aux fluides sécrétés dans les cavités séreuses, et dont
l'usage principal paraît être de favoriser le glissement des deux feuillets
de la membrane séreuse l'un sur l'autre, évidemment ils s'y accumuleraient
bientôt en trop grande quantité, s'ils n'étaient sans cesse absorbés, puis
déversés dans les voies circulatoires. — Rappelons que toutes ces surfaces
absorbantes sont couvertes d'un revêtement épithélial plus ou moins complet, et qu'elles ne présentent pas ces innombrables ouvertures supposées
par quelques physiologistes pour expliquer le mécanisme de l'absorption.
L'occasion s'offrira souvent de revenir sur cette notion si importante.

Nous nous proposons d'étudier d'abord l'*absorption en général*, indépendamment des lieux où elle s'accomplit, puis de passer en revue les phénomènes d'absorption qui se produisent aux diverses surfaces vivantes.

Notre étude sur l'absorption en général comprendra : 1° l'examen critique des différentes théories qui ont été proposées pour expliquer l'absorption, théories dont certaines n'ont plus qu'un intérêt historique ; 2° l'ex-

posé des conditions qui influencent l'absorption ; 3° l'étude de la part qui revient au système vasculaire dans l'accomplissement de ce grand phénomène physiologique.

THÉORIES DE L'ABSORPTION.

Théorie des bouches absorbantes. — Une seule théorie, avec quelques variantes, a régné au commencement de ce siècle : on gratifiait l'origine des lymphatiques et des veines (vaisseaux absorbants) de prétendues *bouches absorbantes* jouissant de la faculté de *choisir* et d'aspirer ce qui doit être introduit dans le domaine circulatoire.

Cette théorie a été étendue aux végétaux eux-mêmes par divers physiologistes qui ont attribué aux racines et à leurs prétendus suçoirs la faculté de faire un choix dans les substances liquides et de prendre seulement celles qui peuvent servir à la nutrition. C'est là une pure fiction que sont venues détruire les expériences de Th. de Saussure (1), Jæger (2), Becker (3), Schreibers (4), Gœppert (5), Marcet jeune (6), etc., expériences intéressantes et nombreuses, desquelles il résulte que des plantes ont absorbé les principes vénéneux les plus divers et que cette absorption a exercé sur elles une influence plus ou moins délétère et funeste.

Il est également facile de réfuter l'hypothèse des bouches absorbantes des vaisseaux : les injections des lymphatiques au mercure ont montré que ce liquide ne s'échappe jamais au dehors, si ce n'est dans le cas de rupture de la paroi vasculaire. De plus, l'examen microscopique a fait voir que les lymphatiques se terminent par des réseaux anastomosés entre eux ou par des culs-de-sac, et non par ces prétendues bouches absorbantes. Il n'y en a pas davantage dans le système veineux, comme les injections et le microscope l'ont bien démontré.

Il fallait donc recourir à une autre théorie pour rendre compte de l'absorption.

Théorie de l'imbibition. — Les observateurs comprirent bientôt qu'une substance, pour être absorbée, doit être *fluide* et susceptible, si c'est un liquide, de *mouiller* le corps absorbant.

L'état fluide est en effet la première condition de l'absorption, aussi bien pour les végétaux que pour les animaux. Chacun sait, par exemple, combien la matière amylacée est essentielle à la nutrition des plantes qui, générale-

<hr>

(1) *Recherches chimiques sur la végétation.* Paris, 1804.

(2) *Dissert. de effectibus arsenici in varios organismos, nec non de indiciis quibusdam veneficii ab arsenico illati.* Tubingæ 1808.

(3) *De acidi hydrocyanici vi perniciosa in plantas.* Ienæ 1823.

(4) *Ibid.*, Ienæ 1825.

(5) *De acidi hydrocyanici vi in plantas.* Breslau, 1827.

(6) *Mém. sur l'action des poisons sur le règne végétal*, dans *Mém. de la Soc. de phys. et d'hist. nat. de Genève*, 1824, *Biblioth. univ.*, t. XXXI, p. 244, et dans *Ann. de phys. et de chim.*, t. XXV, p. 209.

ment, en renferment à profusion dans presque tous leurs organes, et quel rôle important elle joue aussi dans l'alimentation de l'homme et de beaucoup d'animaux. Or, l'amidon ne se dissout pas dans l'eau, et, d'après ce qui précède, il faut nécessairement, pour que ce principe devienne assimilable au sein de l'organisme animal ou végétal, qu'il éprouve un changement qui le rende soluble. C'est ce qui a lieu. Quand, par exemple, un grain ou fruit de céréales vient à germer, que ce soit du froment, du seigle, de l'orge, etc., tout l'amidon contenu dans ce grain est bientôt transformé, sous l'influence d'une substance particulière (la *diastase*), en matières solubles, la *dextrine* d'abord, puis la *glycose*, toutes deux faciles à absorber. De même, quand l'amidon est introduit dans les voies digestives des animaux, bientôt intervient l'action de certains principes contenus dans des fluides spéciaux (salive, suc pancréatique, etc.), qui eux aussi ont la propriété de convertir l'amidon insoluble en glycose soluble, et, par conséquent absorbable (*).

La deuxième condition nécessaire à l'absorption, avons-nous dit, est que la substance, si elle est liquide, puisse *mouiller* le corps absorbant : on sait en effet que l'eau ne traverse pas plus un papier huilé que le mercure ne traverse nos papiers à filtre ordinaires, etc.

Lorsque les deux conditions précédentes sont remplies, la pénétration progressive d'un liquide dans une trame organique ne serait autre chose, pour divers auteurs, qu'un phénomène d'imbibition. De là est née l'importante *théorie de l'imbibition*.

Exposons d'abord les faits qu'on a invoqués pour établir l'existence de l'imbibition ; nous démontrerons ensuite l'insuffisance d'une théorie basée sur ces faits.

Magendie (1), un des premiers, a fixé l'attention des physiologistes sur le passage des liquides au travers des tissus *par imbibition*. Pour en donner une démonstration expérimentale, il prit un jeune chien, mit à découvert l'une des veines jugulaires et l'isola parfaitement dans toute sa longueur. Après l'avoir dépouillée avec soin du tissu cellulaire et de quelques petits vaisseaux qui s'y ramifiaient, il la plaça sur une carte, afin qu'elle n'eût aucun contact avec les parties environnantes ; alors il laissa tomber à sa surface, et vis-à-vis le milieu de la carte, une dissolution aqueuse, épaisse, d'extrait alcoolique de noix vomique. Avant la quatrième minute, les effets toxiques se développèrent, d'abord faibles, mais bientôt très-intenses : le poison avait donc pénétré dans le torrent circulatoire.

(*) PAYEN a vu qu'en trempant les radicelles d'une hyacinthe dans de l'eau d'empois colorée par l'iode, elles n'absorbent que de l'eau pure, et ne présentent à aucune époque la moindre parcelle amylacée qui ait pénétré par voie d'absorption directe. La même expérience, faite par MIALHE (*a*) avec une membrane animale, a donné des résultats identiques. Pour faire la contre-expérience, il suffit d'enlever à l'amidon sa forme globulaire, de le réduire en une substance soluble au moyen de la diastase qui le convertit en dextrine et en glycose ; on le voit alors traverser immédiatement et les radicelles de la plante et les membranes animales.

(1) *Mémoire sur le mécanisme de l'absorption chez les animaux à sang rouge et chaud*, dans *Journ. de physiol. expérim.*, t. I, p. 10 et suiv. ; lu à l'Acad. des sciences de Paris, en octobre 1820.

(*a*) *Chimie appliquée à la physiol. et à la thérap.*, p. 198. Paris, 1856.

En expérimentant sur la carotide, les effets du poison furent plus tardifs : ce ne fut qu'après plus d'un quart d'heure que la dissolution de noix vomique traversa les parois artérielles pour venir se mêler au sang.

Dans une autre expérience, un tube de verre fut adapté à chaque extrémité d'une portion de veine jugulaire externe prise sur un chien, puis on fit passer un courant d'eau tiède, la veine elle-même étant plongée dans un vase renfermant une liqueur légèrement acide; bientôt on reconnut que l'eau, qui avait traversé la veine, était devenue acide à son tour. L'effet fut le même en expérimentant avec des veines ou des artères provenant de cadavres humains.

Fodera (1) s'est proposé de démontrer que l'absorption, qu'il appelle *imbibition* et l'exhalation qu'il nomme *transsudation* ne sont qu'un même phénomène dû à l'imbibition des différents vaisseaux, opérant, dans le premier cas, de l'extérieur du vaisseau à l'intérieur, et, dans le second, de l'intérieur à l'extérieur. Des expériences inverses des précédentes lui ont donné le même résultat. Il a injecté une substance vénéneuse, avec toutes les précautions convenables, à l'intérieur d'une portion d'artère comprise entre deux ligatures et isolée de son tissu cellulaire, de ses lymphatiques et de ses *vasa vasorum;* l'empoisonnement a eu lieu. Il a obtenu les mêmes effets en remplissant de poison une portion d'artère, de veine ou une anse d'intestin, en les enlevant et les plaçant, soit à la surface d'une plaie faite à un autre animal, soit dans la cavité abdominale. Dans ces diverses expériences, la rapidité de l'empoisonnement a paru varier selon l'âge et l'espèce de l'animal, l'épaisseur et la longueur de la portion de vaisseau ou d'intestin, sa distension plus ou moins considérable, la dissolution plus ou moins parfaite de la matière injectée, etc.

Fodera a vu aussi des gaz être absorbés de la même manière : il a placé dans la cavité péritonéale d'un lapin de l'hydrogène sulfuré renfermé dans une anse d'intestin enlevée à un autre animal ; au bout de quelque temps, les signes d'empoisonnement se manifestaient et l'hydrogène sulfuré ne se retrouvait plus dans l'anse intestinale.

Ayant injecté dans la cavité gauche du thorax d'un lapin une solution de prussiate de potasse, et dans le péritoine une solution de sulfate de fer, le même expérimentateur a tenu ensuite l'animal penché pendant trois quarts d'heure sur le côté gauche. Au bout de ce temps, l'autopsie étant faite, il a vu le diaphragme, le médiastin, les glandes lymphatiques sous-sternales et mésentériques, la membrane péritonéale de l'estomac et du duodénum, le ligament suspenseur du foie et l'épiploon, teints d'une belle couleur bleue.

L'auteur de ces expériences conclut que l'absorption et l'exhalation, dépendant de la capillarité des tissus, ont lieu par imbibition et par transsudation, et qu'ainsi elles rentrent dans la classe des phénomènes purement capillaires.

---

(1) *Rech. expérim. sur l'absorption et l'exhalation.* Paris, 1824, in-8, 70 p., 1 pl.

Antérieurement à Magendie et à Fodera, Lebküchner (1) avait déjà exécuté de nombreuses expériences pour établir la perméabilité des divers tissus de l'économie animale, propriété que d'ailleurs personne ne songeait à révoquer en doute, au moins sur le cadavre. Nous croyons devoir mentionner quelques-unes de ces expériences comme étant les premières en date; plusieurs ont été faites sur le vivant.

Lebküchner, ayant enlevé des lambeaux de *peau* sur différentes régions du corps de l'homme ou des animaux, a vu les liquides imbiber et traverser cette membrane. Du prussiate de potasse dissous l'a pénétrée en cinq heures; une solution de sulfate de cuivre ammoniacal seulement en deux jours. Dans une autre expérience, une solution de prussiate de potasse a pénétré à travers un lambeau de peau de la jambe d'un cadavre humain, en huit ou neuf heures. Le même observateur lotionne la peau du ventre, chez des lapins, avec des solutions d'acétate de plomb, de prussiate de potasse, de chlorure de baryum, etc., et bientôt constate la présence de ces divers sels dans le sang. En plongeant dans l'hydrogène sulfuré le tissu cellulaire sous-cutané des lapins morts empoisonnés par l'acétate de plomb, il voit ce tissu devenir noir et accuser ainsi la présence du plomb par la formation de sulfure de plomb.

Les *membranes muqueuses*, avec les parties immédiatement sous-jacentes, sont, à un assez haut degré, perméables aux divers liquides. Si l'on injecte, dans la cavité intestinale d'un lapin, des dissolutions de sulfate de fer et de prussiate de potasse, on constate une teinte bleue à la surface externe de l'intestin après huit minutes; met-on les mêmes solutions en contact avec sa paroi externe, sa cavité se colore également en bleu après seize minutes. De l'encre, introduite dans un intestin grêle, en traverse les parois moins rapidement.

Quand on remplit d'acide carbonique une portion de la *veine* iliaque d'un cadavre, l'eau de chaux dans laquelle on place le vaisseau se trouble notablement. Si, pendant dix minutes, ajoute Lebküchner, on met une dissolution de prussiate de potasse en contact avec l'extérieur de la veine jugulaire gauche d'un lapin, et, qu'avant de sacrifier l'animal on tire une petite quantité de sang de la carotide ou de la jugulaire droite, le sérum des deux sangs renferme du prussiate de potasse. Le cuivre ammoniacal, l'émétine, l'acide prussique, l'extrait d'angusture vraie, etc., passent également dans le sang à travers les *parois des veines*, chez les animaux vivants.

De l'acide prussique appliqué sur l'*artère* carotide d'un mammifère quelconque a toujours produit presque immédiatement des symptômes d'empoisonnement. Après quinze minutes, il s'est déclaré des mouvements convulsifs, lorsqu'on a expérimenté avec une décoction concentrée d'angusture vraie.

Les *membranes séreuses* sont aussi perméables aux liquides : une dissolu-

---

(1) *Dissertatio quâ experimentis eruitur, utrum per viventium adhuc animalium membranas atque vasorum parietes materiæ ponderabilis illis applicatæ permeare queant, nec ne?* Tubingue, 1819.

tion de sulfate de fer ayant été versée dans l'abdomen d'un chat, on reconnut, après dix minutes, que la face externe du péritoine devenait bleue par le contact du prussiate de potasse; du fiel de bœuf traversa le péritoine en douze minutes, et une dissolution d'un sel de cuivre, en deux minutes. Une solution de prussiate de potasse ayant été injectée dans la cavité droite du thorax d'un lapin, ce sel apparut au bout de trois minutes, sur la paroi gauche intacte du médiastin.

Telles sont les principales expériences de Lebküchner, dont quelques-unes, on le voit, n'ont pas toujours été rapportées à leur véritable auteur.

Lorsque les physiologistes expliquaient les expériences précédentes par l'*imbibition*, ils n'avaient que des idées inexactes sur la véritable texture des tissus organisés et sur les forces physiques qui produisent l'imbibition d'un corps quelconque. Pour les réfuter et mieux faire comprendre le mécanisme de l'absorption, nous devons rappeler ici, en peu de mots, quelles sont les forces qui président à l'imbibition.

On sait que les molécules de la matière tendent sans cesse à se rapprocher; on a désigné sous le nom d'*attraction* cette propriété ou cette force. Lorsqu'elle s'exerce entre des corps placés à des distances sensibles, on l'appelle *gravitation* ou *pesanteur* : Galilée, Kepler et Newton en ont étudié les lois. Quand elle s'exerce entre des corps qui se touchent, c'est-à-dire placés à des distances tellement rapprochées qu'elles sont inappréciables à nos sens, on la nomme *attraction moléculaire; l'affinité chimique* n'est qu'un mode de manifestation de cette dernière. L'attraction moléculaire qui s'exerce entre les molécules qui composent la masse d'un même corps a plus particulièrement été désignée sous le nom de *cohésion*, et celle qui s'exerce entre des corps différents placés au contact s'appelle *adhésion*.

Les phénomènes d'adhésion ne peuvent s'observer qu'entre des corps solides et des corps liquides. En effet, la cohésion des corps solides est trop grande pour que leurs molécules puissent se déplacer et venir adhérer à un autre corps solide. Il n'en est pas de même pour les liquides dont la faible cohésion permet à leurs molécules de se mouvoir et de céder à l'attraction moléculaire d'un solide placé à une distance excessivement petite. —Nous trouvons dans cette loi la raison physique des deux conditions fondamentales de toute absorption, savoir : 1° que la substance absorbée soit liquide; 2° qu'elle adhère à la substance absorbante, ce qu'on appelle vulgairement la *mouiller*.

L'eau contenue dans un vase de verre s'élève au-dessus de sa surface contre les parois du vase. C'est là un exemple de l'attraction adhésive qui s'exerce entre les molécules du verre et celles de l'eau dont la cohésion est affaiblie par cette première force. Comme les phénomènes dus à l'attraction moléculaire des solides sur les liquides sont beaucoup plus faciles à observer dans des tubes étroits que contre des surfaces planes, c'est principalement avec des tubes capillaires que l'étude en a été faite : de là les noms d'*attraction capillaire* ou de *capillarité* que l'on donne généralement à cette force. Chacun sait que la plupart des liquides montent dans les tubes capillaires contre les lois de la pesanteur et que la hauteur qu'ils atteignent dépend de la nature du liquide.

Les substances, qui sont criblées de petites cavités ou vacuoles en communication les unes avec les autres et ouvertes au dehors, produisent des effets analogues à ceux des tubes capillaires. Ainsi Matteucci (1), en plongeant dans des liquides de nature différente des tubes remplis de sable fin, vit le liquide monter à diverses hauteurs; il y eut *imbibition par capillarité*. Si l'on admet que les tissus organisés offrent une multitude de petits espaces libres comme les substances précédentes, l'imbibition par capillarité rendra compte de la pénétration des liquides dans leur intérieur. Mais, si cette hypothèse sur la structure des tissus est fausse, que deviendra la théorie de l'imbibition? Or, les recherches des histologistes ont prouvé que les différents tissus de l'économie ne présentent pas plus de pores que les vaisseaux n'ont de bouches absorbantes. Ici nous entendons par *pores* des espaces visibles à l'œil nu ou aidé du microscope; ce qui ne nous empêche pas d'admettre, avec les Physiciens, l'hypothèse de la *porosité* de la matière. Les intervalles que laissent entre eux les éléments anatomiques des tissus et des organes sont en effet remplis par des substances albuminoïdes amorphes, de manière à former un tout continu dans lequel il n'existe pas de cavités, si ce n'est celles que l'on peut produire artificiellement par l'insufflation ou par les injections.

La théorie de l'*imbibition par capillarité* ne repose donc pas sur une base plus solide que celle des bouches absorbantes.

Mais la capillarité n'est pas la seule force qui puisse produire une imbibition : l'*affinité chimique* de certains corps pour les liquides, et en particulier pour l'eau, donne lieu au même résultat. Il résulte des expériences de Chevreul que les tissus animaux peuvent perdre, en se desséchant, une quantité d'eau qui dépasse quelquefois de beaucoup la moitié de leur poids; et que, si l'on met ces tissus desséchés en contact avec l'eau, ils reprennent tout le liquide qu'ils avaient perdu et quelquefois plus qu'ils n'en renfermaient naturellement (*). Chevreul vit là une force qui a un

(1) *Leçons sur les phénomènes physiques des corps vivants*, p. 24, trad. française.

(*) Chevreul (a) trouva qu'après une dessiccation complète.

	Absorbent en vingt-quatre heures :		
	Eau.	Solution saline.	Huile.
100 grammes de cartilage de l'oreille	231	125	»
— de tendon	178	114	8,6
— de ligaments jaunes............	148	30	7,2
— de tissu corné...........	461	370	9,1
— de ligaments cartilagineux......	319	»	3,2
— de fibrine desséchée..........	301	154	»

D'après Liebig (b), l'eau distillée est de tous les liquides celui qui pénètre les membranes organiques dans les plus fortes proportions, et les dissolutions salines le font en quantité d'autant moindre que la proportion de substance saline y est plus considérable; un mé-

(a) *De l'influence que l'eau exerce sur plusieurs substances azotées solides* (Annales de physique et de chimie, 1821, t. XIX, p. 33).

(b) *Recherches sur quelques-unes des causes du mouvement des liquides dans l'organisme animal* (Annales de chimie et de physique, 1849, 3e série, t. XXV, p. 307).

caractère chimique. Même à l'état frais, les substances gélatinigènes qui entrent dans la composition de certains tissus animaux ne sont jamais saturées de toute l'eau qu'elles peuvent s'approprier ; aussi est-il permis d'attribuer à une *hydratation* une certaine part dans l'imbibition. L'épiderme desséché, par exemple, s'imbibe sans aucun doute par ce mécanisme ; mais cette espèce d'imbibition est presque nulle lorsqu'il s'agit de la plupart des autres tissus qui, dans l'état de vie, sont constamment humectés de liquides.

L'imbibition par affinité chimique est aussi impuissante que l'imbibition par capillarité à rendre compte des divers phénomènes de l'absorption.

Pour expliquer l'imbibition des liquides à travers les tissus organiques, il faut avoir recours à l'intervention d'une autre force que celle de la capillarité et que celle de l'affinité chimique ; c'est la *force de diffusion des liquides*. Cette force n'a été bien connue qu'à une époque très-rapprochée de la nôtre ; aussi, pour suivre l'ordre chronologique des théories de l'absorption, ne devrons-nous en étudier les effets qu'en dernier lieu.

Si l'absorption n'était qu'un phénomène d'imbibition comme l'entendaient Lebküchner, Magendie, Fodera, etc., verrait-on dans les résultats de l'une et de l'autre d'aussi frappantes différences ? Dans l'accomplissement de l'absorption, le liquide, qui pénètre molécule à molécule dans un tissu et de là dans les voies de la circulation, peut parfois être profondément modifié par ce tissu qui lui emprunte ou lui cède quelques principes, tandis que dans l'imbibition jamais il ne s'opère aucun changement appréciable ni de constitution moléculaire, ni de composition. En un mot, si, au delà du tissu absorbant et doué de la vie, le liquide absorbé peut être

---

lange d'eau et d'alcool entre dans les tissus avec d'autant plus de facilité et en quantité d'autant plus grande qu'il renferme moins d'alcool, etc.

100 parties, en poids, de vessie de bœuf desséchée s'imbibent, en vingt-quatre heures, de :

	Volumes.
Eau pure	268
Dissolution concentrée de chlorure de sodium (poids spécifique, 1,204)	133
Esprit-de-vin à 84 pour 100	38
Huile extraite des os	17

100 parties, en poids, de vessie de bœuf s'imbibent, en quarante-huit heures, de :

	Volumes.
Eau distillée	310
Mélange d'un tiers d'eau et de deux tiers de solution saline	219
— d'un demi d'eau et d'un demi de solution saline	235
— de deux tiers d'eau et d'un tiers de solution saline	288
— d'un tiers d'alcool et d'un demi d'eau	60
— d'un tiers d'alcool et de deux tiers d'eau	181
— d'un quart d'alcool et de trois quarts d'eau	290

100 parties, en poids, de vessie de porc desséchée attirent en vingt-quatre heures :

	Volumes.
Eau distillée	356
Eau saturée de chlorure de sodium	159
Huile extraite des os	14

tout à fait transformé, rien de pareil ne s'observe dans l'imbibition par capillarité qui n'est qu'un phénomène purement physique.

Entre les liquides extérieurs et ceux qui circulent dans les vaisseaux, s'opèrent, dans l'état de vie, des échanges incessants et d'autant plus marqués, que, dans la partie qui en est le siége, existent des courants vasculaires plus nombreux et plus rapides. Est-ce l'*imbibition capillaire* qui viendra expliquer pourquoi, dans le mélange de deux liquides s'effectuant à travers une membrane, il y a courant dans un sens plutôt que dans l'autre ; pourquoi, dans l'organisme vivant, il y a plutôt prédominance d'action de dehors en dedans que dedans en dehors? Ici encore il faut bien reconnaître le vide d'une pareille théorie pour rendre compte de la marche particulière à ces phénomènes. Aussi a-t-on fait intervenir une force nouvelle, l'*endosmose* (*), qui, au dire de Dutrochet (1), ne serait autre que « l'agent immédiat du mouvement vital », force de laquelle beaucoup de physiologistes ont cru pouvoir déduire une explication universelle des phénomènes de l'absorption dans les animaux et dans les plantes.

Théorie de l'endosmose ou osmose. — C'est après avoir remarqué que de petites vésicules organiques, complétement closes et plongées dans l'eau, absorbaient de ce liquide et en même temps laissaient échapper de leur contenu, que Dutrochet fut amené à construire l'*endosmomètre*, et à varier, à l'aide de cet instrument, ses ingénieuses expériences.

Soit un tube de verre adapté inférieurement à une petite cloche à tubulure que ferme, en dessous, une membrane animale ou végétale : cet appareil si simple a reçu le nom d'*endosmomètre*. Si l'on y introduit de l'eau gommée, par exemple, et qu'on plonge l'instrument dans un vase contenant de l'eau distillée, les déux liquides tendront à se mélanger, et à cet effet il s'établira à travers la membrane un double courant : l'un de dehors en dedans, c'est-à-dire de l'eau pure vers l'eau gommée, et l'autre de dedans en dehors, de l'eau gommée vers l'eau pure. Mais le premier courant ayant la prédominance sur le second, il en résultera une augmentation notable dans le volume du liquide que contient l'endosmomètre ; en même temps, l'eau distillée du vase extérieur aura perdu sa pureté et contiendra de la gomme. — Des effets semblables ont lieu entre l'alcool et l'eau, entre celle-ci et une solution aqueuse d'albumine, de sucre, de sels, etc.

Dutrochet (2) désigna d'abord sous le nom d'*endosmose*, le courant d'eau qui afflue dans l'intérieur de l'endosmomètre et sous le nom d'*exosmose* celui qui sort de cet appareil. Plus tard (3), il modifia le sens de ces expressions : ayant observé que les liquides peuvent sortir de l'endosmomètre en

(*) Ἔνδον, dedans ; ὠσμὸς, impulsion.

(1) *Agent immédiat du mouvement vital, dévoilé dans sa nature et dans son mode d'action chez les végétaux et chez les animaux.* Paris, 1826, in-8. — Voyez aussi les *Mémoires* de DUTROCHET, t. I, p. 1 et suiv. Paris, 1837.

(2) DUTROCHET, *L'agent immédiat du mouvement vital*, 1826, p. 115.

(3) Idem, *De l'endosmose (Mémoires pour servir à l'histoire anatomique et physiologique des végétaux et des animaux*, 1837, t. I, p. 10).

plus grande proportion qu'ils n'y entrent, il appela *endosmose* le courant fort et *exosmose* le courant faible. Mais ces deux désignations ont l'inconvénient de faire naître parfois des confusions d'idées ; aussi, Graham (1), proposa-t-il de les remplacer par une expression unique et d'appeler *osmose* la force qui détermine le transport d'un liquide à travers une cloison membraneuse. L'osmose a donc la même signification que l'endosmose de Dutrochet. Elle est dite *positive* quand le liquide s'accumule dans l'*osmomètre*, *négative* quand il s'en échappe.

L'osmose avait été entrevue, vers le milieu du siècle dernier, par Nollet (2), et longtemps après, en 1822, par Fischer (3), de Breslau. « Un jour, dit cet observateur, j'avais placé dans une dissolution d'un sel de cuivre un tube de terre rempli d'eau et fermé par en bas avec une vessie, de telle manière que la surface de la dissolution était d'un pouce plus élevée que l'eau dans le tube. Je fus bientôt étonné de voir que le liquide s'était élevé dans le tube, et à une hauteur telle, que le niveau n'était pas seulement devenu le même que celui du liquide extérieur, mais qu'au bout de quelques semaines il s'était élevé (contre les lois de la pesanteur) jusqu'à l'ouverture supérieure du tube, c'est-à-dire plus de quatre pouces au-dessus du niveau de la dissolution. »

Cette expérience aurait probablement conduit son auteur à la découverte des phénomènes généraux de l'osmose, s'il l'avait suivie avec plus d'attention ; mais il n'a vu que la moitié du phénomène principal, et s'est contenté d'annoncer le résultat isolé et incomplet qu'il avait obtenu, sans chercher à remonter à sa cause. On sent combien il y a loin de là à la découverte du nouvel ordre de faits dont la science est redevable à Dutrochet (4).

Avant d'examiner les applications qui ont été faites de l'osmose pour expliquer le mécanisme de l'absorption dans les deux règnes organiques, nous croyons devoir rappeler sommairement les diverses conditions, jusqu'à présent connues, qui régissent les phénomènes osmotiques ou qui les font varier, et mentionner aussi les différentes théories qu'on a proposées pour rendre compte de ces phénomènes.

Plusieurs conditions sont nécessaires pour que les phénomènes osmotiques puissent se produire : il faut que les deux liquides séparés par le diaphragme soient de nature différente, qu'ils puissent mouiller ce diaphragme sans agir chimiquement sur lui de manière à le décomposer ; enfin il faut que les deux liquides doués d'attraction l'un pour l'autre puissent se mélanger.

1° Il est évident que si l'on emploie deux liquides identiques de chaque côté de la cloison membraneuse, de l'eau pure par exemple, il pourra

<hr>

(1) GRAHAM, *Mémoire sur la force osmotique* (*Ann. de physique et de chimie.* 1855, t. XLV, 3e série, p. 7).

(2) NOLLET, *L'art des expériences*, t. III, p. 104. Paris, 1770.

(3) *Annales de chimie de* GILBERT, 1822, t. LXXII.

(4) *Loc. cit.* — Communication faite à l'Acad. des sc. de Paris, dans sa séance du 30 octobre 1826.

bien se manifester des mouvements, mais ils seront les mêmes sur les deux faces du diaphragme ; ces mouvements étant égaux et de direction opposée, aucun effet ne sera produit. Pour que les actions exercées sur les deux faces soient inégales, il faut donc que les liquides qui les baignent soient chimiquement différents.

2° Le diaphragme doit être traversé par imbibition par les liquides qu'il sépare ; or, nous savons que l'imbibition ne peut avoir lieu qu'avec des liquides qui *mouillent* la substance à imbiber. L'osmose, ordinairement si facile entre l'eau pure et l'eau sucrée ou salée, n'a plus lieu si l'on sépare ces deux liquides avec du taffetas gommé ou avec tout autre tissu huilé ou verni.

3° Pour que les phénomènes osmotiques ne soient pas interrompus dans leur cours, il importe que primitifs, ni les liquides, ni leur mélange commencé, ne puissent agir chimiquement sur la substance intermédiaire en la décomposant. Pourtant, telle n'est pas la manière de voir de Graham (1), qui a cru devoir faire jouer ici un rôle à la force chimique. Le diaphragme, suivant le savant anglais, subit pendant toute la durée de l'action une décomposition ou une réaction chimique qui lui semble indispensable à la production de l'osmose. Mais, si cette décomposition était réellement nécessaire, il s'ensuivrait qu'avec les substances propres à l'activer, on devrait obtenir un mouvement osmotique plus prononcé, et *vice versâ*. Or, les choses sont loin de se passer ainsi : l'acide oxalique, par exemple, qui produit si énergiquement l'osmose, a si peu d'influence sur la décomposition de la membrane organique interposée, qu'au bout de trois mois l'aspect et l'odeur de cette dernière sont les mêmes, et que la solution d'acide oxalique (au quinzième) a même été proposée par Lhermite (2) comme moyen de conservation des tissus organiques.

4° Enfin, les liquides hétérogènes mis en présence, à travers la cloison perméable, doivent être susceptibles de se dissoudre et de se mélanger : aussi l'huile et l'eau, qui n'ont aucune attraction l'une pour l'autre, ne s'endosmosent-elles pas.

La nature et les propriétés des liquides séparés par le diaphragme, la structure de celui-ci et l'intervention de certains agents physiques, impriment aux phénomènes d'osmose des *variations* qu'il importe de signaler.

a. — L'expérimentation a démontré qu'en faisant usage de solutions de substances diverses, par exemple, de gélatine, de gomme, de sucre ou d'albumine, de même densité (1,01) pour opposer, dans l'osmomètre, chacune d'elles à de l'eau distillée, on trouve qu'au point de vue de l'*intensité osmotique*, il y a des différences suivant la solution employée ; qu'ainsi ces quatre solutions doivent être placées dans l'ordre et dans les rapports suivants : eau gélatineuse, 3 ; eau gommée, 5,17 ; eau sucrée, 11 ; eau albumineuse, 12 (3). De ces diverses substances organiques l'*albumine* est donc

(1) GRAHAM. *Mémoire sur la force osmotique. Loc. cit.*, p. 27 et suiv.
(2) LHERMITE, *Recherches sur l'endosmose*, dans *Ann. des sc. nat.*, 4e série, t. III.
(3) DUTROCHET, *Mém. pour servir à l'hist. nat. et physiol. des végétaux et des animaux*, t. I, p. 46. Paris, 1837.

celle qui a le plus grand pouvoir d'endosmose, c'est-à-dire qui exerce ici l'attraction la plus énergique sur l'eau pure.

Jolly (1) s'est appliqué à déterminer le pouvoir osmotique d'un certain nombre de substances. A cet effet, ayant placé, dans des tubes fermés par une membrane, divers corps *à l'état solide*, il plonge ces tubes dans un vase contenant de l'eau distillée : bientôt celle-ci imbibe la membrane et la traverse pour s'introduire peu à peu et en quantité variable dans chaque tube. Pesant alors le contenu, et retranchant du poids obtenu le poids du corps mis en expérience, il détermine la quantité exacte d'eau distillée que chacune des substances a pu attirer vers elle. Jolly a ainsi reconnu que 1 gramme de chlorure de sodium attire 4 grammes d'eau; que l'*équivalent endosmotique* de ce dernier sel étant 4, celui du sulfate de cuivre est 9,5, celui du sulfate de magnésie 11,5, du sulfate de soude 12,4, de la gomme 11,8, de l'azotate de potasse 20, etc. Ainsi plus il s'est introduit d'eau dans le tube, plus l'équivalent osmotique du corps employé a été réputé considérable. — Mais il faut bien ici faire quelques réserves, car il est à croire que tout n'est pas dû à l'osmose et qu'un phénomène de solubibilité vient compliquer les résultats obtenus.

En effet, Ludwig (2), Cloetta (3), Vierordt (4), ont fait voir que les équivalents osmotiques de Jolly ne sont que des chiffres approximatifs, et Harzer (5) a prouvé qu'ils varient dans la proportion de 1 à 6 suivant l'épaisseur de la membrane et la température.

Parmi les faits les plus curieux que Dutrochet lui-même a découverts dans ses études sur l'endosmose, on peut citer un phénomène jusqu'à présent inexpliqué, c'est le *changement de direction du courant* entre l'eau et certaines solutions acides, suivant leur densité et leur température.

Dans ses premières recherches, faites en 1826, Dutrochet avait annoncé que les *acides* offrent un mode d'action opposé à celui des *alcalis;* qu'ainsi, avec une solution alcaline, le courant d'endosmose se dirige de l'eau vers cette solution, tandis que l'inverse a lieu avec un acide, c'est-à-dire que le courant est dirigé de l'acide vers l'eau. Mais, dans des expériences ultérieures, cet habile observateur (6) ne tarda pas à reconnaître ce qu'avait de trop absolu sa première assertion. — Soit, par exemple, une solution d'acide chlorhydrique à la densité de 1,02, et à une température de + 10 degrés centigrades, et l'on verra l'osmose se faire de l'eau à l'acide; tandis que, par cette même température et la solution ayant une densité de 1,015, le courant prédominant s'établit en sens contraire, de l'acide vers l'eau, et par conséquent du fluide le plus dense vers celui qui l'est le moins. Fait digne de remarque : avec cette dernière solution, mais

<hr>

(1) Jolly (*Zeitschrift für rationelle Medicin*, t. VII, p. 83, 1848).

(2) Ludwig, *Ueber die endosmotischen Equivalente*, etc. (*Zeitschrift für rationelle Medicin*, t. VIII, 1849).

(3) Cloetta, *Diffusionsversuche durch Membranen mit zwei Salzen*. Zurich, 1851.

(4) Vierordt, *Zeitschrift für rationelle Medicin*, t. VII, 1849.

(5) Harzer, *Beiträge zur Lehre von der Endosmose* (*Archiv für p ysiologische Heilkunde*, 1856, t. XV, p. 194).

(6) Dutrochet, *ouvr. cité*, t. I, p. 46 et suiv.

une température qui dépasse 20 degrés, l'osmose se montre de nouveau
e l'eau à l'acide. — Quand on met une solution d'acide oxalique dans
n osmomètre, et qu'on plonge le réservoir dans l'eau, le liquide acide
'abaisse dans le tube et s'écoule vers l'eau inférieure. En mettant l'eau
ans l'osmomètre, et en plongeant le réservoir dans la solution d'acide
xalique, le niveau s'élève dans le tube de l'instrument, car le courant est
irigé de l'acide vers l'eau. Voilà donc encore un exemple dans lequel
n liquide plus dense forme le courant d'osmose ou le courant fort, le
iquide moins dense, c'est-à-dire l'eau, formant le courant d'exosmose ou
e contre-courant faible. — En expérimentant quels étaient les effets
'osmose des acides tartrique et citrique aux différents degrés de densité
e leurs solutions aqueuses, Dutrochet a découvert que leurs solutions
lus denses et leurs solutions moins denses offrent l'endosmose dans des
ens inverses. Ainsi, pour ne citer que l'acide tartrique, lorsque sa solution
ossède une densité supérieure à 1,05 et qu'elle est séparée de l'eau par
ne *membrane animale*, la température étant à + 25 degrés centigrades,
e courant d'osmose est dirigé de l'eau vers l'acide. Les autres circon-
tances restant les mêmes, la dissolution a-t-elle une densité inférieure à
,05, le courant d'osmose est dirigé de l'acide vers l'eau, comme nous
enons de le voir pour l'acide oxalique.

L'élévation de la température favorise l'osmose vers l'acide; l'abais-
ement de la température favorise l'osmose vers l'eau : en effet, une
même solution d'acide tartrique opère avec l'eau, tantôt l'osmose vers
acide lorsque la température est élevée, tantôt l'osmose vers l'eau lors-
ue la température est abaissée. Il semble que l'abaissement de la tempéra-
ire rende ici la perméation capillaire de la solution d'acide tartrique plus
cile et plus prompte que celle de l'eau, et cela, suivant une certaine con-
ordance entre le degré de la température et la densité de la solution acide.

En séparant l'acide de l'eau à l'aide d'une *membrane végétale*, on est loin
'observer toujours, chose singulière, des phénomènes conformes aux pré-
édents. Si, par exemple, on remplit une gousse de baguenaudier (*Colutea
rborescens*) avec une solution d'acide oxalique, et que l'on fixe l'extrémité
uverte de la gousse à un tube de verre, la gousse elle-même étant plongée
ans de l'eau de pluie, on remarque une ascension du liquide acide dans
e tube : il y a, en effet, un courant d'osmose dirigé de l'eau vers
'acide. On obtient le même résultat en adaptant au réservoir d'un osmo-
nètre une membrane d'*Allium porrum*. Voilà donc des effets contraires
à ceux qui ont été signalés tout à l'heure, quand il s'agissait de membrane
nimale. Avec les acides tartrique et citrique dissous dans l'eau et employés à des densités inférieures à 1,05, et, par une température de
+ 25 degrés centigrades, on a aussi des différences absolues, suivant qu'on
e sert d'une membrane animale ou d'une membrane végétale. Quant à
'acide sulfureux, à la densité de 1,02, il offre l'osmose vers l'eau, s'il
en est séparé par une membrane animale; avec une membrane végétale, il
ne donne lieu à aucun effet osmotique appréciable et paraît alors soumis aux simples lois de l'écoulement par filtration.

Le précédent exposé montre que le courant prédominant n'est pas toujours dirigé du liquide le moins dense vers celui qui l'est davantage, comme on l'avait cru d'abord, et que cette direction se rattache, en partie, à des qualités propres à certains liquides. Il en résulte aussi qu'il n'est pas exact de croire, avec quelques auteurs, que l'eau s'osmose vers tous les liquides, c'est-à-dire que, si on la sépare par une membrane d'un liquide avec lequel elle puisse se mélanger, le courant prédominant se fasse toujours de l'eau vers le liquide mis en expérience.

Quant aux changements dans la direction du courant qui viennent d'être signalés, suivant qu'on avait fait usage de membranes animales ou végétales, ils nous conduisent à citer d'autres exemples qui démontrent que la substance solide et poreuse dont on se sert pour fermer le réservoir de l'osmomètre peut, en effet, aussi bien que la nature des liquides, contribuer à changer la direction du courant osmotique.

b. — Dutrochet (1) a établi que les membranes animales et végétales ne jouissent pas seules du privilége de produire l'osmose : avec des lames très-minces d'ardoise calcinée, d'argile cuite et en général de substances alumineuses, ce phénomène a lieu, mais à un degré relativement très-faible.

Au point de vue de l'influence exercée sur les phénomènes d'osmose par le corps intermédiaire aux liquides, Matteucci et Cima (2) ont fait quelques recherches intéressantes. Ils ont expérimenté sur trois sortes de membranes : des peaux fraîches de grenouille, de torpille et d'anguille; des muqueuses stomacales d'agneau, de chat, de chien et de poulet; des muqueuses urinaires de bœuf et de porc. Les appareils employés par ces deux observateurs ne diffèrent pas, d'ailleurs, sensiblement de l'endosmomètre de Dutrochet.

Deux osmomètres dont les tubes ont un diamètre intérieur de 3 millimètres fonctionnent en même temps; mais, dans chacun, la membrane interposée aux liquides est disposée différemment : ainsi, par exemple, en expérimentant sur la peau, on la place de manière que, dans un cas, sa face externe soit tournée vers l'intérieur de l'instrument, tandis que, dans l'autre, c'est sa face interne qui offre un pareil rapport. Toutes les expériences sont exécutées à la température de $+ 12$ à $+ 15$ degrés centigrades, la densité des liquides employés étant la suivante :

Eau sucrée...........................	19°	à l'aréomètre de Baumé.	
Solution de blanc d'œuf	4°	—	—
— de gomme arabique..........	5°	—	—
Alcool.............................	34°	—	—

Dans la plupart des expériences, dont la durée est ordinairement de deux heures, ces liquides sont contenus dans l'osmomètre; l'eau est à l'extérieur.

(1) *Ouvr. cité* et *Annales de chimie et de physique*, t. XXXV et XXXVII.
(2) MATTEUCCI, *Leçons sur les phénomènes physiques des corps vivants*, p. 38 et suiv. Paris, 1847.

Avec la *peau* de torpille, ou celle de grenouille, disposée pour regarder par sa face libre l'intérieur de l'instrument, le liquide monte plus haut que dans le cas d'une disposition inverse. Le résultat est le même, qu'on emploie une solution de gomme arabique, d'albumine ou de sucre.

Avec la peau d'anguille, l'élévation est d'abord la même dans les deux tubes osmométriques, lorsqu'on emploie de l'*eau sucrée*. Mais, plus tard, le liquide monte davantage dans celui des instruments où la surface externe de la peau touche le liquide intérieur. Les différences de niveau s'observent au contraire dès le commencement de l'expérience avec l'*eau albumineuse* ou l'*eau gommée*.

L'état de fraîcheur est plus nécessaire pour la peau d'anguille que pour celle de grenouille ou de torpille, quand on veut obtenir une assez grande différence dans l'élévation des liquides intérieurs.

Quant au pouvoir osmotique de ces diverses peaux par rapport à l'*alcool* et à l'*eau*, Matteucci et Cima ont fait les remarques suivantes : le courant d'endosmose est dirigé de l'eau vers l'alcool, avec la peau de grenouille ; et, lorsque la face interne de cette membrane est tournée vers l'alcool, l'élévation du liquide est plus considérable que dans l'autre disposition. C'est le contraire avec la peau d'anguille et de torpille : l'élévation du liquide est plus marquée quand l'alcool est en contact avec la face externe de ce tégument.

La force respective de l'osmose des divers liquides, à travers les trois espèces précédentes de peaux, est variable, comme on peut en juger par le tableau ci-dessous. Les expériences ont été faites au moyen de trois osmomètres pourvus, le premier d'une peau de torpille, le second d'une peau de grenouille, et le troisième d'une peau d'anguille. Dans les trois cas, cette membrane était disposée de façon que sa face libre fût tournée vers l'intérieur de l'instrument, qui contenait soit de l'eau sucrée ou de l'eau albumineuse, soit de l'eau gommée ou de l'alcool, et qui avait été plongé dans un vase de cristal contenant de l'eau de source. Les chiffres suivants indiquent la hauteur à laquelle est parvenue la colonne liquide dans l'osmomètre, et par conséquent quelle a été l'intensité osmotique pour chaque liquide à travers ces diverses membranes :

Eau sucrée.......	Peau de torpille..........	100 millimètres.
	— de grenouille	25 —
	— d'anguille..........	15 —
Eau albumineuse...	Peau de torpille..........	30 —
	— de grenouille	15 —
	— d'anguille..........	8 —
Solution gommeuse.	Peau de torpille..........	120 —
	— de grenouille	22 —
	— d'anguille..........	6 —
Alcool	Peau de torpille..........	35 —
	— de grenouille........	80 —
	— d'anguille...........	55 —

Avec la *membrane muqueuse de l'estomac* d'agneau, si l'on met de l'eau sucrée dans l'osmomètre, cette membrane regardant par sa face interne l'intérieur de l'instrument, l'élévation du liquide est moins considérable que dans l'autre disposition. Remplace-t-on l'eau sucrée par une solution de blanc d'œuf, les résultats sont inverses. Expérimente-t-on avec une solution de gomme arabique, l'élévation du liquide, avec les deux dispositions contraires de la membrane, est tantôt nulle, tantôt égale, ou seulement de 8 millimètres dans les deux instruments.

Avec la muqueuse stomacale du chat et du chien, l'élévation à laquelle arrive l'eau sucrée ou l'eau gommée est plus sensible, si la membrane regarde l'intérieur de l'instrument par sa face interne que dans une situation inverse.

Quand on expérimente sur l'eau sucrée avec la membrane muqueuse du gésier de poulet, le liquide s'élève davantage, si la face interne de la muqueuse est dirigée vers l'intérieur de l'osmomètre. Le sens de la membrane ne semble pas avoir une influence bien marquée quand on emploie une solution d'albumine ou de gomme.

En faisant usage d'eau et d'alcool, on trouve qu'avec la muqueuse des estomacs d'agneau, de chat et de chien, l'osmose est constamment dirigée de l'eau vers l'alcool.

Se sert-on de l'estomac d'agneau, l'élévation du liquide est plus marquée quand la face externe de la muqueuse est tournée vers l'intérieur de l'osmomètre renfermant l'alcool. Mêmes effets pour l'estomac du chat et pour celui du chien.

Avec la membrane interne du gésier du poulet, l'osmose, au lieu de se faire de l'eau à l'alcool, s'effectue de l'alcool à l'eau, quelle que soit la disposition de la membrane par rapport aux deux liquides.

En expérimentant sur la *membrane muqueuse* fraîche de la *vessie urinaire* du bœuf, Matteucci et Cima sont arrivés aux résultats suivants :

1° Eau sucrée dans l'osmomètre.

	Hauteur du liquide, après 2 heures.
Surface interne de la membrane en contact avec l'eau sucrée.	80 à 113 millim.
Surface externe.............................	63 à 72

2° Solution de gomme arabique dans l'osmomètre. — Le résultat est inverse.

Surface interne de la membrane en contact avec l'eau gommée.	7 à 18 millim.
Surface externe.............................	20 à 52

3° Solution albumineuse dans l'osmomètre. — L'osmose n'a pas lieu.

4° Alcool dans l'osmomètre. — L'osmose a lieu de l'eau à l'alcool.

Surface interne de la membrane en contact avec l'alcool.....	26 à 37 millim.
Surface externe.............................	24 à 59

L'expérimentation a démontré aux mêmes observateurs l'étroite relation qui existe entre le phénomène d'osmose et l'état physiologique des membranes. Des différences aussi sensibles que celles qu'on observait en se servant de membranes fraîches, ont disparu totalement ou presque totalement quand on a fait usage des mêmes membranes desséchées ou altérées par une putréfaction commençante ; nouvelle preuve que la structure des membranes a bien aussi son rôle à remplir dans les phénomènes osmotiques.

Dutrochet avait déjà reconnu qu'il suffisait de la plus légère trace d'acide sulfhydrique pour empêcher complétement l'endosmose, ou pour l'arrêter dans son cours quand elle a commencé à se produire (1). Prend-on un endosmomètre dont la membrane a été au contact de l'acide sulfhydrique, et, après avoir bien lavé celle-ci avec de l'eau pure, vient-on à remplir le réservoir de l'instrument avec de l'eau chargée d'un vingtième en poids de gomme arabique, il n'y a aucun effet osmotique vers la solution gommeuse. En laissant tremper dans l'eau pure, pendant vingt-quatre heures, le réservoir de l'osmomètre avec sa membrane, et en répétant l'expérience comme précédemment, on observe l'osmose, mais ses effets sont encore moindres que dans les conditions ordinaires. Emploie-t-on un osmomètre, dont le réservoir est fermé avec une lame d'argile cuite, on arrive aux mêmes résultats. « Ces expériences prouvent, dit Dutrochet, que c'est à la seule présence de l'acide sulfhydrique dans les conduits capillaires de la cloison de l'osmomètre qu'est due l'abolition de l'osmose, et ce dernier résultat tend lui-même à établir que c'est spécialement dans ces conduits capillaires que réside la force qui donne lieu aux phénomènes osmotiques. » — D'après ce qui précède, on a cru devoir attribuer surtout à la présence de l'acide sulfhydrique ce qu'on observe dans les expériences d'osmose quand la membrane ou les liquides commencent à subir la décomposition putride ; alors l'osmose n'a plus lieu, et le liquide, qui s'était élevé dans le tube, redescend et filtre à travers la membrane de l'osmomètre.

Les observations de Matteucci et de Cima se résument dans les propositions suivantes :

« 1° La membrane intermédiaire aux deux liquides a une part très-active dans l'intensité du courant osmotique, ainsi que dans sa direction. 2° Il y a, en général, pour chaque membrane, une certaine position dans laquelle l'osmose est plus intense ; il est rare que l'osmose se fasse *également*, avec une membrane fraîche, quelle que soit la disposition de cette dernière par rapport aux deux liquides. 3° La direction la plus favorable à l'osmose, à travers les peaux, est en général de leur face interne à l'externe, à l'exception de la peau de grenouille, avec laquelle l'endosmose entre l'eau et l'alcool est favorisée de la face externe à la face interne. 4° La direction favorable à l'osmose à travers les estomacs et les vessies urinaires varie beaucoup plus qu'avec les peaux, suivant les différents liquides. 5° Le phénomène de l'osmose est étroitement lié à l'état physiologique des membranes. 6° Avec les membranes desséchées ou altérées par la putréfaction, ou bien on ne remarque plus les différences ordinaires selon la position des faces de celles-ci, ou il n'y a plus osmose. » (*Ouvr. cité*, p. 62.)

(1) DUTROCHET, *ouvr. cité*, t. I, p. 64.

c. — Les agents physiques qui modifient les phénomènes de l'osmose sont la *chaleur* et l'*électricité*, auxquelles s'ajoute l'influence mécanique de la *pression*.

Toutes choses égales d'ailleurs, ces phénomènes sont plus rapides si la *température* est élevée que si elle est basse. A propos d'expériences d'osmose entre certaines solutions acides et l'eau, nous avons vu que l'élévation de la température favorise l'osmose vers l'acide, tandis que l'abaissement de la température favorise l'osmose vers l'eau.

L'*électricité* exerce une influence considérable sur les phénomènes osmotiques. Si, à l'exemple de Porrett (1), on divise un vase en deux compartiments par un morceau de vessie (l'un des compartiments étant rempli d'eau, l'autre en contenant à peine), et si l'on met le premier en rapport avec le pôle positif d'une pile et le second avec le pôle négatif, l'eau, qui ne filtrait pas à travers la membrane, la traverse alors assez rapidement, et, après s'être mise d'abord de niveau dans les deux divisions du vase, s'élève même plus haut dans le compartiment primitivement à peu près vide. Dutrochet (2) a modifié cette expérience, en se servant d'un osmomètre fermé avec un cæcum de poulet rempli d'eau; ce même liquide remplissait aussi le vase dans lequel plongeait l'osmomètre. En introduisant le fil négatif de la pile jusque dans le cæcum et le fil positif dans l'eau du vase, l'eau du cæcum et du vase monta dans le tube osmométrique, et parvenue à l'orifice supérieur, s'écoula au dehors; tandis qu'en disposant les fils de la pile d'une manière inverse, le cæcum se vida de son contenu qui passa dans le vase extérieur.

M. Morin (3), en employant comme diaphragme la tunique muqueuse du duodénum des ruminants, a vu le sucre s'endosmoser, tandis que ni les corps gras, ni le caséum, ni la graisse ne passaient : mais, en faisant intervenir une chaleur de 30 degrés et un courant électrique dont le pôle négatif était dans l'osmomètre, ces dernières substances traversèrent la muqueuse duodénale pour se rendre vers ce pôle. Elles cessèrent de la traverser dès que le courant fut interrompu.

Ainsi l'*électricité* a une influence considérable sur les phénomènes osmotiques; mais il faut bien noter que, dans les expériences précédentes, le sens du transport, toujours le même que celui du courant, est indépendant de la nature du liquide, tandis que nous avons vu cette dernière condition déterminer la direction du courant d'osmose.

La *pression*, par l'influence qu'elle exerce sur la transsudation d'un liquide à travers une paroi membraneuse, peut favoriser l'osmose si elle

(1) *Annales de chimie et de physique*, t. II, p. 137.
(2) *Ouvr. cité*, t. I, p. 71.
(3) A. Morin, *Nouvelles expériences sur la perméabilité des vases poreux et des membranes desséchées, par les substances nutritives* (*Mémoires de la Société de physique et d'histoire naturelle de Genève*, 1854, t. XIII, p. 251).

s'exerce sur le liquide extérieur, ou l'entraver et même en changer la direction si elle s'exerce sur le liquide contenu dans l'osmomètre (*). Son action vient donc tantôt s'ajouter à celle de l'osmose, tantôt la contre-balancer. Nous verrons plus loin que la pression intra- ou extra-vasculaire a une grande importance dans l'explication des phénomènes osmotiques qui se passent dans l'organisme.

Parmi les causes qui favorisent l'osmose (comme la chaleur, l'électricité et la pression), il faut citer le *renouvellement du liquide* vers lequel s'osmose une substance. Au début d'une expérience osmotique, alors que les différences entre les deux liquides sont encore au maximum, l'action s'opère avec rapidité ; puis elle se ralentit au fur et à mesure que ces différences tendent à s'effacer par le mélange. Mais il n'en est plus ainsi quand l'un des liquides se renouvelle de manière à rétablir toujours d'un côté les mêmes conditions du phénomène ; l'osmose offre alors une grande célérité et une longue durée, comme le témoignent les expériences de Bacchetti (1). Liebig (2) a constaté que lorsqu'un intestin est rempli d'eau pure, et qu'un courant d'eau salée est entretenu autour de lui, l'augmentation en volume de l'eau salée se fait dans un temps beaucoup plus court que quand ce liquide est immobile. La rapidité de transsudation diminue avec la différence de composition primitive des deux liquides : au commencement, elle est au maximum, mais elle diminue à mesure que l'eau salée perd de sa densité. L'action est la plus intense quand l'eau pure, qui s'est mêlée à l'eau salée, est constamment enlevée de manière que la concentration de la dissolution saline soit maintenue invariable. Il n'est pas

---

(*) Il résulte des expériences de Liebig (a) que la force ou le degré de *pression* nécessaire pour faire transsuder les divers liquides à travers les membranes est subordonné non-seulement à l'épaisseur de ces dernières, mais encore à la nature chimique des liquides eux-mêmes. Voici quelques-uns des résultats obtenus par le chimiste allemand :

A travers une vessie de bœuf de $1^{mm},128$ d'épaisseur,

	m.
L'eau transsude sous une pression de	0,324 de mercure.
Une solution saline	0,487 à 0,541
L'huile	0,920
L'alcool	1,298

A travers une portion de péritoine de $0^{mm},11$ d'épaisseur,

	m.	m.
L'eau transsude sous une pression de	0,216 à	0,270 de mercure.
Une solution saline	0,324 à	0,433
L'huile	0,595 à	0,649
L'alcool	0,974 à	1,082

D'ailleurs, la pression nécessaire pour faire passer un liquide à travers un tissu animal déterminé ne reste pas la même pendant toute la durée de l'expérience : ainsi, pour l'eau, cette pression étant, pendant les six premières heures, de $0^{m},324$ de mercure, sera, après vingt-quatre à trente-six heures, seulement de $0^{m},162$ à $0^{m},216$, etc.

(1) Cité par Matteucci, *loc. cit.*
(2) *Loc. cit.*

(a) *Recherches sur quelques-unes des causes du mouvement des liquides dans l'organisme animal* (Ann. de chimie et de physique, 3ᵉ série, 1849, t. XXV, p. 367).

difficile de pressentir les applications qu'on a dû faire de pareilles observations aux actes de l'absorption chez les animaux.

Après avoir exposé précédemment les conditions et les principales
variations des phénomènes osmotiques, nous ne discuterons pas en détail
les *diverses théories* qui ont été émises pour les expliquer; nous voulons
seulement faire voir leur insuffisance, avant d'arriver à la théorie qui
explique l'absorption par la diffusion des liquides.

Peu de temps après la publication de la découverte de Dutrochet, Poisson (1) crut devoir rapporter l'endosmose à l'attraction capillaire jointe
à l'affinité des deux liquides hétérogènes. Magnus (2), suivant les traces
de Poisson, expliqua l'osmose de la manière suivante : « On a, dit-il, une
explication complète du phénomène, en regardant la vessie comme un
corps poreux, et en admettant : 1° qu'il existe une certaine force d'attraction entre les molécules des liquides différents, et 2° que ces liquides
passent plus ou moins facilement à travers la même ouverture capillaire.....
Les molécules d'une dissolution saline quelconque, ajoute-t-il, auront
entre elles plus de cohésion que les molécules de l'eau. C'est pour cela que
la dissolution sera moins fluide et passera plus difficilement que l'eau par
les ouvertures très-étroites, toutes choses égales d'ailleurs. Il s'ensuit que
plus une dissolution est concentrée, plus elle aura de difficulté à pénétrer
par des ouvertures capillaires. »
L'eau qui tient un corps en dissolution étant moins fluide que l'eau pure,
il résulterait de là que le courant d'osmose devrait constamment être
dirigé de l'eau pure vers la dissolution. Mais l'expérimentation prouve qu'il
n'en est pas toujours ainsi ; car nous avons montré précédemment que certaines solutions acides, plus denses que l'eau pure, offrent un courant
osmotique dirigé en sens variable. — Les cloisons siliceuses, qui sont
éminemment poreuses, ne peuvent jamais donner lieu aux phénomènes de
l'osmose. Ce fait, que Dutrochet a maintes fois constaté avec tout le soin
possible, ne s'accorde guère avec l'opinion qui attribue à l'action capillaire
la production de l'osmose, puisque cette action capillaire existe dans
la cloison poreuse siliceuse, comme elle existerait dans toute autre cloison qui sépare deux liquides susceptibles de s'osmoser. Ce même fait ne
s'accorde pas mieux avec l'opinion qui ne regarde l'osmose que comme
le résultat de l'attraction réciproque des deux liquides hétérogènes, puisque
cette attraction réciproque des deux liquides existe également à travers
les canaux capillaires de la cloison siliceuse.
La théorie de Poisson et de Magnus suppose que les membranes animales
sont criblées de pertuis et de trous capillaires; or, c'est là une supposition
que les travaux modernes d'histologie ne permettent plus d'admettre. Au
début de cette étude, nous avons posé en principe que les membranes organisées ne présentent aucun pore, aucun espace visible à l'œil nu ou aidé

<hr>

(1) *Annales de chimie et de physique*, t. XXXV, p. 98.
(2) *Ibid.*, t. LI, p. 76, et *Annales de* POGGENDORFF.

du microscope : il faut donc rejeter toutes ces explications fondées sur les lois de la capillarité.

L'osmose a été attribuée à la différence de densité des liquides mis en présence et à l'attraction du moins dense par le plus dense; mais des preuves nombreuses repoussent une pareille explication. En expérimentant sur l'alcool et l'eau séparés par une membrane animale, on constate que le courant le plus fort s'établit généralement de l'eau vers l'alcool, quoique la densité de ce dernier liquide soit inférieure à celle du premier; il en est aussi de même de l'alcool et de l'éther, c'est-à-dire que le courant prédominant se dirige de l'alcool, qui est plus dense, vers l'éther, qui l'est moins. Nous avons vu plus haut que, dans certaines conditions, il en est encore ainsi de l'eau et de plusieurs dissolutions acides.

En voyant l'électricité produire des courants dans l'osmomètre, on a cru avoir trouvé dans le jeu de la force électrique l'explication de l'osmose; mais cette théorie, quelque séduisante qu'elle eût paru de prime abord, n'a pu être acceptée, attendu qu'avec les galvanomètres les plus sensibles, on a vainement cherché des courants électriques dans les liquides hétérogènes en voie d'osmose.

Ajoutons que la théorie qui a recours à l'électricité, et qui compte Becquerel (1) parmi ses partisans, est encore en opposition avec ce fait qu'il n'y a point d'osmose quand deux liquides hétérogènes (l'eau et une solution saline, par exemple) sont séparés par une cloison siliceuse à pores capillaires. Pourtant, dans ce cas, les courants électriques devraient se produire comme ils sont censés avoir lieu quand ces mêmes liquides sont séparés par une cloison animale, végétale ou argileuse, puisque ces courants peuvent se produire alors même que la substance de la cloison n'est pas conductrice de l'électricité, ce qui est le cas d'une cloison siliceuse.

Les mouvements osmotiques, d'après J. Béclard (2), doivent être considérés, au point de vue physique, comme des phénomènes moléculaires de chaleur latente. Pour cet observateur, la direction et l'intensité du courant sont déterminées, toutes choses égales d'ailleurs, par les différences de chaleur spécifique; et ce sont les liquides qui ont une chaleur spécifique plus grande qui marchent vers ceux qui en ont une plus petite. Or, l'eau étant de tous les liquides celui qui a la chaleur spécifique la plus considérable, elle devrait s'osmoser vers tous les liquides, c'est-à-dire que si on la sépare, par une membrane, d'un liquide avec lequel elle puisse se mélanger, le courant prédominant devrait se faire toujours de l'eau vers le liquide mis en expérience. Mais nous avons déjà rapporté des exemples qui démontrent que cette explication, comme celles qui se fondent sur la différence des densités ou sur une action électrique, laisse échapper aussi un certain nombre de cas.

(1) *Traité de l'électricité et du magnétisme*, liv. X, § XI.
BECQUEREL, tout en admettant l'action électrique, lui adjoint les causes générales indiquées par POISSON et MAGNUS comme productrices des phénomènes de l'osmose.
(2) J. BÉCLARD, *Traité élémentaire de physiologie humaine*, 1re partie, p. 183. Paris, 1866.

La vérité est qu'en invoquant la force de capillarité, l'attraction des liquides de densité différente, l'électricité, la chaleur spécifique des corps, on n'est point arrivé à faire connaître la cause efficiente de l'osmose. Mais les récents travaux de Graham nous semblent avoir jeté sur cette question un jour tout nouveau.

Théorie de la diffusion. — Lorsque deux liquides de nature différente sont mis en contact, ils se *mélangent* si l'attraction qui tend à rapprocher les molécules hétérogènes l'emporte sur la cohésion qui tient unies les molécules homogènes. Si l'inverse a lieu, les deux liquides restent isolés. Ainsi la cohésion de l'eau et de l'huile étant plus énergique que l'attraction moléculaire de l'une pour l'autre, elles ne se mélangent pas. De même lorsqu'un solide est plongé dans un liquide, il s'y *dissout*, si ses molécules ont de l'affinité pour celles du liquide. Que le mélange ou que la solution soit le résultat d'une simple attraction moléculaire ou d'une affinité chimique, peu importe à la question qui nous occupe. Mais il faut bien savoir que, dans tout mélange comme dans toute solution, chaque molécule se répand et se distribue uniformément dans toute la masse fluide.

On s'était demandé souvent si ce fait est de la même nature que la diffusion des gaz, sans pouvoir s'en rendre compte d'une manière satisfaisante. En 1849, Graham (1), professeur au collége de l'Université de Londres, montra que les liquides et les corps solubles ont une *diffusibilité* semblable à celle des gaz. Ayant rempli un petit flacon d'une dissolution saline, il plaça ce flacon débouché dans un vase cylindrique dans lequel il versa avec précaution de l'eau distillée, de manière que le niveau de l'eau dépassât d'un pouce environ l'orifice supérieur du flacon. Au bout de plusieurs jours, on détermina par l'évaporation ou par l'emploi de réactifs titrés les quantités de sel qui avait pu passer dans le réservoir à eau. Quand l'expérience avait été prolongée pendant un temps suffisamment long, on trouvait que les molécules du sel s'étaient répandues ou plutôt *diffusées* uniformément dans toute la masse liquide.

En variant et en multipliant ses expériences, Graham reconnut que tous les liquides possèdent, à des degrés divers, un pouvoir de diffusion, et que l'on peut les classer suivant leur diffusibilité comme on a classé les vapeurs suivant leur tension.

Pour déterminer le degré de diffusibilité des corps, voici comment le chimiste anglais dirige l'expérience (2) :

Un petit vase cylindrique de verre (d'environ 15 centimètres de hauteur sur 8 centimètres de diamètre) est rempli d'eau distillée; puis on introduit soigneusement au fond du vase, au moyen d'une pipette fine, un poids donné du liquide à éprouver. Le tout est laissé immobile pour que la diffusion puisse s'opérer. — Il est clair que plus le liquide sera diffusible,

---

(1) GRAHAM, *On the Diffusion of liquids (Philos. Trans., 1849, p. 1).— Annales de physique et de chimie,* 3ᵉ série, 1850, t. XXIX, p. 200.

(2) GRAHAM, *Mémoire sur la diffusion moléculaire (Ann. de physique et de chimie,* 3ᵉ série, 1862, t. LXV, p. 137).

plus il atteindra rapidement les couches superficielles de l'eau. Après un certain nombre de jours, on enlève donc l'eau du vase au moyen d'un petit siphon dont la courte branche est maintenue à la surface du liquide, et l'on recueille l'eau qui s'écoule dans plusieurs éprouvettes. En évaporant séparément chaque portion ainsi recueillie, on peut déterminer les quantités de substances qui se sont élevées jusqu'à chacune des hauteurs correspondantes de la colonne liquide. Ainsi, par exemple, une solution à 1/10ᵉ de chlorure de sodium fut soumise à la diffusion pendant quatorze jours au fond de deux vases A et B. La quantité totale de sel introduit dans chaque vase était de 10 grammes, qui, à la fin de l'opération, se trouvèrent répartis de la manière suivante dans les couches liquides successives énumérées de haut en bas :

				A		B
Dans la 1ʳᵉ couche (la plus élevée) le vase A contenait				0,103	et le vase B	0,105
2ᵉ —	—	—	—	0,133	—	0,125
3ᵉ —	—	—	—	0,165	—	0,158
4ᵉ —	—	—	—	0,204	—	0,193
5ᵉ —	—	—	—	0,273	—	0,260
6ᵉ —	—	—	—	0,348	—	0,332
7ᵉ —	—	—	—	0,440	—	0,418
8ᵉ —	—	—	—	0,545	—	0,525
9ᵉ —	—	—	—	0,657	—	0,652
10ᵉ —	—	—	—	0,786	—	0,747
11ᵉ —	—	—	—	0,887	—	0,875
12ᵉ —	—	—	—	0,994	—	0,984
13ᵉ —	—	—	—	1,080	—	1,100
14ᵉ —	—	—	—	1,176	—	1,198
15ᵉ et 16ᵉ —	—	—	—	2,209	—	2,324
				10,000		

De si faibles écarts dans la richesse des couches correspondantes dans les deux essais démontrent que ce procédé est susceptible d'une très-grande précision pour ce genre d'étude. Des expériences semblables faites dans les mêmes conditions de durée et de température sur le sucre, la gomme arabique et le tannin de noix de galle, ont donné une répartition différente pour chaque substance.

Les nombres suivants expriment approximativement le degré de diffusibilité de quelques substances, mesuré d'après la méthode précédente :

Pour atteindre la couche superficielle d'une colonne d'eau de même hauteur :

L'acide chlorhydrique met un temps égal à	1
Le chlorure de sodium	2,33
Le sucre	7
Le sulfate de magnésie	7
L'albumine	40
Le caramel	98

C'est l'acide chlorhydrique ainsi que les hydracides analogues et les acides monobasiques qui sont les corps les plus volatiles au point de vue de la diffusion ; l'albumine et le caramel doivent être considérés comme les plus fixes.

Graham (1) remarqua que les corps les plus diffusibles sont, en général, susceptibles de prendre la structure cristalline, tandis que les corps faiblement diffusibles se distinguent par leur état amorphe, leur cassure vitreuse quand ils sont desséchés et l'apparence gélatineuse de leurs hydrates. Il proposa donc d'appeler les premiers, *cristalloïdes*, et les seconds, *colloïdes*.

Si les substances colloïdes sont très-rebelles à la diffusion, elles constituent en revanche un milieu dans lequel l'eau et les autres cristalloïdes se diffusent avec une grande énergie. Ce fait est d'une grande importance en physiologie, car il nous explique pourquoi les éléments plastiques des corps vivants se pénètrent sans cesse des liquides qui les entourent sans que leur propre substance se répande dans ces liquides.

La diffusion des corps est augmentée par la chaleur. A 48°, la diffusion de l'acide chlorhydrique est deux fois plus rapide qu'à 15°. Le pouvoir diffusif semble s'accroître plus rapidement que la température. D'après Graham (2), le coefficient moyen de l'accroissement de diffusibilité est de $\frac{1}{28}$ pour chaque degré centigrade. — Lorsque la température s'abaisse, la diffusion se ralentit proportionnellement.

La diffusion est d'autant plus rapide, qu'il existe une plus grande quantité de sel dans la solution mise à diffuser. Pour constater ce fait, on fit des dissolutions de chlorure de sodium contenant 1, 2, 3 et 4 parties de sel pour 100 d'eau, et l'on plaça ces solutions dans quatre bains semblables et contenant le même volume d'eau distillée. Au bout de huit jours, on détermina la quantité de sel qui s'était répandue dans l'eau de chacun des bains, et l'on trouva que la quantité de sel du premier bain étant représentée par 1, celle du second était 1,99, celle du troisième 3,01, et celle du quatrième, 4. Graham (3) en conclut que la diffusion paraît proportionnelle à la quantité de sel dissous. Mais les travaux ultérieurs de Beilstein (4) firent voir que cette loi n'a qu'une exactitude approximative.

Quand deux substances se mélangent sans combinaison, leur diffusion s'opère d'une manière indépendante l'une de l'autre, selon le degré de diffusibilité de chacune d'elles (5). Cette loi établit une ressemblance de plus entre la diffusion des liquides et celle des gaz.

Il résulte des différences de diffusibilité que la diffusion peut devenir une cause de séparation entre des substances diverses mélangées. Graham (6) mit dans un bain d'eau pure une solution de parties égales de carbonate de potasse et de carbonate de soude (les sels à base de potasse sont plus diffusibles que les sels à base de soude). Au bout de dix-neuf jours, on trouva dans le bain d'eau 36,37 pour 100 de carbonate de soude et

<hr>

(1) GRAHAM, *Annales de phys. et de chimie*, 3ᵉ série, t. LXV, p. 130.
(2) GRAHAM, *loc. cit.*, p. 157.
(3) GRAHAM, *Recherches sur la diffusion des liquides* (*Ann. de physique et de chimie*, 3ᵉ série, 1850, t. XXIX, p. 201).
(4) BEILSTEIN, *Ueber die Diffusion Flüssigkeiten* (LIEBIG'S *Annalen*, 1856, t. XCIX, p. 165).
(5) GRAHAM, *loc. cit.*, p. 207.
(6) GRAHAM, *loc. cit.*, p. 208.

63,63 pour 100 de carbonate de potasse : en arrêtant l'expérience plus tôt, c'est-à-dire avant que les molécules de carbonate de soude eussent atteint les couches superficielles du bain, on aurait pu recueillir dans ces couches du carbonate de potasse pur. Ce fait important a été appliqué à l'analyse des liquides complexes.

Parfois l'inégale diffusibilité de deux corps formant un composé chimique peut devenir la cause d'une décomposition : le bisulfate de potasse, par exemple, mis à diffuser, se décompose en sulfate de potasse et acide sulfurique combiné avec l'eau ou sulfate d'eau ; le sulfate de cuivre et d'ammoniaque se décompose en sulfate de cuivre et en sulfate d'ammoniaque, etc. (1).

Tels sont les principaux phénomènes de la diffusion, quand on place directement l'un au-dessus de l'autre deux liquides hétérogènes. Étudions maintenant ce qui arrive quand on sépare ces deux liquides par une cloison perméable.

Si l'on remplit deux flacons semblables de la même solution saline, et qu'on place ces flacons, l'un ouvert, l'autre fermé par une mince membrane, dans deux bains contenant la même quantité d'eau distillée, on reconnaît au bout de plusieurs jours que la quantité de sel diffusé est sensiblement la même dans les deux bains. La diffusion d'un sel paraît donc s'effectuer sans difficulté et sans retard au travers d'une mince membrane (2).

Puisque la force de diffusion n'est point entravée par la présence d'une cloison membraneuse, n'est-il pas naturel d'expliquer, à l'aide de cette force, les phénomènes découverts par Dutrochet ?

L'osmose que l'on a appelée plus tard *force osmotique* serait la *diffusion de l'eau* dans le liquide de l'osmomètre, et l'exosmose serait la *diffusion de ce liquide* dans l'eau extérieure. L'eau étant, d'après Graham, quatre fois plus diffusible que l'alcool, cinq fois plus que le sucre, six fois plus que le sulfate de magnésie, dix fois plus que les chlorures de sodium, de baryum et de calcium, etc. Une partie de ces corps sortant de l'osmomètre devrait y être remplacée par 4, 5, 6, 10 parties d'eau. Or c'est en effet ce qui a lieu, tantôt d'une manière très-exacte, tantôt d'une manière approchée. Ce résultat est donc favorable à l'opinion qui admet que la *force osmotique n'est autre chose que la force de diffusion.*

Pourtant il est des corps dont l'osmose paraît dépendre de leurs propriétés chimiques et diminuer ou surpasser de beaucoup l'osmose due à leur seule diffusibilité. Ainsi, l'addition d'une petite quantité de sel marin à une solution de carbonate de potasse peut diminuer beaucoup l'osmose positive de ce dernier, tandis qu'un mélange de sel marin et d'acide chlorhydrique détermine une osmose considérable que ni l'une ni l'autre de ces deux matières ne peut provoquer à elle seule (3). Nous avons vu que la diffusion par mélange

<hr>

(1) GRAHAM, *loc. cit.*, p. 210.
(2) GRAHAM, *loc. cit.*, p. 26.
(3) GRAHAM, *Mémoire sur la force osmotique (Annales de physique et de chimie*, 3ᵉ série, 1855, t. LXV, p. 7).

était une cause de décomposition pour certains sels, et que le bisulfate de potasse, par exemple, se décompose en sulfate de potasse et acide sulfurique. Cette décomposition s'opère de la même manière pendant la diffusion à travers une membrane. Il en résulte une perturbation considérable dans l'osmose, qui tend à devenir négative par le passage de l'acide vers l'eau moins diffusible que lui. Enfin, la membrane doit subir des réactions qui apportent certainement des troubles dans les phénomènes de la diffusion pendant l'osmose (1).

Les variations de la force osmotique observées par Matteucci, lorsqu'on retourne la membrane de vessie, doivent être attribuées, en partie, selon Graham, à ce que les matières solubles provenant de la tunique musculaire sont entraînées vers l'intérieur ou vers l'extérieur de l'osmomètre. On trouve en effet, après chaque expérience, des principes organiques dissous à la fois dans le liquide de l'osmomètre et dans le liquide extérieur.

Mais les variations de la force osmotique produites par le changement de position d'une membrane peuvent être dues à une autre cause, savoir, l'inégale aptitude que possèdent les deux liquides à la traverser par diffusion.

L'expérimentation démontre que des effets inverses se reproduisent quand on ferme deux osmomètres, l'un avec un lambeau de vessie, et l'autre avec une très-mince lamelle de caoutchouc : dans le premier cas, le courant s'établit de l'eau vers l'alcool, et dans le second, il a lieu de l'alcool vers l'eau. C'est aussi un fait expérimental bien constaté, que si l'on renferme, dans une vessie urinaire de porc, de l'esprit-de-vin étendu d'eau, et qu'on expose cette vessie à l'air, l'esprit-de-vin se concentre de plus en plus par l'évaporation de l'eau à travers la membrane ; tandis que, en mettant le liquide alcoolique dans une bouteille de caoutchouc, mince, bien fermée et exposée à l'air libre, le contraire a lieu, c'est-à-dire que l'alcool traverse le caoutchouc et s'évapore pendant que l'eau reste dans la bouteille.

Il serait difficile de ne pas voir dans ces divers exemples, la preuve et les effets d'une inégale diffusibilité de l'eau et de l'alcool à travers les membranes organiques. Aussi, dans l'osmose, le degré d'action de ces sortes de membranes a-t-il paru être en rapport avec la propriété qu'elles ont d'être plus ou moins facilement pénétrées par les divers liquides.

Quand, par exemple, on place de l'alcool ou une solution gommeuse dans le réservoir d'un osmomètre qui plonge dans l'eau pure, nous savons que celle-ci traverse la membrane de vessie pour se mêler à l'alcool ou à la solution de gomme dont elle élève le niveau dans le tube. Or, on est immédiatement frappé d'une chose, c'est que l'eau a bien plus de tendance que la solution gommeuse ou l'alcool à se diffuser dans la membrane animale ; c'est pourquoi, la pénétrant mieux, bientôt elle la traverse et se transporte vers l'un ou l'autre de ces liquides, pour lesquels elle a d'ailleurs beaucoup d'attraction. Cela est si vrai, que, comme on l'a vu tout à l'heure, en changeant la nature du diaphragme, on peut faire mar-

(1) GRAHAM, *Force osmotique* (*loc. cit.*, p. 88).

.her l'alcool vers l'eau : il suffit encore pour cela, comme l'a fait Lhermite (1), de substituer à la membrane un corps poreux pénétré d'huile de
ricin, par exemple. Qu'arrive-t-il alors? C'est que l'eau, qui n'est pas soluble dans cette huile et ne se mêle pas avec elle, ne peut plus traverser
la cloison; l'alcool, au contraire, étant miscible à l'huile de ricin, pénètre
le diaphragme poreux et parvient au contact de l'eau, qui l'absorbe. En
effet, met-on de l'eau dans un osmomètre ainsi préparé, et le place-
t-on dans un vase renfermant de l'alcool, ce dernier liquide passe dans
le tube et y fait monter le niveau de l'eau : il est d'ailleurs bien évident
que ce résultat est dû à la présence de l'huile de ricin, car, si l'on se sert
du même diaphragme, sans le concours de l'huile, ce n'est pas l'alcool,
dont la fluidité est plus grande que celle de l'eau, qui traverse le mieux
ce diaphragme, comme on serait tenté de le croire, mais bien l'eau qui
filtre à travers ses pores beaucoup plus vite que l'alcool; la différence, qui
n'est pas toujours rigoureusement la même, avoisine le rapport de 1 à 2
en volume, quand on fait filtrer successivement les deux liquides à travers
le même corps.

Lhermite (2) a été plus loin dans le but de faire comprendre le rôle de
la membrane et de prouver que ce rôle se rattache à un phénomène d'affinité; il a supprimé tout diaphragme solide. On peut, par exemple, mettre
une couche d'eau au fond d'une petite éprouvette, par-dessus l'eau une
couche d'huile de ricin, enfin une couche d'alcool à 35 degrés au-dessus
de celle-ci. Au bout de deux jours, l'alcool a traversé l'huile et est descendu dans le liquide inférieur. Seulement dans ces dernières expériences,
faites avec trois liquides, sans le concours du diaphragme solide, il n'y a
pas de contre-courant, car l'eau, n'étant pas miscible à l'huile, ne peut la
traverser pour se diffuser dans l'alcool.

Il serait inutile de multiplier les preuves de l'influence que, dans l'osmose, la nature de la substance intermédiaire exerce non-seulement sur le
passage des liquides, mais même sur la direction du courant principal.
Nous sommes ainsi amené à penser que le changement de volume des deux
liquides miscibles et séparés par un diaphragme dépend, du moins en
partie, de leur inégal pouvoir de diffusion pour ce diaphragme, c'est-à-
dire de l'attraction inégale que ce dernier exerce sur les deux liquides. On
a vu qu'en effet il y a endosmose toutes les fois que deux liquides, séparés
par un corps poreux, ont de l'attraction l'un pour l'autre, et que l'un d'eux
est, plus que l'autre, capable d'imprégner la cloison interposée; on a vu
aussi que c'est toujours ce dernier liquide qui marche vers celui qui possède le moindre pouvoir diffusif par rapport à la cloison.

Malgré beaucoup d'inconnues que l'avenir éclairera sans doute, nous
sommes porté à croire, avec Dubrunfaut (3) et beaucoup de physiciens de
notre temps, que *l'osmose n'est qu'un cas particulier de la diffusion des fluides.*

(1) LHERMITE, *Recherches sur l'endosmose* (*Ann. des sc. nat.*, 4ᵉ série, t. III).
(2) *Loc. cit.*
(3) DUBRUNFAUT, *Comptes rendus de l'Acad. des sciences*, 1866, p. 840.

Lorsque les substances colloïdes sont renfermées dans l'osmomètre, elles doivent produire des effets osmotiques énormes en raison de leur faible diffusibilité et de leur propriété de se laisser pénétrer très-facilement par les cristalloïdes.

Parmi les substances colloïdes, celle qui nous intéresse le plus au point de vue physiologique, c'est l'*albumine*.

Dutrochet avait constaté que l'albumine exerce une attraction considérable sur les liquides aqueux, mais il n'avait point recherché si elle cédait quelque chose au liquide extérieur. Cette recherche a été faite ultérieurement d'abord par Mialhe (1), qui affirme que, dans aucun cas, l'albumine, soit du blanc d'œuf, soit du sérum du sang, n'a traversé les membranes. « Si, dit cet observateur, l'albumine était endosmotique aussi bien que les liquides aqueux des humeurs animales, elle ne pourrait se maintenir dans le système circulatoire, elle traverserait constamment les parois des vaisseaux qui la contiennent, se répandrait dans tout l'organisme et irait se perdre dans les produits de sécrétion. Or c'est ce qui n'arrive jamais dans l'état physiologique : il est parfaitement établi que « les liquides des excrétions » sont les seuls où l'on remarque l'absence totale de l'albumine (DUMAS). » — Les liquides albumineux de l'économie animale, échappant aux lois de l'endosmose, se trouvent ainsi dans des conditions différentes des liquides aqueux ordinaires. »

Voici deux des expériences de Mialhe sur lesquelles il a cru pouvoir fonder les précédentes assertions : Un œuf, dont la coquille avait été brisée et la membrane mise à découvert à l'une de ses extrémités, fut submergé dans un vase rempli d'eau. Au bout de cinq heures, l'eau du vase avait pénétré dans l'œuf de manière à augmenter de 2 grammes le poids de ce dernier et à déterminer une hernie volumineuse de la membrane. Évidemment il y avait eu *endosmose;* mais y avait-il eu *exosmose* des substances contenues dans l'intérieur de l'œuf? Oui, dit l'auteur, pour les matières salines que l'œuf tient en dissolution; l'eau du vase était devenue, en effet, alcaline au papier de tournesol et verdissait le sirop de violette. Non, pour l'albumine elle-même; car, jamais, dans des expériences multipliées, les réactifs n'ont pu faire constater la moindre trace d'albumine dans l'eau du vase, tant que la membrane n'a pas été rompue. — Un autre œuf dont la coquille avait été cassée aux deux extrémités fut vidé, complétement rempli de sérum du sang, puis plongé dans l'eau par l'extrémité garnie de sa membrane; les résultats furent encore exactement les mêmes. Après six et huit heures d'immersion, le sérum avait cédé à l'eau du vase tous ses éléments salins (carbonates, chlorures, sulfates, phosphates), qui se reconnaissaient aisément par leurs réactifs particuliers, mais pas un atome d'albumine, suivant Mialhe, n'avait traversé la membrane.

Pourtant la diffusion d'une certaine quantité d'albumine dans l'eau exté-

____

(1) Voyez le journal *l'Union médicale*, juillet 1852, et *Chimie appliquée à la physiologie et à la thérapeutique*, p. 134 et suiv. Paris, 1856.

rieure à l'œuf est un fait réel : pour la constater, il faut se servir d'*eau distillée*, comme l'a fait J. Béclard (1), et comme l'ont fait, après lui, Lehmann, Budge et Vittich (2). Mais lorsque l'eau du bain contient des sels, comme cela arrive quand on se sert d'eau commune, l'albumine ne se diffuse pas. — Si, sous l'influence de la pression sanguine et malgré la présence de liquides salins ambiants, l'albumine ne pouvait sortir des vaisseaux capillaires, comment pourrait-on expliquer la présence de cette substance dans le fluide pancréatique, la salive, le lait, le sperme, les liquides des membranes séreuses et synoviales?

Dubrunfaut comprit, le premier, tout le parti que l'on pourrait tirer de la différence de diffusibilité des corps pour leur séparation analytique, soit dans les recherches de laboratoire, soit dans l'industrie. Dès 1854, il inventa un procédé d'épuration des liquides sucrés, procédé fondé sur l'osmose. Ce procédé consiste à séparer de l'eau, par un diaphragme organique, les matières sucrées impures et chargées de sels : en même temps que l'eau s'osmose vers le sucre, les sels passent dans le bain extérieur, et, après quelques opérations semblables, le sucre est complétement privé de ses sels organiques. L'année suivante, Dubrunfaut (3) communiqua à l'Académie des sciences sa méthode d'analyse par osmose. Cette méthode fut peu comprise et peu employée jusqu'en 1862, époque à laquelle Graham (4) lui donna le nom de *dialyse* et en vulgarisa l'emploi.

La dialyse n'est autre chose que la séparation des corps par diffusion au travers d'un diaphragme de substance colloïde. Le *dialyseur* ressemble en tout point à un osmomètre qui serait réduit à son réservoir inférieur. Le *diaphragme dialytique* peut être une membrane organisée, du calicot enduit d'une couche d'albumine, de gélatine ou de mucus, etc. En général, et afin d'avoir un diaphragme d'une structure uniforme, on se sert du *parchemin végétal* ou *papier-parchemin*, qui est un papier sans colle altéré par une courte immersion dans l'acide sulfurique ou dans une solution de chlorure de zinc.

Si l'on met dans un dialyseur une solution mélangée de sucre de canne et de gomme arabique, et si l'on plonge l'appareil dans l'eau distillée, voici les phénomènes que l'on observe : 1° l'eau extérieure se diffuse, à travers le diaphragme, vers le liquide intérieur qui augmente de volume ; 2° la gomme arabique, substance colloïde, ne peut traverser le diaphragme de nature colloïdale et reste dans l'appareil; 3° le sucre, substance cristalloïde, traverse facilement la paroi colloïdale et passe dans le bain extérieur. — En effet, lorsque l'expérience est terminée, le sucre du bain est assez pur pour cristalliser par évaporation, et le sous-acétate de plomb ne trouble pas l'eau extérieure, ce qui démontre l'absence de la gomme.

<hr>

(1) J. BÉCLARD, art. ABSORPTION (*Dictionnaire encyclopédique des sciences médicales*, t. I, p. 234); et *Rech. expérim. sur les conditions physiques de l'endosmose des liquides et des gaz* (*Comptes rendus de l'Acad. des sc. de Paris*, 1851).

(2) VITTICH, *Ueber Eiweissdiffusion* (MÜLLER'S *Archiv*, 1856, p. 304).

(3) DUBRUNFAUT, *Comptes rendus de l'Acad. des sciences*, 1855, t. XLI, p. 834.

(4) GRAHAM, *Mémoire sur la diffusion moléculaire appliquée à l'analyse* (*Ann. de phys. et de chimie*, 1862, t. LXV, p. 134).

Pour obtenir une dialyse rapide, il faut que la membrane dialytique ait une large surface, que le liquide ne forme qu'une couche peu épaisse, égale à 1 centimètre environ, et que l'eau du bain soit renouvelée souvent.

Nous arrivons enfin à notre but principal, qui est d'examiner la valeur des applications de l'*osmose* (cas particulier de *la diffusion des fluides*), pour rendre compte du mécanisme de l'absorption dans les deux règnes organiques.

Les parois des cellules qui forment le tissu des racines sont parfaitement semblables à un diaphragme dialytique, car elles sont formées d'une couche de cellulose recouverte à l'intérieur d'une couche de substance albuminoïde. Leur cavité est de plus remplie de matières qui, pour la plupart, appartiennent au groupe des colloïdes. Lorsque ces cellules sont en contact avec l'eau dont la terre est imbibée, cette eau pénètre par osmose à travers leurs membranes, et gonfle les cavités des cellules les plus extérieures; puis elle se diffuse vers les cellules plus profondes où elle pénètre par le même mécanisme. L'eau s'osmose ainsi de cellule en cellule, et la séve monte dans la plante.

On sait que l'élongation de la racine et de toutes ses divisions se fait exclusivement par leur bout, qui, par conséquent, se trouve à l'état naissant pendant tout le temps que se maintient l'activité de la végétation. Ce ne serait donc pas, par suite d'une modification particulière du tissu gonflé et agissant à la manière d'une éponge, comme on l'avait supposé, que les dernières extrémités radicellaires pomperaient l'humidité qui les environne; ce serait, au contraire, parce que leurs cellules naissantes, et comme telles déjà gonflées de sucs épais, se trouveraient dans les conditions les plus favorables pour l'osmose (Adr. de Jussieu). En effet, leur épiderme n'est pas encore formé, tandis qu'il l'est plus haut et oppose à l'absorption une couche plus sèche et moins perméable.

Chez les animaux, le mécanisme de l'absorption est plus complexe. Cependant, on ne saurait se refuser à admettre, entre l'osmose et ce phénomène, des rapprochements nombreux. L'osmose, par exemple, ne s'exerce pas *également* à travers toutes les membranes, ni à chacune des deux faces d'une même membrane, et il en est de même de l'absorption. La nature, l'épaisseur, la laxité et la perméabilité plus ou moins grandes des tissus, leur état de sécheresse ou d'humidité, leur inégale attraction pour les liquides qui les mouillent plus ou moins facilement, la nature et la densité variable de ces liquides, leur degré de miscibilité, l'état de repos ou de mouvement, une température basse ou élevée, sont autant de conditions qui amènent des variations très-notables dans l'absorption : or, nous savons déjà que, parmi ces conditions, les unes font varier l'intensité de la force osmotique, et que les autres peuvent même en changer la direction. Il paraît donc impossible que l'osmose n'agisse pas à travers les membranes de l'économie vivante, et, par conséquent, qu'elle ne joue pas un rôle dans les phénomènes de l'absorption.

Rappelons, en terminant, que les membranes absorbantes et les tissus des animaux vivants sont formés par des substances *colloïdes*, à peine diffusibles par elles-mêmes, mais offrant un milieu des plus favorables à la diffusion de l'eau et des autres *cristalloïdes*.

CONDITIONS QUI INFLUENCENT L'ABSORPTION.

Nous avons établi que l'absorption est un phénomène très-général qui se produit dans la trame de tous les organes, ou, en d'autres termes, que tous les tissus organiques ont la propriété de se laisser pénétrer par les fluides mis en contact avec eux. Mais nous devons ajouter que les divers tissus sont loin de jouir au même degré du pouvoir absorbant.

A. — Quelles différences, sous ce rapport, entre le névrilème ou les aponévroses et les membranes séreuses, entre ces membranes et le tissu cellulaire, ou bien entre les muqueuses et la peau, etc.? Puis, pour ne parler que du tégument cutané ou muqueux, quelles différences aussi ne constate-t-on pas, quant à l'énergie et à la rapidité de l'absorption, dans les divers points de son étendue? Tandis que, par exemple, 5 centigrammes d'extrait alcoolique de noix vomique injectés dans les bronches suffisent pour tuer un très-gros chien en moins de deux minutes, 10 centigrammes du même poison sont portés, parfois sans aucun effet sensible, dans l'estomac, le péritoine ou la plèvre d'un animal bien plus faible (1). La même quantité d'acide cyanhydrique qui, agissant sur la conjonctive, peut donner la mort presque instantanément, occasionne à peine quelques accidents tétaniques lorsqu'elle a été déposée sur la muqueuse digestive. Quant à la peau, on sait que c'est surtout dans les points où, très-amincie, elle se continue avec les membranes muqueuses (lèvres, gland, vagin, etc.), qu'elle absorbe le plus activement; l'aine et l'aisselle sont des lieux d'élection toutes les fois qu'on veut obtenir un effet général de certaines onctions médicamenteuses.

La laxité, la finesse des tissus ou des membranes, et surtout l'abondance de leurs vaisseaux, telles sont les conditions anatomiques auxquelles on a coutume de rapporter la rapidité de l'absorption. En ce qui concerne les membranes spécialement chargées de faire pénétrer dans l'organisme les divers fluides (gaz ou liquides) indispensables à son entretien, évidemment on ne saurait négliger la couche cellulaire ou épithéliale dont elles sont revêtues : variable dans son épaisseur, dans l'arrangement et dans la forme des cellules qui le constituent, ce revêtement épithélial existe, en effet, entre les fluides à absorber et les parties vasculaires et vivantes des tissus; nul doute, par conséquent, que son degré de perméabilité ne doive avoir une grande influence sur le temps nécessaire à une substance dissoute pour s'introduire dans les vaisseaux, c'est-à-dire pour être absorbée.

B. — L'état de la circulation exerce une influence marquée sur l'absorption.

(1) Ségalas, *Journ. de physiol. expérim.*, t. IV, p. 285, note 2.

Si la rapidité du cours du sang accélère la marche des phénomènes d'absorption, l'arrêt du cours de ce fluide, tout en n'empêchant point l'imbibition, empêche au moins le transport rapide de la matière absorbée et effets si prompts de certaines substances toxiques sur l'organisme. Schnell (1), après avoir pratiqué la ligature de l'aorte abdominale, introduit de l'antiar (poison de l'île de Java) dans une plaie faite à la cuisse d'un animal, et le poison n'est pas absorbé; mais, au bout de huit heures, la ligature est détachée, et alors seulement les signes d'intoxication apparaissent.

Plus récemment, et contrairement à Schnell, d'autres expérimentateurs ont avancé que, même après la ligature de l'aorte et en l'absence de toute anastomose propre à rétablir le cours du sang, il y a encore résorption possible d'une portion du toxique introduit dans une plaie des membres postérieurs ; mais alors, au lieu d'apparaître après trois ou six minutes, les phénomènes d'empoisonnement se manifestent seulement après deux, trois, ou sept heures. A cet égard, H. Bischoff (2), Frankel (3), puis Lechler et Stannius (4), qui ont lié l'artère épigastrique pour empêcher la circulation supplémentaire, et Schiff (5), sont unanimes dans leurs affirmations que m'ont fait adopter mes propres expériences sur des chiens et des lapins. Rappelons aussi qu'Emmert (6), après avoir lié l'aorte abdominale et avoir introduit de la fausse angusture dans la cuisse d'un animal, put retrouver cette substance dans l'urine, bien qu'aucun accident toxique ne fût survenu. « Comme ici, dit Weber (7), l'absorption n'avait pu avoir lieu par les veines, et qu'elle avait été accomplie exclusivement par les lymphatiques, on serait en droit de présumer que le poison avait dû perdre ses qualités nuisibles en traversant le système lymphatique. » Nous ne nous rendons pas garant de la vérité de cette dernière interprétation.

Toutes les causes qui augmentent ou diminuent la pression intra-vasculaire, font varier en moins ou en plus l'intensité de l'absorption.

La réplétion excessive du système vasculaire s'oppose à l'absorption. Si l'on injecte un litre d'eau dans les veines d'un chien de taille moyenne, et qu'on introduise dans la plèvre une substance vénéneuse, les signes d'empoisonnement apparaissent plus tard qu'à l'ordinaire; et si, au lieu d'un litre, l'injection est pratiquée avec deux litres, l'animal ne présente plus aucun signe d'intoxication. Mais, fait digne de remarque, vient-on à le saigner largement, en lui ouvrant l'une des jugulaires, on voit le poison pro-

(1) SCHNELL, *Dissertatio sistens historiam veneni upas antiar*. Tubingue, 1815.
(2) BISCHOFF, *Ueber die Resorption narkotischer Gifte durch die Lymphgefässe* (HENLE'S und PFEUFFER'S *Zeitschrift*, etc., t. II, p. 55, 61, et t. V, p. 293).
(3) FRANKEL, *De resorptione vasorum lymphaticorum adjunctis nonnullis experimentis*. Berolini, 1847.
(4) LECHLER, *Ueber die angebliche Nichtaufnahme narkotischer Gifte durch die Lymphgefässe*. Rostock, 1848. — STANNIUS, in *Arch. für physiol. Heilkunde*, 1852, t. XI, p. 23.
(5) SCHIFF, *Expér. communiquées à la Soc. d'hist. nat. de Francfort-sur-le-Mein*, en septembre 1849.
(6) EMMERT, MECKEL'S *Archiv*, t. I, 1815.
(7) WEBER, *De pulsu et resorptione*, etc., p. 16, 20.

duire son effet, pour ainsi dire à mesure que le sang s'écoule (1). Cet écoulement n'étant pas provoqué, non-seulement l'absorption peut être nulle, mais même quelquefois, si la réplétion est par trop considérable, la sérosité du sang s'échappe au travers des membranes.

Un des moyens d'augmenter le plus possible la pression intravasculaire, c'est de faire le vide autour des vaisseaux en supprimant la pression atmosphérique.

David Barry (2) a reconnu qu'un poison déposé dans une plaie pratiquée sur un animal vivant reste sans effet, si les points de contact entre la surface absorbante et la matière toxique sont aussitôt placés dans le vide. Quand on expérimente sur des lapins avec des poisons très-actifs, tels que l'acide prussique, la strychnine pure, l'upas tieuté, etc., si en effet on applique une ventouse sur la plaie empoisonnée des uns, et qu'on laisse la plaie des autres soumise à l'influence de la pression atmosphérique, les premiers de ces animaux ne présentent aucun signe d'empoisonnement, tandis que les seconds succombent avec rapidité. On obtient des résultats analogues quand, après avoir fait mordre par une vipère des lapins ou des chiens, on procède de la même manière.

Tout en reconnaissant avec Barry que, dans le vide, l'absorption est primitivement impossible, il est difficile d'admettre avec lui que la formation incomplète du vide, au moyen d'une ventouse à piston, diminue et surtout arrête les symptômes qui auraient déjà commencé à se produire ; car, quoi qu'on en ait dit, on ne comprend pas comment la ventouse pourrait agir jusque sur la portion de poison qui a été entraînée dans la masse du sang.

Le même observateur assure que «l'application d'une ventouse, pendant une *demi-heure*, prive la partie sur laquelle elle a été appliquée de la faculté d'exercer l'absorption pendant une heure et demie ou *deux heures* après que la ventouse est enlevée. »

Quoi qu'il en soit de la valeur de quelques-unes de ces assertions, toujours est-il que le fait principal, dont l'exactitude a été constatée en présence de juges compétents (*), offre une certaine importance pratique. Il en résulte que, dans le cas de piqûre produite par un animal venimeux ou par un instrument souillé de matières putrides, etc., il pourrait être utile, avant même de cautériser la plaie, d'y appliquer aussitôt une ventouse, dans le but d'arrêter l'absorption et d'attirer au dehors au moins une partie de la substance nuisible.

La déplétion des vaisseaux, en diminuant la tension du sang contre leurs parois, active par contre l'absorption. — On commence par tirer une notable quantité de sang à un animal, puis le poison est déposé dans la plèvre : les accidents d'empoisonnement, qui d'ordinaire surviennent seu-

<hr>

(1) MAGENDIE, *Journal de physiol. expérim.*, t. 1, p. 6.

(2) DAVID BARRY, *Annales des sciences naturelles*, 1826, t. VIII, p. 315.

(*) Voyez le rapport fait à l'Académie de médecine de Paris, au nom d'une commission composée de : Adelon, Orfila, Ségalas, Andral fils et Pariset. — Voyez aussi l'examen de ce rapport par L. GONDRET. (Paris, juin 1826.)

lement après deux minutes, se montrent au bout de trente secondes (1).
Cela démontre que, toutes les fois qu'un poison est introduit dans le tube
digestif ou dans une partie quelconque du corps, une émission sanguine
pourrait avoir des suites fâcheuses en rendant plus facile le passage du
toxique dans les voies circulatoires.

La privation prolongée d'aliments et de boissons, qui entraîne le défaut
de réparation des pertes incessantes que subissent les liquides organiques,
peut agir comme les pertes de sang, c'est-à-dire augmenter la tendance à
l'absorption. Aussi remarque-t-on que les individus placés dans cette condition sont plus exposés que d'autres à l'infection par les virus contagieux
ou les miasmes paludéens. On observe également que, chez les malades
soumis à une diète rigoureuse, les médicaments en général agissent avec
plus d'énergie et d'efficacité.

D'après ce qui précède, on comprend dès lors comment, dans certaines
maladies où il y a un liquide à résorber, il peut être utile, sauf contre-
indications, de restreindre la dose des boissons et des aliments.

L'expérimentation, sur des animaux restés longtemps sans nourriture, a
d'ailleurs démontré qu'en pareil cas l'absorption interstitielle est tellement
accrue, que le système lymphatique tout entier se trouve comme gorgé
d'une lymphe bien plus abondante et plus coagulable qu'à l'état normal (2).

Plusieurs autres influences, que nous allons rapidement signaler et qui
ne se lient plus aussi directement à l'état de la circulation, peuvent encore
faire varier les phénomènes d'absorption.

Toutes les fois, par exemple, qu'une sécrétion a été augmentée, l'absorption l'est aussi consécutivement dans certaines proportions : c'est l'observation de ce dernier rapport qui a conduit, en thérapeutique, à prescrire
des purgatifs, des diurétiques, des sudorifiques aux individus atteints
d'épanchements ou d'engorgements de diverse nature. On sait notamment
avec quelle rapidité se résorbe parfois, sous l'influence de ces moyens, la
sérosité amassée dans le péritoine ou dans d'autres cavités séreuses.

Les exercices violents, en produisant une déperdition considérable d'éléments organiques, doivent nécessairement activer le travail de nutrition et
partant celui d'absorption; aussi, en pareil cas, la sensation de la faim et
la sensation de la soif reviennent-elles fréquentes et vives, comme conséquences d'une digestion et d'une absorption aussi faciles que promptes.

Il est à remarquer que les diverses absorptions sont surtout très-actives
dans l'enfance, à cause des besoins pressants d'un organisme en voie de
développement; qu'elles conservent encore beaucoup d'énergie dans l'adolescence, pour diminuer à mesure qu'on approche de l'âge du retour et
devenir languissantes dans la vieillesse. Les frictions médicamenteuses,
qu'on pratique sur la peau plissée, desséchée et comme durcie des vieillards, ne sont presque d'aucun effet; et les maladies contagieuses, dont le

<hr>

(1) MAGENDIE, *loc. cit.*
(2) COLLARD DE MARTIGNY, *Journal de physiol. expérim.*, t. VIII, p. 177, 203.

principe est dans l'air atmosphérique, semblent les atteindre moins fréquemment que les jeunes sujets.

La plupart des variations que nous venons de constater dans les phénomènes de l'absorption, semblent pouvoir s'expliquer comme une expérience d'osmose, en considérant l'ensemble de l'appareil circulatoire comme
un vaste osmomètre. De même que l'osmose se fait avec lenteur, quand la
pression se trouve augmentée dans cet instrument, de même l'absorption est
entravée lorsque par une cause quelconque il y a réplétion du système vasculaire et pression trop forte du sang contre les parois qui le renferment.
Si la tension du sang diminue par une déplétion quelconque, non-seulement
la pression contre les parois vasculaires est moindre, mais, comme l'a
montré Marey, la circulation est plus rapide, double circonstance qui
favorise l'absorption.

Cependant il ne faudrait pas rapporter uniquement à l'influence de la
pression intra-vasculaire les variations de l'absorption ; la composition du
sang y joue aussi un rôle des plus importants. Nous savons déjà que le pouvoir osmogénique du sang dépend de ses matières colloïdes ou albuminoïdes : or, si ces matières viennent à diminuer, soit d'une manière absolue,
comme dans certaines anémies, soit d'une manière relative, comme après
l'ingestion d'une grande quantité de boissons aqueuses ou l'injection d'eau
dans les veines des animaux, les liquides extérieurs s'osmoseront moins
facilement dans les vaisseaux ; par suite, l'absorption sera ralentie. Au
contraire, l'absorption sera activée si le sang devient plus riche en matières albuminoïdes, comme pendant l'abstinence, ou après des déperditions abondantes d'eau par la diarrhée, le vomissement, la sueur, etc.
Voilà pourquoi tout corps organisé vivant attire et absorbe l'humidité avec
d'autant plus de force que lui-même en a perdu davantage et en contient
moins.

C. — L'augmentation de la pression à l'extérieur du corps, et par suite
à l'extérieur des vaisseaux, augmente l'absorption. C'est ainsi qu'en se servant d'un appareil de son invention pour augmenter la pression atmosphérique à la surface du corps, Murray (1) a remarqué que l'absorption des
médicaments, par des plaies ou par la peau dépouillée de son épiderme,
devenait alors beaucoup plus rapide.

A cette occasion, ne pourrait-on pas rappeler le fréquent usage qu'en
thérapeutique on fait de la *compression* pour favoriser les résorptions les plus
diverses ? Combien de fois n'a-t-on pas vu l'application d'un simple ban-
dage compressif aider efficacement à la disparition des tumeurs, des engorgements de tissus, de l'hydarthrose, etc.?

On emploie aussi les *frictions* pour rendre plus rapide l'absorption de
diverses substances médicamenteuses : on sait, par exemple, que l'onguent
mercuriel appliqué sur la peau n'est guère absorbé ; mais vient-on à en fric-

(1) MURRAY, *the Lancet*, t. I, p. 909.

tionner ce tégument (ce qui active la circulation capillaire), l'absorption se fait activement et le mercure peut même produire une salivation.

D. — La nature des substances à absorber a une grande influence sur la rapidité de l'absorption, et ce fait découle naturellement de la différence de diffusibilité des corps. Si, en effet, un liquide ou une substance dissoute a une grande tendance à se diffuser dans l'intérieur d'un tissu ou dans les humeurs dont il est déjà imprégné, naturellement son absorption sera prompte. Meder (1) lie l'aorte abdominale d'un lapin, puis injecte sous la peau de l'une de ses cuisses du prussiate de potasse, et sous la peau de l'autre une solution de strychnine. Au moment où il constate la présence du prussiate de potasse dans l'urine, aucun signe d'empoisonnement ne s'est encore montré; c'est que le prussiate de potasse se diffuse plus vite que la strychnine dans les tissus jusqu'au-dessus de la ligature artérielle où il pénètre dans le sang qui circule.

Les substances colloïdes ne s'absorbent pas d'une manière sensible, à moins qu'elles n'aient été d'abord transformées par certains fluides de l'organisme. L'albumine, par exemple, passe à l'état de peptone pour traverser la muqueuse intestinale et se rendre dans les vaisseaux. Mais la gélatine (extraite *chimiquement* des os), qui ne subit pas une transformation analogue, n'est point absorbée dans le tube intestinal, et les chiens que l'on nourrit exclusivement avec cette substance meurent bientôt d'inanition : toutefois, il n'en est pas de même avec la gélatine que l'on obtient par la coction des os frais et qui est naturellement unie à des matières grasses. Les substances colloïdes pures, c'est-à-dire sans mélange avec des substances cristalloïdes, n'ont aucune saveur, sans doute parce qu'elles ne se diffusent point dans l'intérieur des papilles nerveuses gustatives.

Quelques corps insolubles peuvent se dissoudre au contact de nos humeurs et être ainsi absorbés : le suc gastrique acide dissout la magnésie, la chaux, etc.; le suc intestinal alcalin rend solubles l'iode, le phosphore, les résines et en partie les huiles. Mialhe a montré que les chlorures alcalins, dont la présence est constante dans les humeurs du corps vivant, dissolvent un grand nombre d'agents médicamenteux, tels que le mercure, l'argent, le plomb, etc.

Les graisses sont absorbées d'une manière lente et difficile; quelquefois même leur absorption paraît nulle. C'est seulement dans l'intestin grêle que cette absorption est rendue facile par la réunion de circonstances sur lesquelles nous reviendrons plus tard. Ségalas (2) et Hering (3), après avoir injecté de l'huile d'olive dans le péritoine d'animaux vivants, l'ont encore retrouvée après huit et dix jours, sans que la quantité en eût diminué notablement; tandis que l'eau, qu'on pousse en même quantité dans cette séreuse, disparaît assez ordinairement en vingt-quatre heures. De

(1) MEDER, *Aorta abdominali subligata vasa lymphatica non resorbere experimentis demonstratur* (dissert.). Greifswald, 1858.
(2) SÉGALAS, *Journal de physiol. expérim.*, t. IV, p. 286.
(3) MECKEL'S *Deutsches Archiv*, t. IV, p. 522.

même aussi, de deux liquides analogues par leur composition et anormale-
ment épanchés dans des cavités naturelles, celui-là en général résistera le
plus longtemps au travail de résorption, qui offrira la plus grande proportion de matières colloïdes.

Toutes choses égales d'ailleurs, la rapidité de l'absorption est proportionnelle à la quantité de substance dissoute, à moins pourtant que le
degré de la concentration ne soit assez élevé pour que la force de cristallisation l'emporte sur celle de diffusion. En effet, si l'on injecte dans le
tissu cellulaire d'un animal une solution de 10 grammes de glycose dans
30 grammes d'eau, on peut retrouver ce sucre déjà après cinq minutes dans
l'urine, tandis qu'il faudrait beaucoup plus de temps si l'eau n'en contenait qu'un gramme.

Mialhe (1) fait observer que, pour qu'une substance puisse pénétrer dans
le système vasculaire, il faut non-seulement qu'elle soit liquide, mais encore qu'elle conserve sa fluidité en traversant les membranes qui la séparent du liquide sanguin ou lymphatique. Aussi cet auteur, au point de vue
de la facilité de l'absorption, accorde-t-il une grande importance à la distinction, établie par lui, entre les substances coagulantes et celles qui ne
le sont pas ou les substances fluidifiantes. En présence de l'albumine si
abondamment répandue dans nos humeurs et dans nos tissus, un liquide
absorbé vient-il à former une combinaison solide, comme font le sublimé
corrosif et les caustiques, par exemple, il n'entrera dans le domaine circulatoire qu'avec beaucoup de lenteur, au fur et à mesure que le coagulum
produit sera repris, molécule à molécule, par les agents de dissolution que
renferment nos humeurs ; tandis que, dans le cas contraire, l'absorption
pourra s'accomplir avec une assez grande rapidité relative.

Enfin l'absorption est modifiée non-seulement par la nature des liquides
à absorber, mais encore par la nature des sécrétions qui imbibent les membranes. Ces sécrétions peuvent favoriser ou entraver la diffusion des liquides extérieurs : c'est ainsi que la sécrétion sébacée empêche ou retarde
l'imbibition de l'épiderme par l'eau, que la sécrétion biliaire met la muqueuse de l'intestin grêle dans des conditions favorables à la pénétration
de la graisse, etc.

E. — Afin que l'absorption, qui s'applique à des matières nutritives, pro-
fite à l'organisme, elle doit s'accomplir d'une manière assez graduelle
pour que la composition du sang ne s'en trouve pas trop brusquement
changée. C'est même là une condition essentielle de toute nutrition normale; car dès que, dans le sang, une certaine proportion d'un produit
nutritif absorbé est dépassée, l'économie fait effort pour s'en débarrasser
par la sécrétion urinaire ou par d'autres voies. La glycose, par exemple,
tout assimilable qu'elle est, échappe aux combustions normales et passe
dans les urines, quand on l'a fait absorber par la muqueuse intestinale en
trop grande quantité à la fois ou trop vite dans un temps donné. Cela ré-

____

(1) Mialhe, *Chimie appliquée à la physiologie*, p. 200. Paris, 1856.

sulte des expériences de F.-G. de Becker (1) et des nôtres, dans lesquelles, après avoir à diverses reprises injecté dans l'estomac une quantité considérable de glycose dissoute, nous avons vu des lapins devenir momentanément glycosuriques.

F. — Quoiqu'il ne soit aucunement démontré que, chez l'être vivant, l'*électricité* représente la force qui préside aux phénomènes d'absorption, elle possède, d'après Fodera (2), le pouvoir de les activer singulièrement. C'est ainsi qu'une dissolution de sulfate de fer ou de cyanure de potassium traverse les parois de la vessie urinaire en quelques secondes, si l'on fait intervenir un courant électrique, tandis qu'à l'état normal il faut quelquefois attendre une heure ou une heure et demie pour obtenir le même résultat. Aussi l'électricité peut-elle être d'un emploi utile pour faire pénétrer diverses substances médicamenteuses dans l'organisme, pour aider à la résorption de certaines tumeurs ou de liquides accidentellement épanchés, etc.

De même aussi la *chaleur* paraît favoriser l'absorption : les boissons tièdes sont plus vite absorbées que les boissons froides, et ce fait s'accorde avec certains phénomènes d'osmose que nous avons fait connaître précédemment. Quand des grenouilles ont perdu beaucoup de leur poids par un long séjour à l'air sec, et qu'on les place ensuite dans l'eau, il s'opère une absorption si rapide, que parfois on peut suivre des yeux la diminution de niveau du liquide dans lequel elles sont plongées ; mais ce phénomène nous a toujours paru bien plus sensible avec de l'eau à $+ 15°$ ou 20° qu'avec ce même liquide à $+ 3°$ ou 4°.

Il est d'ailleurs permis de croire que c'est en activant localement la circulation capillaire que l'électricité et la chaleur activent aussi l'absorption ; les frictions appliquées au tégument externe peuvent agir de la même manière.

G. — On ne possède que bien peu de notions sur les variations de l'absorption dans l'*état pathologique*. Suivant Broussais (3), « l'état de fièvre augmente toujours l'absorption. » Mais cette affirmation n'est appuyée d'aucune preuve ; elle nous paraît résulter d'une vue purement théorique. — Les recherches de Duchaussoy (4) tendent à établir que l'absorption n'a plus lieu chez les cholériques algides : aussi cet observateur a-t-il proposé de pratiquer des injections veineuses dans le but d'introduire *directement* les médicaments dans l'économie, et de suppléer ainsi à l'absorption normale. Sans repousser en principe ces tentatives, on peut ne pas partager toutes les espérances qu'elles ont fait naître dans l'esprit de leur auteur.

---

(1) BECKER, *Ueber das Verhalten des Zuckers beim thierischen Stoffwechsel (Zeitschrift für Zoologie*, etc., de SIEBOLD et KÖLLIKER, déc. 1853).

(2) FODERA, *Rech. expérim. sur l'absorption et l'inhalation.* Paris, 1854, in-8, 70 pages, 1 planche.

(3) BROUSSAIS, *Traité de physiol. appliq. à la pathol.*, t. II, p. 419. 2e édit., Paris, 1834.

(4) DUCHAUSSOY, *Des injections faites dans les veines dans le traitement du choléra épidémique.* Paris, 1855.

Si, en effet, la peau et les muqueuses n'absorbent plus dans le choléra algide, il faut bien se rappeler que les organes internes et les centres nerveux
spécialement ont aussi perdu, en grande partie, leur pouvoir de réaction
sur les médicaments, et que d'ailleurs la circulation si lente, si embarrassée
dans cette période de la maladie, ne saurait plus guère conduire ces agents
au contact des parties qu'ils devraient influencer.

INFLUENCE DU SYSTÈME NERVEUX SUR L'ABSORPTION.

Il n'a été fait qu'un petit nombre de tentatives pour déterminer l'influence du système nerveux sur l'absorption. La conclusion la plus générale que j'aie pu tirer de mes propres expériences, c'est que, si la suppression de l'influence nerveuse n'empêche pas l'absorption, du moins elle
la *ralentit*, mais seulement sans doute parce qu'elle entraîne un trouble
circulatoire duquel résultent l'engorgement et la perméabilité moindre des
tissus.

Brodie (1), ayant divisé complétement le plexus nerveux du membre
antérieur chez un lapin, répandit du woorara (curare) dans une plaie faite
à ce membre, et l'empoisonnement n'en eut pas moins lieu. Chez un
autre lapin, il introduisit le même poison dans une plaie pratiquée sur le
membre postérieur fortement étreint par une ligature qui ne comprenait
point les principaux nerfs, et l'effet fut nul tant que la ligature resta appliquée : aussitôt qu'elle fut enlevée, les accidents de l'intoxication se manifestèrent.

J'ai varié la première expérience de Brodie de la manière suivante : Sur
deux chiens de même taille, je divisai tout le plexus nerveux qui se distribue
au membre thoracique ; puis, chez l'un, je versai aussitôt une solution concentrée de chlorhydrate de strychnine dans une incision faite à la partie
inférieure du membre, en attendant néanmoins que tout écoulement sanguin
eût cessé ; chez l'autre, j'attendis jusqu'au troisième jour pour pratiquer au
même lieu une plaie, d'égale étendue, qui devait être mise en contact avec
le poison. Dans le premier cas, les convulsions survinrent au bout de quelques minutes ; dans le second, elles ne commencèrent à paraître que bien
plus tard.

Après avoir injecté, à diverses reprises, une solution de chlorhydrate de
strychnine dans les voies respiratoires de chiens auxquels j'avais coupé la
paire vague, j'ai obtenu des résultats analogues aux précédents, c'est-à-
dire que constamment l'intoxication a été plus rapide le premier jour de
l'opération que le second, et surtout que le troisième jour ; d'où il semble
résulter qu'ici l'activité de l'absorption diminue en raison directe de l'engouement pulmonaire (2).

J'ai voulu également savoir si les poisons ingérés dans l'estomac, après

____

(1) Brodie, *Philos. Trans.*, p. 194 et suiv., année 1811.
(2) Voyez mon *Traité d'anat. et de physiol. du syst. nerv.*, t. II, p. 303.

la résection de la huitième paire, donneraient lieu ou non à leurs effets ordinaires. Dupuy (1) et Brachet (2) sont pour la négative ; J. Müller et Wernscheidt (3) se prononcent pour l'affirmative (*).

J'ai choisi deux chiens de même taille, qui avaient jeûné depuis environ trente-six heures, et, après avoir reséqué la paire vague de l'un, j'ai versé, à l'aide d'une sonde œsophagienne, dans l'estomac de chacun d'eux, une quantité égale d'un solutum assez concentré d'azotate de strychnine. Les accidents convulsifs sont apparus, chez le chien opéré, à peu près cinq minutes plus tard que chez celui qui servait de terme de comparaison ; du reste, dans les deux cas, les convulsions m'ont semblé avoir une égale intensité.

Une autre fois, en procédant de la même manière, j'ai administré une solution d'émétique : les nausées et les vomissements glaireux se sont encore manifestés, quelques minutes plus tard chez le chien qui avait subi la résection des pneumogastriques ; chez ce dernier aussi, les nausées étaient un peu moins fréquentes.

Quoi qu'il en soit de ces différences et de leurs causes, on voit que, dans les deux cas, l'absorption a eu lieu. Il est vrai qu'ici on ne peut pas conclure que cet acte soit indépendant de toute influence nerveuse, puisque de nombreuses divisions du grand sympathique avaient été forcément épargnées.

La même remarque s'applique aux expériences de Panizza (4). Ce physiologiste coupa sur des lapins tous les rameaux des nerfs trijumeau et facial qui se rendent à la lèvre supérieure ; puis, ayant touché la surface interne de cette partie avec de l'acide cyanhydrique, il vit l'empoisonnement survenir tout aussi vite que quand les nerfs précédents étaient intacts. Chez des chiens, il reséqua aussi les trois paires nerveuses qui se distribuent à la langue, et l'application de l'acide cyanhydrique sur cet organe tout seul n'en donna pas moins lieu aux accidents ordinaires. Mais, dans ces cas encore, il restait tous les innombrables filets nerveux végétatifs qui, enlacés autour des parois artérielles, proviennent de la portion cervicale du grand sympathique.

S'il est expérimentalement démontré que l'intervention des nerfs cérébro-spinaux n'est pas indispensable pour que les actes d'absorption s'ac-

(1) Dupuy, *Expér. sur la section et la ligature des nerfs pneumogastriques*. Paris, 1816.

(2) Brachet, *Rech. expérim. sur les fonct du syst. nerv. gangl.*, 2ᵉ édit., p. 226.

(3) J. Müller et Wernscheidt, *Manuel de physiol.*, trad. de Jourdan, t 1, p. 547.

(*) Cl. Bernard (*Compt. rend. de l'Acad. des sc.*, 1844, t. XVIII, p. 995), qui admet que la section des nerfs vagues arrête complétement la sécrétion du suc gastrique et la digestion, dit que, si après cette section on donne à un chien de l'*émulsine*, et une demi-heure plus tard de l'*amygdaline*, l'animal meurt empoisonné par l'acide cyanhydrique qui résulte du mélange de ces deux substances dans l'estomac. mais que la mort n'a pas lieu chez l'animal dont les nerfs vagues sont intacts, attendu que l'émulsine est déjà modifiée ou digérée quand on administre l'amygdaline. J. Müller et Valentin (Canstatt's *Jahresbericht*, etc , 1844, p. 220), ayant répété cette expérience sur des lapins, ont vu l'empoisonnement survenir dans les deux cas, c'est-à-dire avec ou sans la section des nerfs vagues.

(4) Panizza, *Mem dell' I. R. Instit. Lomb.*, 1844, t. I.

complissent, on est bien forcé d'avouer qu'on ignore quelle peut être ici la véritable part du système nerveux ganglionnaire. Toutefois, il est présumable que ce système n'influence l'absorption que *médiatement*, c'est-à-dire en modifiant la circulation capillaire des parties organiques.

RAPPORTS DU SYSTÈME VASCULAIRE AVEC L'ABSORPTION.

Nous avons vu précédemment que, vers les degrés inférieurs de l'échelle zoologique, se rencontrent des animaux formés d'une substance plus ou moins homogène, dépourvus de vaisseaux comme de tube digestif, et recevant les matériaux de leur nutrition à la manière des plantes, c'est-à-dire par tous les points de leur surface et sans élaboration préalable ; matériaux qui, de cette surface, pénètrent de proche en proche par osmose dans l'épaisseur du parenchyme organique. Là, disions-nous, aucune partie n'a encore de besoins propres et différents de ceux des autres parties, il y a diffusion dans tout l'animal des substances apportées du dehors et de celles qui doivent être excrétées ; c'est seulement à mesure que des organes spéciaux se montrent et que les humeurs prennent des directions déterminées vers tel ou tel d'entre eux, qu'on voit naître des *vaisseaux* qui, alors, sont à la fois les réceptacles des produits de l'absorption et les distributeurs de ces produits : du moment, par exemple, que l'absorption gazeuse se sépare de l'absorption liquide ou alimentaire, des voies spéciales deviennent indispensables pour porter le produit de cette dernière des organes digestifs aux organes respiratoires. Or, ces voies spéciales, dont l'ensemble forme le système circulatoire ou vasculaire, se multiplient en raison de l'organisation plus ou moins parfaite de l'animal. C'est ainsi que dans beaucoup d'invertébrés, elles se montrent fort simples ; que dans les mollusques, elles représentent déjà un appareil plus complexe, avec veines et artères distinctes, et qu'enfin, dans les animaux vertébrés, elles comprennent de plus un troisième ordre de vaisseaux désignés sous le nom de *vaisseaux lymphatiques*, et chargés, en même temps que les *veines*, de charrier les matières absorbées. Dans les organismes élevés, il ne suffit plus, comme dans les organismes inférieurs, que des parties ou des tissus quelconques s'imprègnent des fluides absorbables, il faut encore, pour que l'absorption se complète et qu'ultérieurement ces fluides puissent être utilisés, qu'ils soient portés par les courants vasculaires vers les divers organes ; alors seulement, ces organes peuvent y puiser les matériaux de leur nutrition spéciale, en vertu de leurs affinités différentes pour les éléments des fluides absorbés.

I. — Hippocrate (1) enseigne qu'il se fait, à la surface extérieure du corps, une absorption aussi bien qu'une exhalation de vapeurs ou de

(1) Ἐπιδημιων, I, 6, c. 6. — Περι ἀρχων ἠ σαρχων, c. 12.

fluides, et il soutient la même opinion relativement aux surfaces et aux cavités intérieures. Sa doctrine est résumée dans le passage suivant : « Les parties molles du corps attirent la matière à elles également du dedans comme du dehors, preuve que tout le corps exhale comme il absorbe. » Galien (1) parle aussi de l'absorption dans le corps humain et dit qu'elle s'opère par une *attraction*. Il emploie d'ailleurs cette même expression, quand il décrit « les *veines qui prennent les fluides* ».

Hippocrate et Galien, faisant intervenir ici les vaisseaux, départissent le pouvoir d'absorber plus spécialement aux veines : « Les *veines* de l'estomac et des intestins, dit Hippocrate (2), attirent la partie la plus claire et la plus liquide du boire et du manger; mais le plus épais reste et devient matière fécale dans les derniers des intestins. » Dans un autre passage (3), il recommande de se servir de vin acide, lorsqu'on s'est fait vomir, afin de forcer les orifices des veines à se fermer, et ainsi de prévenir l'absorption ultérieure du vomitif. Galien (4) n'est pas moins explicite qu'Hippocrate, relativement au rôle qu'il attribue aux *veines* dans les phénomènes de l'absorption.

Veut-on maintenant la preuve que les anciens reconnaissaient également aux *artères* le pouvoir d'absorber? Voici une citation de Galien (5) qui l'indique assez clairement : « Les artères, qui contiennent une vapeur, attirent dans leur diastole l'air et les parties les plus subtiles du sang; mais elles n'attirent pas tout à fait les liquides qu'on trouve dans l'estomac et les intestins, ou du moins elles n'en attirent qu'une petite quantité. »

Quant aux médecins Arabes, ils ont eu évidemment connaissance du pouvoir d'absorption inhérent à la surface du corps humain; car ils prescrivent souvent d'appliquer *sur la peau* des médicaments qui, suivant eux, doivent néanmoins agir comme expectorants sur les poumons, comme émétiques sur l'estomac, comme purgatifs sur les intestins ou comme diurétiques sur les reins.

Quoi qu'il en soit, il ne paraît pas que les anciens aient jamais cherché à démontrer *expérimentalement* la propriété qu'ils attribuaient aux veines d'exercer l'absorption. Swammerdam (6), un des premiers au xviiᵉ siècle, tenta quelques expériences directes : il intercepta le cours du sang revenant des intestins, en liant les veines mésentériques, puis ouvrit ces dernières, en examina le contenu, et prétendit y avoir reconnu la présence de petites lignes blanches qu'il considéra comme du véritable chyle absorbé par les veines à la surface des intestins. Abraham Kaau Boerhaave (7), après avoir injecté une grande quantité d'eau dans l'estomac d'un chien mort, vit ce liquide revenir par les veines, en assez grande

<hr>

(1) Περι δυναμεων φυσικων, l. III, c. 15.
(2) *Loc. cit.*
(3) Περι διαιτης, l. c., c. 14.
(4) Περι χρειας σφυγμων, c. 5.
(5) *Loc. cit.*
(6) SWAMMERDAM, *Not. ad prodr.* HORNII, p. 28.
(7) BOERHAAVE, *Perspiratio dicta Hippocratis*, cap. 22, § 469 sq. Leyde, 1738.

abondance pour entraîner tout le sang qu'elles contenaient et les laisser parfaitement blanches. D'après J.-F. Meckel (1), les veines s'ouvriraient sur les surfaces extérieure et profonde du corps; c'est en se fondant sur ces données, qu'il dit avoir injecté ces vaisseaux en distendant la cavité des vésicules séminales avec de la cire colorée, et être arrivé, en poussant de l'air ou de l'eau dans la vessie, à faire passer ces fluides dans les veines qui forment le plexus vésical et même jusque dans le tronc de la veine hypogastrique, etc. Il a aussi affirmé avoir vu des traces d'un fluide blanc dans les veines du mésentère d'un cadavre.

Kaau Boerhaave avait invoqué d'autres arguments en faveur de l'absorption veineuse : puisque le sang de la veine porte ne se coagule pas, il faut, disait-il, que ce liquide ait reçu quelque chose de l'intestin, et J. T. Walter (2) n'hésitait pas à admettre que la coagulabilité du sang de cette veine lui est enlevée par l'addition de la lymphe et du chyle. Une autre preuve de l'absorption par les veines, selon Kaau Boerhaave, se fonde sur la supériorité de volume et de capacité des veines mésentériques par rapport aux artères correspondantes : cet excès s'expliquerait à la condition d'admettre que les veines reçoivent autre chose que le sang apporté par les artères. Cette considération n'a pas paru d'un grand poids aux yeux de quelques physiologistes, et Haller (3), en particulier, s'est efforcé de démontrer que la différence entre la capacité des deux ordres de vaisseaux n'est pas plus sensible à l'intestin qu'ailleurs : il explique l'amplitude plus considérable des veines par leur plus grande extensibilité et par le ralentissement du cours du sang dans ces vaisseaux.

Depuis Harvey, tant que les physiologistes ne connurent qu'un seul ordre de vaisseaux efférents (les veines), ils ne soupçonnèrent pas que l'absorption pût se faire par une autre voie. La découverte des *vaisseaux chylifères* et du *système lymphatique* tout entier amena une révolution complète dans les idées généralement admises jusqu'alors.

On trouve, dans les auteurs anciens, quelques notions sur les vaisseaux lymphatiques du tube digestif. Dans un livre attribué à Hippocrate (4), il est question d'un sang blanc semblable à la pituite, et le père de la médecine, après avoir décrit les grandes veines, ajoute : « Il y a encore des veines qui naissent de l'estomac en grande quantité, de toutes manières, et par le moyen desquelles la nourriture arrive dans le corps. »

Aristote (5) parle aussi de canaux qui offrent un aspect un peu différent de celui des veines, et dont quelques-uns renferment une liqueur qui n'est autre que la lymphe.

Ce fut sur des chevreaux qu'Érasistrate (6) rencontra, durant la diges-

---

(1) J. F. Meckel, *Nova experim. et observ. de finibus venarum ac vasorum lymphat.*, etc. Berlin, 1771.

(2) J. T. Walter, *Von der Einsaugung und der Durchkreuzung der Sehnerven.* Berlin, 1794, p. 38.

(3) Haller, *Elementa physiol.*, t. VII, p. 64.

(4) Hippocrate, Περι αδηνων, c. 1, n° 13.

(5) Aristote, Περι ζωων Ιστοριας, lib. III, c. 6.

(6) Galien, *An sanguis naturaliter in arteriis contineatur ?* cap. v.

tion, des vaisseaux pleins de chyle; mais il en méconnut la véritable nature et crut voir des artères vides. Hérophile (1) aperçut, sur ces jeunes
animaux, dans les mêmes conditions, des vaisseaux qui, partis de l'intestin, se rendaient aux glandes mésentériques pour s'y terminer, et Galien (2)
signala, à son tour, la présence d'une *liqueur laiteuse* dans les vaisseaux du
mésentère chez le chevreau.

En 1532, Nicolas Massa (3) vit, sur un cadavre humain, des canaux *particuliers* naissant des reins avec l'uretère; mais il fit remarquer qu'ils ne sont
pas toujours apparents. G. Fallope (4) observa quelques vaisseaux pleins
d'une liqueur jaunâtre se rendant du foie au pancréas, ce qui fit supposer
qu'il avait entrevu le plexus lymphatique entourant la veine-porte. Eustachi (5) ne décrivit pas les vaisseaux lactés, mais il aperçut le *canal thoracique*, sur le cheval, et le prit à tort pour une des veines du thorax; aussi
les anatomistes de son temps semblent-ils avoir fait peu de cas de cette
découverte.

Dans le cours du XVIIe siècle, les vivisections se multiplièrent d'une
manière remarquable, et ce fut en 1622 que Gaspard Aselli (6), professeur
à Pavie, eut la gloire de démontrer définitivement l'existence des vaisseaux
lactés dans les circonstances suivantes :

Le 23 juillet de cette année, ainsi qu'il le rapporte lui-même dans l'historique qu'il a tracé de sa découverte, il disséquait un chien pour faire
voir à quelques-uns de ses amis le trajet et la distribution des nerfs récurrents. Ce fut sur cet animal, tué par hasard au moment du travail de la
digestion, qu'il aperçut, dans les replis du mésentère et sur les parois des
intestins, un grand nombre de ramifications très-ténues, d'une couleur
blanche, et, au premier aspect, ressemblant à des filaments nerveux, mais
qu'il en put aisément distinguer à l'aide d'une section transversale qui
donna issue à un liquide analogue à du lait. Frappé d'une découverte aussi
imprévue, Aselli s'empressa de la constater sous les yeux de ses auditeurs,
parmi lesquels se trouvaient deux médecins célèbres, Alexandre Tadini et
Louis Settala. Afin de donner à ce fait une démonstration complète, il
répéta l'expérience sur un autre chien, le 26 juillet, c'est-à-dire trois jours
après sa première observation, et le résultat fut encore le même. Enfin les
autres recherches qu'il fit successivement, et à la même époque, sur des
agneaux, des chats, des vaches, des veaux, des porcs et des chevaux, vinrent pleinement confirmer sa découverte. Il fut dès lors démontré que ces
vaisseaux sont particulièrement visibles quand l'intestin est encore rempli
d'aliments, et qu'ils sont les conducteurs véritables du chyle qui est y contenu. Mais il restait à rechercher le mode de terminaison de ces vaisseaux :
ici Aselli fut égaré par une opinion préconçue, et commit une grave erreur,

(1) GALIEN, *De usu partium*, lib. IV, c. 19.
(2) GALIEN, *An sanguis natur. in arter. contineatur?* c. 5.
(3) NICOLAS MASSA, *Introd. anat., seu dissect. corporis humani.* Venise, 1536.
(4) G. FALLOPE, *Observationes anat.* Venise, 1561.
(5) EUSTACHI, *Opuscula anatomica*, etc. Venise, 1564. — *De vend sine pari.*
(6) GASPARD ASELLI, *De lactibus sive lacteis venis.* Milan, 1627. — Ce travail a été réim-
primé dans le tome II de la *Biblioth. anat.* de MANGET, p. 668. Genève, 1699, in-fol.

en admettant que les chylifères de l'intestin se rendent dans le foie. Il mourut en 1626, avant d'avoir pu compléter ses recherches; l'ouvrage dans lequel on trouve les détails relatifs à sa découverte, et qui ne parut qu'un an après sa mort, fut publié à Milan par ses deux amis Tadini et Settala.

La découverte d'Aselli fut loin d'être accueillie avec faveur. Hoffmann et G. Harvey (1) ne firent d'abord qu'en plaisanter; Riolan considéra comme des artères les nouveaux vaisseaux décrits par Aselli, et l'école de Montpellier, attachée aux idées de Galien, se refusa pendant longtemps à en admettre l'existence. Toutefois l'attention était éveillée sur ce point, et, dans l'espace de quelques années, de 1626 à 1632, les vaisseaux lactés furent de nouveau aperçus par Rolfink (2), A. Severin (3), Olaüs Worm, Fabrice de Hilden, etc. En 1635, Jean Vesling (4), qui fit de nombreuses recherches sur ce sujet, confirma les idées d'Aselli et donna même une figure des chylifères de l'homme. L'année suivante, Fournier prétendit avoir montré un réservoir du chyle, volumineux comme un œuf et situé près du diaphragme; cet anatomiste n'invoque, à la vérité, aucun témoignage à l'appui de sa découverte.

Il était réservé à Jean Pecquet (5) de découvrir, en 1647, la continuation des vaisseaux lactés avec le *canal thoracique*, et de démontrer, contre le sentiment d'Aselli, que les chylifères de l'intestin n'aboutissent pas au foie. Il reconnut aussi qu'à son *origine*, ce canal présente des dimensions plus considérables qu'en aucun autre point de son trajet, et donna à cette portion le nom de *citerne* ou *réservoir du chyle*.

Trois années plus tard, selon le témoignage de Drelincourt, Olaüs Rudbeck (6), alors âgé de vingt ans, découvrit, à Leyde, les vaisseaux aqueux ou lymphatiques de différentes parties du corps, tout en recherchant le trajet et la terminaison des vaisseaux chylifères. Cette découverte, que divers auteurs ont voulu attribuer à Jolyffe, fut aussi revendiquée par Thomas Bartholin, et d'abord avec l'avantage facile que pouvait obtenir, en pareil cas, un professeur célèbre contre un simple étudiant; mais la postérité, qui a reconnu à Bartholin tant d'autres titres de gloire, a fait justement honneur de celui-ci à Rudbeck.

On peut donc, dans l'histoire du système lymphatique, admettre trois périodes : celle d'Aselli ou de la découverte des vaisseaux *chylifères;* celle de Pecquet ou de la détermination du trajet de ces mêmes vaisseaux et de leur terminaison dans le *canal thoracique;* enfin, celle de Rudbeck, qui représente cette importante période où furent démontrées

(1) HOFFMANN et G. HARVEY, *Exercitat. Anat. de motu cordis*, cap. 16.
(2) ROLFINK, *Dissertationes anatomicæ*, p. 909, in-4. Norimbergæ, 1656.
(3) A. SEVERIN, *De novissime observatis abcessibus*, c. 8.
(4) JEAN VESLING, *Epistol. posthum.*, p. 61, 64, 66, 67. Copenhague, 1664, ouvr. édit. par TH. BARTHOLIN.
(5) JEAN PECQUET, *Exper. nova anat.*, etc. Paris, 1651. — Réimp. dans la *Biblioth. anat.* de MANGET.
(6) OLAUS RUDBECK, *Exercit. anat. exhibens ductus novos hepaticos aquosos et vasa glandularum serosa.* Leyde, 1654, in-12.

l'existence des *lymphatiques* des autres parties du corps et leur identité
avec les vaisseaux chylifères. C'est dans l'espace de trente années environ
que la science s'enrichit de toutes ces notions qui devaient un jour donner
une face nouvelle à la physiologie et à la pathologie.

A partir de cette époque jusqu'à nos jours, de nombreux et incessants
travaux furent successivement entrepris sur le système lymphatique : c'est
un devoir de rappeler ici surtout les noms de Swammerdam (1), Gér. Blaes (2),
Fréd. Ruysch (3), Nuck (4), J.-R. Duverney (5), Monro (6), J.-F. Meckel (7),
J.-H. Haase (8), J. et W. Hunter (9), Hewson (10), Cruikshank (11), Sheldon (12),
Mascagni (13), Lauth (14), Fohmann (15), Rossi (16), Panizza (17), Treviranus (18), Henle (19), Cruveilhier (20), Sappey (21), Kölliker (22), Ch. Robin (23), His (24), L. Teichmann (25), J. Hyrtl (26), Frey (27), Recklinghausen (28), W. Tomsa (29), F. Leydig (30), etc.

(1) SWAMMERDAM, *Commentarius in Syntagma anatomicum* JOH. VESLINGII, etc. Amsterdam,
1659.

(2) GÉR. BLAES, JOH. VESLINGII *Syntagma anatom. auctum*, etc. Utrecht, 1696.

(3) FRÉD. RUYSCH, *Dilucidatio valvularum in vasis lymphaticis et lacteis. Accesserunt observ. anat. rariores.* La Haye, 1665, in-12.

(4) NUCK, *Adenographia curiosa et uteri fœminei anatome nova. Accedit epist. de inventis
novis.* Leyde, 1692, in-8.

(5) J. R. DUVERNEY, *Descriptio vasorum chyliferorum*, 1728.

(6) MONRO, *De venis lymphatis valvulosis, et de earum imprimis origine.* Londres, 1757.

(7) J. F. MECKEL, *Diss. epist. ad Alb. de Haller, de vasis lymphaticis glandulisque conglobatis.* Berlin, 1757, in-8°. — Et dans ses *Opusc. anatom. de vasis lymphaticis.* Leipzig,
1770, in-8°.

(8) HAASE, *Diss. de motu chyli et lymphæ glandulisque conglobatis.* Leipzig, 1778, in-4°.

(9) HUNTER, *Œuvres complètes* de J. HUNTER, tr. par Richelot, t. IV, p. 401, 402, et *pass.*

(10) HEWSON, *Philos. Trans.*, 1768 et 1769.

(11) CRUIKSHANK, *Anatomie des vaisseaux absorbants*, trad. de Petit-Radel. Paris, 1787.

(12) SHELDON, *The History of the Absorbent System*, etc. Londres, 1784.

(13) MASCAGNI, *Vasorum lymphaticorum corporis humani historia et iconographia.*
Sienne, 1787.

(14) LAUTH, *Essai sur les vaisseaux lymphatiques.* Strasbourg, 1824.

(15) FOHMANN, *Saugadersystem der Wirbelthiere.* Heidelberg, 1827.

(16) ROSSI, *Cenni sulla communicazione dei vasi linfatici colle vene.* Parme, 1825

(17) PANIZZA, *Sopra il sistema linfatico dei Rettili.* Pavie, 1833.

(18) TREVIRANUS, *Beiträge*, etc., t. II, 1835, p. 104.

(19) HENLE, *Anatomie générale*, trad. franç. de Jourdan, t. II, p. 100 et suiv.

(20) CRUVEILHIER, *Anat. descript.*, t. III.

(21) SAPPEY, *Anat. descript.*, t. I, p. 586 et suiv. Paris, 1849-1856.

(22) KÖLLIKER, *Éléments d'histologie humaine* (trad. franç.). Paris, 1856, p. 625.

(23) CH. ROBIN, *Recherches sur quelques particularités de la structure des capillaires de
l'encéphale* (*Journal de physiologie*, 1859, p. 537). — *Sur quelques points de l'anatomie et
de la physiologie des leucocytes* (*ibid.*, p. 41).

(24) HIS, *Beiträge zur Kenntniss der zum Lymphsystem gehörigen Drüsen* (SIEBOLD und KÖL-
LIKER, *Zeitschrift für wissenschaftliche Zoologie*, Band X, § 340). — *Ueber die Wurzeln der
Lymphgefässe in den Hauten des Körpers und über die Theorien der Lymphbildung* (*Zeit-
schrift für wissenschaftl. Zool.*, 1862, p. 222).

(25) TEICHMANN, *Das Saugadersystem vom anatomischen Handpunkte.* Leipzig, 1861.

(26) J. HYRTL, *Der Ursprung der Chylusgefässe* (*Oesterr. Zeitschr. für prakt. Heilk.*,
n° 21, 1860). — *Ueber eine neue Methode Organen-Lymphgefässe zu injiciren* (*ibid.*, n° 18).

(27) FREY, *Untersuchungen über die Lymphdrüsen der Menschen und der Säugethiere.*
Leipzig, 1861.

(28) RECKLINGHAUSEN, *Die Lymphgefässe und ihre Beziehung mit Bindegewebe.* Berlin, 1862.

(29) W. TOMSA, *Beiträge zur Anatomie des Lymphgefässursprunges.* Wien, 1862.

(30) F. LEYDIG, *Traité d'histologie comparée*, p. 450, trad. franç. Paris, 1866.

II. — Carus (1) avait cru reconnaître les premiers rudiments du système lymphatique dans un appareil particulier de tubes aquifères découverts par Delle Chiaje chez les mollusques gastéropodes, et retrouvés depuis par Baër dans quelques bivalves, tels que la mulette, l'anodonte, etc. Mais ces organes doivent plutôt être considérés comme des espèces de trachées aquifères, c'est-à-dire comme des parties servant à la respiration.

Les véritables vaisseaux lymphatiques n'apparaissent que dans les animaux vertébrés.

Chez tous les *Poissons*, excepté dans le genre *Branchiostoma*, on a trouvé des vaisseaux lymphatiques. Les organes digestifs, les organes génitaux, la cavité orbitaire, la base des nageoires pectorales, les muscles du tronc voisins de la colonne vertébrale, sont surtout riches en vaisseaux de cet ordre; les vaisseaux sanguins et le cœur lui-même en sont entourés chez les esturgeons et les raies. Les lymphatiques commencent par des réseaux clos de toutes parts et offrant de petites dilatations celluliformes que tapisse une membrane interne lisse. C'est par erreur que Monro a avancé avoir vu, chez les raies, des orifices libres : une pareille disposition n'existe pas plus dans les poissons que dans les vertébrés supérieurs. Le plus souvent, on trouve deux gros troncs lymphatiques, qui, placés au-dessus ou à côté des vaisseaux sanguins, s'étendent sous la colonne vertébrale en suivant la longueur de la cavité abdominale. Ces troncs aboutissent à des veines qui correspondent aux sous-clavières ou aux jugulaires des animaux vertébrés supérieurs. On rencontre aussi d'autres troncs secondaires situés au-dessous de la ligne latérale, dans la gouttière existant entre les muscles latéraux : ils paraissent offrir des communications plus ou moins nombreuses avec les veines.

Il ne semble pas que le système lymphatique des poissons présente des ganglions analogues à ceux qu'on observe chez d'autres vertébrés. Toutefois on trouve, dans la cavité abdominale de beaucoup de ces animaux, au voisinage de la rate et du pylore, des corps blanchâtres qui contiennent une substance de couleur lactée et des granules microscopiques.

Dans les *Reptiles*, les vaisseaux lymphatiques, d'ailleurs très-nombreux, offrent un calibre considérable et des dilatations sacciformes sur divers points de leur trajet. Ils constituent souvent une sorte de gaine autour d'artères ou de veines plus ou moins volumineuses. On trouve, dans la salamandre en particulier, des réseaux et des sinus lymphatiques très-développés sur le cloaque, le gros intestin et les côtés de la tête. Le canal thoracique, simple et large, se divise en deux plexus sous-maxillaires qui, recevant les lymphatiques des membres antérieurs et ceux de la tête, enveloppent les veines sous-clavières pour venir s'y aboucher. Chez les grenouilles, les plexus lymphatiques du cœur, des poumons et du cloaque sont très-développés; une assez grande partie de la cavité abdominale est occupée par la citerne du chyle, elle-même très-volumineuse. Dans les

(1) CARUS, *Anatomie comparée*, t. II.

ophidiens, on rencontre deux canaux thoraciques, et tous les lymphatiques se jettent dans le plexus de la région cardiaque, qui communique en plusieurs points avec les troncs veineux antérieurs. Chez les chéloniens, où les troncs artériels sont enveloppés par les lymphatiques, il existe entre les poumons une grande citerne en communication avec les deux canaux thoraciques qui viennent se jeter dans les veines sous-clavières.

Mais, ce qu'il y a ici de plus important, même pour l'histoire du système lymphatique en général, c'est la découverte qu'en 1832 J. Müller (1) a faite (chez les grenouilles d'abord, puis chez les salamandres et les lézards) de *cœurs lymphatiques* pulsatiles. Ces organes, qui ont été aussi rencontrés dans les serpents et les crocodiles par Panizza (2), représentent des sacs musculeux qui poussent la lymphe dans les principaux troncs antérieur et postérieur du système veineux. Chez les reptiles nus, il en existe quatre dont deux antérieurs et deux postérieurs. Leurs contractions, dont le nombre s'élève à environ soixante par minute, ne sont nullement isochrones à celles du cœur sanguin; les divers cœurs lymphatiques du même animal ne battent pas non plus simultanément. Ils renferment tous une lymphe incolore, que les postérieurs versent dans une branche de la veine ischiatique et les antérieurs dans une branche de la veine jugulaire.

Ces organes, qui ont une structure musculaire très-évidente, possèdent des fibres musculaires striées et des valvules disposées de façon à empêcher le reflux de la lymphe dans ses vaisseaux propres.

Les vaisseaux lymphatiques des *Oiseaux*, décrits pour la première fois par Alex. Monro (3), J. Hunter (4) et Hewson (5), sont remarquables par la minceur de leurs parois et par la présence de valvules dans leur intérieur. Ils existent dans presque tous les points du corps et forment souvent des lacis plexiformes considérables. De véritables ganglions lymphatiques n'existent que dans la moitié inférieure du cou et à l'ouverture supérieure du thorax; partout ailleurs ils sont remplacés par des plexus.

En général, les troncs lymphatiques sont accolés aux vaisseaux sanguins. Ceux des membres pelviens et de la moitié postérieure de la cavité viscérale se réunissent en un tronc situé au devant de l'aorte. Ce tronc lui-même se divise en deux canaux thoraciques, qui reçoivent les lymphatiques des poumons, des ailes, de la tête et du cou : chacun d'eux s'abouche dans la veine cave supérieure au-dessous du point d'insertion des veines jugulaires. Il existe encore d'autres abouchements des vaisseaux lymphatiques dans les veines. Des lymphatiques, en nombre plus ou moins considérable, et appartenant à la région caudale, se jettent, après

(1) J. MÜLLER, *Handbuch der Physiologie des Menschen.* Coblentz, 1833, Bd. 1, p. 259.
(2) PANIZZA, *Sopra il sistema linfatico dei Rettili*, etc. Pavie, 1833.
(3) ALEX. MONRO, *Observations Anat. and Physiol.* Edinburgh, 1758.
(4) J. HUNTER, *loc. cit.*
(5) HEWSON, *Experimental Inquiries into the Properties of the Blood, with an Appendix relating to the Lymphatic System in Biras, Fishes and Amphibious Animals.* Londres, 1771, in-12. — Et dans *Philos. Trans.*, 1768, p. 217.

s'être réunis en un ou plusieurs troncs, dans un sinus membraneux sacci-forme qui parfois présente des parois musculeuses, et constitue alors une sorte de *cœur lymphatique* n'offrant que rarement des contractions rhythmiques.

Des cœurs lymphatiques ont été observés chez l'autruche, le casoar, chez quelques échassiers et palmipèdes. Leurs parois, plus ou moins épaisses, sont constituées par des fibres striées. Ces organes sont situés dans le tissu graisseux ou au-dessous du muscle caudal supérieur. Chez l'autruche, ils sont attachés aux os voisins par des languettes tendi-neuses, et à l'intérieur sont pourvus de colonnes charnues ou bien traversés par des cordages tendineux qui s'étendent d'une paroi à l'autre. Ils ont aussi des valvules qui mettent obstacle au retour de la lymphe dans les vaisseaux lymphatiques et dans l'organe lui-même.

Il n'existe pas de différence bien notable, quant à la distribution et à la structure, entre le système lymphatique des *Mammifères* et celui de l'homme. Mais ce système s'éloigne au contraire beaucoup de celui des classes précédentes, et l'on peut lui assigner pour caractères propres et essentiels : un plus grand développement des valvules; la distinction des vaisseaux en deux couches, l'une superficielle et l'autre profonde; un nombre considérable de ganglions; enfin un nombre plus limité de communications avec le système sanguin, puisque ordinairement il n'y a qu'un seul tronc qui se jette dans la veine sous-clavière gauche, et un autre accessoire qui aboutit à la veine sous-clavière droite.

Chez les grands mammifères, on trouve, dans les parois des gros troncs lymphatiques, des fibres que divers anatomistes considèrent comme de nature musculeuse. On voit assez fréquemment, dans cette classe, les ganglions lymphatiques du mésentère réunis en une seule masse vers laquelle convergent tous les vaisseaux lymphatiques du canal intestinal. Dans les singes, au contraire, les ganglions mésentériques sont très-dis-persés, comme chez l'homme. Ces organes sont plus rapprochés chez les lémuriens; il en est de même chez les insectivores carnassiers, comme la taupe, etc. Dans l'ours, le phalanger brun, ils forment un groupe unique; dans la belette, il y en a deux groupes; dans le chien, le chat, le lion, le dauphin, etc., il en existe un principal que l'on désigne sous le nom de *pancréas d'Aselli*, et d'autres qui sont accessoires; dans les galéopithèques, les rongeurs, les pachydermes, les tardigrades, les ruminants, les glandes mésentériques sont séparées les unes des autres.

Ordinairement, le canal thoracique commence par une ampoule ou dilatation plus ou moins grande et irrégulière, dans laquelle se jettent les lymphatiques des extrémités inférieures et ceux des organes abdominaux. On voit souvent partir de cette ampoule (*citerne lombaire* de Pecquet) deux troncs distincts qui marchent sur les côtés de la colonne vertébrale, s'envoient des branches de communication et s'écartent l'un de l'autre en avant de la poitrine, pour se terminer dans les veines sous-clavières, après s'être séparés en un nombre variable de branches. Dans le *phoque* surtout,

Knox (1) a reconnu l'existence de vaisseaux chylifères, dont les branches réunies en un tronc principal contribuaient à former un très-large réser-oir du chyle. Le conduit de Rosenthal (2) n'est autre chose qu'un canal sortant d'un amas de glandes mésentériques où se rendent d'abord des chylifères.

III. — On sait que, dans l'opinion de beaucoup d'anciens anatomistes, les vaisseaux lymphatiques doivent ramener le *sérum* du sang exhalé par les extrémités artérielles. Cette opinion se rapproche de celle de Cowper (3), Sénac (4), Cheselden (5), Ferrein (6), Magendie (7), etc., qui, ayant remarqué qu'une injection poussée par les artères revient quelquefois par les lymphatiques, n'hésitèrent pas à affirmer qu'il existe une communication entre les *lymphatiques* et les dernières ramifications des *artères*.

On peut adresser plusieurs objections à cette manière de voir : les vaisseaux lymphatiques ne charrient pas un liquide purement séreux, comme cela devrait être si le sang, arrivé au point de terminaison des artères, se divisait en deux colonnes, l'une séreuse pour les lymphatiques, et l'autre sanguine pour les veines. Nous démontrerons en effet, plus tard, que le liquide renfermé dans les lymphatiques a des caractères spéciaux qui le différencient du sérum du sang. Panizza (8) a vainement essayé d'injecter les vaisseaux lymphatiques de l'intestin par les artères mésentériques, ou bien ceux du poumon, du rein et de la rate par les artères correspondantes. Sappey (9) n'a pas mieux réussi en étendant les mêmes recherches au foie, au testicule, à l'ovaire, à l'utérus, ainsi qu'aux membres, etc. Ces deux habiles anatomistes n'ont constaté le passage de la matière à injection d'un ordre de vaisseaux dans l'autre que dans le cas de rupture. J. Hunter (10) et Alex. Monro (11) étaient déjà arrivés, dans leurs expériences, au même résultat négatif. En introduisant la pointe d'un tube à injection dans un réseau lymphatique quelconque, on ne voit jamais le mercure s'introduire dans les artérioles. En injectant ces deux ordres de vaisseaux avec de la gélatine ou de la glycérine diversement colorées, His (12), Frey (13), Kostarew (14), ont pu voir au microscope que les matières à injection ne

(1) Knox, *Edinb. Med. and Surg. Journal*, 4 July, 1824.
(2) Rosenthal (Froriep's *Notizen*, 1822, t. XXIII, p. 5).
(3) Cowper, *The Anatomy of Human Body, Introd.* — Et *Philos. Trans.*, 1696, t. IV, p. 81.
(4) Sénac, Dans *Anat.* de Heister. Paris, 1735, p. 155.
(5) Cheselden, *Anatomy of the Human Body*, chap. X. London, 1722.
(6) Ferrein, *Mém. de l'Acad. des sciences de Paris*, année 1741, p. 371.
(7) Magendie, *Précis élém. de physiol.*, t. II, p. 194, 4ᵉ édit. Paris, 1836.
(8) Panizza, *Osservazioni antropo-zootomico fisiologiche*. Pavie, 1830.
(9) Sappey, *Anatomie descriptive*, t. 1, p. 589.
(10) J. Hunter, *Medical Commentaries*, by W. Hunter. London, 1762.
(11) A. Monro, *De venis lymph. valvulosis et de earum imprimis origine*. Londres, 1757.
(12) His, *loc. cit.*
(13) Frey, *loc. cit.*
(14) S. Kostarew, *Beiträge zur Kenntniss der Lymphwege der Vögel (Archiv für mikroscopische Anat.* von Max Schultz, 1867, Band III, 4ˢ Heft, p. 409).

se mélangeaient pas, et que les capillaires lymphatiques ne communiquaient pas avec les capillaires sanguins. Ils sont pourtant extrêmement rapprochés les uns des autres, comme nous le verrons bientôt. — Après toutes ces observations, il n'est pas possible de croire à une communication entre les lymphatiques et les artérioles ; les uns et les autres paraissent indépendants.

Examinons maintenant si l'opinion, qui admet la continuation des lymphatiques avec les veines, est mieux fondée.

On sait que le système lymphatique se termine de la manière la plus apparente par deux troncs, le *canal thoracique* qui s'ouvre dans la veine sous-clavière gauche, et la *grande veine lymphatique droite* qui s'ouvre dans la veine sous-clavière droite. Plusieurs anatomistes, frappés de l'exiguïté de ces deux troncs comparée à l'ampleur de l'ensemble des vaisseaux lymphatiques, avaient cru que ces derniers communiquaient en outre avec les principales dépendances du système veineux : Wepfer (1) aurait vu des vaisseaux diaphanes, nés de l'utérus ou des ligaments larges, s'ouvrir dans la veine iliaque interne, et Hebenstreit (2), des lymphatiques s'ouvrir dans la veine azygos ; Nicolas Sténon (3) prétend en avoir conduit de la partie droite de la tête dans la veine axillaire, et Nuck (4) dit avoir aperçu des lymphatiques du bras se rendant dans la veine sous-clavière ; Fréd. Ruysch (5) dit aussi qu'il a vu des vaisseaux lymphatiques du poumon venir aboutir aux veines sous-clavières et axillaires, etc.

Mais, d'un autre côté, Haller (6) affirme n'avoir jamais trouvé un seul vaisseau lymphatique qui se terminât dans une veine, et il rejette toute espèce de terminaison de ce genre ; il en est de même de Cruikshank (7) et de Mascagni, qui n'ont jamais vu de vaisseaux lymphatiques aboutir à d'autres veines qu'aux sous-clavières et aux jugulaires internes. Blandin (8) et Cruveilhier (9) ont aussi vainement cherché les communications indiquées par Lippi (10), de Florence, qui avait prétendu avoir découvert un grand nombre de communications directes entre les vaisseaux lymphatiques et la veine porte, la veine honteuse interne, les veines rénales, la veine cave ascendante et l'azygos. Lippi n'a pu parvenir à démontrer la réalité de ses assertions en présence de plusieurs habiles anatomistes.

Si les lymphatiques ne vont pas se rendre dans d'autres troncs veineux que les veines sous-clavières, plusieurs anatomistes ont pensé qu'ils com-

(1) WEPFER, *De dubiis anatomicis epistola qua objectiones nonnullas contra Bilsii doctrinam*, etc., 1664.
(2) HEBENSTREIT, *Programma de mediastino postico*. Leipzig, 1743, in-4°.
(3) NICOLAS STÉNON, *Observat. anatom. de musculis et glandulis specimen*, etc. Copenhague, 1664, p. 38.
(4) NUCK, *Adenographia*, etc.
(5) FRÉD. RUYSCH, *De valvulis lymphatic.*, dans *Opera omnia*.
(6) HALLER, *Elementa physiol.*, t. 1, p. 179.
(7) CRUIKSHANK, *ouvr. cit.*, p. 200.
(8) BLANDIN, *Anatomie générale* de BICHAT, t. II, p. 455.
(9) CRUVEILHIER, *Anat. descript.*, t. III, p. 357.
(10) LIPPI, *Recherches physiol. et pathol. sur le système lymphatique chylifère*. Florence, 1825.

muniquaient avec les veinules. Fohmann (1), en ouvrant l'abdomen d'un suicidé, trouva, sur une portion d'intestin grêle, les vaisseaux lactés gorgés de chyle. L'injection des artères vidait les chylifères, et, dans les plus petites veines, il y avait un suc semblable au chyle. Alex. Lauth (2) est porté à croire que, dans ce cas, le fluide a dû être versé dans les radicules veineuses par les lymphatiques. Fohmann (3), en injectant les réseaux lymphatiques du gros intestin des carnivores, remarqua que le mercure ne sortait des tuniques intestinales que par les vaisseaux obliques, très-ténus, qui se rendent dans les ganglions lymphatiques situés au bord concave de l'intestin, et par *quelques rameaux veineux.* « Quoique Fohmann, dit Lauth (4), ne vît pas l'endroit où les lymphatiques entraient dans les veines, il crut n'en devoir pas moins admettre la réunion immédiate de ces deux ordres de vaisseaux. » Enfin, sous le microscope, C.-F. Harless (5) affirme avoir vu des portions de peau et d'intestin qui présentaient l'aspect suivant : le mercure n'était pas seulement entré dans les plus petits rameaux lymphatiques, qui, se terminant ou naissant dans des cellules ou des papilles, devenaient dans leur trajet de gros troncs lymphatiques, mais ce métal remplissait encore d'autres vaisseaux capillaires s'anastomosant distinctement avec des veines d'un gros diamètre.

Ces arguments paraîtront d'une assez mince valeur pour infirmer l'opinion professée par tous les anatomistes les plus exacts de notre époque, qui assurent que l'injection poussée par les lymphatiques ne passe dans les veines que dans le cas de rupture; qu'on ne réussit jamais à injecter les chylifères par les veines mésaraïques; que les injections, poussées par la veine porte et dirigées vers le foie, ne pénètrent pas dans les lymphatiques de cet organe sans déchirure; qu'on cherche vainement à injecter les lymphatiques du testicule par les veines spermatiques, ceux du rein et de la rate par leurs veines respectives, etc. — Les radicules lymphatiques et les radicules veineuses semblent donc également être indépendantes les unes des autres.

IV. — Les auteurs qui suivirent Aselli, ignorant le mode d'origine des capillaires lymphatiques, les faisaient naître par des extrémités libres; aussi l'idée d'orifices sur ces extrémités devait-elle naturellement se présenter à leur esprit. Admise dans le principe par Aselli lui-même, Th. Bartholin, Rudbeck, cette idée a été, depuis, soutenue par Haase (6), par

(1) FOHMANN, *Anatomische Untersuchungen über die Verbindung der Saugadern mit den Venen*, p. 28. Heidelberg, 1822.
(2) A. LAUTH, *Essai sur les vaisseaux lymphatiques*, thèse inaug., p. 21. Strasbourg, 1824.
(3) FOHMANN, *ouvr. cit.*, p. 50.
(4) *Thèse cit.*, p. 22.
(5) HARLESS, *Historich-physiologische Bemerkungen und neue Untersuchungen über den Blutumlauf in warmblütigen Thieren*, inséré dans les *Rheinische Jahrbücher für Med. und Chir.*, Bd. VII, 2tes Stück, 1823.
(6) HAASE, *De vasis cutis et intestinorum absorbentibus*, etc. Lipsiæ, 1786, ch. 2, p. 4.

Lieberkühn (1), etc. Cruikshank (2) dit « que ces orifices sont plongés dans les fluides, et que les lymphatiques, qui naissent de l'intérieur des surfaces artérielles et veineuses, ont leurs orifices tellement organisés qu'ils peuvent absorber les fluides dans certaines circonstances et se fermer de manière à ne rien recevoir dans d'autres (3). » Quant à Bichat (4), il s'exprime avec une grande réserve sur l'origine des vaisseaux dits absorbants : il est difficile, impossible même, suivant lui, de déterminer la manière dont ils naissent, la structure particulière qui les distingue à leur origine, etc. Aujourd'hui les anatomistes rejettent formellement l'existence d'ouvertures sur les parois des vaisseaux lymphatiques, ouvertures admises *à priori* par ceux qui, comparant ces vaisseaux à des tubes capillaires, ont voulu assimiler l'absorption à un simple phénomène de capillarité.

D'après les recherches de Fohmann (5), de Panizza (6), de Cruveilhier (7), de Sappey (8), etc., les lymphatiques naissent par des réseaux qui ne communiquent point avec les réseaux des capillaires sanguins. — Plus loin j'examinerai le mode d'origine et la structure des capillaires lymphatiques.

Les réseaux lymphatiques se distinguent des réseaux sanguins par leur irrégularité. En général, le calibre des conduits qui les constituent est supérieur à celui des capillaires sanguins; mais il est très-variable, soit dans les réseaux des diverses régions du corps, soit d'un point à l'autre du même réseau. Ainsi, d'après Teichmann (9), tandis qu'au bord de la cornée les lymphatiques n'ont que $0^{mm},001$ de diamètre, dans la rate du veau ils atteignent un diamètre de 1 millimètre à $1^{mm},5$. Dans certains points de leur continuité, et surtout au point d'abouchement de plusieurs capillaires, on observe des dilatations ampullaires. Jarjavay (10) a très-nettement constaté cette particularité dans ses recherches sur les lymphatiques du poumon, et leur a donné le nom de *réseaux variqueux*.

La disposition des réseaux lymphatiques varie avec les organes : sur les membranes telles que la peau, les muqueuses et les séreuses, ils sont tantôt simples, tantôt doubles, et, dans ces derniers cas, les capillaires superficiels sont plus fins que les profonds (11). Dans la peau et dans toutes les muqueuses, le réseau lymphatique est situé au-dessus du réseau sanguin. Ce fait, constaté pour la première fois par Teichmann (12), est devenu classique.

Les vaisseaux lymphatiques de la *peau* naissent surtout vers les points de

(1) LIEBERKÜHN, *De fabrica et actione villorum intestinorum.* Leyde, 1745.
(2) CRUIKSHANK, *ouvr. cit.*, p. 109.
(3) *Ouvr. cit.*, p. 110.
(4) BICHAT, *Anat. génér.*, t. II, p. 438, édition des *Œuvres complètes,* avec notes de Béclard, Blandin, etc.
(5) FOHMANN, *Sougadersystem der Wirbelthiere.* Heidelberg, 1827, in-fol.
(6) PANIZZA, *Osservazioni antropo-zootomico-fisiologiche.* Pavie, 1830.
(7) CRUVEILHIER, *Anat. descript.*, t. III, p. 346. Paris, 1834.
(8) SAPPEY, *Anat. descript.*, t. I, p. 592.
(9) TEICHMANN, *Das Saugadersystem.* Leipzig, 1861.
(10) JARJAVAY *Mémoire sur les vaisseaux lymphatiques du poumon.*
(11) BEAUNIS, *Anatomie générale et physiologie du système lymphatique,* thèse de concours. Strasbourg, 1863 p. 8.
(12) TEICHMANN, *loc. cit.,* p. 9, pl. XVII, fig. 3.

cette membrane les plus éloignés du centre circulatoire : à la tête, ils partent principalement de la ligne médiane; aux membres, de l'extrémité terminale des doigts et des orteils; à la verge, du gland et du prépuce. Les réseaux offrent un développement considérable au crâne, au niveau de la suture bipariétale; aux doigts, sur les parties latérales des dernières phalanges, sur le derme de la plante des pieds et de la paume de la main, sur la partie médiane du scrotum (1). D'ailleurs, on rencontre constamment deux réseaux, l'un superficiel ou sus-papillaire, et l'autre profond ou sous-dermique.

Une disposition analogue se retrouve sur les *membranes muqueuses*, dont les divers points ne sont pourtant pas également riches en vaisseaux lymphatiques. Fohmann (2) surtout a très-bien représenté ces derniers sur les muqueuses de l'intestin grêle, du gros intestin, de l'œsophage, de la trachée et du canal de l'urèthre. Sappey (3) n'a pas été moins heureux en injectant les réseaux de la muqueuse du vagin et du col de l'utérus, du cartilage dentaire du fœtus, de la muqueuse gingivale des adultes, de la muqueuse de la voûte palatine et du voile du palais ou de la membrane de la langue; mais il n'en a pas été de même pour les lymphatiques des muqueuses pulmonaire, nasale, palpébrale et oculaire. C'est en général au niveau des points de jonction des membranes muqueuses et de la peau, comme aux orifices du vagin, de l'anus et du nez, que les réseaux lymphatiques sont le plus développés.

Dans les *membranes séreuses*, les vaisseaux lymphatiques sont bien plus nombreux sur le feuillet viscéral que sur le feuillet pariétal, où l'injection ne fournit que des résultats incomplets. Sappey (4) croit que, dans ce dernier point, les vaisseaux proviennent du feuillet fibreux subjacent, et il conclut, par analogie, que ceux qui existent sur le feuillet viscéral ont leur origine dans les organes que la séreuse enveloppe. Les lymphatiques lui ont paru extrêmement rares sur les membranes synoviales : ce dernier résultat ne s'accorde guère avec l'assertion de Cruveilhier, qui avance que les synoviales s'injectent avec facilité, soit au voisinage des cartilages, soit sur les ligaments.

Tandis que Mascagni (5), Fohmann (6), Breschet (7), admettent que le *tissu cellulaire* est surtout riche en vaisseaux lymphatiques, nous voyons Cruveilhier considérer une pareille opinion seulement comme probable, et Sappey conclure de ses recherches que les lymphatiques n'existent point dans ce tissu. Je reviendrai sur ce point à propos du mode d'origine assigné par quelques auteurs aux capillaires lymphatiques.

Fohmann avait prétendu avoir trouvé, dans le tissu cellulaire sous-ara-

<hr>

(1) Sappey, *ouvr. cit.*, t. Ier, p. 592.

(2) Fohmann, *Mémoire sur les vaisseaux lymphatiques de la peau, des membranes muqueuses*, etc., 1833.

(3) Sappey, *loc. cit.*

(4) Sappey, *loc. cit.*

(5) Mascagni, *Vasorum lymphaticorum corporis humani historia et iconographia.* Sienne, 1787.

(6) Fohmann, *ouvr. cit.*

(7) Breschet, *Le système lymphatique*, thèse de concours. Paris, 1836.

chnoïdien, un réseau lymphatique qu'il considérait comme appartenant à la
pie-mère et accompagnant les prolongements de cette membrane dans la
masse cérébrale. Cette assertion a été contredite par les investigations
plus récentes de Sappey, qui a cherché, inutilement aussi, les vaisseaux
lymphatiques de la dure-mère et de la surface du cerveau.

Quant aux lymphatiques des *muscles*, ils ont été exactement décrits
surtout par Mascagni, Fohmann et Sappey. Ceux des *os* ont été signalés par
Cruikshank (1), et bien étudiés postérieurement par Bonamy (2), Gros (3)
et encore par Sappey. Enfin, dans les *glandes*, il existe, d'après ce dernier
observateur (4), deux réseaux de lymphatiques, un réseau interne, central
ou intralobulaire, qui naît sur les parois de la cavité creusée au centre de
chacun des lobules; un réseau externe, périphérique ou circumlobulaire,
qui en effet environne les lobules glanduleux. Ce second réseau échange,
avec les réseaux correspondants des lobules voisins, des branches anastomotiques extrêmement multipliées, d'où il suit que le système lymphatique
propre à chaque glande n'est en définitive qu'un vaste plexus dans les
mailles duquel les lobules ou éléments sécréteurs se trouvent comme
suspendus. Mais il faut avouer que les lymphatiques profonds de plusieurs
viscères sont encore fort mal connus.

V. — Le *mode d'origine et la structure des capillaires lymphatiques* sont deux
questions sur lesquelles les histologistes modernes sont loin de s'entendre.
Elles paraissent fort difficiles à résoudre, à en juger par le nombre des
travaux qu'elles ont fait naître dans ces dernières années, et par la diversité
des opinions que les auteurs y soutiennent. Sans entrer dans des détails
que ne comporte pas un traité de physiologie, qu'il nous suffise de savoir
que deux opinions principales partagent les anatomistes relativement
à l'*origine* des lymphatiques : dans l'une, on admet que les réseaux sont
les véritables origines des lymphatiques; dans l'autre, on considère les
réseaux comme des réservoirs dans lesquels viennent s'ouvrir une immense quantité de lacunes ou de canalicules plus petits.

La première opinion a régné sans contestation jusque dans ces dernières années, et de nos jours elle est encore généralement adoptée par
les anatomistes français. Les réseaux d'origine des lymphatiques sont
en connexion intime avec les réseaux des capillaires sanguins. Déjà
Bojanus (5), Jacobson (6), Weber (7) et Rusconi (8) avaient observé

(1) Cruikshank, *ouvr. cit.*, p. 378.
(2) Breschet, *loc. cit.*
(3) Sappey, *ouvr. cit.*, p. 612.
(4) Sappey, *Comptes rendus des séances de l'Acad. des sciences de Paris*, t. XXXIV, p. 986,
28 juin 1852.
(5) Bojanus, *Anatome Testitudinis Europæ*, p. 143, pl. XXVI, fig. 155.
(6) Jacobson, *Om nogle modificationer del lymphatiske System underganer i de lavere
Classer af Hvirveldyrene* (Danske Vidensk. Selsk. Forhandl., S. XL, XLII, 1828).
(7) Weber, *Ueber das Lymphherz einer Riesenschlange* (Müller's *Archiv für Anatomie*,
1835, p. 536).
(8) Rusconi, *Sopra una particularità riguardente il sistema linfatico della Salamandra
terrestre*. Pavia, 1841. — *Riflesioni sopra il sistema linfatico dei Rettili*. Pavia, 1845.

que, chez les vertébrés inférieurs, quelques capillaires sanguins sont plongés dans des sinus lymphatiques; Ch. Robin (1) découvrit, en 1859, la même particularité chez les mammifères. En étudiant les capillaires sanguins de leur encéphale, il vit qu'ils sont entourés par une tunique contenant de la lymphe, de manière que leur surface externe est baignée par ce liquide; ce fait a été confirmé, quelques années plus tard, par les recherches de His (2). Ch. Robin, généralisant les données de l'anatomie comparée, les résultats de ses propres investigations sur l'encéphale et d'autres organes, les travaux des histologistes sur le même sujet, a été conduit à professer les idées suivantes sur l'origine des lymphatiques : Les capillaires lymphatiques sont en connexions intimes avec les capillaires sanguins sans communiquer avec eux. Les canalicules qui forment les réseaux d'origine des premiers entourent complétement les capillaires sanguins ou sont seulement appliqués contre leurs parois : dans le premier cas, le capillaire sanguin est tout entier contenu dans l'axe des capillaires lymphatiques; dans le second cas, les deux petits tubes sont immédiatement juxtaposés, et quelquefois le lymphatique est couché contre le canal sanguin de manière à l'embrasser dans une étendue plus ou moins grande de sa circonférence. A mesure que le capillaire sanguin devient artériole, le lymphatique s'en détache peu à peu et s'isole ensuite complétement. Jamais les lymphatiques ne s'appliquent contre les veinules. Dans tous les points de contact entre les vaisseaux lymphatiques et les vaisseaux sanguins, il n'y a qu'une mince membrane séparant le sang de la lymphe, et non deux parois appartenant l'une au capillaire sanguin, l'autre au capillaire lymphatique, comme on aurait pu s'y attendre.

Puisque le sang qui circule dans les capillaires n'est séparé de la lymphe que par une seule membrane excessivement mince, il est évident qu'il doit s'opérer entre ces deux liquides des échanges osmotiques continuels. Ce fait est d'ailleurs démontré par les injections avec des liquides très-diffusibles : l'eau, par exemple, injectée dans les artères, comme on le fait en répétant les expériences hydrotomiques de Lacauchie, passe invariablement dans les lymphatiques dont elle distend les réseaux et les troncs.

Nous avons dit que les réseaux n'étaient pas considérés par tous les histologistes comme les véritables origines des lymphatiques, mais comme les aboutissants de cavités et de canalicules plus déliés. Examinons rapidement cette opinion.

Après avoir étudié attentivement les corpuscules fusiformes et étoilés du tissu conjonctif, Virchow (3), le premier, émit l'idée que leurs prolonge-

<hr>

(1) CH. ROBIN, *Recherches sur quelques particularités de la structure des capillaires de l'encéphale* (Journ. de phys de BROWN-SÉQUARD, 1859, p 537).

(2) HIS, *Ueber ein perivasculares Canalsystem in der nervösen Centralorganen und über dessen Beziehung zum Lymphsystem* (Zeitschrift f. wissenschaft. Zool., 1865, p 127).

(3) VIRCHOW, *Verh. der Wurzburger med. phys. Ges.*, p. 316 et 317. — *Pathologie cellulaire.* Paris, 1861, p. 41.

ments pourraient bien être en communication avec les réseaux lymphatiques. En s'anastomosant les uns avec les autres et avec les capillaires lymphatiques, les prolongements des corpuscules du tissu conjonctif encore appelés *cellules plasmatiques*, formeraient un système de canaux analogues à ce que les anciens nommaient *vasa serosa*. Recklinghausen (1) dit avoir injecté dans la cornée un réseau de *tubes plasmatiques* communiquant avec les lymphatiques du bord de cette membrane. Or, ces tubes ne sont autre chose que les prolongements des corpuscules du tissu conjonctif de Virchow, prolongements dont les anastomoses forment des réseaux non-seulement dans la couche moyenne de la cornée, mais encore dans les tendons, les membranes fibreuses, le tissu cellulaire, etc. Recklinghausen (2) aurait vu directement les ouvertures de ces prolongements dans les lymphatiques du centre phrénique. F. Leydig (3) reconnaît aussi que les corpuscules du tissu conjonctif sont les origines des vaisseaux lymphatiques. Cette opinion semble confirmée par le mode de développement de ces vaisseaux ; en effet, Kölliker (4) a vu sur la queue du têtard que les prolongements des cellules plasmatiques s'allongent pour s'anastomoser avec des prolongements voisins, puis se creusent pour former des canaux lymphatiques. Mais l'opinion précédente est fortement ébranlée, s'il est vrai, comme le professe Ch. Robin, que les corpuscules étoilés n'aient point de cavité intérieure et que leurs prolongements ne soient point canaliculés.

Si les *canaux intra-cellulaires* ne sont pas les racines du système lymphatique, ce système pourrait avoir son origine dans des espaces ou *lacunes intercellulaires* du tissu conjonctif. Déjà Brücke (5), en examinant au microscope l'origine des chylifères, crut voir qu'ils naissaient dans des lacunes creusées au milieu de la substance amorphe et conjonctive de la muqueuse intestinale. Ludwig et Tomsa (6), dans un travail qu'ils firent en commun sur les lymphatiques des testicules, avancèrent que ces vaisseaux ne naissent pas de corpuscules fusiformes ou étoilés, mais dans les espaces qu'ils circonscrivent. Quelques mois plus tard, Tomsa (7) donna à ces espaces le nom de *fentes lymphatiques*.

Il résulte de la diversité des opinions précédentes qu'il est encore besoin de nouvelles recherches pour connaître la vérité sur l'origine des lymphatiques.

Quant à la *structure des capillaires lymphatiques*, les opinions sont aussi

(1) Recklinghausen, *Die Lymphgefässe und ihre Beziehung mit Bindegewebe*. Berlin, 1862.

(2) Recklinghausen, *Zur Fettresorption (Archiv für path. Anat. und Physiol.*, p. 189, 1862).

(3) F. Leydig, *Traité d'histologie*. Paris, 1866, p. 456, fig. 211, trad. franç.

(4) Kölliker, *Eléments d'histologie humaine*. Paris, 1856, p. 626.

(5) Brücke, *Ueber die Chylusgefässe und die Resorption des Chylus (Mém. de l'Académie de Vienne*, 1854, t. VI, p. 127).

(6) Ludwig et Tomsa, *Die Anfänge der Lymphgefässe im Hoden*, XLIII Band der *Sitzungsberichte der Akademie der Wissenschaften*, 1862.

(7) Tomsa, *Beiträge zur Anatomie des Lymphgefässursprunges*, aus dem XLVI Bande der *Sitzungsberichte der Akad. der Wiss.*, 1862.

fort partagées. Les uns admettent avec Kölliker, Teichmann (1), Krause (2), Auerbach (3), Belaieff (4), etc., qu'ils ont une paroi propre, très-extensible, translucide, très-mince, mais pourtant assez résistante; les autres soutiennent avec Frey (5), His (6), Ludwig (7), Tomsa (8), etc., qu'ils sont dépourvus de paroi propre, et ne voient en eux que de simples trajets creusés dans les tissus. Recklinghausen (9), tout en niant la paroi propre comme les auteurs précédents, admet néanmoins que les cavités ou les lacunes lymphatiques sont tapissées dans toute leur étendue par un épithélium dont ses injections au nitrate d'argent lui ont démontré la présence.

VI. — Sur le trajet des vaisseaux lymphatiques se rencontrent des corps glanduliformes qu'on désigne sous le nom de *ganglions lymphatiques*. Leur nombre fort variable a été évalué approximativement à six ou sept cents. Leur forme est ronde ou ovoïde, quelquefois aplatie et rendue irrégulière par la pression des organes voisins. Leur volume, plus considérable dans l'enfance que dans l'âge adulte et la vieillesse, peut varier depuis la grosseur d'un grain de millet jusqu'à celle d'un gland de chêne. Leur consistance est assez ferme; leur couleur naturellement rougeâtre devient souvent noire dans les ganglions bronchiques et blanche comme du lait dans les ganglions mésentériques pendant la digestion. Ils sont situés tantôt sous la peau, tantôt sous les aponévroses, et se groupent en général dans certaines régions riches en tissu cellulaire, comme le cou, l'aisselle, l'aine, le creux poplité; dans les cavités splanchniques on les trouve autour des vaisseaux pariétaux ou viscéraux.

Les vaisseaux lymphatiques *afférents* pénètrent dans la substance des ganglions par tous les points de leur surface; les lymphatiques *efférents* en sortent au contraire dans un endroit déterminé qu'on appelle le *hile*, et qui est marqué par une petite fente ou par une dépression. Les ganglions reçoivent aussi des artères formant quelquefois un tronc commun, qui entre par une de leurs extrémités et se ramifie ensuite dans toute leur épaisseur; le plus souvent ces artères sont multiples et pénètrent par divers points du ganglion. Quant aux veines, elles sortent tantôt par les mêmes points qui donnent passage aux artères, tantôt par des points différents.

J.-F. Meckel, le père (10), en injectant un ganglion lymphatique lom-

<hr>

(1) TEICHMANN, *Das Saugadersystem*, etc., p. 6. Leipzig, 1861.

(2) KRAUSE, *Die Lymphgefässanfänge in der Darmzotten*, 1864.

(3) AUERBACH, *Untersuchungen über Lymph und Blutgefässe*, 1865.

(4) BELAIEFF, *Recherches sur les vaisseaux lymphatiques du gland* (*Journ. d'anatomie et de physiologie.* de CH. ROBIN, 1866, t. III, p. 465).

(5) FREY, *Untersuchungen über die Lymphdrüsen des Menschen und der Säugethiere*, in-4°, 3 planches. Leipzig, 1861.

(6) W. HIS, *Ueber die Wurzeln der Lymphgefässe in den Häuten des Körpers*, etc. (*Zeitschrift f. wiss. Zool.*, 1862, p. 222.)

(7) LUDWIG und TOMSA, *loc. cit.*

(8) TOMSA, *loc. cit.*

(9) RECKLINGHAUSEN, *loc. cit.*

(10) J.-F. MECKEL, *Nova experim. et observat. de finibus venarum ac vasor. lymphat.* Berol., 1772, § 1, p. 7 et suiv.

baire, vit le mercure passer dans la veine cave inférieure, sans qu'il y eût, assure-t-il, aucune rupture produite, et dès lors il admit une communication des plus fines ramifications veineuses des ganglions avec les vaisseaux lymphatiques.

Le résultat obtenu par Meckel n'en fut pas moins attribué, par Hewson et Mascagni, à une rupture; Haller partagea cette opinion, et Cruikshank (1) continua à affirmer que jamais il n'avait vu un vaisseau lymphatique communiquer avec d'autres veines que les sous-clavières et les jugulaires internes.

En 1820, Fohmann (2) publia de nouvelles observations sur une communication des vaisseaux lymphatiques avec les veines, autre que celle qui est établie par les canaux thoraciques. D'après cet anatomiste, le mercure injecté dans les vaisseaux entrants des diverses glandes en sort tantôt exclusivement par les lymphatiques, tantôt par les lymphatiques et les veines, ou bien d'autres fois par les veines seulement. Ces observations furent faites sur le chien, le chat sauvage ou domestique, le phoque, des chevaux et des vaches. Chez le chien, il n'y aurait, au rapport de Fohmann, aucune trace de vaisseaux lymphatiques efférents, dans les ganglions placés au bord concave du gros intestin, entre le foie et le duodénum. Chez plusieurs oiseaux, le même anatomiste assure avoir vu quelques rameaux lymphatiques s'unir aux veines sacrées et rénales. Le professeur Ehrmann (3), en injectant les lymphatiques du bras, a trouvé le mercure dans les veinules qui sortent des glandes de l'aisselle, et Alex. Lauth (4) a obtenu des résultats semblables sur les glandes de l'aine. Une fois, ayant injecté une de ces glandes, tout le mercure passa dans les veines, et la dissection la plus minutieuse ne put lui faire apercevoir de lymphatiques sortants. Sur deux pièces déposées dans le musée de la Faculté de Strasbourg, et sur lesquelles les vaisseaux lactés sont injectés, on a cru trouver des traces non équivoques du passage du mercure dans les veines mésaraïques.

Nous avons déjà rappelé que plusieurs anatomistes, et Mascagni (5) un des premiers, ont objecté que, quand le mercure passe ainsi dans les veines, il y a *toujours* des ruptures. Fohmann (6), voulant répondre à cette objection, fait observer qu'il a constamment usé de grandes précautions pour éviter pareil accident; qu'il a pratiqué ses injections immédiatement après la mort, ou du moins à une époque où il n'y avait encore aucun signe de putréfaction; que, s'il se forme un épanchement dans la glande, tout passage dans les lymphatiques sortants et dans les veines cesse aussitôt;

(1) CRUIKSHANK, *Anat. des vaisseaux absorbants*, trad. franç. de PETIT-RADEL, p. 200. Paris, 1787.
(2) FOHMANN, *Salzburger med. chirurg. Zeitung*, Jahrg. 1820, Bd. II, p. 319 ; Bd. III, p. 175.
(3) LAUTH, *Essai sur les vaisseaux lymphatiques*, p. 35. Strasbourg, 1824.
(4) ALEX. LAUTH, *loc. cit.*
(5) MASCAGNI, *Vasorum lymph. hist.*, sect. 5, p. 32, 33.
(6) FOHMANN, *Mém. cit.*, p. 75.

qu'en admettant une rupture des tuniques vasculaires, on ne voit pas pourquoi le mercure ne sortirait pas aussi bien par les artères; qu'il y a des glandes sans lymphatiques efférents chez l'homme, le chien, le phoque (*); qu'enfin, sur des animaux récemment tués, on peut souvent distinguer, dans les rameaux veineux sortant des glandes, le même fluide que celui qui est contenu dans les lymphatiques entrants.

Schrœder van der Kolk (1) prétend aussi être parvenu à faire passer une injection des glandes lymphatiques dans les veines, sans qu'une seule goutte de mercure se soit engagée dans le canal thoracique. Giovanni Rossi (2) fit, de son côté, quelques expériences sur le cadavre d'un jeune homme dans le but de vérifier l'existence d'une communication directe des veinules avec les lymphatiques : après avoir lié d'abord le canal thoracique à 4 pouces au-dessous du diaphragme, il injecta avec le mercure les vaisseaux efférents des glandes inguinales du côté droit. Trois vaisseaux, en partie remplis de mercure et sortant des ganglions lombaires supérieurs, vinrent s'ouvrir l'un dans la veine cave, l'autre dans la veine rénale, le troisième encore dans la veine cave. Comme ces vaisseaux étaient complétement dépourvus de valvules, Rossi en conclut qu'il avait eu affaire à des veines et non à des lymphatiques. Dans une autre expérience, il injecta les lymphatiques du mésentère; les vaisseaux sortant des ganglions les plus gros s'ouvraient, après un cours trajet, dans les principales ramifications de la veine porte, et ces vaisseaux étaient, comme dans l'expérience précédente, complétement dépourvus de valvules.

Mais la plupart des recherches ultérieures faites par Antommarchi (3), Panizza (4), Cruveilhier (5), Sappey (6), Lacauchie (7), Brücke (8), Donders (9), Leydig (10), Kölliker (11), His (12), Frey (13), etc., tendent à établir qu'il n'existe aucune anastomose entre les lymphatiques et les veines *dans l'épaisseur des ganglions lymphatiques*. Aussi, dans l'état actuel de la science, n'admet-on généralement aucune communication entre le système lymphatique et le système veineux, que dans les points où le canal thoracique

---

(*) Rosenthal (Froriep's *Notizen*, etc., t. II, p. 5) a rectifié cette erreur de Fohmann : il a trouvé, chez le phoque, que tous les lymphatiques de l'intestin grêle se rendent au *pancréas d'Aselli*, mais que de celui-ci il ne sort qu'un seul gros tronc lymphatique (*ductus Rosenthalianus*); tandis que, d'après Rudolphi (*Physiol.*, t. II, 2ᵉ part , p. 241-250), le pancréas d'Aselli du chien fournit une multitude de vaisseaux efférents.

(1) Luchtmans, *De absorptionis sanæ et morbosæ discrimine.* Utrecht, 1829.
(2) Giovanni Rossi, *Annali univers. di med.*, janvier 1826.
(3) Antommarchi, *Acad. des sc. de Paris*, séance du 13 juillet 1829.
(4) Panizza, *Memorie dell' I. R. Istituto Lomb.*, 1841, t. I.
(5) Cruveilhier, *Anat. descript.*, t. III, p. 356, 1ʳᵉ édit., 1834.
(6) Sappey, *loc. cit.*, p. 625. Paris, 1850.
(7) Lacauchie, *Traité d'hydrotomie*, p. 80. Paris, 1853.
(8) Brücke, *Ueber Lymphgefässe und Lymphdrüsen*, in *Sitzungsberichte der Wiener Akad.*, 1852, 1853, 1855.
(9) Donders, *Physiologie des Menschen*, 1856.
(10) Leydig, *loc. cit.*
(11) Kölliker, *Handbuch der Gewebelehre*, 1862.
(12) His, *Untersuchungen ueber den Bau der Lymphdrüsen.* Leipzig, 1861.
(13) Frey, *loc. cit.*

s'abouche dans la veine sous-clavière gauche, et la grande veine lymphatique dans la veine sous-clavière droite, au niveau de la réunion de ce dernier vaisseau avec la veine jugulaire interne.

Autrefois on considérait les ganglions lymphatiques comme formés uniquement par du tissu cellulaire, circonscrivant de petites cavités dans ses
mailles (Malpighi, Brunner, Nuch, Cruikshank, etc.), ou bien par des vaisseaux enroulés constituant des masses plexiformes (Albinus, Ludwig, Monro,
J.-F. Meckel, Wrisberg, etc.); enfin, quelques anatomistes, se rattachant
à une opinion mixte, trouvaient dans les ganglions un élément vasculaire et un élément celluleux (Mascagni, Sœmmering, etc.).

Alex. Lauth (1) dit qu'il a conservé une préparation démontrant que les
glandes lymphatiques ne sont que des plexus vasculaires réunis par du
tissu cellulaire : il s'agissait d'une glande parfaitement remplie de mercure, qui, avant l'injection, n'avait aucune apparence vasculaire, et qui,
après cette injection, montrait manifestement un réseau de lymphatiques
de diverses grandeurs repliés les uns sur les autres. Le même anatomiste
fait observer que, si certains ganglions paraissent formés de cellules, cette
apparence résulte d'une dilatation des lymphatiques en forme de chapelet,
ou bien encore des coudes que forment les vaisseaux repliés sur eux-mêmes.
D'autres observateurs admettent que les vaisseaux lymphatiques *afférents* se
divisent, à leur entrée dans les ganglions, en branches, rameaux, ramuscules qui pénètrent de la périphérie vers le centre, en formant un pinceau
de capillaires, et que les vaisseaux *efférents* naissent de l'intérieur de la
glande par un pinceau de capillaires semblables, continus à leur origine
avec la terminaison des précédents. Dans cette opinion, la structure celluleuse que présentent certains ganglions lymphatiques se rattacherait à un
état pathologique : alors quelques-uns des capillaires du ganglion s'obli-
tèrent en divers points, se dilatent sur d'autres, et, ainsi modifiés dans leur
structure, paraissent plus ou moins celluleux (2).

Diverses remarques tendent en effet à confirmer une pareille manière
d'envisager la structure des ganglions lymphatiques. Chez l'embryon, on
ne trouve que des lacis plexiformes dans lesquels il est impossible de révoquer en doute la continuité des vaisseaux. Chez les oiseaux, il n'existe de
véritables ganglions lymphatiques qu'à la partie supérieure du thorax, et,
dans le reste du corps, ils sont remplacés par des plexus considérables,
dans lesquels les vaisseaux présentent des dilatations aux points de leur
réunion ou de leur division : ce sont, nous l'avons dit, ces dilatations qui,
au rapport de Lauth, ont été prises pour des cellules dans les ganglions où
la structure n'était pas aussi distincte que chez les oiseaux. Pour J. Müller (3), qui admet que les vaisseaux lymphatiques afférents se partagent,
au moment de leur entrée, en petites branches donnant naissance, par leur
réunion, aux vaisseaux efférents, les uns et les autres s'anastomosent par

<hr>

(1) LAUTH, *thèse cit.*, p. 28.
(2) SAPPEY, *ouvr. cit.*, p. 630.
(3) J. MÜLLER, *Manuel de physiologie*, t. I, p. 206. Paris, 1851.

l'intermédiaire des réseaux dont la glande est entièrement composée, et l'on peut faire passer du mercure des premiers dans les seconds à travers la glande. Tout en regardant les petites glandes lymphatiques comme de simples plexus vasculaires, Müller s'explique aussi l'apparence celluleuse des plus grosses par les dilatations que présentent des vaisseaux lymphatiques flexueux; et, pour lui, « les glandes lymphatiques sont construites absolument comme les réseaux admirables amphicentriques, dans lesquels un vaisseau sanguin se résout en un grand nombre de tubes plus déliés, d'où ensuite se reproduit un nouveau tronc. »

Sans doute les ganglions lymphatiques présentent dans leur texture de riches plexus vasculaires, comme l'avaient démontré les anatomistes que nous venons de citer ; mais l'arrangement des vaisseaux lymphatiques dans leur trame, leurs relations avec les capillaires sanguins, et la disposition du tissu conjonctif, étaient restés inconnus jusqu'aux travaux de Ludwig et Noll (1), de Brücke, F. Leydig, Kölliker, His, Frey, etc.

Lorsqu'on pratique, dans l'intérieur d'un ganglion, une coupe allant de sa surface vers son hile, on trouve qu'il est formé de deux substances : l'une périphérique ou *corticale*, l'autre centrale ou *médullaire*, distinction établie pour la première fois par Brücke. La substance corticale est granuleuse, tandis que la substance médullaire est spongieuse. Ces deux aspects différents sont uniquement dus à l'arrangement particulier des éléments anatomiques du ganglion, éléments qui sont les mêmes dans l'une et l'autre substance.

Une membrane formée par du tissu conjonctif entremêlé de fibres élastiques et de quelques fibres musculaires lisses (*) enveloppe le ganglion dans toute son étendue. Elle est perforée vers le hile par les vaisseaux sanguins et par les vaisseaux lymphatiques efférents, et dans divers points de sa surface par les lymphatiques afférents. De sa face interne naissent des cloisons qui constituent la charpente du ganglion. En s'entrecroisant en divers sens, ces cloisons circonscrivent des cavités communiquant toutes entre elles, et dont la forme varie dans la substance corticale et dans la substance médullaire : dans la substance corticale, elles sont *sphériques* et constituent ce que Henle appelait des *acini*, et ce que Kölliker appelle des *alvéoles;* dans la substance médullaire, elles sont cylindriques, beaucoup plus petites, et se continuent directement avec les lymphatiques efférents; on les appelle les *cordons médullaires*.

Dans les espaces alvéolaires de la substance corticale et dans les cordons médullaires se trouvent un léger réseau de fines trabécules qui donnent à ces espaces l'aspect d'un corps caverneux; c'est le *reticulum*, découvert par

---

(1) Ludwig et Noll, *Ueber den Lymphstrom in den Lymphgefässen und die wesentlichsten anatomischen Bestandtheile in den Lymphdrüsen* (*Zeitschrift für rationelle Medicin,* 1850).

(*) Les fibres musculaires lisses ont été démontrées chez l'homme par O. Heyfelder (*Ueber den Bau der Lymphdrüsen,* 1851) et par His (*loc. cit.*).

Kölliker. Il serait formé, selon les uns (1), par des fibres élastiques; selon les autres (2), par des corpuscules étoilés dont les prolongements s'anastomoseraient.

Le réticulum des alvéoles enserre dans ses mailles les éléments de la pulpe centrale ou *corps pulpeux* (His). Ces éléments sont des petites cellules ou des noyaux (globulins lymphatiques).

Autour du corps pulpeux, His n'admet aucune membrane : pour lui comme pour la majorité des histologistes, la limite des alvéoles est déterminée par une condensation du tissu réticulé, et il est impossible aujourd'hui de soutenir cette opinion ancienne qu'il existe dans les ganglions des vésicules closes de toutes parts et remplies par les éléments précédents. Les vaisseaux lymphatiques restent limités à la périphérie des alvéoles et constituent là ce qu'on a appelé les *sinus lymphatiques.*

Les vaisseaux afférents viennent s'ouvrir dans les sinus lymphatiques des alvéoles, fait qui a été surtout démontré par les injections de His (3). Quant aux vaisseaux efférents, His n'avait pu les suivre jusqu'aux sinus lymphatiques, et l'on est resté longtemps avant de savoir où ils naissent. Aujourd'hui on pense que les canaux médullaires s'abouchent dans les sinus de la substance corticale, et qu'ils sont aussi les origines des vaisseaux efférents; de sorte que ces derniers et les vaisseaux afférents sont en continuité à travers le ganglion.

Les artères pénètrent généralement dans le ganglion par son hile. Elles traversent en se ramifiant la substance médullaire, mais ce n'est que dans la substance corticale que se font leurs divisions ultimes. Elles cheminent d'abord dans les cloisons celluleuses des alvéoles, puis envoient vers les corps pulpeux des artérioles qui forment des réseaux capillaires au milieu de leurs éléments. De ces réseaux naissent des veinules qui, en s'anastomosant, forment les troncs veineux qui sortent par le hile.

Brücke (4) a considéré les follicules isolés de l'intestin, ainsi que ceux qui sont agglomérés en plaques de Peyer, comme des ganglions lymphatiques diffus. En effet, on a constaté, depuis lui, que ces follicules sont entourés d'un sinus lymphatique, et qu'ils contiennent dans leur intérieur une grande quantité de petites cellules ou de noyaux entre lesquels viennent se ramifier des capillaires sanguins. Ils semblent représenter exactement un des alvéoles de la substance corticale des gros ganglions lymphatiques.

VII.—Nous avons vu qu'avant la découverte des vaisseaux lymphatiques on attribuait l'absorption aux veines, et que, plus tard, ce même acte fut

---

(1) Eckard, *De glandularum lymphaticarum structurâ*, 1858. — Krause, *Anatomische Untersuchungen*, p. 113, *Lymphfollikel.* Hannover, 1861.
(2) Kölliker, His, Frey, *loc. cit.*
(3) His, *loc. cit.*
(4) E. Brücke, *Ueber den Bau und die physiologische Bedeutung der Peyerischen Drüsen. Denkschriften der Wiener Akademie der Wissenschaften*, 1851, t. II, p. 21, planche 8, fig. 1 à 5.

attribué au système lymphatique à l'exclusion du système veineux. C'est surtout en Angleterre que la doctrine exagérée de l'*absorption par les seuls vaisseaux lymphatiques* fut développée et soutenue par les deux frères Hunter, Hewson, Cruikshank, etc. Voici comment s'exprime, à ce sujet, William Hunter (1) dans les leçons préliminaires de son cours d'anatomie :

« Je pense avoir prouvé que les vaisseaux lymphatiques, dans toutes les parties du corps, ne sont que des vaisseaux absorbants; qu'ils sont de même nature que les vaisseaux lactés, et que ceux-ci tous ensemble constituent, avec le canal thoracique, un grand système général répandu par tout le corps et destiné à l'absorption; que ce système *seul* a la faculté d'absorber à l'exclusion des veines sanguines, qu'il sert à pomper et à charrier, de la peau, des surfaces intestinales et de toutes les cavités ou superficies intérieures quelconques, tout ce qui doit former le sang ou ce qui doit être mêlé avec lui. Cette théorie a pris crédit de jour en jour, ici comme ailleurs, et à un tel point que nous pouvons actuellement dire qu'elle est presque universellement adoptée; et si nous ne nous laissons point aller à l'erreur, on s'accordera, lorsque le temps sera venu, à la regarder comme la plus grande découverte en physiologie et en pathologie que l'anatomie ait suggérée depuis celle de la circulation. »

Plus tard, John Hunter (2), sous l'inspiration de son frère aîné William, fit une série d'expériences, dans le but de démontrer l'absorption par le système lymphatique, à l'exclusion des veines. Ces expériences, qui portèrent sur les chylifères, seront décrites avec détail à propos de l'*absorption intestinale*. Disons seulement ici qu'elles ne donnèrent point à William Hunter une conviction absolue, et que, malgré sa tendance à nier l'absorption veineuse, il hésita à la rejeter tout à fait.

Cruikshank, élève de W. Hunter, apporta moins de réserve que son maître dans l'exposé de ses doctrines sur l'absorption. Cependant la plupart de ses preuves manquent totalement de valeur. Ainsi, pour prouver l'absorption par les lymphatiques, il allègue que toutes les fois que des fluides sont extravasés sur des surfaces ou dans des cavités, ou bien qu'ils sont accumulés dans leurs réservoirs, les lymphatiques qui en partent sont remplis de ces mêmes fluides. C'est ainsi que, chez des individus morts d'hémoptysie, il aurait vu les lymphatiques des poumons, qui dans d'autres circonstances contiennent un fluide transparent, être gonflés de sang absorbé dans les cellules aériennes; les vaisseaux lymphatiques de la vésicule biliaire auraient été aussi trouvés pleins de bile, dans les cas où des calculs biliaires, arrêtés dans le conduit cholédoque, empêchaient la bile de s'écouler dans les intestins, etc.

Schreger (3), ayant rempli de lait tiède la vessie d'un chien, prétend avoir retrouvé plus tard ce liquide dans les vaisseaux lymphatiques et non dans

---

(1) CRUIKSHANK, *ouvr. cité*. Introduction, p. 12.
(2) JOHN HUNTER, *Medical Commentaries*, part. 1, p. 39. — J. HUNTER, *OEuvres complètes*, traduction de RICHELOT, t. IV, p. 394.
(3) SCHREGER, *De functione placentæ uterinæ*. Erlangen, 1799, p. 19.

les veines de cet organe. Assalini (1), Saunders (2), Mascagni, etc., assurent aussi que les fluides accumulés dans les réservoirs des appareils sécréteurs peuvent être repris par les vaisseaux lymphatiques.

Aux yeux de divers observateurs, il a paru en être de même à la surface de la peau. Déjà Mascagni (3) avait signalé, sur lui-même, un gonflement des glandes inguinales après une immersion de quelques heures dans un bain de pieds, et Collard de Martigny (4) a observé un pareil gonflement des glandes axillaires, en laissant ses mains plongées dans l'eau chaude pendant deux heures et demie. On affirme que les frictions mercurielles prolongées finissent par rendre les ganglions lymphatiques plus rouges et plus gros du côté frictionné; la remarque en a été faite surtout par Autenrieth et Zeller (5).

Chez un homme auquel on avait pratiqué une saignée du pied, un vaisseau lymphatique de cette région avait été ouvert accidentellement : Schreger (6), après avoir appliqué sur la plaie une ventouse sèche, plongea .e pied tantôt dans de l'eau musquée, tantôt dans du lait, et d'autres fois le frotta avec de l'essence de térébenthine. Après un certain temps, on reconnut l'odeur ou la couleur de ces substances dans la lymphe fournie par .e vaisseau ouvert; il n'en existait pas de traces dans le sang tiré d'une veine sous-cutanée voisine. Les membres d'un chien, après avoir été rasés, furent plongés, pendant plusieurs heures, dans une solution de nitrate de potasse: Schreger (7) retrouva ce sel dans la lymphe des membres et non dans le sang. Après avoir tenu les pattes d'une grenouille, pendant deux heures, dans une solution de cyanure de potassium, J. Müller (8) put aussi constater la présence de ce cyanure dans la lymphe.

Avant de juger plusieurs des expériences qui précèdent, il importe pourtant qu'on sache aussi que des substances, appliquées sur la peau ou sur les membranes séreuses, ont été retrouvées à la fois dans le système lymphatique et dans le système veineux : c'est ce qui a lieu, au rapport de Seiler et Ficinus (9), pour des préparations saturnines employées en cataplasme sur la jambe d'un cheval, et pour le cyanure de potassium mis au contact de la peau d'un chien dans une expérience de Westrumb (10). D'autres fois même les matières avec lesquelles on avait expérimenté ont été retrouvées dans le sang *seulement;* et, parmi les expériences de Westrumb (11), il en est une qui, sous ce rapport, mérite d'être rappelée : un chien, dont les poils du train postérieur avaient été rasés, fut placé dans un bain (à 25 de-

<hr>

(1) ASSALINI, *Essai médical sur les vaisseaux lymphatiques*, p. 41.
(2) VOITGEL, *Handbuch der pathologischen Anatomie*, t. I, p. 510.
(3) MASCAGNI, *Vasorum lymphat. corp. hum. hist. et iconogr.*, p. 23. Vienne, 1787.
(4) COLLARD DE MARTIGNY, *Arch. gén. de méd.*, t. XI, p. 79.
(5) REIL's *Archiv*, t. VIII, p. 220.
(6) SCHREGER, *De functione placentæ uterinæ.* Erlangen, 1799, p. 10.
(7) SCHREGER, *loc. cit.*, p. 16.
(8) J. MÜLLER, *Manuel de Physiol.*, t. I, p. 212, trad. de JOURDAN. Paris, 1851.
(9) SEILER et FICINUS, *Zeitschrift für Natur- und Heilkunde*, t. II, p. 363.
(10) WESTRUMB, *Physiol. Untersuch. ueber die Einsaugungskraft der Venen.* Hannover, 1825. — Voyez aussi MECKEL's *Archiv*, t. VII.
(11) WESTRUMB, *loc. cit.*, 11e expérience.

grés centigrades) tenant en dissolution du cyanure de potassium ; le sang de la veine cave donna à l'analyse du cyanure de potassium qu'on ne rencontra ni dans le chyle, ni dans les glandes inguinales. De leur côté, Ficinus et Seiler (1) obtinrent aussi les mêmes résultats.

D'après les expérimentateurs de la Société de Philadelphie (2), du cyanure de potassium, introduit dans les cavités séreuses du péritoine et de la plèvre, a été retrouvé dans le sang et dans le chyle. J. B. Lawrence et Coates (3), ayant injecté ce même sel dans le péritoine, l'ont retrouvé après deux à cinq minutes dans la partie supérieure du canal thoracique, et plus tard dans les veines.

De semblables résultats nous conduisent naturellement à parler de l'absorption par les veines, c'est-à-dire d'un des actes les plus importants que cet ordre de vaisseaux ait à accomplir.

VIII. — Nous nous bornerons d'abord à reproduire les faits qu'on a coutume d'invoquer pour établir la réalité de l'*absorption par les veines ;* puis nous tâcherons de préciser la valeur de plusieurs de ces faits, en revenant aussi sur quelques-unes des expériences citées précédemment à l'appui de la doctrine exclusive de l'absorption par les vaisseaux lymphatiques.

Vers le milieu du siècle dernier, comme nous l'avons déjà dit, les deux Hunter et leur école étaient parvenus à rendre contestable le pouvoir absorbant des veines, qu'avec Hippocrate et Galien toute l'antiquité attribuait déjà à ces vaisseaux, et que Swammerdam, Ruysch, Kaau-Boerhaave, J. F. Meckel, Haller, J. T. Walter et tant d'autres s'étaient appliqués à démontrer à l'aide de l'expérimentation ou du raisonnement. C'est presque de nos jours qu'on a vu une réaction s'opérer en faveur des idées anciennes.

En 1809, Magendie et Delille (4), voulant déterminer si les lymphatiques constituent en effet la route unique que parcourt les substances étrangères pour arriver au système veineux, pratiquèrent la ligature du canal thoracique sur un chien et introduisirent une dissolution d'*upas tieuté* dans le péritoine : comme dans les expériences postérieures de Brodie (5), avec le *woorara*, les effets du poison se montrèrent aussi rapides que dans les cas où le canal thoracique n'avait pas été lié. La même expérience fut répétée sur d'autres animaux en introduisant le poison dans la plèvre, l'estomac, les intestins, ou bien dans les muscles de la cuisse, et l'on obtint constamment les mêmes résultats.

Mais une objection se présente tout d'abord : n'y aurait-il pas, entre le système lymphatique et le système veineux, des communications autres que celle du canal thoracique avec la veine sous-clavière gauche ? Les ani-

(1) Ficinus et Seiler, *loc. cit.*
(2) *Philadelphia Journal of the Med. Sc.*, t. III, 1822.
(3) J. B. Lawrence et Coates, *An Account of some Further Experiments to determine the Absorbing Power of the Veins and Lymphatics.* Dans *Philadelphia Journ. of the Med. Sc.*, août 1822.
(4) Magendie et Delille, *Journal de Physiol. expérim.*, t. I, p. 18.
(5) Brodie, *Philos. Transact.*, 1811.

maux soumis aux expériences n'étaient-ils pas, par exemple, dans la catégorie de ceux qui peuvent avoir un canal thoracique double, ou de gros troncs lymphatiques s'ouvrant isolément dans les deux veines sous-clavières ?

C'est dans le but de répondre à ces objections que les expériences suivantes ont été instituées :

Chez un chien, assoupi par l'opium afin de lui éviter la douleur, l'une des cuisses est séparée de manière à ne plus communiquer avec le tronc que par l'artère et la veine crurales, dont on enlève encore la tunique celluleuse. Deux grains d'upas étant introduits dans la patte ainsi isolée, des accidents se manifestent promptement et le chien succombe au bout de dix minutes.

Afin qu'on n'objectât plus, dit l'expérimentateur (1), que, malgré les précautions prises, il pouvait rester des lymphatiques dans l'épaisseur des parois artérielles et veineuses, la précédente expérience fut modifiée de la manière suivante : un tuyau de plume étant introduit dans l'artère crurale et un autre dans la veine correspondante, chaque vaisseau fut réséqué circulairement sur ces canaux inertes. Du poison ayant été inséré dans la patte de l'animal, les effets n'en furent pas moins très-appréciables au bout de quatre minutes (*).

Comme nous le prouverons plus loin, ces deux dernières expériences, tant de fois citées, sont absolument sans valeur dans la question qui nous occupe. Il est vrai que leur auteur, pour étayer la doctrine ancienne de l'absorption par les veines, en a encore institué quelques autres :

Un chien avale quatre onces d'une décoction de rhubarbe; la lymphe est extraite du canal thoracique une demi-heure après l'ingestion, et l'on n'y trouve pas vestige de cette substance dont la matière colorante est déjà passée dans l'urine. — On fait boire à un chien six onces d'une dissolution de prussiate de potasse : après un quart d'heure, ce sel, entraîné par les courants sanguins, est déjà dans l'urine, tandis que la lymphe extraite du canal thoracique n'en renferme aucune trace. — On administre à un autre chien, par l'estomac, trois onces d'alcool étendu d'eau, et, après quinze minutes, le sang exhale une odeur d'alcool qu'on ne peut constater dans la lymphe.

C'est aussi dans le but de donner appui à la précédente doctrine, que Ségalas (2) fit l'expérience suivante :

Une anse intestinale est isolée du reste de l'intestin par deux incisions; les artères et les veines mésentériques sont liées, tandis que les vaisseaux chylifères seuls restent libres. Une dissolution aqueuse d'extrait alcoolique de noix vomique est injectée dans l'anse intestinale qui est aussitôt repla-

---

(1) MAGENDIE, *loc. cit.*

(*) Ces mêmes expériences ont révélé un fait qui mérite d'être rappelé : c'est que, extrait des animaux sur lesquels les strychnos amers, après avoir été absorbés, ont produit leur effet délétère, le sang ne peut produire à son tour aucun accident funeste quand il est injecté dans le système vasculaire d'autres animaux.

(2) SÉGALAS, *Journ. de Physiol. expérim.*, t. II, p. 120.

cée dans l'abdomen. Au bout d'une heure, il n'y a aucun signe d'empoisonnement.

Il était permis d'objecter ici que la suspension du cours du sang dans l'intestin frappait cet organe de mort. Ségalas refait donc l'expérience en laissant libre une des artères mésentériques; mais, malgré cette précaution, il ne se manifeste non plus aucun signe d'empoisonnement.

On pouvait encore dire que l'interception du cours du sang dans une veine quelconque détermine une stase sanguine qui empêche l'absorption. Pour prévenir cette nouvelle objection, l'expérimentateur laisse cette fois la circulation libre dans une des artères et ouvre la veine correspondante: toujours même résultat négatif.

Enfin une quatrième expérience est d'abord disposée comme la première, et il ne survient pas de phénomènes d'intoxication, quoique les chylifères soient intacts; mais on la varie ensuite en déliant la veine, et l'empoisonnement se manifeste au bout de six minutes.

On peut d'ailleurs invoquer bien d'autres expériences que les précédentes pour établir que les veines remplissent un rôle des plus importants dans l'absorption, et que, dans un grand nombre de cas, l'introduction des substances absorbées est beaucoup trop rapide pour qu'on l'explique par le cours de la lymphe ou par l'intervention des vaisseaux propres à ce fluide.

Westrumb (1), par exemple, après avoir injecté une solution de cyanure de potassium dans l'estomac, retrouve, au bout de *deux minutes*, ce sel dans l'urine, sans que la lymphe et le chyle en offrent la moindre trace: dans cette expérience, les uretères avaient été divisés, et l'on y avait fixé de petits tubes à l'aide desquels on pouvait recueillir l'urine.

C'est en ayant égard à l'abord plus ou moins rapide d'une substance, à propriétés bien connues, dans tel ou tel compartiment du cœur, qu'on a cherché aussi à déterminer quels sont les agents vasculaires de l'absorption à la surface de la muqueuse pulmonaire. Ainsi, quand cette substance apparaît dans le cœur gauche et le sang artériel avant de manifester sa présence dans le cœur droit et le sang veineux, on en conclut que ce sont les veines pulmonaires qui ont été les agents de l'absorption. — Lebküchner (2) injecte, dans la trachée-artère d'un chat, du prussiate de potasse dissous dans vingt parties d'eau : après deux minutes, on constate la présence du prussiate dans le sérum du sang artériel, mais il n'y en a aucune trace dans le chyle ou le canal thoracique ni dans le sérum du sang veineux. — Une dissolution de sulfate de fer est introduite dans les bronches de deux chats : six minutes après, le sérum du sang de la carotide renferme ce sel qui n'existe pas dans la veine jugulaire.—On injecte, dans la trachée d'un chat, 2 grammes et demi de nitrate de potasse dissous dans 16 grammes d'eau : l'animal meurt avec des convulsions au bout de deux minutes; du papier est trempé dans le sang de l'aorte descendante, on le fait sécher,

(1) MECKEL's *Archiv*, t. VII, p. 525-540.
(2) LEBKÜCHNER, *Thèse lat. cit.* Tubingue, 1819.

et il brûle avec une légère décrépitation. Un autre papier, imbibé du sang de la veine jugulaire et également desséché, ne présente rien de semblable. — De l'huile de térébenthine et de l'huile d'olive sont injectés dans la trachée-artère d'un renard : l'animal succombe rapidement; on constate l'odeur de térébenthine dans le sang artériel et l'absence d'odeur semblable dans le sang veineux.

Fodera (1), Westrumb (2), Lawrence et Coates (3) sont arrivés à des résultats analogues aux précédents.

Panizza (4) incise la trachée à des agneaux et y introduit graduellement une solution de prussiate. de potasse. La poitrine étant ouverte, on démontre la présence de ce sel dans les veines pulmonaires et l'oreillette gauche du cœur; mais on ne peut en retrouver le moindre vestige ni dans le fluide extrait des glandes et des vaisseaux lymphatiques du poumon, ni dans le sang de la veine cave descendante.

Enfin nous nous bornerons à faire observer que c'est aussi une excellente preuve de l'absorption par les veines que la présence de la glycose dans le sang de la veine porte, démontrée par Tiedemann et Gmelin, Bouchardat et Sandras, etc., chez des animaux nourris de principes féculents ou sucrés.

Aujourd'hui, on ne saurait plus révoquer en doute que les *veines*, qui ont d'abord pour usage de ramener vers le cœur le sang distribué aux organes par les artères, ne servent aussi à puiser, dans la profondeur des tissus ou à la surface des membranes, une partie des matériaux qui, exhalés par les capillaires artériels, doivent rentrer dans les voies circulatoires ; qu'en conséquence, comme les lymphatiques, les veines ne jouent un rôle des plus importants dans l'absorption. Les suffusions séreuses, qui résultent de la compression ou de l'oblitération des veines, tendent déjà assez à prouver que ces vaisseaux sont aptes à recevoir autre chose que des substances étrangères à l'organisme, et qu'il y aurait exagération à n'attribuer qu'aux lymphatiques les absorptions interstitielles dont le but médiat est le renouvellement des parties vivantes. Ne sont-ce pas des radicules veineuses (celles de la veine ombilicale) qui absorbent, dans le placenta, les matériaux nutritifs apportés par le sang de la mère, matériaux indispensables à la nutrition du fœtus comme au développement de ses organes rudimentaires? Pourrait-on méconnaître aussi l'intervention du système veineux abdominal dans l'absorption incessante de tous ces liquides organiques (salive, bile, suc gastrique, pancréatique, intestinal, etc.), si abondamment versés dans les voies digestives, et pour la plupart presque entièrement destinés à la résorption? Tout en reconnaissant qu'assez généralement l'absorption lymphatique marche parallèlement à l'absorption veineuse, nous ferons néanmoins observer que la première

(1) FODERA, *Recherches sur l'absorption*, p. 64.
(2) WESTRUMB, *Physiologische Untersuchungen*, etc., p. 40.
(3) LAWRENCE et COATES, *Mém. cité.*
(4) PANIZZA, *Memorie dell' I. R. Instituto Lomb.*, 1841, t. I, et *Arch. génér. de méd.*, 1843, 4e série, t. II, p. 86.

manquant chez tous les invertébrés et même dans quelques parties des animaux supérieurs, la seconde ou l'absorption veineuse constitue un acte plus général, et que d'ailleurs, par l'énergie avec laquelle elle s'empare des substances étrangères, par sa réceptivité pour un plus grand nombre de ces substances, comme par son extrême rapidité à les transporter au loin, elle a une véritable prééminence sur l'absorption lymphatique.

A propos des expériences précédentes, nous devons faire deux remarques critiques :

Et d'abord, que penser de celles où l'on a vu l'*absorption* de substances étrangères à l'organisme continuer dans des membres ne communiquant plus avec le tronc que par l'artère et la *veine* crurales? Dans ces cas, si l'expérimentateur a su éviter l'objection fondée sur la présence de lymphatiques qui auraient pu exister dans les parois veineuses et artérielles, il a cru, à tort, devoir introduire le poison (upas tieuté) dans une plaie où celui-ci a pu directement communiquer, *par des veines divisées et ouvertes*, avec le sang en circulation : or telle n'est pas assurément la condition qu'on se représente dans la doctrine de l'absorption veineuse que l'auteur se proposait de défendre, doctrine dans laquelle on admet au contraire que cet acte s'accomplit par des veines intactes et conséquemment au travers de leurs parois.

Il ne suffit pas toujours d'avoir constaté, dans les lymphatiques, la présence de certaines substances étrangères à l'économie pour être autorisé à conclure que leur absorption s'est faite primitivement par ces vaisseaux : en effet, absorbées d'abord par le système veineux et entraînées dans le torrent circulatoire, ces substances pourraient, à leur sortie des capillaires sanguins, avoir été reprises avec les matériaux élaborés de la lymphe et s'être ultérieurement engagées avec ces matériaux dans les voies lymphatiques. Aussi, quand il s'agit d'expériences relatées à l'appui de la doctrine de l'absorption par ce dernier ordre de vaisseaux, doit-on évidemment donner la préférence à celles qui ont constamment fait reconnaître, dans la lymphe d'abord et seulement plus tard dans le sang, les substances expérimentées.

IX. — L'intéressante question de savoir si, parmi les substances propres ou étrangères à l'organisme, il en est qui s'engagent plus spécialement dans les lymphatiques et d'autres qui passent de préférence dans les veines, sera surtout étudiée à propos de l'absorption par la muqueuse digestive. En effet, toutes les expériences qui ont été faites sur ce sujet portent sur les chylifères et les veines mésentériques. Nous les exposerons donc plus loin à propos de l'*absorption intestinale* en particulier.

En dehors du tube digestif, il est le plus souvent impossible de faire, dans l'état actuel de la science, la part exacte du rôle des lymphatiques et des veines dans l'absorption des divers liquides extérieurs, ou bien dans la résorption des fluides épanchés ou infiltrés de l'œdème, de l'emphysème, de l'hydrothorax, de l'ascite, des tumeurs sanguines, des ecchymoses, etc.

On sait que si les *venins* peuvent impunément séjourner sur la peau ou sur la muqueuse digestive intactes, ils occasionnent les accidents souvent les plus redoutables, quand, après avoir été mis en contact avec la muqueuse pulmonaire ou avec des plaies, ils ont une fois pénétré dans la circulation générale. Qu'on se rappelle, à ce propos, avec quelle rapidité, dans la morsure de la vipère, le venin arrive au cœur (*). L'apparition si prompte des accidents (faute de preuves plus directes) tend donc à faire croire qu'ici encore les veines sont les voies ordinaires de ces sortes d'absorptions éventuelles.

Les *virus*, qui diffèrent des venins par leur origine pathologique, s'en distinguent aussi, sinon par une absorption plus lente, du moins par le laps de temps beaucoup plus long qui leur est nécessaire pour manifester leur fâcheuse influence sur l'économie. Mais cette notion ne contribue guère à nous éclairer sur la question de savoir quels sont les agents vasculaires de leur absorption, si ce sont les lymphatiques ou les veines. Pour expliquer comment un chancre syphilitique, par exemple, qui ne s'est montré que plusieurs jours après un coït impur, peut entraîner la généralisation du mal, on suppose que le virus, déposé localement, modifie lentement les parties solides qui en ont reçu l'impression, et que ce sont ces parties elles-mêmes qui produiraient, après cette sorte d'inoculation, le principe qui généralise le mal. Dans le cas de cautérisation assez prompte du chancre, on a admis que le virus et les points contaminés sont assez profondément altérés par le caustique pour que la production du prin- cipe supposé et l'infection consécutive en soient empêchées; mais quand il en est autrement, c'est-à-dire lorsque l'affection, d'abord locale, devient constitutionnelle par l'entremise de l'absorption, évidemment nul physio- logiste ne saurait dire quel ordre de vaisseaux intervient alors de préfé- rence. Il est vrai que, dans le cas de chancre du pénis, on peut voir les vaisseaux et les ganglions lymphatiques de l'aine s'enflammer, comme d'ailleurs s'enflamment aussi ceux de l'aisselle dans les piqûres anatomiques de la main; mais, en l'absence de l'absorption et du transport de tout principe nuisible, à la suite d'une simple excoriation de ces parties, ne voit-on pas parfois survenir le même genre d'accidents, et y a-t-il là réellement autre chose qu'une irritation locale qui se propage dans une certaine classe de vaisseaux?

De même, dans le cancer encéphaloïde, parce que la dégénérescence se propage aux ganglions qui reçoivent les vaisseaux lymphatiques de la partie malade, il ne faudrait pas se croire tout à fait autorisé à affirmer que ces vaisseaux ont *absorbé* et transporté le suc cancéreux d'une partie à l'autre; ou bien, en admettant un pareil transport, il serait permis de penser qu'il a eu lieu non à la suite d'une véritable absorption, mais après une pénétration toute mécanique dans des vaisseaux lymphatiques à parois ouvertes et détruites par la maladie elle-même.

(*) Fontana (*Traité du venin de la vipère, etc.*) a constaté qu'un pigeon, mordu à une patte par la vipère, succombe si l'amputation n'est pas faite dans les quinze ou vingt secondes qui suivent la morsure.

DE LA PRÉTENDUE ABSORPTION DES SOLIDES FINEMENT PULVÉRISÉS.

Quand on considère, d'un côté, que les membranes animales ne présentent point de pores, et de l'autre, que les vaisseaux forment un système de canaux clos de toutes parts et n'offrant, en aucun point de leur trajet, les moindres orifices appréciables, on conçoit bien qu'il n'y ait que des fluides élastiques, des liquides ou des solides ayant trouvé, au sein de l'organisme, les agents nécessaires pour les rendre liquides, qui puissent pénétrer dans le torrent circulatoire, parce qu'eux seuls sont aptes à se diffuser à travers les membranes ou les parois des vaisseaux. Quel est, d'ailleurs, le premier but de la digestion, chez l'animal, si ce n'est de transformer les aliments en matières solubles et propres à s'introduire, par absorption, dans les voies fermées de la circulation ?

Malgré cet ancien adage si plein de vérité : « *Corpora non agunt nisi soluta* », on s'est beaucoup préoccupé d'une question déjà souvent débattue, celle de savoir si des substances insolubles, mais très-finement divisées, ne seraient point elles-mêmes absorbables. Il faut, sous ce rapport, distinguer deux ordres de substances : les unes, naturellement insolubles dans l'eau, peuvent trouver des dissolvants dans les liquides de l'économie, et rentrent conséquemment dans la catégorie des matières solubles; les autres ne sont nullement modifiées par l'action de ces mêmes liquides, et conservent leur insolubilité en séjournant dans le tube digestif ou dans d'autres parties de l'organisme. L'opinion généralement admise est que ces dernières substances ne sont pas absorbables.

Telle n'est pas l'opinion de G. Herbst (1), d'OEsterlen (2), d'Eberhard (3), de Mensonides et Donders (4), de Bruch (5) et de F. Marfels (6), qui, d'après leurs propres recherches, admettent qu'au contraire des corps solides, insolubles, quand ils sont très-ténus, peuvent passer normalement à travers les parois vasculaires.

OEsterlen, en particulier, administre, pendant cinq ou six jours consécutifs à des lapins, à un chat et à de jeunes coqs, du charbon de bois réduit en poudre très-fine, délayé dans l'eau et mélangé aux aliments. Or, on sait que le charbon est complétement insoluble dans le canal intestinal, et qu'il est facile d'en distinguer les plus petites parcelles, dans le sang, à leur coupe, à leur teinte et à leur forme particulières. Ces animaux ayant donc été sacrifiés, une goutte de sang, prise dans une veine mésaraïque, a été placée sur un fragment de verre par-

(1) G. Herbst, *Das Lymphgefässsystem und seine Verrichtungen.* Gœttingue, 1844, p. 170, 336.

(2) Henle's und Pfeuffer's *Zeitschrift für rationelle Med.*, t. V, p. 434.

(3) Eberhard, *Versuche über den Untergang fester Stoffe vom Darm und Haut in die Säftemasse des Körpers* (*Dissert. inaug.* Zurich, 1847).

(4) Mensonides et Donders, *Nederlausch Lancet*, deel. V, p. 152.

(5) Siebold's und Kölliker's *Zeitschrift für Zoologie*, etc., t. IV, p. 290, année 1853.

(6) F. Marfels, Dans *Journ. hebd. de méd. de Vienne*, déc. 1854, — et dans *Ann. des sc. nat.*, t. V, p. 134, année 1856.

faitement nettoyé et débarrassé de toute molécule de poussière ou de charbon. A l'aide du microscope, Œsterlen assure avoir distingué, au milieu du sang, des molécules charbonneuses exactement semblables à celles qui avaient été administrées à l'animal. Des particules semblables furent trouvées dans le sang de la veine porte, de la veine cave inférieure, dans les caillots sanguins du cœur droit, dans le foie, le poumon, la rate et les reins. Mais on n'en découvrit aucune trace dans le canal thoracique, dans l'urine et la bile. Toute la surface de la muqueuse intestinale était gris brunâtre, mais n'offrait aucune altération apparente. Les principaux organes et les vaisseaux sanguins, ajoute l'observateur, étaient parfaitement sains.

Ce n'est pas seulement le charbon de bois qu'Œsterlen prétend avoir ainsi retrouvé dans le sang des animaux auxquels cette substance avait été administrée; il en a été de même, assure-t-il, du bleu de Prusse, dont les particules sont pourtant plus difficiles à reconnaître au microscope que celles du charbon.

D'autres expériences ont été faites par Mensonides et Donders (1), avec le mercure tel qu'il est disséminé dans l'onguent mercuriel, avec la fleur de soufre, le charbon végétal réduit en poudre extrêmement fine et les globules d'amidon. Les deux premières de ces substances n'ont fourni que des données assez incertaines ; au contraire, les particules de charbon auraient été vues dans le sang, dans le tissu du poumon préalablement insufflé et dans le parenchyme du foie. Au moyen de l'iode, les globules d'amidon auraient été aussi reconnus dans le sang des vaisseaux du mésentère.

Les résultats précédents n'ont pas été confirmés par d'autres observateurs qui ont cherché à les reproduire.

C. E. Hoffmann (2), dont le travail a été couronné par la Faculté de médecine de Wurtzbourg, affirme avoir complétement échoué dans douze expériences qui consistèrent à introduire, dans le corps de lapins, d'abord du mercure métallique seul, puis du mercure mélangé et extrêmement divisé comme dans l'onguent gris. Des lapins et des poules ayant été nourris, pendant huit jours, avec des aliments mélangés de charbon de bois porphyrisé, Mialhe (3) n'a pu découvrir aucune molécule charbonneuse dans le sang de presque tous les organes, examiné au microscope avec le plus grand soin. Ces expériences, sur lesquelles Soubeiran a présenté à l'Académie de médecine de Paris un rapport favorable, tendent à prouver que, si Œsterlen n'a pas été abusé par une illusion, il ne s'agissait nullement dans ses recherches d'un phénomène d'absorption, mais que les molécules de charbon, anguleuses et acérées, s'étaient frayé *mécaniquement* un passage à travers la substance molle des villosités. P. Bérard (4) a vu, de son

(1) Mensonides et Donders, *loc. cit.*

(2) C. E. Hoffmann, *Ueber die Aufnahme des Quecksilbers und der Fette in den Kreislauf.* Wurtzbourg. 1854.

(3) Mialhe, *Bulletin de l'Académie de médecine de Paris*, année 1848, mois d'août; et *Chimie appliquée à la physiol.*, p. 197. Paris, 1856.

(4) P. Bérard, *Cours de physiol.*, t. II, p. 723.

côté, qu'en employant le noir de fumée, substance dont les particules n'offrent pas les contours anguleux des molécules de charbon de bois, on n'en retrouve pas la moindre trace dans le sang des animaux auxquels on l'a ingéré (*).

J'ajouterai que, si l'on mélange avec de l'eau du charbon porphyrisé et qu'on l'offre en cet état à l'absorption des racines d'une plante, l'eau seule y passe, que tout le charbon reste au dehors, sans qu'il soit possible d'en découvrir un seul atome au dedans. Du reste, avec la plupart des infusions colorées (celles du moins où la matière colorante est seulement en suspension) on obtient le même résultat: l'eau, en passant dans l'extrémité radicellaire, se dépouille à son passage de la matière colorante qui se dépose à la surface.

Ainsi les substances solides, si divisées qu'elles soient, dès qu'elles ne sont point susceptibles de devenir solubles, ne sauraient passer, par véritable absorption, à travers les parois vasculaires ou utriculaires.

En est-il de même pour les particules constitutives de certains liquides normaux ou pathologiques? Des recherches récentes, dont nous aurons à examiner la valeur à propos de *l'étude physiologique du sang*, tendent à établir que, dans certaines conditions, les globules de ce fluide (notamment ses globules blancs) peuvent sortir à travers les parois des plus fins vaisseaux.

DES ABSORPTIONS EN PARTICULIER.

ABSORPTION PAR LA PEAU.

Aujourd'hui, la plupart des physiologistes admettent que la *peau*, malgré la couche épidermique dont elle est revêtue, peut absorber des substances liquides et gazeuses. La doctrine de l'absorption cutanée, qui a compté d'assez nombreux opposants, quoiqu'elle fût la base de la méthode dite *iatraleptique* (**), offre, il faut bien le reconnaître, une étude féconde en utiles applications à la thérapeutique.

Avant d'exposer les expériences directes qui ont été citées à l'appui de cette doctrine, il sera utile de réduire à leur juste valeur quelques faits

---

(*) On peut rapprocher de l'expérience d'OEsterlen le fait curieux, signalé par Follin, de ces individus tatoués qui présentent dans les ganglions lymphatiques des particules des substances diverses usitées dans le tatouage : dans ce cas encore, elles avaient dû être introduites mécaniquement dans les vaisseaux.

Sans doute, chez les ouvriers mineurs, il en est de même de la poussière de charbon de terre, qui, après avoir déchiré les parois des lymphatiques du poumon, parvient jusqu'aux ganglions voisins dont la teinte est devenue noirâtre.

(**) De ἰατρός, médecine, et ἀλείφειν, frotter, oindre. — C'est la méthode thérapeutique qui consiste à traiter les maladies par tout moyen propre à déterminer l'introduction des médicaments par la *peau intacte*.

qu'on a cru pouvoir aussi alléguer en sa faveur. Peut-on voir, par exemple, une preuve de l'absorption cutanée chez ces individus qui rendent une quantité excessive d'urine, bien qu'ils boivent à peine? Haller (1) nous apprend, d'après d'autres observateurs, qu'un homme, atteint d'une affection de poitrine, rendait 35 litres d'urine en trois ou quatre jours; qu'une fille en évacuait chaque jour près de 8 litres, même en s'abstenant de toute nourriture et de toute boisson; que, chez un autre individu, 20 litres ont été excrétés, quotidiennement, pendant quatre-vingt-dix-sept jours consécutifs, etc. C'est en s'appuyant sur l'impossibilité de l'introduction d'une aussi grande quantité d'eau par les seules voies aériennes, que Haller croit devoir conclure aussi à l'absorption par la peau. En admettant de pareils faits comme exacts, il est d'ailleurs probable qu'ils se rattachent à certains états morbides aujourd'hui mieux étudiés et mieux connus.

On rapporte encore que des individus, renfermés dans un lieu humide et privés de toute espèce de nourriture, ont pu prolonger leur existence au delà du terme ordinaire, en absorbant, par la peau, l'élément aqueux renfermé dans l'air. Mais ne sait-on pas que la durée de la vie, dans les cas d'*inanitiation*, varie suivant des circonstances diverses que Chossat (2) a surtout bien fait ressortir? Au rapport de Keil (3), un jeune homme fatigué par un grand exercice et ayant passé la nuit à l'air humide, pesait le lendemain matin 550^{gr}, 70 de plus qu'avant cette épreuve; immédiatement après l'action du purgatif, Fontana (4) ayant fait une promenade de quelques heures à l'air, par un temps brumeux, se trouva au retour plus pesant de quelques onces : évidemment rien ne prouve que, dans ces deux cas, l'augmentation de poids ait été due plutôt à une absorption par la surface cutanée que par la muqueuse des voies aériennes. Qui pourrait trouver aussi un argument plausible en faveur de l'absorption par la peau dans ce fait tant de fois cité, et relatif aux bouchers et aux charcutiers dont la fraîcheur et l'embonpoint sont, dit-on, l'indice de l'absorption des émanations animales au milieu desquelles ils vivent? Il faut laisser également de côté ces cas dans lesquels certaines substances ont été absorbées à la suite de frictions énergiques pratiquées sur la peau : il est permis de supposer qu'alors la matière employée a pu être introduite mécaniquement dans l'épaisseur de cette membrane. A plus forte raison, quand il s'agit de constater l'absorption normale par la peau, doit-on rejeter ces expériences dans lesquelles un poison ou un virus a été déposé sous l'épiderme, et les cas où une substance médicamenteuse a été appliquée sur le derme dénudé, etc. Car évidemment on ne saurait contester que, comme tout autre tissu organique, la peau, *dans son épaisseur*, ne jouisse aussi du pouvoir absorbant; tandis qu'assez souvent on s'est cru en droit de mettre

<hr>

(1) HALLER, *Elementa physiologiæ*, t. V, p. 89 et 90.
(2) CHOSSAT, *Recherches expérimentales sur l'inanition*. Paris, 1843.
(3) KEIL, *Dissert. de corp. anim. vi adtrah.*, etc.
(4) FONTANA, Cité dans *Anatomie des vaisseaux absorbants du corps humain*, par CRUIKSHANK; trad. franç. de PETIT-RADEL, p. 218. Paris, 1787.

en doute que ce pouvoir s'exerçât en présence de l'épiderme : cette production cellulaire, d'ailleurs variable dans son épaisseur et l'arrangement de ses cellules, a été en effet comparée à une barrière impénétrable placée entre l'animal et le milieu ambiant.

I. — Cependant nul doute que, chez certains animaux, l'absorption cutanée ne s'accomplisse avec une grande activité.

La plupart des invertébrés nus et aquatiques se rident si on les expose à l'air sec, et se gonflent rapidement quand on les remet dans l'eau. Les entozoaires, qui vivent plongés dans des humeurs animales, les absorbent aussi par la peau, au dire de Zeder et Rudolphi (1). Qui ne sait que des infusoires rotateurs, totalement desséchés, reviennent à la vie, lorsqu'on les plonge simplement dans l'eau? Spallanzani (2) a constaté qu'un limaçon pesant 17^{gr},90 peut augmenter de 13^{gr},356, après avoir été immergé dans ce liquide, et qu'exposé de nouveau à l'air sec, il reperd très-vite de son poids. De son côté, Nasse (3) a reconnu que des limaces, renfermées dans du papier humide, gagnent en poids jusqu'à 2^{gr},12 dans l'espace d'une demi-heure. Dans ses expériences sur la faculté absorbante du limaçon des vignes, Jacobson (4) a vu une dissolution de prussiate de potasse être rapidement absorbée par la peau et passer dans le sang, en quantité telle que celui-ci acquérait une couleur bleue très-foncée par l'addition d'un sel de fer. Les grenouilles s'amincissent lorsqu'elles sont soumises au contact d'un air sec, et réacquièrent promptement leur volume dans l'eau, d'après les observations de Treviranus (5). W. F. Edwards (6) a repris ces divers expériences sur plusieurs animaux, notamment aussi sur des grenouilles : il expose d'abord celles-ci à l'air jusqu'à ce que la transpiration leur ait fait subir une perte notable de poids, puis il les replace dans l'eau ; alors l'absorption s'effectue avec une telle énergie, que l'on peut suivre des yeux la diminution de niveau du liquide dans lequel les grenouilles sont plongées. Cette absorption peut même dépasser la perte de poids qui a eu lieu dans l'air : ainsi, dans l'une des expériences, une grenouille du poids de 33^{gr},9 perdit à l'air, en vingt et une heures trente-cinq minutes, 5^{gr},2 ; le même animal gagna dans l'eau, en quatre heures, 10^{gr},4. Dans une seconde expérience, une grenouille du poids de 32^{gr},6 perdit à l'air 4 grammes en vingt et une heures trente-cinq minutes ; elle gagna dans l'eau, en quatre heures, 10^{gr},7. Bluff (7) rapporte qu'une grenouille de 68^{gr},58, mise sous du papier gris sec, devint plus légère de 5^{gr},53 en trente-six heures, et qu'elle reprit 5^{gr},47 en trois heures sous du

(1) Zeder et Rudolphi, *Entozoorum historia naturalis*, t. I, p. 252, 275. Amstelodami 1808-10.

(2) Spallanzani, *Mém. sur la respiration*. Paris, 1803, p. 137.

(3) Nasse, *Untersuchungen zur Physiologie und Pathologie*, t. I, p. 482.

(4) OErsted, *Oversicht over det kon. Danske videnskab selsk Forhandlung*, 1825 ; ou dans Froriep's *Notizen*, etc., n° 14, p. 200.

(5) Treviranus, *Biologie*, t. IV, p. 289.

(6) W. F. Edwards, *Influence des agents physiques sur la vie*. Paris, 1824, p. 98. — Voyez aussi le tableau XI, p. 596.

(7) Bluff, *Dissert. de absorptione cutis*, p. 22.

papier gris mouillé. Du reste, l'eau, à l'état liquide ou à l'état de vapeur, est si nécessaire à certains animaux, comme les lombrics, les araignées nocturnes, les scorpions, les acariens, les batraciens, les lézards, les couleuvres, etc., qu'ils périssent rapidement dans un air privé d'humidité (1).

On sait, depuis les précieuses expériences de R. Townson (2), que les Batraciens, en particulier, absorbent surtout par la peau de leur ventre et s'approprient ainsi de quoi remplir leur vessie urinaire et leurs poches sous-cutanées : aussi, maintes fois m'est-il arrivé de tétaniser et d'empoisonner ces animaux, en quelques minutes, en appliquant une solution de chlorhydrate de strychnine sur cette région de leur corps. Des lézards, des orvets (*Anguis fragilis*) et des couleuvres (*Coluber natrix*), m'ont offert les mêmes accidents tétaniques, mais seulement après un nombre variable d'heures, malgré l'épiderme épais et écailleux dont leur ventre est revêtu.

Quant aux Poissons, chez qui aussi on a constaté l'absorption par la surface extérieure, on pourrait l'attribuer surtout aux nageoires, dont les membranes sont d'une grande finesse.

L'eau glisse sur les plumes des Oiseaux, et surtout des oiseaux aquatiques, parce qu'elles sont recouvertes d'un enduit que l'eau ne mouille pas ; mais, en écartant ces plumes sous le ventre ou sous les ailes, si l'on pratique des lotions renouvelées avec la précédente solution, on peut déterminer des convulsions au bout de deux, trois et quatre heures. L'absorption cutanée s'exerce aussi, chez les Mammifères, malgré leurs poils : Lebküchner (3) lotionne la peau du ventre, chez des lapins, avec des solutions d'acétate de plomb, de prussiate de potasse, de chlorure de baryum, etc., et constate la présence de ces divers sels dans le sang ; en plongeant dans l'hydrogène sulfuré le tissu cellulaire sous-cutané des lapins morts empoisonnés par l'acétate de plomb, il voit ce tissu devenir noir, et accuser ainsi la présence du plomb par la formation du sulfure de plomb. Quant à certains mammifères, comme la baleine, qui vit toujours dans l'eau, comme les phoques et les hippopotames, qui y demeurent le plus souvent plongés, on ne sait si leur peau est perméable ou non à ce liquide.

II. — Quoique, chez l'homme, la peau intacte soit loin de posséder une aussi grande perméabilité que chez plusieurs des animaux précédents, l'absorption par cette membrane peut néanmoins s'effectuer aux dépens de l'*eau* ou de *substances dissoutes* dans ce liquide ou bien encore de *gaz* de diverses espèces, sans que l'épiderme soit intéressé.

a. — C'est un fait assez généralement admis, que notre corps augmente ordinairement de poids s'il est plongé pendant un certain temps dans l'*eau*.

(1) Dugès, *Physiol. comp.*, t. II, p. 423.
(2) R. Townson, *Observ. physiol. de Amphibiis*. Gœttingue, 1795, in-4. — *Pars secunda de absorptione Amphibiorum.*
(3) Lebküchner, *Dissert. quâ experimentis eruitur, utrum per viventium adhuc animalium membranas atque vasorum parietes materiæ ponderabiles illis applicatæ permeare queant, nec ne?* Tubingue, 1819.

Toutefois, Séguin (1) et divers autres physiologistes qui, à tort, croyaient que dans le bain la transsudation est toujours très-amoindrie et que même elle est nulle entre 12°,5 et 22°,5 centigrades, avaient nié, avec le pouvoir absorbant de la peau, toute augmentation de poids, et soutenu qu'alors si l'on urine davantage, c'est que de l'eau en vapeur s'est introduite par les voies aériennes. Mais, depuis Séguin et ses partisans, d'autres expérimentateurs sont venus démontrer directement qu'en effet, dans certaines conditions, notre corps plongé dans l'eau peut augmenter de poids : c'est ainsi que Berthold (2), après un quart d'heure d'immersion dans un bain à 26 degrés centigr., trouve 11^{gr},47 de plus; après trois quarts d'heure, 27^{gr},83; après une heure, 32^{gr},18. En tenant compte de la perte due à la perspiration pulmonaire, perte qu'il évalue à 0^{gr},37 par minute, il arrive, pour l'augmentation réelle du poids de son corps, aux résultats suivants : 17^{gr},685 après un quart d'heure; 47^{gr},745 après trois quarts d'heure, et 59^{gr},374 après une heure. Déjà Dill (3) avait obtenu des résultats analogues, en expérimentant sur un jeune homme. Objectera-t-on que, dans ces expériences, l'absorption pulmonaire, qui s'exerce aux dépens des vapeurs aqueuses suspendues dans l'atmosphère, est la cause de l'augmentation du poids du corps ? Pour se mettre à l'abri d'une pareille objection, Madden (4), pendant qu'il était plongé dans un bain tiède, respira l'air du dehors au moyen d'un tube ; l'augmentation du poids fut encore sensible dans ces conditions.

Du reste, le problème dont il s'agit se complique de la question de température du bain, dont les divers expérimentateurs ne semblent pas avoir toujours tenu un compte suffisant. Cette température est-elle supérieure à 38 ou 39 degrés centigrades, qui est celle du corps humain, il survient une sécrétion prédominante de sueur, et le corps perd en poids; au contraire il gagne, si le bain n'est qu'à peine tiède, car alors l'absorption par la peau l'emporte sur l'exhalation ; enfin le corps n'augmente ni ne perd en poids, quand sa température et celle du bain sont sensiblement les mêmes, ce qui ne veut pourtant point dire qu'il n'y ait pas eu d'eau absorbée : on est au contraire autorisé à affirmer qu'il y a eu une quantité d'eau absorbée correspondante à celle qui, pendant la durée du bain, est sortie normalement de l'organisme.

Collard de Martigny (5) s'est aussi appliqué à démontrer l'absorption cutanée à l'aide des expériences suivantes. Après avoir pesé un mouchoir et un vase rempli d'eau, il plonge les mains dans ce vase pendant *une demi-heure*; puis il les essuie promptement avec le mouchoir qu'il pèse de nouveau, afin de connaître la quantité d'eau restée adhérente aux mains. Le vase rempli d'eau est également pesé de nouveau, et, en tenant compte

<hr>

(1) Séguin, *Annales de chimie*, t. XC, p. 190 et suiv.
(2) Müller's *Archiv*, 1838, p. 178.
(3) Dill, *Nouv. Biblioth. médic.*, 1826, t. IV, p. 404.
(4) Madden, *Medico-Chirurgical Review*, t. XXXIV, p. 187.
(5) Collard de Martigny, *Expériences sur l'absorption cutanée de l'eau, du lait et du bouillon*, dans *Arch. gén. de méd.*, numéro de mars 1826, t. X, p. 304 ; t. XI, p. 7. — *Autres recherches sur le même sujet*, dans *Nouvelle Biblioth. méd.*, t. III, p. 5, juillet 1827.

du poids du liquide que le mouchoir a enlevé, l'expérimentateur trouve une perte de 4^{gr},144. Plus récemment, Eichberg et Vierordt(1) ont répété, à plusieurs reprises, la même expérience en plongeant leur bras dans un cylindre contenant un volume d'eau exactement pesé : au bout d'une heure, ayant pesé de nouveau l'eau et le linge qui avait servi à essuyer leur membre, ils ont trouvé qu'il avait été absorbé de 1 à 13 grammes du liquide. En calculant d'après une moyenne ainsi obtenue, le corps entier absorberait dans le même temps plus de 200 grammes d'eau.

L'évaporation a pu, sans doute, faire disparaître ici une petite quantité de liquide, circonstance qui, complique quelque peu les résultats obtenus. Il n'en est pas de même dans cette autre expérience de Collard de Martigny : un entonnoir de verre, à sommet fermé, est d'abord rempli d'eau, puis la paume de la main est appliquée à la base de l'instrument, de manière que le liquide soit immédiatement en contact avec la peau. Ce contact dure une heure et demie. La peau est gonflée au bout de ce temps, comme elle aurait pu l'être par l'action d'une ventouse; d'où l'auteur conclut qu'il a dû se faire un vide à la surface de l'eau, entre elle et la main, et qu'une couche de liquide a été absorbée.

Le même observateur fait choix d'un tube de verre en forme de siphon et dont la branche la plus courte se termine en entonnoir. Du mercure étant versé dans l'arc d'union des deux branches, et de l'eau dans le côté court ou infundibuliforme du tube, la paume de la main a été bien hermétiquement appliquée sur la base du cône, et, dans l'espace de sept quarts d'heure, le mercure s'est élevé d'une manière très-sensible dans la courte branche de l'instrument.

Homolle (2) a fourni un autre genre de démonstration de l'absorption de l'eau par la surface cutanée. En prenant un bain à la température de 34 à 35 degrés centigrades, le matin à jeun, et en s'abstenant complétement de boisson, pendant toute la durée de l'expérience, cet observateur a trouvé une diminution dans la *densité* de son urine, qui, de 1025, était tombée à 1005. Des expériences antérieures lui avaient appris, dit-il, qu'une pareille diminution, dans la pesanteur spécifique du liquide urinaire, équivaut à l'absorption de 400 grammes d'eau. On a objecté que cette diminution de densité était la conséquence de l'augmentation de l'urine, augmentation qui ne serait pas une preuve de l'absorption de l'eau du bain, mais, d'après la loi de l'antagonisme des sécrétions, un résultat de la suspension plus ou moins complète de la transpiration cutanée. Évidemment une pareille objection n'est pas fondée, puisque les expériences de W. Edwards(3) ont très-nettement établi la persistance de cette transpiration dans un bain pris à la précédente température.

<hr>

(1) Eichberg et Vierordt (Vierordt's *Archiv*, 1856, Heft IV, S. 575-580).
(2) Homolle, *De l'absorption par le tégument externe, chez l'homme, dans le bain*, dans le journal *l'Union médicale*, 1853, p. 462 et suiv.
(3) W. Edwards, *ouvr. cité*, p. 345 et suiv.

Dans ces derniers temps, Sereys (1) et Villemin (2) ont considéré, ainsi qu'Homolle, la diminution de la densité de l'urine, après le bain, comme un argument en faveur de *l'absorption de l'eau.*

En projetant à la surface du corps une certaine quantité d'eau sous forme de poussière, à l'aide de l'*hydrofère*, Sereys et Reveil ont vu que l'absorption se fait d'une manière très-active. Si l'on a pu douter de l'absorption de l'eau par la peau, c'est qu'en effet, suivant la remarque de Sereys, cette absorption a lieu assez difficilement dans l'eau immobile des bains ordinaires. Mais il n'en est plus de même lorsque l'eau pulvérisée vient frapper la peau avec force : la pression vient alors aider l'absorption par toute l'influence que nous lui avons reconnue.

b. — Les *substances dissoutes dans l'eau* peuvent aussi être absorbées par la peau en quantité appréciable, et parfois être retrouvées dans les urines ou dans le sang; ce qui justifie l'usage des bains médicamenteux.

Bonfils (3), de Nancy, verse sur l'abdomen d'un homme atteint de syphilis un certain nombre de gouttes d'une solution saturée de sublimé corrosif, et les recouvre d'un verre de montre qu'il fixe à l'aide d'une bande : au bout d'un temps assez court, l'eau a complétement disparu et il ne reste aucune trace du sel mercuriel sur la peau examinée à la loupe.

Déjà, antérieurement à Bonfils, Séguin (4) avait appliqué de la même manière, et *séparément*, sur l'abdomen d'un homme, $3^{gr},82$ de chacune des substances suivantes : mercure doux, gomme-gutte, scammonée, sel alembroth et émétique. Après dix heures et un quart, il restait $3^{gr},78$ de mercure doux, $3^{gr},77$ de gomme-gutte, $3^{gr},82$ de scammonée, $3^{gr},29$ de sel alembroth et $3^{gr},56$ d'émétique. L'eau provenant de la perspiration cutanée a rempli ici le rôle de dissolvant par rapport à la plupart de ces substances qui ont été aborbées par la peau surtout proportionnellement à leur solubilité. Pour Séguin, qui ne veut d'absorption cutanée qu'à la condition d'une action irritante ou chimique sur l'épiderme, la quantité absorbée de chacun de ces médicaments serait en rapport avec leurs propriétés plus ou moins irritantes.

Les expériences de ce genre ont été variées surtout par Westrumb (5) :

L'avant-bras est plongé dans un bain à 25 ou 27 degrés Réaumur, contenant du cyanure de potassium, du nitrate de potasse et du musc. Après trois quarts d'heure, l'odeur du musc est déjà très-prononcée dans l'haleine et l'urine; ce dernier liquide renferme du cyanure de potassium, mais l'existence du nitre n'y peut être constatée. Cette même expérience est répétée, avec la précaution de respirer l'air extérieur. L'odeur de musc est encore très-manifeste dans l'haleine; la présence du nitre dans l'urine

(1) SEREYS, Thèse inaugurale de la Faculté de Paris. 1862.

(2) WILLEMIN, *Recherches expérimentales sur l'absorption par le tégument externe de l'eau et des substances solubles* (*Arch. de méd.*, juillet 1863, et mai 1864).

(3) BONFILS, cité par COLLARD DE MARTIGNY, dans *Nouv. Biblioth. méd.*, t. III, p. 6 et 8, année 1827.

(4) SÉGUIN, *Annales de chimie*, etc., t. XCII, p. 46.

(5) WESTRUMB, *Physiologische Untersuchungen ueber die Einsaugungskraft der Venen.* Hannover, 1825. — Voyez aussi MECKEL'S *Archiv*, t. VII, p. 528.

n'est pas mieux révélée que dans le cas précédent, mais celle du cyanure n'est pas douteuse. — Un tube étant adapté à la bouche et au nez pour respirer l'air du dehors, les bras sont plongés dans une forte décoction de rhubarbe, pendant une heure et quart; en même temps, on frotte les jambes avec du baume opodeldoch. Au bout de quinze minutes, l'haleine est déjà imprégnée de l'odeur du camphre, et la présence de la rhubarbe est reconnue dans l'urine; celle du camphre n'y peut être démontrée. — Après avoir appliqué à la jambe d'un homme bien portant un vésicatoire de la dimension d'une pièce de cinq francs, on fait écouler la sérosité accumulée sous l'épiderme, et l'on place une ventouse sur la surface dénudée. Les pieds sont alors plongés dans un bain contenant du cyanure de potassium et l'on ne tarde pas à retrouver cette substance dans le liquide du vésicatoire ainsi que dans l'urine. — Les jambes d'un homme robuste sont immergées, pendant une heure quarante-cinq minutes, dans un bain à 27°,75, contenant une forte solution de cyanure de potassium. La présence du cyanure dans l'urine est évidente, elle est douteuse dans le sang. — Dans une autre expérience, l'existence du cyanure de potassium et du nitrate de potasse est reconnue dans le sang d'une personne qui était restée pendant deux heures dans un bain de pieds (à 27 degrés), renfermant ces deux sels. — Les bras sont plongés, jusqu'au coude, dans un bain contenant une décoction de rhubarbe; cette dernière substance, avec sa matière colorante, s'est bientôt retrouvée dans l'urine. Des ventouses sont appliquées sur les ampoules ouvertes de vésicatoires, et les pieds sont tenus dans un bain où se trouve une décoction saturée de rhubarbe; le liquide accumulé dans les ventouses ne tarde pas à présenter la matière colorante de la rhubarbe.

Enfin, ayant rasé les poils du train postérieur d'un chien, Westrumb fait prendre à l'animal un bain (25 degrés centigrades) renfermant une solution de cyanure de potassium. Il retrouve cette substance dans le sang de la veine cave inférieure, et ne la rencontre ni dans les glandes inguinales, ni dans le contenu du canal thoracique.

D'autres expérimentateurs n'ont fait que confirmer les résultats précédents. Ainsi Bradner Stuart (1) se baigne, pendant deux heures et demie, dans une infusion saturée de garance, et il ne tarde pas à découvrir cette dernière dans l'urine, qui se colore en rouge vif par l'addition du carbonate de potasse. Le même physiologiste prend un bain avec une infusion de rhubarbe ou de curcuma, et bientôt ces deux substances se retrouvent dans le liquide excrété de la vessie. Un emplâtre d'ail est appliqué, pendant une heure et demie, sous les aisselles, à la face interne des cuisses et aux chevilles, avec la précaution de respirer l'air extérieur; et, au bout de quelques heures, l'haleine et l'urine exhalent une odeur d'ail.

Ossian Henry (2) dit avoir trouvé de l'iodure de potassium dans l'urine rendue à la suite de bains contenant 6 à 10 grammes de ce sel. L'iodure de

(1) MECKEL's *Deutsches Archiv für Physiol.*, t. 1, p. 151.
(2) O. HENRY, *Action des bains*; thèse inaugurale. Paris, 1855.

potassium était plus manifeste encore quand le bain contenait une certaine quantité de carbonate de soude. — Sereys (1) et Reveil ont retrouvé dans l'urine et dans la salive l'iode introduit dans l'eau du bain donné avec l'hydrofère, etc. — Delore (2) a communiqué à l'Académie des sciences un travail sur l'absorption des médicaments par la peau saine, dans lequel il conclut que ce tégument est susceptible d'absorber toutes les substances solubles dans l'eau. — Enfin Willemin a constaté aussi dans ses expériences l'absorption de l'iodure de potassium par la peau.

Il est difficile de faire concorder tous ces résultats positifs de l'absorption de diverses substances par la peau avec d'assez nombreuses expériences qui semblent les contredire. Voici quelques-uns des résultats négatifs auxquels Homolle et d'autres expérimentateurs affirment avoir été conduits :

Un bain prolongé d'eau contenant 100 grammes de cyanure de potassium et de fer est pris avec la précaution de couvrir la baignoire pour s'opposer à l'absorption pulmonaire; aucune boisson n'est ingérée. Pas de traces de cyanure de potassium et de fer dans l'urine.

Pendant une heure et demie l'expérimentateur se tient dans un bain additionné de 100 grammes d'iodure de potassium. Il n'y a pas non plus vestiges de ce sel dans l'urine examinée après le bain. Et pourtant, afin de prouver l'élimination de l'iodure de potassium par l'urine, lorsque cette substance a été véritablement absorbée, Homolle en prend, par la bouche, 1 gramme dont il ne tarde pas en effet à reconnaître des traces évidentes dans le liquide urinaire.

Suivant le même auteur, après un bain qui renferme une solution de chlorhydrate d'ammoniaque, l'urine rendue au bout d'une heure vingt minutes ne présente pas de chlorhydrate d'ammoniaque, mais bien du chlorure de sodium. — Prend-on un autre bain, avec addition de 1 kilogramme de chlorure de sodium, on ne constate pas que la quantité des chlorures augmente dans l'urine. — Ni l'azotate de potasse, ni le sulfate de potasse ne se retrouvent non plus dans l'urine. — Enfin, un bain additionné d'une infusion de 500 grammes de feuilles de belladone ne produit aucun trouble physiologique appréciable; il en est de même du bain auquel on ajoute une solution concentrée de digitaline.

Homolle a aussi étudié, d'une manière comparative, le pouvoir osmotique de la peau et celui de la muqueuse intestinale :

Une portion de la peau du bras, détachée sur le cadavre d'une jeune femme, sert à recouvrir une éprouvette remplie d'urine. Cet instrument est enversé, pendant plusieurs heures, dans une solution faible d'iodure de potassium, sans qu'on puisse retrouver dans son contenu la moindre trace d'iodure de potassium. — Un tube est rempli d'une solution de sel marin, à laquelle on ajoute quelques gouttes de perchlorure de fer; il est fermé au moyen d'un lambeau de peau, puis renversé dans une solution de cyanure

<hr>

(1) Sereys, *Loc. cit.*

(2) Delore, *De l'absorption par le tégument externe et en particulier de l'administration des liquides pulvérisés*, thèse inaug. Paris, 1862.

de potassium et de fer. Après six heures, il n'y a pas le moindre signe d'osmose entre les deux liquides.

On dispose l'expérience comme précédemment, mais on recouvre l'éprouvette d'une portion d'intestin, de manière que la face muqueuse réponde au prussiate de potasse et la face péritonéale au sel de fer : une coloration bleue, qui se manifeste bientôt, indique qu'un mélange s'est opéré entre les liquides à travers la membrane qui les sépare.

Un tube renfermant une solution d'acide tartrique, et fermé au moyen d'un lambeau de peau, plonge dans une solution de bicarbonate de potasse : même au bout de douze heures, nulle réaction ne se manifeste entre les deux liquides ; la face externe de l'épiderme présente une réaction alcaline et le derme est infiltré de la solution acide qui remplit en même temps une ampoule formée à la surface interne de la peau.

Si l'on répète cette dernière expérience, en substituant au lambeau de peau un lambeau de membrane intestinale, dont la face muqueuse réponde à la solution alcaline et la face péritonéale à la solution d'acide tartrique, on ne tarde pas à voir des bulles de gaz acide carbonique apparaître à la surface muqueuse.

Une portion de peau de la partie supérieure du bras, qu'on a mise à macérer dans l'eau distillée, est employée à recouvrir les extrémités de deux tubes remplis eux-mêmes d'eau distillée. L'un des tubes plonge dans l'eau distillée, l'autre dans une solution de chlorure de sodium. Au bout de dix-huit heures, on trouve dans l'eau des deux tubes des traces de chlorure, ce que l'auteur explique par une dissolution de la matière organique sous l'influence d'une longue macération.

En se fondant sur les différents faits qu'il a observés, Homolle croit pouvoir formuler les conclusions suivantes :

« *Dans un bain, l'eau pure est évidemment absorbée par la peau*. Mais quand l'eau est chargée de substances minérales ou organiques, l'absorption a lieu comme si la peau était douée d'une propriété non constatée jusqu'à ce jour, d'une sorte *de force catalytique en vertu de laquelle elle opérerait un départ entre les molécules constituantes de certains composés chimiques, pour exercer une absorption élective sur l'un des composants, à l'exclusion de l'autre.* »

Hébert (1) a nié non-seulement l'absorption des matières solubles, mais même l'absorption de l'eau : pour lui, si le poids du corps augmente un peu dans le bain, ce résultat serait dû à une imbibition des couches épaisses de l'épiderme des pieds et des mains. — Demarquay (2), en se servant pour ses expériences des bains à l'hydrofère, n'a pu retrouver que des quantités insignifiantes d'iodure de potassium, contrairement à Sereys et Reveil. — L. Parisot (3) n'a réussi à reconnaître, après le bain, ni l'iodure de potassium, ni le cyanoferrure, ni le chlorate de potasse.

(1) Hébert, Thèse inaugurale de la Faculté de Paris. 1861.
(2) Demarquay, *De la glycérine et de ses applications*, p. 92 et suiv.
(3) L. Parisot, *Recherches expérimentales sur l'absorption par le tégument externe*, 1863.

Pour savoir si une substance mise au contact de l'organisme a été absorbée, le meilleur moyen consiste assurément à en démontrer la présence dans les liquides des diverses sécrétions. Mais, alors même qu'on n'y découvrirait pas cette substance, on ne pourrait en conclure en toute certitude qu'elle n'a point été absorbée : l'époque à laquelle on en fait la recherche n'est pas indifférente pour décider de la réalité de l'absorption, car il peut se faire, ou bien que la matière étrangère ne soit pas encore arrivée à l'endroit où on la cherche, ou bien qu'elle soit rendue méconnaissable par des substances organiques qui se sont combinées avec elle ou qui l'ont décomposée. G. Wetzlar (1), par exemple, prend 3^{gr},82 de cyanure de potassium, puis, à l'aide d'un sel de fer, il examine pendant quatre jours toutes ses évacuations, et ne retrouve dans l'urine que 0^{gr},21 de bleu de Prusse, sans pouvoir rencontrer la moindre trace du reste dans les excrétions, la sueur, le mucus nasal, la salive, etc.

Pour que les expériences d'Homolle, d'Hébert, de Demarquay et de Parisot eussent présenté toute la rigueur désirable, évidemment il aurait fallu que l'urine fût examinée à des moments plus rapprochés et à d'autres plus éloignées de celui où l'expérience avait été commencée. D'ailleurs divers résultats qu'ils signalent sont tellement opposés à ceux que d'autres expérimentateurs ont obtenus, qu'on ne saurait les accepter sans un nouveau contrôle.

c. — Nous avons dit, plus haut, que la peau absorbe également des *gaz*. Bichat s'étant enfermé, pendant plusieurs heures, dans une salle de dissection où se trouvaient des cadavres en putréfaction, en prenant la précaution de ne respirer que l'air du dehors au moyen d'un appareil spécial, l'odeur cadavérique des gaz rendus par l'anus dénota bientôt l'absorption des miasmes putrides par la surface de la peau. Chaussier (2) a très-bien constaté aussi, dans ses expériences, que le gaz hydrogène sulfuré est absorbé malgré les poils et les plumes des animaux ; il plaça des lapins et des oiseaux de diverses espèces dans des vessies pleines de ce gaz, en ayant soin d'exposer leur tête à l'air libre, et, au bout de dix à douze minutes, tous ces animaux avaient succombé ; une lame d'argent décapée ou du protoxyde blanc de plomb, mis en contact avec la peau, sont devenus immédiatement noirâtres à leur surface. Dans des expériences analogues faites avec l'acide carbonique, Collard de Martigny (3) a reconnu que l'action de ce gaz sur la surface du corps (la respiration d'un air pur continuant à s'opérer par les voies pulmonaires) produisait des accidents et pouvait même devenir funeste.

Du reste, comme chacun le sait, l'absorption normale de gaz par la peau est tellement active chez certains animaux, qu'une véritable respiration peut s'effectuer à travers cette enveloppe. Cela s'observe, par exemple, chez

(1) G. Wetzlar, *Dissertatio de materiarum nonnullarum, imprimis kali Borussici, in organismum transitu, annexis quibusdam de absorptione venosa.* Marburg, 1822, p. 24.

(2) Chaussier, *Précis d'expériences faites sur les animaux avec le gaz hydrogène sulfuré,* ans le journal *la Biblioth. médic.,* t. I, p. 108 et suiv.

(3) Collard de Martigny, *De l'action du gaz acide carbonique sur l'économie animale.* Mémoire lu à l'Académie des sciences de Paris, dans sa séance du 26 juin 1826.

beaucoup d'animaux aquatiques d'une organisation simple, comme les polypes, les acalèphes, etc. La seule condition nécessaire à ce mode de respiration, c'est que la peau reste molle, souple et suffisamment perméable. Il existe aussi une respiration cutanée plus ou moins active chez diverses espèces supérieures pourvues d'un appareil respiratoire local, comme les grenouilles, les salamandres, etc.; mais il nous faut réserver pour plus tard ce point intéressant de physiologie.

III. — S'il est bien avéré que la peau intacte absorbe les substances qui sont mises simplement en contact avec elle, on comprend qu'il en soit encore ainsi, à plus forte raison, quand elle aura été soumise à des *frictions* préalables qui peuvent avoir intéressé son revêtement épidermique. Il serait donc superflu d'accumuler ici des preuves en faveur de l'absorption qui a lieu dans ces dernières conditions. Autenrieth et Zeller (1), Schubarth (2), Brüchner, etc., ont retrouvé du mercure dans le sang d'individus soumis à des frictions mercurielles, et Lebküchner (3), qui est parvenu à empoisonner des lapins en les frottant avec des solutions d'acétate de plomb, de chlorure de baryum, etc., a pu aussi retrouver ces substances dans le sang des artères et des veines. Cantu (4) a constaté la présence de l'iode dans le fluide sanguin de malades dont la peau avait été le siége de frictions avec des pommades iodurées; et, de son côté, Bluff (5) a démontré la présence de l'acide cyanhydrique dans le sang d'oiseaux frictionnés, au-dessous des ailes, avec cet acide. Colson (6) saigne un malade soumis préalablement à vingt-cinq onctions mercurielles de 30 grammes chacune, puis il expose au contact du sang une lame de cuivre décapée, et reconnaît, à la couleur blanche qui apparaît, la formation d'un amalgame, etc.

IV. — La faculté dont jouit la peau d'absorber certains médicaments est constamment mise à profit en thérapeutique; les bains simples ou composés, les cataplasmes et les fomentations de diverses natures, les frictions mercurielles ou autres rendent en effet de grands services dans le traitement de plusieurs maladies. Mais l'épiderme étant un obstacle à la rapidité de l'absorption des médicaments, on a imaginé de mettre directement en contact, avec le derme dénudé, la substance que l'on veut faire agir sur l'organisme. Cette méthode, connue sous le nom de *méthode endermique*, consiste à établir, à l'aide de la pommade de Gondret, par exemple, une prompte vésication qu'on fait suivre de l'application du médicament à absorber. On sait quels effets intenses et rapides on obtient, en particulier, des sels de morphine ainsi administrés.

V. — L'état dans lequel se trouve la peau, lors même qu'elle est intacte, n'est pas sans influence sur le pouvoir absorbant de cette membrane : est-elle

<hr>

(1) Reil's *Archiv*, etc., t. VIII, p. 228.
(2) Horn's *Neue Archiv*, 1823, t. II, p. 419.
(3) Lebküchner, *loc. cit.*
(4) Cantu, *Journal de chimie médicale*, t. II, p. 291.
(5) Bluff, *Dissert. de absorptione cutis*, p. 23.
(6) Colson, *Arch. génér. de méd.*, 1826, t. III, p. 88.

rude et sèche, le plus souvent les préparations médicamenteuses ne donnent lieu à aucun effet appréciable; tandis que, si elle est douce et moite, leur absorption peut s'accomplir avec assez de facilité. C'est surtout dans ce dernier cas que des applications laudanisées prolongées peuvent déterminer des accidents toxiques.

VI. — Diverses autres circonstances influent encore sur le degré d'activité de l'absorption cutanée. Cet acte offre quelque énergie surtout chez les enfants et les jeunes gens, dont la peau est plus mince et plus vasculaire que celle des adultes et des vieillards. Sous ce rapport, la femme se rapproche de l'enfant; aussi l'absorption par la peau semble-t-elle être généralement plus active chez elle que chez l'homme. — Les saisons ne sont pas non plus indifférentes : l'été et les climats un peu chauds favorisent ce genre d'absorption, tandis que l'hiver et les climats froids produisent l'effet inverse. — On a aussi reconnu que, dans les diverses parties du corps, la peau ne jouit pas au même degré de la faculté absorbante : c'est surtout dans les points où, très-amincie, elle se continue avec les membranes muqueuses (lèvres, gland, vagin, etc.) qu'elle absorbe le plus activement; l'aine et l'aisselle sont des lieux d'élection toutes les fois qu'on veut obtenir un effet général de certaines onctions médicamenteuses.

Tout en attribuant à la peau une part incontestable dans l'absorption des liquides et des gaz alors même que sa couche épidermique a été conservée, on doit pourtant reconnaître que, chez l'homme, cette participation est assez faible pour que, grâce à son épiderme, la peau puisse rester impunément en contact prolongé avec beaucoup de substances nuisibles ou vénéneuses qui seraient rapidement absorbées par une membrane muqueuse quelconque. Essentiellement destinée à envelopper l'animal et à le protéger contre l'action des corps qui l'entourent, la peau, en effet, a pu être organisée de manière à n'absorber que dans des proportions bien minimes, si on la compare aux membranes muqueuses dont le rôle est si différent. Il ne faudrait donc pas s'exagérer les résultats de l'absorption cutanée, et aller croire, par exemple, que des branches d'aconit, placées sur le sein de jeunes filles, ont pu agir par absorption directe et les faire s'évanouir; que les racines de l'ellébore blanc, appliquées sur l'épigastre, ont produit des vomissements; que des médicaments amers, employés extérieurement sur l'abdomen, ont provoqué l'expulsion de vers intestinaux, ou que certaines pilules posées sur la région précordiale ont amené une purgation, etc.! Tous ces faits et beaucoup d'autres, qui ne sauraient être acceptés, ont été recueillis par Haller (1) qui d'ailleurs les apprécie à leur juste valeur en ces termes : « *Suspecta enim experimenta esse non ignoro.* »

ABSORPTION PAR LA MEMBRANE MUQUEUSE PULMONAIRE.

La membrane muqueuse pulmonaire, dont le rôle essentiel est d'absorber l'oxygène atmosphérique, offre aux extrémités des bronches une

____

(1) HALLER, *Elementa physiol.*, t. V, p. 87.

telle ténuité, que les liquides, les vapeurs ou les divers gaz la pénètrent aussi bien que ses vaisseaux avec une étonnante rapidité. De là, en physiologie expérimentale, la préférence qu'on donne assez souvent à la voie pulmonaire, quand il s'agit de faire passer vite et sûrement, par absorption, dans le sang des animaux, certaines substances solubles dont on a intérêt à connaître l'influence sur l'économie. Seulement, en pareil cas, l'expérimentateur ne devra jamais négliger une précaution importante, qui est de faire préalablement la trachéotomie : il évitera ainsi tout passage de liquides par le larynx et toute stimulation anormale de la muqueuse sus-glottique, d'où résulteraient des contractions spasmodiques de la glotte nécessairement accompagnées de menaces de suffocation. C'est qu'en effet, comme nous l'avons souvent constaté dans des expériences comparatives (*), tandis que la muqueuse du vestibule sus-glottique jouit d'une sensibilité exquise en rapport avec la protection de l'entrée des voies respiratoires, au contraire la membrane qui revêt la trachée et les bronches offre une sensibilité relativement assez obtuse. Cette différence légitime l'emploi du procédé expérimental dont il s'agit, à la condition pourtant que la quantité de liquide introduite à la fois dans la trachée ne sera jamais assez abondante pour interrompre tout d'abord la respiration.

I. — De nombreuses expériences ont fait voir que l'*eau*, introduite en quantité notable dans les bronches, ne tarde pas à y être résorbée : ainsi, des chats en ont supporté 60 grammes, au témoignage de Ed. Goodwyn (1), et des chiens, environ quatre fois davantage, au rapport de Ségalas (2); des lapins ont survécu à l'injection de 125 grammes d'eau, pratiquée par Mayer (3) dans l'espace de vingt-quatre heures.

Les résultats les plus curieux, sous ce rapport, sont ceux que relate Gohier (4). Dans l'intention d'asphyxier et d'abattre promptement un cheval destiné à la pratique des opérations, des élèves lui injectent, par une plaie faite à la trachée, plusieurs litres d'eau : l'animal survit à l'expérience, qui, répétée à plusieurs reprises, cause la mort, seulement quand 52 litres d'eau ont été successivement introduits dans les voies aériennes. Gohier lui-même fait renouveler ces tentatives sur deux autres chevaux et sur un âne, qui ne succombent qu'après que le liquide a été poussé dans les bronches très-vite et en fort grande quantité à la fois. L'autopsie démontre qu'en pareils cas les bronches peuvent parfois être entièrement vides, alors que les poumons sont engorgés et œdémateux.

II. — La membrane muqueuse pulmonaire peut également absorber des

---

(*) Voyez (chap. *Digestion*, p. 127 et suiv.) nos expériences qui démontrent le rôle important que joue la sensibilité de la muqueuse sus-glottique, comme régulateur commun de la respiration et du second temps de la déglutition.

(1) Ed. Goodwyn, *The Connection of Life with Respiration ; or an Experimental Inquiry on the Effects of Submersion*, etc. Londres, 1788.

(2) Ségalas, *loc. cit.*

(3) Meckel's *Deutsches Archiv*, etc., t. III, p. 494.

(4) Gohier, *Mém. et Observ. sur la chirurgie et la médecine vétérinaires*, t. II, p 418, ann. 1816.

substances dissoutes dans l'eau, et les laisse passer dans le sang avec une très-grande promptitude ; c'est ce que démontrent les faits suivants :

Dans les bronches d'un chat sont introduits 30 grammes d'une solution de sulfate de cuivre ammoniacal. La respiration devient stertoreuse et l'animal ne tarde pas à être pris de convulsions. La carotide et la jugulaire étant ouvertes cinq minutes après l'injection, on constate la présence du cuivre ammoniacal dans le sang artériel. — Du prussiate de potasse, dissous dans l'eau, est injecté dans la trachée-artère d'un chat ; après deux minutes, le sérum du sang artériel offre des traces de ce sel, qu'on ne retrouve ni dans le canal thoracique, ni dans le sérum du sang veineux, ni dans l'urine. — Une dissolution de sulfate de fer est poussée dans les bronches de deux chats ; six minutes après, le sérum du sang de la carotide renferme ce sel, qui n'existe pas dans la veine jugulaire. — Deux grammes et demi de nitrate de potasse, dissous dans 16 grammes d'eau, sont injectés dans la trachée d'un chat : l'animal éprouve des convulsions et meurt au bout de deux minutes ; du papier est trempé dans le sang de l'aorte descendante, on le fait sécher, et il brûle avec une légère décrépitation. Un autre morceau de papier, imprégné du sang de la veine jugulaire et également desséché, ne présente pas un phénomène analogue. — Un renard succombe très-vite, après qu'on a introduit de l'huile de térébenthine et de l'huile d'olive dans sa trachée-artère ; le sang artériel exhale l'odeur de la térébenthine et le sang veineux ne présente rien de semblable (Lebküchner) (1).

Suivant Ségalas (2), l'injection d'une certaine quantité d'alcool dans les bronches détermine une ébriété aussi prompte que par le mélange direct de ce liquide avec le sang, et la section des nerfs de la huitième paire n'aurait pas d'influence sur la promptitude des phénomènes de l'ivresse (*).

Les poisons dissous s'absorbent rapidement aussi lorsqu'on les introduit dans les voies aériennes : la strychnine qu'on y injecte tue promptement les animaux ; il en est de même de l'acide cyanhydrique (3). D'après Ségalas (4), $0^{gr},10$ d'extrait alcoolique de noix vomique, poussés dans les bronches d'un chien de moyenne taille, produisent la mort en quelques secondes.

---

(1) Lebküchner, *Dissertatio quâ experimentis eruitur, utrum per viventium adhuc animalium membranas atque nasorum parietes materiæ ponderabiles illis applicatæ permeare queant, nec ne?* Tubingue, 1819.

(2) Ségalas, *Archiv. génér. de méd.*, t. XII, p. 105.

(*) Ici il faut établir, relativement à l'activité de l'absorption pulmonaire, une différence qui n'est pas sans quelque intérêt et que m'ont révélée mes propres expériences : les nerfs vagues étant reséqués, si l'on injecte dans les voies respiratoires de l'alcool ou une substance vénéneuse en dissolution, l'ivresse ou l'intoxication se manifeste beaucoup plus vite le premier jour de l'opération que le second et surtout le troisième jour ; d'où il semble résulter que l'activité de l'absorption diminue en raison directe de l'engouement pulmonaire. (Voyez mon *Traité d'anat. et de physiol. du syst. nerv.*, t. II, p. 303. Paris, 1842.)

(3) Magendie, *Leçons sur les phénom. physiques de la vie*, 1836, t. I, p. 31.

(4) Ségalas, *loc. cit.*, p. 109.

Les principes colorants de l'indigo et du safran ont été retrouvés dans l'urine après l'injection d'une solution de ces substances dans la trachée-artère : sous ce rapport, il y a conformité dans les observations de Mayer (1), Seiler et Ficinus (2), qui contredisent celles de Lebküchner.

III. — Piollet (3) s'est appliqué à déterminer le temps nécessaire à un li-quide, absorbé par la muqueuse pulmonaire, pour se montrer dans le sang artériel et dans le sang veineux. L'artère crurale et la veine jugulaire étant mises à nu sur un chien, 120 grammes d'une dissolution de prussiate de potasse sont injectés dans la trachée : après quatre minutes, le sang de l'artère crurale contient déjà des parties de ce sel, et, après sept minutes seulement, ce dernier apparaît dans la veine.

La rapidité de l'absorption pulmonaire est encore démontrée par l'ex-périence suivante. La trachée étant ouverte sur des agneaux, une solution de cyanure de potassium (30 grammes de sel pour 1 kilogramme d'eau), y est instillée peu à peu, et la substance ainsi administrée apparaît dans l'urine, douze, dix et même huit minutes après l'opération. Ajoutons que la poitrine de ces animaux ayant été alors ouverte, on a constaté la présence du cyanure de potassium dans les veines pulmonaires et l'oreillette gauche du cœur, mais qu'on n'a pu retrouver ce sel dans les vaisseaux et ganglions lymphatiques du poumon, ni dans le sang de la veine cave des-cendante (Panizza) (4).

La marche rapide de l'absorption, à la surface des voies aériennes, a été appréciée d'une autre manière par Stehberger (5) : Sur un jeune homme atteint d'une exstrophie de vessie, l'urine expulsée par les uretères exha-lait l'odeur de violette un quart d'heure après que le sujet avait aspiré de l'essence de térébenthine. Mayer (6) injecte un mélange de teinture d'in-digo et de teinture de safran dans la trachée-artère de plusieurs lapins; au bout de huit minutes, leur urine avait pris une coloration verte.

La grande activité de l'absorption pulmonaire aurait été démontrée directement chez l'homme lui-même, dans un cas observé par Desault, à l'Hôtel-Dieu : une fausse route suivie par une sonde que l'on croyait porter dans l'œsophage et qui pénétra, dit-on, dans le larynx, conduisit un bouillon dans les voies aériennes; il n'en résulta aucun accident grave. Ce fait, qui est cité dans divers traités de physiologie, ne nous semble pas appuyé de preuves suffisantes.

Dans toutes les expériences où les substances injectées sont apparues dans les cavités gauches du cœur et les artères plus tôt que dans ses cavités droites et les veines du corps, le passage dans le sang ne saurait s'expliquer

(1) Meckel's *Deutsches Archiv*, t. III, p. 498.
(2) Ficinus, *Zeitschrift für Natur- und Heilkunde*, t. I, p. 135.
(3) Piollet, *Archiv. génér. de méd.*, t. IX, p. 610.
(4) Panizza, *Memorie dell' I. R. Institut. Lomb.*, 1841, t. I.
(5) Stehberger, *Zeitschrift für Physiologie*, t. II, p. 49.
(6) Meckel's *Deutsches Archiv*, etc. t. III, p. 498.

par le cours de la lymphe ; par conséquent, les veines pulmonaires ont été la voie d'absorption.

IV.—Les *substances volatiles* sont aussi très-facilement absorbées par la muqueuse pulmonaire, et portées ultérieurement dans les voies circulatoires : c'est ainsi, par exemple, que survient l'odeur de violette communiquée à l'urine par l'inspiration d'un air chargé de vapeurs de térébenthine. Piollet (1) s'enferme la tête dans un air chargé de ces vapeurs, d'alcool vaporisé ou de miasmes putrides, avec la précaution de laisser le reste de son corps plongé dans une atmosphère composée d'air pur : dans le premier cas, il retrouve l'odeur de violette dans son urine ; dans le second, il ressent tous les effets de l'ivresse ; dans le troisième, il reconnaît une odeur cadavérique aux gaz intestinaux et aux matières fécales. Panizza (2) a aussi constaté, sur des chevreaux, l'absorption des vapeurs d'iode : pour cela, il se sert d'un appareil dans lequel cette substance se volatilise d'une manière lente et continue, appareil muni d'une ouverture à laquelle adhère un tube de toile cirée. L'ouverture reçoit la tête d'un chevreau, au cou duquel est fixée la partie libre de cette toile ; et, bientôt, la présence de l'iode est facile à reconnaître dans le sang de l'artère fémorale.

V. — L'homme et les animaux supérieurs peuvent accidentellement se trouver plongés dans différents *gaz* délétères qui, avec l'air atmosphérique, pénètrent dans les voies respiratoires, y sont absorbés et déterminent l'intoxication.

Mais, de toutes les absorptions gazeuses qui s'opèrent à la surface muqueuse des poumons, il n'en est pas de plus intéressante pour le physiologiste que celle qui normalement s'accomplit, aux dépens de l'oxygène de l'air, durant l'acte respiratoire. Aussi fera-t-elle l'objet d'un chapitre spécial. (Voyez le chapitre *Respiration*.)

VI.—En thérapeutique, on devait nécessairement songer à utiliser la propriété éminemment absorbante de la muqueuse des voies respiratoires : c'est par l'entremise de cette membrane que le chloroforme, l'éther, l'amylène, le protoxyde d'azote et autres agents anesthésiques, introduits dans le sang, vont influencer si singulièrement le système nerveux central. Baier (3) propose d'administrer aux malades le mercure, en leur faisant respirer la vapeur qui résulte de la projection de ce métal sur des charbons ardents ou bien sur une capsule de terre ou de métal rougie au feu ; Nicolas Massa (4) conseille les inspirations de cinnabre volatilisé, dans la vérole constitutionnelle ; aux individus atteints d'affections pulmonaires chroniques, on recommande le séjour dans des étables, les fumigations goudronnées, iodées ou sulfureuses, etc.

---

(1) PIOLLET, *loc. cit.*, et dans *Bulletin* de FÉRUSSAC, t. VII, p. 220.
(2) PANIZZA, *loc. cit.*
(3) GMELIN, *Appar.*, t. VIII, p. 73.
(4) VAN SWIETEN, *Comment.* BOERH., t. V, p. 476.

VII. — Mais si l'absorption pulmonaire a été mise à profit dans le traitement de certaines maladies, elle est bien plus souvent encore une porte ouverte à des principes nuisibles qui pénètrent dans l'économie et parfois y produisent de grands ravages. Qui ne connaît les accidents produits sur les mineurs employés à l'exploitation du mercure, depuis que Ramazzini (1) les a si bien décrits ? Walter Pope (2) a, de son côté, signalé des accidents semblables chez les ouvriers qui travaillent aux mines du Frioul. Colson (3) rapporte que lui-même et cinq élèves en médecine, attachés au service des vénériens, furent atteints de gonflement mercuriel des gencives et de ptyalisme (bien qu'ils n'eussent touché aucune préparation hydrargyrique), par le seul fait de leur séjour dans les infirmeries où leur service les retenait. Mais, parmi les cas de ce genre, le plus remarquable est le suivant (4) : En 1810, le vaisseau anglais *le Triomphe* reçut à son bord une grande quantité de mercure qui s'échappa des vessies et des barils dans lesquels on l'avait renfermé, et de là fit irruption dans tout le navire; pendant une période de trois semaines, deux cents individus furent atteints de salivation, d'ulcérations à la bouche et à la langue, de paralysies partielles et de dérangement des intestins. Ces funestes effets se firent également sentir sur les animaux qu'on avait à bord; plusieurs même périrent victimes de cette intoxication.

Que de professions dans lesquelles des matières animales ou végétales, mêlées à l'air atmosphérique, sont réputées produire par cela même des effets pernicieux sur les malheureux ouvriers! Dans les manufactures de soie, deux opérations compromettent surtout la santé : le tirage de la soie des cocons, au milieu des émanations infectes de la chrysalide, et le cardage de la filoselle. D'après Vincent et Baumes (5), les femmes qui se livrent à ce travail seraient plus spécialement sujettes aux fièvres putrides, aux congestions pulmonaires et à l'hémoptysie. Dans les prisons de Metz (6), la plupart des détenus sont employés à battre, à éplucher et à tirer le crin : des éruptions furonculeuses, des anthrax plus ou moins graves, etc., ont paru être souvent le résultat de l'absorption des émanations qui se dégagent des crins de qualité inférieure. — Le séjour prolongé dans les mines a été considéré comme donnant lieu à une maladie des organes respiratoires, appelée *phthisie charbonneuse* du poumon, qui a été étudiée surtout par Gregory, Christison, Thomson, etc. — La fabrication du tabac exerce aussi une influence incontestable sur la santé des individus qui vivent dans une atmosphère chargée des principes volatils que cette plante dégage : chez eux, il survient une altération particulière du teint; ce n'est point une décoloration simple, une pâleur ordinaire, c'est un aspect gris avec quelque chose de terne, une nuance mixte qui tient de la chlorose et de certaines cachexies. La physionomie en reçoit un caractère propre auquel un œil exercé pour-

(1) Ramazzini, *De morbis artificium diatriba* ; trad. franç. par Fourcroy. Paris, 1777.
(2) Walter Pope, *Philos. Trans.*, p. 1665.
(3) Colson, *Arch. génér. de méd.*, t. XII, p. 70.
(4) *Philos. Trans.*, part. II, p. 402. — *Arch. génér. de méd.*, t. IV, p. 282.
(5) Vincent et Baumes, *Topographie de la ville de Nimes*, 1802.
(6) *Annales d'hygiène*, 1845, t. XXXIII, p. 339.

rait, jusqu'à un certain point, reconnaître tous ceux qui ont longtemps travaillé le tabac (1). — Des fièvres intermittentes, des dysenteries, des fièvres malignes, ont souvent atteint des individus qui avaient assisté à une exhumation de cadavres : par quelle voie les principes de ces maladies auraient-ils pénétré dans l'économie, si ce n'est surtout par la voie pulmonaire? Beaucoup d'affections ne sont contagieuses que parce que l'atmosphère en permet la propagation d'un individu à un autre : un petit malade, atteint de coqueluche, de variole, de rougeole ou de scarlatine, est placé dans un milieu où viennent respirer à leur tour un grand nombre d'autres d'enfants, et ces derniers eux-mêmes ne tardent pas à contracter une de ces affections, etc.

ABSORPTION PAR LA MEMBRANE MUQUEUSE DIGESTIVE.

Si c'est par l'entremise de la membrane muqueuse pulmonaire que le principe vivifiant de l'air (gaz oxygène) pénètre dans les voies circulatoires, c'est par la *membrane muqueuse digestive* et ses vaisseaux que passe le produit liquide de la digestion pour venir se mêler au sang, rendez-vous commun de tout ce qui est absorbé. Les membranes muqueuses pulmonaire et digestive sont donc, *comme surfaces absorbantes*, les plus importantes de toutes, puisqu'elles sont essentiellement chargées d'introduire dans l'organisme les matériaux propres à réparer ses pertes incessantes.

Pour ce qui regarde l'absorption par la muqueuse digestive, si elle est en effet l'une des plus importantes quant au but fonctionnel, on peut ajouter qu'elle est aussi la plus étendue de toutes les absorptions et celle qui s'opère sur les produits les plus abondants et les plus variés. Pour s'en convaincre, ne suffirait-il pas déjà, à l'égard des *aliments*, de comparer le poids de la masse ingérée à celui des fèces, puis de se rappeler la variété des principes propres aux matières alimentaires (principes gras, albuminoïdes, féculents ou sucrés)? Et les *boissons*, qui plus tard seront excrétées par les urines, par la sueur ou la perspiration pulmonaire, en quelle quantité ne sont-elles pas introduites dans les voies digestives ! Comment aussi ne pas tenir compte de tous ces liquides organiques (salive, bile, sucs gastrique, pancréatique, intestinal, etc.) si abondamment versés dans ces mêmes voies (*)? Qu'ils rentrent dans l'économie avec leurs caractères primitifs ou bien qu'ils soient modifiés dans leur composition pour faire partie des produits extraits des aliments eux-mêmes, toujours est-il qu'ils sont pour la plupart presque entièrement destinés à la résorption, et non à l'élimination comme l'urine.

Ajoutons qu'indépendamment de tous ces produits utiles au renouvelle-

---

(1) *Bulletin de l'Académie de médecine de Paris*, 1845, t. X.

(*) Pour ne parler que du *suc gastrique*, on sait qu'un chien, du poids de 10 kilogrammes seulement, en sécrète environ 500 grammes dans les vingt-quatre heures; chiffre qui serait énorme si ce fluide ne devait pas être en très-grande partie résorbé avec le produit même de la digestion.

ment et à l'entretien des organes, la membrane muqueuse digestive peut encore absorber normalement une partie des *gaz* que renferme toujours le tube intestinal, et accidentellement une foule de *sels* autres que ceux qui sont nécessaires à l'alimentation, des *matières colorantes* et *odorantes*, des *médicaments*, même aussi des *poisons*, malgré la faculté élective attribuée à de prétendues bouches absorbantes.

Il importe d'ailleurs de savoir que le pouvoir absorbant de cette membrane n'est pas également réparti sur tous les points des voies digestives : faible dans la bouche et dans l'œsophage où, à la vérité, les substances ingérées séjournent à peine, il est, sauf quelques exceptions, assez marqué dans l'estomac, acquiert tout son développement dans l'intestin grêle, et va s'affaiblissant de nouveau à mesure qu'on s'approche davantage de la terminaison du gros intestin.

Avant de nous occuper des diverses absorptions signalées plus haut, cherchons donc si l'examen des points qui possèdent plus spécialement la faculté absorbante ne nous révélerait pas quelques particularités dignes d'intérêt.

La *membrane muqueuse digestive* n'offre, en effet, ni le même aspect, ni les mêmes caractères anatomiques dans tous les points de son étendue. Mais la seule portion qui doive plus spécialement fixer notre attention, au point de vue dont il s'agit, est évidemment celle qui revêt l'intestin grêle : elle est remarquable par l'existence d'un grand nombre de replis ou *valvules conniventes* et par de nombreuses saillies ou *villosités*.

a. — Les *valvules conniventes* sont des replis muqueux, à configuration variable, qui résultent de l'adossement de la membrane muqueuse à elle-même, et dont on rencontre déjà des rudiments dans le tube digestif de quelques Acalèphes, des Actinies, des Mollusques, des Nématoïdes, des Annélides et des Insectes. Presque toujours dirigés suivant la longueur de l'intestin chez les Poissons et les Reptiles, ces plis affectent chez les Mammifères, et notamment chez l'homme, une direction transversale. On les rencontre dans l'intestin grêle seulement, et leur nombre est d'autant plus considérable qu'on se rapproche davantage du pylore ; conséquemment, elles sont plus nombreuses dans le duodénum que dans le jéjunum et l'iléon. Elles sont aussi en plus grand nombre sur la demi-circonférence de l'intestin qui tient au mésentère que sur la demi-circonférence opposée.

Leurs dimensions, en longueur et en hauteur, sont d'autant plus étendues, qu'on examine ces valvules dans des parties plus élevées de l'intestin : c'est ainsi que, dans le duodénum, elles parcourent un trajet comprenant la moitié ou les trois quarts de la circonférence du tube intestinal, et qu'elles se réduisent au tiers ou au quart de cette circonférence, vers la terminaison de l'intestin grêle. Leur direction est généralement perpendiculaire à l'axe du tube; mais elle est oblique par rapport à la surface de l'intestin. Leur forme se rapproche plus ou moins de celle d'un croissant; en effet, les deux extrémités se terminent en pointe et le milieu est la partie la plus large. Ces valvules sont tellement disposées, que le bord libre est inférieur, concave et saillant dans l'intestin, tandis que le bord adhérent, convexe, est lié au corps de cet organe. Si l'on examine leur *structure*, on reconnaît qu'elles sont formées de deux feuillets de la membrane muqueuse, unis ensemble par du tissu cellulaire, sans interposition d'aucune fibre musculaire. Chaque valvule renferme d'ailleurs dans sa tunique celluleuse une branche vasculaire qui marche parallèlement à la longueur de la valvule, et de laquelle se détachent les nombreux rameaux destinés à la muqueuse.

Les valvules conniventes, étant complétement dépourvues de fibres musculaires, ne sauraient exécuter des mouvements propres. Les inégalités qu'elles déterminent dans l'intérieur de l'intestin peuvent contribuer à ralentir la marche des matières alimentaires; mais surtout ces valvules servent à augmenter, proportionnellement à leur nombre, l'étendue de la surface muqueuse, c'est-à-dire de la *surface absorbante* de l'intestin.

b. — Quant aux *villosités*, ce sont de petits appendices très-fins et très-délicats qui, chez les Mammifères spécialement, donnent un aspect velouté aux parties de la muqueuse digestive sur lesquelles on les observe. Dans l'intestin grêle, où on les rencontre exclusivement, elles existent sur les valvules conniventes aussi bien que dans leurs intervalles, et sont d'autant plus nombreuses qu'on les examine dans une portion plus élevée de cet intestin. Leur forme est, en général, celle d'une lamelle plus ou moins régulièrement triangulaire; mais, pendant le travail de la digestion, elles prennent la forme cylindrique. On a cru, longtemps, que le sommet de chaque villosité était perforé d'une ou de plusieurs ouvertures conduisant à une sorte d'ampoule, dont Lieberkühn (1) admettait l'existence à la base de la villosité. Cet anatomiste voyait là comme l'origine des vaisseaux lactés; opinion qui a été partagée par J. Hunter (2), Cruikshank (3), Treviranus (4), L. Boehm (5), etc. Cette erreur, réfutée surtout par Rudolphi (6), s'explique par une illusion d'optique que plusieurs circonstances peuvent produire; telles sont : l'existence de bulles d'air; la disposition des vaisseaux sanguins du sommet de la villosité, signalée par Berres; l'existence de petites fossettes éparses à la surface des villosités de certains animaux, notamment de la brebis et du bœuf; la disposition de l'épithélium dont les noyaux de cellules simulent des orifices, etc.

Diverses opinions ont été émises sur la *structure des villosités*. Leeuwenhock (7) les considère comme de nature musculeuse; Mascagni (8), comme composées d'un lacis de vaisseaux sanguins et lymphatiques; Flourens, comme des productions dépendantes du derme, etc.

(1) LIEBERKÜHN, *De fabrica et actione villorum intestinorum tenuium.* Leyde, 1745.
(2) J. HUNTER, *Œuvres compl.*, trad. franc. de Richelot, t. Ier, p. 297, et t. III, p. 514. Paris, 1843.
(3) CRUIKSHANK, *Anatomy of the Absorbent Vessels*, etc. London, 1786 ; trad. franç. par Petit-Radel.
(4) TREVIRANUS, *Beiträge*, etc., t. II, 1835, p. 104.
(5) L. BOEHM, *Die kranke Darmschleimhaut*, etc. Berlin, 1838, p. 43.
(6) RUDOLPHI, REIL's *Archiv*, t. IV, 1800, p. 66, 75, 345, 393.
(7) LEEUWENHOEK, *Opera omnia*, t. III. Leyde, 1722.
(8) MASCAGNI, *Vasorum lymphat. corp. hum. histor. et iconogr.* Sienne, 1787.

La vérité est que les villosités comprennent dans leur texture des éléments du derme muqueux, des fibres musculaires et des vaisseaux.

La charpente ou la substance même de la villosité est un prolongement du derme de la muqueuse. Elle est formée par de la matière amorphe d'une assez faible consistance; matière amorphe, dans l'épaisseur de laquelle sont disséminés quelques noyaux et des corpuscules de tissu conjonctif.

Autour de la substance propre de la villosité, Brücke a découvert une couche de fibres musculaires lisses, dont les unes sont circulaires et les autres longitudinales. Par leur contraction elles compriment et raccourcissent la villosité, produisant ainsi une pression qui fait cheminer les sucs introduits dans cet appendice. En appliquant l'hydrotomie à l'étude des villosités intestinales, Lacauchie (1), un des premiers, a reconnu qu'elles se contractent. D'après cet observateur, au moment où les villosités sont placées sous le microscope, quelques-unes sont encore allongées et lisses, mais peu à peu on les voit se ramasser, devenir plus opaques et se plisser de rides profondes, régulières, très-bien indiquées à leur pourtour par les dentelures de leur épithélium; en même temps, si l'animal n'est pas mort par effusion de sang, on aperçoit les villosités enveloppées dans un réseau de vaisseaux sanguins, qui, dans le cas contraire, sont moins apparents et quelquefois même ne peuvent être distingués. Sous l'épithélium, ajoute l'auteur, on découvre des stries déliées et longitudinales qui occupent toute la longueur de la villosité; mais il ne se prononce pas sur leur nature et ignore si ce sont des chylifères ou un tissu particulier entourant ces derniers vaisseaux.

Les vaisseaux sanguins, par leur calibre et leur nombre, forment, suivant Sappey (2), environ les quatre cinquièmes du volume total de la villosité. Les artérioles, situées à la périphérie, donnent naissance à un réseau capillaire dont les mailles sont tellement serrées que les espaces qu'elles limitent sont presque inappréciables. Ce réseau occupe la surface de la villosité qu'il recouvre dans toute son étendue. Il est très-rapproché de la couche épithéliale de l'intestin, mais il n'est jamais directement en contact avec elle; une mince couche de la substance propre de la villosité l'en sépare. Les veinules naissent du réseau capillaire et se réunissent habituellement en un tronc unique qui va se jeter dans le plexus veineux sous-muqueux.

Le centre de la villosité est occupé par un canalicule lymphatique. Les villosités étroites ont une cavité centrale simple (ou chylifère), qui commence à leur sommet par un *cul-de-sac* parfois un peu dilaté en ampoule, et qui suit l'axe jusqu'à la base. Dans les villosités larges, il existe un canal simple, qui commence aussi en *cul-de-sac* à l'un des côtés, marche le long du bord arqué et descend de l'autre côté pour aller se perdre dans la profondeur; ou bien elles ont deux canaux naissant, à côté

(1) LACAUCHIE, *Traité d'hydrotomie*, 1853, p. 37.
(2) SAPPEY, *Traité d'anatomie descriptive*, t. III, p. 145. 1857.

l'un de l'autre et au sommet du pli, par des extrémités en cul-de-sac, souvent contournées sur elles-mêmes, et qui partent de ce point en divergeant, pour suivre chacune l'un des bords latéraux de la lamelle. En examinant au microscope les villosités dépouillées de l'épithélium, on voit ces canaux chylifères limités par deux bords obscurs; sur les coupes transversales, ils apparaissent comme des ouvertures rondes, et, dans les villosités pleines de chyle, ils présentent une couleur blanche argentine. Du réseau lymphatique le plus superficiel de la muqueuse partent de fines ramifications qui aboutissent à chacun de ces canaux.

C'est chez un homme mort pendant le travail de la digestion et sur des villosités fortement remplies de chyle, que Henle (1) a pu constater les précédentes dispositions des vaisseaux lymphatiques à leur origine. Schwann (2) a, sur la même pièce, injecté le canal chylifère de chaque villosité avec du mercure poussé par les lymphatiques superficiels de la muqueuse.

Du reste, lors même que la turgescence est moins grande, ce canal est fréquemment accusé par une série interrompue de globules graisseux; souvent encore son sommet seul contient une gouttelette de graisse, qu'on peut diviser par la pression et faire cheminer, le long du canal, vers la base de la villosité. Ajoutons que ce canal médian ou chylifère peut être vu, même dans l'état de vacuité.

De ses recherches sur les vaisseaux lymphatiques du système muqueux, Sappey (3) conclut, contrairement à l'opinion assez généralement admise, que nulle part les radicules du système absorbant ne se présentent à l'état d'isolement ou d'indépendance; que partout elles s'anastomosent entre elles, de manière à former des anses, des mailles, des plexus qui se disposent en membrane. Celle-ci, comprise dans l'épaisseur de la couche la plus superficielle du chorion muqueux, recouvre les vaisseaux sanguins et embrassent les villosités de l'intestin grêle de la même manière qu'elle entoure les papilles de la langue. — Ce serait, d'après cet anatomiste, un tronc veineux qui occuperait l'axe de la villosité et non un canalicule lymphatique. Sur ce point, Sappey est en désaccord avec la majorité des observateurs. Quant à la présence d'un réseau lymphatique à la surface et dans l'intérieur de la villosité, plusieurs histologistes l'admettent et le font se déverser dans le canalicule central. Ainsi d'après Krause (4), le tronc lymphatique, qui existe au centre de la villosité, proviendrait de l'union de plusieurs petits vaisseaux du même ordre qui, au dire de cet observateur, commencent en partie par des extrémités libres, et en partie communiquent ensemble par des réseaux. Dans ces derniers temps, Heidenhain (5), F. Leydig (6), qui ont aussi décrit ce réseau initial, l'ont

<hr>

(1) HENLE, *Anatomie générale*, t. II, p. 84 ; trad. citée.
(2) SCHWANN (J. MÜLLER, *Physiologie*, t. I, p. 265 ; édit. franç.)
(3) SAPPEY, *Traité d'anat. descript.*, t. I, p. 596, et t. III, p. 154.
(4) KRAUSE (MÜLLER's *Archiv*, 1837, p. 5).
(5) HEIDENHAIN, *Die Absorptionswege des Fettes* (MOLESCHOTT's *Untersuch. zur Naturlehre des Menschen*, etc., t. IV, p. 251 à 284, 1858).
(6) F. LEYDIG, *Traité d'histologie*. Paris, 1866 ; trad. franç.

considéré comme formé par les anastomoses des cellules plasmatiques de la substance fondamentale.

Une seule couche d'épithélium cylindrique revêt la muqueuse intestinale dans tous ses points et forme aux villosités une gaîne protectrice. La face libre des cellules présente l'aspect d'une mosaïque; elle est recouverte d'une sorte de vernis formé par une substance amorphe hyaline, et ne présente aucun pertuis. La face adhérente repose sur la substance fondamentale de la villosité, qui la sépare du réseau sanguin et du vaisseau lymphatique central.

Après l'exposé de ces notions anatomiques, nous allons procéder à l'étude des diverses absorptions qui ont lieu à la surface de la muqueuse digestive.

Nous commencerons cette étude par les *boissons*; puis viendront les gaz, les substances salines, colorantes ou odorantes, les médicaments et les poisons, enfin les diverses espèces d'*aliments* qui méritent surtout de fixer notre attention.

1. — Parmi les *boissons*, il en est qui restent inaltérées dans la première partie du tube digestif, et d'autres qui contribuent à former le chyme : l'eau pure et l'alcool, par exemple, se rangent dans les premières; l'huile, le bouillon, le lait, etc., se classent dans les secondes.

L'*eau* ingérée dans l'estomac se trouble par son mélange avec les produits de sécrétion de cet organe; une partie passe dans l'intestin grêle, l'autre est absorbée sur place. Cette absorption s'effectue d'ailleurs avec une grande rapidité : ainsi, d'après Schultz (1), un bœuf qui vient de boire présente, dans son sang, de 55 à 65 parties d'eau de plus qu'auparavant; sur 72 parties d'eau qu'il avale, 6 environ passent très-promptement dans le torrent de la circulation. Un de ces animaux, qui n'avait pas bu depuis vingt-quatre heures, avait dans le sang 775 parties d'eau sur 1000 ; peu d'instants après qu'il eut bu abondamment, son sang en renfermait 840. Sœmmerring et d'autres observateurs, Corpet, par exemple (2), ont vu, dans l'exstrophie de la vessie, l'urine sortir abondamment des orifices des uretères quelques minutes après que l'individu avait pris des boissons; et, si déjà l'urine coulait goutte à goutte, bientôt on la voyait sortir par jet.

Nous avons dit qu'une partie des boissons aqueuses est absorbée dans l'estomac, et qu'une autre portion passe dans l'intestin. Si pourtant on applique une ligature sur le pylore, ces boissons peuvent encore disparaître (3). Dans l'espace d'une demi-heure, 30 grammes d'eau teinte d'indigo ou de garance ne se sont plus retrouvés dans l'estomac des chiens, après la ligature du pylore (4), et les vaisseaux lymphatiques du viscère ne se sont montrés ni colorés, ni même gorgés de liquide.

(1) Schultz, dans *Journal de* Hufeland, 1838.
(2) Siebold's *Journal für Geburtshülfe*, t. XII, p. 309.
(3) Magendie, *Précis de physiol.*, t. II, p. 140.
(4) Ev. Home, *Lectures on Comparative Anatomy*, etc., t. 1, p. 224.

Il n'en est pas de même chez le cheval, d'après les expériences de Bouley (1). L'eau ou d'autres liquides introduits dans l'estomac n'y sont pas absorbés lors de l'état normal : en effet, en liant le pylore après avoir administré une solution de noix vomique (les pneumogastriques restant intacts), il n'y a pas de signes d'empoisonnement, tandis qu'en rétablissant la communication avec l'intestin on produit une intoxication rapide. Il y a, d'après Bouley, des exceptions semblables pour les trois premiers estomacs des ruminants ; le quatrième seul paraît prendre une part active à l'absorption des liquides. L'estomac unique du chien, du chat, du porc et du lapin, semble être aussi dans d'excellentes conditions pour l'accomplissement de cette absorption.

Pour rendre compte de ces différences, on a fait remarquer que, chez le cheval, l'épithélium pavimenteux plus ou moins grossier qui tapisse l'œsophage, au lieu de se transformer, au niveau du cardia, en épithélium cylindrique plus délicat et plus perméable aux liquides, ne change de caractère que vers la partie moyenne de l'estomac, de telle sorte que, dans toute la portion splénique, il existe une couche épithéliale aussi épaisse que l'épiderme cutané. C'est seulement vers la portion pylorique, où la vascularité est plus prononcée, que l'épithélium est plus mince. Dans l'estomac du chien, du porc, etc., au contraire, on ne trouve nulle part un revêtement épithélial analogue à celui qui occupe la région splénique de ce viscère chez le cheval, et il en est de même du quatrième estomac des ruminants, tandis que les trois premiers sont tapissés par un épithélium épais.

L'*alcool* introduit dans l'estomac disparaît vite ; aussi les troubles qu'il occasionne du côté du système nerveux sont-ils prompts à se manifester. Qui ne sait, en effet, avec quelle rapidité les personnes peu habituées à l'usage des boissons spiritueuses ressentent les effets d'une ivresse plus ou moins marquée ?

On fait avaler à une poule robuste, à trois reprises différentes et dans l'espace d'un quart d'heure, 20 grammes d'alcool étendu de son poids d'eau ; après la troisième fois, la poule chancelle, puis tombe sur le flanc. Le tube digestif est aussitôt lavé avec soin ; les liquides réunis sont distillés, et la quantité d'alcool ne s'élève pas à 5 grammes. Dans l'espace de vingt minutes environ, les trois quarts de l'alcool ingéré avaient donc été absorbés (2).

Les boissons alcooliques, pures de tout mélange, ne subissent d'autre altération que d'être étendues par le suc et le mucus gastriques, la salive et les autres liquides de l'appareil digestif. C'est particulièrement dans l'estomac que l'absorption s'en effectue ; celle-ci se continue dans le reste de l'intestin si la quantité d'alcool est considérable.

(1) Rapport sur un mémoire de BOULEY, lu à l'Académie de médecine de Paris, dans *Bulletin de l'Acad.*, 22 juin 1852.

(2) BOUCHARDAT et SANDRAS, *De la digestion des boissons alcooliques*, dans *Arch. d'anat. et de physiol.* 1846, p. 238.

Il résulte des expériences de Tiedemann et Gmelin (1) que l'alcool n'est pas entièrement absorbé dans l'estomac du cheval; car ce liquide, trois heures et demie après son ingestion, a été retrouvé en partie dans l'intestin grêle. Ce fait se concilie avec les précédentes remarques de Bouley.

Dans une série d'expériences faites sur divers animaux (chiens, poules, canards, etc.), Bouchardat et Sandras (2) disent avoir constaté que l'absorption des boissons alcooliques s'accomplit par les veines, et non par les vaisseaux chylifères : c'est ce qu'il nous faudra examiner plus tard. D'après ces mêmes expérimentateurs, l'alcool n'est pas non plus éliminé par les appareils sécréteurs, comme ils l'ont reconnu directement sur l'homme; mais il se convertit en eau et en acide carbonique sous l'influence de l'oxygène incessamment introduit par la respiration, et une certaine proportion seulement est évaporée par les poumons. Aussi, lorsqu'on tue des animaux, même au milieu des phénomènes de l'ivresse, trouve-t-on à peine des traces d'alcool dans leur sang.

II. — L'absorption par la membrane muqueuse digestive ne se borne pas aux liquides, elle s'étend aussi aux *gaz* normalement contenus dans le canal alimentaire, ou bien à certains produits gazeux que l'expérimentateur y introduit artificiellement. Quelquefois les gaz intestinaux peuvent être retenus et complétement emprisonnés par le sphincter de l'anus qui s'oppose à leur expulsion : néanmoins, en pareil cas, ils disparaissent peu à peu, ce qui ne peut avoir lieu qu'autant qu'ils sont absorbés et probablement en partie dissous par les humeurs intestinales avec lesquelles ils passent dans les voies circulatoires. On connaît aussi ces expériences faites sur les animaux vivants, dans lesquelles différents gaz, injectés dans une anse intestinale et retenus au moyen de ligatures, ont disparu avec une assez grande rapidité ; ou bien encore celles qui, en quelques minutes, ont occasionné la mort par suite de l'introduction d'une certaine quantité de gaz hydrogène sulfuré dans les intestins.

III. — Quant à diverses *substances solubles*, salines ou autres, mais non vénéneuses, aux *matières colorantes* ou *odorantes*, qui peuvent avoir été ingérées avec les aliments, sans que le travail digestif les ait modifiées, mais qui d'autres fois aussi ont été administrées dans des vues purement expérimentales, c'est évidemment surtout dans les produits des sécrétions qu'on doit chercher la preuve de leur absorption ou de leur passage dans le sang.

Ainsi, d'après Parmentier et Deyeux (3), le lait présente l'odeur du poireau, de l'ail et de l'oignon, trois jours après que les vaches ont été

---

(1) TIEDEMANN et GMELIN, *Recherches sur la route que prennent diverses substances pour passer de l'estomac et du canal intestinal dans le sang.* 1821 ; trad. franç. de Heller.

(2) BOUCHARDAT et SANDRAS, *Rec. cité,* p. 236 et suiv.

(3) PARMENTIER et DEYEUX, *Précis d'expér. et observ. sur les différentes espèces de laits,* p. 141.

nourries avec les feuilles de ces plantes, et il devient rouge six jours après l'usage de la garance. Chez les femmes qui ont pris de l'absinthe ou de l'anis, il contracte la saveur de ces produits. Lorsque les vaches mangent des plantes contenant une substance analogue à l'indigo, comme l'*Anchusa officinalis*, l'*Equisetum arvense*, etc., leur lait conserve sa couleur naturelle immédiatement après la traite; mais il devient bleu après la séparation de la crème, etc.

La transpiration cutanée sert parfois aussi à éliminer de l'économie, indépendamment de l'eau, des substances odorantes ou colorantes que la muqueuse digestive y a introduites. Lorsqu'une personne a fait usage de valériane ou d'asa fœtida, par exemple, sa transpiration prend une odeur particulière; et, dans quelques cas, on a observé des sueurs jaunes chez des malades qui avaient pris beaucoup de rhubarbe.

D'autres fois, chez des animaux nourris habituellement de substances qui renferment certains principes colorants ou odorants, on voit peu à peu les tissus eux-mêmes s'imprégner de ces principes. Ainsi la *pétivère* pénètre le cuir et les chairs de quelques animaux de la Jamaïque d'une odeur et d'une saveur insupportables; les oiseaux de marais, le cuir des vaches de la Norwége et le lard d'animaux de la Grande-Bretagne, exhalent l'odeur du poisson; celle de la sauge se retrouve dans la chair du lapin, etc.

Quant à l'urine, il est surtout facile d'y reconnaître la présence d'éléments qui, absorbés dans le tube digestif, sont ensuite éliminés avec une rapidité parfois très-grande. On peut citer, sous ce rapport, les expériences de Stehberger (1), faites sur un jeune homme atteint d'exstrophie de la vessie : la présence de la matière colorante de l'indigo fut reconnue dans l'urine au bout de 15 minutes; celle de la garance, de la rhubarbe, du bois de Campêche, des baies d'airelle, après 20 à 45 minutes; celle de la pulpe de casse, après 55 minutes; celle des baies de sureau, après 75 minutes; celle de l'acide gallique, après 20 minutes, et enfin celle de la busserole, après 45 minutes. Quant au cyanure de potassium et de fer, il n'arriva dans l'urine qu'au bout d'une heure. Ce dernier résultat diffère notablement de celui qui a été obtenu par Krimer (2) et Naveau (3); ces deux expérimentateurs ont en effet retrouvé le même sel dans l'urine après 14 minutes, et G. Wetzlar (4) déjà après 10 minutes.

D'autres physiologistes ont noté, dans l'urine, une odeur et une coloration variables, suivant les matières colorantes ou odorantes introduites dans le tube digestif. D'après Tiedemann et Gmelin, la gomme-gutte et la rhubarbe, quand on les avale, donnent à l'urine une couleur jaune; l'indigo, une couleur bleu verdâtre. Suivant Gruithuisen, les betteraves communiquent à l'urine une couleur rouge; les baies d'airelle lui donnent une couleur rougeâtre (Wœhler); le bois de Campêche la rend rouge (Percival), etc.

---

(1) STEHBERGER, *Zeitschrift für Physiologie*, etc., t. II, p. 49.
(2) KRIMER, *Physiol. Untersuchungen*, p. 9.
(3) NAVEAU, *Experimenta quædam circa urinæ secretionem*, p. 12.
(4) G. WETZLAR, *op. cit.*

Rappelons aussi que l'essence de térébenthine, ingérée dans l'estomac, communique à l'urine une odeur de violette ; la valériane et le castoréum, une odeur de myrrhe ; la pensée, une odeur d'urine de chat ; les asperges, une odeur fort désagréable et bien connue de tout le monde.

Maintenant, si l'on veut rechercher les parties du tube digestif au niveau desquelles s'opèrent plus spécialement l'absorption des *sels solubles* et celle des *principes colorants* ou *odorants,* on trouve, surtout dans les nombreuses expériences instituées par Tiedemann et Gmelin (1), des documents propres à élucider cette question :

Le prussiate de potasse, par exemple, a été retrouvé dans l'estomac et dans tout l'intestin grêle d'un chien une heure et demie après son ingestion, et, chez un autre chien, après quatre heures ; le sulfate de potasse, dans l'estomac et dans le tiers supérieur seulement de l'intestin grêle d'un chien, après trois heures et demie ; l'hydrochlorate de baryte dans l'estomac et dans toute l'étendue du canal intestinal d'un chien, trois heures après l'introduction. L'hydrochlorate de fer existait dans le tube digestif depuis l'estomac jusqu'au cæcum exclusivement, trois heures après ; il en était de même chez un cheval à qui l'on avait administré du sulfate de fer. L'acétate de plomb, l'acétate de mercure, ont été reconnus, dans tout le canal intestinal, plusieurs heures après leur administration. Une grande partie des sels terreux et métalliques sont d'ailleurs rejetés avec les excréments.

Quant aux *principes odorants,* Tiedemann et Gmelin (2) ont reconnu l'odeur du camphre dans l'estomac d'un chien deux heures après son introduction ; cette odeur s'affaiblissait dans l'intestin grêle et avait disparu vers le milieu de cet intestin. Chez d'autres animaux, on a perçu l'odeur du camphre jusqu'au tiers inférieur, et même jusque vers la fin de l'intestin grêle. Le musc a été retrouvé dans l'estomac et la première moitié de l'intestin grêle, chez un chien, une heure après l'ingestion ; dans l'estomac et la première moitié de l'intestin grêle d'un cheval, après trois heures et demie ; les odeurs de la térébenthine, de l'ail et de l'asa fœtida ont été reconnues dans toute la longueur de l'intestin grêle après un temps qui a varié d'une heure à trois heures et demie. Les principes odorants semblent donc disparaître peu à peu, à mesure qu'ils avancent dans l'intestin grêle.

Pour ce qui concerne les *matières colorantes,* l'indigo a été retrouvé depuis l'estomac jusqu'au rectum ; le vert d'iris, jusque vers les dernières portions de l'intestin grêle, et la gomme-gutte également ; la garance, dans tout le canal intestinal, huit heures après son introduction ; la rhubarbe, dans tout le canal intestinal, après sept et même neuf heures ; l'orcanette et la teinture de tournesol, dans l'estomac et l'intestin grêle, après deux à trois heures et demie.

En définitive, si l'on tient compte de toutes ces expériences et de celles

---

(1) Tiedemann et Gmelin, *Recherches sur la route que prennent diverses substances pour passer de l'estomac et du canal intestinal dans le sang.* Paris, 1821 ; trad. franç. de Heller.
(2) Tiedemann et Gmelin, *Mém. cité.*

qui nous ont démontré l'apparition rapide de diverses substances dans l'urine, il sera permis de conclure, d'une part, que les *sels solubles*, les *matières colorantes et odorantes* sont absorbés peu de temps après leur ingestion, et que, d'autre part, cette absorption se continue, excepté pour les principes odorants, dans toute l'étendue du tube digestif, depuis l'estomac jusqu'au rectum.

IV. — Si l'absorption intestinale complète la digestion, et si c'est sur elle que l'organisme fonde son principal moyen de réparation, c'est elle aussi qui offre à la thérapeutique le moyen le plus efficace et le plus usité de modifier l'état des organes malades, à l'aide de divers agents dont le sang peut devenir le véhicule. Chaque jour, en effet, cette espèce d'absorption est utilisée pour faire pénétrer les *médicaments* dans l'économie.

Parmi ces agents, les uns sont solubles dans l'eau et partant directement absorbables, tandis que les autres ne le deviennent qu'à l'aide des dissolvants que leur fournissent les humeurs organiques. Les premiers, selon Mialhe (1), s'absorbent d'une manière plus ou moins rapide, suivant qu'ils possèdent ou non la propriété de coaguler l'albumine si abondamment répandue dans nos liquides et dans nos tissus : en présence de l'albumine, viennent-ils à former une combinaison solide, comme fait le sublimé corrosif, par exemple, ils n'entreront dans le domaine circulatoire qu'avec lenteur, au fur et à mesure que le coagulum produit sera repris molécule à molécule par les agents de dissolution que renferment nos humeurs; tandis que, dans le cas contraire, l'absorption pourra s'accomplir avec une très-grande rapidité. Quant à ceux des médicaments qui, insolubles dans l'eau peuvent se dissoudre dans les humeurs organiques, il importe de rappeler à leur propos que ces dernières sont tantôt acides comme le suc gastrique, et tantôt alcalines comme le suc intestinal, qu'elles sont aussi le plus souvent riches en chlorures alcalins.

En effet, le suc gastrique acide transforme en sels solubles et rend absorbables les oxydes insolubles ou peu solubles, tels que la magnésie, la chaux, etc. Si l'oxyde n'a pas pu être dissous en totalité, la portion non dissoute parcourt toute l'étendue du canal intestinal pour être expulsée avec les fèces, ou bien elle peut s'arrêter dans ce trajet, se loger dans quelque repli de la muqueuse des voies digestives et y séjourner plus ou moins longtemps : c'est ainsi qu'avait dû se former une incrustation magnésienne trouvée dans l'estomac d'un goutteux qui avait fait un long usage de magnésie calcinée; des entérolithes ont été rencontrés à la suite de l'administration de préparations de fer non solubles, etc.

Le suc intestinal alcalin rend solubles les résines, les huiles, le soufre, le phosphore, l'iode, etc. C'est à cette propriété que l'absorption de ces substances, et par suite leur action thérapeutique, ont été rapportées. De là, le précepte de ne jamais associer les résines ou les huiles avec les acides, ni même avec des substances organiques aisément acidifiables.

(1) MIALHE, *Chimie appliquée à la physiologie et à la thérapeutique*, p. 200. Paris, 1856.

Quant aux chlorures alcalins, qui se rencontrent si abondamment dans la plupart des fluides de l'économie, ils dissolvent un grand nombre d'agents médicamenteux, spécialement des sels insolubles de plomb, de mercure, d'argent, etc. Mialhe (1), qui s'est beaucoup occupé de l'action des chlorures sur les mercuriaux, s'est appliqué à établir que c'est uniquement à sa transformation partielle en sublimé que le calomel doit son absorbabilité et toutes ses propriétés médicales. Il a fait voir comment l'addition des substances salées en rend l'action plus marquée et quelquefois dangereuse ; comment les grands mangeurs de sel, les habitants des côtes maritimes, les marins, ne peuvent prendre le calomel, aux doses ordinaires, sans ressentir très-promptement les accidents mercuriels les plus prononcés, parce que leur économie sursaturée de chlorures facilite la transformation du calomel en une quantité notable de sublimé. Les préparations de plomb, d'argent, etc., sont de même converties en chlorures doubles solubles. Un fait clinique qui démontre, par exemple, que le nitrate d'argent passe à l'état de chloro-argentate alcalin, c'est que l'ingestion de ce composé salin, longtemps continuée, donne peu à peu à la peau une teinte brune ardoisée, presque indélébile ; couleur qui est précisément celle que prennent les membranes organiques, imprégnées de chlorure d'argent, quand elles ont été exposées à la lumière solaire.

Il faut encore savoir que des médicaments, après avoir séjourné impunément dans l'organisme pendant un certain temps, peuvent occasionner tout à coup des accidents plus ou moins graves, alors que de nouveaux agents absorbés viennent à en modifier la composition chimique. Pendant assez longtemps, un malade a pris du protoxyde d'antimoine, et, quelques jours après, on lui administre de la limonade tartrique ; il survient des vomissements et de la diarrhée. Un individu affecté de dartres est soumis à un traitement dépuratif, ayant pour base le calomel ; après la cessation du traitement, on lui fait prendre de l'eau iodée, et bientôt se manifeste une salivation abondante produite par le bichlorure et le biiodure de mercure résultant de l'action de l'eau iodée sur le calomel, etc.

Des détails plus étendus sur ce sujet seraient du ressort de la thérapeutique.

V. — Quant aux *poisons*, c'est un fait bien avéré que les accidents généraux et la mort, qui suivent un empoisonnement, sont toujours déterminés par la partie du toxique qui a pénétré, par absorption, dans le torrent circulatoire : car la science n'en est plus au temps où l'on admettait que les poisons agissent en irritant les extrémités nerveuses des membranes avec lesquelles ils se trouvent en contact.

On est redevable à Orfila de cette remarque très-intéressante pour l'histoire de l'absorption, à savoir, que l'économie animale n'absorbe qu'une quantité déterminée de certains toxiques, quelle que soit la dose à laquelle

---

(1) MIALHE, *ouvr. cité*, p. 407. — Voyez aussi ses *Recherches théoriques et pratiques sur les purgatifs*. — Mémoire lu à l'Académie de médecine de Paris, dans la séance du 11 avril 1848.

ils aient été pris ; il arrive un moment où il y a une sorte de saturation. Orfila a encore fait voir que, si le foie reçoit, le premier, à l'aide des veines intestinales qui forment la veine porte, la presque totalité de la substance vénéneuse, cette dernière y séjourne plus longtemps que dans les autres viscères (1) ; circonstance qu'on a voulu expliquer par la circulation si lente du sang au travers de la glande hépatique.

Ajoutons seulement que les *venins*, produits d'une sécrétion normale et propre à certaines espèces d'animaux, offrent en général cette particularité remarquable de pouvoir être mis impunément en contact avec la membrane muqueuse digestive, tandis qu'ils occasionnent les accidents souvent les plus redoutables s'ils sont absorbés par la muqueuse pulmonaire ou par des plaies. Le *curare*, ou suc concentré du *Strychnos toxifera* (Rich. Schomburgk), est dans ce cas ; ce qui a fait supposer à divers auteurs que son action nuisible était due à du venin de Crotales qu'on aurait ajouté lors de la préparation (*). L'innocuité de ce poison végétal, quand il est introduit par l'estomac, ne saurait sans doute être rapportée à une transformation qu'opérerait le suc gastrique (2) ; elle semble résulter simplement d'un défaut d'absorption par la muqueuse gastro-intestinale.

Quant aux *virus*, qui paraissent être le produit d'une sécrétion morbide accidentelle et qui, partant, se distinguent des venins par leur origine pathologique (virus morveux, syphilitique, varioleux, rabique, etc.), on sait que généralement aussi ils ne sont pas nuisibles quand on les ingère dans le tube digestif. C'est ainsi que des chiens, des porcs et des poules ont pu être nourris sans aucun inconvénient pour leur santé, avec des débris cadavériques *crus* et provenant d'animaux atteints de la morve, de la maladie charbonneuse dite *sang de rate*, de la rage, etc., quoi qu'on eût choisi ces débris dans les régions regardées comme les plus contaminées. Dans plusieurs de ses expériences, Renault (3), alors directeur de l'école d'Alfort, a alimenté des chiens avec de la chair préalablement arrosée de salive et de sang fournis par des chiens enragés vivants : aucun n'a été malade un seul instant et n'a éprouvé le moindre accident qui ressemblât à la rage. Le même expérimentateur, ayant préalablement constaté, par l'inoculation, la virulence des chairs et du sang pris sur des animaux qui venaient de succomber à des maladies charbonneuses, a fait manger ou boire, à l'état cru, ces chairs et ce sang à des chiens, à des porcs et à des poules

---

(1) Voyez, à ce sujet, l'intéressante thèse d'ORFILA neveu, *Sur l'élimination des poisons.* Paris, 1852.

(*) Cette supposition est formellement contredite par ALEX. DE HUMBOLDT (*Ann. du Mus. d'hist. nat.*, t. XVI, p. 462) et par BOUSSINGAULT (*Comptes rendus des séances de l'Acad. des sc. de Paris*, t. XXXVIII, p. 414).

Consulter aussi ALVARO REYNOSO qui, sous le titre de *Recherches naturelles, chimiques et physiologiques sur le curare* (Paris, 1855), a publié la monographie la plus complète qu'on ait sur cette substance.

(2) PELOUZE et BERNARD, dans *Comptes rendus des séances de l'Acad. des sc. de Paris*, t. XXXI, p. 533.

(3) RENAULT, *Études expérimentales et pratiques sur les effets de l'ingestion des matières virulentes dans les voies digestives de l'homme et des animaux domestiques.* — Mémoire présenté à l'Académie des sciences de Paris dans la séance du 17 novembre 1851.

qui, surveillés ensuite pendant longtemps, n'en ont pas ressenti la plus légère incommodité.

Cela veut-il dire que, comme nous l'avons vu pour le *curare*, la muqueuse digestive n'absorbe pas non plus les matières virulentes, d'où cette immunité, à l'égard de la contagion, dont jouiraient les animaux qu'on alimente avec ces matières? Il a pu sembler plus probable qu'ici les virus, qui sont des principes de nature animale, subissent de la part des sucs digestifs des modifications profondes et propres à leur faire perdre leur propriété contagieuse (*).

VI. — De toutes les absorptions qui peuvent avoir lieu à la surface muqueuse du tube digestif, évidemment il n'en est pas de plus importante que celle qui, s'accomplissant aux dépens des *matières alimentaires*, doit contribuer à la réparation, à l'entretien ou à l'accroissement de l'organisme. Le but final de la digestion est, en effet, l'introduction dans le sang de diverses substances qui, pour remplir leur rôle, exigent d'abord une série de transformations dont l'étude nous a déjà longuement occupé (**).

Cette étude antérieure nous a d'abord appris que les *aliments* des animaux supérieurs et de l'homme, si divers qu'ils soient, peuvent se rapporter à trois groupes comprenant : 1° les matières albuminoïdes ou protéiques (albumine, fibrine, caséine, etc.); 2° les matières grasses (beurre, huiles fixes, graisses); 3° les matières saccharines, féculentes ou amyloïdes (sucres, amidon, etc.); elle nous a aussi démontré qu'à ces trois groupes il faut adjoindre certains sels (chlorure de sodium, phosphate de chaux, etc.) qui, pour être empruntés au règne minéral, n'en sont pas moins indispensables à l'organisme; elle nous a surtout dévoilé les changements spéciaux que doivent subir les divers aliments pour devenir *absorbables*. C'est ainsi que nous avons vu qu'en présence de la pepsine acidifiée, tous les aliments albuminoïdes ou azotés donnent naissance à un produit unique, quoiqu'un peu diversifié dans ses réactions, désigné sous le nom d'*albuminose* ou de *peptone;* que, pour remplir leur rôle spécial dans la nutrition des animaux, tous les aliments hydro-carbonés (fécule, sucres, etc.) subissent une transformation uniforme et se convertissent en *glycose* (***); qu'enfin, l'*émulsionnement* des substances grasses alimentaires, c'est-à-dire leur division en particules d'une finesse extrême, précède habituellement leur absorption.

C'est en effet sous ces états divers d'albuminose, de glycose et d'émulsion que pénètrent dans l'économie les précédentes espèces d'aliments,

(*) Toutefois, d'après les expériences de Renault (*mém. cité*), les matières virulentes de la morve et du farcin aigus, qui en effet perdent complétement leurs qualités contagieuses dans les voies digestives du chien, du porc et de la poule, les conserveraient, quoique sensiblement amoindries, dans les voies digestives du cheval.

(**) Voyez le chapitre Digestion.

(***) La fermentation prolongée de la *glycose* elle-même peut donner naissance dans l'intestin grêle à de l'*acide lactique* et à de l'*acide acétique*, puis à de l'*acide butyrique*, avec dégagement d'hydrogène et d'acide carbonique, gaz qui se rencontrent parmi les produits gazeux de l'intestin.

dont les uns sont considérés comme concourant plus spécialement à l'assimilation, les autres à l'entretien de la combustion physiologique et de la chaleur animale.

Qu'il nous soit permis de rappeler, à propos de l'*albuminose* (ou produit liquide de la transformation de tout aliment albuminoïde), que, mêlée dans certaines proportions à la glycose, elle offre la curieuse propriété, signalée par nous (1), de masquer à l'instant même et si bien la présence de ce dernier principe vis-à-vis du tartrate cupro-potassique, qu'on dirait plutôt une combinaison qu'un mélange; ajoutons que l'albumine liquide, non digérée mais simplement dissoute, ne produit point le même effet. Or, des physiologistes ont avancé, sans preuves expérimentales suffisantes, que l'albumine *liquide* est absorbée en nature; que, quelles que soient les modifications moléculaires qu'éprouvent les matières albuminoïdes, en général, au moment de leur absorption, elles se reconstituent promptement à l'état d'*albumine ordinaire*, et qu'on les retrouve déjà comme telle dans la veine porte au moment de leur entrée dans le sang. Mes expériences, en prouvant que toute matière albuminoïde n'empêche les réactions habituelles de la glycose qu'à la condition d'avoir été transformée par les sucs digestifs, démontrent l'inexactitude de la précédente assertion, puisque, dans ce cas, les réactions ordinaires ont en effet manqué. Le contraire aurait dû avoir lieu si l'hypothèse en question eût été fondée. Qu'il s'agisse de matières albuminoïdes solides (albumine coagulée, fibrine, caséine, etc.) ou d'albumine liquide, nous admettons donc que toutes sont absorbées à l'état d'albuminose ou de peptone, état qu'elles conservent durant un certain temps même en présence du liquide sanguin.

Quant aux aliments féculents, il est généralement admis que la plus grande partie de la *glycose* qui en provient est absorbée sous cette forme, tandis qu'une faible partie seulement éprouve la fermentation lactique. Il est vrai que n'ayant pu constater que la présence de lactates et non celle de la glycose dans les voies de l'absorption chez des animaux nourris de matières féculentes, Lehmann (2) a été amené à croire que la transformation ultérieure de la glycose en acide lactique était la condition de l'absorption des féculents; mais les expériences si nombreuses et si bien instituées de F. de Becker (3) ne sauraient laisser subsister une pareille opinion, puisqu'elles démontrent que réellement la plus forte portion de la glycose formée pénètre dans le système vasculaire.

Enfin, pour les matières grasses, la vérité est qu'après avoir été *émulsionnées* par les sucs digestifs (*), elles sont absorbées, en nature, et non transformées chimiquement comme on l'avait prétendu.

(1) LONGET, *Nouvelles recherches relatives à l'action du suc gastrique sur les matières albuminoïdes* (*Ann. des sc. nat.*, 4ᵉ série, t. III, 1855).

(2) LEHMANN, *Physiol. Chemie*, t. III, p. 341-344.

(3) F. DE BECKER, *Ueber das Verhalten des Zuckers beim thierischen Stoffwechsel* (*Zeitschrift für Zoologie*, etc., de SIEBOLD et KÖLLIKER, décembre 1853).

(*) Il en est ainsi chez les Mammifères ; mais, dans les Oiseaux, les Reptiles et les Poissons, l'émulsionnement des graisses ne paraît pas précéder nécessairement leur absorption. Il est vrai que divers auteurs admettent, sans preuves directes, que chez ces vertébrés les matières grasses passeraient dans les veines où leur aspect émulsif serait masqué par le mélange avec le sang.

Plus loin, en nous occupant du mécanisme de l'absorption intestinale, et aussi du rôle respectif des chylifères et des veines, nous aurons à revenir sur le passage dans le torrent circulatoire de ces divers groupes de principes alimentaires.

VII. — L'absorption intestinale offre aux yeux des observateurs des phénomènes très-frappants que nous devons actuellement faire connaître.

Quand, par exemple, on sacrifie un chien trois ou quatre heures après son repas, et qu'on examine le mésentère et la muqueuse de l'intestin, on constate tout d'abord la présence d'innombrables arborisations blanches qui ne sont que les chylifères distendus par une liqueur émulsive (chyle) ; on est aussi frappé de la turgescence des ganglions mésentériques et de l'aspect des villosités intestinales qui sont blanches et gonflées par une matière laiteuse. Ces dernières, qui ont pris un volume au moins double de celui qu'elles offrent en dehors de la période digestive, ont été comparées pour leur aspect à une éponge fine imbibée de lait. La citerne sous-lombaire et le reste du canal thoracique, fortement dilatés, sont également remplis d'un liquide analogue à celui qui se trouve actuellement dans les chylifères. — Du reste, ce n'est pas seulement sur des animaux que ces observations ont été faites ; depuis Aselli, Peiresc, Vesling, etc., elles ont pu être répétées sur l'homme lui-même, à la suite de divers genres de mort. Ainsi Cruikshank (1) rapporte que, sur une femme morte à la suite de convulsions puerpérales, quelques heures après un repas, les vaisseaux lactés étaient gonflés d'un chyle blanc, que beaucoup de villosités en étaient encore remplies et ressemblaient à autant de vésicules blanchâtres. Alex. Lauth (2) a vu aussi les villosités intestinales imprégnées de chyle sur le cadavre d'une femme morte deux heures après son repas, à la suite de la rupture d'un anévrysme de la crosse de l'aorte dans la trachée-artère. P. Bérard (3) a eu également l'occasion d'observer, sur l'homme, l'état turgide des villosités gonflées de chyle, etc.

Quand, au contraire, on ouvre comparativement un animal (chien) ou un homme dont la digestion intestinale est entièrement achevée, l'aspect du système chylifère est bien différent : la turgescence des villosités a disparu, les ganglions mésentériques sont durs et revenus sur eux-mêmes ; les lymphatiques de l'intestin, rétrécis, contractés et ne renfermant plus qu'un liquide transparent (lymphe) analogue à celui qui circule dans les autres parties du système lymphatique, sont à peine apercevables sous la forme de filaments translucides ; enfin le canal thoracique, avec sa citerne lombaire, est sensiblement diminué de calibre et ne renferme plus qu'un liquide plus ou moins transparent.

Les différences sont très-frappantes encore, quand, à l'exemple de Colin (4),

(1) CRUIKSHANK, *Anatomie des vaisseaux absorbants du corps humain*, p. 118 ; trad. franç. de Petit-Radel. Paris, 1787.

(2) LAUTH, *Essai sur les vaisseaux lymphatiques*. Strasbourg, 1824, p. 18.

(3) P. BÉRARD, *Cours de physiologie*, t. II, p. 589. Paris, 1849.

(4) COLIN, *Traité de physiologie comparée des animaux domestiques*, t. II, p. 100 et suiv. Paris, 1856. — Et *Mémoire sur la formation du chyle*, lu à l'Académie de médecine de Paris dans la séance du 7 juillet 1857.

on a pratiqué des fistules au canal thoracique, vers son abouchement dans les veines sous-clavières ou jugulaires internes. Alors, sur les animaux dont la digestion est en pleine activité, et notamment sur les ruminants où cette fonction est à peu près continue, on voit des masses énormes de liquide lactescent s'écouler à l'extérieur (*); ce qui démontre que le sang est dans un état de mutation perpétuelle et qu'il se renouvelle incessamment et en grande partie avec les matériaux qu'apportent les lymphatiques de l'intestin (chyle), comme avec ceux que les lymphatiques généraux puisent dans le sein des divers organes (lymphe). Mais toujours est-il que, si l'écoulement du liquide par les fistules est continu, les quantités écoulées dans un même laps de temps sont notablement moindres pendant les intervalles des repas. Sur les animaux mis à la diète depuis plusieurs jours, l'écoulement peut même devenir relativement très-minime.

VIII. — Les faits qui précèdent, en démontrant la coïncidence de la réplétion du système chylifère et de la présence dans le tube digestif de matières susceptibles d'être absorbées, sont donc bien propres à établir qu'à chaque période digestive d'importants et nombreux matériaux s'introduisent dans les vaisseaux lymphatiques de l'intestin.

Aussi quelques auteurs ont-ils pensé que tous les produits liquéfiés de la digestion passaient par les chylifères, *à l'exclusion des veines*. A l'appui de cette thèse, J. Hunter fit les expériences suivantes :

1° Sur un premier animal vivant (un chien), on ouvre l'abdomen, et l'on met ainsi largement à découvert le paquet intestinal. Les vaisseaux lactés sont manifestement distendus par un liquide blanchâtre (chyle) à la partie supérieure de l'intestin et du mésentère, tandis qu'un liquide transparent existe dans les vaisseaux lactés de l'iléon et du côlon. Une anse intestinale étant alors isolée du reste de l'intestin, par deux ligatures, l'artère et la veine mésentériques sont également liées, puis la veine est ouverte au-dessous de la ligature. On introduit dans l'anse intestinale une petite quantité de lait tiède : les vaisseaux lactés continuent à se remplir d'un liquide laiteux ou blanc. — La même expérience, pratiquée sur une partie de l'intestin dont les vaisseaux lactés étaient remplis d'un liquide transparent, montre bientôt, à la place de celui-ci, du lait facile à reconnaître à son aspect.

« Dans ces deux expériences, dit John Hunter (1), nous ne vîmes pas la moindre quantité de liquide blanc passer dans les veines. »

2° Une anse d'intestin est liée à ses deux bouts après qu'elle a été remplie de lait; mais cette fois aucune ligature n'est appliquée sur les vaisseaux mésentériques. On observe, à l'œil nu ou à la loupe, la couleur du sang dans la veine correspondante, et l'on ne remarque pas de coloration plus claire, ni d'aspect plus laiteux que dans les veines voisines.

La même expérience est répétée, en exerçant une pression continue sur

---

(*) Une vache donna ainsi, en vingt-quatre heures, 95 386 grammes de ce liquide, c'est-à-dire environ un hectolitre (*ouvr. cité*, t. II, p. 106).

(1) J. HUNTER, *OEuvres complètes;* trad. de Richelot, t. IV, p. 395.

l'anse intestinale, dans le but de favoriser le passage du lait dans les veines ; mais celles-ci ne présentent encore aucune trace de liquide laiteux : cette pression, augmentée d'une manière graduelle, avait pourtant été continuée jusqu'à ce que l'intestin se rompît.

3° Les intestins d'un mouton vivant et *à jeun* étant mis à découvert, on n'aperçoit qu'un liquide aqueux et transparent dans les vaisseaux lactés. Une solution d'amidon teintée avec de l'indigo est versée dans l'intestin, puis ce dernier replacé dans l'abdomen. Au bout de quelques instants, on retire l'intestin, et les vaisseaux lactés sont remplis d'un liquide de couleur bleue. Quant au sang contenu dans les veines intestinales correspondantes, il ressemble en tout au liquide que renferment les autres veines.

On confirme ce dernier résultat, en retirant d'une veine une cuillerée à bouche de sang qu'on laisse se coaguler : le sérum, surnageant le caillot, ne présente pas en effet la plus légère nuance bleuâtre.

Chez un autre mouton, une anse intestinale, dont la cavité était entièrement vide, est remplie d'eau tiède : le sang de la veine mésentérique correspondante ne paraît ni plus délayé, ni plus clair que dans les autres veines. On lie l'artère mésentérique et l'on intercepte toutes ses communications ; la veine ne se gonfle pas davantage et le sang qu'elle renferme ne devient pas plus aqueux. En un mot, ajoute John Hunter, il n'y a aucune apparence que l'eau ait passé dans les veines.

4° Sur un âne vivant, des expériences analogues aux précédentes donnèrent aussi des résultats confirmatifs : de l'eau tiède, tenant du musc en dissolution, est versée dans une anse d'intestin liée aux extrémités, et bientôt on recueille dans les vaisseaux lactés un liquide exhalant l'odeur de musc qui ne se retrouve pas dans le sang d'une veine mésentérique. — Une solution d'amidon, rendue bleue par l'indigo, étant versée dans une anse intestinale, on lie d'abord l'artère et la veine mésentériques ; puis la veine est ouverte près de la ligature, pour en exprimer le sang, et on la lie de nouveau quand elle est vide. Le tout est replacé dans la cavité abdominale ; après un quart d'heure, les lymphatiques sont distendus par un liquide bleu et la veine est toujours vide.

Quoique, dans ces expériences, il y eût quelques résultats en apparence favorables à l'absorption exclusive par les chylifères, William Hunter, en désaccord avec des assertions précédentes, ne se montra pas aussi explicite que son frère John dans ses conclusions, et, malgré sa tendance à nier l'absorption veineuse, il hésita encore à la rejeter d'une manière absolue.

« Mes seuls doutes, dit-il, furent si les veines absorbaient ou n'absorbaient pas au moins une certaine quantité de fluides, spécialement dans les intestins. D'après mon expérience dans les injections, j'aurais conclu qu'elles n'absorbaient pas, et que les fluides ne passaient pas des intestins dans les veines mésentériques, autrement que par transsudation ; mais des auteurs d'un grand crédit ont apporté des preuves établies sur des expériences si concluantes, que je n'oserais pas encore déterminer la question (1). »

(1) Cruikshank, *ouvr. cité*, p. 46 ; trad. franç. de Petit-Radel.

Cruikshank (1), moins réservé que son maître William Hunter, trouve les précédentes expériences de John Hunter parfaitement démonstratives, et rejette d'une manière formelle l'absorption par les veines intestinales. Il n'admet pas, avec Boerhaave, que le sang de la veine porte soit incoagulable, et, pour lui, la capacité plus grande des veines est due à un effet cadavérique ; ces derniers vaisseaux contenant, après la mort, non-seulement leur quantité naturelle de sang, mais aussi celle qui était dans les artères. Il n'a jamais pu voir le moindre mélange de chyle ou la moindre teinte blanchâtre dans le sang des veines mésentériques, « et cependant, ajoute-t-il, le mélange du chyle dans la veine sous-clavière gauche se découvre facilement. » Quant à l'assertion de Swammerdam et de J. F. Meckel, qui disent avoir vu le sang rayé de traînées blanches dans les veines mésentériques, Cruikshank en est un peu embarrassé et il avoue franchement son ignorance sur l'explication du phénomène. Nous avons parlé précédemment de l'expérience pratiquée par Kaau-Boerhaave qui, ayant injecté de l'eau dans l'estomac et les intestins d'un chien, a vu revenir ce liquide par les veines; pour Cruikshank, il ne s'agit là que d'une simple transsudation.

De nos jours, il n'est plus possible de nier que les veines absorbent, comme les chylifères, les produits liquides de la digestion. Nous allons du reste en avoir la démonstration en nous occupant de l'importante question de savoir quelles substances s'engagent plus spécialement dans les chylifères et quelles autres passent de préférence dans les veines.

IX. — En commençant notre étude tendant à déterminer le *rôle respectif des chylifères et des veines dans l'absorption intestinale*, reconnaissons d'abord que les *matières grasses neutres*, contenues dans les aliments, s'introduisent dans le sang surtout par la voie détournée des chylifères.

A. — Ce fait pouvait déjà s'affirmer d'après les expériences dans lesquelles on avait vu les lymphatiques de l'intestin distendus par une émulsion graisseuse pendant la période digestive; mais il se démontre aussi à l'aide de l'analyse chimique. Bouchardat et Sandras (2) ont reconnu que chez les chiens dans la nourriture desquels on fait entrer des proportions croissantes de matières grasses, il est toujours facile d'extraire de l'appareil chylifère des quantités corrélatives de ces matières avec tous leurs caractères propres ; de manière, disent ces expérimentateurs, «qu'on extrait de l'huile quand l'animal a mangé une soupe à l'huile, du suif quand il a pris du suif, etc. ». Il n'y a donc pas d'hésitation possible touchant cette conclusion, à savoir que, chez les mammifères, les lymphatiques de l'intestin absorbent les matières grasses neutres renfermées dans les aliments mixtes.

Mais le liquide émulsionné que renferme l'intestin a-t-il pour voie exclusive de son transport l'appareil chylifère, ou bien les veines mésaraïques ont-elles aussi une part dans son absorption?

(1) Cruikshank, *ouvr. cité*, p. 46.
(2) Bouchardat et Sandras, *Recherches sur la digestion et l'assimilation des corps gras*, etc., dans l'*Annuaire de thérapeutique* pour l'année 1845, p. 238-259.

Ce point de physiologie a été fort controversé. Thomas Bartholin (1), J. Oudeman (2), etc., ont avancé que «la ligature des veines mésentériques n'empêche point le chyle blanc de parvenir aux vaisseaux lactés qui insensiblement se tuméfient, mais que, les vaisseaux lactés une fois liés, le chyle s'arrête *entièrement* et ne s'avance plus des intestins ou des orifices lactés». Au contraire Bills, Swammerdam, Glisson (3), J. F. Meckel (4), affirment avoir vu du chyle dans les radicules intestinales de la veine porte. Tiedemann et Gmelin (5) disent avoir fait la même observation chez le chien, et Fohmann l'a répétée (6) sur un suicidé. Chez un vieillard mort d'hydrothorax, quelques heures après son repas, Mayer (7) aurait aussi trouvé un liquide blanc grisâtre dans les *veines* des parois intestinales.—Répétons, quant au contenu des chylifères durant la période digestive, que sans le moindre doute, avant son mélange avec la lymphe qui vient des autres parties du corps, il renferme déjà plus ou moins de matière grasse provenant des aliments.

Le véritable moyen de juger le fait en litige consistait à analyser comparativement le sang de la veine porte, en pleine digestion, et celui d'autres veines de l'économie. Cette analyse a été faite par divers investigateurs qui ont obtenu des résultats différents, sans doute parce qu'ils n'ont pas expérimenté dans les mêmes conditions. J. Béclard (8) a opéré sur le sang de la veine jugulaire, sur celui de la veine porte et sur celui de la veine splénique d'un cheval, soumis au régime *du foin et de la paille*. Ces divers sangs ont été desséchés à 100°, réduits en poudre, puis mis à macérer pendant quinze jours dans l'éther rectifié. Au bout de ce temps, la perte a été : pour le sang de la jugulaire, de 3,39 sur 1000 de résidu sec; pour le sang de la veine porte, de 3,18, et pour le sang de la veine splénique, de 3,91. Or, puisque les pertes représentent les quantités respectives de matière grasse, il s'ensuit que, dans ce cas particulier, le sang de la veine porte non-seulement ne contenait pas plus de matière grasse que celui d'autres veines, mais que même il en renfermait moins encore. — Un rapport inverse aurait probablement été constaté si l'animal avait mangé de l'avoine, aliment beaucoup plus riche en principes gras que le foin et la paille.

Entre les mains de Fr. Simon l'analyse du sang de la veine porte a accusé une légère augmentation dans la proportion des matières grasses : ainsi ce chimiste avait trouvé, chez un cheval, pour 1000 grammes de sang, $3^{gr},18$ de matières grasses dans le sang de la veine porte et seulement $2^{gr},29$ dans le sang de la veine jugulaire; chez un autre, $1^{gr},85$ dans le sang de la veine porte et $1^{gr},46$ dans celui de la jugulaire.

(1) Th. Bartholin (Cruikshank, *Anat. des vaisseaux absorbants*, p. 46. Paris, 1787).
(2) Oudeman, *De venarum præcipue mesaraïc. fab. et act.*, p. 107. Groningue, 1794.
(3) Rills, Swammerdam, Glisson, cités par Haller, *Elem. physiol.*, t. VII, p. 63.
(4) J. F. Meckel, *Diss. de vasis lymphaticis*. 1757, p. 13.
(5) Tiedemann et Gmelin, *Recherches sur la route que prennent diverses substances pour passer de l'estomac et du canal intestinal dans le sang*, p. 76, trad. franç. de Heller.
(6) Fohmann, *Anatomische Untersuchung ueber die Verbindung der Saugadern mit den Venen*. Heidelberg, 1822.
(7) Mayer, *Zeitschrift für Physiol.*, t. I, p. 333.
(8) J. Béclard, *Recherches expérimentales sur les fonctions de la rate et de la veine porte*, dans *Arch. gén. de méd.*, 4ᵉ série, t. XVIII, p. 440.

De pareilles différences dans les analyses ont paru être dans les limites des erreurs possibles. Aussi a-t-il fallu d'autres preuves pour faire admettre que les matière grasses de l'alimentation peuvent, pour une assez faible part, entrer dans le sang par une autre voie que celle des chylifères.

P. Bérard (1), qui ne doute point que des matières grasses ne puissent passer dans les veines mésaraïques, rappelle que Bouchardat et Sandras (2), ayant fait digérer de ces matières à des animaux, les ont retrouvées dans la bile où elles avaient été transportées par la veine porte. « On ne voit point, en général, dit le même auteur, le chyle lactescent dans les chylifères des oiseaux, des reptiles et des poisons, animaux qui cependant absorbent parfaitement les graisses ; il faut donc reconnaître que les matières grasses passent de préférence dans les veines chez les vertébrés inférieurs. » Une semblable conclusion n'est pas rigoureuse, car elle suppose démontrée cette proposition qui ne l'est point, que, dans tous les animaux vertébrés, l'*émulsionnement des graisses*, d'où résulte leur aspect blanc, doit nécessairement précéder leur absorption par les chylifères. L'analyse chimique ayant démontré que la bile des poissons est presque entièrement composée de *choléate de soude*, sel dont on connaît l'action dissolvante sur les matières grasses, il se pourrait qu'il en fût de même chez les oiseaux et les reptiles, et que, par conséquent, le défaut d'aspect laiteux tînt ici à ce que les graisses sont dissoutes, au lieu d'être émulsionnées, avant d'être absorbées.

Quoi qu'il en soit, et d'après de récentes analyses, l'opinion la plus généralement admise aujourd'hui est que les veines intestinales absorbent aussi des matières grasses, mais qu'elles ne le font que dans des proportions assez faibles : ainsi les matières grasses qui, sur 1000 grammes de sang (pris dans le système veineux général) sont généralement représentées par 2 à 3 grammes, peuvent s'élever dans le sang de la veine porte, durant la période digestive, jusqu'à 12 et 18 grammes, encore ce dernier chiffre ne s'obtient-il que chez l'animal qui a surtout fait usage d'aliments gras ; mais alors 1000 parties de chyle peuvent en contenir cinq ou six fois davantage.

Naguère encore on considérait le chyle comme l'unique produit utile de la digestion, quelle qu'eût été d'ailleurs l'espèce d'aliment ingéré ; aussi les vaisseaux chylifères étaient-ils regardés, sans hésitation, comme la seule voie ouverte à l'absorption des matières réellement nutritives, et une oblitération spontanée ou artificielle du réseau chylifère ou du canal thoracique devait-elle, disait-on, amener nécessairement la mort.

Les faits d'anatomie pathologique, recueillis sur l'homme, sont insuffisants pour juger la valeur de cette dernière assertion, la plupart d'entre eux étant accompagnés de détails trop peu circonstanciés. Browne Cheston (3) a rencontré, sur un cadavre, la partie supérieure du canal tho-

(1) P. Bérard, *Cours de physiol.*, t. II, p. 577.
(2) Bouchardat et Sandras, *Annuaire de thérapeutique* pour l'année 1843, p. 289.
(3) B. Cheston, *Phil. Trans.*, obs. XIV, p. 684, année 1780.

racique tellement pleine d'incrustations osseuses, que ni l'air ni le mercure ne pouvaient parvenir dans la partie inférieure ; Nasse (1) et Krimer (2) ont trouvé ce même canal oblitéré par de la matière tuberculeuse, et, de son côté, Rust (3) l'a vu converti en une masse sarcomateuse chez un individu qui présentait un amaigrissement considérable, etc. Nul doute que, dans ces cas, l'altération ne fût ancienne, et, au premier abord, il semblerait rationnel d'en conclure que l'homme peut vivre pendant un certain temps avec le canal thoracique oblitéré. Mais pour prouver combien, en pareils cas, les ressources de la nature sont grandes et combien les faits qui précèdent sont peu concluants, il suffit de citer les observations plus rigoureuses rapportées par A. Cooper (4) et par Andral (5). Le premier a mentionné trois exemples d'oblitération du canal thoracique, soit par une dégénérescence tuberculeuse, soit par une dégénérescence cancéreuse, et, deux fois, il a facilement trouvé des branches lymphatiques plus ou moins volumineuses qui, en s'anastomosant avec le canal thoracique au-dessus du point oblitéré, rétablissaient le cours du chyle et de la lymphe. Une des observations d'Andral n'est pas moins remarquable sous ce rapport : le canal thoracique était transformé en une sorte de cordon fibreux dans tout l'espace correspondant à la cinquième, à la quatrième et à la troisième vertèbre dorsale ; mais il y avait un vaisseau lymphathique considérable, une sorte de second canal thoracique, qui, né du canal principal un peu au-dessous de l'endroit où commençait l'oblitération, se dirigeait obliquement de bas en haut et de dedans en dehors, gagnait la veine azygos, rampait derrière cette veine et venait s'ouvrir dans le canal thoracique principal, au-dessus du point oblitéré.

On sait que la ligature du canal thoracique a été pratiquée sur les animaux par plusieurs physiologistes, avec des résultats assez peu concordants. Les chiens, sur lesquels Lower (6) a expérimenté, n'ont survécu à l'opération que pendant quelques jours ; mais il faut noter qu'à l'autopsie on a constaté un épanchement dans la plèvre. L'animal (chien) est mort après quinze jours dans le cas qui a été rapporté par G. Duverney (7). Ces expériences ont été reprises à la fin du siècle dernier (juin et juillet 1795), par A. Cooper (8) : sur quatre chiens, trois sont morts dans un intervalle de temps variant entre deux et six jours, avec une rupture de la citerne de Pecquet et un épanchement de chyle dans la cavité péritonéale ; le quatrième ayant survécu, on a pu reconnaître, à l'autopsie, l'existence d'un vaisseau naissant du canal thoracique au niveau de la bifurcation de la trachée, et s'abouchant dans la grande veine lymphatique droite : le canal

<hr>

(1) NASSE, *Leichenöffnungen*, etc. Bonn, 1821, p. 150.
(2) KRIMER, *Versuch einer Physiol. des Blutes.* Leipzig, 1823, p. 83.
(3) RUST (HORN's *Neues Archiv*, 1815, p. 731).
(4) A. COOPER, *Mémoire sur l'oblitération du canal thoracique et sur les effets de la ligature de ce conduit. — Œuvres complètes*, trad. de Chassaignac et Richelot, p. 616.
(5) ANDRAL, *Arch. gén. de méd.*, 1re série, t. VI, p. 505 et suiv.
(6) LOWER, *Tractatus de corde*, etc., p. 228.
(7) G. DUVERNEY, *Histoire de l'Acad. des sciences de Paris*, 1675. t. I, p. 130.
(8) A. COOPER, *ouvr. cité*, p. 23.

thoracique avait été lié au niveau de son aboucbement dans la veine sous-clavière gauche. Dupuytren (1) a confirmé ces résultats, en liant le canal thoracique sur des chevaux; quelques-uns sont morts, d'autres ont survécu. Chez les premiers, il fut impossible de faire passer une injection de la partie inférieure du canal thoracique dans l'une des veines sous-clavières; chez les autres, au contraire, on parvint aisément à pousser toute espèce de liquide de la partie inférieure du canal dans les veines sous-clavières, au moyen de communications très-nombreuses, établies entre ces deux points par des vaisseaux lymphatiques placés dans les médiastins postérieur et antérieur.

Déjà, avant Dupuytren, Flandrin (2) avait lié le canal thoracique sur des chevaux : des dix qu'il a opérés, un seul a succombé au bout de trois jours; les autres ont survécu de deux à dix semaines, et, chez ces derniers, au dire de l'auteur, on n'aurait pas constaté l'existence d'un canal thoracique double. La ligature du canal thoracique a encore été pratiquée par Leuret et Lassaigne (3) sur un chien qui, confié aux soins d'un vétérinaire habile, guérit en peu de temps et fut restitué aux deux expérimentateurs cinquante-huit jours après l'opération, dans un état d'embonpoint des plus satisfaisants. Ce chien ayant été sacrifié pendant la période de la digestion, on acquit la certitude que le canal était unique et qu'il avait été bien lié. —Mais, pour que ces dernières expériences eussent été concluantes, il aurait fallu avoir démontré que réellement le chyle n'avait pu non plus être transmis dans le système veineux par quelques vaisseaux anastomotiques de mince calibre; c'est ce dont Leuret et Lassaigne ainsi que Flandrin ne semblent pas s'être préoccupés.

Du reste, comme cela a eu lieu notamment dans les expériences d'Astley Cooper et de Dupuytren, si la suppression absolue de communication entre les systèmes lymphatique et veineux finit par entraîner la mort des animaux (*), ce résultat paraît dû bien plutôt à la suspension de la circulation lymphatique et à d'autres causes accessoires qu'à l'inanition provenant du défaut d'introduction de toute matière nutritive dans le sang : en effet, les animaux qu'on prive entièrement de nourriture vivent en général plus longtemps que ceux dont la précédente circulation a été définitivement interrompue.

Ajoutons, d'autre part, comme fait à démontrer plus loin, que le contenu de l'appareil chylifère est loin de représenter *toute* la matière nutritive extraite des aliments, et aussi qu'il existe, pour la réparation de l'organisme, d'autres voies que les lymphatiques de l'intestin.

(1) Dupuytren, cité par Magendie, dans le *Journal de physiol. expér.*, t. I, p. 21.
(2) Flandrin, *Journal de médecine*. 1791, t. LXXXVII, p. 221 et suiv.
(3) Leuret et Lassaigne, *ouvr. cité*, p. 180.

(*) Ainsi qu'on l'a vu plus haut, il n'y a d'avérées jusqu'à présent, comme communications entre ces deux systèmes, que celles du canal thoracique et de la grande veine lymphatique avec les veines sous-clavières. La continuité de quelques capillaires lymphatiques afférents avec les capillaires veineux, dans l'intérieur des ganglions mésentériques, pour expliquer la persistance de la vie chez les individus affectés d'une oblitération plus ou moins ancienne du canal thoracique, cette continuité, dis-je, n'est aucunement démontrée.

B. — S'il y a un avantage marqué en faveur de l'absorption des principes gras de l'alimentation spécialement par les vaisseaux chylifères, il n'en est plus de même des *principes albuminoïdes, féculents* ou *sucrés*, dont les produits liquides sont absorbés en bien plus grande quantité par les *veines intestinales* que par les lymphatiques correspondants.

Après avoir donné à un chien un repas surtout composé de *féculents*, vient-on à recueillir, pendant la période digestive, du sang de la veine porte et du chyle qu'on laisse d'abord l'un et l'autre se coaguler, il est facile de constater, en traitant comparativement la même quantité de leur sérum par le tartrate cupro-potassique, qu'il y a précipitation de protoxyde de cuivre bien autrement abondante avec le sérum du sang qu'avec celui du chyle : c'est qu'en effet le premier est plus riche en *glycose* que le second. C'est donc plutôt dans les veines que dans les lymphatiques de l'intestin que s'engage le produit de la digestion des aliments féculents ou sucrés.

Quant aux aliments *azotés ou albuminoïdes*, on ne peut nier qu'après leur transformation ils ne passent en partie dans l'intérieur des lymphatiques de l'intestin. Certains éléments du contenu des chylifères (albumine et fibrine) augmentent, au dire de quelques observateurs, en raison de l'abondance des principes albuminoïdes digérés. Marcet et Prout assurent avoir reconnu que la quantité de fibrine est généralement plus considérable dans le chyle des animaux carnivores que dans celui des herbivores, et que, chez des chiens nourris exclusivement avec de l'albumine et de la fibrine, le liquide du canal thoracique est encore plus coagulable, spontanément et par la chaleur, que dans les cas d'alimentation ordinaire.

Toutefois, c'est dans le système veineux intestinal que pénètre la plus grande quantité de l'*albuminose* qui résulte de la digestion des albuminoïdes. Les analyses du sang de la veine porte, faites par J. Béclard (1), ont conduit leur auteur à admettre que c'est surtout ce dernier liquide qui présente de grandes variations dans la proportion de ses éléments constitutifs, et que ces variations sont en rapport direct avec les diverses époques de la digestion d'aliments mixtes : il y a d'abord diminution dans le chiffre des globules et augmentation, parfois considérable, dans celui de l'*albumine ;* puis le résultat inverse s'établit, c'est-à-dire que le chiffre des globules s'élève au-dessus de ce qu'il est dans le sang des autres parties du corps, notamment dans celui de la veine jugulaire. La diminution des globules et l'*augmentation de l'albumine* ne sont jamais plus prononcées que lors de l'absorption des produits de la digestion. Ce n'est qu'après six ou dix heures, à partir du moment de l'ingestion des aliments, que l'augmentation des globules atteint son maximum et que s'effectue le retour de l'albumine à son chiffre normal.

Parmi les analyses qu'a faites J. Béclard et qu'il donne à l'appui de ces assertions, nous choisirons les suivantes :

(1) J. BÉCLARD, *Rech. expérim. sur les fonctions de la rate et sur celles de la veine porte ;* dans *Arch. gén. de méd.*, 4ᵉ série, t. XVIII, pp. 326 et 438, année 1848.

1° Chien de moyenne taille, *en pleine digestion* (pain et viande).

	Sang de la veine jugulaire.	Sang de la veine mésentérique.
Eau	778,90	778,85
Globules et fibrine	158,20	58,97
Albumine et sels	62,90	162,18

2° Chien de moyenne taille, tué *dix heures* après un repas copieux, composé de pain et de viande de bœuf.

	Sang de la veine jugulaire.	Sang de la veine porte.
Eau	789,44	759,37
Globules et fibrine	132,17	165,21
Albumine et sels	78,39	75,42

3° Lapin tué *trois heures* après un repas de son et de légumes.

	Sang de la veine jugulaire.	Sang de la veine porte.
Eau	829,80	828,66
Globules et fibrine	116,91	105,21
Albumine et sels	53,29	66,13

4° Chien tué *huit heures* après un repas de pain et de viande de bœuf.

	Sang de la veine jugulaire.	Sang de la veine porte.
Eau	769,71	737,21
Globules et fibrine	148,32	189,37
Albumine et sels	81,97	73,42 (*)

(*) Ces diverses expériences ne démontrent point, suivant Lucien Corvisart (a), que l'augmentation de l'*albumine*, dans la veine mésentérique, soit due à l'absorption et que ce principe vienne *directement* des aliments. Et d'abord, l'époque à laquelle a lieu cette augmentation (deuxième ou troisième heure) lui semble peu favorable à une pareille interprétation, attendu qu'alors la dissolution et la transformation de la viande, et par conséquent son absorption, sont encore peu avancées. Puis, comparant l'analyse du sang veineux général avec celle du sang de la veine mésentérique, il fait observer qu'il ne résulte point de ces analyses qu'à ce *moment de la digestion* la somme des matériaux azotés du sang ait subi, dans la veine mésentérique, aucun accroissement réel. En effet, chez un chien, l'analyse a fait trouver :

Dans le sang de la veine jugulaire.		Dans le sang de la veine mésentérique.	
Globules et fibrine	158,20	Globules et fibrine	58,97
Albumine et sels	62,90	Albumine et sels	162,18
	221,10		221,15

L'absorption digestive *supposée*, dit L. Corvisart, n'a donc apporté à la veine mésentérique aucune molécule nouvelle. La seule chose que ces chiffres établissent, c'est que, pendant les premières heures de la digestion, époque à laquelle les principaux fluides digestifs sont versés en abondance, les matériaux azotés du sang de la veine mésentérique (comparés à ceux du sang veineux général) se sont modifiés dans leur nature, *comme s'il y avait eu, dans le sang lui-même, une transmutation sur place d'une partie de ses éléments azotés* : 100 parties de fibrine et de globules ont précisément fait place à 100 parties d'albumine. — La même remarque est applicable aux résultats obtenus dans cette autre expérience, sur un lapin, vers la troisième heure de la digestion :

Sang de la veine jugulaire.		Sang de la veine porte.	
Globules et fibrine	116,91	Globules et fibrine	105,21
Albumine et sels	53,29	Albumine et sels	66,13
	170,20		171,34

Sans se dissimuler la hardiesse de son hypothèse, L. Corvisart s'explique ces faits comme il suit : les globules et la fibrine du sang ne font pas, dans la veine mésentérique, autre chose

(a) *Sur une fonction peu connue du pancréas, la digestion des aliments azotés*, in-8, 2ᵉ partie. Paris, 1858.

Sur un cheval dont il a pu doser à part la *fibrine* du sang, J. Béclard a trouvé aussi ce principe un peu augmenté pendant la période digestive. Le même résultat a été obtenu, depuis, par Schmidt.

De ses précédentes expériences, et de celles qu'il a faites dans le but de rechercher si le sang de la veine porte contient une proportion de *matières grasses* plus considérable que n'en renferme le sang des autres parties du système veineux, J. Béclard conclut « que les matières albuminoïdes entrent dans le sang par la veine porte et les matières grasses par les chylifères ». Cette opinion est aussi, mais d'une manière un peu moins exclusive, celle de la plupart des physiologistes.

C. — Ce ne sont point seulement les produits liquides de la digestion des matières amyloïdes et des matières azotées qui s'engagent plus spécialement dans les veines intestinales, ce sont aussi les *boissons*, l'*eau* et avec elles les *sels* ordinaires de l'alimentation.

Pourtant le système chylifère reçoit aussi une partie des boissons. Un chien fut d'abord privé d'aliments et de boissons pendant vingt-quatre heures, puis on lui fit boire de l'eau en grande quantité, et, une demi-heure après, on le mit à mort : le canal thoracique était fortement distendu par son contenu liquide (1). Si, d'après Leuret et Lassaigne (2), ayant donné à un mammifère un aliment solide et substantiel, on tue l'animal pendant la digestion, on ne rencontre dans le canal thoracique qu'une assez petite quantité de chyle ; tandis que, chez celui qui a bu en mangeant ou qui a pris en abondance des aliments liquides, on voit le

que ce qu'ils feraient dans l'intestin lui-même sous l'influence de divers sucs digestifs, suc pancréatique, etc.; c'est-à-dire qu'ils subissent un *commencement* de digestion et se transforment en albumine (*albumine caséiforme*). Mais, plus tard, cette digestion intra-veineuse et la transformation qui en résulte cessent parce que les précédents sucs, bien que continuant à passer dans les veines par absorption, ont déjà épuisé leur activité digestive dans l'intestin. A ce moment (sixième ou huitième heure), qui est aussi celui où l'absorption intestinale paraît avoir déployé toute son énergie, le sang de la veine porte devient, il est vrai, plus riche en matériaux azotés que le sang de la veine jugulaire ; mais alors, au lieu que l'augmentation porte sur l'albumine, elle porte sur la fibrine et les globules, qui augmentent de 30 à 40 parties sur 1000 parties de sang (*a*).

Faudrait-il donc croire que les produits azotés de la digestion sont absorbés par les veines mésentériques sous la forme de fibrine, et non sous celle d'albumine, comme l'admettent d'ailleurs un petit nombre de physiologistes ?

Quoi qu'il en soit de la valeur des précédentes interprétations, en admettant qu'au contraire la *peptone* ou l'*albuminose* soit le produit régulier et constant de la digestion des aliments albuminoïdes et la forme véritable sous laquelle ils sont absorbés, évidemment la science n'est point encore en mesure de dire en quelle quantité proportionnelle ce produit particulier s'introduit, par absorption, dans les veines et dans les lymphatiques de l'intestin. Cependant on sait que le sang de la veine porte et le chyle lui-même renferment plus de matières dites *extractives* que le sang veineux général (*b*) cette différence ne serait-elle pas due à l'introduction de l'albuminose par suite de l'absorption digestive ?

(1) Burdach, *Traité de physiol.*, t. IX, p. 253. addition d'Ern. Burdach, trad. franç. de Jourdan.

(2) Leuret et Lassaigne, *Rech. physiol. et chim. pour servir à l'hist. de la digestion*, p. 197. Paris, 1825.

(*a*) *Mém.* cité de J. Béclard, expér. VIII et XI.
(*b*) Lehmann, *Précis de chimie physiologique animale*, trad. franç. par Drion. Paris, 1855, p. 149 et 154.

canal thoracique et les chylifères très-distendus. Tiedemann et Gmelin (1), ayant fait avaler de l'eau et du lait à un chien qui n'avait rien pris depuis vingt et une heures, le mirent à mort vingt-cinq minutes après cette ingestion, et trouvèrent même les lymphatiques de son estomac gorgés d'un fluide aqueux ayant l'apparence du sérum du lait.

Mais la preuve que les veines sont bien la voie principale par laquelle les *boissons* pénètrent dans le torrent circulatoire, se tire d'abord du raisonnement fondé sur cette considération que le calibre du canal thoracique est peu en rapport avec les quantités énormes de liquide pouvant être absorbées. Le diamètre du canal thoracique, dans le milieu du dos, ne dépasse guère *une ligne*, d'après Haller (2); et d'ailleurs ce canal transmet déjà le chyle et la lymphe de la portion sous-diaphragmatique du corps. Or, Boerhaave cite un homme qui buvait près de 15 litres de vin par jour; Haller parle d'un malade qui prenait en très-peu d'instants 3 litres et plus d'eau minérale, et chez lequel la totalité du liquide était bientôt après expulsée par les urines. Comment se rendre compte de ces faits en admettant que toute la boisson ait passé par le canal thoracique? Quand bien même on admettrait que le liquide, introduit dans le système lymphatique, marchât aussi rapidement que dans les veines, le canal thoracique ne pourrait guère, dit-on, livrer passage à plus de 625 grammes de liquide par heure.

J. Béclard (3) a constaté que, si l'on analyse comparativement le sang veineux général (sang de la veine jugulaire) et le sang de la veine porte, sur un animal qui a copieusement bu, on trouve des différences notables dans les proportions de l'*eau* de ces deux sangs. Dans une de ses expériences, le sang pris dans la veine jugulaire contenait, par exemple, **796** parties d'eau pour 1000, et le sang de la veine porte du même animal en contenait 851. Une autre fois le sang de la veine jugulaire contenait 770 parties d'eau, et le sang de la veine porte 823.

On sait que, dans une série d'expériences faites sur divers animaux (chiens, poules, canards, etc.), Bouchardat et Sandras (4) affirment avoir reconnu que l'absorption des *boissons alcooliques* s'accomplit par les veines et non par l'appareil chylifère (*). Quoi qu'il en soit de cette dernière

(1) Tiedemann et Gmelin, *Rech. expér., physiol. et chim. sur la digestion*, 1re partie, p. 212, trad. de Jourdan. Paris, 1827.

(2) Haller, *Elementa physiologiæ*, t. VII, p. 66.

(3) J. Béclard, *Traité élémentaire de physiologie*, p. 165, 5e édit. Paris, 1866.

(4) Bouchardat et Sandras, *De la digestion des boissons alcooliques* dans *Archives d'anat. et de physiol.*, 1846, p. 236 et suiv.

(*) Déjà Tiedemann et Gmelin (a) étaient arrivés au même résultat dans une de leurs expériences : on donna à un vieux cheval, à jeun, une demi-once de prussiate de mercure, avec une livre et demie de teinture de tournesol, autant d'*alcool*, et dix grains de musc, le tout mêlé dans une suffisante quantité d'eau. Le chyle du canal thoracique, trois heures et demie après l'ingestion, n'offrait ni *odeur d'alcool*, ni odeur de musc ; dans les vaisseaux lymphatiques du mésentère existait un liquide rougeâtre et transparent, également dépourvu de toute odeur de musc ou d'*alcool*. Le sang de la veine porte et celui des veines splénique et mésentérique supérieure offraient, au contraire, l'odeur propre à chacune de ces deux substances.

(a) *Recherches sur la route que prennent diverses substances pour passer de l'estomac et du canal intestinal dans le sang*, p. 30. Paris, 1821, trad. franç. de S. Heller.

assertion, peut-être trop exclusive, toujours est-il que la plus grande partie de ces boissons pénètre dans les veines de l'estomac et de l'intestin qui les apportent au foie. Aussi des pathologistes se sont-ils demandé si les molécules alcooliques, amenées directement dans cet organe par la veine porte, ne pourraient pas l'influencer parfois d'une manière fâcheuse et être la cause déterminante d'affections diverses : c'est ainsi que l'hépatite, si fréquente dans les pays chauds, a été rapportée aux excès de boissons alcooliques, et que, parmi les causes de la cirrhose, on a signalé les habitudes d'ivrognerie.

D. — Si, comme on vient de le voir, dans le contenu des lymphatiques de l'intestin peuvent figurer les divers produits de la digestion, il importe de savoir que, en dehors de ces produits, les vaisseaux chylifères, à l'inverse des veines, n'absorbent pas du tout ou n'absorbent qu'avec lenteur et ne saisissent que dans de bien faibles proportions d'autres substances étrangères, comme les poisons, les sels solubles différents de ceux de l'alimentation, les matières colorantes, odorantes, etc., introduits dans le tube digestif.

Bien évidemment ce sont les veines qui entraînent dans la masse du sang ces *poisons* qui tuent en quelques secondes, c'est-à-dire presque aussitôt après leur application aux surfaces absorbantes : telles sont l'acide cyanhydrique ou la solution d'extrait alcoolique de noix vomique versés sur la conjonctive ou dans les bronches. Ici le passage dans le sang est si rapide, que personne ne pourrait songer à l'expliquer par le cours de la lymphe ou l'intervention des lymphatiques. — Citons l'expérience suivante à l'appui du privilége qu'ont les veines d'absorber les poisons :

Chez un chien qui a fait un repas de viande, la paroi abdominale est incisée et une anse d'intestin grêle est attirée au dehors ; puis deux ligatures y sont appliquées à 4 décimètres l'une de l'autre. Deux autres ligatures sont placées sur chacun des lymphatiques remplis de chyle, et ces vaisseaux coupés dans l'intervalle, de manière que toute communication soit interceptée entre les lymphatiques de l'intestin et le reste du corps. Des cinq artères et des cinq veines allant se rendre à l'anse intestinale, quatre vaisseaux de l'un et l'autre ordre sont liés et coupés, puis les extrémités de l'anse d'intestin sont séparées du reste du tube digestif. Enfin, dans la crainte qu'il n'existe quelques vaisseaux lymphatiques dans l'épaisseur des parois de l'artère et de la veine conservés libres, on en enlève la tunique celluleuse. Une dissolution d'*upas tieuté* est alors injectée dans la cavité de l'intestin ; après six minutes, les effets du poison deviennent apparents.

A propos des poisons minéraux en particulier, est-il besoin de rappeler que le foie reçoit le premier, à l'aide des veines intestinales qui forment la veine porte, la presque totalité de la substance vénéneuse, et que cette substance y séjourne plus longtemps que dans les autres viscères, circonstance qu'on a voulu expliquer par la circulation lente du sang au travers

de cet organe? Chatin (1), ayant empoisonné des chiens par l'acide arsénieux ou l'émétique, a facilement retrouvé de l'arsenic ou de l'antimoine
dans le sang extrait du cœur et des autres vaisseaux; tandis que, malgré
la perfection des procédés chimiques qui permettent de reconnaître des
quantités infiniment petites d'arsenic et d'antimoine en les engageant dans
des combinaisons avec l'hydrogène, le même expérimentateur n'a pu parvenir à trouver la moindre trace de ces métaux dans le chyle retiré du
canal thoracique.

Maintenant il nous reste à établir que (comme les substances les plus
toxiques) les *matières colorantes* ou *odorantes* et les *matières salines* étrangères
à l'alimentation suivent spécialement, sinon exclusivement, la voie des
veines; que ces différentes matières aient été primitivement introduites
dans les intestins, dans les bronches, dans les réservoirs des glandes ou
bien dans les cavités séreuses, etc.

Les expériences à ce sujet ont été répétées nombre de fois et variées
surtout par Tiedemann et Gmelin (2). Au dire de ces expérimentateurs,
l'indigo, la garance, la rhubarbe, la cochenille, la teinture de tournesol, la
teinture d'alcana, la gomme-gutte, le vert d'iris, qu'ils avaient administrés
aux animaux, ne se sont jamais montrés en aucun point de l'appareil lymphatique de l'intestin, ni dans le canal thoracique. — Les *principes odorants*, émanés du camphre, du musc, de l'alcool, de l'essence de térébenthine, de l'huile de Dippel, de l'asa fœtida, de l'ail, n'ont pas été non plus
retrouvés dans le chyle du canal thoracique. — Il en a été de même des
sels de plomb, de mercure, de fer et de baryte.

Mais, au contraire, Tiedemann et Gmelin ont reconnu, dans le *sang des
veines mésentériques*, l'odeur du camphre et celle du musc; la matière colorante de l'indigo et celle de la rhubarbe; plusieurs sels, le prussiate et le
sulfate de potasse, ainsi que des traces de sels de plomb et de fer. Dans le
sang de la veine splénique, ils ont constaté l'odeur du musc, des traces de
rhubarbe, du prussiate de potasse, des indices de sels de plomb, de fer, de
mercure et de baryte. Enfin, dans le *sang de la veine porte*, ils ont trouvé
aussi des principes odorants : camphre, huile animale de Dippel, musc;
des substances colorantes : indigo, rhubarbe; des sels : le prussiate et le
sulfate de potasse, puis encore diverses combinaisons salines de fer, de
plomb, de baryte, etc.

Ce qu'avancent ici Tiedemann et Gmelin s'accorde, en partie, avec les
résultats que d'autres physiologistes ont obtenus : ainsi, Hallé (3), Flan-

---

(1) Chatin, *Comptes rendus des séances de l'Acad. des sciences de Paris*, t. XVIII, 1844,
séance du 4 mars.

(2) Tiedemann et Gmelin, *Recherches sur la route que prennent diverses substances pour
passer de l'estomac et du canal intestinal dans le sang*, p. 2 et suiv. Paris, 1821 ; trad. franç.
de Heller.

Voyez aussi *Physica experimenta circa chylum sistens*, par Müller (*Dissert. inaug.*,
Heidelberg, 1819).

(3) Hallé, *Système des connaissances chimiques* de Fourcroy, t. X, p. 66.

drin (1), Magendie (2), Westrumb (3), Krimer (4), Lawrance et Coates (5),
n'ont pu retrouver, dans le chyle ou dans le canal thoracique, les matières
colorantes ,végétales ou les matières odorantes dont ils avaient aisément
constaté la présence dans le sang et notamment dans celui de la veine porte.

Panizza (6) conclut aussi de ses recherches qu'un grand nombre de
substances salines, introduites par l'estomac, entrent directement par les
veines dans la masse du sang : deux chiens ayant été nourris pendant trois
jours de soupe mêlée de prussiate de potasse, furent ouverts vivants le
troisième jour, et toute la surface interne du tube digestif se teignit en
bleu par l'addition d'un solutum de chlorhydrate de fer; la même réaction
se manifesta dans les voies urinaires, tandis que 4 grammes de lymphe
extraite du canal thoracique ne présentèrent qu'une réaction équivoque;
puis le sang de diverses artères et veines ayant été examiné, nulle part ce
fluide ne se montra aussi sensible au précédent réactif que dans les veines
sortant de l'intestin grêle. Un jeune âne, qui avait pris, dans l'espace de
cinq jours, plus de 90 grammes d'iodure de potassium, fut ouvert vivant
le cinquième jour : Panizza recueillit du sang des veines mésaraïques jusqu'à leur origine, du sang d'une artère du gros intestin, du sang de la veine
porte, plus d'un demi-verre de chyle et de lymphe du canal thoracique,
de l'urine, du chyme, des matières contenues dans l'intestin grêle, des
fèces; partout on trouva de l'iode, mais ce fut dans le chyle et la lymphe
qu'on eut plus de peine à en découvrir. Une autre expérience, faite avec
du nitrate d'argent, donna le même résultat. On a déjà vu que Chatin (7),
ayant empoisonné des chiens par l'acide arsénieux ou l'émétique, avait
obtenu de l'arsenic et de l'antimoine du sang extrait du cœur et des gros
vaisseaux, tandis que le chyle retiré du canal thoracique n'avait point fourni
la moindre trace de ces métaux. — Est-il besoin de rappeler, après tous ces
faits, que la ligature du canal thoracique n'empêche point le passage dans
le système sanguin d'un poison introduit dans le tube digestif.

Toutefois nous ne saurions omettre d'ajouter qu'il est aussi, dans la
science, des résultats dus à d'autres expérimentateurs éminents et qui sont
de nature à ne pas faire rejeter, d'une manière absolue, toute participation
des vaisseaux lymphatiques aux absorptions précédentes.

Martin Lister (8), déjà en 1682, injecta douze onces de teinture d'indigo
dans une anse d'intestin grêle chez un chien *à jeun*. Au moment de l'expérience, dit-il, il n'y avait pas la moindre apparence des vaisseaux lactés dans
le mésentère; mais, après trois heures, ceux-ci étaient gonflés d'un chyle
épais et *bleu* qui s'écoula au dehors par l'incision des plus gros vaisseaux.

(1) FLANDRIN, *Journal de médecine*, 1790, t. LXXXV, p. 372.
(2) MAGENDIE, *Précis de Physiol.*, t. II, p. 157, 182.
(3) WESTRUMB, MECKEL'S *Deutsches Archiv*, t. VII, p. 528, 534, 539.
(4) KRIMER, *Physiologische Untersuchungen*, p. 10.
(5) LAWRANCE et COATES, *Philadelphia Journal of Medical Science*, année 1822.
(6) PANNIZA, *Memorie dell' I. R. Instituto Lomb.*, 1841, t. I, et dans *Arch. gén. de méd.*,
4ᵉ série, t. II, p. 85.
(7) CHATIN, *loc. cit.*
(8) MARTIN LISTER, *Philos. Transact.*, t. XIII, p. 6.

W. Musgrave (1) ayant reproduit cette expérience l'année suivante, et noté avec soin la nature et l'aspect des vaisseaux chylifères avant et après la réplétion de l'anse intestinale par la teinture d'indigo, assure avoir constaté les mêmes faits. Haller (2) dit aussi avoir vu se vider des chylifères qui avaient admis certaines matières colorantes; nous avons déjà rappelé les expériences de John Hunter à ce sujet. Le chyle présentait une couleur jaunâtre ou rougeâtre chez des animaux que Viridet et Mattei (3) avaient nourris avec des jaunes d'œuf ou avec des betteraves rouges. Seiler et Ficinus (4) ont retrouvé dans le chyle la couleur de la garance et du curcuma; celle de l'indigo leur a paru moins facile à reconnaître. Schrœder van der Kolk (5), ayant rempli d'une solution de cyanure potassique une anse intestinale de chien vivant, a lié cette anse à ses deux extrémités, puis, l'ayant plongée dans une dissolution de sulfate de fer, il a vu la couleur bleue (bleu de Prusse) se manifester dans les lymphatiques de l'intestin et non dans les veines. Tiedemann et Gmelin (6) eux-mêmes ont rencontré parfois le sulfate de potasse et le sulfate de fer dans le canal thoracique du cheval et dans celui du chien. Ces mêmes auteurs, ainsi que Mac-Neven (7), Lawrance et Coates (8), et les médecins de la Société de Philadelphie (9), ont retrouvé le cyanure de potassium dans les veines et dans le canal thoracique, quelquefois même dans ce dernier, alors que les veines n'en renfermaient point; ce qui exclut ici l'idée d'une absorption primitive par ces vaisseaux et d'un passage seulement subséquent dans les lymphatiques. C'est ce passage qu'on a invoqué pour expliquer comment, chez un animal mis au régime de la garance, le chyle et le contenu du canal thoracique ont pu n'être pas colorés dans les premiers jours de l'expérience, et le devenir plus tard.

En résumé, les substances liquéfiées dans le tube digestif pénètrent à la fois, mais en proportions différentes, dans les veines et dans les chylifères, mieux disposés pour cette pénétration que les lymphatiques ordinaires, et l'expérimentation démontre : — 1° que les matières autres que les aliments, qu'elles soient indifférentes ou toxiques, salines, colorantes ou odorantes, s'engagent presque exclusivement dans les veines intestinales qui concourent à la formation de la veine porte, pour traverser le foie, la veine cave inférieure, etc.; — 2° que les produits des divers aliments digérés figurent dans les veines et dans les chylifères, mais en quantités relatives bien différentes; qu'ainsi les chylifères se chargent principalement de matières grasses, à peu près à l'exclusion des veines, tandis que ces dernières absor-

---

(1) W. MUSGRAVE, *Philos. Transact.*, n° 275 ; octobre 1701, t. XII, p. 996.
(2) HALLER, *Elem. physiol.*, t. VII, p. 227.
(3) VIRIDET et MATTEI, *Tract. med. phys.*, *De prima coctione*, p. 280.
(4) SEILER et FICINUS, *Zeitschrift für Natur- und Heilkunde*, t. II, p. 382-401.
(5) SCHRŒDER VAN DER KOLK, Cité par RICH. OWEN dans les œuvres de JOHN HUNTER, t. IV, p. 405; trad. franç. de Richelot.
(6) TIEDEMANN et GMELIN, *mém. cité*, p. 28 et 48.
(7) MAC-NEVEN, *New-York med. and Phys. Journ.*, 1822, n° 2.
(8) LAWRANCE et COATES, *loc. cit.*
(9) *Philadelphia Journal of Med. Sc.*, n° 6, 1822.

bent plus spécialement les boissons, les produits de la digestion des aliments albuminoïdes et sucrés, ainsi que les sels ordinaires de l'alimentation.

X. — Pour expliquer l'absorption de l'*albuminose*, de la *glycose* et des *substances salines*, il suffit de nous rappeler les actions osmotiques que nous avons signalées dans l'étude générale de l'absorption.

Dans l'intestin, il y a un double osmomètre : l'un est représenté par le réseau sanguin placé sous l'épithélium, dont il est séparé par une couche très-mince de substance amorphe; l'autre est figuré, par le réseau lymphatique avec les culs-de-sac des villosités, réseau et culs-de-sac situés au-dessous des capillaires sanguins. — La membrane de ces osmomètres n'a qu'une bien faible épaisseur, circonstance favorable à l'osmose : elle est formée, pour le premier, par le feuillet épithélial, la mince couche de matière amorphe et la paroi propre des capillaires sanguins ; et pour le second, par le même feuillet épithélial, doublé d'une couche amorphe, dont l'épaisseur est augmentée de toute celle du réseau sanguin, et par la paroi propre des lymphatiques. Il en résulte que, pour pénétrer dans l'appareil sanguin, les liquides extérieurs ont à parcourir une distance moindre que pour pénétrer dans l'appareil lymphatique : cette distance a été évaluée à $0^m,006$ ou $0^m,008$ dans le premier cas, et à $0^m,012$ ou $0^m,015$ dans le second. — Les liquides, contenus dans les deux précédents osmomètres, sont le sang et la lymphe, composés d'eau, de sels et de substances dissoutes dont la principale est l'*albumine* : celle-ci, par sa nature colloïde, rend compte de leur grande puissance osmogénique. Quant aux liquides qui baignent extérieurement les membranes osmométriques, ce sont les aliments liquéfiés par la digestion.

On a pensé que le sang et la lymphe étant plus riches en substances albuminoïdes que les liquides albumineux du tube digestif, ceux-ci devaient s'endosmoser vers ces deux humeurs. C'est là une hypothèse toute gratuite : car, d'un côté, il est bien difficile de connaître le degré de richesse en albumine des liquides intestinaux pendant la digestion ; et, de l'autre, des solutions très-concentrées d'albuminose introduites dans l'intestin sont parfaitement absorbées.

La première condition de l'absorption de l'albumine réside dans sa transformation en albuminose ou peptone. Sans cette métamorphose, l'absorption de l'albumine serait inexplicable, en raison de sa faible diffusibilité ; mais, sous la forme de peptone, elle a acquis, avec de nouvelles propriétés physiques, un pouvoir diffusif assez grand pour que O. Funke (1) ait prouvé par expérience qu'elle traverse facilement les membranes. Toutefois, il ne faut pas croire que l'absorption de l'*albumine transformée* se fasse aussi rapidement que celle des substances cristalloïdes. Plusieurs heures sont toujours nécessaires pour que le phénomène s'accomplisse, et Knapp (2) a montré

(1) O. Funke, *Ueber das endosmotische Verhalten der Peptone* (*Archiv für Anat. und Phys.*; t. XIII. 1858.)
(2) Knapp, *De l'absorption de l'albumine dans l'intestin grêle* (*Gaz. hebd.*, 1855).

que la quantité de ce principe absorbée est d'autant plus grande, en un temps donné, que la solution est plus concentrée.

L'absorption de la glycose (produit de la digestion des matières féculentes et sucrées), des solutions salines et en général de toutes les substances cristalloïdes ne présente rien de particulier. Les choses se passent comme dans les expériences d'osmose, où l'on voit ces substances se diriger vers les dissolutions d'albumine analogues au sang et à la lymphe.

Diverses circonstances viennent aider, dans le tube digestif, l'absorption des matériaux précédents : il faut citer la *température* élevée du corps, la *pression* produite par les contractions intestinales sur les liquides qui doivent être absorbés, puis la *nature des sécrétions* qui humectent la surface absorbante. Dans l'estomac, ces sécrétions sont acides, tandis qu'elles sont alcalines dans l'intestin; or Graham a prouvé que l'état acide de la membrane favorise l'absorption des matières cristalloïdes, et Funke (1) a fait voir que les peptones s'osmosent mieux à travers une membrane ayant une réaction alcaline.

Pendant que les produits liquides de la digestion se diffusent vers le sang et vers la lymphe, il s'établit en sens inverse un courant de diffusion qui a pour but de faire passer dans la cavité intestinale certains matériaux de ces deux humeurs. Ainsi s'explique l'abondante transsudation aqueuse qui accompagne toujours la digestion et qui se mêle aux produits des sécrétions glandulaires. Il peut arriver que, dans certaines circonstances, ce courant exosmotique devienne prédominant, tandis que le courant centripète de l'absorption alimentaire s'affaiblit : alors surviennent des diarrhées plus ou moins abondantes. L'explication de cette inversion des phénomènes osmotiques nous échappe dans le plus grand nombre des cas. Toutefois Poiseuille (2), cherchant à se rendre compte du mode d'action de certains médicaments purgatifs, fit l'expérience suivante : il plaça dans un osmomètre une solution concentrée de sulfate de magnésie (comme l'est l'eau de Sedlitz), et plongea l'instrument dans un bain formé de sérum. Le courant s'établit du sérum vers la solution saline. Avant Poiseuille, Liebig (3) était arrivé à des résultats analogues. Si les choses se passent de la même manière dans l'intestin, le courant prédominant s'établira donc du sérum vers l'eau de Sedlitz, et l'effet purgatif de ce médicament pourra s'expliquer par le jeu des forces osmotiques. Mais l'action des purgatifs est plus compliquée que l'explication précédente ne le ferait supposer. En effet, en injectant des solutions de sels neutres directement dans les veines, Aubert (4) a vu qu'ils déterminaient les phénomènes ordinaires

<hr>

(1) O. Funke, *loc. cit.*

(2) Poiseuille, *Recherches expérimentales sur les médicaments* (*Comptes rendus de l'Académie des sciences*, 1844, t. XIX, p. 194).

(3) Liebig, *Untersuchung der Mineralquelle zu Soden und Bemerkungen über die Wirkung der Salze auf den Organismus.* Wiesbaden, 1839.

(4) Aubert, *Experimental Untersuchungen über die Frage ob die Mittelsalze auf endosmotischen Wege abführen* (*Zeit. f. rat. Medicin*, 2ᵉ série, 1852, t. II, p. 225).

de la purgation. De plus, il n'a pas trouvé que la quantité de l'évacuation fût en rapport avec le degré de concentration de la dissolution saline introduite dans l'intestin, comme cela devrait avoir lieu, s'il y avait simple intervention des phénomènes osmotiques.

XI. — Les *principes gras de l'alimentation* n'étant miscibles ni à la lymphe, ni au sérum du sang, comment admettre que l'osmose puisse rendre compte du *mécanisme de leur absorption?* On sait avec quelle intensité les phénomènes osmotiques s'accomplissent dans les plantes, quand on vient à plonger leurs extrémités radicellaires dans différents liquides ; et pourtant, dans aucune expérience, avec diverses huiles, je n'ai pu constater qu'elles en eussent absorbé la plus minime quantité. Je n'ai pas non plus observé la moindre trace d'osmose entre ces huiles et le sérum du sang ou de la lymphe, que j'eusse fait usage d'osmomètres fermés, soit avec des membranes organisées, fraîches et intactes (muqueuses intestinale, vésicale, etc.), soit avec de la baudruche.

Cependant rien n'est mieux démontré, en physiologie, que le passage des graisses dans les vaisseaux chylifères. — A l'aide d'instruments grossissants, vient-on à examiner les villosités intestinales sur un chien tué pendant la digestion d'aliments mêlés de graisse, on les trouve dans un état de turgescence remarquable par suite de l'afflux sanguin qui congestionne toute la muqueuse de l'intestin. Examinées avec un faible pouvoir grossissant, elles sont demi-transparentes, excepté à leur extrémité libre, qui paraît blanche et opaque. Avec un plus fort grossissement, le sommet de chaque villosité se montre rempli d'un certain nombre de globules graisseux occupant d'abord les cellules de la couche épithéliale. Puis, dans les cas où l'absorption est plus avancée, ces cellules sont tellement pleines de graisse qu'on ne peut plus apercevoir ni leur noyau ni leurs contours ; par leur juxtaposition, elles forment une couche blanche à la surface des villosités. On trouve aussi des globules de graisse dans tout le parenchyme de la villosité jusqu'au lymphatique central. — Il résulte évidemment de ces observations que les matières grasses émulsionnées traversent d'abord la couche épithéliale et le parenchyme de la villosité avant de se rendre dans le chylifère.

Le mécanisme de cette absorption ne pouvant s'expliquer par les lois de la diffusion, diverses opinions ont été émises pour en rendre compte. Avant de les exposer, notons qu'au moins chez les mammifères, en particulier, l'*émulsionnement* des graisses paraît être une condition indispensable de leur absorption. Donders (1) et Jeannel (2) ont prouvé que si l'on emprisonne de l'huile liquide dans une poche membraneuse, elle ne passe que très-lentement, tandis que si elle a été préalablement émulsionnée, son passage est assez facile. Ce fait curieux n'embarrasse point les physiologistes qui veulent que

(1) Donders, *Ueber die Aufsaugung von Fett im Darmkanal* (Moleschott's *Untersuchungen*, etc., 1857).

(2) Jeannel, *Recherches sur l'absorption des huiles grasses émulsionnées* (*Comptes rendus de l'Acad. des sc. de Paris*, t. XLVIII, 1859).

les tissus organisés soient poreux à la manière d'une éponge : en effet, les molécules des graisses liquides ont une cohésion trop grande pour que l'attraction capillaire des membranes puisse les entraîner; mais, une fois émulsionnées c'est-à-dire divisées en globules graisseux assez petits pour que leur diamètre soit inférieur ou égal au diamètre des pores de la membrane, il n'y a rien d'étonnant à ce que ces globules s'y introduisent, et par suite traversent la paroi membraneuse. De là est née la théorie qui explique l'absorption des graisses par des *communications directes* entre la surface de la muqueuse intestinale et le lymphatique central.

a. — Gruby et Delafond (1) furent des premiers à essayer de faire revivre l'ancienne théorie des bouches absorbantes. Pour eux, les villosités intestinales seraient recouvertes de deux espèces d'épithélium, dont l'une, signalée par ces micrographes, a été appelée *epithelium capitatum* ou *à tête*. Dans cet épithélium, disséminé à la surface des villosités, à des distances symétriques, chacune des cellules serait pourvue d'une cavité à orifice externe parfois béant et parfois plus ou moins fermé. Suivant ces observateurs, le chyle serait reçu à l'état brut dans les précédents orifices, pour être ultérieurement divisé, atténué et converti en chyle pur et homogène, qui pénétrerait seul dans l'ouverture profonde et effilée faisant communiquer chaque cellule avec le vaisseau chylifère central; quant à la portion de chyle brut, qui a résisté à l'atténuation, elle serait rejetée au dehors.

Il existe à la surface libre des cellules épithéliales de l'intestin une couche d'une substance transparente et molle : cette couche forme à la base des cellules une sorte de *cuticule* (*bourrelet* ou *ourlet* de Kölliker). Selon Brücke (2) les cellules épithéliales des villosités ne sont fermées à leur base que par ce cuticule muqueux. Les globules graisseux peuvent facilement le déplacer pour s'introduire dans la cavité cellulaire, d'où ils passent par une ouverture du sommet de cette cavité dans des lacunes lymphatiques sans paroi qui aboutissent au canal central. Plusieurs physiologistes admirent l'opinion de Brücke en la modifiant suivant l'idée qu'ils se formaient sur les origines des lymphatiques dans la villosité : Heidenhain (3), par exemple, fait communiquer les cellules épithéliales avec le chylifère central par l'intermédiaire des cellules plasmatiques de la villosité, etc.

En examinant les cellules cylindriques des villosités, Kölliker (4) ne put trouver l'orifice que Brücke avait admis à leur base, mais il vit que le cuti-

(1) Gruby et Delafond, *Comptes rendus des séances de l'Acad. des sciences de Paris,* année 1843. Séance du 5 juin.

(2) Brücke, *Ueber die Chylusgefässe und die Resorption des Chylus* (*Mém. de l'Acad. de Vienne,* t. VI, p. 99 et 127, 1854). — *Ueber die Aufsaugung des Chylus in der Darmhöhle* (*Sitzungsberichte der Wien. Acad.* Band IX, § 900).

(3) B. Heidenhain, *Die Absorptionswege des Fettes* (Moleschott's *Untersuchungen,* etc., vol. IV, p. 251 à 284, 1858).

(4) Kölliker, *Nachweis eines besonderen Baues der Cylinderzellen des Dünndarmes, der zur Fettresorption in Bezug zu stehen scheint* (*Verhandlung der Physikalisch- Med. Gesellschaft in Würzbourg,* 1855, t. VI, p. 253), et *Éléments d'histologie,* p. 459.

cule qui la recouvre présente de fines stries parallèles à l'axe de la cellule. Il pensa que ces stries sont des canalicules conduisant dans l'intérieur de cet élément anatomique dont la face libre serait poreuse. Donders (1), F. Leydig (2) partagèrent cette opinion et comparèrent les cellules de l'épithélium intestinal aux *cellules à canaux poreux* du tube digestif des invertébrés.

Brettauer et Steinach (3) interprétèrent d'une manière différente l'aspect strié du cuticule : pour ces observateurs, il est dû à la juxtaposition d'une immense quantité de cils ou de bâtonnets qui adhéreraient à la paroi de la cellule épithéliale ou à sa substance intérieure.

Aujourd'hui la doctrine des ouvertures microscopiques des cellules épithéliales de l'intestin est assez généralement regardée comme une illusion. Kölliker lui-même l'a abandonnée dans ces derniers temps (4). Cependant Ludwig Letzerich (5) a décrit tout récemment des vacuoles ou cupules situées dans la couche des cellules cylindriques, ouvertes à la surface de la muqueuse intestinale, et, suivant lui, *communiquant directement* avec le chylifère central à l'aide d'un système de canaux : c'est par là, assure l'auteur, que s'effectuerait l'absorption des matières grasses. Eimer (6), Sachs (7), Arnstein (8) et Fries (9) ont très-bien vu ces vacuoles ou cellules cupuliformes, mais ils s'accordent à leur refuser tout rôle dans l'absorption des graisses ; d'ailleurs, ils n'ont pas pu vérifier leurs connexions avec un système canaliculé aboutissant au chylifère central, et ils pensent avec Schultze qu'elles sont destinées à la sécrétion du mucus. Pour ces auteurs, la graisse émulsionnée traverse les cellules cylindriques des villosités.

Toutes les observations anatomiques qui précèdent ont été entreprises sous l'influence du désir qu'avaient leurs auteurs d'expliquer l'absorption des graisses par des *communications directes* entre la cavité intestinale et le système chylifère. Mais on vient de voir que de pareilles communications sont contestées même par les observateurs qui admettent les vacuoles découvertes et décrites par L. Letzerich.

La démonstration anatomique faisant défaut aux partisans de la précédente théorie, ils invoquèrent les expériences de physiologie. — G. Herbst, Œsterlen, Eberhard, Mensonides et Donders, Bruch, Marfels, etc., après avoir donné à plusieurs animaux des aliments contenant des corps solides finement pulvérisés, reconnurent dans leur sang, après la digestion, quel-

(1) DONDERS, *loc. cit.*, t. II, p. 116.
(2) L. LEYDIG, *Traité d'histologie*, p. 334 et 380.
(3) BRETTAUER et STEINACH, *Untersuchungen über das Cylinderepithelium der Darmzotten und seine Beziehung zur Fettresorption (Acad. der Wissens. zu Wien.* 1857, t. XXIII, p. 303).
(4) KÖLLIKER, *Manuel d'histologie*, nouv. édit., p. 446, ann. 1862.
(5) LUDWIG LETZERICH, *Ueber die Resorption der verdauten Nährstoffe im Dünndarm* (VIRCHOW's *Archiv*, t. XXXVII, 1866, p. 232, et t. XXXIX, 1867, p. 435).
(6) EIMER, *Zur Fettresorption und zur Enstehung der Schleim*, etc. (VIRCHOW's *Archiv*, t. XXXVIII, 1867, p. 428-432).
(7) SACHS, *Zur Kenntniss der sogenannten Vacuolen im Dünndarm* (VIRCHOW's *Archiv*, t. XXXIX, 1867, p. 493).
(8) ARNSTEIN, *Ueber Becherzellen* (VIRCHOW's *Archiv*, t. XXXIX, 1867, p. 527).
(9) FRIES, *Ueber die Fettresorption und die Enstehung der Becherzellen* (VIRCHOW's *Archiv*, t. XL, 1867, p. 519).

ques particules de ces corps. Celles-ci, au dire de ces observateurs, avaient donc été absorbées, et leur passage dans le sang semblait n'avoir pu s'effectuer qu'à travers des pores ou orifices naturels. Nous avons réfuté cette opinion (p. 410), en montrant que la pénétration de certaines poussières dans les vaisseaux est un phénomène exceptionnel, qu'elle est due à des déchirures de l'épithélium par un petit corps anguleux et dur, et à sa progression mécanique à travers la substance molle de la muqueuse intestinale. Cet argument est assurément très-valable pour combattre la prétendue absorption des corps irréguliers, à angles ou à pointes aiguës, comme sont les particules de charbon, de soufre, etc.; mais il perd de sa valeur si les corps solides absorbés sont mous et arrondis. C'est avec des corps de cette nature que Marfels (1) a fait, d'après les conseils de Moleschott, des expériences fort intéressantes sur l'absorption. Ayant pris du sang de brebis dont les globules, facilement reconnaissables, ne peuvent, en raison de leur mollesse, produire une lésion mécanique de la muqueuse absorbante, il injecta une petite quantité de ce sang dans l'estomac de plusieurs grenouilles. En examinant au microscope, au bout d'un certain temps, les vaisseaux de la patte ou de la langue, il trouva parmi les globules elliptiques de ces derniers animaux des globules sanguins qui offraient tous les caractères de ceux de la brebis. Il put même voir plusieurs fois dans les vaisseaux du mésentère les globules de la brebis circuler à côté de ceux de la grenouille. — En ingérant dans l'estomac de batraciens du pigment choroïdien de l'œil du bœuf, il arriva aux mêmes résultats : il en conclut que les corpuscules solides, de même que les *globules de graisse*, peuvent passer normalement à travers la muqueuse intestinale par des voies ouvertes pour ce passage.

Dans une autre série d'expériences, Marfels (2) renferma du liquide chargé de pigment dans une anse intestinale séparée du corps et adaptée à un tube de verre. Il faisait monter le liquide intérieur dans le tube de verre, de manière à obtenir dans le sac membraneux une certaine pression, en expérimentant à une température de 34 degrés. Dans ces circonstances, il remarqua, au bout de vingt-quatre heures, des cellules épithéliales qui lui parurent contenir des granulations pigmentaires. En répétant ces expériences sur des animaux vivants, Moleschott (3) constata seulement quelquefois le même phénomène; et, pour arriver à des résultats positifs, il fut obligé de produire une pression sur les matières à absorber en excitant, au moyen de l'électricité, de fortes contractions des intestins. Wittich (4) vint corroborer les résultats précédents en assurant qu'il avait reconnu la présence de globules rouges dans les chylifères d'un

---

(1) MARFELS, *Recherches sur la voie par laquelle de petits corpuscules solides passent de l'intestin dans l'intérieur des vaisseaux chylifères et sanguins* (Ann. des sc. nat., 4e série, t. V, p. 144 ; 1856).

(2) MARFELS, *mém. cité*, p. 159.

(3) MOLESCHOTT, *Erneuter Beweis für das Eindringen von festen Körperchen in die Kegelförmigen Zellen der Darmschleimhaut* (Untersuchungen zur Naturlehre des Menschen und der Thiere, t. II, p. 19, 1857).

(4) Von WITTICH, *Beiträge zur Frage über die Fettresorption* (VIRCHOW'S *Archiv*, Band XI ; 1857).

lapin dont l'intestin grêle en contenait, et qu'il avait vu ces mêmes globules dans les chylifères du cæcum cinq heures après avoir injecté du sang dans cet intestin. Crocq (1) pensa aussi devoir admettre la pénétration des corps solides à travers la muqueuse intestinale.

Cependant Donders (2), Hollander (3), Rindfleisch (4), Schweiger-Seidel (5), O. Funke (6), etc., n'ayant point réussi à retrouver dans le sang les corpuscules solides injectés dans l'intestin, regardèrent les faits de Marfels et de Moleschott comme tout à fait exceptionnels. En effet, l'introduction des corpuscules de pigment et des globules hématiques dans les cellules épithéliales n'est pas un fait impossible, mais il ne saurait se comparer à l'absorption normale de la graisse. Nous admettons les observations de Marfels et de Moleschott comme réelles; mais ces observateurs auraient dû prouver que dans leurs expériences les cellules épithéliales n'avaient été ni déchirées, ni altérées d'une manière quelconque. Or, il est permis de croire que le contraire avait lieu quand ils faisaient intervenir une pression de 9 ou 10 centimètres de mercure, ou quand ils stimulaient les contractions intestinales par un courant électrique pour faire pénétrer le pigment dans la muqueuse, ou bien encore quand, dans le même but, ils faisaient macérer celle-ci pendant plusieurs heures dans une solution saline. Si le passage des corpuscules solides dans le sang à travers des cellules canaliculées était un phénomène normal, pourquoi ce liquide ne deviendrait-il pas le réceptacle de·toutes les fines poussières qui peuvent être ingérées accidentellement avec les aliments, et pourquoi aussi ne verrait-on pas certaines substances, comme l'albumine non modifiée, les venins, le curare, etc., passer dans le sang par voie d'absorption intestinale?

O. Funke (7), ayant préparé des émulsions très-complètes avec des substances grasses comme la stéarine et la cire qui sont solides à la température du corps, introduisit ces émulsions dans le tube digestif. Jamais il ne put reconnaître les globules, pourtant excessivement petits, de ces graisses solides, ni dans les cellules épithéliales, ni dans le parenchyme des villosités, ni dans la lymphe ou dans le sang; tandis qu'il vit toujours des globules graisseux dans les villosités, après avoir administré des émulsions de graisses liquides à 37 degrés. Ainsi il ne suffit pas qu'une graisse soit émulsionnée pour être absorbée, il faut encore que les globules

<hr>

(1) Crocq, *Bulletin de l'Académie de Bruxelles*, 1858. (Rapport de Spring, Schwann et Gluge.)

(2) Donders, *Physiol. des Menschen*, 1ᵉʳ fasc., 1856. — *Ueber die Aufsaugung von Fett im Darmkanal* (Moleschott's *Untersuchungen*, t. II, 1857, p. 113).

(3) Hollander, *Quæstiones de corpusculorum solidorum e tractu intestinali in vasa sanguifera transitu*. Dorpat, 1856.

(4) Rindfleisch, *In wie fern und auf welche Weise gestattet der Bau der verschiedenen Schleimhäute den Durchgang von Blutkörperchen und anderen kleinen Theilen, und ihre Aufnahme in die Gefässe* (*Archiv für path. Anat. und Physiol.*, t. XXII, 1860).

(5) Schweiger-Seidel, *Ueber den Uebergang körperlicher Bestandtheile aus dem Blute in die Lymphgefässe* (*Studien des Physiolog. Institut zu Breslau*). Canstatt's *Jahresbericht*, etc., 1861, p. 120.

(6) O. Funke, *Physiologie*, t. I, 4ᵉ édit., p. 359 et suiv. 1862.

(7) O. Funke, *Beiträge zur Physiologie der Verdauung* (*Zeitschr. für wissensch. Zoologie*, t. VII, p. 315).

graisseux suspendus dans l'émulsion soient à l'état liquide, fait qui rapproche l'absorption de la graisse d'un phénomène osmotique. S'il y avait des communications directes entre la cavité intestinale et les vaisseaux, il n'y aurait guère de raisons pour qu'un globule de graisse liquide pénétrât plus facilement qu'un globule aussi petit formé par une graisse solide.

b. — Avant les expériences qu'il avait faites en commun avec Marfels, Moleschott (1) se rendait compte de la pénétration des graisses, en supposant qu'elles sont absorbées à l'état de savon pour redevenir ensuite graisses neutres dans les chylifères. Mais les recherches de Bidder et Schmidt (2) ont détruit cette hypothèse : car en admettant que la propriété de dédoubler et d'acidifier les corps gras se constate hors de l'intestin avec le concours de certains fluides organiques, cette propriété ne saurait, d'après les expériences de ces auteurs, être mise en jeu chez l'animal vivant où elle est complétement annihilée par la réaction acide du chyme. Bouchardat et Sandras (3) ont aussi prouvé que la pénétration des graisses se fait sans qu'elles subissent une transformation chimique. Elles sont seulement émulsionnées par les sucs digestifs et plus particulièrement par l'action du suc pancréatique.

c. — Küss (4) n'admet point que la graisse pénètre en nature dans les cellules épithéliales de l'intestin : suivant lui, ces cellules formeraient la graisse aux dépens du chyme par un phénomène de nutrition. A l'appui de son opinion, ce physiologiste a fait l'expérience suivante : il injecte du chyme stomacal (filtré) dans une anse intestinale sur un animal qui vient de mourir ; les cellules épithéliales deviennent blanches et le microscope montre que cette coloration est due à des granulations graisseuses qui les distendent. En 1847, Küss a répété avec succès cette expérience sur l'intestin d'un homme qui venait de subir la peine capitale. Si les faits précédents tendent à établir que les cellules épithéliales peuvent se remplir de graisse par un phénomène d'assimilation, comme les vésicules adipeuses dans l'engraissement, ils nous éclairent peu sur la question de savoir comment la graisse sort des cellules épithéliales pour traverser toute la substance des villosités et parvenir dans le chylifère central.

d. — Les cellules épithéliales de l'intestin ont une grande tendance à se détacher de la surface qu'elles recouvrent une fois qu'elles sont distendues par la graisse. Ce fait constaté par Goodsir (5), qui avait vu le premier leur réplétion graisseuse, fut généralisé par cet observateur comme un phénomène constant de la digestion. Il admet que, sous l'influence de la turgescence sanguine ou de quelque autre cause inconnue, la surface interne de

<hr>

(1) MOLESCHOTT, *Physiologie des Stoffwechsels.* Erlangen, 1851, p. 207.
(2) BIDDER et SCHMIDT, *Die Verdauungssaefte und der Stoffwechsel,* p. 228. Leipzig, 1852.
(3) BOUCHARDAT et SANDRAS, *Recherches sur la digestion et l'assimilation des corps gras* (*Annuaire de thérapeutique pour* 1845, p. 238 et suiv.).
(4) Küss (Thèse de FINCK intitulée : *Physiologie de l'épithélium.* Strasbourg, 1854 ; et thèse de BEAUNIS, ayant pour titre : *Anatomie générale et physiologie du système lymphatique.* Strasbourg, 1863, p. 62.)
(5) GOODSIR, *The Edinburgh New Philosophical Journal,* t. XXXIII, p. 165, 1842.

l'intestin se dépouille de son épithélium qui est de deux sortes : l'épithélium
qui couvre les villosités et celui qui double les follicules. Alors les villosités
gonflées de sang, érigées et nues, s'imprègnent d'une matière d'aspect
blanchâtre ; puis des vésicules, dispersées parmi les divisions terminales
des lymphatiques de ces villosités, grossissent en attirant dans leur cavité
la même matière, jusqu'à ce qu'ayant atteint leur grosseur spécifique, elles
se brisent ou se dissolvent. Leur contenu est alors transmis dans le tissu
de la villosité elle-même, et partant dans le réseau de ses vaisseaux lactés.
Tant que la cavité de l'intestin contient du chyme, les vésicules de l'extrémité terminale des villosités continuent à se développer, à absorber du
chyle, à se briser, et leur contenu à être emporté dans les vaisseaux
chylifères. Mais, quand une fois l'intestin ne renferme plus de chyme,
l'afflux sanguin diminue, le développement des vésicules nouvelles cesse,
les vaisseaux lactés se vident et les villosités s'aplatissent. Dès lors cesse
aussi, d'après Goodsir, la fonction de ces appendices jusqu'à ce qu'elle
soit réveillée par l'abord nouveau du chyme dans l'intestin. C'est dans les
intervalles de la digestion que l'épithélium des villosités, qui avait été
rejeté, se reproduit. L'opinion de Goodsir n'a pas été confirmée par les
observateurs qui l'ont suivi.

En résumé, l'absorption des matières grasses ne semble se faire ni par des
communications directes, ni à l'aide d'une transformation chimique, ni par
un phénomène vital d'assimilation, ni après une desquamation de l'épithélium intestinal.

Le mécanisme de l'absorption des graisses paraît devoir rester longtemps
encore un des points obscurs de la physiologie. Mais, si l'on n'a pu pénétrer
le mystère de ce phénomène, on peut du moins saisir plusieurs circonstances
qui favorisent son accomplissement et qu'il n'est pas sans intérêt de signaler.

1° Dans l'émulsion intestinale, chaque globule graisseux s'entoure,
d'après Balogh (1), d'une *enveloppe haptogène* formée par une substance
albuminoïde : ce serait grâce à cette enveloppe que la graisse pourrait
adhérer à la substance humide des cellules épithéliales et des villosités.

2° Les contractions intestinales produisent sur la surface de la muqueuse
une *pression* propre à y faire pénétrer les globules de l'émulsion. Pour
faire transsuder de l'huile à travers une vessie de bœuf de 1^{mm},128 d'é-
paisseur, Liebig (2) a vu qu'il fallait une pression de 92 centimètres de
mercure. Mais, si au lieu d'une vessie de bœuf comprenant ses quatre
tuniques (séreuse, musculeuse, cellulaire et muqueuse), on emploie seulement la muqueuse, il suffit d'une pression deux ou trois fois moindre
pour déterminer la transsudation de l'huile. --Si l'huile est émulsionnée,
on sait que le passage est beaucoup plus facile et qu'il peut s'effectuer avec
une pression encore bien moindre. — Enfin, si l'on suppose une membrane aussi mince que l'est celle qui sépare la surface de la muqueuse

---

(1) BALOGH, *Das Epithelium der Darmzotten in verschiedenen Resorptionszustanden*
(MOLESCHOTT'S *Untersuch.*, t. VII, 1861.)
(2) LIEBIG, voyez plus haut, p. 357.

intestinale de la cavité du réseau sanguin ou lymphatique, on conçoit que la pression intestinale soit suffisante pour faire transsuder dans les vaisseaux les émulsions provenant des matières grasses de l'alimentation. — En outre, les contractions des villosités elles-mêmes poussent dans le lymphatique central la graisse dont ces appendices sont imprégnés : la bile, selon Schiff, excite ces contractions, accélère et renouvelle ainsi le phénomène. Mais l'influence de la bile sur l'absorption de la graisse paraît se rapporter encore à une autre cause.

3° Nous avons vu, dans l'exposé des phénomènes osmotiques, que la *nature des liquides* qui imprègnent une membrane a une grande influence sur l'intensité de l'osmose et sur la direction du courant. Nous pouvons en conclure, si les choses se passent dans l'organisme comme dans les appareils osmométriques, que la nature des sécrétions qui lubrifient une membrane doit favoriser l'absorption de certaines substances et mettre obstacle à celle de certaines autres. Ainsi Wittingshausen (1), Hoffmann (2), Matteucci (3) etc., ont constaté qu'une émulsion traverse beaucoup plus aisément une membrane qui a été préalablement imprégnée d'un liquide alcalin et surtout de bile. L'absorption de la graisse doit donc être singulièrement facilitée par la présence de la bile dans l'intestin. Ce fait expliquerait pourquoi, chez les chiens porteurs de fistule biliaire, la plupart des expérimentateurs ont noté un amaigrissement considérable; il expliquerait pourquoi aussi, dans les expériences comparatives de Bidder et Schmidt(4), tous les autres éléments du chyle étant à peu près les mêmes sur des chiens sains ou sur des chiens munis de fistule biliaire, et la proportion de graisse libre dans le chyle étant de 32 sur 1000 chez les premiers, cette proportion a été au plus de 2 sur 1000 chez les seconds.

4° Enfin une quatrième circonstance vient encore favoriser l'absorption de la graisse: l'*élévation de la température*. Nous savons déjà que la chaleur favorise l'intensité de la diffusion et par suite de l'osmose. Morin (5) a d'ailleurs démontré expérimentalement qu'une émulsion de jaune d'œuf passe beaucoup plus facilement, à travers une membrane organisée, lorsqu'on élève la température jusqu'à 35 ou 40 degrés.

Malgré toutes ces circonstances adjuvantes, l'absorption des graisses est un acte très-lent et qui paraît, même physiologiquement, difficile à accomplir. Une proportion plus ou moins notable des aliments gras ingérés n'a pas le temps de pénétrer dans les chylifères pendant le passage à travers l'intestin grêle, aussi retrouve-t-on généralement une certaine quantité de substances grasses dans différents points du tube intestinal.

---

(1) WITTINGSHAUSEN, *Endosmotische Versuche über die Wirkung der Galle bei der Absorption der Fette.* Dorpat, 1851.

(2) HOFFMANN, *Ueber die Aufnahme von Quecksilber und Fette in den Kreislauf.* Würzburg, 1854.

(3) MATTEUCCI, *Leçons sur les phénomènes physiques de la vie*, p. 105.

(4) BIDDER et SCHMIDT, *ouvr. cité*, p. 222 et suiv.

(5) MORIN, *Nouvelles expériences sur la perméabilité des vases poreux et des membranes desséchées par les substances nutritives* (*Mém. de la Soc. de phys. et d'hist. nat. de Genève*, 1854, t. XIII, p. 251 et suiv.).

Pourquoi les matières grasses s'introduisent-elles dans les chylifères plutôt que dans les réseaux sanguins ? Voici l'explication qu'on a cru pouvoir proposer : les parois des réseaux sanguins, tendus par la pression intra-vasculaire, résistent à l'introduction des globules de graisse ; de sorte que ces derniers, poussés dans le parenchyme des villosités par la contraction des fibres musculaires de l'intestin, se bornent à glisser contre ces parois et à passer entre les mailles du réseau sanguin. Puis, continuant à progresser vers le centre de la villosité, les globules de graisse rencontrent le chylifère central, dont le contour n'est soumis à aucune tension intérieure, et de là leur pénétration possible dans sa cavité.

Les choses se passent différemment quand il s'agit de l'absorption des autres produits liquides de la digestion ou des substances cristalloïdes susceptibles de s'osmoser. En se diffusant à travers la muqueuse intestinale, ces produits et ces substances rencontrent le réseau sanguin où elles pénètrent par osmose, et le réseau lymphatique où pénètre par le même mécanisme tout ce qui a échappé aux canaux du sang. On arrive donc théoriquement au même résultat que celui qui a été constaté précédemment, c'est-à-dire que les veines absorbent bien peu de graisse, mais principalement l'albuminose, la glycose, les solutions salines, les boissons, toutes les substances cristalloïdes, tandis que les chylifères absorbent les matières grasses et accessoirement les substances cristalloïdes.

On sait que l'absorption du chyle, qui commence environ deux à trois heures après le repas, se fait à peu près exclusivement à la surface de l'intestin grêle à partir du pylore. Quant aux vaisseaux lymphatiques de l'estomac, ils paraissent n'absorber qu'un liquide incolore : Brodie, Fohmann, etc., et nous-même n'y avons jamais rien rencontré qui ressemblât à du chyle lactescent. Tiedemann les a trouvés pleins d'un liquide aqueux, semblable à du petit-lait, chez des chiens auxquels il avait donné du lait vingt-cinq minutes auparavant.—Il faudrait donc regarder comme tout à fait exceptionnels les cas qui ont été rapportés par Haller (1) d'après d'autres auteurs, et dans lesquels du chyle blanc aurait été vu dans les lymphatiques de l'estomac. Alex. Lauth (2) dit avoir rencontré, « dans la tunique interne de l'estomac, des radicules absorbantes qui contenaient un fluide blanchâtre et formaient de petits réseaux par leur entrelacement. »

Il ne nous répugne aucunement d'admettre qu'une faible partie du chyle, qui a pu échapper à l'absorption dans l'intestin grêle, soit absorbée dans le gros intestin. Haller (3) en a rapporté plusieurs exemples empruntés à divers observateurs. En voici d'autres plus récents dans lesquels les liquides à absorber furent introduits par l'anus : chez un chien, purgé avec de l'huile de croton tiglium et soumis à une abstinence de deux jours, on injecta par le rectum, à plusieurs reprises, 120 grammes de lait. L'animal ayant été tué après la dernière injection, on trouva dans les lymphatiques du

----

(1) HALLER, *Biblioth. anatom.*, t. II, p. 86.
(2) ALEX. LAUTH, *Essai sur les vaisseaux lymphatiques.* Strasbourg, 1824.
(3) HALLER, *Elem. physiol.*, t. VII, p. 168.

gros intestin un liquide blanchâtre ; quelques-uns des ganglions mésentériques en étaient pénétrés, et le liquide du canal thoracique était lui-même blanchâtre. Sur un autre animal de la même espèce, auquel on avait injecté par la même voie du bouillon de viande chargé de matière grasse, les lymphatiques du gros intestin présentaient aussi un contenu d'une certaine opacité (1). Plusieurs fois, dans mes propres expériences sur des chiens, j'ai obtenu des résultats assez analogues que je me suis d'ailleurs expliqués par le pouvoir légèrement émulsionnant du suc intestinal.

ABSORPTION PAR DES MEMBRANES MUQUEUSES AUTRES QUE LES MUQUEUSES DIGESTIVE ET PULMONAIRE.

Outre les membranes muqueuses qui tapissent les voies digestives et respiratoires, il en est d'autres qui, comme elles, possèdent aussi une faculté absorbante plus ou moins active : la *conjonctive*, la *muqueuse génito-urinaire*, se rattachent particulièrement à ce groupe, dans lequel on pourrait encore comprendre la membrane amincie qui revêt le conduit auditif externe.

En effet, quelques gouttes d'une solution de belladone ou d'atropine, appliquées sur la conjonctive, suffisent pour produire rapidement la dilatation de la pupille, et une minime quantité d'acide prussique, versée sur la conjonctive d'un animal vivant, donne lieu à des accidents redoutables suivis d'une mort prompte. — Du coton, imbibé de laudanum ou de chloroforme, qu'on introduit dans l'oreille, calme parfois certaines névralgies. — Le virus syphilitique n'est que trop souvent absorbé par la muqueuse des organes génitaux, soit que cette absorption s'effectue sans aucune solution de continuité, soit qu'au contraire elle ait lieu à la suite d'une érosion. — On sait aussi que le sang des menstrues, retenu dans le vagin et la matrice, peut prendre, au bout d'un certain temps, beaucoup de consistance et diminuer notablement de quantité. — Il est bien avéré, aujourd'hui, d'après les faits observés par Nægele, Salomon, Stoltz, etc., que le placenta abandonné dans l'utérus peut y être résorbé ; Huzard (2) et Carus (3) ont même cité des cas dans lesquels des fœtus, assez développés et abandonnés dans la matrice, ont disparu complétement par résorption, les os exceptés.

ABSORPTION DANS LES RÉSERVOIRS DES GLANDES.

Sur le trajet de divers appareils sécréteurs, on rencontre des réservoirs de capacité variable dans lesquels s'accumule et séjourne le produit de la sécrétion. La plus simple observation permet de reconnaître que, par le fait seul de ce séjour plus ou moins prolongé, les liquides se concentrent, et qu'une partie de leurs principes constitutifs est reprise avec l'eau par

(1) BOUISSON, *Études sur le chyle*. Paris, 1844.
(2) HUZARD, *Mém. de l'Institut*, t. II, p. 295, 306.
(3) CARUS, *Zur Lehre von Schwangerschaft*, etc., t. II, p. 18.

es voies de l'absorption : la bile cystique est plus amère, plus colorée, plus épaisse que la bile hépatique ; l'urine, qui est restée dans la vessie, a une couleur plus foncée, une odeur plus forte que celle qui est expulsée peu de temps après son arrivée dans ce réservoir; le sperme acquiert dans les vésicules séminales une consistance et une viscosité plus ou moins grandes ; les larmes, accumulées dans le sac lacrymal ou dans les tumeurs lacrymales commençantes et non accompagnées d'inflammation des parois du sac, deviennent aussi plus épaisses. Dans la grenouillette, affection qui reconnaît quelquefois pour cause une oblitération de l'orifice du conduit de la glande sous-maxillaire, le liquide accumulé dans le kyste a la consistance du blanc d'œuf, etc.

Plusieurs expériences pratiquées sur les animaux, des observations pathologiques très-variées, démontrent bien qu'en effet les produits des sécrétions, accumulés dans leurs réservoirs, sont en grande partie résorbés.

Simon a vu, chez les pigeons, un dépôt de matière verte dans le cloaque, dix à vingt heures après la ligature des conduits biliaires ; Tiedemann et Gmelin (1), ayant lié le canal cholédoque sur des chiens, ont retrouvé, quelques jours après, des matériaux biliaires dans l'urine ; et, chez un de ces animaux, disent-ils, toutes les membranes muqueuses présentaient une coloration jaunâtre, le péritoine aussi contenait une sérosité d'un jaune rougeâtre foncé. On sait que, dans l'ictère, souvent dû chez l'homme à la présence de calculs dans le canal cholédoque (d'où accumulation de ce fluide dans la vésicule), le liquide sécrété par les membranes séreuses, peut offrir également une teinte jaune : dans un cas cité par Braconnot (2), en effet, on y a constaté, par l'analyse chimique, la présence des matériaux de la bile. Fourcroy et Vauquelin, Nysten (3), Orfila et Braconnot (4), etc., ont fréquemment trouvé dans l'urine les principes constituants de la bile résorbée.

Lorsqu'il existe un obstacle à l'émission des urines, leurs matériaux peuvent être repris par résorption comme ceux de la bile, puis diversement éliminés : par le vomissement, par la peau, par le rectum, par les mamelles, par les organes salivaires, etc. On a rapporté, à ce sujet, diverses observations qui pourront ne pas paraître toujours bien concluantes.

Une malade, citée par Grégoire Horstius (5), était tourmentée par une rétention d'urine, à la suite d'une plaie dont la cicatrisation mal dirigée avait oblitéré le méat urinaire; il y avait tous les jours des vomissements d'un liquide urineux. Van der Wiel (6) a rapporté l'histoire d'un vieillard atteint de la pierre, qui resta pendant seize jours sans uriner; le

<hr>

(1) TIEDEMANN et GMELIN, *Rech. expérim. physiol. et chim. sur la digestion* ; tr. de Jourdan. Paris, 1827, t. II, p. 7, 12.
(2) BRACONNOT, *Journal de chim. méd.*, t. III, p. 480.
(3) NYSTEN, *Recherches de physiol. et de chimie pathol.*, p. 261.
(4) ORFILA et BRACONNOT, *Journal de chimie méd.*, t. III, p. 480.
(5) HORSTII *opera*, t. II, lib. xv, obs. 54, p. 257.
(6) VAN DER WIEL, *Observationes rariores medicæ, anatomicæ et chirurgicæ*, obs. 51. Leyde, 1687.

patient vomit plusieurs fois une urine très-salée. Marangoni (1), Mareschal (2), ont vu des faits semblables. Chez un malade observé par J. Zeviani (3), il y eut suppression de l'excrétion urinaire, à la suite d'une plaie des parties sexuelles : le corps devint le siége d'une infiltration générale et la transpiration prit une odeur urineuse; il y eut aussi des vomissements de matières ayant cette même odeur. Un individu, atteint d'ischurie, rendit, par le rectum, un liquide ayant toutes les propriétés physiques de l'urine(4). Une fille âgée de quatorze ans, et n'ayant pas la moindre apparence de parties génitales, expulsait par les mamelles un liquide séreux qui remplaçait l'excrétion urinaire (5). Un jeune homme tourmenté de dysurie rendit, par les organes salivaires et la bouche, un liquide qui, présentant toutes les qualités de l'urine, continua de couler pendant quatre jours(6). Boerhaave (7) a relaté l'observation d'un négociant qui s'abstint d'uriner pendant un jour et une nuit; il succomba, et, à l'autopsie, on trouva dans les ventricules cérébraux un liquide semblable à de l'urine.

Des faits du même genre ont été aussi vus par Nysten (8). Une personne, âgée de vingt-six ans, offrait un défaut complet d'excrétion urinaire qu'accompagna bientôt une infiltration de l'abdomen et des membres inférieurs : au bout de trois semaines, ces symptômes prirent un accroissement considérable, et, en même temps, eurent lieu des vomissements d'un liquide de couleur citrine dont la malade rendit, un jour, plus de 20 litres! Le liquide vomi fut analysé par Nysten qui y constata la présence de l'urée. Chez une autre femme, âgée de quarante ans, le même observateur a retrouvé de l'urée, de l'acide urique et les sels de l'urine, dans les matières rendues par le vomissement, après une rétention d'urine causée par une chute. Toutefois, nous devons faire remarquer que cette dernière observation a été révoquée en doute par divers auteurs qui ont avancé que Nysten avait été le jouet d'une supercherie : la malade, dit-on, avalait ses urines.

Peut-on rapprocher de ces faits ceux dans lesquels les divers principes des matières fécales auraient été soumis à une résorption par suite du séjour prolongé de ces matières dans l'intestin? L'ancien *Journal de médecine* (9) rapporte des exemples de suppression partielle ou totale de l'excrétion stercorale ayant duré des mois, même des années, et accompagnée d'une transpiration abondante et fétide. Rullier (10) parle même d'un ecclésiastique qui n'allait jamais à la garderobe; le corps de ce malheureux

(1) Marangoni, *Mém. Acad.*, année 1715.
(2) Mareschal, *Journal de médecine* de A. Roux, t. XXX, p. 558, année 1769.
(3) J. Zeviani, *Memorie di matematica e fisica*, t. VI, p. 93. Veronæ 1792.
(4) Pechlin, *Observationes physico-medicæ*, obs. 11, p. 23. Hamburgi 1691.
(5) *Journal de médecine* de Vandermonde, t. VIII, p. 59, année 1758.
(6) *Actes de la Société littéraire d'Upsal*, 1737.
(7) Boerhaave, *Prælectiones Academicæ*. Gottingæ 1741, t. III, p. 315.
(8) Nysten, *Recherches de physiol. et de chimie pathol.*, p. 278, 280. Paris, 1811.
(9) *Journal de médecine* de Vandermonde, t. IV, p. 253 et 257, année 1756, et t. X, p. 510, année 1759.
(10) Rullier, *Dict. des sc. méd.* en 60 vol. Art. Inhalation.

exhalait une odeur repoussante et son linge était sans cesse teint en brun par le produit de la transpiration cutanée.

ABSORPTION DANS LES CAVITÉS SÉREUSES ET DANS D'AUTRES CAVITÉS CLOSES.

A la surface interne de toutes les *membranes séreuses* s'opère une sécrétion incessante dont le produit paraît destiné à favoriser le glissement des deux feuillets qui composent ces membranes. L'existence seule d'une pareille sécrétion démontre la nécessité d'une résorption correspondante, sans laquelle, après un certain temps, le liquide s'accumulerait en quantité trop considérable.

L'anatomie a consacré la division des membranes séreuses en plusieurs espèces : membranes séreuses splanchniques, membranes synoviales articulaires, bourses muqueuses des tendons, bourses muqueuses sous-cutanées. En ce qui concerne l'absorption, on peut rapprocher de ces cavités closes les aréoles du tissu cellulaire, les vésicules qui logent la graisse, les chambres de l'œil, etc.

Des expériences nombreuses sont venues démontrer que les membranes *séreuses splanchniques*, bien qu'elles soient peu vasculaires, ont la propriété d'absorber facilement diverses substances. Déjà Musgrave (1) avait observé que, quand on introduisait une quantité assez notable d'eau dans la plèvre d'un chien vivant, le liquide était bientôt absorbé après avoir déterminé une grande anxiété respiratoire. Nuck, Petit, Krazenstein (2), etc., ont injecté de l'eau dans le péritoine d'un chien : ce liquide, dont la quantité s'élevait jusqu'à 6 onces, a disparu en quelques heures. Lebküchner (3) pousse dans la cavité péritonéale d'un chat, $0^{gr},25$ de prussiate de potasse dissous dans 8 grammes d'eau ; au bout de six minutes, le sérum du sang contient un peu de ce sel et l'urine en renferme davantage. 45 grammes de bile de bœuf sont injectés dans la cavité péritonéale d'un autre chat ; douze minutes après, l'animal est tué et l'on trouve de la bile à la face externe du péritoine. Pour prouver la perméabilité des séreuses splanchniques, Lebküchner a encore institué l'expérience suivante : la cavité *droite* du thorax d'un lapin est ouverte entre la cinquième et la sixième côte ; on y fait passer une dissolution de prussiate de potasse et l'on ferme la plaie. Trois minutes après, l'animal est mis à mort ; une goutte d'une dissolution de sulfate de fer est appliquée à la paroi *gauche* encore intacte du médiastin, et aussitôt on reconnaît manifestement la formation de bleu de Prusse. Du reste, sur des lapins, en injectant comparativement une solution de nitrate de strychnine dans une anse intestinale ou dans le péritoine, j'ai vu presque constamment les accidents tétaniques et la mort survenir plus vite dans ce dernier cas.

(1) MUSGRAVE, *Philos. Transact.*, n° 240.
(2) HALLER, *ouvr. cité*, t. I, p. 552.
(3) LEBKÜCHNER, *loc. cit.*

L'énergie du pouvoir absorbant de la séreuse péritonéale dépend-il des ouvertures ou pores lymphatiques que Recklinghausen dit avoir vus sur le centre phrénique du diaphragme des lapins (1)? Il est permis d'en douter jusqu'à ce que de nouvelles observations soient venues confirmer celles de l'histologiste allemand.

Des expériences, faites par Dupuytren (2), démontrent que le péritoine et la plèvre n'absorbent pas seulement les liquides, mais encore les gaz, et même, dit-on, certains corps solides, tels que des morceaux de viande, de poumon, de foie, etc.; dernière assertion qui assurément avait besoin d'être appuyée sur des preuves plus convaincantes que n'en comporte la mention d'expériences sans détails. Depuis lors, des recherches analogues ont été entreprises par Michaëlis (de Prague), qui a prouvé qu'entre le mode de cette résorption et la digestion proprement dite il n'y a d'ailleurs aucune analogie à établir, et qu'en pareil cas, après la résorption de toutes les parties liquides de la viande, il reste un noyau que l'analyse chimique démontre être une sorte de *savon soluble* qui se résorbe au fur et à mesure de la transformation.

Il paraît, d'après des expériences de Babault, communiquées par Gerdy (3) à l'Académie de médecine de Paris, que l'iode injecté dans la *tunique vaginale* des chiens est facilement absorbé et peut déterminer quelquefois des accidents d'intoxication.

Est-il besoin de rappeler ici, à propos de l'absorption dont les membranes séreuses sont le siége, ce que les médecins sont à même de constater tous les jours, c'est-à-dire la résorption plus ou moins rapide d'épanchements séreux ou sanguins par la plèvre, le péritoine, la tunique vaginale, ou par l'arachnoïde cérébro-spinale elle-même?

L'absorption dans les *synoviales articulaires*, dans les bourses muqueuses des tendons et les bourses muqueuses sous-cutanées, est aussi suffisamment prouvée par la disparition, spontanée ou aidée de topiques résolutifs, d'épanchements plus ou moins considérables qui existaient dans ces cavités.

On ne saurait non plus se refuser à admettre l'existence d'une absorption plus active encore dans le *tissu cellulaire,* quand on assiste à la disparition parfois si prompte d'épanchements de sérosité dans l'œdème, d'infiltration d'air dans l'emphysème, de suffusion de sang dans les contusions. A cette occasion, ou peut rappeler que des substances salines, solubles, déposées dans le tissu cellulaire, se retrouvent très-vite dans divers fluides sécrétés.

Chaussier a aussi constaté, dans ses expériences, que l'on pouvait empoisonner des animaux en leur insufflant du gaz acide carbonique sous la peau ; il prétend également avoir vu disparaître, par résorption, un calcul urinaire qu'il avait introduit dans le tissu cellulaire sous-cutané d'un chien.

Dans les vésicules adipeuses, l'absorption de la *graisse* est bien remarquable par l'énergie avec laquelle elle s'accomplit dans quelques cas : qui

(1) RECKLINGHAUSEN, *Zur Fettresorption* (VIRCHOW'S *Archiv*, t. XXVI, p. 172 ; 1862).
(2) RULLIER, *loc. cit.*
(3) GERDY, *Acad. de méd. de Paris*, séance du 16 décembre 1846.

n'a été frappé de la disparition rapide de la graisse chez les individus qui ont subi d'abondantes évacuations, chez certains cholériques par exemple? Cette espèce d'absorption se fait au contraire d'une manière très-lente chez les animaux hibernants; et l'on comprend qu'il devait en être ainsi en pareil cas.

Quant à l'absorption qui s'effectue dans le globe de l'œil, elle est suffisamment démontrée par la disparition complète d'épanchements de sang ou de pus existant dans la chambre antérieure de cet organe.

En dehors de l'état physiologique, on voit aussi l'absorption s'opérer très-activement sur des *surfaces accidentelles :* ainsi en est-il du derme dénudé par un vésicatoire ou par une brûlure; des plaies encore assez récentes ou même d'ulcères situés dans des régions très-vasculaires; des cicatrices de nouvelle formation; de l'intérieur des abcès, etc.

LYMPHE ET CHYLE.

L'étude des liquides qui sont renfermés dans les vaisseaux lymphatiques forme le complément nécessaire de l'histoire de l'absorption chez les animaux supérieurs : nous voulons parler de la *lymphe* et du *chyle*. Quant à l'étude du *sang*, si intéressante et si féconde en applications utiles, on peut la rattacher surtout à celle de la respiration et de la circulation, malgré ses rapports avec toutes les autres fonctions.

Nous avons vu que le système lymphatique en général, remarquable par l'ampleur et la richesse de ses réseaux originels, a pour rôle essentiel d'absorber, à la surface comme dans la profondeur des parties organiques, certains matériaux qui s'en séparent, et d'élaborer ces matériaux pour en former un fluide spécial, la *lymphe*, qui doit être déversé dans le sang veineux. Nous avons vu aussi que, comme dépendance ou fraction du système lymphatique, il existe des vaisseaux, les *chylifères*, qui de plus se chargent, avec le concours des veines intestinales, d'absorber les produits liquides et réparateurs de la digestion. C'est au liquide circulant dans les lymphatiques de l'intestin, durant la période digestive, qu'est réservé le nom de *chyle*. Ce fluide, bientôt mélangé dans le canal thoracique avec la lymphe qui vient de presque toutes les autres parties du corps, s'épanche aussi avec elle dans le torrent sanguin.

C'est en pratiquant, à l'exemple de Colin (1), des fistules au canal thoracique vers son abouchement dans les veines sous-clavières ou jugulaires internes, qu'il est possible de se faire quelque idée de la quantité énorme de liquides (lymphe ou chyle) que le système lymphatique introduit, sans interruption, dans le sang : une vache de taille moyenne a fourni, en vingt-quatre heures, par une pareille fistule, jusqu'à 95 386 grammes des précédents fluides, c'est-à-dire environ un hectolitre (2). Il est vrai qu'en

(1) COLIN, *Traité de physiol. comp. des animaux domestiques*, t. II, p. 100 et suiv. Paris, 1856. — Et *Mémoire sur la formation du chyle*, lu à l'Académie de médecine de Paris dans la séance du 7 juillet 1857.
(2) COLIN, *ouvr. cité*, t. II, p. 106.

pareil cas la liberté d'issue offerte au chyle et à la lymphe peut les faire s'écouler avec une vitesse contre nature, puisque ces liquides n'ont plus à subir de résistance de la part du courant sanguin, ni de la valvulve située au confluent de la veine sous-clavière gauche et du canal thoracique. Mais il n'y en a pas moins là une preuve suffisante pour établir que le sang est dans un état de perpétuelle mutation et qu'il doit se renouveler sans cesse, *au moins en partie*, avec les matériaux qu'apportent les lymphatiques de l'intestin (chyle), comme avec ceux que les lymphatiques généraux puisent dans le sein des divers organes (lymphe). Évidemment, comme autre source importante de réparation du sang, on ne doit pas oublier les matières organiques ou inorganiques, solubles et alimentaires, que les *veines* puisent si abondamment dans le tube digestif. ;

Quand on considère que le chyle résulte de la transmutation de différents matériaux pris en dehors de l'organisme, tandis que la lymphe est une sorte de chyle formé aux dépens de la propre substance de l'animal lui-même, on ne peut s'empêcher d'assigner à ces deux fluides, qui ont pour usage commun de contribuer à la rénovation du sang, une différence dans leur importance respective. Il est manifeste que, vu son origine et sa composition corrélative, le chyle doit contribuer à cette rénovation autrement et plus efficacement que la lymphe, qui, n'ajoutant rien à l'organisme, lui emprunte au contraire les éléments dont elle est formée. Ajoutons que d'ailleurs l'existence de la lymphe et de ses vaisseaux ne se rattache au travail de la nutrition que chez les vertébrés, qui seuls, en effet, sont pourvus de ce fluide ; tandis que les matières nutritives équivalentes au chyle se retrouvent dans les veines intestinales des animaux dépourvus de vaisseaux chylifères.

Dans les animaux supérieurs, l'acte duquel résulte la lymphe ne paraît être qu'un moyen complémentaire à l'aide duquel les matériaux enlevés à l'économie, dans le travail nutritif, lui sont rendus avec des qualités nouvelles, avec une aptitude réparatrice déterminée ; aussi voit-on la lymphe, tout en conservant sa destination propre, être en communauté d'action avec le sang veineux et offrir une direction parallèle à la sienne. Elle ramène, comme lui, divers éléments du sang artériel au centre circulatoire, se charge de molécules organiques qui momentanément ont perdu l'aptitude de concourir à la structure des parties, et enfin, spécialement dans le canal intestinal, sert, comme le sang veineux, de véhicule à des matériaux étrangers introduits par l'absorption.

Si la lymphe et le chyle mélangés (aussi bien que les produits liquides de la digestion absorbés par les veines intestinales) n'offrent pas les qualités d'un fluide directement nutritif, on sait qu'ils peuvent les acquérir au contact de l'air par l'entremise de la respiration ; de là, pour le physiologiste, le grand intérêt qui s'attache à l'étude approfondie de tous les faits relatifs à ces deux liquides.

Seulement, ce n'est pas encore pour nous le moment de développer certaines vues générales sur les rapports de la lymphe et du chyle avec le sang ; d'exposer les analogies et les différences de ces trois fluides ; en un

not, de tracer un parallèle qui ne peut trouver sa place qu'après l'histoire
lu sang et celle de la respiration.

I. — La *lymphe*, ce contenu des vaisseaux lymphatiques généraux, est un
iquide d'ordinaire incolore ou faiblement coloré en jaune, légèrement
'isqueux et opalin; elle offre une saveur peu prononcée, une réaction alca-
ine, et, après son extraction des vaisseaux, forme un caillot qui se sépare
lu sérum.

a. — On peut se procurer la lymphe de diverses manières. Sur l'animal
jui vient de mourir, on n'en obtient qu'une bien faible proportion en pi-
juant les ganglions ou les vaisseaux lymphatiques ordinaires; la quantité
est plus considérable si l'on agit sur la grande veine lymphatique droite, et
orincipalement sur le *canal thoracique*. Dans ce dernier cas, pour avoir la
ymphe exempte de chyle, un jeûne de plusieurs jours est nécessaire, et
encore cette précaution ne saurait-elle donner un résultat complet chez
es herbivores, dont l'intestin n'est jamais entièrement vide d'aliments,
juelle que soit d'ailleurs la durée de l'abstinence : la lymphe, prise dans
e canal thoracique de ces animaux, est toujours mélangée avec le liquide
ouisé par les chylifères dans le tube digestif (*). Sur le cheval et le bœuf, il
est au contraire facile de recueillir, à l'aide de petits tubes introduits dans
es vaisseaux lymphatiques du cou, des lombes ou du bassin, une lymphe
parfaitement pure et assez abondante pour pouvoir être soumise à l'analyse
chimique.

Plusieurs occasions se sont offertes, chez l'homme vivant, de voir s'écouler la lymphe hors de ses vaisseaux ouverts accidentellement ou volontai-
ment. Assalini (1) rapporte que cinq livres de ce liquide ont été recueillies
dans l'espace de trois jours, sur un enfant de onze ans atteint d'une petite
plaie à la partie interne de la cuisse. Un malade admis à la clinique chirurgicale du professeur Wutzer, à Bonn, avait un écoulement continuel de
lymphe par une blessure occupant le dos du pied (2). Sœmmerring (3) a
pu recueillir une notable quantité de ce fluide en faisant, sur une femme,
une ponction à des varices lymphatiques situées dans la même région;
H. Nasse (4) et Krimer (5) l'ont aussi extrait de tumeurs de la même nature.
C'est également sur de la lymphe qui s'écoulait d'une blessure existant au
cou-de-pied d'un individu, que Marchand et Colberg (6) ont expérimenté

(*) Si le procédé qui consiste à établir (chez le bœuf et le cheval) des *fistules du canal thoracique* ne saurait procurer de la lymphe absolument pure, il permet au moins d'étudier les
notables différences que la période digestive et la période de jeûne apportent dans la qualité et
la quantité du fluide qui circule dans le système lymphatique.

(1) Assalini, *Essai médical sur les vaisseaux lymphatiques*, p. 91. Turin, in-12.
(2) J. Mueller, *Manuel de physiologie*, t. I, p. 199, trad. de Jourdan, 2ᵉ édit., revue par
Littré. Paris, 1851.
(3) Sœmmerring, *De corporis humani fabricâ*, t. V, p. 416, § XXXV, nota 8. Trajecti ad
Mœnum, 1800.
(4) H. Nasse, *Zeitschrift für Physiologie*, t. V, p. 18.
(5) Krimer, *Versuch einer Physiologie des Blutes*, p. 147.
(6) Mueller's *Archiv*, 1838, p. 134.

pour en étudier la composition chimique. Enfin, Quévenne et Gubler (1) ont analysé, chez une femme, la lymphe qui, « à la partie antérieure et supérieure de la cuisse gauche, à 2 centimètres au-dessous du pli de l'aine », s'échappait de dilatations ampullaires du réseau lymphatique sus-dermique de cette région.

Seulement il est à craindre que, dans plusieurs de ces cas, les observateurs ne se soient fait illusion, et qu'en croyant examiner une lymphe normale ils aient eu affaire à une lymphe dans l'état pathologique.

b. — Il est bien difficile d'évaluer, même d'une manière approximative, la *quantité* de lymphe qui se verse sans interruption dans le système veineux.

Quand nous avons parlé des fistules pratiquées au canal thoracique de grands herbivores, comme le cheval et le bœuf, nous avons rappelé pourquoi il y a impossibilité, malgré la durée de l'abstinence, de ne voir s'écouler au dehors que de la lymphe pure et exempte de tout mélange avec le chyle. Sans doute l'isolement de ces deux liquides pourrait plutôt s'obtenir, à l'aide du même procédé, chez des chiens qu'on soumettrait à une abstinence suffisamment prolongée; mais je ne sache pas qu'aucune tentative ait été faite dans cette direction. C'est en effet seulement au liquide complexe qui résulte du mélange de la lymphe et du chyle que s'appliquent certaines évaluations de *quantité* données par Colin (2). Nous croyons néanmoins utile de les reproduire ici : « Une seule des branches du canal thoracique donnait, *par heure*, jusqu'à 1210 grammes de ce fluide mixte sur une vache de petite taille, et 1725 grammes sur un petit taureau de dix-sept à dix-huit mois. L'une des quatre branches du canal d'un petit taureau versait jusqu'à 1500 grammes, et le canal simple d'une vache 5945 grammes pendant la même période. Le produit recueilli s'élevait, *en vingt-quatre heures*, de 25 à 30 kilogrammes pour des animaux de la même espèce encore loin d'avoir atteint l'âge adulte; et à 95 000 grammes ou 95 litres sur une vache dont la totalité du chyle et de la lymphe pouvait s'écouler à l'intérieur. » Du reste, l'écoulement de ces deux fluides mélangés éprouvait quelques oscillations, dont les maxima répondaient aux périodes de la plus grande activité digestive, et les minima aux périodes de ralentissement de la chylification, et aussi de l'absorption des boissons qui s'opère surtout à l'aide des veines intestinales.

Dans les cas où, chez l'homme vivant, on a vu la lymphe s'écouler hors de ses vaisseaux, des observateurs ont noté la quantité recueillie dans un temps donné. C'est ainsi que, dans l'exemple que nous avons déjà cité d'après Assalini (3), cinq livres de lymphe se seraient écoulées, en trois jours, d'une petite plaie de la partie interne de la cuisse chez un garçon

(1) C. DESJARDINS, *Mémoire sur un cas de dilatation variqueuse du réseau lymphatique superficiel du derme; émission volontaire de lymphe. — Analyse de cette lymphe et réflexions* par QUÉVENNE et GUBLER (*Gaz. méd. de Paris*, 1854).

(2) COLIN, *ouvr. cité*, t. II, p. 110. Paris, 1856.

(3) ASSALINI, *ouvr. cité*, p. 91.

de, onze ans. . Dans. l'observation qu'a publiée C. Desjardins (1), une femme, atteinte de dilatation variqueuse des lymphatiques inguinaux, « fournit, en vingt-quatre heures, 2880 grammes de lymphe et put en perdre plus de onze livres dans un écoulement qui dura quarante-huit heures ».

Lorsqu'on rapproche ces chiffres de ceux qui ont été obtenus chez les animaux dont nous avons parlé, on n'est guère mieux éclairé sur la quantité réelle de lymphe pure qui, en vingt-quatre heures, s'introduit dans les veines, mais au moins on a la certitude que cette quantité doit être très-considérable. Toutefois, à cause des raisons indiquées plus haut, elle ne l'est sans doute pas autant que porteraient à le croire les expériences avec les fistules du canal thoracique.

D'après Collard de Martigny (2), il est diverses conditions qui font varier la quantité du fluide contenu dans le système lymphatique. Ainsi, lors de la digestion intestinale et de la réplétion des chylifères, on ne trouve qu'une très-petite quantité de lymphe dans tous les autres vaisseaux lymphatiques; tandis que ces derniers vaisseaux se remplissent de plus en plus quelques heures après l'absorption du chyle. Cet état de turgescence devient surtout très-appréciable, quand on soumet des animaux de la même espèce (chiens) à une abstinence absolue, c'est-à-dire qu'on les oblige, faute de matériaux ordinaires de réparation, à vivre aux dépens de leur propre substance. En sacrifiant chaque jour un de ces animaux, on constate que les vaisseaux lymphatiques sont plus distendus chez l'animal tué après deux jours de jeûne que chez celui qu'on immole dès le premier jour. Pendant la première semaine surtout, il y a augmentation progessive de lymphe; puis bientôt survient une période durant laquelle les vaisseaux lymphatiques se désemplissent peu à peu, de manière que, plusieurs heures avant la mort, ces vaisseaux et le canal thoracique sont revenus sur eux-mêmes et presque vides.

Ces observations ont conduit leur auteur à avancer, d'une manière générale, que la quantité de lymphe est en raison inverse de l'alimentation et en raison directe de l'abstinence. Ailleurs, nous dirons comment aussi, en pareil cas, se modifie la constitution de ce fluide, et pourquoi il devient plus coagulable qu'à l'état normal.

c. — En énumérant les *propriétés physiques et organoleptiques* de la lymphe, nous avons dit que ce liquide était, en général, incolore ou très-faiblement coloré en jaune. Mais il peut présenter d'autres nuances qui varient avec les conditions dans lesquelles on l'a recueilli. Ainsi sa *couleur* devient sensiblement rosée par suite d'abstinence; elle se fonce et devient rougeâtre toutes les fois que la lymphe provient d'un organe plus ou moins gorgé de sang, et c'est la raison qui fait que la lymphe splénique, en particulier, peut offrir une teinte d'un rouge plus ou moins obscur, comme l'ont noté Hewson, Fohmann, Tiedemann et Gmelin, J. Müller, etc.

(1) C. Desjardins, *loc. cit.*
(2) Collard de Martigny, *Journal de physiologie expérim.*, t. VIII.

La vérité est que, dans les cas où la rate est réduite de volume et peu gorgée de sang, la lymphe qui en part ne diffère pas par son aspect de celle des autres organes. Quant à la lymphe qui revient du foie, ce n'est qu'exceptionnellement qu'elle présente une coloration très-jaune, comme cela se voit chez les animaux qu'on a rendus ictériques par la ligature du canal cholédoque (1).

La *saveur* de la lymphe est fade ou à peine salée ; on y distingue aussi un arrière-goût légèrement alcalin.

Ce même liquide a une *odeur* animalisée à peine sensible, dans laquelle on a cru démêler celle du sperme. Au dire de quelques expérimentateurs, la lymphe offre une odeur qui rappelle celle de l'animal dont elle provient; mais nous n'avons pu réussir à confirmer cette dernière assertion par nos propres recherches. — Sa *densité*, d'ailleurs variable et corrélative à la proportion de fibrine et de sels tenus en dissolution, est un peu supérieure à celle de l'eau : elle a été évaluée à 1022 (2), à 1037 (3), à 1045 (4), etc.

d. — La lymphe, exposée au contact de l'air, ne tarde pas à se *coaguler spontanément*, à cause de la fibrine qu'elle renferme ; puis les éléments de ce liquide, comme on l'observe pour le sang, finissent par se séparer en une portion solide ou *caillot* et en une portion liquide ou *sérum*. Cette séparation a lieu aussi bien dans le vide qu'au contact de l'air, de l'hydrogène ou de l'acide carbonique (5) ; ce qui prouve qu'elle ne dépend point de la présence de l'oxygène, mais d'un nouvel arrangement moléculaire. La coagulation s'opère après un intervalle de temps variable, et c'est seulement dans des circonstances exceptionnelles qu'elle n'a pas lieu.

Quant à la proportion du caillot à la masse totale du liquide, elle est évaluée à 0,003 par Desgenettes (6), à 0,0050 par Gmelin (7), à 0,006 par H. Nasse (8), à 0,014 par Friedrich (9), à 0,019 par Krimer (10).

Le *caillot*, petit, mou, translucide, et de couleur rosée à cause de la présence de globules sanguins, offre une densité croissante. S'il est en couches minces, il se dessèche ; il se ramollit et se décompose s'il a plus d'épaisseur. Magendie et Collard de Martigny ont signalé à sa surface des arborisations particulières qui apparaîtraient lors de sa formation. Il prend une couleur écarlate par l'oxygène, le chlorure de sodium, le nitrate de potasse, et devient pourpre foncé au contact de l'acide carbonique. Tous ces effets sont d'ailleurs d'autant plus prononcés que la lymphe renferme plus de globules hématiques.

(1) Tiedemann et Gmelin, *Rech. expér., physiol. et chim. sur la digestion*, t. II, p. 49 et 50, trad. de Jourdan. Paris, 1827.
(2) Magendie, *Précis de physiol.*, t. II, p. 192. Paris, 1836.
(3) Marchand et Colberg, dans Gilbert's *Annalen*, t. CXIX, p. 607.
(4) Krimer, *Versuch einer Physiol. des Blutes*. Ebend., 1822.
(5) Leuret et Lassaigne, *Rech. physiol. et chim. pour servir à l'hist. de la digestion*, p. 163. Paris, 1825.
(6) Desgenettes, *Analyse du système absorbant ou lymphatique*. Montpellier, 1791.
(7) Gmelin, *loc. cit.*
(8) H. Nasse, *Zeitschrift für Physiol.*, etc., t. V.
(9) Friedrich (Horn's *Neues Archiv.*, t. I, p. 363.)
(10) Krimer, *ouvr. cité*, p. 147.

Le *sérum* est légèrement jaunâtre ; il verdit les couleurs bleues végétales et ne serait que faiblement troublé par l'alcool et les acides, d'après Sœmmerring et Brande ; tandis que, d'après nos propres observations, ces réactifs y font naître des flocons abondants et très-divisés. Le nitrate d'argent et le deuto-chlorure de mercure donnent lieu à un précipité caséiforme. Par l'évaporation, on obtient un résidu visqueux, jaune doré, translucide, avec quelques cristaux salins.

e. — L'*examen microscopique* a fait découvrir d'assez nombreux corpuscules tenus en suspension dans la lymphe. Hewson (1) paraît être le premier qui ait signalé, dans la lymphe des animaux, l'existence de globules dont J. Müller a démontré, plus tard, la présence dans celle de l'homme. Ces corpuscules, de forme sphérique, sont diaphanes, incolores ou blanchâtres ; leur diamètre est de 0,0040 de ligne d'après Wagner ; de 0,005 à 0,0012 d'après Berres (2). Henle (3) en a décrit de 0,002 à 0,005 de ligne, ronds, tantôt lisses, tantôt grenus, ou à contours lisses avec une surface granulée, et que Bouisson (4) considère comme des agglomérations de globules. Ce dernier observateur reconnaît dans la lymphe des globules de dimensions variables : les plus petits, ou les *globulins*, se trouvent dans la lymphe qui n'a pas traversé les ganglions ; les *globules proprement dits* existent dans la lymphe modifiée par ces organes, et les *globules à noyaux multiples* sont propres au liquide du canal thoracique. Suivant le même auteur, il y a ressemblance entre ces divers globules et ceux du chyle. Quant à leur structure, R. Wagner a signalé de fines granulations dans leur intérieur ; Henle y a décrit des noyaux plus petits que les globules du sang, simples, arrondis, avec une tache centrale de teinte plus foncée, ou bien irrégulièrement divisés ou composés de deux à trois granules. Il faut encore noter, dans la lymphe, la présence de particules graisseuses que divers auteurs ne croient pas constante.

Quant à Gubler et à Quévenne (5), ils résument ainsi les résultats de leurs observations microscopiques : La lymphe tient en suspension, dans un liquide séreux : 1° des corpuscules hématiques toujours d'un diamètre inférieur à ceux du sang, les uns lenticulaires, comme les corpuscules sanguins proprement dits, les autres très-petits, sphéroïdaux et lisses ; 2° des globules pâles, ou à peine colorés, qu'on a coutume de désigner plus spécialement sous le nom de *globules de lymphe*, et dont quelques-uns dépassent le volume des globules rouges du sang, tandis que la plupart, réduits pour ainsi dire à un noyau, n'atteignent que la moitié de cette dimension ; 3° enfin, des granules moléculaires de matière grasse.

Les premiers éléments semblent être des modifications des globules sanguins, dont ils offrent l'aspect et les réactions chimiques. Les seconds,

(1) Hewson, *Experimental Inquiries containing a Description of the Lymphatic System.* t. II, p. 100.
(2) Berres, *Anat. der mikrosk. Gebilde des menschl. Körpers*, p. 72.
(3) Henle, *Anatomie générale*, trad. par Jourdan, t. 1, p. 447.
(4) Bouisson, *De la lymphe et de ses altérations morbides*, 1845.
(5) Gubler et Quévenne, *loc. cit.*

envisagés dans leur forme extérieure, ressemblent aux globules blancs du sang, dont ils diffèrent pourtant à quelques égards : ce sont les véritables corpuscules de la lymphe pour la plupart des auteurs ; enfin les derniers sont identiques avec les globules graisseux du chyle.

f. — Les *analyses chimiques* de la lymphe, dont on a publié jusqu'à présent les résultats, ont été faites sur l'homme, sur le chien, l'âne et le cheval.

Chez un chien à jeun depuis plusieurs jours, Chevreul (1) a trouvé la lymphe du canal thoracique ainsi composée :

Eau	926,4
Fibrine	004,2
Albumine	061,0
Chlorure de sodium	006,1
Carbonate de soude	001,8
Phosphate de chaux	
— de magnésie	000,5
Carbonate de chaux	
	1000,0

La lymphe du plexus lombaire, chez un cheval à jeun depuis vingt-quatre heures, a été analysée par Gmelin (2); elle a donné :

Eau	96,10
Albumine	2,75
Fibrine	0,25
Chlorure de sodium	
Carbonate de soude	
Phosphate de soude	0,21
Matière analogue à la ptyaline	
Osmazome, chlorure et lactate sodiques	0,69
	100,00 (*)

Leuret et Lassaigne (3) ont obtenu des résultats différents avec la lymphe recueillie dans les vaisseaux du cou d'un cheval :

Eau	92,500
Albumine	5,736
Fibrine	0,330
Chlorure sodique	
Chlorure potassique	
Soude	1,434
Phosphate calcique	
	100,000

Rees (4), ayant fait l'analyse comparative du chyle et de la lymphe d'un

<hr>

(1) MAGENDIE, *Précis de physiologie*, t. II, p. 192. Paris, 1836.

(2) ANT. MUELLER, *Dissert. experimenta circa chylum sistens*, p. 55. Heidelberg, 1819.

(*) C'est à tort que divers auteurs ont cité cette analyse de GMELIN comme ayant porté sur la *lymphe humaine.*

(3) LEURET et LASSAIGNE, *ouvr. cité*, p. 165.

(4) REES, *London and Edinb. Philos. Magaz.*, 1841, p. 547.

·âne.nourri de fèves et d'avoine, donne à ces deux liquides la composition
·suivante :

	Chyle.	Lymphe.
Eau	90,237	96,536
Matière albumineuse	3,516	1,200
Fibrine	0,370	0,120
Extrait animal soluble dans l'eau et l'alcool	0,332	0,240
Extrait animal soluble dans l'eau seulement	1,233	1,319
Matière grasse	3,601	traces
Chlorure, sulfate, carbonate et phosphate alcalins	0,711	0,585
Oxyde de fer		
	100,000	100,000

Dans cette expérience, le chyle avait été extrait des gros chylifères qui
se rendent des ganglions du mésentère au réservoir sous-lombaire, et la
lymphe provenant des vaisseaux lymphatiques des membres postérieurs.

Il résulte de cette analyse comparative que la lymphe et le chyle, qui se
composent à peu près des mêmes éléments solides, diffèrent néanmoins
par les quantités relatives de ces éléments, qui sont moindres dans la
lymphe que dans le chyle (*).

La lymphe de l'homme, extraite d'une blessure des vaisseaux lymphatiques du dos du pied, a été analysée par Marchand et Colberg (1); elle
contenait :

Eau	96,926
Fibrine	0,520
Albumine	0,434
Osmazome (et perte)	0,312
Huile grasse et graisse cristalline	0,264
Chlorure sodique	
Chlorure potassique	
Carbonate et lactate alcalins	
Sulfate calcique	1,544
Phosphate calcique	
Oxyde ferrique	
	100,000

··Lhéritier (2) a analysé la lymphe provenant du canal thoracique d'un
homme mort d'un ramollissement du cerveau, et n'ayant pris qu'un peu
d'eau trente heures avant sa mort. Ce chimiste a trouvé :

Eau	924,36
Fibrine	3,20
Albumine	60,02
Graisse	5,10
Sels	8,25

(*) REES (*London and Edinb. Philos. Magaz.*, 1842, p. 508) a eu occasion d'analyser le
mélange de lymphe et de chyle contenu dans le canal thoracique d'un homme, une heure et
demie après la mort par suspension. Cette analyse a donné : Eau, 90,48 ; albumine et traces
de fibrine, 7,08 ; matières grasses, 0,92 ; extrait aqueux, 0,56 ; extrait alcoolique, 0,52 ;
chlorure de potassium, carbonate, sulfate et traces de phosphate potassiques, avec oxyde ferrique, 0,44.

(1) MUELLER's *Archiv.*, 1838, p. 134.
(2) LHÉRITIER, *Trait. de chim. path.*, de A. BECQUEREL et RODIER, p. 2. Paris, 1854.

Nous citons cette dernière analyse (qui présente certainement une erreur de chiffres) sans y attacher la même importance qu'à celle dont Quévenne et Gubler (1) ont fait connaître les résultats. Il s'agit, comme nous l'avons dit plus haut, de lymphe s'écoulant chez une femme vivante, des vaisseaux lymphatiques de l'aine devenus variqueux. Considérant ce liquide comme exempt de mélange avec le chyle aussi bien que de toute autre altération, ces expérimentateurs le donnent comme type de l'état normal et lui assignent la composition suivante :

PREMIÈRE ANALYSE.

Pour 100 grammes.

Fibrine...................................	0,656	
Matière grasse...........................	0,382	
Matière albumineuse, contenant seulement 1 centième de son poids de phosphate terreux, *avec traces de fer*.................	4,275	6,013 de matériaux solides.
Extrait hydro-alcoolique, contenant du *sucre* et ayant laissé par incinération 0,730 d'un mélange salin composé de chlorure, phosphate et carbonate sodiques...............	1,300	
Eau.....................................	93,987	
	100,000	

DEUXIÈME ANALYSE.

Pour 100 grammes.

Fibrine.................................	0,063	
Matière grasse fusible à 39° c...........	0,920	
Matière albumineuse avec *traces de fer*....	4,280	6,523
Extrait hydro-alcoolique, contenant du *sucre* au nombre de ses éléments...........	1,260	
Eau....................................	93,477	
	100,000	

Il n'y a de différence marquée entre ces deux analyses que pour la quantité de matière grasse, qui est près de trois fois plus considérable dans la deuxième : sous ce rapport, il en serait ici comme dans le lait, où l'élément essentiellement mobile, quant aux proportions, est aussi la matière grasse.

Ces deux mêmes analyses rappellent l'existence dans la lymphe d'un principe immédiat déjà aperçu par Brande (2), à savoir : une espèce de *sucre* (*). Elles démontrent de plus, dans le caillot de lymphe, la présence contestée du *fer*. Il est vrai qu'aux yeux de Gubler et Quévenne, la lymphe renfermerait, *normalement* et en assez grand nombre, des globules hématiques auxquels on a coutume de rapporter les teintes jaune ou rougeâtre de ce liquide, et desquels aussi, comme chacun le sait, le fer est un élément constitutif.

Les analyses chimiques de ces deux auteurs diffèrent, sous plusieurs

(1) QUÉVENNE et GUBLER, *loc. cit.*
(2) BRANDE, *Philos. Transact. for the year* 1812; et SCHWEIGGER'S *Journal*, t. XVI, p. 376.

(*) Cette espèce de sucre, dont nous aurons plus tard à déterminer l'origine, est réputée être de la *glycose*.

POISEUILLE et LEFORT (mémoire lu à l'Académie des sciences, séance du 22 mars 1858) en ont fait connaître la quantité chez un chien et un cheval tués en pleine digestion : elle était de 0,166 dans la lymphe du chien, et de 0,442 dans la lymphe du cheval.

rapports, de celles que nous avons citées précédemment. Ces différences portent principalement sur la matière grasse, l'albumine et la fibrine. Tandis que Quévenne et Gubler ont obtenu une première fois 0,382 et en dernier lieu 0,920 de *graisse* sur 100,000 parties de lymphe, Marchand et Colberg, par exemple, n'en ont trouvé que 0,264. Rees en signale seulement des traces, et Gmelin ne l'indique pas du tout. Dans le cas des deux chimistes français, la proportion de *matière albumineuse* s'élève de 4,275 à 4,280 ; elle est presque une fois plus faible dans celui de Gmelin (2,750) ; dans le fait de Rees, en réunissant les trois substances qu'il désigne sous les noms de matière albumineuse et de matières animales extractives solubles dans l'eau et l'alcool ou dans l'eau seulement, on ne trouve pour chiffre total que 2,759 ; enfin Marchand et Colberg n'en accordent dixième partie de la quantité extraite par Gubler et Quévenne, et de celle qui a été trouvée par les autres expérimentateurs (1). En revanche, les chimistes de Halle comptent jusqu'à 0,520 de *fibrine*, c'est-à-dire près de dix fois autant que ceux de Paris en ont rencontré dans le même poids de lymphe. « Or, disent ces derniers (2), bien que les chiffres donnés par Rees (0,120), et surtout par Gmelin (0,250), s'éloignent beaucoup moins que le nôtre de l'évaluation de Marchand et Colberg, nous ne pouvons nous défendre de penser que l'analyse de ces derniers savants est entachée d'erreur (*). D'une part, on ne comprend guère que la lymphe soit si pauvre en albumine, et, d'autre part, il semble peu probable qu'elle renferme une proportion de fibrine supérieure à celle qui est normale dans le sang. La faible quantité de lymphe sur laquelle Marchand et Colberg ont dû opérer (puisque, d'après Henle (3), ils n'en avaient pu recueillir qu'un gramme et demi dans l'espace de vingt-quatre heures) expliquerait suffisamment l'inexactitude de quelques-uns de leurs résultats. »

La conclusion générale du travail de Gubler et Quévenne peut être formulée dans cette proposition : La lymphe diffère du sang seulement par les quantités absolues et les proportions relatives de ses éléments, qui lui sont d'ailleurs *presque tous* communs avec ce dernier fluide.

J'ajouterai qu'en 1858 Ad. Wurtz (**) m'a dit avoir trouvé de l'*urée* dans la lymphe du chien et du cheval.

(1) En y ajoutant l'osmazome, soit 0,312, on n'obtiendrait encore que 0,746 de matières albuminoïdes.

(2) *Loc. cit.*

(*) D'ailleurs il est permis de se demander si GMELIN et REES, qui ne soupçonnaient pas la présence d'une grande quantité de globules emprisonnés dans le réseau fibrineux, comme l'admettent Gubler et Quévenne, ont pris la précaution de laver le caillot, et s'ils ont eu, comme eux, le soin de le dessécher jusqu'à poids constant.

Nous croyons devoir rappeler que les analyses de REES et de GMELIN, dont les chiffres viennent d'être cités, ont porté sur la lymphe de l'âne et du cheval, et non sur celle de l'homme, comme ont l'air de le penser GUBLER et QUÉVENNE. Chez l'homme, REES n'a analysé que le *liquide mixte* contenu dans le canal thoracique (voy. plus haut la note de la page 485.)

(3) HENLE, *Anat. générale*, trad. franç. de Jourdan, t. I, p. 445.)

(**) Communication écrite du 22 mars 1858. — WURTZ avait déjà signalé la présence de l'*urée* dans le chyle d'un taureau nourri à la viande (*Bulletin de l'Acad. de méd. de Paris*, 1857) ; il l'a constatée, depuis, dans le chyle du chien.

« La *lymphe*, dit cet habile chimiste, contient une proportion d'*urée* beaucoup plus forte que celle qui est normalement contenue dans le sang. On peut admettre que l'urée qu'elle renferme provient des métamorphoses qui se passent dans l'intimité des tissus : c'est le dernier terme des oxydations successives qu'y éprouvent les matériaux azotés devenus impropres à la vie. Ces oxydations ne se passent pas dans le système capillaire sanguin, comme on l'a dit quelquefois, mais sur place en quelque sorte, dans la trame des organes, partout où leurs matériaux constituants ont besoin d'être détruits et renouvelés. Les radicules des lymphatiques plongeant dans ces tissus aussi bien que les radicules des veines, les unes et les autres doivent absorber les produits des métamorphoses. Si ces métamorphoses s'accomplissaient exclusivement dans le système capillaire, on ne comprendrait pas comment les produits qui en résultent se trouveraient dans la lymphe en plus grande quantité qu'ils ne sont contenus dans le sang. Parmi ces produits de métamorphose intermédiaires entre les substances complexes qui se détruisent et les derniers produits de leur oxydation (l'urée, l'eau, l'acide carbonique), j'ai trouvé, dans la lymphe, de l'*acide formique* et de l'*acide lactique;* j'ai confirmé le fait annoncé par Colin concernant la présence d'un *sucre* fermentescible dans le chyle et dans la lymphe. Jusqu'ici, je n'y ai pas rencontré d'*acide hippurique.* »

Il serait bien à désirer, pour l'histoire physiologique de la lymphe, que les chimistes pussent se convaincre davantage de l'importance qu'il y a, pour le contrôle réciproque de leurs analyses, à accomplir celles-ci dans les mêmes conditions d'espèce, d'âge, de trajet dans l'organisme, d'alimentation ou d'abstinence.

Nul doute que le jeûne, par exemple, ne modifie sensiblement la composition de la lymphe. Chez les chiens, ce liquide est, pendant les premiers temps, plus riche en principes constitutifs, plus coagulable et plus odorant qu'à l'état normal ; puis il perd de ses principes et de son odeur, se coagule plus lentement et finit par ne plus se coaguler du tout (1).

Le tableau suivant présente quelques-unes des différences observées dans la lymphe de ces animaux jusqu'au vingt et unième jour de jeûne :

	Après 32 heures.	Après 9 jours.	Après 21 jours.
Eau et sels	9400	9314	9368
Fibrine	30	58	32
Albumine, graisse, matière colorante, etc.	570	628	600

Des différences notables existent aussi pour la lymphe quand on vient à la recueillir dans divers points de son trajet. A mesure que ce liquide se rapproche du canal thoracique, les globules s'y montrent en nombre plus

(1) COLLARD et MARTIGNY, *Journal de physiol. expérim.*, t. VIII, p. 183.

considérable, et la fibrine augmente de quantité. Hewson (1) considérait les ganglions lymphatiques comme des organes destinés à former les globules de la lymphe : il ne faut pas croire néanmoins que ces corpuscules doivent leur origine aux ganglions seulement, puisque J. Müller (2) en a trouvé dans des vaisseaux qui n'avaient encore traversé aucun ganglion. Mais une analyse comparative, faite par Gmelin (3) sur la lymphe du plexus lombaire et sur celle du canal thoracique, chez le cheval, tend à établir que l'augmentation de la fibrine peut réellement avoir lieu dans les ganglions lymphatiques : ainsi, dans la lymphe recueillie avant son passage à travers ces organes, la proportion de fibrine était de 25 pour 1000, et, dans la lymphe thoracique, de 42 pour 1000.

Du reste, il en est de la lymphe comme du chyle : ces deux liquides paraissent subir dans les ganglions une élaboration qui a pour résultat d'en perfectionner les éléments et de rapprocher de plus en plus leur composition de celle du fluide sanguin auquel ils aboutissent l'un et l'autre.

II. — Nous avons dit que c'est au liquide circulant dans les lymphatiques de l'intestin, durant la période digestive, qu'on doit réserver le nom de *chyle*. Nous avons vu aussi qu'on ne saurait plus, avec les anciens physiologistes, regarder ce fluide comme l'unique produit utile de la digestion ; qu'en d'autres termes, le contenu de l'appareil chylifère ne représente pas *toute* la matière nutritive extraite des aliments, et que, comme auxiliaire puissant de cet appareil, existe encore le système de la veine porte pour concourir à l'absorption digestive.

Vient-on à sacrifier un chien, par exemple trois ou quatre heures après son repas ordinaire de viande, et à examiner le mésentère et la muqueuse de l'intestin, on est tout d'abord frappé de la présence d'innombrables arborisations blanches qui ne sont que les chylifères distendus par une liqueur offrant l'aspect du lait ; la citerne sous-lombaire et le reste du canal thoracique, fortement dilatés, sont également remplis d'un liquide analogue à celui qui se trouve actuellement dans les chylifères. Ouvre-t-on comparativement un autre chien dont la digestion intestinale est entièrement achevée, l'aspect de l'appareil chylifère est bien différent : les lymphatiques de l'intestin, rétrécis, contractés et ne renfermant plus qu'un liquide transparent et analogue à celui qui circule dans toutes les autres parties du système lymphatique, sont à peine apercevables sous la forme de filaments translucides : le canal thoracique, avec sa citerne lombaire, est aussi sensiblement diminué de calibre et ne renferme plus qu'un liquide plus ou moins transparent.

Les différences sont très-frappantes encore, quand on a pratiqué des fistules au canal thoracique vers son abouchement dans les veines sous-clavières ou jugulaires internes. Alors, sur les animaux dont la digestion

(1) HEWSON, *Experimental Inquiries*, etc., t. III, p. 67.
(2) J. MÜLLER, *Archiv für Physiologie*, 1835, p. 113.
(3) ANT. MUELLER, *Dissert. experim. circa chylum. sistens*. Heidelberg, 1819.

est en pleine activité, et notamment sur les ruminants, chez qui cette fonction est à peu près continue, on voit des masses énormes de liquide *lactescent* s'écouler à l'extérieur (1). Toutefois, si l'écoulement du liquide par les fistules est continu, il est facile de reconnaître que les quantités écoulées, dans un même laps de temps, sont notablement moindres pendant les intervalles des repas.

De pareils faits, en démontrant la coïncidence de la réplétion du système chylifère et de la présence dans le tube digestif de matières susceptibles d'être absorbées, sont donc bien propres à établir qu'à chaque période digestive de nouveaux matériaux s'introduisent dans les vaisseaux lymphatiques de l'intestin.

Nous sommes ainsi amené à nous enquérir de la nature variée de ces matériaux qui entrent dans la composition du chyle. Mais, avant d'étudier ce liquide au point de vue chimique, nous dirons comment on doit le recueillir, quels sont ses caractères physiques et ses propriétés diverses.

a. — Si, comme autrefois, on voulait *recueillir le chyle* dans le canal thoracique, on le trouverait, même dans les moments de la plus grande activité digestive, mélangé avec une assez grande quantité de lymphe. Heureusement il est facile, par un autre procédé qui est dû à Colin (2), d'obtenir le chyle pur ou presque pur, sur des animaux vivants, sans troubler profondément les fonctions digestives. Il existe en effet, surtout chez le bœuf, une disposition anatomique consistant en ce que des vaisseaux lactés, considérables et peu nombreux, se réunissent en un gros tronc qui suit l'artère mésentérique et sa veine satellite, tronc qui reçoit sur son trajet plusieurs branches provenant des divers points de l'intestin. Or, en fixant de petits tubes d'argent, soit au vaisseau chylifère principal, soit à ses afférents, on peut, en quelques instants, se procurer de grandes quantités de chyle presque complétement exempt de lymphe. Du reste, d'après Colin, les détails de l'opération sont fort simples : lorsque le bœuf a ruminé pendant quelques heures après le repas, une incision de 12 à 15 centimètres est pratiquée au flanc droit, et l'on retire par cette ouverture le mésentère avec quelques anses d'intestin grêle. Dès que le chylifère principal est mis à nu, on l'incise et l'on y fixe un tube d'argent à l'aide d'une ligature; puis, après avoir fait rentrer dans l'abdomen les parties mises momentanément au contact de l'air, on peut aisément recevoir dans une capsule le liquide qui s'échappe du tube. S'il s'agit de continuer à recueillir le liquide pendant longtemps, on adapte au tube un prolongement flexible de caoutchouc, en prenant la précaution de fermer la plaie de l'abdomen par une suture. Enfin, lorsqu'une quantité suffisante de chyle a été obtenue, on détache les tubes avec précaution et l'on abandonne à lui-même l'animal, qui ne tarde pas à se rétablir.

(1) COLIN, *Traité de physiol. comp. des animaux domestiques*, t. II, p. 100 et suiv. Paris, 1856. — Et *Mémoire sur la formation du chyle*, lu à l'Acad. de méd. de Paris dans la séance du 7 juillet 1857.
(2) COLIN, *ouvr. cité*, t. II, p. 5 et suiv.

En piquant, lors de leur réplétion, les vaisseaux lactés du mésentère le plus près possible de l'intestin ou sur l'intestin lui-même, on arrive encore à se procurer du chyle à peu près privé de lymphe. Mais la quantité ainsi recueillie, si elle suffit aux observations microscopiques, ne saurait, en général, servir à faire des analyses et à déterminer la composition du chyle. Le même procédé peut être mis en usage sur les chylifères qui ont déjà traversé des ganglions, lorsque, sous certains rapports, on veut étudier comparativement le chyle qui a dû subir l'action de ces organes et le chyle qui ne l'a pas encore subie.

Mais quand, sur le chien, en particulier, on se propose d'obtenir une quantité de chyle assez considérable pour en faire l'analyse, on est bien forcé de l'extraire encore du canal thoracique, où conséquemment il est mêlé à la lymphe provenant des diverses parties du corps. A cet effet, après avoir tué l'animal par strangulation ou par section de la moelle allongée au moment où la digestion est en pleine activité, on incise la poitrine dans toute sa longueur et l'on passe un stylet armé d'une ligature au-devant de la colonne vertébrale, de façon à embrasser l'aorte, l'œsophage et le canal thoracique, le plus près possible du col. En renversant ou en cassant les côtes gauches, on trouve le canal thoracique accolé à l'œsophage : sa partie supérieure est détachée et incisée avec précaution, puis on reçoit dans un vase le chyle qui s'écoule (1). On aide à cet écoulement en comprimant doucement la masse intestinale. — Un autre procédé consiste à ouvrir le thorax au niveau des cartilages costaux du côté gauche, ainsi que la paroi abdominale correspondante; l'animal meurt par asphyxie. Le canal thoracique, rapidement mis à découvert, est alors lié sur plusieurs points, de manière à circonscrire avec des ligatures des espaces desquels on fait sortir le chyle par ponction du canal.

b. — En parlant de la lymphe, nous avons donné une idée approximative de la *quantité* de liquide (*lymphe* et *chyle*) que le canal thoracique déverse, en vingt-quatre heures, dans la masse du sang, et nous avons essayé de tenir compte des différences qu'apportent, dans la quantité et la qualité de ce liquide mixte, la période digestive et la période de jeûne. On a pu voir pourquoi, dans les évaluations de quantité que nous avons rapportées d'après les expériences sur de grands herbivores pourvus de fistules du canal thoracique, on ne saurait arriver à faire la part exacte du chyle et celle de la lymphe.

c. — Le chyle, qu'on se représente généralement comme un fluide blanc, opaque et analogue à du lait, offre en réalité des caractères physiques et des propriétés qui varient suivant les espèces animales et le genre de nourriture. Ce liquide, qui est blanc laiteux chez les carnassiers nourris de viande et chez les herbivores encore à la mamelle, n'est plus qu'un peu lactescent chez les herbivores adultes et placés dans les circonstances

(1) Magendie, *Précis élément. de physiol.*, t. II, p. 172.

ordinaires. D'après Tiedemann et Gmelin (1), il est tout à fait clair chez les brebis auxquelles on a fait manger de la paille, laiteux chez celles qui ont avalé de l'avoine, comme chez les chévaux auxquels a été donnée aussi cette dernière substance. Ces expérimentateurs disent aussi avoir observé un chyle limpide ou à peine lactescent chez des chiens qui avaient mangé de l'albumine liquide, de la fibrine, de la gélatine, de l'amidon, du gluten ; il offrait une teinte manifestement blanche chez ces mêmes animaux nourris de lait, d'os, de viande, etc.

Le chyle des *Poissons*, d'après Alex. Monro (2) et W. Hewson (3), peut être opalin ou blanchâtre, mais il est le plus souvent limpide et tout à fait transparent. Il en est généralement ainsi chez les *Reptiles*; toutefois, suivant W. Hewson, le chyle serait lactescent chez le crocodile, et Duvernoy (4) aurait vu ce liquide d'un beau blanc de lait chez un trigonocéphale à losanges. Chez les *Oiseaux*, le chyle est transparent comme la lymphe : ainsi Lauth (5) l'a trouvé incolore chez les dindons, les poules, les hérons, les cigognes, les goëlands, les canards, les oies sauvages ou domestiques. Chez un pic-vert, qui s'était nourri de fourmis, Duméril a pourtant vu les vaisseaux chylifères remplis d'un fluide blanchâtre.

Nous dirons plus loin à quelle cause on doit généralement attribuer ces différences dans l'aspect du chyle.

La *saveur* du chyle, ordinairement douce ou un peu salée, ne retient pas, d'une manière appréciable, celle des aliments qui ont fourni ce liquide. Elle est néanmoins légèrement sucrée chez les animaux nourris de féculents ; c'est qu'en effet, dans ce cas surtout, le chyle renferme une certaine proportion de glycose.

Son *odeur*, au dire de quelques expérimentateurs, rappellerait celle du sperme humain, non-seulement dans l'homme, mais dans le cheval, le chien, le mouton, etc., et généralement dans tous les animaux où le chyle a été examiné chez les femelles comme chez les mâles, chez ceux à qui les testicules ont été enlevés depuis longtemps, comme chez ceux qui les ont encore. Il serait peut-être plus vrai de dire que ce liquide exhale une odeur qui varie suivant les espèces : Tiedemann et Gmelin (6), en flairant le chyle d'un chien nourri, pendant quatre jours, avec du beurre fondu et de l'eau, y ont reconnu l'odeur propre à cet animal ; Vauquelin (7), en traitant le chyle du cheval par les acides, a constaté qu'il s'exhalait du mélange « une odeur de soufre qui a quelque analogie avec celle des écuries » ; et Bouisson (8), en appliquant le procédé de Barruel

<hr>

(1) TIEDEMANN et GMELIN, *Rech. expérim. sur la digestion*, t. I, p. 276, 308, 318, etc. trad. de Jourdan.

(2) ALEX. MONRO, *The Structure and Physiology of Fishes*. Edinb., 1785.

(3) W. HEWSON, *Philos. Trans.*, 1769, p. 204.

(4) DUVERNOY, *Leçons d'anatomie comparée* de G. CUVIER, 2ᵉ édit., t. VI, p. 3. Paris, 1839.

(5) LAUTH, *Annales des sciences naturelles*, 1ʳᵉ série, t. III, p. 386.

(6) TIEDEMANN et GMÉLIN, *Recherches expérim. physiol. et chim. sur la digestion*, trad. de Jourdan, t. I, p. 193. Paris, 1827.

(7) VAUQUELIN, *Annales de chimie*, t. LXXXI, p 118, et *Annales du Muséum*, t. XVIII p. 243.

(8) BOUISSON, *Etudes sur le chyle*, dans *Gaz. méd. de Paris*, 1844, t. XII, p. 412.

our dégager le principe odorant du sang, qui diffère selon les animaux, a reconnu que quelques gouttes d'acide sulfurique concentré versées sur du chyle de chien, récemment extrait du canal thoracique, développent l'odeur particulière à cette espèce animale.

La fluidité du chyle est assez grande pour lui permettre de sortir par jet de ses vaisseaux. Toutefois sa *consistance* est variable suivant la nature des aliments et la quantité de boisson. Il en est de même de sa *densité*, qui, inférieure à celle du sang, est supérieure à celle de l'eau : elle est, en général, de 1021 à 1022, d'après Alex. Marcet (1).

d. — L'*étude microscopique* du chyle a été faite par un assez grand nombre d'observateurs. Pour procéder à cette étude, on conseille de chauffer à la température de 35 degrés centigrades le *porte-objet* et de délayer le chyle dans une goutte d'eau élevée à la même température. Cette précaution est prise dans la croyance qu'on empêche ainsi une coagulation trop rapide. L'aspect microscopique varie d'ailleurs suivant le point où le chyle a été recueilli.

Deux sortes de corpuscules sont tenus en suspension dans ce liquide.

1° Il en est qui, signalés pour la première fois par Bohn, Asche et Berger (2), sont formés par la matière grasse *émulsionnée*, c'est-à-dire divisée en particules d'une grande finesse ; on les rencontre surtout dans le sérum. Ils sont dépourvus de noyaux et présentent des dimensions variables. Ces corpuscules graisseux du chyle, solubles dans l'éther, sont parfaitement sphériques, transparents au centre et obscurs sur les bords. Leur nombre diminue à mesure que le chyle s'approche de la veine sous-clavière, mais cette diminution a lieu surtout au niveau des glandes mésentériques. C'est à eux principalement que le chyle doit son opacité.

2° Il y a d'autres corpuscules qui diffèrent aussi entre eux sous le rapport du volume : les uns, très-petits, sont les *globulins ;* les autres, plus développés, sont les *globules* proprement dits.

Sous le nom de *globulins,* ont été décrits des corpuscules clairs, demi-transparents, sphériques, égaux à leur surface, d'un diamètre d'environ 0,0016 de ligne (Wagner), insolubles dans l'eau et dans l'éther, solubles dans l'ammoniaque. Quelques observateurs supposent que de leur agrégation résultent les globules proprement dits.

Quant à ces derniers, ou *globules du chyle*, ils sont un peu irréguliers sur les bords d'après Gurlt (3) ; C. H. Schultz (4), Valentin (5), R. Wagner (6), s'accordent à leur reconnaître une surface inégale et granulée. Suivant ce dernier observateur (7), ils sont circulaires chez les animaux qui ont les globules du sang elliptiques.

(1) ALEX. MARCET, *Some Experim. on the Chem. Nat. of Chyle*, etc., dans *Medic.-Chir. Trans.*, 1815, vol. VI.

(2) ASCHE et BERGER, auteurs cités par HALLER, dans *Elementa physiologiæ*, t. VII, p. 62.

(3) GURLT, *Lehrbuch der vergleichenden Physiol.*, p. 136.

(4) C. H. SCHULTZ, *Das System der Circulation*, p. 39.

(5) VALENTIN, *Repertorium*, etc., t. II, p. 72.

(6) WAGNER, *Zur vergleichenden Physiologie des Blutes*, t. II, p. 25.

(7) *Ouvr. cité*, p. 24.

Leur *diamètre*, chez l'homme, est de 0,0040 de ligne, d'après Wagner (1), et de 0,0024 selon Valentin (2); de 0,0009 à 0,0015 de ligne, suivant Krause (3). C. H. Schultz (4) l'évalue à 0,0005 ou à 0,0008 chez les mammifères en général : Gurlt (5) à 0,0036 chez les chevaux; Prévost et Leroyer (6) à 0,0015 chez la brebis. J. Müller (7) dit qu'en général les globules du chyle sont plus petits que les globules du sang chez les mammifères (veau, chèvre, chien), qu'ils leur sont rarement égaux (chat) ou supérieurs (lapin). H. Nasse (8) prétend au contraire qu'ils sont plus gros que ces derniers chez l'homme. Quant à Bouisson (9), il affirme aussi que les globules chyleux les plus développés n'atteignent jamais le diamètre des globules sanguins; assertion opposée à celle de Vogel (10), qui assigne aux globules du chyle et à ceux de la lymphe un diamètre de 0,0025 à 0,0033 de ligne, et aux globules du sang aussi 0,0033.

Le *nombre* des globules chyleux proprement dits augmente à mesure que le chyle s'avance dans le système lymphatique, ce qui démontre qu'ils s'y forment : on en trouve beaucoup plus dans le canal thoracique que dans les vaisseaux du mésentère, au delà qu'en deçà des ganglions. La proportion dans le nombre des globules graisseux du chyle paraît suivre une loi inverse, d'après les observations de F. Arnold (11), de Schultz (12), Drause, etc.

Aux globules du chyle, qu'on suppose formés d'albumine coagulée ou de fibrine, Valentin (13) accorde un noyau intérieur, dont l'existence est niée par Bischoff (14). Suivant Bouisson, la plupart des globules n'offrent qu'un seul nucléole central, mais on en trouve quelques-uns avec des nucléoles multiples; ces derniers globules lui ont paru plus nombreux chez les herbivores que chez les carnivores, et spécialement chez le lapin que chez le chien.

Les globules du chyle ne doivent pas tarder à devenir entièrement semblables à ceux de la lymphe, puisqu'il n'y a déjà plus moyen de distinguer les uns des autres dans les troncs des vaisseaux chylifères.

Quant aux globules sanguins colorés, dont beaucoup d'observateurs ont admis la présence dans le chyle et dans la lymphe du canal thoracique comme fait normal et non comme accident, on a cru devoir conclure qu'ils proviennent des corpuscules propres à ces deux liquides, de la même manière que les cellules naissent de leurs noyaux. H. Nasse (15), surtout, dans

(1) Wagner, *ouvr. cité*, p. 31.
(2) Valentin, *Repertorium*, t. I, p. 278.
(3) Krause, *Handbuch der menschlichen Anatomie*, t. I, p. 499.
(4) C. H. Schultz, *Das System der Circulation*, etc. Stuttgard, 1836.
(5) Gurlt, *Lehrbuch der vergleichenden Physiol.*, p. 138.
(6) Prévost et Leroyer, *Bibliothèque universelle de Genève*, t. XXVII, p. 233.
(7) J. Müller, *Manuel de physiol.*, trad. de Jourdan, t. I, p. 119. Paris, 1851.
(8) F. et H. Nasse, *Untersuchungen zur Physiol. und Pathol.*, t. II, p. 6 et suiv.
(9) Bouisson, *loc. cit.*
(10) Vogel, *Untersuchungen ueber Eiter*, p. 86.
(11) F. Arnold, *Lehrbuch der Physiol.*, t. II, p. 178.
(12) Schultz, *ouvr. cité*, p. 39.
(13) Valentin, *rec. cité*, t. I, p. 278.
(14) Mueller's *Archiv*, 1838, p. 497.
(15) H. Nasse, *loc. cit.*

de nombreuses observations qui lui sont propres, s'est appliqué à saisir les divers degrés de transition par lesquels passeraient les précédents corpuscules pour se convertir en globules sanguins pourvus d'un noyau.

Plus tard, après avoir fait l'histoire du sang, nous aurons occasion de revenir sur les corpuscules de la lymphe et du chyle, et d'examiner la destination physiologique et les métamorphoses qu'on leur a attribuées.

e.—Le chyle, sorti de ses vaisseaux et soumis au contact de l'air, *se coagule* et se divise bientôt, comme le sang, en une partie solide ou *caillot* et une partie liquide ou *sérum*. Cette coagulation, due à la présence de la fibrine, est tellement rapide, qu'on peut l'observer à l'embouchure même des vaisseaux par lesquels s'écoule le chyle, dont le cours est ainsi trop souvent suspendu dans les expériences.

Dans les premiers moments, il se forme une masse solide, molle, tremblotante comme de la gelée, adhérente aux parois du vase, mais qui finit par subir peu à peu une rétraction assez marquée; cette masse coagulée laisse alors échapper un liquide plus ou moins trouble et blanchâtre qui constitue le sérum du chyle.

La coagulation s'opère plus rapidement au contact de l'air ou de l'oxygène que dans les vaisseaux : sur le cadavre, le chyle qui séjourne dans le canal thoracique peut parfois rester plusieurs heures à l'état liquide, et Bouisson (1) l'a trouvé tel, même après vingt-quatre heures, chez un sujet qui avait succombé à une mort violente; mais il se coagula assez rapidement après son extraction du canal thoracique. Le chyle, sous ce rapport, différait donc du sang, qui généralement se coagule dans les vaisseaux après la mort. La coagulation, plus lente dans l'hydrogène sulfuré (2) que dans l'oxygène, est aussi un peu moins rapide sous l'influence d'une température élevée que d'une température basse; comme cela a lieu pour le sang, elle est retardée par l'addition au chyle d'une solution alcaline.

Le genre de nourriture a paru à quelques expérimentateurs avoir de l'influence sur la *coagulabilité* de ce fluide : celle-ci était faible chez une brebis nourrie de paille (3); elle était à peine marquée chez un poulain nouveau-né qui n'avait que de la liqueur amniotique dans l'estomac (4). Au dire d'Alex. Marcet et de W. Prout, qui ne s'est pas confirmé, l'alimentation animale, plus que l'alimentation végétale, augmenterait le degré de coagulabilité du chyle. Mais, sous ce rapport, le chyle offre des différences réelles, suivant l'endroit de son trajet où il a été recueilli : Reuss et Emmert (5), W. Prout (6), Seiler et Ficinus (7), etc., s'accordent à reconnaître que ce liquide, pris dans le canal thoracique, se coagule d'une manière plus rapide et plus complète que celui qui provient des vaisseaux

---

(1) Bouisson, *mém. et rec. cité.*
(2) Krimer, *Versuch einer Physiol. des Blutes*, p. 121 et suiv.
(3) Tiedemann et Gmelin, *Recherches sur la digestion*, t. I, p. 309.
(4) Gurlt, *Lehrbuch der vergleichenden Physiol.*, p. 138.
(5) Scherer's *Journal der Chemie*, t. V, p. 166.
(6) W. Prout, *Annals of Philosophy*, vol. XIII, p. 12 et 263.
(7) Seiler et Ficinus, *Zeitschrift für Natur- und Heilkunde*, t. II, p. 354.

lymphatiques du mésentère. D'après Tiedemann et Gmelin (1), le chyle, qui n'a traversé aucune des glandes mésentériques, se coagule lentement et faiblement; tandis que celui qui a passé à travers ces glandes donne plus vite un caillot volumineux et compacte; le chyle du canal thoracique se coagule presque instantanément.

Le *caillot,* d'abord mou, visqueux et facile à déchirer, se condense peu à peu pour devenir presque aussi consistant et aussi élastique que le caillot sanguin. Soluble dans l'acide chlorhydrique bouillant, il ne l'est qu'incomplétement dans l'acide acétique et les alcalis, avec l'intervention de la chaleur. Soumis à l'action du feu, il brûle avec lenteur, en répandant une odeur de corne et en laissant un charbon difficile à incinérer. (Vauquelin.)

Quant au *sérum,* il est rarement limpide, du moins chez les mammifères; plus souvent lactescent ou opalin, il ne devient pas encore tout à fait clair, même après qu'on l'a traité par l'éther. Il n'en serait point ainsi si la lactescence était due exclusivement à de la matière grasse divisée en particules fines qui font du chyle une *émulsion :* la couleur blanche de ce fluide doit être aussi rapportée, pour une assez faible part, il est vrai, aux globules spéciaux qui s'y trouvent.

Le sérum du chyle se mêle à l'eau, verdit les couleurs bleues végétales, fournit un précipité floconneux par l'alcool, les acides minéraux, le deutochlorure de mercure et la chaleur. Évaporé à siccité, il présente un résidu dont une partie se dissout dans l'alcool, une autre dans l'eau, tandis qu'une troisième résiste à l'action de ces deux menstrues.

Dans le chyle, la *proportion du caillot au sérum* varie-t-elle selon la nature des substances alimentaires? Il existe, on le voit tout d'abord, une grande connexité entre cette question et le phénomène de coagulabilité qui vient d'être examiné; chemin faisant, nous signalerons une condition particulière qui paraît avoir ici une influence notable : nous voulons parler de l'abstinence.

D'après Alex. Marcet (2), la proportion dont il s'agit, chez les chiens nourris de substances végétales, était depuis 480 : 9520 jusqu'à 780 : 9220; elle était, depuis 740 : 9260 jusqu'à 950 : 9050 chez les mêmes animaux alimentés avec de la chair. Suivant W. Prout (3), dans ce dernier cas, la proportion du caillot au sérum était : : 1080 : 8920, tandis qu'elle n'était plus que : : 640 : 9360 chez les chiens nourris de végétaux.

Les conclusions des expériences de Krimer (4) sont contraires à celles de W. Prout et de Marcet. De leur côté, Leuret et Lassaigne (5) assurent que « tel animal (chien), nourri avec de la gomme arabique pure ou du sucre blanc, fournissait autant et même plus de fibrine, dans son chyle,

(1) TIEDEMANN et GMELIN, *Recherches sur la digestion,* t. 1, p. 262 et passim.

(2) ALEX. MARCET, *Some Experim. on the Chem. Nat. of Chyle,* etc., in *Medic.-Chir. Trans.,* 1815, vol. VI, p. 618.

(3) W. PROUT, *Annals of Philosophy,* vol. XIII.

(4) KRIMER, *Versuch einer Physiol. des Blutes,* p. 121.

(5) LEURET et LASSAIGNE, *Rech. physiol. et chim. pour servir à l'histoire de la digestion,* p. 160. — Voyez aussi le tableau synoptique à la fin de l'ouvrage.

que tel autre soumis à un régime azoté..... Jamais, ajoutent-ils, nous n'avons pu remarquer aucune règle précise dans ces variations. » Tiedemann et Gmelin (1), qui ont fait des recherches si étendues sur les changements que le chyle subit suivant l'alimentation , n'admettent point « qu'on puisse attribuer la différence dans la quantité du caillot à la nature des aliments ; de manière qu'il faut admettre, disent ces auteurs, qu'elle dépend en grande partie de l'individualité des animaux et de la composition de la masse de leur sang avant l'expérience. » Ils affirment d'ailleurs avoir constaté que le contenu du canal thoracique des animaux *à jeun* se coagule d'une manière plus complète et donne un caillot frais ou sec plus abondant que n'en produit le chyle des animaux les mieux nourris : le caillot de celui des chevaux à jeun, par exemple, est de 1,00 à 1,75 pour 100, et celui des chevaux nourris d'avoine de 0,19 à 0,78 seulement. La conclusion que Tiedemann et Gmelin tirent de là, c'est que la plus grande partie de la fibrine du chyle formant le caillot ne provient pas des aliments : ils pensent qu'elle tire son origine du fluide sanguin lui-même, et qu'elle s'ajoute seulement au chyle lors de son passage à travers les ganglions mésentériques. Nous aurons à revenir sur cette opinion.

Voici quelques-uns des résultats obtenus par Tiedemann et Gmelin (2), en ce qui concerne la proportion du caillot et du sérum du chyle : « Le chyle du cheval fut celui qui se coagula avec le plus de force : 100 parties de ce liquide donnèrent depuis 1,06 jusqu'à 5,65 de caillot frais, et depuis 0,19 jusqu'à 1,75 de caillot sec. — Le chyle des chiens se coagulait plus faiblement : la quantité du caillot frais s'y élevait depuis 1,36 jusqu'à 5,75 sur 100, et celle du caillot sec depuis 0,17 jusqu'à 0,56. — Le chyle des brebis était le moins coagulable de tous ; il donnait seulement, sur 100 parties, depuis 2,56 jusqu'à 4,75 de caillot frais, et depuis 0,27 jusqu'à 0,82 de caillot sec. »

Il importe d'ailleurs de faire observer que le degré de coagulabilité du chyle ne dépend peut-être pas seulement de la quantité de fibrine contenue dans ce liquide, mais encore de différences dans l'origine et dans la nature de cette fibrine elle-même. De même que l'espèce et l'âge des animaux apportent incontestablement des changements dans la coagulabilité de la fibrine, de même aussi il se pourrait que la facilité avec laquelle la coagulation du chyle s'opère fût différente selon que le sérum contient plus ou moins d'alcali, d'albumine, etc. Cependant, comme le disent Tiedemann et Gmelin, un coup d'œil jeté sur les tableaux annexés à leur ouvrage tend à établir que la quantité de la fibrine est au moins la circonstance qui exerce le plus d'influence sur la coagulabilité du chyle.

f. — C'est une opinion assez généralement répandue depuis Elsner (3), mais surtout depuis Reuss et Emmert (4), que le chyle, exposé à l'air,

(1) TIEDEMANN et GMELIN, *ouvr. cité*, t. II, p. 90, trad. de Jourdan.
(2) *Ouvr. cité*, t. II, p. 89.
(3) ELSNER, *Miscell. Act. nat. curios.*, déc., I, 1670, p. 159.
(4) SCHERER's *Journal der Chemie*, t. V, p. 154, 691.

prend une *coloration* rose ou rouge. Ces deux derniers observateurs, en comparant ensemble le chyle des vaisseaux lactés, celui de la citerne lombaire, et enfin celui de la partie moyenne et de la partie supérieure du canal thoracique, chez le cheval, affirment avoir constaté que, par l'action de l'air, le premier chyle ne change guère sa couleur blanche, que le second rougit sensiblement, et que le dernier acquiert une teinte presque semblable à celle du sang artériel, tout en fournissant un caillot plus considérable et plus ferme que les deux premiers. D'après les expériences de Tiedemann et de Gmelin (1), qui viennent à l'appui des assertions précédentes, il ne faudrait pas croire que le chyle du canal thoracique ne pût rougir qu'à la condition d'avoir le contact de l'air : pour fermer tout passage à ce dernier gaz, chez un cheval nourri copieusement d'avoine et de foin, on appliqua sur le canal thoracique, plein de chyle, deux ligatures éloignées de trois pouces; on excisa ensuite la portion comprise entre les ligatures, on la lava bien avec de l'eau pour enlever le sang qui y adhérait, et on la partagea encore, par le moyen d'une autre ligature, en deux portions, dont chacune contenait environ 2 grammes de chyle. L'une de ces portions fut ouverte sous le mercure dans la cuve hydrargyro-pneumatique, de manière que le chyle, en s'élevant, se trouva en contact avec le gaz contenu dans une éprouvette. On vit alors bien distinctement, disent ces auteurs, qu'à la sortie même du canal thoracique, et avant d'être arrivé jusqu'au gaz, le chyle était déjà *à peu près* aussi rouge qu'il le fut ensuite, et que, dans d'autres expériences successives, le contact des différents gaz (air, oxygène, acide carbonique ou azote) ne fit que modifier diversement cette couleur rouge. Le chyle prit, dans l'oxygène, une vive couleur de carmin, approchant du rouge écarlate, et parut en même temps devenir plus translucide; tandis que, dans l'azote, il prit une teinte de cramoisi sale et devint plus trouble. Cette même teinte fut communiquée au chyle par le gaz acide carbonique.

L'influence de la nourriture sur la tendance du chyle à se colorer à l'air a été étudiée par plusieurs physiologistes. Selon Marcet (2), le chyle des chiens nourris de viande deviendrait plus rouge à l'air que celui des chiens ayant mangé des substances végétales. Mais Leuret et Lassaigne (3) ont aussi constaté, chez ces animaux, la coloration rosée ou même rouge du chyle après une nourriture composée de sucre, de gomme, de pommes de terre ou de fibrine. Tiedemann et Gmelin (4), qui disent que cette coloration est plus prononcée chez les chevaux que chez les chiens, et chez ceux-ci que chez les brebis, concluent de leurs expériences si multipliées que le chyle renferme d'autant moins de matière colorante que l'animal a été mieux nourri : c'est ainsi, par exemple, que le contenu du canal thoracique des chevaux qui n'avaient mangé que de l'amidon était d'un rouge beaucoup plus foncé que chez ceux qui avaient été nourris d'avoine.

<hr>

(1) Tiedemann et Gmelin, *ouvr. cité*, p. 262, 276 et suiv., trad. franç. de Jourdan.
(2) Marcet, *loc. cit.*
(3) Leuret et Lassaigne, *ouvr. cité*. Voyez le tableau synoptique à la fin de l'ouvrage.
(4) Tiedemann et Gmelin, *loc. cit.*

Aussi ces deux expérimentateurs pensent-ils que la matière colorante rouge du chyle (comme sa fibrine) provient du sang lui-même : elle serait séparée du sang artériel par les ganglions mésentériques, comme le supposaient déjà Reuss et Emmert (1), et aussi par la rate, dont la lymphe *rougeâtre* viendrait se jeter dans le canal thoracique, vers le point où le chyle commence à se colorer.

Il nous paraît difficile d'admettre, comme constante, cette dernière origine pour la matière colorante du chyle, puisque, à l'exemple d'autres observateurs, nous avons trouvé ordinairement la lymphe splénique incolore et légèrement trouble. Seiler (2) l'a trouvée telle chez la plupart des chevaux, ainsi que chez les bêtes à cornes, les cochons, les chiens et les chats, et Rudolphi considère sa coloration en rouge comme accidentelle. Quant à l'intervention des ganglions mésentériques, Burdach (3) l'admet et l'explique en ces termes : « Si le chyle rougit, même durant la vie, dans les vaisseaux, le phénomène doit tenir à ce que le sang artériel, qui n'est séparé du chyle que par les parois mêmes des vaisseaux capillaires et des lymphatiques, lui abandonne de l'oxygène qu'il attire, et qui le rapproche des caractères du sang..... Comme des vaisseaux sanguins se répandent dans les parois des vaisseaux lymphatiques et de leur tronc, le sang peut produire ici également des effets semblables à ceux qui se passent dans les ganglions. »

Il se pourrait qu'il existât dans le chyle une matière particulière et distincte de l'hématosine, matière qui aurait, en effet, la propriété de rougir par le contact de l'air ou de l'oxygène.

Le doute, qu'il est permis d'avoir encore sur la vraie cause de la coloration du chyle à l'air, n'existe pas pour quelques physiologistes qui, se rappelant que c'est surtout près de la terminaison du canal thoracique qu'on a constaté la teinte rosée du chyle, attribuent simplement cette teinte à du sang reflué des veines sous-clavières. Aussi, selon eux, la lymphe et le chyle, recueillis de manière que tout reflux du sang soit impossible, ne rougissent-ils ni au contact de l'air, ni dans une atmosphère d'oxygène.

Je n'ai nulle tendance à partager une semblable opinion, attendu que plusieurs fois, sur des chiens, il m'a été donné de voir du chyle, d'un très-beau blanc de lait au moment de son extraction du canal thoracique, se colorer sensiblement en rose au contact de l'air : cette coloration ne devenait d'ailleurs bien prononcée dans le caillot que quand le retrait de celui-ci en avait exprimé le sérum. Un pareil effet pourrait-il dépendre de ce que la couleur répandue dans le liquide entier aurait été d'abord trop faible pour qu'on la remarquât, tandis qu'elle serait devenue de plus en plus apparente à mesure que le caillot aurait diminué de volume ? Dans ce cas, l'air n'aurait point de part à la coloration du caillot primitivement incolore, et le phénomène devrait avoir lieu également dans des atmosphères exemptes d'oxygène : or, d'après les expériences les mieux insti-

(1) Reuss et Emmert, *loc. cit.*
(2) Seiler, *Zeitschrift für Natur- und Heikunde*, t. II, p. 394.
(3) Burdach, *Traité de physiologie*, t. IX, p. 448, trad. de Jourdan.

tuées, c'est ce qui n'a pas lieu. La couleur rosée ou rouge, prise par le chyle quand il entre en contact avec l'air ou l'oxygène, paraît ne résulter que d'une modification de la matière colorante contenue dans ce liquide, matière sur l'origine et la nature de laquelle on n'est point encore fixé.

g. — Il nous importe maintenant de rechercher la *composition chimique* du chyle, de laquelle se sont occupés tant de savants chimistes. Malheureusement, il en est qui n'ont pas toujours assez tenu compte de la nature de l'alimentation, ni de la période de la digestion à laquelle ils sacrifiaient les animaux ; de là des différences regrettables dont on n'a pas pris soin de déterminer les causes. Ajoutons que, presque constamment, les analyses ont porté sur le liquide du canal thoracique, c'est-à-dire à la fois sur le chyle et sur la lymphe : les résultats obtenus sont donc, pour la plupart, nécessairement complexes.

Avant d'exposer les résultats de quelques-unes de ces analyses ou d'autres entreprises dans de meilleures conditions, nous jetterons un coup d'œil général sur l'*origine* et la *constitution* du chyle, considérées surtout dans leurs rapports avec les aliments.

L'analyse chimique démontre que, durant la période digestive, le contenu des lymphatiques de l'intestin n'est pas toujours le même, mais qu'il éprouve des variations sensibles : en effet, sa richesse en matière grasse, sa proportion de sucre, d'eau et de sels, son degré de coagulabilité, sa richesse en fibrine, en albumine et en matières extractives, sont bien loin d'être constants. Empressons-nous d'ajouter que l'alimentation seule ne détermine pas nécessairement les proportions des diverses matières du chyle, car les organes n'agissent pas toujours et absolument de la même manière sur les mêmes aliments.

C'est un fait généralement admis aujourd'hui que, chez les mammifères, les *matières grasses neutres* (huile, beurre, graisses) contenues dans les aliments, s'introduisent dans le sang par la voie détournée des chylifères. Bouchardat et Sandras (1), par exemple, ont fait voir que, chez les chiens, dans la nourriture desquels on fait entrer des proportions croissantes de matières grasses, il est toujours facile d'extraire du chyle des quantités corrélatives de ces matières avec tous leurs caractères propres ; de manière, disent ces expérimentateurs, « qu'on extrait de l'huile quand l'animal a mangé une soupe à l'huile, du suif quand il a pris du suif, etc. ». Il n'y a donc pas d'hésitation possible touchant cette conclusion, que, chez les mammifères, les matières grasses neutres, renfermées dans les aliments, peuvent faire partie de la constitution du chyle (*).

____

(1) Bouchardat et Sandras, *Annuaire de thérapeutique*, pour l'année 1845, p. 238-259.

(*) D'après R. Wagner (*Zur vergleichenden Physiologie des Blutes*, t. II, p. 26) il n'existerait pas de graisse dans le chyle des oiseaux, alors même qu'ils ont pris une nourriture aussi grasse que possible, comme du lait ou du beurre : de là, la supposition de divers auteurs, que, chez les oiseaux (ainsi que chez les reptiles et les poissons), les matières grasses passent dans les veines mésaraïques, où l'aspect émulsif de ces matières serait masqué par le mélange avec le sang.

Parce que Leuret et Lassaigne sont parvenus à trouver quelque peu de graisse dans le chyle thoracique de chiens qui n'avaient mangé que de la gomme ou du sucre, parce que Tiedemann et Gmelin ont fait la même remarque, après une alimentation avec de l'albumine, de la fibrine, de la gélatine ou de l'amidon, cela ne veut point dire que la graisse du chyle ne tire pas habituellement son origine surtout des aliments. Il est bon de se souvenir que la lymphe renferme elle-même une certaine proportion de graisse qui, dans les cas dont il s'agit, a dû nécessairement se retrouver dans le canal thoracique, et dont on explique d'ailleurs la présence, en réfléchissant à l'origine de ce liquide : la lymphe est en effet une sorte de chyle formé aux dépens de la substance de l'animal lui-même, et provenant, par conséquent, de matières azotées et *graisseuses*. On peut se rappeler aussi la propriété remarquable que certains principes, à composition ternaire (comme l'amidon et le sucre), ont de se transformer en *graisse* au sein de l'organisme, en perdant une partie de l'oxygène, chez des sujets d'ailleurs bien nourris (*). Mais il n'est nullement démontré qu'en pareil cas une partie de cette graisse puisse se former déjà dans l'intestin lui-même ou bien durant l'absorption qu'opéreraient les vaisseaux lactés proprement dits.

Nous avons vu, plus haut, que la blancheur et l'aspect émulsif du chyle sont d'autant plus prononcés qu'il y a dans ce liquide une plus grande proportion de matière grasse. La couleur blanche du chyle est plus marquée dans les vaisseaux placés entre les intestins et les ganglions mésentériques, que dans les vaisseaux qui de ces ganglions se rendent au canal thoracique, et surtout que dans le canal thoracique lui-même où s'effectue un mélange plus complet de la lymphe et du chyle. De là l'assertion, qui n'est pas suffisamment justifiée, que le chyle, en traversant les glandes du mésentère, perd de ses principes gras (Tiedemann et Gmelin, Schultz, etc.) (1).

L'éther, en enlevant au chyle la matière grasse, tend à éclaircir beaucoup ce liquide, sans lui donner jamais une complète transparence ; puis, une fois évaporé, l'éther laisse déposer, sous forme d'huile ou de grumeaux d'apparence sébacée, une quantité de matière grasse proportionnée à l'opacité du sérum avant l'expérience.

Ce ne sont pas seulement les aliments gras qui entrent, pour leur part, dans la composition du chyle ; on a aussi constaté, dans ce liquide, la présence de la *glycose* et parfois de l'acide lactique, deux produits qui résultent de la transformation plus ou moins avancée des *aliments féculents et sucrés*. C'est un fait que nous avons pu facilement vérifier nous-même sur le chyle provenant de grands herbivores, et avant son mélange avec la

---

(*) Quant à la question de savoir si les substances albuminoïdes peuvent également, sous l'influence des actions chimiques de la vie, se transformer en graisse, lorsque les aliments hydrocarbonés font complétement défaut dans l'alimentation, nous verrons plus tard qu'elle ne semble pas encore entièrement résolue pour tous les expérimentateurs.

(1) TIEDEMANN et GMELIN, SCHULTZ, *ouvr. cité.*

lymphe ; seulement nous devons reconnaître que, dans ces cas, les proportions de glycose ont toujours été relativement assez minimes.

Si la métamorphose des principes albuminoïdes ou azotés en graisse laisse encore des doutes dans l'esprit de beaucoup d'auteurs, il n'en serait pas de même, au dire de quelques-uns, de la transformation de ces mêmes principes en *sucre*, au sein de l'organisme ; de sorte que, dans le chyle d'animaux nourris de chair, on trouverait également du sucre. Telle est l'opinion de Colin (1), qui affirme, d'après ses propres recherches, que le sucre n'existe pas, il est vrai, dans l'intestin même de ces animaux, mais qu'il est « un produit de l'absorption effectuée par les vaisseaux lactés dans lesquels on le trouve *dès que le chyle est constitué* ». Puis, pour montrer que le *sucre du chyle* ne dérive ni de la lymphe du foie, ni de celle des autres parties de l'organisme, le même expérimentateur a recueilli du chyle réputé *pur*, dans le *canal mésentérique* de ruminants préalablement transformés en carnivores, et, dans ce chyle, il a trouvé du sucre. Nous aurons à revenir sur les quantités respectives de ce principe dans le chyle et dans la lymphe.

La *fibrine* et l'*albumine* se rencontrent dans le chyle en proportions variables. Alex. Marcet (2) et W. Prout (3) ont avancé que la quantité de fibrine est généralement plus considérable dans le chyle des animaux carnivores que dans celui des herbivores, et que, chez les chiens nourris exclusivement avec de l'albumine et de la fibrine, le liquide du canal thoracique est encore plus coagulable, spontanément et par la chaleur, que dans les cas d'alimentation ordinaire : cela tend tout d'abord à confirmer l'idée que l'albumine et la fibrine du chyle ont une origine simple et naturelle dans les aliments habituels des animaux, et que, par conséquent, une partie des *aliments albuminoïdes*, métamorphosés et liquéfiés par la digestion, s'introduit aussi dans les voies chylifères, en subissant ultérieurement de nouvelles modifications. Mais, d'un autre côté, nous avons vu Tiedemann et Gmelin faire provenir du sang la *fibrine* du chyle, et assurer même que l'addition de ce principe s'opère dans les ganglions mésentériques ; nous avons vu aussi Leuret et Lassaigne trouver autant et même plus de fibrine dans le chyle de chiens nourris de sucre ou de gomme que chez d'autres nourris de viande ; enfin nous avons déjà rappelé que la lymphe des animaux soumis à un jeûne assez prolongé devient plus coagulable et plus riche en fibrine que dans le cas d'alimentation ordinaire. Si tous ces exemples amènent à croire qu'en effet la fibrine du chyle dérive en partie du sang et de la trame organique, ils ne démontrent point que ce principe immédiat ne puisse provenir aussi, pour une certaine part, des aliments eux-mêmes. Car ce serait une erreur de penser, avec divers physiologistes, qu'avant les ganglions mésentériques le chyle n'est pas spontanément coagu-

---

(1) COLIN, *Mémoire sur la formation du chyle*, lu à l'Académie de médecine de Paris, dans la séance du 7 juillet 1857.
(2) ALEX. MARCET, *loc. cit.*
(3) W. PROUT, *loc. cit.*

lable et qu'il ne renferme pas de fibrine : dans l'analyse faite par Lassaigne du chyle recueilli dans le canal mésentérique d'un taureau, la quantité de fibrine était double de ce qu'elle est habituellement dans le liquide mixte du canal thoracique (1).

On peut également regarder comme trop exclusive et non démontrée l'opinion de Tiedemann et Gmelin, qui regardent l'*albumine* du chyle comme fournie par le sang. Elle se trouve en quantité assez notable dans le premier de ces liquides, comme il est facile de s'en assurer tout d'abord au moyen de la chaleur, de l'alcool et des acides qui la coagulent. Elle est tenue en dissolution dans le sérum à la faveur de la soude en excès qui fait partie des combinaisons salines. C'est une assertion toute gratuite que d'avoir prétendu que l'albumine diminue graduellement à partir des ganglions mésentériques, et à mesure que la proportion du caillot augmente; ce qui a fait émettre par Vauquelin l'idée hypothétique que la fibrine du chyle résultait d'une transformation graduelle de l'albumine. Du reste, le sérum du chyle renferme moins d'albumine que celui du sang.

On a dit que la *caséine* est aussi un des principes du sérum du chyle; cette assertion manque de preuves suffisantes. (Lehmann.)

C'est dans le sérum du chyle que se rencontrent les différents *sels* ou éléments minéraux dont nous allons faire connaître, dans les tableaux d'analyse, la nature et le nombre. Ces sels sont d'ailleurs à peu près les mêmes que ceux du sang.

Ad. Wurtz (2) a signalé la présence de l'*urée* dans le chyle d'un taureau nourri à la viande; il l'a constatée, depuis, dans le chyle du chien. Cette *urée* provient de la lymphe qui se mêle au chyle dans le canal thoracique : en effet, Wurtz a trouvé, depuis, de l'urée dans la lymphe du chien, du cheval et du bœuf.

Le résidu du chyle contient plus de *matières extractives* que celui du sang, d'après Lehmann (3).

Il nous faut enfin compléter l'exposé qui précède par le relevé de quelques analyses indiquant les *proportions* des matériaux qui, ordinairement, se trouvent dans le chyle.

F. Simon, ayant analysé le chyle de trois chevaux nourris, le premier avec des pois et les deux autres avec de l'avoine, a obtenu :

	I.	II.	III.
Eau	940,670	928,000	916,000
Graisse........................	1,186	10,010	0,900
Albumine......................	42,717	46,430	60,530
Fibrine.......................	0,440	0,805	0,900
Hématine......................	0,474	traces	5,691
Matières extractives et ptyaline. . .	8,300	5,320	5,265
Chlorure et lactate sodiques, avec traces de sels calcaires.........	»	7,300	6,700
Sulfate et phosphate calcique, avec traces d'*oxyde de fer*	»	1,100	0,850

(1) Colin, Mémoire cité *sur la formation du chyle*.
(2) Ad. Wurtz, *Bulletin de l'Académie de médecine de Paris*, 1857. — Rapport de P. Bérard.
(3) Lehmann, *Précis de chimie physiol. anim.*, trad. franç., p. 154. Paris.

Ces analyses viennent à l'appui de ce que nous avancions plus haut, c'est-à-dire que l'alimentation seule ne détermine pas nécessairement les proportions des divers matériaux du chyle, mais qu'il faut aussi faire la part des organes qui n'agissent pas toujours et absolument de la même manière sur les mêmes aliments : ici, par exemple, nous voyons, sur deux chevaux nourris comparativement avec une égale quantité d'avoine, le chyle de l'un donner seulement 0,900 de matière grasse, et le chyle de l'autre en fournir jusqu'à 10,010 ; nous trouvons 42,717 d'albumine chez le premier cheval, et 60,530 du même principe chez le second.

Précédemment (p. 485), nous avons donné les résultats de l'analyse comparative, faite par Rees (1), du chyle et de la lymphe d'un âne qui avait été tué sept heures après un repas composé de fèves et d'avoine. Comme résultat saillant et d'ailleurs conforme aux prévisions, on a pu voir que le chyle et la lymphe diffèrent surtout par les proportions de leurs éléments solides, qui sont à l'avantage du premier de ces fluides.

Toutefois, selon Poiseuille et Lefort (2), la lymphe contiendrait toujours plus de *sucre* (glycose) que le chyle, et ces deux liquides en renfermeraient plus que le sang artériel.

Un des éléments minéraux dont la présence dans le chyle est assez généralement admise, le *fer*, s'y trouve au minimum d'oxydation et combiné avec l'acide phosphorique, suivant Vauquelin (3). On se rappelle que la présence de ce métal a été également signalée dans la lymphe.

D'après Leuret et Lassaigne (4), il y aurait identité presque complète dans la composition de la lymphe et du chyle (*). La seule différence, s'il fallait en croire divers auteurs, résulterait de la quantité proportionnelle de matières grasses, ordinairement plus considérable dans le second de ces liquides que dans le premier. Au dire de C. H. Schultz (5), une autre différence résulterait aussi de la quantité moins grande de la fibrine dans le chyle : cet expérimentateur aurait trouvé 0,48 de fibrine dans le chyle laiteux d'un cheval qui venait de manger, et 1,50 dans le chyle presque limpide après l'achèvement de la digestion. Mais nous savons déjà que ces derniers résultats sont contredits par ceux qu'ont obtenus d'autres expérimentateurs, notamment Rees (*loc. cit.*) et Lassaigne.

En effet, nous l'avons dit, Lassaigne (6), qui a analysé le *chyle* recueilli dans le canal mésentérique d'un taureau, lui a d'abord trouvé une densité supérieure à celle de la lymphe et du liquide mixte pris dans le canal thoracique, puis il a constaté que ce chyle contenait 0,0019 de fibrine

<hr>

(1) Rees, *London and. Edinb. Philos. Magaz.*, 1841, p. 547.

(2) Poiseuille et Lefort, Note supplémentaire au *Mémoire sur l'existence de la glycose dans l'organisme animal*, communiquée à l'Académie des sciences de Paris, séance du 5 avril 1858.

(3) Vauquelin, *Annales du Muséum*, t. XVIII, p. 248.

(4) Leuret et Lassaigne, *ouvr. cité*, p. 165.

(*) Voyez plus haut (p. 484) la composition que Leuret et Lassaigne assignent à la lymphe.

(5) C. H. Schultz, *Das System der Circulation*, p. 70.

(6) Cité par Colin, *Traité de physiologie comparée des animaux domestiques*, t. II, p. 7. Paris, 1856.

sèche, proportion double de la fibrine renfermée dans le liquide du canal thoracique du même ruminant. Le sérum était composé de 95,21 d'eau et de 4,79 de matières fixes, albumine et sels.

Chez un cheval qui avait mangé de l'avoine peu de temps auparavant, Gmelin a trouvé que, sur 100 parties, le résidu sec du sérum du chyle renfermait :

Graisse brune, extraite en premier lieu par l'alcool.......	15,47
Graisse jaune, extraite en second.................	6,35
Osmazôme, acétate de soude et chlorure de sodium.......	16,02
Matière extractive, soluble dans l'eau, insoluble dans l'alcool, carbonate et un peu de phosphate de soude...........	2,76
Albumine.............................	55,25
Carbonate et un peu de phosphate de chaux............	2,76
	98,61

Nous avons déjà vu que, d'après le même chimiste et son collaborateur Tiedemann, la proportion des matériaux constitutifs du chyle n'est pas la même dans les divers points du trajet de ce liquide : celui-ci, à mesure qu'il s'avance vers les vaisseaux sanguins, devient plus pauvre en graisse, et, au contraire, plus riche en fibrine et en cruor ; la quantité de fibrine et de cruor va aussi en augmentant dans la lymphe, quoique celle-ci ne soit pas non plus dénuée de fibrine dans l'origine. Pour Gmelin et Tiedemann, je le répète, il est donc plusieurs des principes du chyle dont la quantité va croissant à mesure que ce fluide s'éloigne de l'intestin, et il en est d'autres dont la quantité diminue : la première catégorie comprend la fibrine, le cruor ou matière colorante, l'albumine, l'osmazôme, la matière animale extractive insoluble dans l'alcool ; la seconde catégorie renferme la matière grasse, et la substance animale extractive qui est soluble à la fois dans l'alcool et dans l'eau.

C'est dans les ganglions lymphatiques du mésentère que de pareils changements sont supposés s'accomplir ; car c'est précisément en deçà et au delà de ces organes que se rencontrent les différences qui viennent d'être signalées. A cette occasion, la remarque a été faite qu'aucun vaisseau lacté, chez les mammifères, n'aboutit au canal thoracique sans avoir traversé des ganglions, qui se montrent d'autant plus nombreux qu'on se rapproche davantage des troncs de terminaison. De plus, les ganglions lymphatiques ont paru offrir une structure favorable au séjour du chyle dans leur intérieur ; et, attendu qu'ils reçoivent un grand nombre de vaisseaux artériels et veineux, on a regardé comme présumable qu'à travers les parois vasculaires s'accomplit un échange de matériaux entre le sang et le chyle.

Quoi qu'il en soit, au milieu de tous les *desiderata* que l'analyse chimique n'a pu encore faire disparaître touchant la relation qui existe entre la nature du chyle et celle des substances alimentaires dont celui-ci dérive, il est un fait capital que les progrès de la chimie organique ont mis en lumière : les aliments végétaux sont réductibles, ainsi que les aliments d'origine animale, en principes immédiats azotés et en principes immédiats

non azotés, de sorte qu'entre ces deux classes d'aliments, il n'y a, au point
de vue de la composition, que des différences de proportions, qui même
semblent disparaître par suite du travail nutritif. L'herbe des pâturages,
les racines, les semences, la farine, etc., ramenées à ce qu'elles ont d'essentiel comme aliments, présentent un ensemble de principes qui constituent des matières identiques avec celles dont se nourrit le carnivore; en
d'autres termes, l'animal qui vit de substances végétales n'est herbivore
que de nom, puisque, en réalité, il mange les mêmes matières que le carnassier, qu'il consomme et s'assimile les mêmes principes que lui. Aussi,
comme le démontrent les résultats d'une analyse élémentaire et comparée
du chyle de chien et du chyle de cheval faite par Macaire et Marcet
fils (1), il existe une très-grande analogie de composition entre le chyle
des animaux carnassiers et celui des herbivores. Voici ces résultats :

	Chyle de chien.	Chyle de cheval.
Carbone	55,52	55,00
Oxygène	25,90	26,80
Hydrogène	6,60	6,70
Azote	11,00	11,00

Plus tard, en nous occupant des phénomènes intimes de la *Nutrition*,
nous aurons à revenir sur cette donnée intéressante.

En résumé, le précédent examen nous a appris que le chyle se compose
de quatre ordres de substances, qu'on retrouve aussi, avec des proportions
déterminées, dans la constitution de tout aliment *complet* (le lait, par
exemple) : 1° de substances albuminoïdes qui rendent le chyle coagulable
spontanément ou par la chaleur, etc.; 2° d'un principe sucré qui le rend
fermentescible (*); 3° de matières grasses qui, en s'émulsionnant, lui donnent sa couleur blanche; 4° de certains éléments minéraux ou salins qui
lui communiquent des propriétés chimiques et organoleptiques particulières. — Si la lymphe, sorte de chyle formé aux dépens de la substance
même de l'animal, peut aussi renfermer ces diverses matières, mais en
quantités absolues et relatives différentes, toujours est-il que, avant son
mélange avec la lymphe, le chyle contient déjà ces mêmes matériaux (**);
d'où il faut conclure qu'il les tire d'abord directement des aliments eux-
mêmes. Bien entendu que, plus loin, quand il s'agit du *chyle entier* (lymphe
et chyle mélangés dans le canal thoracique), on ne saurait se refuser à
reconnaître qu'une partie de ses éléments constitutifs provient aussi du sang
et de la trame organique.

Quant au lieu dans lequel se forme le chyle, n'admettant pas la préexistence de ce liquide dans l'intestin, nous croyons que la matière alimentaire
ne devient *chyle* que par le fait même de l'absorption, comme d'ailleurs la
lymphe, qui ne s'exhale pas toute formée des vaisseaux sanguins ou des

(1) MACAIRE et MARCET fils, *Annales de chimie et de physique*, t. LI, p. 374.

(*) Ou d'un dérivé de ce principe, comme est l'*acide lactique*.

(**) Voyez plus haut ce qui a été dit du chyle recueilli dans le *canal mésentérique* des ruminants.

différents tissus, s'élabore et se constitue dans les réseaux originels du système lymphatique général. En un mot, le chyle est contenu dans le chyme, comme les éléments d'une sécrétion sont contenus dans le sang : seulement, la corrélation entre le facteur et le produit est plus appréciable dans le premier cas que dans le second.

III. — La lymphe et le chyle, avant leur introduction dans le sang veineux au niveau des veines sous-clavières, ont à parcourir un trajet plus ou moins long, suivant leurs points de départ dans l'économie ; la direction générale de leur transport est des parties périphériques vers les parties centrales, c'est-à-dire centripète.

Les deux troncs de terminaison des vaisseaux lymphatiques, ainsi que leurs affluents, nous sont déjà connus, et nous avons exposé les faits qui empêchent d'admettre les autres communications multiples dont on a parfois supposé l'existence entre les lymphatiques et les veines. A l'exception des lymphatiques de la moitié droite de la tête, du cou et de la poitrine, et de ceux du bras correspondant qui déversent leur contenu dans la *grande veine lymphatique droite*, laquelle s'abouche dans la veine sous-clavière du même côté, les autres vaisseaux lymphatiques du corps, y compris ceux du tube digestif, ont un conduit commun, le *canal thoracique*, qui s'ouvre dans la veine sous-clavière gauche. Le trajet du chyle, à travers l'épaisseur du mésentère et les renflements gangliformes qui s'y trouvent, mesure donc seulement l'intervalle compris entre cette dernière veine et la surface intestinale, tandis que, en beaucoup de points de l'organisme, le parcours de la lymphe est bien autrement considérable.

Quelles peuvent être les causes ou les forces qui sollicitent ces deux liquides à une progression continuelle dans leurs vaisseaux propres?

A moins qu'il ne s'agisse des reptiles, chez qui J. Müller (1) et Panizza (2) ont découvert, chacun de son côté, des renflements contractiles, sortes de cœurs indépendants de l'organe central de la circulation sanguine et jouissant de la faculté de pousser la lymphe dans le système veineux, on ne saurait, chez les autres vertébrés, trouver de l'analogie, au moins sous ce rapport, entre les causes de progression du sang et de la lymphe. Ici, en l'absence de tout moteur dont l'action particulière soit puissante, ou de toute impulsion venue du cœur, puisque les lymphatiques ne communiquent pas avec les artères, nous trouvons plusieurs conditions et plusieurs forces qui, en s'associant, peuvent néanmoins imprimer une direction constante au mouvement des liquides contenus dans le système lymphatique.

Et d'abord, une fois introduits dans la cavité des lymphatiques, les liquides (chyle ou lymphe) sont poussés par la contraction des tuniques de

(1) Poggendorff's *Annalen*, 1832 ; et dans *Handbuch der Physiol. des Menschen*. Coblenz, 1833, Bd. I, p. 259.

(2) Panizza, *Sopra il sistema linfatico dei Rettili*, etc. Pavie, 1833.

ces vaisseaux et du canal thoracique lui-même. Nul doute, en effet, que ce système ne possède un certain degré de *contractilité :* si, par exemple, on expose à l'air les chylifères de l'intestin, durant l'absorption digestive, on les voit se resserrer et même se vider complétement (1). Le canal thoracique se resserre aussi, au contact de l'air, environ de la moitié de son calibre. En appliquant une ligature sur les vaisseaux lactés du mésentère ou sur le canal thoracique, de façon à y permettre l'accumulation du chyle, et en piquant la partie distendue, le liquide en jaillit à une certaine distance; ce qu'on n'observe pas quand l'expérience est faite après la mort de l'animal (2). Mais la contractilité des vaisseaux lymphatiques, manifeste lorsque l'air agit sur eux comme excitant, n'est pas toujours appréciable si l'on cherche à l'éveiller à l'aide de stimulants d'une autre nature. Pourtant Meckel l'a observée à la suite de l'application de l'eau chaude, et Schreger (3) sous l'influence d'irritants mécaniques ; tandis que G. Valentin (4) nie toute réaction résultant de la piqûre ou de l'emploi de l'eau froide. « Une pile galvanique, dit J. Müller (5), que je fis agir sur le canal thoracique d'une chèvre, demeura d'abord sans effet, et détermina au bout de quelque temps un resserrement presque insignifiant. » Dans la plupart de mes expériences, sur des chiens, j'ai vu le canal thoracique se resserrer sensiblement sous l'influence de l'électricité.

Un autre argument en faveur de la contractilité des lymphatiques se tire de leur structure : après Scheldon (6) et Schreger (7), G. Valentin (8) a été conduit, par ses propres recherches, à admettre l'existence de fibres musculaires dans la tunique moyenne des vaisseaux lymphatiques, et, plus récemment, Kölliker (9) a aussi affirmé y avoir vu des *fibres musculaires lisses* transversales. De plus, cet observateur a signalé, dans la tunique externe, la présence de fibres de même nature, mais à direction oblique ou longitudinale.

Il est manifeste que dans la contractilité des vaisseaux lymphatiques réside une des principales causes de la progression de la lymphe et du chyle.

Cependant, avec leur retrait élastique et leur force de contraction dépendante de la vie, les lymphatiques seraient encore inhabiles à imprimer aux liquides qu'ils contiennent une *direction déterminée*, s'ils n'offraient à l'in-

(1) HALLER, *Elementa physiologiæ*, t. VII, p. 227. — ALEX. LAUTH, *Essai sur les vaisseaux lymphatiques*, p. 62 ; thèse inaug. Strasbourg, 1824. — FOHMANN, *Anatomische Untersuchungen über die Saugadern*, p. 33. — BRESCHET, *Le système lymphatique*, p. 73.

(2) WESTRUMB, *Physiologische Untersuchungen*, p. 47. — TIEDEMANN et GMELIN, *Recherches sur la route que prennent diverses substances pour passer de l'estomac et du canal intestinal dans le sang*. Mém. trad. par Heller. Paris, 1821.

(3) SCHREGER, *De irritabilitate vasorum lymphaticorum*, p. 40. Leipzig, 1789.

(4) G. VALENTIN, *Repertorium für Anat. und Physiol.*, § 244. 1837.

(5) J. MÜLLER, *Manuel de physiologie*, trad. de JOURDAN, 2e édit., revue par LITTRÉ, t. I, p. 218. Paris, 1851.

(6) SCHELDON, *The History of the Absorbent System*, p. 26. London, 1784.

(7) SCHREGER, *ouvr. cité.*

(8) G. VALENTIN, *Repertorium*, etc., t. II, p. 242.

(9) KÖLLIKER, *Éléments d'histologie humaine*, trad. franç., p. 627. Paris, 1856.

térieur une disposition organique propre à empêcher la rétrogradation de ces liquides vers les réseaux originels. Il existe, en effet, au moins dans les vaisseaux d'un certain calibre, des valvules ou replis semi-circulaires, le plus souvent disposés par paires, adhérents d'une manière lâche par tous les points de leur demi-circonférence et libres par le bord qui mesure leur diamètre. En nombre variable dans les divers vaisseaux, moins multipliées dans les lymphatiques des espaces intermusculaires, et moins encore dans ceux qui suivent un trajet descendant comme cela s'observe à la tête et au cou, ces valvules fonctionnent à la manière de soupapes assez étendues pour pouvoir, en s'adossant l'une à l'autre, fermer hermétiquement la lumière du vaisseau et s'opposer à tout reflux du côté des capillaires, au moment de la contraction; elles sont d'ailleurs assez mobiles pour pouvoir aussi, lors du passage d'une nouvelle ondée de lymphe, se redresser et s'appliquer contre la paroi vasculaire, leur bord libre étant tourné du côté du canal thoracique.

On conçoit combien une pareille disposition est de nature à favoriser le cours de la lymphe ou du chyle, et comment aussi les contractions successives des vaisseaux lymphatiques, qui, en l'absence de valvules, auraient chassé ces liquides aussi bien en avant qu'en arrière du point contracté, les dirigent au contraire des réseaux d'origine vers le canal thoracique.

Parmi ces valvules, d'ailleurs fort résistantes puisqu'elles peuvent soutenir, sans se rompre, une assez longue colonne de mercure, il en est une qui, située à la jonction du canal thoracique avec la veine sous-clavière gauche, a pour usage d'empêcher le reflux du sang, lequel eût gêné l'introduction de la lymphe et du chyle dans cette veine. Chez l'homme, à 1 ou 2 centimètres au plus de l'embouchure indiquée, et à l'intérieur même du canal thoracique, existe une autre paire de valvules qui l'oblitère complétement (1), de sorte que le sang n'y peut refluer que dans des cas tout à fait exceptionnels.

Les mouvements respiratoires ont une influence sensible sur la progression de la lymphe et du chyle comme sur celle du sang veineux, surtout aux abords du thorax. Lors de l'inspiration, par suite du vide virtuel qui est produit dans la poitrine, ces divers liquides, aussi bien que l'air atmosphérique, s'y trouvent simultanément attirés; et, pour ne parler que des fluides du système lymphatique, ceux-ci, avec la portion abdominale du canal thoracique qui les contient, sont immédiatement comprimés par l'effet de l'abaissement du diaphragme, en même temps que le vide du thorax les appelle dans la portion pectorale du même canal. Du reste, l'influence des mouvements respiratoires se constate facilement, *de visu*, dans le cas de fistule du canal thoracique établie sur l'animal vivant : la sortie de la lymphe et du chyle est accélérée, ou même a lieu par jet à chaque expiration, à la suite du retrait élastique des parois du canal fortement dilaté lors de l'inspiration.

(1) SAPPEY, *Anat. descript.*, t. I, p. 622.

Les contractions du canal intestinal paraissent contribuer au cours du chyle à son point de départ; et l'on admet assez généralement que les villosités de l'intestin peuvent se contracter sur le vivant, de manière à devenir des agents d'impulsion initiale pour ce liquide. Il ne faudrait pas croire que les mouvements de l'intestin représentent une condition absolument indispensable de la marche du chyle, à l'origine de ses vaisseaux; car ce fluide continue ordinairement à circuler, avec plus de lenteur il est vrai, quand l'intestin est au repos. L'influence adjuvante dont il s'agit doit être admise dans certaines limites, d'après les observations de Poiseuille (1) sur des intestins de souris : on disposa sur une lame de verre une partie de ces organes où l'on apercevait parfaitement bien d'abord les circulations artérielle et veineuse; puis un vaisseau chylifère très-distinct fut examiné comparativement avec une artériole et une veinule à l'aide d'un microscope donnant un grossissement de 120 diamètres. Les globules du chyle offraient un mouvement qui coïncidait avec les contractions péristaltiques des fibres musculaires de l'intestin; tandis que, dans l'intervalle de chaque contraction, le mouvement de ces globules était extrêmement lent et souvent même interrompu. Quant à la circulation du sang dans l'artériole et dans la veinule, elle se montrait plus rapide que celle du chyle, et, en même temps, indépendante des contractions intestinales.

Une des causes concourant à la progression du liquide contenu dans les lymphatiques généraux, et qui n'est plus particulière, comme la précédente, aux vaisseaux chylifères, est due aux mouvements exécutés par les parties mêmes où existent les lymphatiques, ou au moins par des organes très-voisins. Alors la contraction musculaire s'unit à la contraction propre de ces vaisseaux pour pousser la lymphe dans la direction déterminée par leurs valvules. Chez le cheval, et surtout chez les grands ruminants, qui ont les lymphatiques du cou très-développés, vient-on à ouvrir un de ces vaisseaux en y fixant un petit tube, on voit, pendant que l'animal mange ou qu'il remue simplement les mâchoires, la quantité de lymphe qui s'échappe des vaisseaux de l'encolure être augmentée d'un quart, d'un tiers et même de moitié dans un certain laps de temps (2).

L'action aspiratrice exercée par le cœur sur le sang veineux, les battements des artères en général et notamment des artères volumineuses qui avoisinent le canal thoracique vers sa terminaison, la décroissance de la capacité intérieure du système lymphatique à mesure qu'on se rapproche de ce canal, sont aussi regardés comme autant de conditions auxiliaires des forces qui font mouvoir la lymphe et le chyle.

Quant aux ganglions lymphatiques, l'influence accélératrice que leur attribuait Malpighi (3) doit-elle être reléguée dans le domaine des hypothèses? Nous avons une grande tendance à le croire, quoique, dans ces

<hr>

(1) BRESCHET, *Le système lymphatique*, p. 211 ; thèse de concours. Paris, 1836.
(2) COLIN, *Traité de physiol. comp. des animaux domestiques*, t. II, p. 89. Paris, 1856.
(3) MALPIGHI, *De structura glandul. conglob.* — In op. posth., p. 139.

dernières années, Heyfelder (1) ait démontré dans l'enveloppe des ganglions, chez l'homme, la présence de quelques fibres musculaires lisses. La texture de l'intérieur de ces petits organes serait au contraire plutôt propre à retarder le cours des liquides lymphatiques. Ces ganglions paraissent assimilables aux plexus sanguins que l'on trouve chez divers animaux, et qui, décomposant l'effort impulsif exercé sur le sang, diminuent l'énergie de la circulation dans les organes auxquels ils correspondent. Du reste, nous avons déjà fait connaître, avec détails, la structure des ganglions lymphatiques ainsi que les modifications particulières qu'on croit être imprimées par eux au sang qui en sort, à la lymphe et au chyle qui les traversent. Tout porte à croire que ce sont des organes d'élaboration bien plutôt que des agents d'impulsion.

Il a déjà été question de la *vitesse* du cours de la lymphe ou du chyle et de la manière approximative de l'apprécier qui consiste, après avoir ouvert le canal thoracique d'un animal, à recevoir dans un vase le fluide qui sort, en prenant le soin de noter la quantité écoulée, dans un temps donné, par une canule d'un diamètre connu. Mais, en pareil cas, la liberté d'issue offerte au chyle et à la lymphe peut les faire s'écouler avec une vitesse contre nature, puisque ces liquides n'ont plus à subir de résistance de la part du courant sanguin, ni de la valvule située au confluent de la veine sous-clavière gauche et du canal thoracique.

D'après Weiss (2), qui a opéré avec l'hémodromomètre de Volkmann, la vitesse réelle du cours de la lymphe serait, en moyenne, de 4 millimètres par seconde.

Ainsi, en résumé, les vaisseaux lymphatiques ne communiquant pas avec le système artériel se trouvent hors de la sphère d'action du cœur gauche : l'impulsion du liquide qu'ils renferment, l'accélération et la direction de sa marche sont dues à la prolongation d'action de la force initiale qui a fait pénétrer ce liquide dans les lymphatiques, à la contraction de ces derniers vaisseaux et au jeu de leurs valvules ; il faut ajouter la pression des organes environnants, la décroissance de la capacité intérieure du système lymphatique en se rapprochant des veines sous-clavières, et le vide virtuel produit dans la poitrine au moment de l'inspiration.

(1) HEYFELDER, *Ueber den Bau der Lymphdrüsen*, etc., 1851.
(2) WEISS, *Experim. Untersuch. über den Lymphstrom (Arch. für path. Anat. und Physiol.*, t. XXII, 1861).

DE LA RESPIRATION

L'étude de la *digestion* et de l'*absorption* nous a appris par quelles voies, dans les degrés supérieurs de l'échelle animale, l'organisme reçoit du monde extérieur et élabore certains matériaux nécessaires à l'entretien de la vie (aliments); elle nous a également fait connaître les formes diverses sous lesquelles ces matériaux deviennent absorbables et miscibles au fluide sanguin qu'ils sont appelés à renouveler au fur et à mesure qu'il s'altère par le mouvement nutritif. Mais nous savons aussi que les produits liquides de la digestion et la lymphe elle-même, qui sont versés dans le sang veineux, n'offrent, pas plus que ce dernier, aussitôt après leur mélange, les qualités d'un fluide directement nutritif. Pour que ces qualités se développent, il faut l'intervention d'un élément essentiel que les animaux trouvent et puisent incessamment dans l'atmosphère : l'*oxygène*, agent des transformations ultérieures que doit subir la matière organique contenue dans le mélange de ces trois sortes de liquides. — L'introduction dans l'économie d'une certaine proportion d'oxygène, tel est donc le premier but de la fonction qui va nous occuper, de la RESPIRATION.

On connaît la tendance des divers gaz à se mélanger alors même que des membranes humides les séparent. Or, envisagée dans son caractère essentiel, la respiration des animaux consiste en un simple échange de gaz qui s'opère durant l'action exercée par l'air sur le sang : en effet, l'oxygène atmosphérique, amené au contact d'une mince paroi membraneuse, la traverse et pénètre dans le sang, tandis que le gaz acide carbonique contenu dans ce liquide s'en dégage à travers la même membrane. Ainsi, d'une part, si la respiration enlève quelque chose au fluide sanguin, elle lui communique, d'autre part, un principe qui le rend apte à compléter les organes ou à réparer leurs pertes, tout en donnant lieu à un dégagement de chaleur indispensable au libre exercice des fonctions : c'est ce principe vivifiant qui se combine avec les matières organiques du sang pour former de l'eau et de l'acide carbonique sans cesse éliminés par l'expiration, et bientôt décomposés dans l'atmosphère, sous l'influence de la radiation solaire, pour fournir du carbone et de l'hydrogène à la végétation.

Le sang, avec sa constitution complexe, devient de la sorte [le principal

nilieu de tous les phénomènes de nutrition : c'est lui que nous avons vu re-
:rutant dans son parcours, pour se reconstituer, certaines substances élabo-
·ées par les voies digestives, et déposant, dans les divers tissus, des principes
issimilables ; c'est lui encore qui reçoit, pour les conduire vers les organes
l'élimination, les matériaux usés par le mouvement de la vie et devenus
nutiles ou nuisibles à l'organisme ; avec le sang, enfin, circulent l'acide
:arbonique et l'azote, produits gazeux des métamorphoses de la nutri-
ion dont ce liquide se débarrasse par les diverses surfaces respira-
.oires. Le sang représente donc un fluide à la fois réparateur et épurateur,
lont le renouvellement et la destruction continuels, confiés surtout à la
ligestion et à la *respiration*, sont les deux conditions inséparables de l'exis-
ence des animaux supérieurs.

Mais les phénomènes respiratoires n'existent pas seulement chez
'homme et les vertébrés aériens. On les retrouve, avec les modes les
jlus variés, dans toutes les espèces animales, même dans les plus infé-
·ieures qui, dépourvues de véritable sang comme de tube digestif, offrent
jourtant des sucs particuliers introduits par absorption, mais dont la qua-
ité nutritive ne peut se développer que sous l'influence vivifiante de l'oxygène atmosphérique. Ajoutons que l'intervention de ce fluide est aussi
ndispensable à la plante qu'à l'animal, et cela dans toutes les périodes de
a vie. La séve, qui est l'analogue du sang, ne peut être suffisamment éla-
jorée et devenir un fluide réellement nourricier qu'à cette condition.

Il y aura donc quelque intérêt à ne pas borner l'exposé qui va suivre à
a respiration chez les animaux, mais à jeter au moins un coup d'œil très-
général sur la même fonction dans les plantes. Partout nous verrons la vie
ie se maintenir qu'autant qu'il existera entre l'être organisé et le milieu
imbiant un échange continuel.

Quand une fonction se retrouve chez tous les êtres vivants, on est auto-
:isé à conclure qu'elle doit représenter une des conditions fondamentales
de leur existence. La respiration offre incontestablement ce caractère : non-
seulement toutes les espèces vivantes respirent, mais encore, à leurs différents âges, elles ne peuvent se développer ou durer qu'à la condition d'accomplir cette fonction en toute liberté et dans la plénitude de leurs besoins.
Les expériences les plus positives ont en effet démontré que le germe de la
jlante et le germe de l'animal respirent déjà dans la graine et dans l'œuf
jù ils s'organisent, et que tout développement s'arrête aussitôt qu'est
empêchée la communication avec l'air atmosphérique. Bien des fois on a
répété les expériences de Homberg qui, au commencement du xviii° siècle,
prétendit avoir fait germer des graines dans le vide de la machine pneumatique ; nul, depuis, n'a pu obtenir le résultat annoncé par ce physicien.
Théodore de Saussure (1), entre autres, qui s'est appliqué à démontrer que
Homberg avait été induit en erreur par des expériences imparfaites, a
établi, comme conséquence certaine de ses propres observations, que l'air

____

, (1) Th. de Saussure, *Annales des sciences nat.*, 1ʳ série, t. II, p. 273.

est indispensable à la germination. La graine absorbe l'oxygène de l'air au profit du jeune embryon qu'elle renferme, fixe quelques traces d'azote, et en même temps exhale une notable quantité d'acide carbonique. W. Edwards et Colin (1) ont constaté les mêmes faits, en y ajoutant quelques nouveaux détails.

Quant à l'œuf des oiseaux, il ne se comporte pas autrement. Ce fut d'abord dans l'œuf du poulet qu'on reconnut la respiration de l'embryon. Déjà Mayow (2) avait été amené par ses recherches à regarder comme nécessaire l'existence de la respiration à travers la coquille, et, à son tour, Réaumur (3) vint établir cette vérité de la manière la plus frappante, en faisant voir que, si l'on recouvre la surface de l'œuf d'une couche imperméable, comme de l'huile ou du vernis, l'embryon ne se développe point. Plus tard, il fut clairement prouvé que l'œuf, contenant un poulet en voie de développement, absorbe aussi de l'oxygène et exhale de l'acide carbonique. D'après les expériences de Michelotti (4), les œufs d'insectes donnent lieu au même phénomène. Du reste, les *milieux irrespirables* agissent sur les œufs des animaux comme sur les animaux eux-mêmes : Viborg (5) et Schwann (6) surtout ont mis ce fait hors de doute. Ce dernier a même analysé l'influence d'une atmosphère dépourvue d'oxygène sur l'œuf d'oiseau et précisé les changements que cet œuf peut y subir ainsi que la période à laquelle les phénomènes de son évolution sont arrêtés faute de l'élément respirable. Dans ces circonstances anormales, il ne se forme pas de sang sur l'*area pellucida* du blastoderme, et l'on ne voit apparaître aucune trace d'embryon. La viviparité des Mammifères ne fait que donner une autre forme au phénomène : chez eux, le fœtus emprunte au sang de la mère, par suite d'une certaine union de leurs appareils vasculaires, l'oxygène que la surface pulmonaire ne peut encore lui fournir directement. Les villosités du placenta, plongés dans les sinus sanguins de l'utérus maternel, y effectuent une sorte de respiration.

Ainsi, en aucun cas, un être vivant, même à l'état de germe, ne saurait se développer en l'absence des phénomènes respiratoires; ceux-ci doivent se continuer sans interruption pendant toute la durée du développement; de plus, à cette première période de la vie, ils sont identiques dans les deux règnes, puisque la graine et l'œuf absorbent de l'oxygène et exhalent de l'acide carbonique.

Une fois cette période passée, l'identité dont il s'agit persiste-t-elle? Avant de chercher à résoudre une aussi intéressante question, qui touche à une des grandes harmonics de la nature, mentionnons très-rapidement

(1) W. Edwards et Colin, *Comptes rendus de l'Acad. des sc. de Paris*, 2e semestre, 1838, n° 22, p. 922.

(2) Mayow, *Tractatus quinque medico-physici*. Oxonii, 1674. — *De respiratione fœtus in utero et ovo*.

(3) Réaumur, *Mém. de l'Acad. des sc. de Paris*. Année 1735; p. 465 et suiv.

(4) Cité par Burmeister, *Entomologie*, t. I, p. 365.

(5) Viborg, *Abhandl. fuer Thierærzte und Œconomen*, t. IV, p. 445.

(6) Schwann, *De necessitate aeris atmosp. ad evolut. pulli in ovo*. Berlin, 1834. — Müller's *Archiv*, 1835, p. 421.

les *organes respiratoires* en indiquant la principale condition qui les modifie dans leur forme, leur structure, leur situation ou leurs rapports.

Dans les plantes, tous les téguments encore jeunes, et ceux qui ont conservé une perméabilité assez grande ou une texture assez délicate pour les rendre propres à l'osmose des gaz, servent à la respiration d'une manière plus ou moins active, suivant les parties qu'ils revêtent. Aussi ne peut-on pas dire que, sous ce rapport fonctionnel, il y ait encore là une véritable localisation. Si l'on admet comme principaux organes respiratoires les *feuilles* et toutes les *parties vertes*, qui, en effet, exécutent des actes nutritifs fort importants et intimement liés à la respiration, on doit également se rappeler que toute *surface colorée* comme celle des fleurs, celle des fruits, etc., n'y demeure pas étrangère. Malgré cette diffusion extrême de la respiration, la différence des milieux n'entraîne pas moins une différence correspondante dans l'organisation des principales surfaces respiratoires. La démonstration de ce fait intéressant est due à Ad. Brongniart. Il résulte de ses observations que les végétaux destinés à vivre sous les eaux offrent, dans leurs feuilles notamment, une organisation bien plus simple que celle de ces mêmes organes dans les plantes qui doivent vivre à l'air libre : l'épiderme, avec ses stomates, ne recouvre plus la feuille aquatique; les vaisseaux, et particulièrement les trachées, ne se retrouvent pas au milieu du parenchyme; la feuille n'est guère plus qu'une lame de tissu cellulaire coloré en vert et baignant directement dans l'eau ambiante (1).

Comme dans la plante, les organes respiratoires diffèrent aussi chez l'animal, selon qu'il respire l'air en nature ou bien l'air dissous dans l'eau.

La vie aquatique est beaucoup plus commune dans le règne animal que dans le règne végétal : il suffit, pour s'en convaincre, de se rappeler que tout le dernier embranchement, celui des Zoophytes, ne compte que des animaux aquatiques; que presque tous les Mollusques ont ce même genre de vie, ainsi qu'une portion considérable des Annelés et une classe nombreuse des Vertébrés. Les organismes inférieurs du règne animal sont donc à peu près tous destinés à respirer dans l'eau. Toutes les fois que les téguments ont une finesse et une perméabilité suffisantes, la respiration s'effectue par toute la peau, et le plus ordinairement aucune partie n'est spécialement organisée pour cette fonction. Mais, quand la peau concourt à d'autres usages physiologiques qui nécessitent une texture peu favorable aux phénomènes respiratoires, on trouve un organe local particulièrement affecté à l'exécution de ces phénomènes, et celui-ci est constamment en rapport avec le milieu dans lequel l'animal doit opérer l'absorption de l'oxygène. Chez les animaux aquatiques, l'organe de la respiration localisée est toujours disposé sur quelque point extérieur du corps, où l'eau aérée puisse facilement en venir baigner la surface : cet organe, de forme et de composition variables, selon les espèces, porte le nom général de *branchie*. Ce sont certaines paires de

(1) Ad. Brongniart, *Ann. des sc. nat.*, 1837, 1re série, t. XXI, p. 420 et suiv.

pattes chez plusieurs Crustacés ; des saillies frangées dépendantes du manteau chez les Mollusques ; des houppes arborescentes implantées sur le dos ou sur l'extrémité céphalique, chez certaines Annélides, etc. : peu importe la nature anatomique de l'appareil, dès qu'une partie de la couche tégumentaire peut servir à la respiration aquatique, le nom de *branchie* s'y applique d'une manière uniforme dans le langage des zoologistes. Il est d'ailleurs ordinaire que les animaux ne possèdent point une branchie unique, mais bien une ou plusieurs paires de ces organes.

Quant aux animaux qui respirent directement l'oxygène atmosphérique, ils n'auraient pu maintenir humides leurs surfaces respiratoires, si elles eussent été, comme celle des branchies, placées à l'extérieur du corps. Aussi n'est-ce plus en dehors que, chez eux, le tégument externe s'organisera, dans plusieurs de ses points, en un appareil de respiration ; il faudra que cette fonction s'exécute à l'aide de surfaces membraneuses rentrées dans l'intérieur du corps, dans des cavités qu'un petit nombre d'orifices rendront accessibles à l'air, et dont la superficie, généralement très-anfractueuse, pourra demeurer à l'abri de la dessiccation. Tel est, en effet, le principe de la conformation des organes que l'on appelle des *poumons* chez les animaux supérieurs, ou bien encore de ce réseau de tubes aérifères qui constituent les *trachées* des Insectes et de quelques autres animaux Annelés à respiration aérienne.

Ce n'est donc ni au milieu de circonstances uniformes, ni avec des moyens organiques toujours les mêmes que s'accomplit la respiration chez les êtres vivants d'un même règne : d'une part, en effet, on les voit respirer dans toutes les conditions physiques, dans l'air sec ou humide, dans l'eau des fleuves ou des océans, sous la couche de terre où s'enfouissent certaines espèces, jusque dans la profondeur des organismes où quelques-unes vivent en parasites ; et d'autre part, pour assurer l'exécution d'une fonction si nécessaire, on trouve les organes les plus dissemblables par la configuration comme par la texture. Aussi, après en avoir étudié les formes si diverses, on demeure frappé de la prédominance du but physiologique sur les moyens employés pour l'atteindre, et l'on est naturellement amené à une conclusion que confirme d'ailleurs l'étude comparative de la plupart des fonctions et de leurs organes dans les différentes espèces ; conclusion que l'on peut formuler ainsi : *l'unité existe dans les fonctions et non dans les organes.* Évidemment, dans certains appareils et dans certains groupes, les organes ne sont ramenés à l'unité anatomique que par les exigences mêmes de l'unité physiologique : c'est ainsi, par exemple, que les conditions mécaniques très-précises de la locomotion perfectionnée des Vertébrés impriment à leur squelette un caractère manifeste d'unité de composition organique qui a été saisi et développé par des auteurs célèbres. Mais, dès qu'on a voulu appliquer les mêmes principes à des appareils dont les fonctions présentent des conditions essentielles plus simples, on n'a plus guère saisi que des traits vagues et peu accusés de cette unité organique si visible ailleurs. La respiration a particulièrement déjoué

tous les efforts de ce genre, car le résultat des travaux d'anatomie philo-
sophique a été, en ce qui la concerne, de montrer qu'elle s'exécute à
l'aide de parties organiques qui, quoique profondément dissemblables,
n'en satisfont pas moins aux conditions premières de son accomplissement.

Plus tard, en étudiant les divers modes de respiration dans la série animale, nous aurons occasion de revenir avec quelques détails sur les appareils variés qui sont dévolus à cette fonction.

Si l'on ne saurait contester l'influence des milieux ambiants sur le mode
de conformation et le choix des parties destinées à la respiration, et si, en
effet, l'animal qui respire dans l'eau offre des organes respiratoires différents de ceux de l'animal qui respire dans l'air, cette fonction n'en demeure pas moins la même dans son *essence* et dans sa fin : aquatiques ou
aériens, les animaux absorbent toujours de l'*oxygène* (indépendamment des
autres absorptions gazeuses qu'ils peuvent accomplir), exhalent de l'acide
carbonique, et, en même temps, produisent de la chaleur. Les espèces
aquatiques absorbent l'oxygène dissous dans l'eau, les espèces aériennes
l'empruntent directement à l'air ; mais, au fond, la différence est dans la
quantité d'oxygène dont disposent les unes et les autres, et non dans l'état
de ce principe au moment de son introduction à travers les tissus. En
effet, l'expérimentation démontre surabondamment qu'il ne peut y avoir
de respiration par l'intermédiaire d'un tégument sec, mais que toute surface respiratoire doit être constamment imprégnée d'eau et recouverte
d'une couche d'humidité plus ou moins épaisse : il y a donc lieu de croire
que l'oxygène respiré ne pénètre jamais dans l'organisme qu'à l'état de
dissolution, et que si les espèces qui vivent dans l'eau trouvent à cet égard
l'élément respirable tout préparé pour l'absorption, celles qui respirent
dans l'air sont dans la nécessité de posséder en elles-mêmes les ressources
nécessaires pour le dissoudre. Cette tâche supplémentaire, imposée à l'appareil respiratoire des espèces aériennes, explique les particularités de
conformation de cet appareil, et se trouve compensée, au profit de l'activité vitale, par l'abondance même de l'oxygène inspiré.

Quant aux plantes, quel que soit d'ailleurs le milieu ambiant, l'eau ou
l'atmosphère, on suppose aussi, comme nous venons de le voir pour les
animaux, que leur respiration demeure identique dans les deux cas.

Nous trouvons ici une double action sur l'air atmosphérique, action qui
mérite tout notre intérêt et qui a été diversement interprétée par les
observateurs. Th. de Saussure (1), d'après des expériences dont les résultats sont conformes aux premiers résultats obtenus par Priestley (2), Ingenhousz (3), Ch. Bonnet (4), etc., a établi que *dans l'obscurité*, toutes les parties

(1) Th. de Saussure, *Recherches chimiques sur la végétation*, p. 133. Genève, 1804.
(2) Priestley, *Expér. et observ. sur différentes espèces d'air*, t. I, 1re part., § IV, trad.
franç. de Gibelin. Paris, 1777.
(3) Ingenhousz, *Expériences sur les végétaux*, etc. Paris, 1780.
(4) Ch. Bonnet, *Recherches sur l'usage des feuilles dans les plantes*. Gœttingue et Leyde,
1754.

des végétaux (surtout les feuilles et les parties vertes) absorbent de l'oxygène et expirent de l'acide carbonique ; tandis que, exposées *à la lumière directe*, les feuilles et les parties vertes absorbent de l'acide carbonique et exhalent de l'oxygène. De Saussure attribuait la production de ce dernier gaz à la décomposition par la plante, sous l'influence de la radiation solaire, de l'acide carbonique préexistant dans les tissus et aussi de l'acide carbonique emprunté à l'atmosphère.

Le phénomène inattendu de la réduction du gaz acide carbonique, dans l'acte de la respiration végétale, d'où fixation de carbone et exhalation d'oxygène, a surtout frappé l'attention, et l'on a généralement admis qu'il constituait *essentiellement* cette fonction. Placés à ce point de vue, les botanistes et les chimistes virent un antagonisme remarquable entre l'action des animaux et celle des plantes sur l'air atmosphérique ; ils signalèrent cette action opposée comme concourant à le maintenir invariable et constant dans sa composition. En effet, tandis que la plante va réduisant sans cesse des substances oxygénées qu'à l'aide de ses forces essentielles elle convertit en matière organique ou même en sa propre substance, l'animal va brûlant ou oxydant toujours cette même matière, afin de s'organiser lui-même ; et, dans ce but, il emprunte à l'air son *oxygène*, c'est-à-dire le même principe que les plantes y versent incessamment sous l'influence de la lumière du soleil.

Ces idées qui, aujourd'hui, ont cours dans la science, auraient besoin, au dire de quelques nouveaux observateurs, sinon d'être réformées, au moins complétées et quelques peu rectifiées. Garreau (1), en particulier, dans deux mémoires publiés en 1851, a fait connaître une série d'expériences importantes sur la respiration des végétaux ; les conclusions qu'il a formulées à la suite de ces expériences méritent d'être rappelées comme intéressant la physiologie générale. D'après cet auteur, « il existe » dans les feuilles, *à l'ombre* (lumière diffuse) ou *au soleil*, deux actions » simultanées et inverses, l'une comburante, l'autre réductrice ; et c'est à » la prédominance de l'effet de la seconde sur celui de la première qu'est » due l'accumulation du carbone dans les plantes. Les *feuilles*, pendant le » jour, *au soleil ou à l'ombre, expirent de l'acide carbonique*, et ce gaz est » expiré en quantité d'autant plus grande que la température est plus élevée. L'acide carbonique recueilli dans les expériences ne représente pas, » à beaucoup près, ajoute Garreau, tout celui qui a été expiré, la majeure » partie étant réduite à mesure de l'expiration (*). »

---

(1) Garreau, *Ann. des sc. nat.*, 3e série, t. XV, p. 5 ; et t. XVI, p. 271.

(*) Les expériences de Garreau ont été faites dans les conditions suivantes : Il a placé des rameaux feuillés, tenant encore à la plante ou séparés d'elle, dans des récipients de verre d'une capacité connue, et très-soigneusement bouchés, qui contenaient une capsule remplie d'hydrate de potasse, ou qui communiquaient avec un réservoir d'eau de chaux. La solution alcaline absorbait l'acide carbonique formé, et l'augmentation du poids faisait connaître la quantité de ce gaz obtenue. Quant à l'absorption de l'oxygène, Garreau, pour la constater, prenait, comme récipient dans son expérience, une allonge de verre bien hermétiquement fermée à sa partie supérieure, et dont la partie inférieure, graduée en volumes égaux, plongeait comme une éprouvette dans une petite cuve à eau. Ce liquide s'élevait dans l'allonge, à mesure que l'ab-

Ainsi, il résulterait de ces nouvelles recherches que Th. de Saussure n'aurait mis en grande évidence que le phénomène de *réduction* dans la respiration des plantes, sans que pourtant le phénomène de *combustion* lui eût tout à fait échappé ; mais, à tort selon Garreau, ce dernier phénomène n'avait paru que secondaire à de Saussure, et, depuis, on n'en aurait pas suffisamment tenu compte.

Du reste, les faits rapportés par Garreau se relient à d'autres faits constatés antérieurement dans divers organes des végétaux, autres que les feuilles. Ch. Bonnet (1), J. Senebier (2), Dutrochet (3), etc., ont démontré que les fleurs, et en général toutes les parties végétales non colorées en vert, absorbent de l'oxygène et exhalent de l'acide carbonique, sans participer en rien de l'action réductrice exercée par les feuilles et les parties vertes. Dutrochet a démontré aussi que les cryptogames de la famille des Champignons respirent de la même manière et agissent en toutes circonstances sur l'atmosphère ambiante comme le feraient des animaux. Enfin, il n'est pas d'observateurs qui, aujourd'hui, se refusent à admettre, d'après le témoignage de l'expérience, que toute graine qui germe et tout bourgeon qui se développe exhalent du gaz carbonique et empruntent de l'oxygène à l'air. Il paraît donc bien établi que, dans les plantes, outre l'action réductrice exercée par les parties vertes sous l'influence de la lumière, et généralement regardée comme le véritable phénomène respiratoire, il peut aussi exister une autre série de faits dépendants d'une action comburante, et éminemment remarquables par leur analogie avec ceux de la respiration des animaux. Comme conséquence de cette action, il peut également se produire une élévation de température qui, dans certains cas, ne laisse point que d'être très-appréciable. La production de chaleur, dans les végétaux en pleine activité vitale, a été bien étudiée par Dutrochet (4), qui a constaté, à l'aide d'expériences très-délicates, que, dans les *parties vertes*, cette chaleur ne peut guère surpasser un quart ou un tiers de degré centigrade, et n'est bien souvent que d'un dixième ou d'un douzième de degré. Dans les *fleurs*, au contraire, on a pu observer des températures très-élevées : la floraison est en effet accompagnée d'un échauffement des diverses parties de la fleur, et la famille des *Aroïdées* surtout offre ce phénomène porté à un haut degré d'intensité, puisqu'il est telle

sorption de l'oxygène avait lieu, et cela d'autant mieux que l'acide carbonique, qui aurait pu le remplacer, était de son côté absorbé par la potasse ; ainsi la diminution du volume de la masse gazeuse dans l'allonge indiquait l'absorption de l'oxygène atmosphérique. Ces expériences ont été faites *en plein jour*, à l'abri des rayons directs du soleil, et elles ont constamment démontré l'absorption d'une quantité notable d'oxygène par le *rameau feuillé*, ainsi que l'exhalation d'une certaine proportion d'acide carbonique.

Tels sont les procédés mis en usage par Garreau, et qui l'ont conduit à l'observation des faits sur lesquels s'appuient les précédentes conclusions.

(1) Ch. Bonnet, *ouvr. cité.*

(2) J. Senebier, *Rapports de l'air avec les êtres organisés*, t. III, p. 171 et suiv. Genève, 1807.

(3) Dutrochet, *Mém. pour servir à l'hist. des animaux et des végétaux*, t. I, p. 323 et 362. Paris, 1837.

(4) Dutrochet, *Comptes rendus de l'Acad. des sc. de Paris*, t. VIII, 1er sem., 1839, p. 695, 741, 907.

observation où l'on a reconnu une différence de 20 et quelques degrés au-dessus de la température ambiante (1).

Ainsi on peut retrouver, dans la nutrition des plantes, le phénomène essentiel de la respiration des animaux avec les mêmes conséquences physiologiques ; mais de plus, les feuilles et les parties vertes exercent, sous l'influence de la lumière, un autre acte inverse du premier au point de vue chimique, et intermittent, comme l'action de la lumière elle-même.

Cherchant à se rendre compte, à un point de vue très-général, de l'essence de la respiration dans les végétaux, Dutrochet (2), en 1836, résolut cette question dans le sens de l'analogie la plus complète entre eux et les animaux. Ce savant expérimentateur rapporte un grand nombre d'expériences destinées à constater la présence de l'air dans les trachées, les vaisseaux ponctués, rayés, etc., des diverses parties de la plante, et il conclut que « la respiration des végétaux est fondamentalement la même » que la respiration des animaux, en cela qu'elle consiste comme elle dans » la fixation de l'oxygène dans le tissu intime des organes auxquels cet élé- » ment de la respiration est porté par des organes spéciaux ». Dutrochet compare même cette respiration des plantes, par une véritable circulation d'air, à ce qui se passe chez les Insectes, et il arrive à considérer la respiration comme un phénomène partout semblable dans la longue série des êtres organisés où, suivant lui, on ne peut constater des différences que dans les phénomènes accessoires. Garreau (3) a récemment formulé le même principe, en oubliant toutefois de rappeler les idées de Dutrochet analogues et antérieures aux siennes : «toutes les parties des plantes res- » pirent », dit Garreau, «et l'acte respiratoire, chez elles comme chez les » animaux, a pour résultat final et appréciable de déplacer le carbone en » élevant leur température ».

Aux yeux de ces auteurs et d'autres encore, la respiration *animale* se retrouverait donc dans les plantes avec les mêmes caractères essentiels, et il y aurait ainsi lieu d'accorder à la respiration oxygénée une importance de premier ordre touchant la nutrition de tous les êtres doués de la vie. Pour Garreau surtout, qui affirme que (non-seulement dans l'obscurité comme on l'avait admis exclusivement, mais encore à la lumière diffuse du soleil, c'est-à-dire *sans intermission*) *toutes les parties* vertes ou colorées *de la plante* absorbent de l'oxygène et exhalent de l'acide carbonique, cette action incessante et générale constitue la véritable respiration ; au contraire, la décomposition de l'acide carbonique, dont le carbone se fixe dans la plante et l'oxygène s'exhale dans l'atmosphère, ne s'opérant que pour

(1) RICHARD, *Nouveaux éléments de botanique*, p. 431. Paris, 1846. — SCHULTZ, *Arch. de bot.*, t. II, p. 40. — DUTROCHET, *Comptes rendus de l'Acad. des sc. de Paris*, 1839, 2ᵉ sem., p. 613.

(2) DUTROCHET, *Recherches sur les organes pneumatiques et sur la respiration des végétaux*. Mémoire lu à l'Académie des sciences de Paris, séance du 31 octobre 1836, et inséré dans *Mém. pour servir à l'hist. des végét. et des anim.*, t. I, p. 326. Paris, 1837.

(3) GARREAU, *loc. cit.*

quelques parties (vertes) et avec certaine condition nécessairement intermittente (radiation solaire), cette décomposition, dis-je, paraît au même
observateur être purement un acte de nutrition ou d'assimilation. Aussi,
comme il le fait remarquer, une plante qui cesse de décomposer l'acide
carbonique (et cela a lieu quand on la laisse longtemps dans une complète
obscurité), ne meurt pas, mais seulement languit et pâlit, comme étant
privée de nourriture; tandis que celle qui ne reçoit plus d'oxygène, ainsi
qu'on peut l'expérimenter en la plaçant dans un autre gaz, comme l'azote
et l'hydrogène, ou encore dans le vide de la machine pneumatique, ne
tarde pas à mourir comme asphyxiée.

Quoi qu'il en soit de ces arguments, dont plusieurs assurément pourront
paraître plausibles, toujours est-il, de l'aveu même de leur auteur, que,
dans la respiration diurne des plantes, l'action réductrice des feuilles et des
parties vertes l'emporte de beaucoup sur leur action comburante : de là,
accumulation de carbone dans les végétaux et exhalation d'oxygène si indispensable aux animaux, qui, à leur tour, exhalent de l'acide carbonique.
C'est ainsi que la respiration des uns représente, en sens inverse, celle des
autres, et qu'elle en compense les effets dans l'atmosphère.

Entre le règne végétal et le règne animal il existe, par conséquent, une
trop grande solidarité résultant de leurs échanges continuels, pour qu'il
soit besoin de nous justifier ici d'avoir présenté ces vues d'ensemble, avant
l'étude des divers modes de respiration dans la série animale et avant
l'exposé approfondi des phénomènes chimiques et mécaniques relatifs à
cette fonction.

MODES DIVERS DE RESPIRATION DANS LA SÉRIE ANIMALE.

1. — Dans les êtres qui forment les groupes inférieurs du règne animal, il
n'est pas toujours facile de reconnaître par quels moyens s'exécute la respiration. Le caractère de ces organismes étant d'offrir une certaine homogénéité, une ressemblance plus ou moins complète entre toutes les parties,
on suppose que les diverses fonctions essentielles à la vie s'effectuent à la
fois par les mêmes organes, et que, partant, la substance générale du corps
jouit, en quelque sorte, de toutes les propriétés physiologiques qui sont
dévolues à des portions distinctes dans les animaux plus élevés. Les *Infusoires polygastriques*, les larves d'un grand nombre d'autres ZOOPHYTES, tels
que les *Spongiaires*, les *Acalèphes*, les *Polypes*, nous offrent des exemples
de cette simplicité organique. La plupart sont pourvus extérieurement de
cils vibratiles qui agitent d'une manière continue l'eau ambiante, et qui,
tout en servant à l'animal de moyens de locomotion, renouvellent sans
cesse le fluide respirable dans lequel il est plongé. Du reste, la surface du
corps de ces animaux est extrêmement perméable, et l'on est naturellement
amené à croire que le liquide qui, imbibant tout cet organisme, y joue le
rôle du sang, doit absorber dans l'eau aérée l'oxygène de l'air par l'entre-

misc de cette surface qui représente une enveloppe à peine distincte de la masse homogène.

La classe des *Spongiaires* présente, dans ces diverses espèces à l'âge adulte, une respiration aussi peu localisée et une organisation tout aussi indécise. Le corps de ces êtres singuliers est formé d'une matière consistante, cornée, siliceuse ou calcaire, recouverte partout d'une substance molle et comme gélatineuse; privé de mouvement chez l'adulte, et affectant des formes très-variées, suivant les espèces, il est toujours percé d'une quantité considérable de canaux irréguliers constituant un réseau extrêmement riche en tubes aquifères, que l'eau parcourt sans cesse sous l'influence des cils vibratiles dont leur surface intérieure est revêtue (1). Ces courants d'eau entrent dans les canaux aquifères par de petits orifices irrégulièrement conformés que Grant (2) a décrits sous le nom de *pores*. Après avoir parcouru une étendue plus ou moins considérable de ce réseau intérieur, l'eau, expulsée par d'autres orifices plus grands et de forme régulière, entraîne avec elle les matières excrémentitielles : c'est ce qui a fait désigner par le même auteur ces orifices sous le nom d'*orifices fécaux*. Où se fait la respiration dans ce singulier transport de l'eau à travers la masse du Spongiaire? L'induction porte à penser que l'absorption de l'oxygène s'opère, non-seulement par la surface extérieure de l'éponge, mais encore et surtout par la surface interne des canaux aquifères. Probablement ces canaux ne servent pas seulement à la respiration; la présence de matières excrémentitielles dans l'eau rejetée a fait admettre qu'il s'y faisait aussi une sorte de digestion.

Le tégument commun est également en rapport avec la fonction respiratoire chez les *Polypes*, quelle que soit d'ailleurs leur organisation, que les individus, représentant l'espèce, vivent isolés à l'âge adulte (Actinies, Hydres), ou bien qu'ils constituent ces agrégations nombreuses, à forme arborescente, dans lesquelles se sécrète la masse solide des Polypiers (Corail, Gorgone, etc.). Chacun de ces êtres inférieurs conserve toujours une enveloppe molle et perméable qui peut permettre une respiration active et qui doit être considérée comme l'instrument essentiel de cette fonction. On peut en outre attribuer un rôle analogue à l'appareil gastro-vasculaire dont leur corps est parcouru, et dans lequel l'eau pénètre infailliblement. Milne Edwards (3) signale encore, comme des organes propres à la respiration, les tentacules creux dont la bouche des polypes est entourée.

Enfin, c'est exclusivement par le tégument externe que respirent les *Acalèphes* : les rangées de cils vibratiles, diversement distribuées sur la surface de leur corps, servent aussi à renouveler, pour les besoins de la respiration, l'eau aérée dans laquelle ils sont plongés.

Quelque simple et rudimentaire que soit l'organisation des Zoophytes

---

(1) Dobie, *Annals of Anat. and Physiol.* de Goodsir, 1852, n° 2, p. 127.

(2) Grant, *Ann. des sc. nat.*, 1827, t. XI, p. 150. *Edinb. Philos. Journal*, vol. XIII et XIV. — *Edinb. New Philos. Journal*, vol. I et II, pl. 21, fig. 21 et 22.

(3) Milne Edwards, *Leçons sur la physiologie et l'anatomie comparée*, t. II, 1re partie, p. 5.

de la classe des *Échinodermes*, nous allons pourtant trouver chez eux un commencement de localisation de la fonction respiratoire. Jusqu'à présent, nous avions vu l'enveloppe générale du corps employée à l'absorption de l'oxygène, avec ou sans le concours des membranes qui tapissent certaines cavités intérieures du corps. L'emploi de ce procédé physiologique ne saurait persister chez les Échinodermes à cause de la consistance de leur peau. En général épais et dur, ce tégument, en devenant un organe de protection, a perdu les qualités indispensables à la respiration; aussi est-on, de prime abord, assez embarrassé pour déterminer quels sont les organes où s'est concentrée cette fonction. Cependant, si l'on examine l'organisme dans les divers groupes d'Échinodermes, on constate qu'il existe toujours chez eux un certain nombre d'organes membraneux revêtus d'une peau molle et capable d'absorber, organes qui viennent faire saillie sur quelques points de leur tégument rugueux : ce sont d'abord des tentacules rameux qui entourent la bouche, et dont la texture délicate et les rapports avec la cavité générale du corps semblent ménagés pour la respiration ; ce sont encore ces pieds vésiculeux si abondamment répandus en séries régulières sur le test solidifié des Étoiles de mer ou des Oursins, ou bien sur les téguments coriaces des Holothuries. Ces pieds vésiculeux communiquent. dans l'intérieur du corps, avec des vésicules spéciales (1) et avec un système de vaisseaux qui semblent propres à faire circuler un liquide dans les diverses parties de l'appareil (2). Du reste, si les zoologistes s'accordent à considérer ces organes comme affectés aux usages respiratoires, ils sont jusqu'ici assez peu d'accord sur leur mode de fonctionnement. Milne Edwards (3) pense, avec Duvernoy (4) et Williams (5), que la cavité viscérale des Échinodermes est remplie du fluide nourricier comparable au sang des autres animaux; que les pieds vésiculeux absorbent l'oxygène de l'eau ambiante, le font circuler dans les vaisseaux sous-cutanés et dans des vésicules qui, placées à la base des pieds, ont reçu le nom de *branchies internes*. Ces vésicules, qui font saillie dans la cavité générale du corps, sont baignées par le fluide nourricier auquel elles cèdent, par osmose, l'oxygène qui doit le vivifier.

Outre ces parties, dont les usages sont encore assez mal définis, on trouve, dans le groupe des Holothuries, un appareil tout spécial qu'on nomme généralement *trachées aquifères*. Ce sont des tubes rameux qui s'étendent, en toutes directions, dans la cavité viscérale, en y formant un chevelu abondant; ces tubes se réunissent en troncs de plus en plus volumineux et de moins en moins nombreux à mesure qu'ils se rapprochent de l'anus; enfin ils viennent s'insérer dans le rectum, de manière à com-

---

(1) Tiedemann, *Anat. der Röhren-Holothurie*, pl. 6, fig. 2 et 4. — Valentin, *Anat. du genre Echinus*, dans *Monographie d'Échinodermes*, par Agassiz, pl. 7, fig. 135 et 136 ; pl. 8, fig. 161.

(2) Duvernoy, *Comptes rendus de l'Acad. des sc. de Paris*, t. XXVI, p. 291, 1er sem., année 1848.

(3) Milne Edwards, *ouvr. cité*, t. II, 1re partie, p. 8.

(4) Duvernoy, *loc. cit.*

(5) Williams, *Anat. of Nat. Hist.*, 2e série, 1853, vol. XII, p. 253.

muniquer par son intermédiaire avec l'extérieur. Les Holothuries accomplissent des mouvements énergiques de contraction et de dilatation à l'aide de muscles vigoureux placés au-dessous de leurs téguments. Ces animaux peuvent donc exécuter des mouvements d'inspiration qui ont pour résultat de faire pénétrer l'eau dans l'intérieur du canal digestif par l'anus; de là, ce liquide s'introduit dans les tubes des trachées aquifères et va porter au milieu du fluide nourricier l'élément respirable. La contraction de l'enveloppe du corps donne lieu, au contraire, à une véritable expiration qui a pour effet d'expulser l'eau qui a séjourné à l'intérieur. C'est là un appareil bien plus complexe que tous ceux que l'on observe dans les autres groupes de cette classe. Il semble représenter, chez les animaux aquatiques, celui que nous aurons à décrire bientôt, chez les Insectes, sous le nom de *trachées aériennes :* comme ces dernières le font chez les Insectes, les trachées aquatiques des Holothuries distribuent le fluide respirable au milieu de la masse du sang épanché dans la cavité viscérale du corps; de plus, le renouvellement de ce fluide dans le système respiratoire est assuré, dans l'un et l'autre cas, par les mouvements qu'un appareil musculaire peut imprimer à l'enveloppe externe.

Ainsi, l'embranchement des Zoophytes nous offre des animaux aquatiques dont ordinairement la respiration n'est pas localisée et s'accomplit par l'enveloppe générale; lorsque celle-ci devient impropre à la respiration, ce sont encore certaines de ses parties qui conservent l'organisation nécessaire pour se prêter à cette fonction, et l'on peut dire que l'existence d'un appareil respiratoire particulier est une exception dans ce type inférieur du règne animal.

Il n'en sera pas de même dans les Mollusques, les Annelés, et surtout les Vertébrés. Si l'on constate encore, dans certains groupes inférieurs du type, l'existence d'une respiration plus ou moins complétement cutanée, le plus souvent on y rencontre un organe spécialement dévolu à la respiration, et cet organe, bien qu'il présente beaucoup de différences de détails d'une espèce à une autre, se rapporte en général assez nettement à une des dispositions organiques que nous avons déjà indiquées sous les noms de *branchies,* de *trachées* et de *poumons.*

II. — Les Mollusques sont partagés en deux séries distinctes et très-inégalement favorisées sous le rapport de la perfection organique : les *Molluscoïdes* et les *Mollusques proprement dits.*

Voisins des Zoophytes par leur simplicité d'organisation, inférieurs même aux groupes les plus perfectionnés de ce type, les Molluscoïdes nous offrent la même indécision dans les traits caractéristiques de leur appareil respiratoire.

Ce sous-embranchement comprend habituellement les classes des *Bryozoaires* et des *Tuniciers.* Les premiers sont de petits animaux analogues aux Polypes, avec lesquels on les a longtemps confondus; ils sont, comme eux, susceptibles de vivre en agrégations nombreuses soutenues par un polypier corné ou calcaire. Chaque animal a pour partie propre une sorte de cylindre charnu, rétractile, au sommet duquel est une bouche dont le pourtour porte une couronne de tentacules longs et grêles. La peau molle de tout le corps, et particulièrement celle des tentacules, offre les caractères d'une surface propre à la respiration; ajoutons à cela que le fluide nourricier remplit ces prolongements, dont une cavité, en rapport avec celle du corps, occupe la partie centrale. D'ailleurs le renouvellement de l'eau est assuré par une disposition analogue à celle que bien des Zoophytes nous ont déjà présentée : les tentacules qui entourent la bouche sont pourvus d'une rangée latérale de cils vibratiles, longs et sans cesse agités (1).

Les *Tuniciers* ont un appareil respiratoire un peu peu plus complexe, qui consiste en une cavité placée à l'entrée du tube digestif et paraissant interposée entre la bouche et l'œsophage. Cette cavité membraneuse, accessible au fluide respirable, a ses parois tapissées de bandes saillantes formant une sorte de treillage, et pourvues de cils vibratiles qui se meuvent de manière à diriger vers l'œsophage le courant d'eau qui apporte à la fois l'oxygène pour la respiration et les substances alimentaires pour la digestion (2). Chaque bande membraneuse de ce treillis respiratoire est parcourue intérieurement par un courant sanguin, de manière qu'on peut voir là une sorte d'appareil branchial ébauché sur les parois mêmes du tube digestif, et utilisant pour la respiration le courant d'eau, chargé de matières nutritives, qui entre par la bouche et sort par l'anus, en entraînant à la fois les matières fécales et l'acide carbonique exhalé par l'animal (3). Les Biphores seuls, parmi les Ascidies, offrent dans la disposition de cet appareil respiratoire quelques modifications anatomiques dans les détails desquelles nous n'avons pas à entrer ici (4).

Le sous-embranchement des *Mollusques proprement dits* se distingue du précédent par une perfection organique plus grande et par une plus grande uniformité dans la disposition des organes respiratoires. Presque tous les animaux qui appartiennent à ce sous-embranchement vivent plongés dans l'eau et respirent par des branchies l'oxygène dissous dans ce liquide. Au milieu de cette longue série d'espèces aquatiques, on trouve seulement quelques genres organisés pour vivre dans l'air : tels sont les *Gastéropodes pulmonés*, ainsi nommés parce qu'ils sont pourvus d'un organe respiratoire assez comparable à un poumon. Il faut ajouter que la peau des Mollusques, toujours molle et humide, parcourue sur plusieurs points par de nombreux réseaux sanguins lacunaires, et très-souvent munie de cils vibratiles abondants, doit elle-même être aussi le siége d'une respiration assez active.

(1) Audouin et Milne Edwards, *Rech. sur les animaux sans vertèbres, faites aux îles Chausey, Ann. des sc. nat.*, 1828, t. XV. — Handcock, *Ann. of Nat. Hist.*, 2ᵉ série, t. V. — Van Beneden, *Mém. de l'Acad. de Bruxelles*, t. XVI.

(2) Meyen, *Nova Acta naturæ curiosorum*, 1832, vol. XVI.

(3) Savigny, *Mém. sur les animaux sans vertèbres*, 2ᵉ partie, 1816. — Milne Edwards, *Observ. sur les Ascidies composées*, dans *Comptes rendus de l'Acad. des sciences de Paris*, t. IX, p. 590.

(4) Milne Edwards, *Règne animal illustré*, pl. 121 (Mollusques).

Deux degrés de perfectionnement organique s'observent dans les *Mollusques acéphales*, en ce qui concerne l'appareil respiratoire :

Les *Acéphales brachiopodes* ou *palliobranches* respirent par la surface du double repli cutané qui, chez les Acéphales, enveloppe à droite et à gauche tout l'animal, et qu'on nomme le *manteau*. Ainsi, chez ces animaux inférieurs dans leur groupe, la respiration est incomplétement localisée ; sans avoir lieu par la totalité du tégument externe, elle s'effectue néanmoins par une portion considérable de son étendue, portion qui constitue un organe distinct employé simultanément à plusieurs usages. Il n'existe pas de branchies, ou, si l'on veut, elles ne sont pas encore séparées du manteau, dans le voisinage duquel on les trouve chez les autres Acéphales.

Les *Acéphales lamellibranches* présentent le second degré de perfectionnement. Chez ces Mollusques, on voit l'appareil branchial disposé en lamelles membraneuses entre les flancs de l'animal et l'origine du manteau de chaque côté de la masse du corps. Habituellement on trouve, à droite et à gauche de la masse viscérale, deux feuillets branchiaux qui, en arrière, se rejoignent et s'étendent jusqu'au voisinage de l'anus. Il est pourtant un certain nombre d'Acéphales (Leucines, Corbeilles, Tellines, etc.) chez lesquels on n'observe de chaque côté du corps qu'un seul feuillet branchial (1). La structure de ces branchies est assez complexe et varie quelque peu dans les divers genres d'Acéphales. Dans un travail récent, Williams (2) a décrit avec soin l'organisation des branchies chez les Acéphales : le sang y circule dans des canaux parallèles de la base vers le bord libre, puis il revient par le revers du feuillet branchial, pour retourner aux autres parties du corps par un vaisseau collecteur analogue à une veine branchiale. L'appareil branchial est complété par le manteau qui le protége et lui amène l'eau aérée. Tantôt, comme chez les Huîtres, le manteau est largement ouvert dans toute son étendue, et l'eau arrive librement entre ces deux lobes. Tantôt une adhérence de ses bords, vers la partie postérieure, subdivise l'ouverture palléale en deux fentes : l'une antérieure, beaucoup plus grande, par laquelle l'animal reçoit l'eau respirable et les aliments ; l'autre, plus restreinte, placée vis-à-vis de l'extrémité postérieure des branchies et en rapport aussi avec l'anus (Moules, Anodontes, Cardites). C'est par cette seconde fente que sont expulsées les matières fécales avec l'eau qui a servi à la respiration. D'autres fois cette seconde fente se subdivise encore, à l'aide d'une nouvelle soudure, en deux orifices qui correspondent l'un à l'anus, l'autre à l'ouverture postérieure des branchies (Tridacnes, Cames) ; puis, dans d'autres genres, cet orifice anal et l'orifice respiratoire placé près de lui s'allongent en deux tubes musculeux, plus ou moins intimement unis, que l'on nomme *siphons*. Le tube respiratoire sert alors à l'inspiration, et l'eau est rejetée avec les matières excrémentitielles par le tube anal (Vénus, Corbules, Myes).

(1) Valenciennes, *Comptes rendus de l'Académie des sciences de Paris*, t. XX, p. 1688, année 1845.

(2) Williams, *Ann. of Nat. Hist.*, 2ᵉ série, vol. XIV, 1854.

Sauf le groupe que nous avons déjà signalé sous le nom de *Pulmonés*, les Gastéropodes respirent par des branchies, ou tout au moins par des organes extérieurs qu'on peut considérer comme des branchies rudimentaires. Quelques espèces inférieures de cette classe ne paraissant pas pourvues d'organes respiratoires spéciaux, on est contraint de leur attribuer une respiration cutanée s'accomplissant par toute la surface du corps (Pavois, Limaponties, etc.). D'autres semblent employer à la respiration certaines parties de l'appareil digestif qui, d'après quelques observateurs, servent aussi à une sorte de circulation (1); mais dans ce cas, comme dans les précédents, la respiration par la peau paraît encore jouer un rôle très-important (2).

Les branchies des Gastéropodes sont généralement protégées par un repli cutané, qui forme une chambre branchiale. Quelques genres (Glaucus, Scyllées, Téthys) ont néanmoins les branchies nues, et le nom de *Nudibranches* rappelle cette disposition. Les autres Gastéropodes, par une organisation analogue à celle des Acéphales, présentent un repli de la peau qu'on nomme le *manteau*, et qui règne tout autour du corps de l'animal. Ce manteau, chez la plupart d'entre eux, sert à loger les branchies sous une portion de son étendue; et, comme le plus souvent sa surface extérieure porte une coquille, c'est habituellement au bord de la coquille, dans le voisinage de l'extrémité de l'intestin, que se voit la chambre branchiale qu'un large orifice fait communiquer avec l'eau ambiante.

La position de cet appareil varie d'ailleurs dans les divers genres, mais d'une façon assez régulière pour que ce caractère ait pu servir à distinguer les uns des autres les principaux ordres de cette classe. Cuvier (3) avait déjà étudié, à ce point de vue, l'appareil respiratoire des Gastéropodes, que, plus tard, Milne Edwards (4) a décrit d'une manière beaucoup plus précise. Quant à l'organe essentiel, la branchie elle-même, il se compose généralement d'un canal sanguin médian portant, sur ses côtés, des lamelles que parcourent des canalicules émanés du canal principal; extérieurement, cet organe a la forme d'une sorte de panache empenné. Des cils vibratiles très-nombreux recouvrent la surface respiratoire et y assurent la constance d'un courant d'eau indispensable à l'oxygénation du sang. On ne trouve, chez les Gastéropodes les mieux organisés, que deux branchies d'un volume considérable.

Les recherches de Souleyet (5) sur l'organisation des *Mollusques ptéropodes* ont mieux fait connaître le mode de respiration de ces animaux. Quelques espèces ont une respiration cutanée diffuse, et d'autres offrent des branchies rudimentaires diversement conformées; mais, dans la plu-

---

(1) DE QUATREFAGES, *Résumé des observations faites en 1844 sur les Gastéropodes phlébentérés*, dans *Ann. des sc. nat.*, 1848, t. XI, p. 121 et suiv.

(2) ALDER and EMBLETON, *Monogr. of the Brit. Nudib. Mollusca.* — HANDCOCK and EMBLETON, *Ann. of Nat. Hist.*, 2ᵉ série, 1848.

(3) CUVIER, *Règne animal*, 2ᵉ édit., t. III, p. 34.

(4) MILNE EDWARDS, *Ann. des sc. nat.*, 1848, 3ᵉ série, t. IX, p. 102, et *Voyage en Sicile*, t. I, p. 181.

(5) SOULEYET, *Voyage de la Bonite*, Zool., t. II, p. 281.

part des Ptéropodes, il existe, à la face inférieure du corps, une chambre respiratoire où l'on peut voir une branchie longue et disposée en une sorte de fraise membraneuse, ou même deux branchies dont l'une est bien plus développée que l'autre.

C'est une structure analogue que nous aurons à signaler chez les *Céphalopodes*. Le manteau de ces Mollusques forme, à la face inférieure du corps, une grande poche respiratoire dans laquelle aboutissent tous les canaux excréteurs du corps, et qui est chargée de rejeter au dehors l'eau et les matières excrétoires, à l'aide d'un entonnoir membraneux situé au-dessous de la tête. Au fond de cette poche se voient deux ou quatre branchies qui ont l'aspect d'un double panache pyramidal, formé latéralement par des lamelles membraneuses. Les Nautiles en ont deux paires, tandis qu'on n'en trouve qu'une seule chez les Poulpes, les Sèches, les Calmars, etc. Le sac branchial est d'ailleurs formé par une paroi musculaire qui permet à l'animal d'exécuter des mouvements étendus d'inspiration ou d'expiration, en relâchant ou en contractant cette cavité. L'eau, appelée par le mouvement d'expansion, pénètre par la fente du manteau de chaque côté de la base de l'entonnoir; dans le mouvement opposé, cette fente, dont les bords se resserrent, ne livre plus passage au liquide, qui s'échappe par l'entonnoir avec les matières excrémentitielles. On n'a pu découvrir de cils vibratiles à la surface des branchies chez les Céphalopodes; le renouvellement de l'eau est sans doute suffisamment assuré par le mécanisme musculaire.

Telle est l'organisation qui représente, chez les Mollusques aquatiques, le plus haut degré de perfectionnement. On y parvient, dans les diverses séries que forme presque chaque classe de cet embranchement, par une suite de modifications très-analogues d'un groupe à l'autre. Dans les espèces les plus inférieures, la peau sert à une respiration diffuse; un peu plus haut, des appendices extérieurs saillants et nombreux commencent à localiser la respiration; puis le manteau se montre et abrite, sous son repli cutané, de véritables branchies construites sur un plan organique qui varie assez peu dans tout ce type; enfin une chambre branchiale bien délimitée, et dont les parois sont même contractiles dans les espèces les mieux douées, vient compléter cet appareil de respiration aquatique.

Nous avons laissé à part quelques Mollusques, à respiration aérienne, désignés sous le nom de *Gastéropodes pulmonés*. Leur organisation est modifiée d'une façon très-remarquable pour effectuer avec un même appareil un mode différent de respiration. Les Colimaçons, les Cyclostomes, les Limnées, les Planorbes, les Ancyles, les Bulimes, les Agathines, les Limaces, etc., ont une chambre respiratoire placée comme celle des Gastéropodes pectinibranches, tels que les Buccins, les Paludines, etc.; mais cette cavité ne renferme pas de branchies. La voûte de la chambre respiratoire est tapissée d'un réseau de nervures membraneuses très-saillantes, qui ne sont autre chose que des vaisseaux sanguins de différents calibres anastomosés entre eux de la manière la plus complète. L'orifice de la cavité pneumatique est très-rétréci chez les Gastéropodes pulmonés; au lieu d'une large fente, on le trouve au bord du manteau, sur le côté gauche et en arrière de la tête, qu'un orifice arrondi situé au-devant de l'anus et nommé *pneumostome*. La oche respiratoire de ces mollusques a été comparée à un *poumon*, et, sans ouloir discuter ici la valeur de cette assimilation, nous ferons seulement observer que cet organe n'est qu'une modification très-simple de l'appareil ranchial de beaucoup d'autres Gastéropodes. La branchie représente un ystème de canaux sanguins groupés en panache saillant; ce système, deenu adhérent à la voûte de la chambre respiratoire et étalé sur elle, contitue évidemment ce qu'on a nommé le *poumon* chez les Gastéropodes à espiration aérienne. Ce prétendu poumon n'est pas un organe distinct, ais bien la poche respiratoire déjà décrite chez les Gastéropodes à branhies, et il suffit, pour s'en convaincre, de reconnaître que l'extrémité de intestin y est contenue et que l'anus y expulse les matières fécales. Quoi u'il en soit des rapports de cette organisation avec celle des autres aniaux aériens, il est incontestable qu'elle se prête à une respiration atmophérique, et, en cela, elle mérite de fixer l'attention d'autant plus que, si s Colimaçons et les Limaces vivent à terre, les Limnées, les Planorbes, les ncyles, etc., habitent les eaux et viennent respirer à la surface. Toutefois, roschel (1), Saint-Simon, Moquin-Tandon (2), ont constaté que ces pulonés aquatiques, entièrement submergés sous l'eau, peuvent y vivre penant plusieurs jours. On peut donc penser que le poumon de ces animaux, rganisé pour respirer l'air atmosphérique dans des conditions d'humidité xtrême, se prête aussi à respirer, dans certains cas, l'oxygène dissous dans eau. Quoy et Gaimard (3) ont d'ailleurs signalé, dans un groupe de Gastéroodes (le genre Ampullaire), une véritable organisation amphibie, c'est-àire l'existence simultanée d'une paire de branchies avec une poche pulonaire annexée à la chambre branchiale. Il semble, par conséquent, que, hez les Mollusques, il n'y a pas d'organe respiratoire essentiellement desné à l'air en nature, mais qu'il existe seulement, dans quelques genres, ne adaptation de l'appareil branchial à une respiration atmosphérique, ne sorte d'ébauche de la respiration aérienne proprement dite.

III. — Un nouveau type va nous occuper, qui nous montrera un perfeconnement plus notable des organes de la respiration, nous voulons parler es ANIMAUX ANNELÉS. Ce type, si riche en espèces, si varié dans ses repréentants, renferme toute une série d'animaux exclusivement aériens, en ême temps qu'un nombre considérable d'animaux aquatiques. En outre, ans la plupart des Annelés, la peau ne conserve pas cette consistance et ette finesse qui, chez les Mollusques, l'approprient si bien à l'exercice es fonctions respiratoires. Dans le nouveau type dont il s'agit, les téguents servent habituellement à compléter l'appareil locomoteur; il en ésulte que, excepté dans certains groupes inférieurs, leur tissu devient

(1) TROSCHEL, *De Limnaceis seu Gasteropodis pulmonatis quæ nostris in aquis vivunt.* erlin, 1834.
(2) MOQUIN-TANDON, *Journal de Conchyliologie*, 1852, t. III, p. 124 et 126.
(3) QUOY et GAIMARD, *Voyage de l'Astrolabe*, Zool., t. III, p. 164, pl. 57, fig. 6.

épais, coriace, et se recouvre même souvent d'un épiderme corné ou calcaire, qui forme un squelette articulé extérieurement, comme cela se voit chez les Insectes, les Araignées, les Homards, les Langoustes, etc. Cette tendance générale de l'organisation du type des Annelés a pour conséquence de restreindre à un assez petit nombre d'espèces la respiration cutanée diffuse, de nécessiter la localisation de la fonction respiratoire dans des parties souvent assez différentes d'un groupe à un autre, et, par conséquent, d'introduire des modifications nombreuses dans l'appareil dévolu à cette fonction. En même temps, il faut dire que les Animaux annelés atteignent une bien plus grande perfection organique que les Mollusques; de telle sorte que, dans les espèces supérieures aériennes ou aquatiques, l'appareil pneumatique revêt des formes bien arrêtées et nous offre des conditions toutes spéciales. Enfin un dernier trait qui recommande l'étude de ce type à l'attention, c'est que la respiration s'y opère à l'aide d'instruments qui, même à leur plus haut point de perfection, ne se laissent pas comparer à ceux des Animaux vertébrés et appartiennent bien à un type organique différent.

Dans le sous-embranchement des *Vers,* les habitudes aquatiques prédominent, et, avec elles, ces formes peu perfectionnées de l'organisation que nous avons appris à connaître dans les derniers échelons du règne animal. La classe des *Systolides* ou *Rotateurs* comprend des Annelés microscopiques dont l'organisme ne peut être étudié que par transparence; on y admet assez généralement une respiration cutanée, mais non pas entièrement diffuse. Milne Edwards (1) regarde les organes rotateurs comme particulièrement propres à cette fonction à cause de la délicatesse de leur tissu et des cils vibratiles dont les mouvements déterminent de nombreux courants d'eau à leur surface. Quelques observateurs, et entre autres Dujardin (2) ont au contraire attribué la fonction respiratoire à deux tubes membraneux, internes, qui, chez les Rotateurs, se trouvent sur les côtés du corps. Ces tubes, pourvus en certains points de cils vibratiles, reçoivent l'eau du dehors par une voie qu'il est assez difficile de bien distinguer; mais ni Ehrenberg (3), ni Milne Edwards (4), ne les considèrent comme des organes de respiration.

C'est encore à la peau qu'on attribue la respiration, chez les *Vers intestinaux* proprement dits, chez les *Planaires* et chez les *Némertes.* Tout l'étendue de leurs téguments semble également propre à cette fonction; des cils vibratiles en couvrent abondamment la surface, et partout le tissu se montre très-perméable à l'eau. La respiration des vers intestinaux soulève d'ailleurs une question physiologique fort curieuse, sur laquelle, malheureusement, on ne possède point de données satisfaisantes. On se demande, en effet, avec quelque surprise, comment peuvent respirer tant

---

(1) Milne Edwards, *Leçons sur la physiol. et l'anat. comp.,* t. II, 1re partie, p. 97.
(2) Dujardin, *Histoire des Infusoires,* p. 590.
(3) Ehrenberg, *Organisation der Infusionsthierchen,* p. 51. Berlin, 1830.
(4) Milne Edwards, *loc. cit.*

d'espèces d'Helminthes qui vivent dans la profondeur des tissus animaux, et souvent dans les organes qui, comme le cerveau, sont privés de tout contact avec l'air atmosphérique : d'où provient, pour eux, l'oxygène nécessaire à la nutrition; quelle est leur puissance de respiration dans ces profondeurs de l'organisme? etc. A ces questions on ne peut répondre que par des hypothèses.

Les *Annélides* nous offrent le type le plus perfectionné de l'organisation des vers : la respiration y est assez communément localisée, et elle s'opère par des branchies dans la plupart des espèces. On doit à de Quatrefages (1) de nombreux travaux et des connaissances beaucoup plus précises qu'autrefois sur l'organisation des Annélides. D'après ce savant observateur, dont Williams (2) a confirmé les idées, il y a lieu de distinguer, chez les Annélides, deux modes de respiration, comme on y distingue aussi deux fluides nourriciers : le sang proprement dit, coloré habituellement en rouge, qui est contenu dans un appareil vasculaire compliqué; puis un autre liquide, comparable à la sérosité lymphatique, qui remplit la cavité générale du corps et y baigne tous les organes. De Quatrefages pense que, suivant le mode d'organisation des espèces, l'oxygène est absorbé directement par le sang lui-même ou par cette espèce de lymphe. Dans ce dernier cas, la respiration serait médiate, en ce sens que la lymphe, enrichie d'oxygène par la respiration, irait, en baignant les vaisseaux sanguins, leur porter ce principe vivifiant et accomplir l'hématose. C'est ainsi que s'effectue la respiration cutanée des Naïs ou la respiration branchiale des Branchellions, des Phyllodocés, des Serpules, etc. Le milieu respirable ne trouve, sous les téguments perméables à l'oxygène, que le liquide lymphatique et non le sang même de l'animal. De Quatrefages (3) s'est d'ailleurs assuré, d'une manière directe, que ce fluide lymphatique absorbe réellement de l'oxygène. Dans les cas précédents, il a donc admis une respiration médiate, et il a désigné, sous le nom de *branchies lymphatiques*, les organes respiratoires que ne pénètre pas le sang lui-même. Cette organisation exceptionnelle n'existe plus chez les Sangsues, les Hermelles, les Eunices, les Arénicoles, les Térébelles, etc. Les premières ont pour appareil respiratore un réseau vasculaire cutané qui s'observe dans toute l'étendue du tégument externe ; les autres ont des branchies diversement disposées et dans lesquelles on voit circuler un sang vivement coloré : ce sont les *branchies* dites *sanguines*. Quelle que soit d'ailleurs leur structure, les branchies des Annélides sont, en général, des organes saillants, de forme arborescente, d'un aspect souvent très-remarquable. On les trouve, chez les Annélides dorsibranches, au voisinage des appendices locomoteurs de chaque anneau; chez les Tubicoles, elles sont groupées vers la bouche et y forment des sortes de panaches d'une grande élégance.

(1) QUATREFAGES, *Ann. des sc. nat.*, 3ᵉ série, t. X, XII, XIV et XVIII.
(2) WILLIAMS, *Report of the 25ᵗʰ. Meeting of the Brit. Assoc. for the Advanc. of Sciences.*
(3) DE QUATREFAGES, *Ann. des sc. nat.*, 3ᵉ série, t. XIV, p. 310.

Un des caractères les plus constants des animaux que l'on rapporte au sous-embranchement des *Annelés articulés* se tire de la consistance cornée ou cornéo-calcaire de la peau ; il est donc difficile d'admettre que, dans cette grande division, la respiration cutanée puisse exister chez beaucoup d'espèces. On ne l'observe, en effet, que d'une manière tout à fait exceptionnelle chez quelques Crustacés inférieurs (Phyllosomes) dont la peau molle et diaphane rappelle les tissus gélatineux des Zoophytes acalèphes, ou dans d'autres espèces (Lernées, Caliges, etc.) dont les téguments, endurcis sur un petit nombre de points, offrent la disposition membraneuse sur une assez grande partie de leur surface. D'une manière générale, on peut donc dire que, chez les Annelés articulés, la respiration est localisée : les *Crustacés* et les *Cirripèdes*, qui vivent pour la plupart plongés dans l'eau, possèdent des *branchies ;* les classes supérieures de ce sous-embranchement (*Arachnides, Myriapodes, Insectes*), ont une respiration aérienne et l'exécutent par des organes spéciaux nommés, suivant leur disposition, *poches pulmonaires* ou *trachées.*

Les branchies des *Cirripèdes* sont d'une organisation tout à fait élémentaire et se voient sous la forme de feuillets membraneux (1), coniques, annexés à la base des membres articulés, et appliqués le long de la face dorsale du corps. Ces organes paraissent d'ailleurs présenter, d'une espèce à une autre, de grandes modifications dans leurs formes (2).

La grande classe des *Crustacés* offre, dans la disposition de l'appareil branchial, des combinaisons très-variées qui ont été étudiées et décrites par de nombreux observateurs, parmi lesquels on doit surtout citer Milne Edwards, et, après lui, Duvernoy, Joly, Lereboullet, Brandt et Ratzeburg. Dans les groupes inférieurs de la classe, les branchies sont constituées par certains appendices locomoteurs adaptés plus ou moins complétement aux fonctions respiratoires. On observe cette organisation chez les *Crustacés branchiopodes* (Apus, Limnadies, Branchipes), *Isopodes* (Cymothoés, Idotées, Cloportes), *Xiphosures* (Limules), et *Amphipodes* (Talitres, Chevrettes, Leucothoés). Chez les *Branchiopodes,* les pattes qui servent à soutenir l'animal sur l'eau sont élargies, membraneuses sur une grande partie de leur étendue, et constituent des *pattes branchiales* propres à la fois à la respiration et à la locomotion. C'est surtout la face interne de ces appendices locomoteurs qui est organisée pour respirer. Les pattes des *Isopodes* sont déjà plus exactement affectées à un usage physiologique spécial. Les cinq dernières paires sont converties en des lames molles et flexibles, sortes de sacs foliacés où abonde le sang de l'animal, mais qui ne peuvent plus servir à la locomotion ; c'est au contraire à cette fonction que sont uniquement propres les paires antérieures, dont les tissus épaissis et rigides se prêtent à

____

(1) G. Cuvier, *Mém. sur les Anatifes et sur les Balanes,* dans *Mém. du Muséum,* t. II, 1815.

(2) Voyez Burmeister, *Beiträge zur Naturgesch. der Rankenfüsser (Cirripedia).* Berlin, 1834.

des mouvements précis et même à des habitudes de locomotion terrestre. Il existe en effet tout un groupe d'Isopodes, les Cloportides, qui vivent plongés dans l'atmosphère. Leur appareil respiratoire n'en est pas moins semblable à celui des autres Isopodes ; Duvernoy et Lereboullet (1) ont décrit avec soin la disposition particulière des branchies des *Cloportes*, qui retient sur l'appareil respiratoire une couche de liquide et donne à ces Crustacés aériens une véritable respiration aquatique. Les Porcellions, les Armadilles et les Tylos montrent dans ces lames branchiales une modification de structure qui permet à l'air de s'y introduire et convertit l'appareil en une sorte de sac pulmonaire (2).

Les *Crustacés xiphosures* présentent la même organisation que les Isopodes ; mais l'appareil respiratoire, formé aux dépens des dernières paires de pattes, y est plus perfectionné (3). Chez les *Amphipodes*, les branchies sont empruntées aux paires de pattes antérieures et placées sous le thorax. Cette disposition organique nous conduit vers les groupes supérieurs de la classe.

Les *Crustacés stomapodes* et *décapodes* ont des branchies spéciales, annexées, il est vrai, aux organes locomoteurs, mais bien distinctes et munies d'appareils de protection souvent très-compliqués. Les *Stomapodes* portent leurs branchies sous l'abdomen, à la base de cinq paires de pattes natatoires attachées aux cinq premiers anneaux abdominaux : les mouvements mêmes de la locomotion servent à renouveler le fluide respirable sur ces organes qui, chez les *Squilles*, pendent en panaches frangés à la face ventrale du corps.

Enfin, chez les *Crustacés décapodes*, le plus élevé et le plus nombreux des ordres de cette classe, les branchies sont attachées au thorax et annexées aux cinq paires de pattes locomotrices dont la présence caractérise ce grand groupe. Nées à la base et vers la face supérieure de chacune de ces pattes, les branchies forment des espèces de panaches pyramidaux, couchés le long des flancs et remontant vers la face dorsale. Leur nombre varie : on en compte, chez le Homard, jusqu'à vingt paires, tandis que les *Décapodes brachyures* n'en ont habituellement que neuf, dont deux rudimentaires. Cet appareil respiratoire des Décapodes est protégé par un repli des téguments du dos qui descend, de chaque côté, le long des flancs pour recouvrir les branchies jusqu'à leur base et constituer ce qu'on nomme la *carapace*. Ce repli limite, pour toutes les branchies d'un même côté, une chambre respiratoire où l'eau pénètre par une fente inspiratrice ménagée entre la base des pattes et le bord de la carapace, et d'où elle sort par un orifice expirateur placé au-devant de la bouche, de chaque côté de la ligne médiane. Un appendice d'une des paires de mâchoires, engagé dans le canal par lequel l'eau est expulsée, sert par ses mouvements à entretenir un courant continu dans la chambre branchiale. Milne

---

(1) Duvernoy et Lereboullet, *Ann. des sc. nat.*, 2ᵉ série, t. XV, p. 177.
(2) Lereboullet, *Mém. de la Soc. d'hist. nat. de Strasbourg*, 1853.
(3) Duvernoy, *Ann. des sc. nat.*, 2ᵉ série, t. XV, p. 10.

Edwards (1) a fait connaître, dans ses moindres détails, l'appareil branchial des Décapodes et en a interprété très-heureusement le mécanisme dans les divers groupes de cet ordre.

Les trois classes supérieures des Animaux annelés comprennent des espèces aériennes, dont l'appareil respiratoire est en général assez perfectionné pour offrir des formes beaucoup plus arrêtées et plus constantes que cela n'a lieu dans les groupes d'animaux aquatiques. Les *Arachnides* respirent l'air atmosphérique, soit par des *poches pulmonaires* ou *poumons* (Araignées, Scorpions), soit par des *trachées* (Faucheurs, Galéodes, Acariens). Les poches pulmonaires sont placées par paires à la partie inférieure des premiers anneaux de l'abdomen, et chacune reçoit l'air du dehors par un orifice analogue à celui des trachées chez les Insectes, orifice qui porte aussi le nom de *stigmate*. Chaque poche pulmonaire consiste en une sorte de vestibule placé sous le stigmate et communiquant par de petits trous avec des vésicules membraneuses qui plongent dans la cavité abdominale et y vont porter l'air pour le mettre en contact médiat avec le fluide nourricier remplissant la cavité générale du corps. Chez quelques Araignées, on trouve à la fois des poumons à vésicules aérifères multiples et des tubes analogues aux trachées, dont ils semblent indiquer une première ébauche (2). Quant aux trachées des Acariens et des autres Arachnides dites trachéennes, elles ont la même structure que nous observerons bientôt chez les Insectes. Les Acariens les plus imparfaits ne montrent plus ni stigmates, ni trachées, et l'on est conduit à admettre que dans ces espèces inférieures la respiration est cutanée.

Les *Myriapodes* et les *Insectes* respirent uniformément par cet appareil de tubes aérifères que nous avons précédemment indiqué sous le nom de *trachées*. Des stigmates, en nombre variable, disposés par paires, et particulièrement ouverts sur les anneaux de la partie abdominale du corps, introduisent l'air dans un système de vaisseaux intérieurs, ramifiés dans toutes les parties du corps et reliés entre eux par de gros troncs. La structure des stigmates est variée, et il serait trop long de donner ici même une idée des principales dispositions qu'ils affectent; mais le but physiologique de ces complications est toujours de fournir à l'animal des moyens plus ou moins efficaces d'ouvrir et de fermer ces orifices respiratoires. Les trachées sont des tubes cylindroïdes formés de deux couches membraneuses entre lesquelles est placée une tige de matière épidermique enroulée en une spire serrée et très-régulière. L'étude microscopique des trachées conduit à les considérer comme des prolongements de la peau rentrés dans le corps et prodigieusement développés dans le but tout spécial de servir à la respiration (3). Cet appareil comprend de nombreux détails et des varia-

---

(1) Milne Edwards, *Ann. des sc. nat.*, 2e série, t. XI, p. 129. — *Hist. nat. des Crustacés*, t. II, p. 498, 500 et 506. — *Leçons sur la physiol. et l'anat. comp.*, t. II, 1re partie, p. 128.

(2) Blanchard, *Organ. du règne animal*, Arachnides, pl. 9.

(3) Milne Edwards, *Leçons sur la physiol. et l'anat. comp.*, t. II, Ire partie, p. 164.

tions considérables d'une espèce à une autre. Si nous ne pouvons les passer en revue, il convient du moins d'indiquer une modification assez remarquable que présente fréquemment l'appareil trachéal : chez beaucoup d'insectes parfaits, et particulièrement chez ceux dont le vol a une certaine puissance, les trachées ne sont pas tubulaires dans toute leur continuité, elles présentent sur quelques points des dilatations vésiculaires qui sont de véritables poches aériennes. Ces dilatations semblent résulter de la destruction du fil spiral par les progrès du développement et de l'expansion des parois membraneuses sous la pression de l'air, lorsque l'insecte sort de sa chrysalide (1).

Si l'on se reporte au mode de distribution du sang chez les animaux qui offrent la respiration trachéenne, il est facile de se rendre compte en partie du mécanisme de cette fonction. On sait, en effet, que chez les Arachnides, les Myriapodes, les Insectes, le sang est épanché, pendant une portion de son trajet, dans la cavité générale du corps, et que des courants déterminés l'y transportent d'avant en arrière vers les orifices d'entrée du vaisseau dorsal. Dans ce mouvement de transport, le sang baigne les tubes trachéens et se trouve en présence de l'air, sauf l'interposition de leur paroi membraneuse ; c'est donc à travers cette membrane perméable que doit avoir lieu l'échange respiratoire. Le mécanisme même de l'introduction de l'air et de son expulsion est visible chez les Articulés à respiration aérienne : la portion abdominale du corps est le siége de mouvements réguliers d'expansion et de constriction qui, comme les mouvements de la poitrine chez les Mammifères, déterminent alternativement une inspiration et une expiration.

On observe, chez certaines larves d'Insectes, des organes de respiration aquatique dont il nous faut dire aussi quelques mots. Les larves des Éphémères portent, à la face dorsale du corps, une double série de lames membraneuses qui, flottant librement dans l'eau, sont parcourues intérieurement par des ramifications trachéennes et constituent des branchies d'une espèce toute spéciale, absorbant l'air dissous dans l'eau pour le distribuer aux organes sous sa forme gazeuse. D'autres larves, comme celles des Libellules, ont un appareil de houppes branchiales qui, placé dans la dernière portion de l'intestin, reçoit et expulse périodiquement une grande quantité d'eau. Les Insectes, à l'état parfait, ne possèdent ordinairement aucun organe de respiration aquatique.

IV. — Le type des Animaux vertébrés se distingue par une perfection organique qui facilite singulièrement les descriptions et les études générales. Deux sortes d'organes servent à la respiration : des *branchies*, d'une structure spéciale, chez les Vertébrés aquatiques ; et, chez les Vertébrés aériens, des *poumons* ou organes aériens particuliers à ce type supérieur.

Les branchies des *Poissons* n'offrent pas exactement la même disposition dans tous les groupes de cette classe. Chez les plus inférieurs en organisa-

(1) Newport, *Philos. Trans.*, 1836, p. 533.

tion (Amphioxus, Myxine), l'appareil branchial est placé dans la bouche ou se prolonge même dans le pharynx (1); mais, bien qu'emprunté aux parties qui d'ordinaire constituent exclusivement les voies digestives, cet appareil est parfaitement distinct et doit être considéré comme localisant la respiration. Dans presque tous les Poissons, les branchies sont attachées à l'appareil hyoïdien développé pour cet usage, et elles sont placées de chaque côté du cou sous un système organique protecteur qui constitue une chambre branchiale : celle-ci, ouverte en avant dans la bouche, offre en arrière une fente extérieure qu'on désigne sous le nom d'*ouïe.*

Dans les *Poissons osseux*, l'appareil branchial est très-nettement défini : les branchies sont situées sur les ramifications de l'artère unique née de la portion ventriculaire du cœur. Chaque branchie est formée d'une lame large à sa base qui repose sur l'hyoïde et amincie vers son sommet qui représente le bord libre. Cette lame est elle-même constituée par une série de lamelles transversales, de forme triangulaire, qui ont été comparées aux dents d'un peigne. Une fine membrane muqueuse recouvre tout cet appareil, à la base duquel rampent deux vaisseaux sanguins que le fluide nourricier parcourt en sens inverse : ce sont, d'une part, le tronc émané de l'artère branchiale, qui apporte le sang noir; et d'autre part, le vaisseau qu'on peut nommer veine branchiale, qui sert de racine à l'aorte et qui rapporte le sang rouge vivifié par la respiration. Chacun de ces troncs vasculaires passe à un des angles de la base de chaque lamelle triangulaire, et le tronc artériel fournit à cette lamelle une branche qui y distribue le sang noir dans un réseau capillaire, d'où une branche veineuse le ramène dans le tronc à sang rouge. La respiration aquatique s'effectue donc à la surface de ces lamelles vasculaires, dont une double série constitue un feuillet branchial. Chaque série contient un grand nombre de ces lamelles, souvent plus de cent, et un feuillet branchial en comprend ordinairement deux séries.

Quant au nombre des feuillets branchiaux, il est habituellement de quatre de chaque côté. Ces feuillets sont soutenus, comme il a été dit plus haut, par un appareil osseux qu'on s'accorde à regarder comme analogue à l'os hyoïde des vertébrés aériens, et qui fournit à chaque feuillet branchial un arc solide remontant de la ligne médiane ventrale vers la base du crâne, où il vient se fixer par des ligaments. L'ensemble de l'appareil hyoïdien se compose, en effet, d'une tige médiane placée à la base de la langue, suivant la ligne médiane du cou; les arcs branchiaux naissent de cette portion moyenne, puis contournent à droite et à gauche le fond de l'arrière-bouche. Chacun d'eux est composé de deux pièces articulées de telle façon que cette cage respiratoire pharyngienne peut facilement s'agrandir ou se resserrer de haut en bas. Entre chaque paire d'arcs branchiaux est ménagée une fente qui permet à l'eau entrée dans la bouche de couler entre les feuillets des branchies, lorsque le poisson dilate son appareil hyoïdien.

---

(1) Costa, *Cenni Zoologici*, etc. Naples, 1834. — J. Müller, *Ueber den Bau und die Lebenserscheinungen des* Branchiostoma lubricum. Berlin, 1844. — De Quatrefages, *Ann. des sc. nat.*, 1845, 3e série, t. IV, p. 197.

Enfin, tout l'appareil respiratoire, logé de chaque côté du cou dans un enfoncement que limite en arrière la ceinture de l'épaule, est recouvert par une plaque osseuse nommée l'*opercule*. Cette plaque, formée de plusieurs pièces osseuses, se fixe sur les côtés du crâne, auprès de l'articulation de la mâchoire inférieure, et se meut de dedans en dehors pour ouvrir ou fermer l'orifice de l'ouïe. Ce mode d'occlusion de la chambre branchiale est complété par les *rayons branchiostéges* (1).

Le mécanisme de la respiration aquatique des Poissons est d'ailleurs assez simple : l'animal ouvre la bouche, et, en même temps, par suite de la structure même de l'appareil pharyngien et operculaire, les rayons branchiaux se resserrent, puis l'opercule s'applique sur les branchies. La bouche, ainsi fermée à sa partie profonde, s'emplit d'eau, et le poisson rapproche ses mâchoires, tandis qu'aussitôt les rayons branchiaux s'écartent, l'opercule se soulève et l'eau glisse entre les feuillets des branchies pour s'écouler par les ouïes.

La structure de l'appareil branchial offre, dans ses détails, des variations nombreuses qu'il serait trop long de décrire ici ; mais il faut au moins signaler la modification que présentent à cet égard les *Poissons cartilagineux*. Chez les Cyclostomes et les Sélaciens, les branchies ne sont plus libres par leur bord externe, comme nous l'avons vu précédemment ; fixés par le bord interne aux rayons branchiaux, les feuillets branchiaux le sont aussi par l'autre bord et chacun d'eux devient une cloison, de manière que la chambre branchiale est partagée en une série de compartiments. Il n'y a plus d'opercule avec une seule ouverture pour l'expiration de l'eau, et chaque compartiment branchial s'ouvre au dehors par une fente distincte. Au lieu d'avoir une ouïe de chaque côté du cou, ces poissons portent un certain nombre de fentes parallèles, comme on peut le voir chez les Raies ou les Squales.

Si les Poissons nous présentent seuls, parmi les Vertébrés, l'exemple d'une respiration essentiellement aquatique, ils ne sont pourtant pas les seuls qui possèdent des branchies. Le petit groupe des *Batraciens* de Cuvier, qui généralement est considéré aujourd'hui comme formant une classe distincte sous le nom de *Vertébrés amphibies*, renferme aussi des animaux qui, dans leur jeune âge et parfois à l'état adulte, ont une respiration branchiale. Le fait est que ces animaux offrent, au moment de leur naissance, une respiration semblable à celle des Poissons, et qu'ils ne possèdent alors aucun organe qu'on puisse assimiler à des poumons. Les branchies des *Amphibies* disparaissent avec les progrès de l'âge chez les Amphibies anoures (Grenouilles, Crapauds) et les Urodèles (Salamandres, Tritons) ; mais, dans la famille des Batraciens pérennibranches (Protées, Axolotls, Sirènes, Ménobranches, Amphiumas, etc.), elles persistent pendant toute la durée de la vie. Chez tous néanmoins les poumons se sont développés à l'époque des métamorphoses ; de sorte que les Pérennibranches

(1) DUVERNOY, *Anatomie comparée* de CUVIER, 2ᵉ édit., t. VII, p. 240.

sont de véritables *amphibies* dans le sens rigoureux du mot. Ils possèdent à la fois un appareil propre à respirer l'air dissous dans les eaux, et des organes destinés à respirer directement l'air atmosphérique. Il est nécessaire d'ajouter que ces animaux à double respiration ne se servent pourtant pas indifféremment de l'un ou de l'autre appareil; à l'âge adulte, leurs branchies étant le plus souvent insuffisantes, ils ont d'ordinaire recours à leurs poumons.

Les trois classes supérieures du type des Vertébrés comprennent des espèces animales qui présentent une respiration essentiellement aérienne. Dans l'œuf, ces vertébrés sont réputés respirer à l'aide de parties organiques sur la détermination desquelles on n'est pas tout à fait d'accord; une fois qu'ils ont vu le jour, ils respirent l'air atmosphérique par des *poumons*.

Ces organes, qui offrent bien certaines différences d'une classe à une autre, mais dont les dispositions essentielles sont toujours les mêmes, consistent en des sacs celluleux ou vésiculaires, qui sont logés dans la portion thoracique de la cavité générale du tronc. Ils sont au nombre de deux, placés à droite et à gauche du plan médian; un canal, qui s'ouvre dans l'arrière-bouche, les fait communiquer avec l'air atmosphérique et assure l'accès facile de cet indispensable fluide. Le sang noir est amené par les rameaux d'une artère spéciale (artère pulmonaire) dans le réseau capillaire qui parcourt les parois des cellules pulmonaires; celles-ci étant remplies d'air, l'échange de l'oxygène et de l'acide carbonique a lieu à travers les membranes très-minces qui séparent l'air du sang, et ce liquide, devenu rouge vermeil et propre à la nutrition, retourne au cœur par des troncs veineux particuliers (veines pulmonaires) qui le versent dans l'oreillette gauche de cet organe.

Déjà les *Amphibies*, à l'âge adulte, offrent une première forme de cet appareil si perfectionné. Chez les Grenouilles, les Crapauds, les Salamandres et les Tritons, les poumons se montrent sous l'aspect de deux sacs membraneux, transparents et grossièrement divisés en cellules par des replis intérieurs. Ces deux sacs pulmonaires sont attachés près du pharynx, si bien que le canal aérien, très-raccourci, est réduit à peu près uniquement à cette caisse cartilagineuse dans laquelle se forme la voix et qu'on nomme le *larynx*. Chez les *Reptiles* proprement dits, le nombre des cellules est déjà beaucoup plus considérable, et chacune d'elles a une capacité moindre; mais les poumons sont encore d'une texture assez peu compliquée pour conserver leur aspect de sacs vésiculeux semi-transparents. Le canal aérien est mieux développé et maintenu dans son diamètre intérieur à l'aide d'anneaux cartilagineux qui, par leur assemblage, constituent la *trachée-artère*. Ce canal aérien, placé sur la ligne médiane, se bifurque au niveau de la partie antérieure des poumons, et donne naissance aux deux *bronches* dont chacune pénètre dans l'un de ces organes.

Les poumons des *Oiseaux* et des *Mammifères* sont encore beaucoup mieux organisés pour l'exercice de la fonction à laquelle ils se rapportent : leurs cellules, extrêmement fines, sont groupées à l'extrémité des ramuscules de chaque arbre bronchique, et leur ensemble forme, pour chaque poumon, une masse spongieuse que l'air pénètre dans toutes ses parties, et dont l'immense surface intérieure offre un champ des plus vastes à la respiration de ces animaux supérieurs. Chez les Oiseaux, s'observe une singulière disposition qu'il nous faut au moins indiquer dès maintenant : certains canaux bronchiques, au lieu de se ramifier dans le poumon lui-même, vont aboutir à la surface de l'organe dans de vastes cellules membraneuses qui sont logées entre les viscères; ces canaux se prolongent en cellules plus petites, même jusque dans les os. On est loin de s'accorder encore touchant le but de cette curieuse disposition sur laquelle nous aurons à revenir plus tard. .

Les Mammifères ont un appareil pulmonaire qui, sauf des différences de détail, est conforme au plan général mentionné plus haut; mais ils n'offrent rien qui rappelle les cellules extra-pulmonaires qui remplissent d'air le corps de l'Oiseau. La glotte des Mammifères est surmontée d'un appendice qui contribue à la fermer pendant la déglutition, c'est l'épiglotte; les anneaux de leur trachée, incomplets en arrière, ne forment réellement que de simples arceaux.

Quant à l'introduction de l'air dans l'appareil pulmonaire des Vertébrés aériens, sans parler ici du besoin impérieux qui y préside, elle est toujours sollicitée par le jeu des parois de la cavité qui loge cet appareil. De même que, chez les Insectes, les mouvements alternatifs d'expansion et de constriction exécutés par les parois de l'abdomen appellent l'air extérieur dans les trachées ou bien l'en expulsent, de même, chez les Vertébrés supérieurs, les mouvements de la poitrine attirent ce fluide dans les voies pulmonaires ou le forcent à en sortir.

Le mécanisme de ces actes respiratoires sera étudié plus loin avec détail, et c'est seulement alors qu'il y aura lieu de faire connaître les curieuses modifications que parfois il présente dans certaines espèces.

PHÉNOMÈNES PHYSICO-CHIMIQUES DE LA RESPIRATION.

Les phénomènes essentiels de la respiration s'accomplissent par suite du contact médiat de l'air et du sang. Ces deux fluides réagissent l'un sur l'autre non-seulement dans des conditions spéciales et dépendantes de la vie, mais aussi en vertu d'une affinité réciproque et de propriétés dont la connaissance relève manifestement de la physique et de la chimie. Les changements introduits par l'acte respiratoire dans les qualités physiques et dans la composition de l'air et du sang sont habituellement désignés sous le nom de *phénomènes physico-chimiques* de la respiration ; et si l'étude de ces phénomènes excite au plus haut degré l'intérêt du physiologiste, c'est qu'en effet ils constituent la partie la plus importante de la fonction qui nous occupe. Cette étude, nous l'avons dit, démontre que, envisagée dans son caractère essentiel, la respiration des animaux consiste en un simple échange de gaz qui s'opère durant l'action réciproque des fluides; que, d'une part, si la respiration enlève quelque chose au fluide sanguin, elle lui communique, d'autre part, un principe qui le rend apte à compléter les organes ou à réparer leurs pertes, tout en donnant lieu à un dégagement de chaleur indispensable au libre exercice des fonctions de la vie.

Mais, comme c'est surtout dans l'intimité même du tissu des organes respiratoires que se passent les précédents phénomènes, il en résulte l'impossibilité de les observer directement dans leurs différentes phases et la nécessité de recourir à des observations indirectes, qu'ultérieurement l'induction est appelée à compléter. Ainsi, une fois que l'on connaît les propriétés physiques et la composition normale des fluides mis en présence, l'air et le sang, il devient possible d'apprécier les changements opérés en eux par la respiration; alors commence la théorie qui, appuyée sur ces données expérimentales, essaye d'expliquer les phénomènes accomplis dans l'hématose. Reste aussi à faire la part de l'observation exacte et celle du raisonnement, en ne perdant pas de vue que si chacun des faits bien observés est une conquête définitive acquise à la science, leur interprétation est essentiellement variable et représente la partie perfectible de nos connaissances.

Milieux respirables, constitution de l'air atmosphérique, influence des variations de pression de l'air sur la respiration; puis composition du sang, altération de l'air expiré, action de la respiration sur le sang, et enfin examen de diverses théories sur l'hématose, tels sont les points intéressants qui vont nous arrêter, avant de passer à l'étude des *phénomènes mécaniques* de la respiration.

I. — Le seul fluide capable d'entretenir le travail chimique de la respiration, d'une manière durable, est l'*air* libre ou bien dissous dans l'eau. Des deux gaz dont l'air se compose, l'oxygène est celui qui exerce sur l'économie une influence réellement active et vivifiante : l'azote ne semble intervenir qu'afin de raréfier l'oxygène, de tempérer son action et de prévenir une oxydation trop rapide des composés organiques. Avant de procéder à l'étude de l'air atmosphérique, en ce qui concerne spécialement la respiration des animaux, nous signalerons d'une manière rapide, à ce même point de vue, plusieurs gaz autres que cet important fluide.

Parmi les gaz dont nous voulons parler, il en est qui sont capables d'entretenir la respiration pendant un certain temps avant de déterminer des troubles bien notables; d'autres, sans avoir aucune action délétère sur l'organisme, sont pourtant tout à fait impropres à l'accomplissement de cette fonction; d'autres enfin ne sont pas seulement irrespirables, ils déterminent par leur inhalation un véritable empoisonnement et la mort.

L'*oxygène*, pur de tout mélange, appartient à la première catégorie. Divers auteurs admettent que son inhalation produit, dans les phénomènes essentiels de la vie, une accélération beaucoup trop intense, que d'ailleurs l'inflammation du tissu pulmonaire ne tarde pas à survenir, et que la mort en est la conséquence nécessaire et plus ou moins rapide. A la vérité, les expériences faites à ce sujet ne sont pas très-nombreuses, et toutes ne tendent point à confirmer entièrement une pareille opinion : Allen et Pepys (1), par exemple, ont soumis l'organisme humain à l'inhalation prolongée de l'oxygène pur, sans qu'aucun accident se soit manifesté. Déjà, lors de la découverte de l'oxygène, qu'il nommait *air déphlogistiqué*, Priestley, ayant reconnu que deux souris avaient respiré ce gaz pendant une demi-heure ou trois quarts d'heure sans avoir paru en souffrir, s'était soumis à son tour à une expérience du même genre. Voici en quels termes il relate cette expérience, qui, du reste, ne semble pas lui avoir inspiré le soupçon que le gaz oxygène pût avoir la moindre influence fâcheuse : « J'ai satisfait ma curiosité en le respirant avec un siphon de verre, et, par ce moyen, j'en ai réduit une grande jarre pleine à l'état d'air commun. La sensation qu'éprouvèrent mes poumons ne fut pas différente de celle que cause l'air commun; mais il me sembla ensuite que ma poitrine se trouvait singulièrement dégagée et à l'aise pendant quelque temps. Qui peut assurer que, dans la suite, cet *air pur* ne deviendra pas un objet de luxe fort à la mode? Il n'y a eu jusqu'ici que deux souris et moi qui ayons eu le privilége de le respirer (2). »

Depuis l'expérience de Priestley sur ses deux souris, quelques autres animaux ont été également soumis à l'inspiration de l'oxygène pur : Lavoisier et Séguin firent séjourner des cabiais, pendant vingt-quatre heures, dans une atmosphère de ce gaz, sans constater, chez ces animaux, aucun signe de souffrance pendant ou après l'expérience; Allen et Pepys (3), dans une expérience analogue faite sur un pigeon, n'observèrent qu'une légère agitation vers la fin, encore cette agitation disparut-elle assez promptement quand l'animal fut remis dans les conditions normales, etc.

Mais, parce que l'oxygène pur est sans contredit le plus respirable de tous les gaz autres que l'air atmosphérique, et qu'en effet son inhalation, dans les limites de durée que peut avoir une expérience, ne provoque aucun accident appréciable, cela ne veut pas dire qu'on pourrait sans inconvénient le respirer d'une manière continue au lieu de l'air lui-même. Il est généralement admis que si l'oxygène se trouve mêlé, dans notre atmosphère, à quatre fois son volume d'azote ou à un gaz presque complétement inerte, c'est qu'il fallait que les propriétés de l'oxygène, trop actives pour la respiration, fussent tempérées par un pareil mélange.

Rappelons, en passant, que l'emploi de l'oxygène pur dans le traitement de la phthisie pulmonaire, en particulier, n'a paru ordinairement produire aucun résultat favorable, et que même parfois il a occasionné une exacerbation des symptômes de cette maladie.

(1) ALLEN et PEPYS, *On the Changes produced in Atmosph. Air and Oxygen Gaz by Respiration*, dans *Philos. Trans.*, 1808, p. 249.

(2) PRIESTLEY, *Expér. et obs. sur différentes espèces d'air*, trad. de Gibelin. Paris, 1777, t. II, 3ᵉ partie, p. 126.

(3) ALLEN et PEPYS, *loc. cit.*

Le *gaz protoxyde d'azote* permet, durant quelques instants, l'entretien de
la respiration ; mais il ne tarde pas à faire naître des accidents graves, qui
peuvent se terminer par la mort si l'on ne suspend son introduction dans
les voies aériennes. Les effets de ce gaz sur l'économie ont été étudiés, au
commencement de ce siècle, par H. Davy, qui se soumit le premier à son
inhalation : « Après avoir expiré l'air de mes poumons, dit-il en rapportant
cette expérience devenue célèbre, et m'être bouché les narines, je respirai
environ quatre litres de gaz oxyde nitreux (protoxyde d'azote) : les premiers sentiments que j'éprouvai furent ceux du vertige et du tournoie-
ment; mais en moins d'une demi-minute, continuant toujours de respirer,
ils diminuèrent par degrés et furent remplacés par des sensations analogues
à une douce pression sur tous les muscles; accompagnée de frémissements
très-agréables, particulièrement dans la poitrine et les extrémités; les objets autour de moi devenaient éblouissants et mon ouïe plus subtile. Vers
les dernières inspirations, l'agitation augmenta, la faculté du pouvoir musculaire devint plus grande, et il acquit à la fin une propension irrésistible
au mouvement. Je ne me souviens qu'indistinctement de ce qui suivit; je
sais seulemen que mes mouvements furent variés et violents. Ces effets cessèrent dès que j'eus discontinué de respirer ce gaz, et dans dix minutes je
me retrouvai dans mon état naturel. La sensation de frémissement dans les
extrémités se prolongea plus longtemps que les autres sensations (1). » Cette
expérience fut répétée plusieurs fois avec les mêmes résultats. H. Davy expérimenta aussi sur les animaux.

Thenard (2), tout en rapportant les faits observés par H. Davy et en ajoutant qu'à leur tour Tennant et Underwood constatèrent aussi les mêmes
effets, déclare néanmoins que ceux à qui il a vu respirer le protoxyde d'azote
s'en sont mal trouvés, et il cite Vauquelin, deux jeunes gens chargés de
préparer ses leçons et lui-même. Dès les premières inspirations, Vauquelin
tomba en défaillance, le pouls agité, les oreilles obsédées d'un bourdonne-
ment intense, les yeux hagards et roulant dans leurs orbites; il souffrait
beaucoup, il avait perdu la voix, ses traits étaient décomposés : il resta
environ deux minutes dans cet état. Des effets analogues se manifestèrent
chez les deux préparateurs et chez Thenard. Davy, à qui furent communiqués ces résultats peu d'accord avec ses propres expériences, pensa que
la quantité de gaz inspiré avait été trop faible. L'Italien Cardone, en se
soumettant à diverses expériences sur l'inhalation du protoxyde d'azote,
en éprouva des effets très-variables (3). Plus récemment, P. Zimmermann (4)
a institué de nouvelles expériences sur l'homme et les animaux concernant l'influence du protoxyde d'azote comme gaz respirable. Ayant respiré
lui-même ce gaz, il sentit d'abord une saveur sucrée, et sa poitrine, se
dilatant largement, sembla se remplir d'une douce chaleur. Après huit ou

(1) H. DAVY, *Researches Chemical and Philosophical chiefly Concerning Nitrous Oxide,
or Diphlogisticated Nitrous Air, and its Respiration.* Londres, 1800.
(2) THENARD, *Traité de chimie élémentaire.* Paris, 1827, t. IV, p. 572.
(3) *Journal de chimie médicale*, t. II, p. 132.
(4) P. ZIMMERMANN, *De respiratione nitrogenii oxydulati commentatio.* Marbourg, 1844.

dix inspirations, les mouvements de la poitrine s'accélérèrent, le pouls devint précipité et irrégulier. Les yeux étaient brillants, l'ouïe très-fine ; puis survinrent des engourdissements dans les membres, et en même temps une gaieté singulière et un rire continuel. — Zimmermann put plonger, sans le faire périr, un même lapin deux fois dans le protoxyde d'azote : la première fois, l'animal y séjourna vingt minutes et fut retiré au moment où l'asphyxie se manifestait d'une manière évidente, la seconde, il resta dans le gaz pendant trois heures vingt minutes, sans y périr, mais en éprouvant les mêmes accidents d'asphyxie. Les deux fois, il revint sans peine à la vie. Deux pigeons furent plongés, l'un pendant une heure trois quarts, et l'autre pendant deux heures dans le même gaz, et ils purent être rappelés à l'état normal. Trois lapins d'âges divers succombèrent au bout de deux heures quinze, deux heures trente et deux heures quarante-cinq minutes. Les accidents observés chez ces animaux furent surtout une vive anxiété, une résolution musculaire simulant la paralysie, l'accélération des mouvements respiratoires et des battements du cœur. — On a, dans ces derniers temps, expérimenté à un autre point de vue les mêmes inhalations, en étudiant le protoxyde d'azote comme moyen anesthésique. Ce n'est pas ici le lieu d'en parler ; mais ce gaz a offert une assez grande inconstance dans son action sur la sensibilité.

En examinant les conditions dans lesquelles se sont placés les divers expérimentateurs, on arrive à admettre que, par suite des différents modes d'inhalation mis en usage, ils ont dû respirer des mélanges gazeux peu comparables. On sait comment opérait H. Davy ; Tennant et Underwood, en opérant comme lui, arrivèrent aux mêmes résultats. Vauquelin suivit la même marche, mais en s'arrêtant aux premiers symptômes signalés par le chimiste anglais. Les préparateurs de Thenard, ayant rempli du gaz dont il s'agit une *vessie* d'environ quinze pintes, y ajustèrent un robinet : en la soutenant d'une main, ils pressaient de l'autre leurs narines, de manière que le gaz passait alternativement de la vessie dans leurs poumons et de leurs poumons dans la vessie, mêlé à la quantité d'air que leur poitrine pouvait contenir. Thenard s'y prit tantôt comme eux, tantôt d'une manière peu différente au fond et tout aussi imparfaite. P. Zimmermann se servit d'un tube en fermant exactement les narines, et montra une persévérance comparable à celle de Davy ; aussi se rapprocha-t-il, beaucoup plus que les autres expérimentateurs, des résultats signalés par l'illustre chimiste.

S'il est une conséquence à tirer de plusieurs des expériences qui précèdent, c'est que le protoxyde d'azote, sans être un gaz respirable comme l'oxygène, peut néanmoins le suppléer pendant un certain temps, et ultérieurement produire des accidents qui, d'abord peu intenses, finissent par une asphyxie complète.

Relativement aux produits comparés de la *respiration* dans l'air, dans l'oxygène pur et dans le protoxyde d'azote, on assure avoir constaté que, dans ces deux derniers gaz, la quantité d'acide carbonique exhalé est plus forte que dans l'air atmosphérique. Aussi a-t-on admis que plus l'atmosphère respirable contient d'oxygène, plus il est exhalé d'acide carbonique (*) : le produit de la respiration dans l'air contenant 1/5 de son volume d'acide carbonique, le produit de la respiration dans le protoxyde d'azote en renfermait presque la moitié du sien. On a cru également devoir admettre que le protoxyde d'azote se décompose dans nos poumons : le fait a paru probable, quoique aucun autre phénomène connu ne vienne en aide pour l'expliquer; car, dans nos laboratoires, le protoxyde d'azote se décompose seulement à des températures bien supérieures à celle du corps. Comment, a-t-on dit, ce gaz satisferait-il quelque temps aux besoins de la respiration, si ce n'est à l'aide d'une décomposition partielle et par l'oxygène qu'il fournit; c'est sans doute, au contraire, la portion de gaz demeurée intacte qui, en pénétrant dans l'organisme par voie d'absorption, provoque les accidents signalés par les expérimentateurs.

Les autres gaz ne nous offrent plus un égal intérêt; aucun d'eux n'entretient la respiration, même momentanément. Les uns, inertes et non délétères, déterminent l'asphyxie, parce qu'ils ne peuvent alimenter le travail chimique de la respiration; les autres, actifs et vénéneux, non-seulement ne suffisent pas aux besoins de l'hématose, mais encore altèrent les organes et troublent leurs fonctions; en un mot, ils exercent sur les animaux une action toxique.

Les gaz qui ne tuent que par l'absence de l'oxygène, c'est-à-dire du seul gaz propre à entretenir la vie, sont l'*azote* et l'*hydrogène*.

L'*ozote* entre pour une si forte proportion dans l'air atmosphérique, que l'on peut regarder l'expérience journalière comme donnant une démonstration péremptoire de son innocuité quand il est mêlé à une quantité suffisante d'oxygène; d'une autre part, on a maintes fois observé que les animaux plongés dans l'azote *pur* y éprouvent plus ou moins rapidement tous les phénomènes de l'asphyxie. Lavoisier, qui découvrit l'azote, lui reconnut le premier cette propriété asphyxiante; et, comme il avait obtenu ce gaz, à titre de résidu, après l'absorption de l'oxygène dans un volume donné d'air atmosphérique, cette inaptitude à entretenir la respiration fut précisément considérée comme un des principaux caractères du nouveau gaz extrait de l'air (1).

L'inhalation de l'*hydrogène pur* a les mêmes conséquences, et pourtant ce gaz n'exerce non plus aucune influence délétère, puisqu'on peut, sans inconvénient, faire respirer à des animaux ou à l'homme de l'hydrogène mélangé en très-grande proportion avec de l'oxygène ou de l'air atmosphérique. Lavoisier et Séguin l'avaient déjà constaté, et, depuis,

____

(*) Telle n'est pas l'opinion de V. Regnault et J. Reiset (*Rech. chim. sur la respirat.*, etc., *Annales de chimie et de physique*, 3ᵉ série, t. XXVI), qui affirment que, « dans une atmosphère renfermant deux ou trois fois plus d'oxygène que notre atmosphère terrestre, les produits de la respiration restent absolument les mêmes ».

(1) Lavoisier, *Mém. de l'Acad. roy. des sciences de Paris*, année 1777, p. 187.

d'autres expérimentateurs l'ont également reconnu. Allen et Pepys (1) placèrent des cochons d'Inde dans un récipient contenant, au lieu d'air, un mélange de quatre volumes d'air et d'un volume d'hydrogène : aucun trouble de la vie organique ne se manifesta chez ces animaux, mais ils tombèrent assez promptement dans un *sommeil profond*, qu'Allen et Pepys crurent devoir attribuer à l'introduction de l'hydrogène dans le sang, bien que Lavoisier et Séguin, avec un pareil mélange gazeux même à parties égales, n'eussent pu reconnaître aucune absorption de ce dernier gaz. Les deux expérimentateurs anglais, ayant constaté une plus grande exhalation d'azote, en avaient conclu, au contraire, que l'hydrogène avait dû déplacer ce gaz dans le sang. Berzelius (2) cite un essai fait à Stockholm par Charles de Wetterstedt sur une jeune fille phthisique et dans lequel survint aussi le sommeil. La malade ayant respiré, pendant un quart d'heure, un mélange de $4/5^e$ d'hydrogène et de $1/5^e$ d'oxygène, il s'ensuivit un sommeil paisible, bien qu'elle fût habituellement tourmentée d'insomnie; chaque fois que l'expérience fut renouvelée, on observa les mêmes effets.

Plongés dans l'hydrogène *pur*, les animaux y périssent bientôt. Cet effet est très-rapide chez les animaux à sang chaud, surtout chez les oiseaux. Il apparaît bien plus lentement chez les animaux à sang froid : selon J. Müller (3), les grenouilles vivent jusqu'à trois ou quatre heures dans le gaz hydrogène, rarement davantage; elles offrent, à la fin de l'expérience, de la somnolence et de la stupeur.

Si l'azote et l'hydrogène ne déterminent aucun effet nuisible sur l'économie animale, lorsqu'ils sont mêlés à une quantité d'oxygène suffisante pour les besoins de la respiration, il n'en est plus de même du *gaz acide carbonique*. Ce gaz produit une asphyxie prompte lorsqu'il est inspiré *pur*, et il ne peut même être mélangé à l'air, dans une faible proportion, sans déterminer des accidents à la vérité plus lents, mais non moins funestes. Priestley (4) le constatait dès 1772, et, depuis lors, des expériences variées à l'infini sont venues confirmer ce fait aujourd'hui vulgaire. Les mélanges d'air et d'acide carbonique ne sont plus respirables dès que ce dernier y entre pour plus de 10 pour 100; déjà même on ressent quelque malaise dans un air vicié par la respiration et dans lequel la proportion d'acide carbonique atteint seulement 1 pour 100. L'évanouissement et la perte du sentiment se manifestent d'ailleurs assez longtemps avant la mort, et souvent il est possible de ranimer, à l'air libre, un animal qui semblait complétement asphyxié par l'inhalation du gaz acide carbonique. De prime abord, ces accidents ressemblent bien à ceux d'un véritable empoisonnement; aussi beaucoup de physiologistes ont-ils considéré l'acide carbonique comme un gaz toxique. On a même publié quelques cas de prétendu empoisonnement direct par l'acide carbonique introduit par d'autres voies que les

(1) ALLEN et PEPYS, *loc. cit.*
(2) BERZELIUS, *Traité de chimie*, trad. de Esslinger. Paris, 1833, t. VII, p. 106.
(3) J. MÜLLER, *Manuel de physiologie*, trad. de Jourdan. Paris, 1851, t. I, p. 222.
(4) PRIESTLEY, *Expériences et observations sur différentes espèces d'air*, trad. de Gibelin. Paris, 1777, t. I, p. 44.

poumons. Le Juge (1) attribue à l'injection d'acide carbonique dans le vagin des bourdonnements d'oreilles, des nausées, de la céphalalgie, même un peu de délire, tous accidents qu'on pourrait très-bien rapporter à l'hystérie et qu'il a observés sur quatre malades. Scanzoni (2) a été plus loin encore, en considérant comme ayant succombé à un empoisonnement une femme à laquelle on avait injecté 2 à 3 pouces cubes d'acide carbonique dans la cavité du col de l'utérus, et qui mourut deux heures après à la suite d'accidents convulsifs et d'embarras de la respiration. A l'autopsie, on n'avait rien trouvé qui pût expliquer la mort. Il est impossible de reconnaître à ces faits la valeur que leurs auteurs ont voulu leur attribuer. — Nysten (3) et, après lui, un grand nombre d'autres expérimentateurs, ont pu injecter dans le tissu cellulaire, les veines et même les artères d'animaux de grandes quantités d'acide carbonique sans déterminer aucun accident toxique : en pareil cas, l'acide carbonique rencontre à la fois dans le plasma du sang un dissolvant et un véhicule alcalin non saturé, avec lequel il entre en combinaison pour former des carbonates neutres. Et, d'ailleurs, ne peut-on pas absorber sans inconvénient d'assez grandes quantités de ce gaz, soit qu'il ait été ingéré dans le tube digestif sous forme de boissons gazeuses, soit qu'il y ait pris naissance pendant le travail même de la digestion?

Mais comment expliquer les effets d'asphyxie rapide dus à l'influence de l'acide carbonique? Sans doute ces effets se rattachent aux lois qui régissent les mélanges gazeux. On sait que l'échange entre des gaz séparés par une membrane se fait d'autant plus facilement que la nature de ces gaz présente plus de différences, de telle sorte que l'acide carbonique contenu dans le sang veineux aura d'autant moins de tendance à s'en séparer que les gaz inspirés renfermeront eux-mêmes plus d'acide carbonique. Bientôt même l'exhalation de ce dernier gaz ne sera plus suffisante pour permettre au sang d'absorber assez d'oxygène et de revêtir le caractère artériel; d'où résultera nécessairement une asphyxie rapide.

Après l'acide carbonique, dont l'action au point de vue où nous nous plaçons est simplement mécanique, viennent avec des propriétés plus redoutables encore, les gaz oxyde de carbone, *hydrogènes* bicarboné, phosphoré, arsénié et sulfuré, le cyanogène; puis les gaz suffocants, comme le chlore, l'acide hypoazotique, et, avec celui-ci, le bioxyde d'azote, les gaz acides en général, l'ammoniaque, etc. Tous ces gaz sont toxiques à divers titres, mais l'examen de leurs propriétés et de leur mode d'action ne saurait trouver place ici. Leur pouvoir délétère ne permet même pas de les respirer impunément quand ils sont mélangés avec une très-grande quantité d'air atmosphérique ou d'oxygène : ainsi Thenard et Dupuytren (4) ont prouvé qu'un oiseau, comme un verdier, périt promptement dans une atmosphère

(1) LE JUGE, *Essai sur quelques modes de traitement des affections de l'utérus, etc.*; thèse de Paris, 1858, n° 184, p. 47-53.
(2) SCANZONI, *Beiträge für Geburtskunde*, 1858.
(3) NYSTEN, *Recherches de physiol. et de chimie pathol.*, p. 81-97. Paris, 1811.
(4) THENARD, *Traité de chimie*, 5e édit. Paris, 1827, t. IV, p. 575.

qui contient seulement $\frac{1}{1800}$ d'*hydrogène sulfuré*; qu'un chien de moyenne taille ne résiste pas à un mélange dans lequel entre $\frac{1}{800}$ de ce gaz délétère, et qu'il suffit de $\frac{1}{250}$ pour donner la mort à un cheval. L'*oxyde de carbone* a aussi une action nécessairement mortelle : Félix Leblanc (1) a constaté dans ses expériences qu'un oiseau de taille ordinaire périt dans une atmosphère confinée qui en contient 1 pour 100. Le chimiste Gehelen fut frappé de mort pour avoir simplement flairé un vase qui contenait de l'*hydrogène arsénié*, etc.

Il serait inutile d'insister davantage sur des faits de ce genre, puisqu'il est généralement admis que les divers gaz qui viennent d'être dénommés sont en effet *irrespirables*.

Jusqu'ici, nous n'avons considéré que les fluides gazeux comme pouvant constituer des milieux respirables, et nous avons dû paraître ne tenir aucun compte des animaux aquatiques. C'est qu'en effet ceux-ci respirent toujours l'*air dissous dans l'eau*, et, partant, ne présentent aucune différence essentielle dans leurs rapports avec l'atmosphère. Ce fait, à cause de son importance, n'a été adopté qu'après les expériences les plus concluantes. Dès 1670, Rob. Boyle (2) s'efforça d'établir que l'eau, dans laquelle vivent les poissons, contient de l'air. Jean Bernouilli (3), vingt ans plus tard, prouva péremptoirement que l'eau de nos rivières et de nos sources renferme de l'air, puisque les premières bulles qui s'en échappent, avant l'ébullition, ne sont formées que de ce fluide : il démontra, en outre, que les poissons ne peuvent pas vivre dans l'eau qu'on a privée d'air en la faisant bouillir. Spallanzani (4), qui, dans ses recherches expérimentales sur la respiration, s'occupa aussi de celle des poissons et des animaux aquatiques en général, confirma, pour un certain nombre d'animaux de diverses classes, les propositions émises par Bernouilli. En 1799, Humphry Davy, reprenant la même question, fut amené à conclure que les animaux aquatiques respirent l'*oxygène* tenu en dissolution dans l'eau (*) et qu'ils ne décomposent jamais l'eau elle-même pour fournir aux besoins de l'hématose. Enfin vinrent, sur le même sujet, les recherches d'Alex. de Humboldt et de Provençal (5), qui, plus encore que les précédentes, contribuèrent à faire définitivement admettre : 1° que les poissons respirent en effet l'air dissous dans l'eau ; 2° que cet air est lui-même plus riche en oxygène que l'air atmosphérique

(1) Félix Leblanc, *Note sur quelques faits nouveaux relatifs aux propriétés chimiques du gax oxyde de carbone*, dans *Comptes rendus de l'Acad. des sc. de Paris*, t. XXX, p. 483.

(2) Rob. Boyle, *New Pneumatical Exper. about. Respir.*, dans *Philos. Trans.*, p. 2011 et 2035, ann. 1670.

(3) Jean Bernouilli, *Dissertatio de effervescentia et fermentatione nova hypothesi fundata*, cap. XIV. Basle, 1690.

(4) Spallanzani, *Mémoires sur la respiration*, trad. par Senebier, p. 315 et suiv. Genève, 1803. — *Rapports de l'air avec les êtres organisés*, par Senebier, t. I, p. 65, 119, 130. Genève, 1807.

(*) Dans les circonstances normales de température et de pression, un litre d'eau peut dissoudre 46 centimètres cubes d'oxygène.

(5) Alex. de Humboldt et Provençal, *Recherches sur la respiration des poissons* (*Mém. de la Soc. d'Arcueil*, 1809, t. II, p. 359).

ordinaire ; 3° que la respiration de ces animaux produit de l'acide carbonique comme celle des vertébrés aériens.

Il résulte de tout ce qui précède que l'*air*, libre ou dissous dans l'eau, seul est propre à l'entretien normal et continu de la respiration des animaux, et que s'il peut être suppléé par l'un de ses principes, l'*oxygène*, ce n'est que dans les limites de durée que peut avoir ordinairement une expérience de laboratoire.

La composition normale de l'air (c'est-à-dire du milieu respirable par excellence), celle du sang, les changements introduits par la respiration dans la constitution de l'un et de l'autre, tels sont les éléments du problème qu'il importe maintenant d'aborder, tout en tenant compte aussi de l'influence que les variations de pression de l'air exercent sur la respiration.

L'exposé relatif à la composition de l'air ne saurait comporter de longs développements ; il n'a d'autre but que de bien faire comprendre les modifications qu'entraîne l'acte respiratoire, dans les qualités de ce fluide.

II. — Les premières idées dignes d'intérêt, qui aient été émises sur la *composition de l'air atmosphérique*, peuvent être rapportées au fondateur de 'enseignement de la chimie en France et en Angleterre, à Nicolas Le Fèvre (1), professeur au Jardin des plantes de Paris (*), et à Jean Rey (2), médecin du Périgord. Tous deux avaient reconnu l'augmentation de poids que subissent certains métaux lors de leur calcination : Jean Rey, dans ses écrits à ce sujet (3), et Nicolas Le Fèvre (*ouvr. cité*), n'hésitaient point à affirmer qu'en pareil cas l'accroissement de poids est dû à la fixation de l'air extérieur. Avec les tendances habituelles de son esprit à généraliser, Nicolas Le Fèvre suppose que presque toutes les réactions chimiques auxquelles sont soumis dans l'atmosphère les minéraux, les animaux et les plantes, ont pour cause commune un élément qu'il nomme *esprit universel*, et auquel il attribue des propriétés précisément analogues à celles qu'on reconnait aujourd'hui à l'*oxygène*. Il va même jusqu'à dire que, dans la respiration, l'air n'a pas seulement pour effet de rafraîchir les poumons, mais qu'il exerce encore une réaction sur le sang, « au moyen de l'*esprit universel* qui subtilise et volatilise toutes les superfluités de ce liquide ». Il est assurément curieux de voir ces sortes de révélations confuses, touchant le principe vivifiant de l'air, précéder de près d'un siècle et demi la grande découverte de Lavoisier, découverte qui devait avoir aussi pour point de départ la réaction de l'air sur les métaux chauffés en présence de ce fluide.

(1) Nicolas Le Fèvre, *Traité de la chimie.* Paris, 1660, 2 vol. in-8, et Londres, 1664, in 4°.

(*) Nicolas Le Fèvre résida aussi à Londres où l'avait fait appeler le roi Jacques II pour lui confier le laboratoire de Saint-James.

(2) Jean Rey, *Essays sur la recherche de la cause pour laquelle l'estain et le plomb augmentent de poids quand on les calcine.* Bazas, 1630, et Paris, 1777.

(3) *Ior cit.*

Cependant il existe, dans l'histoire de la science, une longue lacune entre Jean Rey et Nicolas Le Fèvre d'une part, et Lavoisier de l'autre. Dans la première moitié du XVIIIe siècle, on vit en effet Stahl (1) détourner la chimie naissante d'une voie féconde pour la livrer aux erreurs brillantes de sa théorie du *phlogistique*, théorie basée sur l'idée que les oxydes sont des corps simples et les métaux des corps composés. Ayant ainsi pris le contre-pied de la vérité en ce qui concernait le phénomène alors inconnu de l'oxydation, et ayant vu une combinaison où nous voyons une décomposition et réciproquement, Stahl ne pouvait arriver à aucune notion exacte sur la constitution de l'air; il eut même le malheur de faire oublier aux chimistes de son temps les données que leur science venait d'acquérir. « Quoi qu'il en soit, dit Dumas (2), ce qui donnera toujours à Stahl une auréole de grandeur et de gloire, c'est que non-seulement il a compris qu'il fallait reconnaître en chimie des corps indécomposables tout différents des éléments d'Aristote (*), mais qu'il a consommé cette révolution dans les idées..... Stahl a été le précurseur nécessaire de Lavoisier, et, s'il s'est borné à lui préparer les voies, il les a du moins préparées d'une manière large qui n'appartient qu'au génie. »

Priestley et Lavoisier découvrirent l'*oxygène*, chacun de son côté, et à peu près vers la même époque. Priestley (3) établit, le premier, les propriétés essentielles de ce gaz (*air déphlogistiqué*) à l'égard de la combustion, de la calcination et de la respiration des animaux et des plantes ; mais, en restant fidèle à la doctrine surannée du phlogistique, il laissa à Lavoisier la gloire de faire connaître, à la fois, la véritable composition de l'air et la théorie exacte de phénomènes qui, déjà depuis longtemps, préoccupaient l'Europe savante. Dès la fin de l'année 1772, Lavoisier (4) entre dans la voie qu'il a si brillamment parcourue ; à l'aide d'expériences variées il établit que certains corps, en brûlant à l'air, *augmentent de poids* parce qu'ils fixent une partie de ce fluide en eux-mêmes. Dès lors, on le voit appliquer sans relâche une méthode de recherches devenue la sienne, tant on avait, depuis Stahl, oublié les premières observations de J. Rey et Nicolas Le Fèvre ; l'emploi constant de la balance devient en effet, entre les mains de Lavoisier, le moyen principal de ses découvertes (5).

En 1777, préparé par une longue série de travaux, il exécuta son analyse de l'air atmosphérique à l'aide du mercure chauffé en présence de l'air et

----

(1) STAHL, *Fundamenta chimiæ dogmaticæ et experimentalis.* Nuremberg, 1723, traduct. franç. de de Machy. Paris, 1757.

(2) DUMAS, *Leçons sur la philosophie chimique*, p. 84.

(*) Aristote était parti de la combustion du bois pour établir ses quatre éléments : il trouvait dans la flamme du bois qui brûle, dans la fumée qui s'en exhale, dans l'eau qui en suinte et dans la cendre qu'il laisse, les quatre éléments naturels, c'est-à-dire le *feu*, l'*air*, l'*eau* et la *terre*.

(3) PRIESTLEY, *Expériences et observations sur les différentes espèces .d'air*, trad. franç. de Gibelin. Paris, 1777, t. II, in-12.

(4) LAVOISIER, Sur *la nature du principe qui se combine avec les métaux pendant leur calcination et qui en augmente le poids* (*Mém. de l'Acad. des sc. de Paris*, 1775, p. 520).

(5) *Mém. de l'Acad. roy. des sciences*, année 1777, p. 65. — *Opuscules physiques et chimiques*, IIe partie, chap. IX, p. 327.

en vases clos. Cette mémorable expérience, qui fut une analyse et une synthèse à la fois, révéla la composition de l'air, telle *à peu près* qu'on la connaît aujourd'hui après tant d'autres travaux destinés à contrôler cette découverte. — Durant plusieurs jours, Lavoisier fit chauffer du mercure, au contact de l'air, dans un ballon pourvu d'un tube recourbé sous une cloche qui renfermait également de l'air et du mercure. L'absorption du gaz pouvait se mesurer par la différence de niveau entre le mercure de la cuve extérieure et celui de la cloche. « Le second jour, dit Lavoisier, j'ai commencé à voir nager, sur la surface du mercure, de petites parcelles rouges qui, pendant quatre ou cinq jours, augmentèrent en nombre et en volume, après quoi elles cessèrent de grossir et restèrent absolument dans le même état..... ». Puis Lavoisier constata « que l'*air*, qui restait après cette opération et qui avait été réduit aux $\frac{5}{6}$ de son volume par la calcination du mercure, n'était plus propre ni à la respiration ni à la combustion; car les animaux qu'on y introduisait y périssaient en peu d'instants, et les lumières s'y éteignaient sur-le-champ, comme si on les eût plongées dans l'eau. » L'air, au contact du mercure échauffé, avait donc perdu une partie de ses éléments. Le gaz restant, incapable d'entretenir la combustion et la respiration, reçut le nom d'*azote* (1).

Quant à cette autre partie de l'air qui avait été absorbée par le mercure, il fallait aussi en déterminer les caractères. Après avoir chauffé dans une cornue les précédentes parcelles rouges, Lavoisier parvint à régénérer le mercure et à se procurer « un gaz incolore, beaucoup plus propre que l'air de l'atmosphère à entretenir la combustion et la respiration des animaux.... » Ayant fait passer, ajoute-t-il, une portion de cet air dans un tube de verre d'un pouce de diamètre et y ayant plongé une bougie, elle y répandait un éclat éblouissant ; le charbon, au lieu de s'y consumer paisiblement comme dans l'air ordinaire, y brûlait avec flamme et une sorte de décrépitation à la manière du phosphore, et aussi avec une vivacité de lumière que les yeux avaient peine à supporter ».

La composition essentielle de l'air était découverte.

On sait comment Lavoisier en déduisit immédiatement les théories de la calcination des métaux, de la combustion et de la *respiration*. Depuis lui, Cavendish, Humphry Davy, en Angleterre; Berthollet, Alexandre de Humboldt et Gay-Lussac, en France (*); Brunner, en Suisse; Liebig, en Allemagne (**), etc., ont, par différents procédés, analysé l'air dans diverses circonstances, et ils ont pu déterminer, d'une manière plus rigoureuse, les proportions de ses principes constituants.

Boussingault et Dumas (2), ayant également repris cette analyse, l'ont

(1) De α privatif, ζωή, vie ; de ζάω, vivre.

(*) C'est l'*eudiomètre* de VOLTA qu'employèrent GAY-LUSSAC et ALEX. DE HUMBOLDT, il y a plus de soixante ans, dans le but de déterminer la composition de l'air. Aujourd'hui cet instrument est devenu insuffisant pour des déterminations très-exactes.

(**) LIEBIG (*Comptes rendus des séances de l'Acad. des sc. de Paris*, t. XXXII, p. 54-58) indique l'*acide pyrogallique* comme un moyen prompt, précis et commode pour analyser l'air.

(2) BOUSSINGAULT et DUMAS, *Recherches sur la véritable constitution de l'air atmosphérique*, dans *Ann. de chim. et de phys.*, 3e série, t. III, p. 257 ; novembre 1841.

APPAREIL DE BOUSSINGAULT ET DUMAS
POUR L'ANALYSE DE L'AIR.

Fig. 1. — Un tube de verre dur et épais BB', contenant une quantité *déterminée* de cuivre métallique obtenu en réduisant l'oxyde par l'hydrogène, communique, d'un côté avec un ballon A d'une capacité connue, de l'autre côté avec un système de tubes diversement contournés : K et I renferment de la pierre ponce humectée d'acide sulfurique, et H (tube de Liebig) contient de ce même acide concentré et pur ; G et F sont remplis de potasse caustique en morceaux, E et D de ponce humectée de potasse ; enfin C renferme une solution concentrée du même alcali. X est le tube allant chercher l'air hors de la chambre.

Dans le ballon A et dans le tube BB', on commence par faire le vide qu'on y maintient à l'aide des robinets R, R', R''. Puis on chauffe le tube BB', qui repose convenablement sur un réchaud de fer L ; et bientôt après on tourne successivement le robinet R, le robinet R', et celui R'', dont est munie la tubulure du ballon, mais avec la précaution de ne les ouvrir que d'une manière graduelle, afin que le courant d'air déterminé par le vide du ballon ne traverse qu'avec beaucoup de lenteur le tube rempli de cuivre. Grâce à cette précaution, on voit en effet l'air s'introduire, sous forme de bulles, d'abord dans le tube C, pour passer ensuite dans les tubes D, E, F, G, où il abandonne son acide carbonique à la potasse, puis dans les tubes H, I et K, où il laisse sa vapeur d'eau à l'acide sulfurique concentré.

C'est donc dans un état de grande pureté que l'air arrive dans le tube BB', où l'*oxygène* se fixe sur le cuivre chauffé au rouge, tandis que l'*azote* demeuré libre passe dans le ballon A. L'augmentation de poids de ce ballon doit être attribuée à l'azote pur qui le remplit, mais qui pourtant existe aussi, en partie, dans le tube BB', où se trouve l'oxygène absorbé par le cuivre. On pèse d'abord ce tube avec la portion d'azote qu'il contient, puis on le pèse de nouveau après y avoir fait le vide, et l'on arrive ainsi à déterminer le poids de tout l'azote isolé et celui de l'oxygène fixé par le cuivre.

exécutée avec une précision qui, jusqu'à présent, satisfait aux besoins de la science. Leur procédé, qui donne le moyen de remplacer la mesure du volume des gaz par leur pesée, repose sur l'oxydation du cuivre chauffé au rouge et traversé par un courant d'air.

La figure ci-jointe (p. 551) représente l'appareil mis en usage par ces deux expérimentateurs.

Depuis assez longtemps on avait reconnu (Van Marum, Berzelius) que l'oxygène de l'air soumis à l'influence de l'électricité prend des propriétés nouvelles, par suite d'une modification allotropique. Schœnbein s'est emparé de cette question, et ses nombreuses expériences l'ont conduit à admettre que l'oxygène ordinaire, c'est-à-dire tel qu'on le trouve dans l'atmosphère, est à l'état neutre. Mais, sous certaines influences, il peut revêtir deux formes différentes et opposées : l'*ozone*, qui correspond à un état électrique négatif, et l'*antozone*, qui correspond à un état électrique positif. C'est seulement sous l'une ou l'autre de ces formes que l'oxygène peut produire des oxydations : l'ozone oxyde à froid et directement un très-grand nombre de corps simples et composés ; l'antozone, au contraire, est chimiquement indifférent pour les substances facilement oxydables, mais il se combine avec l'eau qu'il transforme en eau oxygénée ou bioxyde d'hydrogène, propriété que ne possède point l'ozone. Enfin l'ozone et l'antozone, en s'unissant, reconstituent l'oxygène neutre. Ces faits, au moins pour ce qui concerne l'antozone, ne sont point encore acceptés par un assez grand nombre de chimistes pour que l'on puisse leur accorder dès à présent une grande importance. Cependant nous aurons occasion de les rappeler en recherchant ce que devient l'oxygène après sa pénétration dans le torrent circulatoire (1).

S'il est universellement admis que l'air atmosphérique est essentiellement formé du *mélange* de deux gaz simples, l'*oxygène* et l'*azote*, on reconnaît assez généralement aussi que ce mélange se présente dans les proportions suivantes :

100 parties d'air atmosphérique contiennent :

En poids,	23,01 d'oxygène.		En volumes,	20,81 d'oxygène.
—	76,99 d'azote.		—	79,19 d'azote.
	100,00			100,00 (Dumas et Boussingault.)

L'air renferme encore une minime quantité d'*acide carbonique* et une proportion variable de *vapeur d'eau*.

Nous venons de faire allusion à un moyen de doser ces deux corps dans l'air, à l'aide d'un système de tubes en U contenant, les uns de la pierre ponce imbibée d'acide sulfurique concentré, et les autres cette même pierre humectée de potasse caustique ; tubes que l'on fait traverser par un courant d'air dont un vase aspirateur détermine le volume. Des pesées,

(1) Consultez AD. WURTZ, *Traité élémentaire de chimie médicale.* Paris, 1864, t. I, p. 38-48.

faites avant et après l'expérience, font connaître l'augmentation de poids subie par les tubes à acide sulfurique, et celle qu'ont éprouvée les tubes à potasse caustique. La première donnée révèle la *quantité d'eau* contenue dans le volume d'air sur lequel on a opéré, et la seconde détermine la *quantité d'acide carbonique* (1). On conçoit d'ailleurs toute l'importance qu'il y a à éliminer la vapeur d'eau et l'acide carbonique, ou du moins à tenir compte de leurs proportions relatives, quand il s'agit de déterminer rigoureusement les proportions de l'oxygène et de l'azote dans l'air.

La proportion de la *vapeur d'eau* contenue dans l'air varie, comme on devait s'y attendre, selon les circonstances météorologiques : par exemple, plus l'air sera chaud, plus il renfermera de vapeur aqueuse ; si bien que, pendant l'hiver, une masse d'air peut en être saturée et en contenir beaucoup moins qu'une pareille masse pendant l'été, quand même cette dernière serait encore loin de son point de saturation (*). Du reste, l'air n'est jamais dépourvu de vapeur aqueuse, et, quelle que soit la localité ou la saison, on voit toujours une couche de rosée se précipiter à la surface d'un corps dont la température est de beaucoup inférieure à celle de l'air ambiant.

Quant à l'*acide carbonique*, il a été aussi démontré par Th. de Saussure (2), par Boussingault et Lewy (3), que l'*air ordinaire* en renferme constamment, mais que sa quantité est sujette à des variations, puisque à Paris la proportion moyenne a été de 3,19 sur 10 000 parties d'air en volumes, tandis qu'aux environs de Montmorency (à Andilly) elle n'a été que de 2,98. D'après Th. de Saussure (4), on devrait admettre que, sur 10 000 parties d'air la proportion d'acide carbonique est, terme moyen, de 4,9 ; cet observateur a trouvé pour *maximum*, 6,9. La nuit, la quantité d'acide carbonique augmente, et elle diminue quelques heures après le lever du soleil ; moindre aussi dans les temps de pluie, elle est plus grande en été qu'en hiver. Du reste, toutes ces variations sont assez peu prononcées pour n'avoir pas d'influence appréciable sur la respiration des animaux.

Les expériences de Th. de Saussure (5), celles de Boussingault (6), tendent à faire admettre encore dans l'air une autre substance carbonée et une substance hydrogénée, sur l'origine et la nature desquelles on n'est point d'accord : les uns y ont vu les traces de la présence du *gaz des marais* ou hydrogène protocarboné ; les autres ont expliqué les observations de ces deux savants par l'existence dans l'atmosphère de matières organi-

---

(1) Boussingault, *Comptes rendus des séances de l'Acad. des sciences de Paris*, 1841, t. XIII, p. 366.

(*) Par une température moyenne de 15 degrés centigrades, *un mètre cube* d'air, quand il est entièrement saturé, renferme environ *quatorze grammes* de vapeur d'eau.

(2) Th. de Saussure, *Annales de physique et de chimie*, t. XXXVIII, p. 411.

(3) Boussingault et Lewy, *Comptes rendus des séances de l'Acad. des sc. de Paris*, année 1844, t. XVIII, p. 473.

(4) Th. de Saussure, *rec. cité.*

(5) Th. de Saussure, *rec. cité.*

(6) Boussingault, *Comptes rendus des séances de l'Acad. des sc. de Paris*, 1835, t. I, p. 36.

ques extrêmement ténues desquelles ils ont fait dépendre aussi les
miasmes, produits aériformes dont la nature reste inconnue, mais dont les
redoutables effets se font surtout sentir dans les contrées marécageuses. Il
est incontestable que l'air contient une multitude de corpuscules organiques et d'animalcules dont un certain nombre a même été décrit avec soin
par un des plus savants micrographes de notre époque, par Ehrenberg :
ces corpuscules et ces animalcules pourraient contribuer à rendre compte
de la présence du carbone et de l'hydrogène dans de l'air préalablement
privé d'acide carbonique et de vapeur d'eau, comme dans les précédentes
expériences.

On connaît aussi les récentes recherches de Chatin (1), desquelles il résulterait que l'air atmosphérique contient de l'*iode* dans la proportion
de $\frac{1}{500}$ de milligramme pour 4000 litres de ce fluide, du moins à Paris.

Ajoutons que, sur tous les points de la terre, s'accomplissent à chaque
instant des phénomènes chimiques dont les produits gazeux se mêlent à
l'air : par suite de leur décomposition ou même de leurs fonctions, les
animaux et les plantes dégagent des émanations incessantes ; les volcans
et nos usines vomissent des fluides aériformes de nature très-complexe ;
l'éclair ou l'étincelle électrique, en sillonnant l'espace, produit de l'azotate
d'ammoniaque ; l'eau, en s'évaporant, entraîne avec elle une partie des
principes fixes qu'elle tient en dissolution, etc. Il y a donc, en dehors des
éléments essentiels à l'air, une multitude de principes ou de produits accidentels qui, répandus dans l'atmosphère, ne sauraient le plus souvent, à
cause de leur quantité relative infiniment petite, être mis en évidence par
nos moyens analytiques.

Quoi qu'il en soit, l'air, abstraction faite de toutes les substances qu'il
peut renfermer en proportions variables, et réduit essentiellement à un
mélange, d'oxygène et d'azote, paraît offrir une remarquable fixité dans les
proportions de ces deux éléments. Jusqu'à présent, en effet, les expérimentateurs sont arrivés à cet égard au même résultat, c'est-à-dire que
depuis plus de cinquante ans, ils n'ont pu constater la plus légère variation dans ces proportions ; aussi serait-on tenté de regarder une pareille
épreuve comme péremptoire, pour établir que l'air est un mélange uniforme à toute époque, si l'on ne se rappelait combien est grande la masse
d'air qui environne notre globe, et combien aussi est récente la découverte
de la composition de ce fluide. Cette simple réflexion suffit pour rendre
très-réservé à conclure dans tel ou tel sens, et l'on peut encore, après
quarante années, redire ce qu'écrivait Thenard en 1827 : « C'est une grande
question dont on ne pourra avoir la solution qu'au bout de plusieurs siècles, en raison de l'énorme volume d'air dont notre planète est entourée. »
Rappelons néanmoins quelques exemples qu'on a coutume de citer

____

(1) CHATIN, *Présence de l'iode dans l'air et absorption de ce corps dans l'acte de la respiration animale*, dans *Comptes rendus des séances de l'Acad. des sciences de Paris*, 1851,
t. XXXII, p. 669.

comme propres à établir que la hauteur et la latitude des lieux n'exercent pas une influence appréciable sur la composition de l'air : après sa seconde ascension aérostatique, Gay-Lussac a constaté que de l'air rapporté par lui de 7000 mètres de hauteur ne différait pas de celui des couches atmosphériques les plus inférieures ; de l'air recueilli au même moment, par Dumas à Paris, par Martins et Bravais (1) sur le sommet du Faulhorn, en Suisse, a également, dans les deux cas, présenté la même composition, etc. Cette composition a été aussi trouvée identique à Paris, à Saint-Pétersbourg, à Genève, à Bruxelles et en Amérique.

Toutefois, en ce qui concerne l'*altitude* des lieux, il est à remarquer que l'oxygène et l'azote, étant à l'état de *mélange*, doivent obéir à la loi des densités et de l'expansion des gaz, et se comporter comme deux atmosphères distinctes, dont la plus dense s'étend moins loin que l'autre. Ainsi, l'azote, dont la densité est 0,972 celle de l'air étant de 1, doit s'accroître en proportion à mesure qu'on s'élève dans l'atmosphère, tandis que l'oxygène, dont la densité est 1,105, doit se trouver en plus grande proportion à mesure qu'on se rapproche de la surface de la terre (2). S'il n'en a point été ainsi dans les couches d'air qui ont été analysées, c'est que, probablement, les courants d'air et les variations continuelles de densité mélangent sans cesse les couches atmosphériques, dans l'intervalle compris entre le sol et 7000 mètres d'élévation.

On est donc autorisé à conclure, *d'une manière générale,* que l'air libre est un mélange uniforme et invariable à toute latitude et à toute hauteur accessibles aux animaux et à l'homme (*).

208 millièmes d'*oxygène* et 792 millièmes d'*azote*, en volumes, telle est donc, d'après les travaux des chimistes modernes, la composition essentielle de l'air : il faut ajouter que ce fluide contient, en outre, du *gaz acide carbonique* dans la proportion moyenne de 4 dix-millièmes, et de la *vapeur d'eau* en proportion très-variable, des matières organiques dans un état de division extrême, et d'autres principes, gaz ou vapeurs, dont l'analyse est le plus ordinairement impuissante à nous faire connaître exactement la quantité et même la nature.

L'air n'agissant pas sur l'organisme seulement en vertu de ses propriétés chimiques, l'examen de sa composition serait insuffisant comme introduction à l'étude de la respiration ; il nous faut également rappeler quelques

----

(1) MARTIN et BRAVAIS, *Comptes rendus de l'Acad. des sc. de Paris*, t. XIII, p. 634.

(2) DALTON, *Memoirs of the Literary and Philos. Soc. of Manchester*, 2ᵉ série, vol. II, p. 15.

(*) Toutefois DOYÈRE (*Comptes rendus des séances de l'Acad. des sc. de Paris*), à qui l'on doit une nouvelle méthode pour l'analyse des gaz, affirme avoir constaté que, dans le même lieu et à de courts intervalles, le chiffre de l'oxygène peut varier de 21,50 à 20,50 pour 100. D'un autre côté, suivant B. LEWY (*Comptes rendus de l'Acad. des sc. de Paris*, t. XXVII, p. 235), l'air recueilli à la surface de la mer renfermerait plus d'oxygène que l'air continental (23,116 *en poids*, au lieu de 23,01) ; mais d'autres analyses, faites à Elseneur et sur la mer du Nord, ont fourni des chiffres identiques (23,01), et quelques mois après sa première analyse, LEWY lui-même n'a plus trouvé dans l'air marin que 22,6 (*Rec. cité*, t. XXI, p. 735).

faits touchant les *propriétés physiques* de ce fluide et les rapports de ces propriétés avec les phénomènes respiratoires.

III. — L'air, considéré au point de vue physique, est un gaz qui, confondu autrefois avec le petit nombre de gaz que l'on connaissait, sert encore aujourd'hui de type dans l'étude des propriétés générales des corps aériformes. Son poids, son élasticité, sa dilatabilité sous l'influence de la chaleur, ses propriétés hygrométriques, représentent les conditions les plus importantes de son rôle physique dans la respiration.

Depuis le commencement du xviie siècle, Galilée, son disciple Torricelli et Pascal ont démontré que l'air est un corps doué de pesanteur, et qu'en vertu de cette propriété fondamentale, il exerce une pression sur la surface de tous les corps et de tous les êtres placés sur la terre. 1 litre d'air, à la température de 0° et sous la pression de 0^m,76, pèse 1^{gr},2995.

Quand on connaît la hauteur du *baromètre* en un lieu quelconque, il est facile d'évaluer la pression que l'air y exerce. Cette pression est égale, en effet, au poids d'une colonne verticale de mercure qui aurait, pour base la surface que l'on considère, et pour hauteur, la hauteur du mercure dans le tube barométrique. En supposant que cette hauteur soit de 76 centimètres, la pression sur une surface d'un centimètre carré sera de 1^{kil},033 ; pression énorme que ne pourrait supporter un être vivant d'un certain volume, si elle n'était transmise également et répartie dans tous les sens, et si les gaz et les liquides que cet être renferme, pressant de dedans en dehors, ne faisaient ainsi équilibre à la même pression.

Pour vérifier le fait, il suffit de placer une partie du corps d'un homme ou d'un animal dans une atmosphère raréfiée. Si, par exemple, disposant sur la platine de la machine pneumatique un cylindre de verre ouvert aux deux extrémités, on vient à en fermer l'orifice supérieur avec la paume de la main, cette partie subit les variations de l'appareil pneumatique, et, dès les premiers coups de piston, on voit la peau se gonfler et rougir par suite de l'afflux du sang ; puis, si la raréfaction est poussée assez loin, des ecchymoses, dues à la rupture des vaisseaux capillaires, apparaissent bientôt et précèdent la déchirure de la peau elle-même qui donne lieu à un écoulement de sang.

Les accidents ne se manifestent pas de la même manière quand le corps entier plonge dans une atmosphère raréfiée. Les animaux à sang chaud succombent rapidement si on les prive d'oxygène, et, par conséquent, meurent vite sous le récipient de la machine pneumatique ; tandis que les animaux à sang froid résistent beaucoup mieux et peuvent se prêter à d'intéressantes expériences. Quoi qu'il en soit, dans l'un ou dans l'autre cas, on n'observe point de gonflement bien considérable des téguments ; le sang s'y accumule néanmoins, mais le système capillaire, gorgé de ce liquide, atténue, en partie, par une abondante transpiration aqueuse, l'effet de l'afflux sanguin (1). La muqueuse des voies aériennes est aussi affectée

(1) W. F. EDWARDS, *De l'influence des agents physiques sur la vie.* Paris, 1824, p. 23 et 329.

comme la peau; seulement, en vertu de sa texture plus délicate, elle résiste moins bien à la pression des gaz contenus dans le sang et se déchire plus facilement : ainsi s'expliquent les hémoptysies qui surviennent parfois dans un air trop raréfié.

Ces faits, que nous ne pouvons qu'indiquer, se lient, comme on va le voir, à de curieuses remarques touchant l'influence qu'exercent sur la respiration les grandes et brusques variations de pression de l'air.

Depuis les mémorables expériences faites sur le Puy-de-Dôme, de 1646 à 1648, par Pascal et Périer, et depuis les ingénieuses inductions du premier, on sait que l'air se compose de couches superposées de densité successivement décroissante à mesure qu'on s'élève au-dessus du niveau des mers (*); de telle sorte que, dans les ascensions sur les hautes montagnes ou bien dans les ascensions aérostatiques, l'homme se trouve immergé dans des couches d'air raréfié dont l'influence toujours appréciable, mais plus ou moins sensible suivant les individus, a été notée par de nombreux observateurs. Il ne s'agit point ici d'entrer dans toutes les considérations physiologiques qui se rattachent aux différents effets de la pression atmosphérique sur l'organisme en général; nous nous bornerons à mentionner ceux qui ont rapport à la respiration.

Acosta (1) parle du *mal de montagnes*, sorte de malaise analogue au mal de mer, dont souffraient les Espagnols en s'élevant sur les Andes. P. Bouguer et la Condamine (2) signalent plus explicitement de pareils effets, qu'ils ont observés sur eux-mêmes et sur leurs guides, à une hauteur de 4950 mètres, sur le Chimborazo : la respiration devenait extrêmement pénible et haletante sous l'influence des moindres efforts. Il en fut de même pour Alex. de Humboldt (3), lors de son ascension sur cette montagne : ses Indiens le quittèrent, à 5067 mètres de hauteur, par suite d'une excessive anhélation; quant à lui et à ses autres compagnons de voyage, Bonpland et Montufar, ce fut surtout à partir de 5574 mètres d'élévation au-dessus du niveau de la mer, c'est-à-dire à 764 mètres au-dessus de la cime du mont Blanc (**), qu'ils éprouvèrent un malaise des plus prononcés et consistant en nausées, vertiges, difficulté très-grande de respirer, saignement aux gencives et aux lèvres, injection sanguine des conjonctives, etc. D'après A. de Humboldt, ces accidents, qui se manifestent dans les Andes quand le baromètre se tient entre $0^m,379$ et $0^m,428$, varient beaucoup en intensité suivant les personnes. C'est également-

<hr>

(*) La hauteur totale des couches d'air superposées, dont se compose l'atmosphère terrestre, est évaluée à 60 ou 64 kilomètres par la plupart des auteurs.

(1) Acosta, *Historia natural de las Indias*; Séville, 1590.

(2) P. Bouguer et la Condamine, *Relation d'un voyage fait dans l'intérieur de l'Amérique méridionale*, 1745. — *Journal du voyage fait par ordre du roi à l'Équateur*, 1751.

(3) Alex. de Humboldt, *Nouvelles annales des voyages*, 3e série, t. XX.

(**) Ces savants voyageurs atteignirent, le 23 juin 1802, à une hauteur de 1160 mètres au-dessus de l'endroit où s'était arrêté la Condamine en 1745, et de 1300 mètres au-dessus de la cime du mont Blanc.

En 1831, le 16 décembre, Boussingault s'est élevé sur le Chimborazo jusqu'à 6004 mètres au-dessus de la mer. La hauteur totale est de 6530 mètres, celle du mont Blanc étant de 4810 mètres.

ment sur le Chimborazo que Boussingault et le colonel Hall firent sur eux-mêmes des observations toutes semblables (1). D'Orbigny, sur le sommet du Cachun, dans cette même chaîne des Andes, éprouva le mal de montagnes à une hauteur de 4500 à 4550 mètres ; il endurait surtout de la céphalalgie avec nausées, et des palpitations de cœur accompagnées de dyspnée et d'un découragement profond (2). A la Paz (3717 mètres) le même observateur ressentit ces divers troubles tant qu'il y séjourna ; Roulin (3) ressentit également, pendant son séjour à Santa-Fé de Bogota (2661 mètres), un malaise presque continu.

Moorcroft (4), Fraser (5), Victor Jacquemont (6), ont fait des observations du même genre sur différents points de la chaîne de l'Himalaya : c'est vers 4000 mètres d'élévation qu'ils ont en général observé ou éprouvé les premiers symptômes du mal de montagnes.

On possède aussi des relations très-précises et fort nombreuses de faits analogues observés dans les Alpes. Bénédict de Saussure (7) les a signalés dans ses voyages au **Buet**, au mont Blanc, au col du Géant, au Breithorn, etc. : c'est aussi vers 4000 mètres que le mal commençait à se manifester sérieusement même chez les personnes les plus vigoureuses et accoutumées aux ascensions. Tous les voyageurs qui ont gravi le mont Blanc parlent des mêmes accidents éprouvés par eux à peu près vers cette même altitude : diminution notable de l'appétit, dégoût pour les aliments, nausées et parfois vomissements, *anhélation*, palpitations, céphalalgie, lassitude, prostration morale, somnolence, bourdonnements dans les oreilles, tels sont les phénomènes qu'ils ont habituellement constatés. Les animaux dont ils étaient quelquefois accompagnés n'échappaient pas plus que les hommes à cette influence perturbatrice.

Lepileur (8) rapporte aussi un grand nombre d'observations conformes aux précédentes et faites par lui dans diverses parties des Alpes ; Martins et Bravais, ses compagnons dans plusieurs excursions, ont souffert comme lui des mêmes accidents. Cet observateur distingue les effets morbides dus aux circonstances exceptionnelles dans lesquelles les voyageurs se trouvent, des effets qui se rattachent plus particulièrement à la raréfaction de l'air. Ainsi la somnolence, la coloration blanche de la langue, le dégoût des aliments, le mouvement fébrile, paraissent à Lepileur être les conséquences ordinaires de la privation de sommeil, coïncidant avec un exercice musculaire violent et une marche prolongée. Les accidents qu'il rapporte à la diminution de la pression atmosphérique sont les troubles respiratoires qui se

<hr>

(1) *Annales de chimie et de physique*, t. LII.

(2) *Voyage dans l'Amérique méridionale*, t. II.

(3) Roulin, *Observations sur la vitesse du pouls à différents degrés de pression atmosphérique*, dans *Journ. de physiol. expérim. de Magendie*, 1828, t. VI, p 1.

(4) Moorcroft, *Asiatic Researches*, etc., t. XII.

(5) Fraser, *Journal*, p. 449.

(6) Victor Jacquemont, *Correspondance*, 1re édition, t. I, p. 252, 275.

(7) Bénédict de Saussure, *Voyage dans les Alpes*, t. I, §§ 559, 560, 561 ; t. IV, §§ 1965, 2021, 2105 et suiv.

(8) Lepileur, *Mém. sur les phénomènes physiologiques qu'on observe en s'élevant à une certaine hauteur dans les Alpes* (*Revue médicale*, mai 1845, p. 196).

lient avec l'accélération du pouls, et qui surtout contraignent les voyageurs à des haltes très-fréquentes; puis vient ce malaise de l'estomac, qui, provoquant, comme dans le mal de mer, des nausées et des vomissements, se dissipe aussitôt que l'on descend ou lorsqu'on séjourne quelque temps à la même hauteur.

Sans vouloir entrer ici dans l'examen des diverses théories émises pour expliquer le *mal de montagnes*, ce qui serait soulever une discussion stérile pour l'histoire de la respiration, nous rappellerons que la plupart des auteurs ont regardé la raréfaction de l'air ou la diminution de la pression atmosphérique comme cause de tous les accidents. Telle est d'abord l'opinion de Bénédict de Saussure (1), qui, le premier, en juillet 1788, gravit le mont Blanc jusqu'à sa cime. La *dyspnée*, selon Pravaz (2), a lieu non-seulement parce que l'air inspiré contient moins d'oxygène sous un volume donné et parce que la dissolution de ce gaz dans le sang est moins facile sous une pression plus faible, mais encore parce que la surface où s'établit le conflit du sang veineux avec l'air atmosphérique a diminué d'étendue. Brachet (3), rappelant que la contraction musculaire opère une désoxygénation considérable du sang, et que les muscles ne peuvent d'ailleurs se contracter que sous l'influence du sang artériel, explique la lassitude et l'*anhélation* par la présence d'un sang trop peu oxygéné sous la double influence de la raréfaction de l'air et de l'exercice musculaire. D'autres (4) voient la cause principale des troubles précédents et de l'anhélation en particulier, dans les mouvements pénibles que les membres abdominaux et le corps tout entier sont obligés d'exécuter pour gravir une montagne élevée et rapide. D'après la théorie de E. et W. Weber (5), on a admis, depuis, que la pression atmosphérique n'étant plus suffisante, à une certaine hauteur, pour maintenir la tête du fémur appliquée contre la cavité cotyloïde et faire ainsi équilibre au poids du membre inférieur, l'action musculaire doit intervenir très-énergiquement lors de l'oscillation du membre, pour le maintenir dans ses rapports articulaires : de cette action musculaire inusitée résulterait le sentiment de poids et de lassitude dans les membres inférieurs, bientôt suivi d'un impérieux besoin de repos des muscles. Enfin, aux yeux de Lepileur (6), qui du reste est loin de refuser toute influence à la raréfaction de l'air et à l'exercice musculaire, la cause principale du mal de montagnes serait dans la congestion sanguine qui, sous l'influence des ef-

---

(1) Bénédict de Saussure, *ouvr. cité*, t. I, § 561.

(2) Pravaz, *Bull. de l'Acad. de méd. de Paris*, 1838, t. II, p. 985. — *Essai sur l'emploi médical de l'air comprimé*. Paris, 1850.

(3) Brachet, *Note sur les causes de la lassitude et de l'anhélation dans les ascensions sur les montagnes les plus élevées* (*Revue médicale*, novembre 1844, p. 356).

(4) P. Bouguer et la Condamine, *Relation d'un voyage fait dans l'intérieur de l'Amérique méridionale*, 1745. — Rey, *Influence sur le corps humain des ascensions sur les hautes montagnes* (*Revue médicale*, novembre 1842, p. 321).

(5) W. Weber, *Traité de la mécanique des organes de la locomotion*, trad. par Jourdan. Paris, 1843.

(6) Lepileur, *mém. cité*.

forts, se produit dans le cerveau, les *poumons*, les muscles et le système de la veine porte.

Quant à nous, il ne nous semble pas possible de nier que la raréfaction de l'air ou la diminution de la pression atmosphérique, quand elle survient *trop brusquement*, doive modifier assez profondément l'oxygénation pour produire des troubles plus ou moins notables de la respiration et de l'hématose ; car bien évidemment un certain laps de temps est toujours nécessaire pour que l'équilibre entre les gaz du sang et les gaz extérieurs puisse complétement s'établir, pour qu'aussi les mouvements *plus actifs* de la respiration (*) se mettent en harmonie avec les conditions nouvelles, de manière que le poumon absorbe, dans un temps donné, à peu près la même quantité d'oxygène qu'exige l'état normal. Que si la plupart des accidents mentionnés ne se produisent pas avec la même intensité dans les ascensions aérostatiques, qui pourtant dépassent parfois en hauteur les ascensions sur les montagnes, c'est qu'il faut tenir grand compte des différences qu'il y a, pour l'homme, entre être assis et sans mouvement dans le fond de la nacelle d'un aérostat, et gravir à pied une montagne escarpée. Dans ce dernier cas, le travail exagéré des muscles locomoteurs doit rendre très-active la consommation d'oxygène, dont les conséquences deviennent d'ailleurs d'autant plus sensibles pour l'économie que ce principe vivifiant est lui-même plus raréfié en raison de l'altitude du lieu.

Quoi qu'il en soit, ainsi que le prouvent l'acclimatement à des hauteurs considérables et l'observation des individus vivant, les uns sur le sommet des montagnes, et les autres dans la profondeur des vallées, toujours est-il que l'homme peut arriver, *graduellement*, à supporter des variations de pression comprises entre des limites très-étendues, sans que son état statique ou dynamique en soit modifié d'une manière appréciable. Dans la république de l'Équateur, la ville de *Quito*, bâtie sur le versant E. de la montagne volcanique du Pichincha et renfermant 70 000 habitants, est élevée à 2908 mètres au-dessus du niveau de la mer ; dans le haut Pérou ou Bolivie, la ville de *Potosi*, qui, dit-on, a possédé au xviie siècle une population de 150 000 âmes, se trouve, dans sa partie la plus haute, à 4166 mètres ; dans les Andes péruviennes, la métairie d'*Antisana* est placée à une hauteur de 4101 mètres, et la ville de *Calamarca*, en Bolivie, à 4141 mètres ; au Thibet, *Deba*, ville qui sert de résidence à un Lama, est située à près de 5000 mètres d'élévation, c'est-à-dire à une hauteur correspondante au sommet du mont Blanc (4810 mètres), et à laquelle la pression barométrique a diminué environ de moitié ; il en est de même de la maison de poste d'*Ancomarca* (4792 mètres), habitée pendant plusieurs mois de l'année (1). Et pourtant, avec des diminutions aussi considérables de la densité de l'air, il est manifeste que, chez les hommes ou les animaux qui vivent habituellement dans ces différentes localités, les fonctions de la vie organique ne s'ac-

---

(*) Tous les voyageurs, excepté LEPILEUR, s'accordent à dire qu'en pareil cas la respiration est notablement accélérée.

(1) Voyez l'*Annuaire du Bureau des longitudes*, p. 191. Paris, 1843.

complissent pas plus mal que chez les habitants des plaines. Si, à chaque inspiration, l'individu qui habite la montagne introduit nécessairement moins d'oxygène dans ses poumons que ne le fait l'habitant de la plaine, il y supplée à l'aide d'inspirations plus fréquentes (*), de manière qu'en définitive, chez l'un et l'autre, la même quantité d'oxygène peut se trouver absorbée dans le même temps. Puis, la tension des gaz du sang étant dans un constant équilibre avec celle de l'air ambiant, rien d'essentiel ne se trouve en effet modifié dans les conditions de *l'échange gazeux* entre l'organisme et l'atmosphère, échange qui constitue un des actes principaux de la respiration.

Quant à *l'augmentation de densité et de pression de l'air*, elle produit des effets inverses des précédents; mais ces effets ne deviennent très-appréciables qu'à l'aide d'appareils condensateurs. C'est ainsi que Tabarié (1) a prouvé qu'une condensation progressive et très-forte de l'air finit par ralentir le pouls et la respiration, à tel point que l'individu mis en expérience se plaint d'une sensation de froid, la température de l'appareil étant néanmoins plus élevée que celle de l'atmosphère ambiante. De son côté, Pravaz (2) a constaté qu'en augmentant la pression seulement d'une *demi-atmosphère*, on voit le pouls baisser sensiblement (quelquefois des deux cinquièmes), la respiration devenir moins fréquente mais plus large, les puissances contractiles réagir d'une manière plus libre et plus facile, etc. Si, d'après Pravaz, la surface où s'établit le conflit du sang veineux avec l'air atmosphérique diminue d'étendue, par suite de la diminution de la pression atmosphérique, cette surface croît avec la pression de l'air et l'ampleur des inspirations, d'où l'augmentation de l'oxygène inspiré. Au dire du même expérimentateur (3): « 1° la quantité d'acide carbonique exhalé dans le bain d'air comprimé s'élève au-dessus des proportions de l'état normal, jusqu'à la pression de 10 à 12 centimètres; au-dessus de cette limite, le poumon exhale moins d'acide carbonique qu'avant le bain; 2° l'effet consécutif de l'air comprimé, à la sortie de l'appareil, est l'accroissement de l'exhalation de l'acide carbonique. Cet effet, qui se prolonge pendant plusieurs heures, n'atteint son *maximum* qu'un certain temps après le bain.»

Plusieurs de ces résultats, qui sont d'ailleurs peu explicables, auraient besoin de confirmation ultérieure (**).

(*) Cette plus grande fréquence des inspirations coïncide, ainsi que l'ont reconnu beaucoup de savants voyageurs, avec une plus grande *accélération du pouls*. De là, pour les personnes qui ont une maladie du cœur ou des organes pulmonaires, ou qui y sont prédisposées, aussi bien que pour celles chez lesquelles on a lieu de craindre que l'accélération du pouls, de la respiration et les troubles de l'hématose n'amènent des accidents graves (apoplexie cérébrale, congestions diverses, etc.); de là, disons-nous, le conseil qu'on donne à ces individus de s'interdire l'ascension des montagnes, les voyages aérostatiques et le séjour dans les lieux très-élevés.

(1) Tabarié, *Comptes rendus des séances de l'Acad. des sc. de Paris*, année 1838, t. VI, p. 896; année 1840, t. XI, p. 26.

(2) Pravaz, *Essai sur l'emploi médical de l'air comprimé*, in-8. Paris, 1850, p. 37.

(3) *Ouvr. cité*, p. 27.

(**) Consultez aussi : P. Hervier, *Sur la carbonométrie pulmonaire dans l'air comprimé* (Gaz. méd. de Lyon, 1849). — Triger, *Sur un nouvel emploi de l'air comprimé dans l'exploitation des mines* (Comptes rendus de l'Acad. des sc. de Paris, t. XXI, p. 1072; — Ibid., t. XIII, p. 884).

Il y a, dans la *respiration des Oiseaux* et dans leur appareil respiratoire, certaines particularités que nous nous décidons à signaler dès maintenant, parce qu'elles ne nous semblent pas sans liaison avec l'étude qui vient d'être faite touchant l'influence des variations de la densité de l'air sur la respiration en général.

L'appareil qui sert à cette fonction, chez les Oiseaux, présente une disposition fort curieuse à connaître ; nous voulons parler de ces sacs aériens qui, en rapport avec l'intérieur des poumons, remplissent une grande partie du corps de l'animal et communiquent même avec l'intérieur des os. G. Harvey (1), le premier, a signalé leur existence chez l'Autruche, le Coq, etc. Cl. Perrault (2) a décrit avec soin plusieurs de ceux qu'on observe dans le tronc du Casoar, de l'Aigle, et P. Camper (3) a découvert que l'air atmosphérique pénètre dans la plupart des os du squelette. J. Hunter (4), Merrem (5), Michel Girardi (6), Geoffroy Saint-Hilaire (7), Colas (8), Natalis Guillot, etc. (9), les ont étudiés et décrits de rechef, en y signalant quelques particularités nouvelles. Mais le travail le plus remarquable sur l'appareil respiratoire des Oiseaux, aussi bien par l'étendue des recherches historiques et critiques que par l'exactitude et la précision des détails qu'il renferme, est l'ouvrage de Sappey (10), publié en 1847. Cet auteur a, le premier, bien fait connaître l'ensemble des réservoirs aériens chez les animaux de cette classe.

De tous ces travaux, il résulte un fait général, c'est qu'entre autres modifications de leurs organes pulmonaires, les Oiseaux possèdent un système compliqué de grandes cellules annexées à ces organes et continues avec la muqueuse qui tapisse les canaux bronchiques : plusieurs de ceux-ci, rampant à la surface du poumon, y présentent en effet des orifices largement ouverts par lesquels ils communiquent avec ces vastes cellules membraneuses, généralement désignées sous les noms de *sacs* ou *réservoirs aériens*. Comme Girardi (11) et L. Fuld (12), Sappey en décrit *neuf*, qui sont tous placés à la périphérie des viscères du tronc. Indépendants les uns des autres, tous communiquent avec les poumons, et la plupart avec les cavités intérieures des os.

(1) G. HARVEY, *Exercitationes de generatione animalium*. Amsterdam, 1651, in-12, p. 4.
(2) CL. PERRAULT, *Mémoires de l'Acad. roy. des sc. de Paris*, t. III, 2ᵉ partie, p. 165.
(3) P. CAMPER, *Mém. des savants étrangers*, 1773, t. VII, p. 328.
(4) J. HUNTER, *Œuvres complètes*, trad. de Richelot, t. IV, p. 251.
(5) MERREM, *Ueber die Luftwerkzeuge der Vögel* (*Leipziger Magazin*, 1783, et *Schneider's verm. Abhandl. zur Aufklärung der Zool.* Berlin, 1784, p. 323 et 331).
(6) MICHEL GIRARDI, *Memorie di Verona*, t. II, 2ᵉ partie, p. 732.
(7) GEOFFROY SAINT-HILAIRE, *Philos. anat.*, pl. VII.
(8) COLAS, *Journ. complém. des sc. méd.*, 1825, t. XXIII, p. 97 et 289. — *Bulletin de Férussac*, 1826, t. IX, p. 225.
(9) NATALIS GUILLOT, *Comptes rendus des séances de l'Acad. des sc. de Paris*, t. XXII, p. 208, et *Ann. des sc. nat.*, 3ᵉ série, 1846.
(10) SAPPEY, *Recherches sur l'appareil respiratoire des Oiseaux*, avec planches. Paris, 1847.
(11) GIRARDI, *loc. cit.*
(12) L. FULD, *De organis quibus aves spiritum ducunt*. Wurzbourg, 1816.

Si, grâce aux précédentes recherches, la disposition de ces singuliers appareils est bien connue, on ne saurait en dire autant de leur *rôle physiologique*. A ce dernier égard, on doit néanmoins à Sappey plusieurs expériences dignes d'intérêt : cet habile observateur s'est à la fois attaché à déterminer la marche et la qualité de l'air qui pénètre dans les différents réservoirs, ainsi que le mécanisne à l'aide duquel ils s'emplissent et se vident tour à tour. Nous verrons tout à l'heure qu'ici, mieux que Cl. Perrault (1) et Girardi (2), Sappey a démontré un fait d'antagonisme fort curieux et essentiel à connaître pour se faire une idée du fonctionnement de l'appareil.

Rappelons d'abord que les neuf réservoirs aériens, dont l'existence est constante, sont distribués comme il suit : 1° un *réservoir thoracique*, impair et symétrique, placé à la partie antérieure du thorax, au-dessous et en avant des poumons; 2° deux *réservoirs cervicaux* situés, de chaque côté, le long de la base du cou; 3° quatre *réservoirs diaphragmatiques*, logés entre les deux diaphragmes; 4° deux *réservoirs abdominaux* adossés à la paroi supérieure de l'abdomen, bien décrits et bien représentés surtout par Natalis Guillot (*loc. cit.*).

Or, chaque fois que le thorax se dilate, les quatre réservoirs moyens ou diaphragmatiques se dilatent avec lui; puis les réservoirs thoracique, cervicaux et abdominaux, c'est-à-dire les antérieurs et les postérieurs, s'affaissent en même temps; quand le thorax se resserre, des phénomènes inverses se manifestent. Les réservoirs diaphragmatiques sont donc comme de simples annexes de la cavité pulmonaire, tandis que les réservoirs antérieurs et postérieurs sont, au contraire, antagonistes de ce premier système, en ce qui concerne l'admission et l'expulsion de l'air. En d'autres termes, pendant l'inspiration, l'air extérieur entre dans les poumons et les réservoirs diaphragmatiques ou moyens, en même temps qu'une portion de l'air contenu dans les réservoirs antérieurs et postérieurs reflue dans les poumons; pendant l'expiration, l'air expulsé des poumons et des réservoirs moyens s'échappe en partie au dehors et pénètre en partie dans les réservoirs antérieurs et postérieurs. Il existe donc bien, entre le jeu des réservoirs moyens et celui des réservoirs antérieurs et postérieurs, la plus remarquable opposition : cet antagonisme est le phénomène principal et caractéristique de la respiration chez les Oiseaux; l'expérimentation le démontre d'ailleurs de la manière la plus évidente. Ces faits devant dominer toute théorie sur l'usage des sacs aériens, il importait de les bien établir.

Sappey a constaté, en outre, à l'aide d'observations faites sur le vivant, que les poumons se dilatent relativement assez peu, alors que les réservoirs moyens subissent une distension considérable, et il en a conclu que, chez les Oiseaux, l'organe d'aspiration et l'organe de l'hématose sont distincts; celui-ci étant représenté par les poumons, celui-là par les sacs diaphragma-

<hr>

(1) Cl. Perrault, *mém. cité*, t. III, 2ᵉ partie, p. 148.
(2) Girardi, *loc. cit.*

tiques. Cet auteur s'est également assuré que l'air contenu dans les réservoirs diaphragmatiques a sensiblement la même composition chimique que l'air libre extérieur, sauf un léger mélange d'air expiré qui diminue quelque peu la quantité de l'oxygène et augmente celle de l'acide carbonique. Quant aux réservoirs antérieurs et postérieurs, qui se dilatent pendant l'expiration, ils renferment un air vicié tel que celui qui est expulsé par les narines de l'oiseau : cet air contient, en moyenne, 16 pour 100 d'oxygène (en volumes) et 5 environ d'acide carbonique. Ce même air arrive d'ailleurs, par l'entremise du poumon et des sacs diaphragmatiques, dans les réservoirs cervicaux, thoracique et abdominaux, à une température de 40 à 42 degrés centigrades qui lui donne à la fois une plus faible densité et une plus forte tension que celles de l'air extérieur.

Enfin, guidé par des expériences analogues de J. Hunter (1) et de J. A. Albers (2), Sappey (3) a encore reconnu que l'air de ces derniers réservoirs circule si librement dans les os, qu'il est possible, sur un Oiseau auquel on a amputé l'humérus et lié la trachée-artère, de constater que la respiration s'accomplit par la cavité béante de cet os comme par la trachée elle-même. Un Canard, sur lequel Sappey a fait l'expérience, « et qui respirait par l'os du bras », était encore plein de vie au bout de quarante-huit heures.

Tels sont les faits essentiels qu'il importait de rappeler avant de discuter sommairement les usages de l'appareil qui nous occupe.

D'abord, plusieurs de ces faits tendent à annuler l'opinion de G. Cuvier (4), d'après laquelle les sacs aériens serviraient à une double respiration, le sang devant s'oxygéner à la fois dans les réseaux capillaires des poumons et à la surface des sacs aériens dans les réseaux capillaires de la circulation générale. Cette conjecture physiologique est démentie de plusieurs manières : en premier lieu, les parois membraneuses des sacs aériens sont très-peu vasculaires; puis, les vaisseaux veineux qui en remportent le sang s'abouchent avec le système des veines caves et non avec les veines pulmonaires; enfin, on a vu que les réservoirs thoracique, cervicaux et abdominaux reçoivent de l'air expiré, à peu près impropre à une nouvelle hématose. L'opinion de Cuvier n'est donc plus admissible aujourd'hui.

On a aussi pensé que les sacs aériens des Oiseaux pouvaient avoir pour usage : de diminuer le *poids spécifique* du corps (Camper, J. Hunter, Girardi); de rendre l'équilibre plus stable, en abaissant le centre de gravité (Borelli); d'isoler le mécanisme de l'effort de celui de la respiration (J. Hunter, Girardi, Sappey); enfin, d'augmenter l'étendue et la puissance de la voix (Girardi, Sappey). Examinons très-rapidement chacun de ces points.

Évidemment, les sacs aériens ne peuvent diminuer le poids spécifique

(1) J. Hunter, *Œuvres complètes,* t. IV, p. 255, trad. franç. de G. Richelot. Paris, 1843.
(2) J. A. Albers, *Beiträge zur Anat. und Physiol. der Thiere,* Bremen, 1802, p. 107.
(3) Sappey, *ouvr. cité,* p. 48.
(4) G. Cuvier, *Règne animal,* 2ᵉ édit., t. I, p. 301.

du corps de l'oiseau qu'en raison de la température de l'air qu'ils contiennent. Mais la différence du poids qui en résulte n'est pas bien considérable, ainsi qu'on pourra le voir par les nombres suivants que donnent les formules adoptées par les physiciens. Supposons un air ambiant à 10 degrés centigrades et le corps de l'oiseau à 42 degrés : un litre d'air à 10 degrés pèserait environ $1^{gr},24$ au niveau du sol, et, à 42 degrés, son poids serait réduit à $1^{gr},11$; l'excès de poids de l'air froid serait donc de 13 centigrammes seulement pour un volume déjà considérable et avec une différence très-notable de température. Aussi nous semble-t-il qu'il ne faut pas tenir un bien grand compte du rôle que peuvent jouer les réservoirs aériens des oiseaux comme appareil aérostatique propre à rendre leur corps plus léger. Que serait, en effet, le corps d'un oiseau capable de renfermer un litre d'air dans cet appareil? On devrait lui supposer tout au moins 1500 centimètres cubes de volume total, c'est-à-dire 500 centimètres cubes pour les divers organes qui entourent cette masse d'air. Dans cette hypothèse, l'oiseau, n'eût-il que 1,3 pour densité, pèserait 650 grammes et ne serait allégé, par cet appareil compliqué, que de $\frac{1}{5000}$ environ de son poids. — En réalité, on ne peut s'attacher sérieusement à cette première conjecture émise sur le rôle physiologique des sacs aériens chez les oiseaux. Aussi, comme nous, Sappey paraît-il l'avoir considérée comme peu satisfante ; il admet que l'influence de ces sacs aériens doit être « extrèmement limitée », puisque leur développement n'est nullement en rapport avec les différences que présentent les diverses classes d'oiseaux dans leur aptitude pour le vol (1).

Nous avons dit qu'en second lieu, à l'exemple de Borelli (2), on avai. assigné pour usage aux sacs aériens de « rendre plus stable l'équilibre du corps ». Par suite de la conformation propre aux Oiseaux, les réservoirs aériens serviraient à abaisser leur centre de gravité en augmentant le diamètre tergo-abdominal de leur corps et en refoulant, au-dessous de l'axe des ailes, la masse des viscères de l'abdomen. Mais cet usage, concernant seulement une portion de l'appareil en question (réservoirs abdominaux), ne saurait être regardé que comme très-secondaire et n'explique aucunement la présence d'un semblable appareil.

Il en est à peu près de même de l'influence des sacs aériens « sur le mécanisme de l'effort isolé de celui de la respiration ». Sappey (3) a très-bien fait ressortir l'indépendance qui existe, chez les Oiseaux, entre les mouvements du vol et ceux de la respiration : elle tient à l'insertion des muscles qui entourent le tronc, insertion qui se fait tout différemment chez les Oiseaux et chez les Mammifères. « Les sacs aériens, dit cet observateur, participent à l'indépendance de ces deux fonctions en augmentant la capacité du thorax, et en donnant au sternum une plus grande largeur. » Ce

____

(1) *Ouvr. cité*, p. 50.
(2) Borelli, *De motu animalium*, proposit. CLXXXV.
(3) Sappey, *ouvr. cité*, p. 54.

n'est pas encore là, ce nous semble, une raison suffisante de leur existence, et il faut leur trouver une autre destination.

Quant à « l'influence des sacs aériens sur l'intensité, l'étendue et la puissance de la voix », même en acceptant cette idée telle qu'elle est présentée, il paraît bien difficile d'admettre qu'une modification aussi importante, dans un des appareils essentiels de l'économie animale, ait pour but principal la production du chant.

Mais on ne peut s'empêcher de remarquer que, dans tout le règne animal, il y a seulement deux classes d'animaux organisés pour le vol, les Oiseaux et les Insectes; que, dans l'une et dans l'autre classe, l'air est abondamment répandu dans le corps, à l'aide des réservoirs aériens chez les Oiseaux et des trachées souvent vésiculeuses chez les Insectes ; qu'enfin, dans aucune autre classe, cette diffusion de l'air dans l'organisme n'est aussi abondante que dans les deux précédentes. Or, s'il est vrai qu'en général les Oiseaux soient exceptionnellement doués sous le rapport du chant, on ne saurait en dire autant des Insectes ; aussi serait-il plus satisfaisant de trouver, en dehors de toutes les idées qui viennent d'être passées rapidement en revue, une explication applicable à ces deux classes d'animaux organisés pour être ainsi pénétrés d'air, explication se rattachant d'ailleurs à leur mode tout spécial de locomotion.

A propos du mécanisme de la respiration chez les Oiseaux, et du rôle de leurs grandes cellules aériennes, Duvernoy (1) s'exprime ainsi : « Toutes les circonstances qui distinguent essentiellement les poumons et la respiration des Oiseaux me semblent avoir été nécessitées par les conséquences, sur la circulation en général et sur la circulation pulmonaire en particulier, de la rapidité extrême de leur vol et des changements fréquents dans le poids de l'atmosphère, auxquels les Oiseaux sont exposés dans leurs voyages aériens. Ils doivent à cette organisation de n'avoir, dans leurs mouvements si rapides, si soutenus et quelquefois si élevés, ni essoufflement, ni hémorrhagies. »

Mais Duvernoy a omis de poursuivre cette idée qui, selon nous, peut conduire à d'intéressants rapprochements, surtout lorsqu'on s'en rapporte, d'une part, aux expériences de Cl. Perrault et de Sappey sur le mécanisme respiratoire des Oiseaux, et, d'autre part, aux faits relatés ci-dessus touchant le *mal de montagnes.* Si les Oiseaux possèdent en effet, au plus haut degré, le pouvoir de s'élever dans l'atmosphère en traversant des couches d'air d'une densité très-différente, sans que ni leur circulation ni leur respiration en soient gênées en aucune façon ou que l'effort musculaire en soit affaibli, l'expérience démontre qu'au contraire l'organisme de l'Homme et des Mammifères ne saurait subir la même épreuve sans de notables perturbations. Il y a donc de l'intérêt à rechercher comment l'organisation des Oiseaux conjure ces effets, et si les réservoirs aériens ne seraient pas destinés à assurer un pareil résultat.

(1) G. Cuvier, *Leçons d'anat. comp.,* 2e édit. Paris, 1840, t. VII, p. 214.

Nous savons déjà que, chez les Oiseaux, l'organe d'hématose et l'appareil d'aspiration sont distincts, que les sacs diaphragmatiques constituent une sorte de pompe aspirante et foulante qui, dans l'*inspiration*, appelle et reçoit l'air extérieur, et qui, dans l'*expiration*, en en chassant une partie par la glotte ou les fosses nasales, pousse l'autre, par l'entremise du poumon, dans les réservoirs antérieurs et postérieurs. Ajoutons que la surface interne des poumons, chez les Oiseaux, n'est pas en communication seulement avec l'air du dehors de manière à en subir exclusivement la pression variable; placée entre les sacs diaphragmatiques ou aspirateurs et les réservoirs affectés à l'expiration, cette surface reçoit aussi de ces derniers de l'air dont la pression dépend toujours des changements de volume que ces réservoirs peuvent subir sous l'empire même de l'effort qui pousse cet air dans les poumons. Le précédent appareil pourrait donc bien avoir pour effet d'isoler, plus ou moins complétement, la surface respiratoire et ses nombreux vaisseaux de l'atmosphère variable que l'oiseau traverse dans sa locomotion si rapide et si étendue. Qu'on se rappelle encore par quel étroit orifice l'appareil pneumatique des Oiseaux communique avec l'air ambiant, puisque la glotte consiste en une simple fente à bords rigides, laissant seulement à sa commissure antérieure un méat par lequel l'air intérieur communique avec le dehors, et l'on tendra peut-être à admettre qu'en effet le véritable but de l'appareil qui nous occupe est de placer les surfaces respiratoires dans une atmosphère propre au corps de l'oiseau et dont celui-ci puisse régler la pression selon ses besoins. — Cette idée prêterait à des développements qui ne sauraient trouver place ici; disons pourtant qu'elle offre encore cela de remarquable qu'elle peut s'appliquer également à l'organisme des Insectes. Chez eux, l'appareil trachéen présente aussi cette particularité que l'animal peut facilement se créer en lui-même une atmosphère spéciale par l'occlusion des stigmates et grâce à la capacité des canaux et réservoirs aériens qui s'y rattachent très-communément. Souvent on a pu constater combien, par suite de cette organisation, les Insectes résistent à l'influence du vide pneumatique, des gaz délétères et même de l'immersion dans l'eau. Pourquoi ne pas croire que, dans le vol, et pendant qu'ils traversent les diverses couches de l'atmosphère, les Insectes ne puissent s'isoler aussi de la pression extérieure si changeante avec l'altitude, comme le font sans doute les Oiseaux par un mécanisme un peu différent, mais du moins analogue dans ses effets?

Après la précédente étude des rapports de la pression de l'air avec la respiration en général, et les applications de cette étude à la *respiration des Oiseaux*, il ne nous reste, pour l'instant, rien à dire des autres propriétés physiques de ce fluide. Leur influence sur la fonction dont il s'agit ne paraît avoir rien de spécial et sera examinée ailleurs : parmi les plus importantes de ces propriétés figure, par exemple, l'hygrométricité de l'air, qui modifie sensiblement la transpiration pulmonaire; mais ces modifications, conformes aux lois qui régissent l'exhalation en général, ne devront être étudiées qu'à propos de cet acte physiologique, etc.

IV. — Puisque la respiration, envisagée dans son caractère essentiel, consiste dans un échange de gaz qui s'opère durant le contact médiat de *l'air et du sang*, évidemment, pour comprendre les changements introduits par la respiration dans les propriétés et la composition de ces deux fluides, il importe de connaître d'abord la constitution normale de l'un et de l'autre. Déjà nous avons exposé celle de l'air; il nous reste à étudier la *composition normale du sang*, principalement dans l'homme et dans les animaux supérieurs (*), *tout en faisant*, à l'avance, *quelques applications de cette étude à la respiration, aux sécrétions et à la nutrition.* Nous donnerons ainsi plus d'intérêt à notre exposé chimique. Ces notions, que nous croyons devoir présenter dès maintenant, pourront d'ailleurs servir d'introduction générale à l'examen ultérieur de ces diverses fonctions.

L'histoire détaillée du sang se trouve tracée dans une autre partie de cet ouvrage. (Voyez le tome II.)

Le *sang*, qui doit être regardé comme le principal milieu des phénomènes de nutrition, constitue le liquide renfermé dans les veines et dans les artères. A ces deux ordres de vaisseaux correspondent le *sang veineux* et le *sang artériel*, dont il nous faudra bientôt indiquer les caractères différentiels.

Si l'on ouvre la veine ou l'artère d'un animal vertébré, il s'en écoule un liquide d'une couleur rouge brun ou rouge vermeil, d'une odeur caractéristique et différente suivant l'espèce animale, d'une saveur salée, un peu nauséeuse, et d'une réaction toujours alcaline. Sa densité varie ordinairement chez l'homme adulte entre 1,050 et 1,065.

Par le repos, ce liquide se prend en une masse qui bientôt se sépare en deux parties distinctes : l'une, liquide, transparente et jaunâtre, est le *sérum;* l'autre, molle, opaque et d'un rouge plus ou moins foncé, constitue le *caillot.*

Dans l'état de vie, le sang doit être considéré comme formé d'une portion fluide, le *plasma*, et d'une portion solide, elle-même composée de corpuscules microscopiques ou *globules* rouges et blancs qui, nageant dans ce plasma, sont entraînés avec lui dans le torrent circulatoire.

C'est à la *fibrine* dissoute dans le plasma (à une partie seulement de cette fibrine suivant Denis) qu'est due la coagulation spontanée du sang une fois qu'il est sorti des vaisseaux : dans le *caillot* ainsi formé sont également contenus les *globules sanguins*, blancs et rouges. Du reste, cette coagulation s'accomplit sans le concours des agents extérieurs : elle a lieu dans les gaz qui n'ont pas d'action chimique intense sur le sang, dans le vide de la machine pneumatique, et parfois, durant la vie, dans les vaisseaux eux-mêmes.

La partie liquide du sang vivant (*plasma*), tient en dissolution ou bien en suspension, à l'aide de *l'eau*, les corps suivants :

(*) On ne sait d'ailleurs que bien peu de choses au sujet de la *composition chimique du sang* chez les *animaux invertébrés.*

Albumine, fibrine, caséine, albuminose, hémato-globuline, *protagon* (*);

Dextrine, glycose ;

Oléine, margarine, stéarine, cholestérine, séroline, matière grasse phosphorée ; oléate, margarate et stéarate de soude ;

Créatine, créatinine, urée ;

Acides urique, hippurique, lactique, acétique, butyrique, formique, valérique, en combinaison surtout avec la soude, c'est-à-dire à l'état de *sels organiques ;*

Chlorures de sodium et de potassium, fluorure de calcium ;

Acides carbonique, phosphorique, sulfurique, en combinaison avec la soude, la potasse, la chaux, la magnésie, un oxyde de fer, c'est-à-dire à l'état de *sels inorganiques ;*

Silice, un peu de soude libre ;

Enfin, trois gaz : *oxygène, acide carbonique* et *azote.*

Tel est, en ce qui concerne la composition du sang, le dénombrement des principes les plus importants signalés, jusqu'à ce jour, par les chimistes.

Il reste une tâche à remplir, celle de grouper des principes aussi nombreux, d'après leur nature et leur rôle physiologique, en s'appliquant surtout à distinguer les parties réellement constituantes du sang de celles qui peuvent n'être qu'accessoires.

Et d'abord, la simple énumération qui précède nous apprend déjà que le sang se compose de quatre sortes de substances qu'on retrouve aussi, avec des proportions déterminées, dans la constitution de tout aliment *complet* (le lait, par exemple), à savoir : 1° de *substances albuminoïdes* ou protéiques (fibrine, albumine, etc.) qui servent à la rénovation des tissus et rendent le sang lui-même coagulable spontanément ou par la chaleur; 2° d'un *principe sucré* ou d'un dérivé de ce principe, comme est l'acide lactique, par exemple; 3° de *matières grasses* qui, avec le principe sucré, représentent dans l'organisme surtout les matériaux de combustion respiratoire en rapport avec la production d'une *chaleur propre* (chaleur animale); 4° de certains *principes minéraux* qui, essentiels à l'organisme, font partie de ses humeurs et de ses différents tissus.

Cette composition, qui envisagée d'une manière générale rapproche le *sang* de tout aliment type ou complet, s'explique aisément puisqu'en définitive le sang ne peut s'entretenir qu'avec le concours des principes alimentaires; elle est bien aussi en rapport avec la destination physiologique de ce fluide qui renferme, en outre, la plupart des matières ou les éléments des matières destinées aux diverses sécrétions.

Seulement il importe de rappeler ici que les principes organiques con-

---

(*) Le *protagon* est un principe immédiat cristallisable, azoté et phosphoré dont la présence a été découverte, en 1866, par OSCAR LIEBREICH dans la substance cérébrale, puis signalée dans les globules rouges du sang par L. HERMANN et dans le plasma par HOPPE-SEYLER. Parmi ses produits de dédoublement figurent la *neurine* et l'acide *glycéro-phosphorique.*

tenus dans le sang (principes albuminoïdes, gras et sucrés) ne sont pas identiques avec ces mêmes principes quand ils font partie des aliments: ainsi, contrairement à ce qui a lieu avec l'albumine du sérum, l'albumine de l'œuf se coagule lorsqu'on y verse de l'éther ou de l'essence de térébenthine; — la fibrine des muscles finit par se dissoudre complétement dans l'eau aiguisée d'un ou deux millièmes d'acide chlorhydrique, tandis que la fibrine du sang traitée de la même manière devient gélatineuse, transparente, mais ne se dissout qu'en faible proportion; — la dextrine et le sucre du sang sont loin aussi d'être identiques (comme le démontrent les réactions différentes), avec les mêmes principes dans les aliments ou avec la zoamyline qui entre dans la composition de certains tissus organiques, etc.

Depuis plusieurs années, j'ai coutume, dans mes leçons à la Faculté de médecine, de classer comme il suit les nombreux matériaux dont se compose le sang; dans cette *classification physiologique*, ils se trouvent groupés d'après leur origine, leur nature et aussi d'après leur destination :

I	II
Matériaux d'assimilation contenus dans le sang et pouvant trouver leur emploi dans l'organisme.	*Produits de désassimilation contenus dans le sang et devant être expulsés de l'organisme.*
A. — MATIÈRES ALBUMINOÏDES OU PROTÉIQUES.	**A′. — PRODUITS DÉRIVÉS DES MATIÈRES ALBUMINOÏDES.**
Albuminose ou peptone. Albumine. Fibrine. Caséine. Hémato-globuline. *Protagon.*	Urée Acide urique } combinés surtout avec la Acide hippurique } soude. Créatine. Créatinine. Biliverdine? Eau. Gaz acide carbonique libre et combiné. Azote libre.
B. — MATIÈRES GRASSES.	**B′. — PRODUITS DÉRIVÉS DES MATIÈRES GRASSES.**
Oléine. Margarine. Stéarine. Cholestérine. Séroline. Matière grasse phosphorée. Oléate } Margarate } de soude et de potasse ou *sels à* Stéarate } *acide gras fixe.*	Acide acétique } Acide butyrique } combinés avec la soude et Acide formique } la potasse. Acide valérique } Eau. Gaz acide carbonique libre et combiné.
C. — MATIÈRES AMYLOÏDES ET SUCRÉES.	**C′. — PRODUITS DÉRIVÉS DES MATIÈRES AMYLOÏDES ET SUCRÉES.**
Dextrine. Glycose.	Inosite. Sucre modifié. Acide lactique combiné avec la soude et la potasse. Eau. Gaz acide carbonique libre et combiné.

D. — Eau et matières salines inorganiques.

Eau.
Chlorure de sodium.
Chlorure de potassium.
Fluorure de calcium.

Phosphates { de soude.
Carbonates { de potasse.
{ de chaux.
{ de magnésie.

Sulfates alcalins.
Chlorhydrate d'ammoniaque ?
Silice.
Soude libre (des traces).
Sesquioxyde de fer (libre ou combiné).

D'. — L'eau et tous les sels inorganiques de l'alimentation, *en excès*, c'est-à-dire ne pouvant pas trouver leur emploi dans l'organisme.

E. — Oxygène

ou agent essentiel de la transformation des principes organiques du sang et des tissus. On le trouve surtout dans les globules.

E'. — Gaz acide carbonique et azote

ou produits gazeux de l'oxydation ultime des principes organiques du sang et des tissus. On les trouve surtout dans le plasma.

En jetant les yeux sur ce tableau, on peut remarquer, comme un des résultats les plus importants que la chimie ait fournis à la physiologie, la découverte dans ce fluide de la plupart des *principes immédiats* qui entrent dans la constitution des humeurs et des tissus des animaux.

Ainsi, laissant de côté pour l'instant les produits de désassimilation, nous trouvons dans le sang : la *fibrine,* base des muscles ; — l'*albumine,* principe immédiat d'un grand nombre de liquides et de la plupart des solides de l'organisme ; — l'*oléine,* la *margarine* et la *stéarine,* qui constituent la *graisse* tenue en réserve dans les vésicules adipeuses ; — les deux premières de ces matières grasses qui, unies à la *cholestérine,* à l'*albumine* et au *protagon,* forment la substance nerveuse, d'ailleurs riche en phosphore ; — la *dextrine* et la *glycose,* qui, transformées en *matière glycogène* ou *zoamyline,* entrent dans la composition de certains tissus ; — l'*eau,* qui résume en elle une grande partie des conditions de la vie, et qui entre dans la composition de toutes les humeurs et de tous les tissus animaux : il en faut une proportion définie à certains tissus, sans quoi ils perdent leurs caractères particuliers, comme font, par exemple, le tissu jaune élastique, la cornée transparente, etc.

A l'organisme animal, il fallait de plus : du *phosphate de chaux,* du *carbonate de chaux,* du *fluorure de calcium,* etc., pour entretenir et accroître le tissu osseux, lui assurer la solidité ; — du *chlorure de sodium* pour empêcher la dissolution des globules sanguins dans le sérum, et aider au contraire la dissolution de l'albumine et de la caséine ; — du *phosphate* et du *carbonate de soude,* afin de donner au plasma du sang un pouvoir considérable d'absorption à l'égard de l'acide carbonique, qui est un des produits ultimes les plus abondants de l'oxydation des substances organiques contenues dans le sang et les tissus ; — du *fer,* qui, uni à l'hémato-globuline des corpuscules rouges du sang, n'est peut-être pas étranger à l'absorption et à une combinaison instable de l'oxygène atmosphérique ; — du *fluorure de calcium,* qui fait partie des os et de l'émail des dents ; — de la *silice,* qui entre dans la composition des plumes et des poils, etc. Or, toutes ces substances inorganiques qui entrent dans la *composition du sang,* des humeurs et des tissus animaux, on les trouve toutes préparées dans les plantes alimentaires qui, elles-mêmes, les ont puisées dans le sol, à l'aide de leurs racines; des plantes, elles ont passé d'abord dans le sang des herbivores et ultérieurement dans celui des carnivores.

Avant d'aller plus loin, nous croyons devoir indiquer les *quantités moyennes* des principales matières que l'on trouve dans 1000 grammes de sang humain.

Il est assez difficile de formuler, d'une manière générale, la composition du sang de l'homme dans l'état de santé. Il existe, en effet, mille influences qui peuvent modifier cette composition, et ces modifications, bien que maintenues dans des limites assez restreintes, suffisent pour amener des différences appréciables avec la formule générale proposée.

Prévost et Dumas sont les premiers qui aient donné une *composition moyenne* du sang humain. D'après eux, sur 1000 grammes, il y a :

```
Globules...........................   127 gr.
Albumine...........................    70
Fibrine............................     3
Eau ...............................   790
Sels, matières grasses et extractives.. ..    10
                                      ————
                                      1000
```

Suivant Becquerel et Rodier, la formule générale à adopter serait la suivante :

```
Globules...........................   135,00
Albumine...........................    70,00
Fibrine............................     2,50
Eau................................   781,50
Sels, matières grasses et extractives......    11,00
                                      ————
                                      1000,00
```

La composition moyenne du sang de l'homme est indispensable à connaître pour étudier les variations de composition de ce fluide, soit dans l'état physiologique, soit dans l'état morbide.

D'après ces deux derniers observateurs, les *limites physiologiques* pour la quantité des globules, par exemple, peuvent être fixées à 145 et à 125, c'est-à-dire qu'au-dessus de 145, on devrait noter l'augmentation du chiffre des globules, et *au-dessous de* 125 *sa diminution* (moyenne, 135).

Dans 1000 grammes de sérum du sang, la quantité moyenne d'*albumine* étant de 70 grammes, la limite inférieure de l'état normal serait 60 (toujours d'après Becquerel et Rodier) et la limite supérieure 85 et 90 (moyenne, 70).

Pour la *fibrine,* les limites physiologiques devraient être placées à 2 et à 3 grammes pour 1000 grammes de sang. Les proportions de fibrine en deçà et au delà devraient être considérées comme l'expression d'un état pathologique (moyenne, 2,50). — Plus loin, nous verrons que, d'après Denis, la quantité de fibrine serait beaucoup plus considérable.

Quant à l'*eau*, sa quantité moyenne étant de 780 grammes pour 1000 grammes de sang considéré en masse, sa limite physiologique inférieure serait 720 grammes et sa limite supérieure environ 820 grammes, c'est-à-dire que les variations normales oscilleraient dans une proportion de 100 grammes d'eau pour 1000 grammes de sang.

Les *matières grasses* figurent ordinairement pour 2 à 3 grammes seulement : elles se trouvent à la fois dans le plasma et dans les globules, mais elles sont relativement plus abondantes dans ces derniers.

La proportion du *principe sucré* (glycose) ne dépasse guère un demigramme (*) : quand le sang artériel en contient plus de 2 grammes, le rein l'en sépare ; il y a *glycosurie*.

Quant aux *matières* dites *extractives* du sang, elles paraissent y exister dans la proportion d'environ 2 grammes 1/2 sur 1000 ; et sous cette dénomination, plusieurs auteurs rangent la *créatine*, la *créatinine*, l'*albuminose*, voire même l'*urée*, les acides *urique* et *hippurique*, dont la composition est pourtant bien déterminée. Chacune de ces substances est si peu abondante que, pour la plupart, il a été impossible, jusqu'à présent, d'en faire un dosage qu'on soit autorisé à présenter comme exact.

Cependant, pour l'*urée*, en particulier, on s'accorde assez généralement à admettre que sa proportion, dans le sang de l'homme sain, est de $0^{gr},15$ à $0^{gr},20$ pour 1000 grammes.

Les *sels inorganiques* figurent pour 6 à 7 grammes, dont 3 à 4 grammes pour le *chlorure de sodium* ; — 2 grammes à 2 grammes 1/2 pour le *carbonate et le phosphate de soude* ; — environ 1/2 gramme seulement pour le *phosphate de chaux uni au phosphate de magnésie*. Il n'y a qu'une minime proportion de soude libre, que de faibles quantités de sulfate, de phosphate, de carbonate de potasse et de sulfate de magnésie.

Quant au *fer*, on sait que 127 grammes de globules (qui répondent à 1000 grammes de sang) renferment environ 10 grammes d'hématosine contenant eux-mêmes 1 gramme d'oxyde de fer : cette dernière quantité, 1 gramme, est par conséquent celle que l'on trouve dans 1000 grammes de sang humain.

C'est seulement à propos de l'étude des *gaz du sang* que nous essayerons de déterminer, plus loin, leur *quantité moyenne* dans le sang veineux et dans le sang artériel.

A. — Nous commencerons l'examen des substances contenues dans le sang en nous occupant de celles que réunit une identité presque parfaite de composition, c'est-à-dire l'*albumine*, la *fibrine* et la *caséine*, desquelles nous rapprocherons l'*albuminose*, l'*hémato-globuline* et le *protagon*.

(*) Après le repas (chez les chiens) on peut trouver jusqu'à 2 et 3 grammes de glycose pour 1000 grammes de sang sorti des *veines sus-hépatiques* ; ce fait s'explique par la conversion en sucre de la matière glycogène tenue en réserve dans le foie, conversion devenue momentanément plus abondante grâce à l'activité plus grande de la circulation hépatique durant la digestion. La respiration utilise et décompose ce *surplus transitoire* de principe sucré.

On sait que les trois premières de ces substances azotées, qui existent non-seulement dans le sang (*), mais dans d'autres fluides ou solides de l'organisme animal, ont d'abord pour caractère commun de renfermer du *soufre*. Dans l'albumine et la fibrine se trouve aussi en minime proportion du *phosphore* qui manque dans la caséine. Ces matières paraissent néanmoins posséder presque la même constitution chimique élémentaire, et ne différer que par leur état physique ou par la nature des parties minérales avec lesquelles elles sont si bien unies qu'on ne parvient guère à les en séparer. En vertu de l'équilibre chimique fort instable de leurs molécules, qui répond si bien à l'une des conditions essentielles de la vie animale (l'équilibre mobile), les matières protéiques du sang constituent les principaux médiateurs des transmutations organiques et prennent ainsi part aux fonctions les plus importantes. On les appelle souvent les *principes plastiques* du sang, parce qu'en effet ce sont eux surtout qui sont susceptibles de s'organiser et de constituer les parties vivantes de l'économie. Quant à l'identité presque parfaite de leur composition, sur laquelle Liebig a particulièrement insisté, elle explique comment, dans l'économie, ils peuvent et doivent passer avec la plus grande facilité de l'un à l'autre. Leur instabilité remarquable, la propriété de se transformer moléculairement dans une foule de circonstances, surtout de passer facilement de l'état soluble à l'état insoluble ou inversement, suffiraient déjà à les caractériser et à les distinguer de tout autre groupe de corps organiques azotés.

Rappelons encore que divers chimistes ont admis que les précédents principes sont formés du même radical, *protéine*, et de très-faibles quantités de soufre, mais que, suivant d'autres, rien ne prouve la préexistence de la protéine qui semble être plutôt un produit de l'action des alcalis.

1° *Albumine du sang* (**).

Nous avons rappelé que, d'après les analyses les plus accréditées, 1000 grammes de sang renferment en moyenne 70 grammes d'albumine; mais nous verrons tout à l'heure que, suivant Denis (de Commercy), une notable proportion de fibrine dissoute dans le plasma aurait été prise pour de l'albumine, et que, par conséquent, il y aurait lieu d'abaisser le chiffre de l'albumine pour élever d'autant celui de la fibrine. — Nous avons rappelé aussi, en le prouvant, que l'albumine du sang et l'albumine de l'œuf ne sont pas identiques.

L'albumine est, comme la fibrine, en dissolution dans le plasma ou liqueur du sang; mais, tandis que par le repos la fibrine se prend en gelée ou se coagule (partiellement suivant Denis), l'albumine reste tout entière dissoute dans le sérum où d'ailleurs elle est réputée ne point se trouver à l'état d'albumine libre, mais à celui d'albuminate de soude mélangé avec du phosphate de chaux, etc., surtout avec du chlorure de sodium qui la

---

(*) La présence de la *caséine* dans le sang est contestée par divers chimistes : nous dirons plus loin dans quelles conditions cette présence a paru démontrée.

(**) *Sérine de* DENIS (de Commercy).

rendrait soluble. Des expériences de Wurtz (1) tendent à établir qu'il est inexact de croire que l'albumine pure est insoluble et qu'elle doit sa solubilité aux sels qui l'accompagnent spécialement au sel marin.

C'est entre + 60 et 70 degrés centigrades que l'albumine du sang se coagule et qu'elle devient insoluble. Plusieurs acides énergiques, notamment l'acide azotique et l'acide phosphorique à un équivalent d'eau, la coagulent aussi; comme font encore l'alcool concentré, le bichlorure de mercure, etc. Divers chimistes, admettant que, lors de sa coagulation, l'albumine perd un peu de soufre et de soude, veulent voir dans ce phénomène autre chose qu'une simple transformation isomérique de ce principe immédiat. Cette opinion est justement contestée, car les différences révélées par l'analyse élémentaire des deux variétés d'albumine (soluble, coagulée) rentrent dans les erreurs que comporte l'expérience.

Évaporée lentement à une température de + 45 à 50 degrés, l'albumine du sérum prend l'aspect d'une masse amorphe et vitreuse. Alors elle peut subir impunément une température bien supérieure à celle qui la fait se coaguler, par exemple + 100 et même 110 degrés, sans perdre la propriété de se redissoudre dans l'eau. Ce fait, dont on doit la connaissance à Chevreul, explique la résistance à la chaleur de certains animaux microscopiques (Rotifères, Tardigrades), desséchés d'abord lentement, exposés ensuite à la température de l'eau bouillante, puis imbibés peu à peu d'eau qui les rend à la vie.

D'après certains expérimentateurs, l'albumine du sang, comme celle de l'œuf, ne serait pas susceptible de filtrer à travers les membranes organiques; tandis que, suivant d'autres, la diffusion d'une certaine quantité d'albumine dans l'eau extérieure d'un osmomètre muni d'une membrane de cette nature pourrait avoir lieu, à la condition de se servir d'*eau distillée*, et non d'eau commune qui contient des sels. Mais si, sous l'influence de la pression sanguine et malgré la présence de liquides salins ambiants, l'albumine ne pouvait sortir des vaisseaux capillaires, comment donc s'expliquerait la présence de ce principe dans le fluide pancréatique, la salive, le lait, le sperme, les liquides des membranes séreuses et synoviales?

Les considérations suivantes nous semblent de nature à faire pressentir l'importance du rôle dévolu à l'*albumine du sang* et à l'albumine de l'œuf.

La fibrine a été regardée comme un premier degré d'oxydation de l'*albumine*. Ce qu'il y a de certain, c'est que, dans l'œuf des ovipares, la fibrine procède évidemment de l'albumine qui existe seule dans l'origine, et que sa formation coïncide avec l'établissement de la respiration, c'est-à-dire avec l'absorption d'oxygène. — A propos de la transformation de ces matières albuminoïdes l'une en l'autre, transformation si digne d'intérêt au point de vue qui nous occupe, il importe également de rappeler que l'albumine, par l'addition d'un peu d'alcali libre, acquiert les caractères de la *caséine* (autre principe immédiat du sang); que, dans la putréfaction de la fibrine, il se produit, entre autres corps, une substance présentant la composition

(1) WURTZ, *Annales de chimie et de physique*, 3ᵉ série, t. XII, p. 217, année 1844.

et tous les caractères de l'albumine, et qu'enfin la fibrine du sang soumise à une ébullition prolongée acquiert les propriétés de ce dernier principe. — Quand on considère, comme il vient d'être dit, que pendant l'incubation de l'œuf, l'albumine paraît se transformer en fibrine et donner naissance, avec le concours de l'oxygène atmosphérique, à toutes les substances azotées de l'organisme animal rudimentaire, et qu'après cette époque l'albumine semble être encore comme la source et la base de toute la série de tissus particuliers qui sont le siége des activités organiques, il ne faut pas trop s'étonner qu'aux yeux de plusieurs physiologistes la digestion ait paru avoir pour but essentiel de réduire tout en *albumine*, et de transformer en ce principe constitutif du sang tous les aliments, y compris ceux qui n'en contiennent pas la moindre trace avant de subir l'influence digestive. A propos de cette opinion, nous avons dit précédemment où est l'exagération, où est l'erreur. (Voyez le chapitre *Digestion*.)

2° *Fibrine du sang* (*).

Il a déjà été dit plus haut que la fibrine du sang et la fibrine des muscles ne sont pas identiques; leurs caractères différentiels ont été indiqués. Il a aussi été fait mention de la manière de voir de Denis, d'après qui une notable proportion de fibrine restée dissoute dans le plasma, après la coagulation du sang, aurait été prise à tort pour de l'albumine.

Sur 1000 grammes de sang, après que 3 grammes de fibrine se sont coagulés en emprisonnant les globules blancs et rouges, si l'on vient à traiter le sérum par du sulfate de magnésie, on précipite encore 22 autres grammes de fibrine qui étaient restés mélangés avec l'albumine : leur séparation est facile, puisque d'après l'observation de Denis le sulfate de magnésie coagule la première à l'exclusion de la seconde. Ce serait donc 3 grammes de fibrine spontanément coagulable et 22 autres grammes de fibrine n'ayant point ce caractère qu'il faudrait admettre dans 1000 grammes de sang, et ces derniers 22 grammes seraient par conséquent à déduire des 70 d'albumine que jusqu'ici on avait admis dans 1 litre de sang.

Depuis les recherches de Simon et de Lehmann, on sait que le sang des veines rénales et celui des veines sus-hépatiques ne sont pas spontanément coagulables, qu'ils ne donnent pas de caillot; d'où divers physiologistes ont cru pouvoir conclure que la fibrine se détruit dans les reins et dans le foie. Or, il paraît, comme le fait observer G. Sée, que dans le plasma du sang qui revient de ces organes, il n'y a que de la *fibrine dissoute*, non coagulable spontanément, mais facile à précipiter à l'aide du sulfate de magnésie : il n'est donc pas exact de dire que le sang qui a traversé le foie ou les reins a perdu sa fibrine.

D'ailleurs, dans l'opinion de Denis et pour les auteurs qui l'ont admise, la *fibrine proprement dite* ne préexiste pas dans le sang ; c'est de la *plasmine* qui y préexiste normalement et que certains tissus s'assimilent dans le travail nutritif. Mais la fibrine proprement dite n'apparaît à l'intérieur ou à l'exté-

---

(*) *Plasmine* de **Denis**. — Voyez son *Mémoire sur le sang, considéré quand il est fluide, pendant qu'il se coagule et lorsqu'il est coagulé*, p. 30 et suivantes. Paris, 1859.

rieur des vaisseaux que quand des circonstances particulières déterminent le dédoublement de la plasmine: 1° en une partie dite *spontanément coagulable* et prenant l'aspect fibrillaire (*fibrine concrète* de Denis), et 2° en une autre qui reste liquide dans le sérum (*fibrine dissoute* de Denis), à moins qu'on ne l'en précipite à l'aide du sulfate de magnésie. — Ainsi, d'après cette manière de voir, si le sang de la veine rénale et des veines sus-hépatiques ne se coagule pas, cela tient simplement à ce que dans le rein et dans le foie la *plasmine* a subi une modification telle qu'elle n'est plus susceptible de dédoublement spontané.

Mais, d'après Denis, sauf ces cas exceptionnels, on peut toujours isoler du sang un composé soluble (*plasmine* ou *fibrinogène*) capable de se partager spontanément en fibrine concrète et en fibrine dissoute. A cet effet, on ajoute au liquide frais une quantité suffisante de sulfate de soude pour empêcher la coagulation, on filtre les globules et l'on précipite le plasma clair par du sel marin : la *plasmine* de Denis ou le *fibrinogène* (Virchow) se sépare alors en flocons ; sous cette forme, la plasmine est encore soluble dans dix ou vingt fois son poids d'eau pure, mais sa solution se coagule spontanément au bout de quelque temps, puis donne, par son dédoublement, de la fibrine proprement dite ou *fibrine concrète* et de la fibrine dissoute.

La fibrine concrète du sang veineux et la fibrine concrète du sang artériel ne sont pas identiques : ainsi, tandis que la fibrine du sang veineux, obtenue par le battage, est soluble dans une solution de chlorure de sodium au dixième, la fibrine du sang artériel, extraite par le même procédé, y est insoluble. Il faut donc admettre que, dans la portion coagulable de la plasmine (fibrine proprement dite), quelque modification isomérique s'est produite lors du passage du sang des artères dans les veines à travers le système capillaire général.

Ajoutons qu'après l'action du sulfate de soude, de l'alcool et de la chaleur, la fibrine du sang veineux n'est plus soluble dans la précédente solution.

Rappelons enfin que la fibrine fraîche, qu'elle provienne du sang artériel ou du sang veineux, a la propriété de décomposer rapidement l'eau oxygénée sans changer elle-même de composition.

3° *Caséine du sang.*

La *caséine*, qui, sauf le phosphore, renferme les mêmes éléments que l'albumine ou la fibrine et à peu près dans les mêmes proportions, est aussi admise comme un des principes azotés du sang normal par un assez grand nombre d'observateurs, F. Leblanc et N. Guillot (1), Panum (2), Stass (3), Moleschott (4), etc.

(1) Natalis Guillot et F. Leblanc, *Comptes rendus des séances de l'Acad. des sc. de Paris*, t. XXXI, p. 585, année 1850.

(2) Panum (de Copenhague), *Ueber einen mit der Casein uebereinstimmenden Bestandtheil des Blutes* (Arch. für patholog. Anat. von Virchow und Reinhardt (1850, t. III, p. 251, et t. IV, p. 17).

(3) Stass, *Note sur le liquide de l'amnios et de l'allantoïde (Comptes rendus de l'Académie des sciences de Paris*, 1850, t. XXXI, p. 629).

(4) Moleschott, *Käsestoff im Blut* (Vierodt's *Arch. für physiol. Heilkunde*, 1852. Bd. III p. 195.

Dans des analyses faites par Panum, de Copenhague, sur 1000 parties de sérum desséché, il y avait de 4 à 7 parties de caséine chez trois hommes; 5,5 à 12,50 chez huit femmes; 9,90 à 12,70 chez différentes femmes en couches, et 6,50 à 7,10 chez les nourrices. Natalis Guillot et F. Leblanc (1), qui avaient aussi reconnu la présence de ce principe protéique dans le sang des nourrices, l'ont constaté dans le sang de l'homme lui-même et dans celui de plusieurs mammifères, notamment du taureau, du bouc, du mouton et du chien.

L'augmentation dans la proportion de caséine a paru coïncider, en certains cas, avec une diminution dans celle de l'albumine : ce fait viendrait confirmer encore la possibilité des transformations des matières albuminoïdes les unes en les autres.

La caséine tire sans doute en partie ses matériaux de formation de l'albumine du sang : rappelons qu'il suffit d'ajouter un peu d'alcali libre à l'albumine pour lui faire acquérir les caractères de la caséine. Réciproquement, ce principe azoté et nutritif du lait (boisson si parfaite que, dans le jeune âge, elle peut suffire à la nourriture des mammifères) doit fournir au jeune animal les parties azotées de son sang, et constituer nécessairement la matière première aux dépens de laquelle vont se développer ses divers organes; car ni le beurre, ni le sucre de lait ne renferme d'azote, et la proportion d'albumine contenue dans le lait est relativement minime.

4° *Albuminose.*

L'*albuminose*, produit unique, quoiqu'un peu diversifié dans ses réactions, en lequel on admet que tous les aliments albuminoïdes ou azotés se convertissent, existe dans la masse du sang où les veines intestinales l'introduisent par voie d'absorption, et forme une des parties constituantes de ce fluide.

Plusieurs chimistes ont supposé que l'albuminose avait été prise, dans le sang, pour de la caséine. Mais, comme on vient de le voir, les analyses faites depuis une quinzaine d'années paraissent avoir assez nettement établi que ce dernier principe azoté fait réellement partie des matériaux normaux du plasma sanguin.

On n'a trouvé que des proportions minimes d'*albuminose* ou de *peptone*, même durant la période digestive, dans la masse générale du sang d'animaux ayant pourtant fait usage d'une nourriture où abondaient les matières albuminoïdes; ce qui tend à faire croire que ce produit digestif, après s'être converti pour la plus grande part en albumine du sérum dans le foie lui-même, trouve son emploi au fur et à mesure de cette conversion et du déversement lent et graduel opéré dans la masse sanguine par les veines sus-hépatiques.

5° *Hémato-globuline* (*).

Assez généralement, aujourd'hui, on désigne sous le nom d'*hémato-*

(1) NATALIS GUILLOT et F. LEBLANC, *Note sur la présence de la caséine et les variations de ses proportions dans le sang de l'homme et des animaux* (*Comptes rendus*, 1850, p. 585).

(*) SYNONYMIE : Hémo-globine; hémato-globine; hémato-cristalline; *globuline* et matière colorante du sang (*hématosine*) réunies.

globuline le principe albuminoïde particulier aux globules rouges du sang, la matière colorante comprise. Comme autres parties constituantes de ces globules, on trouve encore du protagon, des matières grasses, des substances salines (surtout des sels de potasse), puis de l'oxygène.

L'hémato-globuline se distingue des autres principes protéiques, d'une part, parce qu'elle est cristallisable, et, de l'autre, parce qu'elle contient du fer.

La forme cristalline de ce corps dépend de l'espèce animale qui fournit le sang : il existerait d'après cela plusieurs variétés d'hémato-globuline ou hémato-cristalline. Par exemple, celle qui provient du sang de l'homme et de la plupart des carnivores affecte la forme de lames, tantôt rectangulaires, tantôt aciculaires et d'autres fois disposées en losanges; chez l'écureuil (rongeur), elle se présente sous l'aspect de lames hexagonales et de prismes, etc.

Quant à l'oxyde de fer contenu dans l'hémato-globuline, on en obtient une notable quantité à l'aide de la calcination. Supposant l'hématosine (matière colorante du sang) séparée du principe albuminoïde des globules, nous nous bornerons à rappeler que 1000 grammes de sang ou 127 grammes de globules renferment environ 10 grammes d'hématosine, contenant eux-mêmes 1 gramme de sesquioxyde de fer.

Il résulte de travaux encore récents que l'hémato-globuline, après qu'on lui a enlevé son fer, n'en conserve pas moins sa belle couleur rouge : on ne saurait donc plus admettre que l'oxyde de fer représente la matière qui colore le sang. Du reste, sans qu'il soit besoin de la calcination, l'hémato-globuline ou hémato-cristalline peut se dépouiller de son fer dans l'épaisseur même des tissus de l'animal vivant, et alors donner naissance à ce qu'on a appelé *hématoïdine* (Virchow), substance cristalline, d'un rouge orangé vif, dans laquelle l'oxyde de fer disparu est remplacé par une quantité équivalente d'eau.

L'hématoïdine, produit de transformation de l'hémato-globuline, se forme spontanément dans les points du corps où se dépose une assez grande quantité de sang, comme, par exemple, dans un foyer apoplectique du cerveau, ou bien dans le sang coagulé qui remplit un follicule de de Graaf après chaque ovulation périodique. On peut de cette manière compter les attaques d'apoplexie cérébrale et savoir combien de fois une jeune fille, qui vient de succomber, avait été réglée : chaque extravasation sanguine fournit son contingent de cristaux d'hématoïdine qui, une fois formés, demeurent comme corps compactes et résistants dans l'intérieur de l'organe. — Ces cristaux affectent la forme de prismes rhomboédriques obliques, colorés en rouge orangé; c'est une des plus belles formes cristallines connues (*).

Revenant à l'hémato-globuline ou principe albuminoïde propre aux

---

(*) Il ne faut pas confondre l'hématoïdine avec l'*hémine* de TEICHMANN, qui ne peut être obtenue qu'artificiellement. Les cristaux d'hémine, qui d'ailleurs ont de l'analogie avec ceux d'hématoïdine, s'obtiennent en faisant agir divers acides organiques (acides acétique, lactique, oxalique, tartrique et citrique) sur les globules hématiques desséchés.

globules hématiques, indiquons comment on peut se la procurer sous forme cristalline et signalons ses principales propriétés.

O. Funke prépare cette substance de la manière suivante : il exprime le caillot d'un sang nouvellement coagulé et en lave le résidu sur un linge avec de l'eau pure ; puis il fait passer, pendant une demi-heure, dans le liquide rouge, un courant d'oxygène suivi par un courant d'acide carbonique. L'hémato-globuline ne tarde pas à se déposer sous forme cristalline et variée, avons-nous dit, suivant l'espèce animale.

Ce principe cristallin est rougeâtre, altérable au contact de l'air, soluble dans l'eau et dans les alcalis, soluble aussi dans la bile et dans le choléate de soude. Sa dissolution aqueuse se trouble par l'alcool, par l'action de la chaleur à $+ 65$ degrés, et elle donne lieu à un dépôt quand on la traite par une solution de bichlorure de mercure.

L'hémato-globuline se décompose entre 160 et 170 degrés, en répandant une odeur de corne brûlée et en laissant 1/2 pour 100 de cendres composées en grande partie d'oxyde de fer.

Le principe albuminoïde propre aux globules du sang a été séparé par Lecanu à l'aide d'un procédé qui ne donne pas de produit cristallin comme celui de Funke ; aussi Lecanu lui avait-il conservé le nom de *globuline*. Il la prépare en faisant bouillir avec de l'alcool à 20 degrés le coagulum obtenu en chauffant une dissolution aqueuse des globules sanguins. Par l'évaporation de la liqueur alcoolique, il obtient un résidu élastique et rougeâtre : c'est la globuline contenant des traces d'hématosine.

Les propriétés de cette globuline ne sont pas exactement les mêmes que celles de l'hémato-globuline ou hémato-cristalline de Funke ; ce qui porterait à croire que ni l'un ni l'autre de ces deux produits ne représente réellement le principe albuminoïde tel qu'il se rencontre dans les globules.

Nous aurons occasion de revenir sur l'hémato-globuline à propos de l'*analyse spectrale* du sang.

6° *Protagon*.

Oscar Liebreich (1) désigne sous ce nom un principe immédiat cristallisable, azoté et phosphoré, dont il a découvert la présence tout récemment (1866) dans la substance cérébrale.

L. Hermann (2) l'a trouvé depuis dans les globules rouges du sang, et Hoppe-Seyler (3) dans le sérum : il y a donc lieu d'en parler ici sommairement.

Le protagon cristallise en aiguilles très-fines, se réunissant parfois en groupes et affectant des formes étoilées ; il est peu soluble dans l'éther et se dissout assez facilement dans l'alcool concentré. Ses cristaux desséchés se prennent d'abord en une masse comme cireuse, puis bientôt tombent en poussière. Au contact de l'eau, ils se gonflent comme l'amidon et

---

(1) O. LIEBREICH, *Ueber Protagon*, etc. Berlin, 1866.
(2) L. HERMANN, *Centralblatt*, etc., p. 390, 1866.
(3) HOPPE-SEYLER, *Centralblatt*, etc., p. 534, 1866.

forment une sorte d'empois ; en augmentant la quantité d'eau on obtient un liquide opalin, duquel, en élevant la température, on peut précipiter le protagon à l'aide du chlorure de sodium ou de calcium.

Le protagon se dissout dans l'acide acétique glacial et donne à une basse température des cristaux analogues à ceux qu'on obtient avec l'alcool.

Chauffé pendant vingt-quatre heures, au contact d'une solution concentrée de baryte, le protagon fournit un sel bibasique : ce sel aurait, pour acide, l'*acide glycéro-phosphorique*, pour bases la baryte d'une part, et, d'autre part, la *neurine* résultant comme l'acide de la décomposition du protagon. Parmi les produits de dédoublement de ce nouveau principe immédiat figurent (indépendamment de l'acide glycéro-phosphorique et de la neurine) des acides gras qu'on peut isoler à l'état de savon et qui ne sont autres que les acides *stéarique* et *palmitique* ; ces acides restent sur le filtre. — L'acide sulfurique dilué paraît chasser le *phosphore* du protagon. Chauffé en vase clos, ce principe albuminoïde donne du *sucre* au contact de l'acide chlorhydrique.

Ainsi, les expériences tentées jusqu'ici sur le protagon permettent déjà de reconnaître que ce corps complexe renferme les éléments constitutifs de corps plus simples, comme la glycérine, le phosphore, la neurine, les acides stéarique, palmitique et le sucre.

Le protagon s'altère rapidement, sur l'animal mort, au contact des liquides acides ou alcalins. Il revêt alors les formes les plus bizarres et prend l'aspect de cellules que, sans en apprécier la nature, Virchow a décrit sous le nom de *myéline*. Ce serait aux décompositions successives dont le protagon est l'objet qu'on devrait rapporter l'*acide oléo-phosphorique* de Fremy, la *cérébrine* azotée et non azotée de Müller, etc.

7° De tout ce que nous avons dit, jusqu'à présent, sur la composition chimique du sang, il résulte que la constitution de ses corpuscules a déjà été suffisamment examinée pour que nous sachions qu'au nombre de leurs parties constituantes il faut ranger l'*hémato-globuline* (matière colorante comprise), le *protagon*, certaines *matières grasses* et *salines* (surtout des sels de potasse), puis l'*oxygène*.

La description détaillée des corpuscules ou globules sanguins ne viendra que quand nous nous occuperons de l'histoire générale du sang (voyez le tome II) ; pour l'instant, nous en dirons seulement quelques mots.

Les *globules sanguins* sont les uns blancs, les autres rouges.

Les *globules blancs*, surtout riches en matières grasses et très-peu nombreux relativement aux globules rouges, ont une forme plus sensiblement sphérique et un diamètre plus considérable que ces derniers. Ils ont été regardés comme des globules de lymphe ou de chyle n'ayant point encore disparu. Granuleux à leur surface, ils renferment un ou plusieurs noyaux arrondis, ovales ou réniformes. Plus légers que les globules colorés, ils demeurent, pour cette raison, en partie suspendus dans le sérum, ou bien se rassemblent de préférence dans les couches supérieures du cruor. Pour 300 à 400 globules colorés, on trouve environ 1 globule incolore dans le sang normal.

Les *globules rouges* du sang de la plupart des mammifères sont de petits disques circulaires, aplatis; ils sont elliptiques chez les oiseaux, les reptiles et les poissons. Leur diamètre varie suivant l'espèce de l'animal. Assez généralement on les dit constitués par une enveloppe et un contenu coloré; tandis que certains observateurs, niant toute enveloppe vésiculaire, les considèrent comme formés par une masse homogène (globuline) qui serait unie molécule à molécule à la matière colorante (hématosine) et à une certaine quantité de graisse et de sels. Quoi qu'il en soit, les substances albuminoïdes ou azotées, qui constituent essentiellement les globules rouges du sang, nous sont déjà connues, et nous savons que c'est une nécessité physique que l'oxygène de l'air soit absorbé par ces globules. On y trouve, avons-nous dit, une quantité notable de matières grasses qui s'élève dans les globules humides de 0,2 à 0,3 pour 100 : ces matières grasses renferment du phosphore. Quant aux éléments inorganiques, les phosphates et les sels de potasse existent dans les globules sanguins en proportion bien plus considérable que les chlorures et les sels de soude qui, au contraire, abondent dans le sérum (Lehmann, Schmidt).

Dans 1000 grammes de sang, on trouve, en moyenne, 127 grammes de globules desséchés; et, dans cette dernière quantité, l'hématosine figure pour environ 10 grammes.

B. — Les *matières grasses* du sang, comme nous venons de le rappeler, se trouvent à la fois dans le plasma et dans les globules, mais elles sont réputées être en plus grande proportion dans ces derniers. Elles comprennent des substances qui sont loin d'avoir les mêmes propriétés et une composition analogue : telles sont la séroline, la cholestérine, les acides margarique et oléique, les oléate et margarate de soude, la matière grasse dite phosphorée.

La *séroline* n'a été rencontrée, jusqu'à présent, que dans le sang où elle se trouve dissoute en très-petite proportion (en moyenne 0,020 pour 1000). C'est sous l'aspect d'une matière blanche nacrée qu'on la voit se précipiter par refroidissement de la décoction alcoolique du sang. Elle diffère de la stéarine, de la margarine et de l'oléine en ce qu'elle n'est pas saponifiable, c'est-à-dire qu'elle ne se dédouble pas en acide et en substance grasse neutre au contact des alcalis. On ignore sa composition élémentaire et son rôle physiologique.

Quant à la *cholestérine*, elle figure aussi dans les analyses quantitatives du sang de l'homme, à l'état normal, pour une bien faible fraction : maximum, 0,175; minimum, 0,030, pour 1000. On la retrouve d'ailleurs dans quelques autres parties de l'organisme animal. Bien que douée des caractères physiques des corps gras, la cholestérine ne se saponifie point. Elle est insoluble dans l'eau, et l'on ne peut guère affirmer à l'aide de quel principe elle est tenue en dissolution dans le sérum du sang. L'alcool bouillant enlève cette matière au sérum évaporé à sec et préalablement épuisé par l'eau bouillante. La cholestérine du sang est-elle un de ces produits destinés à être utilisés par l'organisme ou bien à en être expulsés ? Sa destination physiologique est tout à fait inconnue : on sait seulement que la bile et la substance cérébrale, par exemple, contiennent une minime proportion de ce principe.

Les *acides margarique* et *oléique*, qui existent à l'état libre dans le sang, s'obtiennent en traitant par l'alcool froid l'extrait éthéré du sérum; on sépare ensuite l'un de l'autre par les procédés ordinaires. L'existence de ces deux acides libres dans un liquide alcalin s'explique quand on sait que, à la température de 38 degrés centigrades, ils sont sans aucune action sur les carbonates alcalins du sérum.

L'*oléate* et le *margarate de soude* sont deux autres principes qui peuvent être retirés immédiatement du sang, auquel ils n'appartiennent pas d'une manière exclusive ; on les rencontre dans d'autres liquides organiques, notamment dans la bile. L'oléate de soude concourt à maintenir en dissolution les deux précédents acides gras ainsi que les autres substances grasses du sang. Quant au margarate de soude, beaucoup moins soluble que l'oléate, il est présumable que les autres principes gras du liquide sanguin, et aussi les sels, concourent à sa dissolution.

Enfin, vient la *matière grasse* dite *phosphorée* qui, d'après Cahours (1), serait « en partie constituée par du savon de soude mélangé d'un peu de graisse non saponifiable et de chlorure de sodium, sans trace aucune de phosphore ». Sa réaction est faiblement alcaline. A propos de l'existence d'une matière grasse phosphorée dans le sang, Berzelius (2) résume son opinion en ces termes : « En rassemblant tous ces faits épars, on voit qu'aucune graisse contenant du phosphore n'accompagne la fibrine et l'albumine, et que les graisses extraites de ces deux matières ne sont pas parfaitement identiques. Il paraît résulter de là que chacune des parties constituantes albuminoïdes du sang est accompagnée d'une graisse particulière, et que celles qui contiennent du phosphore doivent accompagner les corpuscules du sang, puisqu'elles n'appartiennent ni à la fibrine ni à l'albumine. »

Quoique la science ne possède rien de bien précis à cet égard, on croit pourtant assez généralement que les graisses phosphorées sont confinées dans les globules, tandis que les précédents acides gras, puis la cholestérine et la séroline, se trouvent en majeure partie, sinon en totalité, dans le plasma.

Les matières grasses qui, sur 1000 grammes de sang, sont ordinairement représentées par 2 à 3 grammes, peuvent s'élever, durant la période digestive, jusqu'à 6, 8 et 10 grammes ; encore cette porportion ne s'observe-t-elle que chez l'animal qui a surtout fait usage d'aliments gras et seulement à certains moments de la digestion.

---

(1) CAHOURS, cité dans le *Traité de chimie pathologique*, p. 64, par A. BECQUEREL et RODIER. Paris, 1854.

(2) BERZELIUS, *Traité de chimie*, t. III, p. 538, édit. de Valérius. Bruxelles, 1839.

Ce que nous avons vu être fait par le *foie* à l'égard du produit de la digestion des matières albuminoïdes, c'est-à-dire de l'albuminose, a lieu encore à l'é-gard de cette portion de *principes gros* que lui amène la veine porte : le foie ne les livre aussi à la circulation générale que dans les proportions exigées pour la consommation actuelle. Les nombreux *ganglions lymphatiques*, qui existent sur le trajet des chylifères, semblent avoir le même rôle de *régulateur* pour la distribution graduelle de cette autre portion beaucoup plus considérable de matières grasses qui parcourent ces vaisseaux et le canal thoracique avant de se mélanger avec le sang. Les ganglions mésentériques semblent être des *filtres ralentissants*, et l'on a supposé, mais à tort, que dans leur intérieur la graisse peut passer en partie des chylifères dans les veines, c'est-à-dire dans le sang, en évitant le trajet du canal thoracique.— Ce qui précède tend à expliquer comment, après un repas où prédominaient les matières grasses, le sang veineux général peut néanmoins ne renfermer relativement qu'une assez faible proportion de graisse.

C. — Quant au *principe sucré* contenu dans le sang, nous avons déjà vu qu'il est en proportion très-minime, puisqu'il ne dépasse guère un demigramme, et que quand le sang artériel en contient plus de 2 grammes le rein l'en sépare, qu'alors il y a *glycosurie*. Nous avons aussi mentionné et expliqué précédemment (p. 573) l'exception qui a lieu d'une manière transitoire pour le sang des veines sus-hépatiques après le repas.

La même réflexion que nous faisions tout à l'heure à propos de la minime quantité d'albuminose et de graisse contenues dans le sang veineux général d'animaux ayant pourtant fait usage d'une nourriture où abondaient, soit les matières albuminoïdes, soit les matières grasses, la même réflexion, disons-nous, peut s'appliquer au principe sucré : ce ne sont aussi, pour ainsi dire, que des traces de dextrine, de glycose ou de lactates que l'on constate dans le *sang veineux général* chez des animaux ayant pourtant mangé des aliments riches en fécule ou en sucre.

Aussi importe-t-il de rappeler ici, en passant, que la plus grande partie des produits liquides de la digestion, avant d'être versés dans le sang, traversent un volumineux organe, le *foie*, qui, avec sa lente circulation capillaire, agit comme modérateur ou *régulateur* et ne livre passage aux produits de la digestion, charriés en abondance par la veine porte, qu'à mesure que ceux-ci trouvent leur emploi dans le sang : c'était le moyen d'empêcher l'encombrement de matériaux réparateurs dans ce fluide et aussi de prévenir des variations trop étendues et trop brusques dans sa composition.

D. —Les meilleures analyses quantitatives du sang démontrent que ce fluide contient, outre les principes organiques qui précèdent, d'autres matières dont la nature reste parfois inconnue et qu'on désigne sous le nom de *matières extractives*. Les unes sont solubles dans l'eau et l'alcool, les autres sont solubles dans l'eau et insolubles dans l'alcool. Elles ne paraissent guère être autre chose que des produits dérivés des substances albuminoïdes et représentant parfois le premier degré des combustions éliminatoires. On les rencontre d'ailleurs en faibles proportions dans le sang. — C'est parmi ces derniers produits qu'on a coutume de classer, par exemple, la *créatine* et la *créatinine* (*), voire même l'*urée*, les acides *urique* et *hippurique* dont la composition est pourtant bien déterminée.

La *créatine* (κρέας chair), qu'on peut retirer des muscles volontaires des animaux de quatre classes de vertébrés, en traitant avec de l'alcool l'extrait aqueux de viande desséché dans le vide, se trouve également dans le sang et dans l'urine. Insipide, inodore, cristallisable en prismes rectangulaires, la créatine est une substance chimique indifférente, c'est-à-dire qu'elle ne joue ni le rôle d'acide ni le rôle de base. Elle se forme évidemment dans le tissu musculaire où elle est reprise par les vaisseaux qui l'apportent dans le sang pour être expulsée avec les urines comme l'urée.

La *créatinine*, qu'on peut préparer artificiellement au moyen de la créatine, s'en distingue par une réaction fortement alcaline; mais on la trouve aussi dans les muscles comme alcaloïde résultant de la désassimilation de leurs principes organiques, *dans le sang* et finalement dans le liquide urinaire. Sa présence dans l'économie paraît due à une transformation de la créatine, et son caractère de substance excrémentitielle est des plus manifestes.

L'*urée*, dont il sera parlé plus longuement à propos de la sécrétion urinaire et de la nutrition, doit être comprise parmi les éléments normaux du sang. Elle joue aussi le rôle de produit excrémentitiel, et il ne paraît guère que ce soit à un autre titre qu'elle concourt à la composition de ce fluide. — On se rappelle que la présence de l'urée dans le sang a été constatée par Prévost et Dumas (1), après la suppression de la sécrétion urinaire, c'est-à-dire en arrêtant le travail par lequel ce principe immédiat est ordinairement éliminé de l'organisme à mesure qu'il s'y forme. Son existence, *dans le sang normal*, a été reconnue d'abord par Marchand (2), puis confirmée par Simon (3), Strahl (4), Hervier (5), Verdeil et Ch. Dollfus (6), et tout récemment par Jos. Picard (7).

Sa proportion, dans le sang normal, serait de 0,18 pour 1000 d'après Marchand, et de 0,16 selon J. Picard.

(*) La découverte de la présence de la *créatine* et de la *créatinine* dans le sang est due à VERDEIL et W. MARCET (*Recherches sur les principes immédiats qui composent le sang de l'homme et des principaux mammifères*, dans Journal de chimie et de pharmacie, t. XX, p. 89, année 1851).

(1) PRÉVOST et DUMAS, *Ann. de chimie et de physique*, 1823, t. XXIII, p. 90.

(2) MARCHAND, *Annales des sciences naturelles*, 1838, 2e série, t. X, p. 46.

(3) MÜLLER's *Archiv*, 1841.

(4) STRAHL, *Archiv für physiol. und pathol. Chemie und Mikrosk.*, von HELLER, 1847, t. IV, p. 558.

(5) HERVIER, *De l'existence habituelle de l'urée et de l'acide hippurique dans le sang normal de l'homme*, p. 502 (*Gaz. méd. de Paris*, 1851, p. 76).

(6) CH. DOLLFUS, *Gaz. méd. de Paris*, 1850, p. 439. — Mém. communiqué à l'Acad. des sc. de Paris, séance du 3 juin 1850.

(7) JOS. PICARD, *De la présence de l'urée dans le sang et de sa diffusion dans l'organisme*, etc., p. 22 et suiv.; thèses de Strasbourg, n° 375, année 1856.

On a aussi trouvé, d'une manière constante, dans le sang des mammifères herbivores, l'*acide hippurique* combiné avec de la soude (1) : ce principe est expulsé avec les urines.

Quant à l'*acide urique*, qui est regardé comme le produit d'un travail de combustion éliminatoire moins avancé que pour l'urée, et dont il faut sans doute rapporter l'origine à une oxydation incomplète des principes azotés du sang et des tissus, il a été rencontré dans ce liquide en combinaison avec la soude d'abord dans quelques cas pathologiques (2). L'acide urique, qui accompagne l'urée dans les évacuaions urinaires, est réputé exister aussi dans le sang normal, mais en trop minime proportion pour qu'on ait pu encore le doser d'une manière exacte.

Divers autres acides (également combinés avec la soude et la potasse), qui peuvent se développer lorsque des principes organiques neutres, azotés ou non azotés, sont soumis à l'action des réactifs oxydants, ont encore été signalés dans le sang : tels sont les acides *lactique, acétique, butyrique, formique* et *valérique*.

E. — Parmi les *principes minéraux* les plus importants du sang figurent : le *fer*, dont il a déjà été question à propos de l'hémato-globuline ; le *chlorure de sodium*, qui est très-abondant, surtout dans le plasma ; puis le *phosphate* et le *carbonate de soude*, le phosphate et le carbonate de potasse ; le *chlorure de potassium;* enfin, le *phosphate de chaux,* qui, comme le chlorure de sodium, le phosphate et le carbonate de soude, peut donner lieu à quelques considérations physiologiques dignes d'intérêt.

Ces principes inorganiques sont inégalement répartis dans les globules et dans le plasma. On a constaté que la presque totalité des sels à base de potasse se trouve dans les globules, tandis que la soude et ses sels sont plus abondants dans le plasma que dans ces corpuscules. Enfin, les phosphates terreux se rencontrent en plus grande proportion dans le plasma, tandis que la totalité du fer que le sang renferme appartient aux globules.

Le *fer*, dans l'hémato-globuline, est réputé exister à l'état de sesquioxyde.

C'est surtout parce qu'il concourt à la production de l'élément organique par excellence, du *globule sanguin*, que le *fer* a été considéré par les physiologistes comme un aliment de premier ordre.

Nul doute que les matières alimentaires ou l'eau ingérée ne l'introduisent habituellement en quantité suffisante pour les besoins de l'économie; mais chacun sait que parfois on est obligé de l'ajouter au régime pour remédier à une altération fondamentale du sang (diminution des globules) qui amène les désordres les plus graves dans la santé. Les usages du fer, dans l'organisme, doivent être des plus importants puisqu'on découvre aussi ce principe jusque dans les cendres du lait et de l'œuf. Mais, jusqu'à pré-

(1) VERDEIL et CH. DOLLFUS, *Mém. de la Soc. de biologie*, 1850, t. II, p. 79.
(2) GARROD, *Transact. of the Med.-Chir. Soc. of London*, 1848, t. XXXV, p. 83.

sent, ils sont loin d'avoir été expliqués et, à leur sujet, la science ne possède encore que des données purement théoriques dont, pour l'instant, nous n'avons pas à examiner la valeur (*).

Le *chlorure de sodium* (sel marin) représente un des principes constitutifs les plus importants du sang. On le trouve aussi dans toutes les parties, solides ou liquides, de l'économie animale. La quantité contenue dans le sang d'homme, de veau, de bœuf, de mouton, de porc, s'élève à 50 ou 60 centièmes du poids total des cendres; et, chose digne de remarque, ses proportions ne paraissent augmenter que d'une manière insignifiante en raison de la quantité de sel ingéré par les aliments, le surplus s'échappant du corps par les fèces, les urines, la sueur, etc. Comme le fait observer Liebig (1), cela semble indiquer, dans les vaisseaux sanguins, une action particulière qui s'oppose à la fois à la diminution et à l'augmentation du sel marin, puisque sa proportion n'oscille que dans les plus étroites limites. Le sel marin n'est donc pas, pour le sang, un principe accidentel, mais un principe normal qui s'y trouve dans un rapport à peu près invariable.

Cette abondance, cette sorte de diffusion du chlorure de sodium dans tous les liquides de l'organisme, et par suite dans tous les tissus que ceux-ci imprègnent, porte bien à croire qu'un pareil sel ne saurait avoir un rôle secondaire, mais qu'il doit être un facteur important dans plus d'une réaction de l'organisme.

En effet, il résulte de nombreuses expériences faites sur les animaux (**) et d'observations recueillies sur des individus de notre propre espèce, que la suppression ou une notable diminution de sel marin, dans le régime, finit par amener une altération grave de la santé. Barbier (2) rapporte que des seigneurs russes, ayant fait supprimer le sel dans l'alimentation de leurs vassaux, ceux-ci tombèrent dans un état de langueur et de faiblesse extrêmes, avec pâleur de la peau, tendance à l'œdème des membres inférieurs, génération d'helminthes dans le tube digestif, etc., enfin, avec les symptômes de l'*anémie* par diminution de la proportion des globules et de

---

(*) Suivant Reveil (*note communiquée en* 1862), la proportion de fer dans les globules, à *l'état physiologique comme à l'état pathologique*, serait à peu près invariable. Ce chimiste fonde son opinion sur plusieurs analyses de sang de chlorotiques qu'il a faites avec Favre : dans un cas notamment où le chiffre des globules s'était abaissé à 65, ces deux habiles chimistes ont trouvé autant de fer que dans les 125 grammes (pour 1000 gr. de sang) que la même malade offrit plus tard après avoir fait usage de ferrugineux pendant plusieurs mois.

La présence du *manganèse* dans le sang a été admise par Würtzer (*a*), Millon, Burin du Buisson, et aussi par quelques pathologistes qui ont cru devoir établir trois sortes de chlorose : par défaut de fer, par défaut de manganèse, par défaut de manganèse et de fer. — Ce n'est qu'exceptionnellement que le manganèse se trouve dans le sang : Glénard ne l'a rencontré qu'une seule fois sur quarante individus, et Melsens, sur vingt et une autres personnes, n'en a pu constater la présence chez aucune.

(1) Liebig, *Nouvelles lettres sur la chimie*, trad. franç., p. 181.

(**) Voyez plus haut le chapitre Aliments, p. 77.

(2) Barbier, *Note sur le mélange du sel marin aux aliments de l'homme*, dans *Gaz. méd. de Paris*, 1838, p. 301.

(*a*) Würtzer (Schweigger's *Journ. für Chem.* 1830, t. LVIII, p. 481).

l'albumine du sang. Le même auteur fait cette remarque, qui n'est pas sans portée, que la privation du sel n'a jamais pu passer dans les austérités du cloître. Plouviez (1), qui considère le sel marin comme une matière alimentaire indispensable et destinée à donner plus de force et de vigueur que d'embonpoint, a constaté, à l'aide de ses propres recherches, l'influence fâcheuse d'une alimentation privée de sel sur la composition du sang.

Plusieurs usages, au sein de l'organisme animal, sont attribués au chlorure de sodium : ce sel influence, dit-on, la constitution de la bile ou d'autres liquides alcalins auxquels, par sa soude, il donne leur alcalinité, et la composition du suc gastrique, auquel il fournit l'acide chlorhydrique ; sans cesse introduit dans le sang et mêlé à l'albumine, il concourt avec elle à prévenir la dissolution des globules sanguins, favorisant, au contraire, la dissolution de certains éléments organiques et leurs métamorphoses en présence de l'oxygène (*); il convertit en phosphate de soude une partie du phosphate de potasse, que les aliments et la résorption opérée dans les muscles introduisent dans le sang ; enfin, à cause de la constance de ses proportions dans ce fluide, le chlorure de sodium contribuerait puissamment aux actes osmotiques, c'est-à-dire à l'*absorption* à travers les membranes.

Évidemment, il y a encore là plus de conjectures que de vérités rigoureusement établies.

Le *phosphate de chaux*, comme le chlorure de sodium, est un sel dont la présence dans le sang est constante, et dont les proportions y sont aussi à peu près invariables. Insoluble dans l'eau, il est néanmoins à l'état liquide dans le sang et dans bien d'autres fluides organiques, tantôt libre, tantôt combiné avec des matières albuminoïdes. C'est à l'aide de l'acide carbonique du sang qu'il devient sensiblement soluble ; les bicarbonates alcalins et le chlorure de sodium contribuent aussi à en dissoudre une partie.

Le phosphate de chaux, chez l'embryon et le fœtus, est transmis par osmose avec les autres matériaux nutritifs qu'apportent le sang maternel ; plus tard, il provient du lait et des autres aliments végétaux ou animaux.

C'est principalement par les urines que disparaît l'excès de phosphate calcaire qui, ne devant plus faire partie du sang et des tissus, sera lui-même bientôt remplacé. On s'explique facilement pourquoi le phosphate de chaux manque si souvent dans l'urine des femmes enceintes pendant les derniers mois de la grossesse. Pour comprendre aussi la fâcheuse influence qui

______

(1) PLOUVIEZ, *Bull. de l'Acad. de méd. de Paris*, t. XIV, p. 1021 et 1077.

(*) L'*albumine* est regardée comme devant en partie sa solubilité dans les humeurs au chlorure de sodium qui dissout également la *caséine*. — Les recherches de CALLOUD (*Journ. de pharm.*, t. XI, p. 562), confirmées par celles de PÉLIGOT, BRUNNER, ERDMANN et LEHMANN, ont appris que le chlorure de sodium forme avec la *glycose* une combinaison définie et cristalline ; on sait qu'il se comporte d'une manière analogue avec l'*urée*, ce produit si important de certaines transmutations organiques. Aussi, dans l'économie animale, ces deux produits sont-ils généralement accompagnés d'une certaine quantité de chlorure de sodium : de là l'hypothèse que ce sel doit contribuer, jusqu'à un certain point, aux transformations du sucre, à la sécrétion et à l'élimination de l'urée.

résulte, pour les os, de sa suppression dans le régime (1), il suffit de se rappeler quelle proportion considérable de phosphate calcaire le système osseux renferme.

Mais on a été plus loin, et, en se fondant sur l'expérimentation, on a été amené à conclure que le rôle du phosphate de chaux dans l'organisme ne se bornerait point seulement à *nourrir* le système osseux, puisque la privation absolue de ce sel pourrait amener la mort par inanition ; son ingestion insuffisante avec les aliments ferait naître la série des maladies dites lymphatiques (2).

Quant au *phosphate de soude* (à peu près 3 pour 100 des cendres) et au *carbonate de soude*, dont la proportion dans le sang dépasse de beaucoup celle du phosphate de soude, puisqu'elle s'élève à environ 28 centièmes du poids total des cendres, ils ont acquis une grande importance physiologique depuis les travaux de Fernet. Plus tard seulement (dans le chapitre *Respiration*), en cherchant à déterminer le *rôle des principaux éléments du sang dans l'absorption ou le dégagement des gaz de la respiration*, nous examinerons en détail l'action due à la présence de ces deux sels ; qu'il nous suffise pour l'instant de rappeler qu'ils augmentent *de moitié* le pouvoir absorbant du plasma sanguin à l'égard de l'*acide carbonique*, qui est un des produits les plus abondants de l'oxydation ultime des matières organiques du sang et des tissus.

L'*eau*, dont la présence est indispensable à tout ce qui est vivant et organisé, maintient le sang dans l'état de fluidité nécessaire à la circulation, comme elle maintient les différents tissus dans l'état de mollesse ou de souplesse nécessité par leurs usages. L'eau constitue la plus grande partie de la masse du sang, puisqu'elle représente 790 grammes sur 1000, et que souvent, même à l'état physiologique, sa proportion dépasse 800 grammes. Il importe de savoir que non-seulement, dans le plasma, elle tient en dissolution ou en suspension tous les matériaux du sang, mais que de plus, infiltrant la substance même des globules, elle entre dans leur constitution. Schmidt (3), de Dorpat, évalue la quantité d'eau renfermée dans ces corpuscules à 68 ou 69 pour 100 de leur volume (*).

Pour terminer ce qui est relatif à la composition du sang, il nous reste à parler des *caractères optiques* de ce liquide, des *gaz* qu'il contient, puis à exposer les *caractères différentiels* du sang veineux et du sang artériel.

F. — *Caractères optiques du sang.* — (*Analyse spectrale.*)
Bunsen et Kirchhof, en découvrant que les vapeurs métalliques pro-

---

(1) Voyez l'exposé des expériences de CHOSSAT, à ce sujet, dans le chapitre ALIMENTS, p. 80.
(2) MOURIÈS, *Rôle du phosphate de chaux et des chlorures alcalins dans certains cas d'alimentation insuffisante* (Rapport de BOUCHARDAT à l'Acad. de méd. de Paris, décembre 1853).
(3) SCHMIDT, *Charakteristik der epidem. Cholera*, 1850.

(*) Parmi les *principes minéraux* du sang, on a encore rangé, sans preuves suffisantes, des traces de sels de *cuivre*, de *plomb*, etc., qui semblent n'y exister que d'une manière tout à fait transitoire et comme provenant de l'alimentation.

duisent des raies brillantes dont le siége et l'étendue, dans le spectre, changent avec la nature des métaux, ouvrirent aux observateurs une voie nouvelle d'investigation.

Stokes (1), puis Hoppe-Seyler (2), se plaçant à un autre point de vue et ayant reconnu que les rayons du spectre, lorsqu'ils traversent des gaz ou des liquides, présentent certaines *raies obscures* ou d'absorption dont le siége et la forme varient avec la nature des corps employés, eurent l'idée de rechercher les raies d'absorption fournies par certains liquides de l'organisme, notamment par le sang.

Pour procéder à cet examen, Stokes se servit du *spectroscope* de Bunsen et Kirchhof. Cet instrument est assez connu pour qu'il soit inutile de le décrire ici. Sur son échelle est notée la position qu'occupent les principales raies du spectre solaire, découvertes par Fraunhofer et désignées par les lettres A, B, C, D, E, F, G. On peut ainsi indiquer que telle raie d'absorption se trouve entre telle ou telle lettre et qu'elle s'étend de tel degré à tel autre degré de l'échelle.

Le liquide qu'on emploie doit présenter des qualités de concentration qu'il n'est pas toujours facile de préciser. Le tâtonnement est alors presque le seul guide qu'on puisse suivre. Trop concentré, un liquide comme le sang défibriné, par exemple, ne donne qu'une image spectrale obscure et dont il est difficile de saisir les particularités. Trop dilué, il ne donne également que des caractères imparfaits ; mais le liquide peut néanmoins être très-étendu, puisque Hoppe-Seyler (3) a prouvé qu'une solution d'hémato-globuline au millième se reconnaît encore à l'analyse spectrale.

Ces recherches, tentées sur les liquides animaux, eurent d'abord trait à la matière colorante du sang. Stokes reconnut que sa solution produit dans l'image spectrale une raie d'absorption, qui se trouve placée entre les lignes de Fraunhofer répondant aux lettres C et D. Hoppe-Seyler, ayant repris ces études, a remarqué que la largeur de cette raie est invariable, mais que sa position n'est pas toujours la même. On peut en effet la faire légèrement varier en modifiant la nature du liquide : lorsque la solution est alcaline, la raie spectrale de l'hématosine, tout en restant entre les lignes C et D, se rapproche un peu de la ligne D, tandis qu'elle s'en éloigne pour se porter vers la ligne C, si la solution est acide.

Lorsque l'hématosine est encore unie au principe albuminoïde des globules, lorsqu'elle est encore à l'état d'hémato-globuline, ce n'est plus entre la raie C et D que se trouve la raie d'absorption, mais entre les lettres D et E. Cette nouvelle raie d'absorption varie du reste suivant que l'hémato-globuline est ou non combinée avec l'oxygène.

Si l'hémato-globuline est oxygénée, on découvre au spectroscope deux raies d'absorption qui sont placées entre les lettres D et E. Ces raies sont de grandeur différente. L'une d'elles, celle qui avoisine la ligne D, est petite, fine, nettement accentuée ; l'autre est plus large, à contours moins bien

(1) Stokes, *Philos. Trans.*, 1864.
(2) Hoppe-Seyler, *Handbuch des phys. und pathol. chemischen Anal.* Berlin, 1865.
(3) Hoppe-Seyler, *loc. cit.*

léfinis. Elles sont séparées l'une de l'autre par une bande fortement éclairée
qui n'est autre chose que la portion des rayons du spectre que laisse
passer la solution d'hémato-globuline oxygénée.

Si l'on vient à débarrasser l'hémato-globuline de l'oxygène qui lui est
uni, les caractères que fournit au spectroscope cette substance en dissolution se modifient immédiatement. A la place des deux raies d'absorption,
dont nous venons de parler, on n'en trouve plus qu'une. Cette nouvelle
raie, qui semble formée par la réunion des deux raies précédentes, occupe,
comme elles, l'espace compris entre les lignes D et E. Elle est moins
sombre, moins nettement délimitée que les deux raies qu'elle remplace.
Pour que l'hémato-globuline en solution donne cette image spectrale, il
est nécessaire qu'elle soit à peu près complétement privée d'oxygène,
et cet état n'existe que dans le cas d'asphyxie prononcée. — Le sang veineux ou plutôt l'hémato-globuline qu'il contient ne présente qu'imparfaitement ce dernier caractère; il renferme encore trop d'oxygène. Pour
obtenir les caractères spectraux de l'hémato-globuline désoxygénée, il faut
de toute nécessité la priver d'oxygène, en la mettant en contact avec des
substances très-avides d'oxygène, avec le sulfhydrate d'ammoniaque par
exemple.

Lorsque la solution d'hémato-globuline s'altère, lorsqu'elle perd une
partie de l'albumine qu'elle contient à l'état physiologique, que cette altération soit le fait de l'élévation de la température, d'un excès d'acide carbonique ou de l'exposition de la solution à l'air, on ne retrouve plus, à
l'analyse spectrale, les caractères que présente l'hémato-globuline intacte.
On ne constate plus que ceux de la matière colorante du sang ou hématosine, et, pour distinguer cette solution d'hémato-globuline altérée, on a
besoin d'avoir recours à des analyses chimiques qui permettent d'y constater encore quelques traces d'albumine. C'est cette hémato-globuline altérée
que Hoppe-Seyler désigne sous le nom de *Methämoglobin*.

Telles sont les particularités que présentent à l'examen spectral les
solutions d'hématosine et celles d'hémato-globuline oxygénée ou désoxygénée. Ces particularités ne sont pas les seules que fournisse l'hémato-
globuline : dans ces derniers temps, on a pu, à l'aide de cet examen, reconnaître les combinaisons différentes que forment avec elle le gaz oxyde de
carbone, le bioxyde d'azote, etc.; mais ce n'est pas le lieu d'étudier
les images diverses que présentent au spectre solaire ces différentes combinaisons.

G. — La *présence de gaz dans le sang*, déjà signalée vers la fin du
dix-septième siècle par J. Mayow (1), constatée de nouveau à la
fin du dix-huitième (1799) par Humphry Davy (2), et, plus tard, par

(1) J. Mayow, *Tractatus quinque medico-physici, quorum primus agit de sale nitro et
spiritu nitro aereo*, etc., cap. VIII. Oxonii 1674.
(2) Humphry Davy, *Rech. phys. et chim. sur l'oxyde nitreux et la respiration* (*Annales
de chimie*, 1802, t. XLI, p. 305 ; t. XLII, p. 33-276 ; t. XLIII, p. 97-324 ; t. XLIV, p. 43
et 218).

Vogel (1), Brande (2), Hoffmann (3), W. Stevens (4), etc., trouva quelques contradicteurs (John Davy, Mitscherlich, Gmelin, Tiedemann, etc.), jusqu'en 1837, époque où Magnus (5) réussit à la mettre hors de doute par des expériences irrécusables.

De ces dernières expériences, il résulte que les corps gazeux contenus dans le sang sont au nombre de trois : l'*oxygène*, l'*azote* et l'*acide carbonique* (*).

Ces gaz se présentent sous deux états différents ; ils sont en partie à l'état de dissolution, et en partie à l'état de combinaison instable avec les principes du sang.

Divers procédés ont été mis en usage pour extraire les gaz du sang : tantôt on s'est borné à placer ce liquide dans le vide, à la température ordinaire, et de la sorte on n'est point arrivé à recueillir la totalité des gaz qu'il contient ; tantôt on a eu recours au procédé par déplacement, à l'aide d'un courant d'hydrogène ou de gaz oxyde de carbone, et de cette manière on a obtenu une proportion d'acide carbonique supérieure à celle qu'on retire en ayant recours au vide seul ; d'autres fois on a fait bouillir le sang dans le vide, mais à une température ne permettant pas la coagulation de l'albumine, c'est-à-dire qu'on a placé le récipient destiné à recevoir le sang dans l'eau chauffée seulement à 40 degrés centigrades.

C'est en employant ce dernier procédé et en se servant de la *machine pneumatique à mercure* de Geissler que, dans ces dernières années, F. Hoppe, Ludwig, Schöffer, Setschenow, Sczelkow, Preyer, etc., sont parvenus à extraire du sang, à l'aide d'un vide plus parfait, des quantités de gaz beaucoup plus considérables que celles qu'avaient obtenues, avant eux, Magnus, Fernet et Lothar Meyer.

Plus loin, en exposant les *caractères différentiels du sang veineux et du sang artériel*, nous ferons connaître les quantités relatives de gaz dissous et de gaz faiblement combinés qui existent dans ces deux sangs, en donnant la préférence aux recherches comparables réputées les plus exactes.

En ce qui regarde spécialement l'*oxygène*, il paraît difficile d'admettre une simple dissolution de ce gaz dans le sang. On sait, en effet, que la quantité en poids d'un gaz dissous dans l'eau est toujours proportionnelle à la pression extérieure ; or, en appliquant cette loi au cas dont il s'agit, on arriverait à cette conséquence que le sang des habitants des régions où

(1) Vogel, *Ueber die Existenz der Kohlensaüre im Urin und im Blute* (*Journal für Chem. von Schweigger*, 1814, t. XI, p. 401, et *Annales de chimie et de physique*, 1815, t. XCIII, p. 71).

(2) Brande, *On the Exist. of Carbon Acid in the Blood* (*Philos. Trans.*, 1818, p. 181).

(3) Hoffmann, *The London Med. Gaz.*, t. XI, p. 883, année 1833.

(4) W. Stevens, *Philos. Trans.*, 1835, p. 334-345.

(5) Magnus, *Ueber die im Blute enthaltenen Gase, Sauerstoff, Stickstoff und Kohlensaüre* (*Poggendorff's Annalen der Physik und Chemie*, avril 1837, t. XL, et *Ann. de chim. et de phys.*, t. XLV, p. 169-183, année 1837).

(*) C'est à tort que certains auteurs ont admis l'existence de l'*ammoniaque* dans le sang : tout récemment encore Kühne et Strauch (*Centralblatt*, etc., n° 36, 1864), n'ont pu en trouver la moindre trace.

la pression atmosphérique n'est plus guère que de $0^m,380$ (comme pour certaines localités citées plus haut, p. 560) renfermerait moitié moins d'oxygène que le sang des habitants des bords de la mer où cette pression est de $0^m,760$. Comment admettre que les observateurs n'auraient point été frappés des profondes modifications que des variations pareilles ne manqueraient pas de produire dans le mode d'existence de ces populations ? — Regnault et Reiset affirment que l'absorption de l'oxygène est soustraite à l'influence de la pression. Il résulte néanmoins des recherches de Vierordt (1) et de Lehmann (2) que des variations notables dans la pression entraînent toujours quelques légères différences dans les quantités de ce gaz absorbées. On est ainsi amené à conclure que le phénomène doit tenir à la fois de la dissolution simple et de la combinaison chimique.

La plupart des physiologistes admettent aujourd'hui que l'oxygène du sang se trouve contenu *surtout* dans les globules qui sont chargés de le porter aux différents tissus. Ce fait ressort d'expériences qui consistent, après avoir battu, au contact de l'oxygène, du sang défibriné et encore pourvu du plus grand nombre de ses globules, à s'assurer que ce liquide possède en effet, à l'égard du principe vivifiant de l'air, un pouvoir absorbant presque double de celui que possède un même volume de sérum, sans globules, battu dans le même milieu. Quant à l'hypothèse d'une combinaison particulière de l'oxygène avec l'hématosine, on se rappelle le grand rôle attribué à un élément de cette matière colorante, au *fer*. On a supposé que ce métal existe à l'état de protoxyde dans le sang veineux et à l'état de péroxyde dans le sang artériel. Les changements que le sang éprouve dans les poumons seraient l'effet d'une *suroxydation*, et ceux qu'il subit dans la circulation générale, notamment dans les capillaires, seraient l'effet d'une *réduction*. L'acide carbonique ne serait pas seulement charrié avec le protoxyde de fer du sang veineux, mais combiné avec lui, de sorte que les deux gaz (oxygène et acide carbonique) que nous verrons, par leurs proportions *relatives* différentes, caractériser tour à tour les deux espèces de sangs, parcourraient le système vasculaire à l'état de combinaison et non de simple dissolution.

Preyer (3), admettant que la quantité d'oxygène est toujours dans un rapport intime avec la quantité de fer contenue dans l'hémato-globuline, aurait quelque tendance à reconnaître la formation d'un *acide ferreux*. Il donne à cet acide une importance capitale dans la respiration : ce serait à sa présence que serait dû le dégagement de l'acide carbonique. Ce qui lui semble donner à son opinion une certaine valeur, c'est que l'hématosine précipitée de l'hémato-globuline par un courant d'acide carbonique conserve la propriété de transmettre de l'oxygène aux corps facilement oxydables. En adoptant cette idée toute chimique, on n'aurait aucunement besoin, suivant Preyer, de faire intervenir l'ozonisation de l'oxygène pour expliquer les combustions organiques, ainsi que le veulent certains physiologistes.

(1) VIERORDT, *Physiol. des Athmens*, p. 84 et suiv.
(2) LEHMANN, *Lehrbuch der physiol. Chem.* Bd. III, p. 306.
(3) PREYER, *Centralblatt*, p. 321, 1866. — *Ueber die Kohlensäure und den Sauerstoff im Blute.*

Quoi qu'il en soit de cette manière de voir tout hypothétique, il faut admettre que l'oxygène du sang, s'il est de préférence uni aux globules, y est engagé dans une combinaison fort instable qui ne l'empêche pas d'attaquer ultérieurement les matériaux combustibles du sang, mais qui sert uniquement à fixer cet agent et à faciliter son transport dans le torrent circulatoire. La force qui retient l'oxygène dans les globules est même assez faible, nous l'avons dit, pour permettre à ce gaz de se dégager quand on fait bouillir le sang, à 40 degrés, dans le vide obtenu à l'aide de la machine pneumatique à mercure.

Il ne saurait y avoir aucun doute sur l'*origine* de l'oxygène contenu dans le sang : ce gaz provient évidemment de l'air atmosphérique dont il forme un des éléments. Quant à sa *destination* physiologique, nos études ultérieures nous prouveront de plus en plus que, circulant avec le sang qui est le milieu principal de tous les phénomènes de nutrition, l'oxygène représente l'agent indispensable de la plupart des transformations qui s'accomplissent au sein de l'organisme.

Le *gaz acide carbonique* doit être regardé, au contraire, comme un des produits ultimes des transmutations nutritives ; il est destiné à être éliminé, avec la vapeur d'eau et l'azote libre, surtout par les voies respiratoires. Quand on considère la minime proportion de ce gaz dans l'air atmosphérique et sa proportion considérable dans l'air expiré, il est en effet facile de se convaincre que l'acide carbonique est bien un *produit de l'organisme* que les animaux rejettent dans les milieux ambiants, mais qu'ils ne leur empruntent point ; qu'ainsi ce gaz provient des tissus et des humeurs mêmes de l'animal, et non du dehors.

Assez généralement on admet que la plus grande partie de l'acide carbonique est dissoute dans le sérum, et qu'il s'échappe du sang en raison de la faible pression qu'il rencontre dans les vésicules pulmonaires. Preyer (1), avec d'autres physiologistes, pense que ce n'est point à l'état de dissolution, mais à l'état de combinaison que figure presque tout l'acide carbonique contenu dans le sang. Cet observateur s'est d'abord attaché à prouver que la différence de pression paraît étrangère à son dégagement ; il a montré ensuite que l'acide carbonique ne communique pas au sérum des propriétés analogues à celles d'un liquide alcalin au même degré et tenant ce gaz en dissolution. Dans ce dernier cas, le liquide devient neutre ; or, ce n'est pas le fait du sang qui reste alcalin, et cela prouve, suivant Preyer, que l'acide carbonique n'y est pas dissous mais combiné. — Cette combinaison ne saurait être due à la formation d'un bicarbonate de soude, car le carbonate de soude que révèle l'analyse du sang est en trop petite quantité pour fixer la masse énorme d'acide carbonique contenue dans ce liquide. Elle consisterait en un sel double de soude, renfermant deux équivalents d'acide carbonique pour un équivalent d'acide phosphorique : déjà soupçonné par Fernet, ce sel aurait été obtenu sous forme de cristaux par Preyer qui en a donné la for-

____

(1) Preyer, *ouvr. cité.*

mule. Ce seraient les deux équivalents d'acide carbonique unis au phosphate de soude, qui, déplacés dans l'acte de la respiration et incessamment reformés, fourniraient la quantité d'acide carbonique contenu dans l'air expiré.

Restait à déterminer quelle influence préside à ce déplacement. C'est cette influence que Preyer a recherchée. Partant de ce principe que les acides les plus faibles suffisent pour chasser l'acide carbonique de ses combinaisons, il est arrivé à penser que ce déplacement est le fait de l'hémato-globuline oxygénée. Il admet, ainsi que nous l'avons dit plus haut, mais assurément sans preuves suffisantes, qu'il se forme alors un corps acide résultant de la combinaison de l'oxygène avec le fer de l'hémato-globuline sous forme d'*acide ferreux*.

Quant à l'*azote*, sa présence dans le sang des animaux vivants a été mise hors de contestation par les recherches de Ph. Enschut (1), et surtout par celles de Magnus (2). Il paraît être simplement dissous dans ce liquide, c'est-à-dire qu'il se trouve là comme dans les eaux courantes qui sont en libre communication avec l'atmosphère. Toutefois, ainsi que l'a prouvé Magnus (3), le sang dissout plus d'azote que l'eau n'en dissoudrait à la même température : il en dissout environ dix fois autant que l'eau.

La proportion de l'azote dans le sang (artériel ou veineux) est beaucoup moindre que celle des deux gaz précédents.

Du reste, jusque dans ces derniers temps, on ne s'était point enquis de savoir, comme cela a été fait pour l'oxygène et l'acide carbonique, si l'azote est spécialement dissous dans les globules ou dans le sérum.

Dans un travail tout récent, Setschenow a démontré que, pour 100 volumes de sang dépouillé de gaz, l'azote était absorbé en quantité rapidement croissante avec la pression. Ainsi :

m.   vol.

à la pression de 0,445 il y a 2,77 d'azote absorbé.

—   0,535   —   4,71   —

—   0,661   —   5,14   —

Le pouvoir d'absorption du sang (pourvu de ses globules) à l'égard de l'azote est non-seulement plus grand que celui de l'eau, mais il est aussi plus grand que celui du sérum : d'où Setschenow conclut que les globules sanguins doivent jouer un rôle dans l'absorption de l'azote.

La question de l'*origine de l'azote*, dans le sang, paraît assez avancée, au moins en ce sens qu'après bien des opinions contradictoires, la plupart des physiologistes admettent aujourd'hui que, *dans les conditions normales*, l'animal ne fixe pas une portion de l'azote de l'air et qu'ainsi l'azote extérieur n'entre pas dans la composition du sang (*). D'un autre côté, si l'on

(1) PH. ENSCHUT, *Dissert. physiol. med. de respirationis chymismo.* Lectio prior : *De mutationibus quas respiratio tum in aere tum in sanguine producit.* Utrecht, 1836.

(2) MAGNUS, *mém. cité.*

(3) *Annalen der Chem. und Phys.*, t. LXVI, p. 177.

(*) Toutefois, pendant l'inanition, d'après V. REGNAULT et REISET (a), une certaine quantité de l'azote de l'air serait absorbée, en sorte que les animaux privés de toute nourriture emprunteraient à l'atmosphère un élément essentiel qui, dans l'état physiologique, leur est exclusivement fourni par les aliments ingérés.

(a) *Rech. chim. sur la respiration des animaux de diverses classes.* Paris, 1849.

considère que la moyenne d'azote exhalé reste la même chez les animaux, d'ailleurs bien nourris, qui vivent dans l'oxygène pur ou mieux dans des atmosphères composées d'oxygène et d'hydrogène, on sera forcément amené à conclure que l'azote du sang doit provenir du dedans, c'est-à-dire d'un travail dépendant de l'organisme lui-même. Ce gaz, engendré par les phénomènes de nutrition, peut être rapporté à la destruction complète d'une certaine portion des substances azotées du sang et des tissus, ou bien encore à une simple transformation des matières alimentaires azotées en produits ternaires. Du reste, la quantité qui en est exhalée par les surfaces respiratoires est assez minime, puisqu'elle ne représente environ que les cinq ou six millièmes de la quantité d'acide carbonique expiré.

De ce que l'*azote de l'atmosphère*, comme on le reconnaît généralement, ne trouve pas d'emploi dans la nutrition ou dans le développement organique des animaux, il n'en résulte pas nécessairement qu'il en doive être de même de l'*azote du sang*. Et pourtant, un pareil rapprochement n'a pas dû peu contribuer à faire refuser à ce dernier gaz toute espèce de rôle important aussi bien qu'à ralentir le zèle des investigateurs. Cette circonstance que l'azote du sang disparaît *en partie* par le poumon suffisait-elle d'ailleurs pour imposer à la totalité de ce gaz le caractère de produit excrétoire? Toujours est-il qu'on a trop négligé de rechercher quel peut être le rôle physiologique de cette autre portion d'azote qui reste dissoute dans le sang et circule avec lui. A cette occasion, qu'on se rappelle que les animaux, privés de toute nourriture, absorbent et font passer dans leur sang une certaine quantité d'azote atmosphérique (Regnault et Reiset, *loc. cit.*). La présence de l'azote dans le fluide sanguin, avec des proportions bien déterminées, serait-elle donc nécessaire à la conservation de l'organisme?

H. — Le moment étant arrivé d'exposer les *caractères différentiels du sang veineux et du sang artériel*, il convient de signaler tout d'abord une des différences dont la connaissance complète importerait essentiellement à l'étude chimique de la respiration : nous voulons parler des *quantités relatives des gaz* dans les deux sangs.

Si les trois gaz qui viennent d'être passés en revue (oxygène, acide carbonique et azote) existent à la fois dans le sang veineux et dans le sang artériel, leur rapport de l'un à l'autre varie suivant l'espèce de sang.

Le rapport de l'oxygène à l'acide carbonique, par exemple, est constamment plus considérable dans le sang artériel que dans le sang veineux. Dans les cinq échantillons de sang artériel examinés par Magnus (1), ce rapport a varié de 0,315 à 0,428; dans les cinq échantillons de sang veineux, il est resté compris entre 0,164 et 0,268 : en d'autres termes, d'après Magnus, le sang artériel renfermerait à peu près 38 parties d'oxygène pour 100 de gaz acide carbonique; tandis que le sang veineux, pour 100 parties de ce dernier gaz, ne contiendrait qu'environ 22 parties d'oxygène.

Quant au rapport de l'azote à l'acide carbonique ou à l'oxygène, les

____

(1) MAGNUS, *loc. cit.*

résultats obtenus jusqu'à présent n'ont offert rien d'assez constant pour permettre une conclusion. En général l'azote a paru prédominer, mais d'une bien faible quantité, dans le sang artériel. Il est d'ailleurs tout à fait incontestable que, dans les deux sangs, l'azote est toujours en quantité beaucoup moindre que l'oxygène et à plus forte raison que l'acide carbonique.

Voici quelques-uns des résultats obtenus par divers expérimentateurs relativement aux *quantités de gaz* dissous et faiblement combinés contenus dans le sang.

Les chiffres que nous donnons diffèrent de ceux que l'on trouve dans les ouvrages des physiologistes allemands, parce que nous avons cru devoir ramener à la température de 0° et à la pression de 76 centimètres de mercure les volumes de gaz extraits, comme on a coutume de le faire en France; tandis que les volumes de gaz, signalés dans les travaux les plus récents publiés en Allemagne, ont été évalués, les gaz étant supposés à 0° et *sous la pression d'un mètre*, ce qui diminue ces volumes dans la proportion d'environ 4 à 3.

Nous mentionnerons d'abord deux séries de recherches comparables : ce sont les recherches de Fernet (1) et celles de Lothar Meyer (2) sur les gaz du *sang artériel* du chien; puis nous en rapprocherons celles de Setschenow (3) sur le même sang. Viendront ensuite les évaluations des *quantités relatives* de gaz que l'on trouve dans le sang artériel et dans le sang veineux, évaluations que nous emprunterons aux publications toutes récentes de Schöffer (4).

Ces quantités relatives de gaz ont été calculées par nous en centimètres cubes, la quantité de sang étant supposée d'un litre ou de 1000^{cc} (à 0° et à 76^c).

1° *Expériences de Fernet.*

Gaz obtenus en faisant bouillir, dans le vide, du sang artériel de chien, additionné de dix ou vingt fois son volume d'eau exempte de gaz. — La *moyenne* des expériences de Fernet donne, en chiffres ronds, 235^{cc} de gaz *dissous* dans 1000^{cc} de sang et ainsi répartis : 174^{cc} d'oxygène, 4 d'azote et

<hr>

(1) E. FERNET, *Note sur la solubilité des gaz dans les dissolutions salines, pour servir à la théorie de la respiration* (*Comptes rendus des séances de l'Acad. des sciences de Paris*, 31 décembre 1855, t. XLI, p. 1237 et suiv.).

Cette note a précédé de plus de deux ans l'excellente *Thèse inaugurale* de FERNET sur le même sujet (*Thèses de la Faculté des sciences de Paris*, n° 210, 11 mai 1858, et *Ann. des sc. nat.*, 4° série, *Zoologie*, t. VIII, p. 125).

(2) LOTHAR MEYER, *Die Gase des Blutes*. — *Inauguraldissertation der hohen medicinischen Fakultät Würzburg*. Göttingen, 1857.

(*) *Rapport sur une réclamation de priorité adressée à l'Acad. des sciences de Paris*, par LOTHAR MEYER, à propos d'un travail de FERNET (*Comptes rendus des séances*, t. XLVIII, p. 38). — *Ibid.*, t. XLVII, 2 août 1858, *Rapport* de BALARD sur le précédent travail.

(3) SETSCHENOW, *Beiträge zur Pneumatologie des Blutes*. (*Sitzungsber. d. Wien. Akad. Math. Naturw. Cl. 1859. Bd. XXXVI, p. 293. Zeitschr. für rat. Med. III Reihe, Bd. X, S. 101, 285.*)

(4) SCHÖFFER, *Ueber die Kohlensäure des Blutes und ihre Ausscheidung* (*Sitzungsber. d. Wien. Akad. 1860. Bd. XLI, S. 519*).

57 d'acide carbonique. Quant à la portion d'*acide carbonique combiné* et obtenu avec l'acide tartrique, sa moyenne a été de 185^{cc}.

Par conséquent, la totalité des gaz dissous et combinés s'est élevée à 420^{cc}.

2° *Expériences de Lothar Meyer.*

Gaz obtenus à l'aide du même procédé. — La *moyenne* des expériences de Lothar Meyer donne en chiffres ronds 249^{cc} de *gaz dissous* dans 1000^{cc} de sang artériel et ainsi répartis : 150^{cc} d'oxygène, 42 d'azote et 57 d'acide carbonique. Quant à la partie d'*acide carbonique combiné* et obtenu avec l'acide tartrique, sa moyenne a été de 160^{cc}.

Par conséquent, la totalité des gaz dissous et combinés s'est élevée à 409^{cc}.

Là se trouve, pour l'azote, une différence difficile à expliquer.

3° *Expériences de Setschenow.*

Gaz obtenus à l'aide de la machine pneumatique à mercure et de l'ébullition dans le vide, à 40°, sans addition d'eau exempte de gaz ; vide beaucoup plus complet que dans les expériences précédentes et plusieurs fois renouvelé pendant le dégagement des gaz. — La *moyenne* des expériences de Setschenow donne, en chiffres ronds, 608^{cc} de *gaz dissous* dans 1000 grammes de sang artériel et ainsi répartis : 206^{cc} d'oxygène, 15 d'azote et 387 d'acide carbonique dissous. Quant à la portion d'*acide carbonique combiné* et obtenu avec l'acide tartrique, sa moyenne a été seulement de 33^{cc}.

Par conséquent, la totalité des gaz dissous et combinés s'est élevée à 641^{cc}.

Les différences considérables entre ces chiffres et les précédents s'expliquent d'abord par la supériorité de l'appareil mis en usage pour faire le vide, puis par la précaution qu'on a prise de ne pas ajouter d'eau au sang et d'empêcher la coagulation de l'albumine en faisant bouillir le sang à une température suffisamment basse (+ 40°). On a évité ainsi l'inconvénient de laisser des gaz emprisonnés dans l'eau et dans le coagulum albumineux.

4° *Expériences de Schöffer* (1).

Ces expériences, faites aussi en employant le procédé précédent, ont pour but de rechercher les *quantités relatives* de gaz dans le sang artériel et dans le sang veineux (gaz ramenés par nous à 0° et à la pression de 76 centimètres).

	ACIDE CARBONIQUE		OXYGÈNE.	AZOTE.
	Dissous.	Combiné.		
	cc.	cc.	cc.	cc.
Sang artériel	374,6	13	203	16
Sang veineux	415,5	34,6	135	15

(1) Schöffer, cité dans *Lehrbuch der physiologischen Chemie*, par Kühne. p. 227. Leipzig, 1866.

Par conséquent, le sang veineux contient sensiblement plus d'acide carbonique que le sang artériel, et le sang artériel contient plus d'oxygène que le sang veineux.

Dans une des *six* expériences faites par Schöffer la quantité d'azote s'est élevée à 55^{cc} pour 1000^{cc}, dans le sang artériel, et à 40^{cc} dans le sang veineux. Sous ce rapport il y a, entre cette expérience et les cinq autres, une si grande différence qu'ayant craint quelque erreur de chiffres, nous n'avons pas cru devoir la faire entrer dans la moyenne que nous avons prise.

Nous avons déjà vu que la *coloration du sang* dépend de l'espèce de gaz mis en contact avec ce liquide ; que, par exemple, en agitant du sang veineux dans une atmosphère d'oxygène, on le fait passer du rouge brun au rouge vermeil, et qu'en agitant du sang artériel dans du gaz acide carbonique, etc., on lui fait perdre sa coloration vermeille et caractéristique, pour le rendre rouge brun comme du sang veineux. Or, les notions précédentes sur les quantités relatives de ce gaz, dans les deux sangs, tendent à nous rendre compte des différences de coloration que présentent le sang veineux et le sang artériel ; celui-ci, avec sa couleur vermeille, se différenciant par plus d'*oxygène* emprunté à l'air, et celui-là, avec sa couleur rouge brun, se distinguant par plus d'*acide carbonique*, issu des métamorphoses de la nutrition.

Dans le changement de coloration du sang veineux, phénomène qui s'accomplit instantanément dans le poumon sous l'influence vivifiante de l'oxygène, on a supposé qu'il s'opérait, nous l'avons dit, une combinaison instable de ce gaz avec le principe albuminoïde des globules (hémato-globuline).

D'après certains observateurs, l'oxygène contracterait les globules, et, au contraire, le gaz acide carbonique les dilaterait : ainsi s'expliqueraient suivant eux, la couleur plus claire du sang artériel et la couleur plus sombre du sang veineux.

Bien d'autres hypothèses encore ont été émises, mais nous nous réservons de les examiner plus loin en parlant de l'*action de la respiration sur le sang.*

Quelle que soit la valeur de ces diverses hypothèses, il ne paraît guère douteux que la coloration différente du sang, dans les veines et dans les artères, ne soit surtout intimement liée avec la proportion relative des espèces de gaz contenus dans ce liquide.

Il existe, entre le sang veineux et le sang artériel, d'autres différences qui résultent des proportions de leurs éléments solides ou liquides.

Le sang artériel contient plus de *fibrine* que le sang veineux : en prenant la moyenne de toutes les observations faites à ce sujet, on aurait, d'après J. Müller (1), la proportion de 29 à 34 pour la différence du sang veineux et du sang artériel, eu égard à leur contenu de fibrine.

(1) J. MÜLLER, *Manuel de physiol.*, t. I, p. 97, trad. franç. Paris, 1851.

La plupart des analyses s'accordent pour établir que le sang artériel renferme aussi un peu plus de *globules* que le sang veineux (Denis, Lecanu, Prévost et Dumas (1), etc.).

Quant à l'*albumine*, un des principes essentiels du sérum, elle se présente dans les deux sangs à peu près avec les mêmes proportions. Toutefois il paraît être admis plus généralement qu'il y a un peu moins d'albumine dans le sang artériel que dans le sang veineux.

En général, la quantité d'*eau* contenue dans le sang veineux paraît l'emporter sensiblement sur celle du sang artériel, d'après les expériences de Lecanu (2), de Prévost et Dumas (3), de J. Béclard (4), etc.

La proportion des *sels inorganiques* contenus dans le sérum est en moyenne de 7 pour 1000, et le sang artériel est un peu plus riche en sels que le sang veineux (Lehmann). Toutefois, d'après Mitscherlich, Tiedemann et Gmelin, il y aurait une proportion plus forte de carbonate alcalin dans le second que dans le premier.

Quant *aux matières* dites *extractives*, il résulte d'un certain nombre d'analyses qu'elles paraissent être notablement plus abondantes dans le sang veineux que dans le sang artériel.

Le sang artériel offre plus de tendance à *se coaguler* que le sang veineux, il fournit aussi un caillot plus volumineux et plus ferme ; double indice d'une plus grande proportion de fibrine et de globules, ce qui est en réalité.

Michaelis (5), qui a analysé comparativement la fibrine, l'albumine et la matière colorante du sang artériel et du sang veineux en les brûlant avec de l'oxyde de cuivre, représente de la manière suivante la *composition élémentaire* de chacune de ces substances :

	Carbone.	Azote.	Hydrogène.	Oxygène.
Albumine veineuse	52,652	15,505	7,359	24,484
Albumine artérielle	53,009	15,562	6,993	24,436
Matière colorante veineuse	53,231	17,392	7,711	21,666
Matière colorante artérielle	51,382	17,253	8,354	23,011
Fibrine veineuse	50,440	17,267	8,228	24,065
Fibrine artérielle	51,374	17,587	7,254	23,785

Macaire et Marcet fils (6), qui, de leur côté, ont fait aussi l'analyse élémentaire et comparative du sang artériel et du sang veineux de lapin, parfaitement desséchés dans le vide, les ont trouvés différents quant aux proportions d'oxygène et de carbone :

(1) Dumas, *Traité de chimie*, t. VIII, p. 505. Paris, 1846.
(2) Lecanu, *Études chimiques sur le sang humain*. p. 77. Paris, 1837, thèse inaug., n° 395.
(3) Dumas, *Traité de chimie*, t. VIII, p. 504. Paris, 1346.
(4) J. Béclard, *Arch. génér. de méd.*, 4e série, t. XVIII, p. 133.
(5) Michaelis, *De partibus constitutivis singularum partium sanguinis arteriosi et venosi*. Berlin, 1827. — Voyez aussi Schweigger's *Journal*, etc., t. LIV.
(6) Macaire et Marcet, *Journal de chimie médicale*, t. IX, 283, et *Annales de chimie*, t. LI, p. 382.

	Sang artériel.	Sang veineux.
Carbone.	50,2	55,7
Azote.	16,2	16,2
Hydrogène.	6,6	6,4
Oxygène	26,3	21,7
	99,3	100,0

Que le sang artériel contienne moins de carbone et plus d'oxygène combinés, évidemment cette donnée est en parfaite harmonie avec les idées qu'on admet le plus généralement aujourd'hui touchant les phénomènes de la respiration.

Du reste, entre le sang artériel et le sang veineux il semble exister encore d'autres différences jusqu'ici inconnues dans leur nature : Bischoff (1), par exemple, prétend avoir observé que les oiseaux périssent sur-le-champ lorsqu'on leur injecte dans les veines du sang veineux de mammifère, tandis qu'ils survivent si on leur injecte du sang artériel dans ces mêmes vaisseaux. Il est vrai que ces résultats n'ont pas été confirmés par d'autres observateurs.

Le sang artériel et le sang veineux peuvent être considérés comme différant aussi, en ce sens que le premier paraît avoir la même composition dans toutes les divisions du système vasculaire qui lui appartiennent (2), tandis que le second offre une composition qui varie beaucoup dans diverses parties du corps. Envisageons donc le sang veineux dans certaines divisions de ses vaisseaux, pour établir les différences qu'il y présente avec le sang veineux général.

Et d'abord, J. Béclard (3) a constaté, quant à l'eau, que si l'on analyse comparativement le sang veineux général (sang de la veine jugulaire) et le sang de la veine porte, sur un animal qui a copieusement bu, on trouve des différences notables dans les proportions de l'eau de ces deux sangs. Dans une de ses expériences, le sang pris dans la veine jugulaire contenait, par exemple, 796 parties d'eau pour 1000, et le sang de la veine porte du même animal en contenait 851. Une autre fois, le sang de la veine jugulaire contenait 770 parties d'eau, et le sang de la veine porte 823. Suivant le même expérimentateur (*mém. cité*), le sang veineux qui revient de la rate (organe où se détruiraient les globules) renferme moins de ces corpuscules, mais est plus riche en albumine et en fibrine que le sang veineux général; le sang de la veine porte (où s'accomplirait la transformation de l'albumine en globules) présente, dans la proportion de ses éléments, des variations très-étendues en rapport avec les phénomènes de la digestion : dans les premiers temps de l'absorption digestive, la quantité d'albumine est considérablement augmentée et la quantité des globules considérable-

(1) Müller's *Archiv*, etc., 1838, p. 551. — Voy. aussi Henle, *Anat. génér.*, trad. franç., t. I, p. 485. Paris, 1843.
(2) Jules Béclard, dans *Archiv. génér. de méd.*, 4ᵉ série, t. XVIII, p. 123.
(3) J. Béclard, *Traité élém. de physiol.*, p. 169, 2ᵉ édit. Paris, 1856.

ment diminuée, tandis que c'est tout le contraire qui a lieu dans les périodes qui succèdent à cette absorption.

D'après Gurlt (1), qui appuie ses assertions sur des analyses quantitatives, il y aurait, dans le sang des veines sus-hépatiques moins de fibrine, moins de graisse, moins de globules, moins de matières extractives et de sels que dans le sang de la veine porte : cela ne s'accorderait guère avec l'opinion qui attribue au foie le pouvoir de former de la graisse et de la fibrine. Ces mêmes veines sus-hépatiques charrient de la glycose, alors même que la veine porte est réputée ne contenir aucune trace de ce principe immédiat.

Je résume, dans le tableau suivant, les principales différences qui existent entre le sang artériel et le sang veineux :

SANG ARTÉRIEL.	SANG VEINEUX.
1° Rouge vermillon.	1° Rouge brun.
2° Plus riche en fibrine.	2° Plus riche en albumine.
3° — en globules.	3° — en eau.
4° — en sels inorganiques (*).	4° — en matières extractives.
5° Contient environ 38 parties d'oxygène pour 100 d'acide carbonique (Magnus).	5° Renferme à peu près 22 parties d'oxygène pour 100 d'acide carbonique (Magnus).
6° Plus coagulable.	6° . . . .
7°	7° Globules plus abondants en matières grasses.
8° Paraît avoir la même composition dans tout le système artériel.	8° A une composition différente en divers points du système veineux.

Quant aux *différences de température entre le sang artériel et le sang veineux*, ce n'est pas le lieu d'en parler; elles seront examinées dans le chapitre relatif à la *chaleur animale*.

Les différences du sang, qui se rapportent à l'espèce d'animal, *à l'état des fonctions*, au régime, à l'âge, au sexe, etc., à *certaines conditions pathologiques ou accidentelles*, seront étudiées à propos de l'histoire générale et détaillée du sang (voyez le tome II).

V. — Avant d'étudier l'action de la respiration sur le sang et sur l'air, nous avons encore à mentionner la *texture du poumon*, c'est-à-dire de l'organe qui, dans les Vertébrés supérieurs, est le siége principal du conflit entre l'air et le sang. En traitant, plus haut (p. 521), des *modes divers de respiration dans la Série Animale*, nous avons suffisamment décrit, à notre point de vue, les autres organes si variés qui offrent les caractères de surfaces respiratoires.

On sait, surtout depuis Malpighi (2), que les poumons ont une constitution cellulaire qui se révèle aisément, quand, après les avoir insufflés

(1) GURLT, cité par Becquerel et Rodier dans *Traité de chim. pathol.*, p. 90. Paris, 1854.

(*) Toutefois il paraît y avoir une proportion plus forte de *carbonate de soude* dans le sang veineux que dans le sang artériel.

(2) MALPIGHI, *Observationes anatomicæ de pulmonibus*. Bologne, 1661, in-fol.

et soumis à la dessiccation, on les divise en tranches minces. Ce simple procédé conduit à reconnaître que l'étendue de leur surface intérieure, en contact avec le fluide respirable, s'accroît en raison de la multiplicité du cloisonnement, et que les cellules deviennent d'autant plus petites que la puissance fonctionnelle des poumons augmente. Chez les Grenouilles, les Crapauds, les Salamandres terrestres, etc., ces organes se montrent sous l'aspect de deux sacs membraneux, transparents et grossièrement divisés en cellules larges et irrégulières par des brides ou replis intérieurs. Chez beaucoup de Reptiles proprement dits, le système des cellules est déjà plus considérable et chacune d'elles offre une capacité moindre ; mais les poumons sont encore d'une texture assez peu compliquée pour conserver leur aspect de sacs vésiculeux semi-transparents. Les Reptiles les plus élevés en organisation, les Crocodiliens, peuvent néanmoins être regardés comme établissant la transition des poches pulmonaires simples des Vertébrés inférieurs aux poumons complexes et à bronches ramifiées des animaux à grande respiration, comme les Mammifères et les Oiseaux. Dans ces deux classes, les cellules ou utricules pulmonaires, extrêmement fines, sont groupées à l'extrémité des ramuscules de chaque arbre bronchique, et leur ensemble forme, pour chaque poumon, une masse spongieuse que l'air pénètre dans toutes ses parties. Plus loin, en parlant de la structure des poumons des Oiseaux, qui sont, de tous les animaux, ceux dont la respiration est la plus active, nous reviendrons sur quelques-unes des modifications les plus importantes de ces organes dans cette classe de Vertébrés.

Le procédé d'insufflation et de dessiccation des organes pulmonaires, permettant difficilement, dans les coupes qu'on fait de leur tissu, de mettre à nu l'intérieur d'un des tubes bronchiques jusqu'à son extrémité terminale, divers observateurs ont substitué à ce procédé d'autres modes de préparation qui les ont conduits à formuler des opinions assez différentes sur la texture intime du poumon.

Reisseisen (1), par exemple, injecte, d'une manière lente et bien ménagée, du mercure dans le système des tubes bronchiques, puis il examine avec soin comment ce liquide se distribue dans les parties terminales de ces tubes, notamment près de la surface du poumon : à ses yeux, il n'y a pas, à proprement parler, de cellules pulmonaires ; les bronches, divisées et subdivisées, se terminent par des culs-de-sac arrondis, sans être renflées en ampoules, et conservent jusqu'au bout la texture qui leur est propre. Le même moyen d'investigation mis en usage par F. A. Bazin (2) lui fait adopter l'opinion de Reisseisen ; seulement il admet, le long des bronches

<hr>

(1) REISSEISEN, *De fabrica pulmonum commentatio, a reg. Acad. scient. Berolinensi præmio ornata.* — Latine expressit J. L. C. HECKER. Berlin, 1822, in-fol., 6 pl. color.

(2) F. A. BAZIN, *Sur la structure et la terminaison des bronches pulmonaires* (*Comptes rendus des séances de l'Acad. des sc. de Paris*, t. II, p. 284, 390, 515, 570). — *Sur la structure intime du poumon de l'homme et des animaux vertébrés* (même recueil, t. VIII, p. 879 ; t. IX, p. 153).

terminales, de petits étranglements desquels résulte l'aspect moniliforme de ces parties. Quant à Alquié (1), qui a employé le métal fusible de Darcet pour injecter les divisions bronchiques et qui a détruit ensuite la substance pulmonaire à l'aide de la potasse caustique, il n'hésite point à affirmer, d'après la forme du métal solidifié, que les ramifications les plus ténues des bronches ne se terminent pas en simples canaux cylindriques, mais bien en renflements vésiculaires qui sont en nombre variable, *deux à neuf* pour chaque petit tube bronchique terminal.

Suivant d'autres observateurs, tels ne seraient pas le mode de terminaison des bronches et la disposition des parties profondes du poumon. D'après Rossignol (2), qui s'est servi de poumons insufflés dont le système sanguin capillaire avait été préalablement rempli par une injection fine et colorée (*), les dernières ramifications bronchiques se dilatent en une cavité qu'il appelle l'*entonnoir*, et à l'intérieur de laquelle sont disposés, comme le seraient des alvéoles, beaucoup de petites cavités secondaires toutes en communication avec le ramuscule commun. En d'autres termes, chacun des infundibulums, ou chaque terminaison de tube bronchique, représente un petit sac de forme plus ou moins conique, à surface interne cloisonnée en de nombreux alvéoles, n'ayant qu'une seule ouverture de communication avec l'air extérieur et ne recevant qu'un seul rameau arté-riel. Sur une plus petite échelle, ce sac ou infundibulum est donc la re-production exacte du poumon des vertébrés inférieurs et des grenouilles en particulier ; de telle sorte que le poumon de l'homme, envisagé sous ce point de vue, peut être défini comme l'assemblage d'innombrables petits poumons semblables à ceux des reptiles et reliés entre eux au moyen d'un grand arbre bronchique commun.

De ses recherches sur la structure intime du poumon, Rainey (3) avait déjà conclu que chaque ramuscule bronchique, arrivé dans l'intérieur de son lobule, change de forme et s'y dilate en une cavité qui cesse bientôt d'être tubulaire. Mais cet observateur a surtout beaucoup insisté sur certains changements brusques de texture que présente chaque ramuscule aérien au moment où il plonge dans un lobule pour s'y perdre au milieu des cellules pulmonaires (4) : tout à l'heure, en parlant de la structure des parois de ces cellules, nous indiquerons les changements dont il s'agit. Antérieu-

---

(1) ALQUIÉ, *Disposition des ramifications et des extrémités bronchiques démontrée à l'aide d'injections métalliques* (*Comptes rendus des séances de l'Acad. des sc. de Paris*, t. XXV, p. 745).

(2) ROSSIGNOL, *Recherches sur la structure intime du poumon de l'homme et des princi-paux Mammifères* (*Mém. des concours publiés par l'Acad. de méd. de Belgique*, t. I. Bruxelles, 1847).

(*) Cette injection se composait d'un mélange d'essence de térébenthine avec un sixième de vernis de copal et du vermillon porphyrisé, que l'on poussait lentement dans l'artère pulmo-naire, de façon à la faire revenir par les veines.

(3) RAINEY, *On the Minute Structure of the Lungs*, etc. (*Trans. of the Med.-Chir. Soc. of London*, t. XXVIII, p. 581, pl. 28, fig. 1, année 1845). — *Ibid.*, t. XXXI, p. 299 ; t. XXXII, p. 47, année 1849.

(4) *Rec. cité*, t. XXXII, p. 48.

rement au travail de Rainey, Addison (1) avait insisté sur la distinction
à établir entre les tubes bronchiques extralobulaires et les canaux que,
suivant lui, les voies aériennes forment dans l'intérieur des lobules,
canaux qu'il désigne sous le nom de *passages* ou *conduits intralobulaires*,
mais cette distinction n'a été bien nettement établie que depuis les observations de Rainey.

On doit à L. Mandl (2) un mode de préparation et d'investigation très-
favorable à l'étude anatomique des cellules pulmonaires. Après avoir injecté dans la trachée de la gélatine parfaitement transparente, de manière
à remplir ces cellules et à les amener à leur état de distension normale,
on laisse à l'injection le temps de se solidifier et au poumon de se dessécher. Alors il devient facile d'enlever, à l'aide du scalpel, une lamelle très-
mince qu'on place dans une goutte d'eau sur le porte-objet du microscope.
Après quelques instants, on voit la gélatine, qui absorbe de l'eau, reprendre
son volume primitif, et par conséquent les cellules qui renferment l'injection revenir à leur grandeur et à leur forme naturelles. De la sorte on
peut se procurer des préparations d'une très-grande transparence et
n'offrant aussi qu'une seule couche de cellules. Outre les résultats nouveaux que Mandl a pu constater à l'aide de son procédé, il est également
arrivé à cette conclusion, assez généralement admise aujourd'hui, que,
chez les Mammifères, chaque petit système de cavités ou cellules, en communication avec un ramuscule bronchique, est assimilable au sac pulmonaire tout entier de la grenouille, ou tout au moins à une des grandes
loges dont l'intérieur de ce sac est composé.

« En coupant, dit Mandl (3), un poumon de grenouille à travers son axe
longitudinal, on voit, au centre du sac qui constitue le poumon, une
grande cavité centrale dans laquelle se terminent librement des cloisons
qui partent de la paroi interne du sac. Toutes ces cloisons n'ont pas la
même élévation : les unes, plus hautes, limitent, par leur jonction, des
espaces polygonaux dont le fond est constitué par la paroi même du sac,
et dont la face supérieure, non recouverte, forme une ouverture qui
s'abouche directement avec la cavité centrale. Ce sont donc, pour ainsi
dire, autant de compartiments, ou de boîtes polygonales adossées les unes
aux autres, placées sur la paroi interne du poumon et privées de couvercles.

» Au fond de ces boîtes s'élèvent d'autres cloisons qui les subdivisent en
plusieurs compartiments, mais qui sont moins hautes que les précédentes.
Il en résulte que les espaces limités par ces cloisons plus basses constituent
à leur tour des boîtes plus basses que celles dans lesquelles elles sont
placées; mais le fond est formé par la même paroi pulmonaire, et elles
communiquent aussi directement avec la cavité centrale. »

(1) ADDISON, *On the Ultimate Distribution of the Air Passages and the Formation of the Air Cells of the Lungs* (Philos. Trans., 1842, p. 158).

(2) L. MANDL, *Recherches sur la structure intime du poumon* (Mémoire présenté à l'Acad. des sc. de Paris le 4 mai 1857, et inséré dans la *Gaz. hebd. de méd. et de chir.*, t. IV, p. 387 et 429).

(3) MANDL, *rec. cité*, t. IV, p. 390, juin 1857.

Cette disposition, déjà visible à l'œil nu, devient encore plus évidente lorsqu'on emploie de faibles grossissements (15 à 20 fois). En changeant le foyer du microscope, on distingue facilement les parois saillantes plus hautes et celles qui sont plus basses. Mandl appelle les espaces limités par les hautes cloisons, les *cavités terminales;* les espaces renfermés dans celles-ci et circonscrits par les cloisons plus basses sont pour lui des *utricules.*

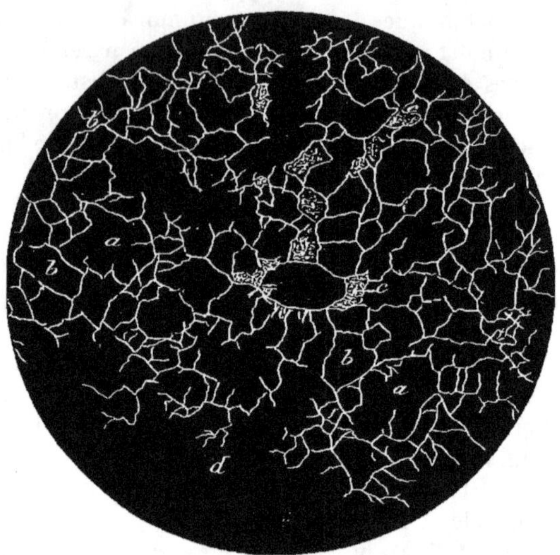

Fig. 2. — Poumon du Lapin ; injection gélatineuse desséchée, puis ramollie dans l'eau. Vu à la lumière réfléchie; grossi 45 fois ; *a*, cavités terminales; *b*, utricules ou vésicules; *c*, membrane utriculaire. (D'après Mandl.)

« Nous pouvons, ajoute ce micrographe, résumer la structure du poumon de la grenouille en ces termes : à la surface interne de la paroi pulmonaire existent des *cavités terminales* adossées les unes aux autres, et au fond desquelles on aperçoit plusieurs *utricules.* Ceux-ci, pas plus que ces cavités, ne sont point clos du côté de la cavité centrale, avec laquelle communiquent par conséquent librement et les utricules et les cavités terminales. »

L'étude des dimensions des cellules pulmonaires, particulièrement dans l'espèce humaine, n'est pas sans offrir quelque intérêt. Cette étude a appris qu'elles sont plus petites chez l'enfant que chez l'adulte, et notablement plus grandes dans la vieillesse que dans l'âge viril. Les premières observations de Magendie (1), à ce sujet, ont été confirmées par Dechambre et Hourmann (2), par Rossignol (3) et Mandl (4). Ainsi, d'après ce dernier

(1) Magendie, *Mém. sur la struct. du poumon de l'homme, etc. (Journal de physiol. expérim.*, 1821, t. I, p. 78).

(2) Dechambre et Hourmann, *Recherches cliniques pour servir à l'histoire des maladies des vieillards (Archiv. génér. de méd.*, 1835, 2ᵉ série, t. VIII, p. 422).

(3) Rossignol, *mém. et rec. cités*, t. I, p. 50.

(4) Mandl, *mém. et rec. cités*, t. IV, p. 391.

observateur, les *cavités terminales* (ou vestibules de lobulins) d'un enfant de sept ans mesuraient 0,3 à 0,6 de millimètre, et celles d'un homme de vingt-six ans, près d'un millimètre. Des différences marquées existaient aussi entre la grandeur des cavités terminales du lobe supérieur et celles du lobe inférieur chez ce même homme adulte, bien portant, et mort à la suite d'une chute : dans le lobe supérieur, les cavités terminales étaient larges de 0,5 à 0,6 de millimètre; tandis que, dans le lobe inférieur, elles atteignaient près d'un millimètre. Cette inégalité dans les dimensions des cavités aériennes concorde d'ailleurs avec les différences d'intensité du murmure respiratoire que l'auscultation révèle dans ces deux parties de l'organe pulmonaire.

Chez l'homme et les mammifères, l'examen de la *structure des parois intercellulaires* n'offre pas moins de difficultés que l'étude du mode de terminaison des bronches et de leurs connexions avec les cellules pulmonaires.

Déjà nous avons vu que, pour Reisseisen (1), la texture propre aux bronches se retrouverait dans leurs plus fines divisions, qui, d'après cet anatomiste, forment les utricules ou cellules pulmonaires. Mais ce n'était là qu'une simple présomption, une assertion sans preuves directes.

C'est depuis peu d'années seulement, grâce surtout aux travaux de Rainey (2), Jac. Moleschott (3), Rossignol (4), Schröder van der Kolk et Adriani (5), Kölliker (6), Mandl (7), etc., que quelque lumière s'est faite sur ce point si intéressant d'histologie.

Assurément on ne saurait plus nier aujourd'hui l'existence de fibres musculaires ou contractiles dans le système bronchique; l'examen microscopique et l'expérimentation le démontrent. En effet, sur un chien de taille moyenne qu'on vient de tuer en lui coupant la moelle, après avoir extrait les poumons de la poitrine et adapté à la trachée un tube manométrique rempli d'un liquide coloré qui pèse à l'intérieur des bronches, excite-t-on ces organes à l'aide d'un courant électrique, en appliquant l'un des pôles sur le poumon et l'autre sur la partie métallique du tube, on voit bientôt le liquide s'élever d'environ 5 centimètres dans ce même tube dont la partie supérieure est de verre et graduée : ce résultat est évidemment dû à la contraction active des bronches, puisque avant le passage du courant l'élasticité des poumons était déjà satisfaite (8). — Un autre mode

(1) Reisseisen, *ouvr. cité.*
(2) Rainey, *ouvr. cité.*
(3) Jac. Moleschott, *De Malpighianis pulmonum vesiculis dissert. anat. physiol.* Heidelberg, mai 1845.
(4) Rossignol, *ouvr. cité.*
(5) Schröder van der Kolk, *Over den Oorsprong en de Vorming von Tubercula pulmonum* (Nederlansch Lancet, 1852, 3ᵉ série, nᵒ 1 et 2). — Adriani, *Dissert. inaug. de subtiliori pulmonum structura.* Utrecht, 1848.
(6) Kölliker, *Eléments d'histologie humaine,* trad. franç. par J. Béclard et Sée; p. 516 et suiv. Paris, 1856.
(7) Mandl, *mém. cité.*
(8) Ch. Williams, *Report of the Experim. on the Physiol. of the Lungs and Air Tubes* (*Report of the Meeting of the Brit. Associat. for the Advanc. of Science.* Glascow, 1840, p. 411).

d'expérimentation m'a servi autrefois (1) à constater que, d'une part, les bronches ont un pouvoir de resserrement dérivant de la contraction musculaire, et que, d'autre part, ce pouvoir est mis en jeu par les nerfs pneumogastriques : en faisant passer, avec les précautions voulues, un courant électrique dans l'épaisseur de plusieurs rameaux de ces nerfs, chez de grands animaux, tels que le cheval et le bœuf, j'ai observé, à l'aide de la loupe, des contractions manifestes jusque dans des ramuscules bronchiques d'un calibre assez petit.

De ces faits faudra-t-il conclure que des *fibres musculaires* existent jusque dans les dernières ramifications des bronches, ainsi que dans l'épaisseur des parois utriculaires du poumon? Kölliker (2) assure qu'on distingue des fibres musculaires lisses sur des ramuscules bronchiques de $\frac{1}{8}$ de millimètre, et il regarde comme probable qu'elles s'étendent jusqu'aux lobules pulmonaires, quoique avec la plupart des micrographes il les refuse aux vésicules elles-mêmes. C'est en ayant recours à certaines réactions chimiques que J. Moleschott (3) a été conduit à admettre, dans la portion terminale du système aérifère, la présence de fibres musculaires mêlées à des fibres de tissu élastique (*). Plus récemment, Piso-Borme (4), Hirschmann (5) et Chronszczewsky (6) ont admis l'existence de fibres musculaires lisses dans les cloisons alvéolaires du poumon : Kölliker (7), sans révoquer en doute les résultats obtenus par ces auteurs, dit n'avoir jamais pu y rencontrer des fibres de cette nature.

Dans un mémoire publié en 1842, et dans lequel se trouve signalé, pour la première fois, l'*emphysème pulmonaire*, comme effet de la résection des nerfs vagues, j'avais déjà appelé l'attention sur ce dernier résultat, comme favorable à l'opinion qui admet que si les fibres élastiques jouent le principal rôle dans la constitution des parois des cellules pulmonaires, les fibres musculaires n'y font peut-être pas entièrement défaut (8).

Les *fibres de tissu élastique*, qui sont d'ailleurs assez faciles à découvrir sur des préparations fraîches et qui ont de 0^{mm},001 à 0^{mm},005 de largeur, se montrent surtout très-abondantes aux angles des cellules aériennes, d'après Kölliker (9). Mandl (10) affirme que la quantité de ces fibres

(1) Longet, *Rech. expérim. sur la nature des mouvements intrinsèques du poumon, etc.*, dans *Comptes rendus des séances de l'Acad. des sc. de Paris*, 1842, t. XV, p. 500 ; et dans son *Traité d'anat. et de physiol. du syst. nerveux*, t. II, p. 289. Paris, 1842.

(2) Kölliker, *ouvr. cité*, p. 516.

(3) *Thèse citée*, Heidelberg, 1845, et *Ueber die letzten Endigungen der feinsten Bronchien*, dans *Holländische Beiträge*, 1848, t. I, p. 7.

(*) Traitées par l'acide azotique, puis par l'ammoniaque, les fibres musculaires lisses prennent une belle couleur jaune qui est due à la formation d'un xanthoprotéate d'ammoniaque ; cette réaction manque avec le tissu élastique. Or, elle se montre dans les aréoles pulmonaires ; de là, la conclusion formulée par J. Moleschott.

(4) Piso-Borme, *Arch. di Zoologia*, vol. III, 1864.

(5) Hirschmann, *Archiv für path. Anat. und Phys.* von Virchow, t. XXXVI, p. 335.

(6) Même recueil, t. XXXV.

(7) Kölliker, *Handb. des Gewebelehre*, 5ᵉ édit., p. 476. 1867.

(8) Longet, extrait dans *Comptes rendus de l'Acad. des sc. de Paris*, 1842, t. XV, p. 500.

(9) Kölliker, *ouvr. cité*, trad. franç., p. 517.

(10) Mandl, *rec. cité*, t. IV, p. 430.

augmente considérablement avec l'âge. « Nous ne serions pas éloigné, ajoute-t-il, de croire la paroi utriculaire elle-même de nature élastique : l'aspect particulier qu'elle présente, sa résistance à l'acide acétique, la netteté de ses contours, la distingue, dans ses propriétés physiques, des autres membranes propres analogues. »

Quant à l'*épithélium à cils vibratiles* dont la muqueuse bronchique est revêtue, il cesserait brusquement, selon Rainey (1), vers le point où chaque tube aérien, chez l'homme, plonge dans un lobule pour s'y perdre au milieu des cellules pulmonaires.

Une *membrane fibreuse* et un *épithélium*, telles sont les deux couches le plus généralement attribuées aux parois des cellules ou alvéoles du poumon.

La *membrane fibreuse des alvéoles* est composée d'une très-faible quantité de tissu conjonctif au milieu duquel serpentent de nombreuses fibres élastiques. Celles-ci, assez grosses, rondes, de 1 à 2 ou 3 millièmes de millimètre, sont disposées en faisceaux et anastomosées. La membrane fibreuse sert ainsi de soutien aux vaisseaux qui la perforent pour venir s'étaler en un réseau capillaire à la surface des alvéoles.

L'*épithélium des alvéoles* a été mis en doute en 1862, puis nié d'une façon absolue par Henle (2). Lorsqu'on racle la surface d'un poumon frais, et qu'en examinant le liquide obtenu on y voit des cellules rondes ou pavimenteuses, on ne sait d'où viennent ces éléments. Henle les attribuait aux plus petites bronches, et il est de fait que jusqu'à cette époque on n'avait pas prouvé leur existence dans les alvéoles. Cette négation de l'épithélium a été le point de départ d'un grand nombre de travaux, dont nous ne citerons que les principaux. Eberth (3) a avancé que l'épithélium n'existait pas partout sur l'alvéole, qu'il manquait dans les points où les vaisseaux font un relief dans la cavité alvéolaire, mais qu'on le trouvait dans les espaces libres entre les mailles des capillaires. Bakody (4) et Villemin (5) sont restés convaincus de l'absence de tout revêtement épithélial. Colberg (6) a admis l'existence d'une membrane épithéliale formée de cellules soudées et ayant perdu leurs noyaux. Mais, depuis la généralisation de la méthode d'imprégnation au nitrate d'argent pour mettre en évidence les cellules d'épithélium, il est impossible de ne pas admettre leur existence sur les alvéoles pulmonaires. Ainsi, Elenz (7), élève d'Eberth, a démontré que, chez la grenouille, une couche de grandes cellules pavimenteuses recouvre toute la surface des alvéoles, et que les noyaux de ces cellules se trouvent dans les espaces situés entre les mailles des capillaires ; que, chez les mammifères, dans ces mêmes espaces, il y a toujours une ou plusieurs cellules épithéliales. C'est ce que Kölliker a vérifié et figuré. Enfin Chrzonszczewsky et Hirschmann (8)

---

(1) RAINEY, *Med.-chir. Transact.*, t. XXXII, p. 48.
(2) HENLE, *Anatomie de l'homme*, 1862.
(3) EBERTH (VIRCHOW's *Archiv*, t. XXIV, p. 603).
(4) BAKODY (VIRCHOW's *Archiv*, t. XXXIII, p. 264.
(5) VILLEMIN, *Arch. génér. de méd.*, Paris, 1867.
(6) COLBERG, *Obs. de pen. pulm. struct.* Halle, 1863.
(7) ELENZ, *Ueber das Lungenepithel.* Wurzbourg, 1864.
(8) KÖLLIKER, CHRZONSZCZEWSKY et HIRSCHMANN, *loc. cit.*

ont établi, en employant une injection de solution d'argent dans les vaisseaux, que l'épithélium pavimenteux muni de noyaux forme à la surface des alvéoles une véritable membrane épithéliale non interrompue. Ces cellules, qui sont très-volumineuses chez la grenouille et mesurent de 15 à 35 millièmes de millimètre, sont plus petites chez l'homme où elles n'atteignent que 11 à 12 millièmes de millimètre. Il est très-facile de les voir sur les poumons des jeunes enfants, même sans la préparation au nitrate d'argent.

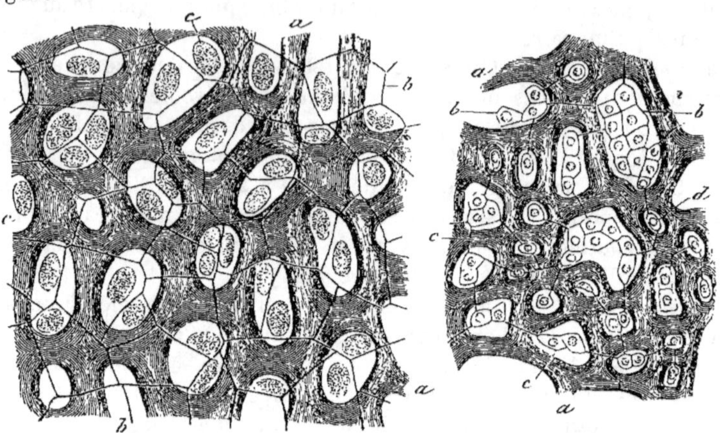

Fig. 3.— Grossissement de 350 diamètres.— Fragment du poumon de la grenouille traité par le nitrate d'argent et le carmin. — *a*, vaisseaux capillaires ; — *b*, cellules d'épithélium ; — *c*, leurs noyaux situés dans les mailles limitées par les capillaires. (Figure tirée de la 5ᵉ édition de l'*Histologie* de KÖLLIKER.)

Fig. 4.—Grossissement de 350 diamètres. — Préparation du poumon du chat faite par le procédé d'imprégnation au nitrate d'argent, d'après ELENZ. (Même signification des lettres.)

Dans l'épaisseur des parois interalvéolaires serpentent des *vaisseaux sanguins* qui s'y terminent par un réseau capillaire des plus serrés et des plus riches (*). L'artère pulmonaire y apporte toute la masse du sang veineux qui doit se vivifier dans les poumons, et les artères bronchiques y amènent du sang artériel destiné, là comme ailleurs, à l'entretien des phénomènes de nutrition ; seulement, vu le petit calibre relatif des artères bronchiques, on a pensé, avec raison, que le parenchyme pulmonaire, siége de la conversion du sang veineux en sang artériel, pouvait bien lui-même mettre à profit le sang artériel nouvellement formé. Ajoutons que d'ailleurs les artères et les veines bronchiques n'existent pas chez les oiseaux (Sappey, *mém. cité*, p. 12) : le sang artériel, qui se forme dans leur poumon, devient donc la source unique et directe dans laquelle ce viscère puise les éléments de sa nutrition.

Dans le poumon de l'homme, chaque lobule reçoit de l'artère pulmonaire une branche qui se divise à son tour en un grand nombre de ramuscules destinés aux cellules pulmonaires. Ceux-ci pénètrent entre les cellules, se subdivisent plusieurs fois pendant leur trajet, s'anastomosent çà

(*) Les meilleures injections s'obtiennent avec une masse composée de gélatine et de bleu de Prusse soluble.

et là, mais sans régularité, soit entre eux, soit avec des branches appartenant à d'autres artères lobulaires, et forment enfin le *réseau capillaire* des cellules aériennes. Ce dernier est un des plus serrés qui existent (voyez les figures 3 et 4). « Chez l'homme, dit Kölliker (1), et sur une pièce fraîche, il présente des mailles arrondies ou ovalaires de $0^{mm},005$ à $0^{mm},018$ de diamètre, formées de vaisseaux qui ont $0^{mm},007$ à $0^{mm},004$ de largeur. » Ce réseau, situé immédiatement sous la même couche d'épithélium qui est probablement interrompue souvent au niveau des capillaires (voy. figure 4), s'étend à toutes les vésicules d'un même lobule et aux vésicules des lobules voisins. Les vaisseaux capillaires qui le constituent forment une saillie à la surface de l'alvéole, saillie souvent telle qu'une anse en paraît comme détachée : on apprécie très-bien ce relief des vaisseaux sur des coupes d'alvéoles injectées, et il en résulte que les vaisseaux sont en quelque sorte plongés dans le gaz qui remplit le poumon, disposition favorable aux échanges gazeux qui s'y effectuent.

Puis, du précédent réseau naissent les *veines pulmonaires* par des radicules qui, plus superficielles que les artères, plus extérieures sur les lobules primitifs, s'engagent ensuite entre ces lobules, où, s'unissant à d'autres veines lobulaires, elles constituent des troncs d'un certain volume qui portent le sang hématosé vers les cavités gauches du cœur.

En terminant cette description rapide du réseau capillaire sanguin des poumons, rappelons que, quand on pousse une injection colorée dans l'artère pulmonaire, on remarque, ce qui d'ailleurs s'accorde bien avec le siége de l'hématose, que les tubes bronchiques restent à peu près incolores jusqu'au point où leurs parois commencent à présenter des alvéoles, tandis que ces alvéoles eux-mêmes se montrent couverts d'un réseau vasculaire des plus riches.

C'est dans l'épaisseur des parois intercellulaires, autour des vaisseaux sanguins, que s'opère le dépôt d'une substance colorée en noir, qu'avec Natalis Guillot (2) on regarde généralement aujourd'hui comme du *charbon* (*).

(1) Kölliker, *ouvr. cité*, trad. franç., p. 519.
(2) Natalis Guillot, *Rech. anat. et pathol. sur les amas de charbon produits pendant la vie dans les organes respiratoires de l'homme* (*Arch. génér. de méd.*, 4ᵉ série, année 1845, t. VII, p. 1, 151, 284).

(*) Il n'entre dans notre plan ni de discuter ici le mécanisme de l'accumulation des poussières charbonneuses dans le poumon de l'homme, ni d'examiner la valeur des hypothèses émises sur leur origine ou leur formation dans cet organe. Qu'il nous suffise, pour l'instant, de rappeler que, si divers observateurs admettent que du charbon, *en nature*, peut se produire et s'accumuler au sein des organes respiratoires eux-mêmes, la plupart assignent au *charbon pulmonaire* une origine extérieure.
Consultez à ce sujet : Haller, *Elementa physiologiæ*, t. III, p. 152. — Fourcroy, *Syst. des connaissances chim.*, an IX, t. IX, art. 18, § 4, p. 380. — Pearson, *Philos. Transact.* London, 1813, p. 519. — Heusinger, *Arch. génér. de méd.*, t. V, 1824. — Laennec, *Traité de l'auscult. méd.*, t. II, p. 322, édit. de 1837. — Gregory, *Case of Peculiar Black Infiltration of the whole Lungs ressembling Melanosis* (*the Edinb. Med. and Surg. Journal*, 1831, t. XXXVI. p. 389). — Trousseau et Leblanc, *Arch. gén. de méd.*, 1828, t. XVII. — Graham, *On the Exist. of Charcoal in the Lungs* (*Edinb. Med. and Surg. Journ.*, 1834, t. XLII, p. 323). — Béhier, dans le *Traité d'auscultation* de Laennec (note d'Andral), 1837, t. II, p. 323. — Rilliet, *Mém. sur la pseudomélanose des poumons* (*Arch. gén. de méd.*, 3ᵉ série, 1838, t. II, p. 160-163). — Andral, *Anat. pathol.*, 1839, t. I, p. 458. — Krause, *Handbuch der menschlichen Anat.*, t. I, p. 471. — Melsens, *Comptes rendus des séances de l'Acad. des sc. de Paris*, t. XIX, p. 1292.

Cet habile observateur a étudié toutes les phases du dépôt de la matière charbonneuse dans le tissu pulmonaire, depuis le moment où elle commence à apparaître vers la fin de la jeunesse jusque dans la dernière vieillesse, époque à laquelle il s'en forme parfois des accumulations considérables. On doit également à Natalis Guillot (1) d'importantes études sur les rapports de la maladie tuberculeuse du poumon avec l'accroissement de la matière noire dans cet organe; études qui offrent des applications utiles à la pratique médicale.

Si, dans certains cas, la pénétration dans le poumon de molécules de charbon est un fait parfaitement démontré, il est certain aussi que le pigment noir qui infiltre cet organe peut provenir de congestions sanguines répétées, ayant donné lieu à des extravasations de la matière colorante du sang qui s'est transformée ensuite en pigment rouge et en pigment noir. La pénétration de poussières charbonneuses a été mise hors de doute par Traube et par Virchow, qui ont trouvé dans les alvéoles pulmonaires des charbonniers des fragments de cellules végétales calcinées reconnaissables à leurs canaux poreux : d'un autre côté, les recherches de Virchow établissent que la pigmentation du poumon dans les maladies du cœur, et dans la majorité des cas chez les vieillards, reconnaît pour cause des transformations de la matière colorante du sang. Ce processus est toujours accompagné de pneumonie interstitielle, c'est-à-dire de la formation nouvelle de tissu conjonctif, et c'est autour des noyaux de ces cellules et dans les canaux plasmatiques qu'on observe le dépôt de particules colorées en noir (2).

Le *développement du tissu pulmonaire* (fig. 5), c'est-à-dire la formation des cellules du poumon et des ramifications bronchiques, ressemble beaucoup à celui des glandes en grappe et semble suivre la même marche. Les deux rudiments des poumons, d'abord lisses et sans divisions superficielles, se composent d'un blastème formé de cellules dont l'intérieur offre, dans chaque poumon, une petite figure claviforme. Quand une cavité commence à se former dans la trachée et dans les bronches, qui sont primitivement solides, on voit ces premiers rudiments bronchiques pousser des bourgeons sur leurs côtés et à leurs extrémités, comme les glandes en grappe. Ces bourgeons représentent les ramifications des bronches : ils ont exactement la même forme que les premiers rudiments, et l'on voit aussi la cavité future se préparer dans leur intérieur. Avec le temps, les ramifications des bronches deviennent de plus en plus nombreuses et serrées; mais leurs derniers rejetons seuls constituent les cellules pulmonaires qui tiennent ici la place des vésicules glandulaires. Ces cellules se recouvrent d'un épithélium et renferment une cavité dans laquelle l'air pénètre après la naissance.

(1) Natalis Guillot, *Description des vaisseaux particuliers qui naissent dans les poumons tuberculeux, et deviennent, au milieu de ces organes, les conduits d'une circulation nouvelle;* avec planches (journal *l'Expérience*, année 1838).

(2) Voyez les travaux de Virchow, insérés dans le tome 1 de ses *Archiv für path. Anat. und Physiol.,* et dans le t. XXXVI, p. 186 du même recueil.

L'apparence celluleuse extérieure des poumons, chez le jeune embryon,
n'indique pas, du reste, la formation précoce des véritables cellules pulmonaires à leur intérieur : elle annonce tout simplement le développement
de leurs lobes et de leurs lobules.

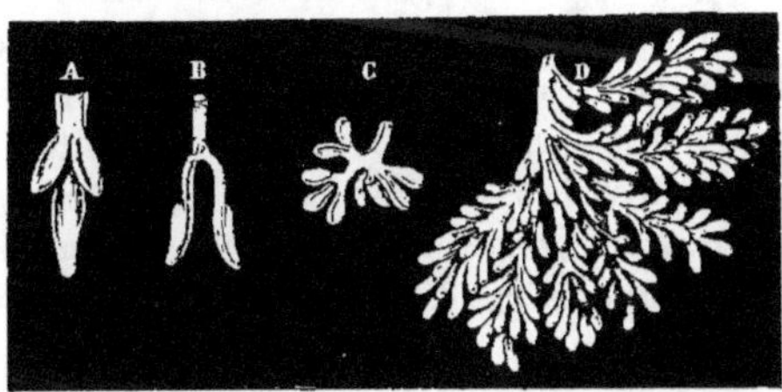

FIG. 5. — A, B, développement des poumons, d'après Rathke. — C,D, développement histologique des
poumons, d'après J. Müller. Formation des ramifications bronchiques et des cellules pulmonaires.

Précédemment, en traitant de la *respiration des oiseaux*, surtout au point
de vue de ses rapports avec les variations de pression de l'air, nous avons
parlé de ces singuliers appendices de leur système pulmonaire, qu'on désigne sous les noms de *sacs* ou *réservoirs aériens*, et nous avons cherché
à déterminer leurs usages (*). Ici il ne s'agit donc plus que de dire sommairement en quoi la *texture du poumon* diffère dans les deux classes des
mammifères et des oiseaux.

C'est dans la disposition de l'arbre bronchique qu'il faut chercher les
principales différences qu'avec Milne Edwards (1) nous résumerons ainsi :
« Ces différences tiennent au passage de quelques tubes aérifères à travers
le poumon et à leur ouverture *au dehors de cet organe* dans d'autres réservoirs (*sacs aériens*); au mode de division des bronches intra-pulmonaires;
enfin à la direction des canalicules bronchiques. Chez les mammifères,
c'est par des bifurcations irrégulières que les bronches se ramifient de plus

(*) Comme recherches les plus récentes et les plus remarquables sur les *sacs aériens des
oiseaux*, consultez principalement celles de NATALIS GUILLOT (*Mémoire sur l'appareil respiratoire des oiseaux*, dans *Ann. des sc. nat. Zoologie*, 3ᵉ série, année 1846, t. V, p. 25 et suiv.,
avec figures) et celles de SAPPEY (*Recherches sur l'appareil respiratoire des oiseaux*, Paris, 1847.
Ibid., Comptes rendus de l'Ac. des sc. de Paris, 2 et 28 février 1846).

Quant à la VESSIE AÉRIFÈRE OU NATATOIRE DES POISSONS, on sait combien les observateurs
ont différé d'avis sur la nature et sur la destination physiologique de cet organe. D'après le
plus grand nombre, c'est un appareil hydrostatique propre à faire varier le poids spécifique de
l'animal; suivant d'autres, c'est un organe en rapport avec l'exercice de la respiration ; et,
dans l'opinion de quelques autres encore, la vessie natatoire remplit les deux rôles, c'est-à-dire
qu'elle peut servir à la respiration, tout en ayant principalement à remplir des usages purement physiques dans le mécanisme de la locomotion. Mais, quand on tient compte de la variabilité qu'elle offre dans sa structure, dans ses relations organiques, dans la composition de ses
gaz, et surtout dans son existence même, il est bien difficile d'accorder à un pareil organe
toute l'importance physiologique qu'on a voulu parfois lui attribuer : son rôle, notamment dans
la respiration, a pu paraître contestable dans les cas, d'ailleurs si nombreux, où l'on voit l'intérieur de ce réceptacle *complètement clos* ne pas communiquer avec un autre organe ou avec
l'air extérieur. Les gaz qui y sont contenus (*mélange en proportions variables d'oxygène,
d'azote et d'acide carbonique*) sont regardés comme le produit d'un travail sécrétoire chez tous
les poissons, dont la vessie natatoire est entièrement fermée dès le principe.

(1) MILNE EDWARDS, *Leçons sur la physiol. et l'anat. comp. de l'homme et des animaux*, etc.,
t. II, p. 347. Paris, 1858.

en plus à mesure qu'elles s'éloignent] de leur point d'origine. Chez les oiseaux, le mode de division de ces tubes n'est pas dichotomique, mais penniforme; chaque tronc, soit primitif, soit secondaire, donnant naissance latéralement à des conduits qui en partent comme les barbes d'une plume ou les poils d'une brosse. Enfin, chez les mammifères, toutes les parties du système bronchique se dirigent du centre anatomique du poumon, c'est-à-dire du point d'immersion du tronc primitif dans cet organe, vers sa surface, et les divisions en deviennent de plus en plus ténues à mesure qu'elles se rapprochent de cette surface; tandis que, chez les oiseaux, le système de tubes n'est centrifuge que dans sa portion basilaire; les troncs secondaires arrivent à la surface de l'organe, et les divisions ultérieures, suivant une marche récurrente, deviennent centripètes. L'arbre bronchique, au lieu de continuer à se développer au dehors, se reploie donc sur lui-même, et n'envoie le chevelu de ses racines que vers l'intérieur de la masse formée par l'ensemble de ce système de ramifications (*). »

Du reste, ainsi que l'ont avancé plusieurs micrographes pour la muqueuse bronchique des mammifères, l'épithélium à cils vibratiles cesserait brusquement aussi, chez les oiseaux, vers le point où chaque tube aérien plonge dans un lobule pour s'y perdre au milieu des cellules pulmonaires; il n'y resterait plus qu'une couche épithéliale ordinaire d'une ténuité extrême. D'après Rainey (1), les parois de chacun de ces tubes offrent des orifices qui aboutissent à une couche de cellules irrégulières qui, dans le parenchyme du poumon, forment un grand nombre de petits compartiments polygonaux, comparables à des lobules. « Mais il paraîtrait, dit Milne Edwards (2), d'après les observations de Rainey, que les parois de ces cellules ne sont pas continues, que leur membrane pariétale est perforée dans chacun des espaces correspondant aux mailles du réseau vasculaire logé dans leur épaisseur, et que, par conséquent, les cavités aériennes constituent dans chaque lobule une masse spongieuse où les vaisseaux sanguins baignent dans le fluide respirable par tous les points de leur circonférence, au lieu d'être en contact avec ce fluide par leurs deux surfaces opposées seulement, ainsi que cela a lieu chez les mammifères (**). »

(*) Pour plus de détails, voyez le Mém. de NATALIS GUILLOT, dans *Rec. cité*, t. V, p. 33 et suiv. — *Ibid.*, le Mém. de SAPPEY, p. 4 et suiv.

(1) RAINEY, *ouvr. cité*, pl. 1, fig. 1 et 2.

(2) MILNE EDWARDS, *loc. cit.*

(**) Indépendamment des ouvrages ou mémoires déjà cités à propos de la *texture intime du poumon*, consultez encore :

WILLIS, *De respirationis organis et usu*, dans *Opera omnia*, t. II. — HELVETIUS, *Observat. sur le poumon de l'homme* (*Mém. de l'Acad. des sc. de Paris*, 1718, p. 18). — RATHKE, dans *Nova Acta Acad. nat. curios.*, 1828, t. XIV, p. 161, 200. — LEREBOULLET, *Anat. comp. de l'appar. respir. dans les animaux vertébrés* (thèse inaugurale, Strasbourg, 1838). — DUVERNOY, *Fragm. sur les organes de la respiration dans les animaux vertébrés* (*Comptes rendus de l'Acad. des sc. de Paris*, 1839, t. VIII, p. 13). — GIRALDÈS, *Sur la terminaison des bronches*, dans *Bull. de la Soc. anat.*, 1839, p. 16. — H. CRAMER, *De penitiori pulmonum hominis structura*. Berlin, 1847. — E. SCHULTZ, *Disquisit. de struct. et text. canalium aeriferorum*. Dorpat, 1850. — HEALE, *On the Blood Vessels of the Lunges* dans *Monthly Journal*, 1852, p. 454.

VI. — Il est un problème dont la solution importe surtout à l'étude de l'air confiné et des grandes questions d'hygiène qui s'y rattachent; nous voulons parler de la détermination du volume d'air nécessaire pour subvenir aux besoins de la respiration humaine.

On comprend tout d'abord que les chiffres représentant la quantité d'air qui entre dans le poumon à chaque inspiration et la quantité qui en sort à chaque expiration correspondante ne sauraient avoir ici qu'une valeur approximative. En effet, ces quantités varient suivant une foule de circonstances extérieures ou propres aux individus, et presque impossibles à spécifier tant elles sont nombreuses et parfois peu saisissables. Toutefois les variations ne sont pas tellement considérables qu'on n'ait pu, même à l'aide de méthodes diverses, arriver à des résultats assez concordants pour permettre d'établir une *moyenne* de la quantité d'air mis en circulation dans le poumon, pendant chaque mouvement respiratoire normal. Assez généralement on admet que, chez l'homme adulte et bien portant, chaque inspiration introduit dans l'appareil pulmonaire environ 500 centimètres cubes ou *un demi-litre* d'air : or, la moyenne des inspirations par minute étant de 18, il en résulte que l'homme a besoin de 9 litres par minute, et, par conséquent de 540 litres par heure, de 12 960 litres par jour; ce qui donne, en chiffres ronds et abstraction faite de la petite quantité d'air qui disparaît par la respiration, 13 mètres cubes d'air expiré dans les vingt-quatre heures, et renfermant, comme nous le verrons, à peu près 4 pour 100 de gaz acide carbonique (*).

La mesure du volume d'air contenu dans les poumons de l'homme vivant a été faite récemment par Gréhant (1) à l'aide d'un procédé simple dont voici le principe : supposons que l'on agite dans un vase fermé 3 litres d'air avec 1 litre d'hydrogène, on obtient 4 litres qui renferment 1 litre d'hydrogène; 100 centimètres cubes du mélange contiennent 25 centimètres cubes de gaz inflammable, ce que vérifie l'analyse chimique faite avec l'eudiomètre. A un volume d'air inconnu, ajoutons 1 litre d'hydrogène, le mélange analysé de la même manière contient-il 25 pour 100 d'hydrogène, nous concluons que le volume total de ce mélange est 4 litres. On peut donc mesurer un volume de gaz quelconque en l'agitant avec un volume donné d'hydrogène et en faisant ensuite l'analyse eudiométrique du mélange.

Dans une cloche de verre, munie d'un robinet à trois voies et d'un tube de verre terminé par un embout (fig. 6), cloche remplie d'eau et retournée sur la cuve, on fait passer 1 litre d'hydrogène pur. La personne soumise

(*) D'après des observations qui nous sont propres, nous tendons à croire que ce volume d'une inspiration ordinaire, évalué à *un demi-litre*, est un peu exagéré : *un tiers de litre*, suivant nous, représenterait plutôt la moyenne dont il s'agit. Du reste, comme on le verra plus loin, cette dernière évaluation est aussi celle de quelques autres observateurs.

(1) GRÉHANT, *Recherches physiques sur la respiration de l'homme*. Paris, 1864.

à l'expérience ferme les fosses nasales en appuyant sur les narines, introduit le tube dans la bouche, le serre entre ses lèvres, exécute des mouvements égaux d'inspiration et d'ex-piration dans l'air; à la fin d'une
expiration, on tourne le robinet d'un quart de tour pour établir la
communication entre l'intérieur de la cloche et l'arbre aérien dont il
faut mesurer le volume; plusieurs mouvements respiratoires se succèdent dans la cloche, et, après le cin-quième mouvement d'expiration, on
ferme le robinet. Ainsi est obtenu un mélange homogène des gaz hydrogène, oxygène, azote et acide carbonique que l'on analyse dans
l'eudiomètre à eau pour déterminer la proportion du gaz hydrogène
contenu dans le mélange. Sur un homme de vingt-sept ans, grand

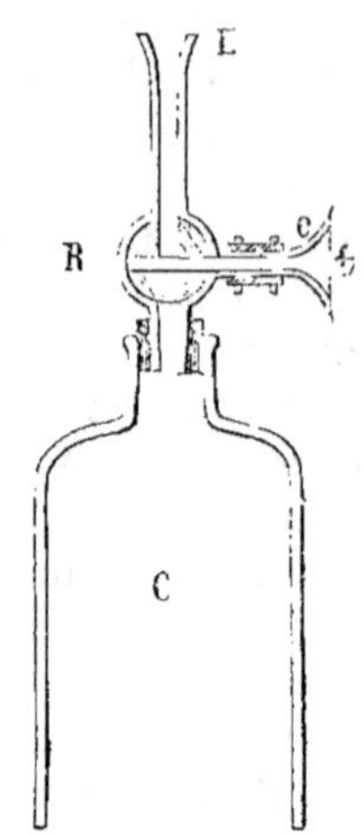

FIG. 6. — Cloche servant à mesurer le volume d'air contenu dans les poumons. — R, ro-binet à trois voies. — c, entonnoir garni d'une toile métallique. — E, embout.

et robuste, le gaz provenant de la cinquième expiration contenait
23,5 d'hydrogène pour 100 ; si 23,5 d'hydrogène sont contenus dans 100 centimètres cubes du mélange, un seul centimètre cube d'hydrogène était
contenu dans $\frac{100}{23,5}$, et 1000 centimètres cubes d'hydrogène qui furent inspirés
étaient contenus dans un volume mille fois plus grand : $\frac{100 \times 1000}{23,5} = 4^{\text{lit}},255$.
Ainsi l'air qui remplissait les poumons après une inspiration de 1 litre,
occupait un volume de $4^{\text{lit}},255$; après une expiration égale à 1 litre, le volume de l'air qui restait dans le poumon était de $3^{\text{lit}},255$.

Gréhant s'est assuré que l'hydrogène, après cinq expirations faites dans
la cloche, est mélangé d'une manière homogène avec les gaz contenus dans
les poumons : il a suffi, pour le démontrer, de répéter à plusieurs reprises
la détermination sur la même personne, et de faire inspirer chaque fois
1 litre d'hydrogène, mais de recueillir dans une expérience le gaz de la
troisième expiration, dans une autre le gaz de la quatrième, enfin celui de
la cinquième et de la sixième expiration; à partir de la quatrième expiration, l'expérience a montré que le mélange obtenu contenait la même proportion d'hydrogène, 23,5 pour 100, dans l'exemple cité.

La *capacité pulmonaire*, ou le volume des gaz renfermés dans l'arbre
aérien à la fin de l'expiration, reste toujours la même, quand le volume
d'air expiré est égal au volume inspiré ; elle s'accroît régulièrement du
volume de l'inspiration qui est ordinairement un demi-litre chez l'homme
adulte, mais une grande inspiration de 1 ou 2 litres l'augmente d'autant.
Il est possible, par de grandes expirations, de diminuer beaucoup cette

capacité pulmonaire. Quand on fait suivre l'inspiration d'un mouvement d'expiration aussi prolongé que possible, on laisse toujours dans les poumons un certain volume d'air qui a reçu le nom de *réserve pulmonaire* et qu'on n'avait pas déterminé jusqu'ici. Pour le mesurer, Gréhant introduit dans la cloche qui a servi plus haut un demi-litre d'air : on fait suivre l'inspiration du gaz d'une expiration prolongée autant qu'il est possible, et l'on déplace dans la cloche un volume égal à $1^{lit},8$; chez la même personne, la capacité pulmonaire étant $2^{lit},34$, elle a augmenté de $0^{lit},5$, puis diminué de $1^{lit},8$, la réserve pulmonaire est donc : $2^{lit},34 + 0,5 - 1^{lit},8, = 1^{lit},04$. Ainsi la réserve pulmonaire qui comprend le volume de la cavité buccale est égale à 1 litre environ.

L'étude expérimentale de la quantité d'air mis en circulation, soit pendant les mouvements normaux de la respiration, soit lors d'inspirations et d'expirations forcées, a été faite avec une certaine rigueur et sur une grande échelle, surtout dans ces dernières années. Parmi les observateurs assez nombreux qui s'en sont occupés, il faut citer particulièrement Herbst (1) et Hutchinson (2), dont les intéressantes recherches ont été reprises et le plus souvent confirmées par Vierordt (3), G. Simon (4), Wintrich (5), Schneevogt (6), Hecht   F. Arnold (8), Schnepf (9), Bonnet (10), etc.

Différents appareils ont été employés pour le genre d'expériences dont il s'agit. Le *spiromètre* (*) de Hutchinson est l'instrument dont on a fait le plus fréquent usage dans ces derniers temps (**). Il représente essentiellement un gazomètre muni d'une échelle fixe et d'un indicateur mobile qui suit les mouvements du récipient à air et les indique sur l'échelle graduée; ce récipient plonge dans un réservoir rempli d'eau et communique avec la

(1) Meckel's *Archiv für Anat. und Physiol.*, t. III.

(2) Hutchinson, *On the Spirometer*, 1846; analyse dans *Arch. génér. de méd.*, 1847. — Ibid., *Med.-chir. Trans.*, t. XXIX.

(3) Wagner's *Handwörterbuch für Physiol.*, t. II, p. 835, art. Respiration.

(4) G. Simon, *Ueber die Menge der ausgeathmeten Luft bei verschiedenen Menschen und ihre Messung durch das Spirometer.* Giessen, 1848.

(5) Wintrich, *Krankheiten der Respirationsorgane* (Virchow's *Handbuch der speciellen Pathol.*, etc., t. V, 1854).

(6) Schneevogt, *Ueber den praktischen Werth des Spirometers* (Henle's *Zeitschr. für rationn. Med.*, 1854).

(7) Hecht, *Essai sur le spiromètre* (thèse inaug. Strasbourg, 1855).

(8) F. Arnold, *Ueber die Athmungsgrösse des Menschen*, etc. Heidelberg, 1855.

(9) Schnepf, *Note sur un nouveau spiromètre* (*Comptes rendus des séances de l'Acad. des sc. de Paris*, 1856, t. XLIII, p. 1046).

(10) Bonnet, *Application du compteur à gaz à la mesure de la respiration* (*Comptes rendus des séances de l'Acad. des sc. de Paris*, 1856, t. XLII, p. 825, et t. XLIII, p. 519).

(*) Mot hybride (formé de *spirare*, respirer, et de μέτρον, mesure), auquel on devrait préférer *pnéomètre* (de μέτρον, mesure, et πνέω, je souffle).

(**) Toutefois l'appareil imaginé par Schnepf (*loc. cit.*) semble offrir plus de garanties d'exactitude.

Le spiromètre de Boudin est plus portatif que celui de Hutchinson, mais il pèche par le défaut de précision.

Bonnet, de Lyon (*loc. cit.*), a eu l'idée de se servir du *compteur à gaz* qu'on emploie journellement dans l'industrie pour mesurer le gaz d'éclairage, et il a obtenu des résultats très-précis, généralement confirmatifs de ceux qui ont été publiés par Hutchinson.

poitrine du sujet en expérience, à l'aide d'un tube de caoutchouc terminé par un embout de verre.

S'agit-il de mesurer, à l'aide de cet appareil, le volume d'air qui, dans les mouvements exagérés de la respiration, peut s'engager dans les voies pulmonaires, on fait tenir debout l'individu soumis à l'examen et l'on s'assure qu'il est libre de toute entrave qui gênerait la mobilité de sa poitrine. Après une grande expiration, il introduit le tube entre ses lèvres, respire la plus grande somme d'air qu'il puisse appeler dans ses poumons et fait ensuite l'expiration la plus complète possible. En soumettant à de pareilles épreuves environ 2000 personnes (hommes), Hutchinson a reconnu (chose d'ailleurs aisée à prévoir) que la quantité d'air qu'une inspiration et une expiration *maximum* peuvent mettre en circulation varie suivant les individus. D'après Hutchinson, chez les *hommes adultes* et bien portants, la *moyenne* du volume d'air obtenu de la sorte (à 15 degrés centigrades) équivaut à environ 3 *litres et demi*.

Le *volume d'air expiré maximum*, loin d'être soumis à des variations indéterminées et qui échappent au calcul, est si constant chez un individu donné, et à un moment donné, qu'examiné à diverses reprises et à de courts intervalles, il est toujours représenté par les mêmes chiffres. D'après cet observateur, parmi les conditions qui font varier la capacité pulmonaire, une seule suffirait presque à constater, c'est la taille de l'individu. *Le volume d'air expiré maximum, à l'état normal, croît en proportion régulière, sinon mathématique, avec la stature.* Telle est la loi que Hutchinson a formulée et qu'il assure avoir établie sur plus de deux mille observations, loi que d'autres expérimentateurs, notamment Schneevogt (1) et Hecht (2), sont venus confirmer depuis. Ajoutons que, chez les nombreux adultes soumis à son examen, Hutchinson a reconnu qu'à la température de 15 degrés centigrades, et toutes choses égales d'ailleurs, l'expiration forcée donnait, pour les hommes dont la taille était de 1^m,50 à 1^m,80, environ 2 litres trois quarts d'air pour les plus petits, et que le volume croissait de 5 centilitres par chaque centimètre d'augmentation dans la stature.

Du reste, ce rapport entre la taille des adultes et le volume d'air qu'une expiration maximum peut rejeter des poumons après une inspiration maximum, n'est point, comme on serait porté à le croire, une conséquence nécessaire de la hauteur du thorax. La taille d'un individu est subordonnée généralement plutôt à la longueur des membres inférieurs qu'à celle du tronc. — De deux hommes mesurés par l'auteur, l'un a la taille de 4 pieds 4 p. 1/2, l'autre de 5 pieds 9 p. 1/2 (mesures anglaises), quand ils se tiennent debout; assis, ils ont exactement la même hauteur de tronc, et pourtant, chez le premier, le volume d'air expiré maximum n'est égal qu'à 152 pouces cubes, tandis que, chez le second, il est de 236 pouces cubes.

(1) SCHNEEVOGT, *mém. cité.*
(2) HECHT, *mém. cité.*

La *circonférence de la poitrine*, chez l'adulte, serait sans aucune proportion avec le volume d'air expiré, suivant Hutchinson, qui affirme avoir constaté les contradictions les plus manifestes dans 994 cas qu'il a observés à ce point de vue. Telle n'est pas l'opinion de F. Arnold (1), qui prétend que l'accroissement de la capacité inspiratrice est d'environ 60 centimètres cubes par chaque centimètre dont s'augmente la circonférence de la poitrine.

La *mobilité des parois thoraciques* a ici une influence réelle, car on trouve parfois des individus à poitrine étroite, qui peuvent dilater le thorax bien plus que d'autres chez qui la circonférence de cette partie du corps est néanmoins plus grande. A dimensions égales, le nombre mesuré par le spiromètre augmente avec la dilatabilité du thorax.

Ce nombre paraît être le plus grand dans la période de vingt-cinq à quarante ans; puis, à partir de cet âge, il commence à décliner pour devenir, dans la vieillesse, moindre qu'il n'était même dans l'adolescence. Voici les moyennes fournies à ce sujet par Hutchinson :

	lit.			lit.
De 15 à 25 ans	3,590	De 45 à 50 ans		3,280
25 à 30	3,623	50 à 55		3,215
35 à 40	3,720	55 à 60		2,970
40 à 45	3,459			

Quant aux différences résultant de l'*influence des sexes*, le physiologiste anglais a omis d'en tenir compte, toutes ses expériences ayant été faites sur des hommes. Mais Schneevogt (2), Wintrich (3), et, auparavant, Herbst (4), s'accordent à admettre que, chez la femme, le volume expiré maximum est sensiblement moindre que chez l'homme. Suivant Herbst, cette différence serait représentée par environ 50 pouces cubes. En comparant, sous ce rapport, des hommes et des femmes de même taille, Schneevogt a constaté que le volume dont il s'agit était, terme moyen, d'à peu près 700 centimètres cubes moindre chez ces dernières. Un autre résultat, digne d'intérêt, s'il est confirmé, et qui s'appuie sur plus d'une centaine d'observations du même auteur, c'est que, tandis que les tumeurs abdominales, quels que soient leur nature et l'organe affecté, ont pour effet constant de diminuer le volume d'air expiré, la grossesse seule n'aurait pas cette conséquence.

Si la loi de Hutchinson est vraie, c'est-à-dire s'il est possible d'établir, à l'aide du spiromètre, un rapport exact entre les plus grands changements de volume du thorax et la stature de l'individu, on conçoit comment la *spirométrie* viendrait prendre rang parmi les moyens physiques d'explo-

(1) F. ARNOLD, *Ueber die Athmungsgrösse des Menschen*, etc. Heidelberg, 1855.
(2) SCHNEEVOGT, *Ueber den praktischen Werth des Spirometers* (HENLE'S *Zeitschr. für rationn. Med.*, 1854).
(3) WINTRICH, *Krankheiten der Respirationsorgane* (VIRCHOW'S *Handbuch der speciellen Pathol.*, etc., t. V, 1854).
(4) MECKEL'S *Archiv für Anat. und Physiol.*, 1828, t. III, p. 103.

ration médicale. En effet, une diminution trop sensible de la quantité d'air que l'individu peut mettre en circulation dans ses poumons, diminution qui ne résulterait pas seulement des progrès de l'âge, devrait donner l'éveil au médecin sur l'état de ces organes, en même temps que la spirométrie lui fournirait la mesure du progrès ou de l'amélioration de l'affection pulmonaire.

Le premier malade sur lequel Hutchinson ait fixé son attention réunissait les conditions les plus favorables à un semblable examen. C'était un Américain colossal venu à Londres pour disputer le prix d'une lutte; il était d'une taille de près de 7 pieds (anglais) et dans toute la puissance de la santé; son volume expiré maximum était de 7^{lit},082. Après avoir remporté le prix, il mena une vie oisive et dissolue, et deux ans plus tard (novembre 1844) ce volume n'était plus que de 6^{lit},364; on ne constatait d'ailleurs aucun signe de lésion thoracique. A la fin de décembre 1844, il était descendu à 5^{lit},222. Cet homme succomba en 1845 aux suites d'une tuberculisation pulmonaire subaiguë. — Un fait d'une autre nature, mais non moins caractéristique, témoigne de l'utilité de l'appareil et de son application à la pathologie. Un homme est examiné, il jouit d'une santé irréprochable, mais la mesure de sa capacité inspiratrice est de 0^{lit},767 au-dessous du chiffre normal. L'auscultation ne révèle pas le plus léger trouble des fonctions respiratoires. Trois jours après, cet homme succombe accidentellement, et l'on trouve au sommet du poumon gauche un dépôt de tubercules miliaires qui avait l'étendue de plus d'un pouce carré.

C'est en s'appuyant sur des observations extrêmement nombreuses que Hutchinson a formulé ses principales conclusions relatives à la phthisie. Suivant lui, un abaissement de 16 pour 100 doit déjà éveiller les soupçons. Dans le premier degré de la phthisie confirmée, la diminution est d'environ 33 pour 100; elle peut être portée, dans la période extrême, jusqu'à 90 pour 100, sans que le malade soit sous la menace d'une mort tout à fait prochaine.

Ce n'est pas le lieu de passer en revue bien d'autres causes pathologiques qui peuvent entraver la respiration, et d'indiquer jusqu'à quel point elles agissent sur le seul élément dont le spiromètre fournisse la mesure. Nous nous bornerons ici à rappeler que l'emphysème pulmonaire paraît avoir abaissé presque autant que les tubercules le chiffre de la capacité inspiratrice (*).

Si la détermination du volume d'air mis en circulation, pendant les inspirations et les expirations exagérées, offre de l'intérêt à cause des applications possibles à la pratique médicale, la notion de la quantité d'air qui entre dans les poumons pendant l'inspiration normale et de celle qui en

___

(*) Consultez, pour plus de détails, l'excellente revue critique que CH. LASÈGUE a publiée *Sur l'emploi de la spirométrie en médecine*, et à laquelle nous-même avons emprunté plusieurs documents utiles (*Arch. gén. de méd.*, 5e série, t. VII, p. 464, année 1856).

sort pendant l'expiration correspondante se rapporte plutôt à la physiologie et à l'hygiène. L'importance non moins grande de cette dernière notion deviendra surtout bien manifeste quand nous parlerons, plus tard, de l'action de l'*air confiné* sur l'organisme.

Nous avons dit qu'assez généralement il est admis que, chez l'homme adulte et bien portant, chaque inspiration ordinaire introduit dans les poumons environ 500 centimètres cubes ou *un demi-litre* d'air ; mais que, d'après nos propres observations, d'ailleurs en rapport avec celles d'autres expérimentateurs, cette évaluation nous avait paru un peu exagérée, et qu'*un tiers de litre* représenterait plutôt la moyenne dont il s'agit. La moyenne des inspirations, par minute, étant de 18, l'homme aurait besoin, d'après l'une de ces estimations, d'environ 13 mètres cubes d'air dans les vingt-quatre heures, et, d'après l'autre, seulement d'à peu près 9 mètres cubes.

La première de ces évaluations a été adoptée, avec quelques variantes, par Menzies (1), Dalton (2), Valentin (3), Vierordt (4), P. Bérard (5), etc., et la seconde par Borelli (6), Goodwin (7), H. Davy (8), Allen et Pepys (9), Jurine (10), J. Dumas (11), etc.

La précédente étude expérimentale a démontré que, dans les mouvements ordinaires de la respiration, le volume d'air expiré est un peu moindre que le volume d'air inspiré. Ce déficit, chez l'homme, a été évalué tantôt à 1/50, tantôt à 1/70 de l'air inspiré. Despretz (12), ayant fait respirer, pendant deux heures, six lapins dans 49 litres d'air pur, reconnut qu'il y avait eu 1 litre de diminution. La perte, suivant d'autres observateurs (Lavoisier, Goodwin, Davy, Allen et Pepys, etc.) a pu être portée à 1/24, lorsque l'animal était resté plongé dans le même air jusqu'à ce que l'altération de ce fluide ne permît plus de le respirer impunément. Nous aurons occasion de revenir bientôt sur la cause de la disparition de cette petite quantité d'air par la respiration.

VII. — Au contact des surfaces respiratoires, l'air subit de notables changements dans ses propriétés physiques et dans sa constitution chimique : il en résulte que les animaux n'expirent pas, à proprement parler, de l'air, mais un mélange gazeux qui renferme, avec les principes de l'air atmosphérique altérés dans leurs quantités relatives, les produits

(1) MENZIES, *Tentamen physiol. inaug. de respirat.* Edinburg., 1790.
(2) DALTON, *On Respirat. and Animal Heat* (*Mem. of the Liter. and Philos. Soc. of Manchester*, 1813, 2ᵉ série, t. II, p. 26).
(3) VALENTIN, *Grundriss der Physiol.*, p. 253.
(4) WAGNER's *Handwörterbuch für Physiol.*, t. II, p. 835 (art. RESPIRATION).
(5) P. BÉRARD, *Cours de physiologie*, t. III, p. 336. Paris, 1851.
(6) BORELLI, *De motu animalium*, part. II, propos. 81, p. 95.
(7) GOODWIN, *De la connexion de la vie avec la respiration*, trad. franç. de Hallé, p. 26.
(8) H. DAVY, *Researches, Chem. and Philos.*, etc. London, 1800, p. 410.
(9) ALLEN et PEPYS, *Philos. Trans.*, p. 280, année 1808.
(10) JURINE, *Mém. de la Soc. de méd.*, t. X, p. 24.
(11) J. DUMAS, *Essai de statique chimique des êtres organisés*, p. 82, 2ᵉ édit. Paris, 1842.
(12) DESPRETZ, *Annales de chimie et de physique*, t. XXVI, p. 337.

propres à la respiration elle-même. Ce mélange gazeux est habituellement désigné sous le nom d'*air expiré*. Déjà nous avons fait connaître la composition normale de l'*air inspiré* qui, au moins pour l'homme et les animaux aériens, est l'air atmosphérique proprement dit; il nous faut maintenant aborder l'étude comparative du mélange aériforme rendu dans l'expiration, et, partant, analyser les faits nombreux qui se rattachent à cette étude, faits établis par l'expérimentation et sur lesquels doit s'appuyer toute théorie de la fonction respiratoire (*).

A. — L'étude des altérations de l'air par la respiration des animaux date surtout du XVIIᵉ siècle. Déjà, auparavant, on avait bien dit que l'air qui a servi à la respiration est impropre à y être employé de nouveau, qu'il est devenu *irrespirable*, mais c'est aux expériences de Rob. Boyle (1) que doit être rapportée la première démonstration de ce fait fondamental. Pour apprécier toute la valeur de ces expériences, publiées en 1670, il convient de se rappeler quelles idées régnaient alors sur l'essence et le but de la fonction respiratoire : l'air, introduit dans le corps des animaux, était réputé n'avoir d'autre mission que de rafraîchir le sang, d'augmenter sa densité (2), ou encore de lui enlever certaines vapeurs (3). Ces idées, léguées aux physiologistes du moyen âge par ceux de l'antiquité, étaient encore soutenues, en 1718, par Helvetius (4). Et pourtant les recherches de Rob. Boyle (5) avaient appris que, si l'on place des animaux dans un espace clos et renfermant une médiocre quantité d'air, on ne tarde pas à voir survenir les accidents de l'asphyxie; que ces accidents amènent la mort quand on poursuit l'expérience dans les mêmes conditions; qu'ils s'amendent au contraire, et que les animaux reviennent, pour ainsi dire, à la vie, si l'on permet l'introduction d'une nouvelle quantité d'air pur. Comme on pouvait supposer qu'ici l'air confiné n'était devenu impropre à rafraîchir le sang et à maintenir la vie que parce qu'il s'était échauffé dans le corps des animaux séquestrés, Boyle combattit cette interprétation en prouvant que l'air, une fois vicié par la respiration, demeure tout aussi irrespirable après qu'on a notablement abaissé sa température. Aux yeux des iatro-mécaniciens de cette époque, la mort dans l'air confiné dépendait aussi et surtout de la diminution de l'*élasticité* de ce fluide; et pour Cygna (6), qui plus tard (1759) ne regardait encore la respiration que comme un moyen d'exhalation et de rafraîchissement, la mort, en pareil

---

(*) Pour les changements que la RESPIRATION DES PLANTES fait éprouver à l'air, nous renvoyons le lecteur à ce qui en a été dit précédemment (p. 517 et suiv.), dans les considérations générales sur la respiration. On a pu voir combien est intéressante cette étude qui touche à une des grandes harmonies de la Nature : la *respiration diurne* des plantes représente, en sens inverse, celle des animaux, et elle en compense les effets dans l'atmosphère.

(1) Rob. Boyle, *Philos. Transact.*, année 1670, § 15, p. 2046 et suiv.
(2) Descartes, *Œuvres publiées* par V. Cousin. Paris, 1824, t. IV, p. 446.
(3) Swammerdam, *Tractatus de respiratione usuque pulmonum*, 1667.
(4) Helvetius, *Mém. de l'Acad. des sc.*, 1718, p. 222.
(5) Rob. Boyle, *loc. cit.*
(6) Cygna, *De causa extinctionis flammæ et animalium in aere interclusorum* (*Miscellan. philos. mathem. Soc. Taurin.*, t. I. Turin, 1759).

cas, reconnaissait deux causes : 1° la cessation de la *transpiration* empêchée par les *vapeurs* dont l'air expiré est chargé et comme saturé ; 2° l'irritation que les *vapeurs infectées* occasionnent dans les bronches, qui alors se resserrent et refusent l'accès à l'air qui doit les dilater.

Assurément Rob. Boyle (un des premiers à qui l'on dut la connaissance de l'absorption de l'air dans les calcinations et les combustions), fût allé au delà des notions qui viennent d'être rappelées, si la chimie de son temps lui eût été d'un plus grand secours. Cet éminent observateur essaya, il est vrai, de déterminer la nature de l'altération qui rend l'air expiré incapable d'entretenir le travail chimique de la respiration ; mais, sous ce rapport, il ne put arriver à aucun résultat précis et digne d'intérêt, attendu que l'art de recueillir convenablement les gaz était encore ignoré.

J. Mayow (1) fut entravé par la même cause dans la vérification de la plupart de ses prévisions si remarquables ; tout en ayant indiqué l'existence et le rôle de l'oxygène, il ne pouvait non plus émettre que des notions incomplètes sur les changements que l'air éprouve dans l'appareil respiratoire (*). C'est depuis que Moitrel, et surtout Hales (2) eurent fourni à la chimie naissante leurs procédés de manipulation des gaz, que, grâce aux travaux mémorables de quelques savants, la lumière commença à se faire sur le sujet qui nous occupe. Jusque-là on n'avait guère que des théories ou des conjectures, au lieu de faits expérimentalement établis.

En 1757, Joseph Black (3) reconnut la présence de l'acide carbonique (*fixed air*) dans l'air expiré par l'homme et par les animaux. Il y avait déjà un siècle et demi que Van Helmont (4), en étudiant les produits de la combustion du charbon et ceux de la fermentation vineuse, y avait distingué et décrit un gaz (*air sylvestre*), qui n'est autre aussi que l'acide carbonique des chimistes modernes. C'est à l'aide d'une expérience bien simple, et mille fois répétée depuis, que Black (5) retrouva dans l'air expiré ce même

(1) J. Mayow, *Tractatus quinque physico-medici quorum primus agit de sale nitro et spiritu nitro aero ; secundus, de respiratione,* etc. Oxonii, 1674.

(*) Toutefois un tribut d'éloges et d'admiration est dû à Jean Mayow qui, mort à trente-quatre ans, fut le précurseur des créateurs de la chimie pneumatique.

Déjà, pour lui, l'air est un *composé* gazeux qui renferme un principe (*gaz* ou *esprit nitro-aérien* ou *igno-aérien*) apte à entretenir la vie en passant dans le sang par la respiration, et produisant ainsi la *rutilance* du sang artériel, une *fermentation* et la *chaleur animale*. Ce même principe, ajoute Mayow, s'unit, dans la combustion, au corps qui est brûlé ; il engendre les acides en se combinant avec certains corps (tels que le soufre, etc.), et, condensé dans le *sel de nitre*, il fait qu'un mélange de ce dernier et de soufre peut brûler dans le vide ; c'est encore le *gaz* ou *esprit nitro-aérien* de l'air qui se combine avec le fer pour donner naissance à la rouille. Enfin, suivant le même auteur, quand on a soumis un corps à la combustion en vase clos, l'air qui reste (bien différent de l'esprit nitro-aérien qui s'est uni au corps brûlé) ne peut ni alimenter la combustion, ni entretenir la vie.

Or, traduisons les mots *principe igno-aérien, gaz* ou *esprit nitro-aérien,* par oxygène, et nous aurons le fondement de tout l'édifice de la Chimie moderne, la base de la théorie actuelle des rapports des êtres vivants avec l'atmosphère.

(2) Hales, *La statique des végétaux et celle des animaux,* trad. franç., ch. vi, pl. 15 à 20. Paris, 1779.

(3) J. Black, *Lectures on the Elements of Chemistry,* etc. Londres, 1803, 2 vol. in-4°, édit. de J. Robison.

(4) Van Helmont, *Ortus medicinæ,* etc. Amsterdam, 1648.

(5) Black, *ouvr. cité.,* et *Bibliothèque Britannique,* t. XXVIII, p. 329, année 1805.

fluide : « Je me convainquis, dit-il, que le changement produit sur l'*air salubre* (ou ordinaire), par l'acte de la respiration, provenait principalement, *si ce n'est uniquement*, de la conversion d'une partie de cet air en *air fixe* (acide carbonique); car je trouvai qu'en soufflant, au moyen d'un tube, dans de l'eau de chaux ou dans une solution d'alcali caustique, je faisais précipiter la chaux et perdre à l'alcali sa causticité. » Si Black n'est parvenu ni à découvrir la nature intime de son *air fixe* (que plus tard Bergmann nomma *acide aérien*) (*), ni à déterminer les rapports existant entre la production de ce gaz et le rôle de l'air dans la fonction respiratoire, au moins il a démontré que le gaz ainsi exhalé de la poitrine est impropre à la respiration des animaux comme à l'entretien de la flamme.

Tel était l'état de la question, quand parurent Priestley en Angleterre, Scheele en Suède, et Lavoisier en France. On savait donc déjà que, par le fait de la respiration, l'air cesse d'être respirable et qu'il s'y mêle une quantité notable d'acide aérien ou acide carbonique. De plus, dans l'air inspiré ou ordinaire, on présentait l'existence d'un principe spécial auquel revenait le rôle important dans la respiration et la combustion, principe imaginé par Nicolas Lefèvre (1) sous le nom d'*esprit universel*, et entrevu, avec ses principales propriétés, par Jean Mayow (2) qui le nommait *gaz* ou *esprit nitro-aérien*.

A Priestley (3) revient la gloire d'avoir isolé, le premier, ce principe des combustions, cet agent essentiel à la fonction respiratoire : le 1ᵉʳ août 1774, il obtint, par la calcination du précipité rouge ou bioxyde de mercure, un gaz nouveau, qu'il appela d'abord *air déphlogistiqué*, et auquel fut donné bientôt le nom définitif d'*oxygène*. A Priestley sont également dues d'importantes recherches sur la respiration (4); comme plusieurs de ses devanciers, il reconnut d'abord que l'air expiré renferme de l'*air fixe* (acide carbonique) aussi bien que l'air vicié par la combustion ou la fermentation, et que les animaux y périssent quand on les y tient plongés; mais de plus il fit voir que, pour restituer à ce fluide vicié ses propriétés primitives, il suffit de le tenir pendant quelques jours en contact avec des plantes en pleine végétation : celles-ci prospèrent dans cet air altéré qui, peu à peu, redevient propre à l'entretien de la combustion et à la respiration des animaux. — Expérience à jamais mémorable qui nous révèle une des plus belles harmonies de la Nature vivante : en respirant, les animaux modifient l'air et le rendent éminemment propre à la nutrition des plantes, tandis qu'à leur tour, par leur respiration, les plantes le changent d'une

---

(*) Quelques années après Black, Bergmann, vers 1774, étudia avec beaucoup de soin les propriétés de l'acide carbonique (*acide aérien*), et reconnut que ce fluide entre dans la composition de l'air atmosphérique lui-même. (Voyez ses *Opusc. phys. et chim.*, t. I, Stockholm, 1779, et les *Mém. de l'Acad. des sc. de Stockholm* pour l'année 1774.)

(1) Nicolas Lefèvre, *loc. cit.*
(2) Jean Mayow, *ouvr. cité.*
(3) Priestley, *Experiments and Observations on Different Kinds of Air*, 1775, t. II, p. 40. — *Ibid.*, trad. franç. de Gibelin. Paris, 1777, t. II, p. 41 et suiv.
(4) Priestley, *Philos. Trans.*, mars 1772.

façon inverse et le rendent de nouveau respirable pour les animaux (*).

Ajoutons, pour y revenir ailleurs, qu'à l'aide des expériences les mieux instituées, Priestley (1) démontra encore que, si l'air commun et l'*air déphlogistiqué* (oxygène) ont le pouvoir de donner au sang veineux la couleur rutilante du sang artériel, cette réaction peut s'opérer à travers une membrane organique humide comme au contact direct de l'air avec le sang ; tandis qu'en mettant du sang rouge ou artériel en contact avec de l'*air fixe* (acide carbonique), de l'*air inflammable* (hydrogène) ou de l'*air phlogistiqué* (azote), on le voit prendre la couleur brun noirâtre du sang veineux.

Après avoir si bien saisi les principaux phénomènes de la respiration, avoir eu en sa puissance tous les éléments nécessaires pour donner à la fois la vraie théorie de cette importante fonction et la composition de l'air atmosphérique, Priestley, en s'obstinant à rester fidèle à la doctrine surannée du phlogistique, laissa l'éclatant honneur de ces découvertes à Lavoisier.

En effet, vers la même époque (1777) s'effectuait, en France, la grande découverte de Lavoisier, celle de la *composition de l'air* (voy. plus haut, p. 549), découverte qu'il complétait bientôt en déterminant la *composition du gaz acide carbonique* (2). — Dès lors, en possession de faits fondamentaux, de méthodes d'investigation exactes et fécondes, la chimie allait imprimer une autre direction aux recherches physiologiques de la respiration.

Les chimistes, à qui était due cette ère nouvelle, furent les premiers à s'engager avec ardeur dans de pareilles recherches. Le fait si important de l'*absorption de l'oxygène*, dans la respiration de l'homme et des animaux, fut définivement établi dans un des immortels mémoires de Lavoisier (3), où, après avoir rappelé ses expériences relatives à la décomposition de l'air et les corollaires qu'il en avait déduits, ce grand réformateur expose comparativement ses nouvelles recherches sur la respiration. « Un moineau » franc fut mis sous une cloche remplie d'air commun et plongée dans » une jatte pleine de mercure ; la partie vide de la cloche était de 31 pouces » cubiques... » L'animal éprouva peu à peu le malaise de l'asphyxie et cessa de vivre au bout de cinquante-cinq minutes. Après l'expérience, l'air confiné de la cloche, une fois revenu à la température ambiante, avait diminué d'environ $\frac{1}{60}$ de son volume. En étudiant cet air *vicié par la respiration* et en le comparant à celui qu'il avait vu s'altérer par la calcination du mercure, Lavoisier démontra que l'un et l'autre sont en effet irrespirables et impropres à entretenir la combustion, mais que cette altération de propriétés dépend, dans le premier cas, de ce que l'air renferme de l'acide

---

(*) Consultez les expériences confirmatives d'Ingenhousz, dans *Expériences sur les végétaux, etc.*, trad. franç., t. I. Paris, 1787-1789.

(1) Priestley, *Observ. on Respir. and the Use of Blood* (*Philos. Transact.*, 1776, p. 226).

(2) *Mém. de l'Acad. des sc. de Paris*, 1781, p. 448.

(3) Lavoisier, *Expériences sur la respiration des animaux et sur les changements qui arrivent à l'air en passant par leur poumon* (*Mém. de l'Acad. des sc. de Paris*, année 1777, p. 185).

carbonique et moins d'oxygène qu'à l'état normal, et, dans le second, seulement de ce qu'il a été privé d'une partie de son oxygène : en d'autres termes, dans la calcination des métaux, l'azote de l'air atmosphérique demeure intact, et une portion d'oxygène est soustraite à ce milieu sans être remplacée par un autre gaz; tandis que, dans la respiration des animaux, l'azote reste encore intact, et une portion d'oxygène disparaît aussi, mais pour être remplacée par un volume à peu près équivalent d'acide carbonique. Aux yeux de Lavoisier, le dégagement d'acide carbonique constitue donc la seule différence réelle entre les effets de la calcination et ceux de la respiration sur l'air atmosphérique.

Voici, du reste, comment Lavoisier (1) formule les conclusions de son travail, en ce qui touche la respiration : «Il résulte de ces expériences » que, pour ramener à l'état d'air commun et respirable l'air qui a été vicié » par la respiration, il faut opérer deux effets : 1° enlever à cet air, par la » chaux ou par un alcali caustique, la proportion d'acide crayeux aériforme » (acide carbonique) qu'il contient; 2° lui rendre une quantité d'air émi- » nemment respirable ou déphlogistiqué (oxygène) égale à celle qu'il a per- » due. La respiration, par une suite nécessaire, opère l'inverse de ces deux » effets, et je me trouve à cet égard conduit à deux conséquences égale- » ment probables, et entre lesquelles l'expérience ne m'a pas mis encore » en état de prononcer...

» D'après ce qu'on vient de voir, on peut conclure qu'il arrive de deux » choses l'une, par l'effet de la respiration : ou la portion d'air éminem- » ment respirable (oxygène) contenue dans l'air de l'atmosphère est con- » vertie en acide crayeux aériforme (acide carbonique), en passant par le » poumon; ou bien *il se fait un échange* dans ce viscère : d'une part, l'air » éminemment respirable (oxygène) est absorbé, et, de l'autre, le poumon » restitue à la place *une portion* d'acide crayeux aériforme (acide carbo- » nique) *presque égale* en volume. »

Puis, discutant l'une et l'autre opinion, Lavoisier (2) déclare être porté à croire que ces deux effets ont lieu simultanément pendant l'acte de la respiration. — On ne saurait d'ailleurs trop admirer avec quelle sage réserve il expose sa manière de voir, avec quelle force et quelle netteté il a su formuler tout d'abord des idées que, depuis bientôt un siècle, les physiologistes poursuivent encore en s'inspirant de son génie.

Pour apprécier le pas immense que la science venait de franchir, il suffit de se reporter aux opinions que professait, à cette époque, un des émules de Lavoisier, le célèbre Priestley. Suivant lui (3), puisque tout le sang traverse le poumon, et que, dans cet organe, il perd sa couleur noirâtre et y devient vermeil, l'usage principal du sang en circulation doit être de s'emparer du *phlogistique* dont est chargé le corps animal, pour s'en débarrasser plus tard par l'entremise de l'air avec lequel le fluide san-

<hr>

(1) Lavoisier, *Expériences sur la respiration, etc.*, année 1777, p. 191.
(2) Lavoisier, *mém. cité*, p. 191.
(3) Priestley, *Expériences et observations sur les différentes espèces d'air*, trad. franç. de Gibelin; Paris, 1777, t. II, p. 262-281 ; et *Philos. Transact.*, 1776, p. 226.

guin est en contact médiat dans le poumon. Si le sang veineux est *noir* et le sang artériel *rouge*, c'est que le premier est saturé de phlogistique, tandis que le second s'en est dépouillé. A sa sortie des voies pulmonaires, l'air est bien plus phlogistiqué que lors de son entrée. Par conséquent, le rôle du poumon consiste à décharger l'organisme du phlogistique qui y avait pénétré avec les aliments et qui s'y était comme usé ; l'air respiré fait ici l'office de dissolvant. Mais si le sang, séparé de ce fluide par une membrane organique seulement, cède du *phlogistique* à l'atmosphère et produit ainsi de l'air phlogistiqué, les plantes, venant à leur tour absorber ce principe du feu, déphlogistiquent l'air et le rendent de nouveau apte à se charger de ce même principe dont les animaux devaient être débarrassés.

A cette manière incomplète ou plutôt erronée de caractériser les phénomènes physico-chimiques de la respiration, on reconnaîtrait difficilement l'auteur de tant de belles découvertes afférentes à cette grande fonction. C'est que, nous l'avons vu, Priestley subissait encore l'influence d'une théorie expirante (la théorie du phlogistique de Stahl), qui ne devait définitivement disparaître que sous les efforts de Lavoisier.

Il en fut de même de Scheele, qui lui aussi avait reconnu, de son côté, que l'air atmosphérique *se compose* de *deux* fluides élastiques, *l'air du feu* (oxygène), et *l'air corrompu* (azote) : comme Priestley, il resta fidèle à la doctrine du phlogistique, laquelle ne pouvait en aucune manière faire avancer la théorie de la respiration. Les hypothèses si étranges de Scheele, à ce sujet, Lavoisier les a dissipées d'un souffle.

Quant aux travaux de Lavoisier, ils formaient, avec les conclusions que son génie avait su en faire jaillir, un majestueux ensemble ayant pour but d'expliquer à la fois les phénomènes de la combustion et ceux de la respiration : aussi, nous l'avons dit, à peine la composition de l'air fut-elle connue, qu'il constata *l'absorption de l'oxygène* dans la respiration de l'homme et des animaux ; et, comme il venait de démontrer que *l'air fixe*, ou acide aérien, est composé d'oxygène et de carbone, il sut bientôt relier la production et l'exhalation de ce gaz acide à l'absorption de l'oxygène, puis établir définitivement, sur des preuves expérimentales, l'analogie entre la combustion et la respiration, soupçonnée avant lui par plus d'un chimiste, notamment par J. Mayow (1).

Ainsi furent inaugurées les recherches des modernes sur la composition de l'air expiré et sur les produits fournis par la respiration. Plus de doutes à présent sur les causes de la mort des animaux dans l'air confiné, sur la composition de l'*acide carbonique*, agent principal de leur asphyxie ; sur la composition de l'*air* lui-même, dont l'un des principes (oxygène) est éminemment respirable et favorable à la combustion, et dont l'autre (azote) ne peut servir seul ni à la combustion des corps, ni à la respiration.

L'absorption d'oxygène et l'*exhalation d'acide carbonique*, pendant l'accom-

---

(1) J. MAYOW, *loc. cit.*

plissement de la respiration, tels sont donc les deux faits fondamentaux sur lesquels il importe de s'arrêter tout d'abord. — Après leur examen, il y aura lieu de rechercher ce qu'il advient pour l'*azote* de l'air, et de parler aussi de cette exhalation aqueuse qui, sous le nom de *transpiration pulmonaire*, intervient d'une manière si active dans les phénomènes de la nutrition en général.

Ces diverses questions ne seront envisagées d'abord qu'au point de vue des altérations habituelles de l'air par l'acte respiratoire, c'est-à-dire de la *composition de l'air expiré*, dans les *conditions les plus ordinaires*.

Quand le moment sera venu, nous reprendrons les mêmes problèmes pour les examiner sous une nouvelle face, en nous servant, comme point de départ, des faits qui vont être passés en revue : alors seront étudiées les différentes conditions qui influent à la fois sur les quantités absolues d'oxygène absorbé, d'azote, d'acide carbonique ou de vapeur d'eau exhalés, et sur les rapports existant entre l'exhalation d'acide carbonique et l'absorption d'oxygène.

Le volume et l'espèce de l'animal, l'âge et le sexe, l'état de plénitude ou de vacuité de l'estomac, la quantité et la nature des matières alimentaires et des boissons, une nourriture insuffisante, l'inanition, l'état de repos ou de mouvement, de sommeil ou de veille, les variations de pression de l'air, l'état thermique et hygrométrique de ce milieu, le nombre et la profondeur des inspirations, l'engourdissement hibernal propre à certaines espèces animales, la léthargie par le froid, divers états pathologiques, ou même physiologiques, comme est la menstruation chez la femme, etc., représentent, ainsi qu'on le verra, autant de conditions et de causes qui modifient, d'une manière parfois très-notable, les précédents effets ou produits de la respiration.

B. — Le problème physiologique qui va nous occuper d'abord a été posé, sous sa véritable forme, par Lavoisier lui-même (1), qui de plus a indiqué la meilleure méthode à suivre pour le résoudre. Ce problème doit être formulé ainsi : *Quelle est la quantité absolue d'oxygène absorbé, dans un temps donné, par un homme ou par un animal vivant dans des conditions normales ?*

Pour arriver à une solution satisfaisante, il faut *observer directement* quel volume d'oxygène disparaît durant un laps de temps déterminé. C'est là une condition expérimentale qui est loin d'avoir été remplie par tous ceux qui ont cherché cette solution. Lavoisier ne s'y est pas trompé ; voici comment il décrit (2) ses expériences sur des cabiais : « Nous commencions par faire passer sous une cloche de verre *une quantité connue d'air vital* (oxygène); nous y introduisions ensuite le cochon d'Inde, en le faisant passer à travers l'eau. Dès qu'il était sous la cloche, nous le soulevions et nous le soutenions dans l'air qu'elle contenait, à l'aide d'une espèce de sébile de bois

____

(1) LAVOISIER, *Mém. de l'Acad. des sc. de Paris*, année 1789, p. 566.
(2) *Mém. cité*, année 1789, p. 572.

montée sur trois pieds et recouverte d'une toile de crin : les pieds de ce support étaient assez longs pour que l'animal fût soutenu à 6 ou 8 pouces au-dessus de la surface de l'eau. On conçoit que la sébile, en passant ainsi à travers l'eau, devait s'en remplir; nous la vidions avec un siphon, après quoi nous y introduisions de l'alcali au moyen d'un entonnoir adapté à un tube recourbé. Pour plus de sûreté, nous placions encore, entre les pieds du support, une capsule qui nageait sur la surface de l'eau et que nous remplissions également d'alcali. Avec ces précautions, le gaz acide carbonique était aussitôt absorbé que formé, et l'animal n'était pas plus incommodé que s'il eût respiré dans l'air libre. Si l'expérience dure longtemps, plusieurs jours par exemple, il faut remplacer par des quantités connues d'air vital (oxygène) celui qui est absorbé par la respiration de l'animal, ou plutôt qui est employé à former du gaz acide carbonique et de l'eau. On doit avoir également soin de renouveler l'alcali, lorsqu'il approche d'être saturé d'acide carbonique. »

Dans les lignes qui précèdent, sont résumées les conditions fondamentales auxquelles Lavoisier a cru devoir satisfaire : les animaux sont placés dans un volume déterminé d'oxygène (air vital); l'acide carbonique qu'ils exhalent est absorbé avec soin; des quantités connues d'oxygène leur sont fournies de nouveau, si cela est nécessaire. Lavoisier a donc pu *observer directement* la quantité absolue d'oxygène absorbé par ces animaux dans un temps donné.

Il ajoute d'ailleurs avoir répété les mêmes expériences en introduisant sous la cloche des *mélanges déterminés d'oxygène et d'azote*, et avoir ainsi reconnu que la respiration, accomplie dans ces mélanges ou bien dans l'oxygène pur, donne constamment lieu aux mêmes produits (1).

Quant à ce qui concerne l'absorption de l'oxygène, spécialement dans la respiration humaine, malheureusement Lavoisier n'a point décrit dans son mémoire (2) l'appareil qu'il a employé pour observer ce phénomène sur son collaborateur Séguin. « Quelque pénibles, y est-il dit, quelque désagréables, *quelque dangereuses* même que fussent les expériences auxquelles il a fallu se livrer, M. Séguin a désiré qu'elles se fissent toutes sur lui-même..... L'Académie a sous les yeux une partie des appareils dont nous nous sommes servis. Nous en donnerons la description détaillée dans un autre mémoire. » — Cette description ne se retrouve point dans le mémoire de 1790 (3), et ne semble pas avoir été jamais publiée. Mais il est bien présumable qu'ici encore Lavoisier dut opérer dans des conditions aussi analogues que possible à celles où il avait placé les cabiais; cette supposition légitimerait d'ailleurs l'expression « dangereuses » dont il se sert pour caractériser les expériences auxquelles son collaborateur désira se soumettre. Il y a donc lieu de croire, selon nous, que la quantité d'oxygène absorbé par l'homme fut aussi observée et mesurée d'*une manière directe*.

(1) *Mém. cité*, 1789, p. 573.
(2) *Mém. cité*, 1789, p. 575.
(3) *Mém. de l'Acad. des sc.*, 1790, p. 601.

Ce point mérite qu'on s'y arrête, parce qu'à l'époque où Lavoisier donnait ses évaluations de l'absorption d'oxygène, dans la respiration de l'homme, les proportions des principes constituants de l'air n'étaient pas encore déterminées d'une manière aussi rigoureuse qu'elles le sont à présent : 100 parties d'air atmosphérique étaient alors supposées contenir 25,0 ou même 27,0 d'oxygène, en volumes, au lieu de 20,8 qui est la proportion universellement admise aujourd'hui. Or, on comprendrait que si Lavoisier, comme l'ont supposé quelques auteurs, se fût borné à constater quelle diminution avait subie la proportion de l'oxygène dans l'air expiré, pour en conclure par différence la consommation d'oxygène, son évaluation serait en effet exagérée de toute la différence existant entre la quantité réelle et la quantité supposée de ce gaz dans l'air inspiré. Mais, avant d'adopter une pareille critique, qu'il nous soit permis de faire observer que, si les difficultés de l'expérimentation avaient contraint Lavoisier à changer de méthode sur un point aussi capital que le *dosage direct* de l'oxygène absorbé, il en aurait sans doute prévenu le lecteur en énonçant les résultats que nous ferons bientôt connaître. Du reste, la critique dont il s'agit, dût-elle être légitime, qu'elle ne changerait rien à la conclusion générale du précédent travail, qui nous révèle ce fait important, à savoir, que *la quantité d'oxygène absorbé diffère très-notablement, pour un même homme, suivant les conditions diverses dans lesquelles il se trouve placé.*

Au point de vue de la méthode de détermination, nous croyons devoir répéter que, dans ce même travail, Lavoisier insiste beaucoup sur la nécessité de séquestrer, dans une *quantité connue d'oxygène,* tout sujet mis en expérience, de l'y faire séjourner un *temps fixe* en maintenant autour de lui les conditions les plus analogues à l'état normal, afin de noter ensuite la diminution que l'oxygène a subie ; cette diminution se mesure par la quantité de ce gaz qu'il faut rendre au mélange respirable.

Peu de recherches relatives à cette question paraissent avoir été conduites avec une semblable rigueur ; aussi, lorsque Regnault et Reiset (1) voulurent, de nos jours, étudier la partie chimique de la respiration, adoptèrent-ils la méthode expérimentale de Lavoisier, en s'entourant de toutes les minutieuses précautions auxquelles a dû s'astreindre la science moderne. — Plus récemment, Pettenkofer (2), de Munich, a fait construire pour l'application de cette méthode un appareil qui permet à un homme d'y séjourner vingt-quatre heures sans y éprouver la moindre gêne, et même avec la possibilité de s'y livrer à des occupations variées. Cet appareil consiste en une chambre de 12 mètres cubes 1/2, la surface du plancher est de 5 mètres carrés 1/2 ; il contient un lit, une table, et l'individu en expérience peut même s'y promener. L'air, analysé à son entrée et à sa sortie et mesuré à ces deux instants à l'aide de compteurs à gaz parfaits, y est introduit en quantité réglée par des ventilateurs que meuvent une machine à

<hr>

(1) Regnault et Reiset, *Annales de chimie et de phys.*, 3e série, t. XXVI, p. 299.
(2) Pettenkofer, *Annalen der Chemie und Pharmacie.* Supplément. 2. Band. 1. Heft. 1862.

vapeur. L'appareil est vérifié par la mensuration préalable des produits de combustion d'un poids déterminé de stéarine pure que l'on y fait brûler. L'oxygène consommé et l'acide carbonique trouvé y sont dans le rapport de 997 à 1000 avec les quantités de ces corps indiquées par le calcul. Cette approximation permet de considérer les résultats obtenus comme étant suffisamment exacts.

Les travaux plus anciens de Dulong (1) et ceux de Despretz (2) ont été exécutés dans des conditions analogues, c'est-à-dire qu'ils présentent également un *dosage direct* de l'oxygène emprunté à l'air.

Cette même méthode permet, en outre, de déterminer *directement* la quantité de carbone brûlé par l'animal; il est facile, en effet, de mesurer la quantité d'acide carbonique qu'il exhale. Quant à la combustion de l'hydrogène, elle ne saurait être représentée par la vapeur d'eau exhalée, car une portion de cette eau est évidemment empruntée aux aliments et aux boissons, tandis qu'une autre provient de la précédente combustion. Mais, connaissant la quantité totale d'oxygène consommé et la proportion de ce gaz qui a été employée à faire de l'acide carbonique, une simple soustraction suffit pour évaluer la proportion d'oxygène employée à faire de l'eau, et par suite la quantité d'hydrogène brûlé.

D'autres observateurs ont procédé d'une manière plus facile, mais moins sûre. Sans se préoccuper de mesurer exactement le volume d'air fourni à la respiration, et d'ailleurs frappés des avantages qu'il y a, pour conserver aux organes leur jeu naturel, de laisser le sujet dans l'air ordinaire et libre, ces expérimentateurs se sont appliqués : 1° à analyser, *par proportions centésimales*, l'air de l'espace où respire le sujet; 2° à doser le volume de gaz rendu à chaque expiration; 3° à compter le nombre d'expirations accomplies en un temps donné; 4° enfin à recueillir l'air expiré pendant ce laps de temps et à l'analyser également par proportions centésimales. — De ces différentes données expérimentales on déduit, par le calcul, la quantité d'oxygène absorbé : ainsi, l'analyse apprend que l'air expiré renferme 4 ou 5 centièmes d'oxygène de moins que n'en contenait l'air inspiré; on a constaté d'ailleurs que le sujet faisait, par exemple, 18 expirations par minute, et que chaque expiration donnait, *en moyenne*, un demi-litre de gaz; cela suppose donc 9 litres de gaz expiré par minute, et, puisque l'analyse a indiqué une diminution d'oxygène de 4 à 5 centièmes, le calcul donnera, par conséquent, une consommation d'oxygène de $0^{lit},360$ à $0^{lit},450$ par minute, c'est-à-dire environ 25 litres par heure. — Nous donnons cet exemple pour montrer quelle part considérable le calcul prend dans une telle méthode et quelles chances d'erreurs celle-ci comporte nécessairement. Gavarret (3) en a très-judicieusement discuté la valeur, et il lui reproche avec raison de ne pouvoir faire connaître, ni la *quantité absolue*

(1) DULONG, *Ann. de chimie et de phys.*, 3ᵉ série, t. I, p. 440.
(2) DESPRETZ, *même recueil*, 2ᵉ série, t. XXVI, p. 337.
(3) GAVARRET, *De la chaleur produite par les êtres vivants*, p. 365 et suiv. Paris, 1855.

d'oxygène absorbé dans un temps donné, ni les proportions de cet oxygène qui se sont combinées avec le carbone et l'hydrogène du sang, ni enfin la quantité d'azote exhalé ou absorbé. Or, ce sont là les trois grands éléments de la question chimique de la respiration : toute méthode qui ne conduit point à des déterminations exactes de ces trois éléments du problème, ne saurait mériter une confiance entière, et les résultats qu'elle fournit ne peuvent être cités qu'en seconde ligne après ceux que donne, avec beaucoup plus d'autorité, la *méthode directe* de Lavoisier, adoptée par Dulong, Despretz, Regnault, etc.

En ce qui concerne spécialement *l'absorption de l'oxygène*, la méthode des analyses par proportions centésimales peut bien déterminer avec précision les proportions comparatives d'oxygène et d'azote dans l'*air expiré*, et, en les rapprochant de ce qui a été constaté à cet égard dans l'*air inspiré*, elle pourrait également servir à déduire combien il a disparu d'oxygène, si, *dans l'un comme dans l'autre, la quantité absolue d'azote ne variait point*. Or, cette condition essentielle de la certitude d'une semblable déduction ne se réalise pas dans la respiration : il y a, comme on le verra plus loin, exhalation d'azote dans les circonstances ordinaires. Ce fait ôte donc toute valeur à la détermination pure et simple des proportions centésimales de chacun des gaz contenus dans l'air expiré. Gavarret (1) le démontre d'ailleurs très-bien par l'exemple suivant :

« Soit, dit ce savant physicien, la composition de l'air sec ramené à la température de 0° et à la pression de 0^m,76 :

	Avant l'expiration.	Après l'expiration.
Azote	79,200	81,200
Oxygène	20,797	14,797
Acide carbonique	0,003	4,003
	100,000	100,000

» L'air expiré contient 4 centièmes d'acide carbonique de plus que l'air inspiré. Ce gaz est évidemment un produit des combustions respiratoires, et représente d'ailleurs un volume d'oxygène égal au sien, qui aura été emprunté à l'air inspiré pour brûler le carbone des matériaux du sang. Mais, tandis que l'acide carbonique exhalé n'accuse que 4 centièmes d'oxygène absorbé, l'air expiré en contient réellement 6 centièmes de moins que l'air inspiré. Dirons-nous que les *deux centièmes* d'oxygène qu'il faut ajouter à celui de l'acide carbonique exhalé, pour en retrouver la même proportion dans l'air expiré et dans l'air inspiré, ont été absorbés et employés à faire de l'eau avec l'hydrogène des matériaux brûlés ? La conclusion serait légitime, si, dans la respiration, il n'y avait ni exhalation, ni absorption d'azote. Nous savons que cette hypothèse est inadmissible. »

Avec une simple analyse, par proportions centésimales, de l'air expiré, il est impossible en effet de résoudre la difficulté : s'il y a eu une exhalation d'azote de 2 centièmes, le résultat sera encore celui de l'analyse précé-

(1) GAVARRET, *ouvr. cité*, p. 364.

dente, et il n'y aura pas eu d'autre oxygène absorbé que celui de l'acide carbonique ; s'il y a eu au contraire combustion d'hydrogène, le résultat sera encore le même, et la quantité d'azote pourra n'avoir pas varié, parce que, dans une semblable analyse, toute variation dans la proportion de l'azote ou de l'oxygène entraîne forcément une variation en sens inverse dans la proportion de l'autre gaz. Aussi reconnaissons-nous que les analyses de l'air expiré, par proportions centésimales, ne peuvent servir à déterminer avec certitude la quantité d'oxygène consommé dans la respiration, et n'admettons-nous qu'avec réserve les résultats qu'on en a extraits et que citent beaucoup de physiologistes.

Une troisième méthode a été introduite dans la science par Boussingault (1), qui l'a appliquée avec succès à divers animaux (vache laitière, cheval, tourterelle). Voici en quoi elle consiste : Étant donné un *animal adulte*, on le nourrit de façon que son poids ne diminue ni n'augmente pendant toute la durée de l'observation, ou, en d'autres termes, on le soumet à la *ration d'entretien ;* on pèse tout ce qu'il introduit sous forme liquide ou solide dans son tube digestif, et tout ce qu'il expulse au dehors par les déjections solides ou liquides, puis on retranche la seconde quantité de la première. La différence représente nécessairement, en poids et en nature, la perte que l'animal a faite par la respiration et par l'exhalation cutanée. Cette méthode, que l'on a nommée *méthode indirecte*, est précieuse comme moyen de contrôler les faits obtenus à l'aide de la *méthode directe* inaugurée par Lavoisier ; elle l'est aussi par les résultats exacts qu'elle-même peut fournir sur des animaux d'une grande stature. Aussi y aura-t-il lieu de prendre en grande considération les observations faites par la méthode de Boussingault.

Sachant dès lors le degré de confiance qu'on doit accorder aux méthodes générales appliquées, depuis Lavoisier, à l'étude des phénomènes chimiques de la respiration, nous sommes en mesure d'examiner la valeur des faits annoncés par les principaux observateurs qu'il convient de citer dans la question qui nous occupe.

Signalons tout d'abord les principales conclusions concernant la consommation de l'oxygène *chez l'homme*, conclusions que Lavoisier et Séguin publiaient dès 1789. Pour plus de clarté dans leur énoncé, nous substituerons, avec Gavarret (2), les nouvelles unités de capacité et de poids aux anciennes :

« 1° Un homme *au repos* et *à jeun*, par une température extérieure de 32°,5, consomme par heure $24^{\text{lit}},002$ d'oxygène, dont le poids $= 34^{\text{gr}},490$;

» 2° Un homme *au repos* et *à jeun*, par une température extérieure de 15 degrés, consomme par heure $26^{\text{lit}},660$ d'oxygène $(38^{\text{gr}},340)$;

(1) Boussingault, *Ann. de chim et de phys.*, 2e série, t. LXXI, p. 113. — *Même recueil*, 3e série, t. XI, p. 433. — Voyez aussi *Mém. de chimie agricole et de physiol.*, par Boussingault.

(2) Gavarret, *De la chaleur produite par les êtres vivants*, p. 330. Paris, 1855.

» 3° Un homme, *pendant la digestion*, consomme par heure 37ᵗⁱ,689 d'oxygène (54ᵍʳ,159);

» 4° Un homme *à jeun*, pendant qu'il accomplit le travail nécessaire pour élever, en quinze minutes, un poids de 7ᵏⁱˡ,343 à une hauteur de 199ᵐ,776, consomme par heure 63ᵗⁱ,477 d'oxygène (91ᵍʳ,216);

» 5° Un homme, *pendant la digestion*, accomplissant le travail nécessaire pour élever, en quinze minutes, un poids de 7ᵏⁱˡ,343 à une hauteur de 211ᵐ,146, consomme par heure 91ᵗⁱ,248 d'oxygène (131ᵍʳ,123). »

Au moment où les travaux de Lavoisier préoccupaient tous les savants de l'Europe et suscitaient de leur part d'incessantes recherches, Spallanzani (1) entreprit, en 1794, une série d'expériences concernant la respiration dans les diverses classes du règne animal. Restées inachevées par suite de la mort de cet infatigable expérimentateur, elles ont été résumées par lui dans une lettre adressée à Senebier; leurs résultats, tout incomplets qu'ils sont, offrent néanmoins un grand intérêt. La méthode suivie par Spallanzani fut à peu près celle de Lavoisier : les animaux soumis à l'observation étaient renfermés dans un volume connu d'air atmosphérique; les variations de volume de ce milieu, le temps de séjour, la température, étaient soigneusement notés, et l'analyse du gaz altéré par la respiration était faite par un procédé eudiométrique. — Trois mémoires, que Spallanzani avait eu le temps de rédiger, ont été traduits et publiés par Senebier. Le premier concerne la respiration de l'*Helix nemoralis* et d'autres espèces de Limaçons et Limaces : il y est dit, entre autres conclusions, que, placés dans un volume déterminé d'air, ces Mollusques « détruisent le gaz oxygène de l'air commun ; qu'ils ne peuvent vivre sans lui, mais qu'*ils ne le détruisent pas entièrement* avant de mourir; que plus la température est douce, plus la destruction du gaz oxygène par ces animaux est accélérée, de même que leur mort. Lorsque la température descend à —1° (Réaumur), la destruction du gaz oxygène est finie; mais alors la pulsation du cœur et la circulation des humeurs sont suspendues (2). » — Le second mémoire de Spallanzani porte sur des Mollusques aquatiques (*Helix vivipara*, *Mytilus anatinus*, *Mytilus cycneus*, *Sepia officinalis*, *Ostrea edulis*, *Ostrea jacobæa*, *Mytilus edulis* de Linné); sa conclusion est encore que l'absorption de l'oxygène est *indispensable* à la conservation de la vie.— Enfin, le troisième mémoire, qui se rapporte à des Crustacés et à diverses espèces appartenant à d'autres groupes, renferme des observations qui s'accordent avec celles des deux premiers.

Spallanzani a donc d'abord mis en lumière ce fait général et important d'ailleurs à constater de son temps, c'est que « *tous les animaux absorbent de l'oxygène pour leur respiration* ». On trouve, en outre, dans sa lettre à Senebier (3) et aussi dans le résumé de ses observations publié par ce der-

---

(1) SPALLANZANI, *Mémoires sur la respiration*, trad. par Senebier. Genève, 1803, p. 59.
(2) *Ouvr. cité*, p. 184.
(3) SENEBIER, *ouvr. cité*, p. 59.

nier (1), quelques conclusions générales telles que celles-ci : « L'absorption du gaz oxygène par les divers animaux n'est pas proportionnelle à leur
volume, mais elle dépend du mode d'organisation et des fonctions de
chaque espèce, et semble croître, en général, avec la quantité de mouvement que l'animal peut fournir. » — « Chez les Amphibies (Grenouilles,
Salamandres), l'absorption de l'oxygène a lieu en grande partie par la
peau, et, pour une part moins importante, par les poumons. »

Tout ce travail offre néanmoins une grande indécision qu'il faut attribuer à ce que son auteur n'est pas parvenu à se faire une idée nette des
phénomènes respiratoires, et s'est beaucoup préoccupé de comparer l'absorption de l'oxygène, chez les animaux vivants, avec celle qui, après leur
mort, signale les diverses phases de la fermentation putride.

Allen et Pepys (2) mirent au jour, en 1808, d'intéressantes recherches sur
la respiration des animaux et même de l'homme, recherches dans lesquelles
ils surent se soumettre aux exigences de la *méthode directe*. Les animaux
étant placés sous des cloches renversées sur la cuve pneumatique, un gazomètre leur fournissait l'air respirable et un autre recevait les produits de
l'expiration. En ce qui concerne l'homme, ces expérimentateurs se con-
tentèrent de faire communiquer la bouche avec les deux gazomètres à l'aide
de tubes munis de soupapes convenablement disposées : ils évaluèrent ainsi
l'absorption de l'oxygène à $21^{lit},642$ *par heure*, chez un homme de taille
moyenne, âgé de trente-huit ans et maintenu dans l'état de repos. — Nous
aurons occasion de signaler, plus tard, quelques erreurs graves échappées à
Allen et Pepys.

Les travaux de Dulong et ceux de Despretz conduisirent à des résultats
plus précis. Ces deux habiles observateurs, se proposant d'étudier les
sources de la chaleur animale, prirent pour point de départ les doctrines
de Lavoisier sur la respiration. L'un et l'autre s'arrêtèrent à l'idée de faire
vivre un animal dans un espace clos : leurs appareils sont presque identiques et permettent une détermination exacte de la quantité absolue d'oxygène absorbé en un temps donné. Le travail de Dulong (3), lu à l'Académie
des sciences en 1822, ne fut imprimé qu'en 1843 ; celui de Despretz (4),
couronné par cette compagnie savante, en 1822, fut publié dès 1824. Préoccupés de saisir les rapports entre la quantité d'oxygène consommé par
l'animal et les quantités de chaleur produite, ces expérimentateurs ont cru
devoir donner, en ce qui touche la respiration elle-même, les résultats
qu'ils avaient observés, sans en déduire aucune vue générale. Ainsi, Despretz a constaté que des chiens de cinq ans absorbaient chacun $6^{lit},53$
d'oxygène par heure, tandis que, chez les animaux de la même espèce, âgés
de sept à huit mois, cette absorption était seulement de $4^{lit},98$ par heure ;

(1) *Rapports de l'air avec les êtres organisés*. Genève, 1807, t. II, p. 257.
(2) ALLEN et PEPYS, *Philos. Trans.*, 1808, p. 250, pl. 7 ; et 1809, p. 412, pl. 18. —
Biblioth. Britann., 1809, t. XLII.
(3) DULONG, *Ann. de chim. et de phys.*, 3ᵉ série, t. I, p. 440.
(4) DESPRETZ, *Ann. de chim. et de phys.*, 2ᵉ série, t. XXVI, p. 337.

pour des Chats, il a trouvé le nombre de 3^{lit},76; pour les Lapins, 5^{lit},27; pour des Chouettes, 3^{lit},76; pour des Pigeons, 1^{lit},409. — Ces nombres, pour entrer utilement dans l'étude générale de la respiration, demanderaient à être placés en regard des poids respectifs de chacun des animaux observés.

L'application la plus complète qui ait été faite de la méthode directe, conçue par Lavoisier, se trouve dans le travail de Regnault et Reiset (1) sur les produits gazeux de la respiration. L'appareil que ces savants ont imaginé et mis en usage sera décrit plus loin, lorsque nous traiterons des rapports entre la quantité d'oxygène absorbé et la quantité d'acide carbonique exhalé; mais quelques-unes de leurs conclusions doivent être énoncées dès maintenant.

Regnault et Reiset ont confirmé ces faits, déjà observés par Spallanzani, que tous les animaux absorbent de l'oxygène qui se combine avec les matériaux du sang; que la quantité absorbée varie avec la classe et avec l'espèce zoologique, et, pour le même animal, avec les conditions physiologiques dans lesquelles il se trouve. Ces observateurs ont constaté, en outre, que les animaux maigres absorbent, en général, plus d'oxygène que les animaux très-gras de la même espèce; que, dans des temps égaux, la consommation d'oxygène, faite par des poids égaux d'animaux appartenant à la même classe, varie beaucoup avec leur grosseur absolue; qu'ainsi elle est dix fois plus grande chez les petits oiseaux, tels que les moineaux et les verdiers, que chez les poules. « Comme ces diverses espèces possèdent la même température, disent Regnault et Reiset, et que les plus petits, présentant une surface beaucoup plus grande à l'air ambiant, éprouvent un refroidissement plus considérable, il faut que les sources de chaleur agissent plus énergiquement et que la respiration soit plus abondante... » — « La respiration des reptiles consomme, *à poids égal*, beaucoup moins d'oxygène que celle des animaux à sang chaud. Les grenouilles auxquelles on a enlevé les poumons continuent à respirer à peu près avec la même activité que lorsqu'elles étaient intactes; elles vivent souvent pendant plusieurs jours, et les proportions des gaz absorbés et dégagés diffèrent peu de celles que l'on remarque sur les grenouilles intactes. Ce fait semble démontrer que la respiration des grenouilles a lieu principalement par la peau. » — « La respiration des vers de terre est à peu près semblable à celle des grenouilles, pour la quantité d'oxygène consommé à poids égal. » — « La respiration des insectes, tels que les hannetons et les vers à soie, est beaucoup plus active que celle des reptiles; elle consomme, à poids égal, à peu près autant d'oxygène que celle des mammifères sur lesquels nous avons expérimenté. » — « Cette grande consommation d'oxygène est en rapport avec la grande quantité de nourriture que prennent ces animaux. »

Appuyées sur des expériences nombreuses et dignes de toute confiance, ces conclusions introduisent définitivement dans le domaine de la science

____

(1) REGNAULT et REISET, *Ann. de chim. et de phys.*, 3ᵉ série, t. XXVI, p. 299.

des faits entrevus par Spallanzani, et les complètent en beaucoup de points.

Dans le précédent exposé relatif aux travaux qui, à l'aide de la *méthode directe*, ont donné aux physiologistes une évaluation de la quantité absolue d'oxygène absorbé dans la respiration, on a pu remarquer que les observations concernant l'espèce humaine sont relativement bien peu nombreuses. C'est qu'en effet, l'idée fondamentale de cette méthode étant de faire vivre le sujet dans un espace d'une capacité donnée, de recueillir ce qu'il expire et de lui fournir de nouveau gaz respirable, cette idée est assez difficile à mettre en œuvre, lorsqu'il s'agit de l'homme, et l'on peut dire que, depuis Lavoisier, aucun expérimentateur ne l'a *entièrement* réalisée (*). La difficulté consiste ici surtout à maintenir le sujet dans les conditions les plus voisines de l'état normal, sous peine autrement d'arriver à des résultats dépourvus de toute valeur.

Si la méthode directe est difficilement applicable à l'espèce humaine, la *méthode des analyses par proportions centésimales* n'offre, au contraire, aucune difficulté sérieuse d'application ; aussi a-t-elle été fréquemment mise en usage.

Dès 1789, un physiologiste anglais, Goodwyn (1), publia, à ce sujet, un travail dans lequel il établit : 1° que, dans chaque inspiration, un homme adulte introduit dans son poumon de $0^{lit},196$ à $0^{lit},230$ d'air atmosphérique ; 2° que, dans chaque inspiration aussi, la proportion d'oxygène absorbé équivaut aux 13 centièmes du volume de l'air inspiré, deux de ces centièmes étant fixés par le sang et ne se retrouvant pas dans l'acide carbonique exhalé ; 3° que, si l'on inspire plusieurs fois de suite une même masse d'air, il y a, chaque fois, une nouvelle absorption d'oxygène et une nouvelle exhalation d'acide carbonique. Pour Goodwyn, la quantité d'oxygène absorbé par l'homme, en une heure, serait de 28 litres.—H. Davy (2), estimait, d'après des recherches faites sur lui-même, que, dans les conditions normales, l'homme absorbe par heure $30^{lit},654$ d'oxygène.—En 1820, Dumas se livra à de semblables expériences et opéra aussi sur lui-même d'après la méthode des analyses par proportions centésimales ; ces expériences sont consignées dans la *Chimie physiologique* (3) du même auteur avec les résultats auxquels il fut conduit par le calcul des données expérimentales : ce savant estime qu'un homme absorbe, au maximum, en vingt-quatre heures, 800 grammes d'oxygène (4), ou 33 grammes par heure, c'est-à-dire à peu près 23 litres. Si l'on prend la moyenne de ses

---

(*) Excepté Pettenkofer (*Annalen der Chemie und Pharm.* Bd. I. 1862).

Andral et Gavarret, Sharling, ont appliqué les principes de la *méthode directe* seulement à l'observation des quantités d'acide carbonique exhalé par les poumons dans l'espèce humaine.

(1) Goodwyn, *The Connexion of the Life with the Respiration.* London, 1789 ; trad. franç. par Hallé, dans *Mag. encycl.*, t. IV, p. 355.

(2) H. Davy, *Researches Chimical and Philos. on Nitrous Oxyde*, etc. London, 1800. — Voyez aussi *Biblioth. Britann.*, 1802, t. XXI, p. 241.

(3) Page 456. Cet ouvrage n'a été publié qu'en 1846.

(4) *Ouvr. cité*, p. 458.

nombres, cette consommation se réduirait à 27^{gr},775 par heure ou environ 19 litres.

Nous croyons devoir nous arrêter dans cette courte revue des travaux effectués suivant la méthode des analyses par proportions centésimales. Ceux que nous pourrions encore citer (mais qui ne seront mentionnés que plus tard à propos d'autres questions), et qui sont dus à Murray, Nysten, Prout, Thomson, Mac-Grégor, Coathupe, Vierordt, Valentin et Brunner, Doyère, etc., offrent tous le même inconvénient en ce qui concerne l'évaluation de la quantité d'oxygène emprunté à l'air : ils fournissent des nombres calculés d'après les données de la méthode adoptée, mais ils ne sauraient, pour les raisons développées précédemment, conduire à une détermination exacte de la *quantité absolue* d'oxygène absorbé en un temps donné. Les résultats dus à cette méthode concordent d'ailleurs si peu, qu'il n'est guère permis de songer à en déduire une *moyenne* légitime et digne de confiance.

Il nous reste à faire connaître quelques-uns des résultats obtenus à l'aide de la *méthode indirecte* imaginée par Boussingault. Ce savant expérimentateur (1), nous l'avons dit plus haut, a fait l'application de sa méthode à une Vache laitière, à un Cheval et à une Tourterelle. Son but était surtout de vérifier si, dans la respiration, il y avait exhalation d'azote; mais, pour y parvenir, il était obligé d'évaluer la quantité d'oxygène consommé. Boussingault a trouvé qu'en vingt-quatre heures le Cheval avait perdu, par la respiration, 2465 grammes de carbone et 23 ou 24 grammes d'hydrogène, qui ont dû se combiner avec l'oxygène de l'air; et que la Vache, dans le même temps, avait perdu par la même voie 2211 grammes de carbone et 20 grammes d'hydrogène : ces données font supposer, pour le Cheval, une consommation de 193 *litres* d'oxygène par heure, et, pour la Vache laitière, de 171 litres seulement. Dans ses expériences sur une Tourterelle, Boussingault évalue à 0^{lit},423, par heure la quantité d'oxygène que cet oiseau a dû emprunter à l'air.

Barral (2) s'est servi de la méthode de Boussingault, dans des recherches analogues sur le mouton, et, plus tard, sur l'homme lui-même; Liebig (3) a tenté aussi de soumettre à une étude du même genre plusieurs individus de l'espèce humaine. Nous nous bornerons ici à rappeler les principaux résultats que Barral a fait connaître touchant la respiration de l'homme : un individu de vingt-neuf ans, pesant 47^{kil},5, empruntait à l'air une quantité moyenne de 26^{lit},58 (38 grammes environ) d'oxygène par heure; un autre, âgé de cinquante-deux ans et pesant 58^{kil},7, en absorbait 25^{lit},90 (37^{gr},046) dans le même temps.

Ces citations suffisent pour montrer que les résultats obtenus par la mé-

(1) Boussingault, *Ann. de chim. et de phys.*, 2e série, t. LXXI, p. 113.
(2) Barral, *Même recueil*, 3e série, t. XXV, p. 129. *Statique chimique des animaux*. Paris, 1850.
(3) Liebig, *Chimie organique appliquée à la physiologie animale*, p. 39 et 294, trad. franç. par Ch. Gerhardt. Paris, 1842.

thode indirecte peuvent servir à contrôler ceux que la *méthode directe* a fournis à d'autres observateurs.

Après cette revue sommaire des principaux chiffres posés par les expérimentateurs les plus accrédités, comment doit-on répondre à la question ci-dessus énoncée : Quelle est la quantité absolue d'oxygène qu'un homme ou un animal donné absorbe par la respiration dans un temps fixe ? Voici, selon nous, les déductions à tirer des travaux qui précèdent :

1° En ce qui concerne l'*espèce humaine*, il est impossible, avec les résultats actuels, de déterminer un nombre qui représente, d'une manière exacte, la quantité d'oxygène absorbé, en une heure, par un homme adulte et placé dans des conditions normales.

Semblable à un foyer qui s'alimente dans l'air et y brûle plus ou moins activement, selon les circonstances diverses, l'appareil respiratoire de l'homme consomme des quantités d'oxygène que les plus légères influences font varier d'une manière sensible ; de telle sorte qu'il faut se contenter de poser les limites entre lesquelles se maintiennent d'habitude les variations du phénomène. Ces variations dans l'absorption de l'oxygène sont comprises entre 20 et 25 litres par heure (de 29 à 36 grammes environ), chez un homme adulte, durant le repos et dans les conditions normales de santé et de température. (Plus tard nous étudierons les causes nombreuses qui peuvent augmenter ou diminuer cette absorption dans une proportion souvent considérable.)

2° Quant aux *animaux*, on ne saurait s'arrêter, comme pour l'homme, aux résultats obtenus pour telle ou telle espèce en particulier, et l'on ne peut convertir en énoncés généraux que quelques rapports entre la respiration et certaines conditions de l'organisme des diverses espèces. D'abord, il résulte évidemment des précédents travaux que, d'une espèce à une autre, il n'y a aucun lien nécessaire entre la taille ou le poids de l'animal et la quantité d'oxygène que celui-ci absorbe en respirant : cette proposition est rendue plus évidente encore, si, à l'exemple de Treviranus (1), J. Müller (2), Regnault et Reiset (3), on ramène les observations à la quantité d'oxygène absorbé par un même poids de chaque espèce animale. D'après les expériences de Regnault et Reiset, on trouve que, *par kilogramme* et *par heure*, il faut ainsi évaluer l'absorption d'oxygène chez les animaux suivants :

	gr.		gr.
Lapin......................	0,914	Lézard....................	0,192
Poule.....................	1,186	Hanneton.................	1,019
Moineau et Verdier........	1,860	Ver à soie...............	0,899
Grenouille	0,085	Chrysalide du Ver à soie....	0,242
Salamandre	0,085	Vers de terre.............	0,101

3° Si l'on cherche une relation entre l'absorption de l'oxygène et les autres phénomènes de la vie, on est contraint de s'en tenir à cette conclu-

(1) TREVIRANUS, *Zeitschrift für Physiol.*, t. IV, p. 23.
(2) J. MÜLLER, *Manuel de physiol.*, trad. de Jourdan, 2ᵉ édit. Paris, 1851, t. I, p. 236.
(3) REGNAULT et REISET, *Ann. de chim. et de phys.*, 3ᵉ série, t. XXVI, p. 299 et suiv.

sion générale, que la quantité d'oxygène absorbé est proportionnelle à l'activité physiologique de l'animal, c'est-à-dire au degré d'énergie avec lequel s'exécutent ses fonctions.

Nous terminerons ce qui se rapporte à l'*absorption d'oxygène*, dans la respiration, en rappelant plusieurs faits encore intéressants pour le physiologiste.

Les animaux aquatiques se présentent dans des conditions fort curieuses qui ont été analysées par quelques observateurs, mais qui mériteraient encore d'être éclairées par de nouvelles recherches. Alex. de Humboldt et Provençal (1) ont publié les meilleures observations que la science possède sur ce sujet. Ils concluent de leurs expériences que, eu égard à la quantité d'oxygène contenue dans l'eau, les poissons de rivière sont dans la situation d'un animal aérien qui respirerait un mélange gazeux contenant un centième de son volume d'oxygène. Aussi l'absorption d'oxygène est-elle, chez eux, bien moins active que chez les animaux aériens à sang chaud ; on constate d'ailleurs que les poissons, comme les grenouilles, ont une respiration cutanée d'une importance presque égale à celle de leur respiration branchiale. Nous avons vu précédemment que, d'après Spallanzani, Regnault et Reiset, etc., les grenouilles auxquelles on a enlevé les poumons continuent à respirer à peu près avec la même activité que lorsqu'elles étaient intactes ; elles vivent souvent pendant plusieurs jours, et les proportions des gaz absorbés et dégagés diffèrent peu de celles que l'on remarque sur des grenouilles intactes. Or, une curieuse expérience d'Alex. de Humboldt, que nous avons citée, démontre assez nettement aussi la respiration cutanée chez les poissons : cet expérimentateur passa la tête d'une tanche dans un collier de liége couvert de taffetas gommé, puis plaça cet animal dans un vase cylindrique, de sorte que sa tête en fermait l'orifice et que le corps plongeait dans l'eau de Seine que contenait le vase, sans que cet eau pût entrer en contact avec la bouche ou avec les branchies. Ainsi disposé, ce poisson vécut cinq heures, et, après l'expérience, l'eau se trouva altérée à peu près comme elle l'eût été par la respiration normale et libre de l'animal. La peau seule avait donc pu servir d'appareil respiratoire et emprunter l'oxygène à l'eau ambiante. Une tanche absorbe, dans l'eau aérée, environ 402 millimètres cubes d'oxygène par heure ; ce chiffre est la moyenne de dix-sept heures d'expérience (2).

Un autre fait, aujourd'hui bien démontré, c'est que l'*absorption de l'oxygène* reste la même dans une atmosphère qui contient deux ou trois fois plus d'oxygène que l'air commun.—Lavoisier a, le premier, énoncé, comme résultat de ses expériences, que, dans l'oxygène pur, la respiration s'effectue en donnant naissance aux mêmes produits que l'air ordinaire (3). Il

(1) ALEX. DE HUMBOLDT et PROVENÇAL, *Mém. de la Soc. d'Arcueil*, t. II, p. 389 et suiv.
(2) HUMBOLDT et PROVENÇAL, *loc. cit.*
(3) LAVOISIER, *Mém. de l'Acad. des sc.*, 1789, p. 573.

avait aussi prouvé que la proportion d'azote peut être sensiblement augmentée sans que les phénomènes de la respiration soient altérés ; la proportion d'oxygène absorbé reste, à quelques légères différences près, la même que dans l'air atmosphérique. Enfin Lavoisier constata que si, dans une atmosphère artificielle, on remplace l'azote de l'air par de l'*hydrogène*, on a encore un milieu respirable dans lequel les animaux n'éprouvent quelque malaise qu'au bout de huit à dix heures de séjour. Regnault et Reiset (1) ont confirmé les faits qu'avait observés Lavoisier, et que, depuis lors, on avait contestés ; mais, en les mettant hors de doute, ils ont de plus reconnu que, si l'on se sert d'une atmosphère composée de 21 parties d'oxygène et de 79 parties d'hydrogène, on obtient une consommation d'oxygène plus grande que dans les conditions normales. Ces expérimentateurs expliquent cette différence par le *pouvoir refroidissant* de l'hydrogène, qui, plus fort que celui de l'azote, oblige l'animal à une respiration plus active.

C. — Déterminer la *quantité absolue d'acide carbonique* exhalé, dans un temps donné, par un homme ou un animal vivant dans des conditions normales, tel est le second problème dont l'étude des phénomènes respiratoires réclame la solution.

Entre ce problème et le premier qui vient d'être passé en revue, c'est-à-dire l'absorption de l'oxygène, existent d'intéressants rapports que nous aurons à faire connaître ultérieurement dans un chapitre spécial. Il ne s'agit, pour le moment, que du fait de l'*exhalation d'acide carbonique* considéré isolément, et de sa constatation par les différents moyens de recherches dont dispose la science.

On se rappelle qu'en étudiant l'absorption de l'oxygène, nous avons commencé par discuter la valeur de diverses *méthodes de détermination*, dites : 1° méthode directe ; 2° méthode des analyses par proportions centésimales ; 3° méthode indirecte (voy. plus haut, p. 630 et suiv.). S'il fallait reprendre cette discussion au point de vue du nouveau problème qui va nous occuper, nous arriverions à des conclusions entièrement analogues à celles qui ont été formulées précédemment.

La *méthode directe*, qu'on doit à Lavoisier et à laquelle on ne peut reprocher que les difficultés de sa mise en pratique quand il s'agit de l'homme et des animaux à grande stature, fournit des moyens exacts de connaître la quantité absolue d'acide carbonique exhalé. — Déjà nous avons vu que, dans l'espace clos où se trouvait le sujet mis en expérience, Lavoisier (2) avait le soin d'introduire une solution alcaline pour absorber l'acide carbonique provenant de la respiration. Sa mort violente et prématurée ne lui a pas laissé le temps d'écrire le mémoire qu'il promettait en 1789, et dans lequel il devait faire connaître en détail ses procédés pour mesurer la quantité d'acide carbonique exhalé dans la respiration humaine, et aussi les résultats qu'il avait obtenus.

(1) REGNAULT et REISET, *loc. cit.*
(2) LAVOISIER, *loc. cit.*

Le mémoire lu à l'Académie en 1790, et imprimé seulement en 1797 par les soins de Séguin, environ quatre ans après la mort de Lavoisier (1), donne une évaluation qui sera mentionnée tout à l'heure, mais il n'indique pas les moyens mis en usage pour l'obtenir. On ne peut donc que pressentir ces moyens, qui doivent dériver du procédé de fixation de l'acide carbonique employé dans les expériences sur l'absorption de l'oxygène. Lavoisier et Séguin agirent probablement comme la plupart des expérimentateurs qui, après eux, ont suivi la méthode directe; c'est-à-dire qu'ils durent faire passer d'abord l'air expiré sur une substance desséchante, puis absorber l'acide carbonique à l'aide d'une substance alcaline d'un poids connu, poids dont l'augmentation ne pouvait provenir que de la fixation de l'acide carbonique, et, par conséquent, servait à doser ce produit de la respiration. Il est manifeste que, dans ces conditions, l'expérience détermine *directement* la quantité absolue d'acide carbonique exhalé dans un temps donné.

Mais si, procédant par détermination de la *composition centésimale* de l'air expiré, les expérimentateurs calculent l'exhalation d'acide carbonique d'après le nombre des expirations et la capacité de chacune d'elles, nous nous rangeons sans hésiter à l'opinion qui ne reconnaît point une certitude suffisante à un pareil procédé. Quoi de plus difficile en effet à déterminer exactement que le volume réel d'une expiration normale, si l'on en juge par les évaluations si différentes des divers expérimentateurs? Ce n'est pas seulement d'un individu à un autre que le volume des expirations présente des variations sensibles; ces variations se manifestent aussi chez le même sujet selon les circonstances et le moment de l'observation. Puis, ne sait-on pas encore que la proportion de l'acide carbonique contenu dans le gaz expiré est profondément influencée, chez un même sujet, aussi bien par la fréquence plus ou moins grande que par l'ampleur des mouvements respiratoires, etc.? Aussi nul doute que des diverses méthodes employées pour mesurer l'acide carbonique exhalé dans la respiration, la méthode des analyses par proportions centésimales ne soit celle qui offre les moindres garanties d'exactitude dans les résultats.

La *méthode indirecte* de Boussingault, employée isolément ou concurremment avec la méthode directe, conduit au contraire à des résultats précis, pourvu que les expérimentateurs maintiennent avec soin les principes posés par Boussingault lui-même (2), et surtout celui de l'invariabilité de poids du sujet pendant la durée de l'expérience. Dans l'examen des travaux qui tendent à mesurer la quantité d'acide carbonique exhalé, c'est donc aux recherches faites d'après la méthode directe, et aussi à celles qui ont été entreprises suivant la méthode de Boussingault, qu'on doit constamment donner la préférence.

(1) Lavoisier, *Mém. de l'Acad. des sc.*, 1790, p. 609.
(2) Boussingault, *Économie rurale*, t. II, p. 379.

Nous avons déjà dit que l'*exhalation de l'acide carbonique* fut découverte en 1757 par Black (1), qui d'ailleurs n'alla pas plus loin et ne chercha ni à déterminer la nature intime de ce fluide aériforme, ni à démêler les rapports qui pouvaient exister entre le précédent phénomène et le rôle de l'air dans la respiration. Le même observateur, Lavoisier (2), qui, par ses mémorables recherches publiées en 1777, eut la gloire de révéler la composition de l'air atmosphérique, découvrit également celle de l'acide carbonique (*acide crayeux*) et les causes de la production de ce dernier gaz durant le travail respiratoire. Dans son mémoire de 1789 (3), Lavoisier prend pour base de ses expériences avec Séguin la composition de l'acide carbonique qu'il fixe à 72 d'oxygène et à 28 de carbone en poids : des analyses plus récentes ont fait adopter les nombres 72,73 pour l'oxygène et 27,27 pour le carbone, nombres qui diffèrent bien peu des précédents. Ce mémoire, dont les conclusions relatives à la consommation de l'oxygène ont été citées plus haut, ne donne pas encore le résultat définitif des expériences que ces deux observateurs poursuivaient concernant la *production de l'acide carbonique* dans la respiration : Lavoisier se borne à dire qu'on peut « *supposer* » qu'un homme, dans les conditions normales, expire par heure $24^{lit},202$ ou $47^{gr},803$ d'acide carbonique, qui contiennent $34^{gr},765$ d'oxygène et $13^{gr},038$ de carbone.

Dans un travail subséquent, publié en 1797 par Séguin, après la mort de Lavoisier, cette estimation se trouve réduite à $13^{lit},277$, par heure, ou $26^{gr},155$ (4). Ce nouveau chiffre semblerait résulter de recherches plus précises sur le même sujet, annoncées par Lavoisier en 1789.

H. Davy fit, en 1800 (5), des expériences sur lui-même, et la moyenne de vingt observations donna, pour une heure, une exhalation de $28^{lit},099$ d'acide carbonique (environ $55^{gr},388$). — Allen et Pepys (6) formulent ainsi une des conclusions de leur mémoire : Un homme de taille moyenne, âgé de trente-huit ans, et dont le pouls battait environ soixante fois par minute, expirait en une heure $21^{lit},642$ d'acide carbonique (environ 42 grammes) ; il respirait dix-neuf fois par minute, et le volume de chaque inspiration facile et naturelle mesurait $0^{lit},270$. — Dalton (7) admet, d'après ses propres recherches, que, *par heure*, le travail respiratoire de l'homme produit à peu près 23 litres d'acide carbonique.

Quant à Dumas, dont les expériences sur le même sujet remontent à l'année 1820 (*), il assure qu'un homme adulte brûle, en vingt-quatre

---

(1) BLACK, *Lect. on the Elem. of Chemistry Delivered*, publié en 1803 par J. Robison.
(2) LAVOISIER, *Mém. de l'Acad. des sc.*, 1777, p. 191.
(3) *Mém. de l'Acad. des sc.*, 1789, p. 567.
(4) LAVOISIER et SÉGUIN, *Premier mémoire sur la transpiration* (*Mém. de l'Acad. des sc. de Paris*, 1790, p. 609).
(5) H. DAVY, *Research. Chem. and Philos. on Nitrous Oxyde*, 1800, p. 434.
(6) ALLEN et PEPYS, *Philos. Trans.*, 1808, p. 280.
(7) DALTON, *On Respiration*, etc. (*Manchester Mem.*, 2ᵉ série, t. II, p. 15).

(*) Les résultats que DUMAS avait obtenus en analysant les produits de sa propre respiration n'ont été publiés par cet auteur qu'en 1846, dans son *Traité de chimie physiologique*, p. 456 et suiv.

heures, 175 grammes de carbone, *en moyenne*; ce qui représente une consommation seulement de 7^{gr},291 par heure, et correspond à 26^{gr},733 d'acide carbonique ou environ 13 litres de ce gaz. — Quelques auteurs ont donné, comme déduits de ces expériences, des chiffres tout différents. Cela provient sans doute de ce que Dumas énonce, dans le même passage, deux quantités de carbone : l'une, représentant le carbone réellement brûlé par un homme adulte, s'élève à 150 ou 200 grammes pour vingt-quatre heures ; l'autre, qui est de 250 à 300 grammes, contient une augmentation de 90 grammes de carbone destinée à remplacer, dans le calcul du combustible, les 20 à 30 grammes d'hydrogène brûlés par le même homme en un jour. Si l'on prend comme base la *moyenne* de cette quantité totale, c'est-à-dire 275 grammes de carbone brûlés en vingt-quatre heures, on arrive, pour l'acide carbonique qu'on supposerait avoir été exhalé en une heure, au chiffre de 42 grammes environ. Mais ce n'est pas là une évaluation exacte, puisque la quantité effective de carbone n'est, en moyenne, d'après Dumas, que de 175 grammes par jour. D'ailleurs, on trouve (*ouvr. cité*, p. 457 et suiv.) les données mêmes de ses observations à ce sujet : *en moyenne*, l'air expiré contient 4 pour 100 d'acide carbonique ; le nombre constaté des inspirations est de 16 par minute, chaque inspiration mesurant environ 0^{lit},334. De là on déduit sans peine que, *en une heure*, l'exhalation respiratoire fournit 13 litres d'acide carbonique pesant (à 0° et sous la pression 0^{m},76) à peu près 26 grammes. — On voit, par conséquent, que les expériences de Dumas conduisent à des résultats très-rapprochés de ceux du dernier travail de Lavoisier et Séguin, qui date de 1790 ; et, en relisant leur mémoire de 1789, il est permis de croire que l'évaluation qu'ils avaient « *supposée* », à cette époque, avait été exagérée, parce qu'elle provenait de recherches encore incomplètes.

Assurément aucun des précédents observateurs n'avait pu croire que la quantité d'acide carbonique exhalé par les poumons, dans l'espèce humaine, fût invariable et indépendante des conditions d'âge, de sexe, de température, de repos ou de mouvement, etc. Il était impossible qu'en effet chacun d'eux fît un certain nombre d'expériences sans être amené à constater des variations et sans soupçonner leurs causes. Lavoisier n'a pas manqué de connaître et d'apprécier ces influences ; Allen et Pepys les signalent également ; Prout, en 1813, s'attacha surtout à leur étude (1). Nous reviendrons ailleurs sur cette étude des causes qui font varier le phénomène dont il s'agit.

Maintenant nous cherchons seulement à nous faire une idée de la *quantité moyenne* d'acide carbonique qu'un homme *adulte* exhale en un temps donné et dans les conditions les plus ordinaires.

C'est surtout depuis une trentaine d'années que les travaux les plus considérables sont venus éclairer ce point intéressant de physiologie. Presque

---

(1) Prout, *Observ. on the Quantity of Carbonic Acid Gas emitted from the Lungs* (*Ann. of Philos.*, 1813, vol. II, p. 333).

en même temps, Andral et Gavarret (1), d'une part, Sharling (2), d'autre part, publièrent leurs travaux sur l'exhalation de l'acide carbonique dans la respiration, etc.

Peu d'années après, V. Regnault et Reiset (3) étudiaient aussi la respiration des animaux dans un mémoire aussi précieux par le nombre des observations que par la précision des procédés mis en usage, mémoire dont nous aurons bientôt à signaler les principaux résultats.

Citons encore les recherches de Smith (*) faites à l'aide d'un appareil portatif qui permet de calculer la quantité d'air expiré et d'acide carbonique exhalé dans un assez grand nombre de circonstances individuelles. On peut reprocher à cet appareil d'exiger un effort expiratoire pour y faire circuler les gaz de la respiration, et par suite de donner des résultats obtenus dans des conditions qui ne sont pas normales. La même objection ne saurait s'adresser aux expériences de Pettenkofer et Voit dont nous avons déjà décrit le procédé. Nous aurons occasion de revenir sur ces expériences.

Dans les recherches d'Andral et Gavarret, instituées et conduites suivant la meilleure méthode, les sujets ont été placés dans des conditions aussi voisines que possible de l'état normal. Se proposant surtout de constater les lois qui règlent l'exhalation de l'acide carbonique selon l'*âge*, le *sexe* et les *constitutions*, ces deux savants ont tenu à écarter toute cause modificatrice et à observer des sujets différents dans des conditions normales et identiques. Leurs expériences ont été faites aux mêmes heures, à un même intervalle des repas, dans une même saison (en automne), et dans les mêmes conditions de dépense musculaire. Quant à l'appareil employé, il a été conçu avec la préoccupation de laisser à la respiration son rhythme naturel et ses allures habituelles. Après avoir éprouvé d'abord une assez grande difficulté à réaliser cette dernière condition qu'ils jugeaient indispensable, Andral et Gavarret parvinrent à construire un appareil facile à manœuvrer et répondant à toutes les exigences de la question (fig. 7).

Le masque imperméable K est fait avec une feuille mince de cuivre; il est muni, à sa partie antérieure et supérieure, d'une fenêtre V fermée avec une plaque de verre qui laisse pénétrer la lumière dans sa cavité, assez grande d'ailleurs, pour loger une expiration tout entière. Ce masque est appliqué sur la face de manière à l'encadrer dans son ensemble. Les bords du masque sont garnis d'un bourrelet de caoutchouc A, destiné à exercer une douce pression sur les parties vivantes et à s'opposer à toute perte du gaz expiré. De chaque côté du masque, à la hauteur des commissures des lèvres, existe un tube T, qui laisse pénétrer librement l'air extérieur; des

<hr>

(1) ANDRAL et GAVARRET, *Recherches sur la quantité d'acide carbonique exhalé par le poumon dans l'espèce humaine* (Ann. de chim. et de phys., 3e série, t. VIII, p. 129).

(2) SHARLING, *Recherches sur la quantité d'acide carbonique expiré par l'homme dans les vingt-quatre heures* (Ann. de chim. et de phys., 3e série, t. VIII, p. 492).

(3) V. REGNAULT et REISET, Ann. de chim. et de phys., 3e série, t. XXVI, p. 299 et suiv.

(*) Ces recherches ont été publiées dans une série de mémoires parus de 1856 à 1860, dans différents journaux anglais. L'auteur en a donné le résumé dans le *Journ. de physiol. de l'homme et des animaux*, t. III, 1860, p. 506 et 632.

petites sphères de moelle de sureau font l'office de soupapes et s'opposent
à ce que le gaz expiré puisse s'échapper par cette voie. Enfin, en face de

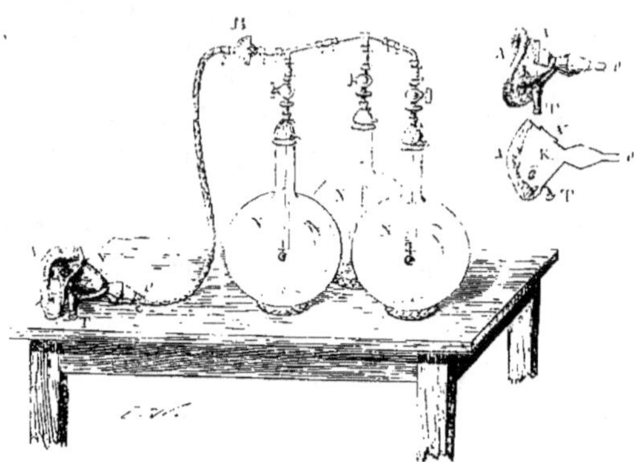

FIG. 7. — Appareil de GAVARRET et ANDRAL, pour recueillir les produits
de la respiration.

la bouche se trouve une large ouverture O, à travers laquelle les produits de
l'expiration peuvent être chassés au dehors. L'ouverture O étant en communication au moyen d'un tube de caoutchouc, avec un système de ballons
collecteurs N, N, N, de 140 litres de capacité, *dans lesquels le vide a été préalablement pratiqué*, le masque est solidement fixé sur la face du sujet en
observation. On ouvre alors le robinet B, et immédiatement le tirage des
ballons détermine, par les tubes latéraux T, T, un courant d'air extérieur à
travers le masque.

Pendant toute la durée de l'observation, le sujet respirait au milieu de
ce courant d'air continu. Des tentatives nombreuses avaient appris à Andral
et Gavarret (et c'est là la partie délicate de l'opération) à régler la vitesse
du courant, au moyen du robinet gradué B, de telle façon que la respiration s'exécutât librement, sans gêne aucune, sans effort ni pour aspirer ni
pour expulser le gaz incessamment appelé et emporté par le tirage des
ballons. Le courant est assez fort du moment que la vapeur d'eau de
l'expiration ne se précipite pas sur la face interne de la plaque de verre
qui ferme la fenêtre V. Le calme et la régularité des mouvements respiratoires, les sensations éprouvées pendant les expériences auxquelles ces
deux observateurs se sont soumis eux-mêmes les premiers, tout démontre que cet appareil très-simple réunit les conditions nécessaires pour recueillir les gaz de la respiration tels qu'ils sont exhalés à l'état normal.
Toute fuite d'ailleurs était impossible, et l'absence de rosée sur la plaque
de verre prouvait que le tirage était conduit de telle manière que le même
gaz n'était soumis qu'une seule fois à l'action de l'organe pulmonaire.

Andral et Gavarret, en procédant ainsi, ont recueilli, dans chaque expérience, à peu près constamment, 130 litres de gaz sec, à zéro et sous la
pression de 76 centimètres de mercure ; le temps pendant lequel les sujets

ont respiré a varié de 8 à 13 minutes. D'une part, les produits recueillis
étaient en quantité assez considérable pour permettre d'apprécier des différences très-minimes; d'autre part, l'observation était assez prolongée pour
qu'on pût conclure du fait observé à ce qui se passe réellement en une
heure. L'activité de la fonction pulmonaire variant avec les diverses heures
de la journée, et suivant l'état de veille ou de sommeil, Andral et Gavarret
n'ont pas voulu se servir de ces résultats pour calculer ce qu'un homme
exhale d'acide carbonique dans l'espace de vingt-quatre heures.

Les gaz étant recueillis, le robinet B est fermé, le masque et son tube de
caoutchouc sont détachés, et le système des ballons collecteurs N, N, N
est mis en communication (voy. fig. 8) avec un tube barométrique D. On
attend que les thermomètres, placés dans l'intérieur des ballons collecteurs,
se mettent en équilibre. Les parois des ballons se recouvrent d'une légère
rosée; ce qui indique que l'air qu'ils renferment est complétement saturé
de vapeur d'eau. La température des ballons et la hauteur du mercure dans
le tube barométrique D étant connues, on mesure la pression atmosphérique à l'aide d'un baromètre extérieur, et l'on possède ainsi tous les éléments pour calculer le volume du gaz contenu dans ces ballons dont,
d'ailleurs, la capacité a été préalablement déterminée.

Pour mesurer la *quantité absolue* d'acide carbonique recueilli, on met les
ballons N, N, N, en communication avec un système de ballons aspirateurs M, M, M, dans lequel le vide a été fait. Le courant d'air est convenablement réglé à l'aide des robinets gradués BB'; et le gaz, pour passer
des collecteurs N, N, N, aux ballons aspirateurs M, M, M, traverse une
série d'appareils de Liebig et de tubes en U.

FIG. 8. — Appareil de GAVARRET et ANDRAL pour analyser les produits
de la respiration.

L'appareil de Liebig L et les tubes T, T″, t, sont remplis d'acide sulfurique bouilli et de ponce calcinée imbibée du même acide. Le gaz qui les
traverse se dessèche complétement. — L'appareil Liebig L′ et le tube T″,
sont remplis d'une dissolution concentrée de potasse et de ponce alcaline.

Le gaz, en les traversant, s'y dépouille complétement de son acide carbonique ; mais il emporte avec lui de l'humidité qui lui est enlevée par les tubes T''' et *t'*, remplis de ponce calcinée imbibée d'acide sulfurique bouilli.

L'augmentation de poids de l'appareil Liebig L' et des trois tubes T'', T''', *t'*, traduit exactement le poids de l'acide carbonique contenu dans le gaz qui, des ballons collecteurs N, N, N, est passé dans les ballons aspirateurs M, M, M.

Une nouvelle observation des thermomètres des ballons collecteurs du tube barométrique D et du baromètre extérieur, à la fin de l'opération, indiquait la quantité de gaz expiré qui n'avait pas été soumise à l'action de l'appareil d'analyse. On avait ainsi tous les éléments nécessaires pour calculer la quantité totale d'acide carbonique fourni par chaque sujet, pendant la durée de l'opération.

Tel est l'appareil qui a fourni les données expérimentales du beau travail publié par Andral et Gavarret (*).

Trente-sept hommes compris entre l'âge de huit ans et celui de cent deux ans, et vingt-six femmes de dix à quatre-vingt-deux ans, ont été mis en expérience, et chaque sujet a été observé plusieurs fois de suite et seulement à vingt-quatre heures d'intervalle. Ces patientes recherches ont révélé d'importants résultats concernant l'influence du *sexe*, de l'*âge*, de la *constitution* et de certaines circonstances physiologiques sur l'exhalation de l'acide carbonique dans la respiration.

Entre autres faits, Andral et Gavarret ont trouvé que la fonction pulmonaire atteint son maximum d'activité vers trente ans, et que cette activité diminue ensuite graduellement jusqu'à la mort : d'après ces observateurs, entre seize et trente ans, la consommation *moyenne* de carbone, par heure, est, chez l'homme, de 11^{gr},2, ce qui représente 41 grammes ou *vingt litres* environ d'acide carbonique exhalé. — Tel est l'unique résultat qu'il nous importe de noter pour le moment.

En étudiant, plus tard, les causes qui font varier la quantité de carbone brûlé, nous verrons qu'Andral et Gavarret ont encore établi que cette quantité ne varie pas seulement avec l'âge, mais que, dans les deux sexes, elle est d'autant plus considérable que le système musculaire est plus développé ; — que la femme, avant la puberté, brûle moins de carbone que le jeune garçon ; qu'après l'âge critique, la quantité de carbone brûlé augmente pendant quelques années, pour diminuer ensuite, comme chez l'homme, sous l'influence de la vieillesse ; — que cette quantité reste stationnaire pendant toute l'époque de la vie, qui correspond à la menstruation, tandis que, pendant toute la durée de la grossesse, elle augmente.

Plus loin seront donnés les chiffres en rapport avec ces diverses propositions.

Dans ses recherches sur la quantité d'acide carbonique que l'homme

(*) Ce travail fut communiqué à l'Académie des sciences de Paris, dans la séance du 13 janvier 1843.

exhale par les poumons, Sharling (1) nous paraît avoir réalisé, moins heureusement qu'Andral et Gavarret, les conditions voisines de l'état normal. Son appareil, d'une capacité de 1 mètre cube, consiste en une sorte de guérite de bois dont les joints sont bouchés avec soin et dont l'intérieur est tapissé de papier collé. Dans cet espace était placé l'individu et il y séjournait de *une demi-heure à une heure*. Il fallait, pendant ce temps, assurer le renouvellement de l'air, et, à cet effet, l'expérimentateur avait établi un courant au moyen d'un appareil aspirateur à écoulement d'eau et d'un tube d'appel ajusté à la paroi inférieure de la guérite. Quant aux produits de la respiration, ils étaient recueillis de la manière suivante : à la partie supérieure de l'espace clos, se trouvaient deux trous munis de tubes de dégagement qui conduisaient ces produits à un appareil analyseur composé d'un flacon contenant de l'acide sulfurique pour dessécher l'air expiré, de deux flacons renfermant une solution concentrée de potasse, puis enfin d'un tube plein de potasse caustique solide et d'un petit flacon d'eau de chaux. Toute cette partie de l'appareil remplie de substances alcalines était destinée à absorber l'acide carbonique.

On peut faire plusieurs reproches au procédé mis en usage par Sharling. L'espace dans lequel le sujet est enfermé est loin de lui créer des conditions analogues aux conditions normales. D'abord cet espace est d'une capacité trop restreinte et l'air y est insuffisamment renouvelé ; aussi Sharling (2) a-t-il trouvé que l'air de la guérite, pendant l'expérience, contenait parfois de 2 à 6 pour 100 d'acide carbonique ! Cette condition exceptionnelle a dû évidemment exercer une influence fâcheuse sur la respiration. Ajoutons que cet air confiné, échauffé considérablement par la présence du sujet, était saturé de vapeur d'eau et que d'ailleurs son volume invariable n'était pas proportionné à la taille des individus soumis à l'expérience. Dans une judicieuse critique qu'il a faite de ce travail, Gavarret (3) commence par rappeler qu'une condition indispensable à remplir dans les recherches de ce genre, c'est de fournir, au sujet en expérience, assez d'air pour que le même gaz ne soit jamais introduit plus d'une fois dans les poumons ; puis il prouve que les moyens employés ici dans le but d'opérer la dessiccation de l'air expiré, et surtout l'absorption de l'acide carbonique, étaient insuffisants pour dessécher complétement le premier et pour recueillir la totalité du second. — Avant d'énoncer les résultats obtenus par Sharling, on est donc obligé de reconnaître que ses observations n'ont pas été faites dans des conditions normales et que ses procédés manquent de rigueur. C'est en opérant ainsi sur *trois hommes adultes* qu'il a trouvé, pour la consommation de carbone évaluée par heure, un poids moyen de 9^{gr},46, ce qui représente 34^{gr},686 ou environ *dix-sept litres* d'acide carbonique. Ce chiffre diffère un peu de celui qu'Andral et Gavarret ont fait connaître, et que nous adoptons de préférence comme

(1) SHARLING, *loc. cit.*
(2) SHARLING, *mém. et rec. cités*, p. 485.
(3) GAVARRET, *De la chaleur produite par les êtres vivants*, p. 356.

dérivant d'expériences mieux instituées que celles de Sharling. Nous aurons occasion de revenir sur les conséquences que ce dernier observateur a tirées de ses recherches touchant l'influence exercée sur la respiration par l'âge, le sexe, la constitution, l'état de veille ou de sommeil, de repos et de mouvement, et aussi par le travail de la digestion.

Il suffit d'avoir eu sous les yeux les résultats empruntés aux divers expérimentateurs pour reconnaître que l'*exhalation de l'acide carbonique* doit être un phénomène aussi variable que celui qui nous a occupé précédemment. Mais on voudrait au moins savoir si de pareilles différences représentent fidèlement la variabilité du phénomène lui-même, et si les résultats mentionnés sont entièrement comparables quand on tient compte des conditions dans lesquelles ils ont été obtenus. A cet égard, malheureusement, la science possède à peine les éléments d'une discussion sérieuse, la plupart des observateurs ayant omis de donner des détails suffisants. — D'abord, quant aux deux nombres différents qu'ont publié Lavoisier et Séguin, tout ce qu'on peut dire, c'est que le dernier seul est formulé d'une manière positive et semble représenter la *moyenne* des expériences faites par ces auteurs : ce nombre est, avec celui qu'a donné Dumas, le plus faible de tous ceux que nous avons cités. On ne sait pas d'ailleurs positivement dans quelles conditions se sont placés Lavoisier et Séguin : ils disent seulement s'en être tenus à la *moyenne* de leurs observations « pour un individu qui ne se livre pas à des travaux de corps très-pénibles » (1). — Allen et Pepys laissaient le sujet au repos, mais opéraient sous un climat plus froid que celui de Paris; or, nous verrons plus loin que cette circonstance augmente d'une façon très-sensible la production d'acide carbonique. La même remarque pourrait s'appliquer aux nombres obtenus par H. Davy et Dalton qui, d'ailleurs, expérimentaient dans des conditions où la respiration ne pouvait guère conserver ses allures naturelles. — Dumas (2) nous apprend lui-même comment il se disposait pour observer sa propre respiration : « Quand j'ai fait, dit-il, des expériences de ce genre sur moi-même, je parvenais très-bien à lire ou à travailler à mon bureau pendant toute leur durée. » Ainsi (en laissant de côté la différence des méthodes), Dumas, dont les nombres se rapprochent de ceux qu'en 1790 ont donnés Lavoisier et Séguin, paraît s'être placé aussi dans des conditions de travail modéré : c'est aussi une *moyenne* que nous lui avons empruntée. Ajoutons que ces trois expérimentateurs opéraient dans la même localité, ce qui peut contribuer à rendre compte d'une certaine concordance dans l'évaluation de l'acide carbonique exhalé.

Les résultats obtenus par Andral et Gavarret ne sont pourtant pas en complet accord avec les précédents; de plus, ils diffèrent de ceux que Sharling a publiés : on a vu que, d'après cet observateur, l'exhalation d'acide carbonique est, en moyenne et par heure, de 17 litres; elle est de 20 litres suivant Andral et Gavarret. Nous avons dit les raisons qui nous font accepter

<hr>

(1) Lavoisier et Séguin, *Mém. de l'Acad. des sc.*, 1790, p. 608.
(2) Dumas, *Chimie physiol. et médic.*, p. 457.

avec réserve le nombre donné par Sharling, bien qu'il soit plus rapproché des nombres de Lavoisier et de Dumas. Si l'on a regardé comme un peu exagéré le chiffre qui résulte des expériences d'Andral et Gavarret, au moins doit-on reconnaître qu'il exprime l'exhalation de l'acide carbonique dans des circonstances que ces habiles observateurs ont précisées avec le plus grand soin : il s'agit de l'homme âgé de seize à trente ans, observé pendant huit à treize minutes, entre une et deux heures de la journée, à un même intervalle des repas et dans les mêmes conditions de travail musculaire. Andral et Gavarret ajoutent que « l'activité de la fonction pulmonaire variant avec les diverses heures de la journée, et suivant l'état de veille ou de sommeil, ils n'ont pas cru devoir se servir de ces résultats pour calculer ce qu'un homme exhale d'acide carbonique dans l'espace de vingt-quatre heures (1). » Bien évidemment, on ne peut s'attendre à voir concorder leurs nombres qu'avec ceux qui ont trait au phénomène observé dans les mêmes conditions, et il paraît d'ailleurs manifeste que les conditions dans lesquelles Andral et Gavarret se sont placés doivent donner un chiffre *maximum*, pour l'exhalation de l'acide carbonique, surtout à cause de l'heure des observations.

En résumé, comme limites à assigner aux variations de quantité d'acide carbonique produit dans un temps déterminé, il semble résulter du précédent examen qu'on peut s'arrêter aux évaluations suivantes : un *homme adulte*, vers l'âge de trente ans, à jeun et dans le repos, exhale par ses poumons, en une heure, *quinze à vingt litres d'acide carbonique*, qui, correspondant à des poids de $29^{gr},670$ à $39^{gr},560$, supposent une consommation de carbone de $8^{gr},090$ à $10^{gr},789$. Cette estimation de la production de l'acide carbonique, dans le travail ordinaire de l'appareil respiratoire de l'homme adulte, s'appuie sur des expériences faites, soit par la méthode directe de Lavoisier, soit par la méthode indirecte de Boussingault (2), qui se contrôlent si utilement l'une l'autre.

Quant aux résultats qui ont été obtenus sur *divers animaux*, nous ne les exposerons qu'en nous occupant, plus loin, des *causes qui font varier*, dans leur intensité, les *phénomènes chimiques de la respiration*.

En terminant, nous croyons devoir rappeler que si, circulant avec le sang, qui est le milieu de tous les phénomènes de nutrition, l'oxygène emprunté à l'air représente, comme on l'a vu, l'agent indispensable de la plupart des transformations qui s'accomplissent au sein de l'organisme, le *gaz acide carbonique* doit être regardé, au contraire, comme un des produits ultimes des transmutations nutritives ; aussi est-il destiné à être éliminé, avec la vapeur d'eau, notamment par les voies respiratoires. Quand on considère la faible proportion de ce gaz dans l'air atmosphérique et sa proportion considérable dans l'air expiré, il est en effet facile de se con-

(1) GAVARRET, *De la chaleur produite par les êtres vivants*, p. 345. Paris, 1855.
(2) BARRAL, *loc. cit.*

vaincre que l'acide carbonique est bien un *produit de l'organisme* que les animaux rejettent dans les milieux ambiants, mais qu'ils ne leur empruntent point ; qu'ainsi ce gaz provient des tissus et des humeurs mêmes de l'animal et non du dehors. Tout en admettant qu'une portion de l'acide carbonique exhalé par les surfaces respiratoires puisse s'y former au fur et à mesure de son exhalation (aux dépens de carbonates qui passeraient de l'état acide à l'état neutre ou se décomposeraient à l'aide de quelque acide de l'économie), on reconnaît assez généralement qu'une autre partie, sans doute la plus considérable, existe à l'état de liberté et de simple dissolution dans la masse même du sang : de là, la possibilité de cet *échange gazeux* entre l'organisme et l'atmosphère qui constitue un des actes principaux de la respiration.

D. — L'autre élément constitutif de l'*air atmosphérique*, dont nous avons à nous occuper en traçant l'histoire de la respiration, est l'*azote*. Ce gaz joue-t-il ici un rôle purement passif ? doit-on le faire figurer dans les principes que les animaux exhalent ou dans ceux qu'ils absorbent ?

Lavoisier (1) n'avait pu constater ni absorption, ni dégagement d'azote, pendant la respiration ; Allen et Pepys (2) arrivèrent au même résultat négatif. D'après Alex. de Humboldt et Provençal (3), H. Davy (4), Pfaff (5), Henderson (6), etc., l'air expiré contiendrait moins d'azote que l'air inspiré, tandis que c'est le contraire qui a lieu ordinairement selon Berthollet (7), Despretz (8), Marchand (9), Boussingault (10), Regnault et Reiset (11), etc. : en d'autres termes, pour ceux-là, il y a absorption d'azote, et, pour ceux-ci, il y a exhalation du même gaz en proportion supérieure à celle où il se trouve dans l'air inspiré. Dulong (12), en 1822, vint également prêter appui à cette dernière opinion. En recherchant les sources de la chaleur animale et en étudiant, à l'aide de la *méthode directe*, les phénomènes physico-chimiques de la respiration, il reconnut, en effet, dans presque toutes ses expériences, une *exhalation d'azote :* sur seize observations, il y eut, dans une seule (chat de trois mois), absorption d'azote, et dans une autre (chat de quatre mois) ce gaz parut n'avoir été ni absorbé ni exhalé. W. Edwards (13), reprenant la question, opéra sur de petits animaux renfermés dans des récipients fort étroits ; de pareilles con-

(1) LAVOISIER, *Mém. de l'Acad. des sc. de Paris*, 1789, p. 574.
(2) ALLEN et PEPYS, *Philos. Transact.*, 1808, p. 280.
(3) ALEX. DE HUMBOLDT et PROVENÇAL, *Mém. de la Soc. d'Arcueil*, t. II, p. 454.
(4) H. DAVY, *Researches Chemical and Philos. on Nitrous Oxyde*. London, 1800, p. 434.
(5) PFAFF, *Nouvelles expériences sur la respiration* (*Ann. de chim.*, 1805, t. LV, p. 177).
(6) NICHOLSON's *Journal of Natural Philosophy*, t. VII, p. 40.
(7) BERTHOLLET, *Mém. de la Soc. d'Arcueil*, t. II, p. 359.
(8) DESPRETZ, *Ann. de chim. et de phys.*, 2ᵉ série, t. XXVI, p. 349.
(9) MARCHAND, *Journal für praktische Chemie*, t. XLIV, p. 1.
(10) BOUSSINGAULT, *mém. cité*.
(11) REGNAULT et REISET, *Ann. de chim. et de phys.*, 3ᵉ série, t. XXVI.
(12) DULONG, *Ann. de chim. et de phys.*, 3ᵉ série, t. I, p. 440. — Ce mémoire fut communiqué à l'Académie des sciences de Paris le 2 décembre 1822.
(13) W. EDWARDS, *De l'influence des agents physiques sur la vie*. Paris, 1824, p. 420 et suiv.

ditions sont peu favorables à l'étude du problème qui nous occupe. Évidemment, il y a plus de chances pour une solution exacte, en agissant sur
un volume d'air assez considérable et sur des mammifères ou des oiseaux
d'une certaine taille. Quoi qu'il en soit, W. Edwards constata, tantôt un
excès d'azote dans l'air expiré, tantôt une diminution de ce gaz, d'autres
fois l'égalité entre les quantités d'azote avant et après la respiration ; et
ses observations ont été confirmées par diverses expériences de Regnault
et de Reiset (1) faites sur des grenouilles et des salamandres. W. Edwards
expliqua cette variabilité des résultats, en admettant une absorption et
une exhalation simultanées : l'animal emprunterait au dehors de l'azote
atmosphérique, dégagerait dans l'air de l'azote provenant de son organisme, et, selon que l'un ou l'autre phénomène serait prédominant ou que
les deux se feraient équilibre, on constaterait un des trois précédents résultats. Mais, en réalité, la variabilité est ici bien moindre que ne l'avait
supposé W. Edwards, et nous allons voir le fait de l'exhalation constante
d'azote s'établir de plus en plus nettement à l'aide des expériences les plus
rigoureuses sur des *mammifères* et des *oiseaux*, pris dans l'état de santé et
soumis à leur régime habituel.

Depuis Dulong, et aussi depuis Despretz (2), qui, dans plus de deux cents
expériences, assure avoir toujours vu l'air expiré entraîner avec lui plus
d'azote que n'en contenait l'air inspiré, d'autres habiles expérimentateurs
sont venus confirmer l'exactitude de cette assertion.

A l'aide de sa *méthode indirecte* que nous avons fait connaître précédemment, Boussingault (3) a constaté, sur une vache laitière, un cheval,
deux porcs, deux tourterelles (soumis à la *ration d'entretien*, c'est-à-dire
ne fixant en eux aucun principe nouveau), que la quantité d'azote ingérée
avec les aliments en vingt-quatre heures était toujours supérieure à celle
que l'on retrouvait dans les matières solides et liquides expulsées du corps :
il en a conclu qu'en pareilles conditions l'exhalation de l'azote était un des
phénomènes normaux de la respiration chez les animaux étudiés par lui.
La même méthode appliquée à l'espèce humaine, par Barral (4), a permis
à cet observateur de constater que l'homme, à l'état normal, exhale aussi
de l'azote par ses voies pulmonaires.

Quant à Regnault et Reiset, en étudiant l'ensemble des phénomènes respiratoires, ils se préoccupèrent vivement de savoir ce que devient l'azote atmosphérique, et contribuèrent, pour une grande part, à la solution définitive
du problème. Ajoutons que, pendant qu'ils expérimentaient en France,
Marchand (5) poursuivait, en Allemagne, le même but et arrivait à des résultats conformes aux leurs.

La première conclusion du travail de Regnault et Reiset (6) est ainsi

(1) REGNAULT et REISET, *mém. et rec. cités*, p. 183.
(2) DESPRETZ, *mém. et rec. cités*, p. 349.
(3) BOUSSINGAULT, *loc. cit.*
(4) BARRAL, *Ann. de chim. et de phys.*, 3ᵉ série, t. XXV, p. 129.
(5) MARCHAND, *Journ. für praktische Chemie*, t. XLIV, p. 1.
(6) REGNAULT et REISET, *Ann. de chim. et de phys.*, 3ᵉ série, t. XXVI, p. 214.

formulée : « Lorsque les animaux sont soumis à leur régime alimentaire habituel, *ils dégagent toujours de l'azote;* mais la quantité de ce gaz exhalé est très-petite : elle ne s'élève jamais à $\frac{2}{100}$ du poids de l'oxygène total consommé, et, le plus souvent, elle est moindre que $\frac{1}{100}$. » Ayant ainsi reconnu que certains changements de régime ou un état de souffrance peuvent modifier la respiration jusqu'à remplacer l'exhalation d'azote par une absorption de ce gaz, ces savants ajoutent : « Les alternatives de dégagement et d'absorption d'azote que présente le même animal lorsqu'il est soumis à divers régimes, sont favorables à l'opinion de W. Edwards, qui admet que le dégagement et l'absorption d'azote ont toujours lieu simultanément pendant la respiration, et que l'on n'observe jamais que la résultante de ces deux effets contraires. » W. Edwards s'était basé, pour émettre cette hypothèse, sur la variabilité même du phénomène ; mais Regnault et Reiset, en démontrant que *normalement* il y a une *exhalation constante d'azote*, ont enlevé beaucoup de son opportunité et de sa vraisemblance à la précédente hypothèse.

Les expériences de Regnault et Reiset donnent une mesure de la *quantité d'azote* exhalé, en un temps donné, par un animal d'une espèce déterminée et d'un poids connu. Cette quantité est rapportée à celle de l'oxygène consommé par l'animal, et en outre le poids même de l'azote exhalé se trouve également indiqué dans chaque expérience. En comparant les nombres relatés dans leur mémoire et en ne considérant que les conditions normales, ainsi que les *moyennes* des résultats, nous pouvons déduire les chiffres suivants :

	RAPPORT de la quantité d'azote exhalé à la quantité d'oxygène absorbé en des temps égaux.			POIDS DE L'AZOTE exhalé en une heure pour un kilogr. du poids des animaux.
	Moyennes.	Maxima.	Minima.	Moyennes.
	gr.	gr.	gr.	gr.
Lapins	0,0047	0,0081	0,0008	0,00374
Chiens...............	0,0066	0,0174	0,0007	0,00781
Poules...............	0,0074	0,0117	0,0022	0,00889
Verdiers et moineaux.....	0,0119	0,0400	0,0000	0,14113

Des nombres donnés par Boussingault (1), on peut conclure que le rapport de l'azote exhalé à l'oxygène absorbé était :

	gr.
Chez la vache laitière..................	0,0044
Chez le cheval	0,0035

Cela suppose, par kilogramme et par heure, pour le poids d'azote exhalé :

	gr.
Vache.........................	0,00205
Cheval	0,00190

(1) BOUSSINGAULT, *loc. cit.*

En ce qui concerne l'espèce humaine, on ne saurait guère citer que les résultats obtenus par Barral, qui, à l'aide de la méthode indirecte, a expérimenté sur un homme de vingt-neuf ans et sur un autre âgé de cinquante-neuf. Chez le premier, il a trouvé, pour rapport de l'azote exhalé à l'oxygène absorbé, le nombre 0,0133, et, chez le second, 0,0108. La quantité d'azote exhalé, par heure et par kilogramme de matière vivante, était, chez l'homme de vingt-neuf ans, de $0^{gr},0107$; chez celui de cinquante-neuf ans, de $0^{gr},0069$.

Quant aux animaux à sang froid, la lenteur des phénomènes respiratoires oblige d'opérer sur des quantités trop faibles pour qu'on se tienne sûrement en dehors des limites d'erreurs d'observation ; et, tout en ayant constaté dans la généralité de ces animaux, comme chez les autres, une exhalation d'azote, Regnault et Reiset n'ont énoncé un pareil résultat qu'avec réserve. Les mêmes raisons nous engagent à ne pas admettre définitivement les observations de Humboldt et Provençal, d'après qui, chez les animaux aquatiques, l'absorption d'azote serait le cas normal : cette assertion, contraire à tout ce qui a été observé récemment sur les animaux aériens, ne peut être admise sans vérification nouvelle, et doit faire désirer que la question du rôle de l'azote, dans la respiration, soit reprise chez les animaux aquatiques ou à sang froid. Jusqu'à présent la science ne possède pas de données certaines à cet égard.

Pour nous résumer, nous dirons donc qu'aujourd'hui c'est un fait généralement admis par les physiologistes, qu'il y a *exhalation d'azote* chez les animaux supérieurs soumis à leur régime alimentaire habituel ; en d'autres termes, que la quantité d'azote expiré dépasse celle que l'inspiration avait introduite dans le poumon. — Si, pendant l'inanition, ou dans d'autres conditions anormales, on a vu de ces animaux (et notamment des oiseaux) emprunter, à l'aide de la respiration, une certaine quantité d'*azote* à l'air atmosphérique, toujours est-il que, dans l'état physiologique, cet élément essentiel leur est exclusivement fourni par les aliments ingérés. L'*azote de l'atmosphère*, n'étant pas d'ordinaire fixé par les animaux, ne trouve point, par conséquent, d'emploi dans leur nutrition ou dans leur développement organique, et l'on ne croit devoir lui attribuer pour rôle que de mitiger les propriétés trop actives de l'oxygène, de prévenir une oxydation trop rapide des composés organiques. Est-il besoin de rappeler encore que la *moyenne* d'azote exhalé reste la même chez les animaux, d'ailleurs bien nourris, qui vivent dans l'oxygène pur ou bien dans des atmosphères composées d'oxygène et d'hydrogène, pour démontrer que l'azote contenu dans le sang provient essentiellement d'un travail dépendant de l'organisme lui-même ?

Ce gaz, engendré par les phénomènes de nutrition, peut être rapporté à la destruction complète d'une certaine proportion des substances azotées du sang, ou bien encore à une simple transformation des matières alimentaires azotées en produits ternaires. Du reste, nous l'avons vu, la quantité qui en est exhalée par les surfaces respiratoires est assez minime, puisque le plus ordinairement elle ne représente environ que les cinq ou six millièmes de la quantité d'oxygène absorbé.

E.—Diminution dans la quantité de l'oxygène, augmentation très-notable de l'acide carbonique, variations légères dans la proportion de l'azote, tels sont les principaux changements que la respiration fait subir à la composition de l'air. Mais, de plus, l'air expiré est notablement chargé de *vapeur d'eau*; il suffit, pour le reconnaître, de respirer devant un miroir, ou bien d'observer un animal à sang chaud, placé dans un milieu dont la température est assez basse : dans le premier cas, la vapeur d'eau se condense en gouttelettes sur la surface froide, et, dans le second, ces gouttelettes mêlées à l'atmosphère prennent l'aspect d'un brouillard. Aussi le dégagement de vapeur aqueuse par les voies aériennes a-t-il été nécessairement observé bien avant tous les autres phénomènes physico-chimiques de la respiration. Seulement, quand ils ignoraient ces phénomènes, les physiologistes devaient être conduits à regarder l'exhalation d'eau par le poumon comme un fait beaucoup plus simple que nous ne sommes portés à le croire aujourd'hui. L'eau ainsi éliminée ne pouvait être, à leurs yeux, qu'une portion plus ou moins considérable de l'eau absorbée directement ou avec les matières alimentaires, et ils n'avaient encore aucune raison de penser qu'une partie de ce liquide pût prendre naissance dans le corps lui-même par l'action d'un des principes de l'air sur certains matériaux de l'organisme. On ne saurait donc considérer comme absolument comparables entre elles, d'une part, les expériences faites avant Lavoisier sur ce qu'on nommait alors la *transpiration insensible*, et, d'autre part, les recherches entreprises depuis sur le même sujet. Aussi, en ce moment, ne citerons-nous que pour mémoire les travaux célèbres de Sanctorius (1), qui provoquèrent ceux de Keill (2), Rye (3), Gorter (4), Lining (5), Robinson (6), Hales (7), W. Stark (8), etc. Ces divers expérimentateurs ont presque constamment confondu entre elles les pertes aqueuses que le corps éprouve par la peau et par le poumon.

Une pareille confusion ne saurait plus être permise, depuis qu'une distinction exacte de ces phénomènes a été nettement établie dans un des mémoires posthumes de Lavoisier (9), publiés par Séguin : « Dans le plan que nous nous étions tracé, y est-il dit, nous avions trois effets à examiner : ceux de la *transpiration cutanée*, ceux de la *transpiration pulmonaire*, ceux de la *respiration*. » Puis, un peu plus loin, ces auteurs (10) ajoutent :

(1) Sanctorius, *De medicina statica aphorismi*. Venise, 1614.
(2) Keill, *Medic. static. Britannica*, dans *Tentamina, physico-medica*. Londres, 1718.
(3) Rye, *Medicina statica Hibernica*.
(4) Gorter, *De perspiratione insensibili*. Leyde, 1725.
(5) Lining, *Account of Stat. Exper.*, etc. (*Philos. Trans.*, 1743, t. XLII, p. 491 ; 1744, t. XLIII, p. 318).
(6) Robinson, *Dissert. sur la quantité de la transpiration*, trad. de l'anglais. Paris, 1749.
(7) Hales, *Statical Essays*, t. II, p. 322.
(8) W. Stark, *Static. Exper.*, etc. (*Works of* Stark). Londres, 1788, p. 169.
(9) Lavoisier, *Mém. de l'Acad. des sc.*, 1790, p. 605 et suiv.
(10) *Mém. cité*, p. 606 et 607.

« L'air entre froid dans le poumon, il en ressort avec une chaleur presque égale à celle du sang : or, l'air chaud dissout plus d'eau que l'air froid, et c'est en raison de cette augmentation de vertu dissolvante qu'il emporte l'eau existant dans le poumon..... » « Cette eau est de deux espèces : 1° celle » qui suinte dans les bronches, *c'est l'eau de la transpiration pulmonaire pro-* » *prement dite*; 2° celle qui se forme par la combinaison de l'oxygène de » l'air avec l'hydrogène du sang, *c'est l'eau de la respiration.* »

Cette dernière quantité d'eau devrait seule nous occuper ici, s'il était possible de la recueillir et de l'observer à part ; mais, mêlées ensemble, l'eau de la respiration et l'eau de la transpiration pulmonaire ne sauraient être évaluées séparément que d'une manière indirecte et approximative. Il faut donc, avant tout, en étudiant l'air expiré, rechercher quelle quantité d'eau y est contenue, abstraction faite de l'origine qu'on peut attribuer à ce liquide.

Déjà nous savons que l'organe pulmonaire ne présente pas seulement une surface d'absorption par rapport à l'oxygène, mais qu'il représente aussi une surface d'exhalation où le sang vient échanger sans cesse, contre l'oxygène atmosphérique, les gaz qu'il tient lui-même en dissolution ou en combinaison instable : ces gaz, *produits de désassimilation*, sont, comme nous l'avons vu, *l'acide carbonique* et *l'azote*, auxquels viennent se joindre de la *vapeur d'eau* et des émanations organiques de nature indéterminée.

Le mémoire de Lavoisier et Séguin, que nous avons cité, contient une évaluation de la *quantité de vapeur d'eau expirée* par l'homme. Cette évaluation a pu être contestée dans des travaux ultérieurs; mais ce que ces deux savants établissent très-bien dans leur premier mémoire et aussi dans un deuxième sur le même sujet (1), c'est que la quantité d'eau qu'emporte avec lui l'air expiré est extrêmement variable suivant les conditions : « La transpiration pulmonaire, disent-ils, peut être augmentée ou diminuée par une infinité de circonstances (2). »

Pour arriver à l'appréciation de la quantité d'eau éliminée par la transpiration pulmonaire, chez un homme travaillant modérément, Lavoisier et Séguin estiment que la *perte totale de poids* due à la respiration, à la transpiration pulmonaire et à la transpiration cutanée, « varie de 11 à 32 grains », c'est-à-dire de 0^{gr},583 à 1^{gr},696 par minute; soit, par heure, 34^{gr},980 à 101^{gr},760. De cette *perte totale*, un peu plus des *deux tiers*, d'après ces observateurs, doit être rapporté à la transpiration cutanée, et un peu moins d'*un tiers* aux effets de la respiration et à la transpiration pulmonaire. Lavoisier et Séguin fixent la *moyenne* de ce dernier tiers à 18 ou 20 grammes, qui (en corrigeant leurs données d'après nos idées plus exactes sur la composition de l'eau et de l'acide carbonique), se décomposeraient ainsi :

	gr.
Eau dégagée, en *une heure*, par la transpiration pulmonaire.....	7,90
Carbone transformé en acide carbonique....................	8,00
Hydrogène transformé en eau...............................	2,60

(1) *Ann. de chimie*, t. XC, p. 5. — Ce mémoire n'a été publié qu'en 1814 par Séguin.
(2) *Mém. de l'Acad. des sciences*, 1790, p. 608.

Or, la consommation d'hydrogène inscrite ici fait supposer qu'il se forme, par heure, 23^{gr},40 d'eau aux dépens de l'oxygène atmosphérique absorbé; la transpiration pulmonaire en éliminant 7^{gr},90, on voit que l'air expiré par un homme, en une heure, renfermerait 31^{gr},30 d'eau, dont les trois quarts à peu près se seraient formés dans l'acte de la respiration elle-même. Pour vingt-quatre heures, la quantité totale d'eau expirée serait donc de 752 grammes. — On a critiqué ces résultats, et il est facile de le faire; mais il faudrait néanmoins se rappeler en quels termes Lavoisier et Séguin les ont présentés : «Le problème est indéterminé et susceptible de plusieurs solutions; nous nous en tiendrons *provisoirement* à celle qui nous paraît la plus probable (1).» Et deux pages plus loin, ils en parlent encore avec la même réserve.

Valentin (2) a entrepris récemment de déterminer, d'une manière directe, la quantité d'eau contenue dans l'air expiré; et, il faut le reconnaître, ses résultats ne diffèrent point très-notablement de ceux que nous venons de mentionner. Après avoir absorbé, à l'aide d'un corps desséchant, la vapeur d'eau sortie de ses poumons, et l'avoir pesée, cet expérimentateur trouva un poids de 0^{gr},267 par minute, soit 384^{gr},48 pour les vingt-quatre heures. Chez un jeune homme de petite taille, cette évaluation ne fut que de 350 grammes; chez un autre plus grand, elle s'éleva à 773 grammes, etc.

La *moyenne* des expériences assez nombreuses de Valentin porte à 540 grammes la quantité d'eau exhalée en vingt-quatre heures par les poumons de l'homme.

L'application de la *méthode indirecte* de Boussingault a conduit Barral (3) aux nombres suivants, concernant l'espèce humaine : un homme, âgé de vingt-neuf ans, exhalait en moyenne, par les poumons et par la peau, 50^{gr},613 en une heure, et le rapport de la transpiration pulmonaire à la transpiration cutanée était en moyenne de 0,523 : la quantité d'eau éliminée avec les gaz de l'expiration devrait donc être estimée à 26^{gr},47 par heure, soit 635 grammes par jour.

Il serait superflu de passer ici en revue une plus longue série de résultats. En traitant, plus loin, des causes qui font varier dans leur quantité les divers produits de l'expiration, il nous sera facile de démontrer combien, d'après le pressentiment de Lavoisier, la quantité d'eau exhalée par les poumons varie suivant les circonstances. — En ce moment, ne voulant que poser les limites entre lesquelles se maintiennent d'habitude les variations du phénomène, nous dirons que ces variations, chez un homme adulte, durant le repos et dans les conditions ordinaires de santé et de température, paraissent devoir être comprises entre 20 et 29 grammes d'eau par heure, ce qui donne, par jour, environ de 500 à 700 grammes.

Quant à la fraction de cette quantité d'eau exhalée qu'il faudrait distraire

(1) *Mém. de l'Acad. des sciences*, 1790, p. 608.
(2) VALENTIN, *Lehrbuch der Physiol.*, t. I, p. 536.
(3) BARRAL, *Ann. de chimie et de phys.*, 3e série, t. XXV, p. 129.

comme formée par la combustion de l'hydrogène, il n'y aurait lieu de s'en préoccuper que du moment qu'on admettrait qu'il y a combustion de l'hydrogène dans le poumon lui-même; mais, comme on le croit avec raison aujourd'hui, si le sang absorbe l'oxygène et ne l'emploie aux combustions nutritives que dans la profondeur des divers organes, l'eau formée de cette façon se mêle nécessairement à celle qui provient des aliments ou des boissons, et s'exhale avec elle par les voies respiratoires, sans qu'il y ait lieu à les distinguer.

Ajoutons que l'eau de l'organisme (quelle que soit sa provenance) s'échappant par des voies d'élimination diverses, l'étude de la transpiration pulmonaire se rattache non-seulement à la respiration, mais encore à la sécrétion urinaire et à la perspiration cutanée; aussi devrons-nous y revenir quand il s'agira de faire connaître le but fonctionnel commun et la solidarité intime de ces excrétions.

Ce n'est qu'en passant en revue les causes de variations de la transpiration pulmonaire, que nous nous proposons d'étudier cet acte physiologique *dans les espèces animales*, et d'exposer plusieurs travaux d'une grande valeur dans lesquels ce même acte a été examiné principalement au point de vue de l'influence des causes modificatrices de la respiration.

Indépendamment de l'acide carbonique, de l'azote libre et de la vapeur d'eau, on a signalé dans l'air expiré la présence d'autres produits, par exemple de *matières organiques* provenant de la muqueuse pulmonaire et peut-être pour une plus grande part des voies supérieures que traverse le courant d'air expiré, la bouche notamment. Lorsque ce courant traverse pendant un certain temps de l'acide sulfurique, celui-ci se colore en jaune; dans les mêmes conditions, une solution d'azotate d'argent prend une teinte rosée. C'est la présence de matières organiques ainsi révélées qui paraît rendre si rapidement insupportable l'air mélangé aux produits de l'expiration. Pettenkofer (1) a démontré que l'air renfermant $\frac{1}{100}$ d'acide carbonique est presque intolérable, si cet acide carbonique provient de la respiration, tandis qu'au contraire, si ce dernier gaz a été obtenu par voie chimique, ou peut séjourner dans un pareil mélange sans éprouver aucune impression désagréable. Faut-il attribuer à la même cause l'effet signalé par Richardson (2), qui assure que l'oxygène cesse d'être propre à entretenir la vie lorsque le même volume de gaz est respiré incessamment par un même animal, bien qu'on le débarrasse continuellement de tout l'acide carbonique qu'il contient? L'expérience fait défaut sur ce point.

Regnault et Reiset (sur des animaux), Pettenkofer et Voit (chez l'homme) ont recueilli dans leurs appareils de l'*hydrogène proto-carboné* et de l'*hydrogène* mêlés aux gaz expirés; mais, rien ne prouvant que des gaz intestinaux ne sont pas venus se mêler au contenu de l'appareil, on ne peut affir-

(1) Pettenkofer, *loc. cit.*
(2) B. W. Richardson, *British med. Journ.*, 14 juillet 1860.

mer que ces deux fluides provenaient de la surface pulmonaire ou de la surface cutanée.

D'après Wiederhold (1), l'air expiré renfermerait aussi du chlorure de sodium, du sel ammoniac, de l'acide urique, des urates de soude et d'ammoniaque, qui seraient abandonnés par le sang à l'épithélium des extrémités bronchiques et entraînés avec les cellules épithéliales par le courant d'expiration. Ces substances, si elles existent, sont en quantité tellement minime qu'elles ne sauraient avoir aucune importance physiologique : Lossen (2), par exemple, prétend avoir calculé que 10 milligrammes d'ammoniaque sont rejetés avec l'air expiré en vingt-quatre heures, etc. D'ailleurs, il en est des produits comme des matières organiques dont nous venons de parler; les membranes muqueuses du pharynx, de la bouche, surtout des gencives, en sont probablement la principale source.

VIII. — Après avoir étudié, dans leur ensemble, les altérations propres à l'air expiré par les animaux, la première idée qui se présente à l'esprit c'est que la production de l'acide carbonique doit être intimement liée à l'absorption de l'oxygène : l'acide carbonique n'est, en effet, que le produit de la combustion des matériaux carbonés du sang aux dépens de l'oxygène atmosphérique. Cette connexité des deux phénomènes une fois admise, il importe de déterminer *quel rapport existe entre la quantité d'oxygène absorbé et la quantité d'acide carbonique exhalé.*

Lavoisier, qui le premier rechercha ce rapport, fut conduit peu à peu par ses travaux à reconnaître que l'oxygène contenu dans l'acide carbonique expiré ne représente par *tout* l'oxygène inspiré. En 1780, dans un mémoire fait en commun avec Laplace (3), il établit « que, dans un temps donné, il se dégage une quantité de calorique plus grande que celle qui devrait résulter de la quantité de gaz acide carbonique qui se forme dans un temps égal par la respiration »; et, en 1785, Lavoisier crut pouvoir annoncer, dans un travail publié dans le *Recueil de la Société de médecine,* « que très-probablement la respiration ne se borne pas à une combustion de carbone, mais qu'elle occasionne encore la combustion d'une partie de l'hydrogène contenu dans le sang » (4). Enfin cette idée, très-nettement formulée dans le mémoire de 1789 (5), avait dès lors pour base un fait expérimental : Lavoisier venait, en effet, de constater que l'acide carbonique exhalé par l'homme ou par les animaux ne représente jamais la totalité de l'oxygène absorbé.

Allen et Pepys (6) nièrent le fait annoncé par Lavoisier et la conclusion qu'il en avait tirée : suivant ces observateurs, la quantité d'acide carbonique exhalé serait exactement égale, en volume, à celle de l'oxygène

(1) WIEDERHOLD, *Die Ausscheidung fester Stoffe durch die Lungen; Deutsche Klinik,* 1858, n° 18.
(2) LOSSEN, *Zeitschrift für Biologie.* I Band, p. 207.
(3) LAPLACE, *Mém. de l'Acad. des sc.,* 1780, p. 355.
(4) *Ibid.,* 1789, p. 569.
(5) *Ibid.,* p. 570 et suiv.
(6) ALLEN et PEPYS, *Biblioth. britann.,* 1809, t. XLII.

absorbé, et, par conséquent, il n'y aurait pas lieu de conjecturer qu'il se forme de l'eau. Mais les travaux entrepris sur la respiration, depuis Allen et Pepys, vinrent confirmer l'exactitude des idées de Lavoisier et firent rejeter l'assertion contraire des deux physiologistes anglais. Dans les expériences de Despretz (1), le rapport entre le volume de l'acide carbonique exhalé et celui de l'oxygène absorbé a varié de 0,62 à 0,78 ; dans celles de Dulong (2), il a été, en moyenne, de 0,90. Brunner et Valentin (3) ont beaucoup insisté sur la détermination de ce rapport, qui se rattache, pour eux, à une théorie spéciale de la respiration : il serait, chez l'homme et divers animaux, de 0,85.

Dans leur beau travail sur la respiration, V. Regnault et Reiset (4) se sont également appliqués à évaluer avec précision le rapport dont il s'agit, et ces savants observateurs ont aussi toujours reconnu que l'acide carbonique exhalé dans un temps donné renferme moins d'oxygène que l'animal n'en absorbe dans ce même temps. Lavoisier, nous le répétons, avait donc annoncé un fait parfaitement exact, et il est dès lors permis d'admettre, avec lui, que la totalité de l'oxygène ne servant pas à brûler le carbone, une partie de ce gaz peut s'unir à l'hydrogène des matériaux organiques du sang pour engendrer de l'eau. Regnault et Reiset ont de plus constaté, chez les animaux d'une même espèce placés dans leurs conditions habituelles d'existence, que le rapport entre l'oxygène de l'acide carbonique produit et tout l'oxygène consommé est une quantité assez peu variable : chez le chien, ce rapport est de 0,743 à 0,750 ; chez le lapin, de 0,920, etc.

Mais les différents résultats obtenus ici par ces expérimentateurs, intéressant surtout l'étude des *couses qui font varier la quantité des produits de la respiration*, nous insisterons plus tard sur la diversité de ces résultats. Nous nous bornons maintenant à l'énoncé du fait général signalé par Lavoisier, fait qui a une grande importance pour la théorie de la respiration.

Le travail le plus remarquable qui ait été fait sur la respiration, depuis Lavoisier, est sans contredit celui que V. Regnault et J. Reiset (5) ont publié dans ces dernières années. Comme leur travail, que nous avons tant de fois cité et dont les principaux résultats nous sont déjà connus, embrasse l'ensemble des phénomènes physico-chimiques de la respiration, il nous a paru préférable de remettre, après l'étude générale des précédents phénomènes, la description de l'*appareil* employé par ces deux savants.

Cet appareil, disons-le d'avance, réalise, avec toutes les conditions dési-

(1) DESPRETZ, *Ann. de chimie et de phys.*, 2ᵉ série, t. XXVII.
(2) DULONG, *Ibid.*, 3ᵉ série, t. I.
(3) VALENTIN, *Lehrbuch der Physiologie des Menschen*, 1847, t. I, p. 569.
(4) V. REGNAULT et REISET, *mém. cité*.
(5) V. REGNAULT et J. REISET, *Ann. de chim. et de phys.*, 3ᵉ série, t. XXVI, p. 299.

rables d'exactitude, l'idée primitive de Lavoisier : « faire vivre un animal, pendant un temps suffisamment prolongé, dans un espace clos où l'oxygène consommé par la respiration soit sans cesse remplacé par de nouvel oxygène, et où l'acide carbonique expiré soit absorbé sans cesse par une dissolution de potasse. » Dans leur appareil, si ingénieusement conçu et exécuté, qui donne, en outre, tous les moyens d'arriver aux dosages les plus exacts possible des produits de la respiration, Regnault et Reiset se sont surtout attachés à faire séjourner l'animal assez longtemps pour avoir à constater des altérations considérables de l'air expiré, et partant plus faciles à évaluer avec précision. Enfin, pour connaître, sous le rapport des proportions de l'azote, les variations que subit l'air dans lequel est placé l'animal, ces expérimentateurs ont disposé l'appareil de façon qu'à tout moment d'une expérience, on pût extraire du gaz de l'espace où est l'animal et en faire l'analyse. — Chaque animal restait sous la cloche durant le temps nécessaire pour consommer de 65 à 150 litres d'oxygène : pour les chiens, ce temps était seulement de douze à vingt heures; les lapins, les poules, les canards et autres animaux, séjournaient deux, trois et quatre jours dans l'appareil. Lorsque ce séjour devait dépasser quinze heures, en général on mettait, à côté du sujet en expérience, les aliments nécessaires. — Du reste, toutes les causes d'erreur furent recherchées et prévues avec un soin extrême : celles qui pouvaient être écartées tout d'abord furent annulées par la construction et le jeu de l'appareil lui-même; celles qui étaient inhérentes au mode d'expérimentation furent appréciées à l'aide d'expériences préparatoires. C'est ainsi, par exemple, qu'on s'assura que ni les aliments introduits dans la cloche où était l'animal, ni les excréments rendus par lui n'altéraient l'air qu'il devait respirer. Des expériences furent aussi instituées pour reconnaître les quantités d'ammoniaque et de gaz sulfuré qui se dégagent pendant la perspiration des animaux, pour déterminer la part qu'il faut faire à la surface cutanée du corps de l'animal dans les phénomènes de la respiration, pour tenir compte des exhalations du canal intestinal, etc.

La figure ci-jointe (fig. 9) représente l'appareil employé par Regnault et Reiset pour leurs expériences définitives. Notre description, quoique très-sommaire, suffira pour montrer toute la supériorité de leurs procédés d'expérimentation sur ceux de leurs devanciers.

Cet appareil se compose de trois parties : 1° d'une cloche convenablement disposée pour loger sans gêne l'animal soumis à l'expérience; 2° d'un appareil propre à condenser l'acide carbonique à mesure qu'il est expiré; 3° d'un autre appareil destiné à fournir l'oxygène qui doit remplacer, dans la cloche, celui que consomme l'animal.

1° *De la cloche dans laquelle l'animal respire.* — Sur un bâti de charpente est placée une cloche A munie supérieurement d'une tubulure et ayant environ 45 litres de capacité. Cette cloche doit être fermée hermétiquement, pour ne communiquer qu'avec les appareils condenseur d'acide carbonique et générateur d'oxygène : à cet effet, elle est mastiquée sur un disque de fonte DD' dont la disposition est représentée dans la figure 10. C'est par une ouverture de ce disque que l'animal doit être introduit dans la cloche où il se trouvera exactement renfermé ; cette ouverture se voit en *ab*. Un couvercle boulonné *ef* la bouche complétement pendant l'expé-

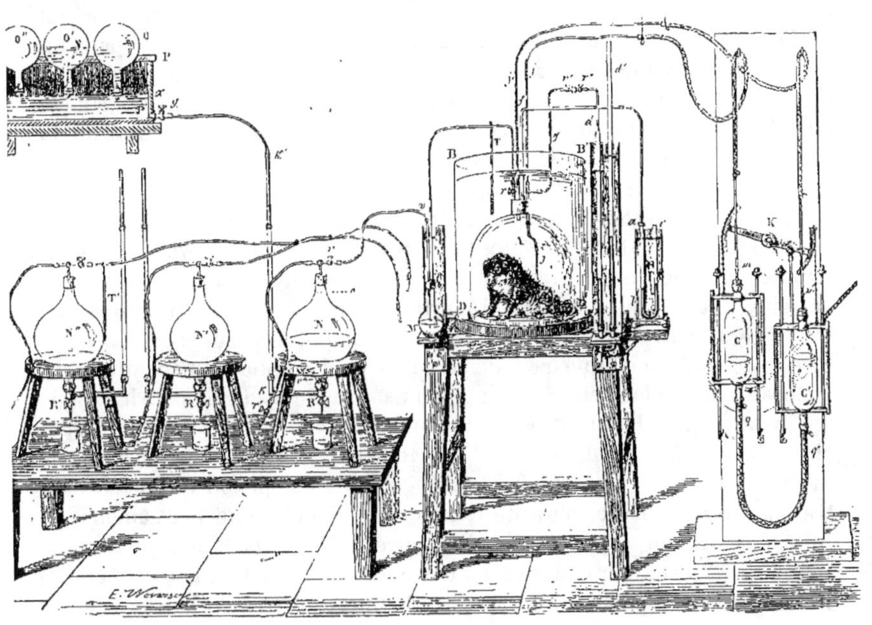

FIG. 9. — Appareil de V. REGNAULT et REISET pour l'étude des phénomènes chimiques de la respiration.

Appareil fournissant
l'oxygène.

Cloche dans laquelle
l'animal respire.

Appareil absorbant l'acide
carbonique expiré.

rience ; un petit plancher *mn*, fermé d'une plaque de tôle percée de trous et recouverte d'une petite tringle de bois, supporte l'animal et se fixe au moyen de petites targettes *ss'*. Toutes ces surfaces métalliques sont soigneusement peintes au minium pour éviter que le fer, en s'oxydant, n'absorbe de l'oxygène aux dépens de l'air de la cloche. Enfin, il importe que la cloche soit maintenue à une tempéra-ture constante que l'on détermine ; auss est-elle entourée d'un manchon de verre BB' DD', rempli d'eau à la température voulue et mastiqué dans une seconde rainure (la plus extérieure) du disque de fonte DD' (fig. 9 et fig. 10).

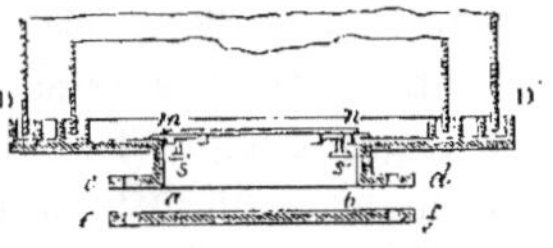

FIG. 10.

La cloche ainsi disposée doit communiquer avec le condenseur d'acide carbonique et avec le générateur d'oxygène ; elle doit aussi être en rapport avec un appareil qui permette de puiser, quand on le juge à propos, de l'air sous la cloche pour en déterminer la proportion d'azote ; enfin il faut qu'un *manomètre* fasse connaître, à tous moments, si la pression, dans l'espace où l'animal est renfermé, ne s'éloigne pas des conditions normales. — Toutes ces voies de communication sont ménagées dans la tubulure supérieure de la cloche : deux tubes *j* et *j'* se rendent au condenseur d'acide carbonique CC'; un autre tube *r* amène l'oxygène qui a passé dans le flacon laveur M; un quatrième tube *g*, embranché sur le tube *j*, communique avec un manomètre à mercure *dd*, et ce même tube est muni, dans sa courbure, d'un robinet *rr'*, par lequel on peut, pendant l'expérience, extraire tel volume d'air que l'on veut pour l'analyser. Enfin, un cinquième tube *f* met la cloche en rapport avec un manomètre simple qui fait connaître, à chaque instant, les conditions de la pression intérieure.

2° *De l'appareil qui absorbe l'acide carbonique expiré*. — Cet appareil a une disposition fort curieuse qui lui permet de fonctionner comme une pompe aspirante et foulante à l'égard de l'air contenu dans la cloche. Il se compose de deux pipettes C et C' dont la capacité totale est d'environ 3 litres. Réunies inférieurement par un tube *qq'* de caoutchouc vulcanisé recouvert de toile, elles constituent ainsi deux vases communicants dans lesquels on introduit 3 litres environ d'une dissolution de potasse caustique. Un ingénieux mécanisme anime ces deux pipettes d'un mouvement alternatif d'élévation et d'abaissement; l'une montant le long de deux tringles de fer, pendant que l'autre descend le long de deux tringles semblables, et ainsi chacune à son tour. Dans ce mouvement, si l'éprouvette C s'élève, le niveau du liquide s'y abaisse et fait l'office d'un piston qui, par sa retraite, aspire dans l'éprouvette C l'air de la cloche que peut amener le tube *j*; mais, en même temps, l'éprouvette C' descend et le niveau du liquide s'y élève, de manière à fouler, comme un piston, l'air que contenait l'éprouvette et à le renvoyer dans la cloche, par la tubulure *j'*, après lui avoir enlevé son acide carbonique. Chaque éprouvette aspire et refoule ainsi, tour à tour, l'air de l'espace où respire l'animal, de manière qu'à tout instant l'acide carbonique produit est fixé par la potasse. Ajoutons que le tube *j*, qui plonge jusque dans la partie inférieure de la cloche A, rend impossible toute accumulation de gaz carbonique dans les couches inférieures de l'air où l'animal séjourne. Le mouvement des pipettes a d'ailleurs l'avantage de déterminer, dans l'air de la cloche, une agitation continuelle qui lui maintient son uniformité de composition.

3° *De l'appareil qui fournit l'oxygène*. — Il nous suffira d'indiquer ici la disposition générale de cette dernière partie.

Trois grandes pipettes globuleuses N, N', N'', sont destinées à contenir l'oxygène sur une dissolution concentrée de chlorure de calcium, qui ne dissout qu'en minime proportion l'oxygène pur ou l'air atmosphérique. — La *tubulure supérieure* de chaque pipette est munie d'une monture métallique donnant insertion à deux tubes pourvus de robinets en *r* et en *r'* : le tube *r'* sert à remplir la pipette d'oxygène; le tube *r* est destiné à être mis en communication avec la cloche dans laquelle respire l'animal et à y conduire l'oxygène. — Ce gaz doit d'ailleurs, avant de pénétrer sous la cloche A, traverser le flacon laveur M qui contient une dissolution de potasse. — La *tubulure inférieure* de chacune des pipettes porte à la fois un robinet R' par lequel peut s'écouler le liquide contenu dans la pipette, et un tube coudé R' *kk'* qui communique avec un *réservoir* PP' QQ' renfermant la dissolution de chlorure de calcium.

Ces dispositions permettent, d'une part, de remplir la pipette d'oxygène, et, de l'autre, de faire passer sans difficulté ce gaz sous la cloche où se trouve l'animal.

Pour remplir la pipette, on commence par y faire couler par le tube *k'k*R du chlorure de calcium jusqu'au point de repère *o;* cela fait, on met le tube *r'* en communication avec un appareil duquel se dégage de l'oxygène bien pur; le robinet *r* est fermé, et l'on ouvre le robinet R' de la tubulure inférieure. La solution de chlorure de calcium s'écoule et l'oxygène la remplace dans la pipette. Lorsque le liquide s'est abaissé jusqu'au point de repère *o'*, on referme le robinet R', parce que le volume compris entre *o* et *o'* ayant été mesuré avec soin, on connaît exactement celui de l'oxygène introduit dans la pipette; il suffit d'observer la pression intérieure pour en déduire la quantité exacte de gaz contenu en N.

Quand il s'agit de faire passer, sous la cloche A, le gaz de la pipette, on ferme le robinet *r'*, on ajuste en *v* le tube *r*, sur celui du flacon laveur M ; puis on ouvre le robinet *r*, et enfin, en ouvrant aussi le robinet *g* du réservoir, on fait rentrer dans la pipette une nouvelle quantité de chlorure de calcium qui chasse l'oxygène vers la cloche.

Chaque pipette à oxygène ayant la même disposition, on les emploie successivement et de la même manière.

Quant aux trois ballons O'', O', O, par lesquels le *réservoir* est alimenté de la dissolution de chlorure de calcium, ils sont préparés de façon à maintenir sensiblement constant le niveau *xx'* du liquide.

Pour faire une expérience, à l'aide de ce bel appareil, il faut exécuter les opérations suivantes : Verser, dans les pipettes C, C', du condenseur d'acide carbonique, la quantité convenable de dissolution potassique, et mettre cette partie de l'appareil en communication avec la cloche A ; disposer la pipette M, préalablement remplie d'oxygène, de manière qu'elle fournisse ce gaz au fur et à mesure que la respiration de l'animal consommera l'oxygène de l'air que la cloche contient; introduire l'animal ou les animaux sous la cloche. — Mais, avant de fermer hermétiquement cet espace, il faut avoir pris toutes les précautions nécessaires pour que l'air qui y est contenu soit exempt d'altération au moment où commence l'expérience. Dans ce but, on met la tubulure *r* de la cloche en communication avec une forte machine pneumatique, et l'on détermine un rapide courant d'air; en même temps, on amène le manchon BB' DD' à une température convenable en y versant de l'eau chauffée, et cette température est maintenue constante. Alors, l'ouverture par laquelle l'animal a été introduit sous la cloche étant fermée, et la machine pneumatique étant détachée, on prend note des indications du thermomètre T, de celles du baromètre, puis on fait communiquer la cloche avec l'appareil à l'oxygène, et l'expérience commence.

C'est à l'aide de ces procédés d'expérimentation que Regnault et Reiset sont parvenus *notamment* à déterminer : 1° la quantité d'oxygène consommé en un temps donné; 2° la quantité d'acide carbonique exhalé dans le même temps; 3° les variations éprouvées par la quantité d'azote contenue dans l'air de l'appareil.

Jamais il n'avait été tenté de plus grands efforts pour appliquer avec rigueur les sciences physiques à l'exploration des phénomènes de la vie; et l'on doit dire, à l'honneur de ces savants physiciens, imités dans ces derniers temps par Pettenkofer et Voit, que jamais non plus, dans l'analyse des gaz de l'expiration, un si haut degré de précision n'avait été atteint.

En terminant, nous croyons utile de rappeler comment, dans leur consciencieux travail, Regnault et Reiset ont formulé leurs résultats; on en pourra juger par l'exemple suivant (1), que je prends au hasard :

« *Chien* A, au terme de sa croissance : il pèse 6393 grammes avant l'expérience. L'animal était nourri à la viande depuis plusieurs jours; on ne lui donne pas de nourriture dans la cloche. *Durée de l'expérience*, 24 heures 30 minutes. Température = 22°.

Composition du gaz à la fin de l'expérience.

	gr.
Acide carbonique	3,01
Oxygène	17,42
Azote	79,57
	100,00

Excès de la pression finale sur la pression initiale + 5^{mm},91.

	gr.
Poids de l'oxygène consommé	182,288
Poids de l'acide carbonique produit.	185,961
Poids de l'oxygène contenu dans l'acide carbonique.	135,244
Poids de l'azote exhalé.	0,182
Rapport entre le poids de l'oxygène contenu dans l'acide carbonique et le poids de l'oxygène consommé.	0,742
Rapport entre le poids de l'azote exhalé et celui de l'oxygène consommé.	0,0010
Poids de l'oxygène consommé *par heure*	7,440
Poids de l'oxygène consommé, *en une heure*, par *un kilogramme* de l'animal.	1,164

IX. — Les faits nombreux qui ont été analysés dans les pages précédentes nous ont appris que, chez les animaux, la respiration, envisagée au point de vue chimique, consiste dans les phénomènes suivants : 1° absorption d'oxygène; 2° exhalation d'acide carbonique; 3° dégagement d'une certaine quantité d'azote, au moins chez les animaux supérieurs suivant leur régime habituel et normal; 4° exhalation de vapeur d'eau. De plus, nous avons vu que la quantité d'oxygène absorbé dans un temps donné, par un animal, ne se trouve pas tout entière dans l'acide carbonique qu'il exhale dans ce même temps : par conséquent, on ne saurait considérer l'oxygène comme employé seulement à brûler du charbon ou à former de l'acide carbonique, et l'on est ainsi conduit à admettre, avec Lavoisier, qu'il sert encore à la

____

(1) *Mém. cité*, 27° expérience.

production d'une certaine quantité d'eau. — La nature des altérations que la respiration fait subir à l'air est donc bien démontrée : les animaux empruntent au milieu ambiant de l'oxygène libre qui attaque les matériaux ternaires et quaternaires de l'organisme; puis ils exhalent de l'acide carbonique et de l'eau comme résultat des combustions respiratoires, et de plus une faible quantité d'azote qui provient, soit de la destruction complète d'une certaine proportion des substances azotées du sang et des tissus, soit d'une simple transformation de ces matières azotées en produits ternaires. Comme, d'ailleurs, un animal peut conserver le même poids, tout en accomplissant les précédentes réactions, il faut bien admettre que le carbone, l'hydrogène et l'azote, perdus par les surfaces respiratoires, sont sans cesse renouvelables par les aliments ingérés.

Telle est l'idée générale qu'on peut se faire de la respiration chez les animaux. Mais on ne saurait s'en tenir là, et nous avons dû tenter d'évaluer l'intensité des phénomènes en recherchant les quantités d'oxygène absorbé, d'acide carbonique, de vapeur d'eau et d'azote exhalés, en un temps donné, par l'homme ou par telle espèce animale prise pour exemple. A cet égard, nous sommes arrivé à une conclusion uniforme, c'est-à-dire que, même en prenant une seule espèce dans les conditions qui lui sont le plus habituelles, il est impossible d'observer aucune constance dans la quantité des produits consommés ou exhalés. Les phénomènes chimiques de la respiration sont, en effet, d'une extrême variabilité, et, pour en mesurer l'intensité, il faut, après avoir établi entre quelles limites se tiennent les phénomènes normaux, chez l'homme par exemple, étudier successivement l'action des causes nombreuses qui, influant sur l'activité de la respiration, augmentent ou diminuent la consommation de l'oxygène, la production de l'acide carbonique, de l'azote et de la vapeur d'eau. Telle est l'étude qui nous reste à poursuivre, et qui d'ailleurs nous servira à compléter utilement l'exposé des altérations que la respiration des animaux fait subir au milieu ambiant.

Les causes qui font varier l'intensité des phénomènes chimiques de la respiration sont tellement nombreuses, que les physiologistes ne sauraient se flatter de les connaître toutes.

L'espèce animale; — la taille et le poids du corps de l'individu; — l'âge et le sexe; — l'état de plénitude ou de vacuité de l'estomac; — le régime alimentaire; — l'insuffisance de l'alimentation, l'inanition; — l'état de repos ou de travail physique ou intellectuel; — l'état de veille ou de sommeil; — l'engourdissement hibernal propre à certains animaux; — la constitution chimique du milieu ambiant, sa température, son état hygrométrique; — les variations de la pression extérieure; — le nombre et la profondeur des inspirations; — divers états pathologiques; — telles sont les conditions et les causes dont l'influence sur l'activité respiratoire a été plus ou moins exactement étudiée par les observateurs.

A. — Si l'on compare les produits de la respiration, *dans des espèces animales différentes,* c'est pour apprécier dans quelle mesure l'organisation et les habitudes particulières à chaque espèce exercent leur influence. Il est une cause modificatrice dont l'action devra être étudiée à part et que nous écarterons pour le moment; nous voulons parler de la quantité de matière organique que peut contenir chaque espèce, dans un des individus, et qui s'évalue par le poids de l'animal.

Le problème doit donc être posé à peu près en ces termes : — Pour des *poids égaux* et dans des circonstances aussi identiques que possible, quelles sont, chez diverses espèces animales, les quantités d'oxygène consommé, d'acide carbonique, de vapeur d'eau et d'azote exhalés ? — quels sont aussi, dans une même espèce, les rapports existant entre ces divers phénomènes ? — et quelles variations subissent ces rapports selon chaque espèce ?

Il est peu de questions, en physiologie, qui aient été étudiées d'une manière aussi large et par autant d'observateurs. Les expériences de V. Regnault et Reiset nous ayant paru être celles qui ont fourni les résultats les plus nombreux et les plus exacts, nous avons cru devoir réunir, dans le tableau suivant, les nombres que le calcul nous a donnés, en ramenant ces résultats à ce qu'ils seraient *pour une heure de temps à un kilogramme du poids de chaque espèce animale.* Toutefois, nous avons jugé à propos de ne pas introduire dans nos calculs certaines expériences des mêmes auteurs, lorsqu'elles s'éloignaient des circonstances dans lesquelles vit ordinairement l'espèce.

TABLEAU *des phénomènes chimiques de la respiration, calculé pour une heure de durée et un kilogramme de chaque espèce animale, d'après les expériences de* V. REGNAULT *et* J. REISET *sur des animaux appartenant à diverses classes* (*).

NOMS DES ESPÈCES.	POIDS de l'oxygène absorbé.	POIDS de l'acide carbonique exhalé.	POIDS de l'azote exhalé.	RAPPORT du poids de l'oxygène absorbé à celui de l'oxygène que contient l'acide carbonique exhalé.	RAPPORT du poids de l'oxygène absorbé à celui de l'azote exhalé.
	gr.	gr.	gr.	gr.	gr.
Mammifères.					
Lapins (moyenne de 5 expériences)....	0,883	1,109	0,0042	0,916	0,0047
Chiens (moyenne de 7 expériencee)....	1,183	1,195	0,0078	0,745	0,0066
Marmottes (moyenne de 2 expériences).	0,986	1,016	0,0093	0,741	0,0094
Moyennes...	1,014	1,106	0,0071	0,800	0,0065
Oiseaux.					
Poules (moyenne de 6 expériences)...	1,035	1,368	0,0076	0,980	0,0074
Canard (l'animal un peu souffrant)....	1,850	2,126	0,0000	0,892	0,0000
Verdiers (moyenne de 2 expériences)..	11,371	11,334	0,2456	0,725	0,0216
Bec-croisé......................	10,974	11,930	0,0000	0,796	0,0000
Moineaux	9,595	10,583	0,0089	0,795	0,0093
Moyennes...	6,965	7,468	0,0524	0,833	0,0076
Reptiles.					
Lézards.......................	0,1916	0,1978	0,0041	0,752	0,0130
Grenouilles (moyenne de 4 expériences).	0,0900	0,0910	0,0000	0,741	0,0000
Salamandres....................	0,0850	0,1130	0,0000	0,824	0,0000
Moyennes...	0,1222	0,1339	....	0,773	....
Insectes.					
Hannetons (moyenne de 2 expériences).	1,019	1,136	0,0087	0,808	0,0081
Annélides.					
Vers de terre	0,1043	0,1078	0,0007	0,776	0,0068
Moyennes générales...	3,0219	3,2544	0,0223	0,805	0,0060

L'examen de ce tableau conduit à quelques conclusions générales dont nous avons déjà donné en partie l'énoncé, mais que nous rappellerons ici

(*) On sera peut-être désireux de savoir quelles sont les expériences qui nous ont servi à dresser le précédent tableau ; nous allons les indiquer par les numéros d'ordre qu'elles portent dans le mémoire de Regnault et Reiset :

Mammifères : expériences 16ᵉ, 17ᵉ, 18ᵉ, 20ᵉ, 22ᵉ, 27ᵉ, 28ᵉ, 29ᵉ, 30ᵉ, 31ᵉ, 32ᵉ, 34ᵉ, 39ᵉ et 42ᵉ. — *Oiseaux :* expériences 44ᵉ, 45ᵉ, 47ᵉ, 48ᵉ, 49ᵉ, 50ᵉ, 65ᵉ et 66ᵉ. — *Reptiles :* expériences 70ᵉ, 71ᵉ, 72ᵉ et 73ᵉ. — Quant aux *Insectes,* il n'est question, dans ce tableau, ni de leurs larves, ni de leurs chrysalides, attendu qu'en ce moment nous n'avons en vue que des animaux adultes.

sous une autre forme, en les complétant d'après les nombres que nous venons d'établir.

— A poids égal et pour une égale durée, la respiration des *Oiseaux* est de beaucoup la plus active, comparativement à celle des autres espèces étudiées : en consultant les moyennes partielles qui se rapportent à chaque classe, on voit, par exemple, que les quantités d'oxygène absorbé, d'acide carbonique et d'azote exhalés, ont été environ sept fois plus grandes chez les Oiseaux que chez les Mammifères.

— La respiration des *Vertébrés à sang chaud* est notablement plus active que celle des *Vertébrés aériens à sang froid* : ainsi, dans les expériences dont il s'agit, l'absorption et le dégagement des gaz de la respiration, chez les *Mammifères*, ont été, en moyenne, à peu près dix fois plus intenses que chez les *Reptiles*.

— Tandis que, sous le rapport de la quantité de ses produits, la respiration des *Insectes* a entièrement concordé avec celle des Mammifères (comme on pouvait le pressentir d'après l'activité physiologique de ces invertébrés); au contraire, sous le même rapport, la respiration des *Vers de terre* s'est beaucoup rapprochée de celle des Reptiles.

— L'examen de l'avant-dernière colonne du tableau précédent démontre que, dans aucune de ces expériences, la totalité de l'oxygène absorbé n'a été employée à produire exclusivement de l'acide carbonique : chez les Mammifères, 0,200 environ de cet oxygène se sont unis à de l'hydrogène provenant de l'organisme; chez les Oiseaux, la quantité d'oxygène ainsi convertie en vapeur d'eau ne s'est élevée, en moyenne, qu'à 0,167 de la quantité d'oxygène absorbé; chez les Reptiles, elle a été, au contraire, de 0,227.

— Quant à l'exhalation de l'azote, lorsqu'elle a eu lieu, elle s'est montrée dans des proportions très-variables. Quelquefois elle a été nulle. Dans quatre expériences faites sur des grenouilles, deux fois on a observé, au lieu d'un dégagement d'azote, une absorption de gaz.

— Vient-on à comparer entre eux les nombres qui, pour les diverses espèces, expriment le rapport du poids de l'oxygène contenu dans l'acide carbonique à celui de l'oxygène consommé, et le rapport entre le poids de l'azote exhalé et celui de l'oxygène absorbé, on arrive à cette conclusion que si, dans les diverses espèces zoologiques, les *quantités absolues* des produits de la respiration varient d'une manière sensible, il n'y a que d'assez faibles différences dans les *quantités relatives* de ces produits rapportées au poids d'oxygène consommé.

— La respiration animale, d'après les expériences que nous résumons ici, consisterait, en moyenne, dans une absorption d'oxygène variant de 10 grammes environ à $0^{gr},09$ par heure et pour un kilogramme de matière vivante : or, cet oxygène se transformerait en acide carbonique et en eau, dans la proportion de 0,800 combinés avec le carbone et de 0,200 avec l'hydrogène; enfin, dans les circonstances les plus habituelles, une exhalation d'azote, représentant à peu près les 0,006 du poids de l'oxygène consommé, compléterait la somme des produits gazeux de la respiration.

Il est regrettable que, dans les recherches de Regnault et Reiset, les dimensions de l'appareil employé n'aient pas permis d'étudier la respiration chez quelques animaux de grande stature (*). — Les expériences de Boussingault (1), et celles qu'ont entreprises d'autres observateurs d'après la *méthode indirecte* imaginée par ce savant, fournissent, à ce sujet, plusieurs données dignes d'intérêt et des résultats utilement comparables à ceux qu'on doit à la *méthode directe*.

Évaluation des phénomènes chimiques de la respiration (suivant les espèces), *pour une heure et un kilogramme, calculée d'après les données fournies par la* MÉTHODE INDIRECTE.

NOMS DES ESPÈCES.	OXYGÈNE absorbé.	ACIDE CARBONIQUE exhalé.	AZOTE exhalé.	Rapport du poids de l'oxygène contenu dans l'acide carbonique exhalé au poids de l'oxygène absorbé.	Rapport du poids de l'azote exhalé à celui de l'oxygène absorbé.
	gr.	gr.	gr.	gr.	gr.
Cheval (expérience de Boussingault)(1).	0,553	0,755	0,0019	0,974	0,0035
Vache (id.)	0,460	0,614	0,0020	0,969	0,0044
Mouton (expérience de Jörgensen) (2) .	0,767	1,123	0,0027	1,063	0,0035
Mouton (3 expériences de Barral) (3). .	0,774	1,104	0,0097	1,037	0,0125

Si l'on rapproche ce tableau de celui de la page 669, on est frappé de certaines différences qui font comprendre combien il était utile de placer, à côté des résultats numériques obtenus sur des Mammifères carnassiers ou rongeurs, des nombres se rapportant à des espèces exclusivement herbivores. L'influence du régime, que nous n'étudions pas encore en ce moment, se traduit tout d'abord par ces différences mêmes. Mais, en outre, si l'on réunit les nombres qui concernent tous les Mammifères figurant dans les deux tableaux, on arrive, pour les moyennes des phénomènes respiratoires chez ces animaux, aux chiffres suivants : *quantité moyenne* d'oxygène absorbé (par kilogramme pendant une heure), 0gr,826 ; d'acide carbonique exhalé, 1gr,003 ; d'azote exhalé, 0gr,0111.

Ce dernier tableau révèle un autre fait qui mérite de fixer l'attention. Jusqu'ici, nous avions toujours vu l'oxygène contenu dans l'acide carbonique exhalé ne représenter qu'une partie du poids total de l'oxygène absorbé ; le surplus se combinant avec l'hydrogène, d'après Lavoisier. Dans quatre expériences dues à deux observateurs différents, un résultat inverse

(*) Cette étude a été faite, depuis, par PETTENKOFER et VOIT (*loc. cit.*).
(1) BOUSSINGAULT, *Économie rurale.* Paris, 1851, t. II, p. 381 et suiv.
(2) Citée par BOUSSINGAULT, *loc. cit.*
(3) *Statique chimique des animaux,* p. 308 et suiv. Paris, 1850.

a été obtenu chez un mouton : le poids de l'oxygène contenu dans l'acide carbonique, bien loin d'être inférieur au poids total de l'oxygène absorbé, lui a été notablement supérieur. Faut-il donc admettre que, chez les animaux dont l'alimentation herbacée fournit une quantité considérable de carbone à l'organisme, non-seulement la *totalité* de l'oxygène atmosphérique absorbé sert à convertir ce carbone en acide carbonique, mais encore qu'un excédant d'oxygène provenant des aliments eux-mêmes complète le phénomène ? Sans doute on ne peut décider une question si délicate d'après un aussi petit nombre de faits. Il est bon toutefois de rappeler que Regnault et Reiset ont eu également occasion d'observer une pareille disproportion entre l'acide carbonique exhalé et l'oxygène absorbé : dans leur 50ᵉ expérience (sur une poule nourrie à l'avoine), le rapport entre le poids d'oxygène contenu dans l'acide carbonique et celui de l'oxygène absorbé a été, 1,024 ; dans la 92ᵉ expérience (sur un lapin nourri avec du pain et placé dans une atmosphère d'oxygène, d'hydrogène et d'azote), ce rapport a été de 1,012. Ainsi, là encore l'acide carbonique exhalé contenait plus d'oxygène que l'animal n'en avait puisé dans l'atmosphère par la respiration : il n'est donc pas impossible, nous le répétons, que l'oxydation du carbone, qui habituellement se fait seulement aux dépens d'une portion de l'oxygène absorbé par les voies aériennes, consomme non-seulement tout cet oxygène, mais encore une partie de celui que renferment les aliments. Assurément, ce n'est pas là un fait ordinaire, et personne n'oserait avancer que ce soit un phénomène normal de la respiration dans l'espèce ovine ; aussi ce point réclame-t-il de nouvelles expériences.

Tous les faits que nous venons de rapporter appartiennent à des espèces animales qui vivent dans l'air. Quant à la respiration des espèces aquatiques, la science ne possède encore que bien peu de documents dignes de confiance. Si le mémoire d'Alex. de Humboldt et Provençal (1), qui est presque le seul qu'on puisse citer à cette occasion, fait connaître les phénomènes généraux de la respiration des poissons, il est loin de fournir les données indispensables pour une étude comparative et rigoureuse de ces phénomènes d'une espèce à une autre. On peut seulement en conclure que la respiration des poissons se rapproche surtout de celle des grenouilles et des salamandres.

B. — L'*influence de la taille* sur les phénomènes chimiques de la respiration ressort déjà de l'examen des travaux mentionnés dans le précédent paragraphe : il paraît être établi que *les animaux d'une même classe ont une respiration d'autant plus active que leur taille est plus petite*. Regnault et Reiset, en formulant cette proposition comme une des conclusions de leurs savantes recherches, ont aussi cherché à expliquer le fait qu'elle exprime : les animaux d'une même classe ont en général une même température intérieure ; or, les petites espèces présentant, pour un poids

(1) **Alex. de Humboldt** et **Provençal**, *Mém. de la Soc. d'Arcueil*, t. II, p. 359.

donné, une surface tégumentaire relativement plus grande, subissent par cela même une transpiration cutanée plus active; il faut donc, pour combattre l'effet de cette cause de refroidissement, que chez eux les phénomènes respiratoires aient beaucoup plus d'intensité. On aurait pu penser que ces phénomènes devraient montrer une intensité proportionnelle au poids de l'animal ; mais, en réalité, cela ne pourrait avoir lieu que si, des grandes espèces aux petites, la surface extérieure décroissait dans la même proportion que le poids. Cette condition ne se réalise pas, et, en général, *la surface du corps diminue bien moins vite que le poids* ; d'où résulte nécessairement un fait tout opposé à celui qu'on aurait pu croire, une plus grande intensité de respiration dans les petites espèces.

Les nombres donnés plus haut établissent cette proposition générale. On pourrait en citer encore d'autres qui, fournis par des observateurs différents, conduisent à la même conclusion. Selon Letellier (1), des tourterelles et des cresserelles, pesant en moyenne 159^{gr},1, ont exhalé, par kilogramme et par heure, 4^{gr},581 d'acide carbonique ; tandis que des serins, des verdiers, des moineaux, pesant en moyenne 28^{gr},4, ont exhalé, par kilogramme et par heure, 13^{gr},034 de ce gaz. Ainsi, d'après ces expériences, les petits oiseaux, à poids égal et en un même temps, auraient une respiration environ trois fois plus active que celle d'oiseaux de taille moyenne. Regnault et Reiset, en comparant les petits oiseaux à des poules, avaient trouvé que l'activité respiratoire était, chez eux, décuple de celle qui est propre à ces Gallinacés. Letellier a vu encore que, *par kilogramme et par heure*, l'exhalation de l'acide carbonique était de 2^{gr},526 chez les cochons d'Inde, et de 16^{gr},711 chez les souris; c'est une activité huit fois plus grande pour ces dernières. D'après Boussingault, un cheval n'en exhalerait que 0^{gr},755, ce qui suppose pour cet animal une respiration vingt et une fois moins intense que pour la souris.

C. — L'*influence de l'âge et du sexe* a surtout été étudiée dans l'espèce humaine. Quelques faits seulement tendent à établir que les conséquences de ces causes modificatrices sont analogues chez l'homme et chez les animaux.

La respiration de l'homme serait moins active dans l'enfance que dans l'âge adulte, atteindrait son maximum d'intensité vers *trente ans*, et diminuerait ensuite graduellement jusqu'à la fin de la vie.

C'est sur les belles études que renferme le travail déjà cité d'Andral et Gavarret (2) que se fonde cette loi physiologique. Ces auteurs ont pris pour mesure de l'intensité respiratoire la quantité de carbone consommé dans la respiration par des individus de divers âges, et toujours placés dans les mêmes conditions (*).— Andral et Gavarret ont trouvé que les garçons,

(1) LETELLIER, *Ann. de chim. et de phys.* 3e série, t. XIII, p. 478.
(2) ANDRAL et GAVARRET, *Recherches sur la quantité d'acide carbonique exhalé par le poumon dans l'espèce humaine (Ann. de chim. et de phys.*, 3e série, 1843, t. VIII, p. 129).

(*) Il importe de se rappeler que la combustion d'*un gramme* de carbone produit 3 gr. 66 le gaz acide carbonique.

de huit à quinze ans, consomment en moyenne 7^{gr},42 de carbone *en une heure* ; que, de quinze à vingt, cette consommation s'élève à 10^{gr},76 ; que, *pour des hommes âgés de vingt à trente ans*, elle est de 12^{gr},15 ; puis, qu'entre trente et quarante, elle se maintient à 11 grammes. D'après les mêmes observateurs, la consommation de carbone s'était réduite à 9^{gr},17, entre quarante et cinquante ans, chez un sujet qui était très-grêle, les trois autres ayant donné une moyenne de 10^{gr},53. De cinquante à soixante, les sujets mis en expérience fournirent, en moyenne, 11^{gr},07 ; et de soixante à soixante-dix ans, 10^{gr},23. Chez un vieillard de soixante-seize ans, la consommation de carbone fut de 6 grammes par heure, et, chez un autre, âgé de quatre-vingt-douze ans, de 8^{gr},8 ; enfin, chez un centenaire (cent deux ans), elle ne fut que de 5^{gr},9.

Andral et Gavarret n'ayant pas fait connaître le poids des individus observés, on ne peut déduire de leurs expériences la consommation de carbone pour un kilogramme du poids du corps. Pourtant, dans la série des âges à laquelle s'étendent leurs observations, le poids du corps varie tellement, que cet élément est, il faut en convenir, d'un assez grand intérêt dans la question. Gavarret (1) a démontré plus tard, il est vrai, que les variations de poids amenées par l'âge ne coïncident pas avec celles de l'activité respiratoire, et ne peuvent suffire à les expliquer ; mais, suivant Milne Edwards (2), qui invoque les observations statistiques de Quetelet (3), on serait conduit, en calculant d'après la loi d'accroissement du poids, à placer le maximum de la puissance respiratoire à un âge moins avancé que ne l'admettent Andral et Gavarret. — Les observations de Scharling (4) donnent l'indication du poids des sujets, et l'on peut en déduire, par exemple, qu'un enfant âgé de neuf ans a consommé, *par kilogramme et par heure*, 0^{gr},25 de carbone ; tandis que des adultes, de vingt-huit à trente-cinq ans, n'en ont consommé que 0^{gr},12 en moyenne.

Quoi qu'il en soit, les conclusions d'Andral et Gavarret ne sont pas en désaccord avec les faits constatés par divers expérimentateurs *dans les espèces animales*. Le travail de Regnault et Reiset(5), en particulier, renferme plusieurs expériences desquelles il résulte que, chez les animaux observés, la puissance respiratrice augmente depuis la naissance jusqu'aux premiers temps de l'âge adulte. Seulement il faut savoir qu'au moment même de leur naissance et un peu au delà, les animaux à sang chaud présentent une remarquable inertie de la respiration, fonction qui, plus tard, acquerra chez eux une si grande activité : le mammifère nouveau-né et l'oiseau récemment sorti de l'œuf se rapprochent des vertébrés à sang froid par la résistance que l'un et l'autre opposent à l'asphyxie. Ce fait, déjà reconnu par Rob. Boyle, Méry, Haller et Buffon, a été vérifié plus tard par

(1) Gavarret, *De la chaleur produite par les êtres vivants*, p. 349.
(2) Milne Edwards, *Leçons sur la physiologie et l'anatomie comparée de l'homme et des animaux*, t. II, 2e partie, p. 563.
(3) Quetelet, *Sur l'homme et le développement de ses facultés*. Bruxelles, 1835, t. II, p. 16.
(4) Scharling, *Ann. de chim. et de phys.*, 3e série, t. VIII, p. 486.
(5) Regnault et Reiset, *Ibid.*, t. XXVI, p. 299.

Legallois et par W. Edwards, dont nous exposerons les recherches en nous occupant ultérieurement des effets de la suspension de la respiration (*).

La *différence des sexes* semble aussi exercer une certaine influence sur l'intensité des phénomènes respiratoires. Suivant Scharling (1), chez une fille âgée de dix ans, la consommation de carbone dans la respiration était, *par kilogramme et par heure*, de 0^{gr},22, et, chez un garçon de neuf ans, elle s'élevait à 0^{gr},25 ; de telle sorte que le sexe mâle paraît avoir une respiration plus intense. Andral et Gavarret avaient déjà constaté le même fait dans leurs expériences ; le tableau suivant résume leurs résultats à cet égard :

Quantité moyenne de carbone consommé en une heure par la respiration dans l'espèce humaine.

AGES.	SEXE MASCULIN.	SEXE FÉMININ.
	gr.	gr.
De 8 à 15 ans....................	7,42	6,40
15 à 20....................	10,76	6,65
20 à 30....................	12,15	6,33
30 à 40....................	11,00	7,00
40 à 50....................	10,53	8,08
50 à 60....................	11,07	7,30
60 à 70....................	10,23	6,85

L'examen de ce tableau démontre donc que, conformément aux conclusions de Gavarret et Andral, la respiration est en effet plus active dans le sexe masculin. Mais, pour arriver à une série de résultats dont la précision n'aurait plus guère laissé à désirer, il eût fallu, nous l'avons dit, tenir compte du poids des sujets mis en expérience.

Le fait le plus curieux, découvert par Andral et Gavarret, est l'influence de la période de la vie où s'opère la *menstruation* sur l'intensité des phénomènes chimiques de la respiration chez la femme ; il en sera parlé plus loin.

Les données précédentes font plutôt pressentir l'influence des sexes sur la respiration qu'elles ne permettent de la formuler avec précision ; et, si l'on ajoute qu'on ne peut, dans l'état actuel des recherches physiologiques, citer aucune observation de ce genre sur les animaux, il devient manifeste que c'est là encore une question incomplètement résolue où existe une de ces nombreuses lacunes qu'il est aisé de signaler à l'attention, mais qu'il est fort difficile de combler.

L'étude, telle qu'elle vient d'être faite, des modifications de la fonction respiratoire sous l'influence du sexe et de l'âge, est loin en effet de remplir

(*) Voyez plus loin le chapitre intitulé : EFFETS DE LA SUSPENSION DE LA RESPIRATION.
(1) SCHARLING, *loc. cit.*

le programme que comporterait une pareille question. Nous avons en quelque sorte été contraint de prendre pour mesure de l'intensité des phénomènes respiratoires la quantité de carbone consommé; mais, en définitive, que nous apprend une observation aussi limitée? Sans doute il est permis d'en conclure quelque chose en ce qui concerne la consommation d'oxygène, attendu que le rapport de la quantité d'oxygène contenu dans l'acide carbonique exhalé à la quantité d'oxygène absorbé est assez fixe dans l'espèce humaine ; mais nous restons dans une ignorance complète touchant les modifications de la transpiration pulmonaire et de l'exhalation d'azote. Il convient même de faire observer que le rapport entre la quantité d'oxygène qui s'unit au carbone et la quantité d'oxygène inspiré doit varier suivant les âges et les sexes : les expériences précédentes ne peuvent pas nous renseigner sur toutes ces questions, et l'étude de ces influences attend une nouvelle série de recherches concernant l'homme et quelques espèces animales.

Nous aurions encore à faire des remarques analogues pour plusieurs des problèmes qui nous restent à aborder dans ce chapitre. Si donc le lecteur regrette de ne pas trouver dans cette partie de notre ouvrage la solution de toutes les questions qui y sont traitées, c'est qu'elle n'existe pas dans l'état actuel de la science.

D. — Il est un certain nombre de *circonstances toutes physiologiques* dont l'action sur les phénomènes chimiques de la respiration ne saurait être contestée, et qu'il n'est pas sans intérêt de passer en revue.

1° — Dès ses premiers travaux, Lavoisier avait recherché quelle était comparativement la quantité d'oxygène absorbé par un homme *à jeun,* ou par ce même homme *pendant la digestion.* Nous mentionnerons rapidement les résultats de ses expériences à ce sujet :

Un homme *à jeun* et au repos, par une température moyenne de 32°,5 consomme, *par heure,* 24^{lit},002 d'oxygène.

Le même individu, *pendant la digestion* et au repos, consomme, par heure, 37^{lit},689 d'oxygène.

Le même homme, *à jeun,* accomplissant le travail nécessaire pour élever, en quinze minutes, un poids de 7^{kil},343 à une hauteur de 199^{m},776, consomme, par heure, 63^{lit},477 d'oxygène.

Enfin, la même personne, *pendant la digestion* et l'accomplissement du même travail, consomme, par heure, 91^{lit},248 d'oxygène.

Spallanzani (1) a démontré que, chez des colimaçons *à jeun* depuis longtemps, la production d'acide carbonique représente seulement les deux tiers de celle qu'on observe chez d'autres colimaçons qui, d'abord soumis au même jeûne, viennent de faire un copieux repas. Storg (2) sur divers insectes. Boussingault (3) sur des tourterelles, ont aussi constaté une nota-

---

(1) SENEBIER, *Rapports de l'air avec les êtres organisés,* t. II, p. 434.
(2) STORG, *Disquis. physiol. circa respirat. insect. et verm.* Rudolstadt, 1805.
(3) BOUSSINGAULT, *Ann. de chim. et de phys.,* 1844, 3ᵉ série, t. XI, p. 448.

ble accélération du travail chimique de la respiration, après l'ingestion des aliments. — Vierordt (1), dans de nombreuses expériences faites sur lui-même, a positivement reconnu que l'exhalation d'acide carbonique, qui diminue sous l'influence du jeûne, augmente rapidement après les repas : ainsi un jour, ayant observé qu'à midi il dégageait 270 centimètres cubes d'acide carbonique *par minute*, il resta à jeun, ce même jour, jusqu'à deux heures, et alors l'exhalation de ce gaz n'était plus que de 258 centimètres cubes; mais, une autre fois, exhalant 258 centimètres cubes du même gaz à midi, il fit un repas à midi et demi, et, à deux heures, l'exhalation attei-gnait le chiffre de 295 centimètres cubes par minute. Le phénomène avait donc diminué, sous l'influence du jeûne, environ dans la proportion de 22 à 21; après le repas, il avait au contraire augmenté dans la proportion de 21 à 24. — Valentin (2) rapporte de semblables expériences qui conduisent aux mêmes conclusions. — Scharling (3) admet également, comme résultat de ses propres recherches, que l'homme rassasié consomme plus de carbone que l'homme à jeun : les différences observées sur divers individus montrent ici l'exhalation de l'acide carbonique augmentant après les repas dans la proportion de 24 à 33, de 27 à 38 ; chez un enfant de neuf ans, cette augmentation eut même lieu dans la proportion beaucoup plus considérable de 16 à 24. Horn (4) est venu constater ces résultats par ses propres observations.

Plus récemment, Edw. Smith (5), prenant pour terme de comparaison la moyenne de l'acide carbonique expiré, en vingt-quatre heures de repos, par quatre individus âgés de vingt-six à quarante-huit ans, moyenne qu'il évalue à 26,193 onces (742gr,268), ou en carbone 7,144 onces (202gr,450), est arrivé aux résultats suivants :

« Un jeûne continu de vingt-sept heures causait une diminution de 25 pour 100 d'acide carbonique, 30 pour 100 d'air, 37 pour 100 de vapeur d'eau, de 7 respirations et de 6 pulsations par minute. La totalité de carbone, dégagé dans les vingt-quatre heures d'un jeûne absolu, était de 5,923 onces, *avoir du poids* (168gr,850), quantité à peu près égale à celle contenue dans 20 onces de pain (566 grammes), ou 7 onces 1/2 de graisse (212gr). Il y avait toujours une augmentation de l'acide carbonique et des autres éléments après un repas, et une diminution avant le repas suivant. »

Pettenkofer (6) a recueilli, sur un même individu, 600 grammes d'acide carbonique pendant vingt-quatre heures de jeûne et 860 grammes dans le même espace de temps quand cet individu avait été soumis à une alimentation abondante.

(1) VIERORDT, *Physiol. des Athmens*, Karlsruhe, 1845, et *Handwörterbuch der Physiol.* de R. WAGNER, t. II, p. 828.
(2) VALENTIN, *Lehrbuch der Physiologie*, 1847, I Bd., p. 584.
(3) SCHARLING, *loc. cit.*
(4) HORN, *Gaz. méd. de Paris*, 1850, p. 902.
(5) EDW. SMITH, *Journ. de la physiol. de l'homme et des animaux*, 1860, p. 518.
(6) PETTENKOFER, *loc. cit.*

Il paraît donc bien hors de doute que l'ingestion des aliments augmente à la fois l'absorption de l'oxygène et le dégagement de l'acide carbonique ; quant à l'azote exhalé et aux rapports existant entre ces divers phénomènes, on n'a pas d'expériences suffisantes qui autorisent à formuler une opinion sur la manière dont ils peuvent être modifiés en pareil cas.

2° — Après avoir établi l'influence de l'état de plénitude ou de vacuité de l'estomac sur l'intensité du travail respiratoire, nous sommes naturellement amené à examiner comment se modifie ce même travail lorsque le jeûne est porté jusqu'à l'*inanition*. Les documents que l'on possède sur ce point sont plus ou moins complets, et d'ailleurs assez nombreux pour obliger à en faire un choix et à ne s'attacher qu'aux plus importants. On comprend sans peine que des expériences de ce genre aient dû être faites sur les espèces animales plutôt que sur l'homme.

Marchand (1) a étudié, chez des grenouilles, l'*influence de l'inanition* sur l'absorption de l'oxygène et l'exhalation de l'acide carbonique. Dans trois séries d'expériences, ces deux phénomènes, évalués pour un jour et pour un kilogramme du poids des animaux, ont varié de la manière suivante :

Observations de MARCHAND *sur des grenouilles. — Absorption d'oxygène et exhalation d'acide carbonique pour un kilogramme du poids de ces reptiles, pendant vingt-quatre heures.*

DURÉE DU JEUNE.	ABSORPTION D'OXYGÈNE		EXHALATION D'AC. CARBONIQ.	
	avant le jeûne.	après le jeûne.	avant le jeûne.	après le jeûne.
	gr.	gr.	gr.	gr.
31 jours (12 juillet-12 août)..	1,989	1,468	0,589	0,448
36 jours (4 juillet-9 août)....	2,580	1,705	0,802	0,552
48 jours (24 juin-11 août)...	3,980	0,956	1,260	0,350

Boussingault (2) ayant soumis à l'inanition deux tourterelles a observé directement les quantités de carbone consommé *en une heure* par ces oiseaux, à divers moments de la période d'inanition.

(1) MARCHAND, *Journ. für praktische Chemie*, von ERDMANN und MARCHAND, 1844, t. XXXIII, p. 129.
(2) BOUSSINGAULT, *Ann. de chim. et de phys.*, 1844, 3e série, t. XI, p. 448.

Observations de BOUSSINGAULT *sur deux tourterelles. — Consommation de carbone en une heure.*

ÉPOQUES DE L'OBSERVATION.	CONSOMMATION DE CARBONE		QUANTITÉS CORRESPONDANTES D'ACIDE CARBONIQUE	
	de jour.	de nuit.	de jour.	de nuit.
Première tourterelle.				
	gr.	gr.	gr.	gr.
Nourrie au millet............	0,255	0,162	0,935	0,594
Après 24 heures d'inanition....	0,114	»	0,417	»
3 jours	0,124	»	0,454	»
4 jours	»	0,072	»	0,263
5 jours	0,113	»	0,413	»
Deuxième tourterelle.				
Après 11 heures d'inanition ...	»	0,095	»	0,348
36 heures	»	0,073	»	0,267
48 heures	0,114	»	0,417	»
60 heures	»	0,065	»	0,238
84 heures	»	0,077	»	0,282
96 heures	0,121	»	0,443	»
108 heures	»	0,077	»	0,282

Le même observateur a donné suite à ses recherches en étudiant l'influence du retour de l'alimentation chez ces oiseaux après un jeûne prolongé. Une tourterelle, qui, pendant le jour et dans les circonstances normales, consommait *par heure* $0^{gr},232$ de carbone, fut mise à même, après neuf jours d'inanition, de se nourrir à discrétion : au bout d'un jour d'alimentation, la consommation de carbone n'était que de $0^{gr},168$; après trois jours, elle s'éleva à $0^{gr},206$; puis, au quatrième jour, elle était de $0^{gr},249$, et le cinquième, de $0^{gr},259$. Mais, le douzième jour, elle redescendit à $0^{gr},250$ pour revenir peu à peu à la quantité initiale.

Bidder et Schmidt (1) ont mesuré l'exhalation de l'acide carbonique chez un chat (*en état d'inanition*), qui ne mourut qu'après dix-huit jours.

Observations de BIDDER *et* SCHMIDT *sur un chat. — Exhalation d'acide carbonique par heure.*

	gr.
Moyenne des 5 premiers jours...............	1,878
des 5 jours suivants...............	1,573
du 11ᵉ au 15ᵉ jour	1,455
Le 16ᵉ jour	1,284
Le 17ᵉ jour	1,165
Le 18ᵉ jour	0,921

(1) BIDDER et SCHMIDT, *Die Verdauungssäfte und der Stoffwechsel*, p. 318. Mitau, 1852.

On doit à Regnault et Reiset (1) des données intéressantes touchant les effets de l'abstinence sur l'absorption ou le dégagement des *divers gaz* de la respiration :

Observations de REGNAULT *et* REISET. — *Nombres calculés pour une heure d'expérience.*

ESPÈCES.	CONDITIONS DE L'EXPÉRIENCE.	OXYGÈNE absorbé.	ACIDE carbonique exhalé.	AZOTE	
				exhalé.	absorbé.
		gr.	gr.	gr.	gr.
LAPIN pesant 3648 gr.	nourri avec des carottes ..	3,124	3,648	0,0253	»
	à jeun depuis 30 heures...	2,518	2,342	0,0129	»
LAPIN pesant 4048 gr.	nourri avec des carottes ...	3,590	4,753	0,0166	»
	à jeun depuis 30 heures...	2,731	2,656	0,0244	»
CHIEN pesant 6145 gr.	nourri avec de la pâtée au pain	6,591	8,545	0,0529	»
	à jeun depuis 38 heures...	5,054	5,092	»	0,0309
POULE pesant 1599 gr.	nourrie à l'avoine........	1,775	2,498	0,0192	»
	à jeun depuis 30 heures ..	1,269	1,239	»	0,0304
POULE pesant 1021 gr.	nourrie au grain........	1,512	1,625	0,100	»
	à jeun depuis 24 heures...	1,044	0,918	»	0,0079
POULE pesant 1015 gr.	nourrie au pain.........	1,485	1,993	0,0221	»
	à jeun depuis 24 heures...	1,047	0,922	0,0002	»

Les conclusions à tirer des travaux qui viennent d'être mentionnés sont assez évidentes. — L'inanition, qui en général diminue l'activité des phénomènes respiratoires, n'agit pas également sur tous : l'absorption de l'oxygène a lieu en moindre proportion qu'à l'état normal, mais l'exhalation de l'acide carbonique subit une diminution plus notable encore; d'où il semble résulter que l'animal, à l'état d'inanition, brûle une plus forte proportion d'hydrogène que dans les conditions ordinaires. — L'exhalation de l'azote diminue très-sensiblement aussi sous l'influence de la privation d'aliments; parfois elle devient nulle ou presque nulle, et d'autres fois même elle est remplacée par une absorption d'azote s'élevant à des quantités à peu près équivalentes à celles qui représentent l'exhalation normale de ce gaz. — Les expériences de Boussingault notamment démontrent que la différence, habituellement constatée dans la production de l'acide carbonique, le jour et la nuit, tend à devenir plus sensible encore durant l'inanition.

3° — C'est surtout aux expériences de Regnault et Reiset (2) qu'on peut aussi emprunter les résultats nécessaires pour apprécier l'*influence de la nature de l'alimentation* sur les variations de la puissance respiratoire. Ces

(1) REGNAULT et REISET, *loc. cit.*, expér. 21ᵉ, 23ᵉ, 37ᵉ, 51ᵉ, 54ᵉ, 59ᵉ.
(2) REGNAULT et REISET, *loc. cit.*

résultats conduisent à penser que l'alimentation animale n'exerce aucune action bien importante sur l'activité même des phénomènes respiratoires, et qu'elle maintient cette dernière à peu près au même niveau qui s'observe avec le régime végétal. Seulement la quantité d'oxygène absorbé est employée différemment dans la combustion à laquelle ce gaz est destiné : ainsi, lorsque les animaux se nourrissent de viande, et en général d'aliments riches en matières grasses, ils exhalent relativement une plus petite quantité d'acide carbonique et brûlent par conséquent plus d'hydrogène; au contraire, quand les aliments sont de nature végétale, la production de l'acide carbonique est relativement beaucoup plus considérable et la quantité d'hydrogène brûlé devient très-faible. Parfois même il semble qu'on doive admettre que la *totalité* de l'oxygène atmosphérique absorbé s'unit à du carbone, comme tendent à l'établir les observations sur le mouton que nous avons citées précédemment.

Voici d'ailleurs les principaux résultats que l'on peut déduire des expériences de Regnault et Reiset sur le point qui nous occupe :

a. — *Chiens* nourris avec une pâtée composée de pain et d'eaux grasses (alimentation amylacée) :

Absorption d'oxygène par kilogramme et par heure, — 1gr,242, dont . . . .
- 1,153 s'unissent à du carbone ;
- 0,089 s'unissent à de l'hydrogène.

Mêmes chiens nourris avec de la viande (alimentation azotée et grasse) :

Absorption d'oxygène par kilogramme et par heure, — 1gr,192, dont. . . . .
- 0,892 s'unissent à du carbone ;
- 0,300 s'unissent à de l'hydrogène.

b. — *Poules* nourries avec des graines :

Absorption d'oxygène par kilogramme et par heure, — 1gr,227, dont. . . . .
- 1,144 s'unissent à du carbone ;
- 0,083 s'unissent à de l'hydrogène.

Mêmes poules nourries avec de la viande :

Absorption d'oxygène par kilogramme et par heure, — 1gr,381, dont. . . . .
- 0,939 s'unissent à du carbone ;
- 0,442 s'unissent à de l'hydrogène.

Dans une autre expérience, un chien, après avoir ingéré une grande quantité de graisse de mouton sans aucun autre aliment, a absorbé, par kilogramme et par heure, 1gr,138 d'oxygène, dont 0gr,789 seulement furent transformés en acide carbonique, le reste 0,349 s'étant combiné avec de l'hydrogène.

Il est utile de faire observer ici que les animaux soumis à l'inanition présentent, quant à la proportion de l'acide carbonique exhalé, la même modification que s'ils étaient soumis au régime de la viande. Cette observation concorde avec d'autres faits qui démontrent qu'un animal privé d'aliments se nourrit à ses propres dépens, qu'il consomme pour les besoins de sa respiration la substance même de ses tissus, et surtout les graisses mises en dépôt dans divers points de son organisme.

La nature du régime alimentaire influe encore momentanément sur l'exhalation ou l'absorption d'azote : vient-on à changer brusquement le régime d'un animal, il y a en général absorption de ce gaz au lieu de l'exhalation qui s'observe dans l'éta normal ; tandis que, si le même animal a eu le temps de s'accoutumer au nouveau régime qu'on lui a imposé, ce trouble de la fonction respiratoire disparaît, et l'on voit l'exhalation d'azote se rétablir, quelle que soit d'ailleurs l'espèce d'alimentation.

Edw. Smith (1) affirme que les substances amylacées ou les graisses ingérées *seules*, maintiennent l'exhalation d'acide carbonique très-peu au-dessus de la quantité qui correspond à l'abstinence complète. Suivant cet observateur, on n'obtiendrait une augmentation notable de ce gaz qu'en associant dans le régime ces substances hydro-carbonées avec les matières azotées auxquelles elles sont unies naturellement (gluten avec amidon, viande avec graisse, caséine avec lait).

4° — Si de l'influence de l'alimentation nous passons à celle d'autres actes pouvant aussi modifier l'intensité du travail respiratoire, nous aurons à nous occuper d'abord de l'*influence du mouvement musculaire et du travail intellectuel* dans l'espèce humaine.

Cette question n'a pas été l'objet de beaucoup de recherches, bien que d'abord elle ait fixé l'attention de Lavoisier. Du reste, les données qu'il a fait connaître à cet égard sont encore peut-être ce qu'on possède de plus net et de plus précis. — En expérimentant sur son collaborateur Séguin, Lavoisier (2) avait vu que l'absorption de l'oxygène augmente notablement dès que l'homme se livre à un exercice musculaire même médiocre :

Un homme à jeun et *au repos* consomme par heure 24^{lit},002 d'oxygène ; le même homme à jeun, et *accomplissant le travail nécessaire pour élever en quinze minutes un poids de* 7^{kil},343 *à une hauteur de* 199^{m},776, consomme par heure, 63^{lit},477 d'oxygène, c'est-à-dire environ deux fois et demie autant.

Un homme pendant la digestion et *au repos* consomme par heure 37^{lit},689 d'oxygène ; le même homme pendant la digestion, *accomplissant le travail nécessaire pour élever en quinze minutes un poids de* 7^{kil},343 *à une hauteur de* 211^{m},146, consomme par heure 91^{lit},248 d'oxygène.

Après avoir fait remarquer encore combien le *travail* et l'*exercice* augmentent les proportions de l'oxygène absorbé, Lavoisier ajoute un peu plus loin (p. 576) :

« Dans toutes ces expériences, la température du sang demeure assez constamment la même, du moins à quelques fractions de degré près. Mais le nombre des pulsations des artères et celui des inspirations varient d'une manière très-remarquable. Nous sommes parvenus, à cet égard, à constater deux lois de la plus haute importance :

» La première, c'est que l'*augmentation du nombre des pulsations est assez exactement en raison directe de la somme des poids élevés à une hauteur déterminée ;* pourvu toutefois que la personne soumise aux expériences ne porte pas ses efforts trop près de la limite de ses forces, parce

(1) Edw. Smith, *loc. cit.*
(2) Lavoisier, *Mém. de l'Acad. des sc.*, 1789, p. 575.

qu'alors elle est dans un état de souffrance et sort de l'état naturel.

» La seconde, c'est que *la quantité d'air vital* (oxygène) *consommé est, toutes choses égales d'ailleurs,* lorsque la personne ne respire qu'aussi souvent que le besoin l'exige, *en raison composée des inspirations et des pulsations,* c'est-à-dire en raison directe du produit des inspirations par les pulsations.

» Nous ne parlons en ce moment que de rapports. On conçoit, en effet, que la consommation absolue doit varier considérablement dans différents individus, suivant leur âge, leur état de vigueur et de santé, suivant qu'ils ont plus ou moins contracté l'habitude des travaux pénibles; mais il n'en est pas moins vrai qu'il existe, pour chaque personne, une loi qui ne se dément pas, lorsque les expériences sont faites dans les mêmes circonstances et à des intervalles de temps peu éloignés. Ces lois sont même assez constantes pour qu'en appliquant un homme à un exercice pénible et en observant l'accélération qui en résulte dans le cours de la circulation, on puisse en conclure à quel poids élevé à une hauteur déterminée répond la somme des efforts qu'il a faits pendant le temps de l'expérience.

» Ce genre d'observations conduit à comparer des emplois de force entre lesquels il semblerait n'exister aucun rapport. On peut connaître, par exemple, à combien de livres en poids répondent les efforts d'un homme qui récite un discours, d'un musicien qui joue d'un instrument. On pourrait même évaluer ce qu'il y a de mécanique dans le travail du philosophe qui réfléchit, de l'homme de lettres qui écrit, du musicien qui compose. Ces effets, considérés comme purement moraux, ont quelque chose de physique et de matériel qui permet, sous ce rapport, de les comparer avec les efforts que fait l'homme de peine. Ce n'est donc pas sans quelque justesse que la langue française a confondu sous la dénomination commune de *travail* les efforts de l'esprit comme ceux du corps, le travail du cabinet et le travail du mercenaire. »

Nous avons emprunté à Lavoisier cette longue citation, parce que nulle part ailleurs nous n'avons trouvé une plus ingénieuse et plus profonde appréciation de tous ces rapports physiologiques.

Prout (1) a observé sur lui-même qu'un exercice modéré augmentait l'exhalation d'acide carbonique : ainsi, après une promenade, la quantité de ce produit s'était accrue dans la proportion de 3,45 à 3,60. Mais, conformément à la restriction si justement posée par Lavoisier, il ne faut pas que le travail physique devienne une fatigue, car il en résulte alors un état de malaise qui, au contraire, ralentit le travail chimique de la respiration : ainsi Prout, après une autre promenade qui l'avait beaucoup fatigué, vit l'exhalation de l'acide carbonique diminuer dans la proportion de 4,10 à 3,20. Valentin (2), Vierordt (3), Horn (4), Edw. Smith (5), ont fait

---

(1) PROUT, *Observ. in the Quant. of Carbonic Acid Gaz emitt. from the Lungs,* etc. (*Ann. of Philos.,* 1813, vol. II, p. 335, 338).
(2) VALENTIN, *Lehrbuch der Physiol.,* 2e édit., 1847, t. II, p. 563 et suiv.
(3) VIERORDT, *Physiol. des Athmens,* p. 98 et suiv.
(4) HORN, *Neue medizinisch-chirurgische Zeitung.* Extrait dans *Gaz. méd. de Paris,* 21 déc. 1850, p. 902.
(5) EDW. SMITH, *loc. cit.,* p. 519.

des observations analogues à celles de Prout. Lassaigne (1) a constaté, chez les chevaux, que l'exhalation d'acide carbonique augmente aussi notablement après la course. Pettenkofer et Voit (2) ont expérimenté à l'aide de leur appareil sur un homme âgé de vingt-huit ans, qui une première fois passa un jour à lire, à réparer une montre et à dormir ; une seconde fois il employa une partie des vingt-quatre heures à tourner une roue pesamment chargée. Dans les deux cas, la quantité d'oxygène absorbé a été la même, tandis que l'acide carbonique a été exhalé en beaucoup plus grande quantité pendant la journée de travail, ce qui a fait supposer à ces auteurs que de l'oxygène peut être tenu en réserve dans l'économie. Ils avaient d'ailleurs remarqué que l'absorption d'oxygène prédomine pendant la nuit, et l'exhalation d'acide carbonique pendant le jour.

Treviranus (3), qui, sous le rapport de la respiration, a étudié comparativement des insectes à l'état de repos et à l'état de mouvement, fait remarquer que les hyménoptères et les lépidoptères, dont les allures sont vives et rapides, ont une respiration plus active que les coléoptères qui ont des mouvements plus lents. Newport (4) a trouvé, dans ses expériences, des insectes chez lesquels les mouvements de locomotion rendaient l'exhalation de l'acide carbonique jusqu'à 25 et 27 fois plus considérable que dans l'état d'immobilité : un bourdon (*Bombus*), vivement agité, dégageait, en une heure, plus d'acide carbonique qu'il n'en avait fourni pendant vingt-quatre heures de repos.

Ce rapport constant entre l'activité musculaire et le travail respiratoire n'est pas moins manifeste quand on l'étudie dans différentes espèces animales. On peut énoncer, comme une loi physiologique, que, *à poids égal et pendant des temps égaux, les diverses espèces animales consomment, par la respiration, d'autant plus d'oxygène et produisent d'autant plus d'acide carbonique, que leur locomotion exige une plus grande somme d'efforts.* C'est la loi de Lavoisier transportée des individus aux espèces; et l'on peut ajouter que *la combustion respiratoire* effectuée par un poids donné de matière animale vivante *croît proportionnellement à l'activité musculaire.* Par exemple, le mode de locomotion qui exige la plus grande somme d'efforts est sans contredit le vol : aussi les oiseaux, et les insectes, qui volent avec agilité, possèdent-ils la respiration la plus active. Rappelons également que si, par l'énergie de leur locomotion, les mammifères sont inférieurs aux oiseaux et supérieurs aux reptiles, l'absorption et le dégagement des gaz de la respiration sont environ sept fois moindres chez les mammifères que chez les oiseaux, et au contraire à peu près dix fois plus intenses chez les mammifères que chez les reptiles (voy. plus haut, p. 669 et 670).

(1) LASSAIGNE, *Journ. de chim. médic.*, 1849, t. V, p. 13. — *Comptes rendus de l'Acad. des sc. de Paris*, 1849, t. XXVIII, p. 260.
(2) PETTENKOFER und VOIT, *Annalen der Chemie und Pharmacie*, CXLI Bd., Heft 5.
(3) TREVIRANUS, *Zeitschrift für Physiol.*, t. IV, p. 29.
(4) NEWPORT, *Phil. Trans.*, 1836, p. 554.

5° — Le *sommeil* représente l'état le plus complet de repos dans lequel puisse tomber l'organisme animal. D'après ce qui précède, il est donc permis de présumer que, comparé à l'état de veille, le sommeil amènera une diminution sensible dans l'intensité des phénomènes chimiques de la respiration. Indiquée d'abord par Allen et Pepys (1), cette influence du sommeil fut ensuite étudiée par Prout (2). Dans ces dernières années, Scharling (3) surtout est arrivé à des résultats dignes d'intérêt : en observant six personnes d'âge et de sexe différents, il a vu que constamment la production d'acide carbonique, pendant le jour, était d'un quart plus considérable que durant la nuit chez les mêmes individus plongés dans le sommeil. Il suffisait, dit cet observateur, que, pendant l'expérience, le sujet s'endormît, pour qu'aussitôt on vît diminuer le volume de gaz acide carbonique exhalé.

Prout avait recherché, dès 1813, quelles variations subit, aux diverses heures de la journée, l'exhalation d'acide carbonique. Vierordt (4) a poursuivi les mêmes recherches, et Horn (5) a consacré de nombreuses expériences à l'élucidation de ce problème. Les conclusions assez divergentes auxquelles sont arrivés ces expérimentateurs donnent à croire que, suivant les habitudes et les circonstances environnantes, ces variations diffèrent d'un individu à un autre, et qu'elles ne sont par conséquent, comme Prout l'avait supposé, soumises à aucune loi générale.

On a constaté que, chez les animaux, l'influence du sommeil sur les phénomènes respiratoires est la même que chez l'homme. Nous avons déjà rapporté les observations comparatives de Boussingault (6) sur des tourterelles, pendant le jour et pendant la nuit : constamment l'exhalation d'acide carbonique s'abaissait pendant le sommeil, et la diminution était d'un peu moins du tiers de la quantité exhalée dans l'état de veille. Les expériences de Lehmann (7) sur des pigeons, celles de Marchand (8) sur des grenouilles, et de Newport (9) sur des insectes, ont donné des résultats analogues.

Dans plusieurs des observations qui viennent d'être relatées, on parle d'une influence, assez faible sans doute, mais dont il y aurait peut-être lieu de tenir quelque compte : il s'agit de celle de la *lumière* et de l'*obscurité*. D'après un travail de Moleschott (10), l'excitation produite par la lumière, non-seulement sur les organes de la vue, mais aussi sur la peau elle-même, aurait augmenté l'intensité des phénomènes respiratoires.

(1) ALLEN et PEPYS, *Philos. Transact.*, 1809, p. 426.
(2) PROUT, *loc. cit.*
(3) SCHARLING, *loc. cit.*
(4) VIERORDT, *ouvr. cité*, p. 70.
(5) HORN, Extrait dans *Gaz. méd. de Paris*, 21 décembre 1850, p. 902.
(6) BOUSSINGAULT, *Ann. de chim. et de phys.*, 1844, 3e série, t. XLIV, p. 444.
(7) LEHMANN, *Lehrb. der physiol. Chemie*, III Bd., p. 317.
(8) MARCHAND, *Ann. der prakt. Chemie*, 1844, Bd. XXXIII, p. 149.
(9) NEWPORT, *loc. cit.*
(10) MOLESCHOTT, *Wiener medizinische Wochenschrift*, 1855, n° 43, p. 682.

Bidder et Schmidt (1), dans leurs expériences sur les effets de l'inanition, ont trouvé que, si l'on privait de la vue les animaux observés, l'exhalation diurne de l'acide carbonique tendait à devenir égale à l'exhalation nocturne. — L'obscurité de la nuit, opposée à la lumière du jour, semblerait donc avoir aussi sa part dans la diminution des combustions respiratoires.

6° — Il est des animaux pour qui le sommeil n'est pas seulement le repos après la fatigue, mais chez lesquels il vient suspendre, pour ainsi dire, la vie pendant toute une saison : ces *animaux* sont dits *hibernants*. Plusieurs des espèces qui présentent ce singulier phénomène ont été étudiées avec persévérance par divers physiologistes. Les marmottes surtout ont été observées par Spallanzani (2), par Saissy (3), puis par Regnault et Reiset (4). Saissy a observé en outre l'*hibernation* des hérissons, des lérots et des chauves-souris. Spallanzani a étudié le même phénomène chez les colimaçons, chez des insectes à l'état de nymphes ; enfin Newport (5) a renouvelé ces dernières observations. Or, en réunissant les résultats de toutes ces recherches, on peut arriver à quelques conclusions intéressantes.

Notons d'abord que, pendant le *sommeil hibernal*, la respiration est tellement diminuée, qu'assez ordinairement elle est devenue presque insensible. Aussi parfois Spallanzani et Saissy n'ont-ils pu découvrir aucune altération dans l'air où avaient séjourné, même durant quelques heures, des animaux hibernants endormis. Cependant il est prouvé que ces animaux ne peuvent se passer d'air atmosphérique ; ils finissent par succomber nécessairement dans un milieu qui en est dépourvu. L'extrême diminution du travail respiratoire explique comment les animaux engourdis par le sommeil hibernal peuvent supporter une suspension assez prolongée de la respiration, et résister un certain temps à l'action de gaz irrespirables ou même délétères (6).

L'absorption de l'oxygène est diminuée d'une manière remarquable : Regnault et Reiset l'ont vue, chez les marmottes engourdies, se réduire à moins de 1/20° de ce qu'elle était à l'état de veille.

Comme l'inanition, le sommeil hibernal diminue la production d'acide carbonique relativement à la quantité d'oxygène absorbé ; en d'autres termes, l'animal hibernant brûle une moindre proportion de carbone et une plus forte proportion d'hydrogène pendant l'engourdissement que pendant la veille. C'est qu'alors il consomme les graisses accumulées dans ses tissus, comme le fait aussi l'animal privé d'aliments.

Les expériences de Regnault et Reiset semblent indiquer que, pendant

(1) BIDDER et SCHMIDT, *ouvr. cité.*
(2) SPALLANZANI, *Mém. sur la respiration,* p. 334 et 335.
(3) SAISSY, *Rech. sur les animaux hibernants,* p. 28.
(4) REGNAULT et REISET, *mém. et rec. cités,* p. 440.
(5) NEWPORT, *loc. cit.*
(6) SPALLANZANI, *ouvr. cité,* p. 335. — SAISSY, *loc. cit.*

le sommeil hibernal, il y a, non plus exhalation, mais bien absorption d'azote. Ce fait, pour être mis hors de doute, aurait besoin d'expériences plus nombreuses.

Spallanzani (1), en observant les nymphes des abeilles, Newport en observant ces mêmes nymphes et les chrysalides de deux lépidoptères, Regnault et Reiset en expérimentant sur celles du ver à soie, ont démontré que, dans cet état de torpeur, les insectes sont dans les mêmes conditions que les animaux hibernants, au point de vue de la fonction respiratoire.

7° — Nous terminerons l'examen des modifications que certaines conditions physiologiques introduisent dans les phénomènes physico-chimiques de la respiration, en signalant l'*influence*, chez la femme, *de la menstruation* et *de la grossesse*, telle que l'ont mise en relief Andral et Gavarret dans leur mémoire déjà cité (2). Chez les jeunes garçons, l'époque de la puberté est aussi celle d'un accroissement considérable dans l'exhalation de l'acide carbonique; mais, chez les jeunes filles, cette exhalation cesse de s'accroître dès le moment où s'établit le flux menstruel, et elle demeure invariablement stationnaire jusqu'à ce que, à l'âge de retour, cet écoulement se supprime. Alors la fonction pulmonaire prend plus d'activité et la quantité d'acide carbonique exhalé augmente, comme pour reprendre le niveau au-dessous duquel le flux menstruel l'avait maintenue; puis, après que ce surcroît d'activité respiratoire a été produit vers l'époque critique, l'exhalation de l'acide carbonique diminue, chez la femme, à mesure qu'elle avance en âge, absolument comme chez l'homme.

Voici les chiffres que cite Gavarret (3), et qui mettent bien en évidence les faits dont il s'agit :

Consommation moyenne de carbone par heure.

		gr.
De 10 à 15 ans,	chez le jeune garçon *non pubère*..	7,8
	chez la jeune fille *non réglée*	6,4
De 16 à 30 ans,	chez l'homme *adulte*...........	11,2
	chez la femme *réglée*...........	6,4

Ajoutons qu'une femme de quarante-cinq ans, bien portante et *encore bien réglée*, ne brûlait que 6gr,2 de carbone par heure ; tandis que cinq femmes, également en bonne santé et comprises entre trente-huit et quarante-neuf ans, mais chez lesquelles le *flux menstruel était supprimé*, brûlaient moyennement par heure, 8gr,4 de carbone.

Entre la fonction utérine et la fonction pulmonaire semble donc exister une étroite solidarité ; la première est supplémentaire de la seconde. Une portion notable des matériaux du sang, d'après la remarque d'Andral et Gavarret, est chassée au dehors par le flux menstruel, et ce fait seul tend à expliquer le peu d'activité de la fonction pulmonaire tant que l'utérus continue à vivre de sa vie normale.

(1) SENEBIER, *Rapports de l'air, etc.*, t. I, p. 100.
(2) ANDRAL et GAVARRET, *Ann. de chim. et de phys.*, 1843, 3ᵉ série, t. VIII, p. 129.
(3) GAVARRET, *De la chaleur produite par les êtres vivants*, p. 352. Paris, 1855.

La *grossesse*, en supprimant temporairement l'écoulement sanguin périodique, devait, d'après ce qui précède, augmenter l'exhalation de l'acide carbonique. C'est en effet ce qu'a démontré l'étude des produits de la respiration : ainsi Andral et Gavarret ont observé quatre femmes grosses dont la consommation moyenne de carbone, *par heure*, était, non plus 6^{gr},4, comme pour la femme *réglée*, mais bien 8 grammes, qui représentent la quantité produite vers l'époque de retour.

E. — Parmi les *circonstances extérieures* qui modifient le travail respiratoire, nous considérerons d'abord la *constitution chimique de l'atmosphère ambiante*.

1° — Nous savons déjà que toute atmosphère respirable doit renfermer une quantité déterminée d'oxygène; ici nous nous proposons surtout de rappeler les résultats qui ont été obtenus en remplaçant l'air ordinaire par des mélanges dans lesquels d'autres gaz non délétères tenaient surtout lieu d'une partie ou de la totalité de l'azote.

Lavoisier et Séguin (1), les premiers qui aient fait des essais de ce genre, ont tour à tour employé des mélanges variés d'oxygène et d'azote, d'oxygène et d'hydrogène, et enfin, par comparaison, l'oxygène pur. Dans ces diverses expériences, jamais ils n'ont pu constater aucun changement dans les produits de la respiration.

Regnault et Reiset (2), qui ont répété des expériences analogues, en ont ainsi exprimé les résultats : « La respiration des animaux des diverses classes, *dans une atmosphère renfermant deux ou trois fois plus d'oxygène que l'air normal*, ne présente aucune différence avec celle qui s'exécute dans notre atmosphère terrestre. La *consommation d'oxygène est la même;* le rapport entre l'oxygène contenu dans l'acide carbonique et l'oxygène total consommé ne subit pas de changement sensible; la *proportion de gaz azote exhalé est la même;* enfin les animaux ne paraissent pas s'apercevoir qu'ils se trouvent dans une atmosphère différente de leur atmosphère ordinaire.

» La respiration des animaux, dans une atmosphère où l'hydrogène remplace, en grande partie, l'azote de notre atmosphère terrestre, diffère aussi très-peu de celle qui a lieu dans l'air normal. On remarque seulement *une plus grande consommation d'oxygène*, ce que nous avons attribué à une plus grande activité que prend la respiration afin de compenser le plus grand refroidissement que l'animal éprouve au contact du gaz hydrogène. »

Il paraît donc résulter de là que, dès qu'une atmosphère ne contient aucun gaz délétère et qu'elle fournit, en un temps donné, à la *respiration* tout l'oxygène dont elle a besoin, cette atmosphère satisfait aux conditions fondamentales de la fonction et n'a plus sur elle d'influence bien notable.

---

(1) LAVOISIER et SÉGUIN, *Mémoire* de 1789, *rec. cité*, p. 573.
(2) REGNAULT et REISET, *mém.* et *rec. cités*.

2° — Il en est autrement de l'*état hygrométrique de l'air*. Si l'influence de cette condition physique sur l'ensemble des phénomènes respiratoires a été quelque peu négligée des expérimentateurs, son action spéciale sur la *transpiration pulmonaire* a été du moins l'objet de recherches dignes d'intérêt. W. Edwards (1) a poursuivi, à ce sujet, une longue série d'expériences sur les animaux à sang froid et sur les animaux à sang chaud. Quoiqu'on ait pu reprocher à cet auteur d'avoir parfois confondu la transpiration pulmonaire et la transpiration cutanée, les conclusions générales de son travail n'en ont pas moins une grande portée. Cet habile observateur s'est appliqué à établir que la transpiration, c'est-à-dire l'exhalation d'eau qui a lieu à la surface de la peau ou de la muqueuse respiratoire, doit être rangée au nombre des phénomènes physiques, et qu'elle peut être comparée à ceux que présenteraient des corps poreux (comme du charbon de bois) imbibés d'eau et placés dans les mêmes circonstances où se trouvent les animaux. On conçoit dès lors, et seulement d'après les lois de la physique, que l'état hygrométrique de l'air ambiant doit rendre la transpiration d'autant plus faible que cet état est lui-même plus élevé, c'est-à-dire que l'air est plus humide. Les expériences faites par W. Edwards sur des grenouilles, des crapauds et des salamandres (2), sur des lézards, des couleuvres et des tortues (3), enfin sur des mammifères et des oiseaux, s'accordent pour démontrer la vérité de cette proposition générale. W. Edwards a pourtant reconnu que la transpiration ne s'annule jamais, même dans une atmosphère d'une humidité extrême, mais qu'elle se réduit à son *minimum* (4). La sécheresse extrême porte, au contraire, le phénomène de la transpiration à son *maximum* d'intensité : chez les batraciens, suivant le degré de sécheresse et la durée de l'expérience, la transpiration en général (cutanée et pulmonaire) était de 5 à 10 fois plus grande que dans l'air saturé d'humidité; chez les lézards, la transpiration devenait de 12 à 25 fois plus considérable dans l'air sec que dans l'air humide (5); chez les cochons d'Inde et chez les oiseaux, l'augmentation était en moyenne de 6 fois seulement; il en était à peu près de même chez l'homme (6). — W. Edwards a démontré, en outre, que l'*air agité* produit, dans la transpiration, une modification comparable à celle qui résulte de la sécheresse de l'atmosphère.

Ce savant expérimentateur a compris combien il importait, au moins pour les animaux à sang chaud, de ne pas confondre la transpiration pulmonaire avec la transpiration cutanée. Chez eux, en effet, la transpiration pulmonaire se fait à une température fixe qui est celle du corps, et les conditions hygrométriques extérieures ne sont plus évidemment celles qui existent dans les cellules pulmonaires. L'élévation de température que l'air

---

(1) W. Edwards, *Influence des agents physiques sur la vie*. Paris, 1824, p. 84, 98, 127, 207, 312.
(2) W. Edwards, *ouvr. cité.*, p. 92 et suiv., et p. 583 à 599.
(3) *Ouvr. cité*, p. 127 et suiv., et p. 608 et suiv.
(4) *Ouvr. cité*, p. 94, 224.
(5) *Ouvr. cité*, p. 223, 610.
(6) *Ouvr. cité*, p. 324.

subit en parcourant les voies aériennes tend à abaisser l'état hygrométrique de ce même fluide, et lui permet, par conséquent, d'agir sur les surfaces respiratoires comme le ferait de l'air plus sec que l'air ambiant, c'est-à-dire de leur enlever de nouvelles quantités d'humidité : dans ce cas, il y aura augmentation de la transpiration pulmonaire, abstraction faite de l'état hygrométrique, sous l'influence de la *différence de température* entre l'animal et le milieu ambiant. L'état hygrométrique n'exercerait son influence isolément que si ce milieu se trouvait à la même température que l'animal à sang chaud; dans toute autre circonstance, la transpiration pulmonaire ne se modifie que par l'action composée de la température extérieure et de l'état hygrométrique de l'atmosphère, parce que ces deux causes physiques déterminent réellement l'état hygrométrique que prend l'air dans l'intérieur de l'appareil respiratoire.

Quant à l'influence de l'état hygrométrique de l'air extérieur sur les autres phénomènes de la respiration, on n'a que bien peu de documents à cet égard. Lehmann (1) a fait, il est vrai, quelques recherches desquelles il a cru pouvoir conclure que, dans l'air humide, les lapins et plusieurs espèces d'oiseaux exhalent plus d'acide carbonique que dans l'air sec. Mais cette conclusion attend sa confirmation d'autres expériences plus décisives.

3° — L'*influence de la température ambiante* se fait sentir, d'une manière plus générale, sur les divers phénomènes respiratoires ; elle se lie d'ailleurs avec celle des *saisons et des climats*. Letellier (2) a étudié les modifications qui se produisent dans l'exhalation de l'acide carbonique chez des animaux à sang chaud soumis à des températures extrêmes. Voici quelques-uns des résultats dus à cet expérimentateur :

NOM DE L'ESPÈCE.	TEMPÉRATURES.	POIDS D'ACIDE CARBONIQUE exhalé par heure.
	degr. centigr.	gr.
Cochon d'Inde.............................	à 0	3,006
—	de 15 à 20	2,080
—	de 30 à 40	1,453
Souris.............................	à 0	0,266
—	de 15 à 20	0,249
—	de 30 à 40	0,134
Tourterelle.............................	à 0	0,974
—	de 15 à 20	0,684
—	de 30 à 40	0,366
Serin.............................	à 0	0,325
—	de 15 à 30	0,250
—	de 30 à 40	0,129

(1) Lehmann, *Abhandl. bei Begründung der K. Sächs*, etc. Leipzig, 1846. — *Lehrbuch der physiol. Chemie*, 1853, Bd. III, p. 303.
(2) Letellier, *Ann. de chim. et de phys.*, 1845, 3e série, t. XIII, p. 478

Ces nombres prouvent que, dans les limites des températures indiquées, c'est-à-dire de 0 à 40 degrés, l'exhalation d'acide carbonique peut varier du simple au double, ou même du simple au triple.

Déjà Crawford (1) avait vu que des cochons d'Inde vicient d'autant plus rapidement une quantité donnée d'air respirable, que la température extérieure est moins élevée. Delaroche (2) avait aussi constaté, sur des lapins, des cochons d'Inde et des pigeons, que ces animaux consomment plus d'oxygène lorsque la température de l'air est basse. Dans ces derniers temps, Vierordt (3) a expérimenté sur l'homme lui-même, et il a observé que le volume d'air expiré augmentait de un dixième, en moyenne, quand les températures de l'air, comprises d'abord entre 16 et 24 degrés, s'abaissaient entre 3 et 15 degrés ; en même temps, l'air expiré à ces températures plus basses renfermait aussi un sixième en plus d'acide carbonique. — Barral (4) a signalé nettement l'influence des températures différentes de l'*hiver* et de l'*été* sur lui-même : en hiver, sa respiration, plus active, consommait par heure 13 grammes de carbone, et 10 grammes seulement en été. Edw. Smith (5) a calculé, pendant deux cents jours d'une année et dans des circonstances semblables, la quantité d'acide carbonique qu'il exhalait : cette quantité était à un minimum peu variable en juillet, août et une partie de septembre ; elle commençait alors à augmenter et continuait pendant les mois d'octobre, novembre et décembre, pour atteindre un maximum à peu près stationnaire en janvier, février, mars et avril, puis décroissait graduellement en mai et juin. D'après le même observateur, la décroissance ne suivait pas l'élévation du thermomètre; elle ne se manifestait qu'après une certaine continuité de temps chaud. — L'accélération de l'activité physiologique, sous l'influence du froid habituel de l'hiver, exerce en outre une action curieuse que les expériences de W. Edwards (6) ont révélée. Des animaux à sang chaud, *soumis à la même température en hiver et en été*, ont plus rapidement consommé la même quantité d'oxygène dans la saison froide que dans la belle saison : six bruants placés, au mois de janvier, dans un volume de 117 centilitres d'air chauffé à 20 degrés et non renouvelé, y périrent au bout de 1 heure 2 minutes 25 secondes; la même expérience fut répétée en août et en septembre, et ces oiseaux ne succombèrent qu'au bout de 1 heure 22 minutes. Ces expériences, souvent variées et reproduites par leur savant auteur, ont constamment donné le même résultat.

Les animaux à sang chaud, c'est-à-dire *à température fixe*, ont donc une respiration d'autant plus active, que la température ambiante est plus basse; et cette influence est si générale sur l'organisme, que l'animal placé

---

(1) Crawford, *Exper. and Observ. on Animal Heat*, 2e édit., 1788, p. 313, etc.
(2) Delaroche, *Mém. sur l'influence que la température de l'air exerce sur les phénomènes chimiques de la respiration*, 1812.
(3) Vierordt, *Physiol. des Athmens*, p. 79.
(4) Barral, *Ann. de chim. et de phys.*, 1849, 3e série, t. XXV.
(5) Edw. Smith, *loc. cit.*, p. 519, 520.
(6) W. Edwards, *ouvr. cité*, p. 200.

temporairement, en hiver, dans une température analogue à celle de l'été, y conserve encore, au moins pendant un temps assez long, le surcroît d'activité respiratoire qu'il doit à l'influence continue de la saison. — En traitant de la *chaleur animale*, nous aurons occasion de revenir sur ces faits pour les rattacher à l'histoire de la calorification.

Les animaux à sang froid sont influencés tout différemment. Spallanzani (1) a dit, depuis longtemps, que chez eux l'absorption de l'oxygène est proportionnelle à l'élévation de la température. W. Edwards (2), dans d'ingénieuses expériences, a démontré que les grenouilles ont, en hiver, une respiration si faible, qu'il suffit de la quantité d'air tenu en dissolution dans l'eau, et que cette fonction peut s'exécuter par la peau seule ; tandis qu'en été l'accès de l'air atmosphérique dans leurs poumons est une nécessité impérieuse. Il a prouvé d'ailleurs que, à une même température, la *différence des saisons* influait aussi sur ces animaux : à 0°, les grenouilles respirent de quatre à six fois plus activement en juillet qu'en décembre. — Par conséquent, contrairement à ce qui s'observe chez les animaux à température fixe, on voit, chez les animaux à température variable, la respiration devenir plus intense à mesure que la température est plus élevée. Mais on conçoit qu'il doive y avoir une limite, qu'à un certain degré d'échauffement la respiration cesse de croître avec la température, et qu'au delà encore le malaise résultant d'une chaleur excessive finisse même par déprimer le travail respiratoire. Les expériences de E. Marchand (3) tendent à confirmer ces prévisions.

Quantités d'acide carbonique exhalé, en un même temps, par des grenouilles soumises à diverses températures.

TEMPÉRATURE DE L'EXPÉRIENCE.	ACIDE CARBONIQUE EXHALÉ.
Degrés centigr.	Gram.
De 2 à 3	0,102
6 à 7	0,325
12 à 14	0,306
18 à 20	0,289
28 à 30	0,201

Moleschott (4) a calculé que 100 grammes de grenouille exhalent, en vingt-quatre heures, $0^{gr},475$ d'acide carbonique à une température de + 6 degrés centigrades; $0^{gr},852$ à 28 degrés, et $1^{gr},330$ à 38°,7.

4° — Parmi les conditions extérieures qui peuvent encore modifier les phénomènes chimiques de la respiration, on a coutume de mentionner aussi les *variations de pression atmosphérique*, quoique, jusqu'à présent, on ne soit renseigné à ce sujet que d'une manière bien insuffisante. Déjà (p. 556 et suiv.) nous avons indiqué les curieux effets que déterminent, notamment sur le mécanisme respiratoire, les grandes et brusques variations de pression de l'air. Il nous resterait donc à connaître ceux que, dans de

(1) Senebier, *Rapports de l'air, etc.*, t. II, p. 372.
(2) W. Edwards, *ouvr. cité.*, p. 648.
(3) E. Marchand, *Journ. für Chemie*, 1844, Bd. XXXIII, p. 151.
(4) Moleschott, *Untersuchungen zur Naturlehre*, Bd. II, p. 315.

pareilles conditions, la mesure et l'analyse des gaz absorbés ou dégagés pendant la respiration pourraient seules nous révéler. Or, bien évidemment ces analyses sont encore trop peu nombreuses pour permettre des conclusions quelconques; aussi n'est-ce qu'à titre d'essais qu'on peut signaler les expériences de Vierordt (1), celles de Lehmann (2), de P. Hervier et Saint-Lager (3). Vierordt, qui d'ailleurs s'en est tenu à des différences assez faibles de pression, dit qu'avec une augmentation d'environ 12 millimètres, il a constaté que la proportion d'acide carbonique contenu dans l'air expiré baissait de 4,45 pour 100 à 4,14. Pour Lehmann, l'exhalation de l'acide carbonique est devenue plus considérable avec l'accroissement de la pression atmosphérique. Suivant P. Hervier et Saint-Lager : «1º La quantité d'acide carbonique exhalé dans le bain d'air comprimé s'élève, au dire de Pravaz, au-dessus des proportions de l'état normal, jusqu'à la pression de 10 à 12 centimètres; au-dessus de cette limite, le poumon exhale moins d'acide carbonique qu'avant le bain. 2º L'effet consécutif de l'air comprimé, à la sortie de l'appareil, est l'accroissement de l'exhalation de l'acide carbonique. Cet effet, qui se prolonge pendant plusieurs heures, n'atteint son *maximum* qu'un certain temps après le bain (4). » — Plusieurs de ces résultats, qui sont d'ailleurs peu applicables, auraient besoin de confirmation ultérieure.

5º — Enfin Moleschott (5), comme nous l'avons déjà rappelé, dit avoir constaté que les *variations de lumière* peuvent produire des changements dans la quantité d'acide carbonique exhalé. En représentant par 1 la quantité d'acide carbonique exhalé par une grenouille placée dans l'obscurité complète, il aurait vu cette quantité s'élever à 1,25 l'animal étant exposé à un jour clair, et à 1,015 seulement par un jour sombre. L'exercice de la fonction visuelle interviendrait pour une partie dans ce phénomène : Moleschott prétend s'en être assuré par des expériences comparatives sur des grenouilles saines et sur des grenouilles rendues aveugles.

F. — Dans le récit que nous avons donné des expériences relatives à l'exhalation de l'acide carbonique dans la respiration, nous n'avons point parlé des variations que peut offrir ce phénomène suivant la durée du séjour de l'air dans les poumons. Cette durée est évidemment subordonnée à la *fréquence plus ou moins grande des mouvements respiratoires*. Quand ils s'accomplissent avec lenteur, et que partant le contact de l'air avec les surfaces pulmonaires se prolonge, on est porté à croire que l'échange

<hr>

(1) Vierordt, *ouvr. cité*, p. 84.
(2) Lehmann, *Lehrbuch der physiol. Chemie*, t. III, p. 304.
(3) P. Hervier et Saint-Lager, *Sur la carbonométrie pulmonaire dans l'air comprimé* (*Gaz. méd. de Lyon*, 1849). — Et dans *Essai sur l'emploi médical de l'air comprimé*, par Pravaz. Paris, 1850, p. 27.
(4) Citation de Pravaz, dans son *Essai sur l'emploi médical de l'air comprimé*. Paris, 1850, in-8, p. 27.
(5) Moleschott, *Ueber den Einfluss des Lichts auf die Menge der vom Thierkörper ausgeschiedenen Kohlensäure*. Wien. Med. Wochenschr. 1855, p. 681.

gazeux doit s'opérer d'une manière plus complète ; qu'ainsi, d'une part, l'oxygène de l'air s'absorbe en plus grande quantité, et que, de l'autre, l'acide carbonique se dégage en plus forte proportion. Il faut néanmoins tenir compte d'une autre circonstance, c'est qu'alors l'air, en s'appauvrissant d'oxygène, n'en doit plus provoquer aussi rapidement l'échange avec les gaz du sang ; puis encore il faut se rappeler que, si la fréquence des mouvements respiratoires rend la circulation plus active, leur ralentissement produit l'effet inverse. Quoi qu'il en soit, l'influence combinée de ces diverses causes a pour conséquence que, quand les expirations sont ralenties, le volume d'air expiré renferme une plus forte proportion d'acide carbonique. Mais en somme, dans un temps donné, la *quantité absolue* de ce gaz exhalé par l'appareil respiratoire est moindre que dans le cas où les expirations sont fréquentes. Pour légitimer cette proposition, il nous suffira d'emprunter à Vierordt (1) quelques-uns des résultats qu'il a constatés sur lui-même dans 94 expériences. Ce physiologiste a reconnu, par exemple, que, quand il faisait 12 expirations par minute, l'air expiré contenait 0,043 de son volume d'acide carbonique ; que, s'il exécutait 24 expirations, cette proportion était seulement de 0,035 ; qu'enfin, pour 48 expirations par minute, la proportion d'acide carbonique était 0,031. Or, si l'on recherche quelles *quantités absolues* d'acide carbonique correspondent à ces proportions, en évaluant à 250 centimètres cubes le volume d'une expiration, on trouve que : 12 expirations par minute donnent, pour volume de l'air expiré, 3 litres dont les 0,043 sont 129 centimètres cubes d'acide carbonique ; que 24 expirations donnent 6 litres d'air expiré par minute, dont les 0,035 sont 210 centimètres cubes ; que 48 expirations, dans le même temps, donnent 12 litres d'air expiré dont les 0,031 sont 372 centimètres cubes d'acide carbonique. — Par conséquent, les respirations les plus lentes ont fourni la *moindre quantité absolue* d'acide carbonique par minute, mais aussi la *plus forte quantité relative* de ce gaz dans l'air expiré.

G. — Si, dans un grand nombre d'expériences, on a mesuré et analysé (avec autant de précision que les connaissances actuelles permettent d'en apporter dans les procédés) les gaz absorbés ou dégagés, pendant la respiration, par l'homme et par un certain nombre d'animaux à l'*état normal*, ces mêmes gaz n'ont été étudiés qu'assez rarement dans le but d'établir leurs variations de proportions *suivant les divers états pathologiques*.

Nous signalerons d'abord les analyses, au nombre de 170, faites par Doyère (2) sur les principaux produits de la respiration chez des individus atteints de *choléra*. Chacune de ces analyses comprend la détermination des proportions de l'oxygène absorbé et de celles de l'acide carbonique exhalé.

(1) Vierordt, *Comptes rendus de l'Acad. des sc. de Paris*, 1844, t. XIX, p. 1033. — Voyez aussi *Physiol. des Athmens*, p. 102 et suiv.

(2) Doyère, *Mém. sur la respiration et la chaleur humaine dans le choléra* (*Moniteur des hôpitaux*, 1854, t. II, p. 97).

Rayer (1) avait déjà annoncé, en 1832, que l'air expiré par les cholériques renferme plus d'oxygène que l'air expiré dans l'état physiologique ; en d'autres termes, que l'absorption de ce dernier gaz est diminuée. Doyère a confirmé ce résultat et l'a suivi dans ses détails ; il n'a vu, dans aucun cas, l'absorption de l'oxygène se réduire à zéro : il n'a donc jamais vu l'air expiré contenir autant d'oxygène que l'air inspiré ; mais il a constaté que plus le choléra était grave, plus on retrouvait d'oxygène dans les gaz de l'expiration. Quant à l'acide carbonique, Doyère a rencontré constamment un abaissement notable de la proportion de ce gaz dans l'air expiré par les cholériques ; il n'en trouvait plus en moyenne que 1 pour 100.

Il est d'ailleurs possible, par l'analyse des produits expirés, de mesurer la gravité du mal. Ainsi, chez les cholériques qui ont guéri promptement, l'oxygène absorbé n'est pas tombé au-dessous de 3 pour 100, ni l'acide carbonique exhalé au-dessous de 2,3 pour 100 ; et, par contre, Doyère n'a vu aucun malade sauvé, après que les chiffres donnés par l'analyse étaient tombés plus bas que 1,75 pour le premier gaz, et que 1,45 pour le second, et cela dans le cas même où l'amélioration des symptômes avait fait concevoir de grandes espérances.

Enfin, selon Doyère, dans le choléra, comme dans certains cas d'asphyxie dont il donne des observations, la quantité d'oxygène absorbé est toujours supérieure à celle de l'acide carbonique produit. « Mais ici une question se présente, dit Andral (2) : la modification dans la proportion normale des produits expirés est-elle un fait propre au *choléra* ? Postérieurement à la publication de son premier mémoire, l'observation a révélé le contraire à Doyère. En effet, dans des expériences plus récentes entreprises à l'hôpital de la Charité, sous les yeux de Rayer, chez des malades atteints de *fièvre typhoïde*, et chez un autre atteint de *pneumonie aiguë*, Doyère a trouvé, dans l'air expiré, une aussi faible proportion d'acide carbonique que chez les cholériques..... — Dans ces cas divers, continue Andral, l'abaissement du chiffre du gaz acide carbonique était-il dû, soit aux conditions spéciales qui dominent l'organisme dans la *fièvre typhoïde*, soit à l'altération que subit l'appareil respiratoire lui-même dans la *pneumonie ;* ou bien cet abaissement du chiffre du carbone que le poumon doit normalement éliminer serait-il une condition générale de l'*état fébrile*, quels que soient son point de départ et sa nature ? Question grave, qui demande de nouvelles recherches dont il n'est pas besoin de faire sentir toute l'importance. »

Malcolm (3), ayant fait à l'hôpital de Belfort quelques expériences pour déterminer la quantité d'acide carbonique exhalé pendant la respiration, dans le *typhus*, est arrivé aux deux conclusions suivantes : « 1° dans le ty-

(1) RAYER, *Examen comparatif de l'air expiré par des hommes sains et les cholériques, sous le rapport de l'oxygène absorbé* (*Gaz. méd. de Paris*, 26 mai 1832, t. III, p. 277).

(2) ANDRAL, *Rapport à l'Acad. des sciences de Paris sur le concours de* 1858 (prix Bréant). — Séance du 14 mars 1859.

(3) MALCOLM, *Gaz. méd. de Paris*, année 1844, t. XII, p. 24. — Extrait de *The London and Edinburgh Monthly Journ. of Med. Sc.*, année 1843.

phus, l'exhalation de l'acide carbonique est beaucoup moindre que dans l'état de santé; 2° cette quantité est moindre encore dans les cas les plus graves. » — Mais, jusqu'à ce qu'on ait établi des séries d'expériences analogues pour beaucoup d'autres maladies, on peut encore se demander si cette diminution de la proportion d'acide carbonique dépend de la nature de la maladie ou bien seulement de l'état morbide général.

Cette diminution a été aussi observée par Hannover (1) chez des hommes et des femmes atteintes de phthisie pulmonaire. Dans la chlorose, au contraire, le même observateur prétend que la quantité absolue d'acide carbonique exhalé serait plus considérable que dans l'état de santé !

Quant à P. Hervier et Saint-Lager (2), ils croient pouvoir diviser le cadre nosologique en trois catégories, au point de vue qui nous occupe : la première comprend les maladies dans lesquelles la proportion d'acide carbonique augmente ; la seconde, les états morbides dans lesquels la proportion de ce gaz reste normale ; et la troisième, ceux dans lesquels cette proportion diminue. — Dans la première catégorie, se rangeraient les *phlegmasies* bien caractérisées, à l'exception de celles qui peuvent avoir pour effet immédiat de gêner la respiration ou la circulation : la *fièvre intermittente* pendant l'accès. — Dans la seconde, se trouveraient les maladies chroniques qui ne sont pas accompagnées de fièvre, comme la chlorose, le diabète, etc. — Enfin, dans la troisième, figureraient l'affection typhoïde, les fièvres éruptives; puis la pneumonie, la pleurésie, la péricardite, la phthisie pulmonaire, etc., en un mot, toutes les maladies apportant quelque obstacle à la respiration.

Il est à désirer que ces résultats soient contrôlés par d'autres investigateurs.

X. — Chez les animaux supérieurs, le *sang* est dans un état de perpétuelle mutation par suite de son mélange avec la lymphe, avec le chyle, et aussi avec d'autres produits de la digestion qu'absorbent les veines intestinales. Véhicule de matériaux si divers, le sang ne saurait offrir, dans tous les points de son parcours, les qualités d'un fluide directement nutritif. Pour que ces qualités se développent, il faut, en quelque lieu du trajet circulatoire, l'introduction d'un élément essentiel que les animaux trouvent et puisent incessamment dans l'atmosphère : l'*oxygène*, agent principal des transformations qui ont lieu dans le précédent liquide et dans la trame organique. C'est au moyen des *organes respiratoires* que l'air, riche en oxygène, et le sang veineux, chargé d'acide carbonique libre, sont mis en présence, séparés seulement par une membrane humide d'une extrême ténuité. Or, on connaît la tendance des divers gaz à se mélanger alors même que des membranes humides les séparent; et, en effet, on voit ici un continuel échange s'établir dans des rapports déterminés : tandis que le gaz acide carbonique

<hr>

(1) Hannover, *De quantitate relativa et absoluta acidi carbonici ab homine sano et ægroto exhalati.* Copenhague, 1845, p. 82.

(2) P. Hervier et Saint-Lager, *Recherches sur les quantités d'acide carbonique exhalé par le poumon à l'état de santé et de maladie.* Lyon, 1849, p. 17 et suiv.

en excès dans le sang veineux s'exhale au dehors, l'oxygène atmosphérique est à son tour absorbé par le fluide sanguin. Puis le sang qui, avant cette oxygénation, était rouge brun et impropre à l'entretien de la vie, devient rouge vermeil, riche en oxygène, et bientôt propre à la nutrition comme au développement de tous les organes ; en un mot, il devient *artériel.*

Par conséquent, d'une part, si la respiration enlève quelque chose au liquide sanguin, elle lui apporte, d'autre part, un principe qui le rend apte à compléter l'organisme ou à réparer ses pertes, tout en donnant lieu d'ailleurs à un dégagement de chaleur indispensable au libre exercice des fonctions : c'est ce même principe qui, attaquant les matériaux ternaires et quaternaires du sang, leur fait perdre, en partie, leur hydrogène, leur carbone et leur azote, que nous avons vus s'exhaler partiellement aussi, dans l'expiration, sous forme de vapeur d'eau, d'acide carbonique et d'azote libre.

Le sang, avec sa constitution complexe qui nous est déjà connue (voy. p. 568 et suiv.), peut donc être considéré, avec la trame organique, comme le milieu de tous les phénomènes essentiels de nutrition : c'est lui, en effet, qu'on voit recrutant dans son parcours, pour se reconstituer, certaines substances élaborées dans le tube digestif, et déposant ensuite, dans les divers tissus, des principes assimilables ; c'est lui encore qui reçoit, pour les conduire vers les voies d'élimination, les matériaux usés par le jeu des organes et devenus inutiles ; avec le sang, enfin, circulent l'acide carbonique et l'azote, produits gazeux des métamorphoses de la nutrition, dont ce liquide se débarrasse par les diverses surfaces respiratoires.— Ainsi le *sang* représente un fluide à la fois réparateur et épurateur, dont le renouvellement et la destruction continuels, confiés surtout à la digestion et à la respiration, sont les deux conditions inséparables de l'existence des animaux supérieurs.

Laissant de côté, pour y revenir plus tard, d'autres modifications importantes du sang qui ont lieu dans les divers points du trajet circulatoire par suite de l'introduction de l'oxygène, occupons-nous d'abord du phénomène le plus apparent de tous, du *changement de coloration* que la respiration opère dans le liquide sanguin.

Nul doute que l'absorption de l'oxygène atmosphérique par le sang veineux ne soit la principale cause d'un changement aussi instantané, et que, chez les animaux les plus élevés dans l'échelle, le poumon ne doive être regardé comme un artifice anatomique destiné à multiplier le contact médiat entre le sang et le principe vivifiant de l'air. Si, aux yeux du physiologiste, le poumon est l'origine et le terme d'un grand nombre d'actions chimiques accomplies ailleurs, il est bien manifestement l'organe dans lequel le sang prend sa teinte écarlate, caractéristique du sang artériel. Pour s'en convaincre, il suffit de mettre à nu le poumon d'une grenouille, et, grâce à la transparence des parties, on parvient à voir le sang, qui y pénètre avec une teinte rouge brun, acquérir en le traversant une belle couleur rouge

vermeil (1). Sur un chien, adapte-t-on, à l'exemple de Bichat (2), un robinet à la trachée et un autre à la carotide, on constate les qualités artérielles
du sang tant que les robinets restent ouverts ; mais, lorsque le robinet de la
trachée-artère est fermée, et que partant l'air n'arrive plus aux poumons,
le sang qui s'écoule de la carotide se fonce de plus en plus, prend, en
moins d'une minute, la couleur rouge noirâtre du sang veineux, puis recouvre sa teinte caractéristique presque aussitôt qu'on ouvre derechef le
robinet de la trachée.

Le rapport entre le changement de couleur du sang et l'introduction de
l'air dans ce liquide avait déjà été signalé par Ch. Fracassati (3), G. Needham (4), R. Lower (5), J. Mayow (6), Cigna (7), Hewson (8), etc. Mais à
Priestley (9), qui le premier isola l'oxygène (air déphlogistiqué), revient
l'honneur d'avoir démontré que, dans l'air, ce principe seul a le pouvoir
de donner au sang veineux la couleur rutilante du sang artériel, et auss'
que cette réaction peut s'opérer à travers une membrane organique humide
comme au contact direct de l'air avec le sang ; tandis qu'en mettant du
sang rouge ou artériel en contact avec de l'*air fixe* (acide carbonique), de
l'*air inflammable* (hydrogène) ou de l'*air phlogistiqué* (azote), on le voit
prendre la couleur brun noirâtre du sang veineux.

Or, ainsi que nous le savons déjà (voy. plus haut, p. 591 et suiv.), l'un et
l'autre sang renferment de l'*oxygène*, de l'*acide carbonique* et de l'*azote* ;
mais les *quantités relatives de ces gaz* varient suivant l'espèce de sang,
et, le sang artériel est celui qui contien t de l'oxygène en plus grande proportion.

Puisque le changement de couleur que la respiration fait subir au liquide sanguin est incontestablement dû à l'action de l'oxygène atmosphérique, il nous reste à essayer de pénétrer le mécanisme de cette action.

Schultz (10) avait remarqué que l'acide carbonique gonfle les globules, en
les rendant un peu plus obscurs, tandis que l'oxygène les contracte et les
rend plus clairs. Henle (11) est parti de cette donnée pour admettre que
la couleur du sang dépend exclusivement de la *forme des globules* et qu'elle

(1) Éd. Goodwyn, *The Connection of Life with Respiration*, etc. Londres, 1788, trad. franç.
par Hallé. Paris, 1798, p. 37.

(2) Bichat, *Recherches physiologiques sur la vie et la mort*, p. 384 et suiv., 5e édit.
Paris, 1829.

(3) Ch. Fracassati, *Tetras anatomicarum epistolarum* M. Malpighii et C. Fracassati :
De lingua et cerebro. Bologne, 1665, in-12.

(4) G. Needham, *Disquisit. anatom. de formato fœtu*, cap. VI : *De ingressu aeris in sanguine (Bibl. anat. de Manget, t. I, p. 563).*

(5) R. Lower, *Tractatus de corde ; item de motu et colore sanguinis et chyli in eum transitu, cap. III, p. 175 et seq. 1669, in-8.*

(6) J. Mayow, *Tractatus quinque phys. med., quorum primus agit de sale nitro et spiritu
nitro-aero, secundus de respiratione*, etc. Oxonii 1674.

(7) Cigna, *De respiratione (Miscellanea Soc. Taurin., t. V, 1773. — Ibid., t. I, p. 68).*

(8) Hewson, *Inquiry into the Properties of the Blood*, p. 8.

(9) Priestley, *Observ. on Respiration and the Use of Blood (Philos. Transact., 1776,
p. 226).*

(10) Schultz, *System der Circulation*. Tübingue, 1838, p. 27.

(11) Henle, *Anatomie générale*, trad. de Jourdan. Paris, 1843, t. I, p. 472.

est d'autant plus claire que ceux-ci sont plus plats. L'oxygène agirait donc à la manière de certaines substances indifférentes (sucre de canne et sels alcalins neutres), en transformant les globules sanguins en autant de petits miroirs concaves ; l'acide carbonique, au contraire, à l'instar de l'eau, en ferait des miroirs convexes, en renversant le courant osmotique développé à l'intérieur de ces corpuscules par l'oxygène. — Mais, en admettant que cette action purement physique puisse donner au sang des différences de teinte, on doit reconnaître qu'elle ne prend qu'une faible part au changement de couleur si notable éprouvé par le sang veineux lors de son passage à travers le poumon. En effet Bruch (1) a constaté que du sang fortement étendu d'eau, au point que les globules aient complétement disparu par dissolution, éprouve aussi un changement de coloration par l'acide carbonique et l'oxygène.

Il faut donc invoquer une autre cause ; par exemple une combinaison instable entre ce dernier gaz et quelqu'un des principes constitutifs du sang. La plupart des physiologistes admettent aujourd'hui que l'oxygène du sang se trouve contenu *surtout* dans les globules : ce fait ressort d'expériences qui consistent, après avoir battu, au contact de l'oxygène, du sang défibriné et encore pourvu de globules, à s'assurer que ce liquide possède, en effet, à l'égard du principe vivifiant de l'air, un pouvoir absorbant presque double de celui que possède un même volume de sérum, sans globules, battu dans le même milieu. — S'il y avait simple dissolution de l'oxygène, la quantité en poids qui serait dissoute devrait toujours être proportionnelle à la pression extérieure ; or, en appliquant la loi de Dalton, on arriverait à cette conséquence que le sang des habitants des régions où la pression atmosphérique n'est plus guère que de $0^m,380$ (comme pour certaines localités citées précédemment, p. 560) renfermerait moitié moins d'oxygène que le sang des habitants des bords de la mer, où cette pression est de $0^m,760$. Regnault et Reiset assurent que l'absorption de l'oxygène est soustraite à l'influence de la pression. Il résulte néanmoins des recherches de Vierordt et Lehmann (2) que des variations notables dans la pression entraînent toujours de légères différences dans les quantités des gaz absorbés. On est donc ainsi amené à conclure que le phénomène doit tenir à la fois un peu de la dissolution simple et beaucoup plus de la combinaison chimique.

Quoi qu'il en soit, il faut admettre que l'oxygène du sang, s'il est de préférence uni aux globules, s'est engagé dans une *combinaison fort instable* qui ne l'empêche pas d'attaquer ultérieurement les matériaux combustibles du sang, mais qui sert uniquement à fixer cet agent et à faciliter son transport dans le torrent circulatoire. La force qui retient l'oxygène dans les globules est assez faible pour permettre à ce gaz de se dégager

----

(1) Bruch, *Ueber die Farbe des Blutes* (*Zeitschrift für rat. Med.* Bd. I, p. 440. 1844). Id., *Noch einmal die Blutfarbe* (*Id.* Bd. III, p. 308. 1845).
(2) Vierordt, *Physiologie des Athmens*, p. 84 et suiv. — Lehmann, *Lehrbuch der phys. Chemie.* Bd. III, p. 306.

quand on fait bouillir le sang (à 40 degrés) dans le vide obtenu à l'aide de la machine pneumatique à mercure.

On s'est demandé si la teinte vermeille du sang artériel, au lieu d'être due à la fixation du principe vivifiant de l'air, ne dépendrait pas simplement de l'enlèvement de l'acide carbonique auquel s'est substitué ce principe. Mais, s'il en était ainsi, en expulsant l'acide carbonique du sang à l'aide de l'hydrogène ou de l'azote, on devrait donner à ce liquide la même coloration qu'il prend quand on emploie de l'oxygène dans le même but; or, il est bien certain que cela n'arrive point. D'ailleurs le sang veineux qu'on soumet à l'action de la machine pneumatique, et auquel on enlève ainsi son acide carbonique, ne prend pas la couleur écarlate du sang artériel. Au contraire, comme le sang artériel, soumis à la même épreuve et privé de son oxygène, acquiert une teinte foncée comme celle du sang veineux, on est amené à cette conclusion que la couleur naturelle du sang est celle qui se rencontre dans le sang veineux, et que la teinte écarlate du sang artériel provient sans doute de la combinaison instable de la matière colorante des globules avec l'oxygène.

Suivant Heidenhain (1), l'acide carbonique n'est pas complétement dépourvu d'action sur la matière colorante du sang, mais cette action se manifeste seulement lorsque de grandes quantités d'acide carbonique agissent sur une faible quantité de sang : ce dernier perd, dans ce cas, toute couleur *rouge* et revêt la couleur *brune* ou *noirâtre* qui s'y développe sous l'influence des acides minéraux.

Diverses expériences ont été faites qui tendent à prouver que ni l'air atmosphérique, ni l'oxygène lui-même ne sont capables de changer la couleur du sang veineux, quand ce liquide est une fois privé de sérum et des sels propres à ce dernier ; ou bien encore qu'en lavant avec de l'eau distillée bouillie des tranches minces d'un caillot de sang artériel, pour lui enlever son sérum, ce caillot devient foncé comme celui du sang veineux, et qu'il reprend sa teinte écarlate dès qu'on lui rend du sérum (2). Aussi l'artérialisation du sang a-t-elle semblé être un phénomène complexe qui résulterait de l'action exercée par l'oxygène sur les globules sanguins *en présence des sels du sérum* (*). — Parmi les composés salins qui contribuent à conserver l'intégrité des globules et à entretenir leur propriété de se laisser aviver par l'air, on peut citer notamment le carbonate, le phosphate, le chlorhydrate et le lactate de soude, qui existent en effet dans le sérum.

(1) HEIDENHAIN, *Disquis. crit. et experim. de sang. quantit.* Halis, 1857, p. 30.

(2) W. STEVENS, *Observations on the Healthy and Diseased Properties of the Blood.* London, 1832. — ER. TURNER, *Influence of the Serum in changing the Colour of the Blood (Elem. of Chem.,* t. IV ; et *Edinb. Med. and Surg. Journ.,* t. XXXIX, année 1833). — HOFFMANN, *The London Med. Gaz.,* t. XI, p. 883.

(*) La nature de cette action chimique est encore inconnue. On doit regarder comme tout à fait hypothétique la *suroxydation pure et simple du fer* contenu dans la matière colorante du sang.

SCHŒNBEIN, bien qu'il n'ait pu découvrir dans le sang aucune trace d'*ozone* et d'*antozone*, semble néanmoins attribuer une action très-importante à ces deux formes de l'oxygène. Il pense que l'oxygène est uni aux globules sous forme d'ozone, sans dire à ce sujet rien qui concerne la coloration du sang. — C'est particulièrement en étudiant les phénomènes de nutrition que nous aurons à nous occuper de différents faits signalés par ce savant chimiste.

Quant à l'acide carbonique (produit ultime des transmutations nutritives que nous savons devoir être éliminé, avec la vapeur d'eau, surtout par les voies respiratoires), il ne paraît pas avoir pour les globules la même affinité que l'oxygène. L'acide carbonique en a une plus grande, mais non exclusive, pour le sérum : battu au contact d'une atmosphère d'acide carbonique, le sérum sanguin dissout une plus grande quantité de ce gaz que ne le fait un égal volume de sang défibriné, contenant encore ses globules et battu dans les mêmes conditions.

Il en est d'ailleurs de l'acide carbonique et de l'azote comme de l'oxygène : nul doute que le sang n'ait pour ces gaz une propriété absorbante toute différente de celle de l'eau pure. Cette différence, qu'on ne saurait rapporter tout entière aux globules, paraît tenir à l'influence de certains principes solubles que le sang renferme, principes qui feraient entrer les précédents gaz dans une sorte de combinaison, plutôt que dans une dissolution véritable, puisque les volumes dissous n'obéissent plus à la loi de Dalton.

Savoir quels sont, parmi les principes solubles du sang, ceux qui servent ainsi à la fonction respiratoire, et ceux qui pourraient manquer sans qu'elle fût troublée, c'est-à-dire connaître, sous ce point de vue particulier, *le rôle de chaque élément principal du sang dans l'absorption ou le dégagement des gaz de la respiration*, tel est le but d'intéressantes recherches analytiques que E. Fernet (1) a accomplies dans ces dernières années; recherches qui, confirmées par les expériences de Lothar Meyer (2), ont été reprises depuis par Setschenow (3), Schœffer (4), Nawrocki (5), etc.

La méthode employée par Fernet consiste à prendre des dissolutions diversement concentrées des principaux sels qu'on trouve dans le sang, et à déterminer les coefficients d'absorption de l'oxygène, de l'azote et de l'acide carbonique dans ces dissolutions.

Ne pouvant entrer ici dans le détail des manipulations de chaque expérience, nous allons nous borner à donner sommairement les principaux résultats qui sont dus à la fois aux recherches de Fernet et à celles que

(1) E. Fernet, *Note sur la solubilité des gaz dans les dissolutions salines, pour servir à la théorie de la respiration* (*Comptes rendus des séances de l'Acad. des sciences de Paris*, 31 décembre 1855, t. XLI, p. 1237 et suiv.).

Cette note a précédé de plus de deux ans l'excellente *Thèse inaugurale* de Fernet sur le même sujet ; thèse à laquelle nous empruntons la plupart des détails contenus dans ce paragraphe (*Thèses de la Faculté des sciences de Paris*, n° 210, 11 mai 1858, et *Ann. des sc. nat.*, 4e série, *Zoologie*, t. VIII, p. 125).

(2) Lothar Meyer, *Die Gase des Blutes.— Inauguraldissertation der hohen medicinischen Fakultät Würzburg*. Göttingen, 1857.

(3) Setschenow, *Beiträge zur Pneumatologie des Blutes. Sitzungsber. d. Wien. Akad. Math.-Naturw. Cl.* 1859. Bd. XXXVI, p. 293 ; *Zeitschr. für rat. Med.* III Reihe. Bd. X, p. 104, 285.

(4) Schœffer, *Ueber die Kohlensäure des Blutes und ihre Ausscheidung. Sitzungsber. d. Wien. Akad. Math.-Naturw. Cl.* 1860. Bd. XLI, p. 519.

(5) Nawrocki, *Die Methoden den Sauerstoff im Blute zu bestimmen. Studien des physiol. Instit. zu Breslau*, II, 1863.

Lothar Meyer a faites de son côté en se servant, avec quelques modifications, de la méthode publiée par Fernet dans sa note de 1855 (*).

Certains éléments minéraux du sérum sanguin augmentent *de moitié* le pouvoir absorbant de ce liquide à l'égard de l'*acide carbonique*, en exerçant sur ce gaz une véritable action chimique : une pareille action est principalement due à la présence de deux genres de sels, les phosphates et les carbonates alcalins. Ajoutons que la présence de ces sels tend au contraire à diminuer le coefficient de *solubilité propre*, comme Fernet l'a constaté et comme d'ailleurs cela paraît être pour la plupart des corps dissous : c'est donc bien l'intervention de l'action chimique qui ici rend, en définitive, la quantité de gaz *absorbée* beaucoup plus considérable que dans l'eau pure.

Un accroissement ou une diminution dans la quantité de l'un de ces sels (variations observées dans les recherches de pathologie ou de physiologie comparée) détermine, soit un accroissement, soit une diminution dans le pouvoir absorbant total du sérum pour l'acide carbonique, et par conséquent dans la rapidité avec laquelle ce gaz est transmis de la trame organique à l'air extérieur, par l'intermédiaire du sang (Fernet).

L'acide carbonique absorbé par ces solutions salines, bien qu'il doive être considéré comme obéissant à une loi plus complexe que celle de la dissolution, peut néanmoins être dégagé d'une manière presque complète sous l'influence des causes qui détruisent complétement la dissolution elle-même, c'est-à-dire le vide aussi parfait que possible, ou ce qui revient au même, le passage continu d'un gaz étranger. Dans ces deux cas, il se comporte donc, au point de vue du résultat définitif, absolument comme un gaz dissous. — Il importe d'ailleurs de se rappeler, à cette occasion, que, d'après les expériences de H. Rose (1) et de Marchand (2), les carbonates alcalins, après avoir absorbé de l'acide carbonique pour se transformer en sesquicarbonates ou bicarbonates, peuvent, quand ils sont en dissolution, s'en séparer sous l'action du vide ou par le passage d'un autre gaz ; il faut aussi savoir qu'en pareil cas, à la température de 38 à 40 degrés centigrades, la transformation des bicarbonates en carbonates, et partant le dégagement d'acide carbonique, ont été reconnus très-faciles. On comprend tout de suite les applications de ces données à la respiration, c'est-à-dire à l'échange gazeux que cette fonction est chargée d'accomplir.

L'influence des mêmes sels (carbonates et phosphates alcalins) sur l'*absorption de l'oxygène* a beaucoup moins d'importance, au dire de Fernet : elle diffère surtout de la précédente par la faible valeur de l'accroissement donné au pouvoir absorbant total de l'eau pure par ces deux groupes de sels. La conséquence de la présence de l'un deux est pourtant toujours un petit accroissement dans le pouvoir absorbant. Le gaz absorbé peut

---

(*) *Rapport sur une réclamation de priorité adressée à l'Acad. des sciences de Paris* par M. Lothar Meyer, à propos d'un travail de M. Fernet (*Comptes rendus des séances*, t. XLVIII, p. 38). — *Ibid.*, t. XLVII, 2 août 1858, *Rapport* de M. Balard sur le précédent travail.

(1) Poggendorff's *Ann.* Leipzig, 1835, t. XXXIV, p. 149.

(2) Marchand, *Journ. für prakt. Chem.* Leipzig, 1845, t. XXXV, p. 385.

d'ailleurs se dégager entièrement dans une atmosphère où la pression de
ce même gaz est sensiblement nulle.

L'*absorption ou le dégagement de l'azote* ne paraît pas, suivant Fernet,
éprouver de modifications appréciables, par la dissolution dans l'eau des
précédents sels. — Setschenow a vu que, pour 100 volumes de sang
dépouillé de gaz, l'azote était absorbé en quantité rapidement croissante
avec la pression. Ainsi :

m.   vol.

A la pression de 0,445, il y a 2,77 d'azote absorbé.
  — de 0,535, 4,71   —
  — de 0,66, 5,14   —

Le coefficient d'absorption du sang (pourvu de ses globules) pour l'azote
est non-seulement plus grand que celui de l'eau, mais il est aussi plus grand
que celui du sérum : d'où Setschenow conclut que les globules sanguins
doivent jouer un rôle dans l'absorption de l'azote fourni par l'organisme.

Les phosphates et les carbonates alcalins semblent avoir, nous l'avons
vu, une même action sur l'*absorption de l'acide carbonique* : ils fixent, d'une
manière au moins passagère, un certain volume de ce gaz à l'état de combinaison, en proportions définies. Ce ne sont point des poids égaux de ces
deux sels qui doivent produire un même effet ; mais, dit Ferney, « un équivalent chimique de phosphate de soude ordinaire absorbe, à l'état de combinaison, la même quantité d'acide carbonique que deux équivalents de
carbonate de soude. »

On comprend dès lors comment les carbonates alcalins peuvent être
remplacés dans le sang par des phosphates, sans qu'il en résulte de variations graves dans les usages fonctionnels du fluide nourricier. Des recherches, faites à un tout autre point de vue, ont précisément démontré qu'il
existe, entre les proportions de chacun d'eux, une sorte de compensation,
de façon que l'accroissement des uns concorde, dans l'état normal, avec
le décroissement des autres : c'est ce que démontre, par exemple, la comparaison des analyses du sang normal des herbivores et des carnivores, ou
du sang d'un même animal soumis à différents régimes. — D'un autre
côté, les quantités de ces deux genres de sels, pris ensemble, ont toujours
été moindres dans les cas pathologiques assez nombreux où la combustion
physiologique paraît entravée.

Quant aux dissolutions des chlorures du sérum, et du chlorure de sodium
en particulier, l'absorption gazeuse y suit la loi de la dissolution proprement dite, et ne paraît se compliquer d'aucune action chimique, en sorte
que le volume de gaz absorbé est toujours moindre que pour l'eau pure.
Cette diminution est assez considérable pour que, dans les limites mêmes
des variations constatées par la pathologie ou la physiologie comparée, un
accroissement dans la proportion de chlorures entraîne une diminution dans
le pouvoir dissolvant proprement dit, pour tous les gaz de la respiration ;
et *vice versâ*. Or, on sait que, dans le choléra et le scorbut notamment, la
proportion de chlorures augmente dans le sang d'une manière sensible,

et des expériences comparatives ont appris qu'en effet l'absorption d'oxygène et le dégagement d'acide carbonique sont notablement diminués (J. Davy, Rayer, Doyère, *loc. cit.*).

C'est principalement sur l'absorption de l'oxygène que paraît influer la présence des chlorures, et l'on doit regarder les variations dans les quantités relatives de ce genre de sels comme diminuant la pénétration de l'oxygène dans le liquide où nagent les globules. Ceux-ci, nous le savons déjà, ont une affinité spéciale pour ce gaz, affinité assez faible toutefois pour être vaincue par l'action du vide ; au contraire, ils n'exercent pas sur l'acide carbonique d'action chimique capable de modifier beaucoup les quantités de gaz absorbées.

D'après L. Meyer, l'absorption de l'oxygène par le sang dépend, pour la plus faible partie seulement, de la pression exercée par ce gaz à la surface du liquide : en outre, à mesure que le sang acquiert de l'eau, et perd par conséquent des quantités relatives du principe (globules) qui fixe l'oxygène, les quantités absorbées indépendantes de la pression décroissent, tandis que celles qui entrent en dissolution proprement dite augmentent. L. Meyer explique ainsi l'affaiblissement graduel de la respiration après des saignées fréquemment répétées, l'expérience ayant démontré que le sang contient alors des proportions d'eau de plus en plus considérables. Chacun connaît l'influence de la quantité des globules sur la consommation d'oxygène dans l'acte de la respiration, les coïncidences observées entre la diminution des globules et le ralentissement de cette fonction, ou réciproquement.

Les expérimentateurs que nous venons de citer sont tous d'accord sur l'ensemble des faits précédents. Mais ils diffèrent dans l'évaluation des quantités relatives des gaz libres et des gaz combinés. On aura une idée de ces divergences en comparant, par exemple, les chiffres de Lothar Meyer et ceux de Setschenow : le premier de ces auteurs admet que, pour 100 volumes de sang, il y a 28 volumes 1/2 d'acide carbonique chimiquement combiné, et 5 1/2 à 6 volumes simplement dissous ; pour Setschenow le rapport est inverse, c'est-à-dire que 28 à 30 volumes d'acide carbonique sont libres et 2 1/2 seulement combinés. Mais l'affinité mise en jeu est ici tellement faible que nous ne pouvons, d'accord avec Fernet et Lothar Meyer, considérer (à l'exemple de Setschenow) comme simplement dissous tous les gaz qui se dégagent dans le vide barométrique. — Il faut bien reconnaître que la limite entre les deux états de dissolution et de combinaison est fort difficile à déterminer avec rigueur.

En terminant cet exposé, nous croyons pouvoir répéter avec Fernet : « Le plasma sanguin n'est pas seulement un liquide contenant les éléments de la nutrition, et d'une densité telle que les globules puissent s'y conserver. C'est encore un liquide dont la constitution chimique est appropriée au maintien d'un équilibre particulier pour chacun des gaz auquel il doit servir de véhicule ; de façon que, si la constitution chimique du plasma venait à être modifiée, les globules conservant néanmoins leur intégrité, il n'en résulterait nullement que la respiration dût pour cela s'effectuer comme par le passé. Tout porte à croire, au contraire, que les perturbations apportées dans la respiration, par des changements dans les proportions des matières dissoutes, sont dues bien plutôt à une différence d'action du liquide sur les gaz, qu'à une différence de densité altérant la constitution des globules. » — Le volume d'oxygène fixé par ces derniers est environ vingt-cinq fois égal au volume qui est dissous dans le sérum; aussi, d'après le même observateur, paraît-il permis de voir dans les *globules* le véritable régulateur de la respiration, et d'admettre que c'est à leur présence dans le sang que l'homme ou les animaux supérieurs doivent d'absorber, à très-peu près, la même quantité d'oxygène, quelle que soit la pression, sur le sommet des montagnes et dans les plaines, etc.

Ce n'est pas seulement dans les quantités relatives des gaz contenus dans le sang veineux et dans le sang artériel que résident les caractères différentiels de ces deux espèces de sangs ; d'autres différences résultent encore des proportions de leurs éléments solides ou liquides, ainsi qu'on l'a vu précédemment à propos de la *composition chimique du sang* (p. 599 et suiv.).

Le sang artériel et le sang veineux peuvent être considérés comme différant aussi en ce sens que le premier paraît avoir la même composition dans toutes les divisions du système vasculaire qui lui appartiennent, tandis que le second offre une composition qui varie beaucoup dans diverses parties du corps. En étudiant la *composition chimique du sang*, nous avons déjà donné (p. 601) l'analyse du sang veineux provenant de certaines veines, dans le but d'établir les différences qu'il présente avec le sang veineux général ; nous n'avons pas à revenir sur ces différences.

C'est en traitant de la *nutrition et de la chaleur animale* que nous nous proposons d'examiner les phénomènes ultérieurs qui résultent de l'introduction de l'oxygène dans le sang. A vrai dire, ceux-ci s'accomplissent dans toutes les parties vivantes, et ne sauraient par conséquent être confondus avec les phénomènes respiratoires proprement dits desquels ils dérivent. Pour le moment, il nous suffit d'avoir reconnu qu'entre le sang qui vient de prendre les qualités artérielles dans les organes de la respiration et le sang qui les a perdues dans les capillaires généraux, s'il y a quelques différences purement accidentelles, il en est aussi d'autres qui sont constantes et fondamentales.

XI. — Après tous les détails historiques et critiques que nous avons donnés sur les changements qu'éprouvent l'air et le sang dans la respiration, il nous sera permis d'abréger beaucoup l'exposé des théories qu'on a émises dans le but d'expliquer la manière dont s'accomplissent ces changements.

Pour apprécier toute la valeur des recherches des modernes, à ce sujet. il convient de rappeler très-sommairement quelles idées régnaient autrefois sur l'*essence et le but* de la fonction respiratoire. — L'air, introduit dans le corps des animaux, était réputé n'avoir d'autre mission que de rafraîchir le sang, d'augmenter sa densité, ou encore de lui enlever certaines vapeurs, afin de le rendre propre à la confection des *esprits vitaux*. — Relativement à la *chaleur innée*, ses partisans n'étaient pas d'accord sur le lieu de son origine : les uns, avec Aristote, prétendaient que le *sang s'échauffe* dans le ventricule droit du cœur ; les autres, avec Galien, affirmaient que la source ou le foyer de cette chaleur est dans le ventricule gauche du même organe. Aucun d'eux ne cherchait d'ailleurs à s'expliquer son hypothèse. — Quant à la mort dans l'air confiné, on la supposait dépendre de la diminution de l'élasticité de ce fluide, d'une élévation exagérée de température ou de l'irritation que les vapeurs infectées de cet air occasionnent dans les bronches qui alors se resserrent et en refusent l'accès, etc. — Comme conséquence de la grande découverte de G. Harvey sur le mouvement circulaire du sang, d'autres physiologistes (iatro-mécaniciens) supposaient que la respiration avait pour but essentiel de déplisser les innombrables vaisseaux du poumon pour que le sang pût passer des cavités droites aux cavités gauches du cœur ; et les inventeurs de cette hypothèse ne voyaient point que, si elle était fondée, un gaz quelconque devrait convenir tout aussi bien que l'air atmosphérique à un pareil but, ce qui est loin d'avoir lieu. — C'est encore aux iatro-mécaniciens que la transformation du sang noir en sang rouge, dans les capillaires du poumon, paraissait due au frottement et à la chaleur qui devait en résulter, etc.

Admises par divers auteurs qui tour à tour s'en montrèrent aussi satisfaits que s'il se fût agi de vérités incontestablement démontrées, de semblables théories, conçues dans l'ignorance ou l'oubli de toute saine notion de physique et de physiologie, ne méritent guère qu'on les discute. Aussi avons-nous hâte de passer outre, pour arriver à une autre époque ou l'on soupçonna que, dans l'acte de la respiration, l'air mis en rapport avec le sang cède un *principe particulier* qui se combine avec certains éléments de ce liquide. Cette époque précéda l'ère du créateur de la chimie moderne, si féconde en beaux résultats, et dans laquelle devait se produire la *vraie théorie de la respiration*.

Commençons par payer, de nouveau, un juste tribut d'éloges et d'admiration à Jean Mayow (1) qui, mort à trente-quatre ans, fut le précurseur des fondateurs de la chimie pneumatique. Déjà, pour lui, l'air est un *composé* gazeux qui renferme un principe (*gaz* ou *esprit nitro-aérien* ou *igno-aérien*) apte à entretenir la vie en passant dans le sang par la respiration, et produisant ainsi la *rutilance* du sang artériel, une *fermentation* et la *chaleur animale*. Ce même principe, ajoute J. Mayow, s'unit, dans la combustion, au corps qui est brûlé ; il engendre les acides en se combinant avec certains corps (tels que le soufre, etc.), et, condensé dans le *sel de nitre*, il fait qu'un mélange de ce dernier et de soufre peut brûler dans le vide ; c'est

(1) J. MAYOW, *Tractatus quinque physico-medici, quorum primus agit de sale nitro et spiritu nitro-aero, secundus de respiratione*, etc. Oxonii 1674.

encore le *gaz* ou *esprit nitro-aérien* de l'air qui se combine avec le fer pour donner naissance à la rouille. Enfin, suivant le même auteur, quand on a soumis un corps à la combustion en vase clos, l'air qui reste (bien différent de l'esprit nitro-aérien qui s'est uni au corps brûlé) ne peut ni alimenter la combustion, ni entretenir la vie. — Or, traduisons les mots *principe igno-aérien, gaz* ou *esprit nitro-aérien*, par *oxygène*, et nous aurons le fondement de tout l'édifice de la chimie moderne, la base de la théorie actuelle des rapports des êtres vivants avec l'atmosphère.

Assurément c'était là une idée féconde à substituer à de stériles théories; mais, avant qu'on en reconnût tout le prix, il s'écoula environ un siècle, et il fallut les mémorables travaux de Jos. Black, ceux de Priestley, de Scheele et de Lavoisier, pour révéler tout ce qu'il y avait d'admirable dans les prévisions de J. Mayow. — Black (1) a reconnu que si, par le fait de la respiration de l'homme et des animaux, l'air cesse d'être respirable, c'est qu'il s'y mêle une quantité notable d'acide aérien ou d'acide carbonique. — A Priestley (2) revient la gloire d'avoir *isolé*, le premier, le principe entrevu par Mayow, et auquel fut donné bientôt le nom définitif d'*oxygène*. C'est encore le même savant qui démontra que, pour restituer à l'air vicié par la respiration ses propriétés primitives, il suffit de le tenir pendant quelques jours en contact avec des plantes en pleine végétation; que l'air et l'oxygène seuls ont le pouvoir de donner au sang veineux la couleur rutilante du sang artériel, et que cette réaction peut s'opérer à travers une membrane organique humide comme au contact direct de l'air avec le sang. — Quant à Lavoisier (3), l'auteur de la grande découverte de la *composition de l'air* (*), ses travaux forment, avec les conclusions que son génie a su en faire jaillir, un magnifique ensemble ayant pour but d'expliquer à la fois les phénomènes de la combustion et ceux de la respiration : aussi, à peine la composition de l'air lui fut-elle connue, qu'il constata l'*absorption de l'oxygène* dans la respiration de l'homme et des animaux ; et, comme il venait de démontrer que l'*acide carbonique* est un composé d'oxygène et de carbone, il sut bientôt relier la production et l'exhalation de ce gaz acide à l'absorption de l'oxygène ; il ramena les phénomènes chimiques de la respiration à une double combustion de carbone et d'hydrogène, et en effet établit définitivement sur des preuves expérimentales l'analogie entre la respiration et la combustion, analogie sur laquelle se fonde la *théorie chimique de la respiration*, généralement admise de nos jours et encore debout malgré les attaques dont elle a été l'objet.

« La respiration, dit Lavoisier (4), n'est qu'une combustion lente de carbone et d'hydrogène, qui est semblable en tout à celle qui s'opère dans

<hr>

(1) BLACK, *Lectures on the Elem. of Chem.*, etc. Londres, 1803.

(2) PRIESTLEY, *Expér. et observ. sur les différ. espèces d'air*, trad. franç. de Gibelin. Paris, 1777, t. II, p. 41 et suiv.

(3) LAVOISIER, *Mém. de l'Acad. des sc. de Paris*, 1775, p. 520. — *Ibid.*, 1777, p. 183 et suiv. — *Ibid.*, 1780, p. 355 et suiv. — *Ibid.*, 1789, p. 568, 574, etc. — *Ibid.*, 1790, p. 607.

(*) Voyez plus haut, p. 549.

(4) LAVOISIER, *Mém. de l'Acad. des sc. de Paris*, année 1789, p. 570 et suiv.

une lampe ou dans une bougie allumée; et, sous ce point de vue, les animaux qui respirent sont de véritables corps combustibles qui brûlent et se consument.

» Dans la respiration, comme dans la combustion, c'est l'air de l'atmosphère qui fournit l'oxygène : mais, comme dans la respiration c'est la substance même de l'animal, c'est le sang qui fournit le combustible, si les animaux ne réparaient pas habituellement par les aliments ce qu'ils perdent par la respiration, l'huile manquerait bientôt à la lampe, et l'animal périrait, comme une lampe s'éteint lorsqu'elle manque de nourriture.

» Les preuves de cette identité d'effet entre la respiration et la combustion se déduisent immédiatement de l'expérience. En effet, l'air qui a servi à la respiration ne contient plus, à la sortie du poumon, la même quantité d'oxygène; il contient non-seulement du gaz acide carbonique, mais encore beaucoup plus d'eau qu'il n'en contenait avant l'inspiration. Or, comme l'air vital (oxygène) ne peut se convertir en acide carbonique que par une addition de carbone; qu'il ne peut se convertir en eau que par une addition d'hydrogène; que cette double combinaison ne peut s'opérer sans que l'air vital (oxygène) perde une partie de son calorique spécifique; il en résulte que l'effet de la respiration est d'extraire du sang une portion de carbone et d'hydrogène, et d'y déposer à la place une portion de son calorique spécifique qui, pendant la circulation, se distribue avec le sang dans toutes les parties de l'économie animale et y entretient cette température à peu près constante que l'on observe dans tous les animaux qui respirent.

» En rapprochant ces réflexions des résultats qui les ont précédées, ajoute Lavoisier (1), on voit que la machine animale est principalement gouvernée par trois régulateurs principaux : la *respiration*, qui consomme de l'hydrogène et du carbone, et qui fournit du calorique; la *transpiration*, qui augmente ou diminue suivant qu'il est nécessaire d'emporter plus ou moins de calorique; enfin, la *digestion*, qui rend au sang ce qu'il perd par la respiration et la transpiration. »

En lisant ces lignes qui résument si bien la théorie de Lavoisier sur la respiration, comment ne pas admirer la netteté avec laquelle s'y trouvent formulées tout d'abord des idées que, depuis bientôt un siècle, les physiologistes poursuivent encore en s'inspirant du génie de leur auteur?

On a reproché à Lavoisier de s'être trompé en adoptant le poumon comme siége exclusif de la combustion. Mais, après tout, en quoi se trouve donc tant compromise son idée principale, parce que l'acide carbonique exhalé par les voies aériennes ne provient point (au moins pour la plus grande partie) d'une combustion opérée directement au sein même du poumon? Ce qui importe à la doctrine de Lavoisier, c'est que, par suite de l'absorption de l'oxygène atmosphérique dans la respiration, cette exhalation d'acide carbonique résulte en effet *principalement d'une combustion* accomplie en quelque endroit de l'organisme. D'ailleurs Lavoisier lui-même (2),

(1) LAVOISIER, *mém. et rec. cités*, p. 580.
(2) LAVOISIER, *mém. et rec. cités*, p. 583. — Voyez aussi le Mémoire de 1790, p. 607 (*Mém. de l'Acad. des sc. de Paris*).

avec cette sage réserve qui lui est ordinaire, n'avait pas manqué de donner comme provisoires les détails de sa doctrine. La combustion directe, dans le poumon lui-même, lui semblait *seulement plus probable* que les autres manières d'interpréter l'action de l'oxygène sur le sang ; aussi l'avait-il adoptée *provisoirement*.

Quoi qu'il en soit, il est certain qu'on ne saurait plus partager aujourd'hui ce dernier sentiment de Lavoisier. Au contraire, il est généralement admis que le poumon, loin d'être le siége exclusif de la combustion qui suit l'introduction de l'oxygène dans le sang, ne représente guère qu'une surface d'absorption, et que cette oxydation ou combustion s'accomplit partout ; que ses produits se retrouvent dans la masse générale du sang, et qu'ils continuent à s'exhaler par les poumons quand bien même l'absorption de l'oxygène par ces organes vient à être suspendue. — Donnons maintenant les preuves expérimentales qui confirment cette opinion :

Et d'abord, si l'on place des limaçons ou des grenouilles dans de l'hydrogène ou de l'azote extrêmement purs (en ayant soin de comprimer ces dernières sous le mercure pour expulser tout l'air qui se trouve dans leurs poumons), on constate que, quand ces animaux ont séjourné quelques heures dans les tubes ou sous les cloches, ils ont expiré un volume d'acide carbonique correspondant à peu près au volume normal : or, il est bien évident que cet acide préexistait, qu'il a été déplacée par l'hydrogène ou l'azote, qui n'ont pu lui donner naissance, et que, par conséquent, il doit avoir une origine autre qu'une combustion opérée *à l'instant* au sein même du poumon ou pendant l'acte respiratoire. — C'est Spallanzani (1) qui, le premier, à l'aide de ses expériences sur des limaçons, a démontré que l'acide carbonique ne se forme pas directement dans le poumon, ainsi que le supposait Lavoisier, mais que ; conformément aux idées énoncées par Lagrange (2), il est apporté tout formé à cet organe et simplement exhalé par lui, en même temps que l'oxygène est absorbé. — Puis, sont venues les expériences confirmatives de W. Edwards (3) sur une grenouille qui, plongée dans de l'hydrogène pur, avait expiré, en huit heures et demie, un volume d'acide carbonique *supérieur* à celui de son corps. Des résultats analogues ont été obtenus par le même observateur sur d'autres reptiles, sur des poissons, des mollusques, et sur un jeune chat de trois ou quatre jours. — On doit aussi à Collard de Martigny (4) des recherches faites sur des grenouilles : « L'acide carbonique expiré, dit-il, est un produit de la décomposition assimilatrice, *sécrétée* dans les capillaires généraux et *excrété* par le poumon. » — En opérant également sur des grenouilles, J. Müller et Bergmann (5) ont confirmé le résultat déjà trouvé par Spallanzani, savoir, que les animaux à sang froid continuent d'exhaler de l'acide carbonique

(1) SPALLANZANI, *Mémoire sur la respiration*, p. 343.
(2) HASSENFRATZ, *Annales de chimie*, t. IX, p. 261. — *Mém. lu à l'Acad. des sciences de Paris*, en janvier 1791.
(3) W. EDWARDS, *Influence des agents physiques sur la vie*, p. 441, 454. Paris, 1824.
(4) COLLARD DE MARTIGNY, *Journal de physiol. expérim.* de MAGENDIE, t. X, p. 111 à 161.
(5) J. MÜLLER, *Manuel de physiol.*, t. I, p. 254. Paris, 1851, trad. franç. de Jourdan, revue par Littré.

dans une atmosphère qui ne renferme pas d'oxygène, et que la quantité de cet acide égale *presque* celle qu'ils produisent en respirant dans l'air ordinaire. — Enfin Bischoff (1) a trouvé, de son côté, que des grenouilles auxquelles on a lié et enlevé les poumons continuent d'exhaler de l'acide carbonique par la peau, aux dépens de l'oxygène accumulé dans le sang par les respirations antécédentes.

Une autre preuve que la combustion du *carbone* et de l'hydrogène du sang ne s'effectue pas seulement dans le poumon, mais qu'elle a lieu dans le torrent circulatoire, surtout dans les capillaires généraux et les tissus au moment de la transformation du sang artériel en sang veineux; une autre preuve de cette vérité, dis-je, a été fournie par la découverte de la présence des gaz dans le sang et notamment de la *préexistence de l'acide carbonique* dans le sang veineux.

L'acide carbonique n'étant décidément pas produit dans les organes respiratoires au moment même de son exhalation, le rôle spécial de ces organes se borne, par conséquent, à représenter des surfaces d'absorption et d'exhalation où le sang vient *échanger*, contre l'oxygène atmosphérique, les gaz qu'il tient lui-même en dissolution. Par conséquent aussi, au lieu d'être localisé dans les capillaires pulmonaires, le travail préparatoire de toute assimilation, de toute nutrition, de toute sécrétion, doit se trouver transporté, pour la plus grande part, à l'autre extrémité du trajet circulatoire, c'est-à-dire dans les capillaires généraux.

Mais toute action oxydante régulière a toujours son *point de départ* dans le fonctionnement normal de l'important viscère chargé d'absorber l'oxygène atmosphérique, le poumon chez les animaux supérieurs. — Sur la membrane des aréoles pulmonaires, les vaisseaux sanguins épanouissent leurs plus fines ramifications dans lesquelles le sang acquiert une coloration vermeille ; et ce changement, l'air l'accomplit, quoiqu'il ne soit pas en contact immédiat avec le sang (*). De même, si l'on renferme du sang veineux dans une vessie de *baudruche humide*, suspendue au milieu d'une cloche pleine d'oxygène, on voit ce liquide rougir peu à peu à travers la mince membrane qui l'entoure. Mais, dans cette expérience, le changement de couleur du sang ne va guère au delà des parties qui sont en contact immédiat avec la baudruche, et la masse intérieure ne le subit que très-tard ou même ne l'éprouve pas du tout. Dans les poumons, au contraire, la division extrême des vaisseaux fait que la masse entière du sang se trouve, pour ainsi dire, développée en *surface*; d'où la possibilité d'une oxygénation bien autrement rapide et complète. Nul doute, par conséquent, qu'on ne doive se représenter les organes respiratoires, et le poumon en particulier, comme un admirable artifice anatomique ayant pour but de multiplier à l'infini les rapports de l'air avec le fluide sanguin.

Avant qu'on eût acquis la certitude de l'existence de gaz dans le sang

---

(1) BISCHOFF, cité par J. Müller, *loc. cit.*

(*) Précédemment (p. 697 et suiv.) nous avons recherché quelle peut être la cause de la teinte écarlate que prend le sang qui a subi l'action de l'air dans le poumon.

lui-même, on s'était borné à constater le phénomène le plus visible de la précédente expérience, sans aller au delà. On doit à Rogers (de Philadelphie) (1), d'avoir démontré, par l'analyse, que si, en pareil cas, l'oxygène de la cloche diminue, il y est remplacé par une quantité presque équivalente en volume d'acide carbonique : le sang contenu dans la vessie, en même temps qu'il absorbe de l'oxygène, laisse donc de l'acide carbonique se dégager dans la cloche.

Or, c'est aussi par l'entremise d'une membrane humide d'une extrême ténuité que, dans les organes respiratoires, l'air riche en oxygène et le sang veineux chargé d'acide carbonique sont mis en présence. De l'expérience qui précède on a conclu que là aussi, puisque l'acide carbonique en excès dans le sang veineux est exhalé au dehors en même temps que l'oxygène est absorbé par ce même liquide, la respiration pulmonaire doit être assimilée à un phénomène osmotique, c'est-à-dire purement physique. Quant à la question de savoir si l'oxygène, une fois passé dans le sang, s'y dissout ou s'y combine, elle a déjà été examinée (p. 699), et nous avons donné les preuves qui établissent que ce gaz est à la fois à l'état de dissolution simple et surtout de combinaison chimique. Il n'y a pas lieu de revenir sur ces preuves, mais seulement de rappeler que la *combinaison* accomplie est *assez instable* pour permettre d'assimiler le phénomène de la respiration à un simple déplacement d'un gaz par un autre, et que cette combinaison est nécessaire pour éluder en partie la loi de Dalton ; sans quoi, sous l'influence des variations de pression atmosphérique, la quantité d'oxygène contenue dans le sang artériel eût elle-même subi des variations certainement incompatibles avec l'acccomplissement régulier des fonctions de nutrition.

Une fois introduit dans le sang, l'*oxygène* (qui se trouve fixé surtout par les globules) voyage avec ces globules et parvient avec eux dans les capillaires généraux. Là s'accomplissent des transformations, des dédoublements, des combustions complètes ou incomplètes, qui se lient à la fois aux besoins de la nutrition et à la nécessité de l'élimination des matériaux usés par le mouvement de la vie ; là aussi les globules cèdent leur oxygène, perdent leur couleur rutilante et vermeille, pour reprendre la couleur rouge brun qu'ils ont dans le sang veineux. Alors s'est opérée la séparation entre les produits qui doivent être utilisés par l'organisme et ceux qui doivent être expulsés.

Parmi ces derniers produits, les uns s'exhalent par les surfaces respiratoires, et sont constitués par de l'*acide carbonique*, de l'*eau* et de l'*azote libre*; les autres s'échappent par le rein et d'autres voies d'excrétion. Ceux-ci contiennent aussi de l'azote, de l'oxygène, de l'hydrogène et du carbone, mais engagés dans des combinaisons diverses, et associés de ma-

<hr>

(1) ROGERS (de Philadelphie), *Experiments upon the Blood* (*American Journal of Med. Sc.*, t. XVIII, p. 277).

nière à constituer les principes organiques immédiats de la masse excrémentitielle.

Assurément l'oxygène est l'agent essentiel de la plupart des transformations que les produits ternaires ou quaternaires fournis par le travail
digestif, et que les principes organiques incessamment séparés des tissus
de l'économie doivent subir dans le liquide sanguin. Mais, avant qu'appa-
raisse la forme définitive sous laquelle les uns doivent être employés et les
autres rejetés comme usés par le jeu des organes, que d'états intermédiaires, que de métamorphoses, suite d'oxydations ou de combustions
lentes et successives, nous restent encore inconnus !

Pour ne parler que des produits à excréter, qui dérivent des éléments
du sang par voie d'oxydation, il est manifeste qu'ils sont destinés les
uns à chasser au dehors l'*hydrogène* et le *carbone* et les autres à éliminer
l'*azote*, c'est-à-dire des principes dont l'excédant ne saurait servir à l'organisme. Or, nous savons déjà que, pour l'hydrogène et le carbone, leur
forme d'élimination est représentée par de l'*acide carbonique* et de l'*eau*, dans
lesquels on trouve la totalité de l'oxygène absorbé, et dont la production
s'accompagne d'un dégagement de chaleur. Quant à l'*azote*, il est exhalé en
faible quantité *à l'état libre* (*), lorsqu'il provient, soit de la destruction
complète d'une certaine proportion des substances azotées du sang, soit
d'une simple transformation de ces substances en produits ternaires ; ou
bien l'azote est expulsé, à l'*état de combinaison*, sous forme d'acide *cholique*
et *choléique* par le foie ; d'acide *hydrotique* ou *sudorique* par la peau ; de
créatine, de *créatinine*, d'*urée*, d'acides *urique* et *hippurique* par le rein.

Mais le principal émonctoire de l'azote combiné est évidemment le rein.
De même que le poumon est le siége de l'échange entre l'acide carbonique exhalé et l'oxygène absorbé, de même le rein est le siége de l'excrétion de l'urée. La production de l'urée a lieu, comme celle de l'acide
carbonique, dans le système capillaire sanguin et dans les tissus, et le rein
est pour l'*urée* ce que le poumon est pour l'*acide carbonique*, un organe
d'élimination. Aussi, sur des chiens, a-t-on vu l'urée se former et s'accumuler dans le sang, après l'extirpation des reins (Prévost et Dumas), comme
chez des grenouilles on a vu, après l'excision des poumons, l'acide carbonique continuer à se produire aux dépens de l'oxygène accumulé dans le
sang par les respirations antécédentes, et s'exhaler par d'autres surfaces
respiratoires (Bischoff, *loc. cit.*).

« Tout ce que les physiologistes ont constaté, tout ce que les chimistes
savent relativement à la respiration, se traduit, en définitive, en une seule
pensée : *combustion lente de matériaux du sang par l'oxygène de l'air ambiant* (1). »

Nous avons laissé entrevoir, précédemment, que la doctrine de Lavoisier,

(*) Voyez plus haut (p. 595), ce que nous avons dit de l'*azote contenu dans le sang*.
(1) Dumas, *Traité de chimie appliquée aux arts*. Paris, 1846, t. VIII, p. 459.

qui *assimile la respiration à une combustion*, avait trouvé quelques rares opposants.

Ces derniers, s'attachant surtout à la nature des métamorphoses ou des états intermédiaires par lesquels passent les substances organiques contenues dans le sang, pour se résoudre en eau, en acide carbonique, en azote, etc., et produire de la chaleur, prétendent que ce n'est qu'en faussant le sens du mot *combustion* (*) qu'on est arrivé à l'employer pour désigner cette série d'actes chimiques que, suivant eux, l'oxydation ne serait pas d'ailleurs seule à pouvoir produire. Ils invoquent notamment ces actions mystérieuses qu'on a appelées *actions ou effets de contact*, pour se rendre compte de la succession dès changements dont le dernier serait la décomposition directe des carbonates au fur et à mesure de la formation ou de l'arrivée dans le sang de divers acides. L'acide *lactique* et l'acide *pneumique* (1) constitueraient deux de ces corps intermédiaires provenant de la transformation de substances ternaires ou bien de substances azotées. De l'action de ces acides résulteraient un dégagement de gaz acide carbonique et la formation de sels « qui sont directement rejetés au dehors (*urates*, par exemple), ou passent dans l'économie à un autre état spécifique (*pneumate de soude*), ou, comme les lactates, passent en définitive, par catalyse dédoublante, à l'état de carbonates, pour être décomposés de nouveau peu à peu par les acides pneumique, lactique, etc. » (2).

On ne saurait voir ici autre chose qu'une série d'affirmations dénuées de preuves suffisantes pour être acceptées dans la science (**).

En présence de ces deux faits incontestables, l'absorption incessante de l'oxygène et l'élimination de produits de combustion complète ou incomplète, l'idée fondamentale de la doctrine de Lavoisier doit rester, pour le physiologiste, l'expression de la vérité.

EFFETS PRODUITS PAR LA SUSPENSION DE LA RESPIRATION, L'INSUFFISANCE OU LA VICIATION DE L'AIR.

Nous avons vu que la fonction respiratoire se retrouve chez tous les êtres vivants, aquatiques ou aériens, et surtout qu'elle représente une des conditions fondamentales de leur existence. Déjà aussi nous avons étudié l'action qu'exerce sur l'organisme animal chacun des principes gazeux contenus dans l'air, et même l'influence de plusieurs autres gaz (protoxyde d'azote, hydrogène, etc.) qui sont étrangers à la composition de ce vaste milieu respirable (voy. plus haut, p. 541 et suiv.) : il est résulté de cette étude que *l'air*, libre comme il l'est dans l'atmosphère ou bien mo-

---

(*) Depuis LAVOISIER, on est convenu d'appeler *combustion* toute combinaison lente ou rapide de l'oxygène et d'un autre corps.

(1) VERDEIL, *Comptes rendus des séances de l'Académie des sciences de Paris*, 1851, t. XXXIII, p. 604.

(2) ROBIN et VERDEIL, *Traité de chim. anat. et physiol.* Paris, 1853, t. II, p. 462.

(**) D'après les recherches de CLOETTA, le prétendu *acide pneumique* a été reconnu être de la *taurine* (*Journ. für praktische Chemie*, t. LXVI, p. 211, année 1855).

difié et dissous dans l'eau, est *seul* propre à l'entretien normal et continu
de la respiration des animaux, et que s'il peut être suppléé par l'un de ses
principes, l'*oxygène* pur, ce n'est que dans les limites de durée que comporte ordinairement une expérience de laboratoire. Enfin, nous avons dit
(p. 615 et 624) quel est le volume d'air nécessaire pour les besoins de la
respiration humaine, quel est aussi le genre d'altération qui rend irrespirable l'air qu'ont déjà respiré les animaux ou l'homme; et nous avons insisté
sur cette admirable harmonie de la Nature qui veut que la respiration
diurne des plantes représente, en sens inverse, celle des animaux, et qu'elle
en compense les effets dans l'atmosphère.

Il nous reste à faire connaître les *phénomènes*, différents suivant l'espèce
animale, qui résultent, soit de la *suspension de la respiration*, soit de l'*insuffisance* ou de la *viciation de l'air*.

A. — Le maintien de la vie est dans une dépendance d'autant plus immédiate de l'exercice de la respiration que l'organisme des animaux est
plus parfait, que leur température propre est plus élevée et que les combustions de nutrition sont plus actives. Les différences d'âge, dans une
espèce donnée, doivent aussi être prises en considération.

Chez un mammifère adulte (chien, par exemple) s'oppose-t-on à l'accès
de l'air dans les poumons en obturant la trachée préalablement divisée en
travers, on voit l'animal, qui était demeuré assez calme pendant trente ou
quarante secondes, se débattre vivement, exercer de violents efforts pour
respirer, ouvrir la bouche, dilater largement les narines, et, dans une vaine
tentative d'inspiration, agiter avec une anxiété extrême les flancs et le
thorax. En même temps les membranes muqueuses des lèvres, de la bouche, de la langue, de la trachée, etc., deviennent livides, le sang qu'on
obtient d'une artère ouverte offre une teinte noirâtre; et, si l'on continue
de s'opposer à la respiration, l'animal tombe dans un état comateux, puis
meurt au bout de trois à quatre minutes. Mais, avant que la mort arrive,
et pendant que les mouvements de la respiration s'effectuent encore, rend-
on libre l'ouverture de la trachée, ou bien, l'animal étant sans mouvement
(mort apparente), insuffle-t-on assez tôt de l'air atmosphérique dans l'intérieur de ce conduit, la couleur du sang, de noirâtre qu'elle était, devient
rutilante, et bientôt les fonctions vitales se rétablissent complétement.
Dans le cas contraire, c'est-à-dire quand l'expérience a été continuée jusqu'à la mort, on trouve, à l'autopsie, que la plupart des organes sont gorgés d'un sang beaucoup plus foncé que de coutume; c'est ce qui a lieu
surtout pour les poumons et pour le foie. Les membranes muqueuses et le
tégument externe offrent une teinte violacée due à l'engorgement de leurs
capillaires. Le système de la veine porte, le système veineux général, les
cavités droites du cœur, l'artère pulmonaire, sont distendus par un sang
noir et fluide (*).

(*) Toutefois, quand la *mort par asphyxie* a été très-rapide, il est assez ordinaire de trouver
les cavités droites du cœur presque vides : c'est surtout dans les cas d'asphyxie lente que ces
cavités sont distendues par du sang noir.

Chez les oiseaux, tous les précédents effets se produisent aussi par suite de la suspension de la respiration ou de l'hématose, et même ils apparaissent d'une manière plus rapide.

Quant à l'homme, lorsque la respiration est brusquement interrompue, comme dans les cas de submersion, de strangulation, d'enfouissement dans la terre, etc., un sentiment d'angoisse inexprimable se manifeste presque aussitôt, c'est-à-dire après trente ou quarante secondes; au bout d'une minute ou d'une minute et demie, la face est déjà bleuâtre, les fonctions cérébrales sont obtuses; enfin l'affaissement complet, avec cessation de la respiration et de la circulation, ne tarde pas à arriver. Si, au contraire, le patient a pu encore introduire dans ses poumons une petite quantité d'air, et si l'asphyxie est un peu moins rapide, il y a un sentiment de constriction pénible vers le larynx et le sternum, des bâillements, des pandiculations, des efforts inutiles de respiration, avec éblouissements, bourdonnements d'oreilles, vertiges bientôt suivis de perte complète de connaissance. La face et les lèvres sont tuméfiées et livides, les yeux humides et saillants, les conjonctives injectées; les veines jugulaires sont distendues par le sang qu'elles renferment; le nez, les oreilles, les mains et les pieds ont une teinte violacée; toute la peau présente des marbrures et des sugillations; les mouvements du cœur, inégaux, intermittents, s'affaiblissent de plus en plus; enfin les mouvements respiratoires, de plus en plus rares, cessent bientôt tout à fait, et presque aussitôt survient la cessation des battements du cœur. L'individu est alors dans une immobilité complète, et son état ne paraît différer de la mort que par la conservation de la chaleur animale et par l'absence de toute roideur.

Il est tout à fait exceptionnel que l'homme et le mammifère adulte (non plongeur), qui ont séjourné plus de quatre à six minutes sous l'eau, puissent être rappelés à la vie. Les rares exemples de personnes ayant pu, sans mourir, rester submergées pendant un temps bien plus long, ont été expliqués par quelques auteurs à l'aide d'une syncope prolongée qui aurait préservé ces individus de l'asphyxie. Les plus forts plongeurs de l'espèce humaine ne peuvent guère demeurer plus de *trois minutes* sans respirer, et encore n'y arrivent-ils que par l'éducation et l'habitude, en s'exerçant, après les inspirations les plus profondes, à prolonger le plus possible les expirations correspondantes.

Les oiseaux plongeurs, et la poule d'eau en particulier, d'après Williams Edwards (1), ne pourraient non plus rester submergés au delà de trois minutes sans perdre le sentiment et le mouvement. W. Scoresby (2) assure que les cétacés demeurent plongés de cinq à six minutes et même parfois plus d'un quart d'heure, quand ils cherchent leur nourriture au sein des eaux ou qu'ils sont occupés à manger. Lorsqu'une baleine, dit ce savant

(1) W. EDWARDS, *Influence des agents physiques sur la vie*, p. 167.
(2) W. SCORESBY, *Tagebuch einer Reise auf den Wallfischfang, verbunden mit Untersuchungen und Entdeckungen an der Ostküste von Grönland*, p. 194, etc. Hambourg, 1825. — Id., *An Account of the Arctic Regions*, etc., 1820, t. I, p. 465, 468, et t. II, p. 247.

voyageur, a été frappée par le harpon, elle plonge et reste sous l'eau pendant environ trente minutes, terme moyen. J. Hunter (1), Breschet (2) et Stannius (3) ont décrit, dans le système artériel des cétacés, une disposition qu'on a supposée être en rapport avec cette faculté particulière : il s'agit de plexus artériels situés dans la cavité thoracique, sur les côtés du rachis, et dont l'ensemble représenterait une espèce de réservoir artériel apte à fournir du sang nutritif à l'aorte, pendant que l'animal reste dans l'eau. A la base du crâne existent d'autres plexus analogues, dont l'usage serait de fournir aux artères de l'encéphale un sang propre à vivifier cet organe, malgré la suspension de la respiration. D'après de Baër (4) et Burow (5), le système veineux des mammifères plongeurs se distingue par son énorme capacité, et il existe de vastes plexus, notamment dans la cavité abdominale, où l'on voit le tronc de la veine cave inférieure se dilater en une sorte de sac. Il a encore paru que cette particularité, aussi bien que les grandes dimensions des poumons, pourraient être mises au nombre des dispositions anatomiques qui permettent aux cétacés de demeurer aussi longtemps sous l'eau. Mais évidemment ce ne sont encore là que de simples hypothèses.

L'expérimentation a appris que, *dans le vide* de la machine pneumatique, la vie des animaux à respiration puissante (oiseaux et mammifères) cesse après quarante secondes ou une minute. Au contraire, ceux qui ne respirent que faiblement, comme font les animaux inférieurs, supportent bien plus longtemps toute privation d'air atmosphérique. Les salamandres et les grenouilles vivent d'une heure à trois heures dans le vide (*) (Spallanzani, W. Edwards). Les Poissons (cyprins dorés) ne périssent qu'au bout de 1 heure 40 minutes dans de l'eau bouillie et entièrement privée d'air (Alex. de Humboldt et Provençal). Parmi les animaux invertébrés, il en est qui résistent mieux et d'autres moins bien que les reptiles à *l'asphyxie par privation d'air :* ces différences tiennent sans doute à l'exactitude plus ou moins grande avec laquelle ils peuvent clore leurs stigmates et conserver ainsi l'air dans leurs trachées. Après avoir été vingt-quatre heures dans le vide, des guêpes ou des abeilles, qui semblent mortes, revivent au bout de quelques minutes, quand on vient à les mettre dans l'air libre. Des *Blaps* et des *Tenebrio* ont vécu huit jours sous une cloche où l'air était

(1) J. Hunter, *Structure et économie des baleines* (Œuvres complètes de J. Hunter, trad. franç. de Richelot, t. IV, p. 466).

(2) Breschet, *Hist. anat. et physiol. d'un organe vasculaire découvert dans les cétacés.* Paris, 1836. in-4, avec fig.

(3) Siebold et Stannius, *Manuel d'anat. comp.*, trad. franç. par Spring et Lacordaire, t. II, p. 481. Paris, 1850.

(4) Baer, *Mém. présenté à l'Acad. des sc. de St-Pétersbourg*, t. II, année 1835.

(5) Müller's *Archiv*, 1838, p. 253.

(*) Évidemment tout commerce avec l'atmosphère n'était pas complétement interdit dans ces cas où l'on a vu des crapauds, scellés dans du plâtre gâché sur eux-mêmes, vivre pendant plusieurs mois. Bien que la respiration pulmonaire fût sans doute devenue impossible, la respiration cutanée ne l'était point : d'ailleurs W. Edwards a reconnu qu'en pareil cas le plâtre laisse passer l'air à travers ses pores, et il a constaté que l'asphyxie avait lieu dans un temps fort court, si les boîtes ou moules de plâtre étaient enfoncés sous l'eau au lieu d'être tenus dans l'air.

tellement raréfié, qu'il n'avait plus qu'une tension de 1 à 2 millimètres (Biot). Les limaçons peuvent demeurer vingt-quatre heures dans le vide sans être incommodés, et ne meurent, en général, qu'au bout de deux ou trois jours (Spallanzani).

Nous avons dit, en ce qui concerne spécialement les mammifères, que l'*âge* influe sur la rapidité de la mort par asphyxie. En effet, les nouveau-nés de cette classe d'animaux résistent bien plus longtemps que les adultes à la suppression de la respiration. Ce fait, déjà reconnu par Rob. Boyle (1) Méry (2) Haller (3) et Buffon (4), a été vérifié plus tard par Legallois (5) et par W. Edwards (6). Met-on comparativement, sous le récipient de la machine pneumatique, par exemple un chat adulte et un chat nouveau-né, le second vivra environ trois fois plus longtemps que le premier (Boyle, Méry). La différence est encore plus sensible quand on fait périr par submersion, avec leur mère, des mammifères (chiens, chats ou lapins), qui viennent de naître : celle-là meurt en trois ou quatre minutes, et ceux-ci peuvent être rappelés à la vie même au bout d'une demi-heure (Haller, Buffon, Legallois). Ils résistent mieux aussitôt après la naissance que vingt-quatre ou quarante-huit heures plus tard ; et, dès le cinquième jour, au lieu de pouvoir survivre, comme d'abord, à une submersion d'une demi-heure, ils ne la supportent plus guère que la moitié de ce temps (Legallois). Du reste, il est digne de remarque que les mammifères qui naissent avec les paupières ouvertes, le corps couvert de poils, et qui peuvent se soutenir et marcher dès les premiers instants, s'asphyxient plus rapidement que ceux qui naissent avec les paupières fermées, comme le lapin et la plupart des carnassiers. Cette observation est due à W. Edwards (7), qui, de plus, a reconnu que les nouveau-nés de la première catégorie absorbent plus d'oxygène, exhalent plus d'acide carbonique et se refroidissent moins facilement que ceux de la seconde.

Faut-il croire que, dès que le fœtus a respiré, il ait perdu par cela même son privilége de résistance à l'asphyxie, pour se trouver aussitôt dans les conditions de l'adulte ? Les expériences de Buffon (8), confirmées par celles de Legallois (9), ne sauraient laisser aucun doute sur la négative : une chienne, attachée à un baquet rempli d'eau, y mit bas, et à l'instant même deux de ses petits, avant qu'ils eussent respiré, furent plongés dans du lait tiède d'où on les tira vivants au bout de trente minutes. Après qu'ils eurent respiré au dehors pendant ce même temps, on les replongea dans le lait

(1) Rob. Boyle, *Philos. Trans.*, ann. 1670, t. V, p. 2011.
(2) Méry, *Mém. de l'Acad. des sc. de Paris*, année 1693, t. X, p. 397.
(3) Haller, *Elementa physiologiæ*, t. III, p. 314.
(4) Buffon, *Histoire naturelle générale et particulière*, t. II, p. 447 (édit. de l'imprimerie royale).
(5) Legallois, *Expér. physiol. tendant à faire connaître le temps durant lequel les animaux peuvent être sans danger privés de respiration.* Paris, 1835, in-4.
(6) W. Edwards, *Influence des agents physiques sur la vie*, p. 171.
(7) W. Edwards, *loc. cit.*
(8) Buffon, *loc. cit.*
(9) Legallois, *mém. cité.*

durant encore une demi-heure, après laquelle ils furent trouvés parfaitement vivants. Pour la seconde fois, ils respirèrent en toute liberté pendant une autre demi-heure; puis, reportés dans le lait tiède, ils en sortirent, au bout de ce même laps de temps, presque aussi bien portants qu'après la première épreuve.

De pareils faits concordent avec ces exemples d'enfants nouveau-nés qui, retrouvés dans des pièces d'eau ou même dans des fosses d'aisances, ont pu être conservés à la vie, quoique le temps écoulé depuis leur submersion ne légitimât guère l'espoir de les sauver.

Cette faculté que possèdent les nouveau-nés des mammifères, de supporter plus longtemps que les adultes la *suspension de la respiration*, divers auteurs la regardent comme incontestablement liée à l'existence du trou de Botal et du canal artériel. Cela peut paraître présumable, mais n'est aucunement démontré.

B. — Il a été établi précédemment que les animaux à respiration puissante (oiseaux et mammifères), plongés dans le vide, cessent de vivre après environ une minute; tandis que ceux qui respirent faiblement, comme la plupart des animaux inférieurs, supportent bien plus longtemps la privation absolue d'air atmosphérique. Une autre observation, qui est en rapport avec cette différence de résistance à l'asphyxie, a été faite ultérieurement : il est des animaux qui périssent, *dans l'air confiné*, bien longtemps avant d'avoir consommé, par leur respiration, tout l'oxygène que cet air renferme; d'autres y vivent jusqu'à ce qu'ils l'aient dépouillé de la presque totalité de son principe vivifiant. — Ainsi, d'après Lavoisier (1), l'existence d'un animal supérieur n'est déjà plus possible, dès que l'air ambiant a perdu environ 10 pour 100 d'oxygène par le fait de la respiration ou par une autre cause. Dans l'exploitation de certaines mines, lorsque l'air ne contient que 10 ou même 15 pour 100 d'oxygène (en volumes), les ouvriers courent les plus grands dangers s'ils ne se hâtent de sortir d'un pareil milieu : au bout d'une à deux minutes, ils éprouvent des vertiges, des nausées, des défaillances, de la dyspnée, etc., tous les accidents qui peuvent aboutir à une asphyxie complète. Du reste, le danger est signalé par les lampes qui ne manquent jamais de s'éteindre dans toute atmosphère renfermant moins de 15 à 16 pour 100 d'oxygène; que cette atmosphère contienne, avec une aussi faible quantité d'oxygène, une forte proportion d'azote ou bien une proportion relativement assez considérable d'acide carbonique ou de tout autre gaz.

L'expérimentation a également démontré qu'un oiseau, qui pourrait vivre durant douze heures sous une cloche d'une certaine capacité renfermant de l'air ordinaire dont la pureté serait maintenue par l'absorption incessante de l'acide carbonique à l'aide d'une dissolution de potasse, y succombe en moins d'une heure, si l'air, tout en étant maintenu exempt d'acide carbonique, ne contient que 15/100 d'oxygène et 85/100 d'azote.

(1) Lavoisier, *Deuxième Mémoire sur la respiration* (*Mém. de chim.*, t. IV, p. 22).

Il a été aussi reconnu que, dans une atmosphère composée de 10 d'oxygène et de 90 d'azote, une souris ne tarde guère plus de cinq minutes à s'asphyxier (1).

Au contraire, les poissons (tanches) ne commencent à souffrir bien manifestement et à s'asphyxier que quand l'*oxygène* de l'air dissous dans l'eau est réduit à environ 7 pour 100 (*); et, chez les grenouilles, ce n'est que dans une atmosphère où la proportion d'oxygène est descendue à 3 pour 100 que l'asphyxie se déclare (2).

Quant aux mollusques (limace rouge et limaçon des vignes), Vauquelin (3) assure qu'ils jouissent de la faculté de consommer, avant de mourir, la *totalité* de l'oxygène des atmosphères limitées dans lesquelles on les enferme. Aussi ces animaux ont-ils été comparés au bâton de phosphore qu'on place sous une cloche pour l'analyse de l'air : ce seraient de véritables eudiomètres, à part la complication provenant de l'acide carbonique qu'ils exhalent. Mais, en réalité, les résultats publiés par Vauquelin paraissent être entachés d'un peu d'exagération; ils prouvent seulement que les mollusques peuvent continuer à vivre dans une atmosphère qui ne renferme plus que des traces à peine appréciables d'oxygène. C'est à cette dernière conclusion générale qu'est arrivé Spallanzani (4) dans ses nombreuses expériences.

Ainsi, plus les animaux sont élevés dans l'échelle zoologique, moins ils résistent à l'*asphyxie par insuffisance* ou *par viciation de l'air*, et plus ils ont besoin, pour l'entretien de leur existence, que la proportion d'oxygène demeure la même dans l'air qu'ils respirent. Au contraire, les animaux plus bas placés, et chez qui les phénomènes physico-chimiques de la respiration deviennent de moins en moins intenses, supportent, quant à l'oxygène, des variations de proportion comprises entre des limites très-étendues, sans danger immédiat pour la vie.

La torpeur hibernale qu'on observe chez certains animaux supérieurs, les abaisse, sous le rapport de la respiration, au niveau des animaux moins parfaits : une marmotte, par exemple, quand elle est engourdie, peut séjourner fort longtemps, sans en éprouver aucun effet fâcheux, dans un air qui est très-pauvre en oxygène et qui asphyxie en peu de minutes une marmotte éveillée ou tout autre mammifère (5).

Nous avons vu que l'homme adulte introduit dans ses poumons environ

(1) Snow, *On the Pathol. Effects of Atmosphere vitiated by Carbonic Acid Gas and by a Diminution of Oxygen* (Edinb. Med. and Surg. Journal, t. LXV, p. 49, année 1846).
Déjà Lavoisier avait fait des expériences analogues.

(*) *L'air dissous dans l'eau* est, on se le rappelle, plus riche en oxygène que l'air libre de l'atmosphère : il renferme 33 d'oxygène pour 100, en volumes, au lieu de 20,8.

(2) Alex. de Humboldt et Provençal, *Mém. de la Société d'Arcueil*, t. II, p. 395. — *Ibid.*, t. II, p. 390.

(3) Vauquelin, *Observ. chim. et phys. sur la respiration des insectes et des vers* (Ann. de chimie, t. XII, p. 273).

(4) Spallanzani, *Mém. sur la respiration*, p. 319 et suiv.

(5) Regnault et Reiset, *mém. cité*, conclusion XVI.

9 mètres cubes d'air par jour, qu'à chaque mouvement respiratoire une partie de l'oxygène disparaît pour être remplacée par une quantité à peu près équivalente d'*acide carbonique*, et que les 9 mètres cubes d'air expiré et restitué à l'atmosphère renferme, en moyenne, 4 pour 100 de ce gaz (acide carbonique). Si, au sein de l'atmosphère libre, ces phénomènes, quoique s'accomplissant sur une très-grande échelle, ne changent pas sensiblement la composition de l'air, il n'en est plus de même quand la respiration s'alimente dans des atmosphères closes : au bout d'un certain temps, le milieu doit subir une viciation d'autant plus profonde que le volume d'air est moins considérable relativement au nombre d'individus, et que son renouvellement est moins facile.

La disparition partielle de l'oxygène et son remplacement par une proportion presque égale de gaz acide carbonique, comme résultat de la respiration, ne sont pas les seules causes qui rendent insalubre l'*air confiné*. La transpiration cutanée et pulmonaire entraîne différentes matières animales, bientôt décomposées, et dont la présence est attestée par l'odeur infecte qu'exhalent les cheminées d'appel établies pour la ventilation des salles contenant une grande réunion d'hommes. Ajoutons que l'évaporation aqueuse, dont le corps de l'homme ou des animaux est le siége, sature souvent l'atmosphère close, comme le dénote l'eau qui ruisselle sur les murs : cette saturation a pour effet, en diminuant la transpiration cutanée et pulmonaire, d'accumuler outre mesure la chaleur latente dans l'organisme. Enfin, les individus réunis dans des espaces clos ont souvent besoin de s'éclairer avec des lampes, des bougies, etc., et, comme la *combustion* ne peut s'opérer qu'en empruntant de l'oxygène à l'air ambiant et en y versant de l'acide carbonique, elle se place aussi parmi les causes de la viciation que présente l'air confiné.

Lavoisier avait annoncé que l'air des salles d'hôpitaux et des théâtres renferme de 1 1/2 à 3 pour 100 d'acide carbonique : des analyses plus récentes ont fait découvrir, à la Pitié, 3 millièmes d'acide carbonique ; à la Salpêtrière, 6 et 8 millièmes ; dans une salle d'asile, 3 millièmes ; dans une salle de spectacle, 4 millièmes (Leblanc) ; dans la Chambre des députés, après deux heures et demie de séance, 5 millièmes (Péclet). Neuf cents personnes ayant rempli, pendant une heure et demie, le grand amphithéâtre de la Sorbonne, la proportion de l'oxygène diminua de 1 pour 100, malgré l'ouverture de deux portes (*). — La viciation de l'air des étables, des bergeries ou des écuries, est souvent portée bien plus loin : Niepce (1), dans ses recherches sur la composition de l'air que respirent dans les étables, en hiver, les populations des Alpes, assure que cet air, dont la température est ordinairement d'environ 30 degrés centigrades, ne contient guère que 18 pour 100 d'oxygène, avec plus de 2 pour 100 d'acide

(*) Fleury, *Cours d'hygiène*, etc., XIIe leçon, t. I, 191-192. Paris, 1852. — Péclet, *Traité de la chaleur considérée dans ses applications*, t. II, p. 274 et suiv. Paris, 1843. — F. Leblanc, *Recherches sur la composition de l'air confiné* (*Comptes rendus de l'Acad. des sc. de Paris*, t. XIV, p. 862 ; et *Ann. de chim. et de phys.*, 3e série, t. V, p. 223).

(1) Niepce, *Gaz. méd. de Lyon*, t. IV, p. 78, année 1852.

carbonique, et des proportions assez notables d'hydrogène sulfuré et d'ammoniaque.

Lorsqu'enfin les viciations subies par les atmosphères closes, sous l'influence de la respiration, ont dépassé certaines limites, il peut en résulter les plus funestes effets notamment sur l'organisme humain. Nous ne parlerons pas ici du rôle considérable que les pathologistes font jouer à l'aération insuffisante, à l'air confiné et vicié, dans le développement d'un grand nombre de maladies; qu'il nous suffise de faire connaître les accidents les plus immédiats et les plus graves produits par le défaut du renouvellement de l'air dans des espaces trop étroits pour le nombre d'individus qui s'y trouvent renfermés. — En 1756, pendant les guerres des Anglais dans l'Hindoustan, 146 prisonniers furent entassés dans une chambre de 24 pieds carrés, qui n'avait d'autres ouvertures que deux petites fenêtres : au bout de quatre heures, plusieurs tombèrent dans une stupidité léthargique, et d'autres dans un délire violent; après six heures, 96 avaient succombé, et, enfin, après huit heures on ne comptait que 23 survivants. Une sueur abondante, une soif excessive, un sentiment d'angoisse inexprimable, des vertiges, de vives douleurs au thorax, de la dyspnée, de la suffocation, de la fièvre, etc., tels furent les premiers symptômes éprouvés par la plupart de ces malheureux, avant de perdre complétement connaissance. — Après la bataille d'Austerlitz, 300 prisonniers autrichiens ayant été enfermés dans une cave, il n'en resta que 40 vivants après un laps de temps pourtant assez court passé dans cet horrible cachot. — Combien de fois des événements analogues ne se sont-ils pas reproduits dans la cale des navires qui transportent de pauvres émigrants !

Dans tous ces cas de mort prompte par l'*air confiné*, c'est à la double altération consistant dans la diminution de l'oxygène et dans l'augmentation de l'acide carbonique, qu'on doit sans doute rapporter la mort. Il reste à rechercher la part plus ou moins importante qui revient à chacune de ces altérations dans un aussi funeste résultat.

Et d'abord, pour ce qui est de l'influence exercée sur l'organisme par le gaz acide carbonique, on sait qu'elle a été diversement interprétée. Pour les uns, ce gaz est impropre à la respiration, mais il n'a aucune action délétère sur l'économie (Bichat, Nysten, Regnault et Reiset, etc.); suivant les autres, l'acide carbonique est essentiellement délétère, et son action s'exerce principalement sur le système nerveux (Collard de Martigny, d'Arcet, Ollivier (d'Angers), Orfila, etc.). Ce sont surtout les expériences de Collard de Martigny (1) qui ont amené beaucoup de physiologistes à admettre que ce gaz possède une influence toxique. Cet expérimentateur a constaté que, d'une part, la mort survient, en moins de 2 minutes 1/2, chez des moineaux placés dans une atmosphère contenant 21 parties d'oxygène et 79 parties d'acide carbonique; que, d'autre part, l'asphyxie arrive, dans l'espace de 2 à 4 minutes, chez les mêmes animaux,

____

(1) COLLARD DE MARTIGNY, *Action du gaz acide carbonique sur l'économie animale*, dans *Arch. gén. de méd.*, t. XIV, p. 203 et suiv., année 1827.

quand on les tient plongés dans un mélange gazeux composé de 79 parties d'oxygène et de 21 parties d'acide carbonique (*). Au contraire, la mort n'a lieu qu'au bout de 8 à 10 minutes dans une atmosphère pourtant dépourvue d'oxygène, par exemple dans l'hydrogène ou l'azote sans mélange d'acide carbonique. Collard de Martigny a vu encore des batraciens, qui vivent des journées entières dans l'azote ou l'hydrogène, ne plus donner signe de vie après avoir été placés, un quart d'heure, dans une atmosphère d'acide carbonique, surtout si la température était assez élevée. D'après A. de Humboldt et Provençal (1), des tanches, qui ne s'asphyxient qu'au bout de quatre ou cinq heures dans de l'hydrogène ou de l'azote, meurent en quelques minutes dans le gaz acide carbonique. Les recherches plus récentes d'un physiologiste anglais, Snow (2), tendraient également à appuyer l'opinion de Collard de Martigny : des oiseaux et de petits mammifères, ayant été plongés dans un mélange gazeux composé de 21 parties d'oxygène, 59 parties d'azote et 20 parties d'acide carbonique, y succombèrent assez rapidement ; mais la mort fut encore plus prompte dans une atmosphère un peu moins riche en oxygène et ainsi composée : oxygène, 19,75 ; azote, 74,25 ; acide carbonique, 6.

Cette dernière série d'expériences de Snow, comparée à la première, ferait croire que si l'augmentation de l'acide carbonique doit être admise comme une cause de mort par l'air confiné, la diminution de la proportion normale d'oxygène contribue aussi pour une notable part à hâter cette fin funeste. Rappelons-nous, à ce propos, que le même observateur a vu des oiseaux périr, en moins d'une heure, dans un mélange gazeux contenant 15 pour 100 d'oxygène et 85 d'azote, quoiqu'il eût pris la précaution d'absorber l'acide carbonique au fur et à mesure de son exhalation, et aussi de placer les animaux sous des cloches suffisamment grandes pour leur permettre d'y vivre, durant douze heures, quand elles étaient pleines d'air ordinaire.

Aux précédentes expériences de Collard de Martigny et de Snow, on oppose celles de V. Regnault et Reiset. Ces habiles expérimentateurs (3) ont fait séjourner, pendant plusieurs heures, des chiens et des lapins dans des cloches dont l'air renfermait jusqu'à 23 pour 100 d'acide carbonique, et ces animaux n'auraient éprouvé aucun effet appréciable. Il est vrai que le milieu dans lequel ils étaient plongés contenait en même temps 30 à 40 pour 100 d'oxygène, et que ce gaz vivifiant était rendu aux animaux à mesure qu'ils l'absorbaient. Aussi V. Reignault et Reiset en concluent-ils que la respiration des mammifères est possible dans de l'air chargé d'acide carbonique, pourvu que la quantité d'oxygène y soit en même temps considérable. Comment concilier de pareils résultats avec ceux qu'ont obtenus Snow et notamment Collard de Martigny, qui a toujours vu la mort surve-

<hr>

(*) Cependant une bougie continue à brûler dans un pareil milieu.

(1) A. DE HUMBOLDT et PROVENÇAL, *Mém. de la Soc. d'Arcueil*, t. II, p. 399.

(2) SNOW, *On the Pathol. Effects of Atmosphere vitiated by Carbonic Acid Gas and by a Diminution of Oxygen* (*Edinb. Med. and Surg. Journal*, t. LXV, année 1846).

(3) *Mém. cité.*

nir en trois ou quatre minutes chez des animaux respirant dans une atmosphère composée de 79 parties d'oxygène et de 21 parties d'acide carbonique?

Nous avons donné, plus haut, la réponse à cette question en démontrant que l'acide carbonique, lorsqu'il se trouve en quantité notable dans l'air inspiré, a pour double effet d'arrêter ou de gêner le dégagement de l'acide carbonique du sang et d'empêcher ce liquide d'absorber de l'oxygène, en un mot de s'opposer à la substitution d'un gaz à l'autre dans les globules sanguins ; de telle sorte que l'acide carbonique, produit dans l'organisme, finit par s'accumuler outre mesure dans le sang qui bientôt prend partout les caractères du sang veineux, et l'asphyxie survient.

De l'exposé de la plupart des faits qui précèdent, il résulte qu'à défaut d'espace, il importe surtout de renouveler incessamment l'air que respirent l'homme ou les animaux : il s'agit, en effet, non-seulement de disperser l'acide carbonique produit et de remplacer l'oxygène consommé, mais aussi de modérer l'élévation de la température ambiante, et d'entraîner à l'extérieur les émanations animales qui contribuent à vicier, d'une manière si profonde, l'air déjà respiré.

Dans les habitations privées, l'établissement d'un courant d'air à l'aide des portes ou des fenêtres, plusieurs fois ouvertes dans la journée, l'emploi des vasistas, procurent, en général, une *ventilation* suffisante ; une cheminée ou un poêle, munis d'un bon tirage, renouvellent aussi l'air d'une manière continue et très-efficace. Mais, dans tous les lieux de grandes réunions publiques, notamment dans les hôpitaux, de pareils moyens de ventilation sont insuffisants ou bien impraticables, et il faut recourir à des appareils spéciaux et doués d'une grande puissance. La description détaillée de ces appareils et l'appréciation de leur efficacité plus ou moins grande sont du ressort de l'hygiéniste (1). Qu'il nous suffise ici de rappeler que le problème de la ventilation consiste à maintenir, dans des espaces plus ou moins clos, la composition normale de l'air atmosphérique, et que, pour compenser les modifications incessantes que fait subir à ce milieu la respiration de l'homme ou des animaux, il importe que la ventilation soit très-active : Guérard (2) a établi que si, pour des espaces fermés destinés à recevoir des individus sains, il suffit que la ventilation fournisse *six mètres cubes* d'air neuf par personne et par heure, il n'en est plus de même pour les hôpitaux, qui renferment des malades dont les émanations plus abondantes et plus viciées sont reçues par des organismes moins aptes à

<hr>

(1) Consultez, à ce sujet, principalement : GUÉRARD, *Note sur la ventilation des filatures* (*Ann. d'hygiène publique*, 1843, t. XXX, p. 112). — *Observations sur la ventilation et le chauffage des édifices publics* (*Ibid.*, 1844, t. XXXII, p. 52). — *Sur la ventilation des édifices publics, et particulièrement des hôpitaux* (*Ibid.*, 1847, t. XXXVIII, p. 348). — POUMET, *Mém. sur la ventilation dans les hôpitaux* (*Ann. d'hygiène publique*, 1844, t. XXXII, p. 5). — BOUDIN, *Études sur le chauffage et la ventilation des édifices publics.* Paris, 1850. — *De la circulation de l'eau considérée comme moyen de chauffage et de ventilation* (*Annales d'hygiène publique*, 1852, t. XLVII, p. 241).

(2) GUÉRARD, *mém. cité.*

réagir contre leur influence. Dans ces conditions spéciales, les *vingt mètres cubes* indiqués par Poumet (1) ne sont même pas suffisants. Boudin (2) s'est assuré, au moyen de l'anémomètre de Combes, que certaines salles de l'hôpital Beaujon, qui reçoivent jusqu'à 47 mètres cubes d'air par heure et par malade, ont encore de l'odeur, et il n'a trouvé parfaitement exemptes d'odeur que celles qui reçoivent 67 mètres cubes d'air pur par malade et par heure (3).

Plus haut (p. 557 et suiv.), nous avons décrit, sous le nom de *mal des montagnes*, un ensemble de phénomènes dont la plupart semblent dus à l'*insuffisance de l'air*, ou plutôt de la quantité d'oxygène introduit dans les poumons à chaque mouvement respiratoire. Alors nous avons assez insisté, pour n'y plus revenir, sur les troubles particuliers à la respiration et à l'hématose, troubles qui varient suivant l'altitude des lieux et surtout suivant la durée du séjour.

PHÉNOMÈNES MÉCANIQUES DE LA RESPIRATION.

Les études précédentes nous ont appris que la respiration, envisagée dans un de ses caractères essentiels et des plus manifestes, consiste en un *échange gazeux* qui s'accomplit entre l'organisme et l'atmosphère, c'est-à-dire entre l'air et le sang. Avec certaines dispositions organiques, un pareil échange ne saurait avoir lieu d'une manière continue, sans un courant d'entrée et un courant de sortie servant à renouveler sans cesse l'air altéré par son contact avec ce liquide. Ces courants en sens inverse se rattachent à l'*inspiration* et à l'*expiration*, dont nous allons voir le *mécanisme* varier selon la classe et même suivant l'ordre auquel les Vertébrés appartiennent.

A. — Avant de nous occuper de ces organismes élevés, rappelons que, vers les degrés inférieurs de l'échelle zoologique, se rencontrent des animaux formés d'une substance plus ou moins homogène, dépourvus de tube digestif comme de vaisseaux pour faire circuler le suc nourricier, et chez lesquels aussi l'absorption gazeuse n'est pas encore distincte de l'absorption liquide ou alimentaire : or, la surface du corps de ces animaux, à peu près tous destinés à respirer dans l'eau, est généralement très-perméable, et c'est en effet par l'entremise de cette surface que le phénomène de la respiration s'accomplit; c'est-à-dire que le liquide qui imbibe tout cet organisme y joue le rôle du sang, absorbe dans l'eau aérée l'oxygène de l'air et dégage en retour de l'acide carbonique. Ce qu'il nous faut surtout noter ici, c'est que la plupart sont pourvus extérieurement de *cils vibratiles* qui agitent d'une manière continue l'eau ambiante, et qui, tout en servant à l'animal de moyens de locomotion, renouvellent sans cesse le

---

(1) Poumet, *mém. cité.*
(2) Boudin, *mém. cité.*
(3) Fleury, *Cours d'hygiène,* t. I, p. 210. Paris, 1852

fluide respirable dans lequel il est plongé. Voilà donc des agents de locomotion générale employés en même temps à faciliter *mécaniquement* l'acte
de la respiration (*).

Si, en effet, l'embranchement des Zoophytes nous offre des animaux
dont ordinairement la respiration n'est pas localisée et s'accomplit par
l'enveloppe générale, on sait que le groupe des *Holothuries*, par exemple,
constitue une exception. Dans ce groupe existe un appareil respiratoire
tout spécial, qu'on nomme généralement *trachées aquifères :* celles-ci, après
avoir formé un chevelu abondant dans la cavité viscérale, se réunissent en
troncs de moins en moins nombreux à mesure qu'ils se rapprochent du
rectum, où ils viennent s'insérer de manière à communiquer par son intermédiaire avec l'extérieur. Les Holothuries, qui peuvent accomplir des
mouvements énergiques de contraction et de dilatation à l'aide de muscles
vigoureux placés au-dessous de leur tégument, peuvent aussi, par cela
même, exécuter des *mouvements d'inspiration* ayant pour résultat de faire
pénétrer l'eau dans l'intérieur du canal digestif par l'anus, d'où ce liquide
s'introduit dans les tubes des trachées aquifères et va porter au milieu du
suc nutritif l'élément respirable. La contraction de l'enveloppe du corps
donne lieu, au contraire, à un véritable *mouvement d'expiration* ayant pour
effet d'expulser l'eau aérée qui a séjourné à l'intérieur. Du reste, le mécanisme qui préside, chez les Holothuries, à l'action des trachées aquifères,
semble très-analogue à celui des trachées aériennes chez les Insectes.

Dans les espèces les plus inférieures de l'embranchement des Mollusques, la peau sert encore à une respiration diffuse; mais, en s'élevant vers
d'autres espèces, on aperçoit des appendices extérieurs saillants et nombreux qui commencent à localiser la respiration; puis le manteau se
montre, et abrite sous son repli cutané de véritables branchies; enfin une
chambre branchiale bien délimitée vient compléter cet appareil de respiration. Chez les Nautiles, qui ont deux paires de branchies, chez les Poulpes, les Sèches, les Calmars, etc., qui n'en ont qu'une seule paire, la
chambre branchiale est d'ailleurs formée par une paroi musculeuse qui
permet à l'animal d'exécuter des mouvements étendus d'*inspiration* ou
d'*expiration*, en relâchant ou en contractant cette cavité. L'eau, appelée
par le mouvement d'expansion, pénètre par la fente du manteau de chaque
côté de la base de l'entonnoir; dans le mouvement opposé, cette fente,
dont les bords se resserrent, ne livre plus passage au liquide qui s'échappe
par l'entonnoir avec les matières excrémentitielles. Tandis que, chez les
Gastéropodes, des cils vibratiles très-nombreux recouvrent la surface respiratoire et y assurent la constance d'un courant d'eau indispensable à
l'oxygénation du sang, on n'a pu découvrir de cils vibratiles à la surface
des branchies chez les Céphalopodes; le renouvellement de l'eau est sans
doute suffisamment assuré par la contraction musculaire.

(*) Il serait difficile de leur attribuer un autre usage chez les *Spongiaires* qui demeurent
fixés au lieu où ils ont accompli leur dernière métamorphose.

Quant à la plupart des Annelés, la peau ne conserve point chez eux cette consistance et cette finesse qui, chez les Mollusques, l'approprient si bien à l'exercice des fonctions respiratoires. Dans ce nouveau type, les téguments servent habituellement à compléter l'appareil locomoteur; il en résulte que, excepté dans certains groupes inférieurs, leur tissu devient épais, coriace, et se recouvre même souvent d'un épiderme corné ou calcaire qui forme un squelette articulé extérieurement, comme cela se voit chez les Insectes, les Araignées, les Homards, les Langoustes, etc. Cette tendance générale de l'organisation du type des Annelés a pour conséquence de restreindre à un assez petit nombre d'espèces la respiration cutanée diffuse, de nécessiter la localisation de la fonction respiratrice dans des parties souvent assez différentes d'un groupe à un autre, et, par conséquent, d'introduire des modifications nombreuses dans l'appareil et le mécanisme respiratoires. — Chez les Systolides ou Rotateurs, par exemple, les organes rotateurs sont regardés comme particulièrement propres à la respiration, à cause de la délicatesse de leur tissu et des cils vibratiles dont les mouvements déterminent de nombreux courants d'eau à leur surface. — Dans les groupes inférieurs de la classe des Crustacés, les branchies sont constituées par certains appendices locomoteurs adaptés plus ou moins complétement aux fonctions respiratoires. Chez les Crustacés branchiopodes, les pattes qui servent à soutenir l'animal sur l'eau sont élargies, membraneuses sur une grande partie de leur étendue, et constituent des pattes branchiales propres à la fois à la respiration et à la locomotion. Les Crustacés stomapodes portent leurs branchies sous l'abdomen, à la base de cinq paires de pattes natatoires, attachées aux cinq premiers anneaux abdominaux; les mouvements mêmes de la locomotion servent à renouveler le fluide respirable sur ces organes qui, chez les Squilles, pendent en panaches frangés à la face ventrale du corps. Dans les Décapodes, la carapace limite, pour toutes les branchies d'un même côté, une chambre respiratoire où l'eau pénètre par une fente inspiratrice ménagée entre la base des pattes et le bord de la carapace, et d'où elle sort par un orifice expirateur placé au-devant de la bouche, de chaque côté de la ligne médiane. Un appendice d'une des paires de mâchoires, engagé dans le canal par lequel l'eau est expulsée, sert par ses mouvements à entretenir un courant continu dans la chambre branchiale. Milne Edwards (1) a fait connaître, dans ses moindres détails, l'appareil branchial des Décapodes, et en a interprété très-heureusement le mécanisme dans les divers groupes de cet ordre. — Quant au mécanisme de la respiration trachéenne, on sait que, chez les Arachnides, les Myriapodes, les Insectes, en général, le sang est épanché, pendant une portion de son trajet, dans la cavité du corps, et que des courants déterminés l'y transportent d'avant en arrière vers les orifices d'entrée du vaisseau dorsal. Dans ce mouvement de transport, le sang baigne les tubes trachéens et se trouve en présence de l'air, sauf l'interposition de leur paroi membraneuse; c'est donc à travers cette mem-

(1) Milne Edwards, *Histoire naturelle des Crustacés*, t. II, p. 498, 500 et 506.

brane perméable que doit avoir lieu l'échange respiratoire. Le mécanisme de l'introduction de l'air et de son expulsion est visible chez les Articulés à respiration aérienne : la portion abdominale du corps est le siége de mouvements réguliers d'expansion et de constriction, qui, comme les mouvements de la poitrine, chez les Mammifères, déterminent alternativement une *inspiration* et une *expiration*.

B. — Chez les ANIMAUX VERTÉBRÉS, deux sortes d'organes (branchies ou poumons), dont nous connaissons déjà la structure spéciale (*), servent à la fonction respiratrice. C'est ici surtout qu'on voit la nature, après avoir nettement spécialisé l'organe respiratoire, créer simultanément des leviers et des puissances musculaires pour mettre en mouvement ou l'air ou l'eau.

Le mécanisme de la respiration des *Poissons* est assez simple : lorsque les arceaux propres à mouvoir les branchies portent leur convexité en dehors, ils s'écartent comme font les côtes de la poitrine d'un Mammifère, et alors même ils redressent les lamelles branchiales, les séparent et les hérissent : entre ces innombrables feuillets, l'eau avalée par la bouche se tamise en minces courants, et perd, en passant, une partie de ses principes aériens; le rapprochement des arceaux amène celui des lamelles, et en même temps le resserrement des ouïes chasse cette eau par les fentes branchiales. La bouche étant fermée alors, il ne reste pas au liquide d'autre issue. Au contraire, elle s'ouvre largement pour permettre à l'eau d'entrer, et c'est l'écartement des ouïes, et surtout de la membrane branchiostége soutenue par ses rayons osseux, qui en détermine l'ingurgitation. Les opercules qui battent sur les os de l'épaule servent aussi à cette dilatation de la cavité gutturale, en s'écartant par leur partie inférieure seulement, de manière à laisser fermée la fente branchiale; un mouvement de bascule en sens inverse ouvre cette fente tout en resserrant la même cavité.

Parmi les *Reptiles*, il en est chez lesquels l'introduction de l'air dans les poumons a lieu d'après un mode mécanique tout particulier. Les Batraciens, qui sont privés de côtes ou qui n'en ont que de rudimentaires, ne sauraient dilater leur thorax de manière à forcer l'air à y pénétrer; aussi, chez eux, l'inspiration se fait-elle au moyen du gosier et par une sorte de déglutition. C'est en effet, dans leur cavité pharyngienne, à laquelle ils impriment des mouvements analogues à ceux de la déglutition, qu'on voit les Grenouilles pousser d'abord des gorgées d'air qui passent bientôt dans la glotte et de là dans les poumons. Pour cela faire, la bouche étant close, l'animal dilate son gosier en abaissant l'hyoïde; puis l'air pénètre librement à travers les narines dans la partie dilatée. Aussitôt cette aspiration faite, les narines se ferment par le jeu d'un repli membraneux dont elles sont pourvues intérieurement (**); le gosier se contracte et pousse alors

(*) Voyez plus haut, p. 524, 602 et suiv.

(**) Chez les Salamandres, dont les narines représentent un trou placé entre des os immobiles, c'est la langue, tubercule charnu situé à la partie la plus avancée de la bouche, qui peut seule fermer les narines.

l'air qui n'a plus d'autre issue que les poumons dans lesquels il s'engage. Il résulte d'un pareil mode d'introduction de l'air que si l'on tient ouverte assez longtemps la bouche d'une grenouille, l'asphyxie est inévitable, attendu qu'alors les précédents mouvements de déglutition deviennent impossibles. Du reste, ces mouvements ne s'observent plus dès que l'animal est submergé et que la respiration s'effectue par la peau.

Le mécanisme de l'inspiration, chez les Chéloniens en général, rappelle beaucoup celui que présente le même acte chez les Grenouilles. Seulement certaines contractions qu'exécutent les membres de la Tortue paraissent venir en aide aux mouvements de déglutition qui ont pour but l'introduction de l'air dans les voies aériennes.

Pour se rendre compte du mode de renouvellement de l'air et de la partie mécanique de la respiration, chez les *Oiseaux*, il importe tout d'abord de se rappeler que l'appareil qui sert à cette fonction présente une particularité fort curieuse à connaître : entre autres modifications de leurs organes pulmonaires, les Oiseaux possèdent un système compliqué de grandes cellules annexées à ces organes et continues avec la muqueuse qui tapisse les canaux bronchiques ; plusieurs de ceux-ci, rampant à la surface du poumon, y présentent en effet des orifices largement ouverts par lesquels ils communiquent avec ces vastes cellules membraneuses généralement désignées sous les noms de *sacs* ou *réservoirs aériens*, qui eux-mêmes remplissent une grande partie du corps de l'animal et communiquent avec l'intérieur des os. Nous n'avons pas à revenir ici sur la description de ces réservoirs, ni sur les usages divers qu'on leur a attribués (1); nous ne devons qu'indiquer le mécanisme à l'aide duquel ils s'emplissent et se vident tour à tour. Chaque fois que le thorax se dilate, les quatre réservoirs moyens ou diaphragmatiques se dilatent avec lui, puis les réservoirs thoracique, cervicaux et abdominaux, c'est-à-dire les antérieurs et les postérieurs, s'affaissent en même temps ; quand le thorax se resserre, les phénomènes inverses se manifestent. Les réservoirs diaphragmatiques sont donc comme de simples annexes de la cavité pulmonaire, tandis que les réservoirs antérieurs et postérieurs sont, au contraire, antagonistes de ce premier système, en ce qui concerne l'admission et l'expulsion de l'air. En d'autres ermes, pendant l'*inspiration*, l'air extérieur entre dans les poumons et les réservoirs diaphragmatiques ou moyens, en même temps qu'une portion de l'air contenu dans les réservoirs antérieurs et postérieurs reflue dans les poumons ; pendant l'*expiration*, l'air expulsé des poumons et des réservoirs moyens s'échappe en partie au dehors et pénètre en partie dans les réservoirs antérieurs et postérieurs. Il existe donc bien entre le jeu des réservoirs moyens et celui des réservoirs antérieurs et postérieurs la plus remarquable opposition : cet antagonisme est le phénomène principal et caractéristique de la respiration chez les Oiseaux ; l'expérimentation le démontre d'ailleurs de la manière la plus évidente. Ajoutons que

______

(1) Voyez plus haut, p. 562 et suiv.

comme les poumons se dilatent relativement assez peu, alors que les réservoirs moyens subissent une distension considérable, on peut en conclure que, chez les Oiseaux, l'organe d'aspiration et l'organe d'hématose sont distincts ; celui-ci étant représenté par les poumons, celui-là par les sacs diaphragmatiques. Nous ajouterons aussi que, comme l'air de la plupart des réservoirs aériens circule librement dans les cavités intérieures des os, il est possible, sur un oiseau auquel on a amputé l'humérus, par exemple, et lié la trachée-artère, de constater que la respiration s'accomplit par la cavité béante de cet os comme par la trachée elle-même.

Ainsi, tandis que la cellule pulmonaire est, chez le Mammifère, le dernier terme de l'itinéraire du fluide atmosphérique, le poumon de l'Oiseau se trouve placé sur le trajet de l'air qui va bien au delà dans divers réservoirs aériens et jusque dans certaines régions du squelette de l'animal.

Du reste, les poumons des Oiseaux adhèrent intimement à la voûte du thorax, et conséquemment l'expansion des parois de cette cavité doit les dilater directement. Quand la poitrine s'agrandit par le mouvement des côtes et du sternum, le diaphragme *thoraco-abdominal* (*) la dilate encore en refoulant les viscères abdominaux, comme cela s'observe chez l'Homme et les Mammifères ; nous avons dit dans quelles cavités, indépendamment de celle du poumon, l'air se trouve alors aspiré. Le sternum, qui prend chez les Oiseaux de si grandes dimensions pour donner des points d'appui aux organes du vol, représente la paroi mobile d'un soufflet dont la paroi immobile est constituée par les vertèbres soudées du rachis ; les côtes sont à la fois les leviers et les pliants intermédiaires à l'aide desquels ces deux parois se rapprochent ou s'éloignent, suivant les divers temps de la respiration.

Après cet exposé sommaire des *phénomènes mécaniques de la respiration* dans diverses classes d'animaux, abordons l'étude plus détaillée de ces phénomènes chez les *Mammifères* et chez l'Homme.

Quelques considérations sur l'inspiration et sur l'expiration dans ces organismes élevés, — sur le trajet de l'air et le mode de fonctionnement des orifices ou des conduits que ce fluide traverse, — sur la fréquence, la nature et le rhythme des mouvements respiratoires, — nous ont paru devoir précéder les détails qui se rapportent aux divers modes de respiration, — aux mouvements des côtes et du sternum, — aux agents musculaires si nombreux de ces mouvements, ainsi qu'au rôle mécanique du poumon lui-même.

L'étude des bruits normaux de la respiration, — celle de plusieurs actes annexés à cette grande fonction, comme la toux, l'éternument, le hoquet, le bâillement, etc., — puis enfin l'influence capitale que le système nerveux

---

(*) **SAPPEY** (*ouvr. cité*, pl. I, fig. 3, et pl. II, fig. 2-3) admet, chez les Oiseaux, l'existence de deux diaphragmes : l'un, étudié par Cl. Perrault et J. Hunter, va des côtes droites aux côtes gauches, c'est le *diaphragme pulmonaire* ; l'autre, étendu verticalement depuis le rachis jusqu'au sternum, forme une cloison très-oblique entre la poitrine et le ventre de l'oiseau, c'est le *diaphragme thoraco-abdominal*.

exerce sur le mécanisme respiratoire, devront aussi arrêter successivement notre attention.

I. — Suspendez votre respiration, et bientôt vous serez en proie à une vive anxiété due à la non-satisfaction d'un besoin impérieux, l'introduction de l'air sera réclamée avec urgence, en vertu d'une sensation interne désignée sous le nom de *besoin de respirer*; puis l'air, une fois introduit et devenu impropre à l'hématose, donnera lieu à une autre sensation interne qui sollicitera l'expulsion de ce même fluide (*besoin d'expirer*). Chaque temps respiratoire est donc précédé d'une sensation particulière qui en commande l'exécution.

Ce ne sera qu'en examinant les rapports de la respiration avec le système nerveux central qu'il y aura lieu d'insister sur ces sensations internes ; nous les mentionnons ici seulement comme causes impulsives des mouvements d'inspiration et d'expiration.

Ces deux mouvements constituent, par leur succession, une *respiration complète*, dont le but est d'entretenir dans les poumons des courants qui servent à renouveler sans cesse l'air altéré par son contact avec le sang. — L'*inspiration* ne peut déterminer l'agrandissement de la poitrine, dans tous ses diamètres, qu'à l'aide de muscles nombreux qui, en se contractant, font mouvoir les leviers ou pièces solides de cette cavité ; l'*expiration*, au contraire, peut à la rigueur se passer souvent du concours de l'action musculaire et s'accomplir par la seule élasticité des poumons et des parois thoraciques. Toutefois, il faut savoir qu'en certaines circonstances l'expiration constitue un acte qui n'est pas moins laborieux et moins complexe que l'inspiration : nul doute, par exemple, que pour les besoins de la phonation, du chant, de différents actes excrétoires, etc., l'expiration ne nécessite aussi l'intervention de puissances actives, c'est-à-dire de véritables *muscles expirateurs* qu'à chaque instant la volonté modifie utilement sous le rapport de l'intensité de leurs contractions. Dans certaines expériences manométriques (1), où il s'agissait de mouvements respiratoires forcés, on a même constaté un notable excédant des puissances de l'expiration sur celles de l'inspiration : pour se rendre compte de pareils résultats, il faut se rappeler que les effets produits, dans l'expiration forcée, sont dus à la fois à la détente du ressort monté par les muscles inspirateurs et à l'action surajoutée des muscles expirateurs.— Dans les expériences de Valentin (2), par exemple, la force développée par l'inspiration la plus grande faisait équilibre à une colonne de mercure de 144 millimètres, et celle que développait l'expiration la plus énergique à une colonne de 232 millimètres.

---

(1) MENDELSSOHN (A.), *Der Mechanismus der Respiration und Circulation od. das explicirte Wesen der Lungenhyperämien*, etc. Berlin, 1845. — HUTCHINSON, *On the Capacity of the Lungs and on the Respiratory functions* (*Trans. of the Med.-Chir. Soc. of London*, t. XXIX, p. 199, année 1846).

(2) VALENTIN, *Lehrbuch der Physiologie des Menschen*, t. I, p. 529 et suiv. Braunschweig, 1847.

Kramer (1), en opérant sur des chiens, a trouvé aussi une différence de près de 100 millimètres à l'avantage de l'*expiration* forcée.

Quoi qu'il en soit, l'expiration calme exige évidemment moins d'efforts que l'inspiration calme, puisqu'un simple retrait élastique des parties suffit à la première, et que des contractions musculaires sont indispensables à la seconde.

Le mécanisme de l'inspiration et de l'expiration, chez les mammifères et chez l'homme, semble d'ailleurs assez simple quand on se borne à le considérer d'une manière générale, comme nous allons le faire ici, réservant pour plus tard les nombreux détails qui s'y rapportent.

Pendant l'*inspiration*, quand le soulèvement des côtes et du sternum et l'abaissement du diaphragme contracté déterminent l'augmentation de capacité du thorax, comme le sac pulmonaire se dilate forcément lui-même en suivant les parois thoraciques auxquelles il est contigu, forcément aussi il y a raréfaction de l'air que ce sac contenait déjà, et il devient nécessaire que l'équilibre de pression entre le fluide intérieur et le fluide extérieur s'établisse : de là l'introduction obligée d'une certaine quantité d'air ambiant, qui, s'engageant à travers des orifices plus ou moins dilatés, pénètre dans les poumons. Ces organes, pendant l'inspiration, sont donc tout à fait passifs ; c'est l'agrandissement de la poitrine qui détermine l'arrivée de l'air dans leur intérieur. Puis, par suite du relâchement des muscles inspirateurs, par l'effet de l'élasticité des cartilages costaux et parfois aussi de l'action surajoutée des muscles expirateurs, bientôt les côtes et le sternum s'abaissent ; le diaphragme, cessant sa contraction, est refoulé vers le thorax qui reprend son volume primitif. Alors, dans ce mouvement de retrait ou d'*expiration*, le poumon, qui était dilaté, revient aussi sur lui-même, de manière à laisser sortir une quantité d'air à peu près correspondante à celle qui était entrée d'abord. Il importe d'ajouter que c'est principalement cet organe qui, en exerçant, à l'aide de son élasticité, une sorte d'aspiration sur le diaphragme, le fait remonter dans la cavité thoracique, et le rétablit de la sorte dans la position qui lui est nécessaire pour agir lors d'une inspiration nouvelle.

II. — Les *voies parcourues par l'air*, durant les mouvements respiratoires, ne sont pas en général susceptibles de changements bien notables, attendu qu'elles sont le plus souvent soutenues par des parties rigides, osseuses ou cartilagineuses. Toutefois, en quelques points et dans certaines conditions, elles éprouvent des changements qui ne sauraient échapper à l'observateur le moins attentif. — C'est ainsi que les *narines* ou les *naseaux*, immobiles ou à peu près, dans la respiration calme, se dilatent et s'ouvrent largement dans les inspirations pénibles. — Maintes fois nous avons constaté ces mêmes différences sur la *glotte* des chiens, après avoir fendu la membrane thyro-hyoïdienne, enlevé l'épiglotte, et ramené en avant l'orifice supérieur

---

(1) KRAMER, *Zur Lehre vom Athmen* (HÆSER'S *Archiv für die gesammte Med.*, 1847, t. IX, p. 332).

du larynx.—Il en est encore ainsi de l'isthme du gosier, du voile du palais notamment, qui ne se déplace que dans les inspirations profondes, afin de s'abaisser ou de se soulever suivant qu'on respire par le nez ou par la bouche. — Pour la trachée et les bronches, sans parler des fibres musculaires (à existence contestée) qui sont supposées les raccourcir durant l'inspiration, on sait que des fibres charnues transversales, très-évidentes chez les grands mammifères, rétrécissent le calibre de ces conduits pendant l'expiration, pour aider à l'expulsion de l'air ou des mucosités bronchiques. — Enfin, quant aux poumons eux-mêmes, ainsi que nous venons de le voir, suivant inévitablement les parois de la cavité qui les renferme, ils se dilatent avec elle et permettent l'introduction de l'air, puis avec elle aussi ils se rétractent et chassent au dehors une partie de ce fluide devenu inutile.

Chez les mammifères, en général, l'air, qui pénètre dans le poumon, entre le plus souvent par les fosses nasales ou à la fois par ces cavités et par la bouche, quand l'animal éprouve le besoin de respirer plus largement. Toutefois il en est dont le voile du palais, descendant fort bas, entoure la base de l'épiglotte, et qui, à cause de cette disposition, ne peuvent guère respirer que par le nez : tels sont, par exemple, les Solipèdes, qu'il faudrait craindre de suffoquer par l'occlusion de leurs narines, d'ailleurs si spacieuses. Il en est tout autrement du Chien, qui, dans l'essoufflement, respire presque exclusivement par la gueule. Quant aux cétacés, attendu que leur épiglotte, qui monte jusqu'à l'orifice postérieur des fosses nasales, interdit à l'air venu par la bouche tout accès dans l'ouverture supérieure du larynx, il leur est absolument impossible de respirer autremènt que par les fosses nasales.

Aux *narines*, à la *bouche*, comme à la *glotte* et à l'*orifice bucco-pharyngé*, des puissances musculaires, propres à maintenir ces orifices suffisamment béants, étaient nécessaires pour résister à la pression atmosphérique qui se fait sentir lors de l'inspiration, par suite du vide virtuel de la poitrine : tel est le rôle des *muscles dilatateurs* qui leur sont annexés.

Les muscles dilatateurs, qui agissent pour maintenir béantes les *narines*, dans les grandes inspirations, sont les muscles myrtiformes et élévateurs de l'aile du nez, qu'anime le nerf facial. Aussi, après que ce nerf est réséqué ou paralysé, voit-on les ailes du nez se rapprocher de la cloison, et même s'y accoler aussi souvent que, la bouche étant close, il survient un mouvement inspiratoire profond. Dans une observation de paralysie du nerf facial *de chaque côté*, chez l'homme, observation que nous avons relatée ailleurs, souvent l'affaissement des narines était tel que, dans les fortes inspirations, elles se rapprochaient de la cloison nasale de manière à intercepter complétement le passage de l'air. — A chaque mouvement inspiratoire aussi, les *lèvres*, comme deux voiles mobiles, sortaient et rentraient selon la direction du courant d'air.

Nous verrons, plus tard, que c'est encore le nerf facial qui anime tous les muscles de l'*orifice bucco-pharyngé*, excepté les péristaphylins externes, qui sont des tenseurs du voile du palais. L'action de ces derniers muscles se rapporte surtout à la déglutition. Au contraire, les autres, qui reçoivent des filets du facial, agissent plutôt dans la respiration : tels sont notamment les *muscles dilatateurs* de l'orifice bucco-pharyngé, ou palato-staphylin et péristaphylins internes. — Nous avons mentionné les mouvements différents du voile du palais suivant qu'on respire par la bouche ou par les fosses nasales.

Quant au *pharynx*, son adhérence à des parties rigides en empêche la dépression qu'aurait amenée le vide virtuel produit par la dilatation de la poitrine. L'écartement de ses parois est maintenu, de haut en bas, par les ailes internes des apophyses ptérygoïdes, par les aponévroses buccinato-pharyngiennes et la partie postérieure du corps de l'os maxillaire inférieur, puis encore par les grandes cornes de l'os hyoïde et les deux lames du cartilage thyroïde. Ainsi se trouve assurée la béance continuelle de ce conduit dans les points où il sert de vestibule à l'air, tandis que ses parois sont contiguës dans l'endroit où il est exclusivement affecté à la déglutition.

Nous arrivons enfin à la *glotte*. Cet orifice mobile a pour agents dilatateurs les plus puissants des muscles intrinsèques du larynx, c'est-à-dire les *crico-aryténoïdiens postérieurs*, dont la contraction dépend des nerfs récurrents ou laryngés inférieurs. Examine-t-on, sur l'animal vivant, l'intérieur d'un larynx privé de ces nerfs et partant de l'action de ces muscles, à chaque mouvement inspiratoire un peu intense, on voit la glotte se fermer ou tendre à se fermer, au lieu de s'ouvrir, comme il arrive à l'état normal dans ce temps de la respiration ; et l'on reproduit facilement cette tendance à l'occlusion, lorsque, ayant adapté un soufflet à la trachée-artère d'un animal mort, on vient à aspirer l'air par la glotte (*). Au contraire, cette tendance est contre-balancée, dans l'état de vie normal, par l'action des deux *crico-aryténoïdiens postérieurs*, muscles essentiellement inspirateurs, qui, en se contractant, tiennent les lèvres de la glotte écartées, et préviennent ainsi l'effet de la pression atmosphérique lors de chaque mouvement d'inspiration. — Par conséquent, en raison de la raréfaction de l'air intérieur, durant l'inspiration, la glotte, comme la narine, a besoin d'être soutenue contre la pression de l'air extérieur, qui les fermerait l'une et l'autre, car les ligaments de la première et les fibro-cartilages de la seconde n'ont point par eux-mêmes une résistance suffisante.

Quant au *poumon*, qui, chez les Mammifères, est le dernier terme de l'itinéraire du fluide atmosphérique, un chapitre spécial sera réservé à l'étude de son *mécanisme* dans l'accomplissement de la fonction respiratoire.

III. — Nous aurons occasion de démontrer, plus tard, combien le besoin de respirer varie dans les diverses espèces animales ; il en est de même de

---

(*) En nous occupant plus loin de l'*influence du système nerveux sur la respiration*, nous dirons comment la configuration différente de la glotte, *suivant les âges et les espèces*, fait varier les effets dont il s'agit.

la *fréquence des mouvements respiratoires*, qui est très-variable aussi chez beaucoup d'animaux, quoique appartenant à la même classe.

a. — Pour ne parler d'abord que des mammifères, on peut établir qu'en général les inspirations sont plus fréquentes dans les petites espèces que dans les grandes. D'après Scoresby (1), le nombre des respirations, chez la baleine, n'est que de 4 à 5 par minute; tandis que, comme chacun est à même de l'observer, il est de 40 à 50 chez le cabiai et le lapin, de plus de 60 chez la souris, etc. Le cheval et le bœuf respirent de 10 à 12 fois par minute; le mouton de 14 à 16; le chien et le chat de 20 à 25, etc.

La même relation paraît exister, chez les oiseaux, entre leur taille et la fréquence de leurs mouvements respiratoires; c'est-à-dire qu'assez lents chez les grandes espèces, plus rapides chez les moyennes, ces mouvements s'accélèrent très-notablement chez les plus petites.

Il est généralement admis que, dans l'espèce humaine, la moyenne des inspirations, par minute, est de 18 chez les individus adultes. Des observations faites par Hutchinson (2), sur 1714 personnes, il résulte que, chez 141, le nombre des inspirations était, soit au-dessous de 16, soit au-dessus de 24, et que, pour le reste, un tiers offrait 17 ou 18 inspirations, un autre tiers 20, et que le dernier tiers dépassait 20 sans atteindre à 25.

Chacun sait combien l'*exercice musculaire* influe sur la rapidité des mouvements respiratoires; il suffit, par exemple, d'une course de quelques instants pour quadrupler on même quintupler le nombre des inspirations. Cette plus grande fréquence des inspirations coïncide d'ailleurs avec une plus grande accélération du pouls.

Au contraire, pendant le *sommeil*, les mouvements respiratoires sont en général plus lents que durant la veille, à l'état de repos. Le ralentissement dû au sommeil est d'environ un quart chez l'homme.

Quant à l'*âge*, son influence est des plus sensibles. En considérant le nombre des inspirations dans l'espèce humaine aux différents âges, Quetelet (3) a trouvé, par minute, pour les moyennes et les valeurs limites, d'après environ 300 individus :

AGES.	INSPIRATIONS.		
	Moyenne.	Maximum.	Minimum.
0..... an..........................	44	70	23
5.... ans.......	26	32	
15 à 20 ans........................	20	24	16
20 à 25 ans........................	18,7	24	14
25 à 30 ans........................	16,0	21	15
30 à 50 ans........................	18,1	23	11

(1) Scoresby, *An Account of the Arctic Regions*, 1820, t. I, p. 465, 468 ; t. II, p. 247.

(2) Hutchinson, *On the Capacity of the Lungs* (*Med.-Chir. Trans.*, t. XXIX, p. 226).

(3) Quételet, *Sur l'homme et le développement de ses facultés*, ou *Essai de physique sociale*, t. II, p. 86. Paris, 1835.

Il ne paraît pas, dit Quetelet, que la différence des *sexes* ait une influence plus marquée à un âge quelconque que vers l'époque de la naissance ; peut-être néanmoins trouverait-on une légère accélération pour les femmes, d'après les nombres que relate encore ce savant statisticien.

L'*état hygrométrique* et la *température* de l'air ambiant peuvent modifier la fréquence des mouvements respiratoires. Dans une atmosphère humide, assez généralement ils se ralentissent ; mais l'effet est bien autrement sensible, chez certains animaux, dans le cas où l'atmosphère se refroidit. Saissy (1), surtout, a réuni à ce sujet un assez grand nombre d'observations. Nous nous bornerons ici à rappeler que, chez les animaux hibernants, la respiration devient de plus en plus rare à mesure que le thermomètre baisse davantage, et même qu'elle finit par n'être plus appréciable quand l'engourdissement est devenu complet.

Il n'entre pas dans notre cadre d'examiner les relations qui existent entre la fréquence des mouvements respiratoires et certaines maladies du cœur ou du poumon, la phthisie et l'emphysème pulmonaires, etc.

b. — Nous n'avons pas à revenir sur la détermination *de la quantité d'air* mis en circulation, soit pendant les mouvements normaux de la respiration, soit lors d'inspirations et d'expirations forcées ; cette étude a été faite précédemment (p. 615 et suiv.). Ce que nous voulons rappeler, en ce moment, c'est que la fréquence plus ou moins grande des mouvements respiratoires influe sur leur étendue, et partant sur la *quantité d'air inspiré dans un temps donné* : il est expérimentalement établi, en effet, que cette quantité est moindre dans le cas où les inspirations sont rapides que dans celui où elles sont plus lentes (2).

c. — Les deux mouvements inspiratoire et expiratoire, desquels résulte une respiration complète, se succèdent d'après un *rhythme* déterminé. La durée de l'inspiration n'est pas égale à la durée de l'expiration ; cette dernière est la plus longue (*). On peut distinguer quatre temps dans chaque respiration complète : 1° le mouvement inspiratoire ; 2° le temps de repos qui y succède, ou pause inspiratoire ; 3° le mouvement expiratoire, et 4° la pause expiratoire. Celle-ci, qui précède l'inspiration, est généralement bien marquée (à moins de respiration très-rapide) et sa durée est, en moyenne, d'environ le quart de la durée totale d'une respiration complète. Quant à la pause inspiratoire, ou temps de repos précédant l'expiration, elle est constamment fort courte et souvent n'est guère appréciable, comme dans le cas où l'individu précipite sa respiration.

On doit à Vierordt et Ludwig (3) quelques recherches sur le rhythme res-

(1) Saissy, *Rech. expér. anat. chim. et phys. sur les animaux mammifères hibernants.* Mémoire couronné en 1807 par l'Institut de France.

(2) G. Valentin, *Grundriss der Physiol.*, p. 253.

(*) C'est le contraire que nous avons toujours observé chez les chiens, après la section des nerfs pneumogastriques ; *l'expiration devenait notablement plus courte que l'inspiration.*

(3) Vierordt et Ludwig, *Beiträge zur Lehre von den Athembewegungen* (*Archiv für phys. Heilkunde*, 1855, t. XIV, p. 253).

piratoire, qu'ils ont faites à l'aide d'un instrument particulier (le kymographion) : c'est un levier qui, par l'une de ses branches, s'applique contre la partie antérieure et inférieure du sternum, et qui, par l'autre branche portant un crayon, trace sur le papier une ligne courbe correspondant aux mouvements d'élévation et d'abaissement du sternum. L'individu en expérience est obligé de se tenir couché et immobile pendant toute la durée de l'observation.

Marey (1), en supprimant cet inconvénient, a rendu ce genre de recherches beaucoup plus commode. Son appareil consiste en une ceinture formée, sur un point de sa longueur, par un cylindre élastique dont la cavité est mise en rapport, à l'aide d'un tube de caoutchouc, avec l'ampoule d'un polygraphe ordinaire. La ceinture mise en place, la dilatation du thorax agrandira la cavité du cylindre élastique, appellera par conséquent l'air de l'ampoule, et le levier s'abaissera; si la poitrine se resserre, le cylindre, en vertu de son élasticité, reviendra sur lui-même, chassera l'air dans l'ampoule, et le levier sera élevé. En inscrivant ces mouvements alternatifs dans les conditions les plus variées, on obtiendra des tracés qui reproduiront très-fidèlement toutes les phases du mouvement respiratoire.

Marey, en expérimentant de la sorte, est arrivé aux conclusions suivantes : — L'immobilité des parois thoraciques n'est jamais complète : les pauses inspiratoires et expiratoires ne sont pas réelles, elles sont seulement apparentes. Il n'existe ni rhythme normal, ni fréquence normale de la respiration, mais on peut déterminer les influences qui modifient cette fréquence et ce rhythme. — Si les voies respiratoires sont rétrécies, la fréquence est diminuée, l'amplitude augmentée et le rhythme changé par allongement de la période d'inspiration. — Si l'air rencontre un obstacle seulement dans l'inspiration, ou seulement dans l'expiration, l'obstacle allonge la période de respiration pendant laquelle il agit.

d. — Il est évident que les mouvements respiratoires sont soumis à la volonté qui peut les accélérer ou les ralentir, les renforcer, les diminuer ou même les suspendre. Mais cette suspension ne saurait avoir lieu au delà d'un terme très-court, par la seule intervention directe de la volonté; aussi les mouvements dont il s'agit appartiennent-ils à la classe de ceux qu'on nomme *semi-volontaires* et que l'on fait en partie dépendre du *pouvoir réflexe* ou excito-moteur de l'axe cérébro-spinal. D'ailleurs les mouvements respiratoires ne persistent-ils pas, avec une grande régularité, durant le sommeil? Ne les observe-t-on pas aussi chez les apoplectiques ou chez les animaux auxquels on a enlevé l'encéphale, en respectant le *bulbe rachidien* ou centre réflectif sans lequel la respiration ne saurait plus s'accomplir?

Plus loin, en étudiant les rapports du système nerveux avec cette grande fonction, nous ferons voir que les mouvements multiples de la respiration, qui s'exécutent, soit à la tête (dans les narines, la bouche et le voile du

(1) MAREY, *Pneumographie* (*Journ. de l'anat. et de la physiol. de l'homme et des animaux*, 2º année, 1865, p. 425-456).

palais), soit au cou (à l'extérieur ou à l'intérieur du larynx), soit enfin au tronc (dans les épaules, les parois du thorax et de l'abdomen), nous ferons voir, disons-nous, qu'en effet tous ces mouvements réflexes respiratoires ont le même centre coordinateur (bulbe rachidien), et que la lésion de ce dernier organe suffit pour arrêter aussitôt le jeu d'un mécanisme si complexe.

IV. — Les mouvements alternatifs qui déterminent l'ampliation et le resserrement de la cavité thoracique n'ont point manqué assurément d'exciter l'attention des physiologistes; mais souvent on a paru plus pressé de s'occuper des détails de leur mécanisme que d'en établir d'abord les caractères les plus généraux.

Cependant quelques observateurs se sont appliqués à envisager sous toutes leurs faces les phénomènes dont il s'agit : nous citerons notamment Beau et Maissiat (1), puis Sibson (2), dont les recherches nous paraissent être à la fois les plus complètes et généralement les plus exactes qu'on ait publiées dans ces derniers temps.

Et d'abord, d'après Beau et Maissiat, les *divers modes de respiration*, chez l'homme et les mammifères, peuvent être rapportés à trois types principaux. — Dans le *type abdominal*, les côtes restent immobiles et l'action respiratoire ne se révèle que par les mouvements du ventre, qui devient saillant durant l'inspiration et se déprime pendant l'expiration. — Dans le *type costo-inférieur*, les mouvements respiratoires ont lieu surtout au niveau des côtes inférieures, à partir de la septième inclusivement; ils diminuent graduellement et rapidement à mesure qu'on s'élève vers les cinquième, quatrième et troisième côtes, la seconde et la première sont immobiles; le sternum, qui suit le mouvement des côtes, se meut un peu, mais dans sa partie inférieure seulement, et la paroi abdominale reste immobile. — Enfin, dans le *type costo-supérieur*, les mouvements respiratoires ne sont bien manifestes que vers les côtes supérieures, surtout la première, qui sont portées en haut et en avant. La clavicule participe à ce mouvement. La partie supérieure du sternum s'élève aussi dans la même direction et de la même quantité que la première côte et la clavicule.

Ces différents types de respiration ne s'observent pas indistinctement chez tous les individus de notre espèce, ni à tous les âges de la vie. Beau et Maissiat ont constaté qu'en général chacun a son mode particulier de respiration qu'il conserve invariable; puis, étendant leurs investigations, ils ont établi que, dans les premiers mois de la vie, et souvent jusqu'à la fin de la troisième année, on rencontre le type abdominal chez les enfants des deux sexes, contrairement à l'opinion de Haller (3) qui s'exprime ainsi à cet égard : « Considerate puerum anni unius et puellam ejusdem ætatis » in eodem lecto una dormientes : videbis, in puella, quando inspirat,

<hr>

(1) BEAU et MAISSIAT, *Recherches sur le mécanisme des mouvements respiratoires* (*Arch. gén. de méd.*, 1842, 3ᵉ série, t. XV; 1843, 4ᵉ série, t. I, II, III).
(2) SIBSON, *Of the Mechanism of Respiration* (*Philos. Transact.*, 1846).
(3) HALLER, *Prælectiones Acad.*, t. V, p. 144.

» totam thoracis molem ascendere versus jugulum ; in puero viro inspirante » thoracem et claviculas vix moveri. » Ce serait seulement à partir de la troisième année que, d'après Beau et Maissiat, les trois types commenceraient à se caractériser suivant les individus : ainsi le type costo-supérieur s'observe particulièrement chez les filles, tandis que les garçons présentent le type costo-inférieur ou bien l'abdominal en proportion à peu près égale. Les différences entre les deux sexes apparaissent plus tranchées à mesure que les individus avancent en âge. Ce fait avait déjà frappé Boerhaave ; et, quand Haller, commentant l'opinion de son illustre maître, ajoute : «in viro adulto pectus vix movetur, quidquam dum respirat; in » fœmina totum sursum trahitur, ut a diaphragmate recedat : ergo vir » abdomine maxime respirat, fœmina thorace,» Haller avance une assertion qui n'est pas tout à fait exacte, puisque l'observation démontre que l'homme adulte ne respire pas seulement par l'abdomen, mais qu'il respire encore, et à peu près aussi souvent, par les côtes inférieures, comme dans le *type costo-inférieur*.

Le *type costo-supérieur* est le mode de respiration véritablement propre à la femme qui, du reste, le présente de très-bonne heure. Chez un certain nombre de petites filles observées par F. Sibson (1), il n'aurait commencé à être bien prononcé que vers l'âge de dix à douze ans. — L'état de grossesse, qui, chez la femme, eût, avec les autres types, créé à la respiration des conditions pénibles, n'entrave pas au même degré cette fonction avec le type costo-supérieur, dans lequel les principaux mouvements se passent naturellement à la partie supérieure de la poitrine. Haller avait déjà signalé l'utilité de ce mode respiratoire.

L'usage du corset, comme on aurait pu le croire d'abord, n'est pour rien dans le développement de ce mode de respiration particulier à la femme; il ne tend qu'à l'exagérer. On trouve le type costo-supérieur parfaitement établi chez des filles et chez des femmes qui n'ont jamais porté cette espèce de vêtement.

Étendant leurs observations à quelques animaux, Beau et Maissiat ont reconnu le type abdominal dans la respiration du cheval, du chat, du lapin, et le type costo-inférieur chez le chien. Ils n'ont jamais rencontré le type costo-supérieur chez ces quadrupèdes, dont la marche eût pu difficilement se concilier avec les exigences de ce mode de respiration que, par conséquent, on peut regarder comme propre à l'espèce humaine et à la femme plus particulièrement.

V. — Dans l'inspiration, l'agrandissement antéro-postérieur et l'agrandissement transversal du thorax sont déterminés par les *mouvements des côtes et du sternum*. Quant à l'agrandissement de la poitrine dans le sens vertical, nous verrons plus loin qu'il est dû à la contraction et à l'abaissement simultanés du diaphragme.

En arrière, les *côtes* s'articulent avec la colonne vertébrale, sur laquelle

(1) F. Sibson, *Of the Mechanism of Respiration* (*Philos. Trans.*, 1846).

elles prennent un point d'appui, centre de leurs mouvements; et, en avant, elles sont la plupart en rapport médiat avec le sternum. Leur *degré de mobilité* respective constitue un fait qui a été interprété de manières différentes et même des plus opposées. Haller (1), on le sait, niait la mobilité de la première côte; dans ses expériences sur les animaux et ses observations sur l'homme, il avait, disait-il, toujours reconnu l'immobilité de cette côte même au milieu des plus fortes inspirations. Cette opinion paraissait acceptée dans la science, quand Magendie (2), se fondant sur la disposition anatomique de l'articulation costo-vertébrale, prétendit que la première côte était la plus mobile de toutes; il rappela, dans ce but, qu'elle offre une seule facette articulaire à sa tête, qu'elle ne s'articule qu'avec une seule vertèbre, qu'elle n'a point de ligament interosseux costo-vertébral, etc. Après lui, Bouvier (3) soutint la même manière de voir. On peut se rendre compte de ces dissidences qu'on est d'ailleurs surpris de rencontrer quand il s'agit de faits matériels faciles à constater. Nous acceptons l'observation de Haller comme exacte : n'ayant examiné que des animaux ou des hommes, chez lesquels le type costo-supérieur n'existe pas, il a dû rencontrer l'immobilité de la première côte, immobilité qui constitue en effet un caractère de ce mode de respiration. Haller n'a eu que le tort de généraliser son observation; et, quant à regarder la première côte comme la plus mobile de toutes, on ne peut guère nier qu'il n'en soit ainsi quand on examine la respiration chez les sujets qui respirent avec le type costo-supérieur, et spécialement chez la femme. L'opinion de Magendie ne doit donc avoir qu'un sens restreint, et la mobilité de la première côte variera suivant le type respiratoire et suivant les sujets. Les mêmes variations s'observent pour les côtes moyennes et inférieures. Il faut faire une exception à l'égard des deux dernières, appelées aussi *côtes flottantes :* celles-ci jouissent d'une mobilité extrême, qui est due à ce qu'elles n'ont aucun moyen solide d'union avec les apophyses transverses des vertèbres, à ce que leur extrémité antérieure est libre, et qu'elles manquent, comme la première, de ligament interosseux costo-vertébral.

La plupart des côtes sont prolongées en avant par un cartilage, de même forme, qui les continue jusqu'au sternum avec lequel elles s'unissent. Une membrane synoviale existe ordinairement dans le point de réunion de la partie cartilagineuse avec la partie osseuse de la côte. Parmi les articulations sterno-costales, la première présente souvent une soudure véritable du sternum et de la première côte, dont le cartilage, court, épais, presque toujours ossifié, ajoute dans ce cas à l'inflexibilité de cet arc osseux : de telles conditions sont en harmonie avec le type costo-supérieur dans lequel le sternum et la première côte sont mus simultanément. Les cartilages des côtes moyennes et inférieures sont longs, élastiques, et de plus mobiles dans leurs articulations chondro-sternales: c'est pourquoi, lorsque les mouvements respiratoires se passent au niveau des côtes in-

(1) HALLER, *Elementa physiologiæ*, t. III, p. 23.
(2) MAGENDIE, *Précis élémentaire de physiologie*, t. II, 4ᵉ édit., p. 315.
(3) BOUVIER, *Rech. d'anat. et de physiol.*, thèse inaugurale. Paris, 1823.

férieures, la partie inférieure du sternum se déplace si peu proportionnellement.

Rappelons aussi que la clavicule, en raison de ses rapports avec la première côte et de son articulation profondément enclavée dans le sternum, forme en quelque sorte, avec ces deux os, un même système, et les suit dans leurs différents mouvements.

Les côtes sont des arcs longs et flexibles. Leur flexibilité n'est bien prononcée qu'entre leur angle et le sternum. La direction des côtes est oblique de haut en bas et d'arrière en avant ; mais, dans tout leur trajet de la colonne vertébrale au sternum, elles ne conservent point une position parallèle : elles s'écartent bientôt les unes des autres et laissent entre elles des intervalles inégaux. En effet, il est facile de le constater, les espaces intercostaux sont d'autant plus larges qu'on les considère plus près du sternum. Beau et Maissiat ont appelé l'attention sur cette disposition, et, en même temps, ils ont reconnu que, chez les femmes surtout et chez les individus qui respirent avec le type costo-supérieur, les espaces intercostaux supérieurs sont proportionnellement bien plus grands que ceux des côtes inférieures. Ils ont fait encore remarquer que, chez les individus à type costo-inférieur, l'intervalle qui sépare la sixième de la septième côte est notablement plus large que les autres, surtout à la partie antérieure ; qu'enfin, la partie thoracique, comprise entre la sixième et la onzième côte, offre, au niveau de sa portion cartilagineuse, une saillie que le doigt reconnaît facilement, s'il est promené dans l'espace qui sépare la septième côte de la sixième.

Si maintenant nous voulons connaître le jeu des côtes dans les deux mouvements alternatifs dont se compose l'acte respiratoire, nous constaterons d'abord qu'à chaque *inspiration* il y a augmentation des intervalles intercostaux. Ce changement dans le rapport des côtes entre elles est d'autant plus prononcé, qu'on l'examine plus près de leur extrémité antérieure ou intercartilagineuse, et l'on comprend qu'il faille, pour en bien constater l'évidence, le rechercher dans la partie supérieure ou inférieure du thorax, suivant le mode de respiration des sujets. C'est pour avoir négligé cette précaution que les auteurs ont émis des opinions si peu concordantes sur ce point d'observation directe. Borelli (1) soutint que l'espace intercostal diminuait pendant l'inspiration : cette manière de voir, présentée pour appuyer une théorie non moins contestable et démentie par l'observation, fut néanmoins adoptée en partie par Haller, qui, lui aussi, avait besoin de croire à la diminution de l'espace intercostal ou au rapprochement des côtes pendant l'inspiration, attendu qu'il regardait comme *inspirateurs* les muscles intercostaux. Toutefois Haller apportait une restriction formelle en faveur de la portion intercartilagineuse des côtes moyennes.

F. Sibson (2), examinant cette question avec soin, porta son attention

<hr>

(1) BORELLI, *De motu animalium*, t. II, p. 99. Lahaye, 1743.
(2) F. SIBSON, *loc. cit.*

sur la portion du rachis qui supporte les côtes et forme une courbure à concavité antérieure. La divisant en trois parties, dont la supérieure regarde en bas et en avant, la moyenne en avant et l'inférieure en avant et en haut, il fit trois groupes des côtes correspondant à chacune de ces parties : le groupe supérieur, ou *thoracique*, est formé des cinq premières côtes ; le groupe moyen, ou *intermédiaire*, comprend les sixième, septième et huitième côtes ; les quatre dernières côtes constituent le groupe inférieur ou *diaphragmatique*. Sibson reconnut l'élargissement de tous les espaces intercartilagineux, à l'exception du premier qui, au contraire, lui parut diminué. Quant aux espaces intercostaux, il trouva que, examinés en avant, les trois premiers sont un peu diminués, mais que tous les autres s'élargissent, surtout ceux du groupe inférieur. Sibson nota aussi l'élargissement de tous les espaces intercostaux, près de la colonne vertébrale, pendant l'inspiration. Déjà, avant lui, Ant. Marcacci (1), dans ses vivisections, avait établi que l'espace intercostal s'agrandit dans l'inspiration, mais à un degré moins appréciable que l'espace intercartilagineux.

Ainsi l'élargissement de l'espace intercostal, variable selon le type respiratoire, et d'autant plus grand qu'on se rapproche davantage du sternum, coïncide avec le mouvement d'inspiration : c'est un fait qui ne saurait être contesté. Indiquons maintenant comment se fait cet élargissement.

Durant l'*inspiration*, les côtes sont le siége d'un double mouvement, l'un d'élévation et l'autre de rotation qui ont lieu simultanément. Toutes les côtes à la fois se portent en haut, et ce soulèvement est visible surtout quand la poitrine est mise en mouvement par une inspiration profonde.

Haller s'était évidemment trompé en avançant que les côtes s'élèvent successivement les unes après les autres : en admettant la fixité de la première, il la faisait servir de point d'appui à la seconde pour s'élever ; celle-ci en servait à la troisième, et ainsi de suite. L'observation ne confirme aucunement cette assertion, que nous verrons plus loin être liée à l'idée que ce physiologiste se faisait du rôle des muscles intercostaux, idée tout aussi contestable.

Il n'est pas non plus exact de dire, avec Sabatier (2) que, dans l'inspiration, les côtes supérieures se dirigent en haut, les moyennes en dehors, les inférieures en bas : cet auteur, en invoquant, pour soutenir son opinion, la direction des surfaces articulaires vertébrales, s'appuyait sur une disposition anatomique qui n'existe pas. Le mouvement d'élévation des côtes est général ; il faut seulement excepter de cette règle les côtes flottantes qui, chez l'homme, pendant les grandes respirations abdominales, se portent en bas et en dehors. Dans ces cas, on peut aussi voir, chez le cheval, les côtes inférieures se diriger du côté du bassin.

(1) Ant. Marcacci, *Sul mecanismo dei moti del petto* (*Miscell. med. chir. farmaceut.*, Pisa, 1843).

(2) Sabatier, *Mém. sur les mouvements des côtes, etc.* (*Mém. de l'Acad. des sc.*, 1778, p. 347).

En montant, les côtes se redressent sur la colonne vertébrale, et, d'obliques en bas qu'elles étaient, deviennent plus ou moins horizontales ; mais, en même temps, elles exécutent un certain mouvement, qu'on appelle généralement *mouvement de rotation*. Dans ce mouvement, l'arc osseux semble tourner autour d'un axe qui serait représenté par une ligne passant par ses deux extrémités ; la face externe de la côte s'incline en haut, l'interne en bas, son bord supérieur en dedans, l'inférieur en dehors. Ajoutons que, dans ce double mouvement d'élévation et de rotation, les ligaments articulaires des côtes sont nécessairement distendus, et que les cartilages sterno-costaux éprouvent une légère torsion proportionnelle à leur longueur et à leur flexibilité.

Le *sternum*, lié à la plupart des côtes par les cartilages sterno-costaux, peut en suivre les mouvements et s'élever avec elles dans l'inspiration. S'il est immobile dans le type respiratoire abdominal, il se meut dans sa moitié inférieure dans le type costo-inférieur ; et, dans le type costo-supérieur, on le voit s'élever avec les premières côtes. Mais, en général, quelque grands que soient les mouvements du sternum, ils ont sensiblement moins d'étendue que ceux des côtes. Gerdy (1), qui n'avait pas tenu compte des différents types respiratoires, reconnaissait que le sternum exécute trois espèces de mouvements : l'un d'*ascension*, que tout le monde admet, et que, dans le cas où la respiration se fait avec activité, cet observateur évalue à près d'un pouce, mesuré à l'une ou à l'autre extrémité de cet os ; l'autre de *projection*, en vertu duquel le sternum est porté en avant. Si, dans le mouvement de projection, cet os est poussé en avant plus à son extrémité inférieure qu'à son extrémité supérieure, il doit éprouver en même temps, selon Gerdy, un troisième mouvement qui est celui de *bascule*. Ce dernier est contestable, et Haller, tout en reconnaissant la projection en avant du sternum, admettait que dans ce mouvement la partie supérieure du sternum s'avance bien moins que l'inférieure, qui, plus mobile, décrit une sorte d'arc de cercle autour de la première. Mais ce n'est point là le mouvement de bascule, tel que le comprenait Gerdy.

Des mouvements combinés des côtes et du sternum, résulte l'ampliation de la poitrine, du moins dans ses diamètres antéro-postérieur et transversal. Cette augmentation de la capacité thoracique, d'ailleurs variable comme le volume d'air introduit et l'effort respiratoire qui y préside, est le caractère fondamental de l'inspiration (*).

Dans le mouvement d'élévation, l'extrémité antérieure de chaque côte s'éloigne de la colonne vertébrale. Ce redressement de la côte dans sa courbure augmente nécessairement le diamètre antéro-postérieur de la cavité thoracique. Le sternum est porté d'autant en haut et en avant. L'allongement de la côte est aussi favorisé par le léger mouvement qui se passe au

(1) Gerdy, *Arch. gén. de méd.*, t. VII, p. 515, année 1835.

(*) Quelques physiologistes se sont appliqués à mesurer et à expliquer cette dilatation. — Consultez, à ce sujet, ce que nous avons dit précédemment (p. 615 et suiv.). — Voyez aussi Gerdy, *loc. cit.*, Hourmann et Dechambre, dans *Arch. gén. de méd.*, nov. 1835.

point d'union du cartilage avec cet os, et le coude qu'ils forment l'un avec l'autre tend à disparaître plus ou moins complétement. Chez les oiseaux, ce point de jonction est une véritable articulation entre les côtes sternales et les côtes vertébrales qui présentent là un angle prononcé. Cet angle augmente d'ouverture lors de l'élévation de la côte : c'est là un exemple tranché d'une disposition qui n'est que faiblement accusée chez l'homme.

Les côtes variant en longueur, le redressement de la courbure de la côte sera nécessairement d'autant plus grand que celle-ci sera plus longue ; par conséquent, on peut avancer, d'une manière générale, sans tenir compte des types respiratoires, que l'agrandissement d'avant en arrière de la cavité thoracique est surtout considérable au niveau des septième, huitième et neuvième côtes.

Nous l'avons dit plus haut, les côtes, en même temps qu'elles s'élèvent, éprouvent un mouvement de rotation, en vertu duquel elles s'écartent de la ligne médiane de la poitrine : c'est ce mouvement, négligé ou inaperçu par Haller, qui détermine l'agrandissement du thorax dans son diamètre transversal ; et, dans l'ampliation du thorax, il a une plus grande part que le mouvement d'élévation. Il est surtout marqué à la partie antérieure des côtes, et, en effet, tout à l'heure nous avons remarqué l'élargissement prononcé des espaces intercartilagineux dans l'inspiration.

Nous ne nous arrêterons pas à discuter la doctrine de Bernouilli et Hamberger, basée sur le théorème des tiges parallèles et inflexibles se relevant sur la tige qui leur sert de point d'appui. Elle n'est pas applicable dans l'espèce. Nous nous contenterons de faire observer que ces auteurs n'ont pas tenu compte du mouvement de rotation des côtes qui accompagne leur mouvement ascensionnel ; que, de plus, les côtes non-seulement ne sont pas parallèles dans toute l'étendue de leur trajet, mais encore qu'elles s'écartent inégalement dans les différents points de ce trajet ; double condition qui est inconciliable avec le théorème posé par ces anciens physiologistes.

Dans l'*expiration*, les côtes et le sternum retournent à leur position primitive : ils décrivent, en sens inverse, les mouvements que nous venons d'indiquer. Ainsi le thorax éprouve une sorte de resserrement, une réduction de ses diamètres transversal, antéro-postérieur et vertical, proportionnelle à l'intensité de l'expiration. Il est bon de signaler déjà que, dans l'état le plus ordinaire, ce temps de la respiration s'accomplit par la seule élasticité des parties et la cessation du mouvement qui leur avait été communiqué par l'inspiration. Mais nous constaterons bientôt que l'expiration peut aussi porter plus loin son mouvement de retrait ; qu'en effet la cavité thoracique peut se resserrer davantage dans certaines circonstances où l'expiration, s'achevant à l'aide de puissances musculaires, devient plus énergique pour des besoins particuliers de l'organisme.

VI. — Les mouvements que nous venons d'étudier, dans les pièces mobiles du thorax, ont pour *agents* un certain nombre de *muscles* diversement disposés au cou et au tronc. Ces muscles, nous le verrons tout à l'heure, sont loin de prêter à l'acte respiratoire un égal concours : les uns ont un rôle essentiel, les autres n'ont qu'un rôle secondaire, et plusieurs n'entrent en contraction que dans des occasions exceptionnelles. On s'accorde assez généralement à les classer en deux groupes, réunissant d'un côté tous ceux qui agissent dans le mouvement d'inspiration, et de l'autre, tous ceux qui servent à l'expiration : de là, la division des muscles de la respiration en *inspirateurs* et en *expirateurs*. En étudiant l'action de ces puissances musculaires, il nous faudra néanmoins signaler les divergences de quelques auteurs sur ce point, car tous ne s'en sont pas tenus rigoureusement à la précédente division. C'est ainsi qu'un même muscle (le grand pectoral, par exemple) est réputé agir par une portion de ses fibres dans l'inspiration, et par l'autre dans l'expiration ; que d'autres fois on a refusé à quelques muscles évidemment respirateurs toute espèce de concours actif, etc. Ce n'est qu'après avoir exposé les données que la science possède sur ces divergences que nous devrons en apprécier la valeur, et formuler, autant que possible, une opinion sur le rôle véritable qu'il faut assigner à chacun des différents muscles dans les mouvements de la respiration.

Au moment de passer en revue les *agents musculaires des mouvements respiratoires*, rappelons qu'ils appartiennent : — 1° les uns, à la région du thorax ; — 2° les autres, à la région du cou ; — 3° plusieurs autres, à la région de l'abdomen.

Déjà, en traitant du *mécanisme des orifices* et des *conduits aériens*, nous avons eu occasion de signaler les agents musculaires des mouvements respiratoires qui ont lieu, soit dans les narines, la bouche et le voile du palais, soit dans le larynx, la trachée-artère et les bronches. Nous n'avons pas à y revenir.

1° — Parmi les muscles qui, *à la région du thorax*, concoûrent aux mouvements de la respiration, les intercostaux vont d'abord arrêter notre attention.

a. — Dans l'étude de l'*action des muscles intercostaux*, on peut assurément commencer par éliminer l'opinion de certains physiologistes qui ont soutenu que les intercostaux internes et externes ne se contractent ni dans l'inspiration, ni dans l'expiration, et que leur usage se borne à fermer, à compléter la cavité thoracique, à remplir seulement l'office d'une paroi immobile. Il suffit, pour réfuter une pareille manière de voir, de rappeler que, dans l'économie, partout où l'on constate la présence de fibres musculaires, il y a contraction, et, par conséquent, mouvement. Nul doute que, du concours de ces muscles, de leur disposition, de leur structure fortifiée de fibres aponévrotiques, la paroi thoracique ne tire une partie de sa solidité, de son élasticité et de sa souplesse ; mais l'observation directe y démontre aussi l'existence de véritables contractions musculaires en rapport avec certains mouvements de la respiration. — C'est sur les effets de ces mouvements que les auteurs se sont singulièrement divisés. Beau et Maissiat, en rapprochant les principales opinions émises avant eux, ont dressé un tableau curieux des contradictions et des incertitudes qui règnent sur ce point dans la science (*). Ces deux expérimentateurs ont certainement répandu sur la question une lumière nouvelle. Mais, après eux, d'autres observateurs, tels que Debrou (1), Marcacci (2), Sibson (3) et Hutchinson (4), ont cherché à la résoudre, et chacun est arrivé à des conclusions différentes. Si ces auteurs n'ont pas, dans notre opinion, ébranlé les résultats des travaux de Beau et Maissiat, nous pensons qu'il faut néanmoins tenir compte de leurs recherches et regarder celles-ci comme des éléments acquis pour la solution de ce difficile problème.

Les muscles intercostaux, qui, comme on le sait, sont distingués en *internes* et en *externes*, remplissent à eux deux l'espace intercostal. Les intercostaux externes commencent en arrière, près de la colonne vertébrale ; ils ont leurs fibres obliquement dirigées de haut en bas et d'arrière en avant, et s'arrêtent à l'union de la côte avec le cartilage. Les intercostaux internes, au contraire, commencent au sternum, ont une direction opposée à celle des externes, et finissent en arrière à l'angle des côtes. Il en résulte que, dans leur partie moyenne seulement, les deux muscles sont adossés l'un à l'autre. Du reste, chaque muscle intercostal est limité à l'espace qui le renferme et ne communique avec aucun autre muscle : seulement, à l'ouverture antérieure de l'intervalle des deux côtes flottantes, on voit manifestement les fibres de l'intercostal externe se continuer avec celles de l'oblique externe de l'abdomen, et l'intercostal interne confondre les siennes avec celles de l'oblique interne ; de manière que ces quatre muscles offrent, là, deux plans musculaires coupés par les deux dernières côtes dans une partie de leur trajet. Ces notions anatomiques, que nous rappelons sommairement, pourront nous aider à mieux comprendre l'action des intercostaux.

Après avoir reconnu d'une manière positive la contraction des muscles intercostaux, déterminer avec précision à quel temps de la respiration cette contraction s'opère, telle est la marche à suivre pour vérifier ce qu'il y a de vrai ou d'inexact dans les opinions si diverses et si opposées des physiologistes.

Si l'on met à nu, sur un chien, les deux muscles intercostaux, et si on

(*) Voici ce tableau : « 1° Les muscles intercostaux, externes et internes, sont les uns et les autres *inspirateurs* (Borelli, Sénac, Boerhaave, Winslow, Haller, Cuvier, etc.) ; 2° les muscles intercostaux, internes et externes, sont les uns et les autres *expirateurs* (Vésale, Diemerbroeck, Sabatier) ; 3° les intercostaux externes sont *expirateurs*, et les internes *inspirateurs* (Galien, Bartholin) ; 4° les intercostaux externes sont *inspirateurs*, et les internes *expirateurs* (Spigel, Vesling, Hamberger) : 5° les intercostaux, externes et internes, sont à la fois *inspirateurs* et *expirateurs* (Mayow, Magendie, Bouvier, Burdach, etc.) ; 6° les deux intercostaux agissent de concert, mais leurs fonctions varient suivant les différents points de la poitrine : ils sont *inspirateurs* dans un endroit, et *expirateurs* dans un autre (Berhens, etc.) ; 7° enfin, les deux genres d'intercostaux n'exécutent aucun mouvement d'inspiration ou d'expiration, ils font seulement l'office d'une paroi immobile (Van Helmont, Arantius, Neucranzius). »

(1) DEBROU, *Note sur l'action des muscles intercostaux* (Gaz. méd., t. XI, p. 344).
(2) MARCACCI, *loc. cit.*
(3) SIBSON, *loc. cit.*, p. 535.
(4) In TODD's *Cyclopædia of Anatomy and Physiology*, vol. IV, art. THORAX.

les examine dans l'inspiration et l'expiration, on constate que, dans l'inspiration, ils s'allongent et se durcissent, tandis que, dans l'expiration simple, ils se raccourcissent et se ramollissent. On reconnaît encore que, dans l'inspiration, les deux intercostaux sont comme refoulés et deviennent convexes en dehors, qu'ils sont plans dans l'expiration simple (1). — Or, on ne saurait trouver là les véritables caractères de la contraction musculaire; celle-ci n'a lieu qu'autant que le muscle qui en est le siége présente réunies ces deux conditions essentielles, le durcissement et le raccourcissement. On peut donc dire que, dans l'*inspiration* ou l'*expiration simple*, les muscles intercostaux ne se contractent pas. La dureté qu'ils offrent, pendant l'inspiration, loin de s'accompagner de raccourcissement, coïncide avec un allongement de leurs fibres et n'est due qu'à la tension produite par l'écartement des côtes propre à l'inspiration. D'ailleurs, dans ce mouvement d'ampliation du thorax, le poumon vient s'appliquer à la paroi thoracique, et communiquer, en quelque sorte, aux intercostaux, son impulsion excentrique, et les tendre entre leurs deux points d'attache.

Mais poursuivons l'expérience, et nous verrons, avec les deux auteurs qui l'ont instituée, que, dans l'*expiration complexe* (phénomène que les cris développent aisément chez les chiens), les muscles intercostaux internes et externes se durcissent et se raccourcissent à la fois; ils se contractent donc véritablement. En même temps, ils font un relief notable au-dessus du niveau des côtes, et celles-ci sont rapprochées. — Par conséquent, les intercostaux internes et externes sont des muscles *expirateurs*, dont l'action ne s'exerce que dans l'*expiration complexe*, c'est-à-dire quand le resserrement de la poitrine doit s'opérer avec une force qui dépasse les besoins ordinaires de l'expiration.

Nous devons rappeler ici que, dans ses expériences sur des chiens, Haller, ayant constaté le durcissement des intercostaux pendant l'inspiration, en avait fait des *inspirateurs;* mais ce durcissement, pendant l'effort inspiratoire, n'est pas, comme on vient de le voir, le produit de la contraction musculaire, et la conséquence que Haller en a tirée ne saurait être admise. — Duchenne, de Boulogne (2), se fondant sur des expériences et sur l'observation de faits pathologiques, croit avoir confirmé les vues de Haller et assure que les muscles intercostaux internes et externes sont *tous inspirateurs*. En électrisant les muscles intercostaux internes dans le point où ils ne sont pas recouverts par les externes, il a vu la côte inférieure se porter vers la supérieure qui reste immobile. Le même effet s'est produit avec une plus grande énergie à l'aide de l'électrisation simultanée des deux muscles. Pourquoi la côte supérieure est-elle retenue dans une position fixe à l'exclusion de l'inférieure? Le fait n'est pas expliqué; cependant il existe, et la conclusion que l'on doit en déduire est entièrement opposée à celle qu'en a tirée l'auteur. En effet, nous savons que si les deux côtes qui

---

(1) Beau et Maissiat, *Arch. gén. de méd.*, 4ᵉ série, 1843, t. I, p. 270.
(2) Duchenne (de Boulogne), *Gaz. hebd. de méd. et de chir.*, 2ᵉ série, t. III, 1866, p. 642 et 659.

circonscrivent un espace intercostal s'élèvent simultanément, cet espace
est agrandi; nous concevons qu'il en doit être ainsi lorsque la côte supérieure seule s'élève et s'éloigne de l'inférieure immobile. Mais, lorsque le
mouvement d'élévation est exclusivement transmis à cette dernière, ne se
rapproche-t-elle pas de la supérieure et l'espace n'est-il pas diminué ?
L'auteur a le soin de nous faire part d'une expérience qui lui est propre et
montre que cette diminution est réelle; car, dit-il (p. 363), si sur une
cage thoracique fraîche on tire en haut sur le bord supérieur d'une côte,
dans la direction des muscles intercostaux internes ou externes, il est facile
de faire chevaucher cette côte sur celle qui est au-dessus. Nous pouvons
donc affirmer que dans l'expérience en question, les muscles excités ont
diminué l'espace intercostal, ont agi comme des muscles expirateurs. —
Duchenne admet, comme tous les physiologistes, que les espaces intercostaux s'agrandissent pendant l'élévation simultanée des côtes; il admet,
de plus, que lors de cet écartement, les extrémités d'insertion des muscles
intercostaux s'éloignent, que les muscles sont allongés : on s'attend à le
voir conclure que ces muscles, en se contractant, auront pour effet de
ramener les côtes les unes vers les autres. Mais au contraire, ils n'en
agiraient que mieux et plus sûrement pour agrandir l'espace intercostal,
c'est-à-dire pour s'allonger eux-mêmes de plus en plus. La preuve, dit-il,
c'est que tous les muscles doivent être allongés pour que leur contraction agisse plus énergiquement; car, lorsque les muscles extenseurs des
doigts sont paralysés, les fléchisseurs raccourcis par la flexion du poignet,
qui résulte de cette paralysie, n'ont plus la force de serrer efficacement
un objet placé dans la main. Ce fait, dans ce qu'il a d'essentiel, est connu
depuis longtemps : on sait qu'on peut vaincre facilement la flexion des
doigts d'un homme robuste, en lui fléchissant préalablement le poignet, et sans que les extenseurs soient paralysés. Mais, dans ce cas, les
points d'attache des fléchisseurs sont rapprochés l'un de l'autre, et l'on
conçoit aisément que lorsque ce rapprochement atteint un certain degré,
l'effet de raccourcissement dû à la contraction soit bientôt porté à sa
limite extrême. Pour les muscles intercostaux, l'allongement est de même
favorable à un effet de contraction intense, mais cet effet, dans le cas
posé par l'auteur, ne peut être qu'une diminution de l'espace intercostal,
un mouvement d'expiration. Il n'y a aucun doute à cet égard. Ajoutons
encore que si les muscles se contractent sous l'influence du galvanisme,
cela ne prouve en rien qu'à l'état physiologique ils se contractent pendant
la respiration calme.

Il faut donc d'autres preuves. Le même auteur a cru les trouver dans
des faits pathologiques, chez des sujets atteints d'atrophie musculaire
progressive. Une fois l'atrophie avait envahi tous les muscles respirateurs, à
l'exception des intercostaux, et les mouvements inspiratoires persistaient;
seulement la respiration devenait de plus en plus difficile pendant la
marche. On peut objecter que, dans ce cas, l'atrophie n'était pas complète,
puisqu'elle n'avait pas envahi la totalité des scalènes. Dans les autres cas,
l'action du diaphragme persistait; et ici les muscles inspirateurs auxi-

liaires n'étaient pas en cause, puisque le type normal de la respiration chez ces sujets masculins est le costo-inférieur. Nous verrons plus loin que le diaphragme suffit alors à l'élévation des côtes. Le seul fait important, c'est que Duchenne, en explorant les espaces intercostaux au moment de l'inspiration, dit avoir senti le gonflement des muscles : mais nous avons déjà dit comment, avec Beau et Maissiat, il fallait interpréter ce phénomène, les vivisections leur ayant démontré que ce gonflement n'est pas dû à une contraction musculaire, comme l'avait pensé Haller.

En résumé, si, dans le travail de Duchenne, nous faisons abstraction de toute la partie théorique qui ne soutient pas la discussion, nous voyons, d'une part, que les expériences de l'auteur confirment l'idée que les muscles intercostaux, sont expirateurs, et, d'autre part, que ses observations pathologiques ne sont pas assez démonstratives pour nous faire admettre le contraire.

On peut encore rappeler, à ce propos, que, quand sur le cadavre on fait exécuter aux côtes des mouvements alternatifs d'inspiration et d'expiration, on voit, dans cette respiration simulée, les intercostaux se tendre et s'élargir pendant l'inspiration, se plisser et se relâcher pendant l'expiration. Cette expérience, utile pour connaître en général l'action d'un muscle, nous apprend que c'est dans l'expiration, lors du rapprochement des côtes, que les intercostaux ont leurs points d'attache rapprochés, ce qui indique nécessairement le moment de leur contraction.

Chez les oiseaux, l'inspiration s'opère en grande partie par l'élasticité des côtes qui se redressent après avoir été fortement rapprochées dans l'expiration. Or, les agents de ce rapprochement sont encore ici les muscles intercostaux, dont l'intervention, comme puissance expiratrice, devient des plus manifestes.

De l'exposé qui précède, il nous paraît donc rationnel de conclure, avec Beau et Maissiat, que les muscles intercostaux internes et externes sont des muscles exclusivement *expirateurs*, dont l'action, chez les mammifères, n'est rigoureusement mise en jeu que dans ce qu'on appelle l'*expiration complexe*.

Cette opinion, analogue à celle de Vésale, Diemerbroeck et Sabatier, n'est pourtant partagée par aucun des autres physiologistes que nous avons précédemment cités (*). Ce serait donc le moment de discuter des manières de voir si diverses et parfois si opposées ; mais l'examen détaillé de ces nombreuses dissidences ne devant ni offrir un grand intérêt, ni éclairer beaucoup la question dont il s'agit, nous croyons mieux faire en nous bornant à en indiquer les points principaux et à signaler quelques objections faites à l'opinion que nous venons d'adopter.

Jusqu'ici, nous avons traité la question des intercostaux en n'établissant aucune différence entre les internes et les externes, c'est-à-dire en les regardant comme des muscles ayant une action commune et simultanée. Cette

(*) Voyez le tableau ci-dessus, en note, p. 745.

manière d'envisager l'action des intercostaux est aussi, il faut le dire, celle
de la plupart des auteurs, soit qu'ils en fassent des inspirateurs ou des
expirateurs, soit qu'ils leur reconnaissent ces deux rôles à la fois. Mais certains physiologistes accordent à chaque série de ces muscles un rôle différent : ils regardent, par exemple, les *externes* comme inspirateurs et les
internes comme expirateurs. De ce nombre est Hamberger (1), qui, chacun le
sait, eut à ce sujet, avec Haller, un long et vif débat qui, malheureusement,
servit moins la science que les passions des deux illustres adversaires. En
faisant valoir contre Haller la différence et l'opposition entre la direction
des fibres musculaires des deux intercostaux pour leur assigner à chacun
un rôle différent ou opposé, Hamberger émettait un argument qu'on a
souvent répété après lui, et qu'on peut, selon nous, victorieusement réfuter.

En effet, qu'on se rappelle, comme nous l'avons déjà fait observer, l'analogie de direction, ou mieux encore la continuité de fibres qui existe,
d'une part, entre les intercostaux internes et les obliques internes de
l'abdomen, de l'autre, entre les obliques externes et les intercostaux
externes, et l'on n'hésitera pas à conclure de la même manière pour les
muscles du thorax que pour ceux de l'abdomen. Or, la direction des obliques diffère dans chacun d'eux comme dans les deux sortes d'intercostaux ;
de plus, elle est la même dans les obliques internes que dans les intercostaux internes, dans les obliques externes que dans les intercostaux
externes ; et cependant personne n'admet que le rôle des obliques internes
soit l'opposé de celui des obliques externes. Ne doit-il donc pas en être de
même entre les deux intercostaux ? De plus, on s'accorde à regarder les
obliques internes et externes de l'abdomen comme des muscles expirateurs ; il nous semble donc logique de reconnaître aux muscles intercostaux internes et externes la même action, et il faut, en définitive, les regarder comme agissant simultanément. — En un mot, les intercostaux au
thorax, les obliques à l'abdomen, remplissent le même rôle et agissent dans
l'*expiration*.

Hamberger, à l'appui de sa démonstration, avait fait construire une machine dans laquelle des leviers mobiles, s'articulant sur des pièces fixes,
simulaient les côtes se mouvant sur la colonne vertébrale et le sternum.
Entre ces leviers s'étendaient des fils figurant les fibres musculaires des
intercostaux. Cette machine, mise en jeu, pouvait servir, au dire de Hamberger, à reconnaître que les intercostaux internes étaient *expirateurs* et
les externes *inspirateurs*. Hutchinson aussi, dans ces derniers temps, a
inventé un moyen analogue afin de démontrer que l'élargissement de l'espace intercostal coïncide avec la contraction du muscle qui le remplit.
Mais, évidemment, de pareilles machines ne sont que des imitations très-
imparfaites de ce qu'elles prétendent reproduire, et l'on ne saurait en tirer
la moindre conclusion positive pour le but qu'on se propose. La plupart
des figures théoriques n'apportent pas non plus de démonstration plus ri-

(1) HAMBERGER, *Physiologia*. Ienæ 1751.

goureuse, comme nous l'avons vu précédemment pour le théorème de Hamberger, à l'occasion des mouvements des côtes.

L'opinion de Hamberger fut reprise, il y a quelques années, par Ant. Marcacci (1), qui la soutint en s'appuyant de recherches faites sur les animaux. L'expérimentateur italien range aussi les *intercostaux internes* parmi les muscles expirateurs, et les *externes* parmi les inspirateurs ; voici quelles preuves il allègue. « Si, dit-il, procédant de dedans en dehors, à l'intérieur du thorax, on enlevait entre les côtes un intercostal interne, on parvenait à distinguer avec une clarté suffisante que le muscle intercostal externe se fronce, se raccourcit et se durcit dans l'inspiration, et perd ces caractères dans l'expiration. » Dans une autre expérience, d'une exécution plus facile que la précédente, Marcacci, ayant enlevé une grande partie de l'intercostal externe, assure avoir vu manifestement, pendant l'expiration, sur l'intercostal interne découvert entre les côtes, les signes de contraction qu'il avait observés sur l'intercostal externe pendant l'inspiration : « Et si, ajoute-t-il, on avait soin de préparer les parties de manière à pouvoir observer simultanément les deux muscles, l'un au-dessus, l'autre au-dessous de la même côte, on voyait très-bien la contraction alterne de leurs fibres. »

Le même expérimentateur, cherchant, à l'aide du galvanisme, à confirmer le résultat de ses vivisections, dirigea le courant dans le quatrième espace intercostal sur le muscle intercostal externe (le thorax n'étant pas ouvert sur l'animal à peine mort), et il vit s'opérer l'élévation de la cinquième côte. Il enleva tout ce muscle du cinquième espace, et appliqua l'agent électrique sur l'intercostal interne : la cinquième côte s'abaissait chaque fois que s'établissait le courant. Poussant plus loin l'expérience, Marcacci ouvrit largement le cinquième espace intercostal, puis, portant l'action galvanique sur les intercostaux externes du quatrième et du sixième espace, il vit la contraction du quatrième intercostal élever la cinquième côte et la contraction du sixième l'abaisser ; et il en était tout à fait de même pour les muscles intercostaux internes, avec ceci de remarquable, que l'élévation de la cinquième côte s'opérait mieux par le muscle intercostal externe que par l'interne, et réciproquement pour l'abaissement de la sixième.

La conclusion à tirer de ces expériences serait que, dans toute la longueur des côtes, les muscles intercostaux auraient une action différente et opposée : les *internes* seraient expirateurs, et les *externes* inspirateurs. Nous verrons plus loin que Marcacci établit quelque différence pour l'espace intercartilagineux. Mais bornons-nous à cette objection que, dans ces différents cas, une seule côte a été déplacée et portée vers celle où le muscle s'insérait par son autre extrémité ; qu'il y a donc eu rétrécissement de l'espace intercostal, c'est-à-dire action expiratrice. Nous n'admettons d'élargissement de l'espace qu'à la condition expresse de l'élévation si-

---

(1) Ant. Marcacci, *mém. cité.* — Les animaux qui ont servi aux expériences de Marcacci sont un chien, deux chats, quatre lapins et quelques rats.

multanée des deux côtes qui le limitent. — L'expérience suivante, dans laquelle on a tenu compte des mouvements d'ensemble, a pour nous une valeur bien autrement grande et réfute celles de Marcacci :

Sur un chien vivant, Beau et Maissiat enlevèrent les muscles grands et petits pectoraux, les dentelés, les scalènes, etc. (qui sont tous des inspirateurs), et ne conservèrent que les intercostaux : ils virent néanmoins, dans cet état, la respiration se continuer tout à fait comme avant la mutilation. Il semblait alors que les intercostaux fussent réellement des inspirateurs. Mais, poursuivant l'expérience, ils pratiquèrent de chaque côté du thorax une incision qui, s'étendant de la colonne vertébrale au sternum, parcourait tout le trajet du sixième espace intercostal : la poitrine se trouvait donc ainsi divisée transversalement en deux parties. Ils observèrent encore quelques inspirations, malgré l'étendue de la plaie et l'affaissement des poumons qui survint immédiatement. Mais ils constatèrent aussi que le mouvement inspiratoire était aussi marqué qu'avant la section, dans tout le segment inférieur du thorax, même sur la première côte à partir de l'incision, c'est-à-dire sur la septième. — De cette expérience, Beau et Maissiat concluent que le mouvement inspiratoire s'opère en dehors de l'action des muscles intercostaux, « puisque, disent-ils, on voit la septième côte continuer de se porter en haut et en dehors, bien que les muscles intercostaux qui s'unissent à son bord supérieur soient détruits dans toute leur longueur. » — Debrou (1) vérifia, sur un lapin, l'exactitude de l'expérience de Beau et Maissiat, mais il en attaqua les conclusions, prétendant que la contraction des intercostaux restés intacts expliquait le mouvement du segment inférieur ; à quoi ces auteurs répondirent que le même mouvement persiste, si *tous* les muscles intercostaux de ce segment sont détruits. Ils ajoutent, comme condition nécessaire, que le diaphragme ne soit pas lésé et que la section soit pratiquée avec beaucoup de promptitude.

Lorsque nous avons étudié les mouvements des côtes dans l'acte respiratoire, nous avons constaté que, dans l'inspiration, les côtes s'élèvent toutes à la fois et non successivement, comme le voulait Haller, qui, admettant la fixité de la première côte, la faisait servir de point d'appui pour la contraction des intercostaux. Beau et Maissiat trouvent, avec raison, dans l'expérience qui vient d'être rapportée, un nouvel argument contre l'opinion de Haller.

On peut remarquer que, jusqu'à présent, le débat sur l'action des intercostaux a consisté à vouloir en faire, d'un côté, des inspirateurs ou des expirateurs, et, de l'autre, à n'accorder ce rôle qu'aux internes ou aux externes exclusivement. Il est encore une autre manière de voir qui, disons-le d'avance, ne concilie pas les deux premières, mais mérite d'être mentionnée : ceux qui la soutiennent prétendent que les intercostaux varient d'usage selon les différents points de la poitrine, ou même selon

______

(1) DEBROU, *Note sur l'action des muscles intercostaux* (*Gazette méd. de Paris*, 1843, p. 344).

le point du trajet dans lequel s'étend le muscle lui-même. Hamberger (1), qui regardait les intercostaux externes comme inspirateurs, ne reconnaissait les intercostaux internes comme expirateurs que dans la portion comprise entre les côtes, faisant de ces mêmes muscles des inspirateurs dans la portion intercartilagineuse. Marcacci (2), partageant tout à fait l'opinion de Hamberger, dit, sur ce dernier point, que l'élévation du cartilage était, dans ses observations, manifestement opérée par la contraction du muscle intercostal interne situé au-dessus du cartilage mis en mouvement, car dans cet acte les fibres devenaient plus courtes, froncées et dures. A l'appui de son opinion, il apporte l'expérience suivante : « Si, dit-il, on enlevait ce muscle (l'intercostal interne) d'un espace intercartilagineux, on mettait à découvert les fibres du triangulaire du sternum, lesquelles opéraient manifestement, en se contractant, l'abaissement du cartilage auquel allaient se fixer ces mêmes fibres. Dans cette occasion, on voyait un même cartilage alternativement élevé par la contraction de la partie antérieure de l'intercostal interne, et abaissé par celle du faisceau correspondant du triangulaire du sternum. »

Un cas cité par P. Bérard (3) tendrait à faire supposer que les intercostaux internes sont inspirateurs dans leur partie antérieure ou intercartilagineuse : sur un malade dont le muscle grand pectoral avait subi une dégénérescence atrophique (*atrophie progressive*), chaque fois que l'on portait l'excitateur électrique au niveau du premier espace intercostal, on voyait monter le second cartilage, et l'extrémité antérieure de la deuxième côte montait avec lui. A ce fait, que Duchenne revendique comme lui étant propre, et au fait précédent de Marcacci, nous objecterons toujours qu'il n'y a qu'une côte mise en mouvement, l'inférieure, et que l'effet produit est une diminution de l'espace intercostal.

Que penser encore de l'opinion singulière de Sibson (4), qui restreint aux cinq premiers espaces intercostaux l'action inspiratrice des muscles intercostaux internes à leur partie antérieure, et les regarde comme expirateurs dans toutes les autres parties de la poitrine? D'un autre côté, cet auteur avance, à l'égard des intercostaux externes, que ces muscles sont expirateurs vers leur partie antérieure dans les quatre espaces intercostaux inférieurs, et qu'il en est de même pour l'intercostal externe du septième espace. Sibson dit aussi que dans le huitième espace, et à sa partie moyenne, l'intercostal externe est expirateur. Pour ce physiologiste, partout ailleurs les intercostaux externes seraient inspirateurs.

Après ce long exposé, dans lequel nous n'avons dû faire entrer que ce qui pouvait jeter quelque jour sur la question, nous n'hésiterons pas à dire que l'opinion de Beau et Maissiat est celle qui nous paraît reposer sur le plus grand nombre de preuves : les expériences sur lesquelles elle

(1) HALLER, *De respiratione* (*Opuscula anatomica*, p. 50 et 92).
(2) MARCACCI, *mém. cité*, §§ 14 et 15.
(3) P. BÉRARD, *ouvr. cité*, t. III, p. 269.
(4) SIBSON, *Philos. Transact.*, 1846, p. 501.

s'appuie nous semblent n'avoir rien perdu de leur valeur par les expériences des autres investigateurs.

b. — Les muscles *surcostaux* sont constitués par de petits faisceaux musculaires qui, dans toute l'étendue de la colonne dorsale, s'insèrent par leur sommet à l'apophyse transverse de chaque vertèbre ; leur base vient s'attacher au bord supérieur de la côte située immédiatement au-dessous et remplit de ses fibres l'espace compris entre l'angle de la côte et son extrémité postérieure, espace qui devient plus grand à mesure qu'on va des côtes supérieures aux côtes inférieures. Souvent un certain nombre de ces muscles prennent leur attache inférieure sur la seconde côte au-dessous de leur insertion supérieure : ces faisceaux, nécessairement plus longs, ont été désignés par les anatomistes sous le nom de *longs* (*longiores*), et les autres, toujours plus nombreux, ont été appelés *courts* (*breviores*). La direction des fibres musculaires des surcostaux est assez semblable à celle des fibres des intercostaux externes, c'est-à-dire oblique de haut en bas et de dedans en dehors ; seulement l'obliquité dans les surcostaux est évidemment plus grande.

Considérant le mode d'insertion des muscles surcostaux, la plupart des auteurs n'ont pas hésité à les regarder comme *élévateurs des côtes*, et, par conséquent, comme des *muscles inspirateurs ;* quelques-uns semblent surtout s'être rangés à cette opinion en raison de la grande analogie qu'ils apercevaient entre ces muscles et les intercostaux externes, dont ils faisaient des puissances inspiratrices. Mais l'expérience paraît ne pas confirmer ces vues fondées sur le raisonnement et l'analogie. Déjà Sénac (1) avait, depuis longtemps, dépouillé les surcostaux de toute intervention dans l'acte respiratoire ; il bornait leur action aux mouvements de flexion du rachis. Beau et Maissiat, dans une expérience déjà citée qui leur servit à démontrer l'action limitée des intercostaux, constatèrent que, l'incision qui divisait tout l'espace intercostal comprît-elle ou non le muscle surcostal correspondant, la côte inférieure n'en était pas moins portée en haut, et que le muscle surcostal lui-même ne présentait dans le mouvement inspiratoire aucun signe de contraction.

Ces deux expérimentateurs ont aussi fait observer que les muscles surcostaux sont en quelque sorte propres à l'espèce humaine ; car on ne rencontre à leur place, chez les animaux même de grande taille, que quelques fibres qu'on distingue à peine de celles de l'intercostal externe, et qui diffèrent essentiellement de ces faisceaux bien circonscrits qui existent chez l'homme. On ne trouve jamais non plus, chez les animaux, les faisceaux *longs*. — Ces considérations portent Beau et Maissiat à regarder les surcostaux comme des muscles qui sont en rapport avec une fonction particulière à l'homme, c'est-à-dire la station verticale, et ils leur assignent pour usage de servir aux mouvements de flexion et d'équilibration latérale de l'épine.

Ne pourrait-on pas ajouter que, si les surcostaux devaient seconder l'ac-

(1) Sénac, *Mém. de l'Acad. des sc. de Paris*, 1724.

tion inspiratrice, ils ne seraient sans doute pas situés dans un point où les mouvements des côtes sont le plus obscurs et le plus limités, et dans le point le moins favorable à l'écartement de ces leviers osseux? Et cette large base d'insertion au bord supérieur de la côte n'est-elle pas plutôt le point d'appui naturel pour la contraction du muscle que ce tendon étroit qui se fixe au sommet de l'apophyse transverse? — Enfin, dire que les sur-costaux peuvent être des auxiliaires de l'inspiration, quand celle-ci est profonde, ce n'est qu'émettre une assertion vraisemblable, mais dénuée de preuves positives.

c. — Les muscles *sous-costaux* sont de petits faisceaux qui s'étendent d'une côte à l'autre, à la face interne et vers l'angle de ces os. Variables pour le nombre et la longueur, ils ont une direction analogue à celle des intercostaux internes et vont en augmentant de volume de haut en bas. Leur ressemblance avec les intercostaux internes les a fait considérer comme une dépendance de ces muscles, et leur a fait attribuer les mêmes usages : en général, on s'accorde à les regarder comme *expirateurs*.

d. — Mieux désigné sous le nom de *sterno-costal* par Chaussier, le muscle *triangulaire du sternum* s'insère à la face postérieure de cet os, sur sa partie latérale et inférieure, par une aponévrose de laquelle se détachent, comme de la base d'un triangle, des languettes charnues qui vont s'attacher par des fibres aponévrotiques à la surface postérieure et aux bords des cartilages des deuxième, troisième, quatrième, cinquième et sixième côtes. Les fibres supérieures sont obliques de bas en haut et de dedans en dehors, et presque verticales dans les languettes qui vont aux deuxième et troisième côtes ; les inférieures sont horizontales et parallèles aux fibres supérieures du muscle transverse avec lesquelles elles se confondent. Winslow avait déjà signalé cette disposition anatomique.

En se contractant et en prenant leur point d'appui sur le sternum, les languettes musculaires du triangulaire amènent les côtes à la rencontre du sternum, et ce mouvement coïncide manifestement avec l'expiration : ce muscle est essentiellement *expirateur*, et personne ne croit plus, avec Hamberger (1), qu'il puisse porter le sternum en avant. Riolan et Sténon, qui le regardaient comme inspirateur, n'ont pas fourni la démonstration de leur manière de voir.

Beau et Maissiat pensent que le triangulaire du sternum n'agit que dans l'*expiration complexe* et dans l'effort. Ils ont vu, comme Vésale, Willis et Haller, que ce muscle est très-développé chez le chien ; aussi ont-ils fait remarquer, pour rendre compte d'une pareille disposition, que cet animal, qui présente au plus haut degré le type de respiration costo-inférieure, offre à la fois un mouvement habituel du sternum et des côtes, ainsi que l'expiration complexe dans l'acte de l'aboiement qui se produit si fréquemment.

Nous avons signalé, plus haut, la continuité de fibres qui existe entre les

(1) Haller, *Elementa physiologiæ*, t. III, p. 45.

muscles intercostaux et les obliques de l'abdomen, ainsi que les conséquences physiologiques qui en découlent : il en est de même ici entre le
triangulaire du sternum et le transverse de l'abdomen, muscle qui concourt
évidemment à l'expiration. Sibson (1) a observé que, chez le marsouin, ces
deux muscles se confondent en un seul grand muscle expirateur qui s'insère jusqu'en haut à tout le bord interne de la première côte, et par conséquent étend sa puissance expiratrice sur la partie du poumon qui sur-
monte le thorax chez cet animal.

e. — On ne possède pas de données positives qui démontrent les véritables usages du petit muscle *sous-clavier*. Placé sous la clavicule, il s'attache,
d'une part, à la partie externe de la face inférieure de cet os, et, de l'autre,
à la face supérieure du cartilage de la première côte. Cette situation l'a
fait regarder par plusieurs physiologistes comme une sorte d'intercostal
costo-claviculaire ; et ceux qui pensent que les intercostaux sont des muscles inspirateurs, ont, par analogie, admis que le sous-clavier était également *inspirateur*. D'après Beau et Maissiat, il abaisserait l'extrémité externe
de la clavicule ainsi que l'épaule, et, quand la clavicule et l'épaule ont été
élevées pour les besoins de l'inspiration, le sous-clavier, en les abaissant,
agirait comme un véritable muscle *expirateur*.

f. — Épais et triangulaire, le muscle *grand pectoral* s'insère, par sa base,
à la moitié interne du bord antérieur de la clavicule, à la partie moyenne
de la face antérieure du sternum et aux cartilages des six premières côtes ;
son sommet s'attache, par un tendon aplati, au bord antérieur de la coulisse bicipitale de l'humérus. Il suffit, en quelque sorte, de rappeler cette
disposition anatomique pour faire voir que le grand pectoral est essentiellement adducteur du bras ; mais il a aussi un rôle indirect dans l'acte
de la respiration, et l'observation a appris qu'il agit à la fois dans l'inspiration et dans l'expiration.

L'action inspiratrice du grand pectoral n'a lieu que dans les cas de respiration laborieuse, comme dans les accès d'asthme ; elle est nulle dans la
respiration ordinaire, ce qui peut-être avait porté Winslow à nier tout
concours de ce muscle dans l'acte respiratoire. Mais l'action que nous
avons en vue ne doit pas être rapportée à toute l'étendue du grand pectoral : on comprend que ses fibres, qui en se contractant peuvent élever
les côtes, seront les seules à concourir à l'inspiration. Celles qui, s'insérant
aux cartilages de la cinquième et de la sixième côte, constituent environ
le quart inférieur du muscle, favorisent en effet par leur direction presque
verticale le mouvement d'élévation des arcs costaux, et participent seules
au mouvement inspiratoire.

Dans ses trois quarts supérieurs, le grand pectoral est *expirateur*. Mais
son action n'est manifeste que dans l'expiration complexe ; elle est surtout
visible chez les individus affectés d'orthopnée ; on la met facilement en
évidence en provoquant l'éternument. Il n'est pas besoin d'ajouter que cet

____

(1) Sibson, *mém. cité*, p. 527.

effet est rapporté surtout à la contraction des fibres musculaires qui vont de l'humérus à la clavicule, au sternum et aux cartilages des premières côtes. Toutefois, Beau et Maissiat disent avoir remarqué que, dans l'expiration complexe ou forcée, la contraction n'est plus bornée aux trois quarts supérieurs du grand pectoral, mais qu'elle s'étend à ce muscle tout entier.

g. — Né, en dedans, des troisième, quatrième et cinquième côtes, le muscle *petit pectoral*, mince, aplati et triangulaire, va s'attacher en dehors et par son sommet à l'apophyse coracoïde. Il n'agit que dans le cas de dyspnée, et son action ne paraît avoir lieu que dans l'*inspiration*. Beau et Maissiat, à l'aide d'observations attentives, n'ont pu constater la contraction musculaire que dans les fibres qui s'insèrent sur la quatrième et la cinquième côte.

h. — C'est moins au raisonnement qu'à l'observation directe qu'il faut demander quel est, dans l'acte respiratoire, le rôle du muscle *grand dentelé*. Parti de la base de l'omoplate, il vient, en s'épanouissant, s'attacher par des digitations distinctes aux dix premières côtes.

Sur l'homme, dans le cas de paralysie de ce muscle, on a pu reconnaître que la respiration du côté paralysé ne différait pas sensiblement de celle du côté sain; la contraction du grand dentelé semble avoir surtout pour but de maintenir l'omoplate fixe pour servir à la contraction du deltoïde dans le mouvement d'élévation du bras. Toutefois, Haller avait déjà reconnu que, quand l'omoplate est élevé et que la respiration est très-laborieuse, le muscle grand dentelé agit certainement dans l'inspiration. Beau et Maissiat ont senti manifestement se contracter ses digitations inférieures sur une femme asthmatique, au moment où toutes les puissances inspiratrices étaient en jeu, sollicitées par une dyspnée extraordinaire. Il est d'ailleurs facile de constater aussi, sur le chien, que le grand dentelé, inactif dans l'inspiration ordinaire, n'entre en contraction que si l'on provoque chez cet animal un besoin extrême de respirer. D'après Sibson (1), qui a fait ses observations sur le chien et sur l'âne, les faisceaux antérieurs du grand dentelé seraient *expirateurs*, les faisceaux moyens *neutres* et les faisceaux postérieurs *inspirateurs*.

i. — Les expérimentateurs ne sont pas d'accord sur les usages du muscle *petit dentelé postérieur et supérieur*. Beau et Maissiat, l'ayant mis à découvert sur un chien, ne l'ont pas vu se contracter dans les mouvements respiratoires : ils n'ont constaté la contraction de ses fibres que lors de l'extension du col sur le thorax. La conclusion qu'ils ont tirée de leur expérience et qu'ils ont appliquée à l'homme, c'est que le petit dentelé postérieur et supérieur agit dans les mouvements d'extension du col sur le thorax, mais qu'il ne joue aucun rôle dans ceux de la respiration. D'un autre côté, Sibson (2) dit l'avoir vu se contracter, pendant l'inspiration,

(1) SIBSON, *rec. cité*, p. 520.
(2) SIBSON, *rec. cité*, p. 521.

sur le chien et sur l'âne vivants. Pareille opinion n'était soutenue que faiblement par Haller, qui fondait ses doutes sur la disposition anatomique de ce muscle. On sait que le petit dentelé postérieur et supérieur s'insère au bas du ligament cervical postérieur, et aux apophyses épineuses des trois ou quatre dernières vertèbres cervicales et des deux premières dorsales : ces insertions ont lieu par une aponévrose qui constitue presque la moitié interne du muscle, et donne naissance aux fibres charnues qui, descendant obliquement en dehors, s'attachent par des dentelures à la partie postérieure des deuxième, troisième, quatrième et parfois cinquième côtes. Or, ce fait des insertions charnues sur les côtes, en opposition avec les insertions aponévrotiques aux vertèbres, pouvait avec raison faire douter Haller que la contraction du muscle eût pour effet l'élévation des côtes : nous rappellerons d'ailleurs que nous avons aussi fait la même remarque à l'occasion des muscles surcostaux, dont il faut rapprocher, sans hésitation, le petit dentelé postérieur et supérieur pour ses analogies d'usage et de disposition anatomique.

k. — Quant au muscle *petit dentelé postérieur et inférieur*, il se fixe aux apophyses épineuses des deux dernières vertèbres dorsales et des trois premières lombaires ; ces insertions se font, comme pour le précédent, par une aponévrose également large et occupant sa moitié interne. A cette aponévrose succèdent les fibres charnues qui montent obliquement en dehors pour venir s'attacher au bord inférieur des quatre dernières côtes. Une semblable disposition conduit à penser que ce muscle, prenant son point d'appui sur le rachis, déprime les côtes et favorise le mouvement d'expiration. Cette opinion, qui est aussi celle de Haller, est appuyée de l'assertion de P. Bérard (1), qui dit avoir vu, chez l'homme, le petit dentelé postérieur et inférieur manifestement déprimer les côtes, quand on lui applique l'excitant électrique.

Ce muscle, appelé aussi *lombo-dorsal* chez les solipèdes, est plus étendu que chez l'homme : il envoie des digitations aux huit dernières paires de côtes. Sibson, qui en a étudié l'action, dit que les faisceaux qui s'attachent à la onzième côte sont expirateurs, ceux des quatre dernières paires de côtes étant inspirateurs. Il regarde aussi le petit dentelé inférieur, chez le lapin, comme servant à l'inspiration.

l. — Remarquable par son étendue et ses nombreux points d'attache aux vertèbres dorsales et lombaires, au sternum, à l'ilium, le muscle *grand dorsal* s'insère aussi aux dernières fausses côtes, et c'est par ces insertions costales qu'il paraît nécessairement devoir prêter quelque concours aux mouvements respiratoires. A ne considérer que la direction de ses faisceaux, qui montent presque verticalement se confondre avec les autres fibres dans la coulisse bicipitale, on pourrait croire à l'action inspiratrice du grand dorsal, comme déjà Haller l'avait assez formellement exprimé, à la condition que le bras soit fixé. Mais Beau et Maissiat assurent

(1) P. Bérard, *Cours de physiologie*, t. III, p. 304. Paris, 1851.

qu'on n'observe aucune contraction de ce muscle dans l'inspiration, pas même dans les dyspnées les plus laborieuses. Par contre, ils en font un muscle *expirateur*, en donnant pour preuve de leur opinion, que si l'on saisit à pleine main le bord postérieur de l'aisselle qui renferme le grand dorsal, on sent ce muscle se contracter toutes les fois qu'on fait une expiration complexe ou un effort. Sibson a répété la même observation sur un chien dans un cas de dyspnée. Beau et Maissiat expliquent l'action expiratrice du muscle grand dorsal en faisant observer qu'il forme, à l'abdomen et au thorax, une paroi rigide qui s'oppose à l'expulsion excentrique des viscères, et que de plus, par la portion thoracique de ses fibres, il exerce une sorte de compression sur les côtes, qu'il refoule vers l'axe de la poitrine dont l'inspiration les avait écartées.

2° — Les muscles qui, à la *région du cou*, prêtent leur concours à l'acte respiratoire, peuvent déjà, par leur situation seule, donner une idée de leur mode d'action. Par leurs attaches inférieures ils s'insèrent au sommet de la poitrine, qu'ils tendent à élever en prenant leur point fixe sur leurs attaches supérieures : ces muscles agissent donc dans l'*inspiration*. Nous allons rechercher dans quelle mesure ils aident à ce temps des mouvements respiratoires ; mais disons que l'action principale de plusieurs de ces mêmes muscles se rapporte aussi aux mouvements de la tête et des épaules.

a. — Le muscle *sterno-clido-mastoïdien*, qui de l'apophyse mastoïde du temporal descend, en dedans, s'insérer par une double attache au sternum et à la partie interne de la clavicule, ne se contracte que dans l'*inspiration* laborieuse, et sa contraction est manifeste, notamment chez les individus qui présentent le type costo-supérieur : les femmes amaigries surtout se prêtent bien à ce mode d'observation. Il est inutile d'ajouter que, quand ce muscle entre en action dans l'inspiration forcée, il se contracte de chaque côté simultanément.

Plus loin, en nous occupant de l'influence capitale que le système nerveux exerce sur les phénomènes mécaniques de la respiration, nous reviendrons sur le concours que les deux muscles sterno-clido-mastoïdiens peuvent prêter à cette fonction.

b. — Il est facile de s'assurer que les muscles *scalènes* se contractent toutes les fois que, lors de l'inspiration, les deux premières côtes s'élèvent ; et, en effet, si l'on s'adresse à un individu dont le cou est amaigri, on arrive très-bien à sentir du doigt leur contraction. Cette expérience démontre que les scalènes sont *inspirateurs*. On peut d'ailleurs, à cet égard, rappeler que ces muscles, au nombre de deux de chaque côté, et divisés en antérieur et postérieur, s'attachent aux apophyses transverses des six dernières vertèbres cervicales, et qu'ils descendent en avant s'insérer à la face supérieure des deux premières côtes. — A l'inverse de Magendie (1), qui n'ad-

(1) Magendie, *œuvr. cité*, t. II, p. 323.

mettait la contraction des scalènes que dans les inspirations forcées, et qui, voulant apprécier le degré de la dyspnée par l'intensité de la contraction musculaire, proposait d'appeler cette contraction *pouls respiratoire*, Beau et Maissiat affirment n'avoir pu constater l'action des scalènes dans aucun cas de respiration laborieuse, et l'avoir, au contraire, observée seulement chez des individus dont la respiration était parfaitement tranquille ; c'est d'ailleurs chez les sujets qui présentent le type costo-supérieur qu'il faut encore faire ces recherches. De plus, ces auteurs font observer, avec raison, que c'est bien plutôt à la contraction du muscle sterno-clido-mastoïdien que conviendrait, si elle pouvait être adoptée, l'expression de pouls respiratoire, ce muscle n'entrant en action que dans les cas de dyspnée.

On sait que, chez le chien, le scalène est très-développé, qu'il descend s'insérer au troisième, quatrième, cinquième, sixième et septième côtes, et, par une aponévrose mince, jusqu'à la huitième et parfois la neuvième. On retrouve cette disposition, quoique un peu moins prononcée, chez le cochon, le mouton, le bœuf, etc. Beau et Maissiat n'ont vu se contracter les scalènes, chez le chien et le lapin, que dans les inspirations violentes ; ces muscles étaient nécessairement inactifs dans les respirations ordinaires, ces animaux présentant le type costo-inférieur. — Sibson (1), qui a étudié le scalène chez le marsouin, le représente comme un muscle très-développé qui se porte de la base du crâne sur la première côte dans presque toute sa longueur, et qui complète, avec les muscles sterno-thyroïdien et sterno-hyoïdien, l'espèce d'entonnoir où vient se loger le *lobe cervical* du poumon. Sa contraction, en élevant la côte, favorise l'ampliation du thorax. Enfin il existerait assez souvent, suivant le même observateur, un faisceau musculaire qui, né de l'apophyse transverse de la septième cervicale, viendrait s'insérer par une expansion membraneuse à tout le pourtour de la première côte : Sibson a donné à ce muscle accessoire le nom de *scalène pleural*.

c. — Le muscle *trapèze*, par sa situation, appartient à la fois au cou et au dos, et son action respiratoire diffère selon qu'on l'envisage dans l'une ou l'autre de ces deux régions. — Au cou, ses attaches se font à l'occipital, au ligament cervical postérieur et à l'apophyse épineuse de la septième cervicale ; ses fibres musculaires forment un faisceau qui descend en avant s'insérer au bord postérieur de l'acromion et au tiers externe du bord postérieur de la clavicule. En se contractant, ce faisceau musculaire élève l'épaule et la clavicule ; c'est lui qui, dans les dyspnées violentes, concourt à faire élever les épaules pour aider à l'ampliation de la poitrine : il est donc un muscle *inspirateur*. Dans sa portion dorsale, le trapèze est *expirateur :* si l'on observe l'action de ses fibres pendant la toux ou l'éternument, c'est-à-dire dans l'*expiration complexe*, on constate parfaitement, chez les individus amaigris, la contraction de la portion musculaire qui, des apo-

(1) SIBSON, *rec. cité*, p. 534.

physes épineuses des vertèbres dorsales, va s'attacher à l'épine de l'omoplate.

Nous voyons ici un nouvel exemple de ce double emploi d'un même muscle à des usages opposés, comme nous l'avons déjà remarqué à l'occasion du grand pectoral : de même que ce dernier, le trapèze est à la fois *inspirateur* et *expirateur;* mais c'est par des portions distinctes qu'il exerce l'un ou l'autre de ces rôles, et l'observation apprend que ce n'est que dans l'inspiration laborieuse et l'expiration complexe qu'il entre en action.

d. — On peut rattacher à l'étude du trapèze celle du muscle aplati, allongé, qui, du sommet des apophyses transverses des quatre premières vertèbres cervicales, descend s'insérer à l'angle supérieur de l'omoplate et à la partie supérieure de son bord interne, et qu'on appelle *angulaire de l'omoplate.* Comme le trapèze, il peut quelquefois être vu et touché chez les individus amaigris, et sa contraction s'observe dans les cas de dyspnée : il contribue, en même temps que le trapèze, à l'élévation de l'épaule; à ce titre, il est un muscle *inspirateur.*

e. — Il nous faut mentionner encore, parmi les muscles respirateurs du cou, les muscles *sus-hyoïdiens* (comme génio-hyoïdien, mylo-hyoïdien, ventre antérieur du digastrique), qui abaissent la mâchoire inférieure dans les grandes inspirations, dans le bâillement, etc.; puis aussi les muscles *scapulo-hyoïdien, sterno-thyroïdien* et *sterno-hyoïdien,* qui concertent leurs contractions avec celles des muscles précédents, de manière à faire concorder la fixation de l'os hyoïde et l'abaissement du larynx avec l'abaissement de la mâchoire inférieure. C'est ce qui a lieu dans le bâillement, dans les inspirations difficiles, où en même temps on voit se soulever le thorax et les épaules. Pendant l'agonie, les mouvements alternatifs de va-et-vient ou d'élévation et d'abaissement du larynx nous ont surtout paru des plus manifestes.

3° — Les muscles qui, à la *région de l'abdomen,* concourent aux mouvements de la respiration, nous offrent, dans leur disposition générale, quelque analogie avec plusieurs de ceux que nous venons d'étudier : la plupart s'insèrent, comme ceux du cou, à l'une des extrémités du diamètre vertical de la poitrine, mais ils en diffèrent en ce que c'est à la partie inférieure du thorax qu'ils ont leurs attaches mobiles. Cette seule considération autorise déjà à supposer que les muscles respirateurs de l'abdomen ont une action opposée à celle de certains muscles du cou, et que cette action est par conséquent liée aux besoins de l'expiration. Les quelques détails que nous allons donner à cet égard en fourniront une démonstration suffisante.

a. — Parmi ces muscles, trois surtout, sinon exclusivement, sont reconnus par tous les physiologistes comme des muscles essentiellement expirateurs; ce sont : l'*oblique externe,* l'*oblique interne* et le *transverse.* Ils s'attachent en bas à la crête iliaque et aux apophyses de la colonne lombaire; en haut ils s'insèrent, l'oblique externe à la face externe et au bord inférieur des sept ou huit dernières côtes, l'oblique interne au bord inférieur des cartilages des quatre dernières côtes, le transverse aux six dernières côtes. Nous devons également rappeler ici une disposition que nous avons déjà signalée, c'est-à-dire la continuité de fibres musculaires qui, aux confins de chaque muscle, existe entre le triangulaire du sternum et le transverse, entre les intercostaux et les obliques. Ajoutons que ce fait anatomique a une importance qui ne saurait être méconnue : comment attribuer des fonctions différentes à des parties d'un système continu disposées dans une même direction? On est porté à reconnaître ici l'identité d'usage dans tous ces muscles, et à conclure pour ceux dont le mode d'action a été contesté comme pour ceux dont nul ne conteste le rôle. — Le transverse et les obliques sont des muscles *expirateurs :* il suffit de presser de la main la paroi abdominale pendant le cri, la toux, l'effort, pour sentir manifestement leur contraction. Remarquons d'ailleurs qu'on n'observe très-nettement cette action musculaire que dans l'expiration complexe. Si maintenant, nous rappelant l'usage que nous avons cru devoir attribuer aux intercostaux et au triangulaire du sternum, nous le rapprochons de celui qui appartient incontestablement aux obliques et au transverse, nous voyons que tous ces muscles ne se contractent sensiblement que dans l'expiration complexe; et nous pensons que leur simultanéité d'action, la continuité et l'analogie de direction de leurs fibres, sont des preuves concluantes en faveur de leur identité d'usage. Disons encore que les trois muscles dont il s'agit servent, à l'abdomen, à opposer aux viscères intérieurs une paroi rigide, comme le font à la poitrine les intercostaux et le triangulaire du sternum.

L'action des muscles obliques et transverse, lors de l'*expiration*, consiste surtout à abaisser les côtes. Mais il faut ajouter qu'il y a, à cet égard, quelques différences selon le type respiratoire que l'on observe. Ainsi, chez les individus qui présentent la respiration abdominale, ces muscles refoulent les viscères et tendent les aponévroses de la ligne blanche; tandis que, chez ceux qui offrent le type costo-inférieur, ils tirent les côtes en bas. Enfin ils agissent à la fois sur les côtes et sur la ligne blanche, pour les ramener à leur premier état, quand une grande inspiration, par exemple, a nécessité en même temps l'écartement de ces os et la distension de la paroi abdominale; ils sont alors véritablement antagonistes du diaphragme.

Chez les animaux qui respirent avec le type abdominal, comme le cheval, les muscles obliques et transverse, fortement repoussés en dehors par les viscères déplacés pendant l'inspiration, se contractent et réagissent contre cette distension ; les viscères, et avec eux le diaphragme, reprennent alors la place qu'ils avaient abandonnée.

b. — Haller ne doutait pas que le *droit abdominal,* et cette masse musculaire composée des sacro-lombaires, long dorsal, transversaire épineux, que Chaussier désigne par le nom collectif de *sacro-spinal,* ne dussent concourir à l'expiration, et beaucoup de physiologistes ont partagé cette manière de voir. La disposition de ces muscles, le lieu de leur insertion supérieure, permettaient de supposer que leur contraction peut en effet opérer l'abaissement des côtes. Ainsi le *droit abdominal* s'attache, en haut, aux cartilages des cinquième, sixième, septième côtes et souvent à l'appendice xiphoïde ; en arrière, le *sacro-spinal* s'attache à l'angle de toutes les côtes et au bord inférieur des huit dernières. Prenant leur point fixe à leurs attaches inférieures, c'est-à-dire au pubis, au sacrum, à la partie postérieure de la crête iliaque, aux apophyses des vertèbres, ces muscles agissent, pour la plupart, perpendiculairement aux leviers qu'ils doivent mouvoir, et l'on pouvait induire d'une disposition si favorable au mouvement d'abaissement des côtes, qu'ils étaient des agents de l'expiration. Mais l'expérience n'a point donné raison à ces vues dénuées d'ailleurs de preuves positives. Beau et Maissiat ont mis à nu, sur le chien, le droit abdominal, et, l'isolant avec soin, ils ne l'ont jamais vu se contracter pendant les cris poussés par l'animal ; la même épreuve sur le sacro-spinal leur a donné le même résultat négatif. Ils ont reconnu que ce dernier entrait vivement en action dans les mouvements d'extension du tronc, et que l'usage du droit abdominal était de fléchir le thorax sur le bassin. Quant à Sibson (1), il affirme au contraire avoir aperçu, sur l'âne, la contraction des muscles de la masse sacro-spinale durant l'expiration.

S'il est vrai que le droit abdominal soit un fléchisseur du thorax sur le bassin et le sacro-spinal un extenseur du tronc, et que ces muscles ne prennent aucune part aux mouvements d'expiration, il peut être bon de faire remarquer qu'ils ont aussi une disposition anatomique commune, celle d'être contenus, en avant et en arrière, dans une gaîne aponévrotique : cette disposition, sans doute en rapport avec leurs usages, les distingue des véritables expirateurs abdominaux qui viennent au contraire prendre de nombreux points d'attache sur cette même gaîne aponévrotique. Ici l'anatomie, aidant à éclairer la question physiologique, tendrait à confirmer l'opinion de ceux qui refusent au droit abdominal et au sacro-spinal tout concours dans l'expiration.

c. — Il faudrait encore, d'après Beau et Maissiat, dépouiller le *carré des lombes* du rôle de muscle expirateur qu'on lui attribue assez généralement. Ces expérimentateurs disent avoir reconnu que le carré lombaire manque chez un certain nombre d'animaux, et que sa disposition anatomique, chez l'homme, identique avec celle des surcostaux, avec lesquels il ne fait en quelque sorte qu'un même muscle (2) dans toute la longueur du rachis, doit le faire considérer, avec ces derniers, comme servant à la flexion latérale de l'épine. Situé entre la crête iliaque et la dernière côte, enfermé dans une gaîne aponévrotique provenant des obliques et du transverse, le muscle *carré lombaire* a une certaine analogie de position avec le droit abdominal. En l'absence de preuves expérimentales, nous pensons qu'on peut

____

(1) Sibson, *rec. cité,* p. 521.
(2) Bourgery, *Anatomie*, t. III, pl. 11.

logiquement, et malgré l'autorité de Haller, conclure de ce rapprochement et des considérations précédentes, que le carré lombaire n'a pas pour
usage évident d'abaisser la dernière côte et de contribuer ainsi à l'expiration.

d. — Le petit muscle *pyramidal* est tenseur de la ligne blanche abdominale : à ce titre, il est regardé comme expirateur.

e. — Dans la cavité abdominale, se trouvent encore deux muscles qui
entrent en contraction dans l'expiration complexe et l'effort : ce sont
l'*ischio-coccygien* et le *releveur de l'anus*. Formant à eux deux la paroi inférieure de l'abdomen, ils constituent un plancher résistant qui reçoit l'impulsion des viscères comprimés par les grands muscles abdominaux. Dans
le même temps, les réservoirs contenus dans la cavité du bassin sont maintenus fermés par la contraction de leurs sphincters : cette action est manifeste pour le *sphincter du rectum*, elle l'est également pour le *sphincter de
la vessie*. Ces deux organes avaient en effet besoin d'être ainsi protégés
contre la pression de l'effort expiratoire, qui, sans cette prévoyance, eût
nécessairement amené l'expulsion de l'urine et celle des matières fécales.

4° — Pour terminer l'étude des agents musculaires de la respiration, il
nous reste à parler du *diaphragme*, que sa configuration et sa situation particulières, autant que son importance, distinguent de tous les muscles qui
précèdent.

L'action du diaphragme, dans la respiration, n'a jamais été mise en doute,
et même il semble que, jusqu'à Galien, on faisait de ce muscle l'unique
agent des mouvements respiratoires du thorax. En s'attachant à réfuter
une pareille opinion, Galien (1) signala d'autres puissances respiratrices,
parmi lesquelles il rangea notamment les muscles intercostaux internes.

Une large aponévrose, formée de fibres entrecroisées très-résistantes,
occupe la partie moyenne du diaphragme ; elle constitue ce qu'on appelle
le *centre phrénique*, d'où partent en rayonnant les fibres musculaires qui
vont se rendre à la colonne vertébrale et au pourtour du thorax. Cette partie aponévrotique a la forme d'un trèfle fortement échancré en arrière, et
dont les folioles inégales sont disposées, l'une en avant, et les deux autres
de chaque côté. Elle est située au-dessous de la base du péricarde, auquel
elle adhère par d'étroites connexions fibreuses : ce rapport, il faut le remarquer, est limité à la foliole antérieure. Du reste, ces adhérences, qui assurent une certaine fixité au centre phrénique et au péricarde, ne sont pas
telles que le cœur ne puisse être entraîné quelque peu, lors des contractions du diaphragme : c'est aussi le sentiment de Haller (2). Placées en
dehors de la base du péricarde, les deux folioles latérales sont en quelque
sorte plus libres et permettent des mouvements plus étendus que ceux de
la foliole antérieure.

(1) GALIEN, *Anat. administr.*, lib. VIII, cap. II, apud Juntas, 1625.
(2) HALLER, *Elementa physiologiæ*, t. III, p. 85.

De l'échancrure postérieure descendent deux faisceaux (*jambes* ou *piliers du diaphragme*) qui se terminent par deux tendons confondus avec le ligament vertébral antérieur au niveau des seconde, troisième et quatrième vertèbres lombaires. De la foliole antérieure et de son bord antérieur partent des fibres musculaires très-courtes qui, décrivant une légère courbure à concavité inférieure, viennent s'adosser à la face interne du sternum, puis s'attacher à la base de l'appendice xiphoïde. Des bords de chaque foliole latérale, et des bords droit et gauche de la foliole antérieure naissent les fibres qui vont s'insérer aux cartilages des six dernières côtes par des languettes entrecroisées avec des digitations du muscle transverse. La direction de ces fibres doit être indiquée avec soin : dans leur trajet, elles ont une courbure très-prononcée, mais cette courbure ne commence pas immédiatement après leur origine aux folioles; il y a d'abord une portion qui est presque horizontale, puis les fibres s'élèvent pour revenir bientôt après à la rencontre des côtes avec lesquelles elles se tiennent simplement en contact, au moins dans la moitié de leur trajet descendant. Du reste, les fibres musculaires, dans cette portion costale, glissent librement à la face interne des côtes et laissent un espace tapissé par un double feuillet pleural, espace où vient s'interposer le poumon dans certain temps de la respiration.

La forme voûtée du diaphragme est bien connue : d'une part, elle est due à la pression des viscères abdominaux qui refoulent ce muscle de bas en haut dans toute l'étendue de sa concavité ; de l'autre, à la force élastique du poumon qui l'attire vers la poitrine. Les surfaces pulmonaire et diaphragmatique, dans les mouvements d'inspiration et d'expiration, ne cessent point, en effet, d'être contiguës l'une à l'autre, et le diaphragme suit le poumon qui, en remontant, tend à faire un vide dans la cavité des plèvres. Mais, si l'on ouvre la poitrine sur un animal dont les viscères abdominaux ont été écartés, on voit bientôt cesser le contact entre les plèvres, par suite de l'introduction de l'air; alors le poumon, en vertu de son élasticité, se retire seul, et le diaphragme reste abaissé. Aux deux précédentes causes qui déterminent la courbure du diaphragme, il faudrait ajouter, selon Beau et Maissiat, la connexion intime du péricarde avec la foliole antérieure du centre phrénique; toutefois, ils ne lui accordent qu'une action secondaire, car ils disent que, si l'on éloigne la pression des viscères abdominaux et l'attraction pulmonaire, de manière que le diaphragme ne soit plus retenu que par le péricarde, ce muscle perd sa courbure, se sépare inférieurement des côtes et devient flasque et flottant.

Le diaphragme est un muscle essentiellement *inspirateur;* sa contraction détermine divers mouvements qui ont pour effet l'ampliation de la cavité thoracique. — L'augmentation du *diamètre vertical* de cette cavité en est le résultat le plus connu et le plus remarquable.

Lorsque, sur un animal vivant dont l'abdomen a été ouvert, on observe le diaphragme au moment de la contraction de ses fibres, on le voit s'abaisser dans toute son étendue, mais inégalement dans ses diverses parties. Ainsi, le mouvement d'abaissement est surtout marqué dans les proportions musculaires qui se détachent des parties latérales et de l'échancrure du centre phrénique, c'est-à-dire sur les côtés et sur les piliers ; il est beaucoup moindre dans les fibres antérieures. Cette différence, on le comprend, tient à la différence de fixité entre les folioles. En observant avec plus d'attention, on reconnaît en même temps que les fibres latérales et postérieures ne participent guère au mouvement d'abaissement que dans leur portion horizontale, où il est d'ailleurs très-prononcé ; leur portion costale reste en partie accolée aux côtes, elle ne descend en quelque sorte qu'autant que la portion phrénique ou horizontale l'entraîne en s'abaissant.

Pour expliquer cet abaissement, il ne suffit pas de dire que la courbe des fibres musculaires se redresse au moment de leur contraction ; il faut encore observer ce phénomène dans les différents faisceaux. Ainsi les fibres antérieures, en s'abaissant, entraînent la foliole antérieure ; celles qui portent le nom de *piliers* se contractent avec énergie et abaissent visiblement le centre phrénique qu'ils tiennent fixe, et favorisent la mobilité des folioles latérales. Quant aux fibres latérales, que Beau et Maissiat appellent faisceau *phréno-costal*, voici comment ces observateurs en décrivent l'action : « Quand elles se contractent, elles tendent à mouvoir leurs deux points d'insertion, chacune dans le sens propre qu'elle a au moment de sa terminaison. Comme le point d'insertion au centre phrénique est plus mobile que le point costal, il cède le premier à la contraction du faisceau phréno-costal, qui prend son point d'appui sur l'insertion costale ; il s'abaisse par conséquent, et avec lui s'abaisse la portion transversale du faisceau, qui augmente dès lors d'étendue aux dépens de la portion costale. Ainsi tout le faisceau phréno-costal se contracte : mais comme l'insertion phrénique cède seule, la portion transversale se meut seule avec elle, aux dépens de la portion costale qui perd de sa longueur. Il résulte de là que la courbure de ses fibres persiste en descendant ; l'abaissement se fait aux dépens de la portion costale. »

Est-il maintenant besoin de réfuter cette assertion de quelques auteurs qui, avec Fontana (1), prétendaient que la contraction du diaphragme pouvait être portée au point de déterminer un redressement complet de la courbure de ses fibres et même leur renversement du côté de l'abdomen ? Haller aussi (2) dit avoir observé ce dernier effet dans le cas d'inspiration très-violente. Loin de confirmer de tels résultats, la plupart des expérimentateurs modernes ont refusé d'y croire ; et nous-même n'avons jamais rencontré l'effacement complet de la concavité du diaphragme dans les efforts les plus énergiques, quand les contractions de ce muscle acquéraient la plus grande intensité. Nos expériences ont été faites sur des moutons, des chiens et des lapins.

Un autre effet de la contraction du diaphragme est l'élévation et l'écartement des côtes inférieures, de sorte qu'on peut dire qu'en même temps

---

(1) Fontana, *Expériences sur les parties irritables et sensibles*, 1757.
(2) Haller, *Elementa physiologiæ*, t. III, p. 85.

que la poitrine s'agrandit dans le sens de sa longueur, elle augmente aussi à sa base dans ses autres diamètres. — Beau et Maissiat ont donné de ce fait une démonstration expérimentale : sur un chien dont on avait coupé les pectoraux, les dentelés, les scalènes et les intercostaux, ils constatèrent que les mouvements des six dernières côtes s'exécutaient avec autant d'amplitude qu'auparavant. L'agent de ces mouvements ne pouvait être que le diaphragme, seul muscle inspirateur restant, dont la contraction pût opérer l'élévation de la partie inférieure du thorax. Dans une autre expérience, servant en quelque sorte de contre-épreuve à la première, ils ajoutèrent la section du diaphragme à celle des muscles précédents, et ils virent les côtes inférieures ne plus exécuter aucun mouvement. La conclusion à tirer de ces faits est que le diaphragme est bien l'agent du mouvement des côtes inférieures. Or, ce mouvement a lieu dans l'inspiration, et nous avons fait observer plus haut que, dans l'inspiration, les côtes subissent à la fois un mouvement d'*élévation* et un mouvement de *rotation* qui les porte en dehors. Ainsi, tout en déterminant l'agrandissement du diamètre vertical du thorax, le diaphragme détermine aussi l'agrandissement de ses diamètres antéro-postérieur et transverse, au niveau des six dernières côtes.

On peut encore, à ces expériences, ajouter un autre mode de démonstration. Si, comme l'ont indiqué Beau et Maissiat, on saisit sur le cadavre, avec de fortes pinces, la portion des fibres musculaires qui descend verticalement sur les côtes, et qu'on exerce sur ces fibres une traction dans la direction de leur premier contact sur la face interne de ces os, on verra les côtes inférieures et leurs cartilages se porter en dehors et en haut; et cette contraction simulée amènera l'ampliation des diamètres de la base de la poitrine.

Duchenne (1), appliquant aux nerfs phréniques un courant électrique intense, vit, sur des animaux vivants ou récemment tués (chiens et chevaux), la contraction du diaphragme opérer manifestement l'élévation des côtes postérieures et leur projection en dehors.

Selon Colin (2), ce phénomène ne saurait être l'effet immédiat de la contraction du diaphragme : il tient, sur l'animal vivant, à deux causes, dont l'une est l'action simultanée des autres muscles inspirateurs, et l'autre la réaction des viscères abdominaux, qui, étant refoulés en arrière et en dehors, tendent à écarter les hypochondres et la partie inférieure des dernières côtes. — Les précédentes expériences de Beau et Maissiat paraissent suffisamment répondre à ces objections.

Si, comme on vient de le voir, il n'est guère permis de douter que le diaphragme ne détermine, en se contractant, l'élévation et l'écartement des côtes auxquelles il s'attache (fait reconnu par Galien, Vésale et d'autres physiologistes), il n'est pas facile d'en présenter une explication rigoureuse. Nous ne reproduirons pas ici celle que Beau et Maissiat ont cru

<hr>

(1) Duchenne (de Boulogne), *Recherches électro-physiologiques.* Paris, 1853, p. 15.
(2) Colin, *ouvr. cité*, t. II, p. 133.

devoir en donner; nous dirons seulement que Magendie (1) pensait que les fibres musculaires, prenant un point d'appui sur les viscères abdominaux, soulèvent ainsi le thorax. Mais ce point d'appui peut manquer sans que le même effet cesse d'être produit : c'est ce dont il est facile de s'assurer quand, sur un chien dont on a ouvert le ventre et écarté les viscères, on voit le diaphragme porter les côtes en dehors et en haut. P. Bérard (2) fait remarquer que l'attache des fibres courbes au centre phrénique étant beaucoup plus élevée que celle qui se fait au bord cartilagineux du thorax, le raccourcissement de ces fibres, pendant leur contraction, opérera l'élévation des côtes inférieures, si le centre phrénique résiste plus que les côtes. — Nous avons dit tout à l'heure que le mouvement d'élévation des côtes s'accompagne nécessairement d'un mouvement de projection en dehors, et il doit suffire d'avoir démontré l'existence du premier pour croire à l'existence du second.

Le diaphragme, placé en dedans des leviers qu'il doit mouvoir, semblerait devoir, en se contractant, les attirer à lui; aussi lui a-t-on prêté l'action de tirer les côtes en dedans, et de resserrer par conséquent la base de la poitrine. Haller pensait qu'il ne produisait point ce résultat, parce que son action était en même temps contre-balancée par celle des autres muscles inspirateurs qui entrent en contraction au même moment. Il faut dire qu'on n'observe ce phénomène qu'exceptionnellement, et il n'y a guère que les enfants qui le présentent, seulement dans les premières années. Le mouvement de retrait, selon Beau et Maissiat, est presque nul sur la côte, mais très-marqué sur le cartilage; il est visible aussi sur l'appendice xiphoïde. Il est l'effet d'une condition anatomique que l'on rencontre dans l'enfance, l'extrême mollesse des cartilages. Il en résulte que ceux-ci, n'étant pas assez rigides pour transmettre aux côtes et au sternum la traction des fibres musculaires, sont attirés en dedans et en haut, et les côtes et le sternum restent immobiles, n'ayant pas reçu le mouvement communiqué. Cet effet est surtout visible lorsque l'inspiration est exagérée, et l'on peut le reproduire sur le cadavre avec le même succès, en procédant de la manière indiquée plus haut pour simuler, chez l'adulte, l'élévation des côtes; on le reconnaît à l'enfoncement des cartilages inférieurs que l'on observe chez les très-jeunes enfants. Le même enfoncement, ou sillon, que l'on remarque aussi chez les adultes dans l'espace intercostal des côtes inférieures lors des grandes inspirations, est dû à une cause analogue : ici le cartilage résiste et communique le mouvement à la côte, mais l'aponévrose intercartilagineuse cède à la traction du diaphragme et se laisse tirer en dedans avec les autres parties molles qui lui sont superposées.

En parlant du mouvement des côtes, nous avons signalé, avec Beau et Maissiat, la saillie de la partie thoracique située entre la sixième et la onzième côte, surtout en avant, au niveau des cartilages; elle s'explique par l'action élévatrice du diaphragme qui s'exerce directement sur ces

(1) MAGENDIE, *Précis élément. de physiol.*, t. II, p. 320. Paris, 1836.
(2) P. BÉRARD, *Cours de physiol.*, t. III, p. 240.

côtes. Le relief de la septième et la largeur plus grande de l'espace qui sépare cette côte de la sixième tiennent sans doute au tiraillement exercé entre ces deux arcs osseux.

Il résulte de cet exposé que le diaphragme agit dans l'*inspiration*, et que, quand il se contracte, d'une part il augmente le diamètre vertical du thorax, de l'autre il élargit la base de la poitrine en imprimant aux côtes inférieures un mouvement en dehors et en haut. — Maintenant nous pouvons mieux expliquer ce qu'on entend par types respiratoires *abdominal* et *costo-inférieur*. Dans le type abdominal, le diaphragme, prenant son point d'appui sur les côtes, abaisse le centre phrénique sur lequel descend en même temps le poumon; les viscères abdominaux, déprimés, viennent soulever la paroi du ventre, surtout au niveau de la ligne blanche, et l'on constate que les côtes ne se meuvent pas : la respiration abdominale, propre aux petits enfants, est favorisée par la grande mobilité des insertions phréniques dans les premières années de la vie. Chez les individus qui respirent d'après le type costo-inférieur, le diaphragme déprime d'abord un peu le centre phrénique et les viscères abdominaux; mais bientôt les côtes ne peuvent plus, en raison de leur mobilité, lui servir de point fixe, et c'est en s'appuyant à la fois sur le poumon et les viscères qu'il détermine l'élévation et l'écartement de la base du thorax. Aussi le ventre est-il ici moins soulevé que dans le type abdominal, et même il est quelquefois aplati, les viscères se trouvant moins refoulés vers l'abdomen, et pouvant en quelque sorte se loger dans les hypochondres agrandis par l'effet du mouvement d'inspiration.

Tel est l'ensemble des *puissances musculaires* dont l'action préside aux mouvements de la cavité thoracique dans l'accomplissement de la respiration. On a vu que, sur quelques points de leur histoire, la science n'est pas fixée, et que, par conséquent, il est encore besoin d'une certaine réserve, si l'on veut présenter un *résumé* des faits qui précèdent.

L'*inspiration* a pour agents moteurs : — le diaphragme, — les scalènes, — le sterno-clido-mastoïdien, — l'angulaire de l'omoplate, — le petit pectoral, — le grand dentelé, — le trapèze dans ses fibres supérieures, — et le grand pectoral dans ses fibres inférieures. — Tous ces muscles, en se contractant, opèrent directement la dilatation de la poitrine, à l'exception de l'angulaire et du trapèze dont l'action est indirecte. Le diaphragme est par excellence le muscle de l'inspiration; les autres ne se contractent sensiblement que pour les besoins de l'inspiration laborieuse ou forcée. Les scalènes, qui n'agissent guère que chez la femme, aident notablement à l'inspiration dans le type costo-supérieur qui lui est propre.

L'*expiration*, quand elle s'effectue avec le concours des puissances musculaires, a pour agents : — les intercostaux internes et externes, — les sous-costaux, — le triangulaire du sternum, — le grand pectoral dans ses fibres supérieures, — le grand dorsal, — le trapèze dans ses fibres inférieures, — les deux obliques et le transverse de l'abdomen, — le pyramidal, — enfin les sphincters anal et vésical et les muscles releveur de l'anus et ischio-coccygien, qui, tous quatre, ne sont que des expirateurs *indirects*. — C'est dans l'expiration *complexe*, telle que le cri, la toux, le chant, l'expectoration, l'éternument, etc., que tous les précédents muscles entrent en contraction.

Au contraire, l'expiration ordinaire peut s'opérer par le simple retrait élastique des parties qui entrent dans la composition des parois thoraciques et abdominales. Nous allons voir le poumon lui-même y concourir par sa propre élasticité.

Si nous ne rappelons pas ici, parmi les puissances musculaires de la respiration, les muscles petit dentelé supérieur et postérieur, sacro-spinal, droit antérieur de l'abdomen, carré lombaire, sus-costaux, petit dentelé inférieur et postérieur, sous-clavier, c'est que leur action doit être considérée comme douteuse ou à peu près nulle; au moins manque-t-on de preuves positives sur la part qu'ils peuvent avoir dans les mouvements de la respiration.

Terminons en faisant remarquer que, si les muscles *expirateurs* sont plus nombreux et plus puissants que les *inspirateurs*, c'est que les premiers ont surtout pour but l'*expiration complexe*, c'est-à-dire des actes violents, l'expiration ordinaire pouvant, nous le répétons, s'effectuer par la simple élasticité des parties. De plus, il faut noter que les muscles expirateurs, par leur situation étendue au thorax et particulièrement à l'abdomen, ont aussi, indépendamment d'autres usages, celui de concourir à former une paroi rigide aux viscères refoulés dans les efforts de l'expiration.

VII. — Si nous examinons maintenant le *rôle mécanique du poumon* dans l'accomplissement de la fonction respiratoire, nous allons pouvoir constater encore divers résultats dignes d'intérêt.

Et d'abord, pour nous rendre compte de ce rôle, représentons-nous le poumon comme une grande vessie dont l'extérieur est partout contigu à la face interne de la cavité thoracique. Or, pendant l'*inspiration*, quand le soulèvement des côtes et du sternum et l'abaissement du diaphragme contracté déterminent l'augmentation de capacité du thorax, comme le sac pulmonaire se dilate forcément lui-même en suivant les parois thoraciques avec lesquelles il fait corps, forcément aussi il y a raréfaction de l'air que ce sac contenait déjà, et il devient nécessaire que l'équilibre de pression entre le fluide intérieur et le fluide extérieur s'établisse : de là, l'introduction obligée d'une certaine quantité d'air ambiant, qui, s'engageant à travers des orifices plus ou moins dilatés, pénètre dans les poumons. Ces derniers organes, pendant l'inspiration, sont donc tout à fait passifs; c'est l'agrandissement de la poitrine qui détermine l'arrivée de l'air dans leur intérieur. Puis, par suite du relâchement des muscles inspirateurs, de l'élasticité des cartilages costaux et parfois aussi de l'action surajoutée des muscles expirateurs, bientôt les côtes et le sternum retombent; le diaphragme, cessant sa contraction, est refoulé vers le thorax qui reprend son volume primitif. Alors, dans ce mouvement de retrait ou d'*expiration*, le poumon, qui était dilaté, revient aussi sur lui-même, de manière à laisser sortir une quantité d'air à peu près correspondante à celle qui était entrée d'abord. C'est principalement cet organe qui, en exerçant, à l'aide de son élasticité, une sorte d'aspiration sur le diaphragme, le fait remonter dans la cavité thoracique et le rétablit de la sorte dans la position qui lui est nécessaire pour agir lors d'une inspiration nouvelle.

Ajoutons qu'au moment de l'inspiration ou de l'ampliation de la poitrine, il s'accomplit un mouvement de glissement entre la plèvre qui revêt le poumon et la plèvre qui tapisse l'intérieur de la cavité thoracique; ce mouvement, proportionné à l'étendue de l'inspiration, est favorisé par l'humidité et par l'état libre des surfaces. — Suivant J. Cloquet (1), les plèvres costale et pulmonaire glissent l'une sur l'autre, dans l'étendue de 13 à 16 centimètres, vers la base des poumons, pendant les grands mouvements respiratoires, et les rapports des plèvres pulmonaire et diaphragmatique ne varient pas moins dans les mêmes circonstances. Or, d'une part, la courbe du diaphragme, dans l'état d'expiration, s'applique immédiatement dans une assez grande étendue à la face interne de la paroi costale, tandis que, d'autre part, dans l'inspiration, le diaphragme s'abaissant se sépare de haut en bas de la paroi costale pour faire place au poumon dilaté. D'après la judicieuse remarque de J. Cloquet, il résulte de là qu'un instrument piquant, comme une lame d'épée, qui pénètre dans un espace intercostal inférieur, lors de l'*expiration*, peut, après avoir traversé les plèvres costale et diaphragmatique, pénétrer dans l'abdomen sans léser le poumon, qui, au contraire, aurait été atteint vers sa base, dans le cas où l'instrument aurait suivi la même voie pendant l'*inspiration*. « La précédente remarque, ajoute J. Cloquet, ne doit pas non plus échapper au chirurgien, quand il s'agit de pratiquer l'opération de l'empyème. »

Les poumons concourent *mécaniquement* à la respiration par leur *élasticité* et par leur *contractilité*.

a. — L'*élasticité* du poumon est une propriété physique facile à mettre en évidence à l'aide d'expériences bien simples. Après avoir extrait les poumons du corps d'un animal, on les dilate en les insufflant, et, aussitôt l'insufflation achevée, on les voit revenir rapidement sur eux-mêmes à la manière d'une vessie de caoutchouc; ou bien encore, il suffit d'ouvrir les deux côtés de la poitrine d'un animal vivant ou récemment mort, pour permettre à ces organes d'obéir librement à leur élasticité, et pour les voir, en se réduisant de volume, se détacher des parois thoraciques. Dans ce dernier cas, le vide des plèvres n'existant plus, les poumons ne sauraient plus être maintenus contre ces parois; alors, en effet, les pressions atmosphériques qui s'exercent sur les surfaces intérieure et extérieure du poumon se détruisent, et rien ne gêne plus l'élasticité pulmonaire : le poumon, quoique dans l'état d'expiration, pourra donc se resserrer encore, attendu que, même dans cet

(1) J. Cloquet, *De l'influence des efforts sur les organes renfermés dans la cavité thoracique*, mémoire suivi d'observations sur l'emphysème en général, sur les hernies du poumon, etc. In-8. Paris, 1819. — Voyez la *Notice analytique des travaux de J. Cloquet*, p. 2. Paris, 1854.

état, son élasticité n'avait pas été complétement satisfaite tant que les parois thoraciques étaient demeurées intactes (*).

Dès lors, il est facile de comprendre pourquoi la mort arrive nécessairement quand on ouvre, chez un mammifère par exemple, les deux côtés de la poitrine en même temps, de manière à laisser pénétrer l'air dans la cavité pleurale. Les poumons, qui cessent aussitôt d'être appliqués contre les parois thoraciques, ne sauraient plus, pendant l'inspiration, suivre les mouvements d'ampliation de la poitrine, ni par conséquent, une fois affaissés sur eux-mêmes, attirer de nouveau l'air dans leur cavité. —Tous les chiens ou lapins auxquels nous avons pratiqué aux deux côtés du thorax une ouverture assez large pour permettre à l'air atmosphérique d'entrer librement, ont en effet succombé dans l'intervalle de trois à cinq minutes. Nous avons vu aussi la mort survenir même chez ceux de ces animaux à qui un seul côté de la poitrine avait été ouvert; seulement elle a été beaucoup moins rapide que dans le premier cas, puisque parfois des chiens ne sont morts que le deuxième jour de l'opération. S'il y a eu quelques dissidences à ce sujet entre les expérimentateurs, évidemment cela a dû tenir à ce que parfois on a négligé de maintenir l'ouverture béante ou de la faire suffisamment large (**). On sait, il est vrai, qu'il n'est pas rare de voir l'homme, en particulier, vivre avec un seul poumon, l'autre ayant été *peu à peu* refoulé contre la colonne vertébrale par un épanchement considérable ; mais les conditions ne sont pas les mêmes dans les deux cas dont il s'agit : dans nos expériences, l'animal est privé *brusquement* de l'action de l'un de ses poumons ; au contraire, chez l'homme malade, cette action se supprime graduellement, de manière à habituer le poumon sain à suppléer l'autre dans l'hématose. La mort qui survient dans un cas, la vie qui peut persister dans l'autre, ne sauraient donc surprendre l'observateur attentif (***).

Nul doute, d'ailleurs, comme nous le disions plus haut, que l'élasticité des poumons, qui réside surtout dans la membrane fibreuse des tuyaux aériens, ne concoure, pour sa part, à l'expulsion de l'air qui a servi à la respiration : quand le thorax, lors de l'expiration, s'affaisse et se rétrécit par suite du relâchement des muscles inspirateurs et sous l'influence d'autres

(*) On doit à CARSON (*Philos. Trans.*, 1820, p. 29, pl. 4) des expériences faites dans les précédentes conditions pour mesurer la *force élastique des poumons* : chez le veau, le mouton et le chien de haute taille, cette force contre-balancerait le poids d'une colonne d'eau d'un pied à dix-huit pouces de hauteur ; tandis que chez les chats et les lapins, elle ferait équilibre à une colonne d'eau de six à dix pouces (mesures anglaises).

Des recherches analogues sont dues à DONDERS (*Zeitschr. für ration. Med.*, 2e série, t. III, p. 39 et 287, et t. IV, p. 241 et 304), qui, de plus, s'est appliqué à distinguer les effets dépendants de la *tonicité* des poumons de ceux que produit l'*élasticité* de ces organes.

(**) Tantôt une portion du poumon lui-même s'engage dans la solution de continuité et l'oblitère ; tantôt les bords de la plaie se tuméfient et produisent le même effet ; d'autres fois l'ouverture est trop petite, relativement à la glotte, pour empêcher entièrement le poumon de recevoir de l'air ; ou bien l'animal, en se couchant sur le côté lésé, bouche la plaie, etc.

(***) Il est presque inutile de rappeler ici, à propos des épanchements pleurétiques eux-mêmes, que celui qui s'est fait rapidement peut occasionner une asphyxie prochaine que ne détermine point un épanchement plus considérable, mais plus lent à se former.

puissances musculaires et de divers agents doués d'élasticité, le poumon lui-même suit en effet le mouvement de rétraction que lui impriment ses fibres élastiques, et de la sorte se vide, en partie, de l'air qu'il contient.

b. — Mais les conduits dans lesquels l'air circule ne sont pas seulement pourvus de tissu élastique; comme l'examen microscopique et l'expérimentation le démontrent, ces conduits ont encore des *fibres contractiles.* Aussi le poumon, que nous avons vu, pendant l'inspiration, être tout à fait passif, peut-il concourir *activement* à l'expiration (notamment à certains actes expiratoires complexes, comme l'expectoration, la toux, etc.), et la paralysie des précédentes fibres amène-t-elle des accidents qui méritent d'être signalés.

Sur un chien qu'on vient de tuer en lui coupant la moelle épinière, après avoir extrait les poumons de la poitrine et adapté à la trachée un tube manométrique rempli d'un liquide coloré qui pèse à l'intérieur des bronches, excite-t-on ces organes à l'aide d'un courant électrique, en appliquant l'un des pôles sur le poumon et l'autre sur la partie métallique du tube, on voit bientôt le liquide s'élever d'environ 5 centimètres dans ce même tube, dont la partie supérieure est de verre et graduée. Ce résultat est évidemment dû à la contraction active des bronches, puisque, avant le passage du courant, l'élasticité des poumons était déjà satisfaite (1). — Un autre mode d'expérimentation m'a servi autrefois (2) à constater que, d'une part, les bronches ont un pouvoir de resserrement dérivant de la contraction musculaire, et que, d'autre part, ce pouvoir est mis en jeu par les nerfs pneumogastriques : en faisant passer, avec les précautions voulues, un courant électrique dans l'épaisseur de plusieurs rameaux de ces nerfs, chez de grands animaux, tels que le cheval et le bœuf, j'ai observé, à l'aide de la loupe, des contractions manifestes jusque dans des ramuscules bronchiques d'un calibre assez petit.

De ces faits faudra-t-il conclure que des *fibres musculaires* existent jusque dans les dernières ramifications des bronches, ainsi que dans l'épaisseur des parois utriculaires des poumons? Kölliker (3) assure qu'on distingue des fibres musculaires lisses sur des ramuscules bronchiques de $\frac{1}{6}$ de millimètre, et il regarde comme probable qu'elles s'étendent jusqu'aux lobules pulmonaires, quoique, avec la plupart des micrographes, il les refuse aux vésicules elles-mêmes. C'est en ayant recours à certaines réactions chimiques que J. Moleschott (4) a été amené à admettre, dans la portion terminale du système aérifère, la présence de fibres musculaires mêlées à des

---

(1) Ch. Williams, *Report of Experim. on the Physiol. of the Lungs and Air Tubes* (*Report of the Meeting of the Brit. Associat. for the Advanc. of Science.* Glascow, 1840, p. 411).

(2) Longet, *Rech. expérim. sur la nature des mouvements intrinsèques du poumon,* etc., dans *Comptes rendus de l'Acad. des sc. de Paris,* 1842, t. XV, p. 500, et dans son *Traité d'anat. et de physiol. du syst. nerv.* Paris, 1842, t. II, p. 289.

(3) Kölliker, *Éléments d'histologie humaine,* trad. franç. Paris, 1856, p. 516.

(4) J. Moleschott, *De Malpighianis pulmonum vesiculis dissert. anat. physiol.* Heidelberg, 1845.

fibres de tissu élastique (*). Plus récemment, Piso-Borme (1), Kirschmann (2) et Chronszczewski (3) ont admis l'existence de fibres musculaires lisses dans les cloisons alvéolaires du poumon. Kölliker (4), sans révoquer en doute les résultats obtenus par ces auteurs, dit que, malgré ses recherches, il n'a jamais pu les constater.

Dans un Mémoire publié en 1842, et dans lequel se trouve signalé, pour la première fois, l'*emphysème pulmonaire* comme effet de la résection des nerfs vagues (5), j'avais déjà appelé l'attention sur un pareil effet comme confirmatif de mon opinion, à savoir que, si les fibres élastiques du poumon jouent un rôle important dans l'expiration ordinaire, les fibres musculaires lisses en remplissent un tout aussi important dans l'expiration complexe.

En effet, comment expliquer, en pareil cas, le développement de l'emphysème du poumon que j'ai observé avec toutes ses graves conséquences, si ce n'est par la paralysie de fibres contractiles propres à cet organe ? — Selon nous, l'*expiration*, quoique puissamment aidée par l'affaissement du thorax, aurait été impropre à chasser l'air et les mucosités des dernières divisions des bronches, si, à l'élasticité de ces conduits, qui ne peut les ramener qu'à leur diamètre naturel, n'eût été adjointe l'action d'un tissu contractile qui, les resserrant au-dessous de ce diamètre, concourt à les vider plus complétement. Un pareil concours semble d'autant plus nécessaire, que l'air qui persiste dans les parties les plus profondes du parenchyme pulmonaire, étant chargé d'acide carbonique, est plus dense et plus difficile à expulser. Or, j'ai déjà démontré, par une expérience directe, que la contraction des fibres musculaires des bronches est soumise à l'influence de la huitième paire : si l'on divise cette paire nerveuse, les fibres précédentes, qui forment comme des muscles respirateurs internes, sont donc dépossédées de leur activité propre ; d'où il résulte que de l'air va séjourner dans les divisions bronchiques, dont la seule élasticité, quoique persistante, ne saurait évidemment suffire à son expulsion. Dès lors, ne se débarrassant plus de cet air qui augmente de plus en plus, en même temps qu'il se dilate, les aréoles pulmonaires finissent par se laisser distendre outre mesure et quelques-unes même par se rompre. Puis, le sang, qui parcourt le réseau capillaire du poumon, au lieu d'être en contact médiat avec un air incessamment renouvelé et capable de lui fournir le principe de sa révivification, finit lui-même, au bout d'un certain temps, par n'être plus guère en rapport qu'avec de l'acide carbonique (l'*eau de chaux nous en a dénoté la présence*) ; et l'animal, comme s'il était plongé

(*) Traitées par l'acide azotique, puis par l'ammoniaque, les fibres musculaires lisses prennent une belle couleur jaune qui est due à la formation d'un xanthoprotéate d'ammoniaque ; cette réaction manque avec le tissu élastique. Or, elle se montre dans les aréoles pulmonaires ; de là, la conclusion formulée par J. Moleschott.

(1) Piso-Borme, *Arch. di Zoologia*, vol. III, 1864.
(2) Hirschmann, *Arch. für path. Anat. und Phys. von Virchow*, t. XXXVI, p. 335.
(3) Chronszczewski, même recueil, t. XXXV.
(4) Kölliker, *Handb. des Gewebelehre*, 5ᵉ édit., p. 476. 1867.
(5) Longet, extrait de ce mémoire dans *Comptes rendus de l'Acad. des sc. de Paris*, 1842, t. XV, p. 500.

dans une atmosphère chargée de ce dernier gaz, doit bientôt cesser de vivre, parfois même avant que le trouble circulatoire vienne engouer ou oblitérer le tissu de l'organe pulmonaire.

Ainsi, dans notre opinion, les fibres contractiles du poumon ne dussent-elles pas réagir à chaque expiration ordinaire, faute d'une action rhythmique qu'on pourrait leur contester, qu'elles ne nous paraîtraient pas moins nécessaires à l'expulsion des mucosités bronchiques, au renouvellement plus complet de l'air, partant à la perméabilité du poumon et à l'entretien régulier de la fonction respiratoire.

VIII. — Les mouvements intrinsèques du poumon ayant pour but le renouvellement de l'air dans tout l'appareil aérien, il importe, après avoir indiqué comment ce résultat est obtenu, de mesurer ce renouvellement.

Le volume d'air introduit dans les bronches par l'inspiration est en partie rejeté à l'aide de l'expiration suivante avec de l'air vicié qui contient moins d'oxygène et plus d'acide carbonique ; l'autre partie demeure et se distribue dans les poumons.

Dans ses recherches sur la répartition de l'air inspiré, Gréhant (1), en faisant respirer de l'hydrogène, est arrivé à distinguer, dans les produits de l'expiration, la quantité d'air pur de la quantité d'air vicié.

On introduit dans la cloche qui sert à mesurer la capacité pulmonaire (voyez plus haut p. 616) 500^{cc} ou un demi-litre d'hydrogène ; puis, après une expiration ordinaire faite au dehors, on inspire ce gaz et l'on rejette dans la cloche 500^{cc} d'un mélange gazeux que l'analyse démontre contenir 170^{cc} d'hydrogène et 330^{cc} d'air vicié provenant des poumons. Lorsque, au lieu d'hydrogène, l'homme inspire 500^{cc} d'air atmosphérique, il rejette, à l'aide d'une expiration égale, un mélange gazeux composé de 170 d'air pur (représenté précédemment par 170^{cc} d'hydrogène) et de 330^{cc} d'air vicié. L'individu ayant introduit dans ses poumons 500^{cc} d'air et en ayant exhalé seulement 170^{cc}, il en reste donc 330^{cc} dans ces organes.

On peut se demander si, après une inspiration d'un demi-litre (500^{cc}) d'hydrogène ou d'air, un effort d'expiration énergique, capable de déplacer près de 2 litres, chassera tout l'hydrogène ou tout l'air inspiré. L'expérience répond que jamais il n'est possible d'atteindre ce but. En effet, une expiration de 2 litres qui suit une inspiration d'un demi-litre d'hydrogène rejette 334 centimètres cubes d'hydrogène seulement, et 166^{cc} restent encore dans les poumons.

La comparaison de cette expérience et de la première peut éclairer mieux encore sur la distribution de l'air dans les poumons. La capacité pulmonaire de la personne soumise à ces expériences est 2^{lit},93, c'est-à-dire précisément le volume d'air qui contient 330 centimètres cubes d'hydrogène, lorsqu'une inspiration d'un demi-litre de ce gaz est suivie d'une expiration égale. Supposons que l'hydrogène soit réparti uniformé-

_____

(1) GRÉHANT, *Recherches physiques sur la respiration de l'homme*. Paris, 1864.

ment dans ce volume, $2^{lit},93$; l'unité de volume du mélange aura reçu $\frac{330^{cc}}{2930} = 0^{cc},113$ d'hydrogène. Dans la seconde expérience, l'expiration a rejeté dans l'air $1^{lit},975$ de gaz renfermant 334 d'hydrogène ; le volume d'air qui est resté dans les poumons est $1^{lit},455$ et ce volume contient 166^{cc} d'hydrogène: l'unité de volume du mélange aura reçu $\frac{166^{cc}}{1455} = 10^{cc},14$, nombre si voisin de $0^{cc},113$, que l'hypothèse de la distribution uniforme de l'hydrogène ou de l'air inspiré qu'il remplace se trouve vérifiée.

Ainsi, après deux inspirations égales chacune à un demi-litre, et suivies d'expirations aussi différentes en volumes, l'une étant d'un demi-litre et l'autre d'environ 2 litres, la même quantité d'hydrogène a été distribuée dans un volume égal des gaz qui sont restés dans les poumons après l'expiration. Puisque l'hydrogène remplace l'air, on peut dire qu'un demi-litre d'air inspiré se distribue uniformément dans l'arbre aérien ; dans les petites bronches, dans les vésicules pulmonaires, la même quantité d'oxygène arrive, partout chaque volume reçoit un peu plus d'un dixième d'air nouveau, et l'expiration, égale à peu près à l'inspiration qu'elle suit, rejette dans l'atmosphère deux tiers d'air vicié mélangé à un tiers d'air pur.

Le renouvellement de l'air dans les poumons a beaucoup d'analogie avec celui que l'on produit dans les salles dont l'air est vicié ou avec la ventilation. Gréhant a donné au nombre $0^{cc},113$, qui représente la mesure du renouvellement, le nom de *coefficient de ventilation* : ce nombre exprime combien l'unité de volume du mélange gazeux qui reste dans les poumons, après l'inspiration et l'expiration, a reçu d'air pur.

Plus l'inspiration est grande, plus le coefficient de ventilation est grand ; il est à peu près proportionnel au volume de l'inspiration. Toutefois l'expérience montre que trente-six inspirations et expirations de 330 centimètres cubes chacune, faites en une minute, ne renouvellent pas les gaz des poumons aussi bien que dix-huit inspirations et expirations d'un demi-litre chacune, faites dans le même temps. Mais neuf inspirations d'un litre produisent exactement le même effet que dix-huit inspirations d'un demi-litre.

Une conséquence immédiate du mode de distribution de l'air dans les poumons, c'est qu'un gaz, mélangé à l'atmosphère que l'on respire, pénètre dans tout l'arbre aérien, dès la première inspiration : ainsi s'expliquent les accidents si subits qui arrivent lorsque l'homme respire des gaz délétères, tels que l'hydrogène sulfuré, arsénié, etc. Dès la première inspiration, le gaz toxique passe dans les poumons, est absorbé et bientôt porté par le sang artériel dans les autres parties de l'organisme.

IX. — L'air, qu'il entre dans les voies respiratoires ou qu'il en sorte, peut donner lieu à différents bruits qui varient suivant leur siége, leur nature, leur intensité. Bien que peu prononcés et difficiles à entendre à distance dans les conditions normales, ils sont si constants, qu'un seul mot, le *souffle*, sert, dans le langage vulgaire, à désigner l'acte de la respiration et le son qui l'accompagne.

Lorsque l'homme respire d'une manière normale, la masse d'air qui pénètre dans les narines ou dans la bouche, ne rencontrant aucun obstacle, ne produit aucune vibration que l'oreille puisse percevoir habituellement; mais, pour peu que les conditions viennent à changer, que la quantité d'air introduite passe plus rapide qu'à l'ordinaire, que les voies que cet air traverse soient moins dilatées ou moins extensibles que dans les circonstances régulières, immédiatement un son sera produit avec plus ou moins d'intensité. Ainsi, tandis que dans le jour, dans l'état de veille, la respiration se fait le plus souvent sans bruit, soit que l'air pénètre par le nez, soit qu'il entre par la bouche ; au contraire, la nuit, pendant le sommeil, les inspirations étant plus profondes, la quantité d'air mise en circulation par chaque mouvement respiratoire étant plus considérable, et néanmoins les voies parcourues restant les mêmes, il se produit un bruit doux, régulier, qui est le *bruit de la respiration* : ce qui contribue surtout à la production de ce son pendant le sommeil, c'est qu'alors l'air passe presque toujours exclusivement par les fosses nasales, dont la section, bien que proportionnée à la quantité d'air qui doit les parcourir, présente pourtant une série de parties élastiques, vibrantes, contre lesquelles la masse d'air se rompt et contre lesquelles aussi elle exerce un frottement plus ou moins prononcé.

L'espèce de souffle dont il s'agit est composé de deux bruits différents : l'un, plus intense, qui a lieu pendant l'inspiration, et l'autre, plus prolongé, plus doux, moins sonore, qui s'entend lors de l'expiration. Tous deux, d'ailleurs, ont quelque chose de moelleux, de régulier et de calme.

Si l'on recherche où et comment ce son se produit, on reconnaît immédiatement qu'il résulte du frottement exercé par l'air à l'ouverture des narines. En effet, quand on substitue à la respiration nasale la respiration buccale, le bruit disparaît, à moins toutefois que les lèvres ne présentent qu'un orifice insuffisant pour le passage de l'air. Quant la bouche est largement ouverte, aucun bruit ne résulte de la respiration ; si les lèvres se rapprochent, le souffle peut être entendu, et devient d'autant plus intense que les lèvres rétrécissent davantage l'ouverture qui donne passage à l'air. Ainsi s'explique pourquoi, instinctivement, l'homme respire la bouche largement ouverte, lorsqu'il veut éviter que le bruit de sa respiration révèle sa présence ; il ne peut complétement suspendre sa respiration, mais il en peut supprimer le bruit.

Toutefois il peut arriver que la respiration devienne sonore et bruyante dans d'autres points que les orifices nasal et buccal ; mais le bruit résulte toujours d'une même cause, c'est-à-dire d'un frottement exercé par la masse d'air mise en mouvement contre les parties qu'elle rencontre. Ainsi, quand la muqueuse des fosses nasales, gonflée par une cause pathologique, diminue l'espace laissé libre au passage de l'air, quand ces cavités sont trop étroites par suite d'un vice de conformation, ou rétrécies par la présence de quelque tumeur, le souffle devient plus ou moins bruyant, et présente presque toujours un timbre particulier qui indique, jusqu'à un certain point, l'intensité de l'obstacle au passage de l'air.

De même, si la proportion normale entre la quantité d'air en circulation et les voies que ce fluide traverse se trouve altérée par le passage d'une masse d'air trop considérable, ou, ce qui revient au même, à marche trop rapide, un bruit se produira encore; la respiration deviendra sonore, comme dans l'essoufflement.

Enfin, si des sécrétions muqueuses rétrécissent la voie que l'air parcourt dans les fosses nasales, il surviendra encore un bruit particulier, composé du frottement de la colonne d'air et du déplacement des mucosités.

Mais ce n'est pas seulement aux orifices externes des voies respiratoires, ou bien dans les fosses nasales, que l'air rencontre des parties dont les vibrations produisent des bruits faciles à entendre à distance. Avant d'arriver à la glotte, la colonne d'air, en frappant le voile du palais, peut faire vibrer cette partie membraneuse et donner lieu à un son qui retentit dans les cavités postérieures des fosses nasales : c'est le *ronflement*.

Dans les conditions normales de la respiration, lorsque l'air passe des fosses nasales dans la trachée, le voile du palais s'abaisse, s'applique contre la base de la langue, et sa face postérieure seule est légèrement caressée par la colonne d'air. Quand la respiration s'exécute par la bouche, le voile du palais se relève et sa face antérieure se trouve seule en contact avec l'air; dans ce cas, d'ailleurs, pendant l'état de veille, la masse d'air est peu considérable relativement à la large ouverture de la bouche. Mais, pendant le sommeil, si l'on respire la bouche ouverte, l'air s'introduit à la fois par les fosses nasales et par la cavité buccale, il arrive avec une rapidité proportionnée à l'intensité de la respiration, trouve le voile du palais à moitié abaissé, pour laisser passer la colonne qui vient du nez, à demi-relevé pour livrer passage à celle qui pénètre par la bouche, et ainsi pressé, ce voile membraneux vibre et communique ses vibrations à la masse d'air qui est en partie refoulée dans les cavités nasales.

On peut à volonté produire ou imiter le ronflement; mais, pour cela, deux conditions sont nécessaires : il faut d'abord que l'on respire par la bouche, puis que le voile du palais ne soit pas complétement relevé. Alors, dans les grandes inspirations, on peut voir, en effet, cette partie membraneuse exécuter les mouvements vibratoires desquels résulte le son caractéristique. Évidemment ce n'est pas la vibration du voile du palais seul qui donne naissance au ronflement, mais c'est en même temps la colonne d'air que ce mouvement alternatif de va-et-vient pousse et refoule dans les cavités nasales.

Indépendamment d'ailleurs de la preuve qu'on peut acquérir, *de visu*, de la part que prend la vibration du voile du palais au ronflement, on peut reconnaître à la nature du bruit la coopération d'une membrane en quelque sorte flottante. Le ronflement ne consiste pas, en effet, en un bruit égal, continu, mais en plusieurs bruits successifs qui représentent un roucoulement ou plutôt une série de clapotements.

Le ronflement peut avoir lieu pendant l'expiration comme pendant l'inspiration ; mais il est plus fréquent dans celle-ci que dans l'expiration, lorsqu'on ne l'entend que dans un temps de la respiration. Il arrive fréquemment qu'il se produise dans les deux temps.

Les circonstances qui favorisent le *ronflement* peuvent se déduire du mécanisme qui y préside. Il se fera entendre quand, par une cause quelconque, la respiration s'exécutant par la bouche, la volonté n'intervient pas pour fixer le voile du palais dans la position qu'il doit occuper pendant ce mode de respiration, ou encore quand de fortes inspirations sont faites, et qu'une grande quantité d'air pénètre dans le pharynx à la fois par les fosses nasales et par la cavité buccale. Ces circonstances se rencontrent chez les personnes qui dorment la bouche ouverte, chez celles dont l'hématose est difficile, quel que soit d'ailleurs l'obstacle que rencontre cet acte indispensable à la vie.

Le ronflement s'accompagne souvent d'une sorte de gargouillement produit par le déplacement de mucosités dans le pharynx ou dans les fosses nasales. Il est probable même que la présence de mucosités, agitées par l'air, suffit pour faire entendre une sorte de ronflement, quand la respiration s'exécute par les fosses nasales, la bouche restant close : on comprend que, dans ce cas, le voile du palais peut ne prendre aucune part au son produit, qui diffère par sa nature de celui qui constitue le ronflement véritable dont nous avons indiqué le mode de formation.

En continuant à suivre la marche de l'air dans les voies respiratoires, nous allons constater de nouveaux bruits qui diffèrent des précédents, surtout en ce qu'il devient impossible, dans les conditions normales, de les entendre à distance. Pour les percevoir, il faut que l'oreille, seule ou munie d'un instrument particulier, le *stéthoscope*, soit appliquée aussi près que possible de l'endroit où ils se produisent.

Lorsque l'air passe par la glotte et parcourt le long tuyau cartilagineux et membraneux que représente la trachée, il franchit d'abord un orifice relativement étroit, acquiert par conséquent une certaine rapidité, fait entrer en vibration le tube trachéen et produit ainsi un son qui a reçu le nom de *souffle trachéal*.

Le timbre de ce son est bien différent de celui qu'on observe à l'orifice externe des voies respiratoires : il présente toujours une certaine rudesse qui contraste avec le moelleux du souffle respiratoire perçu à distance. Mais cette rudesse est moins prononcée le long de la trachée-artère qu'au niveau du larynx où elle offre un caractère caverneux.

Le souffle trachéal, qui varie d'intensité selon les sujets et suivant la rapidité ou l'intensité de la respiration, se compose de deux sons différents, suivant l'expiration ou l'inspiration.

Il peut arriver que des modifications soient apportées au timbre, à la nature, à l'intensité du souffle trachéal ; mais elles résultent de causes pa-

thologiques, et se lient, soit à un rétrécissement de la trachée par suite de
l'inflammation de la membrane muqueuse, soit à la présence de mucosités
par excès de sécrétion, ou bien encore à l'existence de fausses membranes
qu'on peut entendre flotter dans le tube trachéal. Toutes ces modifications,
fort importantes en pathologie, ne sauraient être examinées ici.

Pour entendre le souffle trachéal, il est nécessaire de s'aider du stéthoscope, avons-nous dit ; mais il est des circonstances dans lesquelles on peut
percevoir à distance le bruit que fait l'air en passant dans le larynx. C'est
là encore un phénomène pathologique, qu'il nous suffira d'indiquer et
dont la production se lie toujours à un obstacle quelconque au passage de
l'air.

Enfin, lorsque des mucosités obstruant la trachée sont agitées par la
respiration, elles produisent un bruit *humide*, facile à entendre à distance,
qui a reçu le nom de *râle trachéal*.

L'étude de ces divers bruits intéresse au plus haut point le pathologiste,
mais n'a pas la même importance en physiologie. Il est hors de doute
que, dans tous.les temps, les médecins ont connu quelques-uns des bruits
qui accompagnent la respiration. Mais à Laennec appartient la gloire d'avoir
inventé l'auscultation et d'avoir porté immédiatement ce nouveau mode
d'exploration de la poitrine à un degré de perfection qu'il était presque
impossible de dépasser. Sans entrer dans aucun détail pathologique étranger à notre sujet, nous allons indiquer maintenant quels bruits se produisent dans la poitrine, et rechercher d'où ils proviennent.

A chaque mouvement d'inspiration ou d'expiration, l'oreille, appliquée
sur la poitrine d'un homme sain, entend un bruit doux, léger, fin, semblable à celui du souffle d'un enfant endormi : c'est le bruit respiratoire qui
a reçu le nom de *murmure vésiculaire*. Plus ou moins intense suivant les
sujets, il est plus appréciable, en général, au niveau des premières divisions des bronches que dans les autres points de la poitrine ; il est
aussi plus fort sur les sujets maigres que sur les individus gras dont les
parois thoraciques, épaisses, forment un écran mauvais conducteur
du son.

Le murmure vésiculaire se compose de deux bruits qui diffèrent pour
l'inspiration et pour l'expiration. Le premier est à la fois plus fort et plus
long que le second ; c'est un symptôme important d'une maladie grave,
quand ce rapport normal entre les deux temps du murmure vésiculaire
n'existe plus.

Le *mécanisme*, suivant lequel ce bruit se produit, trouve son explication
dans les lignes qui précèdent. Partout l'air détermine par son passage
des bruits qui varient suivant la forme et la nature des parties.qu'il traverse ; il doit donc paraître naturel qu'en pénétrant dans les poumons et en
dilatant leurs vésicules, ou qu'en sortant de ces organes, l'air donne naissance à un son en rapport d'intensité et de nature avec la structure pulmonaire. Aussi Laennec attribuait-il le murmure vésiculaire au passage de
l'air dans les poumons. Cette explication, presque généralement admise,

n'aurait pas eu besoin d'être démontrée vraie, si elle n'avait donné lieu à quelques controverses qui ne sont pas encore terminées.

En 1834, Beau(1) prétendit que le précédent bruit respiratoire est produit « par le retentissement, dans toute la colonne d'air inspiré et expiré, du bruit résultant du refoulement de cette colonne d'air contre le voile du palais ou les parties voisines ». En 1839, Spittal (2) plaça à l'ouverture de la glotte le point d'origine du bruit qui serait une des causes du murmure vésiculaire. En 1840, Beau (3), adoptant cette opinion pour ce qui concerne la production du son, fit de ce son ainsi produit la cause unique du murmure vésiculaire.

Mais il est facile de constater que le timbre des sons (bruit glottique et murmure vésiculaire) n'est pas le même ; que ces sons ne présentent pas les mêmes rapports de durée et d'intensité pour l'inspiration et l'expiration, qu'ils n'ont entre eux aucune analogie de force et de nature : le bruit produit à la glotte peut, en effet, être très-intense, sifflant, aigu, sans que le murmure vésiculaire présente aucune modification de l'état normal.

Si le murmure vésiculaire n'était qu'une diminution du souffle glottique, on pourrait, en éloignant le stéthoscope de l'endroit où ce souffle se produit, sans rapprocher l'oreille des organes pulmonaires, entendre le murmure vésiculaire ; or, aussi longtemps qu'on peut entendre le bruit produit à la glotte, il conserve ses caractères propres.

Dans les cas où l'air arrive dans la poitrine sans passer par la glotte, comme lorsqu'on a pratiqué la trachéotomie, le murmure vésiculaire persiste. Chez les individus maigres qui respirent lentement, en prenant le soin de ne produire aucun bruit à la glotte, on peut encore percevoir le bruit normal produit dans la poitrine. On a prétendu que, chez les grands herbivores, dont la glotte est très-éloignée de la poitrine, il n'existait pas de murmure vésiculaire : c'est une erreur. Il est très-facile d'entendre ce murmure en appliquant l'oreille sur les parois thoraciques du cheval, par exemple, même lorsqu'il est au repos et que la respiration s'exécute dans des conditions parfaitement normales.

La colonne d'air, a-t-on dit, en passant de la trachée dans les bronches, passe en réalité dans un tube plus large que celui qu'elle quitte ; elle doit donc diminuer de vitesse, et ce ralentissement empêcherait toute production du son. Sans doute, la section de toutes les divisions bronchiques est plus considérable que celle de la trachée ; mais on sait que l'air ne pénètre pas en même temps dans toutes les parties du poumon, que ce fluide doit d'ailleurs se dilater par l'élévation de sa température, qu'enfin il rencontre à chaque division des bronches un éperon saillant contre lequel il se heurte.

La structure des divisions bronchiques est analogue à celle de la trachée : formées de tissu fibreux, élastique et de tissu contractile, ces divisions

---

(1) Beau, *Arch. gén. de méd.*, août, 1834, p. 570.
(2) Spittal, *Edinb. Med. and Surg. Journ.* t. XLI, p. 99.
(3) Beau, *Arch. gén. de méd.*, juin 1840.

constituent des tuyaux vibratiles dont les vibrations produisent le murmure vésiculaire. Il aurait dû être superflu de le démontrer, tant cette vérité est évidente.

Sans doute les bruits qui se produisent dans les différents points de l'arbre aérien peuvent retentir dans les poumons, mais ils s'y font entendre avec leurs caractères particuliers et ne sauraient être confondus avec le *murmure vésiculaire*.

X. — Nous avons souvent eu occasion de faire remarquer combien, dans l'organisme, se multiplient les moyens qui doivent assurer l'accomplissement d'une fonction indispensable à la vie ; cette remarque s'applique surtout à la respiration. Le nombre considérable de parties qui contribuent aux mouvements respiratoires suffirait pour démontrer toute l'importance qu'il y avait à empêcher qu'une lésion locale ne pût entraver trop facilement le libre exercice de la respiration.

Mais comme, dans le nombre des parties qui servent à mouvoir la poitrine, il en est qui sont destinées aussi à exécuter d'autres mouvements, il en résulte qu'indirectement la respiration doit prendre une part plus ou moins grande à ces divers mouvements. De même aussi, comme les nerfs qui concourent à la respiration ne lui sont pas toujours réservés exclusivement, il pourra arriver qu'ils traduisent, par leur influence sur cette fonction, les modifications qu'ils auront éprouvées à propos d'autres actes, soit que leur sensibilité mise en jeu détermine des mouvements réflexes, soit que leur action motrice excitée détermine des mouvements directs.

Enfin, comme respirer c'est vivre, les modes de respirer indiquent, pour ainsi dire, les modes de la vie, et nous allons voir se dérouler, dans une série de modifications de l'acte respiratoire, beaucoup des sensations et des émotions que l'homme éprouve dans le cours de son existence. — Sa naissance se manifeste par *un cri*, qui semble l'expression d'une première douleur; sa mort se traduit par un *soupir* où s'exhale sa dernière souffrance. Dans le nombre de ses jours, il en est bien peu de consacrés au *rire*, il en est plus pour les *sanglots* : le *bâillement* exprime souvent ses ennuis, l'*effort* la rigueur de son travail. L'*éternument*, la *toux*, l'*expectoration*, sont autant de moyens que la nature emploie pour lutter contre des sensations gênantes ou douloureuses, et qui tous résultent de modifications de la respiration. Le *hoquet* même, bien qu'étranger par son origine aux organes respiratoires, ne se manifeste qu'avec leur concours.

Nous verrons que la *voix* ou la parole, attribut suprême de l'humanité, n'est qu'un mode particulier de la respiration. Nous savons déjà que la *succion*, cette première forme de préhension des aliments, se lie aux mouvements respiratoires; que la locomotion rapide produit l'*anhélation*, et qu'aussi certains sons particuliers traduisent la part que prend le larynx à l'exécution de diverses et importantes fonctions.

Ainsi il serait possible de suivre, dans presque tous les actes de la vie, les rôles variés qu'y prend la respiration. C'est qu'en effet, si nous pouvons, pour l'étude, isoler les fonctions les unes des autres, dans la vie il n'en est pas de même. La vie est une et indivisible; la respiration, qui en est l'expression, participe nécessairement à tous les actes qui en marquent le cours.

Pour éviter d'inutiles répétitions, nous ne redirons pas ici comment la respiration est modifiée dans le vomissement, la défécation, la miction, la succion, la déglutition, la rumination, le coït, l'accouchement, etc. (*); nous allons passer rapidement en revue seulement les modifications principales qui n'ont pas pu être étudiées à propos d'autres fonctions. — Nous mentionnerons successivement le *soupir*, le *bâillement*, le *hoquet*, la *toux*, l'*expectoration*, l'*éternument*, le *moucher*, le *sanglot* et le *rire*.

Une grande inspiration, lentement exécutée et suivie d'une expiration rapide et sonore, constitue le *soupir*. Dans les conditions normales de la respiration, on sait que, sur cinq ou six inspirations environ, il en est une plus longue que les autres; c'est là, en réalité, un léger soupir. On suppose que cette inspiration plus longue survient toutes les fois que l'hématose a besoin d'être accélérée; elle s'exécute à notre insu ou du moins sans la participation de la volonté. De même le soupir satisfait à un besoin dont le plus souvent nous n'avons pas conscience. Sans doute nous pouvons, à volonté, faire de profondes inspirations; mais, presque toujours, quand le besoin de soupirer se fait sentir à l'économie, nous ne le percevons pas. C'est là, en effet, un de ces *mouvements* dits *réflexes* dans lesquels le centre nerveux réagit spontanément contre l'impression profonde qui l'affecte directement. Une gêne existe à l'hématose, ou bien une quantité trop grande de sang noir s'est accumulée dans les cavités droites du cœur, et alors un point des centres nerveux en éprouve une impression pénible qui détermine aussitôt une longue inspiration, un long soupir.

L'influence fâcheuse des émotions tristes sur l'hématose explique comment c'est surtout pendant la durée de ces émotions que se produisent les soupirs. Mais on comprend que le soupir, loin d'être seulement l'expression de la tristesse, est au contraire un effort que fait la nature pour échapper aux influences de sensations dépressives.

Le *bâillement* diffère du soupir plus par son mécanisme que par ses causes ou ses effets. Cet acte est réputé avoir lieu, de même que le soupir, quand l'économie éprouve le besoin d'accélérer l'hématose par l'introduction d'une grande quantité d'air; comme le soupir aussi, il est généralement suivi d'un sentiment de bien-être qui prouve que ce besoin a été satisfait. Mais, tandis que le soupir peut être volontaire, le bâillement est toujours involontaire. Il est facile de simuler le bâillement; mais en vain ouvrira-t-on largement la bouche pour expirer une grande quantité d'air, en vain fera-t-on successivement deux ou trois inspirations profondes suivies de rapides expirations, en vain abaissera-t-on excessivement la mâchoire inférieure, on n'aura pas bâillé si le besoin n'en existait pas. Ce qui

____

(*) Quant à l'*effort*, son étude détaillée se trouve dans le chapitre consacré aux Mouvements.

constitue essentiellement le bâillement, ce n'est donc pas l'un ou l'autre des phénomènes que nous venons d'indiquer, mais bien la sensation qui le provoque et le spasme qui l'accompagne. Produit aussi par une *action réflexe* du système nerveux central, il est indépendant de la volonté, et, s'il est possible de dissimuler quelques-unes de ses manifestations, il est presque impossible de l'étouffer complétement lorsque le besoin s'en fait sentir.

Le bâillement n'indique pas seulement une modification de l'hématose : il exprime aussi des sensations douloureuses de l'estomac, la faim ou l'excès de réplétion de cet organe, et il se manifeste souvent quand l'économie en général éprouve une sensation de torpeur, à l'approche du sommeil par exemple. Comme tous les phénomènes nerveux, le bâillement se produit souvent aussi par imitation.

Le *hoquet* ne peut être rapproché des actes annexés à la respiration que par le bruit qui l'accompagne. C'est une contraction spasmodique, brusque et involontaire du diaphragme, avec contraction coïncidente de la glotte. L'air, appelé rapidement dans la poitrine par cette convulsion du diaphragme, se brise sur les lèvres tendues de la glotte où il produit le bruit caractéristique du hoquet.

Les sensations anormales provoquées dans l'estomac par l'introduction trop rapide de substances alimentaires, par les boissons alcooliques ou chargées d'acide carbonique, par certains aliments, sont les causes ordinaires du hoquet. Mais, comme les autres phénomènes réflexes que nous venons d'examiner, il peut résulter aussi d'un état spécial des centres nerveux : c'est ainsi sans doute que le hoquet survient sous l'influence d'émotions morales ou de causes pathologiques.

La *toux* et l'*éternument*, l'*expectoration* et le *moucher* sont des actes assez analogues par leur mécanisme, par leurs causes et par leurs effets, pour qu'on puisse les signaler simultanément.

Quand une sensation anormale se développe sur la muqueuse des fosses nasales, soit qu'elle résulte de l'introduction d'un corps étranger, soit qu'elle ait été provoquée par une sécrétion irritante, l'organisme réagit : une violente expiration s'exécute, l'air brusquement chassé par les narines sort rapidement avec un bruit caractéristique, en entraînant les mucosités qu'il rencontre sur son passage et qu'il expulse : c'est l'*éternument*.

De même, quand une sensation anormale prend naissance sur la muqueuse du larynx, de la trachée ou des bronches, quelle qu'en soit la cause, l'organisme réagit, une violente expiration s'exécute, l'air brusquement chassé par la bouche sort rapidement avec un bruit caractéristique, en entraînant les mucosités qu'il rencontre sur son passage et qu'il expulse : c'est la *toux*. L'éternument est tout à fait indépendant de la volonté ; la toux peut être volontaire, mais elle est le plus souvent aussi produite par une action réflexe à laquelle il est le plus souvent impossible de résister.

Dans l'action de *se moucher*, comme dans celle d'*expectorer*, on accumule par une forte inspiration une grande quantité d'air, que l'on expulse rapidement par un orifice rétréci. De la sorte on détermine un courant plus énergique qui chasse avec force les corps placés sur son passage, soit par le nez, soit par la bouche.

« Le *rire* et le *sanglot* ont cela de commun, dit Bichat (1), qu'ils ont en même temps leur siége à la poitrine et à la face; ils portent même à la poitrine leur influence spéciale sur le même muscle, le diaphragme. Mais ils diffèrent à la face en ce que l'un a son siége particulier dans la région de l'œil, l'autre dans celle de la bouche; en ce que l'un y met spécialement en jeu l'action glandulaire et l'autre l'action musculaire. »

Quel singulier rapprochement opéré par la nature entre des actes aussi éloignés en apparence, et quelle économie dans les moyens de les accomplir! Les mêmes muscles, les mêmes nerfs produisent les sanglots et les rires.

Les uns et les autres consistent en des contractions spasmodiques, involontaires du diaphragme, dans des mouvements alternatifs assez rapprochés d'inspiration et d'expiration, avec un bruit particulier qui, bien que caractéristique dans la plupart des cas, est quelquefois le même dans le sanglot et dans le rire.

L'aspect de la physionomie établit donc la principale différence visible entre ces deux manifestations de sentiments opposés. L'aspect que présente le visage, dans le rire ou dans les sanglots, est trop connu pour avoir besoin d'être décrit. Le mode suivant lequel apparaissent les sanglots ou le rire est le même. Tandis que, dans les phénomènes précédemment décrits, nous avons vu le plus souvent les centres nerveux n'intervenir que sous l'influence d'une excitation physique, locale, ici nous remarquons l'inverse; les phénomènes mécaniques n'ont lieu que sous l'influence d'une modification cérébrale survenue à la suite d'une émotion triste ou gaie.

En quoi consiste cette impression morale? où siége-t-elle? comment agit-elle sur les organes de la respiration? Ce sont des questions qu'il est superflu de poser, car elles ne peuvent obtenir de réponse.

Il est pourtant une différence importante à noter entre les sanglots et le rire, relativement à leur mécanisme : c'est que, dans quelques cas, le rire, au lieu de procéder, comme nous venons de le dire, des centres nerveux, peut être provoqué par des excitations mécaniques à la peau, par le *chatouillement*, ou encore par l'absorption de certaines substances introduites dans l'estomac ou dans les poumons. Mais, si les manifestations sont les mêmes, ce n'est pourtant pas là le rire, ce n'en est, pour ainsi dire, que la grimace; il manque précisément ce qui constitue l'essence du rire, l'émotion morale.

Enfin les sanglots et le rire, mais ce dernier surtout, se communiquent aussi par imitation, comme la plupart des phénomènes nerveux.

______

(1) BICHAT, *Traité d'anat. descript.*, t. II, p. 132.

Les sanglots expriment toujours la tristesse qui est la douleur de l'âme ;
le rire exprime plutôt une satisfaction de l'esprit qu'une joie de l'âme. Il
y a plus de douleur dans les sanglots que de joie dans le rire, et pourtant
le sanglot est déjà une réaction contre la douleur. Les grandes douleurs et
les grandes joies sont muettes.

INFLUENCE DU SYSTÈME NERVEUX SUR LA RESPIRATION.

L'examen des rapports de la respiration avec les centres nerveux et avec
différents nerfs encéphaliques et spinaux constitue un sujet d'étude aussi
intéressant pour le physiologiste que fécond en utiles applications pour
le médecin.

I. — Et d'abord prouvons qu'il existe, dans le centre cérébro-spinal,
une partie qui tient sous sa dépendance immédiate tout le mécanisme
respiratoire, et dont la destruction arrête aussitôt le jeu d'un mécanisme
si compliqué.

Galien avait parfaitement reconnu ce fait aussi curieux qu'important,
qu'il se trouve au commencement de la moelle épinière une partie dont la
lésion anéantit sur-le-champ la respiration et la vie chez les animaux :
« Atqui perspicuum est », dit-il (1), « quod, si post primam aut secundam
» vertebram, aut in ipso spinalis medullæ principio sectionem ducas, re-
» pente animal corrumpitur (διαφθείρεται παραχρῆμα τὸ ζῶον). »

Lorry, ignorant sans doute l'expérience de Galien, annonce le même
résultat en ces termes (2) : « Coupant la moelle de l'épine transversalement
en plusieurs endroits, je produisais successivement différents degrés de
paralysie. Quand je fus parvenu au cou, je fus fort étonné de voir qu'en
plongeant un stylet ou la pointe d'un scalpel sous l'occiput, j'excitais des
convulsions, et que, *entre la deuxième et la troisième vertèbre*, loin de produire la même chose, l'animal mourait presque sur-le-champ, et que le
pouls et la *respiration* cessaient absolument... »

Cependant ni Galien ni Lorry n'avaient rigoureusement déterminé cette
portion de l'axe cérébro-spinal dont la lésion tue les animaux à l'instant
même.

De nos jours, Legallois a mis plus de précision dans ses recherches. « Ce
n'est pas du cerveau tout entier, dit cet observateur (3), que dépend la
respiration, mais bien d'un endroit assez circonscrit de la *moelle allongée*,
lequel est situé à une petite distance du trou occipital et *vers l'origine des
nerfs de la huitième paire* ou pneumogastriques. Car, si l'on ouvre le crâne
d'un jeune lapin, et que l'on fasse l'extraction du cerveau par portions
successives, d'avant en arrière, en le coupant par tranches, on peut enlever

---

(1) GALIEN, *De anatom. administr.* lib. VIII, cap. IX, p. 696 et 697, édit. de Kühn.
Leipzig, 1821.
(2) LORRY, *Acad. des sc. de Paris* (*Mémoires des savants étrangers*, t. III, p. 366 et 367).
(3) LEGALLOIS, *Œuvres complètes*, t. I, p. 64. Paris, 1830, avec des notes de Pariset.

de cette manière tout le cerveau proprement dit, et ensuite tout le cervelet et une partie de la moelle allongée. Mais la respiration cesse *subitement* lorsqu'on arrive à comprendre dans une tranche l'origine des nerfs de la huitième paire. »

Aussi, après avoir été témoin des expériences de Legallois, Percy, dans son rapport à l'Institut (1), n'hésite-t-il pas non plus à affirmer que « le *premier mobile*, le *principe de tous les mouvements respiratoires* a son siége vers cet endroit de la moelle allongée (*bulbe rachidien*) qui donne naissance aux nerfs de la huitième paire » (2).

Or, ces mouvements multiples de la respiration s'accomplissent, soit à la tête (dans les narines, la bouche et le voile du palais), soit au cou (à l'extérieur et à l'intérieur du larynx), soit enfin au tronc (dans les épaules, les parois du thorax et de l'abdomen). C'est donc le jeu de ce mécanisme, dans son ensemble, qu'on peut voir s'arrêter soudain par suite de la lésion précédente.

Il est d'ailleurs à peine besoin de faire observer ici que le bulbe rachidien n'est pas le premier mobile de la respiration, seulement parce qu'il donne origine aux nerfs pneumogastriques ; ou, en d'autres termes, que la mort subite due à la lésion du bulbe ne résulte pas uniquement de la suppression d'influence de ces nerfs. Ne sait-on point, en effet, qu'après la résection des pneumogastriques, chez les animaux *adultes*, la respiration, quoique gênée et laborieuse, peut continuer pendant un temps encore assez long? Si l'hypothèse précédente était admissible, la mort, au lieu de survenir, dans ce dernier cas, du second au cinquième jour, devrait frapper les animaux à l'instant même, comme quand le bulbe lui-même est lésé.

Après Legallois, Flourens (3) a cherché à fixer d'une manière plus précise encore le véritable siége, dans le bulbe rachidien, de l'organe qu'il nomme *premier moteur* du mécanisme respiratoire, *point central* du système nerveux, etc. Ce physiologiste, récapitulant les résultats obtenus sur six lapins, s'énonce ainsi (4) :

« J'ai dit plus haut que ce *point* commence avec l'origine de la huitième paire et s'étend *un peu au-dessous*. Pour en déterminer les limites avec plus de précision, je mis à nu, sur les lapins que je venais d'opérer, toute la partie supérieure de la moelle épinière cervicale et toute la moelle allongée. Je comparai soigneusement alors les diverses sections faites sur ces parties, et voici ce que je trouvai :

» La première section, ou la section pratiquée sur le premier lapin, l'avait été immédiatement *au-dessous et en arrière* de l'origine de la huitième paire ; la seconde section se trouvait *une ligne et demie* à peu près au-dessous de cette origine ; la troisième, environ *trois lignes*, et la quatrième,

(1) PERCY, séance du 9 septembre 1811.
(2) *Ouvr. cité* de LEGALLOIS, t. I, p. 247 et 259.
(3) FLOURENS, *Rech. expérim. sur les propriétés et les fonctions du système nerveux dans les animaux vertébrés*, 2e édit., p. 196 et suiv. Paris, 1842.
(4) *Ouvr. cité*, p. 203 et 204.

trois lignes et demie plus au-dessous encore. La cinquième section enfin avait eu lieu immédiatement au-dessus de l'origine de la huitième paire, et la sixième près d'*une ligne* au-dessus de cette origine.

» Or les mouvements respiratoires de la tête avaient reparu dès la troisième section, et ceux du tronc dès la cinquième. La limite du *point central* et *premier moteur* du système nerveux se trouve donc immédiatement au-dessus de l'origine de la huitième paire ; et sa limite inférieure, trois lignes à peu près au-dessous de cette origine. Ce point n'a donc, en tout, que *quelques lignes d'étendue* dans les lapins : il en a moins encore dans les animaux plus petits que ceux-ci ; il en a un peu plus dans les animaux plus grands, *l'étendue particulière de ce point variant comme varie l'étendue totale de l'encéphale ;* mais, en définitive, c'est toujours d'un point, et d'un point unique, et d'un point qui a quelques lignes à peine, que la respiration, l'exercice de l'action nerveuse, l'unité de cette action, la vie entière de l'animal, en un mot, dépendent. »

Guidé par les recherches de mes devanciers, j'ai fait également un assez grand nombre d'expériences qui m'ont conduit à reconnaître que l'organe premier moteur du mécanisme respiratoire n'a pas son siége *dans toute l'épaisseur* de la rondelle ou du segment de bulbe commençant avec l'origine même de la huitième paire et finissant un peu au-dessous d'elle. En effet, j'ai pu diviser, détruire, à ce niveau, les pyramides antérieures et les corps restiformes, et voir la respiration persister : au contraire, la *destruction* isolée *du faisceau intermédiaire du bulbe*, au même niveau, *a produit l'arrêt instantané de la respiration* (1).

A cette occasion, je ferai observer que les corps restiformes et pyramidaux sont exclusivement formés de fibres blanches remplissant le simple rôle de conducteur des impressions et des ordres de la volonté, tandis que le faisceau intermédiaire (j'appelle ainsi celui qui est situé entre les corps pyramidal antérieur et restiforme) *est seul pénétré d'une quantité considérable de substance grise, riche en vaisseaux et apte à représenter, au centre du bulbe rachidien, un foyer spécial d'innervation.* C'est donc l'intégrité de ce foyer spécial, composé de substance grise et aidé des fibres du faisceau intermédiaire, qui, d'après mes expériences, est seule nécessaire, chez les animaux, à l'entretien de leurs mouvements respiratoires ; tandis que les facultés motrice et sensitive des parties qui l'avoisinent (*pyramides antérieures et corps restiformes*) peuvent être suspendues sans danger immédiat pour la vie, comme je l'ai constaté sur les animaux soumis à l'inhalation de l'éther. Est-il d'ailleurs besoin d'ajouter que tous les jours, chez les agonisants et les apoplectiques, on a occasion d'observer que, ne fonctionnant déjà plus comme organe de transmission, ni des impressions sensitives, ni de l'action cérébrale sur les muscles volontaires, cependant le bulbe continue d'agir comme premier moteur du mécanisme respiratoire ?

(1) LONGET, *Expériences relatives aux effets de l'inhalation de l'éther sulfurique sur le système nerveux de l'homme et des animaux* (Arch. génér. de méd., t. XIII, p. 377, année 1847).

Depuis la publication de nos expériences, en 1847, Flourens (1) s'est appliqué à définir, avec une précision nouvelle, le point de la moelle allongée qu'il appelle le *nœud* ou le *point vital*, et qu'il place « *à la pointe du V de substance grise* » existant en arrière de cet organe. Il ne s'agit plus ici, comme Flourens lui-même l'admettait autrefois, d'une partie offrant « quelques lignes d'étendue et variant comme varie l'étendue totale de l'encéphale »; il s'agit, pour ainsi dire, d'un point mathématique dont l'ablation entraînerait l'extinction soudaine de la vie.

Pour faire cette expérience, « je me sers, dit Flourens, d'un petit em-porte-pièce dont *l'ouverture a à peine un millimètre de diamètre*. Je plonge cet emporte-pièce dans la moelle allongée, en ayant soin que l'ouverture de l'instrument réponde au V de substance grise, et l'embrasse. J'isole ainsi, tout d'un coup, le *point vital* du reste de la moelle allongée, etc.; et, tout d'un coup, les mouvements respiratoires du tronc et les mouvements respiratoires de la face sont abolis.... C'est donc d'*un point* qui n'est pas plus gros qu'*une tête d'épingle* que dépend la *vie du système nerveux*, la *vie de l'animal* par conséquent, en un seul mot, la *vie* ».

Cependant il nous a été souvent donné de voir, sur des lapins ou sur de jeunes chiens ayant subi une pareille lésion, les mouvements respiratoires persister avec leur rhythme ordinaire ; ajoutons qu'étant d'autres fois par-venu à diviser exactement, sur la ligne médiane, le bulbe rachidien dans toute sa hauteur *en passant par la pointe du V de substance grise*, nous avions déjà vu antérieurement (2) la respiration continuer avec une certaine régularité.

Il n'en a pas été de même quand l'incision portait obliquement dans la profondeur du *faisceau gris* ou intermédiaire du bulbe : dans ces cas, par-fois la mort a été instantanée, chez les chiens *adultes*, *alors même que la lésion était unilatérale*.

Il nous serait difficile de dire les véritables causes desquelles ont dû dé-pendre les différences des résultats obtenus par Flourens et par nous (*).

---

(1) FLOURENS, *Note sur le point vital de la moelle allongée* (*Comptes rendus des séances de l'Acad. des sc. de Paris*, octobre 1851, p. 437).

(2) Voy. mon *Traité de physiologie*, t. II, 2ᵉ partie, p. 84. 1ʳᵉ édit. Paris, 1850.

(*) FLOURENS a encore publié de *nouveaux détails sur le nœud vital* (voy. *Comptes rendus des séances de l'Acad. des sc. de Paris*, 22 novembre 1858). Le petit emporte-pièce, « dont l'ouverture a *à peine un millimètre* de diamètre », ne paraît plus suffisant à Flourens pour isoler, du reste de la moelle allongée, le *point vital* auquel il reconnaît plus d'étendue qu'au-trefois. « Le nœud vital, dit-il, est *double*, c'est-à-dire formé de deux parties ou moitiés réunies sur la ligne médiane, et dont chacune peut suppléer à l'autre. — Pour que la vie cesse, il faut que les deux moitiés soient coupées, et toutes deux dans la même étendue, dans une étendue de 2 millimètres et demi chacune ; pour les deux et en tout, 5 *millimètres*. — Une section transversale de 5 *millimètres* dans un point de la moelle allongée (c'est-à-dire passant sur le milieu du V de substance grise), voilà tout le peu qu'il faut pour détruire la vie. »

Si une pareille section, quand elle est profonde, fait cesser la vie, c'est que nécessairement, à ce niveau, elle porte sur le *noyau gris* ou *central* du bulbe (ou faisceau intermédiaire aux pyramides antérieures et aux corps restiformes) dont la destruction isolée, comme je l'ai dé-montré en 1847 (*loc. cit.*), suffit en effet pour produire l'arrêt instantané de la respiration.

Les expériences de SCHIFF (*Lehrbuch der Physiol.*, p. 323, Iahr. 1858-59) et celles de BROWN-SÉQUARD (*Journal de physiologie*, 1ᵉʳ avril 1858, p. 217) sont en opposition avec

En résumé, toujours est-il que l'expérimentation démontre qu'on peut enlever, sur un jeune chien ou sur un lapin par exemple, les lobes cérébraux, les corps striés, les couches optiques, les tubercules quadrijumeaux, le cervelet et la protubérance annulaire, c'est-à-dire vider à peu près complétement la cavité crânienne (le bulbe rachidien et la moelle demeurant seuls intacts), et néanmoins voir les divers mouvements de la respiration continuer avec régularité ; mais que, si à l'aide de deux sections transversales du bulbe, on intercepte un segment ou une rondelle renfermant l'origine de la huitième paire avec quelques filets radiculaires du nerf spinal, tous ces mouvements de conservation s'arrêtent d'une manière brusque.

Ces faits prouvent donc que le principe qui régit le mécanisme respiratoire n'est pas réparti dans l'encéphale ou dans toute la moelle, mais qu'il siége réellement dans une portion circonscrite et déjà indiquée du bulbe rachidien.

II. — Le foyer encéphalique des mouvements multiples de la respiration étant déterminé, on a dû se préoccuper de l'idée de découvrir, *dans la moelle épinière*, les voies spéciales de transmission du principe de ces mouvements aux muscles respirateurs. Mais, avant de procéder à cette recherche, prouvons, par quelques exemples, que la moelle n'est bien en effet qu'un simple conducteur du principe de ces mouvements.

Afin de bien interpréter les faits suivants, il importe d'abord de savoir quels sont les nerfs propres à influencer les actes mécaniques de la respiration, qui naissent de la moelle au-dessous du trou occipital.

Ces nerfs sont : 1° le *spinal*, ou accessoire de Willis (nerf respiratoire supérieur du tronc, Ch. Bell), dont les racines s'implantent sur les cordons latéraux de la portion cervicale de la moelle, et dont beaucoup de rameaux se distribuent aux muscles sterno-clido-mastoïdien et trapèze (*); 2° le *phrénique* ou diaphragmatique (nerf respiratoire interne du tronc, Ch. Bell), provenant surtout de la quatrième, et, en partie, de la cinquième paire cervicale, et destiné au diaphragme ; 3° le *nerf respiratoire externe* du

celles de FLOURENS. « Ce n'est pas, dit Brown-Séquard, par suite de l'absence du *point vital* que les mouvements respiratoires s'arrêtent *quelquefois*, après l'ablation de ce petit organe, mais bien par suite d'une irritation de la moelle allongée et de la même manière qu'après la galvanisation des nerfs vagues. » — « L'irritation des parties voisines du point vital amène quelquefois l'arrêt de la respiration, bien que ce point ne soit pas lésé. — Le point vital de Flourens *semble* n'être pas essentiel à la vie. »

Si l'ablation de la moelle allongée peut faire perdre immédiatement la vie à un *animal supérieur* (mammifère ou oiseau) qui ne saurait vivre au delà d'une à trois minutes sans respiration pulmonaire, il n'en est pas de même, d'après les recherches de Brown-Séquard (*Comptes rendus de l'Acad. des sc.*, 1847, t. XXIV, p. 363, et *Bullet. de la Soc. philom.*, 1849, p. 117), des animaux à sang froid qui respirent aussi par la peau. La durée de la vie peut se compter par *mois* pour les batraciens, par *semaines* pour quelques autres reptiles, par *jours* pour les poissons ; — puis par *heures* pour les animaux hibernants (pendant l'hibernation et en employant l'insufflation pulmonaire), et par *minutes* pour les oiseaux et les mammifères.

(*) Le spinal anime aussi les muscles du larynx, du pharynx, etc. Voyez t. II, p. 247, 262 et suiv. de mon *Traité d'anat. et de physiol. du syst. nerv.* Paris, 1842.

tronc (Ch. Bell), ou nerf du muscle grand dentelé, qui vient des cinquième et sixième paires cervicales ; 4° les *douze nerfs intercostaux*, ou branches antérieures des nerfs dorsaux, dont toutes les racines s'insèrent sur la portion dorsale de la moelle, et dont les sept premiers se rendent aux muscles intercostaux, tandis que les cinq autres se divisent à la fois dans plusieurs de ces muscles et dans ceux de la paroi abdominale antérieure ; 5° la *première branche antérieure lombaire* qui, par une division de son rameau *iléo-scrotal*, complète la distribution des nerfs intercostaux dans les muscles de la paroi antérieure de l'abdomen.

Ces notions anatomiques étant établies, il devenait tout naturel de rechercher, à l'aide d'expériences sur les animaux vivants, ce qui adviendrait du côté des mouvements respiratoires, en coupant la moelle épinière à diverses hauteurs.

Galien (1) a déjà signalé, avec une grande justesse d'observation, les phénomènes principaux qui résultent de pareilles sections. Il a vu qu'en divisant la moelle, à l'union de la portion cervicale avec la dorsale, la poitrine se mouvait encore en bas et en haut, par le diaphragme et par les muscles supérieurs du tronc (sterno-clido-mastoïdien, trapèze et grand dentelé) : « *Animal subito in latus procubuit, utrasque thoracis partes, et altas et imas commovens.* » Alors l'action de ces derniers muscles est aidée par la contraction de plusieurs autres de la partie supérieure de l'humérus (grand et petit pectoral), et tous tendent à suppléer les nerfs intercostaux paralysés : « *Namque omnes musculi intercostales in totum reddebantur immobiles.* »

Après la section de la moelle épinière entre la troisième et la quatrième vertèbre cervicale, c'est-à-dire au-dessus des origines du phrénique, du respiratoire externe du tronc et des nerfs intercostaux, Galien (2) a constaté l'abolition des mouvements respiratoires, non-seulement dans le thorax, mais dans toutes les parties situées au-dessous. Il n'a pas non plus omis, dans toutes ces expériences, de noter la perte de la sensibilité et du mouvement volontaire dans les organes placés au-dessous de la lésion.

Rappelons, comme il a été dit plus haut, qu'il avait aussi reconnu qu'en divisant la moelle épinière, *a son origine* ou à son union avec le bulbe rachidien, on fait périr l'animal immédiatement (3).

Quoique les deux premières expériences de Galien, qui viennent d'être mentionnées, soient déjà bien suffisantes pour prouver que le rôle de la *moelle proprement dite* se borne à transmettre le principe des mouvements respiratoires, je crois néanmoins devoir citer quelques autres expériences confirmatives qui ont été exécutées par des auteurs modernes.

Après avoir observé les mouvements du thorax chez un lapin âgé d'environ dix jours, Legallois (4) a coupé la moelle épinière sur la septième vertèbre

(1) GALIEN, *De anatom. administr*, lib. VIII, cap. v, p. 676 et suiv., édit. de Kühn. Leipzig, 1821.

(2) GALIEN, *ibid.*, cap. IX, édit. citée, p. 696 et 697.

(3) *Ibid.*

(4) LEGALLOIS, *Œuvres complètes*, t. I, p. 63 et 250. Rapport de Percy, édit. 1830, avec des notes de Pariset.

cervicale : à l'instant, *ceux de ces mouvements qui dépendent de l'élévation des côtes se sont arrêtés ;* mais les contractions du diaphragme ont continué. Puis, ayant divisé la moelle au-dessus de l'origine des nerfs diaphragmatiques, il a fait cesser à la fois les mouvements des côtes et ceux du diaphragme.

Flourens (1), ayant opéré sur un lapin la section transversale de la moelle immédiatement au-dessus de l'origine de la première paire intercostale, a vu disparaître soudain tous les mouvements inspiratoires des côtes. Le tronçon de moelle duquel partaient les nerfs intercostaux était pourtant encore si plein de vie, que, pour peu qu'on l'excitât, la cage respiratoire se mouvait tout aussitôt, comme auparavant. — Après la section, sur un autre lapin, de la moelle épinière au-dessus de l'origine des nerfs diaphragmatiques, sur-le-champ les mouvements inspiratoires des côtes et du diaphragme ont disparu. Cependant, pour peu qu'on irritât le fragment médullaire postérieur, il survenait aussitôt des contractions du diaphragme et des mouvements des côtes ; il se faisait un véritable mouvement respiratoire du tronc, et ce mouvement pouvait aller jusqu'à déterminer un certain bruit dans le larynx. — Sur un troisième lapin, le même expérimentateur a coupé la moelle épinière au-dessus de l'origine de l'accessoire (nerf spinal) : tous les mouvements respiratoires des épaules, des côtes et du diaphragme se sont éteints. Une excitation extérieure du tronçon de moelle restant pouvait encore les ranimer tous.

« Nul de ces mouvements ne contient donc en soi, dit Flourens, le premier principe de son action : il suffit de les isoler d'un point donné pour qu'aussitôt ils s'éteignent ; il suffit de les maintenir réunis à ce point pour qu'ils se conservent : c'est donc évidemment de ce point, et de ce point seul, qu'ils tirent leur premier mobile. »

Quant aux mouvements des côtes, du diaphragme, etc., qu'on voit succéder à l'irritation mécanique du segment caudal de la moelle, ils sont évidemment dus à la persistance de l'excitabilité dans ce segment, et sont assimilables à ceux qu'on provoque dans les membres, en irritant les faisceaux antérieurs de la moelle divisée ou bien les racines spinales qui se détachent de ces faisceaux.

Calmeil (2) est arrivé à des résultats analogues ; seulement il mentionne une particularité que j'ai toujours observée dans mes propres expériences, et qui, déjà signalée par Galien, semble avoir échappé aux deux expérimentateurs précédents. « Coupez, dit Calmeil, sur un jeune chien ou sur un jeune chat, la moelle épinière un peu au-dessus de l'origine de la première paire intercostale, vous ferez *à peu près* cesser le jeu de toutes les côtes. » Cette expression *à peu près* est fort juste, car le jeu des côtes est encore entretenu en partie à l'aide du muscle grand dentelé, dont le nerf

(1) FLOURENS, *Recherches expérimentales sur les propriétés et les fonctions du système nerveux dans les animaux vertébrés,* 2ᵉ édit., p. 178. Paris, 1842.

(2) CALMEIL, *Recherches sur la structure, les fonctions et le ramollissement de la moelle épinière (Journ. des progrès,* 1828, t. XI, p. 116).

prend origine au-dessus de la section, et aussi à l'aide des muscles grand et petit pectoral.

Sur des chiens, j'ai divisé la moelle entre la septième et la huitième paire dorsale, c'est-à-dire au-dessus de l'origine des cinq branches inter-costales et de la première branche lombaire, qui animent les muscles de la paroi abdominale antérieure, et j'ai vu les mouvements respiratoires *propres* à cette partie se supprimer : on n'y apercevait plus que les mouve-ments communiqués par les contractions du diaphragme.

Ayant avancé que la colonne *antérieure* de la moelle est affectée à la transmission du principe des mouvements volontaires, et à l'origine des nerfs en rapport avec ces sortes de mouvements; que la colonne *postérieure* est en relation avec les nerfs sensitifs et les phénomènes de sensibilité, Ch. Bell a supposé que la colonne *latérale* était destinée à conduire le principe des actes mécaniques de la respiration, et à donner implantation à tous les nerfs qu'il nomme *respiratoires.*

Sans parler ici des nerfs crâniens, auxquels Ch. Bell applique cette même dénomination, et qui seront cités tout à l'heure, je dois rappeler que cet auteur admet, comme *nerfs respiratoires*, tous les nerfs rachidiens qui ont été indiqués plus haut. Seulement, d'après lui, tous ces nerfs, qui peuvent contenir des filets de sensibilité et de mouvement volontaire, venus des faisceaux médullaires postérieur et antérieur, en renferment d'autres qui émergent exclusivement du faisceau latéral et qui sont en rapport avec les mouvements de la respiration.

A l'appui de son hypothèse ingénieuse sur les fonctions des cordons mé-dullaires latéraux, Ch. Bell n'a pas apporté de preuves expérimentales ou pathologiques.

Dans les expériences que j'ai si fréquemment exécutées sur les diverses colonnes de la moelle épinière, je n'ai pu couper *isolément* ses colonnes latérales, ni par conséquent obtenir des résultats directement confirmatifs de l'idée du physiologiste anglais (*) ; mais, ayant réussi à diviser, dans la région cervicale, les cordons médullaires antérieurs et postérieurs, je n'ai point vu les mouvements respiratoires devenir notablement plus difficiles qu'avant cette section. De plus, je rappellerai qu'en faisant passer, avec les précaution voulues, un courant électrique dans le cordon latéral de la moelle, je n'ai donné lieu qu'à des mouvements peu prononcés dans le membre abdominal correspondant, tandis qu'ils y étaient bien marqués si ce même courant traversait le cordon antérieur : encore les contractions légères observées dans le premier cas, contractions qui, d'ailleurs, étaient loin d'être constantes, pourraient-elles bien n'avoir dépendu que d'une dérivation du courant électrique sur le cordon antérieur lui-même.

(*) Schiff (*Arch. de Tubingue,* 1853) dit qu'il a pratiqué, avec succès, la section isolée de l'une des colonnes latérales de la moelle, dans la région du cou. Le mouvement volontaire et le sentiment étant demeurés intacts chez un chien ainsi opéré, la respiration ne se rétablit point, du côté de la section, pendant les dix semaines que l'on conserva l'animal. A l'autopsie, le poumon correspondant fut trouvé plus engoué et plus dense que celui du côté opposé.

Si, d'après ces résultats, il est présumable que les colonnes latérale et antérieure de la moelle ont des fonctions différentes, s'il est démontré que les mouvements respiratoires peuvent persister après la section des colonnes antérieures et postérieures, on ne doit pas néanmoins affirmer que la colonne latérale influence les actes mécaniques de la respiration, à l'exclusion de l'antérieure. En effet, il importe de ne pas oublier que ces actes sont en partie sous la dépendance de la volonté : il serait donc possible que les colonnes antérieures intervinssent seulement dans les cas, par exemple, où volontairement l'individu cesse momentanément de respirer, modifie le rhythme de sa respiration, en rendant celle-ci plus fréquente ou plus rare, plus courte ou plus longue, et que la section de la portion antérieure de la moelle abolit seulement l'empire de la volonté, c'est-à-dire l'influence des lobes cérébraux sur les mouvements respiratoires.

Quoi qu'il en soit, de nouveaux faits sont nécessaires pour établir l'opinion de Ch. Bell, en ce qui concerne les colonnes médullaires latérales que, pour ma part, je n'ose pas considérer comme étrangères aux mouvements volontaires. Je rappellerai qu'elles sont *insensibles* comme les antérieures, qu'elles donnent origine, aux environs du bulbe, à des filets nerveux qui concourent à influencer les mouvements respiratoires, et qu'elles semblent enfin devoir être considérées comme motrices (*).

Mais achevons l'exposé critique de l'hypothèse de Ch. Bell, en ce qui concerne ceux des nerfs crâniens qu'il nomme aussi *respiratoires*. Au niveau du bulbe, la colonne latérale de la moelle, se prolongeant en grande partie derrière l'éminence olivaire, donnerait origine, selon le physiologiste anglais (1), aux nerfs accessoires de Willis, pneumogastrique, glosso-pharyngien et facial : « Il paraît donc, ajoute-t-il, qu'il sort quatre nerfs de cette colonne, *qui n'en fournit aucun au système de la sensibilité, ni à celui du mouvement volontaire.* Il est prouvé en outre, par l'expérience, que ces nerfs excitent des mouvements dépendants de l'acte de la respiration. On ne peut douter que les mouvements du cou, de la gorge, de la face et des yeux, qui ont rapport à l'acte de la respiration ou qui en dépendent, ne lui soient associés par le moyen de ces nerfs. »

Assurément, nous sommes loin d'adopter ici les assertions de Ch. Bell, qui presque toutes, à notre sens, sont erronées. En effet, l'anatomie démontre incontestablement : 1° que, parmi les nerfs crâniens influençant les mouvements respiratoires, le spinal est le seul qui provienne de la colonne latérale de la moelle, prolongée derrière les olives, dans

---

(*) BELLINGERI suppose que les fonctions des cordons latéraux de la moelle épinière se rapportent à différents actes organiques : il croit, en particulier, que les filets des racines antérieures qui naissent de ces cordons concourent à former le grand sympathique, et qu'ils exercent de l'influence sur la nutrition et la circulation. Ces hypothèses de Bellingeri ne sont confirmées par aucune espèce de preuves.

(1) CH. BELL, *Exposit. du syst. nat. des nerfs, etc.*, p. 13, 14, 32 et suiv., traduct. de Genest. Paris, 1825.

le bulbe rachidien, la protubérance, etc.; 2° qu'au contraire, le glosso-pharyngien et le pneumogastrique (*portions ganglionnaires*) s'implantent au bulbe sur la ligne du sillon collatéral postérieur, sillon dans lequel s'implantent, plus inférieurement, toutes les racines spinales posté-rieures ou sensitives. Or, puisque les deux nerfs dont il s'agit naissent sur le même faisceau médullaire que ces racines, et sont, comme elles, pour-vus de ganglions, ils doivent, dans la théorie de Ch. Bell lui-même, avoir des fonctions semblables, c'est-à-dire présider à la sensibilité et non au mouvement. D'ailleurs, le glosso-pharyngien n'envoie-t-il pas des filets à la muqueuse de la base de la langue, à celle du pharynx, de la trompe d'Eustache et de la cavité du tympan? Les divisions du pneumo-gastrique ne se ramifient-elles pas dans les membranes muqueuses qui tapissent le larynx, la trachée, les bronches, l'œsophage et l'estomac? Il y a donc erreur à soutenir, avec Ch. Bell, que les nerfs glosso-pharyngien et pneumogastrique, qu'il fait à tort provenir de la colonne latérale du bulbe, sont étrangers à la sensibilité. Le même physiologiste émet encore une opi-nion inexacte, quand il avance implicitement que l'action des nerfs spinal et facial ne se lie en aucune façon aux mouvements volontaires. Je démon-trerai ailleurs que le spinal anime non-seulement les muscles sterno-clido-mastoïdien et trapèze, mais encore ceux du larynx, du pharynx, et de la tunique contractile des bronches, etc. Or, la volonté n'a-t-elle donc aucune prise sur les muscles du larynx? De plus, la contraction de ceux de la face n'est-elle donc aucunement volontaire? J'exposerai plus tard les arguments qui tendent à établir que le glosso-pharyngien et le pneumo-gastrique, loin d'être des nerfs respiratoires directement moteurs, comme l'admet Ch. Bell, sont, au contraire, des nerfs exclusivement sensitifs, si toutefois on fait abstraction du spinal et du facial, qui s'anastomosent avec eux au delà de leur origine, ou si, en d'autres termes, on n'envisage que leurs *portions ganglionnaires*.

Mais, tout en rejetant la prétendue classe des nerfs respiratoires crâniens établie par Ch. Bell (*), nous ne pouvons nous empêcher d'admettre, en nous fondant sur nos propres expériences, que les fonctions du faisceau *intermédiaire* ou *latéral du bulbe* se rapportent surtout à la respiration. D'ailleurs, comme nous l'avons déjà fait observer, tandis que les corps restiformes et les pyramides antérieures sont exclusivement formés de fibres blanches propres à transmettre les impressions et le principe des mouvements volontaires, le faisceau latéral seul est pénétré d'une quantité considérable de substance gris jaunâtre, riche en vaisseaux, et apte à repré-senter un foyer d'innervation au centre du bulbe rachidien.

En terminant, nous croyons d'ailleurs devoir rappeler que les *lésions*

(*) Cet auteur rapproche aussi des nerfs précédents celui de la quatrième paire ou *pa-thétique*, qu'il nomme nerf respiratoire de l'œil (*Exposit. du syst. nat. des nerfs, etc.,* p. 236).

traumatiques ou autres de la portion cervicale de la moelle épinière, chez l'homme, donnent constamment lieu à des symptômes qui confirment les faits reconnus par les physiologistes dans leurs expériences sur les animaux vivants.

Ainsi, quand ces lésions siégent au niveau de la troisième vertèbre *cervicale*, par exemple, la respiration devient extrêmement laborieuse et difficile; les mouvements d'inspiration ne sont dus qu'aux muscles du cou et des épaules, à ceux des ailes du nez et de la glotte; le diaphragme est immobile, les muscles qui meuvent les côtes sont paralysés, et le malade ne tarde pas à périr dans les angoisses d'une véritable asphyxie (1).

Les altérations pathologiques de la moelle épinière, dans la région *dorsale*, prouvent également que cette portion de la moelle intervient comme agent indispensable de transmission de certains mouvements respiratoires. On voit, même dans la myélite qui occupe le haut de la région dorsale, les malades accuser un sentiment de constriction des parois thoraciques, une oppression continuelle. Survient-il passagèrement un accès fébrile qui accélère les mouvements du cœur, aussitôt la dyspnée devient extrême, la dilatation de la poitrine, dans l'inspiration, ne s'effectue qu'avec des efforts prolongés et très-pénibles (2).

Tout ce qui précède démontre donc bien que la moelle, *sans le bulbe rachidien*, n'est, relativement au *principe des mouvements respiratoires*, comme à celui des mouvements volontaires, qu'un simple cordon conducteur, et que de plus les voies parcourues par ce principe, dans la moelle, ne sont pas encore assez nettement déterminées.

III. — Il nous faut maintenant pénétrer plus avant dans les détails du mécanisme respiratoire, au point de vue de ses rapports avec le *système nerveux périphérique*.

Nous aurons ainsi à examiner successivement les divers mouvements qui composent ce mécanisme et qui se produisent : — 1° soit dans les narines, la bouche et le voile du palais; — 2° soit dans le larynx et les voies pulmonaires; — 3° soit enfin dans les épaules, les parois du thorax et celles de l'abdomen.

A chaque groupe de ces mouvements qui concourent, avec un ordre si merveilleux, à l'accomplissement de la respiration, nous devrons rapporter les différents nerfs qui les influencent d'une manière directe.

1° — Chez l'homme et dans la plupart des vertébrés supérieurs, quand l'inspiration a lieu par les *fosses nasales*, on voit leur orifice antérieur se dilater plus ou moins largement; ou bien, si l'inspiration se fait par la *bouche*, celle-ci s'entr'ouvre, et, en même temps, le voile du palais s'élève

(1) Voyez le *Traité des maladies de la moelle épinière*, par Ollivier (d'Angers), t. I, p. 253 et suiv.; *ibid.*, p. 365, 3° édit.

(2) *Ibid.*, t. I, p. 370 ; t. II, p. 337, et passim.

de manière à agrandir l'*isthme bucco-pharyngien*, Ces effets sont surtout bien appréciables toutes les fois qu'une cause quelconque vient activer la respiration.

D'où proviennent les rameaux nerveux qui alors tiennent sous leur dépendance les mouvements des ouvertures nasale, buccale et bucco-pharyngienne ? Généralement on sait aujourd'hui que c'est le nerf facial (septième paire) qui anime les muscles dilatateurs ou constricteurs des narines et de la bouche. Quant à la question de savoir *de quel tronc nerveux proviennent les rameaux qui font mouvoir les divers muscles du voile du palais* et de l'orifice buccopharyngien, sa solution a été plus tardive, et je crois avoir été assez heureux pour la donner, le premier, en 1838 (1).

Le nerf facial, selon moi, préside à la contraction de tous les muscles du voile palatin, excepté le péristaphylin externe, qui est animé, comme on le savait, par la racine motrice du trijumeau. C'est par l'entremise du grand nerf pétreux et du ganglion sphéno-palatin que le facial se distribue aux muscles péristaphylin interne et palato-staphylin ; et c'est par l'entremise du rameau anastomotique qu'il envoie au glosso-pharyngien que le nerf facial parvient aux muscles glosso-staphylins et pharyngo-staphylins (*). De là cette remarque entièrement neuve : le nerf facial, qui anime les muscles constricteurs et dilatateurs des orifices nasal et buccal, *anime aussi les muscles qui dilatent et ceux qui resserrent l'orifice bucco-pharyngien* (**).

En effet, dans notre opinion, les constricteurs transverses de cet orifice ou les pharyngo-staphylins, ses constricteurs verticaux ou glosso-staphylins, ses dilatateurs ou palato-staphylin et péristaphylins internes reçoivent des filets du facial qui leur parviennent, soit après s'être unis au glosso-pharyngien, soit après avoir traversé le ganglion sphéno-palatin. Quant aux muscles péristaphylins externes ou tenseurs du voile du palais, ils emprun-

---

(1) *Mémoire sur la portion céphalique du nerf grand sympathique*, dans *Journ. des conn. méd.-chir.*, 1838, et dans mon *Traité d'anat. et de physiol. du syst. nerv.*, t. II, p. 414, 457. Paris, 1842.

(*) RICHET, alors prosecteur de la Faculté, m'a fait voir une préparation confirmative de mon opinion : il s'agissait d'un rameau du facial, qui, au lieu de s'anastomoser d'abord comme à l'ordinaire avec le glosso-pharyngien, allait directement se répartir, *d'un côté*, dans les muscles glosso-staphylin et pharyngo-staphylin. Cette préparation figure aujourd'hui dans les collections du musée de l'École de médecine.

(**) Dans divers ouvrages et mémoires récents de physiologie, cette opinion est adoptée et présentée avec de légères variantes, sans indication de son origine.

Je regarde donc une notable partie du *grand nerf pétreux* comme la *racine motrice* du ganglion sphéno-palatin, et je la fais provenir du nerf facial au lieu de la faire dériver du nerf trijumeau, à l'exemple des autres anatomistes. Assimilant ce grand nerf pétreux à la racine motrice envoyée par le moteur oculaire commun au ganglion ophthalmique, et les ramuscules qui animent les muscles palato-staphylin et péristaphylin interne aux ramuscules moteurs de l'iris, j'ai pu expliquer comment la déviation de la luette se produit dans l'hémiplégie faciale due à une lésion de la septième paire (facial). En effet, de même que la lésion du nerf moteur oculaire commun détermine la paralysie de l'iris, de même aussi la lésion du nerf facial, avant l'*hiatus Fallopii*, doit paralyser en partie le voile du palais. Mais, comme cette dernière paralysie ne saurait se produire si la lésion siège au-dessous de cet hiatus qui livre passage au grand nerf pétreux, ma remarque pourrait guider le pathologiste dans son diagnostic sur le siége de la cause paralysante, en l'autorisant à dire que la lésion morbide se rapproche plus ou moins du centre nerveux, selon que la déviation de la luette accompagne ou non l'hémiplégie faciale.

tent, nous l'avons dit, leurs filets nerveux au *nerf masticateur* ou racine motrice du trijumeau, et agissent surtout dans la déglutition, tandis que l'action des muscles précédents se rapporte plutôt à la respiration ou à différents actes qui lui sont annexés.

Tout en admettant que le rameau anastomotique du facial avec le pneumogastrique (*rameau auriculaire*) présente des filets se rendant de ce dernier à l'oreille externe, comme le disent quelques anatomistes, nous avons néanmoins la certitude que plusieurs vont aussi du facial au pneumogastrique : seraient-ce là des filets qui ultérieurement parviendraient jusqu'au larynx, et le facial influencerait-il donc les *mouvements associés* de tous les orifices que l'air doit traverser avant d'arriver aux organes pulmonaires? S'il en était ainsi, la dénomination de *nerf respiratoire* lui serait applicable dans un sens beaucoup plus large que ne l'entendait Ch. Bell.

Aux narines, à la bouche, comme à la glotte et à l'orifice bucco-pharyngien, des puissances musculaires, propres à maintenir ces orifices suffisamment béants, étaient nécessaires pour résister à la pression atmosphérique qui se fait sentir lors de l'inspiration, par suite du vide virtuel de la poitrine : tel est le rôle des *muscles dilatateurs* qui leur sont adjoints. Aussi, en ce qui regarde spécialement le nerf facial, après qu'il est réséqué ou paralysé, voit-on les ailes du nez se rapprocher de la cloison, et même s'y accoler aussi souvent que, la bouche étant close, il survient un mouvement inspiratoire. Dans une observation de paralysie du nerf facial *de chaque côté*, chez l'homme, observation que nous avons relatée ailleurs (1), souvent l'affaissement des narines était tel que, dans les fortes inspirations, elles se rapprochaient de la cloison nasale de manière à intercepter complètement le passage de l'air; à chaque mouvement inspiratoire, les lèvres, comme deux voiles mobiles, sortaient et rentraient selon la direction du courant de l'air.

Du reste, la résection de la septième paire apporte à la respiration une gêne plus considérable chez les solipèdes, dont les ailes du nez sont souples et très-mobiles, que chez les animaux qui ont ces parties fermes, rigides, peu susceptibles de s'affaisser, et qui respirent aisément par la bouche, comme les carnassiers, par exemple (2).

Ch. Bell (3), convaincu du rôle important que le facial remplit dans les mouvements respiratoires de la face, soupçonna que la trompe de l'éléphant, étant creuse et continue avec les organes de la respiration, devait avoir des ramifications de ce nerf : en effet, John Shaw (4) démontra leur existence. « Je trouvai, dit cet auteur, que la trompe recevait non-seulement des branches de la cinquième paire, comme Cuvier le décrit, mais aussi une très-grosse branche de la *portion dure* (N. facial). Cette dernière

(1) LONGET, *Traité d'anat. et de physiol. du syst. nerv.*, etc., t. II, p. 468. Paris, 1842.
(2) G. COLIN, *Traité de physiol. comp. des anim. domestiques*, t. II, p. 220. Paris, 1856.
(3) CH. BELL, *Exposit. du syst. nat. des nerfs*, trad. de Genest, p. 76.
(4) JOHN SHAW, *ibid.*

sortait, comme chez les autres mammifères, de la glande parotide ; elle donnait au cou quelques branches descendantes, et passait ensuite derrière la mâchoire pour se porter à la trompe, ayant presque conservé toute son intégrité et étant de la grosseur du nerf sciatique dans l'homme ; elle n'avait donné dans son trajet que quelques petites branches aux muscles de l'œil, à ceux de l'oreille et à un petit muscle qui correspond au peaucier. Des divisions de cette *portion dure* remontaient à l'appareil valvulaire dans la partie supérieure de la trompe. »

J. Shaw (1) a également suivi des rameaux du nerf facial dans les muscles moteurs des branchies chez les poissons.

Bourjot (2), en étudiant l'appareil nasal de la respiration ou de l'évent chez les cétacés souffleurs, et en particulier chez le marsouin ordinaire (*Delphinus phocœna*), a été amené à reconnaître que la distribution du facial y offrait un type propre et tendant à confirmer l'opinion de Ch. Bell sur la spécialité de fonction de ce nerf, considéré comme nerf respiratoire de la face. « Celui-ci, à partir du trou stylo-mastoïdien, dit Bourjot, commence à marcher d'arrière en avant sous forme d'un cordon unique, solide, arrondi ; passe au-devant de l'os maxillaire inférieur, contourne le globe de l'œil jusqu'à la commissure des lèvres. Dans ce trajet, il ne donne aucun filet. Arrivé à l'angle orbitaire antérieur, le tronc du nerf s'engage sous un ligament musculo-fibreux qui remplace le buccinateur sans lui laisser de filets, et bientôt changeant de direction et se pliant sur lui-même à angle aigu, il dirige des branches nombreuses et très-profondes vers l'appareil de l'évent, pénètre l'épaisseur des muscles dilatateurs des orifices et compresseurs des poches à eau. Aucune des branches du facial ne se porte vers les lèvres et à la pointe du museau ; ces parties ne reçoivent que des rameaux de la portion sous-orbitaire de la cinquième paire. »

Ayant eu occasion de disséquer l'autre moitié de la tête examinée par Bourjot, j'ai reconnu que le nerf facial, avant sa brusque réflexion, fournissait des rameaux à l'orbiculaire palpébral ainsi qu'aux muscles des lèvres : ces rameaux sont, il est vrai, fort petits relativement à ceux que l'on voit se rendre à l'appareil de l'évent.

D'après la distribution remarquable du nerf facial chez les cétacés, on peut croire que, si la section de ce nerf était faite des deux côtés, l'animal serait frappé d'une inévitable asphyxie ; car, par le fait de la paralysie des muscles dilatateurs et releveurs des valvules externes et profondes de l'évent, il ne pourrait ni attirer l'air en dilatant ses orifices nasaux, qui, au contraire, s'affaisseraient sous la pression atmosphérique, ni expulser l'eau qu'il aurait reçue dans ses poches nasales.

2° — Nous arrivons à une partie importante de notre tâche qui est de

(1) J. SHAW, *Quarterly Journ. of Science*, mars 1822.
(2) BOURJOT, *Sur le mécanisme de la respiration nasale chez les Cétacés souffleurs*, dans le tome V des *Mémoires des savants étrangers*.

faire connaître l'action exercée par le système nerveux à la fois sur le *larynx*, la *trachée*, les *bronches* et les *poumons*. Ici il ne s'agit pas toujours de phénomènes purement mécaniques, comme ceux qui viennent d'être examinés.

a. — Signalons, d'abord, les troubles plus ou moins fâcheux de la *respiration*, occasionnés par la section ou la paralysie des nerfs laryngés inférieurs ; troubles qui avaient échappé à l'observation de Galien et de la plupart des physiologistes jusqu'à Legallois. Cependant il était arrivé plusieurs fois que des animaux avaient succombé aussitôt après la ligature ou la section des nerfs pneumogastriques : ce fait avait été observé par Piccolhomini, Molinelli, Sénac, Haller, etc., qui n'avaient pu en donner une explication satisfaisante. Legallois (1), ayant fait la même remarque sur des chiens âgés de deux jours, cherchait aussi la cause de cet étrange phénomène, lorsqu'une fois, importuné par les cris aigus d'un petit chien du même âge auquel il voulait lier les carotides, il s'avisa, pour le faire taire, de recourir à l'expérience de Galien, c'est-à-dire de lui couper les deux nerfs récurrents qui se présentaient à sa vue. Aussitôt l'animal fit de grands efforts pour respirer, se débattit d'une manière convulsive et bientôt ne donna plus aucun signe de vie. Legallois dut rechercher dans le larynx la cause d'une mort aussi prompte, et il soupçonna que cette cause consistait dans une diminution subite et considérable de la glotte : le moyen qu'il employa, pour vérifier ce soupçon, fut de pratiquer une large ouverture à la trachée-artère, au-dessous du larynx, après avoir coupé les récurrents ou les nerfs pneumogastriques. L'air pouvant parvenir aisément dans les poumons par cette ouverture, sans passer par la glotte, tous les symptômes de suffocation qu'il avait observés ne devaient plus avoir lieu, si sa conjecture était fondée : l'expérience en démontra la justesse.

Legallois établit que la section des nerfs récurrents produit une suffocation de moins en moins marquée à mesure que les animaux s'éloignent de l'époque de leur naissance, et il donne pour raison de ce fait que l'ouverture de la glotte, relativement à la capacité pulmonaire, s'agrandit à mesure qu'on s'éloigne davantage de cette époque.

Le resserrement plus ou moins immédiat de la glotte, après la section des récurrents, étant un fait acquis à la science, pouvons-nous en déterminer la cause ?

Examine-t-on, sur l'animal vivant, l'intérieur d'un larynx privé de ces nerfs, à chaque mouvement inspiratoire un peu intense on voit [la glotte se fermer, ou tendre à se fermer, au lieu de s'ouvrir comme il arrive à l'état normal dans ce temps de la respiration ; et l'on reproduit facilement cette tendance à l'occlusion, lorsque, ayant adapté un soufflet à la trachée-artère d'un animal mort, on vient à aspirer l'air par la glotte. Au contraire, cette tendance est contre-balancée, dans l'état normal, par l'action des deux

____

(1) LEGALLOIS, tome Ier de ses *Œuvres*, p. 170 et suiv., avec des *Notes* de Pariset. Paris, 1830.

crico-aryténoïdiens postérieurs, muscles essentiellement inspirateurs, qui, en se contractant, tiennent les lèvres de la glotte écartées et préviennent ainsi l'effet de la pression atmosphérique, lors de chaque mouvement d'inspiration. C'est donc évidemment surtout à la paralysie de ces derniers muscles, à celle de la plupart des muscles laryngés et à la pression atmosphérique que doit être rapportée l'occlusion plus ou moins complète de la glotte, puisqu'on reproduit à volonté ce phénomène sur des larynx privés de vie, et par conséquent de toute action musculaire. — Cependant Magendie (1) enseigne que ce sont certains muscles, agissant encore après la section des récurrents, qui tendent à occlure la glotte : ayant rappelé les expériences dans lesquelles, après cette section, on avait vu les bords de cette ouverture se rapprocher tellement que la mort s'en était suivie, ce physiologiste ajoute : « A l'époque où ces observations ont été faites, il n'était guère possible de se rendre rigoureusement raison de ces phénomènes ; *mais depuis que j'ai fait connaître la manière dont les nerfs récurrents et laryngés se distribuent aux muscles du larynx, cela ne présente plus de difficulté.* Par la section de la huitème paire, à la partie inférieure du cou (ou des récurrents, qui n'en sont que des divisions), les muscles dilatateurs de la glotte sont paralysés ; cette ouverture ne s'élargit plus dans l'instant de l'inspiration, tandis que les *constricteurs qui reçoivent leurs nerfs des laryngés supérieurs* conservent toute leur action et ferment plus ou moins complétement la glotte. » Il s'agit, en dernier lieu, des muscles cryco-thyroïdiens et aryténoïdien ; et, afin que le lecteur évite toute méprise sur l'action de celui-ci, dont la contraction serait sous l'influence du laryngé supérieur, il est dit ailleurs : « L'effet de cette contraction est tel, qu'il fait périr asphyxiés les jeunes animaux auxquels les nerfs récurrents ont été coupés (2). »

Ainsi, dans ces passages, nous trouvons deux assertions : 1° le muscle aryténoïdien est animé par les laryngés supérieurs ; 2° c'est lui qui ferme plus ou moins complétement la glotte chez les animaux auxquels on a retranché les nerfs récurrents. — Ces deux assertions sont tellement connexes, qu'avoir démontré l'inexactitude de la première, c'est aussi avoir annulé la seconde. M'attachant donc surtout à la première, je rappellerai d'abord l'expérience dans laquelle, en galvanisant sur le chien, le cheval, le bœuf, etc., le rameau laryngé supérieur interne, dans le point le plus voisin de l'aryténoïdien, je n'ai point obtenu de contractions dans ce muscle, tandis que celles-ci ont éclaté avec force quand l'électricité a été appliquée à un certain rameau des récurrents qui sera mentionné plus bas ; par conséquent nous serions déjà autorisé à conclure de ces expériences qu'il n'est pas permis d'avancer que l'aryténoïdien se contracte sous l'influence du laryngé supérieur. Mais voici encore d'autres preuves pour les esprits plus difficiles à convaincre : je divise durant la vie, chez le chien, la membrane thyro-hyoïdienne et avec elle les *deux rameaux laryngés*

<hr>

(1) **MAGENDIE**, *Précis élément. de physiol.*, t. II (1836), p. 354.
(2) **MAGENDIE**, *Ouvr. cité*, t. I, p. 295.

internes, que l'on suppose faire contracter le muscle aryténoïdien, puis je renverse le larynx au-devant du cou de l'animal, en évitant avec grand soin la lésion des récurrents; alors les mouvements de la glotte peuvent être étudiés avec facilité. On la voit se dilater à chaque inspiration; mais l'air est-il violemment expiré et un cri se fait-il entendre, le resserrement de la glotte devient très-manifeste *et les cartilages aryténoïdes se rapprochent avec force*. Or, de l'aveu de tous les physiologistes, il n'y a que le muscle aryté-noïdien qui puisse déterminer un tel rapprochement de ces cartilages; ce muscle n'est donc pas paralysé, et, puisque j'avais coupé les laryngés supé-rieurs internes, ce ne sont point eux qui excitent sa contraction : *les récur-rents animent donc à la fois les muscles qui resserrent et ceux qui dilatent la glotte*. Aussi venons-nous de voir cette ouverture conserver intacts ses mouvements de resserrement et de dilatation après la section des laryngés supérieurs, qui, dans notre opinion, font contracter, parmi les muscles intrinsèques du larynx, seulement ceux qui tendent les cordes vocales (*M. crico-thyroïdiens*).

Dès lors, l'expérimentation nous démontre que la première proposition, « *les laryngés supérieurs animent l'aryténoïdien* », doit être rejetée. Mais au contraire, la section des récurrents paralysant le muscle aryténoïdien, il pourra paraître superflu de prouver, contre le sentiment de Magendie (1) qu'après cette opération, *l'occlusion de la glotte ne saurait être l'effet de la contraction de ce muscle*. Voici néanmoins l'expérience qu'à ce propos j'ai cru devoir instituer. Je divise d'abord les deux nerfs laryngés supérieurs, puis le larynx est attiré en avant, de manière que les mouvements alter-natifs de la glotte puissent être aperçus dans toute leur intégrité : alors, coupe-t-on un laryngé inférieur, ceux-ci n'ont plus lieu du côté correspon-dant, et l'ouverture de la glotte diminue de moitié; ces mouvements cessent tout à fait après qu'on a coupé les deux nerfs laryngés inférieurs, et la glotte s'efface plus ou moins complétement (*), par le rapprochement de ses lèvres, toutes les fois que l'animal fait une inspiration. Or, quels peuvent être ici les agents musculaires de cette occlusion; dira-t-on encore que c'est l'aryténoïdien ou quelque autre constricteur? Mais ne voit-on pas que, dans cette expérience, j'ai supprimé les quatre nerfs laryngés, et qu'ainsi tous les muscles propres au larynx sont frappés de paralysie? — Puisque, d'une part, sur le vivant, l'occlusion de la glotte s'effectue en l'absence des forces musculaires, et que, d'autre part, d'après le procédé déjà indiqué, on la reproduit à volonté sur le larynx d'un ani-mal mort, force est bien de reconnaître que la théorie en disscusion ne saurait être admise. Celle que nous adoptons a été exposée plus haut.

— Comme Legallois, j'ai constaté que le resserrement de la glotte, et par conséquent la suffocation, qui résultent de la section des récurrents, sont beaucoup plus marqués chez les jeunes animaux que chez ceux qui sont plus avancés en âge.

(1) Magendie, *ouvr. cité*, t. I, p. 295, et t. II, p. 354.

(*) Suivant l'âge et même selon l'espèce des animaux.

Cela m'a conduit à donner une explication nouvelle de cette différence si tranchée, explication fondée sur des observations directes (1). Et d'abord, sachons qu'il y a lieu de distinguer dans la glotte : 1° une partie antérieure ou *interligamenteuse ;* 2° une partie postérieure ou *intercartilagineuse ;* notons encore que les dimensions relatives de ces deux portions varient selon l'espèce, mais surtout suivant l'âge des animaux. En effet, chez l'homme adulte, la seconde représente seulement le tiers environ de la glotte ; tandis que, dans les espèces que j'ai étudiées à l'état adulte (cheval, bœuf, mouton, chien, chat et lapin), elle constitue environ la moitié postérieure de cette ouverture. En examinant comparativement le larynx de l'homme et celui de ces animaux (le cheval excepté) à une époque rapprochée de la naissance, je me suis convaincu que l'espace intercartilagineux est infiniment petit relativement à l'espace interligamenteux, *ce qui tient à l'absence, presque complète alors, des apophyses antérieures des cartilages aryténoïdes.* Il résulte donc de cette disposition anatomique que, dans le jeune âge, les côtés de la glotte sont pour ainsi dire entièrement membraneux et bordés, dans une étendue infiniment petite, par des cartilages d'ailleurs extrêmement mous et faciles à affaisser. Comme conséquence d'une pareille disposition, après la paralysie des muscles crico-aryténoïdiens postérieurs, qui succède à la section des récurrents, on devra nécessairement observer, lors de l'inspiration, le contact facile et immédiat des bords glottiques dans toute leur longueur ; car ces muscles dilatateurs étaient les seules forces qui pussent, en tenant la glotte ouverte, résister à la pression atmosphérique lors du mouvement inspiratoire. Mais, dans un âge plus avancé, les muscles crico-aryténoïdiens *postérieurs* ne sont plus les uniques agents qui, dans ce temps de la respiration, préviennent l'occlusion de cette ouverture ; alors, en effet, dans son état de repos, la glotte prend la configuration suivante : elle se termine en pointe antérieurement, s'élargit en arrière, et offre un léger rétrécissement dans son milieu, rétrécissement qui est dû aux apophyses aryténoïdiennes antérieures, actuellement très-développées et même un peu recourbées en dedans. Les muscles crico-aryténoïdiens *latéraux* viennent-ils à se contracter, ou, le larynx étant paralysé, la pression atmosphérique intervient-elle, les sommets de ces apophyses se rapprochent, se touchent même, comme je l'ai démontré par des expériences directes : la glotte interligamenteuse est, dans ce cas, rétrécie ou occluse, tandis que la glotte intercartilagineuse demeure ouverte et circonscrite par des bords curvilignes, résistants, cartilagineux, susceptibles même de devenir osseux avec les progrès de l'âge. L'air pourra donc continuer à traverser ce dernier orifice, à parois peu compressibles et mal vibrantes : de là, selon moi, le peu de gêne dans la respiration qu'entraîne la section des récurrents, chez les animaux adultes et surtout âgés ; de là aussi l'impossibilité pour eux, comme je l'ai reconnu, de produire des sons aigus après cette opération.

(1) LONGET, *Rech. expérim. sur les fonctions des muscles et des nerfs du larynx, etc.* (*Gaz. méd. de Paris,* 1841).

— Un fait assez digne d'intérêt s'est encore révélé à mon observation, en examinant les animaux qui avaient subi la résection des nerfs laryngés inférieurs : je veux parler de *l'accroissement numérique des inspirations*, dans un temps donné. Assurément, on peut établir qu'alors la respiration est toujours plus fréquente ; seulement diverses circonstances, et surtout l'âge, m'ont paru apporter de très-grandes différences dans les résultats. Le nombre des inspirations, qui, chez un chien *adulte*, est de 18 à 20 par minute, s'élève, après l'opération, à une moyenne de 30 à 32 ; tandis que, chez les chiens âgés seulement à peu près de trois mois, et qui, dans une minute, respirent 22 à 25 fois, on peut compter jusqu'à 48 inspirations. Le lapin adulte, qui fait 40 à 50 inspirations dans le temps indiqué, peut en offrir jusqu'à 100 et même 108. Il faut faire toutes ces observations sans que les animaux s'aperçoivent, pour ainsi dire, qu'on s'occupe d'eux ; autrement la respiration se précipite encore, devint suspirieuse, comme quand on les force à marcher et surtout à courir, ce qui, dans ce dernier cas, les fait tomber quelquefois comme suffoqués (*). — Nous croyons facile de trouver la cause pour laquelle les animaux, après la section des récurrents, respirent plus vite qu'à l'état normal : la glotte n'a-t-elle pas naturellement des dimensions ainsi calculées, qu'elle livre passage au volume d'air indispensable pour convertir, dans un temps donné, une quantité déterminée de sang veineux en sang artériel ou nutritif ? Dès lors, si, après cette section, les dimensions de la glotte sont amoindries, il est clair que, pour établir une compensation, le nombre des inspirations, dans un temps donné, devra être plus considérable.

Malgré la précipitation qu'occasionne, dans les mouvements respiratoires, la paralysie des récurrents, la vie peut-elle être encore de longue durée ? Si nous éliminons tous les cas dans lesquels la glotte s'est immédiatement rétrécie, assez pour gêner en peu de temps l'hématose, nous dirons qu'en particulier les chiens *adultes* ne sont point assez incommodés de la section des récurrents pour en périr. En effet, ceux que nous avons conservés, pendant cinq semaines, ont joui, durant ce laps de temps, d'une très-bonne santé ; après les avoir tués, nous avons trouvé leurs poumons parfaitement perméables et exempts de toute trace d'engouement.

De tout ce que nous venons de dire touchant l'influence variable des récurrents sur le degré d'ouverture de la glotte, il résulte que, pour apprécier les effets de la section des pneumogastriques sur les viscères de la poitrine en particulier, il faut bien connaître d'avance ceux de la section des récurrents eux-mêmes. Nous aurons occasion de revenir sur cette importante remarque.

Je crois encore devoir rappeler que, dans le but de déterminer, par la

---

(*) Il ne saurait être question ici des tout jeunes animaux, chez lesquels la section des laryngés inférieurs entraîne une suffocation presque immédiate.

voie expérimentale, l'action des divers muscles propres au larynx, j'ai *électrisé isolément* chacune des divisions principales du nerf récurrent (1) : ici je me bornerai à démontrer, à l'aide de ce procédé mis en usage depuis par d'autres expérimentateurs, que la contraction de l'*aryténoïdien* est bien soumise aux nerfs laryngés inférieurs et non aux supérieurs ; ce sera seulement une preuve de plus à ajouter à celles que j'ai déjà produites à l'appui de cette assertion.

Sur le larynx d'un bœuf, d'un cheval ou même d'un chien récemment tués, après avoir détaché rapidement de la plaque du cartilage cricoïde les muscles crico-aryténoïdiens portérieurs, je les renverse de dedans en dehors et mets à découvert les filets de chaque récurrent qui remontent vers le muscle aryténoïdien. Ces filets, je les unis en les croisant et leur applique le courant d'une pile assez faible ; aussitôt le muscle aryténoïdien entre en action, et la glotte se rétrécit par le rapprochement des cartilages aryténoïdes. Au contraire, je l'ai dit plus haut, on n'observe pas le moindre frémissement dans ce muscle ou dans ces cartilages, en agissant de la même manière sur les rameaux laryngés supérieurs *internes*, qui par conséquent n'ont point, à nos yeux, le rôle qu'on leur attribuait généralement. — Répétons-le donc, les nerfs récurrents se distribuent à la fois aux agents *constricteurs* et *dilatateurs* de la glotte, et il est inexact de prétendre que l'occlusion de la glotte qui suit, dans certains cas, la section de ces nerfs, soit due aux muscles constricteurs qui conserveraient encore leur action (*)

b. — La *trachée*, les *bronches* et *leurs divisions* sont tapissées par une membrane muqueuse doublée, en dehors, par du tissu élastique et par une couche de fibres qui sont visiblement musculaires chez les grands animaux (2). C'est le tronc mixte du nerf vague (huitième paire) qui préside à la sensibilité de l'une, à la contractilité de l'autre.

En effet : 1° après avoir versé quelques gouttes d'eau dans la trachée-artère d'un chien, ce qui provoque une toux plus ou moins convulsive, lui divise-t-on au cou les deux nerfs précédents, et même alors remplace-t-on l'eau par un acide concentré, l'animal ne tousse plus et ne manifeste aucune sensation douloureuse par suite de la cautérisation de sa muqueuse respiratoire ; — 2° chez le cheval et chez le bœuf, j'ai vu, à l'aide de la loupe, des divisions bronchiques assez fines se contracter sous l'influence de faibles courants électriques appliqués aux rameaux mêmes de la hui-

---

(1) Longet, *mém. cité* (*Gaz. méd. de Paris*, 1841).

(*) Quant à l'occlusion de la glotte qui accompagne la déglutition, le vomissement, les efforts, etc., je dirai plus tard, en étudiant la *branche interne* du spinal, quels sont ses véritables agents musculaires.

Pour les détails, voyez mon mémoire ayant pour titre : *Rech. expérim. sur les fonctions de l'épiglotte, et sur les agents de l'occlusion de la glotte dans la déglutition, le vomissement et la rumination* (*Arch. gén. de méd.*, 1841).

(2) Reisseisen, *Ueber den Bau der Lungen*. Berlin, 1822. — Eberhard, *De musculis bronchialibus*. Marburgi, 1817.

tième paire (*), et mon observation a été confirmée par les expériences plus récentes de Volkmann (1).

— Outre la sensibilité générale dont nous venons de parler, la muqueuse respiratoire offrirait, selon quelques auteurs, d'autres modes de sensibilité plus directement liés à la respiration.

Suspendez votre respiration, et bientôt vous serez en proie à une vive anxiété due à la non-satisfaction d'un besoin impérieux ; l'introduction de l'air sera réclamée avec urgence, en vertu d'une sensation interne désignée sous le nom de *besoin de respirer* ; puis l'air, une fois introduit et devenu impropre à l'hématose, donnera lieu à une autre sensation interne qui sollicitera l'expulsion de ce même fluide (*besoin d'expirer*) : d'où il suit que chaque temps respiratoire est précédé d'une sensation particulière qui en commande impérieusement l'exécution.

Le nerf pneumogastrique ou vague a-t-il de l'influence sur ces sensations internes, comme sur la sensibilité générale de la muqueuse pulmonaire ? Rolando (2), Broussais (3), Brachet (4), Andrieu (5), F. Arnold (6), etc., admettent qu'elles sont *toutes* abolies, après la section de cette paire nerveuse. Mais, si le besoin de respirer ne se fait plus réellement sentir, pourquoi les mouvements de la respiration persistent-ils ? Brachet les rapporte à l'habitude contractée par le système nerveux de faire mouvoir les muscles respirateurs. Quoiqu'une pareille interprétation, d'ailleurs admise par Arnold, mérite à peine d'être combattue, je dirai néanmoins que, souvent, chez les animaux, en coupant la cinquième paire dans le crâne, j'ai supprimé, avec la sensibilité générale et spéciale de l'œil, la sensation du besoin de cligner, et qu'alors les mouvements de clignement qui, dans la théorie que j'examine, auraient dû encore se produire par l'effet de l'habitude, n'ont jamais été observés. Qu'on ne vienne pas objecter que les cas ne sont point assimilables. Leur analogie est plus grande qu'on ne le suppose : car, si les deux sortes de mouvements dont il s'agit, de respiration et de clignement, sont modifiables dans leur rhythme par la volonté, ils ne peuvent être suspendus, au delà d'un terme très-court, par la seule intervention directe de cette force ; aussi ces mouvements appartiennent-ils à la classe de ceux qu'on nomme *semi-volontaires*, et que l'on fait en partie dépendre du *pouvoir réflexe* ou excito-moteur de l'axe cérébro-spinal.

(*) KRIMER (*Untersuchungen über die nächsten Ursachen des Hustens*, p. 942) et WEDEMEYER (*Untersuch. über den Kreislauf*, p. 70) ont vu les fibres contractiles des bronches réagir sous l'influence *immédiate* des irritants mécaniques ou électriques ; mais, ayant expérimenté sur des animaux d'une taille médiocre (chiens ou cabiais), ils n'avaient pas songé à appliquer, comme nous l'avons fait, ces irritants aux divisions mêmes du nerf vague.

(1) VOLKMANN, *Nervenphysiologie* in R. WAGNER's *Handwörterb. der Physiol.*, t. II, 1845.
(2) ROLANDO, Extrait dans *Arch. gén. de méd.*, t. V.
(3) BROUSSAIS, *Journ. univ. des sc. médic.*, t. XII, et *Traité de physiol. pathol.*, t. II.
(4) BRACHET, *Rech. expériment. sur les fonct. du syst. nerv. gangl.*, 2ᵉ édit. 1837, art. RESPIRATION.
(5) ANDRIEU, *Thèse inaug.*, 1837, 2ᵉ série, n° 7, t. LIII. Strasbourg.
(6) F. ARNOLD, dans *Arch. gén. de méd.*, août 1840, p. 346.

Marshall-Hall (1) pense qu'après qu'on a divisé la paire vague, la respiration, devenue exclusivement volontaire, s'entretient par l'action des lobes cérébraux ; ce qui revient à dire que l'animal respire encore parce qu'il *veut* respirer. Après l'ablation des lobes cérébraux, la paire vague demeurant intacte, la respiration continuerait, non plus comme acte volontaire, mais comme dépendante du *système excito-moteur* par l'entremise de cette paire nerveuse. Vient-on à supprimer à la fois le concours des lobes cérébraux et des deux pneumogastriques, les mouvements respiratoires cesseraient, selon Marshall-Hall, parce qu'ils ne sauraient plus se produire ni sous l'influence volontaire, ni sous l'influence excito-motrice. — A cette théorie, je n'ai qu'un mot à répondre, c'est que j'ai vu *constamment* la respiration persister en l'absence simultanée des lobes cérébraux et des nerfs pneumogastriques.

Si, après la section des deux pneumogastriques, les mouvements respiratoires ne sont point arrêtés, c'est, selon nous, parce que le besoin de respirer est loin d'être aboli : du reste, notre sentiment ne manquera pas d'être partagé par quiconque aura été témoin attentif de l'état de malaise, d'anxiété et d'angoisse auquel sont en proie les animaux dont les nerfs vagues viennent d'être excisés ; il est clair que les efforts qu'ils exécutent pour faire entrer le plus d'air possible dans leurs poumons ne peuvent s'expliquer qu'en admettant une cause impulsive interne que nous ne supposons point être la volonté, mais bien le besoin persistant d'inspiration.

J. Reid (2) pense aussi que « la sensation d'anxiété que produit le besoin d'un nouvel air pour les poumons n'est point anéantie ». Burdach (3) et d'autres physiologistes émettent la même opinion.

A la vérité, depuis Valsalva (4), beaucoup d'expérimentateurs, au nombre desquels je citerai surtout Dumas (5), de Blainville (6), Dupuy (7), Broughton (8), Mayer (9), ont observé, après avoir divisé les nerfs vagues, *la diminution du nombre des inspirations ;* nous-même, en la constatant bien des fois sur des lapins et principalement sur des chiens, avons noté que le nombre des inspirations baissait d'autant plus que, pour eux, la mort était plus proche. Toutefois, comme le chiffre des mouvements inspiratoires diminue peu d'instants après l'opération, il n'est pas possible de rapporter, au moins d'abord, la cause de ce remarquable phénomène à l'affaiblissement des animaux.

Pour s'expliquer comment, d'une part, après la section des pneumogastriques, les mouvements respiratoires sont conservés, et comment, de l'autre, ils sont néanmoins devenus plus rares, ne pourrait-on pas, tout en

(1) MARSHALL-HALL, *Annales des sc. nat.*, 2ᵉ série, t. VII, *Zool.*, 1837, p. 361.
(2) J. REID, *Gaz. méd.*, 1838.
(3) BURDACH, tome IX de sa *Physiol.*, trad. de Jourdan, art. RESPIRATION.
(4) VALSALVA, 13ᵉ lettre, *Anatom. de Morgagni*, art. 30, édit. des *Œuvres* de Valsalva.
(5) DUMAS, *Biblioth. médic.*, 1809, t. XXIV, p. 3.
(6) DE BLAINVILLE, *Dissert. inaug.*, 1808, n° 114.
(7) DUPUY, *Journ. gén. de méd.*, t. XXXVII et LXXI.
(8) BROUGHTON, *Journ. de physiol. expérim.*, t. I, p. 120.
(9) MAYER, *Journ. compl. du Dictionn. des sc. méd.*, t. XXVI (1826), p. 110.

reconnaissant la persistance du besoin de respirer, en placer le siége et la condition essentielle, non à la surface muqueuse pulmonaire, mais dans les centres nerveux, et admettre, en même temps, que ce besoin doit devenir plus actif, plus impérieux, sous l'influence d'impressions qui, partant de la muqueuse respiratoire, sont transmises à ces centres par les pneumogastriques? Si donc on interrompt cette paire nerveuse dans son trajet, l'impression excitatrice de l'air n'étant plus perçue, le besoin d'inspirer pourra s'amoindrir, et, par conséquent, exigera des mouvements d'inspiration moins souvent répétés.

Quant à l'hypothèse dans laquelle le nerf grand sympathique est aussi regardé comme propre à transmettre à un centre perceptif l'impression de l'air sur la muqueuse des poumons, et comme apte, par cette raison même, à exciter le besoin respiratoire, quoique aucune preuve expérimentale ou autre ne la confirme, on n'est peut-être pas suffisamment autorisé à la rejeter d'une manière absolue.

Mais, nous l'avons dit, il est une portion circonscrite de l'axe cérébro-spinal, dont la destruction annule sur-le-champ toutes les puissances respiratrices : cette portion, que nous avons trouvée à la hauteur du bulbe rachidien, ne peut-elle pas, à bon droit, être considérée comme le siége du besoin de respirer, et le point central vers lequel convergent les impressions faites à la muqueuse pulmonaire? Pour annihiler ce besoin, de la satisfaction duquel dépend la vie, on conçoit donc qu'il ne faudrait pas seulement, comme le supposent à tort quelques auteurs, couper les nerfs vagues, mais qu'il faudrait détruire le bulbe rachidien lui-même.

— Les nerfs vagues semblent n'exercer qu'une action très-indirecte sur l'*hématose*. Si, après leur section, cet acte essentiel se trouble de plus en plus, au point même de cesser entièrement, il faut en chercher la cause dans les altérations graves et croissantes qui se développent dans les appareils respiratoire et circulatoire, et non dans la suppression d'une influence nerveuse, immédiate. — Le défaut d'un entier renouvellement d'air respirable, par suite de la paralysie de la couche musculeuse des bronches, doit aussi être pris en sérieuse considération.

C'est ici surtout qu'il est de la plus haute importance de rappeler le mode d'agir des nerfs récurrents sur la glotte ; car, en n'en tenant pas compte, on ne manquerait point d'arriver à des inductions différentes sur le rôle des pneumogastriques dans l'hématose. En effet, coupez-les pour rechercher leur action sur elle, et négligez le rétrécissement de la glotte dû à la paralysie des récurrents : parce que le sang, au lieu de jaillir rouge et rutilant par l'ouverture béante d'une artère, en sortira foncé et presque noir, vous en déduirez l'intervention nécessaire et directe des pneumogastriques dans la révivification du sang veineux; tandis que d'autres expérimentateurs, qui auront d'abord neutralisé les fâcheux effets de la section des récurrents en pratiquant la trachéotomie, émettront une opinion opposée à la vôtre. Les assertions de Dupuytren (1), qui, dans ses expériences, ne fit point cette opération préalable, furent combattues par Dumas (de Montpellier), et surtout par Legallois, qui démontrèrent que, dans les cas observés par l'illustre chirurgien, le trouble immédiat de l'hématose avait dépendu de l'introduction d'une quantité d'air insuffisante dans les voies respiratoires, *rétrécies au niveau du larynx.* Cette dernière remarque appartient exclusivement à Legallois ; car Dumas n'avait aucunement déterminé le siége et la nature de l'obstacle qui alors s'oppose au libre accès de l'air dans le tissu des poumons.

Ce libre accès étant ménagé, il est incontestable qu'après la section des pneumogastriques, le sang veineux continue, pendant un certain temps, à acquérir la *coloration du sang artériel ;* que l'air est d'abord vicié, comme avant l'opération ; que l'oxygène est encore absorbé et l'acide carbonique exhalé, etc. Toutefois ces faits ne sauraient autoriser à conclure *avec certitude* que la sanguification artérielle puisse s'effectuer, d'une manière complète, sans le concours du système nerveux ; car, en admettant qu'un pareil état pût avoir lieu en l'absence des pneumogastriques, il existerait toujours l'influence possible du grand sympathique, qui, à cause de la disposition même de ce nerf, ne peut être directement constatée.

Valentin (2) s'est récemment occupé de rechercher quels troubles surviennent dans les phénomènes physico-chimiques de la respiration, après la résection des nerfs pneumogastriques. Que ce savant observateur eut d'abord *trachéotomisé* ou non les animaux (lapins), il est arrivé à cette conclusion : La quantité d'oxygène absorbé, et surtout la quantité d'azote et aussi de vapeur d'eau exhalée, sont plus considérables qu'à l'état normal, tandis que l'exhalation d'acide carbonique est généralement moindre. Du reste, d'après Valentin, ces changements ne dépendent pas *directement* de la suppression de l'influence des nerfs pneumogastriques sur les poumons ; ils doivent être rapportés au trouble du rhythme respiratoire qu'occasionne toujours la section de cette paire nerveuse.

— Beaucoup d'observateurs, ayant eu occasion de couper les nerfs pneumogastriques, ont reconnu, après la mort, la présence d'un épanchement écumeux dans les bronches et d'un engorgement sanguin du tissu pulmonaire (*).

(1) DUPUYTREN, *Expér. touchant l'influence que les nerfs pneumogastriques exercent sur la respiration (Biblioth. méd.*, 1807, t. XVII, p. 4).

(2) VALENTIN, *Die Einflüsse der Vaguslähmung.* Francfort-sur-le-Mein, 1857.

(*) Pour la description détaillée de ces altérations et leur mode de développement, voyez mon *Traité d'anat. et de physiol. du syst. nerv.*, t. II, p. 299 et suiv. Paris, 1842.

D'après ses expériences, TRAUBE (*Beiträge zur experim. Physiol. und Pathol.*, Heft 1 ; Berlin, 1846) soutient que les altérations de l'appareil respiratoire qui succèdent à la section de la paire vague sont dues exclusivement à l'introduction, dans cet appareil, de la salive et des mucosités du pharynx, ou encore de parcelles alimentaires. MENDELSSOHN (*Der Mechanismus der Respirat. und Circulat.* ; etc., Berlin, 1845) affirme que ces altérations reconnaissent pour cause première le resserrement de la glotte, qui s'oppose au libre accès de l'air dans les poumons. Ces deux assertions nous paraissent également inexactes. — SCHIFF (*Tubing. Archiv*, 1847 et 1850) s'est appliqué à réfuter les opinions des précédents observateurs.

De plus, j'ai vu constamment (1), et d'autres expérimentateurs ont confirmé mes observations, l'*emphysème pulmonaire* se joindre aux précédentes altérations, ou même parfois se manifester isolément, soit dans un seul poumon, l'autre étant engoué, soit dans les deux à la fois, et, dans ce dernier cas, la mort survenir par défaut d'hématose, comme si les organes pulmonaires eussent été généralement engorgés. J'ai dit plus haut comment je m'explique le développement de la lésion précédente et ses graves conséquences (voy. p. 773).

— Mayer, de Bonn (2), se fondant sur les résultats constants de ses autopsies, a été conduit à voir dans la *fluidité du sang* un produit de l'action des pneumogastriques, et il a attribué à l'abolition de l'influence de ces nerfs le développement des coagulums qu'il a trouvés dans les vaisseaux pulmonaires : d'autres physiologistes ont prétendu que la coagulation du sang dans ces vaisseaux ou dans les cavités du cœur était un simple effet cadavérique.

Afin d'avoir une opinion arrêtée à ce sujet, je procédai comme il suit : au lieu d'attendre, comme les autres expérimentateurs, la mort des animaux (chiens) auxquels j'avais coupé cette paire de nerfs, je les tuai à différentes époques pour examiner immédiatement l'état du sang dans les poumons et le cœur. Au bout de vingt heures, quand il n'y avait point d'engouement pulmonaire ni d'emphysème, j'ai toujours trouvé le sang très-fluide. Après trente-six heures, quelques caillots noirs, très-mous, peu volumineux, ayant la consistance de la gelée de groseille un peu fluente, ont été rencontrés dans les oreillettes, les ventricules du cœur, l'artère pulmonaire et l'aorte à leur origine ; l'engorgement des poumons ou leur emphysème était alors manifeste dans certains points. Vers le troisième et surtout le quatrième jour, ces dernières lésions étant portées au plus haut degré, j'ai trouvé parfois des caillots assez solides, décolorés, jaunâtres, insinués entre les colonnes charnues des ventricules et des oreillettes ; il y en avait quelques-uns dans les artères et les veines pulmonaires jusque dans leurs ramifications. Schiff (3) a répété les mêmes observations sur des chiens. Il est donc démontré, pour nous, que ces concrétions sanguines, déjà mentionnées par Willis (4), Lower (5), Baglivi (6), Valsalva (7) et Emmert (8), peuvent se produire *antérieurement à la mort des animaux*. — Dès lors ne semble-t-il pas rationnel d'admettre qu'elles doivent concourir à la déterminer, en s'associant à d'autres causes ? Reconnaissons toutefois, puis-

(1) LONGET, *Note sur une nouvelle cause d'emphysème pulmonaire*, dans *Comptes rendus de l'Acad. des sc. de Paris*, 1842.
(2) MAYER (de Bonn), *mém. cit.*
(3) SCHIFF, Mémoire lu à la Société d'histoire naturelle de Francfort-sur-le-Mein, en janvier 1847.
(4) WILLIS, *Cerebri anatom.*, etc. Amsterdam, 1664, p. 194 ; in-18.
(5) LOWER, *Tractatus de corde*. 1708, p. 90 et seq.
(6) BAGLIVI, *Opera omnia*. Lugd. 1710. — *Dissert. de anat.*, n° 7 et 8, p. 676 et seq.
(7) VALSALVA, *Epist. 13 cit.*
(8) REIL'S *Archiv für Physiol.*, t. IX et XI.

que nous avons vu des cas où la mort était survenue sans ces caillots, qu'on ne saurait les considérer, avec Mayer, comme la produisant d'une manière exclusive et constante.

3° — Pour terminer ce qui se rapporte à l'influence capitale que le système nerveux exerce sur les phénomènes mécaniques de la respiration, il nous reste à faire connaître l'origine et le rôle des nerfs desquels dépendent les mouvements respiratoires qu'on observe aux *épaules*, dans les *parois thoraciques*, et aussi dans les *parois abdominales* dont fait partie le diaphragme.

Déjà nous avons vu comment, en coupant la moelle épinière à diverses hauteurs, on peut à volonté paralyser successivement tel ou tel rouage de l'appareil respiratoire, et nous avons appris à distinguer les paires nerveuses en rapport avec différents muscles inspirateurs ou expirateurs du tronc. Aussi n'aurons-nous que peu de détails à ajouter à ce que nous avons dit, par exemple, des nerfs intercostaux, du nerf respiratoire externe (Ch. Bell) et de la première branche antérieure lombaire. En ce moment, notre but est d'appeler plus spécialement l'attention sur le *nerf diaphragmatique* ou *phrénique* et sur la *branche externe du nerf spinal* c'est-à-dire sur les relations du système nerveux avec les mouvements que la respiration détermine ordinairement dans le *diaphragme* et accidentellement dans les épaules.

Toutefois rappelons, auparavant, que les puissances musculaires de la respiration empruntent, en majeure partie, leurs nerfs à la moelle cervicale et à la partie supérieure de la moelle dorsale. En effet, la branche externe du *nerf spinal*, dont les racines s'implantent sur la moelle cervicale jusqu'à la cinquième paire du col ; le *plexus cervical*, qui résulte de l'anastomose des branches antérieures des quatre premiers nerfs cervicaux ; le *plexus brachial*, que forment les branches antérieures des quatre derniers nerfs cervicaux et une partie du premier nerf dorsal ; les douze *nerfs intercostaux* ou branches antérieures des nerfs dorsaux ; enfin la branche *iléo-scrotale* ou *grande abdominale* du premier nerf lombaire, telles sont les diverses sources desquelles proviennent les rameaux nerveux qui animent les muscles inspirateurs et expirateurs du tronc.

Ainsi, parmi les muscles inspirateurs, le sterno-clido-mastoïdien et trapèze sont animés à la fois par la branche externe du spinal et par divers rameaux du plexus cervical ; le diaphragme, par le phrénique provenant des troisième, quatrième, cinquième et quelquefois sixième nerfs cervicaux ; le grand dentelé, par le nerf respiratoire externe du tronc (Ch. Bell) qui vient des cinquième et sixième paires cervicales. Quant aux scalènes, au sous-clavier, à l'angulaire de l'omoplate, au rhomboïde, au grand dorsal, au grand pectoral, au petit pectoral, qui agissent aussi dans l'inspiration et dont plusieurs reçoivent des filets du plexus cervical, leurs nerfs principaux leur sont surtout envoyés par le plexus brachial. Ce sont les nerfs intercostaux qui se distribuent aux muscles surcostaux et aux petits dentelés postérieurs supérieurs, en général réputés aussi muscles inspirateurs.

Parmi les muscles qui concourent à l'expiration, nous voyons les intercostaux internes et externes, les sous-costaux, le triangulaire du sternum, les muscles obliques et transverses de l'abdomen, être animés par les nerfs intercostaux et le plexus lombaire. Les sept premiers de ces nerfs se rendent aux muscles expirateurs du thorax qui viennent d'être mentionnés, tandis que les cinq autres se divisent à la fois dans plusieurs de ces muscles et dans ceux de la paroi abdominale antérieure dont font partie les muscles obliques et transverses. La branche antérieure du premier nerf lombaire complète la distribution nerveuse à ces derniers muscles, qui forment à l'abdomen une paroi contractile dont le triple usage consiste à abaisser les côtes, à les tirer en dedans, et à refouler, vers le diaphragme, les viscères abdominaux que ce muscle membraneux avait déprimés et portés en avant lors de l'inspiration.

Il nous faut enfin mentionner encore les muscles *sus-hyoïdiens* (comme génio-hyoïdien, mylo-hyoïdien, ventre antérieur du digastrique), qui, animés par l'hypoglosse et par la racine motrice du trijumeau, abaissent la mâchoire inférieure dans les grandes inspirations, dans le bâillement, etc.; puis aussi les muscles *scapulo-hyoïdien, sterno-thyroïdien* et *sterno-hyoïdien,* qui, recevant leurs nerfs de l'anastosmose de l'hypoglosse avec la branche descendante interne du plexus cervical, concertent leurs contractions avec celles des muscles précédents, de manière à faire concorder la fixation de l'os hyoïde et l'abaissement du larynx avec l'abaissement de la mâchoire inférieure. C'est ce qui a lieu dans le bâillement, dans les inspirations difficiles, où en même temps on voit se soulever le thorax et les épaules. Pendant l'agonie, les mouvements alternatifs de va-et-vient ou d'élévation et d'abaissement du larynx nous ont surtout paru des plus manifestes.

a. — Le *diaphragme,* muscle essentiellement inspirateur, est animé, avons-nous dit, par le *nerf phrénique,* branche du plexus cervical. Il importe ici, quand on veut étudier les effets de la résection ou de la ligature de ce nerf, de se rappeler la multiplicité des rameaux d'origine et des anastosmoses. Le phrénique ne provient pas seulement du plexus cervical, notamment de la troisième et de la quatrième paire cervicale; il est encore renforcé, au cou, par la cinquième et quelquefois par la sixième ou bien aussi par des filets venus de l'anse de l'hypoglosse (Haller) (1), du nerf spinal (Blandin) (2), et enfin, un peu plus bas, de la première paire dorsale et du grand sympathique. Au niveau du diaphragme, des rameaux du phrénique concourent à la formation du plexus diaphragmatique en s'anastomosant avec les divisions du grand sympathique qui accompagnent l'artère diaphragmatique inférieure ; d'autres se rendent à la concavité des ganglions semi-

____

(1) Haller, *Elementa physiologiæ*, t. III, p. 89.
(2) Blandin, *Anat. descript.*, t. II, p. 658.

lunaires. Il n'est pas rare non plus de rencontrer un ou plusieurs filets transversaux qui établissent une communication entre les deux nerfs phréniques à leur partie inférieure.

Ajoutons que les deux dernières branches antérieures dorsales et la première lombaire envoient directement des filets nerveux au diaphragme qui paraît en recevoir aussi quelques-uns des pneumogastriques et du plexus épigastrique.

Comme je l'ai rappelé ailleurs, en étudiant les usages du nerf pneumogastrique, j'ai eu occasion de démontrer que les moyens d'innervation, propres à entretenir une fonction, se multiplient en raison de son importance physiologique. La fonction respiratrice est des plus essentielles à la conservation de la vie; aussi des artifices de toutes sortes étaient-ils nécessaires pour en assurer l'intégrité, et multiplier la distribution des fibres nerveuses dans les organes chargés de son accomplissement. Or, dans le mécanisme respiratoire, le diaphragme figure parmi les puissances musculaires les plus importantes, et nous trouvons en effet dans la multiplicité des sources d'innervation de ce muscle, la confirmation de notre manière de voir.

Pourtant, toujours est-il que le principal et le véritable nerf moteur du diaphragme est bien le *phrénique*; car la section ou la ligature de ce nerf, à la partie inférieure du cou, apporte ici manifestement les changements les plus notables dans le rhythme respiratoire, malgré les quelques filets anastomotiques qui n'ont pu être atteints. C'est ce que nous avons pu reconnaître après cette opération suivie de dissections attentives. Mais alors il nous a semblé parfois, comme à d'autres expérimentateurs, et notamment à Krimer (1), que le diaphragme n'était pas absolument privé de mouvement, ce qui pouvait s'expliquer à la fois par des anastomoses cervicales plus importantes ou plus nombreuses et par la transmission d'un reste d'influx nerveux à l'aide des filets venus directement des deux derniers nerfs dorsaux et du premier lombaire.

Les modifications du rhythme respiratoire qui résultent de la paralysie des nerfs phréniques deviennent surtout manifestes quand, par un moyen quelconque, on active les mouvements respiratoires des animaux. Le diaphagme ne se contractant plus, lors de l'inspiration, de manière à déprimer et à porter en avant les viscères abdominaux, tout en augmentant le diamètre longitudinal de la poitrine, il en résulte qu'au lieu de voir, comme dans l'état normal, le ventre se gonfler à chaque mouvement inspiratoire, au contraire on le voit s'affaisser par suite du vide virtuel qui se fait alors dans la poitrine, et de la pression atmosphérique qui refoule la paroi abdominale antérieure et les viscères abdominaux vers cette cavité.

Du reste, ce trouble dans les phénomènes les plus apparents de la respiration n'avait point échappé aux divers expérimentateurs qui, d'accord

____

(1) Krimer, *Untersuch. über die nächsten Ursachen des Hustens*, p. 39. Leipzig, 1819.

sur les effets de la section du nerf phrénique, ont seulement varié dans leur interprétation (*).

Rosenthal (1) a communiqué à l'Académie des sciences de Paris le résultat de recherches d'après lesquelles le nerf phrénique pourrait être influencé par une double action réflexe, l'une provenant du poumon, l'autre du larynx. L'excitation du bout central du nerf pneumogastrique préalablement coupé produit un arrêt du diaphragme dans la contraction, c'est-à-dire dans la période inspiratoire; l'excitation du bout central du nerf laryngé supérieur produit également l'arrêt du muscle diaphragme, mais dans le relâchement qui correspond à la période expiratoire. Ces faits, confirmés par un grand nombre de physiologistes, contestés par quelques autres, devront nous arrêter plus longuement lorsque nous étudierons les fonctions du système nerveux; bornons-nous ici à les signaler.

b. — Les muscles *sterno-clido-mastoïdien* et *trapèze*, qui, dans la respiration laborieuse, sont réputés aider à la dilatation du thorax, reçoivent à la fois des rameaux du plexus cervical et d'autres qui proviennent de la *branche externe du spinal*.

Ch. Bell (2) est le premier physiologiste qui se soit sérieusement appliqué à déterminer les usages de la branche externe du spinal, qui suivant lui, se rapportent à l'accomplissement de certains actes annexés à la respiration, comme le cri, l'effort, la toux, l'éternument, etc. « Les nerfs intercostaux, dit-il, peuvent suffire à la respiration pour ce qui regarde l'office des poumons; mais ils ne pourraient exécuter les fonctions *surajoutées* à l'appareil respiratoire... Ils ne peuvent suffire, par exemple, pour dilater complétement la poitrine dans le cas où l'*action de la voix est animée*... Il y a des muscles du tronc qui aident les muscles respiratoires ordinaires; ce sont ceux qui sont les plus propres à élever la poitrine, et qu'on voit forcément influencés dans l'inspiration profonde, que l'action soit volontaire comme dans la parole, ou involontaire comme dans les derniers efforts de la vie... Le sterno-mastoïdien élève ou hausse la poitrine, et son action est très-évidente dans tous les états où la respiration est accélérée, surtout pendant le chant, la toux et l'éternument; le trapèze, le grand dentelé et le diaphragme concourent au même but. »

Puis, dans le but de démontrer que les nerfs rachidiens ordinaires ont une influence bien distincte de celle de la branche externe du spinal, en particulier, Ch. Bell cite le fait suivant : si l'on veut faire soulever les

(*) Consultez : GALIEN, *De anat. administr.*, lib. VIII, cap. VIII. — RICH. LOWER, *Philos. Trans.*, t. II, p. 544, année 1667, et *Biblioth. anat.* de HALLER, t. I, p. 558. — HALLER, *Elementa physiologiæ*, t. III, p. 92, où il est question des expériences de SWAMMERDAM, CALDANI, ZINN, ZIMMERMANN, LECAT, etc. — ASTLEY COOPER, *Rech. expérim. sur la ligat. des artères carotides et vertébrales et des nerfs pneumogastriques*, phrénique *et grand sympathique*, dans *Gaz. méd. de Paris*, p. 100, année 1838.

(1) ROSENTHAL, *Comptes rendus de l'Acad. des sc.*, 15 avril 1861, t. XLII, p. 574.

(2) CH. BELL, *Mémoire sur les nerfs qui associent les muscles de la poitrine dans les actions de la respiration, de la parole et de l'expression* (inséré dans *Expos. du syst. nat. des nerfs*, trad. franç. de J. Genest, p. 108 et suiv.).

épaules à un homme dont un côté est complétement paralysé des mouvements volontaires, il ne peut élever, malgré tous ses efforts, que celle du côté sain ; tandis que le malade n'a qu'à faire une grande inspiration pour qu'immédiatement les deux épaules s'élèvent en même temps. « Puisque, dit ce physiologiste, les muscles trapèze et sterno-clido-mastoïdien reçoivent deux sortes de nerfs, dont les uns appartiennent aux *nerfs volontaires*, et les autres aux *nerfs respiratoires* (N. spinal), ne sommes-nous pas autorisé à conclure que, lorsqu'on meut la tête, comme cet acte appartient strictement à la volonté, il est exécuté par l'influence du système régulier des nerfs volontaires ; que, quand la poitrine est élevée, c'est par un acte de la respiration résultant de l'influence des nerfs qui font agir les muscles respiratoires? » Cette conclusion lui paraît confirmée par l'expérience suivante : « Si, chez un âne, on met à découvert le *nerf respiratoire supérieur* (branche externe du spinal), et que l'on fasse ensuite accélérer la respiration de manière à faire entrer dans une action violente les muscles sterno mastoïdien et trapèze, en même temps que les autres muscles de la respiration, et si, dans ce moment, on fait la section du nerf, le mouvement respiratoire des premiers muscles cesse, et ceux-ci restent dans le relâchement jusqu'à ce que l'animal les mette en mouvement comme muscles volontaires. »

Les résultats de cette expérience sont contredits par ceux que Th. Bischoff (1), Cl. Bernard (2) et moi-même avons obtenus ; car, après la section des nerfs spinaux vers l'espace occipito-atloïdien, la contraction des sterno-mastoïdiens était encore assez manifeste toutes les fois qu'on gênait la respiration en comprimant modérément les narines ou la trachée. Mais mes observations diffèrent de celles de ce dernier expérimentateur en ce que, malgré la destruction complète de *tous les filets originels inférieurs des spinaux*, j'ai vu encore les sterno-mastoïdiens, mis à découvert, se contracter d'une manière sensible quand les animaux poussaient des cris (*) : pour cette raison et d'autres encore qui seront développées plus loin, je ne saurais donc admettre sa théorie des fonctions du spinal (qu'il propose d'appeler *nerf antagoniste de la respiration*), pas plus pour la *branche externe* que je ne l'ai admise pour la *branche interne* (3).

Dans cette théorie, en partie basée sur un des principes du système de Ch. Bell, les agents actifs de la respiration (muscles du larynx, certains muscles du thorax) reçoivent deux ordres d'influence nerveuse motrice. Dans l'état de *respiration simple*, l'influence du spinal sur eux est nulle, et c'est le *pneumogastrique* qui est supposé présider alors à l'action des mus-

---

(1) Th. Bischoff, *Nervi accessorii Willisii anat. et physiol.* Heidelberg, 1832.

(2) Cl. Bernard, *Rech. expér. sur les fonct. du nerf spinal, etc.* (*Arch. gén. de méd.*, 1844).

(*) On sait que le spinal préside à la phonation spécialement par sa portion bulbaire (*branche interne*), qui seule mérite le nom de *nerf vocal* : aussi sa portion cervicale (*branche externe*) étant détruite, les animaux peuvent-ils encore proférer des cris.

(3) Voyez le chapitre consacré aux *fonctions du nerf pneumogastrique* dans le tome III de cet ouvrage.

cles laryngiens en particulier; le *nerf spinal* n'excite des mouvements qu'en vue des actes de la vie extérieure, et c'est lui qui préside à tous les changements qui surviennent dans la motilité du thorax et du larynx, lors de la *respiration complexe,* tels que l'effort, la voix. Ce nerf, au lieu de favoriser la respiration, est considéré comme propre à arrêter ou à modifier cette fonction, lorsque le thorax et le larynx doivent produire l'effort, la phonation, etc. Quant au sterno-mastoïdien et au trapèze, ils sont réputés être entièrement paralysés, *pour ces actes volontaires,* après la destruction du spinal.

Or, il n'en a pas été ainsi dans nos expériences : seulement l'énergie de leur contraction a paru être sensiblement diminuée aussitôt après l'opération, ce qui devait nécessairement résulter de la soustraction d'une grande partie du principe nerveux animant ces muscles. Et comme *la première condition de tout effort* un peu intense *est une profonde inspiration,* si, après la destruction du spinal, l'effort n'est plus possible, ce n'est point (comme on le suppose dans la théorie que nous examinons), parce que les sterno-mastoïdien et trapèze paralysés ne peuvent plus *arrêter la respiration,* mais parce que, suivant nous, leur manque de concours suffisant empêche toute profonde inspiration ou ampliation thoracique sans laquelle le thorax ne saurait plus servir de point fixe dans l'effort. Essayez, en effet, de produire un effort violent aussitôt après une expiration ou même après une inspiration faible, et vous constaterez sur vous-même l'impossibilité d'accomplir un pareil acte avec toute l'énergie qu'il réclame.

J'ai dit, plus haut, que les moyens d'innervation, propres à entretenir une fonction, se multipliaient en raison de son importance physiologique, et que la fonction respiratrice étant des plus essentielles à la conservation de la vie, des artifices de toutes sortes étaient nécessaires pour en assurer l'intégrité, et multiplier la distribution des fibres nerveuses dans les organes chargés de son accomplissement. Dans mon opinion, les nerfs importants (au nombre desquels figure le spinal) que Ch. Bell nomme *nerfs respiratoires additionnels* ou *auxiliaires,* représentent un de ces nombreux artifices; seulement je ne crois pas ces nerfs appelés, comme le veut le physiologiste anglais, à transmettre une influence motrice spéciale et autre que celle des nerfs rachidiens ordinaires qui agissent dans la respiration, mais bien à seconder ces derniers et même à les suppléer dans certaines limites. Je suis loin de regarder aussi comme un fait démontré que la branche externe du spinal soit étrangère aux mouvements volontaires de la tête, et que la contraction des muscles sterno-mastoïdiens et trapèzes, propres à produire ces sortes de mouvements, soit sous la dépendance exclusive des rameaux du plexus cervical. Considérant la force nerveuse motrice comme partout identique, je crois qu'elle peut se répartir, dans les muscles, indistinctement à l'aide de toutes les ramifications des nerfs moteurs qui s'y rendent. Parce que tel muscle se contractera successivement, tantôt avec un groupe musculaire pour accomplir un mouvement déterminé, tantôt avec un autre pour produire un mouvement différent, ce n'est pas une raison pour nécessiter deux ordres d'influence nerveuse motrice, quoique d'ailleurs deux nerfs d'origine différente ou un plus grand nombre puissent se rencontrer dans ce muscle : le concours de ces derniers ne me paraît avoir d'autre but que de mieux assurer l'exécution des divers mouvements auxquels un pareil muscle participe. *Tout dépend ici de la première impulsion partie du centre nerveux de coordination :* celui-ci commande tel ou tel mouvement, et aussitôt se contractent simultanément tous les agents musculaires chargés de l'exécuter. Du reste, que les muscles concourant à un même but soient animés par le même tronc nerveux ou bien par des nerfs multiples à origines fort distantes, la coordination motrice ne paraît pas moins précise dans un cas que dans l'autre.

Quand, après l'excision de la branche externe du nerf spinal, on force les animaux à courir ou à faire un effort quelconque, on remarque qu'ils sont vite essoufflés. La dilatation et l'élévation de la poitrine, si importantes dans ces cas, n'étant plus guère influencées que par les muscles inspirateurs ordinaires, ont lieu incomplétement, par suite de la semi-paralysie des muscles sterno-clido-mastoïdiens et trapèzes; aussi les animaux font-ils des inspirations répétées, mais vaines, dans le but de dilater suffisamment leur poitrine, dilatation préalable sans laquelle tout effort est absolument impossible.

Enfin, après la destruction de la branche externe du nerf spinal, on observe également une irrégularité dans la démarche de certains animaux (du cheval notamment), irrégularité provenant de la suppression d'un rapport préétabli entre les mouvements du thorax et ceux du membre antérieur.

FIN DU PREMIER VOLUME.

TABLE DES MATIÈRES

CONTENUES DANS LE PREMIER VOLUME

DE L'ABSORPTION.

FIN DE LA TABLE DES MATIÈRES DU PREMIER VOLUME.

Paris. — Imprimerie de E. MARTINET, rue Mignon, 2.